U0236229

"十三五"国家重点出版物
出版规划项目

"中国制造2025"
出版工程

工业机器人系统设计

（上册）

吴伟国　著

化学工业出版社

·北　京·

本书从工程设计角度出发，详细梳理和论述了操作与移动两大主题概念下的现代工业机器人系统总论，工业机器人操作臂系统设计基础、工业机器人操作臂机械系统机构设计与结构设计、工业机器人操作臂系统设计的数学与力学原理、工业机器人操作臂机械本体参数识别原理与实验设计、工业机器人操作臂驱动与控制系统设计及控制方法、工业机器人用移动平台设计、工业机器人末端操作器与及其换接装置设计、工业机器人系统设计的仿真方法、面向操作与移动作业的工业机器人系统设计与应用实例、现代工业机器人系统设计总论与展望等内容。

本书适合于机器人相关研究方向的本科高年级生、硕士研究生、博士研究生以及从事机器人创新设计与研发的研究人员、高级工程技术人员阅读。

图书在版编目（CIP）数据

工业机器人系统设计/吴伟国著.—北京：化学工业出版社，2019.8

"中国制造2025"出版工程

ISBN 978-7-122-35094-7

Ⅰ.①工…　Ⅱ.①吴…　Ⅲ.①工业机器人-系统设计

Ⅳ.①TP242.2

中国版本图书馆 CIP 数据核字（2019）第 183243 号

责任编辑：王　烨　项　潋　　　　　　　　文字编辑：陈　喆
责任校对：王素芹　　　　　　　　　　　　装帧设计：尹琳琳

出版发行：化学工业出版社（北京市东城区青年湖南街 13 号　邮政编码 100011）
印　　装：三河市延风印装有限公司
710mm×1000mm　1/16　印张 65¾　字数 1256 千字　2019 年 10 月北京第 1 版第 1 次印刷

购书咨询：010-64518888　　　　　　　　售后服务：010-64518899
网　　址：http://www.cip.com.cn
凡购买本书，如有缺损质量问题，本社销售中心负责调换。

定　　价：298.00 元（含上、下册）

序

　　制造业是国民经济的主体，是立国之本、兴国之器、强国之基。近十年来，我国制造业持续快速发展，综合实力不断增强，国际地位得到大幅提升，已成为世界制造业规模最大的国家。但我国仍处于工业化进程中，大而不强的问题突出，与先进国家相比还有较大差距。为解决制造业大而不强、自主创新能力弱、关键核心技术与高端装备对外依存度高等制约我国发展的问题，国务院于2015年5月8日发布了"中国制造2025"国家规划。随后，工信部发布了"中国制造2025"规划，提出了我国制造业"三步走"的强国发展战略及2025年的奋斗目标、指导方针和战略路线，制定了九大战略任务、十大重点发展领域。2016年8月19日，工信部、国家发展改革委、科技部、财政部四部委联合发布了"中国制造2025"制造业创新中心、工业强基、绿色制造、智能制造和高端装备创新五大工程实施指南。

　　为了响应党中央、国务院做出的建设制造强国的重大战略部署，各地政府、企业、科研部门都在进行积极的探索和部署。加快推动新一代信息技术与制造技术融合发展，推动我国制造模式从"中国制造"向"中国智造"转变，加快实现我国制造业由大变强，正成为我们新的历史使命。当前，信息革命进程持续快速演进，物联网、云计算、大数据、人工智能等技术广泛渗透于经济社会各个领域，信息经济繁荣程度成为国家实力的重要标志。增材制造（3D打印）、机器人与智能制造、控制和信息技术、人工智能等领域技术不断取得重大突破，推动传统工业体系分化变革，并将重塑制造业国际分工格局。制造技术与互联网等信息技术融合发展，成为新一轮科技革命和产业变革的重大趋势和主要特征。在这种中国制造业大发展、大变革背景之下，化学工业出版社主动顺应技术和产业发展趋势，组织出版《"中国制造2025"出版工程》丛书可谓勇于引领、恰逢其时。

　　《"中国制造2025"出版工程》丛书是紧紧围绕国务院发布的实施制造强国战略的第一个十年的行动纲领——"中国制造2025"的一套高水平、原创性强的学术专著。丛书立足智能制造及装备、控制及信息技术两大领域，涵盖了物联网、大数据、3D 打印、机器人、智能装备、工业网络安全、知识自动化、人工智能等一系列的核心技术。丛书的选题策划紧密结合"中国制造 2025"规划及 11 个配套实施指南、行动计划或专项规划，每个分册针对各个领域的一些核心技术组织内容，集中体现了国内制造业领域的技术发展成果，旨在加强先进技术的研发、推广和应用，为"中国制造 2025"行动纲领的落地生根提供了有针对性的方向引导和系统性的技术参考。

这套书集中体现以下几大特点：

首先，丛书内容都力求原创，以网络化、智能化技术为核心，汇集了许多前沿科技，反映了国内外最新的一些技术成果，尤其使国内的相关原创性科技成果得到了体现。这些图书中，包含了获得国家与省部级诸多科技奖励的许多新技术，因此，图书的出版对新技术的推广应用很有帮助！这些内容不仅为技术人员解决实际问题，也为研究提供新方向、拓展新思路。

其次，丛书各分册在介绍相应专业领域的新技术、新理论和新方法的同时，优先介绍有应用前景的新技术及其推广应用的范例，以促进优秀科研成果向产业的转化。

丛书由我国控制工程专家孙优贤院士牵头并担任编委会主任，吴澄、王天然、郑南宁等多位院士参与策划组织工作，众多长江学者、杰青、优青等中青年学者参与具体的编写工作，具有较高的学术水平与编写质量。

相信本套丛书的出版对推动"中国制造 2025"国家重要战略规划的实施具有积极的意义，可以有效促进我国智能制造技术的研发和创新，推动装备制造业的技术转型和升级，提高产品的设计能力和技术水平，从而多角度地提升中国制造业的核心竞争力。

中国工程院院士　潘云鹤

前言

1. 不断向纵深和拓宽发展的全球机器人技术创新时代

20 世纪 40 年代诞生的工业机器人技术至今已经 70 余年了，一部工业机器人科学技术与产业的发展史也就是国内外广大机器人科学技术工作者们的智慧结晶。 其中蕴涵了诸多的新概念、新思想、新方法与新技术和新产品。 从最早的工业机器人操作臂到工业自动化生产线上线下的工业机器人，从单台机器人到多机器人协调和群体机器人，从计算机程序控制到网络控制，从集中控制到分布式控制，从工业自动化/半自动化到智能控制以及人工智能，从单一移动方式到多移动方式，从宏操作到微操作，从计算机控制到脑机接口，从手工设计到大型广义 CAD（计算机辅助设计与分析）工具软件的半自动化/自动化/智能设计再到现在的大数据与深度学习，从作业环境相对固定到非结构化不确定环境，从自动化智能化工厂到构建机器人城市计划等，工业机器人系统与技术、产业化发展已经发生了翻天覆地的变化，机器人创新层出不穷，机器人学与机器人技术前沿的研究者不断拓宽机器人作业的环境适应性，并致力于对非结构化环境及作业适应能力的强鲁棒性和强有效性的"机器智能"（智能机器）研究。

另一方面，以工业机器人操作臂技术为主流的传统机器人技术产业化与普及应用之路在 20 世纪 80 年代已在发达国家走完，自 90 年代智能机器人技术研发开始进入机器人领域主战场，工业机器人技术与智能控制技术相结合并走向应用。 20 世纪 90 年代自治、自律、自重构、自装配、自修复等智能机械新概念、新设计和新方法迸发出来，自治导引车（AGV）已在工业自动化工厂中进行了移动平台产品化并取得应用；轮式移动、履带式移动乃至腿式移动机器人开始在工业生产中逐步登堂入室。 除一般工业生产场合与环境外，航空航天、核设施工业等环境下的工业机器人也不仅仅是机器人操作臂，仿人上身＋轮式移动平台乃至仿人机器人已经成为

NASA 空间站自动化无人化作业下应用目标。 一切迹象表明，工业机器人已经从当初单纯模仿人类手臂代替工人进行操作的传统工业机器人迈向以"操作"和"移动"两大主题下的现代工业机器人技术以及产业化应用。 在我国中长期发展纲要以及中国制造 2025 等战略性科技产业发展规划中，将工业机器人定位为重要技术性产业，并且大力倡导发展现代工业机器人技术、人工智能技术和自主创新创业。 在这种倡导原创和全球竞相创新的时代大背景下，重新梳理和看待传统与现代工业机器人技术与创新设计具有重要的理论意义与现实意义。

2. 本书的结构、主要内容与写法

1) 大篇幅宽跨度的综述涵盖了"操作"和"移动"两大主题概念下工业机器人发展历程中原创性的新概念、新设计、新方法和新技术，客观提出作者自己的观点和看法

第 1 章对"操作"和"移动"两大主题概念下现代工业机器人系统进行了总论，首先给出了机器人、工业机器人的基本概念，然后全面综述分析了自 20 世纪 40 年代工业机器人诞生以来机器人操作臂发展简史及其分类与应用、地面移动机器人平台发展与现状、移动机器人总论、末端操作器相关、移动平台搭载机器人操作臂的工业机器人发展、关于工业机器人技术与应用方面人才与工业基础等现状，其中结合具有代表性的工业机器人新概念、新设计、新技术方面的文献进行论述，给出了笔者对工业机器人的分类、归纳与总结，阐述了笔者综述与分析的观点、看法。 对于从整体上回顾工业机器人发展的历史与现状也具有重要意义。

2) 非本书作者研究的原创性研究文献筛选原则与引用

本书中选择了大量原创性的文献并给出对这些研究的评述，对于读者分辨、界定其他相关研究的创新性及创新程度也大有帮助。 另外，本书引用并概括介绍这些代表性文献中

主要研究内容的基本概念、基本思想、基本原理与主要技术，并力求阐明原理和方法，对于读者学习、掌握这些研究的主要内容大有帮助。

3）本书内容布局以及作者的论述与原创性研究内容

传统工业机器人系统的总体构成、机械传动系统、驱动和控制系统、传感系统以及各系统相关的基础元部件与技术，运动学、动力学、基于模型的控制理论与方法等，基本上属于 20 世纪 80~90 年代已经成熟的理论、方法与技术。 本书第 2 章用相当篇幅以尽可能简单明了、通俗易懂的原则进行了较为全面的阐述与论述，第 2 章~第 4 章中包括了笔者归纳、整理给出的机器人机构设计、运动学、动力学、现代控制系统设计基础、机器人控制总论、操作臂系统设计的数学与力学原理、机器人机构创新的拓扑演化方法、全方位无奇异多自由度关节机构创新设计与样机研制技术、机器人用谐波齿轮传动（减速器）新设计新工艺与研制和实验、冗余自由度操作臂串并联新机构、工业机器人结构设计、机构运动简图和机器人操作臂各部分机械设计装配结构图例等。 作者还对工业机器人系统设计中的设计方法、问题以及技术进行了系统的归纳整理与论述；第 4 章对以模糊逻辑、模糊控制、人工神经网络、CMAC、强化学习等为代表的智能运动控制理论与方法进行了系统地论述。 针对基于模型的控制系统设计所需的逆动力学计算问题，第 5 章给出了机器人参数识别的概念、原理、算法与实验设计。

第 6 章中笔者详细论述了工业机器人系统体系结构设计需要考虑的问题，集中控制、分布式控制系统的原理与方法，以及单台机器人控制、多机器人网络控制方法、机器人操作臂轨迹追踪控制总论、基于模型的各种控制原理与方法、控制律等。这些基于模型的控制方法包括 PD 控制、前馈控制、前馈＋PD 反馈控制、加速度分解控制、计算力矩法等轨迹追踪控制法、鲁棒控制、自适应控制、力控制、最优控制、主从控制等。

在第 7 章，笔者经归纳整理给出了各种车轮、轮式移动机器人的机构原理、机构运动简图以及特点说明并汇总成表；对履带式移动机构及履带式移动机器人机构与结构进行了归纳整理、分类。 作者进一步从文献中筛选出具有新概念新设计特点的代表性移动机器人案例，分别对轮式、腿式、履带式单独移动方式和复合移动方式的先进机器人系统设计案例进行了论述。 第 7 章还有一项重要的内容就是笔者将常用于双足步行机器人稳定步行控制系统设计准则的 ZMP（零力矩点准则）统一推广到各种移动机器人的动态稳定性设计，并分别论述了双足、四足以及更多腿/足式移动机器人、轮式移动机器人等稳定移动的力反射控制系统设计方法以及原理。该章也包括笔者原创性提出并进行研究的仿人及类人猿等灵长类的多移动方式机器人系统的总体概念设计以及系统设计与实现，以及所提出的攀爬桁架类多移动方式非连续介质移动机器人、大阻尼欠驱动概念与摆荡抓杆连续移动控制方法。最后给出了双足、四足、轮式移动、移动方式转换、摆荡抓杆移动等多移动方式移动机器人进一步研究的问题点以及研究方法。

第8章主要讲述了机器人操作臂末端操作器以及末端操作器快换装置（换接器）的机构原理与结构设计，以及笔者创新设计的仿人多指灵巧手集成化设计单元臂手实例，进一步讨论了研发大负载能力与操作能力的仿人多指灵巧手的技术问题所在。本章就力位混合柔顺控制所用的末端操作器以及相应装置，还给出了基于弹性铰链原理的微驱动柔顺机构，以及宏动的 RCC 被动柔顺手腕原理和主被动柔顺手腕机构原理。笔者还给出了一种基于弹性铰链机构的三自由度平面并联微驱动机构。这一章内容对于从事包括多指灵巧手在内的机器人操作臂末端操作器设计以及工具换接器选用与研发的技术人员具有一定的实际参考价值。

第9章主要论述了利用现代机械设计理论与方法全方位辅助工业机器人系统设计的具体设计方法。首先论述了传统机械系统设计与现代机械系统设计方法的区别与流程，提出了现代机械系统设计与分析和控制系统综合设计的观点和方法。汇总给出了利用 Adams、DADS、Pro/E、Solid-Works、Matlab/Simulink 等现代设计与分析型软件进行机械系统设计、控制系统设计以及两者联合仿真设计与分析的具体方法。最后，给出了一个 3-DOF 关节型机器人操作臂的虚拟样机设计与运动仿真、结果分析完整实例供参考。

第 10 章为笔者对于面向操作与移动的工业机器人系统设计的论述与实例。 首先剖析了操作人员导引操纵机器人操作臂的柔顺控制技术，论述并提出了技术熟练工人或技师导引机器人操作臂柔顺作业的柔顺控制系统设计方法以及力/位混合控制的原理、导引操纵机构原理及其装置自学习系统等创新性设计结果。 本章还给出了笔者关于圆-长方复合轴孔类零件机器人装配技术的理论与仿真部分的原创性研究内容，以及机器人操作臂模块化组合优化设计方法与设计实例的创新性设计研究成果。 本章为工业机器人系统的设计与仿真分析、复合孔轴类零件的机器人装配技术、技术熟练操作者导引机器人操作臂作业的力位混合柔顺控制系统设计与技术提供了重要的设计方法、理论与技术基础。

第 11 章作为本书最后一章，笔者总论了现代工业机器人的系统设计问题，并对其发展进行了展望。 在现代工业机器人特点分析基础上，提出并论述了面向操作与移动作业智能化的工业机器人系统设计问题与方法；重点阐述了现有六维力/力矩传感器产品面向移动机器人应用的问题与局限性；给出了笔者研究的新型安全性兼有过载保护功能的无耦合六维力/力矩传感器设计方案。 笔者在本章中还提出并论述了工业机器人应用系统集成化方案设计通用大型工具软件设计的总体方案、基本构成与研发的意义；本章还阐述了力、位混合控制的矛盾对立统一问题；论述了自重构、自修复和自装配等新概念下的机械智能技术实现问题。

3. 关于工业机器人系统设计的侧重点与目的

本书中并未给出更多的机构参数、机械结构强度、刚度计算等通常工程设计类计算内容。 本书的侧重点与着眼点在于写出工业机器人系统设计中的创新性概念、思维与设计方法，除了笔者归纳总结以及论述中明确给出的有关这些内容之外，更多地包含在一些有原创性、代表性和理论与实际意义的机器人系统设计实例中。 由于现代工程设计与分析型大型广义 CAD 软件的普及应用，需要设计者自己进行设计计算的工作渐少，静力学、动力学分析、强度计算、刚度计算以及系统振动等计算与分析工作绝大多数可以交由类似于 ADAMS、Pro/E、SolidWorks、ANSYS 以及多物理场分析软件来解决。

4. 关于本书读者对象与阅读建议

本书适合于机器人相关研究方向的本科高年级生、硕士研究生、博士研究生以及从事机器人创新设计与研发的研究人员、高级工程技术人员阅读。 第 1 章建议读者通读，有助于深刻了解和把握以操作和移动两大主题作业下的各类机器人的创新设计与研究的现状。本书前半部分归纳和总结的传统、现代工业机器人系统设计基础知识以及相关的论述与创新设计，适合于机械类本科高年级学生、研究生以及机器人技术研发类工程设计人员阅读，资深机器人技术人员可越过第 2 章~ 第 6 章中部分机器人技术基础内容。

由于笔者水平和能力有限，加之工业机器人文献浩如烟海，难免有所遗漏和偏颇之处，还望同行专家学者不吝指教，疑义相与析。

吴伟国 教授/博士生导师
2019 年 8 月 8 日于哈尔滨工业大学机械楼 1044 室
仿生仿人机器人及其智能运动控制研究室

目录

上　册

第 2 章　工业机器人操作臂系统设计基础

408 第3章 工业机器人操作臂机械系统机构设计与结构设计

第1章

操作与移动两大主题概念下的现代工业机器人系统总论

1.1 机器人概念与工业机器人发展简史

"机器人"（英文 Robot）一词最早出现于 1920 年捷克作家卡雷尔·查培克（K. Capek）创作的剧本《罗莎姆万能机器人公司》中。

20 世纪 40 年代阿西莫夫（Asimov）为保护人类在《我，机器人》中对机器人做出了规定，发表了著名的"机器人三原则"：

第一条原则——机器人不得危害人类，不可因为疏忽危险的存在而使人类受到伤害；

第二条原则——机器人必须服从人类的命令，但当命令违反第一条内容时，则不受此限制；

第三条原则——在不违反第一条和第二条的情况下，机器人必须保护自己。

阿西莫夫也因此被称为"机器人学之父"。该三原则的意义在于为人类规划了现代机器人发展应取的姿态。目前，从终极人工智能的角度来讨论未来机器人是否会伤害到人类也成为科技进步很可能引发人类不希望出现的问题的焦点。

18、19 世纪的机械玩偶是自动机械"机器人雏形"："机器人"的概念是随着科技发展而变迁的，受到能量供给、自动控制技术的限制，早在 18、19 世纪被机械学者发明的各类"机器人"可以说是通过弹簧等储能元件或者蒸汽驱动、机械机构控制来实现的，类似于手动玩具如"机器鸭子""机器人形玩偶""木牛流马""行走机器"之类的自动机械"机器人雏形"。

20 世纪 40 年代，现代工业机器人开始兴起。一般认为，第二次世界大战之后，美国橡树岭国家实验室和阿尔贡国家实验室为解决核废料搬运问题而研究的主从型遥控机器人操作手为现代工业机器人的起点标志。由远离搬运操作现场的操作人员操作主臂，然后将主臂运动的信号传递给远处的从臂，从臂动作搬运核废料，从而实现了主从遥控操作"机器人"系统的雏形，并且一直发展到现在的主从机器人技术。值得一提的是：1947 年电动伺服型遥控操作器、1948 年位置控制遥控操作器以及操作力被反馈给操作者的"新型"遥控操作器系统的研制成功助推了现代工业机器人的发展；1949 年美国为获得先进飞机技术，将复杂伺服系统与当时新发展起来的数字计算机技术结合起来，完成了数控铣床研究，1953 年麻省理工学院（MIT）放射实验室展示了这种数控铣床。

20 世纪 50 年代初，由 MIT 发展起来的数控技术为现代工业机器人的出现初步奠定了数字控制技术基础。数字技术使得经典的模拟控制系统大为改观，采用数字化命令或语言进行控制，用与非门进行二值逻辑运算，用步进电动机作为驱动单元，形成了数字控制系统。1954 年美国人 George C. Devol 发明了可编程序的关节型搬运装置并申请了专利；1959 年，Devol 与 J. F. Engelberger 继续发展了这一概念，创建了 Unimation 公司，制造出世界上第一台工业机器人 Unimate。这台机器人与自动机床的不同之处在于：可以通过重复编程完成不同的作业，并且可以通过"示教"被教会某些作业，然后自动完成作业。

20 世纪 60～70 年代，在美国兴起的工业机器人技术开始被日本引进并得到进一步应用和发展。1963 年美国 AMF 公司生产出商用机器人 Versatran；日本对新技术的敏感性和接受能力堪称一流，1968 年日本川崎重工株式会社从美国引进 Unimate 机器人；1971 年日本成立了工业机器人协会；在 1971～1981 年的 10 年间，日本工业机器人年产量增加了 25 倍，到 1981 年日本机器人拥有量已占全球总量的 57.5%；1974 年日本安川电机发布首台自行研制的 MOTOMAN 1 型机器人；1975 年美国机器人协会成立；1977 年安川电机株式会社推出了日本国内第一台全电动工业用机器人 MOTOMAN-L10；1978 年，Unimation 公司生产出第一台 PUMA 机器人并在 GM（美国通用）公司投入使用。从 1970 年到 1980 年，美国工业机器人拥有量已增加了 20 倍以上。苏联在 1985 年的工业机器人拥有量比 1980 年增加了 9 倍。到 1982 年，全世界工业机器人总量已达到 5.7 万台，已经在发达国家形成了机器人产业。

20 世纪 70～80 年代，机器人学与机器人技术蓬勃发展。工业机器人技术的发展和日益扩大的产业需求，也推动了机器人学的发展。工业机器人技术从最初的主从伺服驱动与数字控制技术研究到相对简单的搬运作业应用，到数学、力学、传感、控制以及图像识别等理论与技术融合，以及复杂作业应用技术需求，吸引了越来越多的机械、控制、计算机、人工智能等多学科领域专家学者投入到机器人学与技术这一多学科交叉与综合研究中来。许多国家成立了机器人协会、学会。20 世纪 70 年代以来，许多大学开设了机器人课程，开展机器人学、机器人技术研究工作。美国 MIT、Stanford（斯坦福大学）、Carnegie-Mellon（卡耐基·梅隆大学）、Conell（康奈尔大学）、Purdue（普渡大学）等都是机器人学、机器人技术研究的著名大学。国际学术交流也日益频繁，IEEE Robotics&Automation（机器人学与自动化国际会议）、ISIR（国际工业机器人会议）、CIRT（国际工业机器人技术会议）、IROS（智能机器人系统国际会议）、ROBIO（机器人学与仿生学国际会议）等都已成为国际机器人研究领域的主流会议。20世纪80年代，美、日、德、法等发达国家已完成了工业机器人技术发展以及产业化应用，由最初的分立传动系统的PUMA、Stanford、SCARA等机器人机械本体，完成了工业机器人用高精密机械传动元部件（谐波齿轮减速器、RV摆线针轮减速器、精密滚珠丝杠以及高精度高刚度轴承等）、高精密伺服驱动器、伺服电动机的研发与产业化，走完了高精密工业机器人产业化之路，形成了MOTOMAN、KUKA、ABB、FANUC等工业机器人品牌，并占据着国际市场。同时，这一阶段机器人学、机器人技术的发展也不断被拓宽，已由工业机器人操作臂扩展到其他各种机器人，如轮式、履带式、足式移动机器人，蛇形机器人，仿人双足机器人，飞行机器人，仿生机器人，多指手，等等。也预示着机器人技术由原来的用于固定环境下工业机器人仿照人类手臂相对简单的重复操作，不断迈向作业环境不确定、复杂作业需求下的机器人技术，即智能机器人技术。同时，研究者开始研究像人或者动物的仿人、仿生机器人学与技术。

20世纪70～80年代奠定了六自由度工业机器人基于动力学模型控制的理论与技术和视觉、传感技术基础，并被用于实际，同时，工业机器人操作臂设计与制造技术经历了30年的发展与不断完善，其性能十分稳定，末端重复定位精度已高达数微米，末端负载能力达到200kg左右，关节速度可达720°/s。

20世纪90年代到20世纪末，智能机器人兴起。这一阶段机器人的研究受智能控制理论兴起和"机器人"这一名词自诞生之日便被赋予了潜在的"像人"或"像动物"幻想的影响，人工神经网络（NN）、模糊理论（FZ）与模糊控制、遗传算法（GA）等智能控制理论与技术被应用于机器人智能控制，研究者们开始着重研究面向不确定作业环境下非基于模型的智能控制方法与技术；同时，比工业机器人操作臂更为复杂的仿人机器人，仿四足、多足动物的仿生机器人及其集成化设计与制造技术得到长足发展。这一阶段代表性的研究为智能学习运动控制以及集成化全自立型仿生机器人，如日本本田技研1996～2000年期间研发的PⅠ～PⅢ型、ASIMO等。这一阶段的工业机器人技术研究与应用体现在多工业机器人协调以及机器人群、主从机器人。20世纪90年代是自治机器人、自律机器人、自组织机器人、自装配机器人、空间机器人、医疗康复机器人、助力助残机器人、护理家政服务机器人以及群体机器人新概念、新思想、新方法与新技术层出不穷的年代，极大地丰富和促进了机器人学与机器人技术的进步。

21世纪是机器人与人共存的世纪，其终极目标是人工智能。目前，根据已取得的机器人技术基础，日本已开始构筑机器人城市；20世纪90年代日本机器人学者设定的RobCup2050研究战略目标（机器人足球队与人类足球队比赛）逐步被推进；蓝脑计划与机器人的结合等都预示着机器人社会与人类社会共存共生的时代将在 21 世纪到来！

1.2 什么是工业机器人？

随着机器人技术研究和应用的不断拓展，机器人概念在不同发展时期所包含的内容是不同的。在 20 世纪 40 年代，类似于人类手臂的、由关节和杆件（臂杆）构成的机构便称为机器人（robot），当然其关节通常是由电动机、液压缸、气缸或者其他驱动原理的驱动元件来驱动的，而且能够通过计算机编程来控制各关节的运动，从而实现臂带动末端的操作执行器运动并完成类似人手抓持物体的动作或各种操作作业。同时，与"机器人"（robot）一词相当的"操作臂"（manipulator）也表示同样的概念。但是，随着机器人研究的不断扩展，类似仿人双足、仿生四足/多足步行机、各种其他移动原理如轮式、履带式、脚式、蛇形等机器人的出现，以及具有仿人头面、四肢、躯干及多感知功能机器人的出现，使得机器人概念的范围越来越大。总而言之，具有人类、某些动物的整体形象、特征的全自立型机器人已经研制出来。因此，到现在以至未来，机器人概念既包含发展初期时的机器人通过各关节串联臂杆构成操作臂的狭义概念，也包含后来的轮式、履带式、蛇形蜿蜒爬行、足式等移动机器人，多串联杆件并联在两个平台之间的并联机构机器人，以及某些操作臂与这些移动机器人的组合，更包含了目前复杂到具有人类、动物全身外部特征及部分内在特征的仿人、仿生机器人。

为便于区分，这里所述机器人是专指工业机器人、操作臂的概念，为此，将这种类似人类手臂的、由各关节串联各臂杆组成的机器人称为"工业机器人操作臂"（manipulator of the industry robot）更为合适，可以简称为"机器人操作臂"或"操作臂"。

通俗地讲，机器人是指类似于人类手臂的、由关节和杆件（臂杆）构成的机构，当然其关节通常是由电动机、液压缸、气缸或者其他驱动原理的驱动部件来驱动的，而且能够通过计算机编程来控制各关节的运动，从而实现臂带动末端的操作执行器运动并完成类似人手抓持物体的动作或各种操作作业。

国际机器人联合会（International Federation of Robotics-IFR）对机器人的定义：机器人是一种半自主或全自主工作的机器，它能完成有益于人类的工作，应用于生产过程的称为工业机器人，应用于特殊环境的称为专用机器人（特种机器人），应用于家庭或直接服务人的称为服务机器人或家政机器人。

国际标准化组织（International Organization for Standardization，ISO）对

机器人的定义：机器人是一种自动的、位置可控的、具有编程能力的多功能机械手，这种机械手具有几个轴，能够借助于可编程序操作处理各种材料、零件、工具和专用装置，以执行种种任务。

按照 ISO 定义，工业机器人是面向工业领域的多关节机械手或多自由度的机器人，是自动执行工作的机器装置，是靠自身动力和控制能力来实现各种功能的一种机器；它接受人类的指令后，将按照设定的程序执行运动路径和作业。工业机器人的典型应用包括焊接、喷涂、组装、采集和放置（例如包装和码垛等）、产品检测和测试等。

蔡自兴的《机器人学》中给出的机器人的定义：

① 像人或人的上肢，并能模仿人的动作；

② 具有智力或感觉与识别能力；

③ 是人造的机器或机械装置。

显然，机器人的定义是随其技术进步和发展而需要重新定义的。目前，尽管在世界范围内机器人已形成了一种产业，但至今对机器人含义的理解还不尽相同。

日本工业机器人协会曾将机器人分为六类：

第一类为手工操作装置：一种由操作人员操纵的具有若干个自由度（degree of freedom，DOF）的装置。

第二类为固定程序的机器人：依照预定的不变的方法按部就班执行任务的操作装置，对任务执行顺序很难进行修改。

第三类为可变程序的机器人：与第二类是同一种类型的操作装置，但其执行步骤易于修改。

第四类为再现式机器人：操作人员通过手动方式引导或控制机器人完成任务，而机器人控制装置则记录其运动轨迹，需要时可重新调出记录的轨迹信息，机器人就能够以自动的方式完成任务。

第五类为数值控制机器人：由操作人员给机器人提供运动程序，而不是用手动方式教导机器人完成指定的作业任务。

第六类为智能机器人：利用了解其环境的方法，当执行任务的周围环境条件发生变化时也能圆满完成任务的机器人。

美国机器人协会的分类法是：只认为日本工业机器人协会分类法中的第三、四、五、六类是机器人。

法国工业机器人协会的分类法是：

A 型（对应日本分类法中第一类）：手工控制或遥控操作装置。

B 型（对应日本分类法中第二类和第三类）：具有预定循环操作过程的自动操作装置。

C 型（对应日本分类法中第四类和第五类）：可编程序的伺服机器人［连续的或点到点（point to point，PTP）运动轨迹］，称为第一代机器人。

D 型（对应日本分类法中第六类）：能采集环境的某些数据的机器人，称为第二代机器人。

在日本工业机器人协会的分类法中，所有有能力理解其环境的机器人都被归结在第六类中，因而这一类也包括了未来的机器人，即智能机器人乃至人工智能顶级机器人。法国工业机器人协会的分类法比较谨慎，在 D 型机器中只包括现有的有能力采集环境特殊数据的机器人。目前这种数据的范围仍有限。这就是将机器人分为不同发展阶段的原因，由第四类和第五类构成第一代；第六类的一部分构成第二代；将来的机器人构成第三代及以后各代，这些机器人具有目前还难以理解或现在难以控制的性能与特点（如三维视觉、对自然语言的理解等）。

在本书中，限于目前以及以后的相当长一段时期内，能够完全像人或其他动物之类的人工智能型机器人还不能完全取代现有这种具有相对少数自由度（一般为 6 或者十数个自由度）的工业机器人操作臂在工业生产中的应用，将来即使它们能够被完全取代，但由于工业生产复杂程度的不同，仍然有类似于生产线那样相对少数自由度的工业机器人操作臂即可胜任的工作的实际需要。这里只从工业生产自动化的角度，给出工业机器人的非技术性定义，这也正是本书写法与以往工业机器人方面书籍写法不同的原因之一，而且这样可能更有利于将与工业机器人操作臂一起完成工业生产任务的载体、末端操作器等统一在一起，综合考虑其系统设计与使用，且更符合工业生产的实际技术需要。

工业机器人顾名思义是指一切用于工业生产中的机器人的统称。如果按着工业产业发展技术阶段来讲，工业生产是指自工业革命之后的一切工业生产活动，而用于工业生产的机器人系统主要包括工业机器人操作臂、末端操作器以及搭载工业机器人操作臂的载体所构成的系统：

① 搭载工业机器人操作臂的载体可能是固定不动的，也可能是诸如二维或三维的直角坐标移动平台、具有全方位移动能力的轮式或履带式移动小车，也可能是双足、四足或多足步行机等。

② 末端操作器：喷枪、焊钳焊枪等直接连接在操作臂末端接口上的作业工具，多指手、手爪等末端操作手及其所持作业工具等。

③ 工业机器人操作臂本身：可以包括一般的 6 自由度通用或专用的机器人操作臂，6 自由度以内的机器人操作臂，7 自由度以上的冗余自由度机械臂，以及十数个、数十个自由度的超冗余自由度机械臂，等等。

这里给出与传统工业机器人不同的五个例子，它们都不仅含有工业机器人操作臂或具有冗余自由度的柔性机械臂，还包含移动平台：

① HSS Robo Ⅱ 型机器人：HSS Robo Ⅱ 型机器人由苏黎世的 HighStep

Systems AG 工程公司研发制造，能够攀登上高压线铁塔，使日常的检查工作变得轻而易举。这款配备强劲 maxon 驱动系统的自主机器人几乎可以到达任何地方——无论是令人眩晕的高度还是狭窄的电缆通道都畅通无阻，如图 1-1 所示。

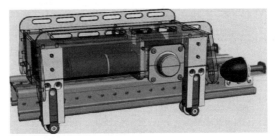

图 1-1　攀爬高压线铁塔的机器人 HSS Robo Ⅱ

② 超高功率密度管道检测系统：这款 iPEK 公司的探查机器人可用于检测直径为 100mm 或更粗的管道（图 1-2）。

图 1-2　超高功率密度管道检测系统

③ KUKA youBot 小型轮式移动机器人：这台机器人主要由一个移动平台和一支机械手臂所组成（图 1-3），它同时也是一个专为科学研究和教学所研发的开放资源平台。

④ 带有机械臂的火星探测车：如图 1-4 所示。

⑤ 带有柔性机械臂的管道检测机器人：如图 1-5 所示。

可以说，"移动"与"操作"永远是工业机器人的两大主题功能。因此，本书也是以这两大主题功能为范畴来定义并撰写工业机器人的，涵盖工业机器人操作臂、移动机器人。

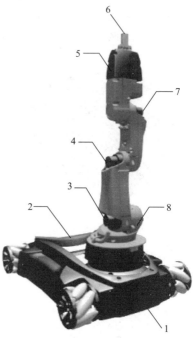

图 1-3　KUKA youBot 小型轮式移动机器人

1—基座；　2—平台；　3—机械臂关节 2；　4—机械臂关节 3；　5—机械臂

关节 5；　6—夹爪；　7—机械臂关节 4；　8—机械臂关节 1

图 1-4　带有机械臂的火星探测车

图 1-5　带有柔性机械臂的管道检测机器人

1.3 机器人操作臂简史及其分类与应用

1.3.1 工业机器人操作臂是机器人概念的最早技术实现和产业应用

如前所述，工业机器人操作臂最早起源于 20 世纪 40 年代美国橡树岭和阿尔贡国家实验室，核废料的处理因放射性射线对人体的伤害不能有人在现场，因此，寻求一种能够代替人来对核废料进行处理的装置和系统。自然地，像人类手臂一样能够带动夹持物体的如手爪类末端操作器运动，从而实现核废料物质搬运的机械臂为首选方案，而且为了实现对核废料处理现场的机械臂进行控制，以主从操作系统的方式，由远离核废料处理现场的人员操纵主臂，再由主臂对核废料处理现场的机械臂（即从臂）进行作业控制。因此，工业机器人从其实用化诞生一开始就"仿生"于人类手臂的运动功能。不仅如此，由当时催生的主从机器人操作系统的概念如今也已成为非现场控制现场机器人的一种远程操作机器人技术，在诸如极寒、肮脏等恶劣环境以及航天领域空间站站外作业等极限环境中获得应用，并仍在继续研究。

1954 年美国 Derubo 公司获得第一项机器人专利权；1959 年美国 Unimation 公司制造出第一台工业机器人，1962 年出售工业机器人 Unimater；Cincinnati Milacro 公司的 T3 型机器人操作臂用于工业操作；1983 年美国 Robotics Research Corporation 首先提出模块化组合式操作臂的概念，研制出了系列化的拟人手臂和仿人臂双臂，用于 1/3 比例空间站桁架雷达站、轨道替换单元、遥控表面检查系统。

20 世纪 70、80 年代工业机器人在工业领域得到普及应用，美国、日本、德国、瑞典等国家以机器人操作臂为主的工业机器人制造商纷纷推出了自己品牌的技术成熟的机器人操作臂产品。欧洲、日本在工业机器人研发与生产方面占有优势，知名的机器人公司有 ABB、KUKA、FANUC、YASKAWA 等，占据工业机器人市场份额的 60%～80%。在工业发达国家，工业机器人技术已日趋成熟，已经成为一种标准设备被工业界广泛应用，相继形成了一批具有影响力的、著名的工业机器人公司，包括瑞典的 ABB Robotics，日本的 FANUC、YASKAWA，德国的 KUKA Roboter，美国的 Adept Technology、American Robot、Emerson Industrial Automation、S. T Robotics，意大利的 COMAU，英国的 Auto Tech Robotics，加拿大的 Jcd International Robotics，以色列的 Robogroup Tek，这些公司已经成为其所在地区的支柱性产业。代表性的 6 轴工业机器人操作臂产品如图 1-6(a)～(c) 所示，分别为 MOTOMAN、KUKA、ABB 品牌 6 轴工业机器人操作臂的实物照片。

(a) MOTOMAN 6轴工业机器人ES165RDⅡ　　(b) KUKA 6轴工业机器人　　(c) ABB 6轴工业机器人

图 1-6　国外品牌 6 轴工业机器人操作臂实物照片

1.3.2　传统工业机器人操作臂和冗余、超冗余自由度机器人操作臂

机器人从 20 世纪 40 年代诞生发展至今的 70 余年间，机器人操作臂的发展已经超出了普遍使用的 6 自由度的工业机器人操作臂范畴。单从机器人自由度数的角度分类，可以分为 6 自由度以内的工业机器人操作臂和自由度数超过 6 的机器人操作臂。

（1）6 自由度以内的工业机器人操作臂

① 三维空间内通用的 6 自由度工业机器人操作臂　由于在三维现实物理世界空间内确定直角坐标系 $O\text{-}XYZ$ 表达的空间中任何一个物体的位置和姿态需要 6 个自由度，即 X、Y、Z 三个位置坐标分量和分别绕 X、Y、Z 轴的 α、β、γ 三个姿态角分量，总计六个分量。因此，一般地，通用的工业机器人操作臂为了能够在三维现实物理世界空间中操作任何一个物体以及带着物体运动，需要 6 个自由度。不仅如此，还需要根据机构学原理确定实现这 6 个自由度的机构运动副类型和合理配置。目前，国内外的工业机器人操作臂制造商出售的产品基本上是以 6 自由度为主的操作臂系统。但是，如果工业生产中实际的被操作对象物不需要 6 个自由度，例如，用机器人操作臂往轴上装配轴承时不需要末端操作器绕轴

承轴线的回转运动，则用 5 自由度以内的机器人操作臂即可，选用 6 自由度机器人操作臂则明显浪费，而且那些多余的自由度的运动驱动和控制必须处于"锁死"状态，即实际控制时必须处于"停止"状态甚至于必要时用机械方法固定住不动。

② 少于 6 自由度的专用工业机器人操作臂　此类工业机器人操作臂往往需要根据具体操作作业任务要求专门设计，一般为 3~5 自由度，而且该类机器人操作臂各自由度运动副的配置与操作作业任务密切相关，需要首先进行操作作业运动分析，确定所需要的自由度数和机构构型。例如：用于装配作业的 SCARA 型机器人只有 4 个自由度（也即 4 个轴，包括 3 个分别绕各自垂直轴线转动的回转运动自由度和 1 个沿垂直轴线上下移动的自由度）。

（2）冗余自由度机器人操作臂

① 冗余自由度机器人操作臂定义：是指在其机构构成上，由主驱动部件（如伺服电动机或液压缸、气缸等原动机部件）独立驱动的运动副总数（也即机构自由度数）多于机器人操作臂末端操作器完成作业所需要自由度数的机器人操作臂。如工作空间为二维平面内作业空间的 3 个及以上自由度的平面串联杆件机械臂［图 1-7(a)］；工作空间为三维作业空间的 7 自由度仿人手臂、具有 7 以上自由度的柔性臂、象鼻子操作臂等等。这里以图 1-7 所示的平面冗余自由度操作臂和图 1-8 所示的人类手臂为例说明什么是冗余自由度机器人操作臂的自运动特性。

② 冗余自由度机器人操作臂的自运动（self-motion）特性：就是指当末端操作器的位置和姿态不变（即可将末端操作器看作固定不动）时，操作臂可以以无限多的臂形（即机构构形，manipulator configuration）实现此时末端操作器同一位置和姿态。

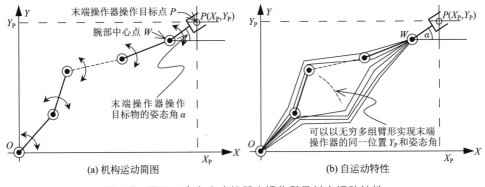

图 1-7　平面冗余自由度机器人操作臂及其自运动特性

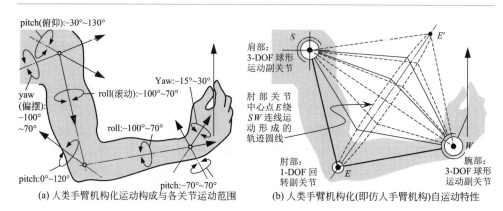

(a) 人类手臂机构化运动构成与各关节运动范围　　(b) 人类手臂机构化(即仿人手臂机构)自运动特性

图 1-8　人类手臂的冗余自由度及其自运动特性

对于图 1-7 所示的二维平面内运动的 n 自由度冗余自由度机器人操作臂而言，即是末端操作器以姿态角 α 操作目标物中心点 P（X_P，Y_P）时，操作臂可以以从 O 点到腕部中心点 W 之间机构的两个极限构形之间的任意构形实现末端操作器的位置和姿态，也可以说当末端操作器被固定在某一位置和姿态时，操作臂可以自由地改变由距离基座最近关节至末端操作器腕部关节中心之间臂的构形，而末端操作器不动。

同理，对于图 1-8(a) 所示的人类手臂在三维空间内的运动分解构成，可以按着机构学原理将其机构化为 7-DOF 的开式串联杆件机构［图 1-8(b)］，需要说明的是：7-DOF 的仿人手臂机构可以有两类机构构型：3-DOF 肩＋1-DOF 肘＋3-DOF 腕的构型形式和 2-DOF 肩＋2-DOF 肘＋3-DOF 腕的构型形式。图 1-8(b)中，当手的位置和姿态一定（即在三维空间中手保持固定不动）时，肩部中心 S 到腕部中心 W 之间的大小臂构形（即△SEW）可以绕 SW 连线自由旋转，如果不考虑肩、腕关节的运动范围而只当作机器人操作臂的话，可以实现大小臂构形绕 SW 连线回转 360°的自运动，因此，7-DOF 的仿人手臂的自运动形成的机构构形是由相同底面背对在一起的两个圆锥面组成的，背对在一起共底的两个圆锥面上的任意一条母线（以肘关节中心点 E 为折点的折线）即为可以实现给定末端操作器位置和姿态的臂形，这样的臂形有无穷多个；即便受关节极限所限不能形成完整的两个背对共底的圆锥面，自运动形成臂形也可以实现末端操作器同一位置和姿态的无穷多个构形。

显然，冗余自由度机器人操作臂有无穷多组臂形与末端操作器作业轨迹相对应，而这些无穷多组构形是由各个关节的关节角随时间变化的关节运动轨迹族形成的。这意味着在给定末端操作器作业轨迹（即位置、姿态随时间变化的轨迹）的情况下，冗余自由度机器人操作臂的逆运动学解（即对应末端操作器位置、姿态轨迹的各关节运动轨迹）有无穷多个。由此而引出一个具有重要理论与实际意义的机器人机构学问题，即冗余自由度机器人操作臂逆运动学的全局优化设计与运动控制理论问题。即针对末端操作器作业轨迹，如何找到使作业性能最优的逆运动学解，并且实时地控制操作臂。冗余自由度机器人操作臂机构比起 6 自由度的工业机器人操作臂在机构上、逆运动学求解以及运动控制等方面要复杂得多。

③ 冗余自由度机器人操作臂的优点是：可以有效地利用除末端操作器作业时位置与姿态所必需的自由度数之外剩余的自由度（即冗余自由度），进行末端操作器主作业性能的优化和附加作业。主作业优化包括末端操作器作业运动学、动力学性能优化，如机器人操作臂驱动速度、驱动力矩、驱动能量、作业时间等的优化；而附加作业则可以定义为机器人操作臂在进行主作业的同时，臂与周围环境物的障碍回避作业、操作臂机构奇异构形回避、关节极限回避等等。显然，在复杂作业工况下，冗余自由度机器人可以比非冗余的工业机器人操作臂具有更高的运动灵活性、主作业性能和附加作业能力。因而，20 世纪 80、90 年代，冗余自由度机器人操作臂机构学研究成为机器人操作臂研究方面的热点，同时，一些冗余自由度机器人操作臂、仿人手臂、超冗余自由度的机器人操作臂被设计研制出来。

④ 冗余自由度机器人操作臂实例：6 自由度机械臂被大量应用于工业生产中，但其灵活性不如 7 自由度仿人臂，因而，针对一些比对工业生产用机器人操作臂使用要求更高、更灵活的特殊应用场合，7 自由度及冗余自由度数更多的运动灵巧型的冗余自由度、超冗余自由度机器人操作臂成为研发对象，以下选择的是在冗余自由度机器人操作臂设计、研发以及应用方面具有创新性和实际意义的一些代表性研发实例。这些研发实例对于目前我国工业机器人操作臂的设计与研发仍具有重要的参考价值。

Sarcos 灵巧臂（1991 年）：位于美国盐湖城（Salt Lake City）的 Animate System Inc. 于 1991 年研制出具有 10 自由度的 Sarcos 灵巧臂（Sarcos Dextrous Arm)[1]，如图 1-9 所示。Sarcos 灵巧臂带有 3 自由度末端操作手，臂部为 7 自由度仿人灵巧臂，由液压驱动，拥有比人臂更高的操作速度与出力，以及高分辨率的位置和力控制性能。它可以自主或遥控方式进行操作，可以拿起并使用工具如螺丝刀（螺钉旋具）、锤子、刀子、锯等；带载能力相当于一个强壮成人的举重能力，速度也相当！美国 Sarcos 公司、贝尔实验室及能源部联合推出了灵巧操作系统（DTS），DTS 系统的机器人操作臂就使用了该灵巧臂，可应用于核工业、海底建造和维修、能源利用、制造业、太空实验等。

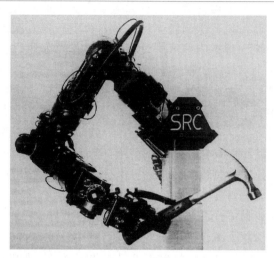

图 1-9　Sarcos 公司的带有 3 自由度末端操作手的 10 自由度灵巧臂[1]

　　模块化组合式 7 自由度仿人手臂系列与 17 自由度仿人双臂（1983 年）：1983 年美国机器人研发公司（简称 RRC）首先提出了模块化组合式操作臂系统概念［图 1-10(a)(b)］，并以实用化为目标，致力于设计、制造高性能组合式操作臂，同时研究运动控制，提出了机械、控制、电子、软件模块化和组合式系列，并且标准化，以满足特殊使用要求[2]。该公司研制的 K 系列、B 系列灵巧臂是由关节驱动模块系列组合而成的。系列里的每一个关节驱动模块包含了完整的关节机构和驱动系统（单自由度关节）。控制用计算机、信号系统、电子系统安装在控制盒内通过高性能柔性电缆与模块连接。关节模块系列有 roll 和 pitch（±180°或 ±360°）两种类型关节，有 1920、904、508、283、158、68、17N·m 七种输出转矩规格，可以组装出多达 17 个自由度的操作臂。关节驱动皆采用伺服电动机 ＋ 谐波齿轮减速器及闭环控制方式。美国 RRC 采用模块化组合设计、研制出的 K-2107HR、K-1607HP、K/B-1207 等单臂 7-DOF 仿人臂操作臂如图 1-10(b) 所示，有关参数为：K-2107HR 臂伸展总长为 2.1m，末端精度为 0.013mm；K-1607HP 臂伸展总长为 1.6m，总重为 23kg，已用于工厂和实验室；K/B-1207 臂伸展总长为 1.2m，总重为 73kg，腕部重量为 9kg，使用比利时产电动机。使用模块化系列关节组合出的 17-DOF 仿人双臂如图 1-10(c) 所示，两个单臂各有 7 个自由度，安装双臂的躯干和腰部共有 3 个自由度。美国 RRC 公司研发出的 K/B-1207 臂已用于 1/3 比例空间站桁架雷达站、轨道替换单元、遥控表面检查系统[3]。

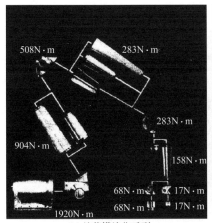

(a) 关节模块化系列

(b) 7-DOF操作臂的三种模块化构型

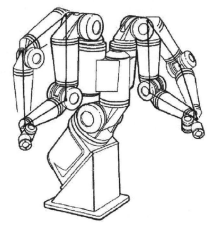

(c) 17-DOF操作臂(双臂)

(d) 桁架雷达站轨道替换单元、表面检测遥操作

(e) 遥控表面检查实验室的操控站

图 1-10　美国机器人研发公司（RRC）研发的模块化
组合式操作臂系列[2]及其在 1/3 比例空间站上的应用[3]

面向极限作业远程遥控系统自动化作业的多种工具自动换接的 7-DOF Schilling 臂（1988 年）：1988 年 Schilling 研发公司（Schilling Development Incorporate）的 Tyler Schilling 深入分析了极限环境下远程遥控作业的自动化要求和特点，研究了极限环境下远程遥控系统，研发了 7-DOFSchilling 仿人臂[4]（图 1-11），该臂在肩部配备了工具安装座和诸如卡尺、钳子、磨头、螺丝刀等工具和量具，通过末端操作器上的工具换接器可以"回够肩部"送回或拿到不同的工具从而完成不同的操作作业任务。在臂的设计上，显然如图 1-11 所示的肘关节非零偏置可以实现肘关节单侧大范围运动，从而使末端操作器可以"回够肩部"送回或拿到换接的工具。该臂可以用于危险原料处理舱的清理等作业。

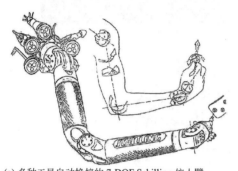

(a) 多种工具自动换接的 7-DOF Schilling 仿人臂

(b) Schilling 臂清理危险原料仓主从作业主控站主臂

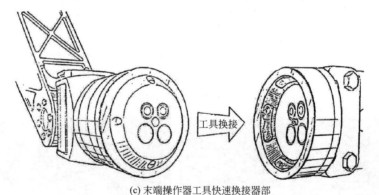

(c) 末端操作器工具快速换接器部

图 1-11　多种工具自动换接的 7-DOF Schilling 仿人臂

及其远程遥控作业应用中的主控站主臂[4]

Mark E. Rosheim 研发的 3-DOF 全方位无奇异腕及 7-DOF 仿人臂（1985～1990 年）：美国 Ross-Hime 设计公司（Ross-Hime Design Inc.）的 Mark E. Rosheim 自 1985 年起针对机器人手臂在喷漆、焊接方面的应用开展了仿人手腕关节的研究。他曾指出，未来复杂仿人机器人的发展取决于手腕的技术进步[5]。

他将人类手腕运动的实现归结为：roll（滚动）-pitch（俯仰）-roll（滚动）和 pitch-yaw（偏摆）-roll 两种机构，并分别设计了四种机器人新型手腕机构，其中之一便是如图 1-12(a)、(b) 所示的利用齿轮传动与双万向节传动原理设计研制的 pitch-yaw-roll 型全方位无奇异肩和手腕机构，并于 1990 年获得多项美国发明专利。该机构已为 NASA 所采用。Mark E. Rosheim 基于这种手腕机构原理设计研发了 7-DOF 仿人臂[7] [图 1-12(c)(d)]。这种手腕及采用同样原理的肩关节与腕关节构成的仿人手臂不存在关节机构奇异构形，因而较通常的工业机器人腕及臂具有更高的灵活性和更大的工作空间，在喷漆[8]、焊接、检查探伤、装配以及空间站远程遥控作业系统中都有较高的应用价值。

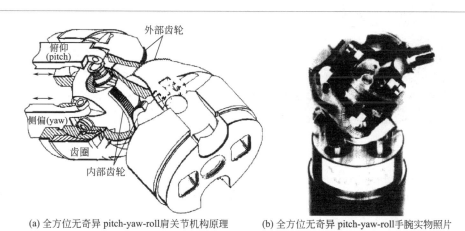

(a) 全方位无奇异 pitch-yaw-roll 肩关节机构原理　　(b) 全方位无奇异 pitch-yaw-roll 手腕实物照片

(c) 基于全方位无奇异关节的 7-DOF 仿人臂结构　　(d) 7-DOF 仿人臂实物照片

图 1-12　Mark E. Rosheim 设计研发的全方位无奇异
pitch-yaw-roll 腕关节及 7-DOF 仿人臂

平面多冗余自由度机器人操作臂 CT ARM（1993 年）：1993 年，日本东京工业大学马书根、广赖茂男等利用多级绳索传动的原理研发了 7-DOF 平面多冗余自由度机器人操作臂[9] ［图 1-13(a)］，基座之上有 1 个腰转自由度，其绳传动的机构原理如图 1-13(b)所示。虽然臂部为可以弯曲成 S 形的平面机构，但其腰转关节的转动可以改变臂平面的方位。而且，跨关节绳传动可以实现把驱动各关节的伺服电动机全部安装在基座内，如此就减轻了臂部运动部分的质量，相对提高了末端操作器手爪的带载能力。

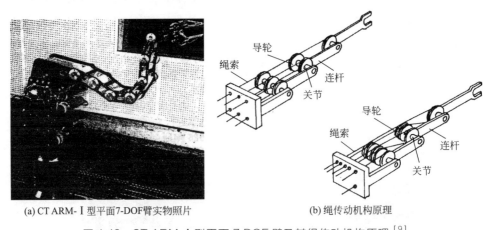

(a) CT ARM- I 型平面7-DOF臂实物照片　　(b) 绳传动机构原理

图 1-13　CT ARM- I 型平面 7-DOF 臂及其绳传动机构原理[9]

基于平面变几何桁架单元的 30-DOF 超冗余自由度机器人操作臂（1993年）：约翰·霍普金大学（Johns Hopking University）与加州理工学院（California Institute of Technology）于 1993 年联合研发了具有 30-DOF 的机器人操作臂[10]。研究中提出了基于可变几何桁架（variable geometry trusses，VGT）单元的超冗余自由度机器人操作臂的概念，该概念实际上开启了串联多数个并联机构单元的串并联混合式机构的机器人操作臂的研究。各可变几何桁架单元的机构原理如图 1-14(a) 所示，分别由三个直流伺服电动机和丝杠驱动的三个柱状移动副与杆件并联在两个横杆之间，为 3-DOF 的平面并联机构单元，每个移动副可在 12in（1in＝0.0254m）和 18in 长度范围内伸缩变化，在运动过程中可产生75lbf（1lbf＝4.44822N）的力，并且可以经受住 225lbf 的静载荷。每个柱状移动副机构上都装有线性电位计用来测量其绝对位移量。电位计的位移量反馈和丝杠传动回差引起的误差总量约为最大伸长量的 1%。利用这种 3-DOF VGT 单元和诸如六边形 VGT 单元分别串联而成的超冗余自由度机器人操作臂机构构型如图 1-14(b) 所示。约翰·霍普金大学与加州理工学院的研究者们还利用基于VGT 单元研发的 30-DOF 机器人操作臂分别进行了回避障碍实验、单臂包围抓取实验［图 1-14(c) 上两图］以及双臂操作实验［图 1-14(c) 下两图］，用来模拟从运行轨道上抓取、回收卫星的操作。

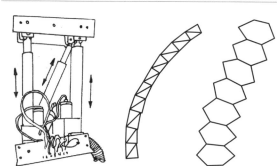

(a) 平面3-DOF VGT单元　(b) 基于VGT单元的超冗余自由度臂　(c) 30-DOF臂包围抓取卫星的模拟实验照片

图 1-14　约翰·霍普金大学研发的基于可变几何桁架原理的
超冗余自由度臂机构及 30-DOF 臂包围抓取实验[10]

　　日本安川（YASKAWA）电机株式会社的 MOTOMAN 7 轴工业机器人操作臂（2008 年）：20 世纪 90 年代国内外有很多大学、研究机构研制出具有 7-DOF 的机器人操作臂原型样机，但是在工业领域实际应用的工业机器人产品方面，安川电机株式会社以其工业机器人技术与制造优势又一次占据了第一位。2008 年安川电机制造出世界上第一台 7-DOF 工业机器人操作臂产品[11]，末端负载为 3kg，最大可达范围为 1434mm，重复定位精度为 ±0.08mm，如图 1-15 所示。该 7-DOF 工业机器人操作臂属于冗余自由度机器人，是在原有的 6-DOF MOTOMAN 工业机器人操作臂［图 1-15(a)］基础上，在大臂 Pitch（俯仰）关节与肘俯仰关节之间增加了一个 roll（滚动）自由度，而成为 7-DOF 的冗余自由度工业机器人操作臂［图 1-15(b)］，其机构运动简图如图 1-15(c) 所示。它与其他 6 轴（6-DOF）工业机器人相比的优势为：可以回避作业时的周边物体障碍。

　　德国 KUKA 7 轴工业机器人操作臂 LB Riiwa（2014 年）：2014 年 11 月，德国工业机器人制造商 KUKA 首次在展会上发布了 7-DOF 轻型工业机器人操作臂 LB Riiwa[12]。该臂总重为 23.9kg，末端负载分别为 7kg、14kg。一般的 6-DOF 工业机器人操作臂的末端负载与其总重的比值约为 1：10，因此，LB Riiwa 首次成为轻型工业机器人操作臂在保证末端重复定位精度的情况下，末端负载超过 10kg 和打破 1：10 比例的机器人操作臂产品。并且，该臂的各轴内均配置碰撞检测功能。图 1-16(a) 为 LB Riiwa 的实物照片；图 1-16(b) 分别从侧向（上三图）和正向（下三图）视角给出了 LB Riiwa 在其末端位置和姿态不动的情况下其臂形变化的自运动视频截图。

　　瑞典 ABB 7 轴工业机器人操作臂 YuMi（2014 年）：2014 年 11 月，瑞典机器人制造商 ABB 也与德国 KUKA 同期推出了如图 1-17 所示的双臂协调操作机器人 YuMi[13]。YuMi 总重为 38kg，单臂为 7-DOF 臂，末端重复定位精度可达

±0.02mm，末端负载为 0.5kg。

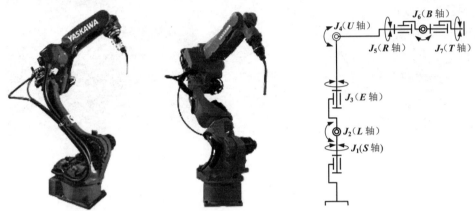

　(a) 6轴MOTOMAN AR1400[11]　　(b) 7轴MOTOMAN VA1400Ⅱ[12]　　(c) 7-轴MOTOMAN VA1400Ⅱ机构简图

图 1-15　7-DOF（7轴）　MOTOMAN-VA1400Ⅱ型弧焊/

搬运/激光焊接用工业机器人操作臂及其机构简图

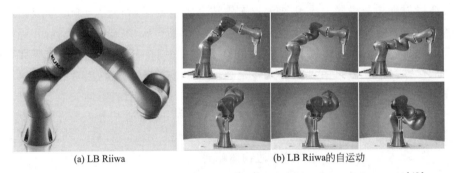

　　　　(a) LB Riiwa　　　　　　　　　(b) LB Riiwa的自运动

图 1-16　KUKA 7-DOF（7轴）工业机器人操作臂 LB Riiwa 及其自运动[12]

　　美国克莱姆森大学（Clemson University）研发的气动连续介质机器人操作臂（2000～2006 年）：在美国 DARPA（Defense Advanced Research Projects Agency，美国国防高级研究计划局）多年资助下，克莱姆森大学电气与计算机工程系的 Ian D. Walker 和建筑学院的 Keith E. Green 研发了连续介质机器人。其研究目标是设计研制像章鱼那样具有柔软性和顺应性并且可以控制形态的连续介质柔性机器人操作臂，并且单元化，可以通过连续介质的单元臂构造出任意结构的柔性机器人。目前研制出的机器人操作臂是由 3～4 节单元臂构成的，每节单元臂都具有 3 个自由度，如此，3～4 节单元臂串联在一起构造出 9～12-DOF 的连续介质机器人操作臂 OctArm（octopus arm 的缩写）[14]，英文全称为 continuum robot manipulator inspired by octopus arms。OctArm 连续介质机器人操作臂每节单元断面都有可以通过气腔空气压力变化使单元臂任意弯曲和伸缩的三个间隔开的气腔，以实现像章鱼肢体那样的运动。通常把这种驱动方式叫作Mckibben气动人工肌肉（air muscles）驱动。Mckibben气动人工肌肉驱动器是在1958年由Richard H. Gaylord发明的致动器，他对这种"人工肌肉"的描述是：细长的由编织物包围的可膨胀的管状腔室的装置[15]。其原理如图1-18（a）所示。但是，这种装置是在1960年由Joseph L. Mckibben作为气动执行机构开始使用并逐渐流行起来，20世纪60年代在人工假肢研究中分别由Schulte（1961年）、Gavrilovic和Maric（1969年）研发出来，1988年由日本Bridgestone Rubber Company的Inoue应用到机器人领域的。

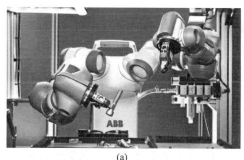
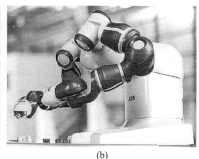

图 1-17 瑞典 ABB 7-DOF 工业机器人操作臂 YuMi 双臂协调操作[13]

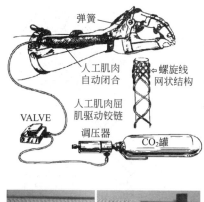
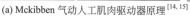

(a) Mckibben 气动人工肌肉驱动器原理[14, 15]　　(b) 3节OctArm 连续介质机器人操作臂包围抓取及 Foster-Miller TALON系统[14]

图 1-18 Mckibben 气动人工肌肉驱动器原理及 OctArm 连续介质机器人操作臂包围抓取作业

日本东芝公司铃森康一、立命馆大学川村贞夫研发的气动柔性机器人操作臂（1991 年、2001 年）：

气动人工肌肉驱动除了前述 Mckibben 式之外，还有如图 1-19 所示的将圆形截面均分成数个扇形腔室结构、用分瓣组合模具制作出均分腔室的橡胶筒结构单元，用这样的数个柔性单元可以组合出多节气动或者液压驱动的柔性机器人操作臂。1991 年日本东芝公司铃森康一研发出的微小型人工肌肉驱动器 FMA（Flexible Microactuator）[16] 就用了这种圆形截面均分三腔室的柔性单元结构，外形呈圆管状，管内分隔成三个互成 120° 的扇形条状空腔，管壁以硅橡胶为基体材料，同时基体内敷设有与管壁圆形截面圆周成一定螺旋角的芳香聚酰胺纤维螺旋线作为增强材料。这种均分多腔室的柔性单元制造成本比 Mckibben 式人工肌肉单元高。立命馆大学的川村贞夫等人研发的气动柔性机器人操作臂[17] 原理如图 1-20 所示，由其中的图（a）可以看出：三根圆橡胶管呈两两相邻间隔 120° 角并联在端部圆盘之间组成一节柔性驱动单元，每根圆橡胶管通过独立的气路和阀门控制进气增压（管变形成粗短形态）、放气减压（管变回细长形态），从而实现任意弯曲。两节柔性驱动单元串联连接在一起时，节间圆盘上的橡胶管沿圆周方向相互错开 60°，如图 1-20(b) 所示。由两节柔性驱动单元组成的柔性臂的运动控制实验如图 1-20(c) 所示，可以任意弯曲、伸长、缩短。同前述的 FMA 柔性驱动器原理相比，显然这种用橡胶管沿圆周方向均布并联而成的柔性驱动单元和柔性臂在制作上要容易得多。

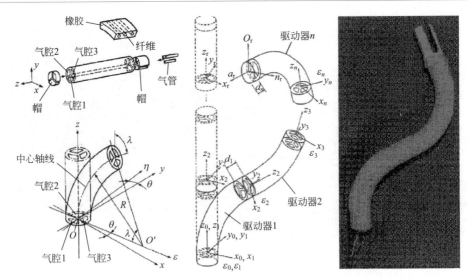

图 1-19　日本东芝公司铃森康一研发的 FMA（Flexible Microactuator）微小型驱动器[16]

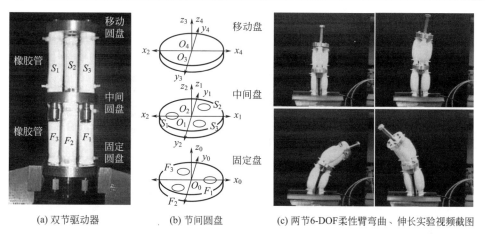

(a) 双节驱动器　　　　(b) 节间圆盘　　　(c) 两节6-DOF柔性臂弯曲、伸长实验视频截图

图 1-20　圆橡胶管 3 根并联一组的气动柔性驱动单元及双节 FMA 柔性臂[17]

　　多节脊骨式绳索肌腱驱动"象鼻子"柔性操作臂（1999 年、2001 年）：前述的 Mckibben 式人工肌肉、FMA 气动微小型柔性驱动器以及橡胶管并联式柔性臂都是靠橡胶或者橡胶伴有纤维编织物柔性材料在气压、液压作用下变形的原理来实现臂的运动的。还有一类柔性臂不是靠人工肌肉或橡胶管等柔性材料的变形，而是由刚性结构和电动机驱动绳索的原理来实现如"象鼻子"一样灵活、可以任意弯曲成 S 形的柔性操作臂，即"象鼻子"柔性操作臂。Cieslak 与 Morecki 于 1999 年研发出由绳索肌腱驱动的弹性操作臂；Hannan 与 Walker 于 2001 年研发了每一节都由混合线缆（hybrid cable）和弹簧伺服系统（spring servo system）驱动的 4 节"象鼻子（elephant trunk）"柔性操作臂，总长为 838.2mm，总共由 16 个 2-DOF 关节组成 32-DOF 超冗余自由度操作臂[18,19]。每四个直径相同的关节圆盘组成如图 1-21（a）所示的一节，单节的混合线缆线路分配如图 1-21（b）所示，按此结构分为直径分别为 101.6mm、88.9mm、76.2mm、63.5mm 的 4 节，也即由 4 个 2-DOF 的关节组成 8-DOF 的一节。16 个关节中的 4 个即 8-DOF 由直流伺服电动机驱动，其余的自由度则由弹簧驱动。

1.3.3　机器人操作臂的分类、用途及特点

（1）机器人操作臂的分类

　　机器人操作臂的种类繁多，按着自由度的多少、机构构型空间、机构刚柔性、用途及作业环境、操控与驱动方式、驱动原理、机构构件间的连接方式等可以分为图 1-22 所示的各种类别。

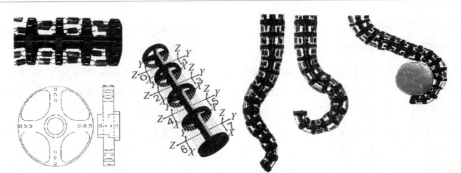

(a) 单节结构及2-DOF关节圆盘　(b) 单节操作臂结构图　(c) 4节32-DOF "象鼻子" 柔性操作臂及其操作例

图 1-21　脊骨式绳索肌腱驱动的 "象鼻子" 超冗余自由度柔性操作臂[18, 19]

(2) 各类机器人操作臂的用途及特点

① 非冗余自由度机器人操作臂（6-DOF 以内的工业机器人操作臂）　这类机器人操作臂主要是用来完成末端操作器作业，虽然无冗余自由度但对于末端操作器同一位置和姿态有少数几个有限的臂形解。可以用平面或立体解析几何方法、齐次矩阵变换法或矢量分析的方法，求得对应给定末端操作器位置和姿态的逆运动学解析解，注意：一般都会有几组解存在。而在实际使用这些解控制机器人操作臂时，在整个运动控制过程中只能选择其中一组解析解进行关节轨迹控制，在作业过程中回避障碍、回避关节极限的能力十分有限。因此，其一般用于机器人操作臂作业的周围环境和作业对象无障碍物的情况下，如工厂车间、自动化生产线等作业环境的工业机器人操作臂。相对而言，其作业环境相对宽松。

② 一般冗余自由度机器人操作臂　这类冗余自由度机器人操作臂的冗余自由度数是指除了末端操作器作业所需的最低自由度数（即相当于非冗余自由度机器人操作臂的自由度数）以外剩余的自由度数，而且相对较少。如在二维作业空间内作业的 3～10-DOF 机器人操作臂、三维作业空间内作业的 7 个至十数个自由度的冗余自由度机器人操作臂。这类机器人操作臂的冗余自由度数一般在十数个以内。而目前工业机器人制造商生产的冗余自由度机器人操作臂基本上都是 7-DOF，即在6-DOF 工业机器人操作臂的基础上增加了大臂上肘、肩关节之间一个 roll（滚动）自由度，如前述的 7-DOF MOTOMAN VA1400Ⅱ、KUKA 7-DOF LB Riiwa 等工业机器人操作臂。这类具有 1 个或多数个冗余自由度的机器人操作臂对于给定末端操作器位置和姿势运动要求的主作业，皆具有无穷多组逆运动学解，也即有无穷多组随时间变化的臂形解可以实现预先给定的末端操作器运动轨迹。因此，在完成末端操作器主作业的同时，可以利用此特点同时完成回避作业环境障碍、回避作业对象物障碍、回避关节极限、优化运动性能等附加作业。如在相对狭小的作业空间内，

多台工业机器人操作臂协调操作作业对象物或者需要将机器人操作臂深入到深度相对较浅的孔洞空间内作业的情况下，可以选择 7-DOF 或多冗余自由度机器人操作臂。工业实际需要如：多台机器人操作臂协调完成汽车焊接作业、汽车驾驶室内部喷漆作业、核工业中核反应堆内部作业、空间站站外作业以及主从遥操作、腹胸腔医疗手术机器人作业、伸入到食道内的内窥镜机器人作业等。

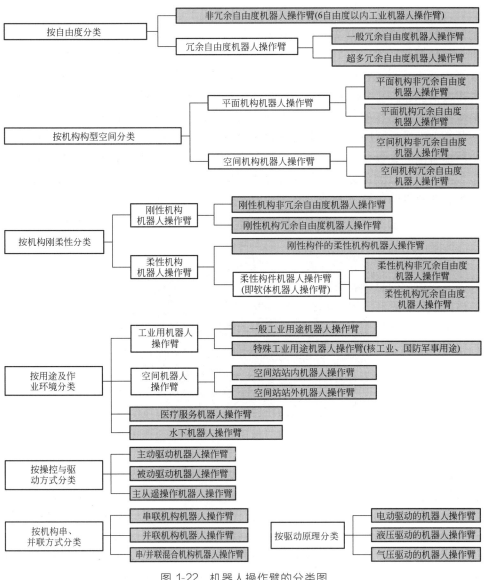

图 1-22　机器人操作臂的分类图

从工业机器人操作臂的发展和实际应用来看，随着工业生产自动化程度和作业复杂性要求的不断提高，工业机器人操作臂已经由原来的 6-DOF 逐渐发展到 7-DOF，目前国际上已有多家国内外机器人制造商增加了 7-DOF 工业机器人操作臂系列产品，其目标也是面向着逐渐增加的复杂工业生产自动化作业对冗余自由度机器人操作臂的需求。

7-DOF 的冗余自由度工业机器人操作臂可以在将冗余自由度关节角位移量假设为已知变量的情况下，将其作为 6-DOF 的工业机器人操作臂看待来求解得到解析解，然后通过定义或优化冗余自由度的关节轨迹，从而使用解析解来控制机器人操作臂。然而，当冗余自由度数为多个（＞1）时，很难求得解析解，冗余自由度数越多，机构逆运动学的求解越困难。为此，一般需要借助于在臂上设置多数的测距传感器或接触力传感器、人工皮肤的办法，来相对地减小控制问题的复杂性，从而缓解逆运动学求解问题的困难。

③ 超多冗余自由度机器人操作臂　这类冗余自由度机器人操作臂是指其机构所拥有的冗余自由度数远多于通常末端操作器在二、三维空间内主作业所需要的自由度数的机器人操作臂。据现有的文献报道可知：称作超多冗余自由度数机器人操作臂的自由度总数在 30 以上，有的甚至多达 60-DOF。这一类的机器人操作臂可以以任意弯曲的臂形适应作业环境或操作对象物。

超多冗余自由度机器人操作臂的实际应用大背景有两大方面：一是狭小、细长、拐弯管道或弯曲孔洞内的探查和操作作业自动化需求；另一个是以整臂臂形包围抓取作业的自动化需求。前者如管道内表面的检测或操作作业，一般会在臂的最前端自带光源、设置相机和末端操作器（或工具）；再如地震发生灾害、人被困于废墟深处狭小空间时实施救援前的情况探查等等。后者的实际需求则如运行于太空中的卫星回收机器人作业，具有超多自由度的机器人操作臂可以以整臂的弯曲形态逐渐由外向内包围卫星整体，从而实现卫星的回收。在地面上也是一样，可以以臂包围抓取的形式"抓握"物体并放到指定的位置。

显然，超冗余自由度机器人操作臂比起多冗余自由度机器人操作臂具有更多的冗余自由度数，从机构运动能力本身而言，具有更强大的对环境和操作对象的适应性和灵活性，但是，如何有效利用超多冗余自由度关节实施控制的问题则更加复杂，因此，同样需要借助于前述的能够感知到环境或者作业对象物的各种传感器的信息与逆运动求解结合方能有效。

④ 平面机构非冗余自由度机器人操作臂　这类机器人操作臂是指机构中所有的移动副轴线都位于同一平面内或分别位于相互平行平面内，所有的圆柱回转副轴线都相互平行，而且驱动所有关节的原动机数等于末端操作器作业所需自由度数的机器人操作臂，也即操作臂末端只在平面内运动的非冗余自由度机器人操作臂。需要特别注意的是：这类机器人操作臂中，也有在最后一个关节配置垂直

或倾斜于其前一关节运动平面的移动副关节，虽然因其而成为空间机构，但也把这种机器人操作臂作为平面机构操作臂来看待。如 SCARA 机器人操作臂即是如此，这是因为类似 SCARA 的机器人操作臂的末端回转关节和移动关节都只是为末端操作器提供实际作业的需要，臂的主要运动为平面内运动。这类机器人操作臂的自由度总数不超过 4 且为非冗余自由度操作臂，最后两个自由度是为末端操作器或工具提供回转和移动作业运动。

平面非冗余自由度机器人操作臂机构设计相对简单，运用平面解析几何的方法即可解析得到其正、逆运动学解，运动控制容易实现，常常用于轴孔类零部件装配、平面板件焊缝焊接、印制板插件插拔等工业生产自动化作业中，通常将这类机器人操作臂称为机械手。

⑤ 平面机构冗余自由度机器人操作臂　这类机器人操作臂是指机构中所有的移动副轴线都位于同一平面内或分别位于相互平行平面内，所有的圆柱回转副轴线都相互平行，而且驱动所有关节的原动机数多于末端操作器作业所需自由度数的平面机构机器人操作臂，也即操作臂末端主要运动为只在平面内运动的冗余自由度机器人操作臂。需要特别注意的是：这类机器人操作臂中，有一种操作臂是将最靠近基座的关节设为圆柱回转副作为腰转关节，除此之外，臂上所有关节皆属于轴线互相平行的回转副关节、轴线共面或位于互相平行平面内的移动副关节的平面机构冗余自由度机器人操作臂。如前述的 CT ARM 机器人操作臂，其腰转关节的作用是将平面机构运动的操作臂绕着腰转轴线变换不同的方位，而臂的主要运动是在平行于腰转轴线的臂平面内的平面运动。

尽管这类机器人操作臂的末端主要运动为平面运动，但其可以借助于 1 个冗余自由度或多冗余自由度回避障碍、关节极限以及优化运动性能等。特别是多冗余自由度机器人操作臂可以以任意弯曲的运动特性去适应沿着臂平面方向狭长、曲折的孔洞或障碍物空间形状执行探查、操作作业；还可以臂的"柔性"包围、收拢、抓取、回收作业对象物。这类机器人操作臂的逆运动学求解问题较复杂，实际应用时需要借助于测距、接触力或人工皮肤等传感器反馈与环境或作业对象物间的距离或接触力信息用于臂的运动控制。

⑥ 空间机构非冗余自由度机器人操作臂　现有的具有空间机构构型的 6-DOF 以内工业机器人操作臂多数属于此类。其在工业生产自动化中应用十分广泛，涉及机械制造、汽车、电器电子、轻工等等诸多领域。这类机器人操作臂皆可以用解析几何方法、矢量分析、齐次矩阵变换等方法求解运动学问题，并得到解析解，用于实时运动控制。在所有的各类机器人操作臂中，非冗余自由度的工业机器人操作臂是最为成熟的技术。

⑦ 刚性机构非冗余自由度机器人操作臂　这类机器人操作臂是指构成机器人操作臂机构的基座构件、臂杆杆件、各关节机械传动系统构件均为刚性构件的

非冗余自由度机器人操作臂。现有的 6-DOF 以内的工业机器人操作臂中绝大多数属于此类，在工业中的应用相当广泛，为各类工业机器人操作臂中的主流产品。需要注意的是，现有工业机器人操作臂产品中有相当一部分在关节传动系统中使用了同步齿形带传动、谐波齿轮传动（或减速器）等，而同步齿形带零件、谐波齿轮柔轮、波发生器柔性轴承又都属于柔性件，但通常仍把使用含有这些柔性零部件的工业机器人操作臂看作刚性机器人操作臂。理由是：在许用转矩范围之内，同步齿形带传动、谐波齿轮传动（减速器）都是定传动比传动。

⑧ 刚性机构冗余自由度机器人操作臂与刚性构件的柔性机构机器人操作臂

这类机器人操作臂是指构成机器人操作臂机构的基座构件、臂杆杆件、各关节机械传动系统构件均为刚性构件的冗余自由度机器人操作臂，主要包括现有的 7-DOF 工业机器人操作臂、多冗余自由度乃至超多冗余自由度的刚性机器人操作臂，如前述的基于 VGT 的超多自由度机器人操作臂。这类机器人操作臂具有高度的运动灵活性和环境适应性，主要用于多臂协调作业、作业时需要回避障碍、运动范围大需要回避关节极限等的一般工业生产、核工业、空间站站内外自动化作业场合，以及细长、狭小、曲路空间、拐弯管道等环境下探查与操作作业，太空中飞行卫星的回收等作业场合。

多冗余自由度、超多冗余自由度的机器人操作臂的运动学、动力学以及控制问题相当复杂，而且自由度数越多，机构越复杂，整体刚度越差，精度越难保证，因此高精度多冗余自由度的刚性机构冗余自由度机器人操作臂设计与制造困难，适用于对作业精度要求不高、运动速度较低的场合。但是，这类机器人操作臂在太空中不受地球引力的影响，因而在空间技术领域应用有优势。通常也将这类机器人操作臂称为柔性机构机器人操作臂，简称柔性臂。但这类柔性臂与用柔性材料构成的柔性臂的不同之处在于：其"柔性""灵活性"皆是靠多冗余自由度、超冗余自由度的刚性驱动关节将刚性构件连接在一起相对运动而获得的运动"柔性""灵活性"。如前述的基于 VGT 单元的 30-DOF 操作臂即是这类柔性臂。

⑨ 柔性构件机器人操作臂（也即软体机器人操作臂）　这类机器人操作臂是真正的柔性机构机器人操作臂（简称柔性臂），是靠材料的弹性形变来实现臂的弯曲形态的柔性机器人操作臂，它属于软体机器人的一种。柔性机构非冗余自由度机器人操作臂是指按着二维、三维作业空间中的作业需求，柔性臂的自由度数分别不超过 2、3 的柔性机器人操作臂。与通常的 6-DOF 以内工业机器人操作臂相比，如将这种非冗余自由度的柔性臂用于操作，则需安装能够实现末端姿态变化的"腕部"或者作业任务不需调整末端姿态而只由臂的弯曲形成末端姿态即可的操作（如夹持）；具有多冗余自由度、超多冗余自由度的柔性臂最大的优点是可以以臂对作业对象进行包围、收拢、抓握的运动形式捕获、抓取、回收或搬运作业对象物，如同大象的鼻子一样灵活。由于这种柔性臂是用柔性好的弹性材

料制作而成的，因此，可以用于要求被操作物表面不能受到损伤的易碎、易裂物品的操作作业。这是其同刚性柔性臂相比的最大优点。这类机器人操作臂有前述的 OctArm V、FMA、"象鼻子"等柔性臂等等。

⑩ 主动驱动机器人操作臂　这类机器人操作臂是指所有驱动关节均有独立的主驱动原动机驱动的机器人操作臂。即不论冗余自由度机器人操作臂还是非冗余自由度机器人操作臂，对应于各个自由度的各个关节均有原动机主动驱动的机器人操作臂就是主驱动机器人操作臂。通常的工业机器人操作臂都属于主动驱动，因而不加以特殊强调的话，可以默认机器人操作臂即是主动驱动机器人操作臂。

⑪ 被动驱动机器人操作臂（也称欠驱动机器人操作臂）　这类机器人操作臂是指机器人操作臂机构各自由度对应的各个关节中，含有没有设置驱动关节运动的原动机从而自由回转的关节的机器人操作臂。这类机器人操作臂是通过控制主驱动关节使自由回转关节所连接的部分获得惯性运动来控制机器人操作臂完成给定作业的。因此，这种机器人适用于对机器人操作臂自由度数有要求但又需要限制臂的原动机数或者能量消耗的特殊情况。一般这类机器人都会有效地利用重力场或者是共振条件以达到减少能量消耗、减少机器人操作臂机构复杂性、减轻臂的质量等目的。

⑫ 主从遥操作机器人操作臂（主从遥操作机器人系统）　这类机器人操作臂是指由被称作主臂、从臂所构成的主从机器人（臂）系统，是按着机器人臂的操控方式是否属于独立、现场控制而对操作臂进行分类的。其主臂不在作业任务现场，由主臂通过有线或者无线传输主臂的运动指令给位于作业现场的从臂，主臂运动指令的生成可以由人来操控主臂运动形成，也可以由主臂的控制系统主动生成。这种由远在现场之外的主臂和现场作业的从臂构成的系统称为主从遥操作机器人操作臂或主从遥操作机器人系统，如应用于空间技术领域的空间站从臂与地面遥控从臂的主臂构成的空间主从遥操作机器人系统、应用于远程医疗手术的主从遥操作医疗手术机器人系统、处理核工业核废料用的主从遥操作机器人系统等等。这些机器人系统中的从臂往往都需要采用冗余自由度机器人操作臂，以满足无人化现场自动化作业对机器人操作臂高运动灵活性和环境适应性的要求。

⑬ 串联机构、并联机构、串/并联混合机构机器人操作臂

a.串联机构与串联机构机器人操作臂。串联机构又称为开链机构，是指由各个关节将各个杆件串联在一起首尾不相连的机构。这种机构的机器人操作臂称为串联机构机器人操作臂。需要注意的是：现有的 6-DOF、7-DOF 工业机器人操作臂机构中，实现末端操作器运动的主体机构是串联机构，但是在设计时考虑机器人操作臂的质量分布、自平衡能力和杆件受力合理等目的，往往会在串联机构的某个局部采用局部闭链的环节，如有的工业机器人的操作臂大臂与小臂之间加入平行四连杆局部闭链机构等。串联机构的机器人操作臂从基座到末端操作器接

口之间的任何一个串联环节的设计、制造、安装等引起的位置、姿势误差都会影响机器人操作臂末端的重复定位精度。所有串联环节中的各个关节传动误差、各关节轴线间的相对位置误差、关节间杆件制造误差等累加在一起都受该精度指标约束。高精度的串联机构机器人操作臂设计、制造、装配与控制都非常严格，因为所有串联环节精度指标的和等于机器人操作臂末端接口的重复定位精度。即使这样，由于串联机构机器人操作臂具有更大的关节运动范围和末端操作器工作空间，并且通用性强，这种串联机构机器人操作臂依然成为工业机器人操作臂的主流系列产品，工业应用最为广泛。其基础元部件与整机设计、制造技术也代表了一个国家的工业自动化水平。

　　b.并联机构与并联机构机器人操作臂。并联机构是指由多个杆件或串联机构作为分支，这些分支并列连接在位于两端的构件之间，两端的构件之一为基座构件，而另一端的构件为运动构件，如此构成具有确定运动的机构而成为并联机构。显然，并联机构为多分支首尾并联的闭链机构。并联机构可以分为平面并联机构和空间并联机构。以并联机构形式设计制造的机器人操作臂即为并联机构机器人操作臂，一般简称并联机器人。这种机器人由于所有分支都并行连接在两个被分别称为动平台、静平台的构件之间，因此，各个分支的精度也被"并联"在两个端部构件之间，而且各分支并联在一起在精度上会相互制约，从而相对于串联机构容易获得机构的高精度和高刚度，且负载能力相对较大，此为其优点。但动平台相对静平台运动的范围要比串联机构机器人操作臂小得多，此为其缺点。因此，并联机构机器人操作臂往往用于诸如往轴上装轴承、车轮之类的轴孔类零部件的装配作业，以及作为机械加工的机床（被称为"并联机床"）使用。

　　c.串/并联混合机构机器人操作臂。串联机构的机器人操作臂关节运动范围大，可以得到大的工作空间，而并联机构虽然运动范围小但刚度高、承载能力大，因此，综合两者的优点，以并联机构为操作臂的基本单元，将多个并联机构单元串联在一起得到的机器人操作臂就是串/并联混合机构机器人操作臂。如前述的基于 VGT 的 30-DOF 机器人操作臂就属于多个平面并联机构单元串联而成的串/并联混合机构机器人操作臂。这类机器人操作臂可用于大载荷作业。

1.3.4 机器人操作臂固定安装需考虑的问题及安装使用的三种形式

　　（1）安装机器人操作臂与被操作物两者的安装基础间的位置尺寸与姿态参数精度的保证问题

　　机器人操作臂的实际使用不同于机床，虽然两者都是对作业对象物（对于机床作业对象为工件，对于机器人操作臂则为被操作物）进行作业，两者对安装基础的要求都很高，但是机床只要安装基础达到使用要求即可，机床加工工件时装夹工件的基准、加工精度都由机床本身来决定；而机器人操作臂所需要的安装基础与被操作物的安装基础往往是分开的。当机器人操作臂作业时，根据机器人操作臂作业精度从其安装基础开始，经机器人操作臂本身至末端操作器、末端操作器作业对象物所在的位置至放置或装夹被操作物的工作台等安装基础之间已经构成了一个"封闭"式的空间尺寸链"闭链"，显然，机器人操作臂的安装基础与被操作对象物所在的安装基础之间的空间相对位置和姿态已经被纳入此"闭链"中，两个安装基础之间相对的空间位置尺寸与姿态角参数的精度直接影响机器人操作臂的控制精度以及作业精度，不容忽视！因此，固定安装机器人操作臂的基础与被操作物的安装基础之间相对空间位置尺寸与姿态角参数的精度需要得到保证。这有如下三种处理办法：

① 固定安装机器人操作臂的基础法兰、被操作物及相互之间位置、姿态精确性靠设计、制造保证：用于固定安装机器人操作臂的基础与被操作对象物或其关联物间空间相对位置尺寸偏差与形位公差、姿态角及其角度偏差等在设计、制造、安装上都要保持精确，相关尺寸与参数精确程度需要根据作业类型、作业精度和机器人操作臂的精度综合确定。

② 靠测量仪器测量和标定来保证：固定安装机器人操作臂的基础法兰、被操作物各自按法兰连接精度分别设计、制造，然后用测量仪器进行测量、标定，得到基础与被操作物之间的相对位置与姿态角的精确值。精确程度要求仍然取决于作业类型、作业精度和机器人操作臂的精度等综合决定因素。然后，在机器人操作臂运动控制中将实际测得的这些数据反映到逆运动学计算中去，从而得到满足作业要求的控制结果。

③ 将机器人操作臂作为"测量仪器"测量并进行安装基础间参数识别：当所用机器人操作臂的重复定位精度高于实际作业所需的精度较多时，可以用机器人操作臂自身作为"测量仪器"测量后反求机器人操作臂安装基础与被操作物及其关联物安装基础之间的位置尺寸与姿态角参数的实际值。

以上是正确设计、制造、使用一台工业机器人操作臂首先需要考虑和做到的事情。

(2) 安装使用机器人操作臂的三种形式

按着机器人操作臂作业空间的大小、作业范围以及作业环境适应程度、作业灵活性等实际使用要求可将机器人操作臂的安装使用分为如下三种形式：

① 机器人操作臂基座相对于被操作物安装基础固定不动情况下的安装使用：当机器人操作臂自身的末端操作器工作空间已经足够满足作业要求时，将机器人操作臂相对于作业对象物或作业对象物所在的工作台固定安装在其作业位置基础

上即可。如一台工业机器人操作臂在自动化生产线上的固定工位进行焊接工件作业，焊接坯件由传送带上抓取至焊接工作台，由自动化的焊接工作台完成对被焊接工件进行定位装夹后，完成焊接作业，焊接好的工件被传送带送至下一工序。显然，工业机器人操作臂基座法兰盘被用螺栓组连接固定安装在工业机器人操作臂安装基础上，被焊接件自动装夹焊接工作台被安装在此工作台的安装基础上。两个安装基础如果都位于同一个基础上，则可由设计、制造精度来保证两者之间的空间相对位置尺寸和姿态参数精度。如果两个安装基础都是由地面上的混凝土基础来提供，则只能由混凝土基础提供粗定位，精确定位需要用前述（1）中的方法之一来保证。

② 机器人操作臂固定在移动的直线轨道上：当机器人操作臂自身的工作空间不能满足作业范围要求时，需要为机器人操作臂提供移动"平台"，靠机器人操作臂外部提供的移动能力来扩大作业范围。通常的做法是根据实际作业环境和作业范围空间大小要求以及机器人操作臂操作速度（由关节运动范围、关节速度和加速度、机器人操作臂机构构型以及杆件长度等机构参数来决定）等设计、制造一维直线导轨、二维或三维移动直线导轨平台。而在机器人操作臂、导轨平台的运动控制上，可以用上位机将机器人操作臂和导轨平台看作一个机器人系统，将 m 个移动副机构的导轨平台看作 m-DOF 移动机器人与 n-DOF 机器人操作臂串联在一起的 $(m+n)$-DOF 的移动操作机器人看待，统一规划、求解该 $(m+n)$-DOF 移动作业机器人的逆运动学解以及运动控制问题。

机器人操作臂固定在移动的直线导轨或直线导轨平台上扩大机器人操作臂移动作业能力、作业范围的用法在工厂自动化、半自动化生产线上占绝大多数。但在设计、制造、安装与使用上，需要特别注意的是：为机器人操作臂提供的直线导轨移动平台绝大多数是用伺服电动机、减速器、滚珠丝杠直线移动导轨型号产品与用工字钢、方钢等型材焊接、螺栓连接等方式制造的钢架结构构成，其整体刚度、传动精度、结构尺寸与形位公差等都在累积影响机器人操作臂的作业精度，往往需要在设计、制造以及安装调试环节考虑直线导轨移动平台的刚度、精度问题，以及如何保证机器人操作臂的末端操作器作业精度。为此，制造、安装之后的检测与标定是必不可少的环节。解决不好的话，机器人操作臂移动作业过程中振动问题是最突出的表现。

③ 机器人操作臂固定在移动机器人平台上：这种形式实际上就是带有操作臂的移动机器人，是机器人操作臂与移动机器人的复合体。按着移动方式可以将安装机器人操作臂的移动机器人平台分为地面上的轮式、履带式、足（腿）式以及空中飞行、水下移动等移动方式的机器人。而地面上常用的是轮式、履带式、足（腿）式以及轮腿式、履带-腿式等复合式移动机器人。这些移动方式很大程度上扩大了机器人操作臂的移动作业范围，从固定位置、生产线上移动、室内移

动扩展到室外乃至野外不平整地面作业。

综上所述，现代的工业机器人、工业机器人操作臂的概念已经由传统的单纯6-DOF 以内的工业机器人操作臂技术与应用范畴逐渐发展成为进一步融入7-DOF、多冗余自由度、超冗余自由度的机器人操作臂、移动机器人等多类机器人融合的范畴。其根源在于由传统的半自动化、自动化作业要求程度相对不高到在作业范围、作业环境、作业灵活性等方面对工业机器人要求越来越高以及作业人员参与作业的程度越来越低。工业机器人概念在不断更新、技术在不断进步，机器人技术产品的应用在深度、宽广度上也在向前发展。

1.4　地面移动机器人平台的发展与现状

1.4.1　有关动物、物体的"移动"概念与移动方式

动物、物体的"移动"方式可以用枚举法主要列出如下。

① 步行：借助于腿足的步行移动、借助于能量蓄积瞬间爆发的跳跃移动——足腿式动物等。

② 自然飞行：利用空气流体力学和翼翅拍打机制的飞翔与滑翔移动——昆虫、鸟类等。

③ 摆荡：利用重力场与摆动振动原理的摆荡抓杆移动——灵长类动物等。

④ 攀爬：利用支点和力学原理的攀爬移动——灵长类动物等。

⑤ 行波：利用行波波动原理和身体柔性的行波式爬行或游动移动——蛇、鳗鱼、带鱼等。

⑥ 漂浮：利用水面波动原理和浮力原理的水面上漂浮移动——动物、浮萍等。

⑦ 游动：利用水力学的水中游动——鱼类。

⑧ 跑步：利用腿足和步态原理的跑步移动——足腿式动物等。

⑨ 壁面爬行：利用壁面吸附原理的壁面爬行移动——壁虎等。

⑩ 主动滚动：利用重力场中物体质心与来自地面支撑点或支撑区域间相对位置变化的滚动移动——动物等。

⑪ 弹射：利用蓄能装置瞬间爆发产生弹射力的弹射移动——跳蚤、鱼类、蛙类等。

⑫ 喷射：利用喷气产生推进力原理的移动——昆虫等。

⑬ 被动滚动：物体在受到外力作用后的滚动移动。

⑭ 包围式移动：利用生物体器官或肢体运动的移动物体的包围抓持移动——人臂、手、腿，象鼻子，蛇，等等。

⑮ 履带式行走：利用履带链条与链轮或无齿行走轮的周而复始运动的履带式机械装置的行走移动——履带式拖拉机、坦克车、装甲车、自行车等。

⑯ 轮式行走：利用轮子相对地面滚动实现移动的滚动移动——各种车辆等。

⑰ 螺旋推进：利用螺旋桨与流体力学原理推进的水上或水下移动——各种船、潜艇等。

⑱ 人工飞行：利用空气动力学和翼在空中的飞行机械的飞行移动——各种飞机等。

⑲ 磁力吸附：自然界中的磁力对钢铁类物质的磁力吸附移动——磁铁、磁粉等与铁等。

⑳ 静电吸附：靠物体与物体表面所带电荷的正负产生的静电吸引力造成的移动——静电驱动等。

㉑ 负压吸附：靠流体介质的真空或负压吸附产生物体的移动——吸尘器、空压机等。

㉒ 自由落体：靠重力场产生的自由落体运动移动。

㉓ 爆炸推进：利用腔室内爆炸原理和能量定向推进物体的移动——枪支、火炮等。

㉔ 牵引移动：利用带动力的牵引车牵引无动力的车厢移动——蒸汽机车、高铁列车等。

㉕ 推动移动：利用带动力的推车推动物体移动——铲车、叉车等。

……如此可以继续枚举下去。

其中已经为人类所用的移动方式可以考虑如何进一步提高自动化和智能化；而生物界尤其是各种动物的移动方式是人类仿生研究新型智能移动机械的创新原动力。也可以说概念枚举法是概念和原理原始创新的重要方法之一。

这些移动概念和移动方式中，为人类社会工业生产中最早、最多使用的移动方式有轮式移动和履带式移动，而仿生研发的机器人则是足、腿式移动机器人，随着工业机器人操作臂操作技术、移动作业自动化技术的不断发展和产业应用，轮式移动机器人、履带式移动机器人被纳入工业机器人当中，并且被作为自动化作业设备中的大范围、多环境下移动平台使用。同时，面向更高的自动化程度要求、更多更复杂的作业环境要求，以生物移动概念、移动方式、移动原理等自然原理和自然物为原型，高灵活性和高移动作业能力的仿生移动机器人也在不断地被研发出来，并正在努力地朝着产品化、实用化方向迈进！工业机器人的概念和范畴也将随之不断地被更新。

目前以及未来相当长的时期内，轮式、履带式、足腿式移动方式的移动机器人是工业机器人移动平台的主流。移动机器人的设计、研发与产业化、使用必须考虑的设计约束主要包括：移动作业环境条件、移动方式、移动控制技术。

1.4.2 工业机器人移动平台的主要移动方式和移动机器人

现行机器人移动平台基本移动方式和移动机器人包括：

① 轮式移动方式下的轮式移动机器人（wheeled robot，WR）；

② 履带式移动方式下的履带式移动机器人（tracked robot，TR）；

③ 腿式移动方式下的腿式移动机器人（legged robot，LR）。

④ 飞行方式下的飞行机器人即无人机、空间技术领域中的太空飞行机器人；

⑤ 水上/水下移动方式的水上/水下机器人（underwater robot，UR）。

这五种基本移动方式下的移动机器人中，在地面工业生产和国防军事工业中应用最为广泛的是前三种；而在航天技术领域与国防军事工业、民用方面应用潜力最大的则是飞行机器人和腿式移动机器人；在海洋石油工业、水下探险、海洋方面应用潜力最大的则是水上/水下机器人。

考虑地面不同作业环境条件的复合移动方式与机器人包括：

① 轮式与腿式移动方式复合的轮-腿式移动机器人（legs-wheeles robot，LWR）；

② 轮式与履带式移动方式复合的轮-履式移动机器人（wheels-tracks robot，WTR）；

③ 腿式与履带式移动方式复合的腿-履式移动机器人（legs-tracks robot，LTR）；

④ 腿式、轮式、履带式移动方式复合的腿-轮-履式移动机器人（legs-wheels-tracks robot，LWTR）。

上述五种基本移动方式下的移动机器人、复合移动方式下的移动机器人都可以与机器人操作臂再复合而组装成具有移动能力和操作能力的机器人系统。海洋作业环境下则是水上/水下移动机器人与机器人操作臂单臂、双臂或多臂组合而成水上/水下移动操作机器人系统；空间技术领域则是空间飞行机器人与机器人操作臂单臂、双臂或多臂组合而成空间飞行操作机器人系统。下面从用作机器人的基本移动方式的角度介绍移动机器人。

1.4.2.1 轮式移动及轮式移动机器人

（1）轮子与车的简史

人类在学会使用轮子之前，在地面上用力拖动、推动物体自然需要克服滑动摩擦力而感到劳累和不便，尤其是大型、笨重物体的运输。后来，人们从生活实践中发现利用圆木的滚动可以省力、快速移动物体，可以说：滚动的圆木就是轮子的雏形！人类发明并使用轮子大约在公元前3500年前后，美索不达米亚地域

（位于现今的伊朗、伊拉克）的苏美尔人发明了世界上最早的"木车"；我国古代车的发明者则是夏朝的奚仲，那时的车自然也是木制；而汽车的发明者则是德国人卡尔·本茨。占代木车的轮子起初是用整块木板制成或用几块木板以及轮毂拼接而成的实心轮，后来人们发现实心轮太重不利于提高行驶速度，进而发明了用类似现在的铆钉铆接、插接等连接方式将轮缘、辐条和轮毂连接成的辐条车轮。1839 年美国人查尔斯·古德伊尔（Charles Goodyear）发明了硫化橡胶，此后橡胶轮胎开始在各种车辆上广泛使用。起初的轮胎是实心橡胶轮胎，减缓冲击能力差。1845 年苏格兰人罗伯特·汤姆森（Robert Thomson）发明了充气轮胎并获得了发明专利，但因为当时的橡胶生产工艺等问题，充气轮胎技术被搁置了 42 年。1887 年苏格兰人约翰·邓禄普发明了有实际应用价值的充气轮胎，1889 年以后充气轮胎技术开始家喻户晓而被推广应用。1915 年美国圣地亚哥轮胎制造商亚瑟·萨维奇获得了首个子午线轮胎专利权，1946 年米其林公司进一步改善子午线轮胎设计并实施大规模生产，1949 年正式投入市场。目前子午线轮胎仍为主流轮胎。

（2）用于地面轮式移动机器人的轮子的种类、结构原理

这里主要是根据用于轮式移动机器人的轮子主体部分即与地面或支撑面直接接触的轮缘部分（轮胎胎体或轮缘）的不同进行分类的。

轮子按材质的不同可以分为：橡胶轮子和非橡胶轮子。其中：橡胶轮子与车辆用橡胶充气轮胎完全一致；非橡胶轮子又可分为金属轮子和非橡胶非金属轮子，相对于车辆用橡胶轮子而言为专用轮子。

轮子按是否充气与结构形式可以分为：充气轮子和非充气轮子。其中：充气轮子即为橡胶充气轮胎车轮；非充气轮子包括实心轮子、结构化轮子。

轮子按本身提供的运动可以分为：盘形轮和全方位轮。

轮子按是否由动力驱动可以分为：主驱动轮和被动（或从动）轮。

轮子按几何形状可以分为：盘形轮、鼓形轮、球形轮、柱形轮、多边柱形轮、变形轮等等。

① 载人载重车辆用车轮与橡胶轮胎 橡胶轮胎具有耐摩擦磨损性能、耐疲劳性能和低滚动阻力以及安全性等诸多特性，其功能主要是：负载即相当于压力容器功能、制动与驱动即传递动力功能、减缓冲击和振动即相当于弹簧功能、牵引即操纵稳定性和转弯特性功能。

a. 车辆用轮胎按用途分类有：轿车用轮胎、载重汽车用轮胎、工程机械用轮胎、农业机械用轮胎、工业车辆用充气轮胎、工业车辆用实心轮胎、摩托车用轮胎、立车轮胎、航空用轮胎。这些轮胎都有相应的行业规格和系列代号，有的有内胎，有的无内胎。无内胎轮胎又称为低压胎或真空胎，无内胎轮胎较有内胎轮胎厚，弹性和耐磨性都较好，附着性和散热性良好，定位性好，轮胎跳动量小，

比较舒服和稳定；但在制造上对轮辋精度要求较高，多数轮辋采用压铸一体式铝毂。

b.橡胶车轮的结构。橡胶车轮包括轮辋、轮盘和轮毂等。轮辋用于套装轮胎，分为辐板式和辐条式两种结构（如图1-23所示）。辐板式车轮为目前汽车上使用最多的车轮，由挡圈1、轮辋2、轮盘3、气门嘴伸出口4组成；辐条式车轮是由钢丝辐条（或轮辋铸造一体化辐条）轮辐与轮毂、轮辋、衬块、连接螺栓组成，主要用于赛车和高级轿车。

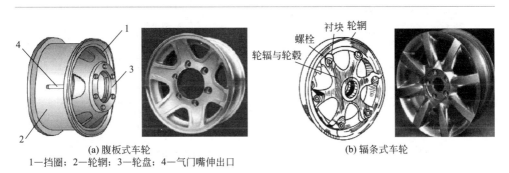

(a) 腹板式车轮
1—挡圈；2—轮辋；3—轮盘；4—气门嘴伸出口

(b) 辐条式车轮

图 1-23　车轮结构

c.轮胎的结构。有斜交轮胎和子午线轮胎。斜交轮胎采用多层斜交层覆胶帘布形成胎体层作为轮胎骨架；子午线轮胎的胎体帘线沿着轮胎断面方向排列，为保持轮胎形状，再包覆多层帘布组成带束层从而起到箍紧作用。两种结构分别如图1-24所示。

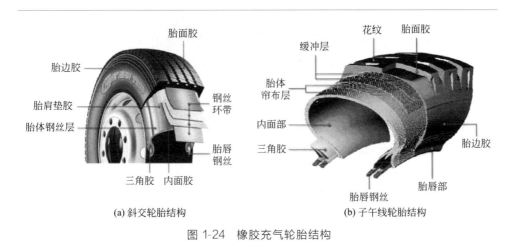

(a) 斜交轮胎结构

(b) 子午线轮胎结构

图 1-24　橡胶充气轮胎结构

在城镇街道上行驶的车辆所用街车轮胎（street tire）的特点是：胎面花纹

间距小，骑乘舒适。而越野车辆车胎（off-road tire）的特点是：花纹间距大，颗粒粗犷，花纹较深，抓地能力强，骑乘舒适性差，适于砂石、泥土路以及野外不平整的地面或路况。两种轮胎胎面花纹外观如图 1-25 所示。

(a) 街车轮胎花纹　　　　　　　　　　　(b) 越野车辆轮胎花纹

图 1-25　轮胎花纹外观

　　显然，车辆工业中的车轮和轮胎技术以及产品为轮式移动机器人所需的相应技术与产品奠定了很好的应用基础，设计轮胎式车轮移动机器人时，根据室内、室外、野外以及城镇街道、市区、工厂等不同应用环境按着车辆工程相关技术标准和系列化规格产品选用或定制即可，而不需要做基础研究，甚至于一些车辆机械本体可以按着轮式移动机器人的驱动、控制、传感系统设计后直接或改造即可作为轮式移动机器人使用。

　　② 扁平盘形轮（传统轮）及其运动模型　扁平盘形车轮即轮沿轮轴方向的壁厚度较薄，轮缘上可以装有橡胶轮胎或为无轮胎的车轮，如图 1-26 所示。扁平盘形轮的结构非常简单，制造成本低。当这种车轮作为驱动轮垂直立在地面上且车轴与地面平行的情况下，车轴转动驱动盘形轮在轮宽中间的平面内相对地面作纯滚动时，为前后向行进效果最佳状态。但车轮沿着轮轴向方向的行进则是最难行进状态。如果盘形轮沿着轮轴方向也有行进，则车轮不是纯滚动状态而是有滑动移动成分。古代木车车轮即属于该类车轮。由于扁平盘形轮没有沿着轮轴方向的滚动且即使运动也只有滑动，因此，在扁平盘形轮作为驱动轮的情况下，改变轮与地面接触点的切向行进方向时运转不够灵活。

　　③ 轮式移动机器人专用的全方位轮之麦克纳姆轮（Mecanum wheel）及其原理　麦克纳姆轮也称瑞典轮、全方位轮，是瑞典工程师 Bengt Ilon 于 1975 年发明的一种全方位移动轮[20]，其全方位移动原理是在中心轮毂圆周上均匀分布着可以绕与轮毂中心轴线成一定倾斜角的轴线回转的鼓形辊子（roller），靠这些在圆周上均布的鼓形辊子把部分转向力转化到与中心轮毂回转方向垂直的法向力上。这些力的合力可以使轮子沿着合力方向自由转动和移动，也即轮子整体移动

的方向是由轮毂自转速度矢量方向与辊子转动速度矢量方向的合成速度矢量方向，但轮毂自转动方向可以保持不变。

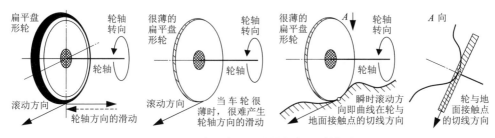

图 1-26　扁平盘形轮的结构与运动模型

　　a.麦克纳姆轮的结构与机构原理。如图 1-27（a）所示，麦克纳姆轮是由轮毂与安装在轮毂周边的完全相同的多个辊子组成的部件。如图 1-27（b）所示，在轮毂中心轴线上轮毂宽度中点处建立坐标系 o_0-$x_0y_0z_0$；图中速度 v_0 为固定在轮毂上辊子轴线任意一点绕 y_0 轴回转产生的圆周速度，为相对轮毂中心轴的速度；v_{roller}^0 为辊子与地面或支撑面接触点在辊子绕辊子轴线相对于轮毂自转时产生的圆周速度，为一相对速度；α 为辊子轴线与以轮毂中心轴线平行的轮毂外圆柱面母线所成夹角，则速度矢量 v_{roller}^0 与 v_0 的夹角为 α；当轮毂绕中心轴线转动时，轮毂周边均布的辊子中与地面接触的那些辊子包络出圆柱面，因而辊子的斜侧向滚动并不影响轮毂在前进方向上的滚动移动主运动分量 v_0，而辊子绕其自身的斜侧向轴线相对轮毂滚动产生横向移动次运动分量 v_{roller}^0，主次运动分量的合成 v_{roller} 为与地面或支撑面相接触的辊子相对于轮中心轴线运动（即相对于车体的线速度）。如果辊子相对地面或支撑面作纯滚动运动，则可以形成麦克纳姆轮整体任意方向滚动移动，此即为其全方位移动的机构运动学原理。通俗地讲，麦克纳姆轮全方位移动的实现是在中心轮毂固定转向方向运动（即麦克纳姆轮固定安装轴线的回转运动）的基础上，中心轮毂带动其周边各辊子作公转，然后与地面接触的辊子绕与中心轮毂轴线成一定斜角的轴线横向自转来改变本由中心轮毂决定的确定转向，从而实现在不改变中心轮毂转向基础上的全方位滚动移动。麦克纳姆轮结构紧凑、运动灵活，是成功用于轮式移动平台的一种全方位轮。图 1-28 所示为三种麦克纳姆轮实物照片。

　　b.麦克纳姆轮的结构类型。麦克纳姆轮的机构原理只有一种，就是：在绕轮轴线作定轴转动的轮毂构件上，沿圆周方向均布着与轮轴线成空间倾斜相错且倾斜角度相同的多个圆柱回转副，每个圆柱回转副轴线上设置一个鼓形辊子构件，实际使用时靠与地面或支撑面相接触的辊子自转和绕轮轴线的公转实现全方位移动，这一机构原理可用如图 1-29 所示的作为最小机构构成的最简机构运动简图完全反映清楚，它是每个辊子与轮毂构件构成 2-DOF 回转副串联杆件机构。由此机构原理，可以衍生出不同结构的麦克纳姆轮，前述中的图 1-28 给出了经过构件演化后的三种实际结构照片，其中图（a）、（b）所示结构只是轮毂边缘为各辊子轴线部分的结构不同，都属于用两侧轮毂盘提供辊子轴支撑，各辊子支撑形式为两端支撑；图（c）所示结构则是轮毂在中间提供各辊子轴的支撑，而辊子则可以位于轮毂支撑辊子轴的两侧，将图（a）、（b）所示的同一个辊子分为左右两个，因此，辊子支撑形式为悬臂支撑。

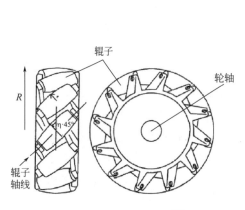

(a) 麦克纳姆轮的结构[20]

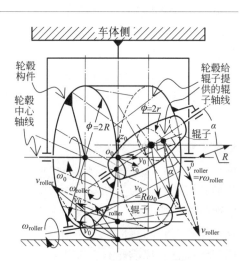

(b) 麦克纳姆轮的机构原理与辊子运动分析

图 1-27　麦克纳姆轮的结构、机构原理与辊子运动分析 $v_{roller} = \sqrt{v_0^2 + v_{roller}^2 + 2v_0 v_{roller}^2 \cos \alpha}$

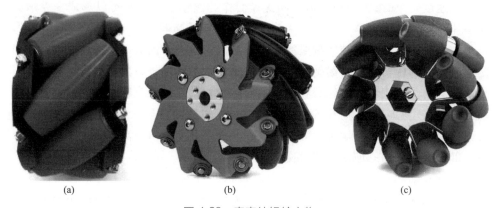

(a)　　　　　　　(b)　　　　　　　(c)

图 1-28　麦克纳姆轮实物

④ 轮式移动机器人专用的辊轮（或滚轮）为 90°的全方位轮（也叫全向轮、万向轮，omnidirectional wheel）的机构原理及不同的结构形式

a. 1966 年美国人 W. W. Dalrymple 发明的有径向弹簧缓冲功能滚轮的全方位轮（resilient wheel）：1963 年美国的 W. W. Dalrymple 发明了如图 1-30(a) 所示的全方位轮，1966 年获得美国发明专利权[21]。该设计在轮毂上沿径向均布着许多个由支撑杆及其与 T 形滚轮轴杆间施加圆柱螺旋压簧组成可径向伸缩

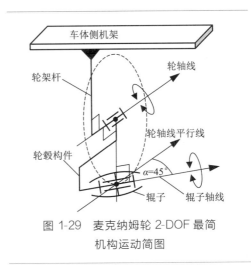

图 1-29　麦克纳姆轮 2-DOF 最简机构运动简图

缓冲的双滚轮机构；每个支撑杆末端的双滚轮回转轴线都与轮毂轴线呈空间相错且垂直的关系。图 1-30(b) 为根据该全方位轮结构组成绘制的 3-DOF（包括轮毂回转、双滚轮回转以及双滚轮的径向伸缩三个自由度）机构原理图，也即机构运动简图。然而，在轮式移动机器人实际应用中，如图 1-31 所示的全方位轮在 1978 年以来应用得更多。

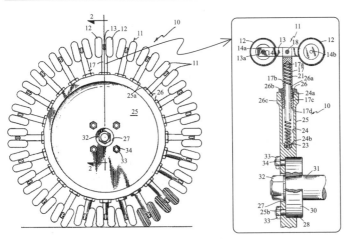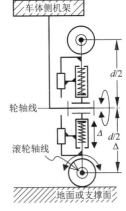

(a) 1966年发明的由弹簧缓冲的全方位轮结构[21]　　(b) 全方位轮的3-DOF机构原理

图 1-30　1966 年发明的径向弹簧缓冲式全方位轮结构及其 3-DOF 机构运动简图

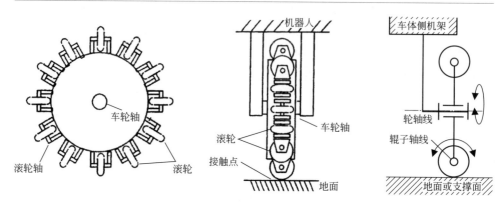

图 1-31　全方位轮结构及其 2-DOF 机构运动简图

b. 1968 年美国人 P. E. Hotchkiss 发明的辊轮式全方位轮：1966 年美国的 P. E. Hotchkiss 发明了如图 1-32(a) 所示的全方位轮[22]，1968 年获得美国发明专利权。其轮毂轴线与辊子（滚轮）轴线之间呈空间相错且垂直的关系，与 1975 年瑞典人发明的 $\alpha=45°$ 的麦克纳姆轮相比，全方位轮相当于 $\alpha=90°$ 的麦克纳姆轮。当然，也可以说：麦克纳姆轮是 $\alpha=45°$ 的全方位轮。为了适应地面的凸凹不平，此类全方位轮的轮毂上的辊子采用鼓形辊子且鼓形辊子的鼓形曲线为此全方位轮最大轮廓圆上的圆弧。图 1-32(b) 为 $\alpha=90°$ 的全方位轮的 2-DOF 机构原理图，此类全方位轮（$\alpha=90°$）的机构原理只此一理，后续的发明只是轮毂结构以及辊子（也称辊轮）或滚轮的结构形状不同罢了。

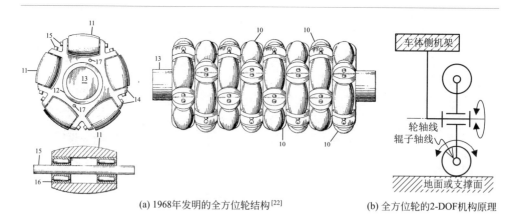

(a) 1968年发明的全方位轮结构[22]　　　(b) 全方位轮的2-DOF机构原理

图 1-32　1968 年发明的全方位轮结构及其 2-DOF 机构运动简图

c. 1971 年美国人 Andrew T. Kornylak 发明的全方位轮：1968 年 A. T. Kornylak 等就图 1-33 所示的全方位轮向美国专利局递交了发明专利申请并于 1971 年获得

了美国发明专利权[23]。从机构原理上看，它与前述的 1968 年美国人 P. E. Hotchkiss 发明的图 1-32(a) 所示的全方位轮原理没有区别。形象地打个比喻，该全方位轮的结构组成有些像将滚动轴承的滚动体呈圆周均布的保持架结构，是用两个完全一样的端面均布着开口 U 形槽的圆盘相对安装在一起将各个辊轮及其回转轴夹在由两个半槽对在一起而成的完整封闭槽中的结构。其机构原理仍然可用图 1-32(b) 反映出来。这种结构在制造、安装上与图 1-32(a) 所示的全方位轮相比更简单、更容易实现。

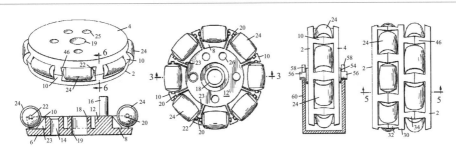

图 1-33　1971 年发明的全方位轮及其单双列辊轮车轮结构

d. 1971 年德国人 Karl Stumpf 发明的辊轮式全方位轮（万向轮）：1969 年 10 月 17 日 Karl Stumpf 向美国专利局递交了一份辊轮式全方位轮的发明专利，并于 1971 年 11 月 23 日取得发明专利权[24]。该全方位轮如图 1-34 所示，实际上相当于图 1-33 所示的双列交错辊子全方位轮在全方位轮直径相对于辊子直径较小时的情况，即双列交错配置辊子数仅为图中所示 3 个且辊子直径相对较大。除此之外，其与图 1-33 所示的双列全方位轮并无多大差别。

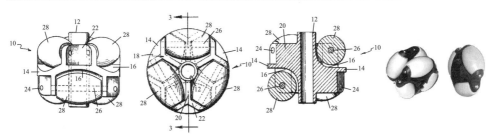

图 1-34　1971 年发明的全方位（万向）轮结构

e. 1974 年美国人 Josef F. Blumrich 等人发明的辊轮式全方位轮：1972 年 Josef F. Blumrich 就图 1-35 所示的全方位轮向美国专利局递交了发明专利申请，并于 1974 年获得了美国发明专利权[25]。从外形上看，它与前述的 1968 年美国人 P. E. Hotchkiss 发明的图 1-32（a）所示的全方位轮原理非常相似。但实质性区别在于如图 1-35 所示的辊轮 7 与轮毂支撑杆 5 间的运动副连接关系完全不同，辊轮 7 与支撑杆 5 之间分别用具有圆柱回转副和球面上的圆弧滑道形成相对运动的构件 6，并实现辊轮 7 相对于轮毂的转动。该全方位轮也为轮毂轴线与辊轮轴线之间呈空间相错且垂直关系、$\alpha = 90°$ 的全方位轮。

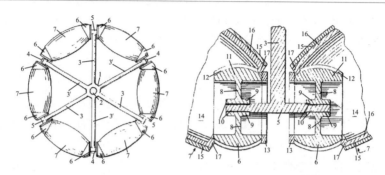

图 1-35　1974 年发明的辊轮式全方位轮结构 [25]

f. 2011 年 Tsongli Lee 与 Jhanghua（TW）发明的双列辊轮式全方位轮：2010 年 T. Lee 与 Jhanghua 就图 1-36 所示的全方位轮向美国专利局递交了发明专利申请并于 2011 年获得了美国发明专利权[26]。从外形上看，它与前述的 1975 年瑞典人发明的麦克纳姆轮的组成相同，是将两个辊轮中间隔开同轴成对以与轮毂轴线呈一定倾斜角度多对均布安装在轮毂圆周上，不同的是麦克纳姆轮的辊轮是鼓形辊子，而该全方位轮的辊子是一对间隔开来的同轴圆柱辊轮，可以当作一个轮毂上有两列短圆柱辊轮看待。

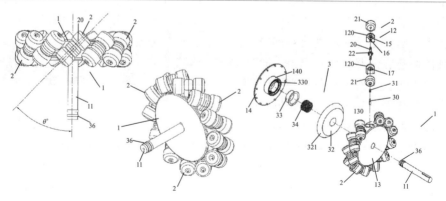

图 1-36　双列短圆柱辊轮倾斜式的全方位轮结构及其爆炸拆解图 [26]

2017 年 Jayson Michael Jochim 等人发明的双列全方位轮、麦克纳姆轮：2015 年美国亚马逊技术公司（Amazon Technologyes Inc.）的 J. M. Jochim、M. P. McCalib 等人向美国专利局递交了如图 1-37 所示的新型全方位轮、麦克纳姆轮专利申请并于 2017 年获得美国发明专利权[27]。如图 1-37 所示，该发明是用两个完全相同的圆盘端面均布鼓形辊轮式全方位轮沿圆周方向将辊轮相互错开，然后用呈周向均布的多根长圆柱将这两个单列辊轮式全方位轮沿轴向连接组装在一起的结构形式。其目的是作为车辆等轮式移动设备的主驱动轮使用。该发明还给出了齿轮齿条驱动形式：圆周方向均布于两列辊轮一侧的细长圆柱结构即相当于针齿轮，也可以为圆柱齿轮，皆可与齿条啮合传动。不仅如此，同样的结构的针齿轮或圆柱齿轮也被应用到双列辊子的麦克纳姆轮上。其所有的对全方位轮、麦克纳姆轮的改进设计目的都是作为轮式移动车辆设备的主驱动轮使用。

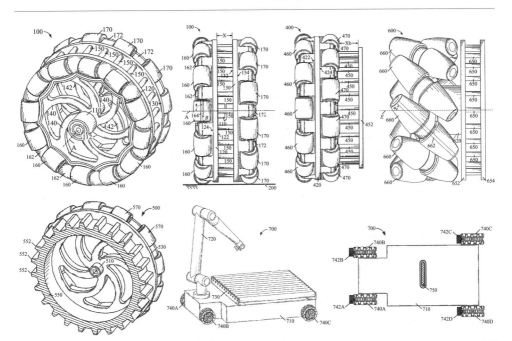

图 1-37　2017 年发明的用于车轮驱动轮的双列辊轮式全方位轮、麦克纳姆轮结构及其应用[27]

⑤ 球形轮（ball wheel，global wheel）原理及不同的结构形式

a. 1948 年美国人 C. Y. Jones 发明的球形轮（global wheel）：1948 年 C. Y. Jones 发明的全方位轮为图 1-38 所示的球形轮[28]，它由两个表面上带有环形沟槽的半球组用连接部连接而成。其目的是为野外地面环境下轮式移动设备提供一种可以全方位移动并且可以回避奇异构形、对地面适应性更好的轮子。它可能是国际上第一个球形轮。

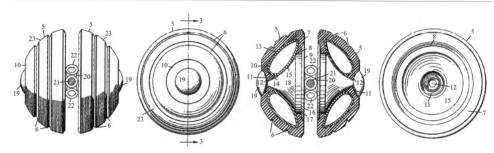

图 1-38　1948 年发明的球形轮[28]

　　b. 1995 年 MIT 提出的全方位球形轮（omnidirectional ball wheel）：1995 年 MIT 的信息驱动机械系统中心（Center for Information-Driven Mechanical System）的 Mark West、Haruhiko Asada 设计了一种球形轮机构并研制了球形轮全方位车[29]，研究了其控制问题。他们提出的球形轮的机构原理是：在球面上用多支撑杆作为轴线为球形轮提供多个可以在球面上作纯滚动的辊轮支点，用这些辊轮支点将球形轮约束在确定的球面内，球形轮只能在此球面约束内全方位滚动。如图 1-39（a）所示，为了实现这样的运动，首先在球面上定义直径最大的经线、纬线圆，让短圆柱形辊轮在经线上相对球面作纯滚动，而让被连接在轴承内圈上的短圆柱辊轮在纬线上相对球面作纯滚动，轴承外圈用连接件和圆柱副固定在车体上，设计制作的球形轮及其三球轮车如图 1-39（b）所示。

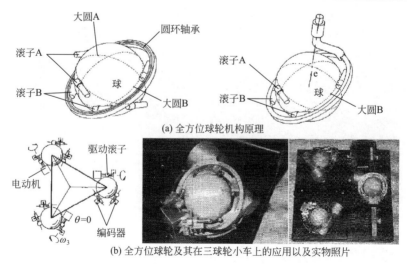

图 1-39　1995 年 MIT 提出的全方位球形轮[29]

　　c. 2007 年 MIT、TIT（东京工业大学）与哈佛大学联合设计、研制的全方位球轮 Omni-Ball：MIT、TIT 的 Kenjiro Tadakuma 和 AIST、哈佛大学的 Riichiro Tadakuma 等人在指出并分析已有全方位轮如 Mecanum Wheel、Laquos Wheel 等传统的全方位移动轮正对着台阶正侧面时存在难于爬台阶问题 [图 1-40 (a)] 的基础上，设计研制了如图 1-40(b) 所示原理的新型全方位轮，即称为全方位球轮 Omni-Ball，并用该全方位球轮研制了四轮机器人[29]（也称四轮全方位车）。Omni-Ball 的机构原理并不复杂，如图 1-40 所示，其原理类似于之前已有的机器人操作臂手腕中的 roll-pitch 机构即十字轴线结构，roll 运动是由一个主驱动电动机驱动球绕主动轴线回转，可以用来驱动移动机器人行进，主动轴线的两侧各有一个大小相同的半球被连接在与主驱动轴线垂直的轴上构成一个整球，但两个半球中间必须留有足够的缝隙，因为主动轴系位于两个半球之间。

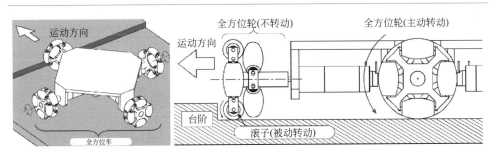

(a) 采用传统全方位轮的轮式移动机器人爬台阶能力的局限性问题

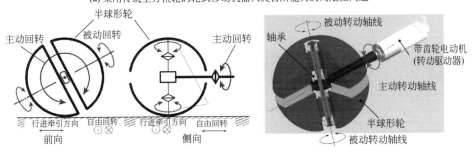

(b) 全方位球轮的机构原理及其三维几何模型

图 1-40　2007 年 MIT&TIT&Harvard University 提出的全方位球轮[29]

　　Omni-Ball 的详细结构及利用其研制的四轮全方位机器人如图 1-41 所示，该球形轮的参数如表 1-1 所示。

表 1-1　全方位球单体规格表

轮直径	80mm
筒形轮最大直径	11mm

续表

筒形轮长度	12mm
半球形轮材料	聚氨酯橡胶
单轮负载能力	114kg
单轮质量	319.6g

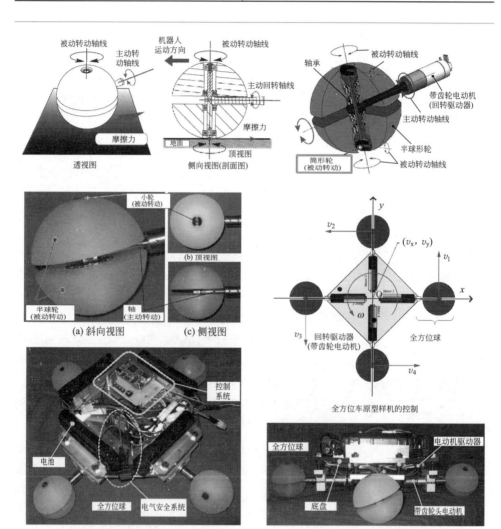

图 1-41　2007 年 MIT&TIT&Harvard University 提出的
全方位球轮结构及其研制的四球轮机器人

（3）用于空间技术领域的轮式移动车和机器人的轮子的种类、结构原理

自 1981 年首次将机器人操作臂应用于航天飞机的遥操作系统以来，空间机器人技术得到了快速发展。除了遥操作机器人操作臂技术以外，面向星体表面移动的遥控操作探测车也是空间机器人的重要类型之一。如 1970 年 11 月 17 日登陆月球的 Lunokhod 一号作为第一辆地面遥控无人驾驶的月球表面自动探测车就是八轮轮式移动探测车。

① 1963 年 E. G. Markow 设计的金属弹性轮　美国格鲁曼飞机工程公司（Grumman Aircraft Engineering Corp.）的 E. G. Markow 于 1963 年 1 月的汽车工程大会（the Automotive Engineering Congress）上发表的论文中，为确定 Apollo 号载人或无人驾驶遥控月球车在月球表面的移动方式而提出并设计了一种金属弹性轮月球车并预测了其在月面上的行为[30]。其突出的优点是：这种金属弹性轮与地面接触形成的延长印记可达刚性轮的 2.5～3 倍，而印记长度的增加与垂直方向载荷、前向驱动转矩成正比，可以兼用于松软土壤或者凸凹不平表面，并且可以越过石块之类的障碍物。这种金属弹性轮结构及其四轮月球车原型样车如图 1-42 所示，其中，图(a) 给出的是金属弹性轮分别在空载、垂向最大载荷和最大前向驱动转矩下轮的变形行为。

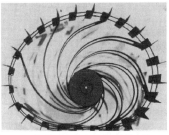

(a) 空载/最大载荷/最大转矩下的轮变形

(b) 沙地上的金属弹性轮动力学测试车　(c) 椭圆弹性轮的1/6比例实验模型　(d) 加载后的空心连接式弹性轮

图 1-42　1963 年 E. G. Markow 面向 Apollo 号提出的金属弹性轮[30]

② 1971 年 Apollo15 号月球探测车的车轮：Apollo15 号月球探测车（lunar roving vehicle，LRV）[31] 如图 1-43(a) 所示，它工作在月面−173～117℃的环境下，带载 4800N，每个车轮单独由电动机驱动，以 9～13km/h 的速度在月面科学探测行走了 27.9km，其动力来自于两块非充电的锌银蓄电池。该月球车前后配置了两个 Ackeman 转向机构，这意味着转弯时里侧轮转弯半径要比外侧轮转弯半径要小。如果其中一个转向机构失效，可以被脱开而另一个仍然有效地完成剩余任务。该月球车可以由宇航员使用 T 形手柄手动控制车的转向和速度。转向机构的最大行程为：外轮角 22°，内轮角 53°。车轮结构如图 1-43(b)、(c)

所示，铝合金轮毂外围为由镀锌钢丝编制而成的网状结构轮胎，钛合金V形条被用铆接的方式固定在钢丝网状编织轮胎的外圆周上，钛合金缓冲止动块被用来提供刚性负载能力，以适应大冲击载荷。这样的胎面可以覆盖土壤接触面的50%，每个轮重为53.3N。每个轮都配有由谐波齿轮减速器单元、装有制动器的驱动电动机以及每转一周拾取并发送9个脉冲给导航通信系统的里程表组成的独立牵引驱动系统[32]［图1-43（d）］。谐波齿轮减速器的减速比为80∶1。每个车轮都可以从驱动它的传动系统中脱开而成为自由转动轮（轴承独立于驱动系统），也可以恢复被驱动状态，是一个可逆的过程。驱动电动机为额定电压36V的直流有刷电动机，其速度控制采用PWM技术，热监测系统通过热敏电阻测量定子磁场将温度返显在控制台上，此外，还有一个热开关量，当电动机温度增加到204℃时发出一个警示信号给报警系统。该月球车底盘采用2219铝合金管焊接在结构连接点上。底盘由各个车轮通过连接在底盘和各牵引驱动装置之间的一对并联的三角形悬架臂形成悬架结构。负载通过扭力杆从悬架臂传递给底盘。悬架系统可以向内侧旋转135°折叠成紧缩包装结构以便于装入登月舱段和运输。

上述LRV被宇航员用来进行扩大月面探测和样本搜集活动范围。经过检查，这些月球探测车的轮子的钢丝网线连接点处被广泛风化后形成了月壤磨损，尽管在服役期间没有一个轮子失灵，但是它们都未被设计成在恶劣月面环境下持续行走超过30km的程度。它们都不能满足美国航天局月面行走10000km新任务的目标，这个新目标就是通过月球探测车从月球的北极探测到其南极。为此，美国航天局重新开启探月主动权之后，面向更广泛探索和科学研究目标的月面移动平台成为第3代、第4代月球探测车研发的重点。美国克莱姆森大学、米其林轮胎公司、美国航天局喷气推进实验室等组成团队开发新一代的车轮及月面探测车。美国航天局着眼于具有移动性、可量测性、可扩展性、灵活性和加权功效性等诸多设计目标的如图1-44所示的六轮腿式移动平台作为下一代月面探测车"ATHLETE"（all-terrain hex-legged extra-terrestrial explorer）[33]。其特点是：

• 自动均衡6-DOF腿负载；
• 单车450kg有效大负载能力；
• 移动速度为10km/h且能爬70%最大收起高度的垂直台阶；
• 能爬越50°岩石坡和20°松软砂坡；
• 配备专用工具：可释放的抓钩、加能站、挖掘工具等。

但是，为了面向松软层薄的月球表面环境，需要设计一种非刚性车轮解决方案来实现低接触压力的目标。这种非刚性车轮的材料除了在性能上接近橡胶弹性体的性能之外，还必须能在40~400K温度范围内保持正常工作性能。

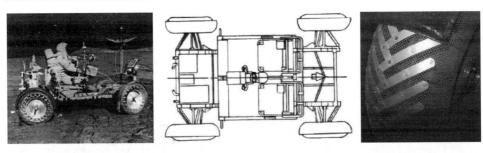

(a) Apollo15号月球探测车照片及其车体悬架结构　　(b) 钢丝网轮胎及其上的钛合金V形条

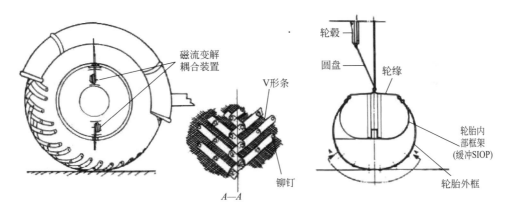

(c) 钢丝网轮胎车轮结构

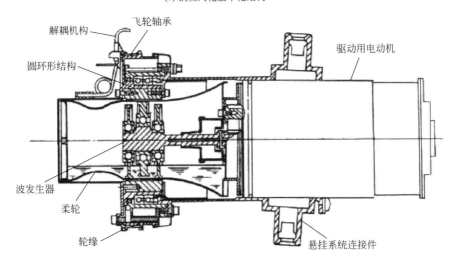

(d) 车轮牵引驱动系统

图 1-43　1971 年 Apollo15 号月球探测车及其钢丝网轮胎车轮与驱动系统[31, 32]

图 1-44　2007 年 NASA 的下一代六轮腿式月面探测车 "ATHLETE" 及其测试照片[33]

③ 非充气轮胎（Non-pneunatic wheel）的发明

a. 2001 年 Francois Hottebart 发明的非充气车轮：法国人 Francois Hotte-bart 于 1998 年向美国专利局申请了如图 1-45 所示的非充气车轮[34]。这种车轮的基本原理是用弹性杆件或宽度窄、厚度薄的弹性板条以铰接的形式连接在刚性轮毂和弹性轮缘之间从而构成柔性车轮，通过轮缘本身的弹性、轮缘与轮毂之间弹性构件的弹性变形来增加与地面或其他类型支撑面之间的接触面积，以适应降低与接触表面的接触力的要求。

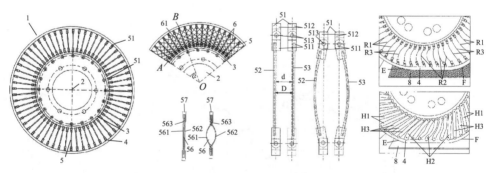

图 1-45　2001 年 Francois Hottebart 发明的非充气轮胎[34]

b. 2007 年 Timothy B. Rhyne 等人发明的非充气轮胎：2004 年 8 月美国人 Timothy B. Rhyne 等向美国专利局申请了如图 1-46 所示的非充气轮胎发明专利权并于 2007 年 4 月 10 日获得了专利权[35]。这种柔性车胎由刚性或柔性的轮毂沿圆周方向均匀分布且受载后可弹性变形的许多薄板式径向辐条、周长无伸长的可弹性变形的内外胎组成。这种车轮可以适应在松软薄层砂地月面上行走所要求的非刚性低接触压力条件。显然，这种车轮与月面接触区附近的辐条和轮胎产生变形后增大了轮胎与月面的接触面积，从而减小了接触应力并使之分布均匀化。

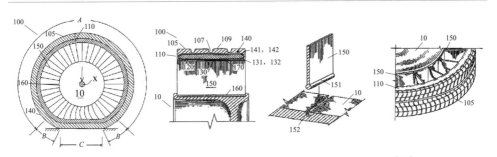

图 1-46　2007 年 Timothy B. Rhyne 等人发明的非充气轮胎[35]

④ 2008 年美国克莱姆森大学、米其林研发公司、喷气推进实验室联合研发的月面探测车非充气轮胎[36]　以美国克莱姆森大学为首的面向月面探测车非充气车轮的联合研发团队首先从长时间大范围远距离持续在月面上科学探测行走目标出发，对轮胎材料以及剪切刚度进行了分析，如图 1-47 所示。他们认为：低剪切模量的最适合结构为桁架结构，非充气轮胎的目标并非抗弯刚度，反而是高效的抗剪切刚度。也就是说，非充气车轮在几何结构上两个重要的方面是：轮辐弹性辐条与轮缘的径向弹性变形和轮胎接触地面（月面）或其他支撑面时沿切向的剪切变形问题。

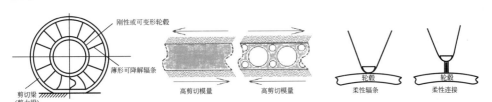

(a) 非充气车轮的基本几何模型　(b) 轮缘部分抗剪切模量高/低的结构　(c) 轮辐弹性辐条与轮毂的柔性连接结构

(d) 非充气车轮轮缘与轮毂承载高效性的受力形态

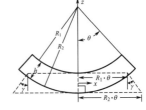

(e) 与"地面"接触变形轮缘不变量设计原则

图 1-47

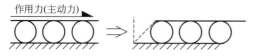 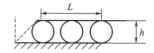

(f) 最大剪切应力时最大应力角的元素测试法　　　　(g) 基于剪切测试法的设计原则

图 1-47　2008 年美国克莱姆森大学，米其林研发公司和喷气推进
实验室联合研发非充气轮胎的基础理论分析图[36]

a. 第 1 代非充气车轮原型样轮的设计和研制

• bristle pack（刚毛包）式柔性车轮设计：克莱姆森研发团队为设计高性能月面探测车柔性车轮，首先进行了接地基本模型设计与试验研究工作，他们将如图 1-48(a) 所示的构形称为 bristle pack（刚毛包），将其设计称为"刚毛设计"。所谓的"刚毛"就是指在连接轮缘内外圈之间的沿圆周方向均布并联的许多个径向弹性连接组件，当柔性车轮与"地面"接触产生变形时，与"地面"接触部分轮缘被压平而展成为两个平行板之间并联数个弹性连接组件的结构形式，即如图 1-48(a) 所示的所谓"刚毛构形"。用这样一个基本的模型可以评价柔性车轮与地面接触性能，从而为非充气车轮整轮设计提供试验数据依据，是一个非常好的设计方法。刚毛包结构是将两块沿长度方向不可伸长的弹簧钢板经直钢丝制成的刚毛用铝铆钉铆接在刚毛外壳上，然后再将 6 个刚毛包组件用铝铆钉铆接在两块弹簧钢板之间。这种结构的优点是受剪切元件之间的距离较短，并且可以通过改变刚毛的直径、长度和密度来调节车轮的性能，并不会改变车轮的概念设计；缺点是刚毛与铆钉壳之间的铆接连接方式可能会在月面环境极端温度下产生热胀冷缩而减小摩擦，刚毛会因张力变化而失效。依据刚毛包的结构原理而设计研制的车轮如图 1-48(b) 所示。

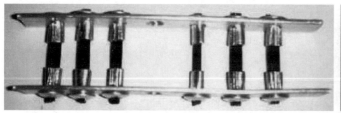 

(a) 刚毛包机构构形　　　　　　　　　　　(b) 刚毛包式非充气车轮

图 1-48　克莱姆森大学联合研发团队研发的刚毛包式非充气轮胎[36]

• 分段薄壁圆筒式设计（segmented cylinder design）：继刚毛包结构构形之后，克莱姆森大学联合研发团队又设计制作了如图 1-49(a) 所示的结构，首先用两块薄弹簧钢钢瓶切成一定宽度、沿圆周方向不可伸长的车轮轮缘同心内外圈，

然后将薄弹簧钢板卷成的许多个圆柱形筒均匀分布在轮缘内外圈之间圆周上，用螺栓和螺母将这些圆柱筒连接在内外圈之间，而且可以设计制作成沿圆周方向相互等角度错开的两列圆柱筒排列结构。这种结构的优点是均匀的节距和材料均匀结构；缺点是圆柱形筒与轮缘钢板之间连接点处存在应力集中和有限的几何密度；圆柱形筒在受剪切过程中变形受到干扰，此外，还存在弹簧钢瓶材料是未经热处理的轧制钢材料，存在内应力问题。最后研制的分段薄壁圆筒结构的非充气车轮如图 1-49(b) 所示。

(a) 分段薄壁圆筒设计构形 (b) 分段薄壁圆筒式非充气车轮

图 1-49 克莱姆森大学联合研发团队研发的分段薄壁圆筒式非充气车轮[36]

• 螺旋线圈式设计（helical coil design）：这种设计下的车轮结构如图 1-50(a) 所示，在周向皆不可伸长的弹簧钢板材质的轮缘外圈和铝质材料轮缘内圈两者之间，用凯夫拉辐条（Kevlar spokes）、钢丝绳抗剪切机构将这两个同心内外圈、轮毂三者连接起来。钢丝绳在两个轮缘内外圈之间沿圆周方向缠绕，并用铝夹与内圈连接形成抗剪切带。钢丝绳沿周向在轮缘内外圈之间缠绕形成像螺旋弹簧一样的螺旋线，螺旋线圈式结构设计即因此而得名。螺旋线圈式结构设计的优点是：有显著抗过载能力，而不会在抗剪切机构中产生过大的应力。其缺点是：装配较难，且关键问题在于钢丝绳装夹方法会导致钢丝绳应力集中问题。最终设计制作的车轮如图 1-50(b) 所示。

b. 第 2 代螺旋线圈式非充气车轮原型样轮的设计和研制：第 2 代主要是在第 1 代概念设计基础上，专注于非充气柔性车轮的先进材料和空间价值，主要是 NASA JPL（NASA 喷气推进实验室）和克莱姆森大学研发的螺旋线圈结构原理下的非充气车轮。该设计进一步发展了第一代螺旋线圈的概念，解决了可在空间技术领域应用的材料和提高性能等问题，近-α 钛合金、304 不锈钢材料被分别用于轮缘沿周向不可伸长的内外圈和抗剪切机构；螺旋线圈用光滑、卷曲的铝合金套筒连接；辐条用适用于空间环境的玻璃纤维与聚四氟乙烯的编织物 β 布制成。

除了将铝套筒机械地连接到圆周方向不可伸长的轮缘内外圈之上的铆钉之外，该车轮的其他所有零部件均具有空间环境使用价值，是一款最接近于满足所有设计要求的原型车轮（图 1-51）。其优点为：除在诸多方面满足设计要求之外，轮缘部分的分段外缘更容易吸收点冲击，减少了沿着外缘单处薄弱失效的概率；尽管在不锈钢热循环方面曾被作为问题来考虑过，但即便使用各种不同材料作为抗剪切带，这种螺旋线圈柔性结构形式都可以做好周向热设计，以使在剪切几何上不至于产生过量应力。然而，这种车轮的缺点依然存在，那就是：轮缘的外缘容易受到冲击，而且在正常工作循环过程中，可能更容易产生疲劳失效。事实上，在低温环境下，特别是经风化的月球表面环境，外缘上这种钛合金膜复合物会显著磨损。此外，根据以前发生在车轮上的故障，加固了外缘与抗剪切机构之间的连接，额外加重了该部分的质量，只好在其他部分减重以达到减少冲击的目的。

(a) 螺旋线圈设计构形　　　　(b) 螺旋线圈式非充气车轮

图 1-50　克莱姆森大学联合研发团队研发的螺旋线圈式非充气车轮[36]

图 1-51　NASA JPL 与克莱姆森大学联合研发的第二代螺旋线圈式非充气车轮[36]

c.测试方法：分组进行300kg静载性能和接地印记静态测试。完成了所有研发的原型车轮测试且无一失败。然后将原型车轮发往米其林（Michelin）公司，用其通常道路轮胎测试装置，按着2m直径车轮以恒速10km/h、恒定载荷200kg的转动条件继续进行测试。通常是这样：当试验过程中声音或者凭借目测看上去车轮有明显变化时，则停止试验。在道路上动态测试所有研发的车轮，结果全部失效。

d.失效

• 刚毛包式设计车轮的失效：刚毛包式设计是在动态测试过程中性能表现最好的车轮原型，在满载状态下在光滑道路上持续运转超过10km的行程。只是在将10mm厚的夹板引入到测试轮试验进行障碍测试时才发生失效。在引入夹板状态下以10km/h的速度持续运行且很快就发生了故障，如图1-52所示。由于夹板的影响，在整个抗剪切带的宽度方向上，不可伸长的轮缘内圈断裂而从刚毛包上脱离开来。多数是因为铝质连接件分成多块，用于连接的铆钉失效，导致刚毛组件与不可伸长的外缘内圈分离。值得注意的是：刚毛在铆钉壳和刚毛之间的附属物（附件）上没有发生过故障，反而发生在附着在不可伸长的外缘内圈上的铝棒上。这表明：刚毛的连接强度是足够的，而铆钉和连接杆件的强度必须提高或者改用其他的附着连接方法。

图 1-52　刚毛包式设计车轮的失效[36]

• 分段薄壁圆筒式设计车轮的失效：在行驶到不足5km距离的动态测试时，分段薄壁圆筒式设计的车轮发生了由圆筒在受剪切力后伸长和将圆筒连接到车轮外缘内外圈上的连接螺栓受弯时的高张力而引起的灾难性故障。薄壁圆筒受剪切力而伸长，因其底部和顶部分别被固连在车轮外缘内外圈上而形成高弯曲应力，弹簧钢材料的薄壁圆筒因弯曲疲劳而导致失效；将圆筒连接到车轮外缘内外圈上的连接螺栓受弯时张力大，致使许多螺栓下落不明，推测应是在测试试验过程中从车轮上剥落的。图1-53(a)为剪切带失效的照片，可能是应力集中在少数几个薄壁圆筒上以至于弯曲应力过高而导致螺栓连接失效造成的。灾难性失效并不总是发生在连接接头处的现象表明：对薄壁圆筒施加预张紧起到了重要作用。这些因素表明：不良装配是导致车轮失效的主要原因。进一步地，很明显，与地面接触的那一段轮缘内圈明显凸起。这种现象是由于接触压力和辐条偏斜两者其一单独导致接触区域被压缩而产生的结果。本质上，如果辐条太硬，则压缩会导致与地面接触的区段变形后呈弓形。这种现象与图 1-53（b）所示的有限元分析（FEA）计算结果是一致的。

(a) 分段薄壁圆筒式车轮的失效

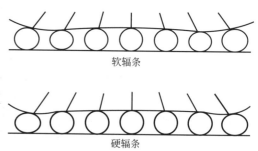

软辐条

硬辐条

(b) 辐条软硬对与地面接触区段变形影响的FEA计算结果

图 1-53　分段薄壁圆筒式设计车轮的失效与 FEA 结果[36]

• 螺旋线圈式设计车轮的失效。这种设计结果测试因内部可延展性、铝制外缘内圈的不可伸长等问题而性能变差，引起多重失效。在整个圆周内，多数情况下，有超过二十余处轮缘内圈辐条横跨整个宽度完全断裂。这些在内圈上产生的断裂实例如图 1-54（a）所示。而且，钢丝绳也有两种不同的失效形式。首先，钢丝绳用铝质板条附着在轮缘内外圈上，在板条的边缘产生应力集中，并且钢丝绳因剪切力在反复弯曲过程中被剪断。此外，当车轮底部相应的抗剪切内外圈被压缩时，因曲率半径小而使得钢丝绳磨损乃至断裂。这种故障分别发生在原型车轮周围八个不同部位。接着，被用来将钢丝绳固定在不可伸长内外圈的铝夹在固定连接处边缘产生应力集中，从而导致原型车轮周围三处钢丝绳被剪断，图 1-54（b）给出了这两种失效的情况。该设计结果的失效是多个因素导致的，主要包括：沿着轮缘内圈的应力、连接接合面处的应力集中以及几何形状干涉引起的磨损。为了构建合格的车轮，首先需要解决前两个影响因素问题，而最后一个则是这种螺旋线圈式车轮特有的问题。

• 第 2 代螺旋线圈式设计车轮的失效。作为螺旋线圈式设计改进型的第 2 代原型车轮并没有作为公路车轮进行运转测试试验。通过这一阶段设计过程可以肯定其在回转测试中会有令人满意的测试结果。因此，该原型车轮被直接拿去用在现实物理世界中作为下一代月面探测车的六轮腿式移动平台 ATHLETE 上进行实际测试。图 1-55(a) 为该车轮的加载测试照片。这种车轮能够以最大且均匀的接触区段方便地相对于重要目标物移动和穿越。但是，辐条的高刚度导致接触区段凸起已然非常明显，尽管最初对于性能没有什么不利影响。值得一提的是：在这个改进型的设计中，所有连接构件都是被"过度设计"出来的，以确保它们会失效，从而留下不可伸长的轮缘内外圈作为最薄弱的连接环节。该车轮在给定正常的倾斜光滑表面上理论上已经持续运行超过 100km。然而，当该车轮滚动并且支撑 ATHLETE 驶过小的物体时，会引起塑性变形而导致失效，失效状态下的车轮如图 1-55(b) 所示。由小的障碍物引起的塑性变形和辐条刚性引起的高附加压缩量导致剪切带被压垮而崩溃。

(a) 螺旋线圈式设计车轮的内圈失效　　(b) 螺旋线圈式设计车轮的钢丝绳弯曲失效(左)和
压接处应力集中所致失效(右)

图 1-54　螺旋线圈式设计车轮的失效 [36]

(a) 第2代螺旋线圈式设计车轮的加载测试　　(b) 第2代螺旋线圈式设计车轮的失效

图 1-55　第 2 代螺旋线圈式设计车轮的测试与失效 [36]

• 所有各型非充气轮胎车轮失效汇总统计。克莱姆森大学研究团队对上述所研发的各种车轮按故障发生部位进行了统计，并给出了如表 1-2 所示的失效汇总表。

表 1-2　克莱姆森大学研发团队研发的非充气车轮失效汇总表[36]

故障	刚毛	节段圆柱	螺旋线圈	第 2 代螺旋线圈	总计(合计)
内部 IM	2			1	3
外部 IM				1	1
剪切机构	1	16	6		23
内部 IM 连接	10	3	22		35
外部 IM 连接					—
辐条		1	1		2
辐条附件	1	2	1		4

　　由试验可知：由抗剪切机构以及车轮外缘圆周方向不可伸长内外圈之间的关联性可以确定，它们为最容易失效的设计元部件。其在刚毛包式、螺旋线圈式、分段薄壁圆筒式车轮中的设计失效率最高，并且很快导致整个车轮系统失效；多数车轮在外连接部位也有失效，这表明：连接本身就是很难设计的，并且通常在车轮内缘应力集中的部位发生故障。显然，第 2 代螺旋线圈式车轮除了车轮外缘不可伸长的内外圈发生失效之外，再无其他部位发生故障。克莱姆森大学研发团队认为：通过观察可以分析得出如图 1-56 所示的车轮可能失效路线图。

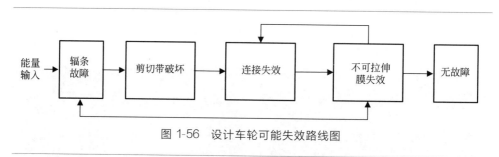

图 1-56　设计车轮可能失效路线图

　　另外，每行驶 1km 车轮循环 650 次（即转 650 圈）为许多故障发生在高循环次数下的最低值。而在设计上所期望的高性能下的循环次数应为 10^7 次。由这些实验结果很难确定哪种失效形式与车轮的寿命相关性更大。而不可伸长的车轮外缘内外圈必须重新设计，以减小在正常循环次数下的应力，并吸收可能导致塑性变形的冲击力。

　　e.经验教训：非充气部件之间的连接设计问题是鲁棒性车轮设计必须解决的问题；抗剪切几何形状与内外缘的有效连接方法设计具有挑战性！目前可能的方法是倾向于整体原材料附件、永久性焊接措施或联锁配置。设计出可以适应高周期性循环次数的车轮任重而道远。从质量和装载效率上来看，分段薄壁圆筒式设计接近于理想的装填布局，它类似于桁架结构；螺旋线圈式设计的抗剪切几何形状实际上承受了最低的应力。每种车轮都有自己的优势，但不具明显的优势。螺旋线圈式、分段薄壁圆筒式设计都有第2代，并且在ATHLETE月面探测车样车上进行了现实物理世界中的运行测试，还只是在较简单、低循环的应用条件下验证成功。第2代刚毛包式设计车轮还在研发中。

f. 进一步研发要解决的主要问题：解决不可伸长轮缘内外圈的疲劳问题；优化设计连接件质量并进行设计；研发使刚度可以很容易地调整的辐条；研发可以提高研发进度的特定原型轮；组件和系统水平上的低温测试；研发第3代原型车轮。在不久的将来，主要目标是解决轮缘内外圈疲劳问题，同时完成低温验证开发途径。这就需要有一些基础设施，为继续开发高循环次数、耐低温车轮提供测试用设备。因此，为实现长期目标还需确定一些中间目标：通过适当设计融入超常规材料来使装载效率最大化；进行部件低温测试以验证抗疲劳特性和抗磨损特性；通过数代原型车轮的研发最终确立和实现性能卓越的设计。最终的目标就是通过一代一代的原型车轮设计、建模与分析、严格测试，最终开发出能够在月面上高性能长寿命行驶的月面探测车车轮。

⑤ 2011年加拿大航天局（Canadian Space Agency，CSA）研发的FW-100和FW-350柔性车轮 加拿大航天局的M. Farhat等人设计、制造、测试了地面模拟测试用第3代FW-350型柔性车轮，并且将其安装于PUD-Ⅱ型原型车上在CSA模拟火星地形上进行了测试试验[37]。该车有直径为24in的四个柔性轮子，整车重300kg。其研究目的在于努力使通常需要6~8个车轮的探测车的车轮数目减少至4个，并且期待用柔性车轮来显著增加车轮与地面的接触面积，从而提高探测车的牵引能力，以达到车轮即使在低接地压力下也能正常工作的目标。FW-100和FW-350柔性车轮概念设计参考了子午线充气轮胎，子午线充气轮胎的基本原理是依靠空气压力将车辆载荷通过轮辋外表面传递到地面，胎面与地面相接触，并通过与地面的摩擦产生牵引力。FW-100和FW-300原型车轮的设计要求是：

车轮负载能力在地面上模拟时为50~100kg；结构的质量非常小；牵引力高；功效高；适于低接地压力地形；适于沙地与岩石地形；利用充气轮胎的设计思想和资源；可靠运行100km。FW-100是CSA研发的第一代柔性车轮原型，其结构如图1-57（a）所示，模仿子午线轮胎设计。轮子用的是蓝色钢化弹簧钢而不是橡胶，侧壁、护圈和帘布层被如图1-57（b）所示的径向弹簧钢带所取代。径向弹簧钢带靠向轮辋的内侧被禁锢到轮辋上。径向弹簧钢带（radial band spring）内有两个弹簧钢带呈V形且被连接在其内部；径向弹簧钢带最外缘上有主履带板（main grouser）和主履带板左右两侧的侧边履带板（edge grouser），皆为铝材料。这种车轮径向带需要单独制造，车轮结构较复杂，实物如图1-57（c）所示。

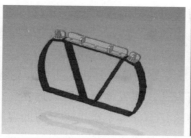

(a) FW-100柔性车轮结构　　(b) FW-100柔性车轮的径向弹簧钢带设计　　(c) FW-100实物照片

图 1-57　CSA 的第 1 代柔性车轮 FW-100[37]

经过反复设计的第 2 代柔性车轮 FW-350 的结构如图 1-58(a) 所示。车轮是由一整块厚 0.025in 的弹簧钢不锈钢带制成，如图 1-58(b) 所示，为减轻车轮制造的复杂程度，将整块钢带的两侧用水射流切割成一条一条窄带作为径向弹簧钢带，切割后得到的单块板材结构经折叠、弯曲形成车轮；主履带板为 V 形，很多个 V 形的主履带板安装在由整块钢带制作而成的轮缘上。这种结构增强了横向稳定性，弹性体使得车轮能够在 6 个自由度上获得柔性，从而能够在崎岖地形上获得更好的牵引能力。测试结果表明：这种 V 形履带板结构的柔性车轮能在沙地上有效行走。4 个 FW-350 柔性车轮还被安装在如图 1-58(d) 所示的 PU-Ⅱ型"漫游者"原型探测车上，在 CSA 火星仿真地形上进行了行走测试。该四轮探测车的总质量为 256kg，最大行驶速度为 1km/h。FW-350 柔性车轮在水平路面、倾斜 20°角的坡路上行走、转弯、爬坡皆表现出良好的性能。但在野外测试中发现：行驶在粗糙岩石场地时个别履带板发生弯曲；内部 OO 形枕链连接的径向钢带部位已经对不齐，发生错位。改用线缆将所有的履带板连接成网状结构加固，径向钢带与内枕改用铆钉连接在一起以限制其对正，测试后表明这两种固定方式有效。FW-350 仍需进一步作严格的现场测试，以确定车轮失效形式和可靠性程度。CSA 已联合工业界、学术界对该车轮进行了可靠性建模与测试，需要进一步减轻车轮质量，检验不同的车轮材料，使之与月球环境兼容[37]。

(4) 用于上台阶和爬楼梯的车轮

通常的车轮和小车是难以爬上有倾斜角度的楼梯、台阶或者落差大的台面或路面的，为此，由两个以上尺寸相对小的小轮在某一圆周上分布组成轮组形式的车轮和小车被发明出来，并成为专用于爬台阶、楼梯的车轮。

① 最早由人力被动驱动的三星轮（1962 年 Leounard E. Whitaker 发明的爬楼梯小车车轮）　1959 年 7 月 2 日 L. E. Whitaker 向美国专利事务所递交了一份 stair climbing device（爬楼梯小车）专利申请，1962 年 10 月获得发明专利权[38]。

当然这类爬楼梯小车不是自动化的，需要人力推着或者拉着爬上楼梯。如图 1-59
（a）所示，该发明的主要部分就是车轮部分，由三个大小相同的小轮间隔 120° 均布
在圆周上，各自由轮轴连接在一个呈内凹三角形的轮架上，构成三轮轮组，该圆周
的中心即为轮组回转中心。当不爬台阶或楼梯时，轮组的三个轮中任意一轮或两个
轮都可以与地面接触并滚动前进，就像单侧单轮的平常小车一样；当爬楼梯时，轮
组绕三角形支架［图 1-59(a)、(b)］上的回转轴转动，轮组上的三小轮依次与台阶
面接触并转动爬上台阶。当然，轮组绕轮组公共轴线相对台阶的转动是不光滑的，
轮组随着楼梯台阶高度的变化也是上下起伏的，但省力。后来，人们把这种三轮轮
组称为三星轮（tri-star wheel）。

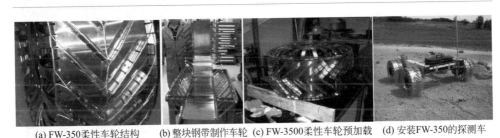

(a) FW-350柔性车轮结构　(b) 整块钢带制作车轮 (c) FW-3500柔性车轮预加载　(d) 安装FW-350的探测车

图 1-58　CSA 的第 2 代柔性车轮 FW-350 及地面模拟探测车原型样车[37]

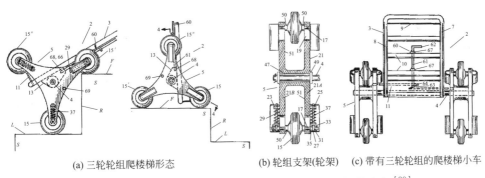

(a) 三轮轮组爬楼梯形态　　(b) 轮组支架(轮架)　(c) 带有三轮轮组的爬楼梯小车

图 1-59　1962 年发明的三轮轮组和现在所用人力爬楼梯小车[38]

　　三星轮如今已是很常用的爬楼梯、爬台阶小车用轮，现在市民买菜用的如
图 1-59(c) 所示的小车就是这种车轮。虽然是由人力被动驱动的，但是这种三
星轮在爬楼梯、爬台阶或障碍物的轮式移动机器人上却大有用武之地。
　　② 主动驱动的三星轮/多星轮　采用如前所述的三星轮作为主驱动轮的轮式
移动机器人有很多，虽然结构、三星轮的轮数、驱动方式等有差异，但所用三星
轮的原理大体相同，而且多数由电动机或电动机加传动装置（或减速器）构成三
星轮驱动单元。不仅如此，为降低这种星形轮式移动机器人上台阶、爬楼梯运动

的波动性，诸如六星轮的多星轮也被研发出来了。

　　a. 1983 年日本东京工业大学的高野政晴等人研发了由三星轮驱动的四轮移动机器人 TO-ROVER：高野政晴、谷史朗、米泽宏敏面向原子力发电格纳容器内的安保作业系统研发了三星轮驱动可折叠式四轮移动机器人"TO-ROVER"，并进行了爬台阶实验[38]。如图 1-60 所示。他们用该机器人进行了上/下台阶、旋回、越障碍物、走 U 形路径再回到原位等实验。当时的实验没有采用引导方式控制，行走后偏离了原位置数十厘米。

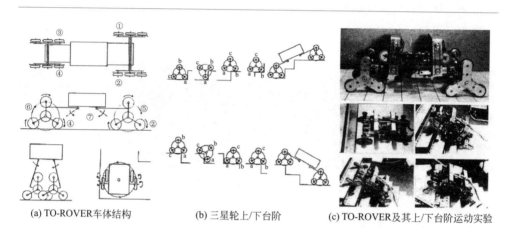

(a) TO-ROVER车体结构　　　　(b) 三星轮上/下台阶　　　　(c) TO-ROVER及其上/下台阶运动实验

图 1-60　采用三星轮作为主驱动轮四轮移动机器人 TO-ROVER 原理与上下台阶实验[38]

　　b. 1994 年本东京工业大学的森田哲、高野政晴等人在 TO-ROVER 的基础上研发了由六星轮驱动的四轮移动机器人 TO-ROVERⅢ：这种六星轮驱动的移动机器人结构如图 1-61(a) 所示，由两对驱动单元和 1 个载体组成，驱动单元各由一个电动机驱动。驱动单元的机构原理如图 1-61(b) 所示，星形的 6 个臂上装有车轮，由一个电动机和行星齿轮机构来驱动。当行走在平整地面上时，车轮回转，而行走在有落差的路面、台阶上时，六星轮的六个臂与车轮一起回转。驱动单元由与行星齿轮机构的输入齿轮轴连接的电动机输出轴驱动，太阳轮驱动车轮回转，行星齿轮驱动有六个臂的六星轮回转，为一输入二输出的行星齿轮轮系（理论上，输入输出与哪个齿轮连接都没关系）。这种原理使得无论在平整地面上行走，还是上台阶、爬楼梯，行走模式的切换都是自然进行的。图 1-61(c) 为 TO-ROVERⅢ移动机器人的实物照片[39]。

　　c. 2008 年 I Han 研制的盘形三星轮四轮爬楼梯机器人：I Han 利用三个盘形轮组成三星轮并在前后三星轮之间的车体上引入弹簧制作了弹簧-盘形轮组三星轮小车原型，这种小车可以上台阶、爬楼梯，遇到墙壁等障碍物碰撞时可以吸收冲击，如图 1-62 所示。三星轮的驱动是由电动机经行星齿轮传动驱动的[40]。

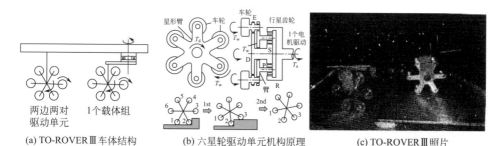

图 1-61 六星轮作为主驱动轮的四轮移动机器人 TO-ROVERⅢ的原理[39]

(a) 采用弹簧-盘形轮组三星轮原理
的四轮移动机器人的实物照片

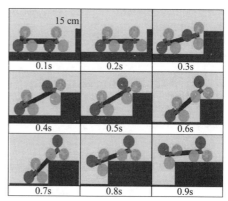

(b) 爬台阶

图 1-62 采用弹簧-盘形轮组三星轮原理的四轮移动机器人的实物照片与爬台阶示意[40]

  d. 2009 年意大利的 Giuseppe Quaglia 等人设计出了用于研发三星轮驱动的四轮轮椅测试原型[41]。

  e. 2012 年 Yong Yang 等人研制的爬越高障碍物的三星轮六轮移动机器人 Tribot：其整车结构设计如图 1-63（a）所示，车体分为可以相对转动的前后两段，一段左右侧各两个三星轮；另一段左右各一个三星轮，总共六个三星轮左右侧对称布置各三个；每个主驱动三星轮为一个系统模块，由一个控制单元控制一个电动机和减速器独立驱动一个三星轮系统模块，如图 1-63（b）所示。图 1-63（c）则给出了三星轮的三个小轮在电动机、减速器、行星齿轮传动以及三星轮主动驱动下爬台阶（楼梯）的运动原理。

  三星轮六轮移动机器人 Tribot 的爬楼梯运动原理以及原型样机如图 1-64 所示[42]。

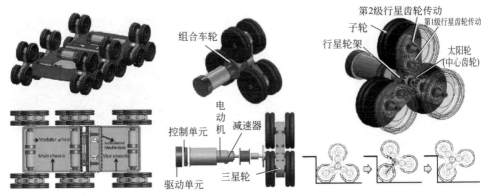

(a) Tribot车体结构   (b) 主驱动下的三星轮模块   (c) 三星轮模块的行星传动及爬台阶运动

图 1-63　采用三星轮作为主驱动轮的六轮移动机器人 Tribot 的结构与驱动原理[42]

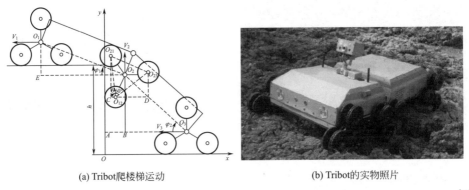

(a) Tribot爬楼梯运动   (b) Tribot的实物照片

图 1-64　采用三星轮作为主驱动轮的六轮移动机器人 Tribot 爬楼梯运动原理及其实物照片[42]

f. 2015 年 Luis A. M. Riascos 以三星轮为驱动轮提出一种低成本爬楼梯四轮轮椅。其成本大概为 298.20 美元。它由两个带有齿轮减速器的 40W、60r/min 齿轮-伺服电动机驱动，轮椅上装有陀螺仪传感器（IMU）[43]。

（5）自动单轮（盘形单轮、球形单轮、鼓形单轮、椭球形单轮）

自动单轮本身既是车轮也是车体，也称单轮机器人，如盘形单轮、鼓形单轮、球形单轮等等。在所有的轮式移动机器人中，它是一种完全靠自身的平衡能力来实现移动方位控制的特殊机器人。尤其是以滚动方式移动的球形机器人，不存在诸如采用腿式、足式、轮式等移动方式的机器人跌倒、倾覆的危险，它可以在控制系统控制下即使偏离移动目标位置也能够从障碍物或与环境碰撞中恢复移动能力，继续移动。球形机器人的移动能力是通过不平衡的内部驱动单元在不断地使系统得到平衡和失去平衡的过程中获得的。球形机器人最初是由日本电气通信大学的山藤和男教授研究室于 1991 年提出并研究的；而单轮陀螺稳定机器人最初是由美国卡内基梅隆大学的 Brown 教授课题组提出并研究的。此后，有关单轮、球形机器人的研究在国内外逐渐发展起来。

① 单轮机器人的分类　单轮机器人顾名思义为只有一个车轮的机器人，按车轮几何形状的不同可以分为球形单轮机器人、椭球形单轮机器人、鼓形单轮机器人、盘形单轮机器人等。球形或盘形单轮机器人按机构与移动控制原理可以分为如下几种类型：a. 轮轴外部悬挂倒立摆型（如 1992 年越山笃与山藤和男的研究[44,45]）；b. 轮内单轮-弹簧型（如 1996 年 Halme 等人的研究[46,47]）；c. 轮轴悬挂单/双/三自由度摆型（如 1996 年 Brown 与 Xu 的研究[48]）；d. 轮内双转子型（如 2000 年 Bhattacharya 与 Agrawal 的研究[49,50]）；e. 轮内小车型（如 1997 年 Bicchi 等人的研究[51]，2003 年 J. Alves 和 J. Dias 的研究[52]）；f. 球内固定推进机构的全方位型（如 2002 年 Amir Homayoun Javadi A. 和 Puyan Mojabi 的研究[53]）。

2012 年 Richard Chase 与 Abhilash Pandya 在他们对球形机器人综述的文章里，按着主驱动原理将球形机器人分为：质心偏移量原理（barycenter offset，BCO）、壳体变换原理（shell transformation）、角动量守恒原理（conservations of angular momentum，COAM）三类[54]。其中，J. Alves 和 J. Dias 研究的"Hamster Ball"、Halme 等人研究的轮内驱动单元（internal drive unit，IDU）原理的球型、北京航空航天大学的战强等人研究的 BHQ-3 以及哈尔滨工业大学的邓宗全等人研究的万向轮（universal wheel）型、Rotundus 等人研究的单摆型、哈尔滨工业大学的孙立宁等人研究的双摆（椭球）型、Mukherjee 等人的研究、P. Jearanaisilawong 等人研究的三腿式可重构球型等等都属于 BCO 一类；K. Wait 等人研究的增压空气气囊（pressurized air bladders）原理的球形机器人、T. Yamanaka 以及 Y. Sugiyama 等人分别研究的形状记忆合金（shape memory alloys）球形机器人都属于壳体变换原理一类；Brown 与 Xu 研究的轮轴悬挂单摆平衡、单/双摆（V. Joshi 的研究）、三维摆（北京航空航天大学研究的 BHQ-5）、G. Schroll 研究的球形机器人等等都属于角动量守恒原理的一类[54]。

② 1991 年球形轮与球形机器人概念的提出及其单摆摆动移动原理

a. 1991 年越山笃、山藤和男首次提出球形机器人概念并研制出第 1 个球形机器人。随着工厂内和工厂之间的巡回作业对移动机器人需求的进一步提高，以及面向将来的家庭、街道一边巡回一边执行各种作业对机器人需求的必要性考虑，日本电气通信大学的学生越山笃和教授山藤和男于 1991 年在日本机器人学·机械电子学演讲会上提出了球形机器人的概念，并开发出了只有一个球形车轮的单轮车型全方位移动机器人，所有的驱动与姿势控制机构都内藏在车轮内，调节机器人整体的重心位置，实现全方位移动[44,45]。

b. 球形机器人（spherical shaped robot）的概念：面向老龄化社会、能够代替年轻劳动力，不仅在工厂，就是在家庭、街道中也能来回行走代替人完成作业，能够与人类接近，与人类一起安全共存和工作，驱动机构、控制与传感系统等完全搭载在球形车轮内，具有高度安全性，功能与安全性兼具的球形轮机器人，如图 1-65(a) 所示，该类机器人可以在球形轮轴外侧设立拱形门或拱柱作为负载物搭载平台。这种球形机器人还可与其他的球形机器人或车轮串联起来改变结构，形成多轮机器人[44,45]。

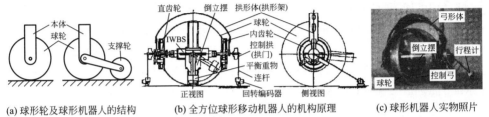

(a) 球形轮及球形机器人的结构　　(b) 全方位球形移动机器人的机构原理　　(c) 球形机器人实物照片

图 1-65　1991 年首次提出的球形轮的结构及全方位球形移动机器人的机构原理与原型样机

　　c. 越山笃等人提出的球形机器人移动控制的单摆原理。该机器人由球形轮、安装在球形轮上的拱形架、轮内的运动控制机构组成，如图 1-66(a) 所示。球形轮内的结构被称为"轮内平衡系统"（the inside wheel balancing system，IWBS），三个各 40W 的直流伺服电动机被安装在一个摆架（pendulum plant-form）上，经齿轮减速后被分别用来驱动球形轮、拱形架和控制拱。该 IWBS 由一个摆和一个控制拱（a controlling arch）组成，图 1-66(a) 右侧所示的侧视图中，在球形轮的回转轴上安装着一个可以绕着该回转轴转动的单摆摆架，球形轮是由安装在轮内的直流伺服电动机 A 驱动的，悬挂在轮轴上的控制拱由位于驱动车轮转动的电动机 A 下面的另一个直流电动机 B 来驱动。如图 1-66(b) 所示，图中 A、B 为两个 40W 的直流伺服电动机，它们的轴线互相垂直。伺服电动机 A 分别驱动一对外啮合直齿圆柱齿轮传动和一对内啮合的圆柱齿轮传动；伺服电动机 B 驱动带有惰轮的直齿圆柱齿轮传动。在各个驱动用直流伺服电动机上都有光电编码传感器，用来检测电动机回转角度；此外，在摆的两侧安装有与轮同轴的磁编码器，与地面接触的接触杆末端安装有用来测量球形机器人行程的回转编码器。通过 32 位 PC（CPU i80386，带有 i80387 协处理器）控制这些控制装置机构有效动作，从而实现球形机器人位姿与方向控制[55,56]。

　　d. 1995 年越山笃等人提出的完全球形机器人及其移动控制原理。越山笃等人于 1991 年研制的全方位球形机器人的轮轴与球壳之间在几何上呈相对固定的驱动方式，而且能量供给部和控制器都设置在机器人外部，不与机器人本体在一起。越山笃等人于 1995 年设计研发的完全球形机器人 2 号原型样机则是进一步提高机动性和安全性的全自立型全方位移动机器人[57]。所谓的全自立型即是动力源、驱动、控制、传感等所有组成部分完全搭载在球形轮本体内部，完整、独立地自成一体。同全方位球形移动机器人1号原型样机相比，其最大特征是球形轮为外部无任何突起的光滑球面，可以以零回转半径全方位移动。该球形机器人由球壳车轮和球壳车轮内藏型驱动机构（wheel built-in driving mechanisms，WBDM）组成。球壳车轮直径为400mm，球形机器人整体总重为14.4kg，为控制用微型计算机和驱动用电池内藏于球壳车轮的全自立型机器人，如图1-67所示。

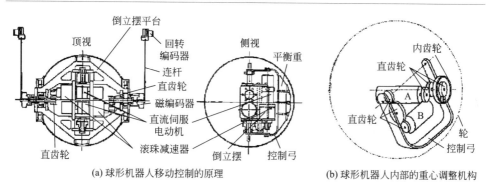

(a) 球形机器人移动控制的原理 　　　　(b) 球形机器人内部的重心调整机构

图 1-66　1991年越山笃等人提出的球形机器人移动控制原理

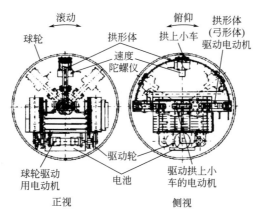

图 1-67　1995年越山笃等人提出的完全球形机器人机构与移动控制原理[57]

e.越山笃等人研发的球形机器人2号原型样机的球壳车轮。球壳车轮由两个内外面光滑、厚6mm的半球壳组合而成。球壳外表面无任何突起，对周围环境物或人一般不会造成任何伤害。两个半球壳壳体采用了索尼（Sony）公司生产系统商业中心开发的光造型装置（solid creator），由Ar激光平面扫描使UV树脂积层状硬化制造工艺制作而成。积层厚为0.2mm，为球形车轮直径400mm的

0.05％，因此，制作后的球壳表面无需进行任何表面光滑化处理。

f. 球壳车轮的驱动机构 WBDM。如图 1-68 所示，WBDM 由球壳车轮驱动机构和姿势稳定化机构构成[57]。

球壳车轮驱动机构：由 WBDM 下部配置的两个独立控制的驱动轮（driving wheel）、减速器与 DC 伺服电动机组成的驱动机构构成。WBDM 的驱动轮分别与球壳车轮内接，通过分别控制这两个驱动轮来实现球壳车轮的控制。驱动机构的最下部装有 12V、7A·h 的铅蓄电池，为机器人提供全部能量，同时，这样的配置也是为使机器人重心位置低于球壳车轮的中心，可以使系统像不倒翁那样成为稳定的结构。

姿势稳定化机构：机器人进行滚动和回转动作时，WBDM 在球壳车轮内部获得各种姿势。然而，当机器人执行搬运之类作业的情况下，常常需要相对于地面吸收其姿势的变化而保持在任意位置。姿势稳定化机构由配置在 WBDM 上部的导轨轨道、移动台车以及分别驱动它们的两个 DC 伺服电动机和减速机构组成。导轨相对于行进方向左右滚动（roll），台车前后向俯仰（pitch），通过这两个运动可以实现机器人 2 个自由度的姿势稳定化。而且，为实现姿势稳定化控制和旋回控制，导轨台车上在 pitch、yaw（绕机器人的铅垂轴回转）以及 roll 方向搭载了总共 3 个速度陀螺仪（rate gyro），在由其测得角速度的同时，还可以获得方位角，计算出角加速度。此外，台车上安装了平衡配重，通过主动地改变系统重心位置，可以主动控制机器人姿势。

控制系统构成：机器人控制器为 16 位微型计算机，采集来自驱动轮、姿势稳定化机构上各有 2 台总共 4 台伺服电动机上的光电编码器、容量型加速度计、速度陀螺仪等传感器的数据，对各输出轴进行力矩控制。

完全球形机器人的动作原理：通过对配置在 WBDM 下部的两个驱动轮进行独立控制可以实现各种运动[57]。

直向滚动原理：如图 1-68(a)、(b) 所示为与行进方向垂直的侧向看球形机器人的视图，为使球形机器人沿着行进方向直向滚动行走，球壳车轮回转中心与 WBDM 的重心位置的距离通常为一定值。如果 WBDM 的重心位置在球壳车轮中发生变化，则只要在球壳车轮与地面的接触点处产生沿俯仰方向的转矩 $T = Mgl\cos\theta$，即可实现机器人的直向滚动行走。

回转半径为 0 的回转动作原理：如图 1-68(c) 所示，回转半径为 0 的回转动作即是球壳车轮、WBDM 绕着同一个轴线（即垂直于地面的轴线）原地回转运动。此时，球壳车轮自身绕该轴线的惯性力矩、WBDM 绕该轴线的惯性力矩、球壳车轮与地面接触点处的摩擦力矩三者遵从系统力矩平衡的原理，即三者的代数和为零。若忽略球壳车轮与地面的摩擦力矩，则球壳车轮自身绕该轴线的惯性力矩与 WBDM 绕该轴线的惯性力矩之和应为零。只要控制 WBDM 机构满足此力矩平衡方程即可实现回转半径为零的原地回转运动。

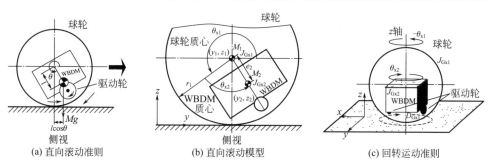

(a) 直向滚动准则　　(b) 直向滚动模型　　(c) 回转运动准则

图 1-68　1995 年越山笃等人提出的完全球形机器人动作原理[57]

③ 1996 年 Arne Halme 等人研发的球形移动机器人及其质心径向偏移失衡移动原理　芬兰赫尔辛基技术大学（Helsinki University of Technology）自动技术实验室的 Arne Halme、Torsten Schönberg 和 Yan Wang 设计研发了一种由球形壳体内部的惯性组件操控实现滚动移动的球形机器人，其结构组成如图 1-69 所示，在球形壳体 1 的内部直径方向上配置一个由控制盒 2、驱动轮 3、转向操控轴 4、支撑杆轴 5、弹簧 6 和平衡轮 7 组成的内部驱动单元（inside drive unit，IDU）组件，由球形壳体 1 和该 IDU 组成球形机器人本体。其移动能力是在通过内部驱动单元 IDU 不断地调整系统内部平衡和不平衡的过程中获得的。它由一个电动机驱动轮子移动，可以转动，使运动的方向发生变化。机器人的球形壳体由塑料或其他类似材料制成，可以将传感器或无线通信装置设置在壳体内部，与外部世界进行无线通信。球形机器人可用于诸如监视或将传感器（如毫米波雷达或阿尔法光谱仪）安装在壳体内部进行遥感探测等自动化作业[46,47]。

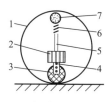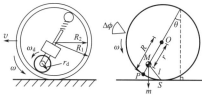

(a) 球形机器人结构　　(b) 球形机器人原型样机　　(c) 质心径向偏移失衡滚动原理

图 1-69　1996 年 Arne Halme 等人提出的球形机器人滚动移动原理及其原型样机[46,47]

1—球形壳体；2—控制盒；3—驱动轮；4—转向操控轴；5—支撑杆轴；6—弹簧；7—平衡轮

④ 1996～2004 年 H. Benjamin Brown Jr. 与 Yangsheng Xu 等人研发的单轮陀螺稳定移动机器人 Gyrover　卡耐基梅隆大学（Carnegie Mellon University）

机器人学实验室的 H. Benjamin Brown Jr. 与 Yangsheng Xu 于 1996 年基于陀螺进动原理研发出一种新型的单轮陀螺稳定机器人（single-wheel gyroscopicaly stabilized robot）[48]。进动（precession）也叫旋进，是指一个绕自身轴线回转的物体（即自转物体）在受到外力作用后其自转轴线绕着某一中心旋转的物理现象。陀螺进动（gyroscopic precession）则是陀螺自转轴线不再垂直时，轴线倾斜的陀螺在自转的同时会绕着通过陀螺支点的铅垂线旋转的物理现象。

a. 陀螺机器人 Gyrover 的机构原理。如图 1-70 所示，该陀螺机器人 Gyrover 是建立在陀螺仪概念之上的，其内部附有陀螺仪用来稳定和操纵车轮并使之向前进运动方向旋转 [图 1-70(a)]。当车轮停止或缓慢运动时，陀螺机器人的角动量产生横向稳定性。倾斜机构能够使陀螺仪的轴线相对于前/后滚动轴线、相对于车轮倾斜。由于陀螺仪可以作为姿态的惯性参考基准使用，车轮向左或向右倾斜时，又使车轮沿着倾斜方向旋进。通过驱动一台电动机产生转矩，该转矩反作用于悬挂在车轮轴上类似于钟摆单摆的内部机构上，从而产生加速或制动时的推动力（或制动力）。

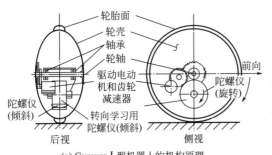
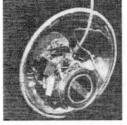

(a) Gyrover I 型机器人的机构原理

(b) Gyrover I 型机器人原型样机

(c) Gyrover II 型机器人原型样机

图 1-70　1996 年 H. Benjamin Brown 等人提出的单轮陀螺稳定移动机器人的机构原理及原型样机 [48, 58]

b. 单轮陀螺机器人 Gyrover 与多轮机器人相比潜在的优势和用途：

• 整个系统可以被封闭在车轮内，为设备和机构提供机械保护和周围环境的保护。

• 陀螺机器人 Gyrover 可以有效地避开障碍物，因为其本体没有悬挂部分，没有暴露在外的附属肢体和附件，而且整个暴露的外表面都将用于主驱动表面。

• 可倾斜飞轮可以用于从其静态稳定、平衡位置（偏向一侧）校正车轮（在其侧面）右转。

• Gyrover 可以通过简单的倾斜和进动在所需的方向上转动，无需特殊的转向机构，可以提高机动性。

• 与地面单点接触，可以适应表面状况，消除对移动机器人机构需要适应不平坦表面的要求，简化了控制。

·全部驱动牵引力都是有效可用的，因为所有的质量都集中在单驱动轮上。

·大型充气轮胎可实现与地面非常低的接触压力，对表面具有最小干扰和最小滚动阻力特性。轮胎适用于在软土、沙子、雪或冰上行驶；可以驶过灌木丛或其他植被地面；或者，具有足够的浮力用于在水面上行驶。

陀螺机器人 Gyrover 具有多方面潜在的应用前景。它可以在陆地和水上行进，可在海滩或沼泽地区两栖使用，用于一般的交通、探险、营救或娱乐。类似地，适当地设计胎面后，可以行驶在松软的雪地上，具有良好的牵引力和最小的滚动阻力。作为一个监视机器人，Gyrover 可以利用它的相对窄小细长的体型轮廓穿过门道和狭窄通道，并且可以在空间狭小紧张的地方机动灵活地转向。另一个潜在的应用则是作为一台高速月球车，在没有空气动力学干扰和低重力的环境下可以高效、高速地移动。可以预计，随着这种单轮陀螺稳定移动机器人技术的不断进步，更多更具体的用途将逐渐变得明显起来。

c. Gyrover Ⅰ的实验结果。利用几个简单的实验来验证稳定性和转向原理，以及测试两个原型车轮。第一个车轮 Gyrover Ⅰ如图 1-70(b) 所示，是由可用的 RC 模型 Apple 飞机组件组装而来的。该车轮的直径为 34cm，质量为 2kg。它可很容易地通过遥控来驱动和操纵；在光滑或崎岖地形上具有良好的高速稳定性；并且可以保持直立和就位；行驶速度超过 10km/h，越过相对崎岖的地形（一个碎石堆），爬过坡度为 45°、高度为其直径 75% 的坡道；利用车轮前进驱动和陀螺仪控制策略，实现了从跌落（搁浅在车轮放平）状态的恢复。该机器人的主要缺点是其缺乏弹性和车轮损坏的脆弱性；由于陀螺仪上的轴承和空气阻力，引起电池的电能被过早地耗尽；倾斜伺服中的转矩不足；车轮没有被完全封闭。

d. Gyrover Ⅱ的实验结果：为了解决 Gyrover Ⅰ所存在的上述问题，设计研制了图 1-70(c) 所示的 Gyrover Ⅱ。它比Ⅰ型（直径为 34cm，质量为 2kg）略大，并且还使用了许多 RC 模型部件。倾斜伺服力矩和行程都大约增加了一倍。Ⅱ型上配备了真空室中放置的陀螺仪，功率消耗降低 80%，从而使电池寿命从约 10min 增加到 50min。整个机器人被安置在一个专门设计的充气轮胎中，保护轮胎免受机械和环境的侵害，并且提供了一个弹性的外壳，比预期的更加坚固耐用。该Ⅱ型机器人上包含各种传感器，用来监测电动机的电流、位置和速度、轮胎和真空压力、车轮/车身方位和陀螺仪温度。Ⅱ型已组装，并且在光滑的地板上进行了手动遥控驱动，还进行了水上浮动能力和可控性验证[48,58]。

e. 2000 年 H. Benjamin Brown 课题组研发的单轮陀螺稳定移动机器人 Gyrover 及其控制。H. Benjamin Brown 教授课题组研究了如图 1-71 所示的单轮陀螺稳定移动机器人的运动控制问题，在建立了 Gyrover 动力学模型的基础上，用扩展卡尔曼滤波器估计完整状态，设计了状态估计器。该模型的线性化简化模型被用来设计状态反馈控制器[59]。设计方法是基于一个半定程序设计过程，优化稳定区域使之满足能够获得稳定性和极点配置约束条件的一组线性矩阵不等式。最后，在机器人样机上验证了与扩展卡尔曼滤波器（extended kalman filter，EKF）相结合的控制器设计的正确性和有效性。Gyrover 使用遥控发射器来控制，该遥控发射器允许用户控制驱动陀螺运动的电动机电压和倾斜机构倾角。该机器人由车轮、摆、倾斜机构和陀螺仪四部分刚体经一个三维运动链相互连接而成，其原型样机如图 1-72 所示。

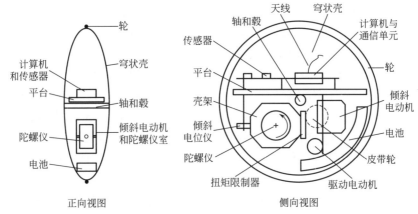

图 1-71　H. Benjamin Brown 课题组研发的单轮陀螺稳定移动机器人的机构原理[59]

图 1-72　H. Benjamin Brown 课题组研发的单轮陀螺稳定移动机器人原型样机[59]

摆（pendulum）：Gyrover 的主体悬挂在轮轴上作为摆。摆由直流电动机和轮轴传动装置驱动。作为与重力作用相反的反作用力矩，该驱动机构为陀螺仪产生前向加速度和制动。前向驱动系统采用两级同步齿形带传动，传动比接近 13∶1。

陀螺仪（gyroscope）：稳定陀螺仪是 Gyrover 机构的核心。旋转质量产生的角动量可以为 Gyrover 车轮在由倾斜机构驱动电动机或倾斜伺服机构操纵产生倾斜之前提供稳定性和惯性姿态参考。陀螺仪被封装在玻璃纤维和铝质外壳之内，在精密滚珠轴承支撑下旋转，并安装在橡胶隔振器之上。一种集成的无刷直流电动机使陀螺仪旋转到运行速度，由安装在外壳外部的速度控制单元进行速度控制；它保持大约为 15000r/min 的恒定角速度。因为电动机太小，将会导致突然的角速度变化，所以不能将这个自由度用于控制目的。因而假设陀螺仪角速度是恒定的。陀螺仪需要大约 1min 时间加速到运行速度（在采用更高速度回转电动机的最新版本上则需要更长时间），而且在电源被关闭后大概需要 20min 左右时间才能由旋转状态过渡到停止状态。

陀螺仪倾斜伺服机构（gyroscope tilt servo）：倾斜伺服控制陀螺仪旋转轴相对于车轮轴线和摆的相对角度。该旋转轴垂直于车轮轴主轴，并且位于该主轴矢状面下方，如图 1-71 所示。这一伺服机构是一个转矩非常高的高转矩单元，它提供转矩以使车轮相对于陀螺仪产生倾斜。这个与车轮重力反作用的车轮平衡力矩，将导致产生转向效果的偏航进动。例如，当前进速度为零时，可以通过稍微向左倾斜而使 Gyrover 向左旋转。陀螺效应使 Gyrover 停止跌落，同时诱导绕垂直轴的正向旋转，使机器人向左转动。

计算机与 I/O 卡定制（computer&I/O board）：定制的电路板包含控制用计算机和闪存盘、无线电系统和伺服系统的接口电路、驱动电动机的功率放大器部件，以及车载传感器的接口。车载计算机为 Cardio™ 486 PC 100MHz，连接一个标准的键盘、监视器和鼠标作为传统的 PC 使用。它使用 QNX™ 实时操作系统（Quick Unix，嵌入式实时操作系统）进行操作。此外，还包括一个无线电遥控系统（JR 型 XP783A），它可以独立于计算机控制系统工作。

传感器和测量仪（sensors and instrumentation）：Gyrover 上安装了各种车载传感器来测量其状态，包括测量陀螺倾斜角的电位器、用于检测驱动电动机位置和速度的光电编码器、用于测量陀螺仪角速度的霍尔传感器、检测摆角速度的三轴速率陀螺仪各一。包括无线电发射机的控制输入信号在内的所有信号，都可由计算机读取。

电池（battery）：电池组由 8 节 2800mA·h 的镍-镉电池组成，外加电池支架，以增加最大驱动转矩并保持质量中心低。5A 电池组快速充电约耗时 45min，可提供运行约 20min 的用电。

动力学（dynamics）：Gyrover 系统的状态估计器和控制器的开发是以动力学方程为基础的。其动力学是由一组高度耦合的非线性微分方程描述的，动力学方程的推导基于牛顿-欧拉方程或拉格朗日方程。推导中，假设：所有构件均为刚性体；车轮不打滑；轮毂与地面间以及驱动电动机与变速器之间的接触摩擦模型包括库仑和黏性摩擦；陀螺仪的角速度是恒定的；车轮和陀螺仪是轴向对称的；地面是水平的；车轮始终保持与地面接触。与固定基座的机器人操作臂的牛顿-欧拉法动力学不同，Gyrover 的动力学不能以迭代方式进行数值计算。对于固定基座的机器人操作臂，基座加速度是已知的或固定的，从而可以连续计算远端连杆的加速度。一旦所有的加速度已知，反作用力可以从末端执行器向基座方向迭代计算。然而，由于 Gyrover 车轮的加速度不是固定的，而是取决于内部自由度的加速度，因此无法对牛顿-欧拉方程进行数值计算。相反，完整的动力学在施加接触约束之后才能进行符号推导。

控制结果：Gyrover 是陀螺仪稳定的单轮机器人，其动力学是由一组高度非线性耦合微分方程描述的。分析表明，在 Gyrover 垂直和陀螺仪轴呈水平的操作点附近，动力学系统可以线性化为前后运动和横向运动两个解耦系统。解耦系统是可控的和可观测的，但非最小相位。使用 SDP（semi-definite programming）方法推导并实现了 EKF 和状态反馈控制器，并在实验中使用实验数据和控制证明了精确估计。进一步的工作需要解决耦合控制器的研发，以考虑 Gyrover 的其他位姿形态，例如以恒定的角速度和倾斜角度画圆。未来的工作还包括跟踪控制器的设计，以引导 Gyrover 沿着非平面表面上的期望轨迹滚动。

f. 2004 年香港中文大学的 Yangsheng Xu 与 MIT 的 Samuel Kwok-Wai Au 的单轮机器人及其路径跟随研究。他们研发了由旋转飞轮转向装置操纵和电动机驱动推进的、由飞轮充当陀螺仪来获得稳定的 Gyrover Ⅲ 型单轮机器人[60]，如图 1-73 所示。在建立该机器人 3-D 非线性动力学模型的基础上，研究了该机器人的动态特性，并分别用仿真和实时实验方法验证了建立的非线性动力学模型。两种模拟实验结果表明：飞轮对机器人具有明显的稳定作用。然后，通过线性化解耦机器人的纵向和横向运动，提出了一个线性状态反馈以使机器人稳定在不同倾斜角，从而间接控制机器人的转向速度。对于路径跟踪的任务，设计了一个控制器跟踪任何期望的直线而不跌倒。为了通过控制路径曲率来驱动机器人沿着期望的直线行进，首先设计线性控制器和转向速度，然后应用线性状态反馈单轮机器人预定的倾斜角度，使得机器人转向速度收敛到给定转向速度。这项工作是对这种动态稳定但静态不稳定系统的完全自主控制问题的解决迈出了重要的一步。

⑤ 2000 年美国特拉华大学（University of Delaware）机械工程系的 Shourov Bhattacharya 与 Sunil K. Agrawal 设计的单轮球形滚动机器人[49,50]　如图 1-74 所示，该球形机器人采用远程控制，由内部安装的两个互相垂直的转子驱动，使球在平面上滚动和旋转，球内零部件对称分布，并用高架照相机进行跟踪。针对机器人运动的非完整约束问题，建立了机器人运动数学模型；以最短时间和最小能量为优化目标规划机器人轨迹，并通过数值模拟和硬件实验进行了验证[49,50]。

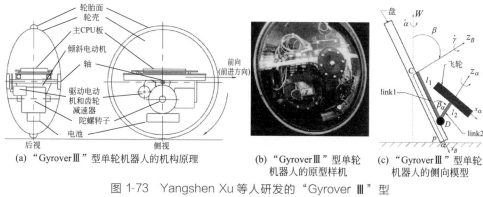

(a)"GyroverⅢ"型单轮机器人的机构原理

(b)"GyroverⅢ"型单轮
机器人的原型样机

(c)"GyroverⅢ"型单轮
机器人的侧向模型

图 1-73 Yangshen Xu 等人研发的"Gyrover Ⅲ"型
单轮机器人的机构原理、原型样机与侧向模型[60]

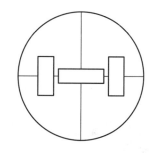

图 1-74 Sunil K. Agrawal 等人研发的单轮球形滚动机器人原型样机及原理图[49,50]

⑥ 1997 年 Bicchi 等人、2003 年 J Alves 和 J Dias 等人研究的轮内小车型单轮球形机器人

a. 1997 年意大利的 Bicchi 等人研究的轮内小车型单轮球形机器人[51]：Antonio Bicchi 等人所在的实验室研制的命名为"SPHERICLE"的单轮球形机器人（即"球体"）为一个可以在地板上自由滚动的、外表面完全光滑的空心球体，外表面涂上黑色标记，以显示球体的方向。由轮内小车自主驱动，其逻辑部分在板实现，通过无线调制解调器与基站连接。其研究目标为用球体机器人完成复杂环境中的一些典型移动任务，例如从一个房间到另一个房间，球形机器人自行处于正确的姿势，并传送一个声音信息，以及进行检查和巡回监视等任务。

为了驱动球体移动，需要在球的空腔内以各种不同的方式移动被放置的质量块位置，以调节球的整体质心位置来实现球形机器人的移动。其设计原理类似于 Halme 等人建立的球形滚动机器人通过使用封闭在球体空腔中的轮式装置来驱动球体运动。

SPHERICLE 的原型样机中，移动质量是由单圈运动小车、执行机构、驱动器、传感器、电池组和无线电模块组成的（图 1-75）。小车通过球体上的一个开口插入球中，球体随后被密封，以恢复完美的球形形状。小车靠自身重力与球内表面接触，无滑动地在球形轮内表面滚动。为了使系统相对于外部扰动更有鲁棒性，可以将吊杆安装在小车上，以便保持与球体天花板上的接触，从而更有效地将小车推到球体内表面"地面"上。在原型样机中，弹性悬架安装在单轮车的前部和后部（参见图 1-75 中右图）。两个步进电动机以每转 200 个步距角的速度运转，并采用同步齿形带传动。步进电动机驱动电路由在板微控制器 TI TMS370C566 直接产生的方波驱动。PC 通过一个 19200bit/s 的双向串行无线通信链路（由 Astrel，MOD 297 制造）从板外计算机接收上位机级规划的指令，保证在噪声环境中通信到约 80m 距离。自由摆安装在小车上，其摆动角度由光电编码器测量。PC 利用小车车轮和摆的位置来实现局部反馈稳定控制器的控制，该控制器被施加路径跟踪命令，当时为开环实现[25]。

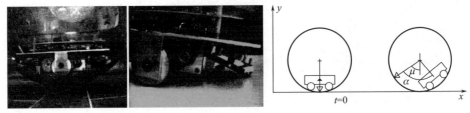

图 1-75　1997 年 Bicchi 等人研发的单轮球形机器人原型样机及原理图[51]

b. 2003 年葡萄牙科英布拉大学的 J. Alves 和 J. Dias 等人研究的轮内小车型单轮球形机器人[52]：葡萄牙科英布拉大学（Universidade de Coimbra）的 J. Alves、J. Dias 等人研发的球形移动机器人为一个带有内部驱动单元的球形胶囊，由一个四轮驱动的小车作为内部驱动单元驱动球形机器人滚动。球形胶囊由透明塑料制成，可以从外部看见球体内部情况，如图 1-76(a) 所示。无线电链路实现内部单元和外部控制单元之间通信交换信息。该球形机器人在设计上的决定因素是用于诱导球形机器人产生运动的内部驱动单元类型。因为角动量守恒原理不适于不规则地形，在这种情况下，很容易地出现意想不到的外部扰动动量，该研究所采用的解决方案与 A. Halme 等人的技术报告中所述相似，不是用只有一个车轮的内部小车作为驱动单元，而是采用一个小型四轮车作为内部驱动单元。小车的每个车轮均可以单独控制，因此可以产生不同的运动曲线。图 1-76(b) 为该球形机器人的三视图，可以看到内部驱动单元在各视图上的投影。该球形机器人为高对称性结构设计，并试图防止由球壳内部驱动单元翻转所引起的动力学效应和建模误差。以垂直轴为对称的结构对称性也使得机器人在静止时其支撑基座水平。图 1-76(c) 分别表示出机器人的侧视图和正视图模型。这些视图被用来定义用于机器人动力学建模的两个平面。对于每一个平面，定义一个动力学模型，并且都具有相同的动态特性。通过将球形几何形状与内部驱动单元的差动驱动配置相结合，实现了该机器人非常有趣的运动特性。

 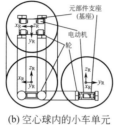 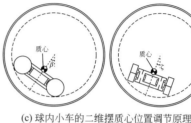 

(a) 原型照片　　(b) 空心球内的小车单元　　(c) 球内小车的二维摆质心位置调节原理

图 1-76　2003 年 J Alves 等人研发的单轮球形机器人原型样机及原理图

⑦ 2002 年 Amir Homayoun Javadi A 和 Puyan Mojabi 研究的由球内固定的径向四辐条推进机构调节质心位置的全方位型单轮球形机器人[53] 伊朗加兹温阿扎德大学（Azad University of Qazvin）电气与计算机系的 Amir Homayoun Javadi A 和德黑兰大学（University of Tehran）电气与计算机系的 Puyan Mojabi 合作研发了一种机动性与可操作性更好的球形移动机器人。该机器人具有外部球形骨架、新颖的内部推进机构、用于远程操作的接口，以及完全利用其全范围移动性的智能控制系统，如图 1-77 所示。在缺少方向参照的情况下，球形外骨架将为机器人提供最大的稳定性，并且可以由球形轮提供所有的方向上滚动的稳定性而不是在某一个方向上稳定。作为机器人的外周界，因为在尺寸上相对较大，外部骨架将提供相对轻松地在粗糙地形的翻滚运动的能力。通过选择适当的材料，球形外骨架将为包括控制器和致动器在内的所有硬件提供约束与支撑。内部推进机构将为机器人提供快速的机动性，使其能够快速加减速移动，或者以恒速移动。推进机构也将使得机器人能够爬上相当大斜度的斜坡、穿越显著起伏的地形。其推进机构是一组径向四辐条结构，它们分别可以沿球体内各自的径向改变质量分布，辐条结构如图 1-77(b) 所示。该球形机器人被命名为"August"，即"八月"之意。

August 球形机器人总体设计：如图 1-77 所示，为一个可在地面上自由滚动的空心球。该机器人自主供电，其逻辑部分在板实现，部分在基站中通过无线连接。August 整个系统具有几何对称性。这种对称性的结果是能够使机器人的重心总是精确地位于球体的几何中心，并位于与地面接触点之上。因此，不必担心该机器人会"翻倒"。对于机器人动力学分析模型的研究而言，这一点具有重要意义。

推进机构：推进机构由四个动力螺旋辐条组成，呈相互间隔109.47°连接而成的四棱柱形状，如图1-77所示。通过轮辐上放置的四个1.125kg质量块，分别通过四个步进电动机以每转200个步距的速度上下升降，并直接连接到辐条上，如图1-77(b)所示。

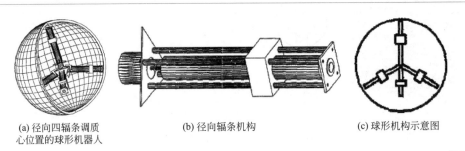

(a) 径向四辐条调质　　　　　(b) 径向辐条机构　　　　　(c) 球形机构示意图
心位置的球形机器人

图 1-77　2002 年 Amir Homayoun Javadi A 等人研发的单轮球形机器人原型样机及原理图[53]

外部摄像机作为反馈：August 的外表面被漆成蓝色，并有两条互相垂直的红色条纹周向环绕。这些标记被摄像机用来从俯视方向定位机器人。一台摄像机安装在机器人上方 2.6m 的直线上。摄像机拍摄 600×800 像素的彩色图像移动边界。图像被发送到安装在计算机上的图像采集卡。

控制器：步进电动机由安装在板上的微控制器直接产生的方波驱动。每一步，μc 通过一个 6200bit/s 单向并行无线电链路从一个离线（off-board）计算机接收高级规划指令。计算机利用机器人的动力学模型和摄像机的图像进行所有的决策。机器人内部的 μc 使用通过无线链路接收的信息来实现步进电动机所需的指令，而 μc 和无线链路只是计算机和电动机之间的接口。

Amir Homayoun Javadi A 等人设计制作了基于上述原理的自主式全方位球形滚动机器人，利用无滑移滚动约束和角动量守恒原理，建立了机器人运动的数学模型，并提出了运动规划算法，通过一系列实验验证了模型的正确性，发现平面上机器人运动轨迹仿真和实验结果相当吻合，尽管缺乏车载反馈控制，但运动轨迹相当准确。与现有大部分研究都需要密集数值计算的运动规划相比，他们提出的策略及迭代算法简单，易于实现。研究证明了该方案的可行性，并期望将来改进设计。

⑧ 2005 年北京航空航天大学孙汉旭教授课题组提出的可定位球形机器人[61]

孙汉旭等人提出了球形滚动机器人通过改变其自身外形来实现定位的新方法。正常情况下，机器人保持其原来的形状，以完成其正常任务，如图 1-78(a) 所示。当接收到遥控信号或计算机指令时，机器人可以立即改变其外部形状并定位自身，如图1-78(b)所示。在机器人定位之后，它可以完成一些诸如抓取和操纵物体的特殊任务，一旦完成这些任务，机器人可以在接收到指令之后恢复其原来外部形状，然后为下一个任务做准备。他们提出两种不同的定位配置。

定位配置1：如图1-78(c)所示。该装置由球形壳体、伸展和拉回机构SODBM（stretching out and drawing back mechanism，SODBM）和球形机器人组成。球形壳体和SODBM构成定位装置。定位装置可以与球形机器人固定或分离。当需要定位功能时，球形机器人可与定位装置固定，否则，定位装置可与球形机器人分离。沿球形壳体的径向运动，在其表面上分布有一些对准孔，每个对准孔中都有一个可以伸长并沿着孔拉回的凸柱。所有的SODBMS都由计算机控制，以便它们可以同步移动。当需要定位时，SODBM将所有的凸柱伸出球形壳体，定位球形机器人；当不需要定位时，SODBM可以拉回凸柱，这样机器人就恢复了圆形。

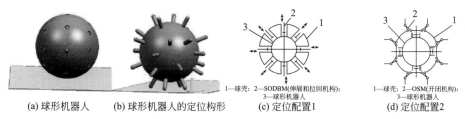

1—球壳；2—SODBM(伸展和拉回机构)；
3—球形机器人

1—球壳；2—OSM(开闭机构)；
3—球形机器人

(a) 球形机器人　　(b) 球形机器人的定位构形　　(c) 定位配置1　　(d) 定位配置2

图1-78　可定位球形机器人原理图[61]

定位配置2：如示意图1-78(d)所示。该装置由球形壳体、开闭机构（OSM）和球形机器人组成。定位装置包括球形壳体和OSM。与定位配置1一样，定位装置可以与球形机器人固定或分离，OSM在球壳和机器人之间均匀分布。OSM由连杆机构组成，连杆机构属于球壳，动力驱动元件使连杆机构来回运动，使凸柱打开或关闭。所有的OSM都由计算机控制，以实现它们的同步运动。当需要定位时，OSM将定位臂全部打开，从而定位球形机器人；当不需要定位时，OSM可以拉回凸柱，这样机器人就能恢复它的圆形轮廓。

除提出上述机构原理之外，他们还设计制作了机构并进行了实验；还进行了机构定位误差分析，对两种配置形式进行了分析和比较，通过实验证明了所提出的球形机器人定位方法的可行性[61]。

(6) 轮式移动机器人（wheeled mobile robots，WMR）

2012年R. S. Ortigoza等人在其轮式移动机器人综述文章中指出：机器人发展过程中，最初主要是集中在工业各个领域应用上的机械手类型，而其他类型机器人在应用程度上相对较小。但是，随着机器人技术的发展，移动机器人在过去的三十年多年中得到了长足的发展，应用越来越广，从行星探索、采矿、检查和监视检测，到救援、清理危险废物、医疗等等，已经深入到了工业各个领域与人们的生活当中。而且，轮式移动机器人与工业机器人操作臂复合在一起的可操作移动机器人极大地拓宽了这两类机器人的作业能力。在应用与研究领域，如同现在所用汽车一样，大多数实用化的移动机器人为采用轮式移动方式的轮式移动机器人。这是因为：轮式移动方式可以高效利用能量，即效率高；可以在光滑、结构化地面、室外及野外非结构化不平整地面有效移动并且定位性好；同腿式、履带式移动方式相比，轮式移动主体部分零件数相对少，要求相对较低，且易于设计和制造；但由于车轮与地面构成非完整约束系统，其特征在于运动约束是不可积的，无约束的机器人操作臂的标准规划和控制算法的研发方法对于轮式移动机器人是不适用的，车轮的控制较复杂[62]。

① 轮式移动机器人的分类方法与按移动度、可操纵度指标的分类[63,64]　　G. Campion 等人于 1996 年通过引入移动度（degree of mobility）和可操纵度（degree of steeribility）的概念，将各种可能结构形式和轮子配置的轮式移动机器人划分为 5 类，并且给出了如下四种不同类型的状态空间模型，来认识和分析轮式移动机器人的行为。

a. G. Campion 等人分类研究的前提：轮式移动机器人是一种能够自主运动（没有外部的人类驾驶员）的轮式车辆，其上搭载一台计算机来控制驱动轮式移动机器人的电动机，而且该 WMR 是由刚性框架和非变形车轮组成的，如图 1-79(a) 所示。并假设：在运动期间，每个车轮平面保持垂直，并且车轮绕其水平轴旋转，车轮相对于车体框架的取向可以是固定的或变化的。将轮式移动机器人所用车轮按传统车轮和瑞典车轮两个理想化的基本类型加以区分。每种情况下，都假定车轮与地面之间的接触被简化为接触平面上一点。对于传统车轮，车轮与地面之间的接触应满足无滑动的纯滚动条件。这意味着接触点的速度等于零，也意味着分别与车轮平面平行、正交的两个速度分量等于零。对于瑞典车轮，车轮与地面接触点速度分量中，只有沿着运动方向的一个速度分量应等于零。该零速度分量的方向理论上可以是任意的，但相对于车轮的方向是固定的。如图 1-79(b)~(e) 所示的传统车轮和瑞典轮的约束表达式都可以用解析几何法或矢量矩阵分析法很容易地进行数学描述和公式推导。

图 1-79(b)~(d) 分别表示了三种传统车轮和瑞典轮即麦克纳姆轮，总共四种车轮形式，其中传统车轮有：传统中心固定轮、传统中心转向轮、传统中心偏置轮三种。G. Campion 等人研究了由这四种类型的 N 个车轮构成的具有一般性的 N 轮轮式移动机器人的移动性量化描述问题，方法是根据车轮类型和构形坐标定义给出车轮滚动移动时的约束条件方程，并进一步推导得到速度约束方程。

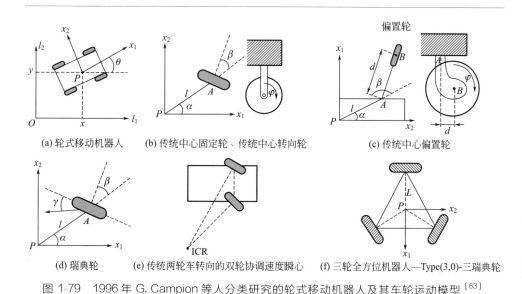

(a) 轮式移动机器人　　(b) 传统中心固定轮、传统中心转向轮　　　　(c) 传统中心偏置轮

(d) 瑞典轮　　(e) 传统两轮车转向的双轮协调速度瞬心　　(f) 三轮全方位机器人—Type(3,0)-三瑞典轮

图 1-79　1996 年 G. Campion 等人分类研究的轮式移动机器人及其车轮运动模型[63]

　　b. 轮式移动机器人的数学描述：如图 1-79(a) 所示，设轮式移动机器人车体中心点 P 在由相互正交的同一平面矢量 I_1 和 I_2 构成的直角坐标系内的位置矢量 $\overrightarrow{OP}$ 为 $[x, y]^T$，小车在该坐标系中的方向角定义为车体中心轴线 Px_1 与 I_1 坐标轴的夹角 θ。则轮式移动机器人车体在平面内的位置与方向可用位置坐标和方向角合在一起的矢量 $\boldsymbol{\xi} = [x, y, \theta]^T$ 来表示。用变量 l、α、β、d、γ、r、φ 分别表示车轮相对于车轮支撑架在车体上安装中心点 A 至车体中心点 P 的距离 PA、PA 与车体中轴线 x_1 的夹角、车轮回转轴线（或通过 A 点与之平行的平行线）与 PA 延长线的夹角、车轮支撑架在车体上安装中心点 A 至车轮轮轴线的垂直距离在水平面上的投影距离、麦克纳姆轮轮缘上滚轮与地面接触点切线方向与轮盘中间平面在地面投影线间夹角、车轮半径、车轮相对其轮轴线滚动的角度。对于三种传统车轮而言，$\gamma = 0$；对于麦克纳姆轮，$\gamma \neq \pi/2$。当 $\gamma = \pi/2$ 时与车轮轮盘平面垂直方向的速度分量为零，此时已失去了麦克纳姆轮的使用优势，这种情况下的麦克纳姆轮将受到与传统车轮非滑动滚动约束相同的约束，从而失去了使用瑞典车轮的好处，理论上已退化成传统车轮；对于传统中心固定轮，则相当于 $d = 0$ 的传统中心偏置轮。因此，用前述定义的 l、α、d、γ、r、φ 这七个变量可以作为描述前述四种车轮的通用变量。其中，对于各轮安装位置相对于车体固定的实际轮式移动机器人而言，l、α、d、γ、r 均为常量；对于传统中心固定轮，β 为常量；而对于传统中心转向轮、传统中心偏置轮、麦克纳姆轮，β 为变量。因此，通常情况下，对于具体的实际轮式移动机器人，只

有 β、φ 为变量。令车轮变量为矢量 $w=[\beta,\varphi]^{\mathrm{T}}$。显然，在车轮无滑动的纯滚动状态下，单个车轮的运动模型可以用变量 $\xi=[x,y,\theta]^{\mathrm{T}}$、$w=[\beta,\varphi]^{\mathrm{T}}$ 之间的数学关系和力学关系来描述。则根据无滑移纯滚动车轮约束条件可得如下运动约束方程：

$$f(l,\alpha,\beta,d,\gamma)\mathrm{d}\xi/\mathrm{d}t+g(r,d,\gamma)\mathrm{d}w/\mathrm{d}t=0$$

式中，$f(l,\alpha,\beta,d,\gamma)$ 和 $g(r,d,\gamma)$ 分别为 l、α、β、d、γ 和 r、d、γ 的矩阵函数。

N 个车轮的轮式移动机器人本体的运动模型可以用变量 $\xi=[x,y,\theta]^{\mathrm{T}}$、$w_{\mathrm{robot}}=[\beta_N,\varphi_N]^{\mathrm{T}}$ 之间的数学关系和力学关系来描述，其中：$\boldsymbol{\beta}_N=[\beta_1,\beta_2,\cdots,\beta_i,\cdots,\beta_N]^{\mathrm{T}}$；$\boldsymbol{\varphi}_N=[\varphi_1,\varphi_2,\cdots,\varphi_i,\cdots,\varphi_N]^{\mathrm{T}}$；$\boldsymbol{l}_N=[l_1,l_2,\cdots,l_i,\cdots,l_N]^{\mathrm{T}}$；$\boldsymbol{\alpha}_N=[\alpha_1,\alpha_2,\cdots,\alpha_i,\cdots,\alpha_N]^{\mathrm{T}}$；$\boldsymbol{d}_N=[d_1,d_2,\cdots,d_i,\cdots,d_N]^{\mathrm{T}}$；$\boldsymbol{r}_N=[r_1,r_2,\cdots,r_i,\cdots,r_N]^{\mathrm{T}}$；$\boldsymbol{\gamma}_N=[\gamma_1,\gamma_2,\cdots,\gamma_i,\cdots,\gamma_N]^{\mathrm{T}}$，$i$ 表示第 $1\sim N$ 个车轮中任意一个的序号下标，$i=1,2,3,\cdots,N$。则根据无滑移纯滚动车轮约束条件可得所有 N 个车轮的如下运动约束方程：

$$\boldsymbol{F}(\boldsymbol{l}_N,\boldsymbol{\alpha}_N,\boldsymbol{\beta}_N,\boldsymbol{d}_N,\boldsymbol{\gamma}_N)\mathrm{d}\boldsymbol{\xi}/\mathrm{d}t+\boldsymbol{G}(\boldsymbol{r}_N,\boldsymbol{d}_N,\boldsymbol{\gamma}_N)\mathrm{d}w_{\mathrm{robot}}/\mathrm{d}t=0$$

式中，$\boldsymbol{F}(\boldsymbol{l}_N,\boldsymbol{\alpha}_N,\boldsymbol{\beta}_N,\boldsymbol{d}_N,\boldsymbol{\gamma}_N)$ 和 $\boldsymbol{G}(\boldsymbol{r}_N,\boldsymbol{d}_N,\boldsymbol{\gamma}_N)$ 分别为矢量变量 $\boldsymbol{l}_N$、$\boldsymbol{\alpha}_N$、$\boldsymbol{\beta}_N$、$\boldsymbol{d}_N$、$\boldsymbol{\gamma}_N$ 和 $\boldsymbol{r}_N$、$\boldsymbol{d}_N$、$\boldsymbol{\gamma}_N$ 的矩阵函数。

G. Campion 等人给出的轮式移动机器人车轮的运动约束方程如下：

对于单个传统轮为：

$$[-\sin(\alpha+\beta)\quad\cos(\alpha+\beta)\quad l\cos\beta]\boldsymbol{R}(\theta)\dot{\boldsymbol{\xi}}+r\dot{\varphi}=0$$

$$[\cos(\alpha+\beta)\quad\sin(\alpha+\beta)\quad d+l\sin\beta]\boldsymbol{R}(\theta)\dot{\boldsymbol{\xi}}+d\dot{\beta}=0$$

对于单个瑞典轮为：

$$[-\sin(\alpha+\beta+\gamma)\quad\cos(\alpha+\beta+\gamma)\quad l\cos(\beta+\gamma)]\boldsymbol{R}(\theta)\dot{\boldsymbol{\xi}}+r\cos\gamma\dot{\varphi}=0$$

c. 轮式移动机器人移动性的限制：用下标 f、c、oc、sw 分别表示传统中心固定轮、传统中心转向轮、传统中心偏置轮、瑞典轮。设一台有 N 个车轮的轮式移动机器人上所用这四种车轮的个数分别为 N_{f}、N_{c}、N_{oc}、N_{sw}，则：$N=N_{\mathrm{f}}+N_{\mathrm{c}}+N_{\mathrm{oc}}+N_{\mathrm{sw}}$。用如下定义的矢量描述一台轮式移动机器人。

位姿矢量 $\boldsymbol{\xi}(t)$：$\boldsymbol{\xi}(t)=[x(t),y(t),\theta(t)]^{\mathrm{T}}$。

转向角矢量 $\boldsymbol{\beta}_{\mathrm{c}}(t)$ 和 $\boldsymbol{\beta}_{\mathrm{oc}}(t)$：分别表示传统中心转向轮、传统中心偏置轮的转向角矢量。

车轮滚动角矢量 $\boldsymbol{\varphi}(t)$：$\boldsymbol{\varphi}(t)=[\boldsymbol{\varphi}_{\mathrm{f}}(t),\boldsymbol{\varphi}_{\mathrm{c}}(t),\boldsymbol{\varphi}_{\mathrm{oc}}(t),\boldsymbol{\varphi}_{\mathrm{sw}}(t)]^{\mathrm{T}}$。其中：$\boldsymbol{\varphi}_{\mathrm{f}}(t)$、$\boldsymbol{\varphi}_{\mathrm{c}}(t)$、$\boldsymbol{\varphi}_{\mathrm{oc}}(t)$、$\boldsymbol{\varphi}_{\mathrm{sw}}(t)$ 分别表示各传统中心固定轮、传统中心转向轮、传统中心偏置轮、瑞典轮绕其各自水平轴线滚动的滚动角矢量。

以上定义的位姿矢量 $\boldsymbol{\xi}(t)$、转向角矢量 $\boldsymbol{\beta}_{\mathrm{c}}(t)$ 和 $\boldsymbol{\beta}_{\mathrm{oc}}(t)$、车轮滚动角矢量

$\boldsymbol{\varphi}(t)$ 所有矢量即可描述一台轮式移动机器人的构型。可能的构型数为：$N_f +2N_c +2N_{oc} +N_{sw} +3$。

由车轮作无滑动纯滚动运动的约束条件可得运动约束方程为：

$$\boldsymbol{J}_1 (\beta_c ,\beta_{oc})\boldsymbol{R}(\theta)\dot{\boldsymbol{\xi}} +\boldsymbol{J}_2 \dot{\boldsymbol{\varphi}} =0$$

$$\boldsymbol{C}_1 (\beta_c ,\beta_{oc})\boldsymbol{R}(\theta)\dot{\boldsymbol{\xi}} +\boldsymbol{C}_2 \dot{\boldsymbol{\beta}}_{oc} =0$$

式中，$\boldsymbol{J}_2$ 为由所有车轮半径作为对象线上元素的 $N \times N$ 维对角阵。

其中，$\boldsymbol{J}_1$ 为：

$$\boldsymbol{J}_1 (\beta_c ,\beta_{oc}) = \begin{bmatrix} \boldsymbol{J}_{1f} \\ \boldsymbol{J}_{1c}(\boldsymbol{\beta}_c) \\ \boldsymbol{J}_{1oc}(\boldsymbol{\beta}_{oc}) \\ \boldsymbol{J}_{1sw} \end{bmatrix}$$

式中，$\boldsymbol{J}_{1f}$、$\boldsymbol{J}_{1c}$、$\boldsymbol{J}_{1oc}$、$\boldsymbol{J}_{1sw}$ 分别为由前述的单个传统轮（三种）、单个瑞典轮的运动约束方程得到的维数分别为 $N_f \times 3$、$N_c \times 3$、$N_{oc} \times 3$、$N_{sw} \times 3$ 的矩阵，$\boldsymbol{C}_1$、$\boldsymbol{C}_2$ 分别为：

$$\boldsymbol{C}_1 (\beta_c ,\beta_{oc}) = \begin{bmatrix} \boldsymbol{C}_{1f} \\ \boldsymbol{C}_{1c}(\boldsymbol{\beta}_c) \\ \boldsymbol{C}_{1oc}(\boldsymbol{\beta}_{oc}) \end{bmatrix} ,\boldsymbol{C}_2 = \begin{bmatrix} 0 \\ 0 \\ \boldsymbol{C}_{2oc} \end{bmatrix}$$

式中，$\boldsymbol{C}_{1f}$、$\boldsymbol{C}_{1c}$、$\boldsymbol{C}_{1oc}$ 分别为由前述车轮运动约束方程得到的维数分为 $N_f \times 3$、$N_c \times 3$、$N_{oc} \times 3$ 的矩阵；$\boldsymbol{C}_{2oc}$ 为对角线上元素分别为 N_{oc} 个中心偏置轮偏置参数 $d_i (i=1 \sim N_{oc})$ 的对角阵。

考虑 $N_f +N_c$ 个车轮的运动约束方程：

$$\boldsymbol{C}_1 (\beta_c ,\beta_{oc})\boldsymbol{R}(\theta)\dot{\boldsymbol{\xi}} +\boldsymbol{C}_2 \dot{\boldsymbol{\beta}}_{oc} =0$$

有：

$$\boldsymbol{C}_{1f}\boldsymbol{R}(\theta)\dot{\boldsymbol{\xi}} =0$$

$$\boldsymbol{C}_{1c}(\beta_c)\boldsymbol{R}(\theta)\dot{\boldsymbol{\xi}} =0$$

上两式可以合写为：

$$\boldsymbol{C}_1^* (\beta_c) = \begin{bmatrix} \boldsymbol{C}_{1f} \\ \boldsymbol{C}_{1c}(\beta_c) \end{bmatrix}$$

显然 $\boldsymbol{R}(\theta)\dot{\boldsymbol{\xi}}$ 为 3×1 的矢量，为 $(N_f +N_c)\times 3$ 维数的矩阵 $\boldsymbol{C}_1^* (\boldsymbol{\beta}_c)$ 的零空间矢量，即有：

$$\boldsymbol{R}(\theta)\dot{\boldsymbol{\xi}} \in \boldsymbol{N}[\boldsymbol{C}_1^* (\beta_c)]$$

显然，当矩阵 $\boldsymbol{C}_1^*(\boldsymbol{\beta}_c)$ 的秩 $\mathrm{rank}[\boldsymbol{C}_1^*(\boldsymbol{\beta}_c)] \leqslant 3$，若 $\mathrm{rank}[\boldsymbol{C}_1^*(\boldsymbol{\beta}_c)] = 3$，则 $\boldsymbol{R}(\theta)\dot{\boldsymbol{\xi}} = 0$，这表明平面内任何运动都不可能实现。可以得出一般性的结论：平面内的轮式移动机器人的移动性与 $\boldsymbol{C}_1^*(\boldsymbol{\beta}_c)$ 相关。可以以图 1-79(e) 为例解释其物理意义：每一个瞬时，机器人运动都可以看作为车体绕瞬时回转中心（instantaneous center of rotation，ICR）即速度瞬心转动的，而速度瞬心点的位置相对于车体是时变的，车体上任意点的速度矢量与该点至速度瞬心点的连线相垂直。这意味着：每一瞬时，所有的中心固定轮、中心转向轮各自轮轴的水平轴线都将同时交于速度瞬心这一点。图 1-79(e) 所示的情况，相当于 $\mathrm{rank}[\boldsymbol{C}_1^*(\boldsymbol{\beta}_c)] \leqslant 2$。

显然，矩阵 $\boldsymbol{C}_1^*(\boldsymbol{\beta}_c)$ 的秩取决于轮式移动机器人的设计。

d. 轮式移动机器人的移动度：G. Campion 等人定义的轮式移动机器人移动度是指 WMR 可以从其当前位置瞬时获得的自由度数，用 δ_m 表示为：

$$\delta_m = \dim \boldsymbol{N}[\boldsymbol{C}_1^*(\boldsymbol{\beta}_c)] = 3 - \mathrm{rank}[\boldsymbol{C}_1^*(\boldsymbol{\beta}_c)]$$

当 $\mathrm{rank}[\boldsymbol{C}_{1f}] = 2$ 时，这意味着机器人至少有 2 个中心固定轮，如果超过 2 个，它们的轮轴线同时交在相对于车体框架固定的 ICR 处。在这种情况下，很显然，唯一可能实现的运动就是围绕着固定的 ICR 使机器人旋转。显然，这种限制在实践中是不可接受的，因此，假设 $\mathrm{rank}[\boldsymbol{C}_{1f}] \leqslant 1$。并假设机器人在以下条件下是非退化的。

轮式移动机器人是非退化（nondegenerate）的假设条件：

$\mathrm{rank}[\boldsymbol{C}_{1f}] \leqslant 1$ 且 $\mathrm{rank}[\boldsymbol{C}_1^*(\boldsymbol{\beta}_c)] = \mathrm{rank}[\boldsymbol{C}_{1f}] + \mathrm{rank}[\boldsymbol{C}_{1c}(\boldsymbol{\beta}_c)] \leqslant 2$。

这个假设条件与下列条件是等价的：

• 若机器人具有的传统中心固定轮个数 $N_f > 1$ 时，则这些轮轴都将位于同一条公共轴线上；

• 传统中心转向轮的中心都不位于这些中心固定轮的公共轴线上；

• $\mathrm{rank}[\boldsymbol{C}_{1c}(\boldsymbol{\beta}_c)] \leqslant 2$ 的秩数等于可以独立导引机器人方位的传统中心转向轮的个数。G. Campion 等人将这个数目定义为可操纵度 δ_s。

e. 轮式移动机器人的可操纵度：G. Campion 等人定义的轮式移动机器人可操纵度 δ_s 为：$\delta_s = \mathrm{rank}[\boldsymbol{C}_{1c}(\boldsymbol{\beta}_c)]$。

这 δ_s 个数目操纵轮的具体数量确定和类型选择显然是机器人设计者的特权。如果轮式移动机器人配备有超过 δ_s 个传统中心转向轮（即 $N_c > \delta_s$）时，则必须有额外的其他轮来协调运动，以保证任一时刻其瞬时回转中心 ICR 的存在。

δ_m 和 δ_s 的数值组合中存在非奇异结构配置应满足的条件。根据上述分析，只有 δ_m 和 δ_s 的数值组合中的 5 种非奇异结构是有实际意义的，而且应满足如下三个条件：

• 移动度 δ_m 应满足条件：$1 \leqslant \delta_m \leqslant 3$。

δ_m 的上界 3 前面已经讨论过，是显而易见的；下界 1 是仅考虑存在运动的情况，即 $\delta_m \neq 0$。

• 可操纵度 δ_s 满足：$0 \leqslant \delta_s \leqslant 2$。

δ_s 的上界 2 对应于机器人没有配置中心固定轮，即 $N_f = 0$；下界 0 对应于机器人没有配置中心转向轮，即 $N_c = 0$。

• δ_m 和 δ_s 应同时满足：$2 \leqslant \delta_m + \delta_s \leqslant 3$。

$\delta_m + \delta_s = 1$ 时，由于机器人转向运动时的速度瞬心 ICR 点是固定的，因此，对应于 $\delta_m + \delta_s = 1$ 的配置结构是不能被接受的，即机器人只能绕 ICR 点原地回转，是没有实际意义的；$\delta_m \geqslant 2$、$\delta_s = 2$ 的情况也被排除在外，因为 $\delta_s = 2$ 时，意味着 $\delta_m = 1$。

因此，满足以上三个条件的 δ_m 和 δ_s 的数值组合所对应的轮式移动机器人配置结构只有如表 1-3 所示的 5 种类型：

表 1-3　轮式移动机器人配置结构对应的 $\pmb{\delta}_m$ 和 $\pmb{\delta}_s$ 的数值组合[63]

δ_m	3	2	2	1	1
δ_s	0	0	1	1	2

以上就是 G. Campion 等人提出的用 "Type(δ_m, δ_s)" 的形式来定义轮式移动机器人的结构类型的方法[63]。

f. Type(δ_m, δ_s) 定义结构类型下的各类型轮式移动机器人的主要设计特点：

• Type(3,0) 型，即 $\delta_m = 3$、$\delta_s = 0$ 的结构配置。这种轮式移动机器人没有配置传统中心固定轮，也没有配置传统中心转向轮（即 $N_f = 0$，$N_c = 0$）。这类轮式移动机器人的移动能力被称作为 "全方位性的"（omnidirectional），因为它们在平面上以任意瞬时任意方向拥有全部移动能力而不需要重新定向。相比之下，其他四种类型的轮式移动机器人的移动能力均属于受限制的，即移动度小于 3。全方位机器人 URANUS[65] 和 UCL[66] 即属于这一类。

• Type(2,0) 型，即 $\delta_m = 2$、$\delta_s = 0$ 的结构配置。这种轮式移动机器人没有配置传统中心转向轮（即 $N_c = 0$），它们有一个传统中心固定轮或具有一个公共轴线的几个传统中心固定轮（否则 rank[C_{1f}] 将大于 1），但机器人的移动性也正是被限制在这样的意义上，即对于任何容许轨迹 $\xi(t)$，速度 $d\xi(t)/dt$ 被约束到由向量场 $\pmb{R}^T(\theta)\pmb{s}_1$、$\pmb{R}^T(\theta)\pmb{s}_2$ 所张成的二维分布，其中 $\pmb{s}_1$ 和 $\pmb{s}_2$ 是由零空间 $\pmb{N}(C_{1f})$ 的两个常向量。众所周知的机器人 HALARE[67] 即属于这一类。

• Type(2,1) 型，即 $\delta_m = 2$、$\delta_s = 1$ 的结构配置。这种轮式移动机器人没有配置传统中心固定轮（即 $N_f = 0$），并且至少配置一个传统中心转向轮（即 $N_c \geqslant 1$）。如果有一个以上的传统中心转向轮，则这些传统中心转向轮相互之间必须协调好，以使 $\mathrm{rank}[C_{1c}(\beta_c)]=\delta_s=1$。速度 $\dot{\boldsymbol{\xi}}$ 被约束到由向量场 $\boldsymbol{R}^{\mathrm{T}}(\theta)\boldsymbol{s}_1(\beta_c)$、$\boldsymbol{R}^{\mathrm{T}}$ $(\theta)\boldsymbol{s}_2(\beta_c)$ 所张成的二维分布，其中 $\boldsymbol{s}_1(\beta_c)$ 和 $\boldsymbol{s}_2(\beta_c)$ 是零空间 $\boldsymbol{N}$ $(C_{1c}(\beta_c))$ 的两个向量，并且这两个向量由任意选择的传统中心转向轮的转向角 β_c 参数化。

• Type(1,1) 型，即 $\delta_m=1$、$\delta_s=1$ 的结构配置。这种轮式移动机器人配置有一个传统中心固定轮或具有一个公共轴线的几个传统中心固定轮。它们也配置有一个或几个传统中心转向轮。若为几个传统中心转向轮，则这几个传统中心转向轮之一的中心不能位于传统中心固定轮的轴线上（否则结构奇异），并且它们的方位必须通过轮间运动协调，以保证 $\mathrm{rank}[C_{1c}(\beta_c)]=\delta_s=1$。速度 $\dot{\boldsymbol{\xi}}$ 被约束到由一个任意选择的传统中心转向轮的转向角参数化的一维分布。在传统汽车模型基础上构建的轮式移动机器人（通常被称作 car-like 机器人）便属于此类，例如 HERO 1[68] 和 AVATAR 机器人[69]。

• Type(1,2) 型，即 $\delta_m=1$、$\delta_s=2$ 的结构配置。这种轮式移动机器人没有配置传统中心固定轮（即 $N_f=0$），但至少配置两个传统中心转向轮（即 $N_c\geqslant2$）。如果配置了两个以上的传统中心转向轮，则它们的转向必须相互协调以使 $\mathrm{rank}[C_{1c}(\beta_c)]=\delta_s=2$。速度 $\dot{\boldsymbol{\xi}}$ 被约束到由机器人上任意选择的两个传统中心转向轮的转向角参数化的一维分布。一个代表性的例子就是 KLUDGE 机器人[70]。

以上 5 种轮式移动机器人的车轮配置结构图例如图 1-80(a)～(e) 所示。

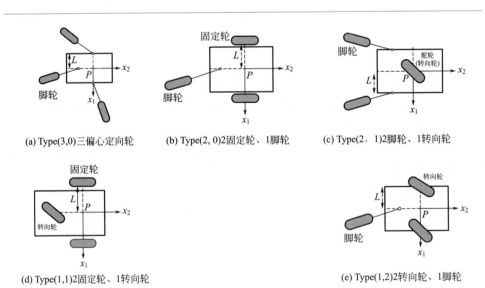

(a) Type(3,0)三偏心定向轮　　(b) Type(2,0)2固定轮、1脚轮　　(c) Type(2,1)2脚轮、1转向轮

(d) Type(1,1)2固定轮、1转向轮　　　　　　(e) Type(1,2)2转向轮、1脚轮

图 1-80　1996 年 G. Campion 等人研究的 5 类轮式移动机器人构形配置模型举例[63]

g. G. Campion 等人提出的"Type(δ_m, δ_s)"分类方法的理论意义与局限性：G. Campion 等人提出的用"Type(δ_m, δ_s)"即移动度和可操纵度构成的数值对作为分类指标的方法在设计阶段即考虑轮式移动机器人的移动能力和可操纵性的设计特征，对于平面上移动的轮式移动机器人具有重要的理论指导意义。但是，其局限性在于面向的车体为铁板一块的刚性车体和理想化的平面运动，换句话说，其只能局限于轮轴线平行于水平面、车体为一块刚性构件的轮式移动机器人。

h. G. Campion 等人基于"Type(δ_m, δ_s)"5 分类的 WMR 结构配置下的通用运动学和动力学模型建模，包括如下四种：

• 姿态运动学模型（the posture kinematic model）：为能够给出 WMR 全局描述的最简状态空间模型。该模型表明，对于 5 分类中的每一个类型，该模型都具有特定通用结构，可以用来弄清楚机器人的可操纵性（maneuverability properties）；还分析了该模型的可还原性（the reducibility）、可控性（the controllability）和可稳定性（the stabilizability）。

• 构形运动学模型（the configuration kinematic model）：可以在非完整约束系统理论的框架内分析 WMR 的行为。

• 构形动力学模型（the configuration dynamical model）：是更具一般性的状态空间模型。它给出了包括由致动器提供的广义力的系统动力学完整描述。特别地，它解决了动力配置问题：提出了一种用来检验动力是否充足以及被充分地用于运动的准则。

• 姿态动力学模型（the posture dynamical model）：它被等效反馈给构形动力学模型，并有助于其还原性、可控性和可稳定性的分析[36,37]。

墨西哥泛美大学（Universidad Panamericana）的 Ramiro Vela'zquez 与意大利萨伦托大学（University of Salento）的 Aime' Lay-Ekuakille 于 2012 年用 G. Campion 等人提出的用"Type(δ_m, δ_s)"分类方法针对 Type(3,0) 和 Type(2,0) 两种类型 WMR 的四种常见设计的数学模型进行了推导[71]。即对差动驱动和万向驱动两类通用的轮式移动机器人结构的四种常见设计进行了数学模型与结构研究的综述分析，提出了两轮差动驱动模型，用以说明只有双向运动才能实现零转弯半径；论述了三个独特的设计——常规两个主动固定车轮和一个被动脚轮，一个简单的皮带传动系统，链传动系统；提出了含有瑞典轮的全方位机器人模型，用以说明完整全向运动，如图 1-81 所示。这四种模型都是基于物理参数容易测量，并且有助于了解这些 WMR 的内部动力学，在 2D 环境中精确地可视化显示它们的运动。它们可以作为物理参考来预测物理原型对所选地点的可及性，并且测试了控制、路径规划、制导和避障的不同算法。

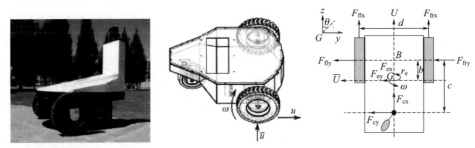

(a) Type(2,0)WMR IVWAN(intelligent vechicle with autonomouse navigation)：左—原型样机；中—其差动驱动结构，两前轮为由各自驱动电动机驱动的轮，第3个轮为被动的支撑轮；右—Free-body图，下标f、c分别表示前轮、Caster轮，下标r、l分别表示右、左。

(b) Type(2,0) WMR E：左—原型样机；中—带传动系统；右—移动系统简图

(c) Type（2,0）WMR Connor：左—原型样机；中—链传动系统；右—移动系统简图

(d) Type（3,0）WMR NG：左—原型样机；中—三瑞典轮等边三角形分布结构；右—机器人运动学分析简图

图 1-81　2011年墨西哥的 Ramiro Vela' zquez 等人研究的 Type（3，0）和 Type（2，0）两类轮式移动机器人构形配置模型[71]

G. Campion 等人提出的分类方法及建模研究，以及 Ramiro Vela'zquez 等人对 Type(2,0) 和 Type(3,0) 两类 WRM 的建模研究都是在假设所有车轮都位于平面内，各轮皆与此平面接触所需瞬时自由度数以及可操纵性等条件下对 3 轮、4 轮 WMR 的理论研究。但是由于轮式移动机器人与地面构成非完整约束系统，而且地面又可分为诸如室内平地、有台阶和高度差地面、城镇路面等结构化地面和野外不平整地面等非结构化地面两大类，因此，为了适应各种地面条件，保证移动性和可操控性以及平衡能力，单轮（包含球形在内）、双轮、三轮、四轮、五轮、六轮、八轮乃至十数轮（如轮式蛇形移动机器人）的轮式移动机器人被研究了。因此，轮式移动机器人的分类相对较复杂。按现有已被研究的轮式移动机器人本体构成，车轮类型、主动驱动车轮和被动驱动脚轮数目、车轮配置结构形式、车体结构形式等等有所不同。

② 按轮式移动机器人本体机构与结构的分类方法与分类汇总　轮式移动机器人本体的主要构成可以分为两大部分：车轮配置部分和车体平台部分。车轮配置部分主要用于实现轮式移动功能；而车体平台部分用于搭载轮式移动操控部分和除与轮式移动有关部分之外的其他作业功能设备部分。车体平台又可分为单车体平台和两个以上单体之间由运动副连接而成相互之间可相对运动的多车体平台。前述各节已给出了现已研究和实用化的各种车轮的结构和原理。笔者在第 7 章对用于轮式移动机器人的车轮进行汇总如表 7-1 所示；对现有轮式移动机器人的机构构型进行汇总分类如表 7-2 所示。

1.4.2.2　履带式移动机器人（tracked mobile robots，TMR）

1982～2018 年国际上有新设计新概念和代表性的履带式移动机器人设计与研发实例如下：

履带式移动机器人以其野外环境移动能力、越沟壕障碍、低地面压强等优势而成为一种实用性很强的自动化设备。中国、美国、日本、德国、澳大利亚、法国、加拿大、西班牙、以色列、新加坡、泰国、马来西亚、韩国、伊朗、土耳其等对此都有研究，其中，以我国、美国、日本、德国等国的研究较为突出。

（1）有力感知式链轨和全身分布接触力传感器的 6 履带式移动机器人 Aladdin（日本，东北大学，2008 年）

面向救援作业自治移动机器人应用，着眼于机器人履带感知与外界环境的接触状态，日本东北大学（Tohoku University）的 Daisuke Inoue 等人于 2008 年提出并设计了如图 1-82 所示的具有力感知功能的分布式触觉链轨（force-sensitive chain guides），并将其用于 6 履带式移动机器人上进行了爬越台阶障碍的实验[72]。

分布式触觉链轨（force-sensitive chain guides with distributed touch sensors）的概念设计：在链轨（chain guides）和机器人上的行驶框架之间设有厚度薄的力敏电阻（force-sensitive resistor）用来检测链轨脚板上作用的接触外力，其结构原理如图 1-82(a) 所示。

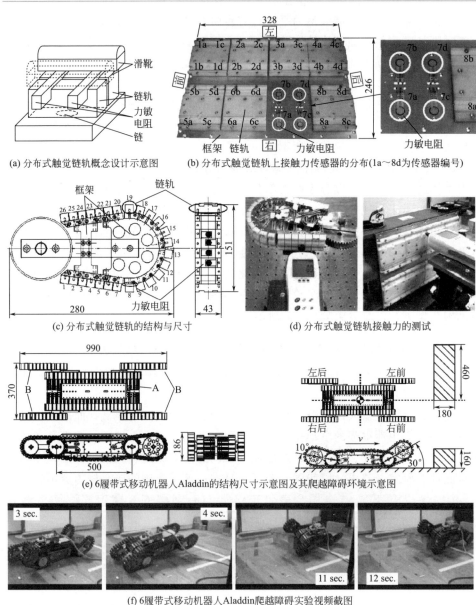

(a) 分布式触觉链轨概念设计示意图

(b) 分布式触觉链轨上接触力传感器的分布(1a～8d为传感器编号)

(c) 分布式触觉链轨的结构与尺寸

(d) 分布式触觉链轨接触力的测试

(e) 6履带式移动机器人Aladdin的结构尺寸示意图及其爬越障碍环境示意图

(f) 6履带式移动机器人Aladdin爬越障碍实验视频截图

图 1-82　分布式接触力感知触觉链轨概念及其在 6 履带式移动机器人上的应用与实验[72]

链轨上接触力传感器的分布如图 1-82(b) 所示，4 个 1 组共 8 组总共 32 个接触力传感器位于行驶框架与脚板之间。如图 1-82(e) 所示，A 部分的两个履带式行驶机构分别由电动机独立驱动，共有 2 个主驱动用电动机；B 部分履带式移动机构为辅助机构，可看作可上下俯仰的臂，则 4 个履带式移动臂各有 1 个主动驱动，共 4 个主驱动用电动机。整个履带式移动机器人具有 6 个自由度。机器人自带 Li-Po 电池在其本体上。

(2) 通过履带链轨倾斜度检测接触点位置的 6 履带式移动机器人 Ali-Baba（日本，东北大学，2008 年）

仍然是面向灾害救援应用目标，日本东北大学的 Daisuke Inoue 等人于 2008 年提出并设计了如图 1-83 所示的通过履带链轨的倾斜度（using inclination of track chains）来检测履带与地面接触点位置的 6 履带式移动机器人，并将其用于 6 履带式移动机器人上进行了爬越台阶障碍以及接触点检测的实验[73]。Ali-Baba 机器人的移动部分有主爬行部（main crawlers）和主爬行部前后安装的四个脚蹼履带（flipper crawlers），是一种可变爬行方式的机器人（variable crawler robot）。可变爬行方式机器人在瓦砾砂石路面上移动时具有高移动能力和良好的稳定性，也可以爬坡或爬台阶、楼梯。该机器人平台上还装备有一台机器人操作臂用于移动操作。

有4个履带的可变履带爬行机器人　　　　(a) 在斜坡上；(b) 在台阶上

图 1-83　有倾斜感知接触点检测功能的 6 履带式移动

机器人 AliBaba 及其爬斜坡、台阶实验[73]

通过履带链轨倾斜度检测接触点位置的原理：利用光学原理进行倾斜度检测，在爬行行驶框架上安装有 LED 灯和相机，而在对面的爬行靴（crawler shoes，或称履带鞋）背面安装有倾斜感知器（inclination sensor），当 LED 灯发出的光照射在倾斜感知反射器上时其反射光会照射在其对面的相机上成像，根据反射光的光强（reflection intensity）来检测履带靴的倾斜度，其原理如图 1-84 所示。

图 1-84　光学倾斜度传感器原理与倾斜感知反射器结构

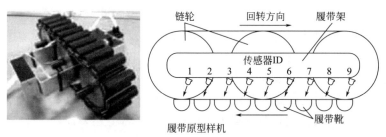

表：履带靴规格

No.of pcs	26
可变形范围	$\theta=\pm20°$，$d=19\sim28mm$
履带靴间距	25.4mm(4 links)
履带靴大小	W20×D60×H20.75mm
反射器大小	W20×D30×H0.5mm
结构形状	半径为10mm的半圆柱形
材料	EPDM(硬度：HS60)

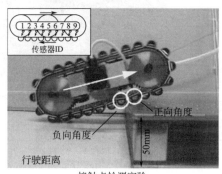

图 1-85　基于光学反射原理的倾斜度传感器感知与接触点检测功能的链轨式履带与实验 [73]

　　图 1-85 所示为利用这种光学反射原理测量倾斜角度的传感器用于履带式移动机构上所设计的履带式原型样机实物、结构、参数表、多传感器在履带行驶框架上的分布、为设计反射器所进行的实验，以及履带与地面接触点检测实验等。

　　（3）面向凸凹不平地面环境的多节履带式移动机器人（日本，东北工业大学，2013 年）

　　面向不平整地面环境移动，日本东北工业大学（Tohoku Institute of Technology）的 Toyomi Fujita 与 Takanishi Shoji 于 2013 年提出了如图 1-86 所示的多节履带式移动机器人的概念[74]。

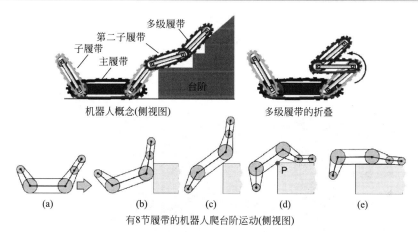

图 1-86　多节履带式移动机器人的概念及其折叠形态、爬台阶运动示意图

　　① 多节履带式移动机器人的概念[74]　　多节履带式移动机器人由两个主履带（main-track）和多节子履带（sub-track）组成组合式行驶机构系统。四个子履带（特指仅有的子履带或者称为第 1 节子履带）分别被连接在两个主履带通常构型的四个角点上；除此之外，额外的子履带（被特指为多节子履带或者是第 2 节子履带、第 3 节子履带等等，依次类推被添加在多节履带式移动机构上）分别被添加在前面的两个子履带上。这样的多节履带式移动机构可以增加与各种地形地面的接触点数，还可以以大量的接触点适应斜坡角度的变化从而更易于爬坡且更稳定；从驱动的角度来看，因为当其他子履带机构不用时可以与第一节子履带折叠在一起，所以，多节子履带机构可以折叠多节履带式移动机构，还可以通过控制子履带的角度有效减小电动机输出力矩。也即这种多节履带式移动机构可以根据运行条件和情况有效地切换成诸如 6 履带式、8 履带式等快速行驶模式，而且具有一定的柔性和环境适应性。

② 8 履带、10 履带多节履带式移动机器人的机构设计　多节履带式移动机器人可以有两种构成方式：一种是将每台履带式机器人作为其构成的单元节，多个这样的单元节按着一定的形式（如串联、并联、串并联形式）连接在一起构成的多节履带式移动机器人；另一种就是如图 1-90 所示的由主履带和多节子履带构成的方式，即如图 1-87 所示 8 履带多节履带式移动机器人。

a. 主履带机构（mechanisms of main-track）：如图 1-87（a）～（c）所示，两个主履带作为整个机器人的主体，也即 2 履带式移动机器人，在其前后履带链轮轮轴上分别外挂着子履带单元。图中标记为①的驱动主履带机构运行的电动机被搭载在机器人本体内，标记②为作为其机械传动系统的同步齿形带传动，同步齿形带标记为③，主轴标记为④。每个主履带在其左右两侧都有链轮⑤，前后各有一组链轮分别在其左右两侧；左右侧的链条被连接在橡胶块⑥上。这种结构可以使履带式移动机构在多变地势上抓牢地面。

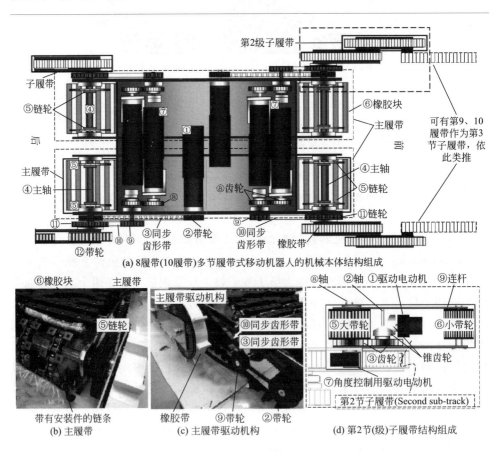

(a) 8履带(10履带)多节履带式移动机器人的机械本体结构组成

(b) 主履带

(c) 主履带驱动机构

(d) 第2节(级)子履带结构组成

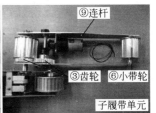

(e) 8履带多节式　　(f) 10履带多节式　　(g) 子履带(摇臂)摆角机构　　(h) 子履带单元

图 1-87　8 履带多节履带式移动机器人的机械系统构成[74]

主履带及其驱动机构如图 1-87(b)、(c) 所示。

b. 子履带机构单元（mechanism unit of sub-track）：如图 1-87(a) 所示，DC 伺服电动机⑦通过齿轮传动⑧、带轮⑨、同步齿形带⑩和安装在主轴上的带轮⑪来实现子履带像摇臂一样绕与主轴④同轴的轴线摆动，并控制摆角大小。因为在主轴④和带轮⑪之间装有轴承，所以，带轮⑪可以独立地绕主轴轴线回转。也即主履带驱动、子履带移动机构摆角驱动是各自独立进行的。

c. 多节子履带机构（mechanism of multistage sub-track）：由子履带的行驶驱动机构及其摆角驱动机构组成。多节子履带分别被外挂在多节履带式移动机器人前方左右两侧子履带的外侧，而且被设计成子履带机构单元的形式，为的是能够依此类推地将子履带扩展成为多节子履带的形式。子履带机构单元的结构组成如图 1-87(d) 所示，由驱动电动机①通过一对圆锥齿轮传动④和一对圆柱齿轮传动③来驱动带轮⑤（pulley）使绕在带轮⑤、⑥（idler）上的橡胶带（即履带）运转起来。将子履带像摇臂一样摆动起来驱动的摆角驱动机构是通过摆角控制电动机⑦驱动子履带的两个连杆⑨绕着轴线⑧回转来实现子履带摆动的机构。子履带摆角机构可以设置在子履带单元自己的本体内，也可以设置在前一节（前一级）子履带的自由端或多节子履带内。如此，便可自由扩展式地得到多节子履带机构。

d. 8 履带/10 履带多节履带式移动机器人原型样机：由前述的主履带、子履带、第 2 节子履带机构原理而设计、制作的 8 履带、10 履带多节履带式原型样机系统实物分别如 1-87(e)、(f) 所示。

图 1-87(e) 为由两个主履带、四个子履带和两个多节子履带构成的 8 履带多节履带式移动机器人原型样机系统实物照片。该机器人在伸展开铺直状态下的长、宽、高尺寸分别为 1380mm、730mm、230mm，总重 38kg。

图 1-87(f) 为由两个主履带、四个子履带、两个第 2 节子履带、两个第 3 节子履带构成的 10 履带式移动机器人原型样机系统实物照片。该机器人伸展开铺直下的长度为 1570mm，由主履带到多节子履带末端的长度为 640mm，总重 42kg。如图 1-87(b) 所示，两个主履带是由两个链轮（sprockets）、两根链条（chain）、多个

橡胶条（rubber blocks）组成的。链条上有安装橡胶条的托架及安装孔；主履带的驱动机构如图 1-87(c) 所示，是电动机①驱动同步齿形带传动的带轮②，然后通过同步齿形带③驱动同步齿形带轮，该带轮驱动主轴④上的链轮⑤从而使链条运转，链条上等间距固连着许多个橡胶条，即主履带。图 1-87(g)、(h) 分别为子履带摆角机构及单元的实物照片。两个 RE40 GB 150W 的 Maxon DC 伺服电动机被用来驱动两个主履带机构；四个 RE40 GB 150W 的 Maxon DC 伺服电动机被用来驱动子履带摆角机构；对于各个第 2 节子履带机构，分别采用 TG-85R-KU-144-KA 型 Tsukasa DC 伺服电动机驱动子履带行驶，采用 Kondo KRS-6003HV ICS Red Version 控制第 2 节子履带摆角。图 1-87(h) 所示的子履带机构单元长、宽、高尺寸分别为 360mm、110mm、54mm，单元总重 2kg。

③ 8 履带、10 履带多节履带式移动机器人控制系统　如图 1-88 所示，其控制系统采用了无线通信（wireless communication）遥控控制器（PS PAD）来操控机器人运动。机器人上装有一个 SH2-7045F 板卡，用来控制主履带和子履带两者的履带式行驶驱动和摆角；一个 H8-3052F 板卡被用来作为控制板卡与 PS PAD（遥控操纵器）之间的接口。H8-3052F 接受来自 PS PAD 的信号，并且发送响应的指令给 SH2-7045F。它们的控制程序都是在一台主控 PC 机上开发的。SH2-7045F 板卡按着来自控制器（PS PAD）或者来自主控 PC 机的运动指令，对驱动履带行驶的驱动电动机和摆角控制电动机分别执行 PWM 控制。前述的 SH2-7045F、H8-3052F 都是日本日立（HITACHI）制作所生产的高档单片机。

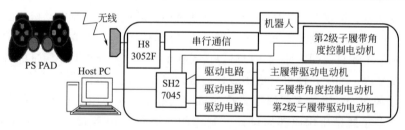

图 1-88　8 履带（10 履带）多节履带式移动机器人的控制系统组成[74]

④ 8 履带、10 履带多节履带式移动机器人在不平整地面上移动、爬台阶实验　如图 1-89 所示，分别为在有沙土碎石堆地形以及 1 级台阶、2 级台阶环境下的移动与爬台阶实验场景照片[74]。

（4）2 台 2 履带式移动机器人连接而成的 4 履带式全方位移动机器人（日本，东北大学，2002～2006 年）

日本东北大学的 Hiroki Takeda 等人研制了将两台 2 履带式移动机器人的平台

分别用绕垂向轴线回转的回转副连接在一个公共平台板上的 4 履带式全方位移动机器人，并且提出了导引-跟随移动概念，研究了相应的算法。其机器人及其硬件系统构成如图 1-90 所示，机器人本体由起导引作用的前导 2 履带式移动机器人和跟随作用的 2 履带式移动机器人、平台、全方位镜及 CCD 相机等部分组成[75]。

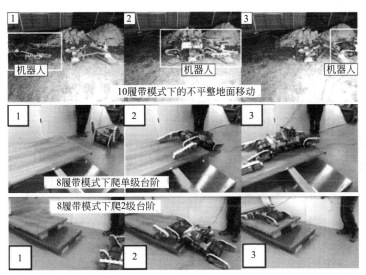

图 1-89　8 履带、10 履带多节履带式移动机器人实验照片：不平整地面上
移动（上）；爬 1 级台阶（中）；爬 2 级台阶（下）[75]

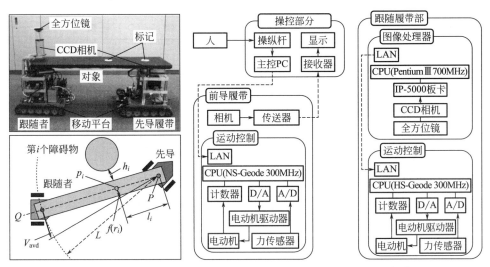

图 1-90　2 履带连接式 4 履带移动机器人及其硬件系统构成[75]

（5）基于四连杆机构的可重构双履带式移动机器人机构（中国，国防科技大学，2013 年）

我国国防科技大学的罗自荣、尚建忠等人于 2013 年研发了一种通过驱动平行四连杆机构来改变履带式移动机构的几何形态，即履带构形可变的履带式移动机构。其机构原理如图 1-91 所示[76]。

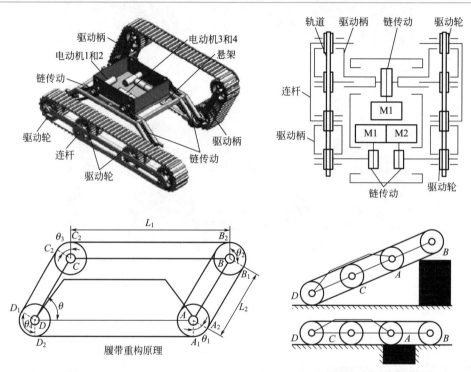

图 1-91　基于四连杆机构的可重构履带式移动机器人机构原理及其形态[76]

（6）蛇形多节履带式移动机器人 Moebhiu²s（德国，Ruhr-University Bochum，2013 年）[77]

德国的 Marc Neumann 等人面向灾害搜救作业设计、研发了一种分别以主履带-辅助履带式移动机构为模块化单元节、尾部为双履带式移动机构的多节式结构，各节间通过主驱动关节单元连接在一起的履带式蛇形机器人。辅助履带为主动驱动，被称为主动驱动式鸭脚板（active flippers）。该履带式蛇形机器人的结构组成如图 1-92 所示。第一节主履带-主动驱动辅助履带式移动单元的履带上安装了用来检测履带与地面之间接触状态的传感器，该传感器是基于 RFID（radio frequency identification，射频识别技术）芯片的触觉传感器。

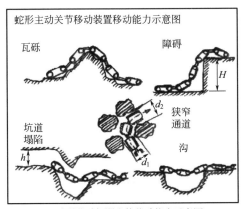

蛇形主动关节移动装置移动能力示意图

瓦砾　　　　　障碍

坑道塌陷　　　狭窄通道　　　　沟

d_2

d_1

H

h

(a) 蛇形移动机器人的移动能力示意图

有感知的头部　　带有主动脚蹼的蛇形履带移动机器人Moebhiu^{2}s

独立驱动的履带　　后部相机

主动脚蹼　　　模块　　主动关节单元　　电池

长：1.850mm
宽：150mm
高：270mm
重：50kg
速度：300mm/s
　　（在平坦表面）

15个电动机用于改变姿态
8个驱动履带的电动机
6个驱动主动脚蹼的电动机
1个用于驱动后部相机的电动机

(b) 履带式蛇形移动机器人 "Moebhiu^{2}s"
的结构组成与参数

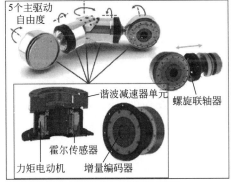

5个主驱动自由度

谐波减速器单元　　螺旋联轴器

霍尔传感器

力矩电动机　　增量编码器

(c) 5自由度主动关节单元模块

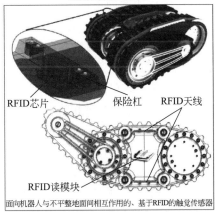

RFID芯片　　　保险杠　　　RFID天线

RFID读模块

面向机器人与不平整地面间相互作用的、基于RFID的触觉传感器

(e) 基于RFID的机器人与地面接触状态检测传感器

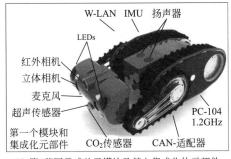

W-LAN　IMU　扬声器

LEDs

红外相机
立体相机
麦克风
超声传感器

第一个模块和集成化元部件

CO_2传感器　　CAN-适配器

PC-104
1.2GHz

(d) 第1节履带式单元模块及其上集成化的元部件

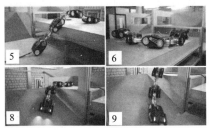

5　　6

8　　9

(f) 实验场景照片

图 1-92　德国研发的履带式蛇形机器人 Moebhiu^{2}s 的应用概念、
机构原理以及模块化单元、机器人移动实验[77]

　　Moebhiu^{2}s 的前三节皆为由左右各一的 2 个主履带和左右各一的 2 个主动驱动辅助履带（俗称鸭脚板）组成的主履带-辅助履带模块化单元，最后一节为搭载相机、无辅助履带的双履带式移动单元。四个模块化单元用 3 个 5 自由度主动

关节单元模块串联在一起，构成 4 节履带式蛇形移动机器人。5-DOF 主动关节单元模块（5-DOF active joint units）的 5 个自由度中的每一个都是由力矩电动机、霍尔传感器、谐波齿轮减速器、增量式光电编码器集成在一起而成为独立驱动的集成化一体化单自由度关节模块，单自由度关节模块之间通过螺旋联轴器（screw coupling）相互连接在一起。

Moebhiu²s 属于关节型履带式移动机器人。它总共有 30 个电动机，3 个 5-DOF 主动关节单元模块上总共有 15 个电动机，用来驱动各节履带模块化单元改变姿态；每节履带式模块化单元左右履带的行驶驱动各用 1 台电动机共 2 个，4 节共 8 个；前 3 节履带式单元的每节左右侧主动驱动辅助履带各由 1 个电动机驱动，三节总共 6 个电动机；还有一个电动机位于最后一节履带式单元上，用来调整最后一节单元上安装的相机的姿态。各个关节和驱动履带的电动机都有用来检测关节位置、速度的增量式光电编码器；第 1 节履带模块化单元装有惯性测量单元；所有的履带板上都装有多个触觉传感器，通过采用 RFID 信号技术（Hecks 等人于 2012 年提出）的机械减振器（mechanical bumpers），检测履带与地面之间的接触状态。

第 1 节履带式单元模块上集成了 W-LAN 设备和机器人控制单元，如图 1-92 (d) 所示，包括立体视觉相机（stereoscopic camera）及相机（infrared camera）、麦克风（microphone）、超声测距传感器（ultrasonic）、CO_2 气体传感器、CAN 适配器（CAN adapter）、1.2GHz 的 PC/104 工控机、惯性测量单元即 IMU（inertial measurement unit，或称惯性导航单元）、扬声器（speaker）等。

第 2、第 3 节履带式单元模块上搭载着大量的控制电动机所需的控制单元部件。通过使用机械减振器来检测履带与地面的物理接触状态；这些机械减振器直接组入到给定的、回转的履带上。RFID 技术被用来传输信号和能量供给。当传感器检测到履带与地面之间的机械接触后，RFID 传送器（RFID Transponder）无线传送该信号给 RFID 天线，最后到达被集成化安装在指定履带模块化单元之内的 RFID 雷达模块，再交由系统控制单元处理、使用该信号。

实验结果：研究者们进行了 Moebhiu²s 三节履带式蛇形机器人在结构化地势（structured terrain）和非结构化地势（Structured terrain）两类地面环境下的移动控制实验，在有台阶的室内移动试验场景如图 1-92(f) 所示。这里需要稍作说明的是：他们并未给出非结构化地势下的移动实验视频截图，即便图 1-92(f) 给出的室内有台阶的非平整地面移动环境，也不是"非结构化"的。因此，笔者认为该实验环境并不是非结构化的，原文作者所言稍有偏差。

（7）关节型（或称铰接型）履带式移动机器人（德国，Ruhr-University Bochum，2010 年）

机构原理：关节型履带式移动机器人（articulated tracked mobile robot）是德国 Ruhr-University Bochum 的产品与服务工程学院（Institute of Product and Service Engineering）的 Patrick Labenda 等人[78] 于 2010 年面向不平整地势上自动移动的目标，设计研制了将双履带式移动机构作为单元模块，通过两两单元模块铰接在一起的串联三节履带式移动机器人，如图 1-93 所示。其每节双履带式移动机构单元模块两侧的履带采用的是高位主驱动轮式结构形式，且左右履带的驱动是各自独立的，也即各由一套电动机及机械传动装置驱动。连接两个双履带式移动机构单元的铰链机构有 2 个自由度：1 个是位于各履带式移动单元模块后面的回转自由度（rotational degrees-of-freedom）；1 个是位于各履带式移动单元前端的直线移动自由度（translational degrees-of-freedom）。该机器人总共有 10 个自由度，其中：6 个是主动自由度，位于三节双履带式移动机构单元履带轮驱动系统上；4 个是被动自由度❶，位于串联连接三节双履带式单元的两个铰链连接机构上。

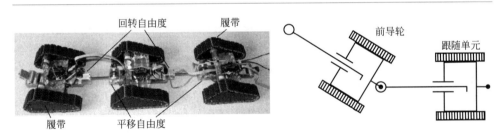

图 1-93 关节型履带式移动机器人（三节）原型样机[78] 及其两两串联连接机构

连接机构上安装有测量两个履带式移动单元模块之间相对转角和位移的传感器。

各单元模块系统结构：各模块都是由两个履带和两个履带之间的带载平台组成的，各模块系统基本构成元部件搭载在平台上，包括 PWM 控制电路板卡、电源、驱动器、SPI 总线的传感器、USB 总线的 CCD 相机（第 1 节单元）。主控计算机通过 CAN 总线与各单元模块底层控制器之间通信，通过 USB 总线与 CCD 相机通信。

---

❶ 疑似原文有误！按着原文作者在原文图 4 中所画的移动副，被动自由度应该是 6 个，即两两履带式单元之间铰接机构含有与 1 个直线移动在一起的 1 个横滚回转和两履带式单元之间的 1 个侧向摆动回转共 3 个被动自由度。否则，该机器人只是平面移动机构，无法适应不平整地势。

1.4.2.3　轮式、腿式复合移动方式的轮-腿/臂式移动机器人（也称腿-轮式复合移动机器人）

（1）兼有轮腿和腿/臂的轮-腿式移动机器人概念及机器人设计（美国，Nikolaos G. Bourbakis，1998 年）

① 兼有轮腿与腿/臂的轮腿混合式移动机器人概念　Nikolaos G. Bourbakis 是 International Journal of AI Tools 的创刊者和副主编（以及 a Professor in the Electrical Engineering and Computer Science Departments and the Associate Director of the Center for Intelligent Systems at the T. J. Watson School of Engineering and Applied Science.），他于 1998 年提出了轮式、腿式混合式移动机器人概念并设计了腿式步行和爬行自治混合移动机器人"Kydonas"[79]。这种轮式、腿式混合移动机器人的概念是机器人同时具有几条末端带有滚轮的伸缩式轮腿（extended wheel）和几条兼作腿和操作臂使用的腿/臂（extended Leg/arm），当腿/臂抬起时靠伸缩式轮腿支撑整个机器人并可轮式移动，腿/臂即为操作臂可完成操作；当腿/臂着地时可以步行方式爬行移动。

② 轮腿混合式移动机器人 Kydonas　前述概念在 Nikolaos G. Bourbakis 设计的自治步行机器人（autonomous walking robot）Kydonas 中的设计体现是 3 轮腿＋3 腿/臂式结构。移动机器人本体平台上有 3 条末端设有滚轮的伸缩式轮腿和 3 条兼作腿/操作臂使用的腿/臂，伸缩式轮腿总是位于本体平台下部；腿/臂安装在平台侧面由俯仰关节实现上下摆动，作为腿使用时朝下，末端夹指合拢为夹趾；作为操作臂使用时可上下操作，臂的末端有开合夹指可以夹持物体进行操作；可以越障、爬台阶。Kydonas 平台上的六角形平台侧面设有声呐系统（hexagonal sonar system），该六角平台之上由高到低搭载着视觉系统相机（vision camera）、激光扫描仪（laser scanner）、数字罗盘（digital compass）、多处理器控制器（multiprocessor controller）。机器人平台上搭载电池（battery）。Kydonas 机器人的总体概念和主要组成部分如图 1-94(a) 所示。

③ 轮式移动方式下的伸缩轮腿机构设计　如图 1-94(b) 所示，每条伸缩式轮腿除了腿部竖向伸缩运动外，还可以相对平台横向伸缩移动，所有的伸缩运动都是通过丝杠螺母机构实现的。

④ 腿/臂机构设计　如图 1-95 所示，总共有 6 个电动机来驱动各个关节和末端开合手爪，为 5-DOF 操作臂[79]。

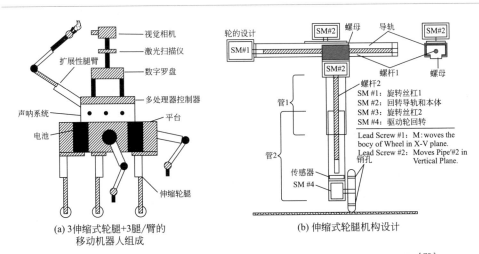

图 1-94　3 伸缩式轮腿 + 3 腿/臂的移动机器人组成及其伸缩式轮腿机构[79]

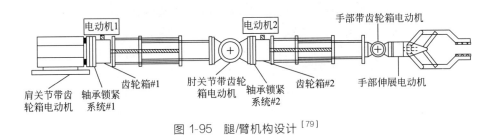

图 1-95　腿/臂机构设计[79]

（2）最早提出的轮-腿式四足移动机器人概念（日本，东京工业大学，广濑茂男，1996 年）

1979 年日本东京工业大学的广濑茂男教授研制出由计算机控制的四足步行机器人 PV-Ⅱ，可以静步行、爬楼梯，并相继研制出 TITAN-Ⅲ（1984 年）、TITAN-Ⅳ（1985 年）、TITAN-Ⅵ（1994 年）、TITAN-Ⅶ（1995 年）、TITAN-Ⅷ（1996 年、2000 年）、TITAN-Ⅸ（2000 年）型系列四足步行机器人（图 1-96）及兼有腿足式与轮式复合移动方式的四足步行机器人。

广濑茂男教授于 1996 年提出了兼有腿式步行移动、轮式移动方式的轮-腿式机器人的基本概念是 "roller-walk"，如图 1-97 所示，并在 1996 年版本的四足机器人 TITAN-Ⅷ及其模块化组合式 3-DOF 腿部机构的设计基础上，在 2000 年版本的 TITAN-Ⅷ上实现了四足步行机器人的轮-腿式移动方式。轮-腿式四足移动机器人的基本概念和移动方式如图 1-97 所示，腿的末端有滚轮，且滚轮放平时滚轮即切换为脚；滚轮竖立则切换为轮式移动机器人，因此，踝关节成为滚轮和脚之间的切换机构。但是，滚轮本身没有主动驱动滚轮的驱动机构，而是靠四条腿原有的四足步行驱动系统，使四条腿协调产生如图 1-97(d) 中虚线波动曲线所示那样类似于滑冰、轮滑的行波式协调运动来驱动机器人移动的。TITAN-Ⅷ的研发者为其起名为"轮滑式移动"（roller skating locomotion），同时，提出了轮式步行（roller walking）的新概念，即在滚轮呈竖立状态的轮式模式下，滚轮为滚轮脚，四条腿按着四足步行模式迈脚步行。图 1-98 中分别给出了轮-腿式腿部机构具体实现的机构设计与原理、腿分别在轮和脚两种模式下的形态照片，以及机器人在轮式滑行下的形态照片、轮的方位与摩擦分析。轮-腿式腿部机构仍然采用面向多足机器人模块化组合式设计理念，整条轮-腿式腿部为模块化轮-腿，髋关节上绕 z 轴回转自由度是由电动机＋1 级同步齿形带传动＋1 级蜗轮蜗杆传动驱动的。而轮-脚切换机构仅在原来的 TITAN-Ⅷ 上添加了一个 2.7W 的电动机即可驱动踝关节实现轮-脚的切换，而且整个传动系统如图 1-98 中所示，是由钢丝绳传动实现的[80~82]。

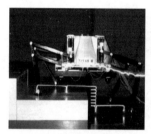

(a) TITAN-Ⅲ

(b) TITAN-Ⅶ

(c) TITAN-Ⅷ

(d) TITAN-Ⅸ

图 1-96　东京大学广濑研究室研发的 TITAN 系列四足步行机器人[80~82]

2000 年广赖茂男教授提出的轮-腿式机器人的概念是腿的末端带有滚轮，而且腿式步行方式下滚轮呈脚的形态，而在轮式移动方式下滚轮会切换成在地面上滚动的车轮形态。但当时提出的概念中，腿末端的滚轮是没有主动驱动方式的，而是靠滚轮所在的四条腿协调运动产生行波式轮滑方式来实现腿式移动（legged-locomotion）机器人的轮式移动方式的。但正是这一最初的轮-腿式移动机器人概念启发了移动机器人研究者们进一步发展了这一概念，并扩展到采用轮-腿的滚轮有主动驱动方式的轮式移动方式（wheeled-locomotion）的各种轮-腿式混合移动（walking and wheeled hybrid locomotion）机器人机构。

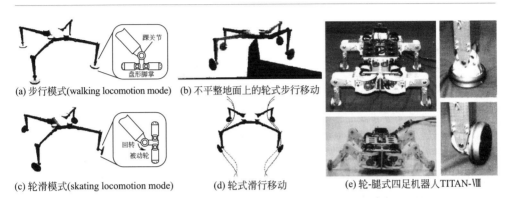

(a) 步行模式(walking locomotion mode)　(b) 不平整地面上的轮式步行移动

(c) 轮滑模式(skating locomotion mode)　(d) 轮式滑行移动　(e) 轮-腿式四足机器人TITAN-Ⅷ

图 1-97　TITAN-Ⅶ轮-腿式四足机器人的腿式步行移动和轮式移动方式的基本概念[81]

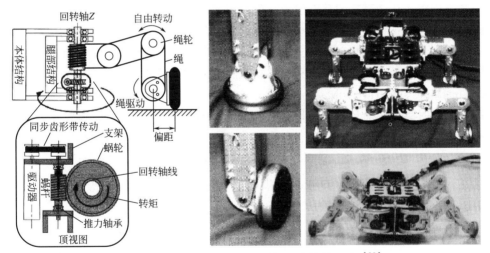

图 1-98　TITAN-Ⅶ轮-腿式四足机器人的轮-腿部[82]
机构设计与机器人原型样机和腿、轮形态

轮-腿式移动机器人按着是否所有的腿都兼有轮-腿功能，可以分为：

① 轮腿＋腿/臂式轮-腿式移动机器人：这种机器人的腿/臂末端没有滚轮，腿/臂仅可作为腿式步行方式的腿。可以看作是一台伸缩腿-轮式移动机器人与一台腿式步行机器人的叠加。

② 纯粹的轮腿式移动机器人：即腿的末端有滚轮，滚轮放平（或有时需要倾斜放置在地面）时作为脚，此时为腿足式移动机器人；滚轮作为车轮使用时即为轮式移动机器人。这种纯粹的轮-腿式移动机器人，按着滚轮在地面上滚动运

动时是否有主动驱动方式，又可分为滚轮有主动驱动式和滚轮无主动驱动式两种。

轮-腿式移动机器人按着将其当作纯粹的腿式移动机器人看待时的腿足数目又可以分为：

① 双足轮-腿式移动机器人；

② 四足轮-腿式移动机器人；

③ 六足轮-腿式移动机器人；

④ 八足轮-腿式移动机器人等多足轮-腿式移动机器人。

（3）代表性的轮-腿/爪式移动机器人（2000～2018 年）

① 双支架结构机器人（twin-frame robot）的概念与双足轮-腿式移动机器人（日本，东京工业大学，广赖茂男，2002 年）

a. 双支架结构机器人与其多移动方式（versatile locomotion of twin-frame structure robot）概念。腿式机器人具有很高的移动能力，而平面上的轮式移动则具有比腿式移动更高的移动能力，但仅限于平整路面。因此，可以考虑在平整路面上采用轮式移动，而在不平整路面上采用腿式移动，集轮式与腿式两种移动方式于一台机器人。基于这一想法，2002 年日本东京工业大学的广赖茂男教授研究室提出了具有轮式移动和腿式移动两种移动方式的移动机器人机构，研发了"twin-frame structure robot"（简写为 TFR）[83]。其研发目的是针对如图 1-99（a）所示的实际移动环境，同时，也涵盖着如图 1-99(b) 所示的腿式步行与兼作腿用操作臂的操作作业的概念。TFR 的可变移动方式有：跳跃移动（jumping locomotion）、步行移动（walking locomotion）和滚动移动（rotating locomotion）三种，如图 1-99(c)～(e) 所示。其中，第 3 种滚动移动方式类似于轮式移动（wheeled locomotion）方式。

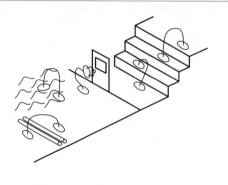

(a) 各种移动环境(台阶、开门、跨越障碍物)

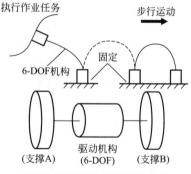

(b) 双支撑(架)移动系统的概念模型

(c) 跳跃移动模式　　　　　(d) 步行移动模式　　　　　(e) 滚动移动模式

图 1-99　twin-frame 移动系统概念及其多移动方式[83]

b. 双足构型机器人及其混合移动（hybrid locomotion with bipedal configuration robot）。广赖茂男等人研制的有双足形态的 twin-frame 机器人如图 1-100(a) 所示，该机器人具有 8 个自由度，其中：两个踝/腕关节（ankle joints）各为 roll-pitch-roll 类型的 3-DOF 关节机构；连接左右两个支架（frame）的中间杆件两端各有 1 个 pitch 自由度。图 1-100(b)～(d) 所示分别为 3-DOF 的 R-P-R 型踝关节机构、双足形态下的步行样本、轮式移动下的各种可行构形[83]。

(a) 双足形态的twin-frame　　　(b) 3-DOF踝关节机构　　　(c) 双足形态下的twin-frame步行模式

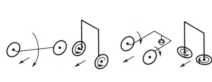

(d) twin-frame的轮式移动模式　　　(e) 轮式移动实验　　　(f) 双足步行实验

图 1-100　双支架式（twin-frame）机器人机构及其双足步行、轮式移动模式与实验[83]

② 爪-轮式可变混合机器人（中国，台湾大学，Li-Han Pan、Che-Nan Kuo 等人，2016 年）

a. 爪的机构原理。针对轮-腿式移动机器人的轮式移动机构与腿式移动机构需要在两种模式之间进行切换使得整体移动机构相对复杂的问题，台湾大学（National Taiwan University）的生物-工业机械电子工程系的 Li-Han Pan、Che-

Nan Kuo 等人提出一种将轮式移动的车轮与爬行移动的爪趾结合在一起形成的轮-爪一体式可变混合机器人机构[84]，这种爪-轮的基本结构如图 1-101(a) 所示，在铝合金的 X 形轮毂框架上有两段位于同一圆周上相对的圆弧形轮缘作为爬行移动方式下的爪，在轮式移动方式下，这两段同一圆周上相对的圆弧形轮缘就是车轮的一部分。

b. 爪-轮式可变混合机器人机构。显然，仅有这两段圆弧形轮缘是不能构成正常轮式移动下的车轮的。因此，Li-Han Pan 等人设计的爪-轮式可变混合机器人是具有四个爪-轮的机器人，如同四轮轮式移动机器人一样，只是爪-轮替代了四个车轮，如图 1-101(b) 所示。它由前车体、后车体和可使前后车体对折的转换机构组成。其中，前车体（front body）由两个前爪（front claws）、前部驱动电动机（front driving motors）和左右臂杆组成；后车体（rear body）由两个后爪（rear claws）、后爪驱动电动机（rear driving motor）和后车臂杆组成；前后车体对折的转换机构如图 1-101(c) 所示，前车体的左右臂杆用 U 形架连接在一起。

c. 模式切换机构（transformation mechanism）—折叠机构（folding mechanism）：如图 1-101(c) 所示，前后车体通过模式转换机构连接在一起，而成为图 1-101(d) 所示的爬行移动模式，模式切换机构上的主动驱动电动机驱动前车体相对后车体绕折叠机构的轴线相对回转后折叠在一起呈如图 1-101(e) 所示的轮式移动方式，此时，四个爪-轮同轴线并且在同一个圆柱面上而成为一个"完整"的车轮（只是从侧面看是完整的车轮，从上向下看，四个爪-轮位于公共轴线上的不同位置）。轮式移动模式下，对折机构上朝上的脚轮（浮动轮，Idle caster wheel）在完成机构对折成轮式模式后变成朝下接触地面的脚轮，如图 1-101(e) 右侧的着地脚轮所示。

d. 实验：图 1-101(f) 上图、下图分别是由爬行移动方式（claw mode）切换成轮式移动方式（wheel mode）的实验截图和爬楼梯实验截图。

③ 爬行与攀爬混合式蛇形/腿式移动机器人 Larvabot（希腊，Technical University of Crete，Konstantinos Karakasiliotis 等人，2007 年）　Konstantinos Karakasiliotis 等人面向搜索与搜救作业，仿生于蛇（snakes）、火蜥蜴（salamanders）、蠕虫（worm）、鳗鱼（eels）、毛毛虫（chlorochlamys chloroleucaria）等波动步态（undulatory gaits，如 snake-like gaits、caterpillar-like gaits（毛虫步态）），设计研制了一种环形移动（loop-like locomotion）方式的昆虫（chlorochlamys Chloroleucaria larva）机器人 Larvabot[85]。Laravbot 本体由九节体节组成，包括端部的手爪（grasping）和直立工具（standing tool）、8 个关节。在本体末端的主动工具由 3 个附属肢体即爪趾尖组成，爪趾尖根据当前作业模式的需要可伸展，也可缩回。这种末端工具的柔性是 Larvabot 机器人实现三种移动模式（蛇形、毛虫式、环形模式）所不可缺少的。Larvabot 的整个硬件

是 BIOLOID（Trademark of Robotics，South Korea）机器人套件（robot kit）的一部分，主要包括数个驱动器（dynamixels）、1 个可编程控制器（program-mable controller）、一套多种多样的安装托架（mounting brackets）。驱动器是由一个串行网络（TTL）双向通信（two-way communication）伺服驱动的，并且提供包括轴的位置、温度以及输入输出电压等等反馈。

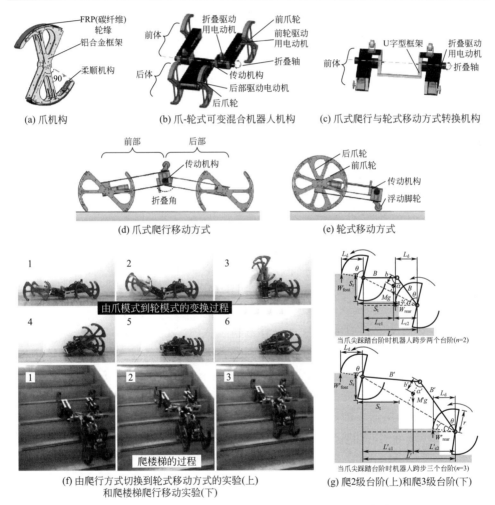

(a) 爪机构　　(b) 爪-轮式可变混合机器人机构　　(c) 爪式爬行与轮式移动方式转换机构

(d) 爪式爬行移动方式　　(e) 轮式移动方式

由爪模式到轮模式的变换过程

爬楼梯的过程

(f) 由爬行方式切换到轮式移动方式的实验(上)和爬楼梯爬行移动实验(下)

当爪尖踩踏台阶时机器人跨步两个台阶(n=2)

当爪尖踩踏台阶时机器人跨步三个台阶(n=3)

(g) 爬2级台阶(上)和爬3级台阶(下)

图 1-101　爪-轮式混合移动机器人机构原理与实验[84]

　　如图 1-102 所示的机器人并非轮腿式蛇形移动机器人，但是组成本体的各节可以设计成带有主动或被动的车轮，则皆可象广赖茂男曾经研发的多节轮式移动机器人那样可以实现轮式蛇形移动等等。

蛇形蠕动模式(左上图)，毛毛虫模式(左下图)，环形模式(右图)

(a) Laravabot机器人的三种形态

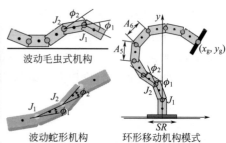

波动毛虫式机构

波动蛇形机构　　环形移动机构模式

(b) 蛇形、毛虫式以及环形三种移动方式步态

图 1-102　Laravabot 机器人原型样机及三种步态[85]

④ 四轮腿式移动机器人 PAW（加拿大，J. Smith、Inna Sharf 和 Michael Trentini，2006~2012 年）

四轮腿式移动机器人 PAW（paltform for ambulating wheels，轮式行走平台之意）是加拿大 McGill University（麦吉尔大学）机械工程系的 J. Smith、Inna Sharf 和加拿大国防研发中心自治智能系统部（the autonomous intelligent systems section defence R&D canada）的 Michael Trentini 等人合作于 2006 年研制的一款轮-腿式移动机器人。PAW 是一台具有最小感觉能力和被动弹簧腿（passive springy legs）以及在每条腿的末端有轮子的四足式机器人，是一台动态操控（dynamic maneuvering）的机器人，具有四足爬行、爬楼梯或台阶、跳跑等移动方式[86~88]。

⑤ 四轮-双腿混合型腿-轮式地面移动机器人（hybdid leg-wheel ground mobile robot）Mantis（螳螂）（意大利，University of Genova，Luca Bruzzone and Pietro Fanghella，2014 年）　着眼于室内环境下有爬楼梯能力、绕与地面垂直轴线无波动、振荡移动下的稳定视觉、非结构化环境下也有移动性、机械和控制复杂性较低的移动机器人的研发目标，意大利热那亚大学（University of Genova）的 Luca Bruzzone 和 Pietro Fanghella 设计研发出小型腿-轮混合式地面移动机器人 Mantis[89]。Mantis 是在一台四轮小车式移动机器人的车身纵向方向的一端设有像螳螂腿形状的 2 自由度两连杆腿的左右腿，两前腿与前车体连接的关节皆为各自主动驱动的回转关节，而连接最前端的小腿与大腿（与前车体连接的腿部）的回转关节皆为无原动机驱动、只靠弹簧弹性回复的被动关节。小车两前轮与两后轮通过绕垂向轴线回转的关节和连杆连接在一起。Mantis 是一个小型移动机器人平台，总体尺寸为 350mm×300mm×200mm，负载能力为 1kg。其上装备：相机、麦克风、面向作业（task-oriented）的传感器［如化学物质检测、放射性物质污染（radioactive contamination）检测的传感器］、无线通信设备等等。它

可爬室内楼梯 160mm 高度的台阶；具有平地绕垂直轴线回转能力；平地上可以无波动无振荡移动，可以获得稳定的视觉信息；爬坡能力高于 65％；可在非结构化环境内稳定移动。构成机器人的主要零部件有：前主车体 a、两个主动驱动的前轮 b、后车架 c、两个自由回转浮动的后轮（rear idle）d、两个像螳螂腿一样的前后摆动的前腿（rotating front leg with praying mantis leg shape）e。在平整和均匀地形上采用轮式移动模式，当两个后轮被动稳定时，两个前轮执行差动操控转向。后车架通过一个绕垂向轴线回转的回转副（图中的 vj）与前面的主车体相连，以获得前后车体的相对转动；当路面不平坦时，为了获得前后车体绕水平轴线的相对转动，另一个回转关节（图中 hj）可以使后车架 c 相对后轮 d 绕与车体纵向平面平行的轴线（图中 hj）滚动一定的角度。主车体掌控所有的驱动、控制和监测设备；该机器人的质心距离前轮轴线非常近，且后轮轴上分担的载荷非常轻；通过施加与转向相反的角速度给两个前轮，机器人可以绕垂向轴线回转，此时后轮轴将会产生横向滑移；因此，当机器人绕垂向轴线转动（pivoting）时，在垂向关节 vj 上引入了弹性回复（elastic return）机制以限制其角偏移（angular excursion）。当行驶在凸凹不平的地面或有小障碍物的地面或低摩擦表面等情况下，当前轮摩擦力不足时，前腿摆动接触地面或周围环境内的物体，执行混合腿-轮移动（hybrid legged-wheeled locomotion）模式；当需要爬台阶时，两条前腿一齐摆动，腿前端像钩子一样可以搭在或抓住台阶的上表面，顺势将机器人本体抬起并跨上台阶。类似地，也可以借助腿部不同的轮廓，执行爬行模式越过高台阶；当行驶在平地上时，两前腿复位收拢回本体内以四轮轮式移动方式行走；当行驶在斜坡上时，上坡可借助两前腿"勾住"地面或者插入地里以加强向上推进力或制止下滑的力，下坡可借助两前腿触地减速慢行或摩擦力不够时阻止失控下滑。

⑥ 四轮-双腿混合型腿-轮式地面移动机器人（hybrid leg-wheel ground mobile robot）Mantis2.0 版（螳螂 2.0 版）（意大利，University of Genova，Luca Bruzzone and Pietro Fanghella，2015 年）

Mantis 2.0 版本[90~92] 重新设计了两个前腿，其主要设计考虑有如下三个要点：

• 在连接大小腿的回转关节处增设了辅助轮（auxiliary wheels）以提高在爬台阶时最后状态（final phase）的可靠性（reliability）。

• 可变腿的长度：变长度腿对于更详尽地进行实验研究活动是非常有用的。

• 用来产生腿部最后一个被动自由度关节的弹性回复力的柔性簧片被圆柱螺旋弹簧替代，以达到快速改变刚度和预加载的目的。

（4）笔者关于轮式/腿式复合移动机器人创新设计的问题点的思考

① 爬高台阶，轮-腿-爪。

② 管外爬管轮腿式，适应变口径管外爬高。

③ 从实用化角度考虑，砂石路面、泥土路面轮-腿式机器人自身防护。

④ 整体攀爬能力评价与在线优化生成驱动策略。

⑤ 移动机器人的可变约束机构与结构设计问题（variable constraint mechanism and its application for design of mobile robots）。

1.4.2.4　采用轮式/履带式复合移动方式的轮-履式移动机器人[93]

（1）轮-履复合式移动概念的提出

轮-履复合式移动机构可分为两类：一类是履带本身带有主动或被动的轮式移动方式；另一类是履带式移动机构与轮式移动机构分开且可以相互切换的移动方式。

① 被动轮-主动驱动履带的复合式移动概念的提出（1956 年，意大利人 Giovanni Bonmartini 申请的美国发明专利）　轮-履复合式移动的概念是在意大利人 Giovanni Bonmartini 申请的美国专利中体现出来的。1956 年意大利人 Giovanni Bonmartini 申请的美国发明专利 "Rolling Device for Vehicles of Every Kind"[94]（面向各种车辆的滚动装置）中给出了图 1-103(a) 所示的圆柱形被动滚子作为履带靴的轮-履复合式移动机构。在履带外周上均布着绕与履带主驱动轮轴线垂直的轴线回转的圆柱形滚子作为履带靴，履带外周上的这些圆柱形滚子都是被动的，对履带式移动机构的灵活转向起着重要作用。这种围绕履带整周布置轴线与履带驱动轮轴线垂直的辊轮装在履带上的轮-履式移动机构和目前的履带式移动机构与轮式移动机构分开的轮-履复合式移动机构虽然不同，但是最早的被动轮-主动驱动履带复合式移动机构。

1969 年 Gabriel L. Guinot 等人也发明了与上述类似的被动轮-主动驱动履带复合式移动机构[95]，他们在发明一种改进的行驶设备时还给出了采用如图 1-103(b) 所示的整周带有浮动轮的履带式移动机构作为小车的移动系统的设计。

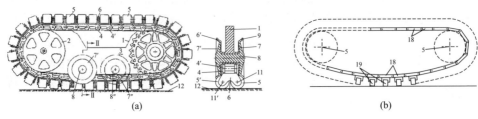

图 1-103　整周分布辊轮的被动轮-主动驱动履带复合式移动机构[94, 95]

② 轮-履复合式移动机器人概念与原型样机 HELIOS-Ⅵ（东京工业大学，

S. Hirose 等人，2001 年)

　　a. 被动轮与主动驱动履带复合式移动机器人（wheel-track hybrid mobile robot）概念的提出：2001 年日本东京工业大学（Tokyo Institute of Technology，TIT）的广赖茂男（Shigeo Hirose）教授等人提出了被动轮与履带式主动驱动相结合的轮-履复合式移动机器人 HELIOS-Ⅵ[96]。该轮-履复合式移动机构原理及其应用情况如图 1-104(a)～(c) 所示，为双履带式移动机器人前端通过俯仰运动的回转副连接一左右设有被动轮的主动摇臂，在双履带移动机构与带有双被动轮的主动摇臂连接部位之上有平台座椅，因此，这种可以爬楼梯的轮-履复合式移动机器人可像轮椅一样载人爬楼梯，也可以在凸凹不平的路面上行走。

　　b. 被动轮-主动驱动履带复合式移动机器人原型样机 HELIOS-Ⅵ与爬楼梯实验：按着上述概念设计研制的机器人原型样机与履带式移动爬台阶、平地轮式移动实验照片如图 1-104(d)、(e) 所示。

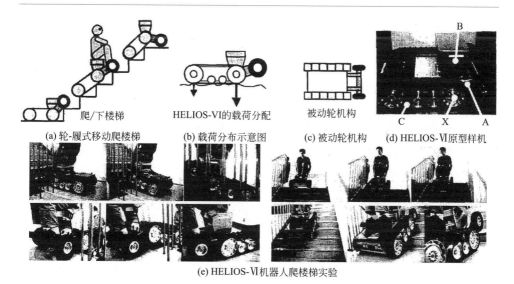

图 1-104　轮-履复合式移动机器人 HELIOS-Ⅵ的机构原理与原型样机及移动实验[96]

　　如图 1-104(c)、(d) 所示，该机器人前端有两个主动摇臂 A 和 B，这两个摇臂被连接在主动驱动履带式移动机构 C 的主驱动履带轮 X 的回转轴线上并绕该轴线回转作俯仰运动实现臂的上下摇摆，摇臂 A、B 的末端各有一个自由回转的轮胎式车轮，用来提高对凸凹不平路面的适应性。HELIOS-Ⅵ的总体尺寸为 1055mm×700mm×400mm，总重为 85kg，可搭载 120kg；连续可变行驶机构为双履带驱动部件；共有 6 个 DC 电动机，其中，两个 150W 电动机用于左右履带驱动部件；1个 150W 电动机用于座椅载体；1 个 150W 电动机用于前轮摇臂；两个 11W 的电动机用于驱动连续可变传动机构。机器人本体上搭载电池（shield lead acid battery），参数为 36V、5A·h（3×12V）；爬坡能力为 40°坡和楼梯，最大负载下行驶速度约为 70mm/s，空载行驶速度约为 175mm/s；平地直行最大速度为 867mm/s，约3km/h；座椅额定负载约为 100kg，座椅上最大负载约为 1000kg，座椅可动范围为±30°；前部摇臂额定载荷约为 64kg；前部摇臂最大载荷约为 640kg；前部摇臂驱动部件的最大速度为 48°/s；前部摇臂的可动范围为±90°。

（2）轮-履复合式移动机器人代表性的设计实例与原型样机、实验（2001～2018 年）

① 轮-履复合式移动机器人的概念、机构原理与原型样机（韩国，Kim，J.等人，2010 年）

a. 轮-履复合式移动机器人平台（wheel-track hybrid mobile robot platform）的概念与机构原理。2010 年韩国 Daegu Gyeongbuk Institute of Science & Technology（DGIST）的 Yoon-Gu Kim、Jinung An 等人提出了轮式主动驱动与履带式主动驱动可以相互切换的轮-履复合式移动机器人概念[97]。该概念下的轮-履复合式移动机构原理如图 1-105(a)～(d) 所示。用四连杆机构（或平行四连杆机构）的短杆之一的主动摆动运动去改变履带主驱动轮驱动系统和支撑轮的位置，从而在履带整周长度一定的约束条件下改变履带整周所呈的四边形（或平行四边形）形状。当履带距离地面的高度小于轮式移动机构的车轮与地面的高度时，履带与地面接触而车轮抬离地面，可采用履带式移动方式行驶；当履带距离地面的高度大于轮式移动机构的车轮与地面的高度时，履带抬离地面而车轮与地面接触，可采用轮式移动方式行驶。在以履带式移动方式行驶期间，依然靠四连杆机构运动原理去调节履带与台阶等环境接触时的履带形态，以满足履带式行驶运动要求。

b. 整周履带可变几何形状的轮-履复合式移动机器人平台原型样机（prototype of the proposed robot platform）：按着上述概念设计研制的机器人原型样机与履带式移动爬台阶、平地轮式移动实验照片如图 1-105(e)、(f) 所示[97～99]。

② 四轮移动机构与摇臂式双履带移动机构复合而成的轮-履复合式移动机器人 Rocker-Pillar（韩国，首尔国立大学，Dongkyu Choi、Jeong R Kim、Sunme Cho、Seungmin Jung、Jongwon Kim，2012 年）

a. Rocker-Pillar 的机构原理。针对轮式移动机器人不能越过有比车轮直径大的坑地或者无侧面挡边的台阶等实际问题，综合轮式移动与履带式移动的优点，韩国首尔国立大学（Seoul National University）机械工程系的 Dongkyu Choi 等人在韩国国家研究基金 ［National Research Foundation（NRF）grant］的资助下提出并设计了具有高移动能力和稳定性能的轮-履混合式移动机器人 Rocker-Pillar[100]。该机器人由双履带移动机构、四个车轮与四个连杆结构

(linkage-structure) 组成，是以如图 1-106（a）所示的"rocker-bogie linkage structure"（摇臂-转向悬架式连杆结构）为基础，悬架末端分别添加双履带移动机构和四轮移动机构车轮。因此，它可以保持车体的稳定性，而且，行驶导向结构设在车体的前侧面，可使机器人在包括坑地在内凸凹不平的地面或者没有侧面挡边的台阶等地面环境中移动。Rocker-Pillar 的 3D 机构设计如图 1-106（b）所示。双履带移动机构分别位于机器人本体前面两侧。

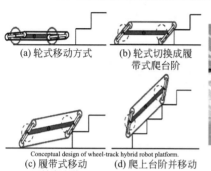
(a) 轮式移动方式   (b) 轮式切换成履带式爬台阶

Conceptual design of wheel-track hybrid robot platform.
(c) 履带式移动开始爬台阶   (d) 爬上台阶并移动

(e) 履带式移动爬台阶

(f) 平地轮式移动

图 1-105 轮-履复合式移动机器人的概念、机构原理与原型样机与移动实验[97, 98]

(a) 6轮轮式移动方式的"rocker-bogie linkage structure"（摇臂-转向悬架式连杆结构）
(b) 以"rocker-bogie linkage structure"为基础的4轮移动机构与双履带移动机构复合而成的轮-履混合式移动机构"rocker-pillar"

图 1-106 轮-履复合式移动机器人 Rocker-Pillar 的机构原理[100]

b. Rocker-Pillar 机器人原型样机与越障实验。设计制造的机器人原型样机总体尺寸为 560mm×900mm×350mm，履带长 200mm，履带到关节 1 的距离为 235mm，关节 1、2 之间距离为 170mm，中轮到关节 1 的距离为 210mm，后轮到关节 2 的距离为 340mm，履带端部圆弧半径为 40mm，车轮半径为 80mm，含电池在内总重为 25kg，行驶速度为 50m/min。总共有 9 个电动机分别驱动履带、车轮、前臂履带抬起、本体运动，转矩分别为 3.4N•m、4.45N•m、34.94N•m、128N•m；搭载电池为 24V 的 LiPo 电池。Rocker-Pillar 越过野外杂草乱石、有坑地面、建筑物无挡边台阶、障碍物台阶等移动实验如图 1-107 所示[100]。

图 1-107　轮-履复合式移动机器人 Rocker-Pillar 原型样机越过野外乱石（上组图）、有坑地面（沟壑）（中上组图）、建筑物台阶（中下组图）、障碍台阶（下组图）等移动实验[100]

③ 以反向四连杆机构为悬架机构的新型轮-履式移动机器人 RHyMo（韩国，首尔国立大学，Dongkyu Choi、Youngsoo Kim、Seungmin Jung、Hwa Soo Kim、Jongwon Kim，2017 年）

RHyMo 的机构原理：RHyMo 是为提高爬台阶、楼梯移动能力而设计的，它的移动平台上搭载着一个小型机器人（small robot）和一个四旋翼直升机

(quadcopter)[101]。为保障在凸凹不平的路面上能够光滑运动，RHyMo 的悬架系统是在摇臂-转向悬架机构（rocker-bogie mechanism）的基础上联合组入反向四连杆机构（inverse four bar mechanism）而设计的新型悬架机构系统，如图 1-108 所示。在设计上通过运动学（kinematic）和准静态分析（quasi-static analysis）进行优化设计求 PVI（posture variation index，姿势变化指标）最小化[101]。

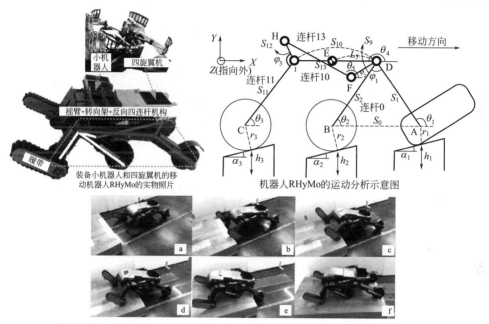

图 1-108　摇臂-转向悬架机构与反向四连杆机构组合而成的新型轮-履式移动机器人"RHyMo"（上左）及其机构原理（上右）、实验（下）[101]

④ 履带可变构形的轮-履式移动机器人［中国，北京理工大学，Wenzeng Guo（郭文增）、Xueshan Gao（高学山）等人，2014～2015 年］　按着履带构形（track configuration）是否可变，可将履带式移动机构分为：固定构形（fixed configuration）和可变构形（transformable configuration）两类。这里给出的设计实例是可变构形的履带式移动机构。

a. 履带可变构形的轮-履式移动功能模式与移动机构原理。Wenzeng Guo 等人提出一种由左右对称可变几何形态的双轮-履式移动机构单元（two symmetric transformable wheel-track unit）、子臂（sub-arm）上带有一个单向自由回转轮（single-direction wheel）的机器人机构[102]。它可以通过改变履带构形来适应环境。轮-履式移动机构单元由两个行走齿轮环（walking rings）、一个双四连杆机构（double four-bar linkage mechanism）和一个可伸缩履带（retractable track）组成，如图 1-109 所示。

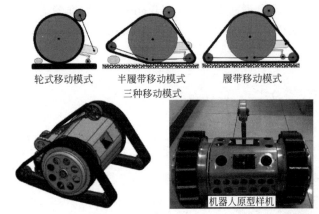

轮式移动模式　　半履带移动模式　　履带移动模式
三种移动模式

机器人原型样机

图 1-109　履带构形可变的轮-履式移动机器人的三种移动模式
及其虚拟样机图、原型样机实物照片

　　该机器人详细的三维虚拟样机机构设计图如图 1-110（a）所示，车体平台上搭载 5 个电动机，其中 2 个为直流减速电动机，3 个为蜗轮蜗杆减速电动机。带有减速器和光电编码器的一体化减速 DC 伺服电动机 13 通过两级直齿圆柱齿轮传动减速后，驱动两个以轴 12 作为改变履带构形形态机构支撑轴的四连杆机构分别改变大履带轮两侧的履带支撑杆末端的支撑轮 6，如此改变履带的构形。两侧的轮-履式行走单元由两套 DC 减速电动机单独驱动，为了使这两套电动机能够错开布置，减速后输出通过齿轮副后传递到齿轮轴上；车体平台搭载的两套带有双输出轴的蜗轮蜗杆减速器的电动机（worm gear motor）14（另一个在横向对侧）分别驱动两侧轮/轮-履变换装置，双输出轴的一侧用来连接轮-履变换装置主动轴；另一侧用来安装电位计检测转角。子臂 4 的俯仰摆动运动同样由一个双输出蜗轮蜗杆减速器电动机经两级链传动减速后驱动。

　　b. 可伸缩式履带（retractable Track）的结构组成原理。如图 1-110（b）所示，可变构形履带由同步带（timing belt）、安装在同步带上的铝块、首尾相连呈圆周状的圆柱螺旋拉伸弹簧组成。2015 年，该可伸缩式履带的发明者又给出了由内同步带、外同步带、连接块、圆柱螺旋拉伸弹簧（首尾相连呈圆周状）、轴向限位环组成的可伸缩式履带。

　　c. 可变履带构形的轮-伸缩履带式复合移动机器人原型样机系统与爬行越障实验。该机器人系统原型样机由前述机构原理的机械本体、分层递阶结构的控制系统、内外部传感器系统、输入输出端口、人机交互接口等部分组成。控制系统由智能板（组织层）和控制板（执行层）组成；内部传感器包括GPS、限位开关、加速度计、陀螺仪、光电编码器；外部传感器包括红外探头、超声测距模块、Wi-Fi摄像头。研制者用这台机器人进行了轮式爬台阶、履带式爬台阶越障实验[102~104]。

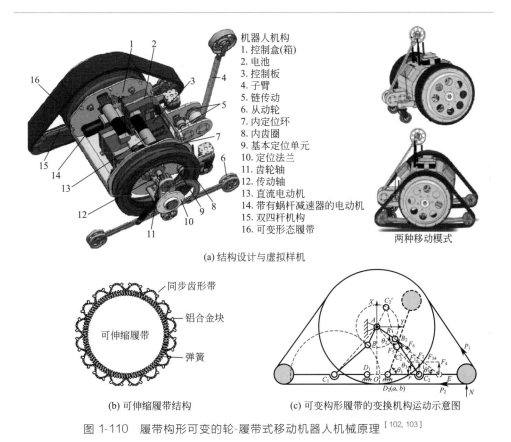

机器人机构
1. 控制盒(箱)
2. 电池
3. 控制板
4. 子臂
5. 链传动
6. 从动轮
7. 内定位环
8. 内齿圈
9. 基本定位单元
10. 定位法兰
11. 齿轮轴
12. 传动轴
13. 直流电动机
14. 带有蜗杆减速器的电动机
15. 双四杆机构
16. 可变形态履带

两种移动模式

(a) 结构设计与虚拟样机

(b) 可伸缩履带结构

(c) 可变构形履带的变换机构运动示意图

图 1-110　履带构形可变的轮-履带式移动机器人机械原理 [102, 103]

（3）笔者关于轮-履复合式移动机器人创新设计与实用化问题点的思考

① 轮-履复合式移动机器人可以爬高台阶，发挥履带式纵向尺寸较大尤其是履带外缘带有竖直履带板的履带可以借助于履带板搭在台阶上表面借力上行的优势。

② 砂石路面、泥土路面、台阶与楼梯等环境行走与爬越障碍用轮-履式机器人履带的实用化问题：轮-履兼用移动模式可以用于砂石、泥土路面；履带式可以爬楼梯与台阶。

③ 整体攀爬能力评价与在线优化生成驱动策略：整体攀爬能力可以通过视觉图像、激光雷达扫描获得环境状态信息在线评估轮-履式机器人的攀爬能力并通过优化设计选择最佳路径爬越障碍。

④ 可变构形履带机构与结构设计问题（transformable track mechanism and its application for design of mobile robots）：综合考虑障碍环境构成的基本要素，优化组合构形以最大限度地选择着地点和抓地面积。

⑤ 现有的轮-履复合式移动机器人为使轮式行走不影响履带式行走，设计上轮式行走轮与履带轮同轴线且轮式行走轮直径只是稍大于履带轮直径（含履带链径向厚度），如此设计在路面不平整或者平整路面有障碍物的情况下，轮式行走轮可能会与履带同时接触地面或障碍物（如砂石），此时单独的履带式行走或轮式行走都会受到对方单独移动模式的影响。如果加大轮径差距，则轮式行走轮会影响履带抓地面积，需要合理改进。

1.4.2.5　腿式-履带式复合移动方式的腿-履式移动机器人（legs-tracks hybrid locomotion robot or tracks-legs hybrid locomotion robot）

（1）腿式-履带式复合移动概念

腿-履式移动机构可分为两类：

腿-履式复合移动方式（legs-tracks style locomotion model）也称为履-腿式复合移动方式（tracks-legs style loconotion model）。这两类腿-履式移动机构可以用机构示意图表示为如图 1-111 所示。

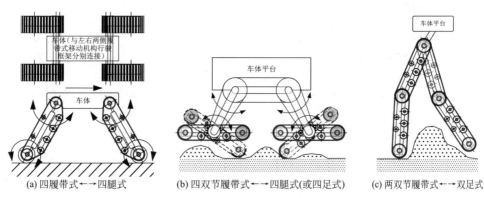

(a) 四履带式←→四腿式　　(b) 四双节履带式←→四腿式(或四足式)　　(c) 两双节履带式←→双足式

图 1-111　履带式移动机构兼作腿足式移动机构示意图

① 第一类是将履带式移动机构兼作腿式移动机构的功能性复合机构。其腿式移动或履带式移动都是在履带式移动机构上实现的，即履带式移动机构可以作为腿式移动的腿部机构使用。当履带式移动机构兼作为腿式移动方式的腿部机构使用时，履带移动机构需要绕着与车体连接部位的关节轴线旋转移动的角度而成为腿，此时，该腿的着地端履带（履带链或橡胶履带）应避免着地，否则，履带

承受整台机器人的重力受挤压会严重影响履带式移动机构的正常运转，而应是着地端履带轮（一般是支撑轮，而非主驱动轮）的外缘轮缘着地。也即着地履带轮的外缘为最大圆，其直径应大于履带绕在履带轮圆弧部分直径，其应将履带整周几何形状设计成倒梯形结构，使着地轮在履带式行驶方式下不影响履带与地面的接触状态［如图 1-111(a) 中所示的履带式移动机构兼作的腿的着地端即履带轮］。此时，此复合式移动机构既可像四腿式移动机器人按着双足、四足、多足等足式步行步态行走，也可借助于履带式移动机构驱动着地轮回转而成为轮式移动机构行驶（此时，履带相当于驱动着地轮即行驶轮的履带链传动机构或橡胶带传动机构），如图 1-111(a)～(c) 所示。另外，为使兼作轮式行走轮的履带支撑轮或其外侧同轴固连的车轮不影响履带爬台阶，可设计成轮缘均布齿的行走轮。

② 第二类是腿式移动机构与履带式移动机构这两类不同机构复合在一起的机构。这类机构处于腿式移动或轮式移动方式时需要在两种移动方式之间进行切换才能实现另一移动方式。这类机器人在设计上需要有诸如两腿（双足）或更多腿（足）式步行移动机构、在足式移动机构上的履带式移动机构，如在仿人机器人下肢或仿人双足机器人的两小腿外侧面分别设置履带式移动机构，当双腿呈下蹲状态时双脚靠踝关节运动尽可能使脚向上收起离地，小腿外侧的履带式移动机构着地成双履带式移动机器人形态，以双履带式移动机构行驶移动。这类真正将足腿式步行机构与履带式移动机构融合而成的移动机构实例如下文所述。

（2）采用四履带式移动机构的腿-履式移动机器人（中国科技大学，Wang Furui 等人，2005 年）

2005 年中国科技大学的 Wang Furui 等人面向自治越障移动目标研制了一款将四履带式移动机器人的四个履带式移动机构兼作为四条腿使用的腿-履式复合移动方式的移动机器人，如图 1-112 所示[105]。

图 1-112　采用四履带式移动机构的腿-履式移动机器人[105]

（3）四足-履带式移动机器人（a quadruped tracked mobile robot）（日本，东京工业大学，Toyomi Fujita、Yuichi Tsuchiya，2015 年）

这里给出的由东京工业大学藤田丰美（Toyomi Fujita）和土屋由一（Yuichi Tsuchiya）设计研制的腿-履式移动机器人[106] 与前述的将履带式移动机构作为履带式腿的腿-履式移动机器人不同，是真正将一台四足步行机器人与一台履带外周上均布立板的双履带式移动机器人融合成一台四腿（足）-双履带式移动机器人。

① 四足-履带式移动机构的原理与作业用途　这种复合式机构首先是以单、双或多节履带式移动机构为基础，在履带式移动机构的支撑框架侧面的前后设置四足步行机构的多关节腿足机构。譬如本设计实例：双履带式移动机构两侧履带的支撑框架前后各固连四足步行机构的前后两条腿（足）即构成了四腿（足）-双履带式移动机器人机构，如图 1-113（左图）所示。以这种混合移动机构设计制作的移动机器人可以以四足步行过沟壕，爬台阶或楼梯、斜坡；以履带式移动机构行走时，四腿（足）可以腾出来，作为机器人操作臂使用，可以用来完成在履带式行进过程中以双臂夹持携带运送物体、移走比较小的障碍物等等作业任务。其中四条腿的机构运动简图如图 1-114 所示，每条腿有由 roll-pitch-pitch-roll 4 个自由度关节将髋、大腿、小腿杆件串联起来，可实现全方位的四足步行移动，跨越一定程度的障碍，且与履带式移动机构的行驶功能配合可清理障碍。该机器人的双履带式移动机构中所用的履带的外周上均布竖立着履带板，如图 1-115 所示。这些履带板可嵌入到不平整地面的凹坑或槽中，随着履带的周转，地面凸凹不平侧面对履带板产生反推作用力，这有利于提高这种竖立履带板的履带式移动机构的有效推进力；这种履带爬台阶或行驶在台阶上时，竖立的履带板与台阶表面之间的作用力也将有助于提升爬台阶或楼梯的行进推进力。

日本TIT研发的四腿(足)-履带式移动机器人
总体实物照片

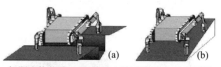

机器人的移动：(a) 越过大缝隙路面；(b) 爬斜坡

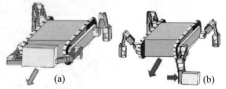

作业运动：(a) 搬运箱子；(b) 移走前进路上的小障碍物

图 1-113　四腿（足）-履式移动机器人（左图）及其作业场景示意图
[右图上下（a）、（b）] [106]

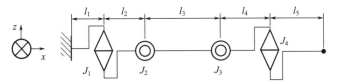

图 1-114　四腿（足）-履式移动机器人的腿部机构运动简图

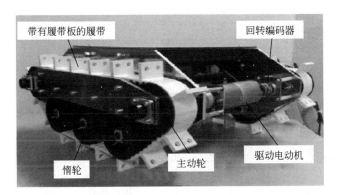

图 1-115　四腿（足）-履式移动机器人的履带式移动机构[106]

② 四足-履带式移动机构的各种实验　如图 1-116 所示，这种复合式移动机构可以四足步行方式行走（上图）、以履带式移动机构和腿式移动机构联合爬坡（中行左图）和过缝隙（中行中图、中行右图）、履带式移动方式下四足的前向两足作为双臂使用拿长方体箱子（第 3 行左图）、以履带式行走用腿清理地面障碍（左下图与右下图）[106]。

（4）笔者关于腿-履式移动机器人的实用化问题的讨论

采用橡胶作为履带的履带式移动机器人不在少数，在以履带式移动机构作为腿式步行机构使用时，由于履带式腿的末端是履带轮着地，为使履带腿能够正常行走，若着地端履带接触地面且着地面积较履带式移动方式下小得很多，橡胶材质的履带受过大压力会产生过度变形，长时间、频次高地步行的情况下不利用保护履带，从而影响履带式移动的正常行走或使用寿命。因此，着地端橡胶履带应避开直接接触地面，在设计上，履带轮的外径小于轮式行走时的行走轮。尽管如此，在路面和野外地形条件下，也很难保证履带腿作为步行腿使用时着地端的履带不接触地面或砂石，此时，橡胶材质的履带会产生较大的变形和磨损，从而过早失效。因此，面向有砂石地面、不平整地面或野外地形等环境的腿-履式移动机器人不适合用橡胶材料的履带。

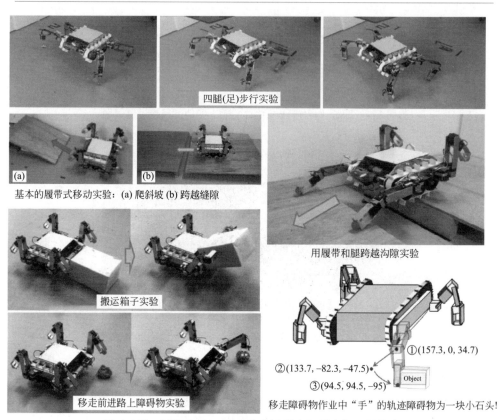

四腿(足)步行实验

基本的履带式移动实验: (a) 爬斜坡 (b) 跨越缝隙

(a)

(b)

搬运箱子实验

用履带和腿跨越沟隙实验

移走前进路上障碍物实验

①(157.3, 0, 34.7)

②(133.7, −82.3, −47.5)

③(94.5, 94.5, −95)

Object

移走障碍物作业中"手"的轨迹障碍物为一块小石头!

图 1-116　四腿（足）-履式移动机器人四足步行、履带式
移动爬坡运送物体、履带与腿联合过缝隙及障碍实验[106]

1.4.2.6　轮式-腿式-履带式复合移动方式的轮-腿-履式移动机器人 (wheels-legs-tracks hybrid locomotion robot)

（1）腿-履带-轮式多模式移动机器人平台（leg-track-wheel multi-modal locomotion robotic platform）概念的提出及多模式移动机器人 AZIMUT（加拿大，University of Sherbrooke、Francois Michaud 等人，2003 年）

面向一台移动机器人对完整约束（holonomic）和全方位运动（omnidirectional motion）、爬行或者越过障碍物移动、上下楼梯等作业环境以及沙土、乱石、泥土等不同材质路面的移动作业，并且着眼于获得更大、更宽范围内的移动作业能力，加拿大 University of Sherbrooke 的 Francois Michand 等人于 2003 年提出了四个独立驱动的、集腿式步行/履带式行驶/轮式移动方式和功能于一

台移动机器人的"腿-履带-轮复合式移动机构"（leg-track-wheel hybrid style locomotion mechanism），并且具有比通常轮式、履带式、轮-腿复合式、履-腿复合式移动机构更宽广的移动环境适应性。他们将这台多移动方式的机器人命名为"AZIMUT"[107]，AZIMUT 车体方形框架的四角各有一个独立驱动且绕与 z 轴平行的轴线回转的 roll 关节部件；该关节部件兼有履带、轮式移动车轮的 3 自由度模块化单元腿。总共有 12 台电动机驱动该机器人移动。腿部靠近车体侧的 pitch 自由度关节可以绕着与 y 轴平行的关节轴线回转 360°、roll 自由度关节可以绕与 z 轴平行的轴线回转 180°。设计上，一旦各关节转动到合适且正确的初始位置，机器人就能够保持住该位置而不需消耗任何电能。当腿部连接车体框架的髋关节伸展开时，该机器人通过履带绕着腿部四周周而复始地运转以履带式移动方式行驶。当腿部髋关节运动将腿放在不同的位置时，AZIMUT 可以以各种不同移动模式（locomotion modes）行走或上台阶、跨越障碍[107,108]。

（2）轮-履-腿式移动机器人（wheel-track-leg hybrid locomotion robot）（中国，上海交通大学机器人所，Yuhang Zhu、Yanqiong Fei 等人，2018 年）

2018 年，上海交通大学在前述 AZIMUT 机器人研究中提出的轮式-腿式-履带式复合移动方式的轮-腿-履式移动机器人概念下，设计了一种四履带腿式移动机器人车体纵向中轴线前后两端各设有一轮腿的四履带腿＋两轮腿＋纯轮式复合式移动机器人机构，并研制出了原型样机，进行了室内爬台阶实验[109]。

（3）轮-履-腿式移动机器人（wheel-track-leg locomotion robot）（中国，北京理工大学，Xingguang DUAN、Qiang HUANG、Nasir RAHMAN、Jingtao LI 和 Qinjun DU，2006 年）

2006 年，北京理工大学机械电子工程系的段星光等人研制了一台小型多移动模式（muti-locomotion modes）的轮-履-腿式移动机器人 MOBIT[110]。MOBIT 为面向遥操作作业的半自治移动机器人（semi-autonomous mobile robot）。该机器人的结构构成是：关节型四履带式移动机器人的各关节履带轮的外侧有同轴固连的行走车轮，该车轮直径大于其里侧履带轮部位直径（含履带厚度）。当关节型履带移动机构绕其关节轴线摆动到竖直方位时，履带轮外侧的行走车轮着地，即变为四轮移动机器人；当关节型履带移动机构摆动到车体平面以下斜竖或竖直立在地面上时，机器人即呈四足机器人状态，可以以四足步态行走；当爬台阶或楼梯时，车轮、履带式移动机构外周的履带等接触台阶或楼梯，即呈履带式、轮式行走混合移动状态。MOBIT 机器人的以上移动形态可如图 1-117 所示[110]。

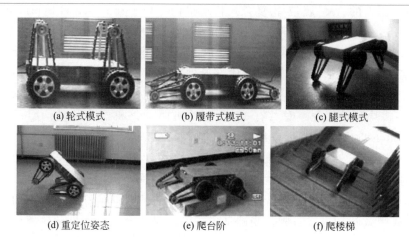

(a) 轮式模式　　　　　　(b) 履带式模式　　　　　　(c) 腿式模式

(d) 重定位姿态　　　　　　(e) 爬台阶　　　　　　(f) 爬楼梯

图 1-117　轮-履-腿多移动模式机器人的三种移动模式（2006 年，北京理工大学）[110]

1.4.2.7　非连续介质间移动的仿生机器人（bio-type robot）及多移动方式机器人（the humanoid & gorilla robot with multiple locomotion models）

（1）非连续介质间移动机器人的概念及该类机器人潜在的工业应用背景

① 非连续介质间移动机器人的概念　在自然界中，灵长类动物如猴子、类人猿以及人类能够利用肢体、手脚爪以及重力场、惯性、爆发力等优势通过跳跃、攀爬、摆荡等运动方式抓握树枝、梯子、架子、树等等不连续的枝干、杆件并且在它们之间移动。类似地，非连续介质间移动机器人是指在移动环境或移动介质为不连续的物体之间，机器人利用其肢体或肢体末端的手脚爪之类末端操作器交替攀爬（climbing）、摆荡抓杆、飞跃抓杆等移动方式进行移动的机器人。

② 非连续介质间移动机器人潜在的应用背景　这类机器人在如图 1-118 所示的面向野外丛林环境下边境巡防等国防工业、输电线塔、桥梁、空间站站外桁架等建筑结构的检测与监测等无人化、自动化作业具有重要的实际应用前景，也具有相当大的尖端技术研究的挑战性。这类机器人的研究最早始于 1991 年，但当时的研究者找不到其应用背景，只是作为从猴子荡树枝移动自然现象中找到的研究欠驱动非线性控制的一种新奇性研究而已。在 1996 年笔者开启了面向地面及空间桁架等非连续介质的移动环境的移动机器人技术研究。

③ 非连续介质间移动机器人研究的开端　1991 年日本名古屋大学（Nago-ya University）的福田敏男教授从猴子荡树枝移动过程中得到启发，通过研究 brachiator robot（brachiation monkey robot，简称 BMR）研究基于行为的智能

学习运动控制问题。研究的两杆 Brachiator Ⅰ 型机器人如图 1-119（a）所示[111]，该机器人有两个杆件和 1 个主驱动自由度，在两个杆件的末端是可以开合的手爪。该机器人是从具有荡树枝运动能力的猴子身上抽象出的最简单的机构运动模型，尽管其机构简单，但所研究的问题并不简单，而且在智能学习运动控制方面具有开创性的学术研究价值；1998～2000 年仿猴子荡树枝运动研究了如图 1-119（b）所示的 7 连杆"猴子"机器人 Brachiator Ⅲ[112]。该机器人不仅有双臂，还有躯干和双腿，可以借助于腿部的摆动运动加大自由摆荡的幅度来实现连续的抓杆移动。但是，这些研究仅是学术上的理论与实验研究，并没有找到合适的应用背景。

图 1-118　面向地面及空间桁架的双臂手（足）移动机器人潜在的移动作业应用背景

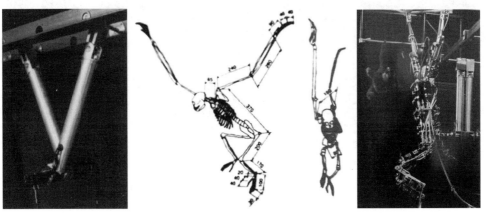

图 1-119　Brachiator Ⅰ（左，1991 年）和 Brachiator Ⅱ 型
（右，1998 年）（日本名古屋大学福田研究室）[111, 112]

（2）具有多移动方式的类人及类人猿型机器人概念的提出（日本，名古屋大学，吴伟国 & 福田敏男，1999～2000 年）

1999 年本书作者吴伟国博士在日本名古屋大学福田研究室做博士后研究时提出了"具有多种移动方式的类人猿型机器人"（gorilla robot system with multi-locomotion model）概念（图 1-120），并设计、研制了 20-DOF 类人猿机器人"Gorilla Robot Ⅰ"型系统，进行了实验研究。此后，福田研究室在该Ⅰ型基础上进一步研发了 Gorilla Robot Ⅱ、Gorilla Robot Ⅲ型，如图 1-121 所示。它们的机构构型相同且都是非集成化的机器人系统[113~117]。

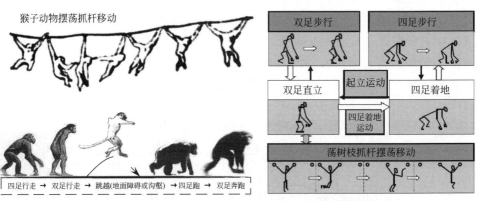

图 1-120　具有多种移动方式的类人猿型机器人总体概念（1999 年，
吴伟国＆福田敏男，日本名古屋大学福田研究室）[113]

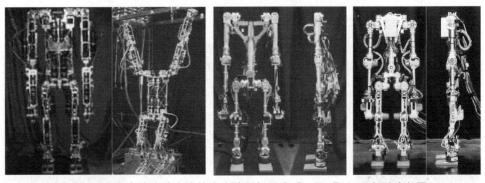

图 1-121　具有多种移动方式的类人猿型机器人 Gorilla Robot Ⅰ型（左图，
2000 年）、 Gorilla Robot Ⅱ型（中图）、 Gorilla Robot Ⅲ型（右图）[113~116]

　　Gorilla Robot Ⅰ型机器人系统采用风河公司（Wind River）的 VxWorks 实时操作系统（real-time operation system，RTOS）和面向 Windows 的 Tornado 用户终端作为主控计算机系统实现硬件系统管理和机器人的实时运动控制；以 PCI 总线扩展箱外挂 PCI-D/A、A/D、编码器计数器（encode counter）等板卡，以及基于日立（HITACH）制作所生产的 H8 高档单片机的 HDC 伺服驱动 ＆ 控制单元模块；以 ISA 总线连接 JR3 六维力/力矩传感器的 DSP 板卡；20-DOF 的 Gorilla Robot 机器人本体机械系统上有 20 套一体化 DC 伺服电动机、4 套

JR3 六维力/力矩传感器；其机械系统设计呈外骨骼结构，即所有一体化电动机、传感器皆被包围在机械系统框架之内，防止摆荡抓杆运动控制时意外跌落损伤电动机、传感器等贵重设备；为防止意外掉电等情况发生导致电动机以及机械传动系统无法平衡重力或重力矩，臂部末端抓握"树枝"的手爪爪指为三节联动机构，且抓取后有自锁性。Gorilla Robot Ⅰ型本体总重为 27.5kg，直立高度为1.18m。各主动关节采用带有光电编码器和行星齿轮减速器的 DC 伺服电动机＋齿轮传动。值得一提的是：Gorilla Robot Ⅰ型的机构构型和机构参数设计参照了日本 Monkey Park Center 保存的类人猿动物骨骼测量结果，按比例设计；Gorilla Robot Ⅱ型的机构构型以及机构参数与Ⅰ型相同，但去除了机械系统的外骨骼结构设计。

多移动方式类人猿机器人概念的提出和研究为研发一台高移动能力与环境适应性的仿生仿人机器人及其实用化提供了新设计思想和技术基础。这种机器人兼顾了环境适应性以及移动作业能力，具有研究变力学结构下控制问题的理论与实际意义。

1.4.3　移动机器人总论

根据已有研究表明：腿式/足式移动、轮式移动、履带式移动、非连续介质下摆荡抓杆移动与类似人类攀援峭壁式选择有限抓握点式攀援移动的爪式移动等各种移动方式之间组合而设计、研发的混合移动方式移动机器人可以用图 1-122 归纳在一起。

这些经移动方式复合而衍生出的混合式移动机器人中，通常的轮-腿式、轮-履式、履-腿式等复合移动方式的机器人在本节前述的内容中已经给出了已有的代表性的移动机器人设计实例，因此，此处不再详述。但值得一提的是其中的一种仿人类攀援运动的移动机器人的研究于 2006 年开始登场。

斯坦福大学与 NASA-JPL 联合研究的四肢体自由攀援移动机器人 LEMBUR（2006 年）：美国斯坦福大学计算机科学系的 Timothy Bretl 以实现如图 1-123 中所示人类攀援悬崖峭壁运动的机器人攀援为目标，提出并研究多肢体机器人（multi-limbed robots）的新课题——自由爬爬机器人问题（free-climbing robot problem），研究了 4 肢体自由攀援机器人（four-limbed free-climbing robot）LEMBUR 攀援运动规划[118]。该研究的出发点是与其设计一台通常被研究的"爬行机器人"（climbing robot），莫不如设计一个运动规划器（a motion planner）以使更通用的多肢体机器人（more general mutil-limbed robots）去自由地攀爬（free-climb）。

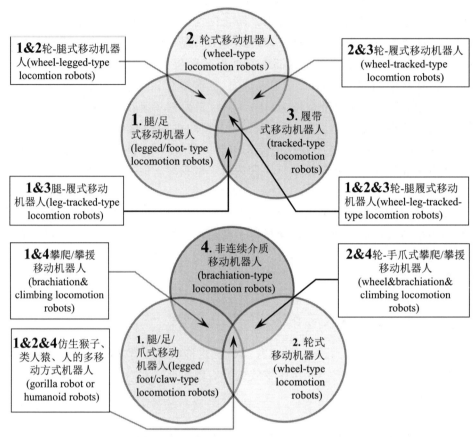

图 1-122　各种单独的移动方式之间复合而成的混合移动方式的移动机器人

　　LEMUR（the legged excusion mechanical utility rover）是由 NASA-JPL 的机械与机器人技术团队（Mechanica and Robotic Technologies Group）的 Bretl 等人于 2004 年为在月球（Moon）、火星（Mars）和小行星（Asteroids）科学研究中的悬崖探险而设计的。它并没有携带特别的固定装置（special fixtures）、工具去抓牢岩石表面（rock surface），反而各末端操作器（end-effector）是包着高摩擦因数橡胶（high-friction rubber）的刚性"手指"（rigid "finger"），如图 1-123（中左图）所示，为的是让该四肢攀援机器人与人类自由攀援有同样的约束条件。但是，他们研究的规划器不局限于 LEMUR 或者自由攀爬机器人，它也可以扩展到仿人机器人在异常不规则（severely rough）地形（broken, sloped, or irregular terrain）下的移动导航，以及 NASA-JPL 研发的六腿月球机器人（six-legged lunar robot）ATHLETE。

图 1-123　人类攀援悬崖峭壁照片（上左图）、三肢体/四肢体攀援（上右图）、 NASA-JPL
的 LEMBUR 四肢体攀援机器人照片（中左图）、三肢体攀援（中右图）、 LEMBUR
四肢体攀援峭壁抓壁移动的两种方式实验照片（下图）[118]

　　这种靠手爪或脚爪来实现机器人攀援运动的关键在于两点：一是整个机器人
身体平衡的问题；二是寻找到摩擦副摩擦因数大的落脚点。因此，根据攀援峭壁
的环境如何生成既能使机器人整体不失去平衡稳定性又能找到使得抓握攀援峭壁
上的支撑点（也即落脚点或落手点）的路径规划是关键问题。如图 1-124 所示为
向上攀援中的两个步骤示意图。图 1-125 为 LEMBUR 四肢体攀援机器人攀援峭
壁向上移动的视频截图。

　　这种仿人攀援运动的爬壁攀援移动机器人在壁面上的平衡条件是：手爪（脚
爪）抠住峭壁壁面上的凸起和凹坑从而使所有抠点上的力形成向外或向内张成的
力系的合力与机器人自身向下的重力平衡。在各个落脚点上抠住壁面的力包括凸
起或凹坑几何形状产生的机械结构力（即爪与凸凹结构相互嵌藏的力），或者是

无机械结构力时的摩擦阻力（阻止机器人下滑或脱离壁面）。这两种力皆是有效的平衡力。因此，这种手脚爪式攀援移动的机器人攀援成功与否首先取决于手脚爪的抓握力和抓握时产生的最大摩擦力；手脚爪指（趾）尖的几何结构和与壁面材质构成大摩擦系数的摩擦副材料至关重要。其设计完全可以从人类攀援运动时的人体行为中获得机构学、力学与控制的灵感。

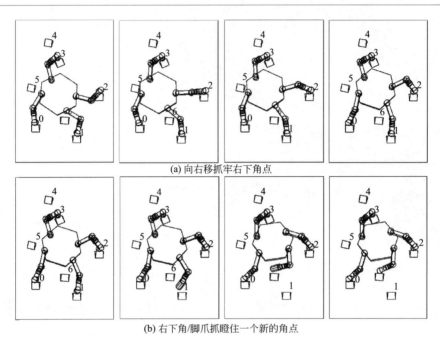

(a) 向右移抓牢右下角点

(b) 右下角/脚爪抓瞪住一个新的角点

图 1-124　四肢体攀援峭壁抓壁攀升移动的两个步骤[118]

人类攀援悬崖峭壁是一种挑战人类自身运动能力的极限运动；仿照人类攀援运动研发手脚爪与肢体配合的攀援机器人也可以称之为机器人领域的运动技术极限挑战。

关于面向工业应用的地面移动机器人以及非连续介质间手脚爪式移动机器人的研究现状总结：

① 总结 20 世纪 90 年代国内外相关研究结果表明：面向结构化地势的单独移动方式移动机器人技术已经成熟，为其工业产业化已奠定好了技术基础，部分已经实施产业化和工业应用。截至 20 世纪 90 年代积累起来的轮式移动机器人、腿式移动机器人、履带式移动机器人等单独移动方式的移动机器人在机构设计、运动控制、传感技术、结构化环境识别与定位导航、分布式集群协调作业技术以及原型样机系统在结构化环境下的行走、爬台阶、爬楼梯等实验验证方面已经为

这些移动机器人的产品化、产业化提供了充分的技术基础。但除少数发达国家外还远没有达到像工业机器人操作臂产业化、商品化和大规模应用的程度。但的的确确这类传统移动机器人的技术已经成熟了，基本上退出了基础研究和应用基础研究的历史舞台，目前平均水平处于需要和网络通信与控制技术开展普遍的实用化应用研究。此外，有关这些单独移动方式的移动机器人的产业化的工业标准的制定需要不断更新和进一步完善，为不久的将来的大规模产业化奠定移动机器人及其工业自动化应用行业产品的规格、系列化实施基础，为用户根据自己的应用环境和移动作业选型提供依据和便利。这类移动机器人现有的技术已经完全可以保证在城镇工厂、家庭、住宅区、学校、宾馆、公共交通设施等结构化地面环境，以及道路、环境规整的部分乡镇环境下为用户提供安全、可靠的服务，但是要解决好产品设计质量、批量生产、制造质量以及维保与管理等实际问题。

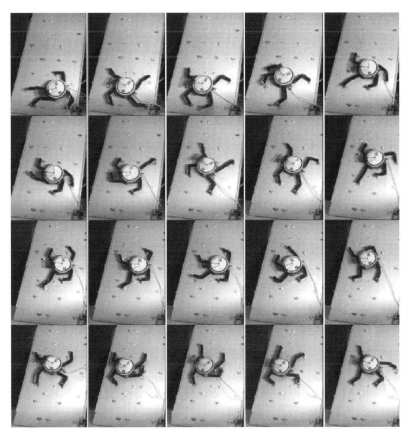

图 1-125　NASA-JPL 的 LEMBUR 四肢体攀援机器人攀援峭壁向上移动的实验视频截图 [118]

②　汇总 21 世纪以来的国内外相关研究表明：复合移动方式的移动机器人处于应用基础与应用研究阶段，可变机构和结构参数的复合移动方式移动机器人机构创新研究和实用化是研究重点。自 20 世纪 90 年代以后至今发展起来的轮式、腿式、履带式等两种以上复合移动方式的移动机器人完全可以用在与前述各种单独移动方式移动机器人所应用的环境，但是，其成本相对较高，需要用户去平衡使用两台以上不同移动方式的移动机器人和选择一台集两种不同移动方式于一身的复合移动方式机器人哪种更划算的问题。从研究角度来看，复合移动方式的移动机器人更应该面对的是结构化不好或者非结构化环境下的移动作业自动化问题的解决。因此，复合移动方式的移动机器人距离实用化尚需一段时间，来保证系统整体功能对复杂环境的适应性和可靠性。单独移动方式的移动机器人可以以不同产品技术性能指标与规格去匹配不同环境以及作业参数要求。而复合移动方式的移动机器人的最大优势是"一机多能"，既然是多能，则不仅是多移动功能，还需要以尽可能宽的技术指标去匹配不同的移动环境条件和移动作业参数要求。因此，以可变机构和结构参数的方式在自律自治地改变移动形态的同时也以更宽的性能参数去适应不同作业参数要求是这种复合移动方式机器人研究的重点问题。实用化的另外一个技术问题就是通常复合移动方式的机器人机械系统会变得更加复杂而整体功能的可靠性很可能会降低，如何解决这一重要问题是此类机器人产业化和应用的关键所在。例如：现有的轮-履式移动机器人，履带轮与位于履带轮旁同轴线上的轮式移动主驱动轮两者轮径的大小相差只有几毫米或十几毫米，在类似瓷砖、室外地砖之类的平整地面上能够正常行走，但是如若地面稍有落差或不平整或地面上有杂物或碎石，则轮式移动方式的主驱动行走轮与履带轮两者可能同时着地或被碎石之类的卡住，是难以可靠实用化的。以橡胶或软塑料材质制作履带腿的履-腿式移动机器人履带时，履带大面积接触地面时单位面积上压强小，磨损量小且磨损速度慢，使用寿命长，但是当履带腿的一侧接触地面作为腿式步行的腿使用时，履带如果直接接触地面，短时间在光滑平整地面上能正常行走。但是，若是在室内地面不清洁、室外地面（有沙土、粉尘）的行走状况下，橡胶材质的履带腿只是腿近地端履带轮缘外的圆弧段履带直接接触地面并支撑着机器人体重，压强大，若再有相对地面的相对滑动，则履带很快被磨损；若履带轮外缘高于履带外径则可避免履带腿上的履带直接接触地面，但在设计上应不影响履带式移动方式下的履带直接着地。

③　笔者提出：应进行针对无人化环境现场移动机器人陷入困境难以逃脱情况下的自救援设计与技术研究。这一点尤其在核工业、极限作业情况下具有重要的实际意义：目前复合移动方式的移动机器人设计与研究都还只是处于实验室阶段，不管是单独移动方式还是复合移动方式的移动机器人，目前国内外都还没有考虑这种机器人陷入困境时的自救援设计与技术问题。尤其作为一种面向复杂结

构化和非结构化地形移动作业的一种多移动功能和高性能自治移动机器人，目前的研究都没有去考虑其陷入绝境或陷阱时的自救援技术的设计与研究。作为非完整约束系统的各种移动机器人，机器人与非结构化的环境构成一个系统，由于机器人的功能与性能参数是有上下界的，理论上存在着系统不可控的一面，就说明存在着失控、失败的可能性。因此，在机器人系统设计上需要在设计上和技术上去解决不可控时如何使其恢复正常状况和可控。

④ 挑战极限运动条件下的移动机器人技术是国际移动机器人研究的前沿。通常的轮式、腿式、履带式移动机器人在学术与技术研究层面上已经成为常规的较为成熟的技术，已经成为过去的历史。移动机器人研究的前沿如同 2006 年斯坦福大学研究悬崖峭壁攀援移动机器人一样，在于挑战机器人机构设计与运动控制技术极限。自 2006、2007 年以来，美国波士顿动力公司、MIT 等研发的 Big-dog 四足移动机器人、Atlas 双足移动机器人、轮式跳跃机器人、仿生猎豹四足奔跑和跳跃障碍的腿式移动机器人等已经成为引领全球移动机器人技术前沿的代表。

⑤ 未来 10 年国际移动机器人发展预测及预想图：结构化地势下移动机器人技术研究将会告一段落，完全取而代之的新技术研究将会是一种在室内外、野外、山地、丛林等各种复杂非结构化、不确定环境中具有多种移动方式的，将走、跑、跳、越障、攀爬、摆荡渡越等多种移动方式集于一身的高机动高性能集成化仿生自治自律移动机器人。这种机器人将会在运动能力上大大超越人类目前运动能力的极限，如同丛林地面猛兽和灵长类动物一般。今后 10 年之内，新的移动机器人基础技术将会是对仿生高性能肢体、手脚爪机构、驱动与控制、感知、材料、制造工艺等高技术的研究，需要解决的关键理论与技术问题在于超快速感知与响应技术和高功率密度/高转矩密度驱动与控制技术。轮、履等移动机构与控制将会成为其便携可拆装的辅助模块。这种高机动的高等仿生移动机器人将会在国防、军事、救援、核工业、空间技术等非平常领域表现出极高的应用价值。

1.5　末端操作器相关

末端操作器作为工业机器人操作臂直接实现作业运动或对作业对象物施加操作力的执行部件，其种类随着机器人作业用途的不同有很多种，如喷漆、焊接、搬运等作业下分别使用的喷枪、点焊焊钳或弧焊焊枪，用于抓取并搬运作业对象物的开合手爪、多指手等等。如此，可以将末端操作器按着应用形式分为如下三大类：

　　第 1 类是用来直接完成作业用途的专用工具：它们是直接与机器人操作臂腕部末端机械接口法兰相连接的专用末端操作器即作业工具。如前述的喷枪、焊枪或焊钳、搬运汽车冲压件的吸盘、电磁原理的吸盘等等。如图 1-126 所示。这类末端操作器与机器人操作臂末端的连接都是由人或可以由机器人来完成的。

(a) 真空吸盘

(b) 电磁力吸盘

(c) 喷枪

(d) 弧焊焊枪

(e) 电焊焊枪(即焊钳)

图 1-126　工业机器人操作臂常用的工具类末端操作器
（吸盘＆喷枪＆焊枪＆焊钳等）的实物照片

　　第 2 类是间接使用工具完成作业用途的末端操作器：它是可以用来直接操作零部件，也可以不直接完成作业，而是通过更换不同工具来实现作业目的的末端操作器。这就像人手一样，长在手臂腕部，可以根据需要选择、更换不同的作业工具。这类末端操作器有开合手爪、三指手爪乃至多指手爪或仿人多指灵巧手等等，如图 1-127 所示。这类末端操作器本身即有更换工具的能力。但这些末端操作器一般负载能力或抓持能力都不太高！如果采用重型机器人操作臂，需要为重型机器人操作臂设计专用的大负载能力的大型重型多指手爪，如同煤场、木材厂原木搬运用的重型抓斗一样。

(a) 开合手爪或夹指　　　　　　　　(b) 三指手和多指手

图 1-127　工业机器人操作臂常用的末端操作器

（开合手爪或夹指 & 多指手爪等）的实物照片

　　第 3 类是具有快速换接工具功能的末端操作器：对于核工业、空间技术领域空间站站外作业等远程遥控作业用机器人操作臂而言，其末端操作器应该带有快速换接功能。这种末端操作器可以将通常的末端操作器与快速换接功能模块分开，进行通用化、模块化设计；也可以将两者合在一起设计而成为专用的带有快速换接功能的末端操作器。自 20 世纪 80 年代开始，已经有专业的制造商专门制造工业机器人操作臂用快速换接工具产品，而且是系列化的产品，用于一般的工业机器人操作臂从事多种类拆装零部件自动化作业。对于具有快速换接功能的末端操作器而言，快速结合/锁定锁死连接、快速解锁/脱离连接是两个相反的动作，快换机构设计是该类末端操作器或快速换接器模块的重点。按原理不同可以将带有快速换接功能的模块或换接器分为气动式、电磁式、机械式等快速换接类型。

　　这些类型的末端操作器中，目前急需实用化的末端操作器技术是用于狭小、狭窄以及周围环境多障碍空间内的焊接、喷漆以及操作作业用的微小型末端操作器设计与研发技术；以及用于零部件之间具有公差与互换性技术意义上的复杂几何形状轴孔间隙配合、过渡配合、过盈配合的装配作业用末端操作器的设计与研发技术。目前这些技术研究以及技术储备不足。

1.6　移动平台搭载操作臂的工业机器人发展

　　移动平台搭载机器人操作臂是工业机器人"操作"与"移动"两大主题功能复合同时发挥"移动操作"功能的具体体现。传统的工业机器人操作臂产业化技术在 20 世纪 80 年代已经成熟，并且在单机自动化作业、自动化生产线作业等领域得到了普遍应用，其中包括带有 $X/Y/Z$ 直角坐标式移动平台的工业机器人操作臂的移动操作技术，这种移动平台相当于一个三维平移运动的直角坐标式工业机器人操作臂之上串联了一台工业机器人操作臂，实际上仍然是工业机器人操作臂的概念，其移动相当于 $X/Y/Z$ 三个方向上的三个直线移动导轨，从技术上仍然属于工业机器人操作臂或者是传统工业机器人的概念，属于一般性技术，相对简单也易于实现，在自动化的立体车库、仓储、汽车冲压件生产线、材料或工件搬运、核工业核反应堆自动化作业等等行业已处于实际应用层次，当然也不在本书的论述内容范围之内。

而作为原理上与 $X/Y/Z$ 三坐标（或其一的单坐标、其二的两坐标）不同的移动平台是指轮式、履带式、腿足式以及轮-腿-履复合式移动机器人平台。这类平台移动的原理与 $X/Y/Z$ 三坐标式移动原理有本质的区别，而且在移动机构、移动控制、移动作业范围与环境状态感知等方面比之更复杂。

1.6.1　腿式移动机器人与操作臂一体的机器人

（1）有双足双臂手的仿人机器人：由世界首台仿人型机器人（日本，早稻田大学，1973 年）到液压驱动的仿人机器人 Petman、Atlas（美国，波士顿动力公司，2011、2013 年），电动驱动的仿人机器人技术瓶颈与液压驱动仿人机器人技术的崛起

1973 年日本早稻田大学的加藤一郎教授领导的生物工学研究组研发了世界上第 1 台仿人型机器人 WABOT-1（WAseda roBOT-1）。"WABOT-1"有单臂 6 自由度和带有 1 自由度手的双臂手与双足、双目视觉相机；1999 年早稻田大学高西研究室（前身为加藤研究室）研发了带有双足（14 自由度）和双臂手的仿人机器人"WABIAN-R Ⅱ"。

日本本田自动车株式会社的本田技研于 1996、1997 年相继公开发布了带有双臂手和双足的 P2、P3 型集成化仿人机器人，实现了稳定步行、带有预测控制的自在步行以及上下楼梯、双臂手推车腿式行走等移动作业；1999 年发布的小型集成化全自立的仿人机器人 ASIMO，快速跑步移动平均速度可达 6km/h，2000 年实现足式移动速度 9km/h。ASIMO 机器人及其自律步行控制技术如图 1-128 所示。对于高度集成化的全自立机器人系统设计而言，结构空间十分受限的情况下，控制系统、驱动系统、传感系统的硬件系统均受到机械本体结构空间十分有限的限制，必须选择结构尺寸小、集成化程度高和高性能的 CPU 为核心来设计驱动各关节运动伺服电动机的底层计算机控制硬件系统，通常高档单片机或 DSP 成为首选。

进入 21 世纪之后的 10 年里，受本田技研 P2、P3 型以及 ASIMO 研发成功的鼓舞，仿人双足以及全自立的仿人机器人技术得到了快速发展，受到世界范围

内许多研究机构的重视，一些著名的仿人机器人如日本 HRP 系列仿人机器人、韩国的 HUBO、美国波士顿动力公司的 Atlas 等仿人机器人取得了稳定快速步行以及双足移动双臂作业实验的成功。2005 年研发的电动机＋减速器驱动原理的"HRP-3P"仿人机器人双手也只有 10kg 的最大负载能力。目前，以伺服电动机＋高精密减速器为驱动原理的仿人机器人作为工业机器人移动操作平台已经将要达到驱动能力的极限！尽管诸如日本通产省工业技术研究院与东京大学、川田工业等产学研联合研发的 HRP 仿人机器人已经进行了管路系统阀门检测、开挖掘机等应用试验研究。但由于目前伺服电动机功率密度、转矩密度以及高精密减速器额定驱动能力与承受过载能力所限，目前在达到快速行走、跑步移动而满足行进能力要求的前提下额外的带载以及操作作业能力远远不足，只能操作一些负载相对小的作业。电动驱动的仿人机器人处于需要大幅提高伺服电动机功率密度、转矩密度、所用减速器的额定转矩以及承受数倍过载能力的电动机与减速器技术瓶颈问题。

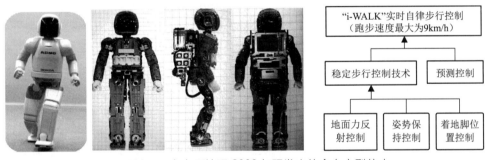

图 1-128　日本本田技研 2000 年研发出的全自立型仿人
机器人 ASIMO 实物照片及其步行运动控制技术构成图

与目前伺服电动机＋高精密减速器驱动技术发展的瓶颈问题相比，微小型泵及液压驱动原理的足式机器人经过 30 余年长期的技术研发与积累，微小型泵、微小型伺服控制阀以及液压驱动与控制技术取得了突破性的进展。美国 Boston Dynamic（波士顿动力）公司研发的液压驱动原理的 Bigdog 四足机器人、仿人双足机器人 Petman、Atlas 等[119] 从驱动能力、带载能力等方面较电动驱动的足式机器人具有绝对的优势！

（2）MIT 高功率密度电动驱动腿及"猎豹"机器人（Cheetah Robot）（美国，MIT，2012～2014 年）

2012 年 MIT 机械工程系的 Sangok Seok、Albert Wang、David Otten 和 Sangbae Kim 等人在 DARPA M3 Program 的资助下，首先研究了高功率密度电动机以及新设计原理的腿部机构和高功率密度电驱动的高速腿以及"猎豹"机器

人。2015 年 5 月 29 日 MIT 发布研制出世界第 1 台自治跑步、跳跃障碍物的
"猎豹"四足机器人，跑步平均速度为 5mile/h（1mile＝1609.344m）。MIT 研
发的电动驱动猎豹机器人及其移动与越障能力测试实验结果为电动驱动的腿式移
动机器人移动平台的新设计方法提供了重要参考和研发方向。虽然其机器人上并
没有搭载机器人操作臂，但从移动能力的角度已经为搭载操作臂实现移动兼具操
作机能的腿式移动平台部分奠定了设计方法与技术基础。

1.6.2　轮式移动机器人与操作臂一体的机器人

（1）面向核动力工厂维护作业的搭载操作臂的移动机器人 AIMARS（日
本，Nakayama R. 等人，1988 年）

Nakayama R. 等人于 1988 年提出了面向核动力工厂（nuclear power plants）
的先进智能维护机器人系统 AIMARS[120]（advanced intelligent maintenance ro-
bot system），该系统由一台可爬台阶、下台阶的轮式移动车、一台 9-DOF 的机
器人操作臂以及安装在其末端的手、安装在操作臂上的视觉传感器、一个全方位
头部、用于实现自治控制和遥控操作的计算机系统组成。

（2）带有双臂多指手的两轮驱动仿人机器人 Hadaly-2（日本，早稻田大
学，高西淳夫，1997 年）

1997 年日本早稻田大学高西研究室研发了以两前轮驱动的轮式移动方式仿
人机器人 Hadaly-2[121]，如图 1-129 所示。该轮式移动机器人的手、臂、躯干总
共有 43 个自由度，合计由 71 个直流伺服、交流伺服电动机驱动，由分布式处理
型计算机系统构成控制系统；轮式移动平台上搭载着两个左右对称的仿人双臂手
系统。每只仿人四指手、手臂的自由度数分别为 13、7 个自由度；躯干和两个车
轮的自由度数分别为 1、2；总重约为 150kg；手、臂、躯干、车轮上配置的传感
器为光电编码器，四指手的每个手指根部都设有六维力传感器。四指手手指最前
端的移动速度参照了成人男性手一般的移动速度，设计为 1m/s；两个前轮驱动
机器人移动和转向，最大移动速度可达 6km/h。该机器人可以与人进行信息
交流。

（3）面向人-机器人协作的两轮驱动移动操作臂（日本，庆应大学，Ko-
hei Naozaki & Toshiyuki Murakami，2009 年）

日本庆应大学系统设计工程系的 Naozaki Kohei 和 Murakami Toshiyuki 于
2009 年面向人-机器人协作运送系统（human-robot cooperative transportation）
开展了如图 1-130 所示的一个搭载操作臂的两轮驱动移动机器人系统研究[122]，
并根据协调运输移动平台的状况、移动能力和稳定性，通过最大化或最小化这些
性能指标，并以可操作性测度作为指标，在机器人移动能力和机器人的稳定性两

者之间进行权衡，基于简化的双倒立摆模型（double inverted pendulum）研究并提出了轮式移动平台的构形控制方法[87]。

图 1-129　早稻田大学高西研究室研发的 Hadaly-2 型
轮式移动的仿人双臂手机器人实物照片（1997 年）[121]

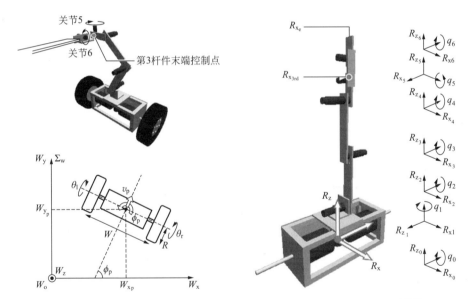

图 1-130　日本庆应大学的两轮驱动移动操作臂机器人（2009 年）[122]

（4）轮式仿人移动操作臂 Golem Krang（美国，The Georgia Institute of Technology，2009 年）

美国乔治亚理工学院仿人机器人实验室研发的轮式仿人移动操作臂双臂机器人如图 1-131 所示[123]，该机器人在臂部和 3-DOF 躯干部使用了 Schunk 回转模块（Schunk rotary modules）。其腰关节可以用来控制使整个上体相对于轮式移动机构倾斜。因此，该机器人可以坐下、站立、执行与人体比例相当的操作，可以使用驱动躯干 pitch 运动的腰关节来实现机器人动态平衡效果。该机器人的特点是用由回转关节连接的两个被动连杆组成的平面机构连接躯干与轮式移动机构，并且轮与地面之间有足够的摩擦力以保证轮不滑移。

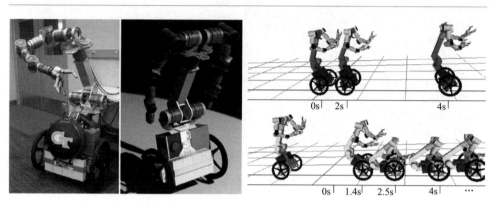

图 1-131　美国乔治亚理工学院的轮式仿人移动操作臂（2009 年）[123]

（5）采用现有工业机器人操作臂产品和自行设计轮式移动平台的四轮驱动与操控的移动操作臂（土耳其，伊斯坦布尔技术大学，2007 年）

土耳其伊斯坦布尔技术大学电气工程系机器人实验室的 Bilge GÜROL、Mustafa DAL、S. Murat YEŞİLOĞLU、Hakan TEMELTAŞ 选用日本三菱（MITSUBISHI）株式会社制造的 PA-10 工业机器人操作臂作为其移动机器人平台上的操作臂，并为其设计、制作了四轮驱动和操控移动平台，从而研发了四轮驱动与操控的移动操作臂系统。三菱公司生产的 PA-10 工业机器人操作臂为 7-DOF 的冗余自由度操作臂，Bilge GÜROL 为其设计了四轮驱动（four-wheels-drive，4WD）和四轮操控（forur-wheels-steer，4WS）的偏置轮式移动平台。

（6）德国 DLR［Institute of Robotics and Mechatronics, German Aerospace Center（DLR），Muenchner Strasse 20］研发的轮式移动操作机器人 Rollin' Justin（德国，Alexander Dietrich 等人，2011 年）

Alexamder Dietrich 等人面向服务机器人的应用背景以及轮式移动机器人作为非完整约束系统的阻抗控制问题，于 2011 年研发了四轮移动平台搭载带有双臂多指手上半身的轮式移动仿人机器人 Rollin' Justin。

（7）搭载操作臂的双侧摇臂四驱轮式移动机器人（MIT，1999 年）

美国 MIT 与喷气推进实验室（Jet Propulsuon Laboratory，JPL）于 1999 年为在崎岖地形实现轮式移动而提出了一种双侧摇臂四驱轮式移动机构，并研制了

SRR 月面采样探测车，也即搭载用于月面采样的 4-DOF 操作臂的四轮驱动轮式移动机器人。

① 车身两侧的平行四连杆机构原理的摇臂可以以不同的前后轮臂臂杆相对转动调整前后轮的相对位置，如此可以适应崎岖路面或岩石、段差路面。

② 前后轮臂皆采用平行四连杆机构，可以保持前后轮臂臂杆竖直且互相平行。

③ 轮式移动平台（即车体）上搭载的机械臂有 4 个自由度，机构构型为 RPPR，其中 R 为滚动（roll），P 为俯仰（pitch）。该操作臂用于星球表面土壤采样操作。由于星球表面土壤松散，在某种程度上土壤松散颗粒可在安装在操作臂末端的采样筒外力作用下适应采样作业所需的位置与姿态，所以，该操作臂腕部仅用 1 个滚动自由度 R 关节即可满足采样作业姿态需要。

④ 车轮可用星球探测车轮。

（8）离线机器人概念及搭载操作臂的轮式移动操作机器人的研发（日本，电气通信大学，K. Aritad 等人，1999～2000 年）

1999 年，日本电气通信大学（The University of Electro-Commnications）机械与控制工程系的 H. Z. Yang、K. Yamafuji 等人针对无人化工厂生产过程中生产线上机器人一旦作业中出现问题会导致整条生产线处于生产停滞状态的问题，提出了引入离线机器人到无人化机器人生产的概念，并进行了技术研发[124]。为此，他们首先对日本国内传统自动化生产系统（conventional automatic production system）中的机器人进行了分析。H. Z. Yang、K. Yamafuji、K. Arita 和 N. Ohra 等人还构筑了一个简易的虚拟工厂模型用来验证 Off-line Robot（离线机器人）的概念以及与 On-line Robot 协作用于无人化生产系统的可行性。

1.6.3　履带式移动机器人与操作臂一体的机器人

（1）操作臂可辅助爬行的履带式自治移动操作机器人 Alacrane（西班牙，Universidad de Ma'laga、Javier Serón 等人，2014 年）

Javier Serón 等人设计研制的移动机器人的履带移动部分为常见的两履带式移动机构，履带轮直径为 0.210m，一个惯性测量单元用来高频读入机器人相对于水平面的滚动角度和俯仰角度[125]。两个带有用于航位推算（dead-rockoning）编码器的独立液压马达用来控制、牵引履带式移动机构行进和转向。在两履带式移动机构平台上搭载着由 5 个带有角度测量用绝对编码器的液压缸驱动来实现操作臂的 4-DOF 运动，其末端操作器为开合手爪式抓斗（grapple）。

（2）带有双臂的履带式移动操作机器人［日本，东北工业大学（Tohoku Institute of Technology），Toyomi Fujita、Yuichi Tsuchiya，2014 年］

日本东北工业大学的 Toyomi Fujita（藤田丰美）和 Yuichi Tsuchiya（土屋由一）于 2014 年研制了双履带并排的履带式移动机构外侧前端角点处左右各带有单个操作臂的双臂双履带式移动操作机器人系统，该机器人系统由操作臂 1（arm1）和操作臂 2（arm2）、双履带式移动机构（tracks）、主控计算机（host PC）、图像处理系统板卡（image processing board）RENESAS SVP-330 和 CCD 相机（CCD camera）Sony EVI-D70 等硬件组成[126]。该机器人总体尺寸为 590mm×300mm×450mm，总重为 30kg，双履带各有一台 150W 的 Maxon RE40 直流伺服电动机驱动，双臂中各单臂为 4-DOF，双臂驱动总共采用 9 个 KONDO KRS-4034HV 驱动器。该移动操作机器人系统可以用双臂操作移去行进路上的障碍物、石头，也可以用双臂手持物体运送行进，最大移动速度为 0.47m/s。

（3）搭载单操作臂的双履带式混合移动操作机器人（加拿大，机器人学与自动化实验室 & 振动与计算动力学实验室，Pinhas Ben-Tzvi、Abdrew A. Goldenberg 和 Jean W. Zu，2007 年）

受 2001 年 9 月移动机器人被应用于 WTC（World Trade Center，世界贸易中心）善后的城市搜救（urban search and rescue，USAR）活动的深刻影响，移动机器人主要被用于灾害搜救、通过残垣瓦砾的路径搜索，以便更快速地进行挖掘、结构检测、危险品材料检验等作业。在这种情况下，小型移动机器人更有使用价值。为此，加拿大多伦多大学机械与工业工程系的 Pinhas Ben-Tzvi、Abdrew A. Goldenberg 以及 Jean W. Zu 等人总结归纳了研究问题和解决方案，并且进一步提出、设计了一种由三杆 3 自由度操作臂和双履带式移动机构组成的混合多移动方式的移动操作机器人[127]。Pinhas Ben-Tzvi 等人提出的用于混合移动机器人上的车载分节段间射频无线通信设计方案从概念上避开了有线连接时为了保证线缆不影响关节运动范围或线缆安全性的问题，以及在给定机械系统不同零部件之间滑环机械连接的问题。

1.6.4 移动平台搭载操作臂的工业机器人应用与技术发展总结

"移动"（mobile）和"操作"（manipulate）永远是工业机器人技术领域的两大技术主题，"移动操作"则是在这两大技术主题上衍生出来的技术融合，通过这种技术融合可以借助于"移动"技术和"移动"平台扩大工业机器人"操作"作业范围和作业能力。以上分别以腿式移动、轮式移动、履带式移动三种主流移动方式作为移动平台，搭载或与工业机器人操作臂一体设计来讲述、讨论了诸多移动平台带有操作臂的工业机器人系统设计与研发案例中，具有代表性实例中的一些新思想、新概念和系统总体设计、各主要组成部分设计以及新技术。本书作为以工业机器人系统设计作为主题内容，在国内外文献以及设计研发实例选择上遵从这样一个原则：纳入具有原始概念、原始设计思想以及新技术方面创新的文献作为参考，并且着重介绍系统设计主要内容，强调概念与思想的原创性、技术的先进性、系统设计的完整性，据此来论述工业机器人系统设计内容。因此，浩若烟海、诸多大同小异、数以万计的"文献"没有被列入也不可能被有限的篇幅列入。重复研究的现象也相当严重（此处不宜展开讨论）。还是结合前述所列述的移动平台搭载操作臂的工业机器人系统代表性设计与技术研究加以总结如下：

① "轮式""履带式"移动平台、工业机器人操作臂在类似工厂车间室内外结构化环境下已是成熟技术。作为结构化环境下的自动化移动平台主流的轮式、履带式、轮-腿式、轮-履式、履-腿式移动机器人技术自 20 世纪 80 年代以来已经逐步成熟并且首先在美、日等发达国家取得产业化应用。这些自动化移动平台搭载视觉、超声测距、激光测距等传感器系统，通过构建结构化环境地图来进行自动导航或路标识别导引、自主移动作业。截至 2000 年，也标志着工厂车间室内外移动作业机器人化大规模普及时代的到来！我国虽然起步较晚，但发展速度较快，目前工厂用 AGV 移动平台产品化、产业应用已经开始普及。工业机器人操作臂产业化及其应用现状在前述工业机器人操作臂技术现状一节中已有论述，其在 20 世纪 80 年代在国际上已是成熟技术并且在发达国家普及应用。

② 以成熟的 AGV 移动平台产品和工业机器人操作臂产品组合设计"移动操作"工业机器人是工业应用上成本最低、成品最快的捷径！研发成分较少但快捷灵活！这需要制造商考虑移动平台系列产品与操作臂系列产品的相应配套的组合设计适应性问题，适用于总体方案集成商业模式。如本章开始 1.2 节图 1-3 举例给出的 KUKA youBot 小型轮式移动机器人的设计方法便是两个成熟技术产品的组合设计实例。

③ 自 2000 年以后到 2018 年移动操作机器人技术研发的主要目标是面向工厂厂区车间内离线机器人应用技术以及厂区以外的复杂结构化环境下的应用技术研究。工业机器人移动平台设计与研发技术主要集中在面向多种不同作业环境如爬楼梯、上台阶、跨越障碍等高环境技术指标的轮-履、轮-腿、履-腿以及轮-履-腿等复合（也称混合）移动方式的移动机器人系统设计与技术研究。尽管这些不同类型的移动机器人原型样机从原理上和在实验室条件下已较多地被研发出来并有文献发表，但作为工业机器人产品，技术成熟度以及技术性能指标稳定性、可靠性都还需要经过产品化、产业化检验，需要进一步做好技术应用研发。从可靠

性理论上讲，如果构件或零件本身的可靠度达不到足够高的话，系统总的可靠度会随着构件或零件数的增多而下降。以多自由度运动的移动操作机器人系统作为产品最为关键的问题仍然是机械本体设计制造技术。目前的伺服电动机与驱动控制技术、传感器等电气电子产品已经是成熟的工业品。

④ 移动操作机器人设计从系统总体优化设计上来看仍需在设计理论与方法上加以研究。其根本问题同目前工业机器人操作臂产品中存在的总体优化设计上的问题一样，就是如何以总体优化设计的方法来应对未知的、尚未确定的应用在何处、采用何种作业技术指标等设计鲁棒性的问题。"量身定制"是一个解决此问题的办法。即便如此，总体优化设计也仍然有必要解决全局优化设计的问题。

⑤ 非结构化、非连续介质环境以及特殊工业作业环境下的工业机器人技术研究已成为主流。工业机器人技术研究已经不再局限于工厂结构化环境下的应用技术研究，而是扩展到类似于野外、不平整地面、搜救等非结构化环境移动操作作业、医疗、空间站、星球表面探测等工业大背景。类似于输电线路巡检、输电线塔检测、建筑结构构建与攀爬清洗作业、空间站站外桁架结构以及表面检测、核反应堆狭小空间内机器人焊接作业等等特种技术需求会不断提出新的技术挑战。

综上所述，工业机器人移动操作技术发展到今天，作为技术研究课题的主题内容已经由各种单独移动方式的移动机器人技术研发扩展到高技术指标、高环境适应性、高移动操作作业性能、高可靠性方面要求等新技术研发时代。

1.7 关于工业机器人技术与应用方面人才与工业基础

1.7.1 从事工业机器人系统设计所需的知识结构

这里用图 1-132 表示出来从事工业机器人系统设计人员所需的基本知识结构。

1.7.2 从事工业机器人系统设计与研发应具备的专业素质

工业机器人系统设计的特点已由机器人学与机器人技术无论在学术研究上还是在技术研发上皆属于多学科专业综合性交叉的特点决定了机器人系统设计工作也属于多学科专业基础知识与技术综合性运用的技术工作特点，而且对于设计与分析方面的技能性工作要求也较强。现代工业机器人系统设计与传统的设计又有所不同，笔者倡导机械系统设计与控制系统设计两项设计工作相结合的机械 & 控制联合设计，以从机械本体与运动控制两方面同时得到有效的设计保证和系统设计质量的提高为设计目标。

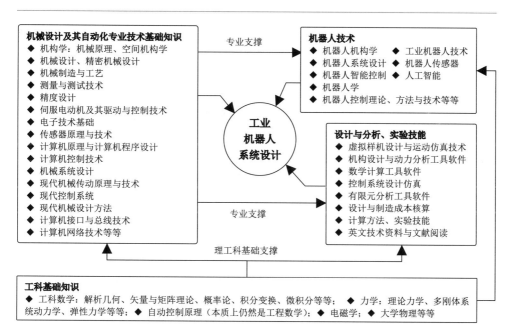

图 1-132　从事工业机器人系统设计人员所需的基本知识结构

　　机器人系统设计的主要工作与内容包括机械系统本体设计、动力系统设计、计算机控制与传感系统设计、机械系统与控制系统联合仿真等主要设计工作。这些工作又分为软件系统设计、硬件系统设计。机器人系统设计工作首先是机械系统设计。而现代机械系统设计与传统机械系统设计的不同之处在于：以机械系统设计为开端，同时可以进行控制系统设计，作为系统设计可以终结于机械系统与控制系统联合仿真的设计验证工作。仿真验证之后即可进入机械系统实体制造、电控系统、传感系统制作或搭建阶段。因此，作为从事工业机器人系统设计与研发的技术人员或研究者需要具备的基本素养和专业素质如下：

　　① 客观、正确看待作为被设计对象的工业机器人系统及其特点。工业机器人系统是分属于不同学科专业领域专业技术的多个子系统构成的大系统。不同学科专业基础知识运用具有各自特点，比如：机械系统设计分为一般用途下的普通精度、中等重要程度的中等精度以及高精度的精密、超精密机械系统。工业机器人机械系统多以含有回转关节的机构为主流，回转关节机构具有使执行机构运动

范围大的特点，但也有关节微小回转位置、速度偏差导致回转杆件末端位置、速度偏差被放大的最大缺点，其基本原理是末端杆件偏差等于回转角度偏差×杆件长度。这一简单的数学原理使得为得到机器人操作臂末端位置精度为零点几到零点零零几毫米甚至更高的纳米级精度等中高精度、超高精度的定位精度和轨迹跟踪误差，就对关节机械传动系统、驱动与控制系统的设计、制造、控制等三方面在实现的精度指标上提出了更严格、更苛刻的技术要求。这也是现代工业机器人系统设计的最大特点。一台末端操作器定位精度在几毫米、十几毫米的中低、低等精度的工业机器人系统与中高精度的机器人在技术含量、设计制造成本以及销售价格上不可同日而语！而且精度高低既是个绝对的概念，也是个相对的概念。就单台机器人重复定位精度而言是绝对的，而对于末端负载在 100kg 以上的大载荷、数百公斤乃至 1t 以上的重载荷工业机器人操作臂而言，其末端定位精度在几到零点几毫米都属于高精度的机器人操作臂。因此，不应主观、武断！

② 活学活用学科专业基础与精益求精的理想主义精神是从事打造高精尖工业机器人的技术研究者不可欠缺的个人品格。

③ 拥有深厚、扎实、系统的知识结构和系统设计能力。知识结构如 1.7.1 节图 1-132 中所示。这种知识结构的形成需要在专业基础与专业技术基础知识学习与实际训练的大学学习阶段、研究生学习与准研究者阶段充分理解掌握各门课程中的基本概念、基本思想、基本方法与基本技术知识以及相应的实验试验与技能实训的基础上，在自己的大脑中尽快织就一张系统的本门学科专业知识网络，以及建立符合学科专业知识特点的思维方式。单纯的"应试教育"和"应试技能"是无法达成这张系统性的知识网络的。这张属于自己大脑的知识网络不形成就无法做好系统设计和系统性解决问题的方案，犹如巧妇难为无米之炊！

④ 从事学术与技术研究的研究者首先必须是一个思想者，之后是技术能力卓越的技术发明者。

⑤ 深刻认识什么是研究？什么是学习？什么是创新？什么是原始创新？并且能界定开来！作为一名自律的科学技术研究者，自觉尊重、遵循科学与技术发展的一般规律，尊重同行专家学者及其研究成果、自主知识产权。在重复性、低质量"研究"泛滥的当下，这一点需要特别加以解说和予以深刻认识！

• 所谓研究是指对在当时的学术与技术条件下针对不能为常规的理论、方法或技术所直接解决并且至少具有一定难度甚至于难题而无法被大多数同行在一定时间内所解决的问题，经相关文献调研、综述与分析后找到难点，选择并确立适当可行的理论、方法与技术进行解决问题，获得解决问题的新理论、新方法或新技术的过程。如此定义的研究，必然意味着学术或技术创新。

• 所谓学习以及研究与学习的区别。什么是学习这一概念并不用我给出。相信大家都是从学习过程中成长起来的，自然知道什么是学习。学习的特征就是学习他人更多是前辈、前辈的前辈们在研究、学习、实践过程中总结出来的有效的知识，被学习的内容不是学习者自己搞出来的。他人研究出来的结果或科技成果中必然具有能够代表其成果特征的实质性内容，如果你照着这些结果或成果自己做一遍，即使没有阅读或照着其技术报告、学术论文、学位论文等文献去做，如果你做一遍的结果没有超出他人原有成果的实质性特征所涵盖的内容和范畴，那就只能是学习或实践，而不能称作研究。研究与研究成果具有唯一性，谁先做出来并得到公认便是谁的，如同诺贝尔奖获得者一样，同一研究结果的公共认可只有第一，没有第二。

• 研究与创新。理论上，真正能够称作"研究"的结果必然是有创新性的。这就像创新要想得到认可，首先需要作为第三方的科技情报所经过查新给出的查新报告依据一样。重复性研究只能算作交学费的学习，有用但不可能称为"创新"，也根本不会有任何创新，但学习消化之后有了一定基础，经过自己的创造性思维活动、学术与技术活动之后有可能会改变原来学习到的理论、方法与技术，从而衍生出属于自己的创造性工作结果，这部分属于在前人创新基础上的"创新"。

⑥ 不断自觉更新自己的知识结构，与本领域方向的发展与时俱进，有作为研究者从事研究工作的持续热情和坚持不懈的努力！厚积薄发！不可操之过急，急躁反而适得其反，欲速则不达；勇于选择难题！没有一定难度、普遍都能做能解决的"研究课题"算不得科研课题。这里给出三个案例：

日本本田技研（HONDA R&D Inc.）在1986年开始研发仿人机器人直至1996年历经10年时间秘密从事研发工作，从当时已被国内外大学、科研机构、公司研发部门广为研究的仿人双足步行机器人开始作为学习基础，期间平均每年研发一台双足步行机器人原型样机并进行双足步行运动控制实验，运用国际上已取得的双足步行理论与技术成果，直至1995年奠定了双足稳定步行控制的技术基础，1996年发布新闻向世界宣告世界首台全自立型仿人机器人P2型研发成功，继而是P3型以及2000年的小型化全自立仿人机器人ASIMO成功小型化并产品化。以本田公司的财力、设计与制造技术实力，前后历经长达14年的时间确立了仿人双足步行移动技术。

前述是国际著名的本田公司研发仿人机器人的案例，下面以日本东京工业大学广濑茂男研究室（广濑教授已退休）自20世纪70年代开始持续40余年研发TITAN系列四足步行机器人为例，从TITAN初代至TITAN X形成了电动机驱动的四足步行机器人完整的设计、研发技术，从腿足与躯干平台整体设计到模块化单元腿的模块化组合设计、从腿式步行到轮腿式混合移动方式、从静步行到稳定四足动步行控制、定位导航技术、爬楼梯、上台阶到不平整地面、排雷、救援等等应用研究奠定了整个四足步行创新技术基础、科学研究与产业应用。

第三个案例便是美国波士顿动力公司历经 30 余年长期研发的液压驱动的稳定双足快速步行机器人 Petman、Atlas、四足步行机器人 Bigdog 等等。

这些最具国际代表性的、先进性的机器人系统成功研发案例都在告诉从事机器人系统设计与研发的研究者们：

a. 深入剖析之后确立具有技术突破难点的研究方向或者原始创新课题，长期技术研发和积累才能取得标志性的、有国际显示度和象征技术实力的机器人技术成果。

b. 无论是双足步行仿人机器人还是四足仿生机器人，从首台原型样机到代表性的技术成熟度较高的原型样机，期间经历了数台乃至十数台原型样机的研发过程。每台原型样机的背后都是从前一型原型样机发现并总结出需要解决的学术与技术问题，为解决这些问题而进行下一轮原型样机的技术研发。原始创新更是如此。

c. 一系列关键性技术、难点性技术一个个突破，才有最终的告一段落的标志性的、成熟度高的技术成果，并且在整个过程中积累连续的、相对完整的自主知识产权，这一点对于技术的产品化、产业化尤为重要，对于技术经济的发展和技术价值实现更是不可缺少！

⑦ 结合国家国民经济与社会发展主战场开展技术需求性课题研究与前瞻性、原始创新性基础研究课题研究两条腿走路，深谋远虑，看准、把握好研究、研发方向，拥有坚持不懈的科研恒心！

⑧ 自律自觉遵守学术与技术道德。一个真正的研究者必然是靠自觉自律才能成为真正的专家学者的。这一点不可能是靠外部约束的。

⑨ 客观地认识、思考、对待客观存在的研究对象，即实事求是的研究态度。需要深刻认识到：自然科学与工程技术的客观性决定了从事其工作的大学生、研究生、教师、科研人员必然是要客观地面对自然界研究对象和工程实际研究对象的。否则，不可能得到客观的、科学的学术与技术成果，如同 1+1 等于 2 而不是 3 一样。主观能动性建立在客观看待被研究对象和问题的基础上，才能发挥正确的作用。

⑩ 原型样机研发之前、之后都需要进一步的面向实际应用问题细节的深入思考和总结。经得起实际检验的技术必然是所有技术细节的解决来成就的。这种思维模式对于技术产品化和技术产业化应用至关重要。

1.7.3 工业机器人产业化与创新研发所需的工业基础

(1) 面向一般工业用途的工业机器人产业化工业基础与创新研发

目前，作为工业机器人操作臂产业化的工业基础部件是高精密机械传动装置即精密减速器、DC/AC伺服电动机、DC/AC伺服驱动与控制单元工业成品，再有就是机器人机械本体设计与制造技术，如图1-133所示。其中：据2018年统计结果，世界上销售的37.8万台工业机器人产品中，日本产的减速器占75%，电动机、减速器以及伺服驱动 & 控制器等工业基础部件占机器人总成本的75%～85%左右。因此，我国将RV摆线针轮减速器、谐波齿轮减速器、交/直流伺服电动机及其驱动 & 控制器单元（含多轴运动控制器）并称三大关键基础元部件，《中国制造2025》大力发展工业机器人基础元部件产业。这些工业基础产业化之路在发达国家于20世纪80年代已经走完，也标志着发达国家的工业机器人操作臂产业化以及普及应用之路已经走完。不仅工业机器人操作臂，移动机器人也离不开这些基础元部件，中高档RV摆线针轮减速器、谐波齿轮减速器以及直流/交流伺服电动机、伺服驱动与控制单元等等也是移动机器人的关键核心基础部件。目前，国际上交流伺服电动机及其伺服驱动控制单元工业品以安川电机、三菱公司的产品为主流；RV摆线针轮减速器以日本帝人公司的产品为主流；谐波齿轮减速器以日本Harmonic Drive®的产品为主流。这些工业品基础元部件是设计制造中高端工业机器人操作臂、移动机器人的必备品。我国自2010年以来，虽然这些基础元部件随着大力推进工业机器人产业化政策与产业基金资助扶持，产业化之路发展迅速，绿帝公司、秦川机床厂等大型企业在RV减速器、谐波齿轮减速器等基础元部件制造上取得了长足进步，但在产品性能稳定、关键技术指标上仍然与国外高端产品有一定的差距，更实际的问题是，这些产品尚需在我国自主研发的工业机器人操作臂产品至少一个产业应用寿命周期内完成实际应用的技术成熟度、应用质量检验。2019～2024年是我国自主研发的工业机器人及其关键元部件产品与国际上同行业企业产品放在同一个市场平台内公平竞争占领市场份额多寡的关键性五年。不仅如此，面向一般工业用途的移动操作的工业机器人会继续在以下几个方面向前推进和发展。

① 工业机器人灵巧操作技术 在制造业应用中模仿人手的灵巧操作，在高精度高可靠性感知、规划和控制性方面开展关键技术研发，最终通过独立关节以及创新机构、传感器达到人手级别的触觉感知阵列，动力学性能超过人手的高复杂度机械手能够进行整只手的握取，并能做加工厂工人在加工制造环境中的灵活性操作工作。在工业机器人创新机构和高执行效力驱动器方面，通过改进机械装置和执行机构以提高工业机器人的精度、可重复性、分辨率等各项性能。进而，在与人类共存的环境中，工业机器人驱动器和执行机构的设计、材料的选择，需要考虑工业机器人的驱动安全性。创新机构包括外骨骼、智能假肢，需要高强度的负载/自重比、低排放执行器、人与机械之间自然的交互机构等。采用新材料提高工业机器人的负载/自重比。

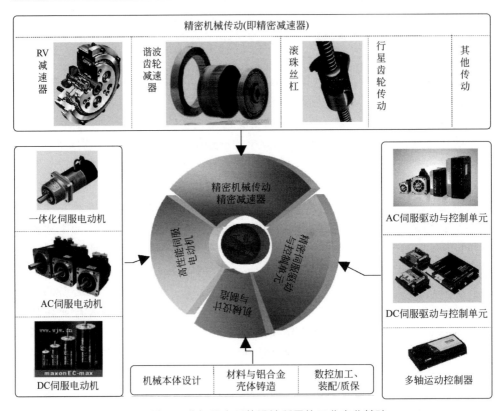

图 1-133　工业机器人系统设计所需的工业产业基础

② 工业机器人自主导航技术　在由静态障碍物、车辆、行人和动物组成的非结构化环境中实现安全的自主导航，对装配生产线上对原材料进行装卸处理的搬运机器人、原材料到成品的高效运输的 AGV 工业机器人以及类似于入库存储和调配的后勤操作、采矿和建筑装备的工业机器人均为关键技术，需要进一步进行深入研发技术攻关。一个典型的应用为无人驾驶汽车的自主导航，通过研发实现在有清晰照明和路标的任意现代化城镇中行驶，并能够展示出其在安全性方面可以与有人驾驶车辆相提并论的特点。自主导航在一些领域甚至能比人类驾驶做得更好，比如自主导航通过矿区或者建筑区、倒车入库、并排停车以及紧急情况下的减速和停车。

③ 工业机器人环境感知与传感技术　未来的工业机器人将大大提高工厂的感知系统，以检测机器人及周围设备的任务进展情况，能够及时检测部件和产品组件的生产情况、估算出生产人员的情绪和身体状态，需要攻克高精度的触觉、力觉传感器和图像解析算法，重大的技术挑战包括非侵入式的生物传感器及表达

人类行为和情绪的模型。通过高精度传感器构建用于装配任务和跟踪任务进度的物理模型，以减小自动化生产环节中的不确定性。

④ 工业机器人与人的人机交互技术　在生产环境中，注重人类与机器人之间交互的安全性。根据终端用户的需求设计工业机器人系统以及相关产品和任务，将保证人机交互的自然，不仅是安全的而且效益更高。人和机器人的交互操作设计包括自然语言、手势、视觉和触觉技术等，也是未来机器人发展需要考虑的问题。工业机器人必须容易示教，而且人类易于学习如何操作。机器人系统应设立学习辅助功能用以实现机器人的使用、维护、学习和错误诊断/故障恢复等。

⑤ 基于实时系统和高速通信总线的工业机器人开放式控制系统　基于实时操作系统和高速总线的工业机器人开放式控制系统，采用基于模块化结构的机器人的分布式软件结构设计，实现机器人系统不同功能之间无缝连接，通过合理划分机器人模块，降低机器人系统集成难度，提高机器人控制系统软件体系实时性；攻克现有机器人开源软件与机器人操作系统兼容性、工业机器人模块化软硬件设计与接口规范及集成平台的软件评估与测试方法、工业机器人控制系统硬件和软件开放性等关键技术；综合考虑总线实时性要求，攻克工业机器人伺服通信总线，针对不同应用和不同性能的工业机器人对总线的要求，攻克总线通信协议、支持总线通信的分布式控制系统体系结构，支持典型多轴工业机器人控制系统及与工厂自动化设备的快速集成。

(2) 面向狭小、细长、弯曲空间以及特殊形状孔轴装配类自动化作业的专用工业机器人技术的新课题

① 狭小、狭长、弯曲空间内微型操作臂、微小型移动操作机器人技术。目前的面向实际作业环境工作空间要求不严格受限的一般用途工业机器人技术相对容易解决，工业机器人系统设计相对容易，属于常规工业机器人系统设计与研发内容！然而，尚有一类可供机器人作业的环境空间严格受限的狭小、狭窄、狭长、弯弯曲曲路径之类结构化、非结构化作业环境对工业机器人操作臂或机械手、移动操作机器人技术需求，这类技术目前被国外垄断！并且其产品售价相当昂贵，绝对是高技术附加值产业！尽管一些微小型的机器人操作臂、管内爬行微小型移动操作机器人、蛇形机器人、柔性操作臂在 20 世纪 90 年代被研发出来，并且其后有很多研发。但操作、移动实验仍然是在诸如结构化狭小通道、表面连续的光滑管路之类的理想条件下进行的，很难应对带有不连续表面的结构化、非结构化狭小、狭窄、狭长空间下的作业条件。例如：核设施内垂向纵深数米至十数米处、周围树根状管道间隔只有 200～300mm 的狭小空间内的整周焊接作业、拧螺钉等移动操作作业用机器人技术；细长板材围成数十毫米封闭、半封闭断面时通道内部焊缝焊接作业用机器人技术等等超常规作业对机器人技术的需求。

② 断面为基本几何形状复合而成的复合轴孔类零部件的机器人装配技术。

有关圆柱形轴孔配合面的机器人装配技术在 20 世纪 70 年代即开始被研究，并已得到应用。我国则在 20 世纪 80 年代后期、90 年代研究了类似精密伺服阀的阀芯与阀孔的机器人精密装配技术，采用宏/微操作以及柔顺装配技术进行了力/位混合控制下的装配实验。此后，有关方孔配合的机器人装配理论与技术也被研究。但是，诸如：带有普通平键连接的轴与孔配合、花键孔与花键轴配合等由圆柱面与矩形柱面复合而成的轴孔机器人装配技术尚未有研究和技术储备。类似于核设施内部核燃料棒的自动化运送与装配作业则需要此类断面形状为基本几何形状复合而成的轴孔配合机器人装配技术。

③ 作为以上狭小、狭窄、狭长等三狭作业环境下的机器人移动操作技术的根本课题是小型微型化移动操作机器人的体积微小而出力大的驱动技术、高强度高刚度的机构设计与集成化设计技术，以及对作业环境适应性、鲁棒性等等基础研究课题。

1.8 工业机器人种类与应用领域概览

（1）"移动""操作"两大主题概念下工业机器人种类归类图

目前，按着机器人、工业机器人的种类、原理、用途对"移动""操作"这两个概念归纳出具有内涵性的、完整的、将种类繁多的所有各类机器人或工业机器人涵盖进去的通用的概念是很难的。就如同物种多样性决定了只能给生物、动物下一个笼统的概念一样。尽管如此，用归类图的形式来归纳、总结工业机器人种类与应用的轮廓对于认清工业机器人的主体脉络仍然是很有必要的，笔者仅从工业机器人的两大主题"移动（mobile）"和"操作（operation）"以及两者的组合"移动+操作"角度做了一下归类如图 1-134 所示，并归纳给出了工业机器人从诞生至今（2019 年现在）发展里程中里程碑式概念、思想和技术的汇总，如图 1-135 所示。

（2）工业机器人涉及的行业、规模及前沿技术[128~130]

自 20 世纪 60 年代开始后的 50 年间，随着对产品加工精度要求的提高，关键工艺生产环节逐步由工业机器人代替工人操作，再加上各国对工人工作环境的严格要求，高危、有毒等恶劣条件的工作逐渐由机器人进行替代作业，从而增加了对工业机器人的市场需求。在工业发达国家中，工业机器人已经广泛应用于汽车及汽车零部件制造业、机械加工行业、电子电气行业、橡胶及塑料工业、食品工业、物流业、制造业等领域。欧洲、日本在工业机器人研发与生产方面占有优势，知名的机器人公司有：ABB、KUKA、FANUC、YASKAWA 等，占据工

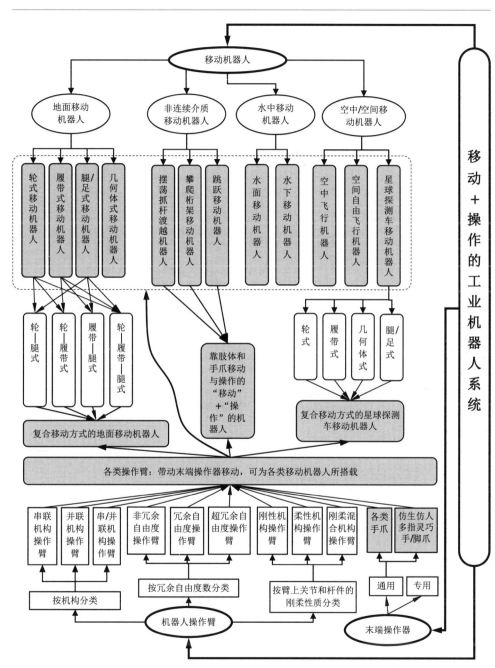

図 1-134　"移动""操作"两大主题概念下工业机器人归类图

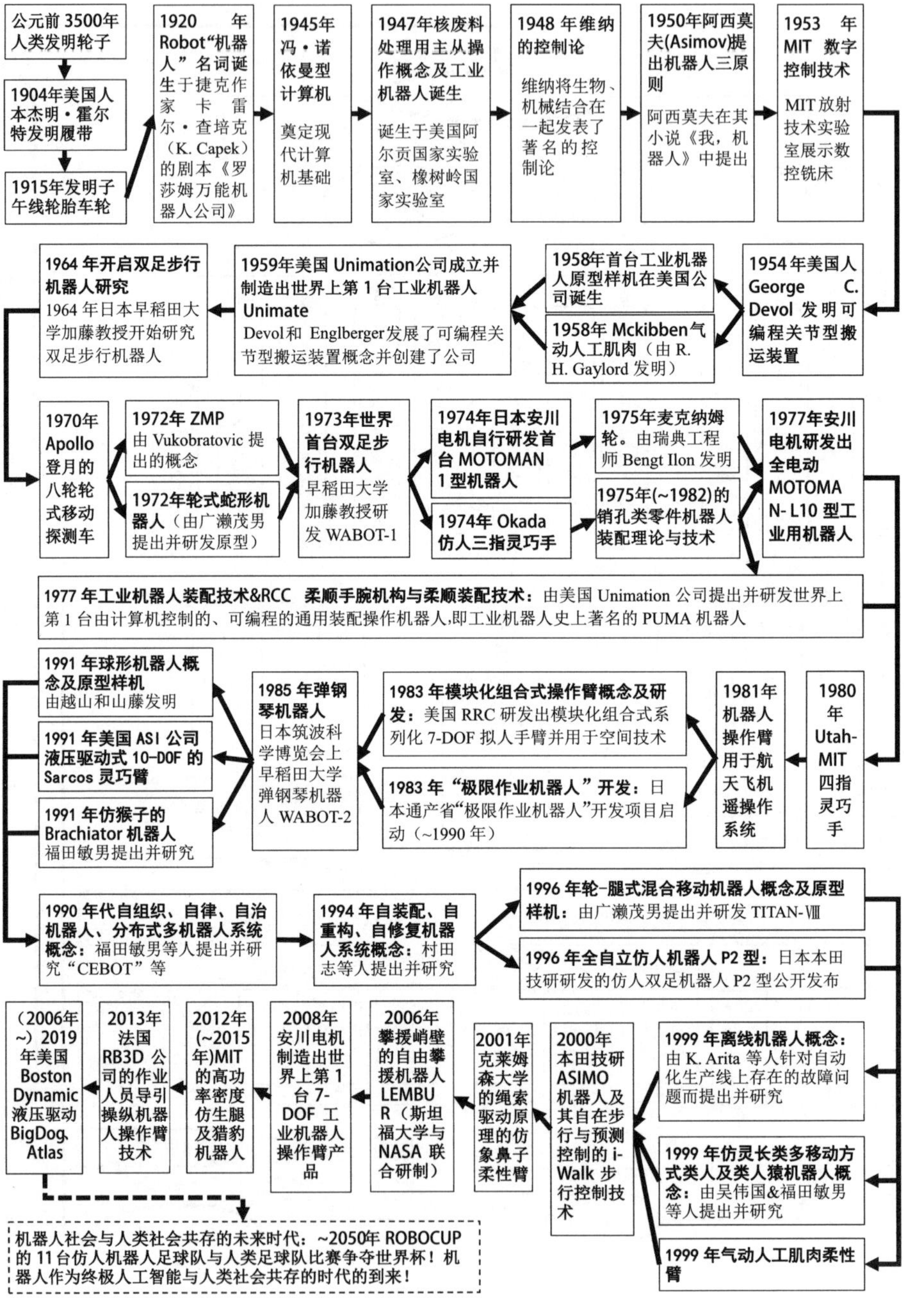

公元前 3500 年人类发明轮子	1920 年 Robot"机器人"名词诞生于捷克作家卡雷尔·查培克(K. Capek)的剧本《罗莎姆万能机器人公司》	1945年冯·诺依曼型计算机 奠定现代计算机基础	1947年核废料处理用主从操作概念及工业机器人诞生 诞生于美国阿尔贡国家实验室、橡树岭国家实验室	1948 年维纳的控制论 维纳将生物、机械结合在一起发表了著名的控制论	1950年阿西莫夫(Asimov)提出机器人三原则 阿西莫夫在其小说《我,机器人》中提出	1953 年 MIT 数字控制技术 MIT 放射技术实验室展示数控铣床

1964 年开启双足步行机器人研究
1964 年日本早稻田大学加藤教授开始研究双足步行机器人

1959年美国 Unimation公司成立并制造出世界上第 1 台工业机器人 Unimate
Devol 和 Englberger发展了可编程关节型搬运装置概念并创建了公司

1958年首台工业机器人原型样机在美国公司诞生
1958年 Mckibben气动人工肌肉(由 R. H. Gaylord 发明)

1954年美国人 George C. Devol 发明可编程关节型搬运装置

1970年 Apollo 登月的八轮轮式移动探测车

1972年 ZMP 由 Vukobratovic 提出的概念
1972年轮式蛇形机器人(由广濑茂男提出并研发原型)

1973年世界首台双足步行机器人
早稻田大学加藤教授研发 WABOT-1

1974年日本安川电机自行研发首台 MOTOMAN 1 型机器人
1974年 Okada 仿人三指灵巧手

1975年麦克纳姆轮。由瑞典工程师 Bengt Ilon 发明
1975年(~1982)的销孔类零件机器人装配理论与技术

1977年安川电机研发出全电动 MOTOMAN-L10 型工业用机器人

1977 年工业机器人装配技术&RCC 柔顺手腕机构与柔顺装配技术:由美国 Unimation 公司提出并研发世界上第 1 台由计算机控制的、可编程的通用装配操作机器人,即工业机器人史上著名的 PUMA 机器人

1991 年球形机器人概念及原型样机
由越山和山藤发明
1991年美国 ASI 公司液压驱动式 10-DOF 的 Sarcos 灵巧臂
1991 年仿猴子的 Brachiator 机器人
福田敏男提出并研究

1985 年弹钢琴机器人
日本筑波科学博览会上早稻田大学弹钢琴机器人 WABOT-2

1983 年模块化组合式操作臂概念及研发:美国 RRC 研发出模块化组合式系列化 7-DOF 拟人手臂并用于空间技术
1983 年"极限作业机器人"开发:日本通产省"极限作业机器人"开发项目启动(~1990 年)

1981年机器人操作臂用于航天飞机遥操作系统

1980 年 Utah-MIT 四指灵巧手

1990 年代自组织、自律、自治机器人、分布式多机器人系统
概念:福田敏男等人提出并研究 "CEBOT" 等

1994 年自装配、自重构、自修复机器人系统概念:村田志等人提出并研究

1996 年轮-腿式混合移动机器人概念及原型样机:由广濑茂男提出并研发 TITAN-VIII
1996 年全自立仿人机器人 P2 型:日本本田技研研发的仿人双足机器人 P2 型公开发布

(2006年~) 2019 年美国 Boston Dynamic 液压驱动 BigDog、Atlas

2013年法国 RB3D 公司的作业人员导引操纵机器人操作臂技术

2012年(~2015年)MIT 的高功率密度仿生腿及猎豹机器人

2008年安川电机制造出世界上第 1 台 7-DOF 工业机器人操作臂产品

2006年攀援峭壁的自由攀援机器人 LEMBUR (斯坦福大学与 NASA 联合研制)

2001年克莱姆森大学的绳索驱动原理的仿象鼻子柔性臂

2000年本田技研 ASIMO 机器人及其自在步行与预测控制的 i-Walk 步行控制技术

1999 年离线机器人概念:由 K. Arita 等人针对自动化生产线上存在的故障问题而提出并研究
1999 年仿灵长类多移动方式类人及类人猿机器人概念:由吴伟国&福田敏男等人提出并研究
1999 年气动人工肌肉柔性臂

机器人社会与人类社会共存的未来时代:~2050年 ROBOCUP 的 11 台仿人机器人足球队与人类足球队比赛争夺世界杯!机器人作为终极人工智能与人类社会共存的时代的到来!

图 1-135 工业机器人发展里程中重要概念和思想汇总

业机器人市场份额的 60%～80%。在工业发达国家,工业机器人技术已日趋成熟,已经成为一种标准设备被工业界广泛应用,相继形成了一批具有影响力的、著名的工业机器人公司,包括瑞典的 ABB Robotics,日本的 FANUC、YASKAWA,德国的 KUKA Roboter,美国的 Adept Technology、American Robot、Emerson Industrial Automation、S. T Robotics,意大利的 COMAU,英国的 Auto Tech Robotics,加拿大的 Jcd International Robotics,以色列的 Robogroup Tek,这些公司已经成为其所在地区的支柱性产业。美国特种机器人技术创新活跃:军用、医疗与家政服务机器人产业占有绝对优势,占智能服务机器人市场的 60%[128,129]。

美国在 2013 年 3 月提出了"美国机器人发展路线图",围绕制造业攻克工业机器人的强适应性和可重构的装配、仿人灵巧操作、基于模型的集成和供应链的设计、自主导航、非结构化环境的感知、教育训练、机器人与人共事的本质安全性等关键技术。

日本称得上是"机器人大国"。日本提出了"机器人路线图",包含三个领域,即新世纪工业机器人、服务机器人和特种机器人,并从技术图中的重要技术明确其性能和技术指标,并提到创建和扩大机器人的早期市场,缩短满足多种需求的机器人的开发时间、降低成本、扩大加入的企业。智能机器人技术软件计划(2007～2011 年)资助 9700 万人民币,基本机器人技术开放式创新改进传统技术(2008～2010 年)资助约 1000 万人民币,先进机器人单元技术战略开发计划(2006～2010 年)预算为 5447 万人民币。

欧盟第七研发框架计划(2007～2013 年)投入机器人研究经费达 6 亿欧元,之后的研究计划(2013～2020 年)对机器人研究的经费投入将达到 140 亿欧元,另外还提出了 2002～2022 年欧洲机器人研究与应用的路线图。

韩国于 20 世纪 80 年代末开始大力发展工业机器人技术,在政府的资助和引导下,由现代重工集团牵头,用了 10 年的时间形成其工业机器人体系,目前韩国的汽车工业大量应用本国的机器人。韩国将机器人与互联网相结合,提出了"IT839"战略计划,其中智能机器人是其提出的九项核心技术之一。韩国在 2003 年提出了"十大未来发展动力产业"计划,2004 年韩国信息通信部提出"IT839"计划,及其"无所不在的机器人伙伴"项目,2008 后每年投入 4000 亿韩元(约合 22 亿人民币);2009 年韩国政府提出了"第一次智能型机器人基本计划",计划在 2013 年以前投入 1 万亿韩元(约合 55 亿人民币)。

工业机器人应用涉及的行业主要包括汽车制造、毛坯制造(冲压、压铸、铸造等)、机械加工、热处理、焊接、上下料、磨削抛光、搬运码垛、装配、喷漆、涂覆、自动检测、航空航天等等,非常广泛。可以用一句话言之:无论哪个行业,只要想用工业机器人代替人工作业或者半自动化作业,就可选用工业机器人产品或者研发相应的工业机器人自动操作或移动操作技术来实现机器人化作业。

目前的前沿技术包括：结构化/非结构化/有不确定性等特征的复杂环境及高难度作业要求下的灵巧操作技术、自主导航技术、环境感知技术，以及人-机器人交互、人-机器人协同作业的安全性保障技术等等。

1.9 本书内容构成设计思路、结构以及相关说明

第 1 章　绪论（使读者系统地了解掌握工业机器人发展及相关技术现状以及应具备的知识结构和专业素养）

第 2 章　工业机器人操作臂系统设计基础（是从事工业机器人操作臂系统设计与研发人员必备的机器人基础知识）

第 3 章　工业机器人操作臂机械系统机构设计与结构设计（是从事工业机器人操作臂系统设计制造与研发人员必备的机器人机械本体系统知识以及机器人机构拓扑演化创新设计方法）

第 4 章　工业机器人操作臂系统设计的数学与力学原理（建立机器人与作业环境系统理论模型，为机器人作业运动控制系统设计、精度设计与分析奠定机构学、数学、力学以及控制理论基础）

第 5 章　工业机器人操作臂机械本体参数识别原理与实验设计（用以获得与实际机器人机械本体内存在但误差无法为零的真实物理参数更为接近的可以有效使用的物理参数，获得与实际机器人物理实体误差尽可能小的运动学、动力学模型，并用于基于模型的控制器设计）

第 6 章　工业机器人操作臂驱动与控制系统设计及控制方法（第 3～6 章是完整地提供了怎样设计制造机器人，怎样设计让机器人操作臂运动和工作的驱动与控制系统，使机器人操作臂正常运动和工作的所有理论与技术。需要特别指出的是：驱动与控制系统设计还是对工业机器人操作臂进行运动控制仿真也即后面第 9 章的理论基础）

第 7 章　工业机器人用移动平台设计

第 8 章　工业机器人末端操作器与及其换接装置设计（第 7～8 章是机器人臂扩展移动作业方面的设计）

第 9 章　工业机器人系统设计的仿真方法（第 9 章是保证机器人臂系统设计有效和制造研发可行的虚拟实验）

第 10 章　面向操作与移动作业的工业机器人系统设计与应用实例（第 10 章

是机器人臂工业应用实例）

　　第 11 章　现代工业机器人系统设计总论与展望（第 11 章是为进一步解决现有工业机器人实际设计问题与研究展望）

参考文献

[1]　F. M. Smith, D. K. Backman, and S. C. Jacobsen. Telecobotic Manipulator for Hazardous Environments. Journal of Robotic Systems 9（2）, 251-260（1992）. © 1992. by John Wiley & Sons, Inc.

[2]　P. K. James, M. T. Jack, I. V. Havard et al, A Dual-Arm Dexterous Manipulators System with Anthropomorphic Kinematics, Proc. IEEE Int. Conf. on Robotics and Automation, 1990, PP368-373.

[3]　K. V. Prasad, J. Badaram, Automated Inspection For Remote Telerobotics Operations, Pro. IEEE Int. Conf. on Robotics and Automation, 1993, pp883-888.

[4]　T. Schilling. Robotics Interchange of Telemanipulator Tooling, Robots 12 conference Pcoceedings, 1988, PP(2-15)-(2-17).

[5]　M. E. Rosheim. Four New Robot Wrist Actuators. Robot 10 conference Proceeding, April 20-24, 1986, chicago, Iu. RI/SME. PP（8-1）~（8-45）.

[6]　M. E. Rosheim. A New Pitch-Yaw-Roll Mechanical Robot Wrist Actuator, Robots 9 conference Pzoceeding Detroit Mich. RI/SME. June 2-6, 15-1985, PP（15-20）~（15-42）.

[7]　M. E. Rosheim, Design on Omnidirectional Arm. Proc. IEEE Conf. on Robotics and Automatiem, 1990, PP2162-2167.

[8]　M. E. Rosheim. Singularity-Free Hollow Spray Painting Wrist. Robot 11 Conference Proceeding April 26-30, 1987. PP（13-7）~（13-28）.

[9]　G. S. Ma et. al, Design and Experiments for a coupled Teudon Driven Manipulator, IEEE Control Systems, 1993, PP30-36.

[10]　G. S. Chirikjian, J. W. Burdick. Design and Experiments with a 3ODOF Robot. IEEE Conf. on Robotics and Automation, 1993, PP113-119.

[11]　[日]安川電機株式会社官网网址: https: //www. yaskawa. co. jp/product/robotics.

[12]　[德] KUKA 官网网址: https: //www. kuka. com/en-de/products/robot-systems/industrial-robots.

[13]　[瑞典] ABB 公司官网: https: //new. abb. com/products/robotics/industrial-robots/irb-14000-yurni.

[14]　Robert A. Meyers（Ed.）. Encyclopedia of Complexity and Systems Science. C: Continuum Robots. JAND. WALKER, Springer Science + Buisiness Media, LLC., PP1475~1484. KEITH E. GREEN.

[15]　Bertrand Tondu. Modeling of the Mckibben artificial muscle: A review. Journal of Intelligent Material Systems and Structures, 23（3）225-253. 2012.

[16]　Koichi SUZUMORI, Shoichi IIKURA, and Hirochisa TANAKA. Development

of Flexible Microactuator and Its Applications to Robotic Mechanisms. Pzoceedings of the 1991 IEEE Int. Conf. on Robotics and Automation Sacramento, California-April 1991: 1622-1627.

[17] Hirai S., Masui T, Kawarnura S., Prototyping Pneumatic Group Actuators Camposed of Multiple Single-motion Elastic Tubes [J]. Journal of the Robotics Society of Japan, 2002, 20 (30): 3807-3812. Vol. 4.

[18] Ian D. Walker, Michael W. Hannan. A. Novel 'Elephant's Trunk' Robot Proceedings of the 1999 IEEE/ASME International Conference on Advanced Intelligent Mechatronics. Septermber 19-23, 1999. Atlanta, USA. PP: 410-415.

[19] Michael W. Hannan, Ian D. Walker. Kinematics and the Implementation of an Elephant's Trunk Manipulator and Other Continuum Stple Robots. Journal of Robotic Systems 20 (2), 45-63 (2003).

[20] Bengt Erland Ilon, Wheels for a Course Stable Selfpcopelling Vehicle Movable in any Desired Direction on the Ground or Some other Base [P] (US Patent, United States Patent, 3876255), Apr. 8, 1975.

[21] W. W. Dalrymple, Resilient Wheel [P] (United States Patent, 3253632. Patented May31, 1966).

[22] P. E. Hotchkiss. Roller [P] (United States Patent, 3363735, Patented Jan. 16, 1968).

[23] Andrew T. Komylak. CONVEYOR ROLLER [P], (United States Patent, 3590970, Patented; July 6, 1971).

[24] Karl Stumpf. Universal Roller Assembly [P] (United States Patents, 3621961, Patented: Nov, 23, 1971).

[25] Josef F. Blumrich. Omnidirectional Wheel [P] (United Staters Patent, 3789947, Patented: Feb. 5, 1974).

[26] Tsongli Lee, Jhanghua (TW). Omni-Diceetional Transport Device [P] (United States Patent Application Publication, US2011/0272998 A1. Pub. Date: Nov. 10, 2011).

[27] Jayson Michael Jochim, Martin Peter Aalund, David Bruce McCalib Jon Stuart Battlas. Omnidirectional Vehicle Transport[P] (United States Patent, Patent No. US9580002 B2, Date of Patent: Feb. 28, 2017.).

[28] C. Y. Jones. (全名 Charles Y. Jones). Glebal Wheel [P]. (US Patent: 2448222. Patented Aug. 31, 1948).

[29] Kenjiro Tadakuma, Riichiro Tadakuma, Jose Berengeres. Development of Holonomic Omnidirectional Vehicle with "Omni-Ball: Spherical Wheels". Proceeding of the 2007 IEEE/RSJ International Conference on Inteligent Robots and Systems. San Diego, CA, USA, Oct 29-Nov 2, 2007: 33-39.

[30] E. G. Markow. Predicted Behavior of Lunar Vehicles With Metalastic Wheels [C] 1963 Automotive Engineering Congress, Paper G32J. January. 1963: PP388-396.

[31] NASA Technical Report: Nicbolas C. Costers, Jobn E. Farmer, Edwin B, George, Mobility Performance of the Lunar Roving Vehicle: Terrestrial Studies-Apollo 15 Resulty [R] NASA TRR-401, N73-16187. Washington, D. C. December, 1972.

[32] Prenared by the Boeing Company LRV Systems Engineering Huntoville, Alabama. Lunar Rouing Vehicle Operations Handbook Contract NASB-25145 [R], LS006-002-2H. April 19, 1971.

[33] "The ATHLETE Rover, " http: //www. robotics. jpl. nasa. gov/system. cfm? System= 11. Accessed Nov. 10, 2007.

[34] Francois Hottebart. Nonpneumatie Deformable Wheel [P]. (United States Patent, US6170544B1. Date of Patent: Jan. 9, 2001).

[35] Timothy B. Rhyne, Ronald H. Thompson, Steven M. Cron, Kenneth W. Demino. Non-Pneumatic Tire [P] (United States Patents, US7201194B2, Date of Patant: Apr. 10, 2007).

[36] David Stowe, Kyle Conger, Joshua D. Summers, et al. DESIGNING A LUNAR WHEEL. Proceedings of the ASME 2008 International Design Engineering Technical Conferences & Computers and Information in Engineering Conference. IDETC/CIE 2008, August 3-6, 2008, New York, USA. PP: 1-13.

[37] Mohamad Farhat, Erick Dupuis, Stephen Lake, et al. PRELIMINARY DESIGN, FABRICATION AND TESTING OF THE FW-350 LUNAR FLEXIBLE WHEEL PROTOTYPE.

[38] Leonard L. E. Whitaker. Stair Climbing Device [P], United Staites Patent, 3058754, Patented Oct. 16, 1962.

[39] 森田哲，高野政晴，井上健司，佐佐木健. 階段昇降移動ロボット TO-ROVER Ⅲ の開発研究. 精密工学会誌，Vol. 60, No. 10, 1994: 1495-1499.

[40] I Han. Development of a stair-climbing robot using springs and planetary wheels. Proc. IMechE Vol. 222 Part C: J. Mechanical Engineering Science, JMES1007 © IMechE2008. 1289-1296

[41] Giuseppe Quaglia, Walter Franco and Riccardo Oderio. Wheelchair. q, a mechanical concept for a stair climbing wheelchair. Proceedings of the 2009 IEEE International Conference on Robotics and Biomimetics. December 19-23, 2009, Guilin, China. 800-805

[42] Yong Yang, Huihuan Qian, Xinyu Wu, Guiyun Xu, and Yangsheng Xu. A Novel Design of Tri-star Wheeled Mobile Robot for High Obstacle Climbing. 2012 IEEE/RSJ International Conference on Intelligent Robots and Systems. October 7-12, 2012. Vilamoura, Algarve, Portugal, pp: 920~925

[43] Luis A. M. Riascos. A low cost stair climbing wheelchair. IEEE International Symposium on Industrial Electroics, v2015-September, p627-632, September 28, 2015, Proceedings-2015 IEEE 24th International Symposium on Industrial Electroics, ISIE 2015

[44] 越山篤，山藤和男. 全方向形移動ロボットの制御に関する研究（第 1 報，球状ロボットのコンセプトとロールおよび走行制御）. 日本儀械学会論文集（C 编），58 巻 548 号（1992-4），論文 No. 91-0696A

[45] Atsushi Koshiyama, Kazuo Yamafuji. Design and Control of and All-Direction Steering Type Mobile Robot. The International Journal of Robotics Research. Vol. 12, No. 5, October 1993, pp. 411-419, Massachusetts Institute of Technology.

[46] Halme, A., Schönberg, T., Wang, Y.: Motion control of a spherical mobile robot. In: Proceedings of IEEE International Workshop on Advanced Motion Control, Japan, 100-106（1996）

[47] Halme A., Suomela J., Schönberg T. et al. A spherical mobile micro-robot for scientic applications. Technical Report, Automation Technology Laboratory, Helsinki University of Technolo-

gy, 1996.

[48]　H. Benjamin Brown, Jr. , Yangsheng Xu. A Single-Wheel, Gyroscopically Stabilized Robot. Proceedings of the 1996 IEEE International Conference on Robotics and Automation. Minneapolis, Minnesota-April 1996. 3658-3663.

[49]　Shourov Bhattacharya, Sunil K. Agrawal. Design, Experiments and Motion Planning of a Spherical Rol ing Robot. Proceedings ot the 2000 IEEE International Conference on Robotics&Autbomation. San Francisco, CA · April 2000. 1207-1212.

[50]　Shourov Bhattacharya, Sunil K. Agrawal. Spherical Rolling Robot: A Design and Motion Planning Studies. IEEE TRANSACTIONS ON ROBOTICS AND AUTOMATION, VOL. 16, NO. 6, DECEMBER 2000. 835-839.

[51]　Antonio Bicchi, Andrea Balluchi, Domenico Prat tichizzo, et al. Introducing the "SPHERICLE": an Experimental Testbed for Research and Teaching in Nonholonomy. Proceedings of the 1997 IEEE International Conference on Robotics and Automation Albuquerque, New Mexico-April 1997. 2620-2625.

[52]　J Alves, J Dias. Agrawal. Design and control of a spherical mobile robot. 2003 Proceedings of the Institution of Mechanical Engineers Part I Journal of Systems&Control Engineering. Vol. 217 Part I: J. Systems and Control Engineering. 457-467.

[53]　Amir Homayoun Javadi A, Puyan Mojabi. Introducing August: A Novel Strategy for An Omnidirectional Spherical Rolling Robot. Proceedings of the 2002 IEEE International Conference on Robotics&Automation. Washington, DC May 2002. 3527-3533.

[54]　Richard Chase, Abhilash Pandya. A Review of Active Mechanical Driving Principles of Spherical Robots. Robotics 2012, 1, 3-23; doi: 10. 3390/robotics1010003

[55]　越山篤，山藤和男. 全方向形移動ロボットの制御に関する研究（第 2 報，姿勢安定化および坂道走行に関する解析と実験）. 日本儀械学会論文集（C 編），58 巻 548 号（1992-4），論文 No. 91-0828A

[56]　越山篤，山藤和男. 全方向形移動ロボットの制御に関する研究（第 3 報，旋回走行の動作原理，制御法および実験）. 日本儀械学会論文集（C 編），58 巻 548 号（1992-4），論文 No. 91-0942A

[57]　越山篤，藤井邦英，有田恒一郎. 全方向形移動ロボットの制御に関する研究（第 4 報，完全球形ロボットの機構,動作原理，制御法および実験結果）. 日本儀械学会論文集（C 編），62 巻 602 号（1996-10），論文 No. 95-1042

[58]　H. Benjamin Brown, Jr. , Yangsheng Xu. A Single-Wheel, Gyroscopically Stabilized Robot. IEEE Robotics&Automation Magazine. September 1997. 39-44.

[59]　Enrique D. Ferreira, Shu-Jen Tsai, Christiaan J. J. Paredis&H. Benjamin Brown. Control of the Gyrover: a single-wheel gyroscopically stabilized robot. Advanced Robotics, 14: 6, 459-475, DOI: 10. 1163/156855300741951

[60]　Yangsheng Xu, Samuel Kwok-Wai Au. Stabilization and Path Following of a Single Wheel Robot. IEEE/ASME TRANSACTIONS ON MECHATRONICS, VOL. 9, NO. 2, JUNE 2004. 407-419.

[61]　Liangqing Wang, Hanxu Sun, Qingxuan Jia, et al. "Positioning approach of a spherical rolling robot," Proc. SPIE 6006, Intelligent Robots and Computer Vision XXIII: Algorithms, Techniques,

and Active Vision, 60061C（24 October 2005）; doi: 10. 1117/12. 629404

[62] R. S. Ortigoza, M. M. Aranda, G. S. Ortigoza, et al. Wheeled Mobile Robots: A Review. IEEE LATIN AMERICA TRANSACTIONS, VOL. 10, NO. 6, DECEMBER 2012. 2209-2217.

[63] G. Campion, G. Bastin and B. D'Andréa-Novel, "Structural properties and classification of kinematic and dynamic models of wheeled mobile robots", IEEE TRANSACTIONS ON ROBOTICS AND AUTOMATION, VOL. 12, NO. 1, FEBRUARY 1996. 47-62.

[64] G. Campion, W. Chung, "Wheeled robots", Chapter 17 in: Handbook of Robotics （B. Siciliano, O. Khatib, eds.）, Springer, 391-410, 2008.

[65] P. F. Muir and C. P. Neuman, "Kinematic modeling for feedback control of an omnidirectional wheeled mobile robot," in Proc. IEEE Conf. Robotics and Automation, 1987, 1772-1778.

[66] G. Bastin and G. Campion, "On adaptive linearizing control of omnidirectional mobile robots," in Proc. MTNS 89, Progress in Systems and Control Theory 4, Amsterdam, vol. 2, 531-538.

[67] J. P. Laumond, "Controllability of a multibody mobile robot," ICAR, Pisa, Italy, 1991, 1033-1038.

[68] C. Helmers, "Ein Hendenleben,（or, A hero's life）," Robotics Age, vol. 5, no 2, 7-16, Mar. 1983.

[69] C. Balmer, "Avatar: A home built robot," Robotics Age, vol. 4, no 1, 20-25, Jan. 1988

[70] J. M. Holland, "Rethinking robot mobility," Robotics Age, vol. 7, no 1, 26-30, Jan. 1988.

[71] Ramiro Vela'zquez, Aime' Lay-Ekuakille. A Review of Models and Structures for Wheeled Mobile Robots: Four Case Studies. The 15th International Conference on Advanced Robotics. Tallinn University of Technology, Tallinn, Estonia, June 20-23, 2011. 524-529.

[72] Daisuke Inoue, Kazunori Ohno, Shinsuke Nakamura, et al. Whole-Body Touch Sensors for Tracked Mobile Robots Using Force-sensitive Chain Guides. Proceedings of the 2008 IEEE International Workshop on Safety, Security and Rescue Robotics Sendai, Japan, October 2008: 72-76.

[73] Daisuke Inoue, Masashi Konyo, Kazunori Ohno, et al. Contact Points Detection for Tracked Mobile Robots Using Inclination of Track Chains. Proceedings of the 2008 IEEE/ASME International Conference on Advanced Intelligent Mechatronics. July 2-5, 2008, Xi'an, China: 194-199.

[74] Toyomi Fujita, Takanishi Shoji. Development of a Rough Terrain Mobile Robot with Multistage Tracks. 978-1-4799-2722-7/13/$ 31. 00 © 2013 IEEE

[75] Hiroki Takeda, Zhi-Dong Wang, Kazuhiro Kosuge. Teleoperation System for Two Tracked Mobile Robots Transporting a Single Object in Coordination Based on Function Allocation Concept. S. Yuta et al.（Eds.）: Field and Service Robotics, STAR 24, 333-342, 2006.

[76] LUO Zi-rong（罗自荣）, SHANG Jianzhong（尚建忠）, ZHANG Zhi-xiong（张志雄）. A reconfigurable tracked mobile robot based on four-linkage mechanism. J. Cent. South Univ. （2013）20: 62-70. DOI: 10. 1007/s11771-013-1460-8.

[77] Marc Neumann, Thomas Predki, Leif

Heckes, et al. Snake-like, tracked, mobile robot with active flippers for urban search-and-rescue tasks. Industrial Robot: An International Journal. Vol. 40, No. 3（2013）246-250. Emerald Group Publishing Limited [ISSN 0143-991X], [DOI 10. 1108/01439911311309942].

[78] Patrick Labenda, Tim Sadek, Thomas Predki. CONTROLLED MANEUVERABILITY OF AN ARTICULATED TRACKED MOBILE ROBOT. Proceedings of the ASME 2010 International Design Engineering Technical Conferences&Computers and Information in Engineering Conference IDETC/CIE 2010, August 15-18, 2010, Montreal, Quebec, Canada: 1-7.

[79] Nikolaos G. Bourbakis. Kydonas——An Autonomous Hybrid Robot: Walking and Climbing. IEEE Robotics&Automation Magazine. June 1998: 52-59.

[80] S. Hirose and H. Takeuchi, Study on roller-walk, IEEE ICRA, MN, April 1996, 3265-70.

[81] 遠藤玄，広瀬茂男. ローラーウォーカーに関する研究: システムの構成と基本的動作実験. 日本ロボット学会誌 Vol. 18 No. 2, 2000: 270～277.

[82] 遠藤玄，広瀬茂男. ローラーウォーカーに関する研究: 基本的運動の生成と自立推進実験. 日本ロボット学会誌 Vol. 18 No. 8, 2000: 1159～1165.

[83] Yusuke Ota, Kan Yoneda, Tatsuya Tamaki, et al. A Walking and Wheeled Hybrid Locomotion with Twin-Frame Structure Robot. Proceedings of the 2002 IEEE/RSJ Intl. Conference on Intelligent Robots and Systems. EPFL, Lausanne, Swilzerland, October 2002: 2645-2651.

[84] Li-Han Pan, Che-Nan Kuo, Chun-Yi Huang, and Jui Jen Chou. The Claw-Wheel Transformable Hybrid Robot with Reliable Stair Climbing and High Maneuverability. 2016 IEEE International Conference on Automation Science and Engineering（CASE）, Fort Worth, TX, USA, August 21-24, 2016: 233-238.

[85] Konstantinos Karakasiliotis, Leonidas Kagkarakis and Michail G. Lagoudakis. Chlorochlamys Loop-like Locomotion: Combining Crawling and Climbing Robotics. Proceedings of the 2007 IEEE International Conference on Robotics and Biomimetics December 15-18, 2007, Sanya, China: 978-983

[86] Korhan Turker, Inna Sharf and Michael Trentini. Step Negotiation with Wheel Traction: A Strategy for a Wheel-legged Robot. 2012 IEEE International Conference on Robotics and Automation RiverCentre, Saint Paul, Minnesota, USA, May 14-18, 2012: 1168-1174.

[87] J. Smith, I. Sharf, and M. Trentini, "PAW: a hybrid wheeled-leg robot," Proceedings-IEEE International Conference on Robotics and Automation, pp. 4043-4048, 2006.

[88] J. Smith, I. Sharf, and M. Trentini, "Bounding gait in a hybrid wheeled-leg robot," IEEE International Conference on Intelligent Robots and Systems, pp. 5750-5755, 2006.

[89] Luca Bruzzone, Pietro Fanghella. Mantis: hybrid leg-wheel ground mobile robot. Industrial Robot: An International Journal. Volume 41 · Number 1 · 2014 · 26-36.

[90] Luca Bruzzone and Pietro Fanghella. Functional Redesign of Mantis 2. 0, a Hybrid Leg-Wheel Robot for Surveil-

lance and Inspection. J Intell Robot Syst (2016) 81: 215-230. DOI 10. 1007/s10846-015-0240-0.

[91] Luca Bruzzone, Pietro Fanghella, and Giuseppe Quaglia. Experimental Performance Assessment of Mantis 2, Hybrid Leg-Wheel Mobile Robot. Int. J. ofAutomationTechnology. Vol. 11No. 3, 2017: 396-397.

[92] Luca Bruzzone and Pietro Fanghella. Mantis Hybrid Leg-Wheel Robot: Stability Analysis and Motion Law Synthesis for Step Climbing. 978-1-4799-2280-2/14/$ 31. 00 © 2014 IEEE.

[93] Shigeo Hirose. Variable Constraint Mechanism and Its Application for Design of Mobile Robots. The International Journal of Robotics Research, Vol. 19, No. 11, November 2000, pp. 1126-1138.

[94] Giovanni Bonmartini. Rolling Device for Vehicles of Every Kind [P]. 2751259 patened June 19, 1956. Rome, Italy, assignor to "Est" Establissement Sciences Techniques, Vaduz, Liechtenstein, a company of Liechtenstein. Application January 19, 1954, Serial No. 405, 011.

[95] Gabriel L. Guinot, Le Plessis-Belleville. VEHICLE WITH IMPROVED STEERING DEVICE [P]. United States Patent Office, 3465843, Patented Sept. 9, 1969.

[96] Shigeo Hirose, Edward0 F. Fukushima, Riichiro Damoto and Hideichi Nakamoto. Design of Terrain Adaptive Versatile Crawler Vehicle HELIOS-VI. Proceedings of the 2001 IEEE/RSJ International Conference on Intelligent Robots and System. Maui, Hawaii, USA, Oct. 29-Nov. 03, 2001: 1540-1545.

[97] Kim, J., Kim, Y.-G., Kwak, J.-H., Hong, D.-H., and An, J.: Wheel&Track Hybrid Robot Platform for Optimal Navigation in an Urban Environment, Proceedings of the SICE Annual Conference, 881-884, 2010.

[98] Yoon-Gu Kim, Jinung An, Jeong-Hwan Kwak, and Jeon-Il Moon. Design and Development of Terrain-adaptive and User-friendly Remote Controller for Wheel-Track Hybrid Mobile Robot Platform. Journal of Institute of Control, Robotics and Systems (2011) 17 (6): 558-565 DOI: 10.5302/J. ICROS. 2011. 17. 6. 558 ISSN: 1976-5622 eISSN: 2233-4335.

[99] L. Bruzzone and G. Quaglia. Review article: locomotion systems for ground mobile robots in unstructured environments. Mechanical Sciences. 3, 49-62, 2012. www. mech-sci. net/3/49/2012/ doi: 10. 5194/ms-3-49-2012

[100] Dongkyu Choi, Jeong R Kim, Sunme Cho, Seungmin Jung, Jongwon Kim. Rocker-Pillar: Design of the Rough Terrain Mobile Robot Platform with Caterpillar Tracks and Rocker Bogie Mechanism. 2012 IEEE/RSJ International Conference on Intelligent Robots and Systems October 7-12, 2012. Vilamoura, Algarve, Portugal: 3405-3410.

[101] Dongkyu Choi, Youngsoo Kim, Seungmin Jung, Hwa Soo Kim, Jongwon Kim. Improvement of step-climbing capability of a new mobile robot RHyMo via kineto-static analysis. Mechanism and Machine Theory, 114 (2017) 20-37.

[102] Wenzeng Guo, Shigong Jiang, Chengguo Zong, Xueshan Gao. Development of a Transformable Wheel-

track Mobile Robot and Obstacle-crossing Mode Selection. Proceedings of 2014 IEEE International Conference on Mechatronics and Automation, August 3-6, Tianjin, China: 1703-1708

[103] 郭文增，姜世公，戴福全，等. 小型轮/履变结构移动机器人设计及越障分析. 北京理工大学学报. 第 35 卷第 2 期，2015 年 2 月：144-165.

[104] Wenzeng Guo, Yu Mu, Xueshan Gao. Step-climbing Ability Research of a Small Scout Wheel-track Robot Platform. Proceedings of the 2015 IEEE Conference on Robotics and Bi-omimetics, Zhuhai, China, December 6-9, 2015: 2097-2102.

[105] Wang Furui; Wang Dexin; Dong Er-bao; Chen Haoyao; Du Huasheng; Yang Jie. THE STRUCTURE DESIGN AND DYNAMICS ANALYSIS OF AN AUTONOMOUS OVER-OBSTACLE MOBILE ROBOT. 0-7803-9484-4/051 $ 20. 00 © 2005 IEEE: 248-253.

[106] Toyomi Fujita, Yuichi Tsuchiya. DE-VELOPMENT OF A QUADRUPED TRACKED MOBILE ROBOT. Pro-ceedings of the ASME 2015 Interna-tional Design Engineering Technical Conferences&Computers and Infor-mation in Engineering Conference, IDETC/CIE 2015, August 2-5, 2015, Boston, Massachusetts, USA: 1-8.

[107] Francois Michaud, Dominic Letourneau, Martin Arsenault, Yann Bergeron, Richard Cadrin, Frederic Gagnon, Marc-Antoine Legault, Mathieu Mille-tte, Jean-Francois Pare, Marie-Christine Tremblay, Pierre Lepage, Yan Morin, Serge Caron, " AZI-MUT: a multimodal locomotion robot-ic platform, " Proc. SPIE 5083, Un-manned Ground Vehicle Technology V, (30 September 2003); doi: 10. 1117/12. 497283; 101-112.

[108] FRANC OIS MICHAUD, DOMINIC L'ETOURNEAU, MARTIN ARSENAULT, YANN BERGERON, RICHARD CADRIN, FR'ED'ERIC GAGNON, MARC-ANTOINE LEGAULT, MATHIEU MILLETTE, JEAN-FRANC, OIS PAR'E, MARIE-CHRIS-TINE TREMBLAY, PIERRE LEP-AGE, YAN MORIN, JONATHAN BIS-SON AND SERGE CARON. Multi-Modal Locomotion Robotic Platform Using Leg-Track-Wheel Articulations. Autonomous Robots 18, 137-156, 2005, 2005 Springer Science + Business Media, Inc. Manufactured in The Netherlands.

[109] Yuhang Zhu, Yanqiong Fei, Hong-wei Xu. Stability Analysis of a Wheel-Track-Leg Hybrid Mobile Robot. J In-tell Robot Syst (2018) 91: 515-528. https: //doi. org/10. 1007/s10846-017-0724-1.

[110] Xingguang DUAN, Qiang HUANG, Nasir RAHMAN, Jingtao LI and Qinjun DU. Modeling and Control of a Small Mobile Robot with Multi-Locomotion Modes. Proceedings of the Sixth Interna-tional Conference on Intelligent Systems Design and Applications (ISDA'06).

[111] Fukuda, T., Hosokai, H., Kondo, Y.: Brachiation type of mobile robot. In: Proceedings of the IEEE International Conference on Advanced Robotics, pp. 915-920 (1991).

[112] Hasegawa, Y., Ito, Y., Fukuda, T.: Behavior coordination and its modifi-cation on brachiation-type mobile ro-bot. In: Proceedings of the IEEE In-ternational Conference on Robotics and Automation, pp. 3984-3989

（2000）.

[113] WU WEIGUO, HASEGAWA Y, FUKU-DA T. ゴリラ型ロボットの机构设计及び起き上がり动作の基础研究 [C]// RSJ2000, つくば: RSJ, 2000.

[114] WU WEIGUO, HASEGAWA Y, FUKU-DA T. Standing up motion control of a gorilla robot for a transition from quadruped locomotion to biped walking [C]// ROBOMEC2001, Kagawa: JSME, 2001.

[115] WU WEIGUO, HASEGAWA Y, FUKU-DA T. Walking model shifting control from biped to quadruped for a gorilla robot [C]//Proceedings of the 40th SICE Annual Conference, Nagoya: IEEE, 2001: 130-135.

[116] FUKUDA T, HASEGAWA Y, SEKIYAMA K, et al. Multi-locomotion robotic systems-new concepts of bio-inspired robotics [J] . Springer Tracts in Advanced Robotics, 2012, 81: 79-81.

[117] KOBAYASHI T, SEKIYAMA K, AOYAMA T, et al. Cane-supported walking by humanoid robot and falling-factor-based optimal cane usage selection [J]. Robotics and Autonomous Systems, 2015, 68: 21-35.

[118] Timothy Bretl. Motion Planning of Multi-Limbed Robots Subject to Equilibrium Constraints: The Free-Climbing Robot Problem. The International Journal of Robotics Research, Vol. 25, No. 4, April 2006, pp. 317-342; DOI: 10. 1177/0278364906063979.

[119] DeDonato M, Dimitrov V, Du Ruixiang, et al. Human-in-the-loop control of a humanoid robot for disaster response: a report from the DARPA robotics challenge trials [J] . Journal of Field Robotics, 2015, 32 (2): 275-292.

[120] Nakayama, R.; Sato, K.; Okada, S.; Hozumi, H.; Abe, A.; Okano, H. Development of mobile Maintenance Robot System 'AIMARS', Proceedings of the USA-Japan Symposium on Flexible Automation-Crossing Bridges: Advances in Flexible Automation and Robotics, July 18, 1988-July 20, 1988: 645-650.

[121] 早稻田大学ヒューマノイドプロジェクト编著. 人间型ロボットのはなし. 日刊工業新聞社, 1996. 6. 30 第 1 版: 163-168.

[122] Kohei Nozaki, Toshiyuki Murakami. A Motion Control of Two-wheels Driven Mobile Manipulator for Human-Robot Cooperative Transportation. 978-1-4244-4649-0/09/$ 25. 00 © 2009 IEEE, 2009: 1574-1579.

[123] Mike Stilman Jiuguang Wang Kasemsit Teeyapan Ray Marceau. Optimized Control Strategies for Wheeled Humanoids and Mobile Manipulators. 9th IEEE-RAS International Conference on Humanoid Robots, December 7-10, 2009 Paris, France: 568-573.

[124] H. -Z. Yang, K. Yamafuji, T. Tanaka and S. Moromugi. Development of a Robotic System which Assists Unmanned Production Based on Cooperation between Off-Line Robots and On-line Robots. Part 3. Development of an Off-Line Robot, Autonomous Navigation, and Detection of Faulty Workpieces in a Vibrating Parts Feeder. International Journal Advanced Manufacturing Technology, (2000) 16: 582-590.

（转至 407 页）

第2章

工业机器人操作臂系统设计基础

2.1 工业机器人操作臂的组成与用途

机器人学是集机械学、力学、自动控制理论、人工智能科学等等多个学科领域交叉发展起来的学问，而机器人技术则是集机械系统设计与制造技术、计算机控制技术、伺服电动机驱动与控制技术、计算机网络技术、自动控制理论与技术、传感器技术、人工智能理论与技术、神经科学等等多技术领域而成的自动化机械系统。目前，工业机器人操作臂作为机电一体化、自动化系统的典型代表，其产业化以及应用的普及程度已经成为现代制造业自动化技术发展的重要标志。因此，本章主要讲述工业机器人操作臂系统设计。

2.1.1 工业机器人操作臂的用途与作业形式

（1）用途

工业机器人操作臂是目前被使用的机器人中应用最为广泛的、最为普遍的形态。其中在工厂内用于装配、焊接、喷漆、搬运作业等等用途的产品化操作臂被称为工业机器人操作臂，常用的机器人外观如图 2-1 所示。

通常操作臂的关节分为回转关节和直线移动关节两类。回转关节又分为回转轴线与杆件同向的回转关节和回转轴线与杆件垂直的回转关节两种。各类关节模型如图 2-2 所示，图（a）（b）所示的都是由回转副构成的回转关节，但图（a）所示两杆件间的相对回转是绕两杆的公共轴线回转的，即关节回转轴线与两杆件同轴线；图（b）所示则是关节回转轴线与两杆件皆垂直；图（c）、（d）所示都是由 1 自由度移动副构成的直线移动关节，但图（c）所示是两杆件相对移动方向与杆件平行，而图（d）所示则是移动方向与一个杆件平行，而与另一杆件垂直。将各类操作臂作为连杆机构来分析其特性的情况下，基本上都是用这些模型来表示的，连接关节与关节的"线"表示杆件。例如图 2-1 中照片所示各机器人操作臂实物的机构原理可以用如图 2-3 所示的各相应机构模型来表示其机构构成，根据这些对实物进行理论抽象和简化而成的机构模型很容易理解机构运动的原理，且一目了然。

(a) 点焊用焊接机器人

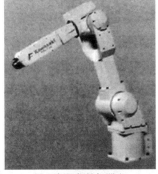
(b) 弧焊用焊接机器人

(c) 装配用机器人

(d) 喷漆用机器人

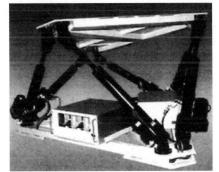
(e) Steward Platform并联机构机器人

图 2-1　各种常用的工业机器人操作臂实例照片

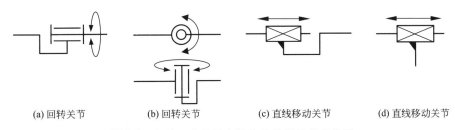

(a) 回转关节　　　(b) 回转关节　　　(c) 直线移动关节　　　(d) 直线移动关节

图 2-2　各种工业机器人操作臂常用的关节类型

　　图 2-1 所示的各种操作臂，分别是预定用在点焊、弧焊、装配、喷漆等方面的。这是因为都是以各自作业特征易于实现的机构和控制系统为目标进行设计的。但是，这并不意味着这些机器人不能用于其他用途，只是对于它们自己对应的作业用起来"得心应手"，具有更好的作业适应性。这里所说的作业适应性具体应如何看待呢？下面加以解说。

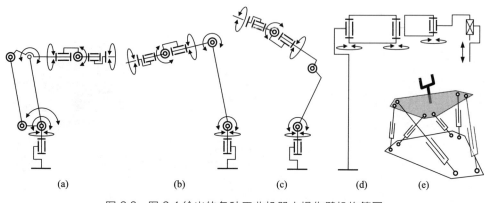

图 2-3   图 2-1 给出的各种工业机器人操作臂机构简图

（2）作业形式

① 点焊作业和焊接作业   点焊作业——该作业是汽车车体组装时所需要的。如图 2-4 所示，多数汽车车体都是由类似于侧面、顶棚、天窗、底面等板状金属贴合而成的。板贴合时，板与板的结合由点焊连接而成。如图 2-5（a）所示，两块板连接时相互搭接少许后每隔一定间隔打焊点，焊点数多达上千个，需要由一台点焊操作臂完成多点焊接。因此，对于点焊操作臂，追求的目标是由某点快速移动到下一个点又快速停止。

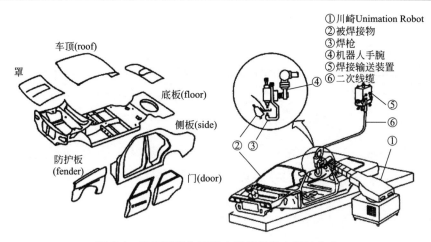

图 2-4   汽车装配生产线上焊接机器人焊接作业

另外，狭窄空间内不能设置多台操作臂。因此，为使相邻操作臂在作业中不发生碰撞，只手爪部分小范围动作成为设计要点。另外，由作业特点可知，焊接时对位姿精度要求不高。

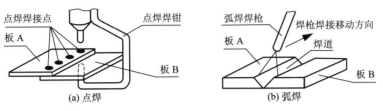

图 2-5　点焊和弧焊

弧焊作业——是指两块并排无间隙的板用焊料滞留在焊缝间，如图 2-5（b）所示。弧焊作业操作臂工作时每分钟移动几厘米，非常慢。可是，必须一边保证工具（焊枪）末端准确的目标速度和姿态，一边进行良好精度的位置轨迹追踪。

② 装配作业　一般是往输送带上送来的基板的孔中插入零件。为实现这一作业，把持零件的机器人操作手的位置精度要高，如果偏离了预先确定好的基板侧孔的位置则装配失败。可是，普通的输送带上装载的基板的位置精度不太高。如图 2-6 所示的就是机器人操作手将要将零件插入偏离了基板孔的位置的时刻，正好是零件底面的一部分已经碰到了孔的倒角部分的状态。如果这样继续插入孔中，则机器人必须在水平方向上产生位移才行。也即为实现插孔动作，需要机器人具有在垂直方向上运动要"硬"、而在水平方向上要"柔顺"的机构。为此，什么样的机构合适呢？图 2-1（c）所示的机器人就是为达到这一作业目的而开发的。

SCARA 型机器人操作臂：被称为 SCARA（selected compliance assembly robot arm）型机器人的机构如图 2-7 所示，各关节轴线皆为垂直方向。这些关节回转轴皆相对于扭转方向呈易于扭转的构造。而且，各个杆件的纵向断面具有纵向很长的特点，杆件断面呈长方形的情况下，对于杆件负载的刚度与边长的三次方成正比。总之，轴、杆件在垂直方向上没有变形且能产生大出力，与此相反，水平方向上出力小而且产生变形较大。因此，这种机构可实现适于作为装配用途的、高刚度的操作臂。

③ 喷漆作业　喷漆作业用的工业机器人操作臂是在其末端机械接口上安装喷枪，如图 2-1(d) 所示操作臂各关节驱动各臂回转，各回转运动耦合在一起带动喷枪按规划好的喷漆路径进行喷漆作业。因此，与弧焊类似，必须一边保证工具（喷枪）末端准确的目标速度和姿态，一边进行良好精度的位置轨迹追踪连续路径即 CP（continue path）控制。

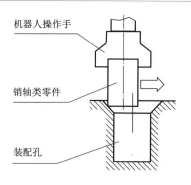

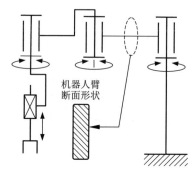

图 2-6　零件插孔装配示意图　　　图 2-7　SCARA 型装配用机器人操作臂机构简图

④ 物体搬运作业　物体搬运作业一般可以做简单的点位控制即所说的 PTP（point-to-point）控制方式。搬运作业用机器人操作臂末端接口处需安装有手爪或抓持器，手爪或抓持器用来抓持住重物，然后由操作臂带动手爪或抓持器抓持的重物从一个起始位置运送到期望的目标位置，除这两点位之间有障碍须回避要考虑移动路径之外，一般不需要特别地考虑起点与目标点之间的路径规划问题。

2.1.2　工业机器人操作臂系统组成

工业机器人操作臂的组成一般分为三大部分，包括：机械系统（即机械本体）、控制系统和驱动系统，如图 2-8 所示是辛辛那提公司（Cincinnati Milacron Company）的 T^3 型工业机器人操作臂组成。机械系统按控制系统发出的指令进行运动，驱动机械系统各个关节运转的驱动力由驱动系统提供。

（1）机械系统

机械系统通常所说的机械本体，可分为基座、腰部、肩部（即肩关节）、上臂（即大臂）、肘部（即肘关节）、前臂（即小臂）、腕部（即腕关节）和腕部机械接口部（即末端操作器机械接口部）。其中，基座、腕部的机械接口分别与安装机器人操作臂本体在其他设备上的接口和末端操作器接口相连接。由于工业机器人操作臂作业即使是作业对象要求精度不高的情况下也需要在设计时保证一定的操作重复定位精度，而且各杆件（即臂杆）是经过各关节串联在一起的开链机构，因此，在设计机械系统时必须考虑和保证从基座与基础机械接口开始至各个关节与臂杆逐次串联连接一直到腕部末端操作器机械接口之间所有串联环节的连接与定位精度。这是与通常的一般机械系统不同之处，而且对于机器人操作臂而言从基座开始至腕部末端操作器机械接口之间的精度设计链要做好精度设计的分配，否则将难以保证机器人操作臂的作业精度，不同的是作业不同，精度要求高低不同而已（注：此为结构设计时务必考虑的要点）。而且杆件与杆件之间、杆件与关节之间机械连接设计需要至少从轴向、径向、周向等至少三个以上方向去考虑定位精度设计问题。

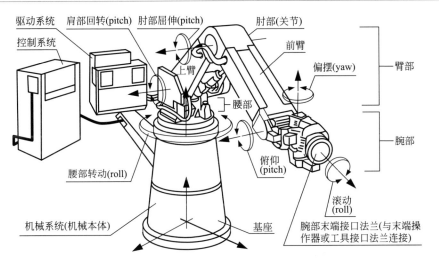

图 2-8　T^3 型工业机器人操作臂系统组成及其各关节运动描述

（2）控制系统的基本原理

① 在给定机器人操作臂机构构型的情况下，推导出末端操作器在现实物理世界三维几何空间中的运动与各关节运动之间的数学关系，并通过编写其计算机程序对期望末端操作器运动下的各关节运动轨迹（即各关节角度、角速度、角加速度随时间的变化）进行计算。

② 通过各关节机械传动系统传动比将各关节换算成各驱动元部件如各关节驱动电动机转角随时间变化量，并将其作为参考指令通过电动机控制器（单片机或上位计算机）变成数字信号传给伺服驱动器（如电动机伺服驱动器）进行功率放大变换成控制驱动电动机的电压或电流量以控制电动机的转角位置、转速或输出力矩。

③ 通过各关节驱动元件（如电动机）输出轴上安装的位置传感器（或安装在各关节上的位置传感器）检测驱动元件运动位置信号反馈给电动机控制器以及伺服驱动器以构成 PID 控制方式。

以上是机器人操作臂最基本的关节轨迹追踪控制原理。高速高精度机器人操作臂的控制系统设计还需考虑逆动力学、鲁棒控制以及自适应控制、力控制等更深入的控制理论与方法，此处不再赘述！详见本书第 6 章 6.2～6.7 节一般工业机器人操作臂制造商们在出厂时都已配置好操作臂控制的软硬件系统，用户只要按着用户手册使用和编程即可。

（3）驱动系统

驱动系统包括驱动元部件系统（如电动机等原动机及其伺服驱动器）、传动机构。原动机在控制系统控制下驱动关节传动系统和臂杆运转。一般工业机器人操作臂采用电驱动的较多，当然也有采用液压、气动等驱动方式和原理的操作臂。这里，主要介绍电动机驱动的操作臂。用于机器人操作臂关节驱动的电动机与通常机械设备（如带式运输机）驱动用电动机不同，为控制电动机。电动机驱动的工业机器人操作臂常用的电动机包括直流伺服电动机、交流伺服电动机以及步进电动机、力矩电动机、小功率同步电动机等，它们的特点是精度高、可靠性好、能以较宽的调速范围适应机器人关节运动速度需要，而且工业用电易于使用和变换；液压驱动输出功率大、惯量小、压力和流量容易控制，通常用于负载较大或需要防爆的场合下；气动驱动成本较低，污染小，常用于较为简单、负载较轻和定位精度要求不太高的场合下。

上述三个组成部分是工业机器人操作臂最基本的组成，但是，随着智能机器人技术的发展，工业机器人操作臂同样也在智能化对象范畴之内，因此，作为智能机器人操作臂，还应包括感知系统和决策系统两部分，此处不再详述。

2.2 工业机器人操作臂机构形式

2.2.1 工业机器人操作臂机构构型与分类

确定三维几何空间中任何一个物体的位置和姿态一般需要相对于坐标原点在 x、y、z 三个坐标轴上的位置分量和分别相对于这三个坐标轴的姿态角总共 6 个位姿分量，因此，一般的工业机器人操作臂通常设计成具有 6 个自由度的杆件串联机构形式，其中靠近基座的腰部、肩关节、肘关节上的这三个自由度一般用来确定腕部中心处点的位置，而腕部的三个自由度用来确定手腕部机械接口处安装的末端操作器的姿态，从而通过 6 个关节的运动带动操作臂及腕部运动实现末端操作器期望的位置和姿态。

（1）机器人关节机构类型

一般情况下机器人机构是由刚性的杆件经关节连接而成的。连接杆件的部分为关节，如图 2-9 所示。关节的一般类型有回转关节、移动关节，回转关节又可以按着回转副回转轴线与被连接杆件的位置关系是垂直的还是成一直线的分为

图 2-9(a)、(b) 所示的两种；类似地，移动副构成的移动关节也可分为图 2-9 (c)、(d) 所示的两种。

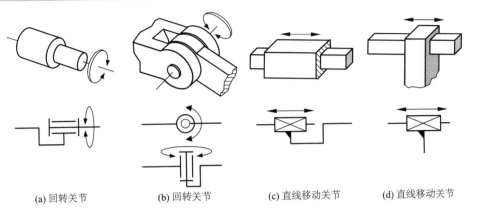

(a) 回转关节　　　(b) 回转关节　　　(c) 直线移动关节　　　(d) 直线移动关节

图 2-9　各种工业机器人操作臂常用的关节机构类型的示意图
（上：关节示意图；下：关节机构的运动副表示）

(2) 机器人操作臂的坐标系类型

① 直角坐标系（cartesian coordinates system）：只有移动关节的机器人操作臂，直接构成 x、y、z 坐标轴，如图 2-10(a) 所示。

② 极坐标系〔polar（spherical）coordinates system〕：伸缩式机器人操作臂，在伸缩式关节运动上附加上下回转和整体回转运动，如图 2-10(b) 所示。

③ 圆柱坐标系（cylindrical coordinates system）：伸缩和上下运动的机器人操作臂，在伸缩和上下运动上附加整体回转运动，如图 2-10(c) 所示。

④ 关节坐标系〔articulated（multi-joint）type〕：多关节型机器人操作臂，又可分为垂直多关节型和水平多关节型两类，如图 2-10(d)、(e) 所示。

上述四类常用的操作臂坐标系形式下相应的 3 自由度机构可以作为 6 自由度工业机器人操作臂的前 3 个自由度不带腕部的操作臂（用来确定带有腕部操作臂腕部关节中心处的位置），在该操作臂末端杆件上加上带有 3 个自由度的腕关节就构成 6 自由度操作臂。

(3) 适用于工业机器人操作臂 3 自由度腕部的机构形式

① RPR（roll-pitch-roll）机构形式，如图 2-11(a) 所示；

② 差动齿轮机构形式，如图 2-11(b) 所示；

③ 球形关节机构形式，如图 2-11(c) 所示。

目前制造商设计、制造的工业机器人操作臂腕部机构形式多为 RPR 型腕，如 ABB、MOTOMAN、KUKA、PUMA 等工业机器人操作臂都是如此。

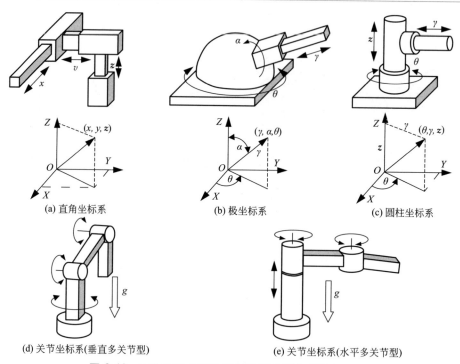

(a) 直角坐标系　　　　(b) 极坐标系　　　　(c) 圆柱坐标系

(d) 关节坐标系(垂直多关节型)　　　　(e) 关节坐标系(水平多关节型)

图 2-10　工业机器人操作臂的坐标系形式（图中 g 及
垂直向下的空心箭头表示重力加速度大小及方向）

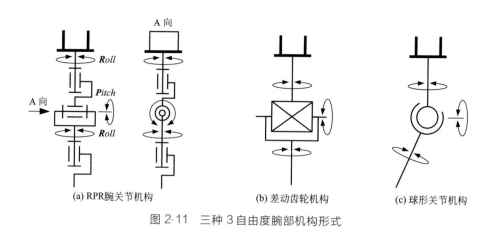

(a) RPR腕关节机构　　　　(b) 差动齿轮机构　　　　(c) 球形关节机构

图 2-11　三种 3 自由度腕部机构形式

（4）末端操作器中心点的定义

一般情况下，机器人操作臂的控制都需要首先研究其安装在末端杆件上的末端操作器的位置和姿态。但是由于作业不同，末端操作器往往需要更换，并不是机器人操作臂上固有的，因此，通常把末端操作器的中心设在其根部的安装位置处，如图 2-12 所示，该位置被称为机器人操作臂与末端操作器的机械接口（mechanical interface），因为末端操作器被连接在根部的前端，所以该处的位置和姿态比较易于处理同一操作臂不同作业情况下的运动学解析问题。

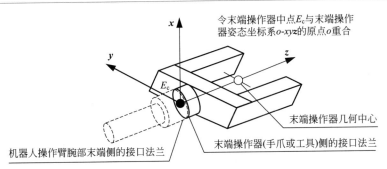

图 2-12　机器人操作臂末端操作器中心点与末端操作器机械接口中心点定义示意图

（5）"机构构型"与"机构构形"

① 工业机器人操作臂"机构构型"的概念：是指构成机器人操作臂的各个关节、杆件之间按着某种确定的方式连接而成确定机构的形式，换句话说就是具有确定的自由度个数、构成机构的关节类型以及各关节类型与各自由度之间配置关系、机构相邻杆件通过各关节的连接方式等等。机器人操作臂自由度数确定的情况下，如果构成操作臂关节的类型不同或者关节类型相同但被分配到相邻杆件间连接的位置不同，则得到的操作臂机构构型都是不同的。

② 工业机器人操作臂"机构构形"的概念：是指在机器人操作臂机构构型已确定的前提条件下，由各个关节运动带动各个杆件（臂杆）运动，运动过程中操作臂整体瞬时呈现的机构几何形态。"构型"与"构形"虽只有一字之差但表达的意思完全不同。对于机构构型已经确定的操作臂而言，在运动过程中可以形成无穷多个机构构形。

2.2.2　工业机器人操作臂中常用的机构构型

为便于叙述和说明，这里将 6 自由度以内工业机器人操作臂的自由度用 R（roll）、P（pitch）、Y（yaw）、T（translation）、S（spherical）等字母及符号"-"标记为 7 位以内字符串，按着其所在基座与臂部、腕部位置分为两部分如表示为 RPP-RPR，其中，前三位分别依次表示从基座开始向腕部的各关节运动类型，后三位分别依次表示腕部的 3 个自由度。

（1）机器人基座与臂部的机构构型

① RPP 型——滚动/俯仰/俯仰（广泛应用的回转关节型机器人操作臂）。

② RPRP 型——滚动/俯仰/滚动/俯仰（广泛应用的仿人操作臂）。

③ RRT 型——滚动/滚动/移动（SCARA 型）。

④ TTT 型——移动/移动/移动（直角坐标型）。

⑤ RPT 型——滚动/俯仰/移动（即极坐标型）。

⑥ TRR 型——移动/滚动/滚动。

⑦ PYR 型——俯仰/侧偏/滚动（全方位无奇异型）。

⑧ RTT 型——滚动/移动/移动（即圆柱坐标型）。

（2）腕部的机构构型

① 单自由度手腕：R 型、P 型。

② 2 自由度手腕：RP 型、RY 型、PR 型、PY 型。

③ 3 自由度手腕：RPR 型、RPY 型。

2.2.3　仿人手臂机构构型

（1）人类手臂作为机构看待的特点

如第 1 章中图 1-8 所示及所述，人类手臂带着五指的手可以完成复杂的操作运动，其中灵巧操作的能力主要体现在由 5 根手指以及有多块掌骨以及肌腱肌肉的手掌。人类手臂主要是带着手运动并一起承担载荷。如果把人类手臂看作机械系统的机构的话，可以认为由肩、肘、腕关节连接大臂、小臂的人类手臂具有 7 个自由度，其中肩部、肘、腕关节的自由度数分别为 3（或 2）、1（或 2）、3。肩关节、肘关节总共拥有 4 个自由度，至于肩 3、肘 1 还是肩 2、肘 2 在机构运动上没有什么本质区别，即将肩 3 时的肩部最后一个自由度归结在肩部最后一个自由度还是肘部最先的一个自由度只是归属问题，机构构成可以不变。另外人类手臂的肩、腕两个关节是不存在关节机构奇异问题的，可以看作是 pitch（俯仰）-yaw（偏摆）-roll（滚动）3 自由度关节机构；而非通常工业机器人操作臂的腰转 roll 与肩部 pitch 构成的串联 roll-pitch 机构和 3 自由度腕部的 roll-pitch-roll 关节机构。pitch-yaw-roll 3 自由度肩关节机构可以在关节运动空间（即 3 自由度关节运动合成下所能达到的所有运动范围，即姿态范围）内可以实现任意连续运动的姿态；而 roll-pitch 或 roll-pitch-roll 关节机构则不然，在关节前后的两个连杆伸展成一条直线或两杆平行的状态或该状态附近分别为机构奇异或近奇异状态。

（2）仿人手臂的机构构型

仿人手臂机构构型按着运动副与构件构成串联机构、并联机构的类型可以分为串联机构构型的仿人手臂机构、串/并联混合机构构型的仿人手臂机构两类机构构型；按着肘关节、腕关节是否偏置又可分为肘关节偏置型和非偏置型的仿人手臂机构两类，肘关节偏置型的机构可以获得更小的小臂与大臂的折叠角。在机构构成本质上偏置型与非偏置型没有本质区别，但是，在运动学求解与运动控制的初始构形上是有区别的，肘关节零偏置的仿人手臂机构在逆运动学分析和求解上使用一元二次方程即可，而肘关节零偏置型的仿人手臂机构逆运动学解析解则需要求解一元五次方程，最多可以得到四个有效的方程根。而最高只有到一元五次方程有解析解通解，高于五次的一元 n 次方程没有解析解通解。对于机器人操作臂运动控制而言，解析解是非常重要而实用的。因此，一般而言，用于工业机器人操作臂的机构构型一般都不会超过 7 个自由度，7 个自由度时需要在 1 个冗余自由度运动指定的情况下来用解析法求得 6 自由度机构逆运动学的解析解。常用的 7 自由度仿人手臂机构构型如图 2-13 所示。由于 PYR-P-PYR 型机构构型与 PYR-Y-PYR 或 YPR-P-YPR、YPR-Y-YPR、PYR-P-YPR 等机构构型只是自由度标记 P、Y 的差别而机构本身没有本质区别，所以，统一归为 PYR-P-PYR 一种构型即可。

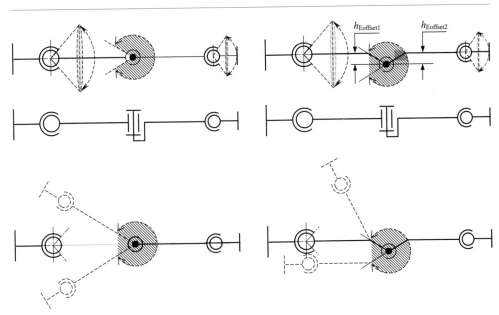

(a) 无肘关节偏置($h_{Eoffset1}=0$)、肩/腕关节皆为无
奇异球面副的7自由度仿人臂S-P-S机构
最简机构运动简图

(b) 肘关节偏置、肩/腕关节皆为3自由度无奇异球面
副的7自由度仿人臂(便于折叠)S-P-S
机构最简机构运动简图

图 2-13

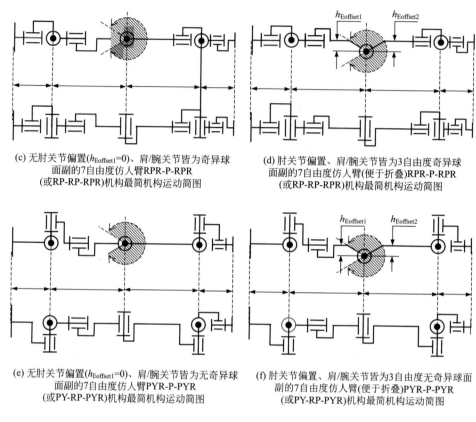

(c) 无肘关节偏置($h_{Eoffset1}$=0)、肩/腕关节皆为奇异球
面副的7自由度仿人臂RPR-P-RPR
(或RP-RP-RPR)机构最简机构运动简图

(d) 肘关节偏置、肩/腕关节皆为3自由度奇异球
面副的7自由度仿人臂(便于折叠)RPR-P-RPR
(或RP-RP-RPR)机构最简机构运动简图

(e) 无肘关节偏置($h_{Eoffset1}$=0)、肩/腕关节皆为无奇异球
面副的7自由度仿人臂PYR-P-PYR
(或PY-RP-PYR)机构最简机构运动简图

(f) 肘关节偏置、肩/腕关节皆为3自由度无奇异球面
副的7自由度仿人臂(便于折叠)PYR-P-PYR
(或PY-RP-PYR)机构最简机构运动简图

图 2-13　串联杆件的 7 自由度仿人手臂机构的 6 种机构构型图

仿人手臂并/串联混合式机构构型如图 2-14、图 2-15 所示。分为两类：一类
是肩、腕关节为并联机构、大小臂杆为串联机构的并/串联混合机构构型
[图 2-14(a)、(b)]。其中，图 2-14(a) 所示肩关节、腕关节皆为由三个移动副
支链机构并联在一起的 3 自由度并联机构；图 2-14(b) 所示肩、腕关节皆为由
pitch、yaw、roll 回转运动机构构成的 3 自由度并联机构，为笔者与蔡鹤皋院士
1993 年在美国的机械工程专家 Mark E. Rosheim 于 1989 年提出的全方位无奇异
pitch-yaw-roll 关节机构基础上解决其 pitch、yaw 运动机构干涉问题，而进一步
提出的双环解耦原理的新型并联关节机构，详见本书 3.3 节。此类 3 自由度关节
机构较图 2-14(a) 中所示由移动副支链铰链连接在两平台之间的 3 自由度关节机
构运动具有运动范围更大且机构与结构更加紧凑的特点；另一类则是大小臂的臂
杆本身为并联机构的并/串联混合机构构型，如图 2-15 所示，为仿人小臂右臂尺
骨和桡骨拧绞形成腕关节的 roll 自由度运动即 B 轴回转运动，以及肘关节屈伸

运动即小臂绕 A 轴的回转运动的杆件并联机构。

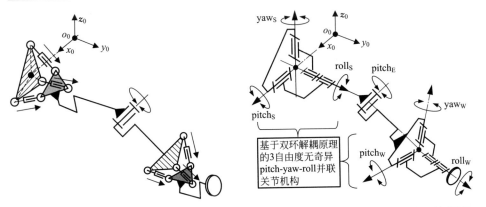

(a) 肩、腕关节皆为3自由度并联机构的仿人
手臂机构运动简图

(b) 肩、腕关节皆为3自由度全方位无奇异并联机构
的并/串联混合机构的仿人手臂机构运动简图

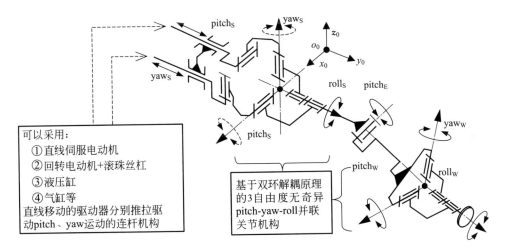

(c) 肩部采用直线移动驱动系统驱动的并联连杆机构、腕关节为回转驱动的3自由度全方位无奇异并联
机构的并/串联混合机构的仿人手臂机构运动简图

图 2-14　由并联关节机构、串联关节机构连接而成的
7自由度仿人手臂并/串联机构的机构构型图

　　这种仿人小臂尺骨与桡骨结构与机构的杆件并联机构是 1993 年由日本的远藤博史和和田充雄完全仿生人骨骼结构及运动提出并设计的，并采用模仿人类肌腱的金属丝和绳轮传动并由 DC 伺服电动机和张力传感器、电位计等传感系统来实现其 2 自由度的仿生运动控制[1]。

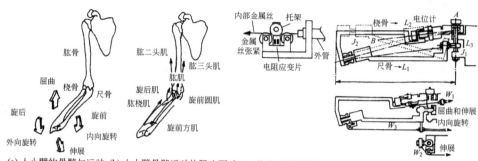

(a) 人小臂的骨骼与运动　(b) 人小臂骨骼运动的肌肉驱动　(c) 仿人小臂骨骼构成的并联机构及其绳驱动与传感器[1]

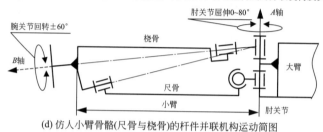

(d) 仿人小臂骨骼(尺骨与桡骨)的杆件并联机构运动简图

图 2-15　人臂骨骼与肌肉驱动的运动原理及仿人小臂尺骨与桡骨的杆件并联机构构型图

2.2.4　冗余、超冗余自由度机器人操作臂机构构型

冗余、超冗余自由度的机器人操作臂也称为通过多节多构件刚体间相对运动而获得整臂任意完全的柔性机器人操作臂，简称柔性臂。它是以刚体材质的构件间相对运动获得柔性，而非构件材质为弹性材料弹性体通过弹性变形来获得柔性的操作臂。这种冗余、超冗余自由度的机器人操作臂除了末端操作器作业外，还主要用来以任意的"柔性""变形"来适应复杂几何形状的环境或作业对象物，如以整臂的形态包围抓取对象物、回避障碍物、通过弯弯曲曲的通道或孔洞等进行检测或操作等等。这类机器人操作臂通常是分节和节与节之间串联连接构成的，因此，按着构成操作臂的节是单一构件（杆件）还是并联机构又可分为串联机构操作臂和并联机构的节与节之间串联而成的串/并联混合操作臂机构。

（1）平面机构构型

① 平面 n 自由度回转关节机器人操作臂串联机构：是通过多个轴线互相平行的回转副和相应的多个杆件之间串联而成的冗余、超冗余自由度机器人操作臂。其末端可以带有用来调整末端操作器姿态的 3 自由度 PYR 或 RPR 手腕机构，如图 2-16 所示。这种柔性操作臂的具体机构实现例之一为如图 2-17 所示的由日本茨城大学马书根等研制的 7 自由度平面机构操作臂[2]。

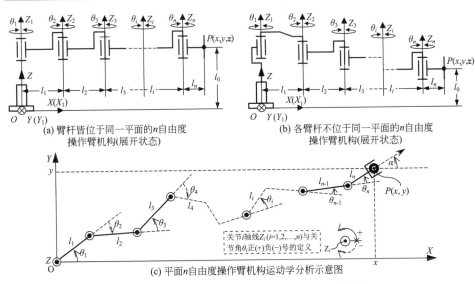

(a) 臂杆皆位于同一平面的n自由度
操作臂机构(展开状态)

(b) 各臂杆不位于同一平面的n自由度
操作臂机构(展开状态)

(c) 平面n自由度操作臂机构运动学分析示意图

图 2-16　平面 n 自由度操作臂机构及其运动分析

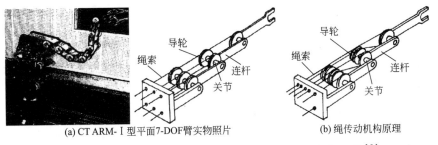

(a) CT ARM - I 型平面7-DOF臂实物照片

(b) 绳传动机构原理

图 2-17　CT ARM - I 型平面 7-DOF 臂及其绳传动机构原理 [2]

　　② 基于平面变几何桁架并联机构单元的串/并联混合超冗余自由度机器人操作臂机构构型。平面变几何桁架结构（variable geometry truss structure，VGT）单元是在原动机驱动下具有确定运动的桁架结构单元，一般由并行连接在两个端部构件之间的多个伸缩运动驱动元部件驱动，以改变两个端部构件之间的相对位置和姿态角。如图 2-18(a)、（b）所示的 3 自由度 VGT 单元，图(a) 所示为采用液压缸或气缸作为驱动元部件的 VGT 单元，图(b) 所示为采用带有光电编码器的 DC（或 AC）伺服电动机作为驱动部件经齿轮减速器、滚珠丝杠传动来实现直线伸缩运动的 VGT 单元。这种 3 自由度 VGT 单元并联机构一般运动范围和转动角度相对于前述的多自由度回转关节型并联机构单元的运动空间要小。由同样机构原理的多个 VGT 单元两两之间端头构件首尾串联在一起，便构成了基

于 VGT 并联机构单元"节"的串/并联混合冗余、超冗余自由度机器人操作臂机构。由平面 3 自由度 VGT 单元构成的冗余、超冗余操作臂机构构型如图 2-19 (a) 所示，这种平面四边形外加一根对角线上斜拉杆构成的 3 自由度 VGT 单元本身运动范围（即单元工作空间）相对小，所以，还可以设计 4 自由度的六边形 VGT 单元，并串联而成如图 2-19(b) 所示的平面超冗余自由度机器人操作臂机构。这种基于 VGT 单元的串/并联机器人操作臂机构多用于大型、重型物体的包围抓取作业，如空间技术领域的漂浮于太空中的卫星以及大型太空垃圾的回收等等需要冗余、超冗余自由度机器人操作臂包围抓取作业的情况；地面环境下，也可用于危险、条件恶劣环境下大型构件的搬运、回收等等作业。如在第 1 章中介绍过的约翰·霍普金大学（Johns Hopking University）与加州理工学院 (California Institute of Technology) 于 1993 年联合研发的具有 30-DOF 的机器人操作臂就是类似于如图 2-19 所示的由 10 节 3-DOF VGT 单元组成的超冗余自由度机器人操作臂，用来面向空间技术领域的卫星回收作业并且进行了地面模拟包围抓取卫星的实验[3]。

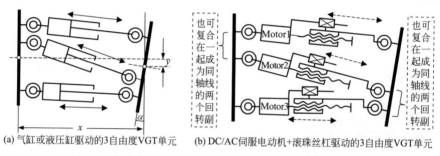

(a) 气缸或液压缸驱动的3自由度VGT单元　　(b) DC/AC伺服电动机+滚珠丝杠驱动的3自由度VGT单元

图 2-18　3自由度平面变几何桁架结构的 VGT 单元并联机构原理

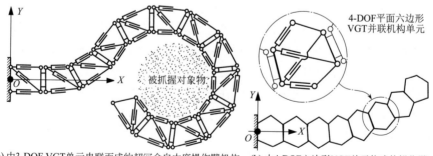

(a) 由3-DOF VGT单元串联而成的超冗余自由度操作臂机构　　(b) 由4-DOF六边形VGT单元构成的操作臂

图 2-19　由平面变几何桁架结构 VGT 并联机构单元
构成的冗余、超冗余自由度机器人操作臂

（2）空间机构构型

平面冗余、超冗余自由度机器人操作臂只能在平面内任意弯曲作平面运动，包围抓取和操作的能力有限。因此，可以在三维空间内任意弯曲运动和操作的冗余、超冗余自由度机器人操作臂则具有更大的对被操作物和环境表面的适应性或者回避能力以及操作作业能力，但机构也更为复杂。

①　基于 2 自由度、3 自由度并联机构单元的冗余、超冗余自由度机器人操作臂机构　可以以 3 自由度并联关节机构作为单元节，将多个这样的单元节串联在一起构成冗余、超冗余自由度机器人操作臂机构，如图 2-20(a) 所示；也可以以 2 自由度 pitch-yaw 或 3 自由度 pitch-yaw-roll 全方位关节并联机构作为单元节，将多个这样的单元节串联在一起构成冗余、超冗余自由度机器人操作臂机构，如图 2-20(b) 所示。这些单元节中的移动副可以通过气缸、液压缸或直线电动机、伺服电动机＋滚珠丝杠传动来实现；图中所示 pitch、yaw 等回转副可通过伺服电动机＋减速器直接实现；也可以通过气缸、液压缸、直线电动机、回转伺服电动机＋滚珠丝杠等直线移动机构推拉连杆机构实现［如图 2-14(c) 所示那样］，也可以通过回转电动机经减速器和齿轮机构来实现。图 2-20 中所示的 roll 运动可以直接通过回转电动机驱动经减速器实现，也可以通过安置在前一节单元节上的回转电动机经减速器减速后通过双万向节机构将运动和动力传递到本节单元节实现 roll 运动。

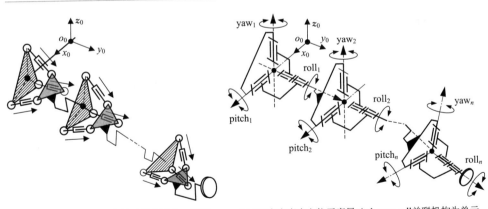

(a) 以3自由度并联机构为单元节的冗余、超冗余自由度操作臂串/并联混合机构

(b) 以3自由度全方位无奇异pitch-yaw-roll并联机构为单元节的冗余、超冗余自由度机器人操作臂串/并联混合机构

图 2-20　基于 3-DOF 并联机构单元的空间 n 自由度冗余、超冗余自由度机器人操作臂串/并联混合机构

②　由脊骨式机构作为单元节构成的冗余、超冗余自由度机器人操作臂机构　脊骨式机构的基本原理：像人、动物的脊椎一样由一节一节的脊骨构成脊

椎，相邻的脊骨与脊骨之间可以有相对转动，而驱动脊骨与脊骨之间相对转动的是脊椎周围的肌肉。作为机构来实现的原理是：脊骨分别设计成两端带有凹形内圆弧面的构件 A 和带有凸形外圆弧面的构件 B 两种。在凸形外圆弧面构件 B 的周围设有正 n 边形的凸缘，凸缘上均布着 n 个通孔，按着 ABAB……AB 的顺序并且凸圆弧面嵌入凹圆弧面依次叠加在一起，将所有的正 n 边形凸缘对正后用 n 根绳索依次穿过相对应的所有凸缘通孔并将绳索一端固连在最后一个凸形外圆弧面构件 B 上。用 n 个原动机分别协调牵引 n 条绳索，则构成了一节脊骨式机构，如图 2-21(a) 所示。脊骨式平面机构，$n=2$；脊骨式三维空间机构，$n \geqslant 3$。常用的凸形外圆弧面脊骨的凸缘形状为等边三角形、矩形、正六边形等。每个角点上都有用来将绳索穿过凸缘的通孔。为使脊骨与脊骨之间变形均匀且受力自适应均衡，相邻两节脊骨对应角点凸缘之间加装圆柱螺旋弹簧，如图 2-21(a) 所示。脊骨式平面机构由两个原动机驱动，而 3 自由度以上的脊骨式空间机构则需由三个以上原动机分别驱动各条绳索。以脊骨式机构为单元节，将多节脊骨式机构单元首尾串联在一起，便构成了脊骨式冗余、超冗余自由度机器人操作臂机构。

　　这种脊骨式机构的缺点：沿纵向中轴曲线的切线方向扭转刚度差，导致末端姿态不稳定。为此，笔者提出一种如图 2-21(b) 所示的脊骨机构原理，即在凸形外圆弧面与凹形内圆弧面之间增设双侧带有同心弧面和弧形滑道的十字滑块，以保证各脊骨构件间不因绳索驱动的柔性而产生绕垂直于纵向轴线的扭拧位移，从而使得操作臂的位姿稳定。

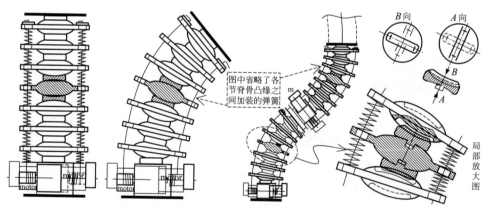

(a) 2-DOF/3-DOF脊骨式机构单元节的机构原理　　(b) 由脊骨式机构单元节串联成的冗余、超冗余自由度机构

图 2-21　脊骨式冗余、超冗余自由度机器人操作臂串/并联混合机构

2.3 工业机器人操作臂的设计要求与特点

2.3.1 工业机器人操作臂的基本参数和特性

工业机器人操作臂的功用就是在计算机自动控制下由驱动系统元部件驱动与各关节相连的臂运动从而带动末端操作器上的负载物按着期望的作业要求运动，从而实现自动化操作。因此，根据各种作业要求而确定的通用的工业机器人操作臂基本参数有工作空间几何形状和大小、运动自由度数、有效负载、运动精度、速度等等，下面分别加以讲解。

(1) 工作空间（work space）几何形状和大小

当机器人操作臂固定在现实物理世界中的某一位置时可以建立机器人操作臂的基坐标系，通常位于基座上，机器人操作臂腕部末端机械接口中心点也即末端操作器姿态坐标系原点相对于基坐标系表达的三维几何空间内所能达到的范围即为机器人操作臂的工作空间。

由于机器人操作臂腕部末端机械接口中心点相对于基座的运动是由操作臂臂杆各个关节运动带动操作臂臂杆运动实现的，因此，腕部末端接口中心点在基坐标系表达的三维几何空间内可达的范围实际上是由每一个关节实际运动范围和操作臂机构参数所决定的。

工作空间几何形状和大小的确定方法：以基座指向腕部的顺次，让各个关节依次按其关节运动极限范围运动，腕部末端接口中心点所包络出的由最大、最小边界确定出的几何空间范围。但需要指出的是，由于机器人操作臂各关节位置、速度、加速度以及驱动能力是有限的，各关节间运动耦合性导致机构奇异、近奇异构形的存在，实际可达的工作空间可能会被分割成不连通的若干部分。

(2) 运动自由度（degrees of freedom，DOF）数

任何自由物体在三维几何空间内都有 6 个自由度，因此，要描述、确定任一自由物体在空间内的位置和姿态就需要 3 个表示位置的移动自由度和 3 个表示姿态变化的转动自由度。工业机器人操作臂连杆机构的自由度数 F 可以用下式计算：

$$F = 6n - \sum m N_m \tag{2-1}$$

式中，n 为组成连杆机构的杆件数；m 为运动副引入的约束数；N_m 为具有约束数为 m 的连杆根数。

工业机器人操作臂一般是一个开链连杆机构，而且每个关节运动副只有一个自由度，因此，通常机器人操作臂的自由度数就等于其关节数。机器人操作臂自由度数越多，其运动能力就越大、越灵活，但也会有随之而来的问题，如机械系统整体刚度及负载能力、操作精度等相对变差。目前，在工业生产中常用的机器人操作臂通常具有 6 个自由度，但是，由于机器人操作臂机构形式、自由度的配置及个数是在具体使用中由对作业对象进行操作所需要的实际自由度来决定的，也有 2～5 个自由度的机器人操作臂。当然，也可由 6 自由度机器人操作臂完成 2～5 个自由度的操作作业，不过，相应地在 6 个自由度所对应的关节中必须选择好由哪 2～5 个关节运动来完成，其他的 4～1 个关节在工作中处于锁定不用状态（制动或停止），如此会造成购置机器人操作臂的成本高和资源浪费。因此，最好根据具体情况，单独设计或购置 2～5 个自由度的机器人操作臂为宜。另外，由于一些特殊作业，如核工业废弃物料的处置、狭窄蜿蜒空间内取物、危险环境作业等场合下对自动化程度和操作臂作业灵活性要求较高时，也需要具有 6 自由度以上更多自由度的机器人操作臂来完成作业，如 7 自由度仿人手臂、30 自由度的柔性臂等也作为工业机器人操作臂使用，但控制问题较复杂。

有关工业机器人操作臂自由度数的选择和其配置的确定需要有机构学作为知识基础，需要根据作业对象物的运动及作业参数等进行分析、分解，然后对操作臂机构进行方案设计与运动定性分析才能合理确定自由度配置和机构构型。一般 6 自由度机器人操作臂在设计上均已考虑了上述问题，所以一般可以作为通用的工业机器人操作臂选型。

（3）有效负载（payload）

有效负载是指机器人操作臂腕部末端在工作中所能承受的最大负载。该指标实际上是一个使用起来比较复杂而且又需要保证的指标。该参数指标与末端操作器质量、作业对象物质量、作业类型、作业力大小及类型、机器人操作臂末端运动速度、加速度大小等等诸多因素有关。

与其他机械设备不同的是，机器人操作臂的有效负载为来自末端操作器和作业对象物两部分负载之和，而且根据作业类型的不同，有效负载的种类也不同。如以搬运物体为作业对象的机器人操作臂，其有效负载应为夹持重物的末端操作器（即手爪）的重力和搬运重物的重力之和，即使这样定义其有效负载也是不完整的，因为对于机器人操作臂是在什么样的臂杆机构形下承受此负载没有加以明确，所以名义上有效负载的定义应该是在机器人操作臂受载最不利的情况下仍能承受的最大载荷，如臂在重力场环境下完全水平伸展状态下末端负载的能力。为此，工业机器人制造商们生产的机器人操作臂产品手册上给出的有效负载指标除包含前述的末端操作器及操作对象物两部分负载外，还给出了把有效负载作为质点力的质点到腕部末端机械接口中心点的许用最大距离（或者有效负载作为质点力的质点到腕部3自由度轴线交点即腕部关节中心点的最大距离）指标。如此看来，从各关节驱动力矩满足承载能力要求的情况下，有效负载作为质点力的质点到腕部末端机械接口中心点的最大距离小于此许用距离的情况下，可以按着负载力矩与力臂成反比的关系提高能够实际承担的有效负载力指标；反之，在有效负载作为质点力的质点到腕部末端机械接口中心点的最大距离大于许用距离的情况下，可以按着负载力矩与力臂成反比的关系减小能够实际承担的有效负载力指标。

前述是以搬运重物作业为例对机器人操作臂有效负载的定义与如何灵活运用该指标的情况加以说明，当机器人操作臂高速、变速作业时，加减速运动的末端操作器及操作对象物的质量会产生惯性力、科氏力，会减小有效负载能力，而且，机器人操作臂自身的质量引起额外的惯性力、科氏力以及黏滞力从而影响有效负载能力；当有效负载类型不是作业对象物的重力负载，而是诸如拧螺钉、零件毛刺打磨、装配等作业下末端操作器与作业对象物之间作用力、力矩负载时，有效负载的确定与保证就更为复杂了，此处不加以展开论述。

(4) 运动精度（accuracy）

机器人操作臂本体（即机械系统）精度的衡量指标有位置精度（position accuracy）、重复位置精度（repeatability）和系统分辨率（resolution）三项。前两项决定了机器人操作臂末端机械接口处的最大位置误差。由于工业机器人操作臂被作为单独的产品由机器人制造商生产制造并且按着作业空间、有效承载能力大小已被系列化设计，具有多种工业用途下一定的通用性和不同用途下的可选择性，剩下涉及具体作业的末端操作器可由专业厂家设计制造或用户自行设计，因此，实际使用的带有末端操作器的工业机器人操作臂作业运动精度由两部分决定：一部分是机器人操作臂制造商给出的腕部末端机械接口处位置精度和重复位置精度；另一部分是末端操作器（如机械手爪、喷枪、焊钳等）以及工具（如扳手、钳子）、装在工具上的工件等的定位精度、几何精度。所以，一般工业机器人操作臂在实际应用时必须把装有末端操作器及作业工件的操作臂整体重新进行定位精度以及重复定位精度标定实验。

系统分辨率是指在进行机械系统设计时选择测量驱动各关节的原动机（如交流伺服电动机、直流伺服电动机、液压缸、气缸等）运转位置用传感器的分辨率，如原动机回转角位移、直线驱动的线位移的测量。最常用作测量交/直流伺服电动机转角位置的是光电编码器，电动机轴转过一周，则连接在电动机轴上的 1000 线光电编码器发出 1000 个脉冲，1 个脉冲即表示对电动机转角的最小分辨角度，为 360°/1000 即 0.36°，即系统具有的控制分辨率为 0.36°，目前机器人用运动控制系统中光电编码器用计数器一般都具有四细分功能，即电动机轴转 1 周光电编码器发出的 1000 个脉冲经四细分后分为 4000 个脉冲，则细分后的 1 个脉冲相当于 0.36°/4 即 0.09°；对于直线驱动器如直线伺服电动机采用光栅尺等可测量系统分辨率。常用的系统分辨率为 0.1° 或 0.01mm。

机器人操作臂的运动精度对于用于装配等精密操作、末端操作器的精确位置轨迹追踪作业而言是重要的指标，位置精度和重复位置精度指标首先取决于机械系统的制造安装精度，由于机器人操作臂的基坐标系与作业对象物的参考坐标系可以统一到以自动化作业系统世界坐标系为参照的统一参考坐标系，所以，机器人操作臂基座与安装机器人操作臂的系统基础机械接口到作业对象物与安装作业对象物的系统基础机械接口之间需要精确地定位并且加以测量，从机器人操作臂基座依次向腕部末端机械接口中心的基座定位接口、腰转关节及其机械接口、肩关节及其机械接口、肘关节及其机械接口、腕部三个关节及其机械接口、腕部末端机械接口中心、末端操作器以及末端操作器夹持对象物（工具或工件）、作业对象物所处另一机械系统及其基座与安装该机械系统的基础机械接口的定位连接尺寸与机械加工精度都影响机器人操作臂的作业精度，此外，还取决于构成机器人操作臂各关节的机械传动精度、各关节轴系支撑刚度、各臂杆的刚度等；在机器人操作臂机械系统每一个环节的设计制造安装精度得以保证的前提下，还必须由系统的分辨率、运动控制技术来保证较高的控制精度。

通常情况下，工业机器人操作臂机械本体的质量相对其有效负载而言都较大，约为有效负载的十数倍以上乃至二十倍，例如有效负载为 5kg 的机器人操作臂机械本体的质量一般至少在 50kg 以上，这是因为只有保证机械传动环节有较高的精度、作为大臂和小臂的杆件具有较高的刚度，才能使操作臂有稳定、较高的重复定位精度。

（5）速度（speed）

速度、加速度是反映机器人操作臂运动特性的主要指标。工业机器人操作臂产品样本中都会给出各个自由度下关节运动的最大稳定速度（对于回转关节，单位为 (°)/s 或 rad/s；对于移动关节，单位为 m/s），但在实际应用中不能单纯地只考虑最大稳定速度，因为原动机、关节输出的功率是有限的，在关节瞬时最大输出转矩取决于原动机部件输出的瞬时最大转矩以及连续额定转矩都是有限的，如电动机、减速器传动装置的最大瞬时输出转矩以及连续输出转矩；关节输出转矩与关节速度的乘积为关节输出的功率，所以关节最大速度是有限的。从启动到升速到最大稳定速度或从最大稳定速度降速到停止需要一段时间，若允许的最大加减速度较大则加减速所需要的这段时间就可以短一些；反之如果允许的最大加减速度较小则加减速所需要的这段时间就可以长一些。如果加减速时间要求一定，那么允许加减速度较大则有效速度就可以大一些；反之则有效速度就小一些。由于机器人操作臂关节运动属于频繁正反转和频繁加减速的情况，如果加减速过快，有可能引起定位时超调或振荡加剧，使得为达到目标位置需要等待振荡衰减的时间增加，也可能使有效速度反而降低。因此，还需考虑关节最大允许加减速度（对于回转关节，为角加速度，$\mathrm{rad/s^2}$；对于移动关节，为线加速度，$\mathrm{m/s^2}$）对机器人操作臂的运动性能的影响。

最大许用加减速度取决于原动机、传动装置的最大驱动能力、机械系统的刚度、惯性矩等。

（6）动态特性（dynamic characteristics）

机器人的动态特性是机器人操作臂机械设计和动力学分析、运动控制中所要考虑的重要内容，但一般不写在技术说明书中。影响机器人操作臂动态特性的物理参数主要有各构件的质量、惯性矩、质心位置、杆件刚度、机械传动系统的阻尼系数、系统固有频率、振动模态等。动态特性分析的理论基础是机器人操作臂动力学及振动理论。

2.3.2　工业机器人操作臂产品基本规格参数及性能指标实例

工业机器人操作臂制造商的产品样本中会给出其型号产品详细的基本规格参数及性能指标。前述内容介绍的工业机器人操作臂基本参数及性能指标中的工作空间几何形状和大小、自由度数、有效负载、运动精度、速度等指标都可从产品样本中找到，用户可以根据这些指标选择适合所需完成作业的机器人操作臂型号产品。

作为其产品实例，表 2-1 及表下附图分别表示了日本安川电机株式会社生产的 MOTOMAN-HP3 型工业机器人操作臂的基本参数及性能指标，在工业机器人操作臂实际设计过程中绘制其装配图、总图及各部分定位接口设计或拟订产品样本时可供参考。MOTOMAN-HP3 型工业机器人操作臂机械本体规格见表 2-1 及表中附图：表中各轴符号 S、L、U、R、B、T 的定义参照图示。

表 2-1　MOTOMAN-HP3 型工业机器人操作臂机械本体规格表

型号	MOTOMAN-HP3	许用扭矩	R-轴(腕部扭转)	7.25N·m
类型	YR-HP3-A00		B-轴(腕部俯仰)	7.25N·m
控制轴数(即自由度数)	6(垂直多关节型)		T-轴(腕部回转)	5.21N·m

续表

负载	3kg	许用转动惯量 $(GD^2/4)$	R-轴（腕部扭转）	$0.30\mathrm{kg \cdot m^2}$
重复定位精度	±0.03mm		B-轴（腕部俯仰）	$0.30\mathrm{kg \cdot m^2}$
最大动作范围	S-轴（回转）	±170°		T-轴（腕部回转）	$0.10\mathrm{kg \cdot m^2}$

最大动作范围	S-轴（回转）	±170°	许用转动惯量 $(GD^2/4)$	T-轴（腕部回转）	$0.10\mathrm{kg \cdot m^2}$
	L-轴（下臂）	+150°～-45°	质量		45kg
	U-轴（上臂）	+210°～-152°	环境条件	温度	0～+45℃
	R-轴（腕部扭转）	±190°		湿度	20～80%RH（不结露）
	B-轴（腕部俯仰）	±125°		振动	小于4.9m/s²
	T-轴（腕部回转）	±360°			
最大动作速度	S-轴（回转）	3.66rad/s,210°/s		其他	·远离腐蚀气体或液体、易燃气体 ·保持环境干燥、清洁 ·远离电气噪声源（等离子）
	L-轴（下臂）	3.14rad/s,180°/s			
	U-轴（上臂）	3.93rad/s,225°/s			
	R-轴（腕部扭转）	6.54rad/s,375°/s			
	B-轴（腕部俯仰）	6.54rad/s,375°/s			
	T-轴（腕部回转）	8.73rad/s,500°/s	动力电源容量[①]		1kV·A

【说明】下列图皆为表 2-1 的原表内附图，图中尺寸单位：mm；双点划线包围的阴影区域：腕部中心点（B 轴和 T 轴轴线交点）P 可达范围（即三维的工作空间在俯视图平面上的投影）。

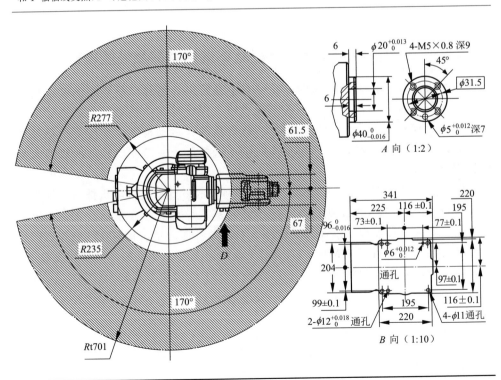

续表

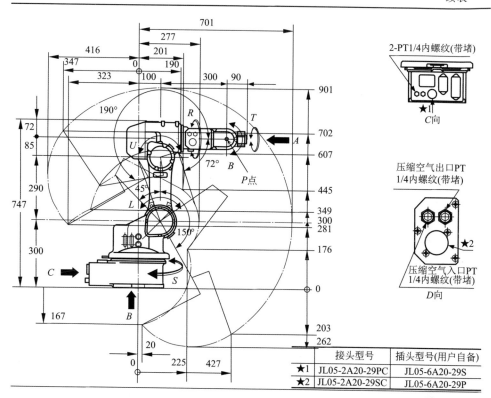

	接头型号	插头型号(用户自备)
★1	JL05-2A20-29PC	JL05-6A20-29S
★2	JL05-2A20-29SC	JL05-6A20-29P

① 根据不同的应用及动作模式而有所不同。

注：图中采用 SI 单位标注。符合标准 JISB 8432。

2.3.3 工业机器人操作臂的设计过程及内容

（1）根据工业机器人操作臂所要完成的作业要求进行作业分析并确定基本参数

对机器人操作臂要完成作业的类型、工作空间大小、作业精度高低、工作速度快慢、负载的大小、所需自由度数等进行定性的分析，并确定其实际需要的自由度数、工作空间、运动精度、速度及有效负载、工作特性等基本参数与要求。

（2）根据机构自由度数以及作业类型进行机构选型方案设计

能够实现给定作业的机器人操作臂的机构构型不是唯一的，具有多方案性，需要从有利于末端操作器作业的实现、机构运动灵活性、关节运动范围、奇异构形分析、有效工作空间的大小、臂自重的平衡、机构整体刚度的高低以及有效负载的大小等角度进行机构方案对比分析，确定各自由度运动副类型及配置即给出确定的机构构型。

（3）机构参数设计与运动分析

根据作业工作空间形状及大小进行机构参数设计，确定杆件长度，各关节的运动范围、速度、加速度大小等。

（4）机构动力分析与仿真

根据机器人操作臂末端负载的大小、末端运动速度作业要求，通过对作业路径的规划以及运动学分析求得模拟作业下的关节轨迹、关节速度与加速度，然后按着机构动力学方程计算模拟作业下各关节所需的驱动力或驱动力矩（直线移动关节为驱动力；回转关节为驱动力矩）的数据或曲线，确定最大驱动力或驱动力矩，为机器人操作臂的驱动系统设计时原动机及传动装置的选择提供数据依据。需要指出的是，目前现有的 ADAMS、DADS 等机构设计与动力分析软件都能用来完成机器人操作臂的机构动力分析即仿真工作，通过后处理功能获得各关节驱动力或力矩曲线以及其他更多的动态特性分析结果。

（5）机器人操作臂的机械系统设计

主要过程如下：

① 各关节机械传动方案设计。根据运动精度高低、有效负载大小、运动速度快慢等基本参数以及作业要求选择原动机类型、传动系统组成及传动装置类型，绘出关节机械传动系统简图。

② 各关节驱动力（力矩）的估算。分别建立各关节驱动的臂杆以及包括该臂杆上连接的其他关节及臂杆直至末端操作器负载在内所组成的外伸悬臂梁力学模型，并按照已给定的末端有效负载进行关节驱动力的静力学估算，确定关节的静力矩并根据关节转速高低以及杆件惯性矩大小适当加大 30%～50% 作为估算的关节最大转矩。也可按照上述"（4）机构动力分析与仿真"步骤中得到的关节驱动力矩作为估算的关节最大力矩。

③ 选择原动机、传动装置型号。根据各关节最大驱动力（力矩）、各关节最大速度等数据以及原动机产品样本综合选择、确定原动机型号与性能参数；根据原动机可用最高转速以及关节最高速度确定机械传动系统的总传动比并合理分配各级传动装置的传动比；同时，由于原动机的额定出力或额定转矩与总传动比的乘积再乘以总的传动效率结果为关节额定驱动力（或力矩），该值不能超出所选距离关节最近传动装置的额定输出力（或力矩）。

如果选择的传动装置是制造商生产的产品，则所选传动装置型号下的额定输出力（或力矩）、转速满足要求即可；如果涉及需要设计加工的传动件，则需要对传动件进行进一步的设计计算。

④ 机械传动系统中传动件、连接件的设计计算。如果涉及需要设计加工的传动件，则需要对传动件按强度、刚度准则进行设计计算。

⑤ 机械系统结构设计：包括各关节机械传动系统详细结构，基座、上臂、前臂等结构，接口定位连接结构以及电缆线走线布线、电气机械接口、密封等结构设计。

⑥ 图样设计：绘制机器人操作臂的机械装配图、外观图、零部件图等图样设计。

⑦ 建立虚拟研究模型并进行模拟作业的虚拟实验，以验证原动机驱动能力。按照实际设计的零部件结构、材料及尺寸，用 ADAMS、DADS 等机构设计与动力分析软件建立机器人操作臂的三维虚拟样机并进行模拟作业的仿真虚拟实验，利用后处理功能获得各关节驱动力曲线，确定模拟作业下各关节所需最大驱动力（力矩），再根据传动比及效率反推算原动机需输出的力或力矩，进而判别所选择型号的原动机对关节的驱动能力是否满足要求。满足要求则可进行下一步，否则重新选择原动机及其传动系统，重新进行不满足要求关节驱动系统机械结构设计，然后再次仿真直至满足要求为止。

⑧ 编写设计计算说明书并整理技术文档。

⑨ 所有技术文件经技术管理部门组织审核通过后，实施加工制造，在制造过程中不断询问和接受来自加工一线的信息反馈，对于设计阶段没有被发现而在制造过程中暴露出来的设计问题及时采取措施修正并记录在案。

2.3.4　工业机器人操作臂机械系统设计中需要考虑和解决的问题

① 机器人操作臂为串联连杆机构时，在设计上需要特别重视机构整体刚度相对较弱的问题的解决。串联机构的机器人操作臂可以看作是相对应用系统安装基础而言基座固定的串联连杆机构，基座、各杆件及末端操作器执行机构间通过关节串联在一起的开链杆件结构。因而，与多个串联连杆机构并行连接在上下两个平台之间的并联机构相比，机构整体刚度相对较差。构件及机构的刚度是抵抗变形的能力，刚度差则容易产生变形，如果这种变形是不能被控制的或者是不稳定的，则由构件变形引起的末端操作器位姿的变化也是不确定的，从而无法保证机器人操作臂作业应满足的运动精度要求，甚至于无法完成预期的作业。例如零件装配作业，往圆柱形轴端安装与之配合的轴承时，如果机器人操作臂上把持轴承的末端操作器定位精度比轴端与轴承内圈孔的配合精度还低，则理论上很难完成装配任务。

因构件刚度差而产生的变形对腕部末端定位精度的影响还会因串联杆件而逐

级放大，而且杆件越长、串联杆件数越多则变形耦合造成的误差对末端操作器定位精度的影响越大，构件变形是否稳定直接涉及末端操作器定位精度是否稳定。

② 机器人操作臂各关节机械传动系统的传动误差对腕部末端运动精度的影响较大，需要在设计时解决好这一问题，否则同样难以保证作业精度。对于一个串联开链连杆机构的机器人操作臂而言，末端操作器相对于基座坐标系的运动精度的高低取决于基座与末端操作器之间两两首尾相连杆件系统的每一个环节。各关节的机械传动系统由原动机开始经联轴器、各级传动件以及传动装置、轴系一直到与臂杆相连接的关节运动输出侧接口都会影响关节传动精度。如齿轮传动会因侧隙的存在而导致正反向转动时的回差，传动件承载受力的塑性变形、弹性变形，轴系支撑刚度的高低等等都会影响关节传动精度。因此，除靠加工精度保证外还需要在结构设计上采取措施，如消除齿轮传动回差的结构、轴系轴承间隙的调整与保证结构、锥齿轮传动调顶心结构等等。靠机械加工保证精度适于批量生产的机器人操作臂，如 MOTOMAN 工业机器人操作臂拆卸后根本找不到用来调整轴承间隙的调整垫片，它是批量生产靠数控加工将相关尺寸直接加工到轴承支撑刚度高而且运转灵活的最合适精度尺寸，批量生产下如果再设计成用调整垫片的办法在装配时调整，不仅费时效率低而且调整的效果不均一。

③ 机器人操作臂工作时与一般的机床、带式运输机等通常的机械系统不同，其上的原动机及传动系统是频繁正反向运动，而且原动机运动及出力大小是在很大的范围内变化的。机床、带式运输机等等机械系统在工作时电动机往往是以某一转速、某一输出功率连续或间歇式运转的，即使有速度、载荷波动，范围也不大，主要取决于负载特性。但对于机器人操作臂而言，不管末端负载是否变化，各个关节的原动机输出的运动与力都是瞬时变化的，不会工作在一个速度和出力条件下。这是因为机器人操作臂是多自由度运动耦合在一起的非线性动力学系统，对于回转关节式操作臂而言，即使末端操作器恒速运动、负载恒定不变，其各关节转速以及关节上需承担的负载转矩也不会是恒定不变的。因此，对于交流、直流伺服电动机驱动的机器人操作臂而言，通常不会用其连续额定转速及转矩，而是用瞬时最大转速和转矩作为限制。

④ 机器人操作臂作为一个多自由度运动耦合的非线性动力学系统，构成其机构的每一个杆件的受力状态、刚度以及动态特性都是随着末端操作器位姿的变化而变化的。该系统极其容易发生振动或出现其他不稳定现象。

⑤ 在设计时就应定义机器人操作臂初始构形，确定其调整和校准方法。初始构形是通过正确设计、准确调整各个关节的初始位置实现的，也即初始构形与各个关节初始位置是对应的。机器人操作臂是以变化的臂杆构形带动末端操作器改变位姿进行作业的，作业开始之前，需要定义和校准作业前的初始构形，而且当完成某一作业时应回归于这一初始构形下。初始构形关节位置越精确，末端操

作器位姿误差就越小。

⑥ 工业机器人操作臂在设计上需考虑臂部自重的平衡问题。机器人操作臂与通常安装在工厂车间的机床、带式运输机等机械设备的不同之处还在于：工作时机器人操作臂除了带动末端有效负载之外，还需克服自身各组成部分运动质量形成的重力、惯性力、摩擦力等构成的"负载"。因此，在保证整体刚度、运动精度的前提下，其自身质量越小越好，轻量化设计也就相当于提高了有效负载能力。轻量化设计与保证、提高整体刚度是在机器人操作臂设计中需要处理好的一对矛盾。当轻量化设计几近极限状态下，还可通过对上臂、前臂部采用配重平衡自重的办法提高关节对有效负载的驱动能力。但是，靠配重平衡自重的办法解决问题也是有限的，关节高速运动时配重、自重部分的质量又都会成为关节驱动的惯性负载，从而又削减了关节对有效负载的驱动能力。

以上是机器人操作臂机械设计时需要考虑的特点，总结起来一句话：机器人操作臂设计与其他机械设备设计大不相同，需从其各个设计环节、本体构成的每一个环节着重考虑构件及机械系统的刚度、机械传动精度、构成精度设计环节的连接与定位精度、尺寸精度以及标定等诸多环节细节问题，是只有在诸多细节设计质量得到保证的前提下才能保证整体设计质量的典型设计事例。

2.4 工业机器人操作臂的机械传动系统设计基础

2.4.1 工业机器人操作臂常用的机械传动形式

工业机器人操作臂的功用就是在计算机控制下由驱动系统元部件驱动各个关节以及与各关节相连的臂杆运动从而带动末端操作器上的负载物按着期望的末端操作器作业位置、轨迹或输出作业力（力矩）进行运动。

关节驱动系统是机器人操作臂本体设计的核心内容，由原动机、传感器、传动系统组成。这里主要以电动机驱动的关节驱动系统为例加以介绍。

（1）常用于机器人操作臂的电动机种类

用于机器人操作臂的电动机的种类按着电动机工作原理可分为交流伺服电动机、直流伺服电动机以及步进电动机、力矩电动机、小功率同步电动机等控制电动机，其中最常用的是前三种。近年来，随着直接驱动技术的发展，力矩电动机也在机器人上取得应用，力矩电动机输出运动和动力为低速大扭矩，一般不需加机械传动装置而直接驱动，因此，无机械系统传动刚度及回差影响，驱动系统结构简单。目前还是以直流伺服电动机和交流伺服电动机应用为主流。

电动机按着输出运动的形式可分为输出回转运动和转矩的回转电动机、直线电动机、球面电动机等；按着电动机、位置传感器、减速器、制动器是否一体化又可分为只带位置传感器的双轴伸电动机，由位置传感器、电动机和减速器集成在一起的一体化电动机，由位置传感器、电动机、制动器及减速器集成在一起的一体化电动机等。

电动机按着是否将电动机驱动控制器与电动机集成在一起又分为无驱动控制器的普通电动机和将驱动控制器、位置伺服用传感器集成在一起的智能伺服电动机。

（2）用于电动机位置伺服的传感器

可用于机器人操作臂关节驱动电动机伺服控制的常用位置传感器有光电编码器、电位计、光栅尺等。其中在工业机器人操作臂中应用最为广泛的是光电编码器（又称为光电码盘），光电编码器按原理又分为增量式光电编码器和绝对式光电编码器。通常将伺服电动机与测量伺服电动机转角位置的光电码盘集成在一起，如日本安川（YASKAWA）、瑞士 MAXON 等品牌交流、直流伺服电动机都带有光电码盘，详见供应商网址网页。

（3）用于工业机器人操作臂的机械传动元件、减速器

驱动关节运动的电动机的额定功率是一定的，一般在数十瓦至数千瓦，除力矩电动机输出运动和动力为低速大扭矩可以不用减速直接驱动关节运动外，一般的交流、直流伺服电动机转速都在每分钟几千转以上，而回转关节型机器人操作臂关节最高转速一般在每分钟十数至数十转，再高也不过每分钟百余转，因此，电动机必须经过减速才能获得需要的关节转速；电动机功率一定的情况下，电动机转速与输出的转矩成反比，转速越高输出转矩越小，而且交流伺服电动机、直流伺服电动机的额定输出转矩（连续额定转矩、瞬时最大转矩）与关节负载转矩相比要小得多，其量级不过是关节负载转矩的数十分之一至数百分之一，操作臂末端有效负载为重载情况下甚至只有数千分之一，因此，从电动机输出转矩大小上来看，根本不能满足关节运动时平衡负载转矩的要求，需要对电动机输出转矩进行放大。因此，为满足电动机驱动关节运动的速度和负载转矩的要求，需要用机械传动系统对电动机进行减速增力。另外，在进行关节机械结构设计时，经常需要考虑电动机安装位置及其轴线、关节输出运动轴线的适当摆放的问题以达到机械结构设计紧凑、节省空间、满足外形或某一方向上结构尺寸的要求等等目的，此时，即便电动机转速或转矩能够满足关节负载要求，也需要通过机械传动元部件改变电动机输出运动的传递方向。

通常在机器人操作臂关节运动传动系统中常用的机械传动方式有圆柱齿轮传动、圆锥齿轮传动、行星齿轮传动、万向联轴器传动、同步齿形带传动、谐波齿轮传动、RV 摆线针轮传动、螺旋（精密滚珠丝杠）传动等等。

2.4.2 齿轮传动在机器人关节机械传动系统中的应用及问题解决方法

这里所说的齿轮传动是指除谐波齿轮传动、行星齿轮传动以及 RV 摆线针轮传动等由专门制造商制造、以减速器整机或元部件集成形式以外，那些由机器人设计者自行分立设计、精加工制造而成或选购的圆柱齿轮或圆锥齿轮传动。本节不讲述齿轮设计具体内容，只讨论齿轮传动在机器人关节应用中的问题及解决办法。

（1）圆柱齿轮传动回差消除方法与结构设计

可以自行设计绘制零件工作图后外委加工或选购合适的齿轮产品。由于圆柱齿轮传动精度低时啮合侧隙相对较大会在频繁正反转时导致回差从而影响传动精度、机器人操作臂末端运动精度，因此，一般需要达到 6 级以上加工精度，而且需要在齿轮结构设计上考虑消除回差的措施。这里给出如图 2-22 所示的结构设计方法来消除齿轮传动的回差。

① 通过齿轮传动轴系座的偏心套式结构调整中心矩来减小或消除齿侧间隙的方法。图 2-22(a) 所示是 PUMA562 型机器人操作臂手腕齿轮传动侧隙调整机构，3 自由度手腕的三个轴的齿轮传动侧隙都是通过偏心套结构来调整的。偏心套 3 的圆柱面上加工有蜗轮齿即偏心套 3 相当于蜗轮，松开偏心套 3 的固定锁紧用螺钉 1，取下紧固螺钉 2，转动调整蜗杆 7，使得偏心套 3 能够在蜗杆螺旋线与蜗轮齿啮合下绕其支撑轴系固定的轴线转动，即可以调节腕关节直齿轮副8、9 的啮合侧隙。只要转动蜗杆使得偏心套朝着减小直齿圆柱齿轮副8、9 传动中心矩的方向转动即减小了啮合侧隙。

② 通过将一对齿轮副中的一个加工好的齿轮从齿宽中间垂直于轴线切开一分为二的调整侧隙方法。图 2-22(b) 所示是将一次配作切齿加工而成轮齿相同的两个齿轮（或从齿宽中间一分为二的齿轮）3、4 按着如剖面 A—A 所示的方向加设拉伸弹簧，图中所示左右两个拉伸弹簧拉力作用下产生使得 3、4 错开的转矩，但是在与配对齿轮配对安装之前，在 3、4 处于完全重合为切开之前状态下用紧固螺钉 1 将 3、4 固连在一起后（即相当于恢复成一分为二之前的一个齿轮状态），在与配对齿轮配对安装的啮合状态下，将紧固螺钉 1 松开，在弹簧拉力形成的使齿轮 3、4 错开的力矩作用下，齿轮 3、4 的轮齿分别与被啮齿轮的不

同齿面相啮合靠紧，从而减小甚至消除了齿轮传动侧隙。减小侧隙的程度取决于弹簧距离轮心的位置、拉力大小以及该对齿轮啮合传动所受的负载转矩大小、齿轮转动角加速度等主要因素。

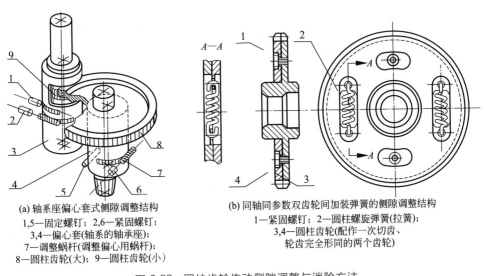

(a) 轴系座偏心套式侧隙调整结构
1,5—固定螺钉；2,6—紧固螺钉；
3,4—偏心套(轴系的轴承座)；
7—调整蜗杆(调整偏心用蜗杆)；
8—圆柱齿轮(大)；9—圆柱齿轮(小)

(b) 同轴同参数双齿轮间加装弹簧的侧隙调整结构
1—紧固螺钉；2—圆柱螺旋弹簧(拉簧)；
3,4—圆柱齿轮(配作一次切齿、
轮齿完全形同的两个齿轮)

图 2-22　圆柱齿轮传动侧隙调整与消除方法

③ 还可以采用在一对齿轮之间增加惰轮，通过调整惰轮的位置来改变惰轮与这对齿轮啮合的中心距的调整侧隙方法。

另外，作为圆柱齿轮传动的特例，齿轮齿条传动机构在具有直线移动副的机器人操作臂以及末端操作器上常被采用。除提高齿轮的设计、制造精度外，可以通过调整中心距来减小侧隙，从而减小或消除齿轮传动正反转引起的回差，提高传动精度。

(2) 圆锥齿轮传动回差消除方法与结构设计

圆锥齿轮传动也可以自行设计绘制零件工作图后外委加工或选购合适的产品。但是，一般锥齿轮加工机床（伞齿刨）难以加工出 6 级以上的高精度圆锥齿轮，需改用数控机床加工，而且需要在设计、主要尺寸加工精度以及安装上保证圆锥齿轮顶心的位置精度。工业机器人操作臂单台套或者十数台套生产量的话，对其中的圆锥齿轮传动可以采用人工测量、调整顶心的设计方式；对于批量生产的工业机器人操作臂，通过对其中的圆锥齿轮传动进行实验设计、测量、安装调整和测试运转实验确定最佳的安装距精确尺寸（以 mm 为单位，尺寸精确到小数点后三位）及其他影响顶心安装精度的有关的轴向精确尺寸，完全靠机械加工精度保证精确尺寸而不采用人工调整的办法以提高装配效率，同理，其他诸如圆锥齿轮传动轴系轴承间隙调整也完全靠相关轴向精确尺寸的机械加工来保证。因此，这里给出了分别适于单台套及少量生产、批量生产条件下的圆锥齿轮传动结构图，分别如图 2-23(a)、(b) 所示。

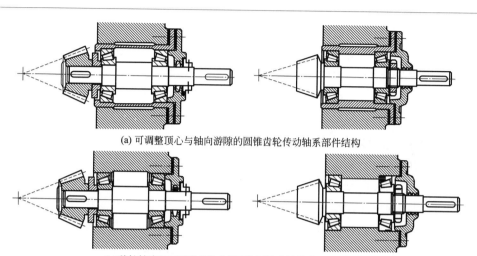

(a) 可调整顶心与轴向游隙的圆锥齿轮传动轴系部件结构

(b) 数控精确加工圆锥齿轮条件下的圆锥齿轮传动轴系部件结构

图 2-23　圆锥齿轮传动轴系部件结构

2.4.3　精密滚珠丝杠传动在机器人中的应用及问题解决方法

(1) 滚珠丝杠传动的用途及特点

螺旋传动可将回转运动变成直线运动，也可把直线运动变成回转运动，同时传递运动和动力或者调整零件间的相对位置。螺旋传动按着螺纹副摩擦性质的不同可以分为滑动螺旋、滚动螺旋、静压螺旋三种传动方式。滚动螺旋传动的特点是：

① 摩擦因数小，摩擦阻力小，效率高达 90% 以上。

② 灵敏度高，传动平稳。由于是滚动摩擦，动、静摩擦因数相差极小，无论是静止还是高、低速传动，摩擦力矩几乎不变。

③ 驱动扭矩较滑动螺旋传动减小 2/3～3/4，滚动螺旋传动的逆传动效率也很高且接近于正传动效率，故也可作为将直线运动变为回转运动的传动装置，正因如此，这种传动不能自锁，必须有防止逆转的制动或自锁机构才能安全地用于需要防止因自重引起下降的场合。

④ 磨损少，寿命长。构成螺旋副的螺母、丝杠、滚珠等主要零件均经热处理且表面很光滑、硬度高、耐磨性良好。

⑤ 滚动螺旋结构复杂，较难制造，一般由专业厂家专门制造，尤其是高精密的滚动螺旋传动。

⑥ 可消除轴向间隙，提高轴向刚度。螺杆和螺母经调整预紧后，可得到很高的定位精度（5μm/300mm）和重复定位精度（1~2μm），并可提高轴向刚度，工作寿命长，不易发生故障。

精密滚珠丝杠传动广泛用于数控机床、精密机床、工业机器人操作臂等设备中。其缺点是抗冲击能力较差；最怕螺旋副中落入灰尘、铁屑、砂粒等固体硬质颗粒导致过早磨损，因此，螺母两端、丝杠外露部分必须用"风箱"套或钢带卷套加以密封。

(2) 机构与结构原理

螺杆与旋合螺母的螺纹滚道间置有滚珠（多为钢球，也有少数为滚子，故也称为滚珠螺旋副或滚珠丝杠传动，螺杆也被称为丝杠），当螺杆或螺母转动时，作为两者螺旋副之间滚动体的滚珠沿着螺纹滚道滚动，使螺杆和螺母的相对运动成为滚动摩擦，提高螺旋传动的效率和精度。由于滚珠边滚动边沿着螺旋式滚道前进，滚珠相对于螺母或螺杆既有轴向位移同时又有径向位移，而螺母轴向长度都较螺杆要短，螺母与螺杆间的滚道中必须始终有足够数量的滚珠存在才能构成螺旋副，滚珠只能在螺母与螺杆间循环，不能跑到螺母之外，因此，多数滚动螺旋螺母或螺杆上有滚珠返回滚道、与螺纹滚道形成闭合回路，使得滚珠在螺纹滚道内循环，周而复始，如图 2-24 所示。

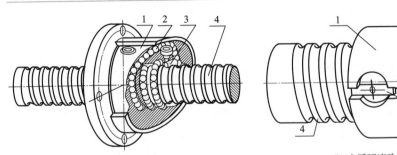

(a) 外循环滚珠丝杠
1—螺母；2—滚珠；3—挡球器；4—螺杆(丝杠)

(b) 内循环滚珠丝杠
1—螺母；2—滚珠；3—返向器；4—螺杆(丝杠)

图 2-24　滚珠丝杠传动原理

螺母、丝杠材料一般为 GCr15、GCr9 等轴承钢材料，硬度在（60±2）HRC 左右。如同螺纹连接与螺旋传动一样，螺母内各圈滚珠分担的载荷是不均匀的，第 1 圈滚珠约承受轴向载荷的 30%~45%；第 5 圈以后几乎为零。为使滚珠往返运动流畅，一列即一条螺纹线上滚珠个数不多于 150 个，且圈数不超过

5圈，否则应设计成双列或多列。

（3）滚动螺旋的结构形式

根据螺纹滚道法截面（即垂直于螺旋线的截面）、滚珠循环方式、消除轴向间隙和预紧力方法的不同，滚动螺旋副又可分为不同的结构形式：

① 螺纹滚道法截面上滚道的结构形式：如图2-25所示，有矩形滚道、单圆弧滚道、双圆弧滚道三种。在滚珠及滚道螺旋线参数、材料等条件相同的情况下，矩形截面时，由于平直滚道曲率半径为零，显然滚珠与滚道的综合曲率半径要小，由赫兹公式可知滚珠与滚道的接触应力要大，因而，接触强度相对于单圆弧、双圆弧截面时低，单圆弧相对于双圆弧也低，双圆弧情况下接触强度最高，而且理论上，双圆弧滚道轴向、径向间隙为零，接触角稳定，但加工复杂。

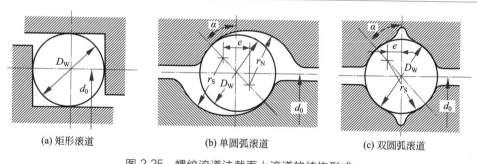

(a) 矩形滚道　　(b) 单圆弧滚道　　(c) 双圆弧滚道

图2-25　螺纹滚道法截面上滚道的结构形式

② 相应滚珠循环方式的结构形式：如图2-24、图2-26所示，可分为外循环式、内循环式两种，外循环式又分螺旋槽式、外插管式两种；内循环式又称镶块式。

a. 螺旋槽式滚珠循环结构：如图2-26(a)所示，是在螺母外圆柱面上有螺旋形回球槽，槽两端有通孔与螺母螺纹滚道相切，形成滚珠循环滚道，为引导滚珠在通孔内顺利出入以及防止滚珠从通孔中脱落，在孔口处置有挡球器。这种结构简单，承载能力高，但滚珠流畅性较差，挡球器端部易磨损。

b. 外插管式滚珠循环结构：如图2-26(b)所示，是将外接管两端分别插入与螺母螺纹滚道相切的通孔中，形成滚珠循环通道。孔口有挡球器引导滚珠出入通道。弯管有埋入式和凸出式两种。一个螺母上通常有2～3条循环回路。这种滚珠循环方式结构及工艺性简单、滚珠流畅性好，应用广泛；缺点是螺母结构外形尺寸较大、弯管端部用作挡球器时耐磨性差。

c. 镶块式滚珠循环结构：如图2-26(c)所示，是在螺母上开有侧孔，孔内镶有返向器，将相邻两螺纹滚道连接起来，滚珠从螺纹滚道进入返向器，越过螺杆牙顶，进入相邻螺纹滚道，形成滚珠循环通道，返向器有固定式和浮动式两种。

一个螺母上通常有 2~4 条循环回路。这种结构形式的螺母径向尺寸小、滚珠循环通道短，有利于减少滚珠数量及减小摩擦磨损从而提高传动效率；缺点是返向器回行槽加工要求高、不适于重载传动。

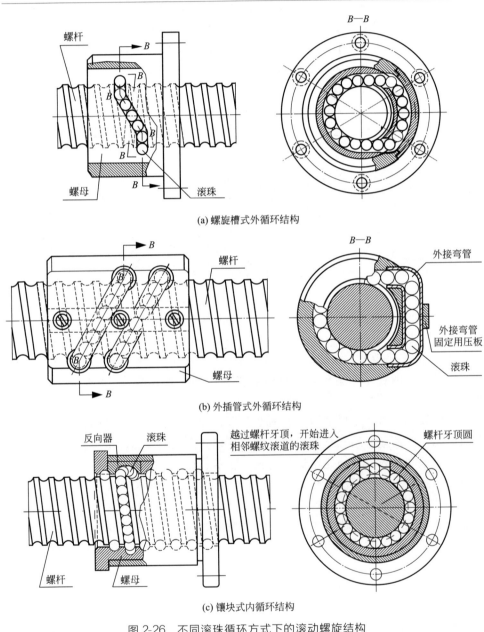

(a) 螺旋槽式外循环结构

(b) 外插管式外循环结构

(c) 镶块式内循环结构

图 2-26　不同滚珠循环方式下的滚动螺旋结构

（4）消除间隙和调整预紧的结构形式

消除间隙和调整预紧的结构形式如图 2-27 所示，分为调整垫片式、螺纹式、齿差式、单螺母变导程自预紧式四种。

① 调整垫片式结构：如图 2-27（a）所示，是通过改变调整垫片的厚度，使螺母产生轴向位移以减小或消除间隙，为便于调整，垫片常作成剖分式结构。其特点是结构简单、装拆方便、刚度高；但调整不方便、滚道有磨损时不能随时消除间隙和预紧，适用于高刚度重载传动。

② 螺纹式结构：如图 2-27（b）所示，是通过旋动螺母端部的圆螺母使螺母产生轴向位移来减小或消除螺旋传动间隙的方式。其结构紧凑、工作可靠、调整方便；但是准确性差且防松措施不利则易于松动，常用于刚度要求不高或需随时调节预紧力的传动中。

③ 齿差式结构：如图 2-27（c）所示，是在两螺母的凸缘上有外齿分别与紧固在螺母座两端内齿圈（或齿块）啮合，其齿数差为 1。两个螺母向同向同时转动，每转过一个齿轴向位移的调整量即为导程除以两内齿圈齿数积。其特点是能够精确地调整预紧力，但结构尺寸较大、装置调整较复杂，适用于高精度传动机构。

④ 单螺母变导程自预紧式结构：如图 2-27（d）所示，是在同一个螺母内的两列循环间，使其导程变为 $P_h \pm \Delta P$，以实现间隙的消除与预紧；靠改变滚珠尺寸调整预紧力。这种调整方式结构简单、尺寸紧凑，但调整不方便；用于中等载荷、要求预紧力不大、无需经常调整间隙的传动中。

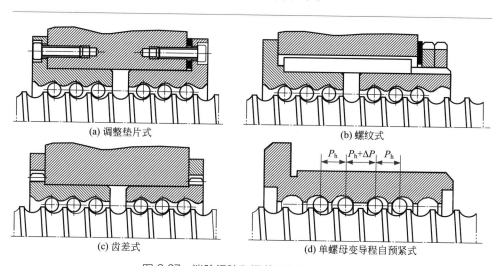

(a) 调整垫片式　　　　　　　　　　　　　(b) 螺纹式

(c) 齿差式　　　　　　　　　　　　　(d) 单螺母变导程自预紧式

图 2-27　消除间隙和调整预紧的结构形式

（5）滚珠丝杠传动将回转变为直线移动的应用例

图 2-28 所示是一螺母上装有齿轮的滚珠丝杠传动结构。可通过另一个齿轮与螺母上齿轮啮合将电动机回转运动转换为丝杠的直线移动，但该丝杠需要一个固定在基架上的直线导轨才能输出丝杠的直线移动。

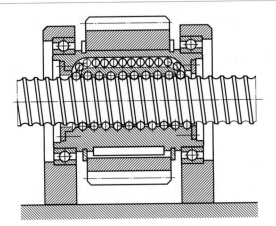

图 2-28 将螺母回转运动变成螺杆直线运动

2.4.4 用于工业机器人操作臂的关节支撑形式与薄壁滚动轴承

支撑轴系和传动件的轴承是机械传动系统、减速器以及机器人臂关节轴系中不可缺少的部件之一。本书只讨论专用于工业机器人传动系统的轴承，如直线轴承、平面轴承、薄壁轴承（也称柔性轴承或柔性薄壁轴承）、四点接触球轴承、交叉滚子轴承。相对于内径尺寸相当的标准轴承而言，它们的内外圈壁为薄壁。

（1）直线移动关节支撑

采用直线轴承、滚动直线导轨、平面轴承。

（2）回转运动关节支撑

采用标准滚动轴承、薄壁柔性球轴承、四点接触球轴承及交叉滚子轴承。其中薄壁柔性球轴承、四点接触球轴承、交叉滚子轴承分别在工业机器人用谐波齿轮减速器的波发生器、谐波齿轮减速器输出轴侧轴系以及 RV 摆线针轮减速器中用于提高支撑刚度和承载能力而作为专属应用轴承。因此，有必要加以特别介绍。

标准滚动轴承此处不再叙述。设计机器人操作臂时可从标准轴承的手册中选用并按《机械设计》教材或《机械设计手册》《轴承手册》中的设计计算步骤进行强度与寿命计算，但是应注意精度等级的匹配尤其是关节轴系支撑用轴承应具有较高的回转精度。这里主要介绍在机器人领域应用的两类重要的轴承：四点接触球轴承和交叉滚子轴承。如图 2-29 所示，分别为四点接触球轴承和交叉滚子轴承的结构图。

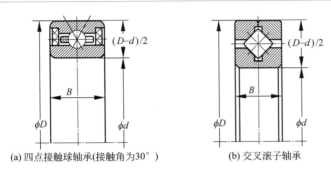

(a) 四点接触球轴承(接触角为30°) (b) 交叉滚子轴承

图 2-29　四点接触球轴承和交叉滚子轴承的结构

这两种轴承可以分别被看作是两套相对安装的向心推力球轴承（接触角小于 45°）、向心推力滚子轴承（接触角为 45°）当两套轴承间距 l 趋近于零时的情况。可将四点接触球轴承等效为如图 2-30 所示的轴承力学模型，可以简化为轴向力 P_a、径向力 P_r、倾覆力矩 M 构成的力系。

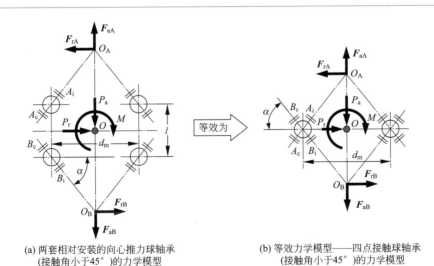

(a) 两套相对安装的向心推力球轴承　　　　(b) 等效力学模型——四点接触球轴承
　　(接触角小于45°)的力学模型　　　　　　(接触角小于45°)的力学模型

图 2-30　四点接触球轴承力学模型的等效简化

倾覆力矩 M 又可等效分解为两个力偶力 P_M，即有：

$$P_M = 2M/(d_m \tan\alpha) \tag{2-2}$$

式中，d_m 为轴承中径，mm；α 为接触角，(°)。

同理，交叉滚子轴承也可类似地简化为图 2-30 所示的等效力学模型，只是将球型滚动体改为交叉圆柱滚子。

(3) 四点接触球轴承和交叉滚子轴承的等效选择计算方法

① 轴承支反力的计算方法　根据这种等效简化力学模型，就可以按着标准轴承选择计算方法分别对四点接触球轴承和交叉滚子轴承进行等效计算，其轴承等效支反力可用表 2-2 给出的公式计算。注意，公式的形式与外部负荷所作用的套圈（内圈或外圈）、倾覆力矩的方向以及轴向力 P_a、径向力 P_r、等效力偶力 P_M 的大小、次序有关，应用时必须加以区分。

表 2-2　四点接触球轴承和交叉滚子轴承的等效支反力

外负荷形式 / 外负荷顺序	外负荷直接加在轴承内圈上		外负荷直接加在轴承外圈上	
$P_a > P_M > P_r$	IV	V	V	IV
$P_a > P_r > P_M$	I	IV	IV	I
$P_M > P_a > P_r$	V	V	V	IV
$P_M > P_r > P_a$	III	V	V	II
$P_r > P_a > P_M$	I	IV	IV	I
$P_r > P_M > P_a$	II	IV	IV	II

第 I 组	第 IV 组
$F_{rA} = (P_r + P_M)/2$	$F_{rA} = (P_r + P_M)/2$
$F_{aA} = P_a + (P_r - P_M)\tan\alpha/2$	$F_{aA} = P_a + (P_M - P_r)\tan\alpha/2$
$F_{rB} = (P_r - P_M)/2$	$F_{rB} = (P_M - P_r)/2$
$F_{aB} = (P_r - P_M)\tan\alpha/2$	$F_{aA} = (P_M - P_r)\tan\alpha/2$

第 II 组	第 V 组
$F_{rA} = (P_r + P_M)/2$	$F_{rA} = (P_M - P_r)/2$
$F_{aA} = (P_r + P_M)\tan\alpha/2$	$F_{aA} = P_a + (P_M + P_r)\tan\alpha/2$
$F_{rB} = (P_r - P_M)/2$	$F_{rB} = (P_M + P_r)/2$
$F_{aB} = (P_r + P_M)\tan\alpha/2 - P_a$	$F_{aA} = (P_M + P_r)\tan\alpha/2$

第 III 组	第 VI 组
$F_{rA} = (P_M - P_r)/2$	$F_{rA} = (P_r - P_M)/2$
$F_{aA} = (P_r + P_M)\tan\alpha/2$	$F_{aA} = P_a + (P_M + P_r)\tan\alpha/2$
$F_{rB} = (P_M - P_r)/2$	$F_{rB} = (P_M + P_r)/2$
$F_{aB} = (P_M - P_r)\tan\alpha/2 - P_a$	$F_{aA} = (P_M + P_r)\tan\alpha/2$

在选型时，对于四点接触球轴承，主要承受轴向力和倾覆力矩，α 取大值；对于交叉滚子轴承，α 取 $45°$。

② 当量动负荷和寿命计算方法 当量动负荷 P 可按下式计算：

$$P = XF_r + YF_a \tag{2-3}$$

式中 F_r——轴承支反力的径向分量，N；

$\quad\quad F_a$——轴承支反力的轴向分量，N；

X、Y——分别为轴承径向载荷系数、轴向载荷系数，取值见表 2-3。

表 2-3 载荷系数 X、Y 值

轴承类型	接触角	X		Y		ε
		$F_a/F_r \leqslant \varepsilon$	$F_a/F_r > \varepsilon$	$F_a/F_r \leqslant \varepsilon$	$F_a/F_r > \varepsilon$	
四点接触球轴承	$30°$	1	0.03	0.78	1.24	0.80
	$45°$	1.18	0.66	0.59	1	1.14
交叉滚子轴承	$45°$	1.5	1	0.67	1	1.5

由式(2-3)分别对两套圈 A、B 求 P_A、P_B，计算寿命 L（以百万转为单位）分别为：

$$L_A = (C/P_A)^\varepsilon \tag{2-4}$$

$$L_B = (C/P_B)^\varepsilon \tag{2-5}$$

式中 C——轴承额定动负荷，kN（由制造商、厂家给出）；

$\quad\quad \varepsilon$——寿命指数，对于四点接触球轴承取 3；对于交叉滚子轴承取 10/3。

整套轴承的寿命 L 可用下式计算：

$$L = [(1/L_A)^\beta + (1/L_B)^\beta]^{-1/\beta} \tag{2-6}$$

式中 β——寿命离散指数，对于四点接触球轴承取 10/9；对于交叉滚子轴承取 10/3。

如果需要用一定转速下的工作小时数表示额定寿命，可用下式进行换算：

$$H = L \times 10^6/(60n) \tag{2-7}$$

式中 n——轴承工作转速，r/min。

③ 静强度计算 与普通轴承静强度计算方法相同，有：

$$C_0/P_0 > [S] \tag{2-8}$$

式中 C_0——额定静载荷，kN（由制造商、厂家给出，详见其产品样本）；

$\quad\quad P_0$——当量静负荷，kN；

$\quad\quad [S]$——静强度安全系数，一般取 0.8~1.2，载荷有冲击和振动情况下宜取大值。

$$P_0 = X_0 F_r + Y_0 F_a \tag{2-9}$$

对于四点接触球轴承，当 α 为 30°时，取 $X_0 = 1$，$Y_0 = 0.66$；当 α 为 45°时，取 $X_0 = 2.3$，$Y_0 = 1$；

对于交叉滚子轴承，当 α 为 45°时，取 $X_0 = 2.3$，$Y_0 = 1$。

④ 四点接触球轴承、交叉滚子轴承的安装结构形式　如图 2-31 所示为交叉滚子轴承内、外圈固定的两种结构形式。

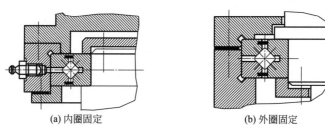

(a) 内圈固定　　　　　　　(b) 外圈固定

图 2-31　交叉滚子轴承的安装结构形式

2.4.5　机器人用谐波齿轮传动及其创新设计

（1）谐波齿轮传动的构成、原理及分类

① 谐波齿轮传动的构成及元部件结构　如图 2-32 所示，谐波齿轮传动主要由带内齿的刚轮 1、薄壁圆筒部分带外齿的柔轮 2、轴对称凸轮上套装薄壁柔性轴承的波发生器 3 组成。

(a) 三主件实物照片

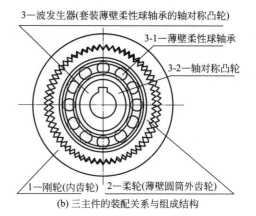

3—波发生器(套装薄壁柔性球轴承的轴对称凸轮)

3-1—薄壁柔性球轴承

3-2—轴对称凸轮

1—刚轮(内齿轮)　2—柔轮(薄壁圆筒外齿轮)

(b) 三主件的装配关系与组成结构

图 2-32　谐波齿轮传动的主要构成

a. 刚轮。其结构如图 2-33 所示，是一个带有内齿的圆环形内齿轮零件，其外圆柱面以及加工内齿之前的齿坯内圆柱面都需要精加工，用来作为定位面；其端面圆周上分布（或均布）有固定刚轮于减速器壳体上的螺钉孔，以及拆卸刚轮时螺钉顶起刚轮用的螺纹孔（一般在直径方向上对称布置两个螺纹孔），此外为了增大传递的转矩，刚轮端面圆周上一般还在直径方向上对称布置两个圆柱销孔。

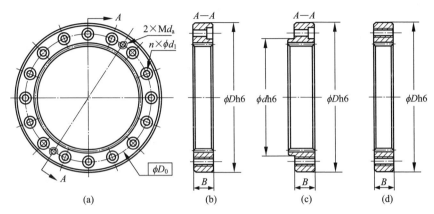

图 2-33　刚轮零件结构及其主要几何尺寸

　　b. 柔轮。单独的柔轮零件为带有外齿的薄壁圆筒形外齿圆柱齿轮。随着谐波齿轮传动结构形式的不同，柔轮结构又分为杯形柔轮、环形柔轮以及异形柔轮等结构形式，如图 2-34 所示。

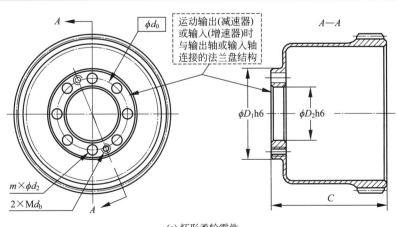

(a) 杯形柔轮零件

图 2-34

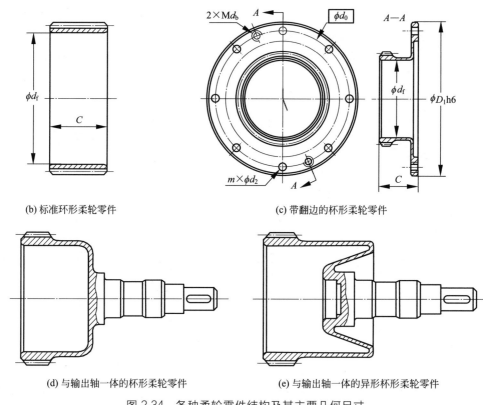

(b) 标准环形柔轮零件　　　　　　　(c) 带翻边的杯形柔轮零件

(d) 与输出轴一体的杯形柔轮零件　　　(e) 与输出轴一体的异形杯形柔轮零件

图 2-34　各种柔轮零件结构及其主要几何尺寸

c. 波发生器。波发生器不是零件，是由柔性球轴承和轴对称凸轮组成且单独装配而成的部件。其装配的几何条件是理论上凸轮轮廓曲线周长与柔性薄壁轴承内圈内孔周长相等。

柔性球轴承：如图 2-35 所示，薄壁柔性球轴承与球轴承一样，也是由内圈、外圈、滚珠（球形滚动体）以及保持架装配而成的，只不过其圆环形的内圈、外圈壁厚要比标准的深沟球轴承内外圈壁厚薄得多，用手径向按压薄壁柔性球轴承的话，其内外圈会产生变形，松开后又能恢复成圆形。薄壁柔性球轴承套装在椭圆形轮廓凸轮上变形后的形状如图 2-35（b）所示。

轴对称凸轮：如图 2-36 所示，谐波齿轮传动的波发生器有单波、双波、三波或四波之分，常用的为双波。双波波发生器凸轮的轮廓如同椭圆一样，有长轴和短轴，为长、短轴垂直的轴对称凸轮，即凸轮外廓为分别以长轴、短轴为对称轴的对称结构；三波凸轮的主轴线两两间隔 120°，也可用如图 2-36 中所示的系杆端部安装直径一样的滚轮作为波发生器凸轮。

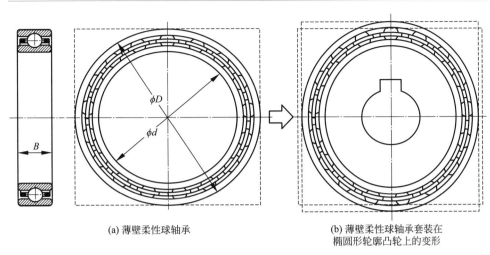

(a) 薄壁柔性球轴承　　　　(b) 薄壁柔性球轴承套装在
　　　　　　　　　　　　　椭圆形轮廓凸轮上的变形

图 2-35　薄壁柔性球轴承及其套装在椭圆形轮廓凸轮上的变形

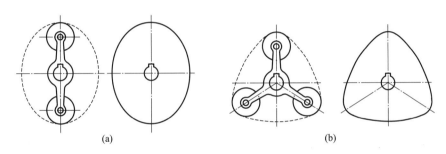

(a)　　　　　　　　　　　　(b)

图 2-36　波发生器的轴对称凸轮结构

② 谐波齿轮传动的发展及传动原理

a. 齿轮传动的发展。我国在 20 世纪 60 年代中期才开始谐波齿轮传动理论与技术的研究工作；20 世纪 70 年代末开展了理论分析、设计、试验和试制，研制出了一些性能良好的谐波齿轮减速器；自 1980 年起，开始进行谐波齿轮减速器标准化和系列化工作；1985 年制定了中小功率的通用谐波齿轮减速器系列标准，成为世界上第四个拥有通用谐波齿轮减速器标准的国家。此后，谐波齿轮传动在各个领域尤其是国防、军事、航空航天等领域得以广泛应用。

值得一提的是：谐波齿轮传动以其传动比大、质量轻、结构紧凑、精度高等优点在机器人及自动化技术领域发挥着举足轻重的作用。如著名的 MOTOMAN 工业机器人操作臂的腕部关节传动、日本本田公司的仿人机器人 ASIMO 的腿、臂部各关节传动等等都使用了高性能的谐波齿轮传动。

谐波齿轮传动与圆柱齿轮、圆锥齿轮等普通齿轮传动形式同属于靠轮齿啮合传递运动和动力的，但其传动的形成原理与普通齿轮传动不同。

b.谐波齿轮传动的原理。从啮合原理上分析谐波齿轮传动，有外齿的柔轮装入有内齿的刚轮中实现啮合传动，两个齿轮的轮齿模数 m 必须相等，若刚轮齿数 z_g 与柔轮齿数 z_f 相同，则柔轮装入刚轮中相当于花键连接，无法实现刚轮与柔轮的相对运动，因而无法实现齿轮传动；若 $z_g < z_f$，则刚轮分度圆直径小于柔轮分度圆直径，根本无法将柔轮装入刚轮内齿圈中，因此，要想实现谐波齿轮传动，必有柔轮齿数小于刚轮齿数，且齿数相差几个齿，因此，谐波齿轮传动属于特殊的少齿差齿轮传动。

如图 2-37 所示，当将椭圆形波发生器装入柔轮，且装入后必须保证刚轮与柔轮在长轴上的轮齿啮合区始终是以椭圆长轴左右对称这一正确装配条件的情况下，假设刚轮固定不动，波发生器上的凸轮轮毂通过与之键连接的输入轴输入顺时针回转运动，则波发生器长轴随着波发生器的转动而改变位置，长轴的转动使得柔轮长轴部分与刚轮轮齿相啮合的柔轮轮齿在动态地改变着啮合区域，如图中分别在柔轮、刚轮上的长、短箭头所示。当波发生器顺时针从图 2-37(a) 所示起始位置开始分别转过 90°、180°、360°时，柔轮正好反方向（即逆时针）分别转过 $(z_g - z_f)/4$、$(z_g - z_f)/2$、$(z_g - z_f)$ 个齿，从而实现柔轮输出减速运动并增大输出转矩的传动目的。图 2-37 中所示为 2 齿差（即 $z_g - z_f = 2$）谐波齿轮传动的原理。

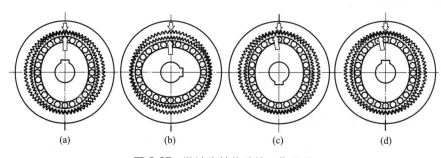

图 2-37　谐波齿轮传动的工作原理

谐波齿轮传动的运动输入与输出是相对的，当波发生器作为谐波齿轮传动的运动输入时，刚轮、柔轮其中一个与壳体固定，另一个作为运动输出，虽然传动比（即减速比）有所差别，但都能实现减速的功能；当然，刚轮、柔轮、波发生器三者中，也可将刚轮或柔轮其一作为运动输入，另一与壳体固定，则可将波发生器作为运动输出，此时，谐波齿轮传动实现的是增速运动。

谐波齿轮传动从机械原理的角度来看，又属于行星齿轮传动，也可以说是从行星齿轮传动演化而来的，其机构运动简图如图 2-38 所示。其中，构件 3（波发生器）相当于行星齿轮传动中的系杆 H 兼作中心轮，而作为柔轮的构件 2 则相当于行星轮构件，其行星轮运动被隐含在柔轮变形与刚轮啮合运动之中。当作为刚轮的构件1固定于壳体上时，作为运动输出的柔轮输出轴转向与作为运动输入的波发生器转向相反。

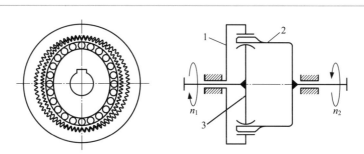

图 2-38　谐波齿轮传动的机构运动简图（即右图：机构原理图）

③ 谐波齿轮传动分类、减速器装配结构与特点

a.谐波齿轮传动分类与减速器装配结构。按着谐波齿轮柔轮的结构形式，可将谐波齿轮传动（或减速器）分为三大类：

杯形柔轮谐波齿轮传动（或减速器）［如图 2-39（a）所示为其三元部件传动结构形式］；

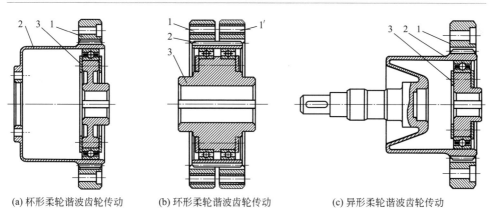

(a) 杯形柔轮谐波齿轮传动　　　(b) 环形柔轮谐波齿轮传动　　　(c) 异形柔轮谐波齿轮传动

图 2-39　谐波齿轮传动的类型

1,1′—刚轮；2—柔轮；3—波发生器

环形柔轮谐波齿轮传动（或减速器）［如图 2-39（b）所示为其三元部件传动结构形式］；

异形柔轮谐波齿轮传动（或减速器）［如图 2-39（c）所示为其三元部件传动结构形式］。

需要说明的是：图 2-39(a)～(c) 所示都是仅由三个零部件组成的谐波齿轮传动，只三个或四个零部件还不能构成完整的谐波齿轮减速器，还必须为其提供减速器壳体、输入轴系与输出轴系部件才能实现谐波齿轮减速器的正常工作功能。

按着杯形柔轮轴向长度与内径的比值即长径比大小，杯形柔轮谐波齿轮传动（或减速器）又可分为：

标准杯形柔轮谐波齿轮传动（或减速器）：长径比为 1∶1 或接近 1∶1 比例，如图 2-40(a) 所示。

短筒杯形柔轮谐波齿轮传动（或减速器）：长径比为 1∶2 或接近 1∶2 比例，如图 2-40(b) 所示。

扁平杯形柔轮谐波齿轮传动（或减速器）：长径比为 1∶4 或接近 1∶4 比例，如图 2-40(c) 所示。（也称超短杯形柔轮谐波齿轮传动或减速器）

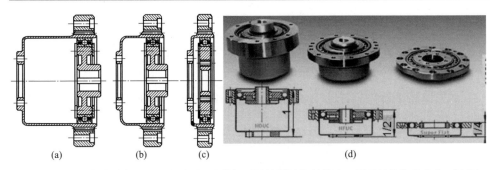

(a)　　　　　　(b)　　　　　　(c)　　　　　　　　　　(d)

图 2-40　长径比分别为 1∶1、1∶2、1∶4 的杯形柔轮谐波齿轮传动三零部件结构及实物对比图

通用谐波齿轮减速器整机结构形式：完整的、能够正常工作的谐波齿轮减速器是由刚轮、柔轮和波发生器这三个用以实现谐波齿轮传动的主要零部件以及为这三个零部件分别提供安装与支撑、运动和动力输入与输出部分的减速器壳体、输入轴系、输出轴系等部件组成的有机整体。图 2-41 给出了常用的谐波齿轮减速器整机装配结构图。谐波齿轮减速器生产厂家（制造商）可为用户提供原厂整机和三元部件两种产品形式，也可根据用户需要订制生产整机，用户也可以选型订购谐波齿轮传动元部件生产厂家的三元部件（刚轮、柔轮及波发生器三个传动零部件），然后自行设计制作减速器壳体、输入轴系和输出轴系后组装而成减速器整机或装配在其他机械装置中（即不构成减速器整机独立部件形式，而是以其他机械结构作为壳体装入其中，如此可以节省空间、减小质量，获得紧凑的传动结构）。例如，谐波齿轮传动在工业机器人操作臂腕部的机械传动应用中，为在结构上节省空间，通常都是选购三元部件而不选用整机。对于环形柔轮的谐波齿轮传动，基本元部件为四个，其中有两个刚轮。

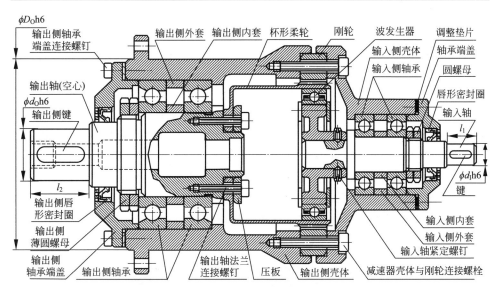

（a）杯形柔轮谐波齿轮减速器整机装配结构图

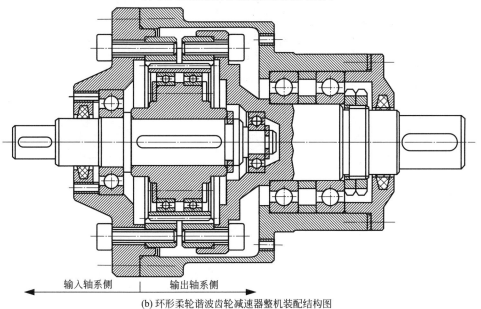

输入轴系侧　　　　　　输出轴系侧

（b）环形柔轮谐波齿轮减速器整机装配结构图

图 2-41　常用的谐波齿轮减速器整机装配结构图

　　结构紧凑型的谐波齿轮减速器整机结构形式：国际上著名的谐波齿轮传动产品制造商 Harmonic Drive® 在高精度、结构紧凑型谐波齿轮传动方面设计、制造了长径比小、质量进一步轻量化的结构紧凑型短筒柔轮谐波齿轮减速器，并且采用单个轴承支撑刚度高的四点接触轴承或十字交叉滚子轴承作为输出轴系支撑形式，大大缩短了谐波齿轮减速器的轴向结构尺寸。如图 2-42(a)～(c) 所示，分别为短筒柔轮谐波齿轮减速器、翻边柔轮谐波齿轮减速器、中空结构下翻边柔轮谐波齿轮减速器的结构。这些谐波齿轮减速器其实也并非是完整的减速器，在应用上，用户还必须提供输入轴系部件，但其输出轴系及减速器输出轴侧壳体已经齐备。注意：图 2-42(b) 所示的翻边柔轮谐波齿轮减速器在设计上将刚轮与十字交叉滚子轴承的内环座圈设计成一体，如此可以减小轴向尺寸 B 且有利于传动；而如图 2-42(c) 所示的中空式波发生器对于需要从减速器内部走电缆线或有其他内部空间特殊需求的应用场合具有特别重要的实际意义，如工业机器人操作臂需要从内部走电缆线时，特别适合采用此类结构，因为内部走电缆线可以避免发生外部电缆走线随着关节转动电缆线缠绕存在的安全隐患问题。

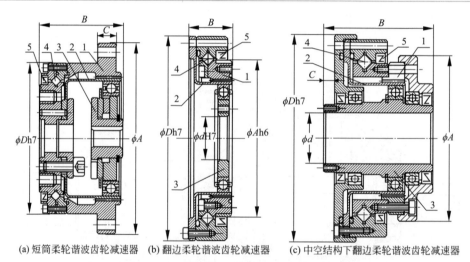

(a) 短筒柔轮谐波齿轮减速器　(b) 翻边柔轮谐波齿轮减速器　(c) 中空结构下翻边柔轮谐波齿轮减速器

图 2-42　结构紧凑型谐波齿轮减速器整机结构

1—刚轮；2—柔轮；3—波发生器；4—十字交叉滚子轴承（或采用四点接触球轴承）；5—唇形密封圈

谐波齿轮减速器、光电编码器一体化伺服电动机：为从产品上实现机械、电机电器、电力电子技术一体化，一些兼制伺服电动机、减速器以及伺服驱动控制器的制造商将直流（或交流）伺服电动机、谐波齿轮减速器、霍尔元件、光电编码器或磁编码器乃至伺服驱动控制器单元集成在伺服电动机上，从而形成了运动控制与驱动、机械传动、位置/速度传感等技术高度集成化的一体化伺服电动机产品，大大缩短了机电产品的设计周期，提高了其结构空间利用率。图 2-43 给出的是伺服电动机制造商生产的一体化伺服电动机的结构示意图。

这种一体化设计制造的特点是省去了光电编码器、伺服电动机与减速器分立元部件轴与轴之间的联轴器，减小了轴向尺寸使整体结构更加紧凑。

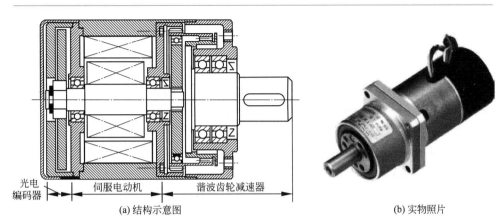

光电编码器	伺服电动机	谐波齿轮减速器

(a) 结构示意图　　　　　　　　　　　　　　　　(b) 实物照片

图 2-43　直流/交流伺服电动机与谐波齿轮减速器、光电编码器
等一体化伺服电动机结构示意图与实物照片

　　b. 谐波齿轮传动特点。

　　•传动比大而且范围宽，单级谐波齿轮传动的传动比一般从 1.002 到上千，常用的传动比为 30、50、60、80、100、120、160、200 等，对于以传递运动为主、不传递或传递小转矩的可大至 1000、1500，如分度、微调整机构；传递的转矩小到几牛•米，大到数百牛•米。

　　•在传动比很大的情况下，仍具有较高的机械传动效率，单级传动效率一般为 60%～96%。

　　•传动精度高，谐波齿轮传动精度以角度误差计，一般精度角度传动误差为 6′，中等精度为 3′，高精度可达 1′甚至小于 1′；由于多对齿啮合的平均效应，其传动精度一般可比同精度等级的普通齿轮传动精度高一级以上。

　　•相同传动比条件下，同多级齿轮传动、行星齿轮传动相比，结构紧凑、质量轻、体积小。

　　•传动平稳、噪声低、承载能力较强。这是因为谐波齿轮传动相对其他齿轮传动而言，齿轮模数小，啮合齿对数多，对于双波传动，可多达总齿数的 30%～40%，三波传动会更高。齿小而同时啮合齿对数多，齿面间的相对滑动速度很低，而且接近于面接触，所以磨损也小。柔轮特有的柔性具有缓冲作用；谐波齿轮传动的功率可为几十瓦到数十千瓦；负载能力可大至数万牛•米。

　　•可向密封空间内传递运动和动力。在高真空条件下，以及用来控制高温、高压的管路，驱动在有原子能辐射或其他有害介质空间工作的机构时，采用这种谐波齿轮传动较理想。这是其他传动形式所无法比拟的。

•启动转矩比一般的齿轮传动要大，速比越小越严重。

•在传递运动中，柔轮要发生周期性弹性变形，因此，谐波齿轮传动对柔轮的材料、热处理都有较高的要求，否则，柔轮容易引起疲劳破坏。

•有时发热过大。对于动力传动，若结构参数选择不当，有可能导致发热过大，因此，必要时需采用适当的冷却措施。

•与电动机、光电编码器可集成化设计、制造，实现电动机驱动、减速器传动、光电传感器等集成的"光-机-电"一体化部件。

•应用非常广泛，主要应用领域有航空航天、机器人与自动化设备、轻工业等诸多行业，具体如雷达天线控制系统、机床分度机构、自动控制系统的执行机构和数据传递装置，以及纺织、化工、冶金、起重运输等领域的机械设备中，都得到了应用。目前，精密谐波齿轮传动已成为工业机器人、仿生仿人机器人关节机械传动中不可缺少的传动形式和基础部件。

④ 谐波齿轮传动选型设计中的结构设计与形位公差要求　谐波齿轮传动的应用设计主要有两种情况可供选择：一种是包括刚轮、柔轮、波发生器在内的三元部件选型设计，然后为所选型号的三元部件自行设计该型谐波齿轮传动所需的壳体、输入轴系、输出轴系以及润滑与密封部分，从而构成完整的谐波齿轮传动或独立的谐波齿轮减速器部件；另一种选型设计是选择由谐波齿轮传动制造商生产的完整的谐波齿轮减速器部件。前者之所以说"构成完整的谐波齿轮传动或独立的谐波齿轮减速器"，是因为在实际应用中，有时谐波齿轮传动不是以独立的谐波齿轮减速器部件的形式存在，而是以机械本体中的壳体作为支撑其三元部件和输入轴系、输出轴系等零部件的壳体，而不是独立的减速器壳体，这样设计往往可以得到机械传动部分紧凑而轻量化的结构；而由谐波齿轮减速器制造商提供的减速器整机形式，往往适用于对结构紧凑性、质量是否轻量化无特殊要求或要求不高的情况下。

谐波齿轮三元部件选型设计后自行设计壳体与轴系情况下的结构设计与形位公差要求：如图 2-44 所示，壳体在设计上是以刚轮外圆为基准（刚轮外圆直径为精车尺寸且为基轴制，即其尺寸公差代号为 h），因此，分别选择左、右输入轴系的壳体与刚轮外圆配合孔轴线为基准（图中分别标记为基准 A、B），对左右壳体与刚轮侧面贴合面、输入轴与波发生器孔、输入轴轴肩与波发生器轮毂端面贴合面、输出轴与柔轮法兰配合面、输出轴轴肩与法兰端部贴合面等提出形位公差（垂直度、同轴度等）要求，具体公差值可按照精度设计和谐波齿轮传动产品样本（或《机械设计手册》、国家标准）中给出的公差表选用。

减小轴向尺寸的输入轴系结构设计：为减小谐波齿轮减速器轴向长度，如图 2-45 所示，可以利用输出轴的结构空间，将输入轴系的左支点轴承设在输出轴的同轴线轴孔中，而将原输入轴系设计中的两个轴承去掉一个，同时去掉内外轴套，从而可以获得轴向尺寸更短的谐波齿轮减速器或传动结构。

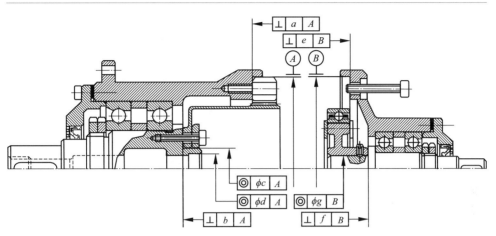

图 2-44　自行设计谐波齿轮减速器情况下的壳体与输入、输出轴系结构设计与形位公差要求

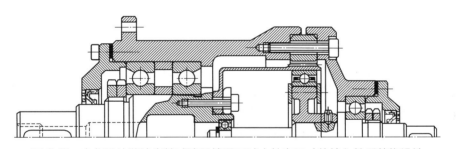

图 2-45　自行设计谐波齿轮减速器情况下减小轴向尺寸的输入轴系结构设计

（2）杯形柔轮谐波齿轮传动的创新设计[4~7]

① 杯形柔轮谐波齿轮传动的实际问题

• 非轴向对称结构的薄壁杯形柔轮与波发生器薄壁柔性轴承弹性变形及柔轮沿轴向张角问题。杯形柔轮的谐波齿轮传动中，当波发生器装入杯形柔轮中，杯形柔轮的长轴部分的外齿与刚轮轮齿对应啮合状态时，由于杯形柔轮薄壁轮筒左右侧不对称，一侧有筒底，另一侧为开口，而且波发生器上的柔性滚动轴承为外圈薄壁柔性结构，这种结构特点决定了在刚轮内齿圈刚体约束限制下，当波发生器装入柔轮时，柔轮被波发生器向外撑、向内收成有长短轴之分的非圆形结构，柔轮内壁与柔轮的柔性轴承外圈之间接触宽度范围内作用着沿着轴向分布的径向挤压力，由于柔轮筒底一侧是封闭结构，而波发生器装入侧为开口结构，因此柔轮长轴方向的外壁圆柱面母线成为沿轴向产生有倾角的喇叭口形结构，如图 2-46 所示；相应地，假设在柔轮圆柱面产生弹性变形的情况下柔轮周长不变，

则处于短轴的圆柱面母线有可能与前者相反而呈沿轴向向外径向收缩型反喇叭口的形状。因而使得处于长轴轮齿啮合区发生如图 2-47 所示的变化，即柔轮轮齿与刚轮轮齿不能保证全齿宽啮合，显然这将影响谐波齿轮传动的承载能力、啮合刚度、传动精度等主要传动性能。

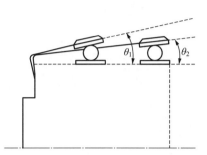

图 2-46　短筒柔轮与正常柔轮的
长轴处张角大小对比图

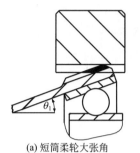

(a) 短筒柔轮大张角

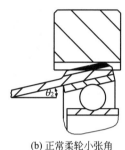

(b) 正常柔轮小张角

图 2-47　短筒柔轮与正常柔轮啮合
面积影响对比图

- 柔轮原圆柱面母线沿轴向倾角以及形变较复杂。杯形柔轮谐波齿轮传动可以分为标准杯形、短筒杯形以及超短杯形、翻边礼帽形四种杯形结构柔轮，它们是按着杯形柔轮筒部沿着其轴线的长度尺寸从长到短排列，以标准杯形柔轮长度作为基准长度，标准杯、短筒杯、超短杯、翻边杯等比例长度一般分别为 $1:1$、$1:2$、$1:4$、$1:4$ 甚至更短。如此，柔轮轴向长度越短，柔轮长轴部位开口倾角（也称张角）就越大，但是并非等比渐增性增大，因为柔轮轴向长度越短，径向相对刚度大的筒底或翻边部分对开口部的影响就越大，相对越难于变形。

② 短筒柔轮谐波齿轮传动的有限元分析　为深入掌握短筒柔轮谐波齿轮传动柔轮、波发生器薄壁轴承的变形与轮齿啮合情况，笔者及指导的研究生在提出接触副接触对概念，建立柔性轴承内圈与滚珠间接触对、滚珠与外圈接触对、柔性轴承与柔轮内壁接触对、刚轮轮齿与柔轮轮齿啮合接触对等力学模型，以及建立完整的谐波齿轮三元部件有限元 1/4 虚拟模型建模方法的基础上，利用 AN-SYS/ANSYS Workbench 有限元分析软件进行了啮合传动分析，有限元建模包括几何模型、负载转矩施加、前述各类接触对力学模型、接触对上接触副的摩擦系数等计算条件的设置，有限元建模的整体模型、整体网格、网格划分以及装配前后的内应力情况如图 2-48 所示。

③ 刚轮轮齿有一定倾角的短筒、超短杯谐波齿轮传动的有限元分析及倾角优选结果　为改善谐波齿轮传动的啮合性能，笔者于 2010 年提出了设计、研发刚轮轮齿沿轴向带有倾角的谐波齿轮传动及其减速器；并且在双圆弧共轭齿廓设

计以及谐波齿轮传动元部件结构设计基础上，应用有限元分析法对有无轮齿倾角的谐波齿轮传动进行了加载啮合传动有限元分析和倾角优选。

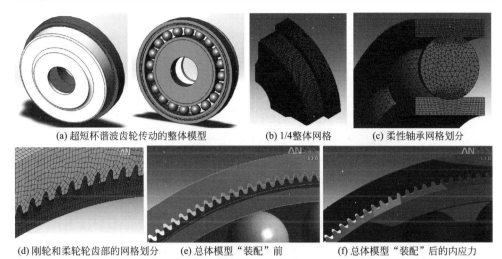

(a) 超短杯谐波齿轮传动的整体模型　　(b) 1/4整体网格　　(c) 柔性轴承网格划分

(d) 刚轮和柔轮轮齿部的网格划分　(e) 总体模型"装配"前　(f) 总体模型"装配"后的内应力

图 2-48　谐波齿轮传动参数化建模下的超短杯形柔轮
谐波齿轮传动有限元模型（刚轮轮齿无倾角）

刚轮无倾角时和具有一定倾角值时的等效应力、接触区域和接触应力计算结果如图 2-49 所示。

在建立模型时，以柔性轴承轴向长度的一半为基准平面，即在这个平面上的刚轮齿形是前文计算出的刚轮共轭齿形，刚轮轮齿沿轴线方向倾斜，沿柔轮筒底方向向内倾斜，在沿柔轮开口方向上是向外倾斜。轮齿倾斜角度选为 0.1°、0.2°、0.3°，进行有限元计算仿真分析。

对于等效应力，可以看到柔轮的最大应力出现在波发生器长轴附近的轮齿根部，在筒底和开口处具有很高的值。在本模型中靠近筒底的一侧的轮齿根部较柔轮开口侧的轮齿的根部应力值更大。

对于接触面积，可以看到刚轮轮齿具有一定倾角的短筒柔轮谐波减速器具有更大的接触面积。具体轮齿间接触面积的估算值见表 2-4。

对于接触应力，可以看到，当刚轮轮齿倾角为 0.1°时，轮齿间的最大接触应力并没有明显的变化；当刚轮轮齿倾角为 0.2°时，轮齿间的最大接触应力明显下降。这说明刚轮轮齿倾角在没有引起干涉的情况下因为接触面积的增加可以降低轮齿间的接触应力值。当倾角为 0.3°时，轮齿间的接触应力较正常轮齿时还要大，原因推测是由于倾角过大，导致轮齿出现了干涉，使得接触应力变得过大。据此，可以推断刚轮轮齿一定存在一个相对最佳值，可以使得短筒柔轮谐波减速器在不发生干涉的情况下拥有最大的轮齿间接触面积。另外，轮齿间接触应力的最大值出现在轮齿后缘处，这与实际情况中柔轮轮齿最先磨损的部位相同。

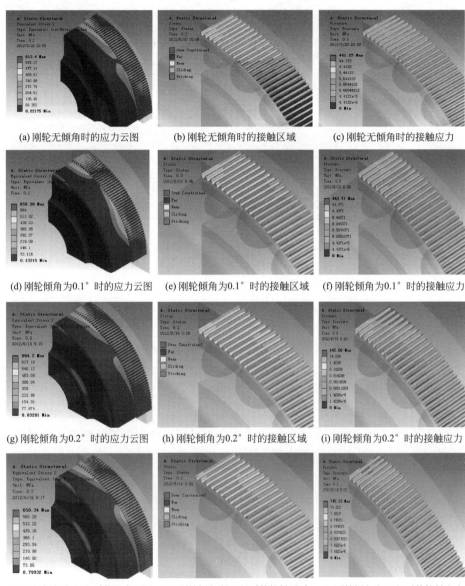

(a) 刚轮无倾角时的应力云图   (b) 刚轮无倾角时的接触区域   (c) 刚轮无倾角时的接触应力

(d) 刚轮倾角为0.1°时的应力云图   (e) 刚轮倾角为0.1°时的接触区域   (f) 刚轮倾角为0.1°时的接触应力

(g) 刚轮倾角为0.2°时的应力云图   (h) 刚轮倾角为0.2°时的接触区域   (i) 刚轮倾角为0.2°时的接触应力

(j) 刚轮倾角为0.3°时的应力云图   (k) 刚轮倾角为0.3°时的接触区域   (l) 刚轮倾角为0.3°时的接触应力

图 2-49   刚轮无倾角时和具有一定倾角值时的等效应力、接触区域和接触应力计算结果

在 ANSYS 中可以提取接触表面节点的接触应力和接触状态，对于接触应力不为 0 的节点认为是在啮合中接触的。对于接触状态，ANSYS 中通过 STAT 值来描述：值 0 代表未合的远区接触，值 1 代表未合的近区接触，值 2 代表滑动接触，值 3 代表黏合接触。这两种方法提取的接触情况是一致的，可以任选其一。通过比较接触的节点占轮齿表面总节点数目的百分比，则可以根据轮齿表面网格是均匀的前提，推算出轮齿的接触面积的大小。根据接触表面节点的状态或者接触应力值，在 MATLAB 中编写程序，确定接触的节点占总节点数目的百分比。具体计算值如表 2-4 所示。

表 2-4　轮齿啮合面积与啮合齿对数

刚轮齿形	啮合面积百分比	啮合齿对数	最大接触应力/MPa
标准无倾角	12.60%	30	441
倾角值为 0.1°	15.46%	30	408
倾角值为 0.2°	17.03%	30	142
倾角值为 0.3°	12.93%	30	745

在四分之一模型中，柔轮上有 50 个轮齿。对比轮齿间的啮合面积与在有限元模型中接触的轮齿对数，可以发现尽管谐波减速器的轮齿同时啮合的数目比较多，但是在每对啮合的轮齿上并不是完全啮合，这主要是由柔轮轮齿的偏斜引起的，所以并不能简单地将同时啮合的轮齿对数当作谐波减速器承载能力的评判标准。要正确完整地评估轮齿间的啮合面积，需要考量更多的因素，如估算装入波发生器后柔轮的张角值、在负载作用下柔轮的变形等等。由表 2-4 中可以看出，刚轮轮齿具有一定倾角时均较刚轮轮齿正常时轮齿间的啮合面积百分比要大。在本书中，综合柔轮等效应力、轮齿间接触面积和接触应力，优选 0.2° 为刚轮的倾角。其较刚轮轮齿正常无倾角时的短筒柔轮谐波减速的轮齿接触节点百分比数上升 4.43%，推测其接触面积提高的百分比为 $(17.03-12.6)/12.6=35.1\%$。

④ 刚轮轮齿有倾角的双圆弧齿廓短筒、超短杯柔轮谐波齿轮传动新设计及减速器研制　在前述有限元分析基础上，分别以 50 机型的短筒、超短杯柔轮谐波齿轮传动为对象，进行了刚轮轮齿无倾角、有倾角的谐波齿轮刚轮、柔轮的加工工艺设计，以及减速器原型样机试制与传动刚度测试试验。

a. 柔轮轮齿齿廓及参数。柔轮轮齿采用双圆弧齿廓（如图 2-50 所示）：柔轮轮齿将采用在理论上和实际上均被证明能有效提高啮合效果的双圆弧齿形，为避免柔轮与刚轮轮齿的干涉齿顶处采用了直线段，其形状如图 2-50 所示。各参数值如图 2-50 中柔轮轮齿参数表所示。

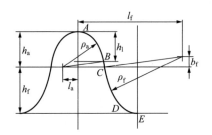

柔轮轮齿参数表	
参数	取值
M	0.25
h_a	0.2250
h_f	0.3030
ρ_a	0.2701
ρ_f	0.5145
l_a	0.0982
l_f	0.0671
h_l	0.1900

图 2-50　柔轮双圆弧齿廓及其轮齿参数表

b. 包络法求刚轮轮齿齿廓：具体求解方法参见文献［8］的 8～16 页。求得柔轮包络生成的刚轮轮齿轨迹及刚轮共轭齿廓计算点分别如图 2-51(a)、（b）所示。

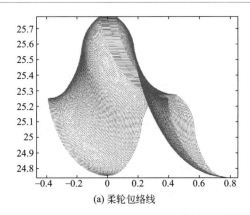

(a) 柔轮包络线

(b) 刚轮共轭齿廓计算点

图 2-51　包络法求刚轮共轭齿廓曲线

在误差允许的范围内将刚轮轮齿坐标用多项式进行拟合得到样条曲线，作为刚轮的理论共轭齿廓。虽然这样只是在离散的点上得到的才是精确的结果，但是只要点数取得足够密，就可以得到精确度很高的共轭齿廓数值解。

如图 2-52 所示，刚轮若采取轮齿具有一定倾角的形式，则在啮合时柔轮与刚轮轮齿间的啮合面积受到柔轮张角的影响就会变得比较小，因为刚轮轮齿具有一定倾角的短筒柔轮谐波减速器考虑到了柔轮张角所带来的影响，所以相较于刚轮是正常轮齿的短筒柔轮谐波减速器，其将具有更大的轮齿间接触面积，从而使得具有一定倾角的短筒柔轮谐波减速器的承载能力和传动刚度均得到提升。

c. 刚轮、柔轮轮齿的慢走丝线切割加工工艺。柔轮是谐波减速器中受力最复杂的元件，也是谐波减速器中最容易失效的元件。目前制作柔轮的材料的前沿是使用复合材料进行样机制造，在空间中使用的谐波减速器则通常使用不锈钢来制造。这里采用的柔轮的制作材料为 30CrMnSiA，材料的力学性能及热处理方法如表 2-5 所示。

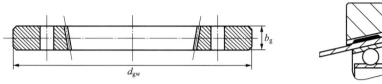

图 2-52　刚轮轮齿沿轴向有一定倾角（0°～0.2°左右）
的刚轮内齿圈结构以及与柔轮轮齿啮合情况

表 2-5　柔轮材料的力学性能及热处理方法

柔轮材料	热处理方法	硬度（HRC）	强度极限 σ_b/MPa	屈服极限 σ_s/MPa	疲劳极限 σ_{-1}/MPa
30CrMnSiA	淬火 880°，油冷，回火 180°，空气冷却	55	1800	1600	670

柔轮的加工工艺分为柔轮的毛坯加工和柔轮的轮齿切割两个部分。

柔轮毛坯的加工工艺如下：

· 下料，粗车柔轮端面、内圆与外圆表面，在壁厚和长度方向上留出 1～3mm 的加工余量。

· 对柔轮毛坯进行调质处理，表面硬度达到 32～36HRC。

· 半精车柔轮开口端端面和柔轮内表面，精车或磨削柔轮内表面使达到工程图尺寸与表面粗糙度。

· 加工柔轮筒底外表面，钻攻柔轮筒底凸缘连接螺栓孔。

· 加工心轴。

· 以柔轮内圆定位，将柔轮装卡在心轴上。精车或磨削使柔轮外表面和筒底端面达到工程图尺寸与表面粗糙度，在齿圈处径向留出 1mm 的加工余量。

柔轮轮齿的慢走丝线切割切齿工艺：

在柔轮的毛坯上加工轮齿。采用慢走丝线切割的方式加工柔轮轮齿。慢走丝线切割在加工形状复杂的轮齿时很有优势，只要为慢走丝线切割机床提供坐标精确的工程图，就能实现齿形的精确加工。而且它的加工精度很高，至少可以达到 ±0.002mm，表面的粗糙度可以达到 0.2～1.6μm。其次线切割机床的锥度切割功能在加工倾斜刚轮轮齿时很有用处。最后采用这种加工方式可以避免制造小模数的齿轮刀具。现在谐波齿轮通常的加工方法：柔轮轮齿采用铣刀加工，而刚轮轮齿采用插齿刀加工，但是鉴于国内小模数齿轮刀具的不成熟以及制造成本的高低，在实验室样机研制中采取慢走丝线切割的方式是一种性价比很高的方式。柔轮与刚轮的轮齿加工使用的是瑞士夏尔米 240 慢走丝切割机床。采用慢走丝线切割机床加工柔轮的外齿廓会有一个问题：由于柔轮是外齿廓，电极丝无法通过一次整周加工完所有轮齿，否则将割断夹具。故专门设计并使用如图 2-53 所示的卡具装置来进行柔轮轮齿的两次加工。卡具底座固定在慢走丝线切割机床上，柔轮毛坯装在心轴上通过内六角螺钉和压板固定在心轴上。基准片通过沉头螺钉固定在心轴的扁面上。紧定螺钉将心轴固定在卡具底座上。其工作过程是：由于线切割在切割柔轮外齿的过程中不能实现一次整周切割轮齿，在割齿过程中所有轮齿采用两次切割完成。找正的过程依靠柔轮夹具上的基准片和慢走丝线切割机床上的测头。先如图 2-53 所示切割柔轮毛坯上的一半左右的轮齿，切割完毕后，旋出紧定螺钉，通过旋转孔旋转心轴 180°；旋转完毕后利用线切割机床测头通过基准片找正柔轮位置，调整到正确位置后旋入紧定螺钉继续切割下一部分轮齿。至此柔轮轮齿加工完毕。

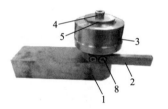

(a) 夹具左视图　　　　　　(b) 夹具正视图

图 2-53　柔轮加工夹具结构形式

1—柔轮底座；2—基准片；3—柔轮毛坯；4—螺钉；5—压板；
6—心轴；7—紧定螺钉；8—沉头螺钉；9—心轴上旋转孔

刚轮及刚轮轮齿的加工工艺：

刚轮的加工工艺同样分为刚轮毛坯加工与刚轮轮齿切割两部分。制作刚轮的材料是 45 钢，其经调质处理。具体的热处理方法与性能参数如表 2-6 所示。

表 2-6　刚轮材料的热处理方法与性能参数

刚轮材料	热处理方法	硬度（HRC）	强度极限 σ_b/MPa	屈服极限 σ_s/MPa	疲劳极限 σ_{-1}/MPa
45	淬火 820℃,油冷或水冷,回火 200℃,空冷	30～36	700	500	340

刚轮毛坯的加工工艺：

• 粗车内、外圆表面和两侧端面，内、外壁和轴向均留 1～3mm 余量。

• 调质热处理，零件表面硬度为 30～36HRC。

• 精车刚轮内、外圆表面和端面，外圆表面倒角，内圆留 0.5～1mm 余量供齿形加工。

• 磨削刚轮外表面和两边端面至要求的尺寸和表面粗糙度。

• 钻攻连接螺钉孔和拆卸螺纹孔。

刚轮轮齿的切割：

刚轮轮齿同样采用慢走丝线切割机床加工。由于刚轮轮齿是内齿廓，所以以线切割机床可以一次加工出全部轮齿。根据前述的柔轮张角问题的分析，采取倾斜的刚轮轮齿可以取得更大的接触面积，增大了谐波减速器的重合度，减小了接触应力，进而提高了谐波减速器的传动刚度。而利用线切割机床切割锥度的功能可以方便地切割相对柔轮轴线倾斜的轮齿。下面简述利用线切割机床切割锥度功能加工倾斜刚轮轮齿。

慢走丝线切割加工锥角的机构如图 2-54、图 2-55 所示。在上、下丝臂内各有一个转轴，每个转轴前端与上、下导轮相接，组成平面四边形四连杆机构。锥度装置的 U 轴电动机驱动上导轮可以沿 U 轴平移；V 轴电动机驱动上导轮可以以下转轴为轴心进行摆动。在 U 轴方向和 V 轴方向上的角度的调整方式如图 2-54 所示。

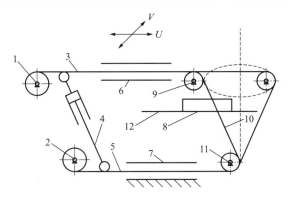

图 2-54　锥度加工机构原理图

1—上丝筒；2—下丝筒；3—上转杆；4—伸缩杆；5—下转杆；6—上丝臂；
7—下丝臂；8—工件；9—上导轮；10—电机丝；11—下导轮

d. 线切割机床切割轮齿轴向倾角值确定原理。如图 2-56 所示，倾斜角 $\alpha =$ arctan (r_1/H)。在线切割锥度加工中，程序控制运动的坐标平面是工件的下表面，而实际运动的是上导轮和工作台（工作台上表面和工件下表面重合）。控制系统可以自动根据形参数——下导轮中心点到工件底面的距离 h、工件厚度、上下导轮中心距 H 及倾斜角 α，运用相似形公式对程序中的坐标进行变换，把工件下表面的坐标变换成上导轮和工作台的坐标。在加工中四轴联动，实现轮齿的加工。

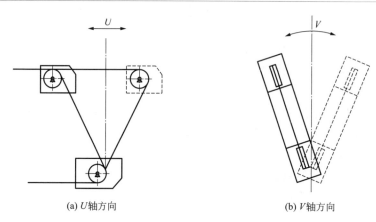

(a) U轴方向　　　　　　　　(b) V轴方向

图 2-55　U 轴和 V 轴倾角的调整

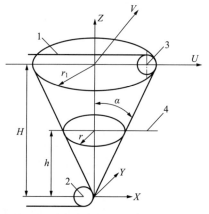

图 2-56　线切割机床倾角值确定原理图
1—电极丝；2—下导轮；3—上导轮；4—工件底面

　　在本加工方法中，确定出给定的倾斜角后，通过给出刚轮轮齿在上大小端面的齿廓曲线坐标，即可实现刚轮轮齿具有一定倾斜角度的加工。其中刚轮的轮齿齿廓坐标由前述的共轭齿廓计算方法计算得到，通过编写的 VBA 程序可以将齿廓曲线的点精确导入 CAD 中生成慢走丝线切割用的工程图。

　　e.用上述工艺加工出的刚轮、柔轮样件及研制的短筒、超短杯谐波齿轮减速器样机。采用上述加工方法加工的刚轮、柔轮样件如图 2-57 所示，分别为长径比约为 1∶2 的短筒柔轮、长径比约为 1∶4 的超短筒（即超短杯）柔轮、长径比为 1∶2 时柔轮对应的刚轮、长径比为 1∶4 时柔轮对应的刚轮，以及相应设计制作的谐波减速器样机装配结构图、实物照片。

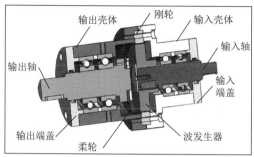

图 2-57　慢走丝线切割加工的长径比为 1:2、 1:4 的柔轮及配套的有倾角刚轮
以及超短杯柔轮谐波齿轮减速器样机结构装配图、实物照片

⑤ 传动刚度及精度测试试验与测试结果

a.传动刚度测试原理及研制的传动刚度测试试验装置。如图 2-58(a) 所示，传动刚度测试试验装置主要由两部分组成，其一是力矩加载用 MAXON 直流伺服电动机（带有光电编码器）及 IPM100 直流伺服驱动与控制单元、电源构成的直流伺服驱动与控制系统，可以进行位置、速度、转矩控制，以及位置、速度反馈；其二是短筒柔轮谐波减速器测试样机及输出轴抱死锁紧机构构成的被测试部分，其详细结构如下：MAXON 直流伺服电动机直接与谐波减速器原型样机的输入轴通过刚性联轴器连接在一起，谐波减速器的输出轴与抱死锁紧装置相连接，将短筒柔轮谐波减速器的输出轴加工出两个扁面，抱死锁紧装置由扁面两边的挡块通过螺钉将输出轴完全固定住。在实验过程中，在电动机输入端要使直流伺服电动机工作在力矩控制模式，这样无需添加力矩传感器，可以通过实时读取驱动器为直流伺服电动机提供的电流大小值，并根据直流电动机力矩和电流的关系计算直接准确地计算出输入力矩 T_1。同时通过电动机的光电码盘读取与电动机轴刚性相连的短筒谐波减速器样机输入轴的转角值。至此就得到了绘制传动刚度图所需的全部参数值。在试验的过程中，采取的加载的方式如图 2-58(b) 所示，先线性正向加载到额定转矩 28N·m，再逐渐卸载至 0，然后反向线性加载到额定转矩，最后逐渐卸载至 0，并为了得到完整封闭的传动刚度图再向正向加载 1N·m 的转矩。反复测量多次，将输入轴的转角和力矩折算到输出轴，绘出

传动刚度曲线。

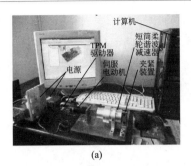 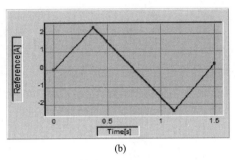

(a)　　　　　　　　　　　　(b)

图 2-58　谐波齿轮传动刚度及传动精度测试试验装置实物照片及力矩加载曲线图

　　b. 1/4 长径比超短杯谐波齿轮减速器传动刚度与精度测试结果曲线。实验过程中，利用 IPM 驱动器上位机程序的 logger 功能，在电动机按加载曲线加载的过程中可以实时记录驱动器给电动机提供的电流和电动机码盘的数值，将数据导入 MATLAB 进行后处理，绘制出传动刚度曲线。图 2-59 所示是 logger 采集数据的过程。经多次试验得到的柔轮长径比为 1∶4 的刚轮轮齿具有 0.2°倾角的超短杯柔轮谐波减速器的传动刚度及回差测试曲线图如图 2-60 所示。

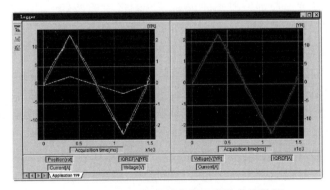

图 2-59　Logger 记录的位置和电流曲线数据

　　如图 2-60 所示，结果数据曲线的纵坐标代表的是输出端负载力矩，横坐标代表的是折算到输出端的扭转角度。可以看到传动刚度曲线随着输出端加载和卸载的变化形成一条闭合的曲线，是有间隙的谐波传动刚度图的一般形式。曲线是这样的形式，主要是柔轮轮齿与刚轮轮齿间的齿侧间隙、波发生器和柔轮间的间隙及柔轮的弹性变形所引起的，其中回线的面积表征着能量损耗。反复测试的四组试验数据得到了十分相似的传动刚度曲线，说明了制作的短筒谐波减速器的传动刚度是稳定的。并且负载反复加到额定载荷时短筒柔轮谐波减速器的传动刚度并没有发生明显变化，说明其静态承载能力要大于额定载荷 28N·m。如图 2-61 所示刚轮轮齿是正常轮齿（轮齿无轴向倾角即倾角为 0°）时的传动刚度测试结果。

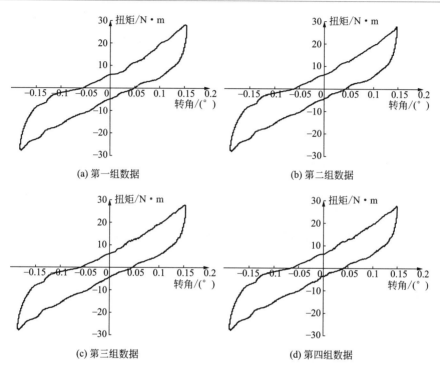

图 2-60　刚轮轮齿具有一定倾角（0.2°）时的传动刚度及回差测试结果数据曲线

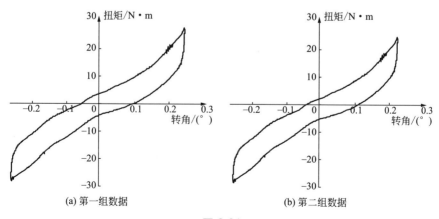

图 2-61

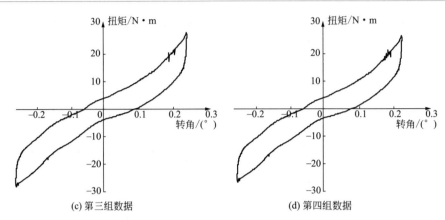

(c) 第三组数据   (d) 第四组数据

图 2-61 刚轮轮齿正常时的传动刚度及空回值测试结果数据曲线

由以上测试结果数据曲线可计算出传动刚度如表 2-7 所示。

表 2-7 根据测试结果数据曲线计算的传动刚度结果

刚轮轮齿倾角	第一阶段/[N·m/(°)]	第二阶段/[N·m/(°)]	空回值
0.2°	98.72	182.78	6.2′
正常无倾角	55.64	131.48	7.8′

对于空回值，最终制作的长径比为 1∶4 的短筒柔轮谐波减速器的空回值为 6.2′，这个结果略低于中技克美 XB1 型的 6′，但和日本 HD 公司同类型产品 CSD 和 CFD 的空回值 1′～2′相比还有比较大的差距。分析其主要原因，第一是可能柔轮与刚轮的轮齿间的侧隙值比较大；第二是柔轮和输出轴间的连接采用螺纹连接而不是无间隙连接，无论在输出端窜动一个多么小的角度，在输入端都会被放大 100 倍；第三是在输入轴和波发生器间使用键连接也可能造成空回值的增大。

对于有轮齿有一定倾角和无倾角的传动刚度对比可以看出（如图 2-62 与表 2-7 所示），刚轮轮齿具有一定倾角值的短筒柔轮谐波减速器在两个阶段均具有更大的传动刚度，传动刚度第一阶段的提高幅度为 (98.72－55.64)/55.64＝77.4%，第二阶段的提高幅度为 (182.78－131.48)/131.48＝39.01%。

因为额定转矩是作用在第二阶段中的，所以这个提高百分比和前述经过有限元计算得到的接触面积提高 35% 的提高百分比很接近。同时在两个阶段的传动刚度值上，两种长径比为 1∶4 的短筒柔轮谐波减速器均高于中技克美 XB1-50 机型的第一阶段 11.21N·m/(°) 和第二阶段 44.1N·m/(°)，但距 HD 的 CSD 同型号机型的第一阶段 174.53N·m/(°) 和第二阶段 244.34N·m/(°) 仍存在较大的差距。分析其中的原因，第一是制造柔轮的材料的问题，即材料的性能带来的差异影响；第二是刚轮轮齿的倾角值没有达到最佳值，传动刚度值仍有提高的空间。另外，所研制的轮齿有倾角的短筒、超短杯柔轮谐波齿轮减速器已用于笔者所研制的机器人操作臂上，除应用于机器人外，更重要的是用于长期的疲劳寿命测试试验。

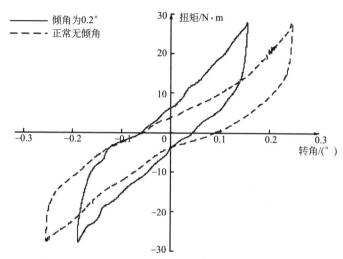

图 2-62　设计研制的刚轮倾角为 0.2°时和刚轮无倾角时的长径比为 1∶4
的超短杯柔轮谐波齿轮减速器的扭矩转角对比图（2011年）

2.4.6　工业机器人用 RV 摆线针轮传动及其减速器结构与应用

（1）摆线针轮传动构成、原理及特点

① 摆线针轮传动的构成及机构原理　摆线（cycloid）形成的数学原理——是在同平面上有直径大小不同的两个圆，小圆上任意一点在小圆在大圆外作纯滚动时该点形成的轨迹即为外摆线曲线。用外摆线曲线作为齿轮齿廓曲线的齿轮即为摆线齿轮。如图 2-63(a) 所示，针齿壳内圆周上均布着针齿孔，针齿孔一般为包角大于 180°的非整周孔，孔内配合装有套装的针齿销和针齿套或圆柱销作为针齿，从而与针齿壳一起构成针齿轮。摆线轮分左右各一，左右摆线齿轮分别套装在与输入、输出轴线有对称偏心（即两偏心相对圆心间隔 180°）的双偏心套套装在一起的圆柱滚子轴承（在双偏心套左右各套装着一个圆柱滚子轴承）上，双偏心套由输入轴系支撑，且左侧支撑的轴承装在输出轴轴孔中，右侧支撑的轴

承位于输入侧轴承端盖内。当输入轴转动时，与输入轴固连在一起的双偏心套及其上套装的左右圆柱滚子轴承分别绕着输入轴轴线作公转，同时左右圆柱滚子轴承上分别套装的摆线齿轮各自的摆线齿与针齿轮的针齿（即针齿销或针齿套）相啮合，左右两个摆线轮既有绕输入轴轴线的公转，又有绕其各自偏心套轴线的自转。为将摆线轮绕输入轴线公转的转动运动传递出去，两个摆线齿轮的轮盘圆周方向分别有多个圆孔，输出轴右端圆盘上则设计有与摆线齿轮轮盘上圆孔相同数目且套装有销轴套的销轴，在装配上，这些套装有销轴套的销轴穿过摆线齿轮轮盘上对应的圆孔。摆线齿轮绕公共轴线的公转则通过这些圆孔孔壁推动着输出轴上的销轴（销轴套）绕公共轴线转动，从而将运动和动力传给输出轴。传动比 i 的大小取决于针齿轮上针齿的齿数 z_p 和摆线齿轮上摆线齿的齿数 z_c，而且针齿齿数 z_p 和摆线齿齿数 z_c 的齿数差只能为 1，即为 1 齿差行星齿轮传动。因此，$z_p = z_c + 1$。

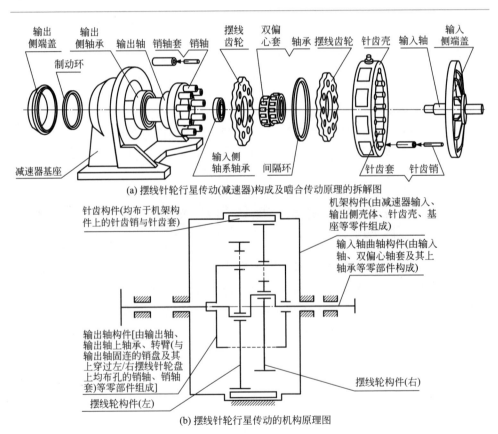

(a) 摆线针轮行星传动(减速器)构成及啮合传动原理的拆解图

(b) 摆线针轮行星传动的机构原理图

图 2-63　摆线针轮行星传动（减速器）结构组成拆解图及其机构运动简图

② 摆线针轮传动的原理特点及应用领域

a. 结构紧凑、体积小、质量轻。同比相同功率的普通齿轮传动，体积和质量均可减小 1/2～1/3。

b. 传动比大。国产摆线针轮行星减速器单级传动比可达 11～87；两级传动比可达 121～5133；三级传动比可达 20339。

c. 运转平稳、无噪声。由于摆线针轮行星传动为针轮与摆线轮齿数差为 1 的少齿差行星齿轮传动，所以，啮合齿对数多（注意：齿数差为零时，相当于齿轮联轴器，理论上为全齿数啮合但不能实现增/减速传动）。另外，销轴与销轴孔、行星轮（即摆线轮）与偏心套之间的接触都是相对滚动，所以运转平稳、无噪声，具有较大的过载能力和较高的耐冲击性能。

d. 传动效率高。零件加工精度和安装精度较高的情况下，单级传动效率可达 0.90～0.97。

e. 使用寿命较长。理论上，各相对运动接触处均为滚动摩擦，因此寿命较长。

f. 由于摆线针轮行星传动机构为力封闭的传动系统，因此，对针齿、针齿轮、摆线针轮（即摆线行星轮）、销轴及双偏心轴套、轴承等零部件的加工精度及安装精度要求较高。

g. 转臂轴承受力较大，且位于高速轴端，所以，转臂轴承是摆线针轮行星传动的薄弱环节，使高速轴转速和传递的功率受到限制。一般高速轴转速为最大，为 1500～1800r/min。目前最大功率已超过 100kW。

我国已有许多企业批量生产，已在矿山、冶金、化工、纺织、国防等工业部门获得广泛的应用。

(2) RV 摆线针轮传动机构原理及特点

① 从摆线针轮传动到 RV 摆线针轮传动的演化原理　RV 摆线针轮传动的机构原理图（即其机构运动简图）如图 2-64 所示，我们可以这样去看待由摆线针轮行星传动到 RV 摆线针轮传动的演化：我们可以把绕摆线针轮行星传动机构中心轴线 O-O（即转臂中心轴线）回转的双偏心轴输入轴的位置移出中心轴线 O-O，即双偏心轴（也即双曲柄）的公共轴线 o-o 距离摆线针轮行星传动机构中心轴线 O-O 的径向距离 a（即为后面的渐开线行星齿轮 z_1 和 z_2 的中心距 a）不为零，而且为使行星传动力封闭系统径向受力均衡，可以在转臂上沿圆周方向均布（以 180°或 120°间隔开来）两个或三个双偏心轴，如此，原来作为与机构中心轴线同轴输入轴的双偏心轴已不再与机构中心轴线同轴，需要额外引入与机构中心轴线同轴的输入轴。因此，如图 2-64(b) 所示，通过引入由中线轮（太阳轮）z_1 和行星齿轮 z_2 组成的一级渐开线行星齿轮传动作为一级摆线针轮行星传动的运动输入，即将摆线针轮行星传动演化成了 RV 摆线针轮传动机构。也就是

说：RV 摆线针轮传动机构可以看作是由一级渐开线行星齿轮传动与一级经过双偏心轴偏离机构中心轴线演化后的摆线针轮行星传动串联而成的二级行星齿轮传动机构，而且第一级行星齿轮传动的行星轮转动输出作为第二级摆线针轮行星传动的输入，第二级摆线针轮行星传动的转臂作为 RV 摆线针轮传动的输出。但这只是通常情况。需要注意的是：运动是相对的！因此，RV 摆线针轮减速器既可作为减速器使用，也可作为增速器使用。当作为减速器使用时，通常情况下，作为第一级传动的行星齿轮传动中，与中心轮固连的轴作为整个减速器的输入轴，转臂或机架（减速器壳体）可以作为减速器输出端。

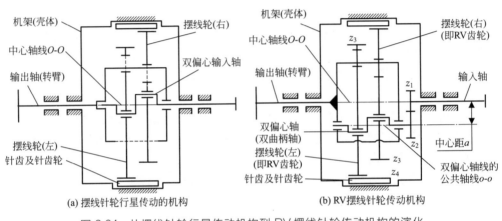

(a) 摆线针轮行星传动的机构　　(b) RV 摆线针轮传动机构

图 2-64　从摆线针轮行星传动机构到 RV 摆线针轮传动机构的演化

② RV 摆线针轮传动的特点　RV 摆线针轮行星传动机构是以具有两级减速机构和中心圆盘支撑结构为主要特征的力封闭式摆线针轮行星传动机构。与传统的单级摆线针轮行星传动机构相比，其特点如下：

a.传动比范围大。通过改变第一级行星齿轮传动中的齿轮齿数 z_1 和 z_2，可以方便地得到较大范围的传动比，常用的总传动比范围为 57～192。

b.可以提高输入转速 n_1。因为 n_1 经过第一级减速后，使得转臂轴承的转速不会太高，从而有利于延长机构的使用寿命。

c.能减小 RV 减速器的惯性。由于转臂的转速较低，因此可使第二级摆线针轮传动部分的惯性减小。

d.传动轴的扭转刚性大。由于采用了支撑圆盘结构，改善了转臂的支撑情况，从而使得传动轴的扭转刚性增大。

e.承载能力大。由于采用 n 个均匀分布的行星齿轮和曲轴式转臂可以进行功率分流，而且支撑情况良好，因此承载能力得到提高。

f.传动效率高。各部件之间产生的摩擦和磨损较小，间隙也较小，故其传动性能好，使用寿命长。

由于 RV 摆线针轮行星传动所拥有的上述优点，自从 1986 年由日本研制成功投入市场以来，已经作为工业机器人操作臂用减速器而获得广泛应用。国内于 1989 年由天津减速机厂研制成功该类减速器。目前，RV 摆线针轮减速器已被国内外工业机器人大量应用，并且成为中高精度工业机器人产品研发和生产的关键核心部件之一。

③ RV 摆线针轮传动的减速比　轴输出时：$R=1+z_2 z_4/z_1$，则减速比 $i=1/R$；减速器壳体输出时：$i=1/(R-1)$。

（3）RV 摆线针轮减速器结构

如图 2-64 所示，在图 2-64(a) 所示的摆线针轮传动输入侧之前再加一级圆柱齿轮传动，并且将双偏心套即转臂设计成如图 2-64(b) 所示的 n 个均布的行星式双偏心的曲轴，即将传统的摆线针轮减速器演变成了 RV 摆线针轮减速器，它是两级减速器。

第一级减速：伺服电动机的旋转经由输入齿轮传递运动和动力给输出齿轮，从而使速度得到减慢。而直接与输出齿轮以花键相连接的曲柄也以相同速度进行旋转，如图 2-65(a) 所示。

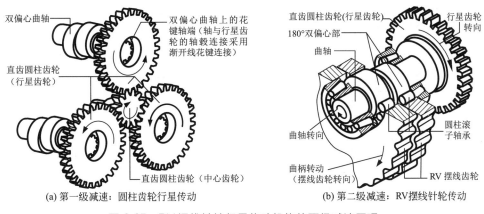

(a) 第一级减速：圆柱齿轮行星传动　　(b) 第二级减速：RV摆线针轮传动

图 2-65　RV 摆线针轮行星传动机构的两级减速原理

第二级减速：两个 RV 齿轮被固定在曲柄的偏心部位（两个 RV 齿轮的作用是平衡两边的力并提供连续的齿轮啮合）。当曲轴旋转时，两个 RV 齿轮也同时旋转。曲轴完整地旋转一周，使 RV 齿轮旋转一个针齿的间距，此时所有的 RV 齿轮轮齿会与所有的针齿进行啮合。所有针齿以等分分布在相应的沟槽里，并且针齿的数量比 RV 轮齿的数量多一个。此时旋转的减速值与针齿成比例并经由曲柄被传动到减速机的输出端，如图 2-65(b) 所示。总减速比等于第一级减速比乘以第二级减速比。

RV 摆线针轮减速器的构造：如图 2-66 所示，RV 摆线针轮减速器由内圆周上均布针齿孔内嵌入针齿的外壳、针齿、两个摆线齿轮（RV 齿轮）、呈行星运动且为圆周方向均布的 n 个双偏心曲柄轴、摆线齿轮上圆周方向均布且分别套装在双偏心曲柄轴上的 n 个轴承孔内的滚动轴承、第一级减速的输入齿轮、第一级减速的输出直齿圆柱齿轮、左右两侧的主轴承、支撑法兰以及 RV 减速器输出轴等构件组成。RV 摆线针轮减速器整机的三维虚拟样机构造如图 2-67 所示。

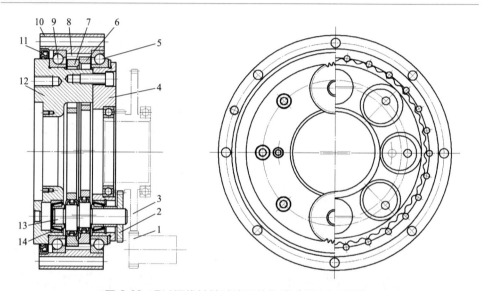

图 2-66 RV 摆线针轮减速器的构造（RV-C 系列）

1—输入齿轮（可选件）；2—直齿圆柱齿轮；3—中心齿轮（可选件）；4—支撑法兰；
5,9—主轴承；6,7—RV 摆线齿轮；8—圆柱形针齿；10—针齿壳；11—密封圈；
12—主轴（输出轴及法兰）；13—曲柄轴；14—圆锥滚子轴承

RV 摆线针轮减速器的主要技术及特点：

① 内藏压力角接触轴承 可承受外部载荷、增加刚性及允许力矩。

② 两级减速结构 减小振动、降低 RV 齿轮转速；减小惯性；减小了输入部件（输入齿轮轴）尺寸。

③ 曲柄轴双支撑结构 高扭转刚性、低振动、高抗冲击载荷能力。

④ 滚动接触原理 极佳的启动效率、低磨损、使用寿命长。

⑤ 连续的齿轮啮合 极低的齿隙（低于 1arc-min）、较高的抗冲击载荷能力（5 倍的额定转矩）。

⑥ 结构设计上可实现空心结构　RV 摆线针轮减速器的输入齿轮以及减速器都可以设计成中心部带有通孔的空心结构形式（如图 2-67 所示），这一结构特点对于需要从减速器中心部通孔走电缆线的特殊设计要求具有重要的实际意义。中空部走线可以避免如从减速器外部走电缆线情况下，电缆线绕回转轴线缠绕带来电缆线机械连接不安全甚至扯断电缆线的安全隐患。

（4）RV 摆线针轮减速器的应用实例

图 2-67　RV 摆线针轮减速器的虚拟样机剖视图
（用 Solid Works 软件设计，RV-E 系列结构）

RV 摆线针轮减速器已成为工业机器人操作臂中各关节机械传动中的关键部件之一，在工业机器人操作臂腰部回转关节、大臂俯仰关节、小臂俯仰关节中应用非常广泛。而且 RV 摆线针轮减速器自身提供的高支撑刚度和高机械传动回转精度等性能，使得机器人操作臂关节的设计、维护变得非常简单、方便。这里给出了 RV 摆线针轮减速器在机器人腕部、腰部、大小臂等关节处的应用及结构设计实例。

① 应用 RV 摆线针轮减速器的机械手旋转轴结构设计　如图 2-68 所示，选用如图 2-67 所示的 RV 摆线针轮减速器可以实现：

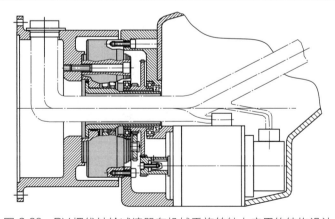

图 2-68　RV 摆线针轮减速器在机械手旋转轴上应用的结构设计

a. 节省旋转轴空间的设计：驱动机械手旋转轴的交/直流伺服电动机及其光电编码器等传感器的电缆线，以及途经该旋转轴的、驱动其他旋转轴的交/直流伺服电动机及其位置/速度传感器等的电缆线都可以从该旋转轴所用的 RV 摆线针轮减速器的中空轴孔内走线。

b. 机械手侧不需要额外设计关节的主轴承轴系支撑，用 RV 摆线针轮减速器内部提供的主轴承支撑下的输出轴即可直接连接机械手侧。

② 应用 RV 摆线针轮减速器的工业机器人操作臂的小臂俯仰关节旋转轴结构设计　如图 2-69 所示，选用如图 2-67 所示的 RV 摆线针轮减速器可以实现机器人操作臂的小臂俯仰运动的机械传动。同前述①中一样，该设计也充分利用了 RV 摆线针轮减速器的中空结构，既节省了设计空间，又解决了小臂前一级的腕部关节驱动电动机及位置/速度传感器等电缆线在其中空结构内的走线问题。如此，既提高了机器人操作臂的环境适应性，又扩大了小臂俯仰关节的回转运动范围。

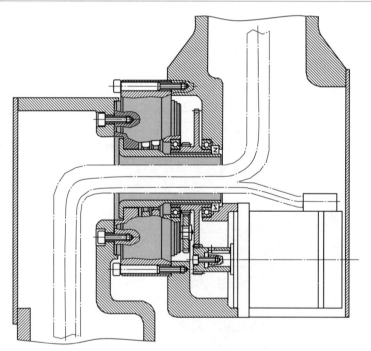

图 2-69　RV 摆线针轮减速器在工业机器人操作臂的小臂俯仰关节上应用的结构设计

③ 应用 RV 摆线针轮减速器的分度盘的结构设计　如图 2-70 所示，选用如图 2-67 所示的 RV 摆线针轮减速器可以实现分度盘的中空结构。

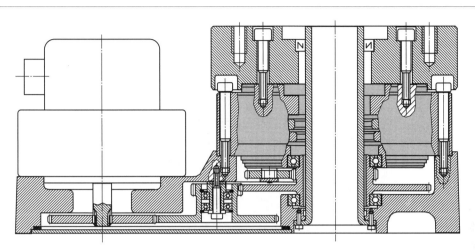

图 2-70　RV 摆线针轮减速器在分度盘上应用的结构设计

④ 应用 RV 摆线针轮减速器的工业机器人操作臂的大、小臂俯仰关节旋转轴的结构设计　如图 2-71 所示，为选用如图 2-67 所示的 RV-E 系列的 RV 摆线针轮减速器实现工业机器人操作臂大臂俯仰关节、小臂俯仰关节的旋转轴的结构设计。

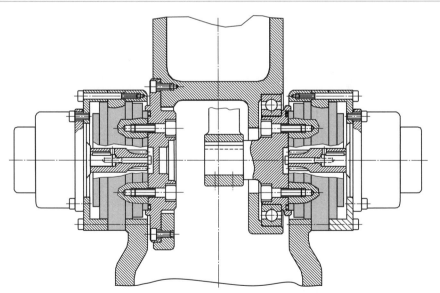

图 2-71　RV 摆线针轮减速器在工业机器人操作臂的
大、小臂俯仰关节旋转轴上应用的结构设计

⑤ 应用 RV 摆线针轮减速器的机械手腕部关节旋转轴的结构设计　如图 2-72 所示，为选用 RV 摆线针轮减速器实现机械手腕部关节旋转轴的结构设计。

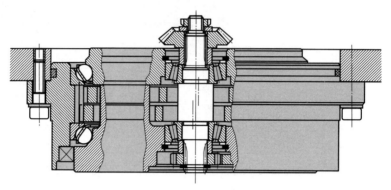

图 2-72　RV 摆线针轮减速器在机械手腕部关节旋转轴上应用的结构设计

⑥ 应用 RV 摆线针轮减速器的机械手旋转轴的结构设计　如图 2-73 所示，为选用 RV 摆线针轮减速器实现机械手旋转轴的结构设计。

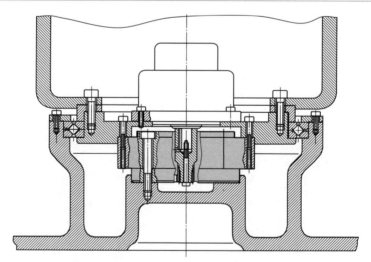

图 2-73　RV 摆线针轮减速器在机械手旋转轴上应用的结构设计

2.4.7　同步齿形带传动

同步齿形带传动是一种应用广泛的机械传动形式之一，在工业机器人操作臂、移动小车、仿人机器人、仿生机器人等等各类机器人中都有应用，它主要是被用来实现诸如伺服电动机输出轴不直接与机械传动装置（减速器）输入轴直接相连，或者在作为原动机的电动机与机械传动装置（或减速器）相隔较远的情况下实现两者之间的运动和动力传递。由于同步齿形带传动能够保持准确的定传动比且为挠性传动，因此，通常情况下，同步齿形带传动往往被放在高速级并且可以在减速增大转矩的同时起到减缓冲击的作用，对电动机有一定的保护作用。在诸如 MOTOMAN 等品牌工业机器人操作臂、ASIMO 仿人机器人等机器人的一些关节机械传动系统中都有应用，因此有必要加以介绍。但本节不详细讲述同步齿形带传动的选型与机械设计计算问题，只就其在机器人中的应用设计问题进行讲解。有关同步齿形带传动的国家标准以及其详细机械设计内容，皆可在任何一部《机械设计手册》中找到，属于常规的机械设计内容。

（1）同步齿形带传动构成与传动原理

① 同步齿形带传动的基本构成　　同步齿形带：是指横截面为矩形或近似矩形、带面具有等距横向齿的环形传动带。

同步齿形带传动主要是由整周带的内侧（或内、外侧）带有齿的同步齿形带、同步带轮小带轮和大带轮组成。其中，大、小同步带轮需要分别安装在输入轴、输出轴上。其基本构成如图 2-74 所示（说明：为更直观地反映出同步齿形带与带轮的啮合情况，图中所示大带轮为拆去了一侧挡边的或为单挡边大带轮）。

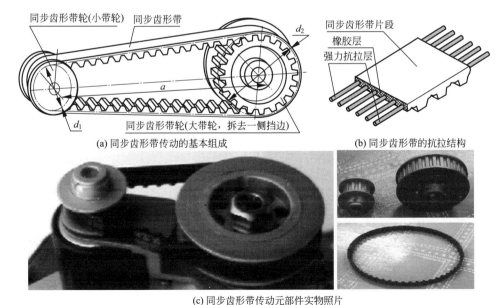

(a) 同步齿形带传动的基本组成　　(b) 同步齿形带的抗拉结构

(c) 同步齿形带传动元部件实物照片

图 2-74　同步齿形带传动的基本构成及其元部件实物图

同步齿形带传动常用的主要参数有：同步齿形带带型、同步齿形带带轮槽型、小带轮节圆直径 d_1 及小带轮齿数 z_1、大带轮节圆直径 d_2 及大带轮齿数 z_2、中心距 a、带宽 b_s、带节距 p_b、以带节线长度（即带节线周长）定义的同步齿形带带长 L_p、同步带轮齿宽、同步齿形带节线长上的齿数 z 等。常用的部分参数如图 2-75 所示。

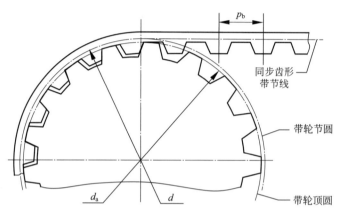

图 2-75　同步齿形带节线与节距、带轮节圆与顶圆各自定义的图示

带节距 p_b：在规定的张力下带的纵向截面上相邻两齿对称中心线的直线距离。

带节线：是指当带垂直其底边弯曲时，在带中长度保持不变的任意一条周线。

带节线长度 L_p（也即带公称长度）：带节线的周长即为节线长度。

基准节圆柱面：用以确定带轮齿槽尺寸的、与带轮同轴的假想圆柱面。

节圆：基准节圆柱面与垂直于带轮轴线平面的交线。

② 同步齿形带传动原理　同步齿形带传动是通过转动的同步带轮上的齿与同步齿形带齿相啮合实现的啮合传动。当同步带传动在初拉力下张紧后，工作时主动同步带轮圆周上的轮齿随着带轮一起转动的同时，还与同步齿形带上相应的轮齿相啮合，从而使主动轮侧同步带上的带齿随着主动轮轮齿一边啮合一边绕主动轮轴线转动，从而拉同步齿行带的紧边向前移动，而从动轮侧的同步带紧边一侧上的齿则与从动轮齿啮合，使得从动轮与其上的轮齿一起绕从动轮轴线转动，从而通过齿的啮合实现了主、从动轮之间运动和动力的传递。

③ 同步齿形传动的特点

a.靠带齿与轮齿间的啮合传动，承载层保证带的齿距不变，则传动比准确，角速度稳定，传动平稳，噪声小，可用于精密传动。因为：齿形带与齿形带轮之间返向（即正反向转动变化）间隙很小，带正常工作条件下的使用伸长量非常小，严格同步，不打滑。

b. 传动效率高，可达 $98\% \sim 99.5\%$。

c. 同靠摩擦传力的平带、V带传动相比，压轴力小。一般情况下，张力调整好后不需再调整，初拉力也很小。

d. 使用速度范围大。因带轻而离心力很小，可高速运转，也可低速高扭矩传动。

e. 不需润滑。既省油又不会产生污染，带传动运转时生热也小。

f. 结构简单、紧凑，使用寿命长且不需维修与保养。

g. 耐油、耐磨性较好。

h. 相对于平带、V带而言，制造、安装要求较高。

i. 应用广泛。可应用于各种各样的机械设备和器具，对汽车、食品、造纸、纺织、工业机器人及自动化产业等领域尤其重要。

但需要注意的是：若设计或安装、使用不当，则会导致带的过早损坏。

（2）同步齿形带传动分类与各种类型下传动的特点

① 同步齿形带传动分类　同步齿形带传动的种类是随着同步齿形带的分类而区分的，同步齿形带的类型与同步齿形带传动的类型是对应的。

按齿形的不同，可将同步齿形带分为梯形齿同步齿形带和圆弧齿同步齿形带两种，如图 2-76 所示。其中，圆弧齿同步齿形带按着圆弧齿廓的不同，又可分为半圆弧齿同步齿形带传动和双圆弧齿同步齿形带传动两种。因此，相应于齿形的不同，同步齿形带传动的类型也就有了梯形齿同步齿形带传动和圆弧齿同步齿形带传动之分。圆弧齿同步齿形带传动相应于圆弧齿廓的不同也就分为半圆弧齿同步齿形带传动和双圆弧齿同步齿形带传动两种。

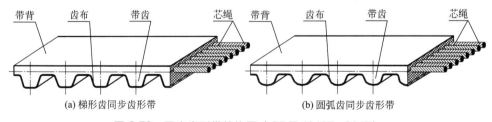

图 2-76　同步齿形带结构图（GB/T 13487—2017）

按是否单双面有齿，又可将同步齿形带传动分为单面齿同步齿形带传动和双面齿同步齿形带传动两种。如图 2-76 所示的显然为单面齿同步齿形带，图 2-77 给出的分别是对称式、交叉式双面齿同步齿形带的双面齿在内外两侧的排布形式。

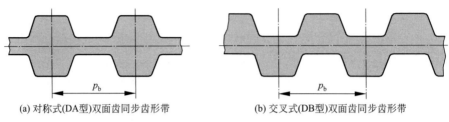

(a) 对称式(DA型)双面齿同步齿形带　　　　(b) 交叉式(DB型)双面齿同步齿形带

图 2-77　双面齿同步齿形带的双面齿在内外两侧的排布形式

② 梯形齿同步齿形带

a. 带的工作面：为梯形齿面。

b. 承载层：为玻璃纤维绳芯、钢丝绳等的环形带。

c. 带的基体种类：有氯丁胶和聚氨酯橡胶两种。

d. 特点：与通常的同步齿形带传动特点相同。

e. 适用情况：带速 $v < 50\text{m/s}$、功率 $P < 300\text{kW}$、传动比 $i < 10$ 等要求条件下的同步传动，也可用于低速传动。

③ 圆弧齿同步齿形带

a. 带的工作面：为弧齿面。

b. 承载层：为玻璃纤维、合成纤维绳芯的环形带。

c. 带的基体：为氯丁胶。

d. 特点：与梯形齿同步带传动特点相同，但是工作时齿根应力集中比梯形齿同步齿形带的小。

e. 适用情况：可用于大功率传动。

（3）同步齿形带的型号与规格

① 梯形齿同步齿形带的型号与规格

a. 带型：分别用 MXL、XXL、XL、L、H、XH、XXH 来表示最轻型、超轻型、特轻型、轻型、重型、特重型、超重型梯形齿同步齿形带型。

b. 梯形齿同步齿形带的两种制式：节距制和模数制。我国采用的是节距制。

c. 节距的定义：是在规定张紧力下，同步齿形带纵向截面上相邻两齿在节线上对称距离，是同步齿形带传动最基本的参数。

d. 规格：国家标准 GB/T 11616—2013 中规定了梯形齿标准同步齿形带每个带型下相应的节距 p_b、齿形角 2β、齿根厚 s、齿高 h_t、单面带带高 h_s、齿根圆角半径 r_f、齿顶圆角半径 r_a 等齿形尺寸，如表 2-8 所示。梯形齿同步齿形带的节线长度及其极限偏差、带宽及其极限偏差分别在国家标准 GB/T 11616—2013 中有规定。

表 2-8 梯形齿标准同步齿形带的齿形尺寸 (GB/T 11616—2013)

带型	节距 p_b /mm	齿形角 2β	齿根厚 s /mm	齿高 h_t /mm	带高 h_s /mm	齿根圆角半径 r_f /mm	齿顶圆角半径 r_a /mm
MXL	2.032	40°	1.14	0.51	1.14	0.13	0.13
XXL	3.175	50°	1.73	0.76	1.52	0.20	0.30
XL	5.080	50°	2.57	1.27	2.30	0.38	0.38
L	9.525	40°	4.65	1.91	3.60	0.51	0.51
H	12.700	40°	6.12	2.29	4.30	1.02	1.02
XH	22.225	40°	12.57	6.35	11.20	1.57	1.19
XXH	31.750	40°	19.05	9.53	15.70	2.29	1.52

注：1. 带型即节距代号，MXL—最轻型；XXL—超轻型；XL—特轻型；L—轻型；H—重型；XH—特重型；XXH—超重型。

2. 带高系单面带的带高。

表 2-9 给出的是梯形齿同步齿形带的带宽系列代号以及相应的带宽尺寸系列和极限偏差表。

表 2-9 梯形齿同步齿形带带宽 b_s 系列 mm

带宽		极限偏差			带型						
代号	尺寸系列	$L_p < 838.20$	$838.20 < L_p \leqslant 1878.40$	$L_p > 1878.40$	MXL	XXL	XL	L	H	XH	XXH
012	3.0										
019	4.8	+0.5 −0.8			MXL	XXL					
025	6.4										
031	7.9						XL				
037	9.5										
050	12.7	±0.8	+0.8 −1.3	+0.8 −1.3				L			
075	19.1										
100	25.4										
150	38.1										
200	50.8	+0.8 −1.3 (H)	±1.3 (H)	+1.3 −1.5 (H)					H		
300	76.2	+1.3 −1.5 (H)	±1.5 (H)	±0.48	+1.5 −2.0 (H)	±0.48				XH	XXH
400	101.5										
500	127.0										

注：括号前的极限偏差值只适用于括号内的带型。

② 圆弧齿同步齿形带的型号与规格

a. 带型：分别用 3M、5M、8M、14M、20M 来表示圆弧齿同步齿形带带型。各型号中的数字"3""5""8""14""20"即为该型号齿形带的节距数值，例如带型号为 3M，则该带型的节距 p_b 为 3mm。

b. 规格：国家标准 JB/T 7512.1—1994 中规定了圆弧齿标准同步齿形带每个带型下相应的节距 p_b、齿形角 2β、齿根厚 s、齿高 h_t、单面带带高 h_s、齿根圆角半径 r_f、齿顶圆角半径 r_a 和带宽 b_s 等齿形尺寸与带宽尺寸，如表 2-10 所示。圆弧齿同步齿形带的长度系列、带宽极限偏差、节线长度极限偏差分别如表 2-11～表 2-13 所示。

表 2-10 圆弧齿同步齿形带带齿和带宽尺寸（JB/T 7512.1—1994）

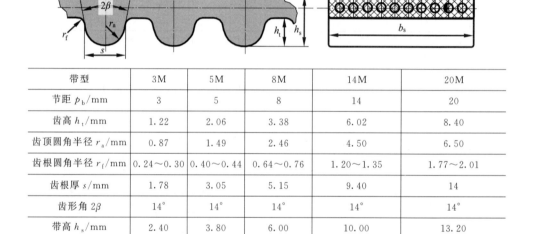

带型	3M	5M	8M	14M	20M
节距 p_b/mm	3	5	8	14	20
齿高 h_t/mm	1.22	2.06	3.38	6.02	8.40
齿顶圆角半径 r_a/mm	0.87	1.49	2.46	4.50	6.50
齿根圆角半径 r_f/mm	0.24~0.30	0.40~0.44	0.64~0.76	1.20~1.35	1.77~2.01
齿根厚 s/mm	1.78	3.05	5.15	9.40	14
齿形角 2β	14°	14°	14°	14°	14°
带高 h_s/mm	2.40	3.80	6.00	10.00	13.20
带宽 b_s/mm	6,9,15	9,15,20,25,30,40	20,25,30,40,50,60,70,85	30,40,55,85,100,115,130,150,170	70,85,100,115,130,150,170,230,290,340

注：带宽代号即为其带宽数值，如带宽为 85mm，则其带宽代号为 85。

表 2-11 圆弧齿同步齿形带长度系列（JB/T 7512.1—1994）

带的型号	节距 p_b/mm	带的节线长度 L_p 系列/mm
3M	3	120,144,150,177,192,201,207,225,252,264,276,300,339,384,420,459,486,501,537,564,633,750,936,1800
5M	5	295,300,320,350,375,400,420,450,475,500,520,550,560,565,600,615,635,645,670,695,710,740,800,830,845,860,870,890,900,920,930,940,950,975,1000,1025,1050,1125,1145,1270,1295,1350,1380,1420,1595,1800,1870,2000,2350

续表

带的型号	节距 p_b/mm	带的节线长度 L_p 系列/mm
8M	8	416,424,480,560,600,640,720,760,800,840,856,880,920,960,1000, 1040,1056,1080,1120,1200,1248,1280,1392,1400,1424,1440,1600,1760, 1800,2000,2240,2272,2400,2600,2800,3048,3200,3280,3600,4400
14M	14	966,1196,1400,1540,1610,1778,1890,2002,2100,2198,2310,2450,2590, 2800,3150,3360,3500,3850,4326,4578,4956,5320
20M	20	2000,2500,3400,3800,4200,4600,5000,5200,5400,5600,5800,6000, 6400,6600

注：1. 长度代号等于其节线长度 L_p 的数值，如 L_p =1248mm 的 8M 同步齿形带型号为1248。

2. 带的齿数=节线长度 L_p /节距 p_b ，如 L_p =1248mm 的 8M 同步齿形带齿数=1248/8=156。

3. 标记示例：节线长度为 1248mm、带型为 5M、带宽为 25mm 的圆弧齿同步齿形带标记为 1248-5M25 JB/T 7512.1—1994。

表 2-12 圆弧齿同步齿形带带宽极限偏差 mm

带宽	节线长 L_p			带宽	节线长 L_p		
	<800	≥800~1650	>1650		<800	≥800~1650	>1650
≤6	±0.4	±0.4	—	>65~75	±1.2	±1.6	±1.6
>6~10	±0.6	±0.6	—	>75~100	±1.6	±1.6	±2.0
>10~35	±0.8	±0.8	±0.8	>100~180	±2.4	±2.4	±2.4
>35~50	±0.8	±1.2	±1.2	>180~290	—	±4.8	±4.8
>50~65	±1.2	±1.2	±1.6	>290~340		±5.6	±5.6

表 2-13 圆弧齿同步齿形带节线长度极限偏差 mm

节线长范围	中心距极限偏差	节线长极限偏差	节线长范围	中心距极限偏差	节线长极限偏差
≤254	±0.20	±0.40	>3320~3556	±0.61	±1.22
>254~381	±0.23	±0.46	>3556~3810	±0.64	±1.28
>381~508	±0.25	±0.50	>3810~4064	±0.66	±1.32
>508~762	±0.30	±0.60	>4064~4318	±0.69	±1.38
>762~1016	±0.33	±0.66	>4318~4572	±0.71	±1.42
>1016~1270	±0.38	±0.76	>4572~4826	±0.73	±1.46
>1270~1524	±0.41	±0.82	>4826~5008	±0.76	±1.52
>1524~1778	±0.43	±0.86	>5008~5334	±0.79	±1.58
>1778~2032	±0.46	±0.92	>5334~5588	±0.82	±1.64
>2032~2286	±0.48	±0.96	>5588~5842	±0.85	±1.70
>2286~2540	±0.51	±1.02	>5842~6096	±0.88	±1.76
>2540~2794	±0.53	±1.06	>6096~6350	±0.91	±1.82
>2794~3048	±0.56	±1.12	>6350~6604	±0.94	±1.88
>3048~3320	±0.58	±1.16	>6604~6858	±0.97	±1.94

③ 规格标记 GB/T 13487—2002 国家标准中规定了单面齿、双面齿同步齿形带的规格及标注形式。

单面齿同步齿形带的规格标记：

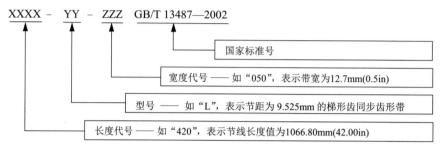

双面齿同步齿形带规格标记：如前所述，双面齿同步齿形带分为对称式和交叉式两种类型。

对称式双面齿同步齿形带——用"DA"表示"对称式双面"；

交叉式双面齿同步齿形带——用"DB"表示"交叉式双面"。

规格标记方法：将"DA"或"DB"加在单面齿同步齿形带型号标记之前，其他与单面齿同步齿形带规格标记完全相同。

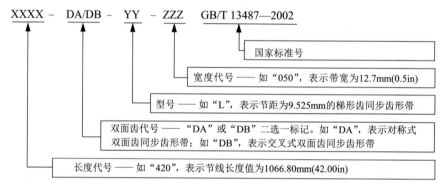

（4）同步齿形带轮的结构形式、加工制作与结构设计

同步齿形带成型制作方法有模具法和成型鼓法两种，由专业生产厂家按国家标准专门制造而成。因此，同步齿形带是在选型设计后按标准规格选购的。而同步齿形带轮轮齿轮缘部分也是有国家标准（GB/T 11361—1989）或部门标准（JB/T 7512.2—1994）的，这些标准规定了标准同步齿形带轮的轮齿形状及尺寸、轮齿直径、轮齿宽度、同步齿形带轮挡边尺寸、带轮公差和表面粗糙度等等，因此需要按国家标准设计。但是同步齿形带轮的轮毂、腹板部分是没有国家标准的，需要根据实际的轴毂连接结构以及带轮直径大小由设计者设计。

① 轮齿宽度 国家标准GB/T 11361—1989中规定的梯形齿、圆弧齿同步齿形带轮的轮齿宽度、挡边尺寸分别如表 2-14～表 2-17 所示。

表 2-14　梯形齿同步齿形带轮的轮齿宽度（GB/T 11361—1989）　　mm

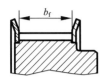 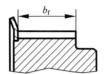 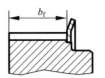 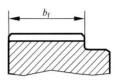

槽型	轮宽		带轮轮齿的最小宽度 b_f			槽型	轮宽		带轮轮齿的最小宽度 b_f		
	代号	基本尺寸	双挡边	单挡边	无挡边		代号	基本尺寸	双挡边	单挡边	无挡边
MXL XXL	012	3.0	3.8	4.7	5.6	H	150	38.1	39.4	41.7	43.9
	019	4.8	5.3	6.2	7.1		200	50.8	52.8	55.1	57.3
	025	6.4	7.1	8.0	8.9		300	76.2	79.0	81.3	83.5
XL	025	6.4	7.1	8.0	8.9	XH	200	50.8	56.6	59.6	62.6
	031	7.9	8.5	9.5	10.4		300	76.2	83.8	86.9	89.8
	037	9.5	10.4	11.1	12.2		400	101.6	110.7	113.7	116.7
L	050	12.7	14.0	15.5	17.0	XXH	200	50.8	56.6	60.4	64.1
	075	19.1	20.3	21.8	23.3		300	76.2	83.8	86.9	91.3
	100	25.4	26.7	28.2	29.7		400	101.6	110.7	114.5	118.2
H	075	19.1	20.3	22.6	24.8		500	127.0	137.7	141.5	145.2
	100	25.4	26.7	29.0	31.2						

表 2-15　梯形齿同步齿形带轮的挡边尺寸（GB/T 11361—1989）　　mm

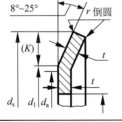

带型	MXL	XXL	XL	L	H	XH	XXH
K_{min}	0.5	0.8	1.0	1.5	2.0	4.8	6.1
t	0.5~1.0	0.5~1.5	1.0~1.5	1.0~2.0	1.5~2.5	4.0~5.0	5.0~6.5
r	0.5~1						
d_1	$d_1 = d_a + 0.38 \pm 0.25$，其中 d_a 为带轮外径（即轮齿顶圆直径）。						
d_s	$d_s = d_a + 2K$						

注：1. 一般小带轮均装双挡边，或大、小带轮的不同侧各装单挡边。

2. 轴间距 $a > 8d_1$ 时，两轮均装双挡边（其中，d_1 为小带轮节径）。

3. 轮轴垂直水平面时，两轮均应装双挡边；或至少主动轮装双挡边，从动轮下侧装单挡边。

表 2-16　圆弧齿同步齿形带轮的轮齿宽度（JB/T 7512.2—1994）　　mm

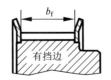 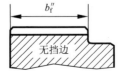

续表

轮宽代号	3M b_f	3M b_f''	5M b_f	5M b_f''	8M b_f	8M b_f''	14M b_f	14M b_f''	20M b_f	20M b_f''	轮宽代号	3M b_f	3M b_f''	5M b_f	5M b_f''	8M b_f	8M b_f''	14M b_f	14M b_f''	20M b_f	20M b_f''
6	7.3	11.0									70					72.7	79.0	73	81	78.5	85
9	10.3	14.0	10.3	14.0							85					88.7	95.0	89	97	89.5	102
15	16.3	20.0	16.3	20.0							100							104	112	104.5	117
20			21.3	25.0	21.7	28.0					115							120	128	120.5	134
25			26.3	30.0	26.7	33.0					130							135	143	136	150
30			31.3	35.0	31.7	38.0	32	40			150							155	163	158	172
40			41.3	45.0	41.7	48.0	42	50			170							175	183	178	192
50					52.7	59.0					230									238	254
55							58	66			290									298	314
60					62.7	69.0					340									348	364

表 2-17　圆弧齿同步齿形带轮的挡边尺寸（JB/T 7512.2—1994）　　　　mm

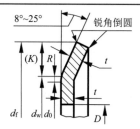

d_0——带轮外径（即轮齿顶圆直径），mm

d_w——挡边弯曲处直径，mm；$d_w = d_0 + 2R$

d_f——挡边外径，mm；$d_f = d_w + 2K$

D——挡边与带轮配合孔直径，mm

槽型	3M	5M	8M	14M	20M
挡边最小高度 K	2.0~2.5	2.5~3.5	4.0~5.5	7.0~7.5	8.0~8.5
$R = (d_w - d_0)/2$	1	1.5	2	2.5	3
挡边厚度 t	1.5~2.0	1.5~2.0	1.5~2.5	2.5~3.0	3.0~3.5

　　② 带轮的型号及标记方法　圆弧齿同步齿形带轮的标记方法：包括带轮符号、齿数、节距代号、宽度和型号。例如：

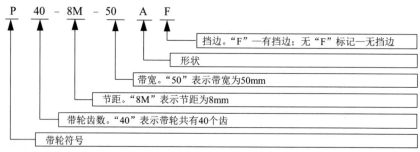

梯形齿同步齿形带轮的表示方法：包括齿数、使用同步齿形带的种类和带宽代号。例如：

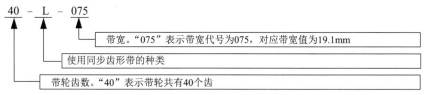

③ 同步齿形带轮的齿形与加工方法

a. 梯形齿同步齿形带轮的齿形与加工方法。一般推荐采用渐开线齿形，并由渐开线齿形带轮加工刀具用展成法加工而成，因此，齿形尺寸取决于加工带轮轮齿的刀具尺寸。可用齿条刀作为渐开线齿形带轮加工刀具。带轮齿形也可以使用直边齿形。加工方法可分为两大类：一类是仿形法加工，可分为采用专用的直线齿廓盘形铣刀加工、采用经改磨的 8 号渐开线盘形齿轮铣刀加工；另一类则是按展成法加工，可分为采用 ISO 标准渐开线齿条滚刀加工、采用直线齿廓专用滚刀加工。采用不同的加工方法会产生不同的加工误差。如仿形法将引起较大的节距误差；展成法则会引起齿形角偏差。在同步齿形带传动中，节距误差会影响传动的平稳性；而齿形角偏差则会影响带的使用寿命。

b. 圆弧齿同步齿形带轮的齿形与加工方法。圆弧齿同步齿形带轮的齿形由两段圆弧和一段直线构成，分别为齿根圆弧、齿顶圆弧以及两圆弧的公切线的直线部分。圆弧齿形带轮的齿形通常采用展成法加工。运用展成法加工带轮时，要想切出准确的带轮齿廓，必须根据带轮齿廓利用包络原理确定刀具的齿廓，则在加工节距相同而齿数不同的带轮时，对于不同齿数的带轮需要设计不同的滚刀，这从刀具标准化和经济性的角度来看是很不现实的。因此，有专家为圆弧齿形同步带轮齿廓加工设计专用的滚刀来加工此类带轮。

④ 同步齿形带轮的结构形式　组成同步齿形带轮的结构要素及其功能：

a. 齿形结构要素：位于轮缘部位的整周轮齿。齿廓相应于同步齿形带齿形并与之啮合；按着齿形不同有梯形齿同步齿形带轮轮齿、圆弧齿同步齿形带轮轮齿两种。其功能是与同步齿形带一起实现同步齿形带传动，即同步传递运动（即通过传动比改变运动量或运动形式等）和动力（即改变转矩或力及其动力形式等）的功能。

b. 挡边结构要素：有无挡边；如有，是单挡边还是双挡边；若无挡边，则只有轮缘、轮毂等其余部分。

有无挡边及挡边功能的分析如下：

带轮有无挡边的差别：无挡边则便于带或带轮等传动件的轴向装拆，但无挡边不意味着带一定会从带轮上脱落，在能够保证主、从动带轮回转轴线间一定的同轴度或倾斜度的情况下，选择合适的带轮轮齿宽度和张紧力时，可以不设挡边，即采用无挡边或单挡边带轮。

实际工作情况下，由于主、从动带轮的轴线不可能达到理想的、绝对的平行或精确的倾斜角度关系，带运转同时在两带轮齿宽方向上终究是会有横向窜动的，但是，由于带的节线长度是固定的，因此，一般情况下只要按着两带轮轴线间平行度或尺寸误差最大许用值（由设计、制造、安装精度可以确定）就可以估算出带的横向窜动量，如此，通过选择合适的带轮齿宽就可以保证正常工作情况下带不会从带轮上脱落；同时也说明在设计带轮轮齿宽度时，除带宽作为带轮齿宽的一部分之外，还应预留出考虑允许带横向自由窜动那部分的带轮轮齿宽度裕量。

既然无挡边也可以保证带不从带轮上脱落，为什么还需要有挡边和区分单双挡边呢？带的理想工作状态应该是主、从动带轮两轴线完全平行、带轮沿齿宽方向各个轴断面截面直径也完全相同（轴线平行度公差、直径尺寸公差等均为理想情况即为 0，这里只是一种假设，实际上不可能），此时，带的抗拉层沿齿宽方向上均布的每根强力纤维芯绳均匀分担带上的拉力载荷；而当主、从动轮等由于加工、安装产生误差，两轴线不再保持平行，而是在平面或者空间上倾斜时，显然，带强力抗拉层上的每根芯绳上分担的拉力载荷不会均匀，有大有小，从而处于不良的工作状态。带自然会因两轴线的不平行而导致带沿齿宽方向载荷分布不均匀，而且带横向偏斜越大越不利，从而导致带过早失效。实践表明：两轴线偏斜，则带在两带轮上始终会向两轴线公垂线侧横向窜动。通过设计合适的带轮轮齿宽度和挡边可以限制带在带轮上的横向自由窜动量，以尽可能保证带的抗拉层各根芯绳上所分担的载荷相对均匀一些。但是，有挡边的情况下，需保证安装挡边后挡边与邻接的轮齿必须贴紧，否则，当带蹭挡边时，若挡边与轮齿端面贴合面间出现间隙，则轮齿端部棱边会磨飞带的边缘。而且，挡边的形状设计需要保证挡边外缘棱边也不能接触带，否则，挡边外缘棱边同样也会磨飞带的边缘。

c. 轮毂结构要素：同齿轮、V 带轮、蜗轮等传动件轮毂结构要素。轮毂结构应满足与轴的配合以及轴向、周向定位连接要求，其结构要素包括：毂孔、轴毂连接结构要素（键槽、倒角、定位螺钉孔、销钉孔或螺纹、无键连接结构等等）。

d. 腹板或孔板结构要素。对于大带轮或尺寸较大的带轮而言，一般在轮缘和轮毂之间有腹板或孔板（即带孔的腹板）结构。对于带轮顶圆直径相对于带轮轮毂上轴孔直径较小的带轮，可能只由轮缘和轮毂、有无挡边等结构部分组成，而无腹板（当然更无孔板）结构部分，即为实心带轮结构形式。

同步齿形带轮的结构形式分类：

a. 按着齿形不同可以分为梯形齿同步齿形带轮和圆弧齿同步齿形带轮两种，如图 2-78(a)、(b) 所示。

b. 按着有无挡边以及挡边单双可分为：无挡边带轮、有挡边带轮。其中，有挡边同步齿形带轮又可分为单挡边、双挡边带轮两种，如图 2-79 所示。

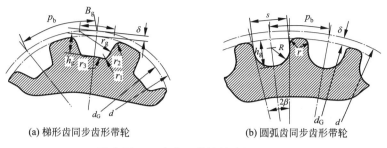

(a) 梯形齿同步齿形带轮　　　　　　(b) 圆弧齿同步齿形带轮

图 2-78　同步齿形带轮轮齿部分结构

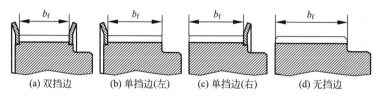

(a) 双挡边　　　(b) 单挡边(左)　　　(c) 单挡边(右)　　　(d) 无挡边

图 2-79　同步齿形带轮挡边结构及尺寸

　　c. 按着带轮顶圆直径相对于轮毂上轴孔直径的大小可以分为：整体式、腹板式、孔板式同步齿形带轮结构形式，如图 2-80、图 2-81 所示。注意：带轮顶圆直径 $d_G(d_a)$ 小于其节圆直径 d。

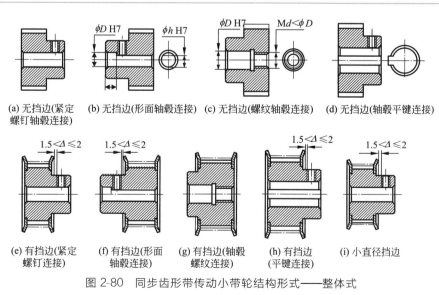

(a) 无挡边(紧定　(b) 无挡边(形面轴毂连接)　(c) 无挡边(螺纹轴毂连接)　(d) 无挡边(轴毂平键连接)
　　螺钉轴毂连接)

(e) 有挡边(紧定　(f) 有挡边(形面　(g) 有挡边(轴毂　(h) 有挡边　　(i) 小直径挡边
　　螺钉连接)　　　轴毂连接)　　　螺纹连接)　　(平键连接)

图 2-80　同步齿形带传动小带轮结构形式——整体式
带轮（即 A 型、 AF 型带轮）及相关尺寸

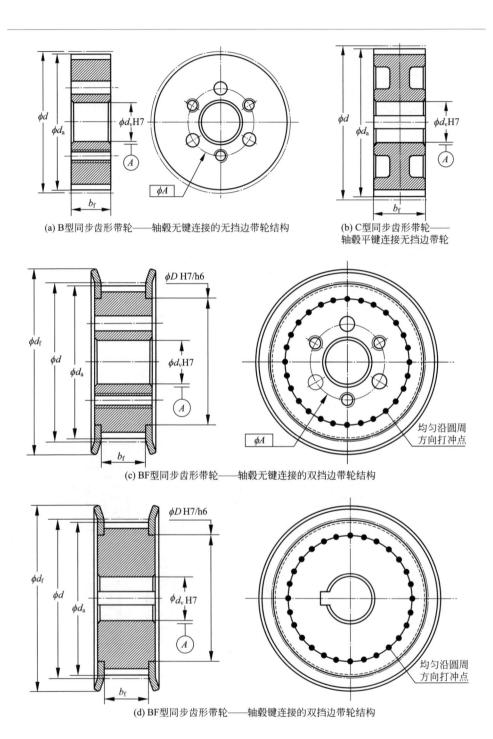

(a) B型同步齿形带轮——轴毂无键连接的无挡边带轮结构

(b) C型同步齿形带轮——轴毂平键连接无挡边带轮

(c) BF型同步齿形带轮——轴毂无键连接的双挡边带轮结构

(d) BF型同步齿形带轮——轴毂键连接的双挡边带轮结构

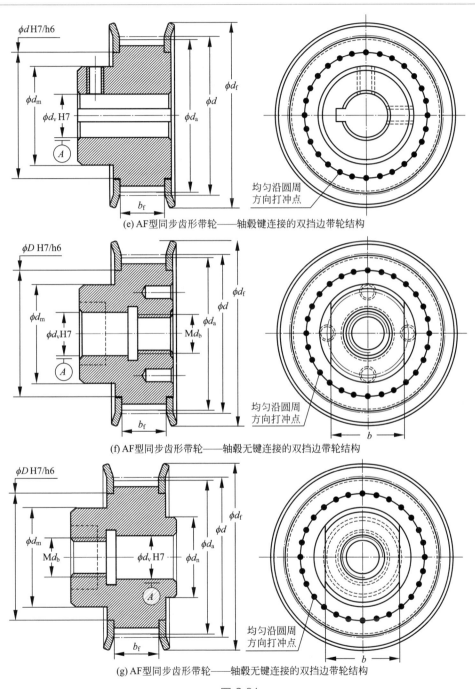

(e) AF型同步齿形带轮——轴毂键连接的双挡边带轮结构

均匀沿圆周
方向打冲点

(f) AF型同步齿形带轮——轴毂无键连接的双挡边带轮结构

均匀沿圆周
方向打冲点

(g) AF型同步齿形带轮——轴毂无键连接的双挡边带轮结构

图 2-81

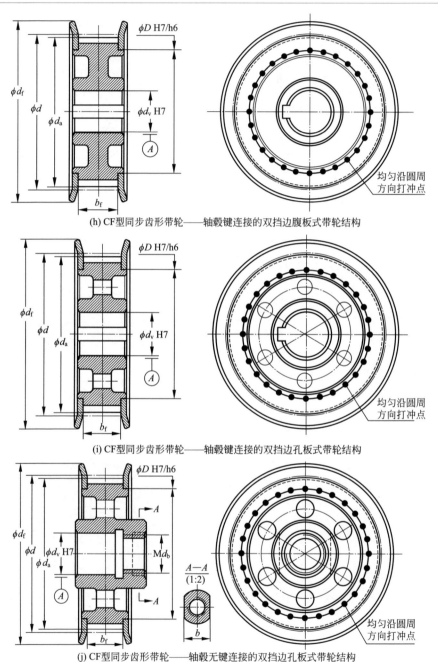

(h) CF型同步齿形带轮——轴毂键连接的双挡边腹板式带轮结构

(i) CF型同步齿形带轮——轴毂键连接的双挡边孔板式带轮结构

(j) CF型同步齿形带轮——轴毂无键连接的双挡边孔板式带轮结构

图 2-81　同步齿形带传动带轮结构形式——B 型、 C 型、
AF 型、 BF 型、 CF 型带轮及相关尺寸

　　图 2-80、图 2-81 给出的是考虑轴毂连接、带轮直径大小不同的腹板结构形式、轴向定位以及装拆问题等各种情况下的大、小同步齿形带轮详细结构图。

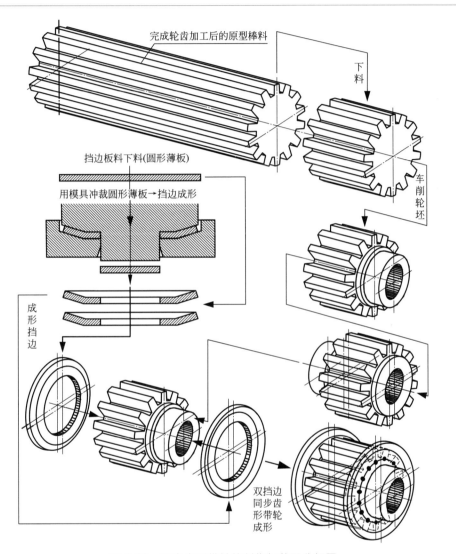

完成轮齿加工后的原型棒料

下料

挡边板料下料(圆形薄板)

用模具冲裁圆形薄板→挡边成形

车削轮坯

成形挡边

双挡边同步齿形带轮成形

图 2-82　同步齿形带轮的制作与装配分解图

　　⑤ 同步齿形带轮的材料与加工　同步齿形带轮一般用非金属、金属材料设计制作而成，设计制作之前需要根据批量大小、带轮直径尺寸大小以及制造设备等条件确定材料、结构形式以及加工方法：

　　a. 只传递运动或传递转矩很小的情况下，可用工程塑料、尼龙等非金属材料，可以用模具浇注、刀具切削加工或 3D 打印方法等制造而成；模具浇注法适用于中批、大批量生产；刀具切削加工适用于单件、批量生产；而 3D 打印则适用于单件、小批量生产。

b.以传递运动和转矩为主的情况下，用铝、铝合金、铸铁、粉末冶金或低碳钢等金属材料，如工业铝，LY11，LY12 等硬铝以及 7075 等铝合金，HT100、150、200 等灰口铸铁，35、40、45 钢等常用材料；主要用车削、轮齿加工刀具切齿、拉削或插削键槽等加工方式完成带轮制作。大负荷大直径的带轮一般采用钢或铸铁材料经加工制造而成；轻负荷带轮采用铝合金或工程塑料制造。为提高生产效率，同步齿形带轮往往是由带轮生产厂家生产的整根已预制好整周轮齿的棒料截取一段后车削轮坯而成，如图 2-82 所示。

c.挡边材料：一般用易于冲压成形的薄铁板、薄钢板或薄铝板冲压而成，其冲压挡边用板厚度为 0.5～3.5mm；而对于特重或超重型梯形齿同步齿形带传动的带轮挡边厚度（板厚）在 4.0～6.5mm 范围内，挡边厚度相对较厚，也可以车削加工而成。需要注意的是：无论是板材冲压而成的挡边，还是用棒料车削而成的挡边，挡边外缘棱边都应倒圆角。

⑥ 同步齿形带轮的结构设计及零部件工作图例

a.根据带轮直径的大小及轴毂连接与定位需要，选择带轮的材料与结构形式。

b.由于带轮轮齿部分必须遵照国家标准或行业部门标准，所以，需要按照标准选择轮齿类型及按照同步齿形带传动功率、速度大小以及工作条件进行带传动设计计算来确定带型及传动参数。因此，同步齿形带传动设计的主要内容就是同步齿形带选型设计、带轮轮齿选型设计以及带轮轮坯的结构设计三部分内容。

c.设计同步齿形带轮零部件工作图及图例。

带轮的零部件工作图内容包括：

a.带轮部件结构图：包括轮齿、挡边、腹板、轮毂等在内完整的部件装配结构图；挡边局部视图；轴毂连接图。

b.尺寸与形位公差、表面粗糙度：带轮轮齿齿廓等标准尺寸不必标注，但需在图或技术要求中按照带轮型号及标注方法标注；带轮挡边尺寸、挡边与轮毂的配合尺寸及配合代号（H7/h6 或 H8/h7）需要明确标注；齿面的表面粗糙度；带轮其他结构尺寸及尺寸公差。

c.技术要求：需标明带轮轮齿按标准（如：GB/T 11361—1989，JB/T 7512.2—1994 或生产厂家标准或产品样本）中的带轮型号及参数标准加工并检验；需要标注出配对啮合同步齿形带的型号及规格，挡边在带轮上的轴向固定技术要求等。

d.带轮特性参数表：位于零（部）件装配图右上角并紧贴右上角边框线。

内容包括：带轮齿数、外圆直径、节圆直径、节距、齿宽（带宽）、节距偏差检验、配对带轮齿数、中心距及安装调整量等。

e. 标题栏、明细表。

以上内容如图 2-83 所示。

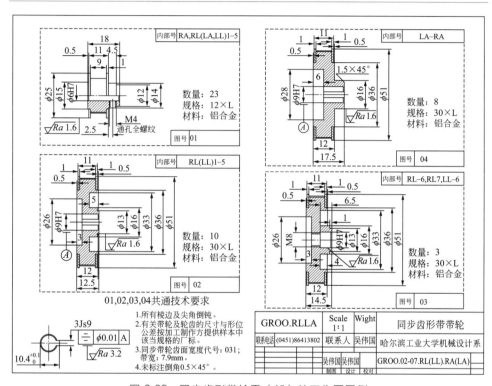

图 2-83　同步齿形带轮零（部）件工作图图例

（5）同步齿形带传动在工业机器人中的应用实例

① FANUC 工业机器人腕关节的同步齿形带传动　如图 2-84（a）所示，由于工业机器人小臂呈细长状结构，所以，为了充分利用小臂内空间，通常都会尽可能把驱动腕部关节运动的伺服电动机及机械传动系统（一部分或全部）放置在小臂壳体内，这样做可以获得减小腕部结构尺寸、扩大腕部关节各轴的回转运动范围，以及相对提高末端负载能力的设计效果，形成如图 2-84（b）所示的腕关节 α-轴、β-轴驱动与机械传动系统布局示意图。其中，同步齿形带传动主要是用来实现两平行轴线间远距离传动（相对而言），而且能够保证准确的传动比，减小机械系统本身对各轴回转运动的位置伺服精度的影响。

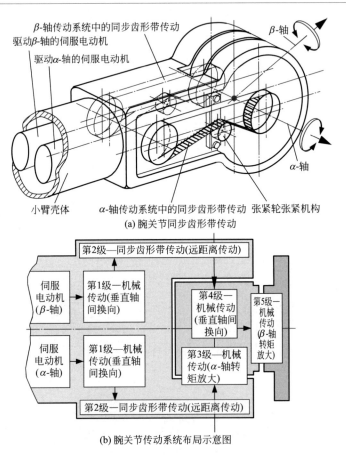

β-轴传动系统中的同步齿形带传动
驱动β-轴的伺服电动机
驱动α-轴的伺服电动机
β-轴
小臂壳体
α-轴传动系统中的同步齿形带传动 张紧轮张紧机构
α-轴

(a) 腕关节同步齿形带传动

第2级—同步齿形带传动(远距离传动)

伺服
电动机
(β-轴)

第1级—机械
传动(垂直轴
间换向)

第4级—
机械传动
(垂直轴间
换向)

第5级—
机械
传动
(β-轴
转矩
放大)

伺服
电动机
(α-轴)

第1级—机械
传动(垂直轴
间换向)

第3级—机械
传动(α-轴转
矩放大)

第2级—同步齿形带传动(远距离传动)

(b) 腕关节传动系统布局示意图

图 2-84　FANUC Model-3 腕关节传动系统布局中的同步齿形带传动示意图

② 轮式移动小车机器人的同步齿形带传动　如图 2-85 所示，为筑波大学与 ROBOS 株式会社共同设计开发的移动机器人，是该公司实验用机器人 AT 台车贩卖的原型样机。图 2-85(b) 所示为其独立驱动轮的传动原理。

2.4.8　精密机械传动装置（减速器）在机器人中的应用实例

精密谐波齿轮传动（减速器）、RV 摆线针轮传动（减速器）以及同步齿形带传动等已成为机器人领域不可或缺的传动形式或减速元部件，同时应用这三者的集中体现实例就是目前广为使用的工业机器人操作臂，此外，同步齿形带与谐波齿轮传动元部件（减速器）已成为仿生、仿人机器人研发中常用的部件，并且常常被用来联合使用以适应仿生、仿人机器人或工业机器人操作臂外形对结构空间限制的要求。

图 2-85　轮式移动机器人 AT 台车原型样机实物照片及其独立驱动轮同步齿形带传动原理图

（1）工业机器人操作臂 MOTOMAN

如图 2-86 所示，是 MOTOMAN 工业机器人操作臂整机的各关节伺服电动机驱动与机械传动系统的三维布局设计图及实物照片，图中以细线绘制的各部分分别为各轴伺服电动机和齿轮减速器、同步齿形带传动元部件；主要外观轮廓用粗实线表达。

图 2-86 中左图给出的 6 自由度工业机器人操作臂的 $J_1 \sim J_6$ 轴皆是采用带有光电编码器的交流伺服电动机驱动＋RV 摆线针轮减速器整机部件实现减速和放大驱动转矩的机械传动方式，此外，只有 J_5 轴采用了同步齿形带传动实现两平行轴之间的远距离传动；图 2-86 中右图是日本安川电机株式会社制造的 MOTOMAN 工业机器人操作臂实物照片，其 $J_1 \sim J_6$ 轴皆采用带有光电编码器的交流伺服电动机驱动，其 $J_1 \sim J_3$ 轴与左图所示的 $J_1 \sim J_3$ 轴一样，也是采用 RV 摆线针轮减速器整机部件实现减速和放大驱动转矩的机械传动方式；而其 J_4 轴则采用的是杯形柔轮谐波齿轮减速器三元件（而非整机部件）实现减速和放大驱动转矩的机械传动方式；其 $J_5 \sim J_6$ 轴采用的是环形柔轮谐波齿轮减速器三元件（而非整机部件）实现减速和放大驱动转矩的机械传动方式，此外 $J_4 \sim J_5$ 轴的机械传动系统中还采用了同步齿形带传动来实现两平行轴之间远距离传动，其腕部关节传动系统布局如图 2-84(b) 所示。

由上述可见，对于工业机器人操作臂而言，其机械本体最重要的组成部分就是带有位置/速度传感器的交流（或直流）伺服电动机和高精密减速器（目前主要为高精密 RV 摆线针轮减速器整机部件、谐波齿轮减速器整机部件或三元件），此外还有同步齿形带传动元部件，剩下的则是机械本体上的基座、肩部、大臂、小臂、腕部等各机械壳体零件。因此，可以说高性能交流/直流伺服电动机、高精度减速器整机部件（或元部件）是工业机器人操作臂本体设计、制造研发与产业化最重要的工业基础元部件。国内外一些专门生产 RV 摆线针轮减速器、谐波齿轮减速器（或元部件）的制造商已为工业机器人操作臂的研发和产业化提供了系列化产品，从而可以使工业机器人操作臂的设计、制造周期与维修时间大大缩短。

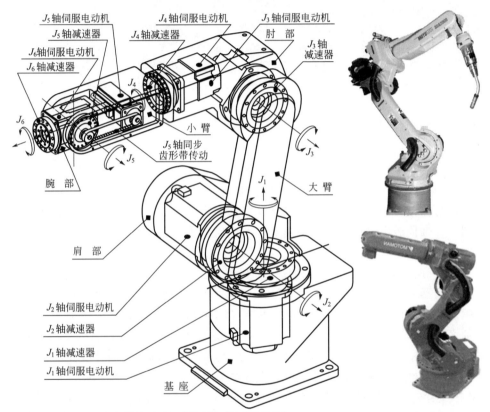

说明：左图中J_1～J_6轴减速器均采用RV摆线针轮减速器整机部件；
　　　右侧照片所示机器人实物J_1～J_3轴分别采用RV摆线针轮减速器，J_4～J_6轴分别采用杯形柔轮、环形柔轮谐波齿轮传动三元件产品。

图 2-86   MOTOMAN 工业机器人操作臂整机的伺服电动机
驱动与机械传动系统三维布局设计图及实物照片

可以说，工业机器人操作臂机械本体设计及其制造的主要工作——就是在完成机构设计任务之后，根据专门制造商提供的产品样本完成交流/直流伺服电动机、高精密减速器部件（或元部件）产品选型设计任务的基础上，进行基座、肩部、大臂、小臂、腕部等壳体机械零件和机械接口零件的设计、制造与机械本体整机装配与调试等工作。

（2）仿人机器人

谐波齿轮减速器整机部件或其三元件同 RV 摆线针轮减速器、行星齿轮减速器等相比，具有体积更小、质量更轻、传动精度更高等优点，可以适应仿生、仿人机器人对结构紧凑性与仿形的设计要求，在仿人仿生机器人技术领域取得了广泛的应用，图 2-87 所示的是代表性的仿人机器人 ASIMO、HRP-Ⅱ。

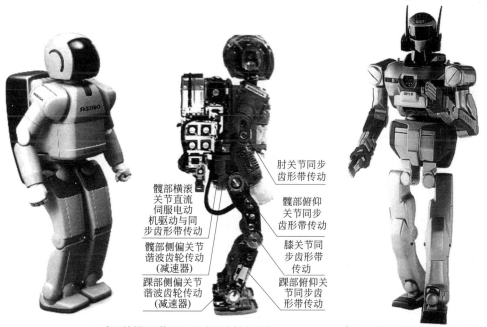

肘关节同步齿形带传动

髋部横滚关节直流伺服电动机驱动与同步齿形带传动

髋部俯仰关节同步齿形带传动

髋部侧偏关节谐波齿轮传动（减速器）

膝关节同步齿形带传动

踝部侧偏关节谐波齿轮传动（减速器）

踝部俯仰关节同步齿形带传动

(a) 本田技研(日)的ASIMO(右图为拆去外壳)　　　　(b) 工业技术研究院(日)的HRP-Ⅱ

图 2-87　应用谐波齿轮减速器（或三元件）及同步齿形带传动元件的仿人机器人实例

ASIMO、HRP 系列的仿人机器人以及国内外其他研究机构研发的仿人机器人中，绝大多数关节都采用了直流伺服电动机驱动＋高精度高刚度紧凑型谐波齿轮传动（减速器整机部件或其三元件），腿部、臂部、腰部多数关节传动系统都采用了 Harmonic Driver® 的 CSD、CSF、CSG、CSH 等高精度高刚度紧凑型（轴向扁平结构）谐波齿轮减速器或三元件，因为轴向扁平结构的谐波齿轮传动元部件能够在腿、臂部结构设计上实现横向（宽度方向）更接近人或动物的尺寸，获得形似的外观。更重要的是，尽管 RV 摆线针轮减速器、行星齿轮减速器等大减速比减速器在传动刚度以及额定功率与输出转矩方面较谐波齿轮减速器更有优势，但是它们质量重，其质量是同比条件下零点几到一点几千克的谐波齿轮减速器整机部件或三元部件的数倍到十数倍。采用 Harmonic Driver® 的 CSD、

CSF、CSG、CSH 等高精度高刚度紧凑型（轴向扁平结构）谐波齿轮减速器或其三元件的 30～50-DOF（自由度）、身高 1.2～1.7m 的仿人机器人一般的总体质量在 45～60kg 左右。此外，ASIMO、HRP-Ⅱ 等仿人机器人除实现了快速稳定步行之外，还实现了跑步运动，ASIMO2005 版的跑步速度可达 9km/h。

2.5　伺服驱动系统设计基础

2.5.1　电动驱动

电动机和发电机统称为电机。电动机与发电机从理论上来讲，它们是可以互相转换的，即一台电动机也可以作为发电机来看待，当按着其工作原理通电给电机时，电机将电能转变成其运转之后输出的机械能，此时即为电动机；否则，当在电机的输出轴上加上驱动力或驱动力矩，使电机轴运转，即从电机轴上由外部给其输入了机械能，机械能使电机轴转动，电机轴连接的转子上缠绕的导电线圈随着电机轴的转动，在定子磁场中切割磁力线，在导电线圈中产生电流以及电动势，从而将机械能转换成了电能并由导电线圈的输出端子输出，此时，电机即为发电机。显然，电机的原理是电磁学，一台电机理论上既可作为电动机使用，也可作为发电机使用。

常用于驱动机器人关节运动的电动机有直流伺服电动机（DC Server Motor）、交流伺服电动机（AC server motor）、直接驱动电动机（DD drive motor）以及步进电动机（stepping motor）等等。下面概括性地讲述它们各自的机械结构和工作原理以及驱动系统构成，并且从这些电动机实用化选型设计方面考虑，特别地给出了各种电动机代表性工业产品的技术性能参数及其在选型与运动控制中的使用解说。

2.5.1.1　直流（DC）伺服电动机原理及其直流伺服驱动 & 控制系统

(1) DC 电动机的机械结构与工作原理

DC 伺服电动机是由直流电源供电的电动机，是通过电池供电的电驱动全自立型机器人（如仿生、仿人机器人）首选电动机，按着是否有电刷可分为有刷（brash）DC 伺服电动机和无刷（brashless）DC 伺服电动机两种。有刷 DC 伺服电动机只用两根导线连接直流伺服驱动器的输出，因而与无刷 DC 伺服电动机相比，其所用导线数最少。有刷 DC 伺服电动机的机械结构如图 2-88 所示，有槽型和无铁芯型两种结构。看懂了这张图你就可以手工做 DC 电动机！

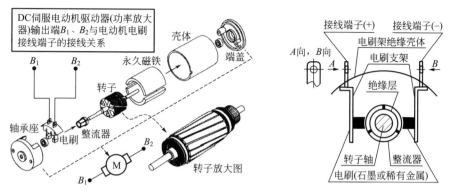

(a) 有刷槽型DC伺服电动机机械结构拆解图及电动机与驱动器连接示意图　　(b) 电刷与整流器的结构关系

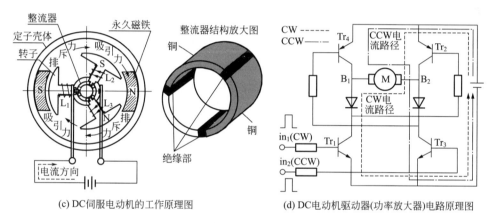

(c) DC伺服电动机的工作原理图　　　　　　(d) DC电动机驱动器(功率放大器)电路原理图

(e) 无铁芯型DC伺服电动机机械结构

图 2-88　DC 伺服电动机机械结构、原理及其驱动器电路原理图[9]

　　槽型 DC 电动机的机械结构：如图 2-88(a) 所示，有刷槽型 DC 伺服电动机的机械结构组成包括有 N 极和 S 极的永久磁铁（固定在壳体内圆柱面上的定子）、外圆柱面上纵向斜向开槽的转子（左右侧带有回转轴）、用来将来自电刷的电流按序配送给转子上的各个绕组的整流器、由石墨材料或稀有金属材料制作而成的电刷、套装在转子轴上用来将转子支撑在壳体上保持定轴回转的轴承、为轴承提供支座的轴承座、用来安装和支撑整个电动机定子和转子轴系部件的壳体、端盖。电刷与整流器的结构关系如图 2-88(b) 所示，电刷通过电刷支架和绝缘材料（电刷架绝缘壳体）隔离被固定安装在电动机壳体内，电刷被按压在圆环形的整流器表面，用来为电动机转子上的各个绕组线圈按工作原理配送电流，整流器通常被称为滑环，就是因为固定在壳体上的电刷和与转子一起转动的整流器两者之间是相互接触的滑动摩擦而得名。由于转子转动，整流器随之转动，转子上的各级绕组线圈按序通过与整流器接触取电，整流器不可能是整周连通的，需要分区绝缘隔离，因此，整流器被设计成如图 2-88(c) 所示的那样，被绝缘材料分隔成不导通的三个区。

槽型 DC 电动机的工作原理：为使电动机能够产生回转运动，采用 N-S 极的永久磁铁作为定子，转子则是如图 2-88 中所示，在圆周方向均布着三个绕组，每个绕组都是由硅钢片冲片叠成并缠绕线圈，线圈中按着通电电流方向的不同（正反两个方向）在叠堆的硅钢片上形成 N 极或 S 极极性，并与定子的永久磁铁 N 极、S 极按着同极性间排斥、异极性间吸引原理产生排斥力或吸引力，从而形成转矩推动转子旋转。在具体实现上，按着电动机转动驱动力形成的电磁学原理〔如图 2-88(c) 左图中所示〕通过整流器取电，当与转子同步转动的整流器的某个区与电刷接触时，该区对应转子上的绕组线圈从整流器该区取得电流，电流流经该绕组线圈时形成 N-S 极，并与永久磁铁的 N-S 极产生吸引力或排斥力，从而推动转子回转。整流器轮番为各绕组线圈供电，从而形成持续的转动。剩下就是通过什么办法来控制电动机的转向、速度和输出的转矩的问题。

(2) DC 伺服电动机的驱动&控制系统——驱动器与控制器的原理

以上给出的是 DC 电动机的基本结构与工作原理，若构成 DC 伺服电动机还必须为 DC 电动机配备位置/速度传感器（如光电编码器或磁编码器、测速电动机、电位计、霍尔元件、旋转变压器等等）。现有的 DC 伺服电动机都为双轴伸设计，一端轴伸用来同轴连接位置/速度传感器，另一端轴伸作为电动机的输出轴使用，从而构成 DC 伺服电动机。用于控制电动机转动的电信号都是弱电信号，必须经功率器放大后才能作为输出给电动机绕组线圈中的电流信号、电压信号来使用。因此，需要为电动机提供用于将控制器输出的信号进行功率放大并输出的驱动器。DC 伺服电动机驱动器的驱动电路原理如图 2-88(d) 所示。驱动器接收来自控制器输出的控制信号作为其输入信号 in_1(CW)、in_2(CCW)。当输入端输入信号 in_1(CW) 为高电平时，功率管 Tr_1 开通，电流由 DC 电源的正极流经 Tr_2、B_2 和 B_1 间的电动机绕组线圈、二极管、Tr_1 回到 DC 电源的负极，从而形成电流通路，电动机正向运转；当输入端输入信号 in_2(CW) 为高电平时，功率管 Tr_3 开通，电流由 DC 电源的正极流经 Tr_4、B_1 和 B_2 间的电动机绕组线圈、二极管、Tr_3 回到 DC 电源的负极，从而形成电流通路，电动机反向运转。这只是将控制输入作为开关量来说明 DC 电动机驱动器的驱动原理。而为了让电动机连续地运转并输出动力，则需要从输入端 in_1（CW）、in_2（CCW）提供持续的脉冲信号或 PWM（脉宽调制信号），从而实现 DC 电动机的转向、位置/速度、转矩控制。因此，现代 DC 伺服电动机的伺服驱动器一般被设计成伺服驱动器与基本的位置、速度、转矩控制器集成在一起的伺服驱动与控制器，并且由专门的制造商生产工业级产品，供用户选用。通常 DC 电动机或者无刷电动机的位置/速度伺服系统控制方案如图 2-89 所示。

给电动机施加电压的方法有两种：一种是以模拟量的形式用连续变化的电流或电压施加给驱动器的输入端；另一种是以脉宽调制即 PWM（pulse width modulation）的方法。前者是利用晶体管在线性区域内的比例放大特性，因此而得名线性驱动；后者则是一种可以减少晶体管或 MOSFET 功率管等的电能损耗的方法。

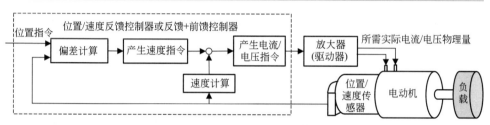

图 2-89　DC 电动机或无刷电动机的位置/速度控制系统设计方案图

（3）性能参数与选型设计

DC 伺服电动机的性能参数：

• 额定电压 U(V)：加在电动机上的直流电压。允许低于或高于产品样本上的此额定电压值来使用电压，但不能超过给定的极限值。

• 空载转速 n(r/min)：是电动机在额定电压下无负载时的转速。实际应用中，空载转速大致与额定电压值成正比。

• 空载电流 I(mA)：是电动机在额定电压下无负载时驱动电动机的电流。它由电动机电刷以及轴承的摩擦来决定。

• 额定转速 n_N(r/min)：是指在一定温度（一般为 25℃）下，电动机在额定电压和额定转矩下的转速。

• 额定转矩 M_N(mN·m)：是指在一定温度（一般为 25℃）下，电动机在额定电压和额定电流下输出轴上产生的输出转矩，是电动机在连续运行工作时的极限状态。

• 额定电流 I_N(A)：是指在一定温度（一般为 25℃）下，使电动机绕组达到最高允许温度时的电流，也即等于最大连续电流。

- 堵转转矩 $M_N(mN \cdot m)$：是指电动机在堵转条件下的转矩值。
- 堵转电流 $I_A(A)$：是指电动机额定电压除以电枢绕组的比值。堵转电流对应于堵转转矩。
- 最大效率 $\eta_{max}(\%)$：是指电动机在额定电压下输出功率与输入功率的最大比值。
- 电枢电阻 $R(\Omega)$：是指在一定温度（一般为 25℃）下，电动机接线端子间的电阻值，并且决定了给定电压下电动机的堵转电流。对于石墨电刷，电枢电阻与负载有关。
- 电枢电感 $L(mH)$：是指电动机静止施加 1kHz 信号时测量得到的电动机绕组电感值。
- 转矩常数（或称力矩常数）$K_M(mN \cdot m/A)$：是指电动机产生的转矩与所施加电流的比值。
- 速度常数 $K_n[r/(min \cdot V)]$：是指施加单位电压下电动机产生的理想转速值。所谓的理想转速值是指没有考虑摩擦等实际条件下的摩擦损失等因素的转速值。
- 机械时间常数 $\tau(ms)$：是指电动机从静止加速到 63% 的空载转速所需要的时间。
- 转子的转动惯量 $J_n(g \cdot cm^2)$：是指电动机的转子相对于旋转轴线的惯性矩。
- 伺服电动机输出的转矩（$mN \cdot m$）＝电动机电枢绕组中流过的电流（A）×电动机的转矩常数（$mN \cdot m/A$）。
- 伺服电动机输出的转速（r/min）＝电动机绕组接线端子间施加的电压（V）×电动机的速度常数 $[r/(min \cdot V)]$。

DC 电动机的上述参数中，额定电压、额定电流、最大额定瞬时转矩、电枢电阻、转矩常数、速度常数是在电动机选型设计时主要考虑的参数，而转矩常数、速度常数是在电动机选型、控制器设计时都要用到的必用参数，由于实际条件差异，对于实际的机器人系统，应以实际装机后测量为准。

回转轴系的摩擦力：关于摩擦力，如高中物理中所学那样，为使台面上一物体有滑动趋势施加一与该台面平面平行的力时，物体与台面间"静摩擦力"在起作用。为使物体运动，前述所加在物体上的力需与台面间静摩擦力的最大值即"最大静摩擦力"平行。一旦物体开始运动起来，该物体就受到来自台面的"动摩擦力"。同"最大静摩擦力"相比，运动时的摩擦力即"动摩擦力"一般要小。但是，在控制理论等方面的讲义中，车轮与地面间滚动摩擦力、转轴所受的来自轴承的摩擦力或者减速器转动时的转动摩擦力等等都是与它们的回转速度成比例关系的，即所谓的"黏性摩擦力"。图 2-90 给出的是回转轴的回转角速度与摩擦力矩间关系的实验结果曲线实例。

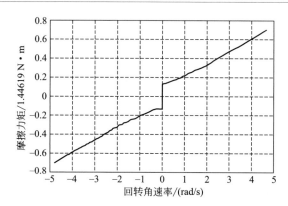

图 2-90　回转轴的回转角速度与摩擦力矩的关系实例

电动机的选择：以轮式移动机器人为例加以说明。需从原理上选择电动机。一般情况下使用直流电动机较多，所以仅针对直流电动机如何选择进行讨论。首先，由图 2-91 可知该图中包含着两个重要的信息（要点 1 和要点 2）：

要点 1——机器人将要动作的时候，即从静止状态开始动作时电动机输出的转矩必须超过减速器内部摩擦、车轮与地面间摩擦等最大静摩擦力的总和；

要点 2——速度为零处附近、由静摩擦力过渡到动摩擦力的临界附近除外，随着速度的增加，运动中的摩擦力呈单调增加趋势。

这两点是选择电动机时需要特别关注的两点。掌握这两个要点之后，再去分析电动机特性曲线（图 2-91）。

电动机产品样本和性能参数表中有一项是"最大转矩"，对应着图 2-91 所示的标记 A 所圈定之处。即电动机上施加额定电压，且转速为零时产生的力矩。此时，与机器人动作所需要的力矩相比，最大转矩（停转转矩，即图 2-91 中的 M_H）应超过机器人动作所需要的力矩。这是对应于前述的要点 1。所谓"机器人开始动作所需力矩"就是现在为使机器人产生加速度所需要的力和机器人由静止状态迁移到移动状态所需要的摩擦力之和。

其次，来看前述的要点 2。相应于电动机转速或者小车行驶速度，摩擦力的大小转入单调递增之后，运动中的摩擦力最大时也就是机器人速度最高的时候。如此说来，机器人达到的最高速度是由该速度最高时的摩擦力矩（图 2-91 中的 M_B）和电动机在该速度下对应的转速（图 2-91 中的 ω_B）下能够产生的转矩相平衡时的速度来确定的。

再者，由图 2-91 可以看出：该平衡的部分相当于标记 B 圈定的部分。DC 电动机回转速度越高则输出的转矩就变得越小。

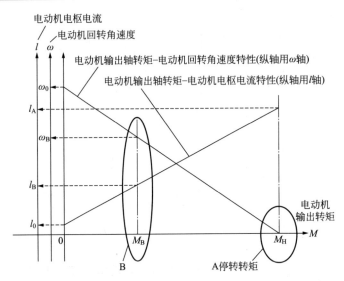

图 2-91　电动机输出转矩与电动机回转角速度、电流间的关系

移动机器人上的电动机端子上施加最大电压（机器人上搭载电池的电压）时达到力平衡，已经不能再加速了，此时速度已经达到最大速度限制了，因而成为最高速度。期望的该机器人实际所能达到速度最大值的 80％ 或再增加 50％ 左右的速度作为最高速度。可以验证输出转矩是否能够与该速度下的摩擦大小相平衡来选择电动机。此时，需要检验是否可以该最高速度让电动机连续运转，即应确认在该电动机额定最大转速范围内，对应最高速度的转速是否平稳。另外，此时连续运转所需要转矩大小应低于最大额定连续转矩。

进一步地，总结如上所述内容，可得如下结论（如图 2-92 所示）：

① 由电动机出力可得其驱动对象的加速度与从电动机出力大小中减去其驱动对象在其加速度状态下的摩擦力大小后剩余部分的大小成正比。

② 加在直流电动机上的电压是一定且有限的，随着其转速（回转角速度）的增加可输出转矩减小。因此，存在由驱动对象速度增加引起的摩擦力与电动机出力相平衡的速度。该速度是在其电压作用下使驱动对象达到的速度。加在电动机上的最大电压决定了最高速度。

③ 驱动对象由静止状态迁移到运动状态时，摩擦力变大，同最大静摩擦力相比，动摩擦力较小。若电动机的停转转矩（最大转矩）不大于最大静摩擦力，则驱动对象就难以运动起来。可是，一旦运动起来，摩擦力急剧减小，需要很好地控制运动时电动机的转矩。

④ 以最高速度运行时电动机转速应在连续额定最大许用转速范围以内，以

及此时应输出的转矩大小也应在连续额定的最大许用转矩范围之内。

以上是从理论上选择电动机的方法。可是，也许会有疑问：如何估算出摩擦的大小到底有多大啊？作为实际问题，要想具体测量摩擦大小之后进行设计并非如此简单，仍然需要经验。

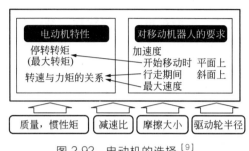

图 2-92　电动机的选择[9]

2.5.1.2　交流（AC）伺服电动机原理与交流伺服驱动系统

（1）AC 伺服电动机的机械结构与原理

交流电动机有：鼠笼式感应电动机、交流整流子型电动机、同步电动机等形式。机器人中采用永久磁铁转子的同步电动机以伺服驱动与控制的方式来实现精确的位置、速度控制功能。这种 AC 电动机具备 DC 伺服电动机的基本性质，同时也可以看作是把电刷和整流器替换为半导体元件的装置，所以，也将这种 AC 伺服电动机称为无刷 DC 伺服电动机。其机械结构如图 2-93 所示。

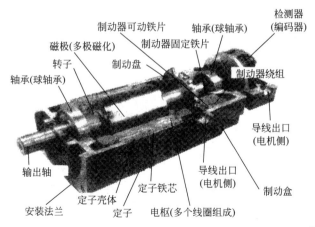

图 2-93　AC 伺服电动机（无刷 DC 伺服电动机）的机械结构[9]

（2）AC 伺服电动机（无刷 DC 伺服电动机）驱动系统的原理

　　无论是前述的有刷 DC 伺服电动机，还是无刷的 AC 伺服电动机，其基本的原理都是通过转子的位置信息和通过整流器施加在绕组上的电压或电流的关系来产生电磁力（对于回转电动机即是电磁力产生的转矩）从而推动转子回转并输出转矩。因此，转子的位置信息、施加给绕组的电压或电流等信息是至关重要的。如图 2-94 所示，为了向绕组线圈配电，有两种检测转子位置的方法：一种是用霍尔元件，把转子回转一周分为三个扇区即 3p；另一种则是借助于编码器或旋转变压器进一步提高分辨率。前者给电动机绕组施加方波电压或电流；后者与传统的交流电动机相同，供给近似于正弦波的电流给绕组。

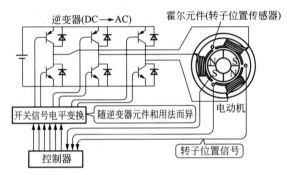

图 2-94　AC 伺服电动机（无刷 DC 伺服电动机）的驱动系统电路原理图[9]

（3）有刷 DC 伺服电动机与 AC 伺服电动机（无刷 DC 伺服电动机）的共同原理

　　如图 2-95 所示，在两者的驱动原理上，有刷 DC 伺服电动机与 AC 伺服电动机（无刷 DC 伺服电动机）可以共同使用伺服驱动器。也即 AC 伺服驱动器可以任意选用 A、B、C 三相中的两相而闲置剩余一相来作为有刷 DC 伺服电动机的驱动器使用[10]。

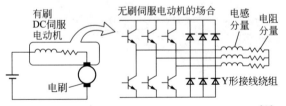

图 2-95　有刷 DC 伺服电动机与 AC 伺服电动机[9]
（无刷 DC 伺服电动机）在驱动上的共同原理

2.5.1.3　直接驱动（DD）电动机原理与伺服驱动系统

（1）DD电动机的工作原理

直接驱动电动机（DD motor，direct drive motor）是在驱动系统中采用诸如齿轮传动、带传动以及其他机械传动形式的减速器时，由于这些传动存在齿侧间隙或回差、摩擦等影响因素使得整个驱动系统的精度下降或难以克服的前提下，而被设计、研发出的一种低速大扭矩或者大推力的电动机。

基于电磁铁可变磁阻概念和原理设计的 VR（variable reluctance）型 DD 电动机、基于永久磁铁的 HB（hybrid）型 DD 电动机在相同质量的条件下，能够提供比通常 DC 电动机更大的输出转矩，但是 VR 电动机会因磁路非线性而存在控制性能比较差、难于得到高的控制精度的问题；HB 电动机存在转矩波动较大的缺点。

（2）回转型 DD 电动机的机械结构

DD 电动机的结构较通常的 DC 电动机复杂，结构设计独特。HB 型、VR 型 DD 电动机的机械结构如图 2-96 所示。

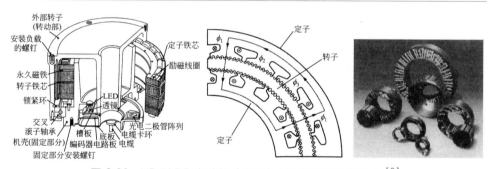

图 2-96　HB 型 DD 电动机（左图）与 VR 型 DD 电动机[9]
（中图）的机械结构、 DD 电动机实物照片（右图）

HB 型回转 DD 电动机与通常的电动机的转子、定子布置形式不同，其内侧为定子，外侧为转动结构，这样设计的目的和效果是：不但磁路相向的面积增大，而且作用半径也得以加大，于是产生强大的转矩；由于在结构上稍加改变了定子与转子的齿距，因此还减轻了永久磁铁产生的转矩波动的效果。

VR 型回转 DD 电动机的结构设计也很独特，为三层圆环同轴线结构，最外层、中间层和最里层分别是定子、转子和定子，即是最外层、最里层的两个定子从内、外侧把转子夹在了中间。这样的结构设计的效果是：可以产生 2 倍转矩效果。后来进一步改进的结构设计则是把永久磁铁夹在磁路的各个齿之间，使得输出转矩又进一步得以提高。

（3）DD 电动机伺服驱动系统用位置传感器

与通常的伺服电动机所用的位置/速度传感器不同之处在于，DD 伺服电动机需要更高分辨率的位置传感器，回转型 DD 电动机对位置传感器分辨率的要求高达数十万分之一转，相当于直线型 DD 电动机对几微米的分辨率要求。高分辨率的位置传感器造价相当昂贵。一般在选型设计上需要根据实际情况在绝对精度和价格上进行均衡考虑。图 2-97 给出的是具有 320 条光栅格、能够读取 1 个光栅格的 1/2048 的具有 65 万分之一分辨率的回转型高分辨率光学式编码器的结构与原理。其绝对精度取决于金属符号板的加工精度，是分辨率的 1/10 左右。电动机换流控制信号也可由该传感器读取。

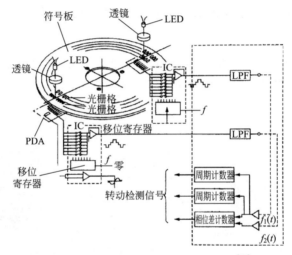

图 2-97 高分辨率光学式编码器原理[9]

2.5.1.4 步进（stepping）电动机原理与驱动系统

（1）步进电动机结构与工作原理

步进电动机又称为脉冲电动机或阶跃电动机，英文称谓有 step motor 或 stepping motor，pulse motor，stepper servo，Stepper，等等。它是一种将电脉冲信号转换成转子相应角位移或线位移的电动机部件。给它外加一个电脉冲信号给定子绕组时，转子就运行一个步矩（步矩角或线位移步矩）。所谓的步矩就是一个步长的转动或移动，对于回转的步进电动机，步矩为步矩角（step angle）；对于直线移动步进电动机，即为步矩。显然，步进电动机输出轴的位移量、速度均与给电动机外加的脉冲信号的频率成正比。当电动机输出轴在最后一个脉冲位置停止时会相对于外力负载产生一个很强的反抗力。

　　步进电动机系统由步进电动机本体、步进电动机驱动器和控制器三个不可分割的部分组成，如图 2-98 所示。该系统又分硬件和软件两大组成部分。

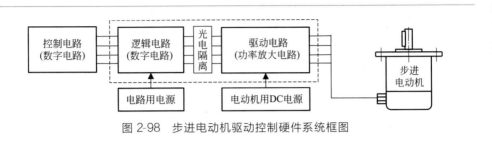

图 2-98　步进电动机驱动控制硬件系统框图

　　步进电动机按着原理可以分为反应式、永磁式、混合式和直线式四类[11]，其中反应式和混合式最为常用。

　　① 混合式步进电动机（回转型）本体结构　混合式步进电动机的特点之一就是具有轴向励磁源和径向励磁源。如图 2-99(a) 所示是以四相混合式步进电动机为例，其定子、转子上沿圆周方向皆开有均匀分布的齿槽和极齿。定子上分成若干极（也称大极，极齿也即极齿作为大极），极上有小齿及控制线圈；转子由环形磁钢及两段铁芯组成，环形磁钢在转子的中部，轴向充磁，两段铁芯分别装在磁钢的两端，转子铁芯上也有小齿，但两段铁芯上的小齿相互错开半个齿距，定子、转子上的小齿间的齿距通常相同。

　　② 回转型混合式步进电动机工作原理　混合式步进电动机可以有三相（即 6 极）、四相（8 极）、五相（10 极）、九相（18 极）、十五相（30 极）等等，虽然相数不同，但其工作原理基本相同。仍以前述的四相混合式步进电动机为例，讲述混合式步进电动机工作原理。如图 2-99(b) 所示，定子为四相 8 极，转子上有 18 个小齿。当定子的一个极上的小齿与转子上的小齿轴线重合时，相邻极上定子、转子的齿就错开 1/4 齿距。定子为四相绕组，接线如图 2-99(b) 所示，驱动器供给同极性脉冲。转子上没有磁钢或定子绕组不通电的情况下，电动机不产生电磁力也就没有电磁转矩形成，只有在转子磁钢与定子磁势相互作用下，才产生电磁转矩。四相混合式步进电动机各极绕组常用的通电方式有：单四拍（A-B-C-D-A …… 循环）；双四拍（AB-BC-CD-DA-AB …… 循环）；八拍（A-AB-B-BC-C-CD-D-DA-A …… 循环）等。多相混合式步进电动机与三相混合式步进电动机工作原理相同，每改变一次通电状态，转子就转过一个步矩角；当通电状态的改变完成一个循环时，转子转过一个齿距。

　　由上述可知：步进电动机的绕组设置在定子的极齿上，绝大多数步进电动机都是以永久磁铁作为转子，但也有将永久磁铁作为定子的。直接驱动电动机（DD 电动机）就是将永久磁铁作为定子的。

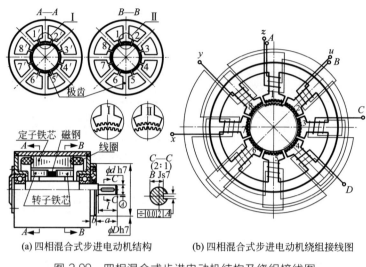

(a) 四相混合式步进电动机结构   (b) 四相混合式步进电动机绕组接线图

图 2-99   四相混合式步进电动机结构及绕组接线图

(2) 直线步进电动机结构与工作原理

直线步进电动机按工作原理不同可以分为反应式和混合式两类。反应式直线步进电动机可以设计成多种不同的结构形式，可以设计成不同的相数。

① 四相反应式直线步进电动机结构与原理   如图 2-100 所示，它主要由定子、动子和相应的结构件组成，定子为由磁性材料叠合而成的等间距（即齿距）纵向排列矩形齿的双侧对称齿条结构，该齿条被固定在基座上；动子为呈 E 形结构的叠片铁芯所组成，或者说动子也是沿着纵向等间距排列矩形齿的单侧齿条结构，动子的每个齿上都有相同的齿槽。定子、动子上的齿形和齿槽尺寸是相同的，但是，与回转式步进电动机利用极距角和齿距角之间的特定关系来保证步进运动的不同之处在于：直线步进电动机动子的各 E 形铁芯柱上各齿中心线必须相互错开 1/4 齿距，也即直线步进电动机只能靠移动铁芯柱之间的距离来实现直线步进运动。动子的 E 形矩形齿（或称为铁芯柱）上都绕有导线线圈。为保证动子和定子之间一定的极隙（也即气隙）和相对运动，定子与动子之间装有滚柱轴承和极隙调整器，动子与极隙调整器之间为刚性连接。

四相反应式直线步进电动机的工作原理与回转反应式步进电动机的原理相似，如图 2-100 所示，当各绕组按着 A-B-C-D-A······顺序循环通电时，动子将分别以 1/4 齿距的步距向左步进移动；当通电顺序改为 A-D-C-B-A······时，动子则以相同的步距向右步进移动。与回转式步进电动机绕组接线方式相似，反应式步进电动机也可以有多种不同的绕组结构和接线方式、通电方式。

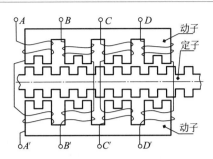

图 2-100　四相反应式直线步进电动机结构原理及绕组接线图

　　② 索耶混合式直线步进电动机结构与工作原理　如图 2-101 所示，索耶步进电动机由位于上部的动子和位于动子下面的被固定的定子两部分组成，是利用具有一定变化规律的电磁铁与永久磁铁的复合作用形成步进推进的电动机。动子是一个电磁组件，由一个马蹄形永久磁钢 PM 和两个 Ⅱ 形电磁铁 EMA、EMB 组成，在 EMA、EMB 上各有两个励磁线圈（磁极）；定子是用铁磁材料制成的平板齿条，长度可以按着直线电动机移动行程需要来实际确定。平板齿条上部是由铣削加工出间隔分布的齿槽后形成的矩形齿。齿槽里浇注环氧树脂后与齿顶面一起磨平。齿槽之间也即齿与齿之间可以等间距，也可以不等间距。动子上与定子齿相对的表面上也加工有齿槽，槽中也浇注环氧树脂并磨平。动子表面上开有若干小孔，这些小孔与外部压缩空气皮管相连通。当从外部压入压缩空气后，借助于空气压力克服永久磁钢与定子间的吸引力，同时将动子悬浮于定子表面。这样，通过控制压缩空气的压力可以调节动子和定子之间的气隙并保持极小的值。

　　索耶混合式直线步进电动机的电磁铁 EMA、EMB 各有两个小磁极 1&2、3&4，分别相对于定子齿错开半个齿距。当 EMA、EMB 上的绕组无励磁电流通过时，磁钢 PM 产生的磁通均等地通过四个小磁极 1～4，与定子齿形成闭合磁路，整个系统保持静止平衡状态；当 EMA、EMB 之一的绕组先后轮流通入正、负脉冲电流时，每次通断电切换一次，则动子移动 1/4 齿距。

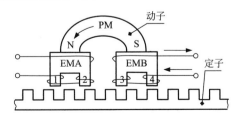

图 2-101　四相混合式索耶直线步进电动机结构原理及绕组接线图

③ 平面步进电动机结构与原理　按着前述的索耶直线步进电动机的原理，将两个移动方向互相垂直布置的索耶直线步进电动机连接在一起，就形成了平面内由两个互相垂直移动自由度的直线步进驱动合成原理的平面步进电动机，如图 2-102 所示。定子平台平面上均匀分布着正方形的齿，齿槽内填充环氧树脂后磨平形成光滑的平面；动子是由两个互相垂直放置的直线步进电动机组成的磁性组件。磁性组件的小孔中打入压缩空气，以压缩空气压力与磁力相平衡来形成稳定的磁极间空气气隙，一般气隙约为 $10\mu m$，动子可实现高速的平面内运动且无机械摩擦存在。这种平面步进电动机的运动精度很高，性能也很好，可作为 2 自由度平面内运动的高速精密移动机器人驱动部件使用。

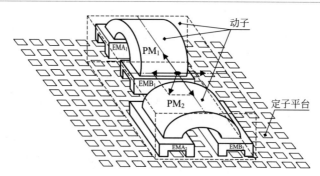

图 2-102　平面步进电动机结构与原理图

(3) 步进电动机的驱动与控制

步进电动机的运行状态与通常均匀旋转的直流电动机、交流电动机都有一定的差别，从绕组上所施加的电源形式来看，既不是正弦波交流，也不是恒定的直流，而是脉冲电压。步进电动机的激励与响应伴随着电磁过程的跃变，其驱动电器部件始终运行在开关状态，电动机内的磁场在空间内的变化是不均匀的。步进电动机不能直接接到交流、直流电源上使用，而必须使用步进电动机专用的驱动器才行。如图 2-103 所示，步进电动机驱动器一般由环形分配器、信号放大与处理级、推动级、驱动级、保护级等主要部分组成。

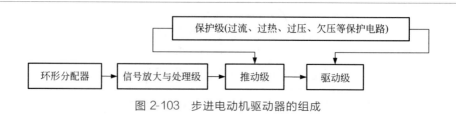

图 2-103　步进电动机驱动器的组成

① 环形分配器：环形分配器的功能是接收来自控制的 CP 脉冲和转向电平信号，并根据这些信号生成决定各相导通或是截止的状态转换信号。它接收来自控制器的 CP 脉冲，并按步进电动机转换表要求的状态顺序生成各相导通或截止的信号。每来一个 CP 脉冲，环形分配器的输出转换一次。步进电动机转速的高低、加速、减速、启停都完全取决于 CP 脉冲及其频率。环形分配器根据接收到的来自控制器的转动方向信号来决定其输出的状态是按着正序还是反序转换，也即决定了步进电动机是正向转动还是反向转动。

② 信号放大与处理级：接收来自环形分配器输出的决定各相导通还是截止的信号后将其加以放大，放大到足够大后输出给推动级。放大过程中既需要电压放大，也需要电流放大。信号处理则是对信号进行某些转换、合成，产生诸如斩波、抑制等特殊的信号，从而产生特殊功能性的驱动。

③ 推动级：其作用是将较小的信号加以放大，变成足以推动驱动级输入的较大的信号。有时推动级还承担着电平转换的作用。

④ 保护级：其作用是保护驱动级的安全。一般根据需要设置过电流保护、过热保护、过压保护、欠压保护等等，以及对驱动器输入信号的监护。

⑤ 驱动级：驱动级直接与步进电动机的各相绕组连接。它接收推动级的输出信号，来控制电动机各相绕组的导通和截止，同时也对绕组承受的电压、电流进行控制。驱动级使用的功率放大器件一般有中功率晶体管、大功率晶体管、大功率达林顿晶体管、可控硅、可关断可控硅、场效应管、双极型晶体管与场效应管的复合管，以及各种功率模块。其中，达林顿晶体管和场效应管的结构、符号表示如图 2-104 所示。一般情况下无需自己设计制作电动机驱动器，但需要了解电动机驱动器所用的关键元件的特点。

• 达林顿晶体管（Darl Tran）是一种将两个三极管复合在一起的功率放大器件。前一个晶体管的发射极连接到后一个晶体管的基极，前一个晶体管的基极与后一个晶体管的发射极之间作为输入端，要放大的信号由基极输入；前后两个晶体管的集电极连接成一个节点与后一个晶体管的发射极之间作为功率放大器件的输出端，放大后的信号由前一个晶体管的发射极输出。在达林顿晶体管的输入、输出端分别与后一个晶体管的发射极之间设有起反向保护作用的二极管。这样将前后两个二极管复合连接在一起使用可以获得的放大倍数相当于两个晶体管各自放大倍数的乘积，所以复合后的电流放大倍数可达千倍以上，即便在开关状态也可以达到百倍以上。所以，达林顿晶体管只需很小的基极电流就可以产生很大的输出电流。可控硅是一种脉冲触发的开关器件，其突出的优点是输入功率小、输出功率大、耐压高、成本低，但已经被大功率晶体管取代。因此，达林顿晶体管成为步进电动机驱动器中使用的主流器件之一。其缺点是饱和时管压降稍大，导致损耗要大一些。其结构如图 2-104(a) 所示。

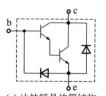 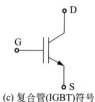

(a) 达林顿晶体管结构　　(b) N沟道MOSFET图形符号表示　　(c) 复合管(IGBT)符号

图 2-104　步进电动机驱动器中所用功率管

• 场效应管（MOSFET）是继达林顿晶体管之后发展起来的电压控制功率放大器件，特点是输入阻抗很高，用小的电压信号就可以控制很大的功率，器件的容量多设计为 100～200V 时，可承受 100A 的电流；在 1000V 时，可承受 10A 电流，这类器件在通态时的行为类似于电阻，因此，可用作电流传感器。其符号表示如图 2-104(b) 所示。场效应管的门极（也称控制极）G、源极 S 和漏极 D 分别相当于晶体管的基极 b、发射极 e、集电极 c。门极 G 需要的控制电压比晶体管基极要高，一般需 2～4V 以上，但它几乎不需要控制极电流，所以可以直接使用 MOS 集成电路驱动。但门极 G 与源极 S 之间有一定的电容，所以在要求高速开关的情况下会产生充放电电流，所以此时推动级应有较强的充、放电流能力；漏极 D 和源极 S 之间的输出阻抗比晶体管集电极 c 和发射极 e 之间的输出阻抗稍微高一些，且不随输出电流而变化，所以场效应管可以直接并联使用，不必使用均流电阻。场效应管在驱动器上的应用也已部分取代了晶体管。

• 双极型晶体管与场效应管的复合管——绝缘栅双极型晶体管（IGBT）：综合了晶体管和场效应管两种功率器件的优点，具有与 MOSFET 同样理想的门控特性，并具有类似晶体管的反向电压阻断能力和导通特性。在驱动器功率放大应用方面已有较多应用。其符号表示如图 2-104(c) 所示。

• 功率驱动模块：是将功率放大晶体管、推动级晶体管、前级信号放大、隔离、耦合等功能线路都集成在一起，形成具有较强功能、较大功率输出的复合器件。使用这种器件制作的步进电动机驱动器结构简单、性能稳定、工作可靠。

(4) 步进电动机的驱动方式

步进电动机的驱动方式主要有：单电压驱动、单电压串接电阻驱动、双电压驱动、高低压驱动、斩波恒流驱动等多种不同的驱动原理和驱动方式。详细可参照文献[11]。

2.5.1.5　DC/AC/stepping/DD 等电动机比较

表 2-18 为直流电动机、交流电动机、步进电动机、直接驱动电动机的比较表。

表 2-18 直流电动机、交流电动机、步进电动机、直接驱动电动机的比较表

电动机类型	与其他电动机的关系	基本性质	驱动方式	逆转方式	位置控制	速度控制	转矩控制	效率	端子数（导线数）	转矩	速度	控制性
DC 电动机	有电刷和整流器	直线特性，无负载转速与电压成比例	只与直流电源连接；控制需要控制电路	颠倒两个端子的极性	用位置传感器反馈控制	用位置/速度反馈控制，速度平滑	转矩与电流成正比	有效利用反动势，效率高，但在高速区域差	电动机本身端子数：2 根。位置传感器：电子调速器—2 根线，测速发电机—3～4 根线。编码器：7～8 根线	小	中	良
AC 电动机	与超速同步电动机相似，永久磁铁转子，无电刷	直线特性，无负载转速与电压成比例	用逆变器将直流变换为交流驱动	调整位置信号与逆变器件的关系	用位置传感器反馈控制	用位置/速度反馈控制，速度平滑	转矩与电流成正比	有效利用反动势，效率高，但在高速区域差	随驱动方式不同稍有不同，三相电—3 根线；霍尔元件—5 根线；与光电编码器一起总共 15 根线	中	高	良
stepping 电动机	类似于超速同步电动机结构	转动速度与脉冲信号同步，与脉冲频率正比，以最后一个脉冲保持在一定位置	不能使用普通的交流电源驱动；推动驱动级+驱动一级，最后需要专门的驱动控制电路	靠环形分配器颠倒励磁顺序	由脉冲序列的最后一个脉冲决定；存在失步和共振问题；加减速要复杂化	与脉冲频率成比例转动；简单但会产生速度波动	转矩控制复杂，即使电流一定，也有微小位置变化	效率比 DC 电动机低，且越是小型效率越低。小步进角下可以在超低速下高转矩稳定运行，通常可以直接驱动负载	随电动机形式不同而不同；二相双极 5 根线，二相五角形—5 根线，5,10 根不等	易于启停时，停止时有自锁能力好	正反转响应性好	数字开环控制，系统简单
DD 电动机	结构独特，在相同质量的条件下，能够提供比 VR 电动机和基于永久磁铁的 HB 电动机更大的输出转矩	基于电磁阻可变磁阻的 VR 电动机和基于永久磁铁的 HB 电动机	需要驱动控制电路		需要更高分辨率的位置传感器，难于得到高的控制精度	用位置/速度反馈控制	输出转矩大，但存在较大转矩波动	低速大转矩，可以不用减速器直接驱动负载，效率高		大	低	VR 电动机—般；HB 电动机差

2.5.2 液压伺服驱动系统基本原理与选型设计

(1) 液压伺服驱动系统的组成与特点

液压伺服系统的组成:主要由液压源、驱动器、伺服阀、位移传感器、控制器组成。液压源(泵)负责将具有一定压力的液压油通过伺服阀控制液压力和流量,并通过液压回路管线供给液压缸压力油使液压缸动作;传感器检测液压缸的实际位置后与期望的位置指令进行比较,位置差值量被放大后得到的电气信号输入给伺服阀驱动液压驱动器(液压缸)动作,直至位置偏差变为零为止,也即位置传感器检测到的实际位置与位置指令差值为零时液压驱动器及其负载停止运动;伺服阀是液压系统中必不可少的元件,其作用是将电气信号变换为液压驱动器的驱动力。一般要求伺服阀响应速度快、适用于负载大的液压驱动机器人中。若机器人速度与作业或运动精度要求不高,也可选用控制性能较差的廉价电磁比例伺服阀。伺服阀按其原理可分为:射流管式、喷嘴挡板阀式、滑阀式等类型;液压伺服马达把控制阀和液压驱动器组合起来;现代液压伺服系统用计算机作为控制器,对伺服阀位移进行计算和控制。电液伺服系统的组成如图 2-105 所示。

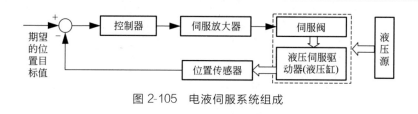

图 2-105　电液伺服系统组成

液压传动(也称液压驱动)特点:

• 转矩(或推拉力)与惯性比大,液压驱动器单位质量的输出功率高,适用于重载下要求高速运动和快速响应、体积小、质量轻的场合。

• 液压驱动不需要其他动力或传动形式即可连续输出动力。

• 液压传动需要液压源驱动液压缸,可以直接由液压缸实现直线移动或定向换向移动,因此,从驱动机构系统来看,液压驱动较电动机驱动下的传动系统相对简单且直接。因此,液压驱动方式适用于重载作业情况下的机器人操作臂或腿足式移动机器人。

• 与电动机驱动方式相比,液压系统具有高刚度、保持力可靠、体积小、质量轻、转矩(或推拉力)惯性比大、不需要电动机驱动下的减速器而直接由液压缸驱动等优点。但液压驱动系统需要有电液伺服系统,而电动机驱动则是电气伺服系统。电气系统具有维护简单方便、控制方法和技术先进、位置/速度反馈相对于电液伺服系统容易实现等优点。

•液压系统的缺点是：易漏油，必须配置液压源；全自立移动设备需要自带发电机给电液伺服系统供电；伺服阀等液压元件的非线性、混有空气的液压油的压缩性等都会影响电液伺服系统的伺服精度和驱动性能。电动机的电气系统的缺点是：电动机驱动系统单位质量的输出功率比液压驱动的小得多；常用的回转电动机不直接产生直线移动，转速高但输出力矩小，需要用减速器减速同时放大转矩；除非是永磁电动机，否则掉电不具有保持力或力矩，为此，工程实际中通常需要配备电磁制动器或者带有自锁性能的减速器来实现掉电保护。

液压驱动在工业机器人中的应用：由于液压驱动系统需要整套相对体积庞大且笨重的油箱、液压泵站、液压回路以及阀控系统，移动作业需要由搭载液压泵站的移动车为机器人液压驱动器供压力油，并且维护起来相对复杂，所以液压驱动器曾被广泛应用于固定于作业场所的工业机器人中。现在逐渐被电动驱动的工业机器人所取代，但在0.5t以上重载作业自动化行业，液压驱动工业机器人仍然无法为电动驱动所替代而独有用武之地。

（2）工业机器人液压驱动系统的组成与工作原理

液压回路的组成：工业机器人各个关节由液压缸活塞杆驱动关节回转或移动，而活塞杆则是由其左右液压腔内的压力油驱动的，因此，液压驱动的工业机器人中的液压系统与一般液压机械系统中的液压系统基本相同，主要由驱动部件、执行部件、控制元部件以及液压回路组成。

液压驱动部件是指液压泵，它一般是将作为原动机的电动机输出的机械能转换成液压油的压力能，是液压系统中的能量源。

液压泵按其工作原理可以分为齿轮泵、叶片泵、柱塞泵、螺旋泵等类型，而在工业机器人中应用较多的是齿轮泵和叶片泵。液压泵选择的主要参数依据是液压系统正常工作所需要的液压泵工作压力和流量。液压泵的工作压力是指液压系统最大工作压力和液压油从液压泵被泵送到液压缸期间油路中总共损失压力的和，一般由管路损失系数（取值范围为1.05～1.15）乘以系统最大工作压力计算出来；而液压缸的推力则是由缸内压力油作用在活塞有效作用面积上产生的并可以计算出来的。

液压控制元部件是指液压系统中的用来控制或调解液压系统中液压油流向、压力和流量的各类液压阀，这些控制元部件对于液压系统工作的可靠性、平稳性以及液压缸之间动作的协调性都起着至关重要的作用，主要有：压力控制阀、流量控制阀、方向控制阀和辅助元部件装置等。

•压力控制阀：即是用来控制液压油压力的液压阀，这类阀利用阀芯上的液压作用力和弹簧力保持平衡，通过阀口开启大小也即开度来实现压力控制，主要有溢流阀、减压阀、顺序阀、压力继电器等等。

•流量控制阀：是通过改变阀口流通面积或者过流通道的长度来改变液阻，从而控制通过阀的流量来调节执行元部件的速度的液压阀，常用的有普通节流阀、各类调速阀以及由两者组合而成的组合阀、分流集流阀。

•方向控制阀：是指用来控制液压系统中液压油流动方向和流经通道，以改变执行元部件运动方向和工作顺序的液压阀，主要有单向阀和换向阀两类方向控制阀。单向阀只能让液压油在一个方向上流通而不能反向流通，相当于"单向导通，反向截止"。滑阀式换向阀是靠阀芯在阀体内移动来改变液流方向的方向控制阀。滑阀式换向阀的结构原理是：阀体上开有不同方向的通道和通道油口，阀芯在阀体内移动到不同的位置时可以使某些通道口连通或堵死，从而实现液流方向的改变。因此，将阀体上与液压系统中油路相通的油口称为"通道"的"通"，而将阀芯相对于阀体移动的不同位置数称为"位置"的"位"。于是为了方便起见，方向控制阀就有了通常所说的"二位二通阀""三位四通阀""三位五通阀"等等简单明了的称谓。

辅助元部件（装置）：包括油箱（也称油池）、滤油器（也称过滤器）、蓄能器、空气滤清器、管系元件等等。油箱的作用是储存和供应液压油，并且使液压油中空气析出放掉，沉淀油液中的杂质，以及散热；滤油器可以过滤掉循环使用的液压油；空气滤清器主要是对进入油箱中的空气进行过滤。蓄能器是储存和释放液体压力能的装置，在液压系统中用来维持系统的压力，作为应急油源和吸收冲击或脉动的压力。蓄能器主要有重力式、弹簧式和气体加载式三类。气体加载式又分为气瓶式、活塞式和气囊式等多种形式。

通常的液压驱动的机器人采用通过换向阀、压力继电器、蓄能器、节流阀、单向节流阀、平衡阀、单向阀、压力表或压力传感器、溢流阀等控制方向、流量的液压阀以及液压回路等构成的液压回路控制系统，除此之外，源动力系统由电动机、液压泵、压力表或压力传感器、滤油器（也称过滤器）、油箱（油池）、冷却器等组成。

（3）液压系统的控制回路

机器人液压系统是根据机器人自由度数以及运动要求来设计的，如同电动机驱动的多自由度机器人的伺服驱动系统由基本原理和组成相同的多路伺服电动机驱动系统构成一样，类似地，整台机器人液压驱动系统总体构成也是由驱动机器人各个关节（自由度）的多路基本原理与构成基本相同的液压缸驱动 & 控制系统构成。每一路都是由一些基本的回路构成的，这些基本的液压回路有：调速回路、压力控制回路、方向控制回路等。

① 调速回路：调速回路是实现液压驱动机器人运动速度要求的关键回路，是机器人液压系统的核心回路，其他回路都是围绕着调速回路而配置的。

a.单向节流调速回路。机器人液压系统中的调速回路是由定量泵、流量控制阀、溢流阀和执行元部件等组成的。通过改变流量控制阀阀口的开度来调节和控制流入或流出执行元部件（液压缸）的流量，并起到调节执行元部件运动速度的作用。单向节流调速的回路构成及原理如图 2-106 所示。

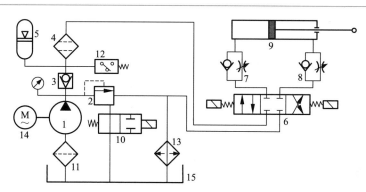

图 2-106　液压源及单向节流调速液压系统回路

1—定量泵；2—溢流阀；3—单向阀；4—精过滤器；5—蓄能器；6—三位四通换向阀；7,8—单向节流阀；9—液压缸；10—二位二通阀；11—粗过滤器；12—压力继电器；13—冷却器；14—交流电动机；15—油箱

调速原理：交流电动机 14 上电运转带动定量泵 1 回转并向液压系统回路泵送压力油，泵排油出口附近的溢流阀 2 调定供油压力后，一部分压力油经单向阀 3 和精过滤器过滤后到三位四通换向阀 6，当换向阀 6 右边的电磁铁通电时，阀芯左移，压力油经换向阀 6 的左边通道（ $\boxed{\uparrow\ \downarrow}$ 的↑）和单向节流阀 7 进入液压缸 9 的活塞左侧腔室，并且推动活塞杆向右移动。液压缸 9 的右腔室的液压油经单向节流阀 8 回油节流后，通过三位四通换向阀 6 的左侧通道的右通道（ $\boxed{\uparrow\ \downarrow}$ 的↓）回流至油箱。调节节流阀 7、8 的通流面积，即可调节进入液压缸的流量，从而控制机器人关节运动的速度。

液压系统保持一定压力的压力保持原理：液压缸除了靠压力油推动实现伸缩运动之外，还需要有足够的为平衡外力负载的作用力，因此，液压系统需要保证有一定的足够的压力用来平衡机器人操作作业时所受到的外部载荷。这个需保持的压力的调定是由溢流阀 2 实现的。液压泵 1 输出的压力油除一部分通过单向阀 3 外，还有一部分通过溢流阀 2 的这一个支路，当液压油压力增大到一定程度时，压力油就通过溢流阀 2 和二位二通阀 10 回到油箱。粗过滤器 11 用于过滤油箱中杂质，以保证进入到液压泵的油液清洁；压力继电器 12 的作用是过压时向电控系统发送过压信号，电控系统根据此信号控制二位二通阀 10 动作使液压泵卸荷；单向阀 3 起到单向过流和系统保压作用；蓄能器 5 可以补充液压系统各处的泄漏，以保证系统压力稳定。

　　b. 并联调速同步控制回路。液压驱动的机器人的运动往往是由多个液压缸驱动来实现的，由于每个液压缸所分担的载荷不同、摩擦阻力也不同，加之液压缸在缸径制造上存在误差、泄漏等因素，会造成各液压缸动作的位移、速度不同步。为解决这一问题，实现同步动作，需要设有同步控制回路。同步回路的结构与工作原理如图 2-107 所示。

　　并联调速同步控制原理：液压缸 5、6 并联在液压系统回路中，分别由调速阀 2′、3′调节两个活塞杆的运动速度。当要求两个液压缸同步运动时，通过调速阀 2′和 3′的流量要调节到相同值才能保证两个液压缸同步运动。当三位四通换向阀 7 的左侧电磁铁通电时，阀芯被推到右侧压力油通过换向阀右侧的通道（ $\boxed{\uparrow\downarrow}$ ）的左侧阀口即↑，则压力油同时进入液压缸 5、6 的活塞左侧腔室并推动活塞同步外伸；当三位四通阀 7 的右侧电磁铁通电时，阀芯被推到左侧换向阀 7 的左侧通道（ $\boxed{\times}$ ）的两个阀口导通，压力油分别通过单向阀 1′和 4′进入两个液压缸的活塞右侧腔室并推动两个液压缸的活塞快速同步退回。这种并联调速同步控制回路的特点是方法简单，同步精度易受液压油油温变化、调速阀的精度、液压油泄漏等因素影响。为此，调速阀尽可能设置在距离液压缸较近的位置，以期得到同步精度的提高。

　　c. 单向比例调速阀的调速回路。除非均由直线移动关节构成的机器人，否则还有回转关节的机器人运动时，各个回转关节的运动必然会有加减速运动要求，即便是末端操作器匀速运动，各个关节也不会是匀速回转，而是频繁往复地加减速运动。因此，通过比例调速阀可按给定运动要求实现速度控制。单向比例调速阀的调速回路如图 2-108 所示。

　　单向比例调速阀调速原理：如图 2-108 中所示，比例调速阀 3、4 分别检测电气控制装置发出的控制信号，然后调节阀的开度，来控制双活塞杆液压缸 1 的活塞左右运动的速度。

　　② 压力控制回路：主要有调压回路、卸荷回路、顺序控制回路、平衡与锁紧回路。

　　a. 调压回路。机器人工作时液压系统提供给液压缸的压力与该液压缸所分担的载荷在力学上是平衡关系。而机器人末端操作器受到来自作业对象物的载荷（力和力矩）是变化的（即便载荷不变），经机器人机构转换到驱动各关节运动的液压缸上也是变动的。因此，相应于载荷的变化，液压回路提供给液压缸的压力也应该是相应于载荷变化而变化的。因此，液压系统中需要有根据负载变化调节压力变化的调压回路。对于采用定量泵的液压系统，为控制液压系统的最大工作压力，一般通过在油泵出口附近设置溢流阀的办法来调节系统压力，并将多余的液压油溢流回到油箱。此外，采用溢流阀还能起到过载保护的安全阀作用。

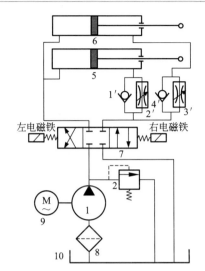 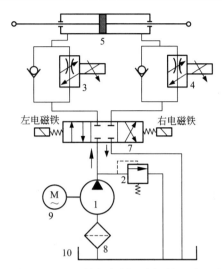

图 2-107　并联调速同步控制液压系统回路　　图 2-108　采用单向比例调速阀的调速回路

单个溢流阀调压回路：如图 2-109 所示，在油泵排油出口附近与油箱之间设置一个溢流阀，通过这个旁路溢流阀来将油泵排出流量分流并通过调节阀口开度来调节流量大小，从而实现调压功能。

采用多个溢流阀的多级调压回路：为使机器人液压系统局部压力降低和稳定，可以采用多个溢流阀分级调节以获得不同的压力。相当于在被调节压力的节点和油箱之间将多个溢流阀并联在一起，通过分支回路调节流量来调节通往液压执行元部件主回路的压力。图 2-110 所示为采用两个溢流阀的二级调压回路。在泵 1 的排油出口附近设置了两个溢流阀 2、3，由一个二位二通阀 4 来调控压力。这个二位二通阀可以有两个安装位置，一个是设置在溢流阀 3 与油箱之间，这种情况下，溢流阀 3 的出口被二位二通阀 4 开闭，泵 1 的最大工作压力取决于溢流阀 2 的调节压力；当二位二通阀 4 阀芯移位至导通状态时，溢流阀 3 的出油口与油箱接通，此时泵 1 的最大工作压力就取决于溢流阀 3 的调节压力了。但溢流阀 3 的调节压力应小于溢流阀 2 的调节压力，否则溢流阀 3 将起不到压力调节作用。二位二通阀 4 的另一个安装位置是在溢流阀 2、3 之间，工作原理与前者没有区别，只是安放位置不同而已，如图 2-110 中的虚线部分所示即是这个安装位置。

b. 卸荷回路。当工业机器人保持在某一构形不动时，液压缸停止动作并保持在一定的位置，而带动油泵的电动机不停止工作、继续运转的状态下，为减少油泵的功率损耗和系统发热，让油泵在低负荷下工作，需要采用卸荷回路，如图 2-111 所示。

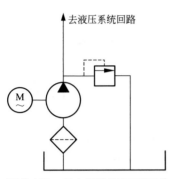

图 2-109　单个溢流阀调压回路

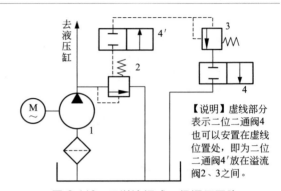

【说明】虚线部分表示二位二通阀4也可以安置在虚线位置处，即为二位二通阀4′放在溢流阀2、3之间。

图 2-110　双溢流阀式二级调压回路
1—泵；2,3—溢流阀；4,4′—二位二通阀

　　卸荷回路的卸荷原理：卸荷回路中，如图 2-111(a) 所示采用 H 型三位四通阀卸荷，当该换向阀处于中位时，油泵通过电磁阀直接连通油箱，实现卸荷；如图 2-111(b) 所示则是在油泵 1 的出口并联一个二位二通阀 2 的卸荷回路。若二位二通阀 2 的电磁铁为通电状态（图示中），则切断了油泵出口通向油箱的通道，液压系统为正常工作状态；若液压缸等执行元部件停止工作，则二位二通阀 2 的电磁铁断电，阀芯左移，油泵出口与油箱之间的通路被二位二通阀 2 开通，油泵泵送出的液压油直接经二位二通阀 2 回流油箱。这种卸荷回路的卸荷效果良好，一般常用于排量小于 63L/min 的泵。

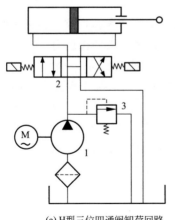

(a) H型三位四通阀卸荷回路

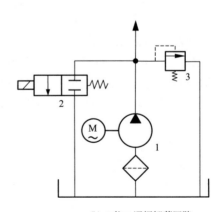

(b) 二位二通阀卸荷回路

图 2-111　液压系统的卸荷回路

　　c.顺序控制回路。不仅在电动驱动的机器人中可以采用顺序控制（sequence control），液压驱动的机器人也可以采用液压系统的顺序控制回路，来保证机器人上液压驱动器（液压缸）动作的先后顺序，实现液压驱动的顺序控制。如图2-112所示，为采用两个顺序阀的顺序控制回路。

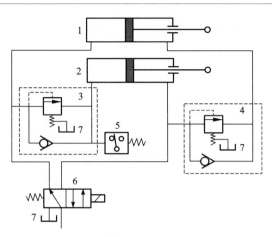

图2-112　液压系统的顺序控制回路

　　对双液压缸进行顺序控制的原理：当压力油经换向阀6进入液压缸1时则实现液压缸1活塞杆外伸动作，该动作结束后，系统压力继续升高，顺序阀3被压力油打开，压力油流经顺序阀3通道进入液压缸2推动其活塞杆外伸；液压缸2外伸动作结束后，系统油压压力继续升高，压力继电器5在压力升高到预调值时动作并发出一个电脉冲信号，机器人将进入下一个动作顺序控制循环。多液压缸的顺序控制回路和原理与双液压缸顺序控制以此类推。

　　d.平衡与锁紧回路。平衡的必要性：工业机器人操作臂一般为大臂、小臂相对于固定的基座呈外伸的悬臂结构形式，外伸越长，速度变化越大，则需要由液压缸、电动机等驱动部件输出的与重力、重力矩、由机器人本身质量引起的惯性力、惯性力矩等相平衡的驱动力或驱动力矩部分所占总驱动能力的比例就越大，由于电动机、液压缸等输出的最大的驱动力是有限的（即有界的），克服重力矩或惯性力矩越大，末端所带外载能力就越小。因此，在驱动系统设计上，应尽可能减小由重力不平衡、质量引起的惯性力或力矩等驱动能力的消耗，从而相对扩大所带外载荷能力。为此，处于悬臂梁结构状态的外伸臂需要在驱动设计、结构设计和质量或内力的分配等方面考虑本机械本体各部分的静平衡或动平衡设计问题。

　　锁紧的必要性：电动机驱动的机器人当供电系统掉电时，如果电动机＋机械传动系统的摩擦阻力或阻力矩大于机器人相应部分的重力或重力矩、惯性力或力矩，则该部分关节不会反转，但是如果有外部扰动力或力矩作用后，有可能超出机械传动系统的摩擦阻力或阻力矩，此时仍然会反转。有可能导致机器人机械本体"坍塌"，还有一种情况就是机器人关节看似未被动驱动反转，但实际上有可能是非常缓慢的被动反转。为此，工业机器人操作臂产品一般在电动机出轴上都会设有制动器（如电磁制动器）用来防止突然掉电关节被动驱动反转现象，另外，还有保持位置功能。如果各关节机械传动系统设计上选择具有自锁功能的机械传动形式如蜗轮蜗杆传动（减速器）则可以不用制动器，但这种传动精度相对较差。对于液压驱动的工业机器人操作臂而言，同样，在失压状态下，为了避免机器人因自重导致臂绕关节被动驱动下的滑落，为了防止因外力作用而发生位置变化，以及为保证机器人动作后准确地停止在指定的位置，需要锁紧机构。

采用顺序阀的平衡与锁紧回路：如图 2-113(a) 所示，为采用顺序阀作为平衡阀实现任意位置锁紧的回路。当液压缸 1 的活塞杆带动负载力 F（重物或外力）在某一上升位置停止时，换向阀 2 的电磁铁线圈断电，由于顺序阀 3 的调整压力大于外载荷力 F，液压缸 1 的下腔油液被封死，因而活塞杆不会因外载荷 F 作用而下滑，呈被锁紧状态。

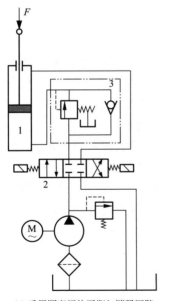

(a) 采用顺序阀的平衡与锁紧回路

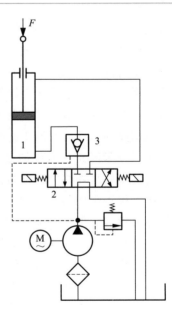

(b) 采用单向阀的平衡与锁紧回路

图 2-113　液压系统的平衡与锁紧控制回路

1—液压缸；2—换向阀；3—顺序阀

采用单向阀的平衡与锁紧回路：如图 2-113(b) 所示，为采用单向阀实现的任意位置平衡与锁紧回路。当液压缸 1 的活塞杆带动重物或外部载荷 F 停止在某一上升位置时，在运动部件自身重力或外部载荷 F 作用下，液压缸 1 的下腔的液压油产生背压可以平衡重力或外部载荷 F。工作时，利用液压缸的上腔的压力油打开液控单向阀 3，使下腔的液压油流回油箱。

③ 方向控制回路：驱动机器人各关节运动的液压缸活塞杆的伸缩运动、为整个液压系统提供压力油的液压马达运动（直线移动或回转）都需要进行方向控制，一般采用各种电磁换向阀、电/液动换向阀。电磁换向阀按电源不同又可分为直流换向阀和交流换向阀两类。由电控系统根据所需控制的压力油的流向相应发出电信号，控制电磁铁操纵阀芯移动并实现换向，从而改变压力油的流入、流出方向，实现执行元部件的正向、反向运动。

(4) 工业机器人操作臂液压驱动系统方案设计

前面讲述了机器人采用液压驱动方式的调速、方向控制、卸荷控制、平衡与锁紧等液压驱动与液压阀控制基本回路与原理，利用这些基本回路和原理不难设计通常工业机器人操作臂的液压驱动与控制系统。假设液压驱动的 n 自由度机器人操作臂是由回转关节、移动关节连接各个杆件所组成的，液压驱动下的回转关节既可以由伸缩式的液压缸活塞杆推动连杆机构或齿轮齿条传动等机构输出回转关节运动，也可以由摆动液压缸实现回转关节运动，而移动关节则可直接由伸缩式液压缸驱动。下面针对含有回转关节和移动关节的机器人操作臂采用液压驱动与控制系统的设计方案，如图 2-114 所示为带有三个移动副和一个回转副的机器人操作臂的液压驱动系统。

可用 PC、PLC、工控机等作为主控器控制各换向阀电磁铁按序通断电动作来控制液压缸的动作，从而实现机器人操作臂的运动控制。

2.5.3 气动伺服驱动系统基本原理与选型设计

(1) 气动驱动特点、系统组成与工作原理

① 气压驱动器的特点　气压传动（或称气压驱动）作为靠流体介质传动方式的一种，是借助于气体在封闭腔室内的压力来推进执行机构动作的传动方式，简称气动。一般以空气为介质，空气的可压缩性决定了气动的优点，同时也暴露了其缺点。

气动的优点为：能量储蓄简单易行，可短时间内获得高速动作；可以进行细微和柔性的力控制；夹紧时无能量消耗且不发热；柔软且安全性高；体积小、质量轻、输出/质量比高；维护简便，成本低。

气动的缺点是：空气的可压缩性带来了操作的柔软性和安全性，但也降低了

驱动系统的刚度和定位精度，不易实现高精度、快速响应性的位置与速度控制，且控制性能易受摩擦和载荷的影响。因此，使用气动驱动时应充分利用其优点而避开其缺点或减少其弱点的影响。

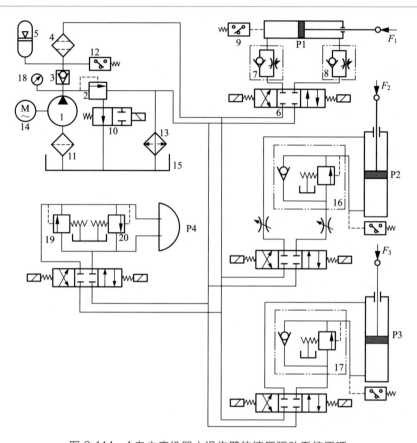

图 2-114　4 自由度机器人操作臂的液压驱动系统原理

1—液压泵；2—溢流阀；3—单向阀；4—精过滤器；5—蓄能器；6—换向阀；7,8—单向节流阀；
9,12—压力继电器；10—换向阀；11—粗过滤器；13—冷却器；14—电动机；
15—油箱；16,17—平衡阀；18—压力表；19,20—溢流阀；
P1~P3—伸缩式液压缸；P4—摆动式液压缸（摆动缸）

　　② 气压驱动器的分类　气压驱动器是指靠调节压缩空气的给气、排气来实现驱动的驱动器，按机构原理大致可分为两大类：一类是像气缸那样靠缸体内压缩空气推动活塞、活塞杆来实现驱动的驱动器，这种驱动器本体一端和活塞杆外露端分别连接在需要相对运动的两个构件上；一类是靠密闭腔室内调节压缩空气进气、排气来使驱动器本体伸缩、弯曲、扭拧变形来实现运动和驱动的驱动器，

这种驱动器本体的两端分别连接在需要相对运动的两个构件上。按构成气体容腔的壳体的软硬可以分为通常的气缸和软体驱动器；按着气压驱动器运动输出的形式可以分为直线移动的气缸和转动型驱动器。常用的气压驱动器可分为气缸、气动马达、摆动缸和橡胶气压驱动器。其中，在通常的工业机器人中经常使用的是气动马达、气缸或摆动缸等气压驱动器；而在仿生、仿人机器人及其功能部件中常使用软体气压驱动器，最为普遍的便是橡胶气压驱动器，气动人工肌肉便是其中最具代表性的产品之一。

③ 气动系统的组成与气压驱动控制　气压系统为主要由动力源、驱动部、检测部、控制部四大部分组成的电子-气压系统。动力源包括气泵（空气压缩机或压力气瓶）和空气净化装置、电源；驱动部包括分别控制压力、流量、流向的压力控制阀、流量控制阀、方向控制阀以及气压驱动器；检测部包括各种开关、限位阀、光电管、传感器；控制部包括控制（运算）电路、操控器、显示设备等等，详细组成与各部分相互之间的关系如图 2-115 所示。

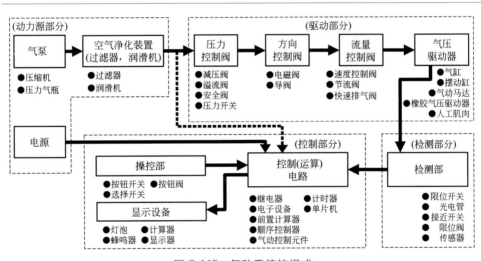

图 2-115　气动系统的组成

与靠流体传动的液压驱动系统类似，气动系统的控制元件也包括方向控制阀、流量控制阀、压力控制阀。常用的方向控制阀（也即换向阀）有二位三通阀、二位四通阀、三位四通阀、二位五通阀和三位五通阀，通流面积一般为 $2.5\sim14\text{mm}^2$，开/关响应时间为 $10\sim16\text{ms}/22\sim70\text{ms}$。在要求防止掉电引起气缸骤然动作的场合，可采用配备两块电磁铁的双电控电磁阀（即双电磁铁直动式电磁阀），这种电磁阀在电信号被切断后，仍能保持在切换位置；常用的流量控制阀为单向阀与节流阀并联组合而成的单向节流阀。单向节流阀是通过调整对执行元部件的供气量或排气量来控制运动速度的；压力控制阀多采用带有溢流阀的调压阀。

（2）气动驱动系统的回路

气动系统是根据不同的基本气动目的，选择不同的基本回路进行组合而成的气动回路。下面介绍气动机器人常用的基本回路。

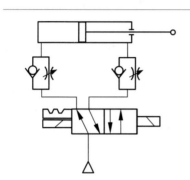

图 2-116　双作用气缸的基本回路

① 常用于搬运、冲压作业机器人的双作用气缸往复动作基本回路　通常的伸缩式气缸主要是由需要密封的缸体、活塞和活塞杆组成的。活塞的两侧是密闭的气腔。为使气缸活塞伸缩移动，其气动基本回路的作用就是通过单向节流阀、二位四通阀等阀控制压力气体的流向、流量来控制气缸的伸缩动作和运动速度。如图 2-116 所示，为双作用气缸的基本回路。所谓的双作用就是外伸与缩回两个方向的动作都是由气动控制元件主动驱动与控制实现的，即外伸、缩回两个方向都可带载工作。当二位四通阀一端的电磁铁通电将阀切换时，即使线圈断电，阀仍然保持切换位置。当左端的电磁铁线圈通电时，压力气体经 $\boxed{\downarrow\uparrow}$ 的右侧通路（↑）进入气缸活塞右侧气腔，并向左推动活塞及活塞杆，气缸活塞左侧气腔内的气体经 $\boxed{\downarrow\uparrow}$ 的左侧通路（↓）回流；当右端的电磁铁线圈通电时，压力气体经 $\boxed{\nwarrow\searrow}$ 的左侧通路（↖）进入气缸活塞左侧气腔，并向右推动活塞及活塞杆，气缸活塞右侧气腔内的气体经 $\boxed{\nwarrow\searrow}$ 的右侧通路（↘）回流。这种基本回路常用于搬运、冲压等作业用途的气动机器人中。

② 中途位置停止回路　为什么需要中途位置停止回路？当靠电磁力动作的换向阀上的电磁铁线圈突然断电失电时，希望气动机器人的各个关节能够保持在中途停止的位置，并且具有足够的位置停止与保持精度，以便在电磁铁用电恢复时，能够从精确的中途停止位置继续工作，以保证气动机器人继续作业的位置精度。为此，需要在气动机器人的气动回路里设有中途位置停止回路。

使用三位五通阀的中途位置停止回路：用中位封闭式三位五通阀实现中途位置停止的回路如图 2-117(a) 所示。三位五通阀两端的电磁铁线圈交替通、断电可以实现气缸的左右往复移动。但是，当左侧、右侧的两个电磁铁线圈都断电时，电磁阀靠弹簧回复力作用使阀芯返回到中位，所有的阀口都被封闭，气缸靠左右侧的推力差移动并在推力差为零（或推力差与摩擦力平衡）时活塞停止；对于活塞杆上无外部负载的情况下，由于气缸活塞杆一侧活塞受力面积较无活塞杆一侧小，所以，活塞一般会向活塞杆一侧移动。如果气缸、气路无气体泄漏，停止后活塞将保持此停止位置；但如果气体有一定泄漏，气缸活塞将会缓慢移动。由于气体的可压缩性的影响，对这种中途位置停止回路不能期望有较高的停止位置精度。

使用中位排气式三位五通阀的中途位置停止回路：如图 2-117(b) 所示，该回路与图 2-116 所示的回路基本相同，代替中位封闭式三位五通阀，采用的是中位排气式三位五通阀。当三位五通阀左右两端的电磁铁线圈都断电时，电磁阀靠弹簧回复力使得阀芯返回中位，并将气缸活塞左右两侧腔室分别与 R_1、R_2 口连通，即向气缸左右两侧排气，从左右两侧向活塞加压。靠调节阀设定压力可以得到包括外部负载在内的推力平衡，从而可以中途停止。如果电磁铁线圈通电，可以将气缸内的空气通过单向阀调整流量，并从 P 口排气。这种回路可以使气缸活塞两侧的推力平衡，中途停止位置比较稳定。由于中途停止过程中活塞两侧均匀加压，因此，在线圈恢复通电瞬间不会发生飞缸现象。

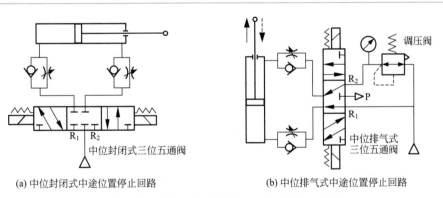

(a) 中位封闭式中途位置停止回路　　　　(b) 中位排气式中途位置停止回路

图 2-117　采用三位五通阀的中途位置停止回路

③ 快速排气回路　若使气缸活塞杆外伸动作，则靠电磁阀动作使压力气体进入非活塞杆侧气腔并推动活塞杆外伸，并通过单向节流阀调节外伸速度，进行速度控制。若使气缸活塞杆后退缩回，则不通过电磁阀，即将原来的单向节流阀替换成快速排气阀，气缸活塞后退时非活塞杆侧腔室内的气体通过快速排气阀直接迅速地排出到外部空气当中。如此，提高了气缸活塞杆快速抽回的速度。这种快速排气回路常用于要求气缸高速运动或者希望缩短气缸往复移动循环时间的情况下。

快速排气阀的原理：如图 2-118 左图所示，它有 P、A、T 三个阀口，P 口接气源，A 口接执行元部件，T 口通大气；当 P 口有压缩空气（或压力气体）

输入时，推动阀芯右移，则 P、A 两口接通，给执行元部件供压力气体；当 P 口无压缩空气（或压力气体）输入时，执行元部件中的气体通过 A 口使阀芯左移，堵住 P、A 口通道，同时打开 A、T 通道，将执行元部件（如气缸）中的气体快速排出到外部空气当中。快速排气阀常用在换向阀与气缸之间，使气缸排气不通过换向阀而直接快速排气到外部空气当中，加快了气缸往复运动速度，缩短了气缸工作周期。

④ 两级变速控制回路　根据实际工作需要，有时需要气缸快速运动，有时需要气缸慢速运动。因此，需要在快速运动与慢速运动之间进行有效的速度切换，也就需要设计、配置速度可变的气动切换回路。如图 2-119 所示，为两级速度切换控制回路，由于第 2 级速度控制阀开口可以调得比第 1 级速度控制阀大，因此，可以得到慢速进给。若电磁阀 2 的电磁铁线圈处于断电状态，则图 2-119所示的两级变速回路工作在由第 1 级速度控制阀的单级变速回路状态，也即等同于单级变速回路，气缸活塞杆前进时由第 1 级速度控制阀控制速度；当第 2 级速度控制阀（单向节流阀，起速度控制作用）的电磁铁线圈通电，则第 2 级速度控制回路被开启，由此单向节流阀 2 控制速度，转为快速进给。与此相反，如果先将电磁阀 2 通电，而在活塞运动过程中再使其断电，则此时气缸由快速进给转变为慢速进给。

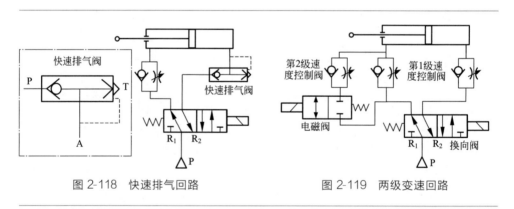

图 2-118　快速排气回路　　　　　　图 2-119　两级变速回路

⑤ 精确定位控制回路　同电动驱动机器人相比，尽管气动机器人末端执行机构的定位精度较低，但仍然可以通过气动精确定位控制回路的设计来提高定位精度。提高气动定位精度的常用办法有：采用带制动器气缸的精确定位回路和同时采用带制动器气缸与两级变速回路的精确定位回路等等。

采用带制动器气缸的精确定位回路：如图 2-120 所示即为采用带制动器的精确定位回路的原理图。

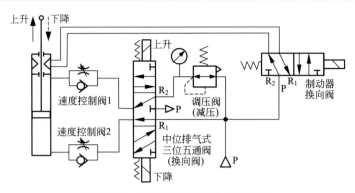

图 2-120　带制动器的精确定位回路

　　驱动带制动器气缸伸缩运动的电磁阀（换向阀 1）为中位排气式三位五通阀，调节减压阀使气缸平衡，借助电磁换向阀实现中途停止。制动时通过制动器电磁换向阀断电使气缸的制动机构动作，使气缸活塞杆的位置被制动器固定。

　　采用带制动器气缸和两级变速回路的精确定位控制回路：如图 2-121 所示，为进一步提高带制动器气缸的精确定位回路控制下活塞停止位置精度，可以同时采用图 2-120 所示的气缸带制动器的精确定位回路、两级变速回路，以降低气缸停止前的速度。这种联合使用的精确定位回路在气动机器人系统中经常采用。

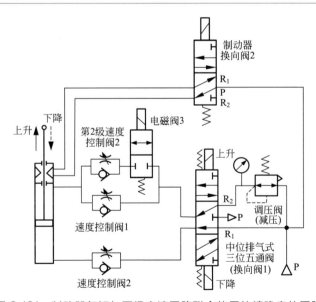

图 2-121　制动器气缸与两级变速回路联合使用的精确定位回路

⑥ 气/液变换器与低速控制气/液回路 气动的最大缺点是气体介质的可压缩性，气缸本身就好似气体弹簧一样，因此，其定位精度与速度不便于精确控制，尤其是低速运动较难实现精确和光滑的变速运动控制，而靠液体介质传力的液压缸可以弥补这一点。采用液压回路和气动回路相结合是一种实现气/液低速控制的简便易行的方法。其基本的原理是采用气缸和液压缸组合而成的气/液变换器来实现低速控制。但需要液压泵、气泵两套压力源系统。

所谓的气/液变换器（或称气/液变换缸）：就是没有活塞杆的活塞缸，活塞缸活塞的一侧是气缸，另一侧是液压缸，当然，两侧分别有压力气体入口和压力油出口，其作用是把气动转换为液动。气/液变换器的结构原理很简单，如图 2-122(a) 所示。当气/液变换器的气腔被气源提供压力气体后，会推动活塞向油腔一侧移动，油腔一侧受到来自气腔一侧的压力后将气压转换为液压并排出压力油，即将气压转换为液压。要想得到良好的压力变换效果，前提条件是油腔必须处于充满油液的状态，而且与排油口连接的油管、液压缸油腔也必须是充满油液且无泄漏的状态。

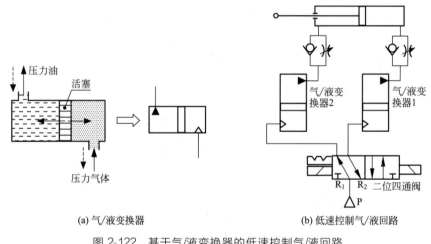

(a) 气/液变换器 (b) 低速控制气/液回路

图 2-122　基于气/液变换器的低速控制气/液回路

基于气/液变换器的低速控制气/液回路：有了气/液变换器，就容易设计以气源为动力的低速控制气/液回路了。如图 2-122(b) 所示，该回路的前半部分是通过电磁阀（二位四通换向阀）将压力气体介质分别为两个气/液变换器之一提供压力气体，另一个则是开通气体回流通路；后半部分则是由两个单向节流阀分别控制两个气/液变换器供给液压缸压力油和回油的流量，即可精确地实现液压缸的速度控制。该回路综合利用了气动回路结构简单和液压系统回路控制相对性能良好的优点。

（3）气动工业机器人的气动系统实例

仍然以前述的 3 自由度操作臂与 1 自由度手爪的机器人系统的液压驱动系统（图 2-113）为例，现在改由气动驱动来实现，图 2-123 给出的是由气缸驱动的气动驱动系统方案之一的原理图。该气动驱动系统总体回路主要由气源、气动三联件、两个三位四通电磁换向阀、两个二位五通阀以及八个单向节流阀、一个压力继电器、三个伸缩式气缸和一个摆动气缸、气路管线组成。由于各气缸所受负载力方向、大小皆不同，且需要防止气缸在工作过程中突然断电失压或者冲击载荷作用于被操作对象，各气缸进气口和排气口均设有单向节流阀。作垂直升降运动的气缸、手爪夹紧驱动的气缸均采用了三位四通电磁换向阀，目的是可以在突然断电情况下使阀芯返回中位保压，以防止活塞杆在重力负载作用下造成操作臂或被操作对象物滑落受损。手爪夹紧缸还设置了压力继电器，可以通过预先调节设置好压力阈值，当夹紧缸输出的夹紧力超过压力继电器设定的阈值时，压力继电器动作，电磁换向阀断电失电，换向阀回中位，保持预设压力，而不至于过压夹紧。

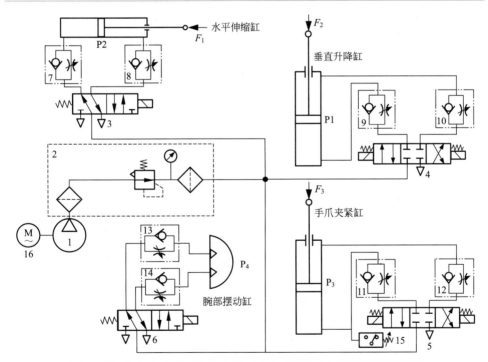

图 2-123　3 自由度机器人操作臂+1 自由度手爪的气动驱动系统原理

1—气泵（或空气压缩机）；2—气动三联件；3,6—二位五通阀；4,5—三位四通阀；7~14—单向节流阀；15—压力继电器；16—电动机；P1 ~ P3—伸缩式气缸；P4—摆动式气缸（摆动缸）

（4）精确驱动与定位用新型气缸及其应用实例

气动驱动系统最大的缺点就是气体具有很大的可压缩性，使得难于实现像电动驱动系统那样的高精度位置控制。前述的传统的气动系统只能靠机械定位装置的调定位置来实现可靠的定位，并且其运动速度也只能靠单向节流阀单一调定，往往无法满足自动化设备中的自动控制要求，从而限制了气动机器人的使用范围。为解决这一问题，研究者们研发了带有精确、精密测量机构和位置反馈的气缸。

① 缸内内置 LED 及光电管的新型气缸（气动驱动器） 1994 年东京理科大学的原文雄教授研制出表情机器人 AHI，为驱动其面部能够产生喜、怒、哀、厌、恐、惊六种表情，原文雄等人设计研发出了气动驱动机构、带有光电管位移传感器的新型气动驱动器 ACDIS（actuator for the face robot including displacement sensor）以及驱动 ACDIS 的控制系统[12]，分别如图 2-124(a)～(c) 所示。这里简要介绍一下 ACDIS 驱动器。如图 2-124(b) 所示，ACDIS 是一种气缸内缸底设有发光二极管、活塞无活塞杆的一侧设有 LED、缸内套为塑料材料、中空的活塞杆内引入电源线给 LED 的新型气缸结构，它的测量原理是：通过 LED 灯发光照射到缸底上的光电二极管，该光电二极管受光后产生电信号，根据电信号及其强弱来测量活塞的位移。该新型气动驱动器用于表情机器人 AHI 的面部器官及皮肤驱动的驱动 & 控制系统如图 2-124(c) 所示，其中气动驱动与控制部分采用了两个二位二通阀、两个二位三通阀来驱动一个 ACDIS 驱动器。

② 缸外带有位移传感器的无杆气缸及其气动伺服定位系统

a.无杆气缸（rodless cylinder）：是由德国 Origa 气动设备有限公司提出无杆气缸概念并最早研发出来的。无杆气缸是指利用没有活塞杆的活塞直接或间接地与缸外的执行机构连接来实现往复运动的气缸。通常分为磁力耦合式无杆气缸和机械式无杆气缸两大类。无活塞杆的无杆气缸与传统的有活塞杆的有杆气缸从气动原理上看没有本质区别。但从行程方向上气缸整体所占空间来看，无杆气缸为设备节省了有杆气缸上一根活塞杆的长度空间。

b.磁力耦合式无杆气缸（也称磁性气缸）及其工作原理。作为气缸工作的原理自不必说。磁力耦合是指缸内的无杆空心活塞内永久磁铁通过磁力吸引带动缸外另一个磁体做同步移动。具体的工作原理是：在活塞内安设一组高强磁性永久磁环，磁力线通过薄壁缸筒与缸外的另一组磁性相反的磁环相互作用，产生很强的吸引力。当无杆活塞被压力气体推动下产生移动，则在缸外的磁环件在强磁吸引力的作用下，与缸内的活塞一起移动。但这是有条件的，即内部、外部磁环产生的吸引力与无杆气缸上的外载荷平衡时，活塞与被耦合的外部执行元部件同步运动；若缸内气压过高或外部负载过重，会导致活塞推力过大或不足，则内、外磁环的耦合会脱开（术语为"脱靶"），导致无杆气缸工作不正常。正常工作情况下，磁力耦合无杆气缸在活塞速度为 250mm/s 时的定位精度可达±1.0mm。

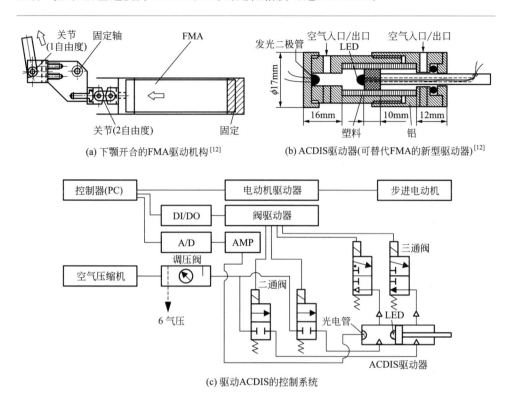

(a) 下颚开合的FMA驱动机构[12]

(b) ACDIS驱动器(可替代FMA的新型驱动器)[12]

(c) 驱动ACDIS的控制系统

图 2-124　AHI 的面部器官的 FMA 驱动及其运动机构以及带有传感器的 ACDIS 新型驱动器

c. 机械式无杆气缸及其工作原理。机械式无杆气缸又可分为机械接触式无杆气缸和缆索气缸。机械接触式无杆气缸是指在气缸缸体上沿着轴向开有一条形窄槽，缸内的活塞与缸外的滑块用穿过窄槽的机械连接件连接在一起，从而在气体推动活塞时，推动与活塞连接的滑块一起移动。显然，刚体上的轴向条形窄槽以及穿过窄槽并且连接活塞与滑块的连接件都必须用密封件或密封结构密封，否则，压力气体会从缸内向缸外泄漏，缸外的灰尘也会进入缸内。但实际上这样相对而言较大面积和距离的良好密封实现起来是很困难的，因此，这种无杆气缸密封性能差。缆索气缸的原理是：缆索一端与活塞相连，另一端穿过端盖绕过滑轮与安装架相连组成环形机构。压力气体推动活塞移动，活塞牵动缆索，缆索绕过滑轮运动，缆索连接的安装架移动并将动力输出。

d. 无杆气缸同传统的有杆气缸相比在气动伺服定位系统应用方面的优点：可以方便地在缸外设置位移传感器，并与气动伺服阀、位置控制器一起构成气动伺服定位系统。与前述的缸内设置位移传感器的有杆气缸 ACDIS 相比，相同行程下所占空间相对小，传感器外置便于维护。

e.无杆气缸气动伺服精确定位系统组成：由无杆气缸、静磁栅位移传感器、气动伺服阀以及位置控制器四部分组成，如图 2-125 所示。其中，静磁栅位移传感器由静磁栅源和静磁栅尺两部分组成。静磁栅源固定在被无杆活塞用磁力耦合或机械式连接的滑块上，与滑块一起沿着轴向相对于静磁栅尺移动，由静磁栅尺获得位移信号，该位移信号经转化后生成每个脉冲对应最小 0.1mm（即 0.1mm/脉冲）的位移量数字信号，然后被直接反馈给位置控制器，由位置控制器根据期望的位移量与实际测得的位移反馈量比较生成控制器的输出量，控制气动伺服阀实现无杆气缸的精确定位运动。这种采用无杆气缸和缸外装备静磁栅位移传感器的中等定位精度的气动伺服定位系统已被应用于气动机械手。

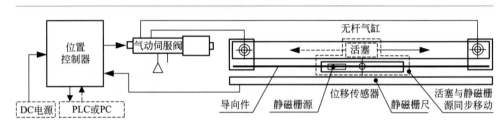

图 2-125　基于静磁栅位移传感器测量原理的无杆气缸气动伺服定位系统原理图

2.6　控制系统设计基础

2.6.1　控制系统基本原理与组成

2.6.1.1　控制系统设计的基本概念和设计过程

自动化（automation）：指过程控制采用自动方式而非人工方式来完成作业目标，是利用程序控制指令对指定的被控对象进行操纵，并通过信息反馈确认指令是否被正确执行的一项工程技术。自动化通常应用于过去由人工操纵的场合，一旦实现了自动化，系统就可以不需要人工干预或协助，而且还能得到比人工操作运行得更准确、更快捷高效、质量更高的作业结果。

设计（design）：为达到特定的目的，构思或者创建系统的结构、组成和技术细节的过程。

设计差异（design gap）：由于复杂物理系统与设计模型之间的不一致而带来的最终产品和最初设想的差异。

设计的复杂性（complexity of design）：主要源于设计的多样性。在设计过程中，有诸多的设计方法、设计工具、设计思路及相关的知识可供选用，难以取舍。同时，设计过程中，需要考虑的对设计目标、被控对象、控制目标以及控制过程等影响的因素也可能很多，需要分清主次，合理确定设计变量、设计目标以及被控对象、系统的数学模型。

工程设计（engineering design）：是工程师的中心工作，是完成设计技术系统的一个复杂的过程，创新和分析在其中占据着重要的地位。

控制系统（control system）：为了达到预期的目标（响应）而设计出来的系统，它由相互关联的部件（或模块）按着一定的结构组合而成，它能提供预期的系统响应。一个控制系统实体构成通常由电子、机械或化工部件等组成。控制系统可以用如图 2-126 所示的方框和信息流向线、节点表示的过程框图来表示其组成。控制系统可以分为无反馈的开环控制系统［图 2-126(b)］、有反馈的闭环反馈控制系统［图 2-126(c)］。通常情况下，控制系统的输入量多为多变量输入或多变量输出的多变量控制系统，如图 2-126(d) 所示。需要注意的是：方框左右的箭头表示方框的输入、输出是相对方框而言的，一个方框的输出则是与其相邻接的下一个方框的输入，一个方框的输入则是与其相邻接的上一个方框的输出；"比较"方框的表达因正、负反馈的不同而有差异。

框图（block diagram）：是指由单方向功能方框组成的一种结构图，这些方框代表了系统元件的传递函数。传递函数的概念见后续内容中的定义。

传递函数（transfer function）：系统输出变量的拉普拉斯（Laplace）变换与系统输入变量的拉普拉斯变换之比。

执行机构（actuator）：是向被控对象（严格地说应为狭义被控对象）提供运动和动力，使被控对象产生输出的装置。如常被用作执行机构的电动机、液压缸、气缸等等部件装置。

多变量控制系统（multivariable control system）：指有多个输入变量或多个输出变量的系统。

开环控制系统（open-loop control system）：在没有反馈的情况下，利用执行机构直接控制被控对象的控制系统。在开环控制系统中，输出对被控对象的输入信号无影响。

反馈信号（feedback signal）：由于复杂物理系统与设计模型之间不一致而带来的最终产品和最初设想的差异。

闭环反馈控制系统（closed-loop feedback control system）：指对输出进行测量，并将此测量值反馈到输入端与预期输出（即参考或指令输入）进行比较的系统。

负反馈（negative feedback）：指从参考输入信号中减去反馈输出信号，并以其差值作为控制器的输入信号的一种系统结构形式。

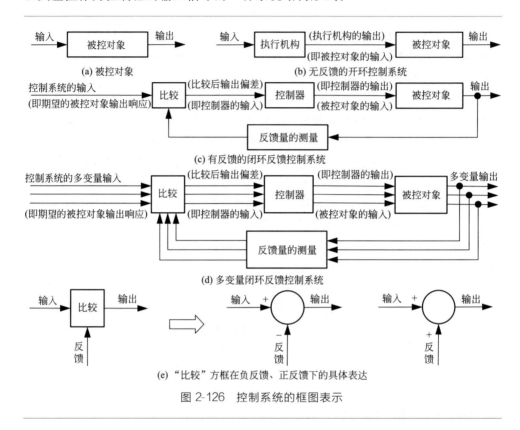

图 2-126　控制系统的框图表示

正反馈 (positive feedback)：指将输出信号反馈回来，叠加在参考输入信号上的一种系统结构形式。

过程 (被控对象) (process)：指被控制的部件、对象或者系统。

控制系统设计 (control system design)：是工程设计的一个特例，是逐步确定预期系统的结构配置、设计规范和关键参数，以满足实际需求的设计过程。

控制系统设计过程 (design process of control system)：第一步是确立控制目标 (如被控对象为电动机时，确立的精确控制电动机运行速度控制目标)；第二步是确定要控制的系统变量 (如被控对象为电动机时，电动机速度、转矩或者转动角度位置等等为变量)；第三步是拟订设计规范，以明确系统变量应该达到的精度指标，如电动机运行速度控制的精度指标。控制系统设计过程如图 2-127 所示。控制系统设计问题的基本流程就是：确定设计目标，建立包括传感器、执行机构在内的控制系统模型，设计合适的控制器或给出是否存在满足要求的控制系统的结论。

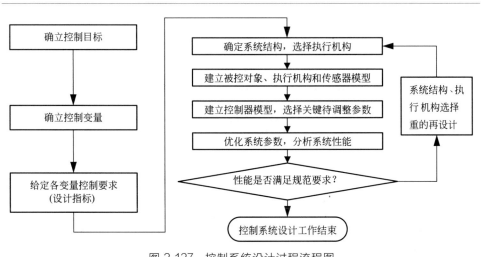

图 2-127　控制系统设计过程流程图

控制系统设计的性能规范：是对所设计的控制系统所能达到的性能提出的规范性要求和说明。其主要包括①抗干扰能力；②对命令的响应能力；③产生实用执行机构驱动信号的能力；④灵敏度；⑤鲁棒性。

2.6.1.2　现代控制系统及其实例

（1）手动控制

手动控制顾名思义，是指由人工手动来操纵控制机构实现控制目标的控制方式。如驾驶员驾驶汽车正常形式的控制方式，手动的汽车驾驶控制系统可用图 2-128 所示的框图来描述。需要注意的是：驾驶员与汽车构成系统，对该系统的控制目标是驾驶员驾驶汽车按预计的路线行走到达目的地。驾驶员驾驶汽车这一手动控制系统是由驾驶员、驾驶机构、汽车以及由驾驶员双眼、手以及肢体运动触觉等传感器系统组成的，这样的系统还只是一个相对简单的系统，如果从整个行驶过程整体来看，驾驶员、汽车、传感器以及汽车所处的环境构成一个更大的系统，而动态变化的环境则是整个系统的约束。驾驶员通过记忆的路线（或预先从地图获得路线，或手机地图在线导航等）与实际行驶路线、位置相比较，并通过视觉和触觉（身体运动）、手握方向盘等方式实现反馈。另外，驾驶员根据汽车速度的快慢以及前方行人或障碍物等通过脚调控油门大小、踩刹车的程度等等，也属于反馈控制。

（2）自动控制

自动控制是指由计算机作为控制器或者按着物理原理设计的控制机构作为调节器来代替人对被控对象实施自动操控的方式。例如，如图 2-129（a）、（b）所示的是通过计算机作为控制器来实现对倒立摆系统的稳定运动平衡控制。

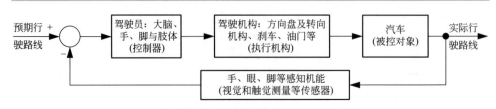

图 2-128　有人驾驶的汽车驾驶控制系统

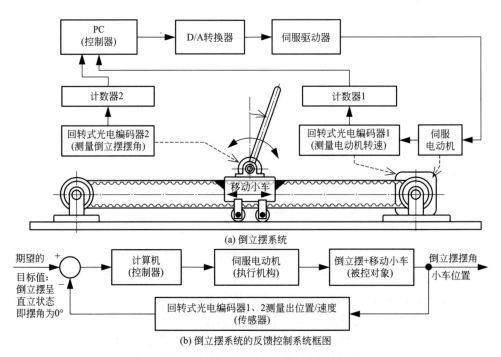

(a) 倒立摆系统

(b) 倒立摆系统的反馈控制系统框图

图 2-129　倒立摆系统及其反馈控制系统原理

　　图 2-129(a) 所示的倒立摆系统是仿照人手上放置一个倒立摆杆后如何使其保持直立不倒状态这一原型而设计的实验用机械系统，目的是用来研究使倒立摆保持不倒的稳定运动平衡控制。该系统由伺服电动机驱动同步齿形带传动，进而驱动与同步齿形带单侧固连着的轮式移动小车往复移动，移动小车上安装一个绕定轴自由转动的倒立摆。

　　单纯的倒立摆系统即机械系统是由伺服电动机、同步齿形带传动装置、轮式移动小车及其上固连的可绕定轴自由转动的倒立摆杆与其轴承支撑组成的。

　　需要注意的是：这里所说的倒立摆系统即是被控对象。诸如伺服电动机、液压缸、气缸等执行机构往往都设计安装在机械系统之上，与机械系统成为一体。尽管控制系统直接的控制对象是伺服电动机等执行机构，但是由于执行机构与机械系统构成一个有运动学、动/静力学关系的有机体才能建立完整的被控对象的数学、力学模型，因此，有时在控制系统框图中不把执行机构单独作为一个方框（模块），而是被隐含在被控对象中统一描述为"被控对象"方框。如图 2-126 (c)、(d) 图中即没有显式给出"执行机构"方框，但是不等于没有或者不需要执行机构，而是被隐含在"被控对象"方框之中了。为加以区分，需要定义狭义被控对象、广义被控对象。

狭义被控对象：将"执行机构"从"被控对象"中单独区分开来的"被控对象"称为"狭义被控对象"。

广义被控对象：将"执行机构"隐含于"被控对象"之内的"被控对象"称为"广义被控对象"。不仅如此，对于一些高度集成化的系统而言，"执行机构""传感器""动力源"等部件（模块）都存在于"广义被控对象"之中。通常默认"被控对象"即为"广义被控对象"。

倒立摆系统的控制系统设计原理：如图 2-129(b) 所示。为实现倒立摆保持直立状态而不倒的动态平衡控制目标，需要在倒立摆机械系统基础上设计控制系统，按着前述的控制系统设计过程内容：

① 确立倒立摆始终保持直立不倒状态即摆角为 0°为控制目标并确定摆角为控制目标变量。

② 选择系统结构、执行机构、传感器：选用反馈控制系统；由于小车往复移动的位置、速度、加速度与倒立摆的运动状态直接相关，因此，需要通过同步齿形带传动的传动比换算成伺服电动机的转角位置以及转速并进行测量，因此，选用光电编码器分别测量倒立摆摆角、伺服电动机位置/速度作为反馈量。至此，控制目标、控制变量、执行机构、传感器已经确立，进一步需要建立被控对象、执行机构、传感器的数学模型。

③ 建立执行机构、传感器的数学模型：伺服电动机作为执行机构、光电编码器作为传感器的数学模型在本科控制理论中的经典控制方法中按着电动机电枢绕组电气回路电压方程以及转子机械系统力矩方程即可建立其数学模型，进而得到伺服电动机的传递函数模型；光电编码器传感器测量伺服电动机位置/速度值可通过同步齿形带传动的传动比与小车移动位置、速度换算而得到传感器测量后换算的数学模型，另外，光电编码器按着其线数和计数器的倍频数可以换算成电动机转角以及直接（或位置差分）得到转速。

④ 建立被控对象的数学模型：按着倒立摆＋移动小车的运动学与力学模型，用拉格朗日法或牛顿-欧拉法建立倒立摆的微分运动方程式；列写倒立摆机械系统的传递函数，并赋予控制系统框图中被控对象以传递函数模型。

⑤ 倒立摆系统控制器设计：根据前述的微分运动方程设计控制器。由于倒立摆在直立状态下为非稳定的平衡点，因此，需要选择合适的控制方法设计控制器，如采用模糊 PID 控制器。有关倒立摆平衡控制器设计的文献有很多，此处不作展开论述。感兴趣的读者可查阅相关文献。

⑥ 借助 MATLAB/Simulink 控制工具箱对前述建立的模型进行控制系统仿真模型设计和仿真与分析。

⑦ 关于性能规范的说明：倒立摆平衡控制性能代表性的指标是即使摆偏离平衡位置也能恢复到平衡不倒状态的最大摆角。

（3）控制系统设计的技术实现实际问题

控制理论是为控制系统设计提供理论基础和方法的；而控制工程则更侧重于所设计控制系统的工程技术实现问题。前述的控制系统的设计是指按着控制原理、被控对象、传感器、执行机构的理论模型即数学模型进行的理论设计，即从控制理论角度解决控制工程实际系统设计的问题，也可以称之为控制系统的理论设计或者基于模型的控制系统设计，完成这一阶段的设计可以通过系统仿真或者利用诸如MATLAB/Simulink 工具软件来对所设计的控制系统进行仿真与分析。然而从控制工程与控制技术对控制系统设计的实际实现角度来看，需要进一步考虑：

① 伺服驱动控制器、传感器信号处理模块等的选型设计。图 2-129(a) 图上半部分框图实际上给出的是控制系统硬件组成图。显然，图 2-129(b) 在控制系统原理图中并没有反映出"D/A 转换器""伺服驱动器""计数器"等模块，因此，控制系统原理图即控制系统框图只是按着控制理论从宏观上和控制原理方面给出的理论性框图，并不是控制系统工程实际构成图。而"D/A 转换器""伺服驱动器""计数器"等硬件及其包含的软件则是作为"执行机构"的伺服电动机正常工作必不可少的驱动与控制技术成分和关键部件（模块）；"计数器"是用来对作为位置/速度传感器的光电编码器输出的信号进行转向判别、位置/速度计数和倍频细分的部件，可以认为在控制系统框图中被隐含在"传感器"方框之内。

② 对"被控对象"的认识和理解。基于理论模型设计控制系统的"被控对象"往往是根据自然科学或者社会科学中的某些原理建立起来的理论模型的数学方程来表达的，为了将被控对象复杂系统简化便于控制系统设计，一般会采用线性化的系统方程来描述被控对象和控制系统。显然，被控对象的数学模型与实际的被控对象会有或多或少的偏差。即便能够精确地用数学方程来描述被控对象，也需要获得被控对象的实际物理参数。因此，实用化的控制系统设计往往还需要"系统参数辨识"（或称"参数识别"）理论与技术的支持。

③ 计算机作为控制器。以 0 和 1 二值逻辑运算为基础的数字计算机作为控制系统控制器是一个广义的概念，这里的"计算机"不仅指的是 PC，也包括单片机、单板机等微型计算机以及大型控制系统、大规模复杂计算用的大型计算机

乃至超级计算机。用作控制器的计算机输出给"执行机构"(或"被控对象")的电信号为十数毫安、0~5V 以内的弱电数字信号,无法驱动"执行机构",因此,需要利用将数字信号放大的功率放大器即伺服驱动器来产生驱动伺服电动机等"执行机构"所需的强电电流或电压。计算机作为控制器主要是发挥其程序设计、数字计算能力强和计算速度快的优势,核心为 CPU 计算速度以及内存容量;控制器的设计是指按着"被控对象"的某种物理原理建立其数学模型,然后推导或设计控制律,按着控制律编写能够使计算机产生相应控制信号的计算程序。当然,此控制器是在以 CPU 为核心的"计算机"硬件为载体和运行环境下的控制程序,该程序一般涵盖着程序运行环境与条件的初始化、输入变量、输出变量的定义与赋予初值、I/O 口或通信口参数的设置、传感器的初始化、控制周期内的传感器数据采样和读入、按控制律的计算程序、控制器的输出,以及多个控制周期的循环等等内容。也即控制器是以 CPU 为核心的计算机硬件和控制程序软件有机结合的统一体。

④ 计算机控制下的计算复杂性与实时控制的问题。计算机数字控制不是连续的控制,而是将理论上原本连续的控制信号离散成按时间先后顺序排列的数字信号,每一个被离散出的数字控制指令信号从信号发出给控制器到执行机构执行完该指令信号为一个控制周期。控制指令发送、控制器运算及控制器信号输出、伺服驱动器功放信号形成及输出、执行机构动作、传感器采样及反馈等等所有的一次闭环反馈控制行为必须在该控制周期内完成,否则,控制系统将无法保证控制性能指标以至于无法运行。因此,计算机的计算程序设计质量、计算量大小、计算速度、计算机与传感器、伺服驱动器之间的通信方式、通信速度都在影响着控制系统的实际运行。控制系统实际设计时必须考虑这些因素,并且在所设计的控制系统装备到被控对象物理系统之前,必须做好计算速度、通信速度的测试以保证控制周期的正确执行。控制周期的长短是根据系统的复杂程度、控制系统设计实时性要求具体确定的,一般为几毫秒至几十毫秒。如机器人的运动控制周期越短,则机器人运动轨迹越光滑。若控制器的计算量大,计算速度相对不足,则需要在实时控制周期和计算成本之间谋求平衡,以牺牲实时性要求换取计算精确;或者以简化复杂性计算换取实时性的提高。

2.6.1.3 前馈控制、反馈控制与其他控制分类

(1)前馈控制(feedforward control)

前馈控制是指不利用控制系统输出结果的控制方式,即开环控制方式。如图 2-130 所示,当被控对象或者被控对象的工况有不确定性因素存在时,前馈控制一般得不到好的控制结果。但并不意味着前馈控制不能使用,如果被控对象及其工况比较稳定、受不确定因素影响较小,则利用现有的机械系统设计与仿真分

析软件（如 Adams、Dads 等设计与分析型软件）可以按着实际设计的零部件结构、尺寸与材质，建立被控对象较为准确的三维虚拟样机几何实体模型，然后从工具软件中提取其被控对象的系统线性方程或非线性方程，作为（或据其进一步设计）前馈控制器，然后装备于实际的前馈控制系统；也可以利用存在于设计与分析软件环境中被控对象的虚拟样机模型与 MATLAB/Simulink 工具软件设计前馈控制系统进行联合仿真，前馈控制仿真结果如能满足控制性能指标要求，则将前馈控制器移植到实际被控对象的实际控制系统中。

图 2-130　前馈控制

（2）反馈控制（feedback control）

反馈控制是在线地将控制系统输出结果返回给控制系统输入并与该输入进行比较后通过控制器对执行机构（或被控对象）动作进行调节以得到所期望的控制结果。前述的图 2-129 给出的倒立摆反馈控制系统即是自动控制的反馈控制系统。

自动控制的反馈控制构成要素：如图 2-131 所示，为反馈控制的构成要素图。其主要构成要素包括：

① 狭义被控对象：要控制的对象物。

② 执行机构：伺服电动机、发动机、液压缸、气缸等等为狭义被控对象系统提供运动和动力使之产生输出的部件装置。

③ 传感器：光电编码器、测速电动机、电位计、力/力矩传感器等等用来测量控制量的部件。

④ 控制器：又称补偿器、调节器，是根据控制输入即期望的目标值（或者返回到输入端的控制量的实际值）以及控制律生成对执行机构实施的操作量的部件。

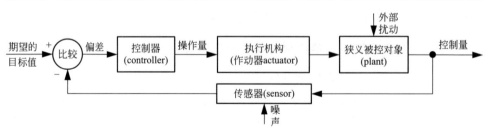

图 2-131　反馈控制的构成要素

　　自动控制的反馈控制系统：如图 2-132 所示。前述的反馈控制各构成要素之间通过信号联系在一起，从而构成反馈控制系统。联系各要素之间的信号主要包括：控制量、操作量、目标值、偏差、外部扰动、噪声等等被量化的信号。

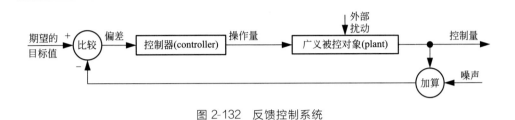

图 2-132　反馈控制系统

　　① 控制量：如电动机回转角度、转速（角速度）等想要控制的量。

　　② 操作量：即控制输入（注意：不是控制系统的输入），是由控制器输出给被控对象的量，即广义被控对象的控制输入量；狭义上，则是驱动执行机构运行的量，如：执行机构为伺服电动机的情况下，施加给电动机伺服驱动器的电压（电动机速度控制）或电流（电动机输出转矩控制）等。

　　③ 目标值（期望的目标值）：即控制系统的输入量，也即期望控制系统响应输出的控制量的目标值。

　　④ 偏差：为目标值与控制量的差，即偏差＝目标值－控制量。

　　⑤ 外部扰动（或干扰信号）：使被控对象状态发生变化的外部因素。这些对被控对象状态产生干扰而又不能由控制系统直接控制的外部因素一般无法直接检测出来，一般需要通过控制器的合理选择和设计以获得鲁棒性来平衡掉这些外部扰动对被控对象状态的影响。如：控制房间温度的情况下，从外部环境进入房间的空气等等即是房间控温系统的外部扰动。外部扰动一般不好预测，也不稳定，具有不确定性和随机性。干扰信号是指不希望出现的输入信号，它影响系统的输出。

　　⑥ 噪声（观测噪声）：用传感器检测状态量时随检测而加入进来的高频信号。

　　⑦ 广义被控对象：不只实际的被控对象物，还包括执行机构（作动器）、传感器等在内的系统。

　　(3) 顺序控制（sequence control）

　　顺序控制是指按着预先设定好的动作顺序进行动作控制的控制方法，多用于没有反馈要素的自动控制，常用于工厂、车间内工作的机器以及生产线，电饭锅等家电制品的自动控制。如：全自动洗衣机一般不是判断是否将污渍清洗掉，而是预先设定时间按照洗涤、脱水等作业顺序进行工作。

　　(4) 定值控制与目标追踪控制

　　按目标值是否随时间变化分可将控制分类为：

①定值控制：即为目标值一定的控制。要求即使存在各种各样的外部扰动也要使控制量保持一定值。如在化工行业中，要求液面保持一定位置的情况多采用定值控制。

②追踪控制：为目标值随着时间任意变化情况下的控制。如目标值为使电动机回转角随时间变化的情况下，控制电动机转角追从随时间变化的目标值（实际上为任意给定的随时间变化的转角曲线）的控制。

(5) 过程控制和伺服机构

按着控制量的种类以及控制量随时间变化的快慢程度不同，可将控制分类为：

①过程控制（process control）：控制量为温度、压力、流量、液面、湿度等工业过程的状态量的情况下，一般来讲其控制量的变化比较缓慢的控制，称为过程控制。

②伺服机构（servomechanism）：控制量为物体的位置、位移、速度以及回转角度、角速度等物理量，一般来讲，控制量随时间的变化比较快。这种使控制量追从目标值的控制，称为伺服机构。

2.6.2　控制系统的硬件系统

前述一节从控制原理、基本概念、基本方法、控制分类等方面给出了控制系统组成及其基本原理。从控制工程、控制技术实现上需要进一步通过计算机技术、伺服驱动与控制技术、传感技术来构筑控制系统并从技术方法与手段上实现控制系统的自动控制目标。因此，作为控制系统的硬件系统构成所涉及的核心元部件是必不可少的。这些关键技术硬件包括作为主控器或者是底层子控制器硬件使用的各类计算机核心硬件、I/O接口技术硬件、通信设备、工业控制用计算机硬件等等。

现代控制系统设计都是以冯·诺依曼于20世纪40年代设计的、以0和1二进制逻辑运算为计算原理的冯·诺依曼型数字计算机为控制系统构成和实现的核心技术，其中最为核心的是CPU。冯·诺依曼（Von Neumann）型计算机的基本特征是：

①计算的核心部件CPU（center processing unit，中央处理单元，中央处理器，微处理器）：CPU由以0、1二值逻辑进行运算的运算器和控制器组成。

②以ROM、RAM为主存储器，以软盘（FD）、硬盘（HD）、光盘（CD-ROM）、USB等为辅助存储器［相对于ROM、RAM主存储器（即内存）而言，被称为外部存储器，简称外存］。

③CPU与主存储器之间进行数据计算结果的存储与所需数据的读取。

④ 输入装置将输入数据存储到主存储器。

⑤ 输出装置将主存储器的数据输出。

⑥ 输入装置、输出装置、主存储器、辅助存储器、逻辑运算单元等都是在接受 CPU 内的控制器的控制下使整个计算机系统正常运行的。

因此，各类控制器硬件都是以 CPU 为核心而研发出来的。用作控制器硬件的系统主要包括：PC、单片机、DSP、PLC 之类的工控机等硬件系统。

相应于这些计算机技术而发展起来的控制系统硬件作为主控计算机的控制技术的不同，又可以分为：

① PC 控制：以 PC（personal computer）作为控制器的控制系统。

② 工业控制用计算机（简称工控机）控制：以 PLC（programmable logic controller）、PMAC 等为代表的工业控制机作为控制器的控制系统。

③ 单片机控制：以单片机作为控制器的控制系统。

④ DSP 控制：以 DSP 作为控制器的控制系统。

不仅如此，根据主控器（主控计算机）与控制器硬件之间的相互关系又可分为：

① 集中控制方式：是由一台主控计算机控制所有的被控对象。

② 分布式控制方式：是由多个微型计算机（或以 CPU 为核心的微处理器作为控制器）分别控制各个被控对象，此时涉及各控制器硬件之间的相互通信与协调控制问题。

2.6.2.1 以 PC 为主控器的集中控制方式下的控制系统

（1）为什么要选择 PC 作为主控器？

选择 PC 作为主控器看中的是 PC 强大的数字计算能力。对于需要基于模型的控制器设计以及控制系统设计而言，需要大量的运动学、动力学尤其是逆运动学、逆动力学计算以及在线参数识别算法的计算等等，同时还需要保证计算速度要满足实时控制的要求。而不需要进行复杂的运动学、逆动力学计算，只用 DC/AC 伺服驱动与控制底层的 PID 轨迹追踪控制、PLC 点位顺序控制等即可实现作业要求的工业机器人的控制系统设计与构建就变得相对简单了，这些控制方式都不涉及动力学计算问题。然而，这类机器人往往位置控制精度要求都不高或者动作相对简单（机器人各关节运动耦合的力学效果相对简单）；而对于末端操作器位姿控制精度（包括位置与姿态两方面精度）要求高且运动速度快、惯性大、末端操作器运动轨迹要求光滑连续、在线生成运动轨迹、实时全自动控制、非固定单一性作业运动以及需要力控制、力位混合控制的工业机器人作业而言，相对复杂的机构运动学、动力学（尤其是逆动力学）计算量较大，需要 PC 作为上位机控制器或主控制器，以完成大量的复杂的计算工作，甚至于整个机器人作业的规划、协调与组织等方面的高层控制任务。这种情况下，一台 PC 甚至于多台 PC 并行需要处理大量的来自外部设备（各种传感器、伺服驱动与控制单元等等）的数据、计算以及控制工作，如同一个系统的"管家"。

（2）PC 接口技术

以 PC 作为主控制器的控制系统设计需要懂得 PC 总线接口技术，尤其是总线的详细定义（如 PCI 总线）、总线缓冲器、并行 I/O 口（输入/输出口）译码电路、中断控制器、可编程序计算器/定时器的电路设计技术，以及抗干扰、接地、电场干扰、隔离、电磁场、电源等相关技术和问题。PC 接口技术是用来解决 PC 主控器将外部数字信号或者模拟量转换成数字量（A/D 转换器）后的数字信号读入到计算机内用于控制器计算，或者将计算机控制器计算结果以数字量形式输出给下一级或底层控制器或伺服驱动器作为其控制信号的输入输出问题的计算机电子技术以及程序设计技术。这有如下解决办法：

① 通用或专用的计算机运动控制板卡（运动控制接口板卡）设计与开发：自行设计开发用于将计算机与下一级控制器或底层控制器或者驱动器之间信号输入输出的接口板卡，即用于运动控制的 I/O 板卡，这要求首先熟悉计算机总线的详细定义以及计算机主板上总线扩展槽数、扩展槽各个引脚信号的定义与功能。还有一种是专门用于伺服系统的运动控制卡，这种运动控制卡包括多路 I/O、多路 A/D 转换器、多路 D/A 转换器、多路计数器（用于对光电编码器等输出的数字信号进行计数）、多路 PWM 信号生成（用于伺服驱动单元的 PWM 控制）等等。如步进电动机的计算机控制接口板卡、DC/AC 伺服电动机的计算机控制接口板卡等等。

通常来讲，设计研发或选用这种通用（或专用）的 PC 运动控制卡（也称运动接口板卡）是用于以计算机为主控器的集中控制方式下控制系统的构建。

② 选用计算机接口板卡制造商提供的 I/O 板卡、计数器板卡、运动控制卡等等：一般有 PCI 总线的板卡、USB 接口板卡、RS232 接口板卡、RS485 接口板卡供计算机运动控制系统构建用户选用。用户需要核对所用 PC 主板上 PCI 扩展槽数、USB 接口数是否够用，若不够用则需要考虑外挂接口，如 PCI 板卡制造商会为用户提供可外挂的 PCI 总线扩展箱（可选 PCI 总线扩展槽数）。一般的 PC 只有 RS232、USB 接口，但没有 RS485 接口，所以如果选用带有 RS485 接口的板卡则需要 RS232/RS485 的转换器才能将 PC 上的 RS232 接口与 RS485 接口的板卡或伺服驱动 & 控制器有效连接起来，并可组成理论上可达 256 个（但实际上不超过 32 个）RS485 节点的网络。此时，PC 已经与多个 RS485 接口板卡或伺服驱动 & 控制器构成了分布式控制系统，PC 机只是 RS485 网络中的一个节点。

（3）PC 用多路运动控制接口卡设计研发实例—Rifb-0145、RIF-171-1-A/B

这里给出的是由日本 Ritech 有限公司于 2003 年设计开发的面向 PCI 总线的

多路运动控制卡实例。它是插在 PC 主板 PCI 扩展槽中用于计算机集中控制的 16 轴、32 轴运动控制卡，在设计上采用了 FPGA（field-programmable gate array，现场可编程门阵列）技术。这里所说的轴数也就是要控制的 DC/AC 伺服电动机的台数。它用于自由度数为 16～32 甚至更多的仿生、仿人机器人的运动控制或者多台 6 自由度工业机器人操作臂的集中运动控制。该接口板卡由主板卡和可选板卡组成，各自的组成结构及实物照片分别如图 2-133(a)～(c) 所示。

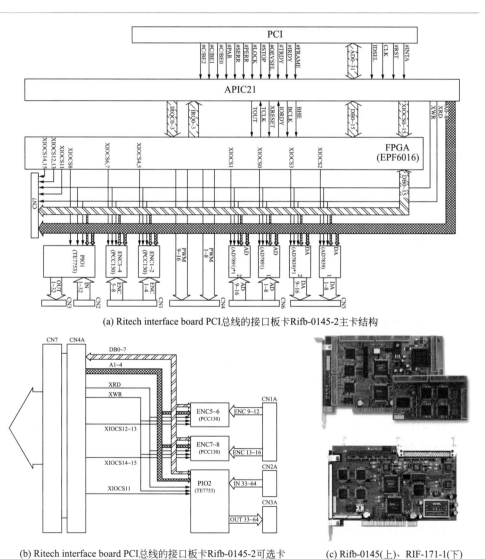

(a) Ritech interface board PCI总线的接口板卡Rifb-0145-2主卡结构

(b) Ritech interface board PCI总线的接口板卡Rifb-0145-2可选卡

(c) Rifb-0145(上)、RIF-171-1(下)

图 2-133　Ritech interface board 多路接口卡系统结构构成

Rifb-0145 接口卡是符合 PC 主板 PCI 扩展槽接口及接插空间尺寸要求的运动控制接口卡。主卡总体规格为模拟输入、输出各 8 路；数字输入、输出各 32 路；PWM 输出 16 路；编码器计数器 8 路；主卡可配选增设可选卡，主卡实物如图 2-133(c) 上图所示（旁边的为可选卡），主卡实物尺寸为 175mm×107mm，元器件一侧厚 14.0mm，双面的总厚为 19.1mm（PC 主板上相邻 PCI 扩展槽各插一块主卡时，两主卡扩展槽间节距为 20.32mm，则两块主卡相邻插在 PCI 扩展槽时相隔只有 1.22mm 间隙）；可选卡上增设了模拟输入、输出各 8 路，数字输入、输出各 32 路，计数器 8 路，可选卡尺寸为 110mm×60mm。主卡加可选卡共有模拟输入、输出各 16 路，数字输入、输出各 64 路，PWM 输出 16 路，计数器 16 路。后来又将主卡、可选卡合二为一而成一块接口卡，如图 2-133(c) 下图所示。可选卡搭载在主卡的元器件一侧，厚 31.0mm；主卡搭载可选卡后的总厚为 36.1mm，长×宽尺寸仍为 175mm×107mm；但主卡和可选卡合二为一块板卡 [即图 2-133(c) 下图] 的总厚为 15mm。为得到结构尺寸紧凑的设计，该接口板电路印制板采用的元器件引脚间距为 0.5mm±0.04～±0.05mm [通常印制板（PCB 板）元器件引脚间距一般多为 2.54mm±0.25mm]。其各输入、输出端口连接器以及扁平电缆也是专用的，如 7926-6500SC、7934-6500SC（3M 公司生产）的连接器。

完整版（主卡＋可选卡）板卡上搭载的输入输出控制部分用元器件及其相关技术参数：搭载 ANLOG DEVICES 公司生产的 8 路 13 位（只用了 12 位）D/A 转换器的 AD7839 [输出电压为 ±10V，转换时间为 30μs（TYP）] 两个；搭载 ANLOG DEVICES 公司生产的 8 路 12 位 A/D 转换器 AD7891（输入电压为 ±10V，最大转换时间为 1.6μs）两个（根据需要也可搭载 A/D、D/A 转换器各 1 个）；搭载编码器信号输入用的 24 位/2 路 PCC130 [频率范围为 8.0MHz（最大）；1，2，4 倍频；TTL 水平；COSMOTECHES 公司生产] 8 个；搭载东京 ELECTRON 公司生产的 32 路数字输入、32 路数字输出用的 TE7753 两个；搭载 ALTERA 公司生产的 16 路 PWM 输出的 EPF5016（分辨率为 8bit；频率范围为 15kHz～4MHz；占空比：0～100%）一个；＋5V 电源电流：＜800mA；中断口：4 路；中断处理方式：下降沿触发中断和低电平（0V）触发中断可选；对应的操作系统（OS）：Windows95/98/2000/XP 以及 Linux kernel Ver2.2/2.4。该板卡 PCI 总线地址占用 256bits 空间，I/O 地址寻址采用设备驱动技术，即使用户不懂得板卡寻址知识也能使用。

(4) RIF-171-1 在集成化仿人机器人上的应用

Rifb-0145、RIF-171 等多路运动控制卡实际上就是面向仿生、仿人机器人这种具有数十个自由度的复杂运动机器人的集中控制系统构建而设计研发的硬件系统，同时分别面向 Windows、RT-Linux 实时操作系统设计研发了相应 OS

的运动控制卡动态链接库（＊.lib 文件）和 Linux OS 下的 C 语言源代码程序用来使用运动控制卡上的各种功能。笔者设计研发的 70-DOF 的 GOROBOT-Ⅲ型全自立集成化仿人全身机器人系统中的计算机控制系统即选用了 RIF-171 运动控制卡软硬件，并且主控用 PC OS 为 RT-Linux 实时操作系统，这种 PCI 总线的多路运动控制卡大大节省了集成化设计所需的有限空间。所用两块 RIF-171 运动控制卡分别插在 PC 主板的两个 PCI 扩展槽中，总共 32 路 PWM 信号用来控制 32 台 DC 直流伺服电动机的 DC 伺服驱动与控制单元；另外的 32 台 DC 伺服电动机由两块板卡上总共 32 路 D/A 转换器以模拟量（±10V 电压范围）控制 DC 伺服驱动与控制单元。从而实现了 64 台 DC 伺服电动机的运动控制；剩余的 6 台 DC 伺服电动机采用运动控制卡上十分充足的多路数字输入输出方式来控制。而且所有以模拟量输出的各类传感器都可由这两块运动控制卡上的 32 路 A/D 转换器充足的模拟量到数字量的转换资源来实现，从而所有将传感器输出的或者经 A/D 转换成的数字量取入到主控器 PC 机中用来实现状态反馈控制和基于模型的控制。GOROBOT-Ⅲ型全自立集成化仿人全身机器人系统中的控制系统采用了两种控制方式：一种就是采用基于 PCI 总线 RIF-171 多路运动控制卡的 PC 机集中控制方式；另外一种是基于 DC 伺服驱动与控制单元 CAN 总线接口组网技术的分布式控制方式，也就是接下来要讲的分布式控制系统。

2.6.2.2 分布式控制系统

在以计算机为信息传递和处理核心部件的各种系统中，分布式系统（distributed system）通常是指将一个个独立的以 CPU、DSP 等信息处理器件为核心的计算机单元通过某种总线连接起来的一种相互之间通过通信来共享信息资源和处理系统任务的一种计算机网络系统；分散式系统则是指各个以 CPU、DSP 等信息处理器件为核心的计算机单元之间没有资源或信息交换与共享的各自独立的分散的系统。显然，由多个含有 CPU 或 DSP 等单元相互连接在一起作为机器人控制系统的情况下必然是分布式系统，而不是分散系统。

（1）智能伺服驱动和控制器单元（简称伺服驱动单元）

现有的 DC/AC 伺服单元制造商们生产的智能伺服驱动和控制器单元系统一般有以 CPU 微处理器为核心的 PID 反馈控制器、功率放大驱动前的 H 桥（或 DC→AC 逆变器）的控制器、H 桥（或逆变器）以及计算机通信控制器、电源等五个主要组成部分。而且如前所述伺服电动机的伺服驱动与控制单元（伺服驱动和控制器）可以设置成对于 DC 伺服电动机、AC 伺服电动机（即无刷 DC 伺服电动机）驱动都通用的形式，如图 2-134 所示。

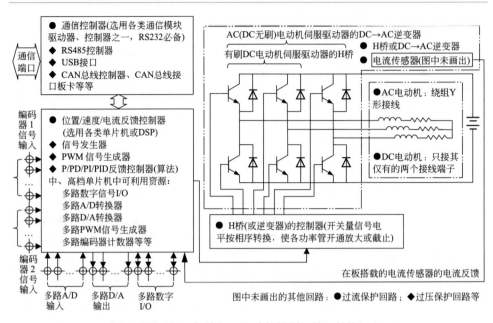

图 2-134　智能伺服驱动与控制器单元结构

（2）用于机器人驱动与控制系统设计的智能伺服驱动和控制器单元实例

① TIT 智能驱动器（IG-0138-1 型）。图 2-135 所示为 1999 年东京工业大学广濑研究室为 DC 伺服电动机驱动的各种移动机器人、机器人操作臂、自动控制装置而专门设计、研发的 18～35V（18～48V 电池）/2～6A/280W 的 TITech intelligent driver（TID）IG-0138-1 型的结构以及实物照片。

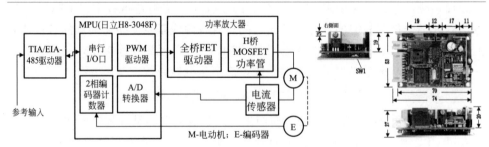

图 2-135　TITech intelligent driver（智能伺服驱动器）　IG-0138-1 型结构与实物

• 超小型/轻量化/高功率（280W）：IG-0138-1 型 DC 伺服驱动器采用 RS485 通信方式并可以最大 32 路连接成分布式结构，功率放大采用了 MOS-FET，特点是输入阻抗很高，用小的电压信号就可以控制很大的功率。最大功率为 280W 的 DC 伺服驱动器总体尺寸仅有 70mm×50mm×25mm，总重为 78g，是当时体积最小的超小型、轻量、高功率的智能伺服驱动器；控制模式有电流控制（力矩控制）、角位移位置控制、角速度控制以及 PWM 占空比控制，控制模式、控制参数可由软件实时切换；在板搭载电流传感器；但是，需要用风扇强制制冷。

• 控制器为日立 H8 系列高档单片机：该驱动器的控制部分选用了日立制作所生产的 16 位 16MHz 的 CPU H8/3048F（高档单片机微处理器）（1Mbit 的 ROM/RAM 寻址空间，128kB 的大容量闪存，程序可擦写 100 次以上）1 枚作为控制器；10 位分辨率 A/D 转换器 4 路，模拟转换电压范围可设置（参考电压为 5V），高速转换时间：1 路最短时间为 8.4μs（16MHz 工作频率时），采样保持功能；数字输入/输出（I/O）口共用（既可作输入用也可作输出用，可设置），各输出驱动能力当量为 1 个 TTL 负荷和 90pF 电容负荷；计数器：两路，每路 16 位，位相计数模式有 TCLK A、TCLK B 的上升沿、下降沿两沿计数方式。每路还可扩展到 32 位。

• 可由 PC 通过 RS485 总线直接控制：全双工/半双工可切换，标准通信速度为 38.4kbit/s。

• RS485 串行通信：RS485 总线（TXD＋，TXD－，RXD＋，RXD－）连接省线。多枚 IG-138-1 驱动器通过 RS485 总线用双绞线连接在一起即可组成 RS485 总线网，最大 32 个节点，含 1 个 PC 节点、31 枚 IG-138-1 驱动器的 31 个节点。

全双工连接方式：需要四根信号线，信息发送和接收各有自己的信号通道。一般需要在正反向传送信息的两个通道上，各加 120Ω 的终端电阻。

半双工连接方式：只需两根信号线（＋485A，－485B），加上地线（GND），一共三根线。半双工、多节点连接中，任何一个节点在一条通道上向所有其他节点发送信息，并且在同一条通道上接收来自所有其他节点的信息；需要 120Ω 的终端电阻。

• 单一电源供电：控制回路用电源均由给电动机供电电源经驱动器内部 DC-DC 转换器转换后供电。

• 编码器反馈：可由软件更改，也可使用电位计、Tachogene 等位置传感器反馈。

• 高效的 PWM 控制：频率在 32～192kHz 范围内可变。

• 软件：驱动器内藏标准程序。电流控制、角度控制、角速度控制、PWM 占空比控制等控制模式可由内藏软件实时切换；控制参数也可实时更改；有正反转指令、限位停止功能指令可用。

② Maxon 直流伺服驱动单元。EPOS2 伺服驱动器是 Maxon 公司的最新产

品，如图 2-136 所示是 EPOS2 伺服驱动器拆除外壳后的照片，其中 EPOS2 共有 11 组接口用于电源、电动机、USB、CAN 总线等不同功能的接线。

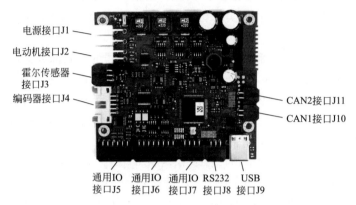

电源接口J1
电动机接口J2
霍尔传感器接口J3
编码器接口J4

CAN2接口J11
CAN1接口J10

通用IO接口J5　通用IO接口J6　通用IO接口J7　RS232接口J8　USB接口J9

图 2-136　EPOS2 伺服驱动器实物照片及其接口

EPOS2 伺服驱动器的电动机控制模式共有 8 种，表 2-19 给出了其控制输入、轨迹生成方式、控制方法。

表 2-19　EPOS2 伺服驱动器各控制模式介绍

控制模式	控制输入	轨迹生成方式	控制方法
外部输入模式	外部手轮或其他编码器产生的正交编码信号	直接计算输入的目标位置作为电动机位置控制的输入	位置环 PID＋速度环 PI＋电流环 PI 控制器
步进方向模式	外部输入方波脉冲，每个脉冲表示一步，方向电平的高低表示方向	直接计算输入的目标位置作为电动机位置控制的输入	位置环 PID＋速度环 PI＋电流环 PI 控制器
点位控制模式	内部存储或上位机输入的电动机点位	按最快速度和加速度使电动机到达目标，不进行轨迹规划	位置环 PID＋速度环 PI＋电流环 PI 控制器
速度控制模式	内部存储或上位机输入的电动机速度	按最快加速度使电动机到达目标速度，不进行轨迹规划	速度环 PI＋电流环 PI 控制器
电流控制模式	内部存储或上位机输入的电动机电流	直接将电流给定输入到电流环的 PI 控制器内，无轨迹规划	电流环 PI 控制器
位置轮廓模式	内部存储或上位机输入的位置序列	按事先设定的速度和加速度计算电动机到达各位置的轨迹	位置环 PID＋速度环 PI＋电流环 PI 控制器
速度轮廓模式	内部存储或上位机输入的速度序列	按事先设定的加速度计算电动机到达各给定速度的轨迹	速度环 PI＋电流环 PI 控制器
PVT 模式	内部存储或上位机输入的同时含有时间、位置、速度的序列	以三次样条插值的方式计算各序列点之间的轨迹，使电动机在给定时间达到给定的位置和速度	速度/加速度前馈＋位置环 PID＋速度环 PI＋电流环 PI 控制

图 2-137 是 EPOS2 伺服驱动器的原理框图，其具有 CAN 总线、USB 和 RS232 三种通信方式，这三种通信方式通过一个总的通信控制模块进行同一控制，因此三种通信方式间可以同步使用并进行透传，其中 CAN 总线具有 CAN1 和 CAN2 两个接口（分别对应 J10 和 J11 的接口号），任意的一个 CAN 总线接口均可以与相邻的节点连接；EPOS2 驱动器中电动机的驱动电路采用 3 路功放元件组成的桥式 PWM 放大电路，同时具有光电编码器接口和霍尔传感器接口，能够同时接收光电编码器的电动机位置反馈和电子换相相位信号，具有多路可编程输入、输出接口。

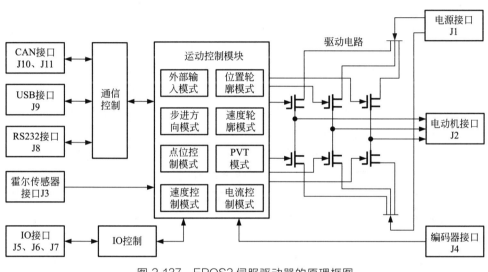

图 2-137　EPOS2 伺服驱动器的原理框图

（3）RS485 串行通信以及主控计算机与多个 DC/AC 智能伺服驱动单元的 RS485 连接方式

① RS485 同 RS232 相比的优点：

成本低：驱动器和接收器便宜，并且只需单一的一个 +5V（或者更低）的电源来产生差动输出需要的最小 1.5V 压差；而 RS232 的最小 ±5V 输出需要双电源或者一个接口芯片。

网络能力：RS485 是一个多引出线接口，该接口可以有多个驱动器和接收器，而不限制为两台设备。利用高阻抗接收器，一个 RS485 连接可以最多有 256 个节点。

快速：比特率可以高达 10Mbit/s。

长距离连接：一个 RS485 连接最大可以达到 4000ft（1ft=0.3048m），而

RS232 的典型距离限制为 50~100ft。

采用平衡线路没有噪声，因此可以远距离传输。

② RS485 通信连接方式及多节点连接线路：如图 2-138(a)~(c) 所示。其中的每一个节点既可以是带有 RS485 差动驱动器/接收器接口的 PC，也可以是带有 RS485 接口的 DC/AC 智能伺服驱动单元。如果用 PC 作为主控计算机，则如图 2-138 中所示，可以处于所有节点连接线路中的任何一个节点位置。通常的 PC 上没有 RS485 接口，但都有 RS232 串行接口，因此，可以选用市面上有售的 RS232/RS485 转换器连接在 PC 上的 RS232 串行接口上，单个或多节点连接成 RS485 网络后，在计算机操作系统下进行硬件初始化、通信参数设置，即可由主控计算机通过自行设计的运动控制程序以及 DC/AC 伺服驱动单元专用运动控制软硬件与各节点通信，向各节点发送数据、指令，向各节点写入程序，或者从各节点读入数据以及工作状态。

③ 用 RS485 总线组网多节点通信的实时运动控制要求上的问题：简便易行，成本很低，但通信速度相对于多自由度机器人系统运动控制的实时性要求有可能不够快，需要实际测试后决定；一般无法满足超多自由度数的仿生、仿人机器人运动控制的实时性要求，但是对于作业相对固定的工业机器人操作臂或自由度数少、运动相对简单的移动机器人而言，采用将预先设计好的运动控制程序和作业控制参数等由主控计算机通过 RS485 总线下载到各个节点上的底层伺服驱动单元中的运动控制器（即单元控制器）中，一般各伺服驱动单元上的控制器（PID 控制）都能满足伺服驱动与运动控制的实时性要求，则整个驱动与控制系统仍然能够满足同步且高速的实时性运动控制要求。

(4) CAN 总线通信及主控计算机与多个 DC/AC 智能伺服驱动单元的 CAN 总线连接方式

CAN（controller area network）是德国 Robert Bosch GmbH 为节省汽车配线系统而提倡的串行接口规格。是工业网络分层通信结构中现场总线（field bus）规格中的一种，处于工业自动化网络分层结构中的控制器下层网络。CAN 总线一般有 shield、GND、high、low 四个接线端子用来将多数个带有 CAN 总线接口功能的模块单元（如伺服驱动和控制单元模块）作为一个个节点连接起来而成 CAN 总线网络，并且进行各个节点之间相互的通信，包括发送数据信息或控制指令，也包括从 CAN 总线网络上的节点读入数据到某一节点（如上位 PC）用来做状态监测或运动反馈控制。这里以 Maxon 公司的目前最新产品 EPOS2 型伺服驱动器为例来讲述 CAN 总线通信及主控计算机与多个 DC/AC 智能伺服驱动单元的 CAN 总线连接方式，作为构建 CAN 总线通信网络的机器人用分布式驱动与控制系统。

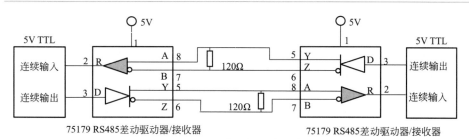

(a) RS485通信全双工连接方式

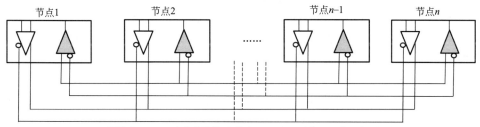

(b) RS485通信全双工、n个节点连接(理论上$n_{max}=256$，实际上一般不超过32)线路

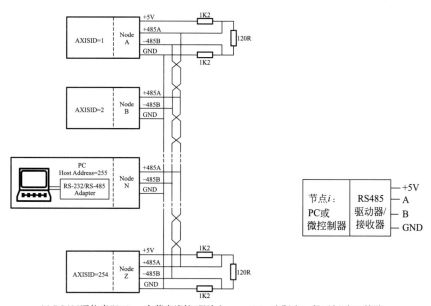

(c) RS485通信半双工、n个节点连接(理论上$n_{max}=256$，实际上一般不超过32)线路

图 2-138　RS485 通信连接方式及线路图

① CAN 总线通信的特点：可靠性高，稳定的专用半导体器件支撑通信，成本相对于其能力而言较低，并且在汽车、机器人以及其他工业自动化（factory automation，FA）设备上的数据链路层、应用层取得重要应用；按 ISO 标准

（ISO11898，ISO11519），传送速度从低速 125kbit/s 及以下至高速 125kbit/s～1Mbit/s；拓扑逻辑为主线、支线结构的总线型；CAN 电缆线为 5 线双绞线电缆；连接局数限制为 64 局；通信数据长度为 0～8byte；CAN 总线通信介质从电气通信到光纤通信（通信速度越高）分为 A（通信速度～10kbit/s）、B（10～125kbit/s）、C（125kbit/s～1Mbit/s）、D（5Mbit/s 以上）四个等级。

② 主控计算机与多个 DC/AC 智能伺服驱动单元的 CAN 总线连接方式：对于未配备 CAN 总线接口的计算机，可采用上位机与第一台 EPOS2 通过 USB 通信、其余 EPOS2 通过 CAN 总线和第一台 EPOS2 通信的方式。控制指令由上位机传输给第一台 EPOS2，再通过 USB 转 CAN 总线的功能向之后的 EPOS2 驱动器传递。每个 EPOS2 伺服驱动器的两个 CAN 总线接口（CAN1 和 CAN2）均具有 shield、GND、high、low 四个端子和完整的通信功能，因此应用计算机和 EPOS2 伺服驱动器组成 CAN 总线网络时不需额外的分线装置，只需按如图 2-139 所示进行连接，就可应用计算机和 EPOS2 伺服驱动器进行 DC/EC 伺服电动机的多轴驱动/控制，其中 CAN 总线的 shield 端子为屏蔽层的连接端子（图 2-139 中以虚线标出）。

2.6.2.3 工业控制用计算机（简称工控机）中的 PLC 及基于 PLC 的顺序控制（sequence control）

PLC（programmable logic controller，即可编程逻辑控制器）是专门为面向工业自动化作业环境下计算算机控制应用技术而设计的一种数字运算操作的电子计算机系统，它采用可编程存储器，用来在其内部存储"执行逻辑运算、顺序控制、定时、计数和算术运算等操作的指令"，并以数字输入/输出、模拟输入/输出的方式来实现对各种被控对象的控制功能和目标。这些被控对象绝大多数都是工业生产过程中所用的机器或机械系统。PLC 技术起源于 20 世纪 60 年代末，1959 年美国通用汽车公司（GM）为了替代当时汽车生产线自动控制系统基本上都是采用继电器控制装置的局面，提出并招标能够取代继电器控制装置的新的装置。同年，美国数字设备公司（DEC）研制出了世界上第 1 台可编程控制器 PDP-14，并在 GM 汽车生产线上首先应用并取得成功，标志着可编程控制器及其技术诞生。但当时功能仅限于逻辑运算、计时、计数等，所以当时被称为"可编程逻辑控制器"。随着可编程逻辑控制器的功能与技术不断增强，美国电气制造协会（NEMA）于 1980 年正式将其命名为"可编程控制器"，英文缩写本来为 PC，但与个人计算机的英文缩写 PC 相同，因此，仍然沿用了原来"可编程逻辑控制器"的英文缩写 PLC 以避免概念上的混淆！

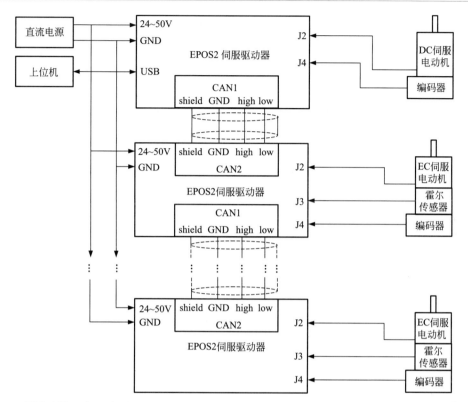

图 2-139 应用 EPOS2 伺服驱动器进行 DC/EC 伺服电动机的多轴驱动/控制方案

（1）面向工业环境的严格结构化和流程化特点

工业环境是一个很大的概念，工业环境与自然环境的本质区别在于：工业环境是人类按着工程师们给出的工业工程结构化设计构建出来的结构化环境，按着便于工业建设和生产的要求，被人类设计构建而成的工业环境的构成是确定的、结构化的环境，生产流程以及作业过程是相对稳定或者固定的。从工业过程控制问题来看工业环境的特点如下：

① 环境构成的高度结构化和流程化：工业设施、设备以及生产过程的设计性决定了工业环境所包含的一切组成的结构化和流程化。从设计、生产、管理的角度来看，所有工业环境中的一切都是由工程师们预先规定好的、理论上都应是可控的（发生不可控往往是事故，那是绝对要避免的）。因此，用于工业环境中的自动化设备的作业控制也是由工作人员预先严格按着作业目标和工业工程规范、工业标准和行业规程来设计好的。一般不需要自动化设备自己产生智能、实施真正的设备自主智能，而是由工程师或技术工作人员们按着编写好的程序和作

业参数、控制参数赋予自动化设备。尽管有的自动化设备被称为智能设备，但这种"智能"是按着人类用自己所拥有的"智慧""技能"预先设计好的所谓的"智能"然后"拷贝"给机器的。也就是所有的自动化设备的操作、控制都是由技术人员来给予的，而且其运行也是固定的，都是由程序设计人员按着机器工作过程预先设计好所有的动作和过程的程序，机器严格按着程序执行。所以，工业环境可以肯定地说，如同工艺规程、工艺工序一样是严格按着规定的流程执行生产作业与质量管理的。也正因如此，工业生产中的控制实际上本身就是一种"顺序控制"，而且，如同自动化生产线一样，自动化程度要求越高，顺序控制的顺序要求就越严格，也就很难有额外的灵活性，即便是"智能"也只能是严格按着"顺序控制"来执行前提条件下的"智能"。有个很好的例子来说明这个问题，就是第 1 章中讲过的 H. Z. Yang 等人于 1999 年提出并研究究的"线上机器人"和"离线机器人"概念。一旦生产线上机器人作业失误，严格按"顺序控制"执行作业的线上机器人只能停产等待工作人员的到来和处理完这个失误之后才能继续生产，为解决这个问题，针对无人化生产系统中暴露出的问题与分析，1999 年日本电气通信大学（University of Electro-Commnications）机械与控制工程系的 H. Z. Yang、K. Yamafuji、K. Arita 和 N. Ohra 等人提出了将离线机器人引入到无人化机器人生产系统，并提出了离线机器人系统概念。但是，也正是工业生产环境这种由人类工程师按着宏伟蓝图完全设计好的工业建设和生产流程的严格"有序"性和"顺序控制"特征，才使得工业机器人以及其他工业自动化设备的作业控制问题变得更加机构化和预先设计并准备好所有作业顺序的"流程化"，才有了专门面向这种工业环境结构化、流程化（流程化本身包含了顺序和控制两方面意思）的工业控制用计算机的诞生。实际上，工业环境的结构化和流程化随着自动化程度要求越高而越加严格，然而，这种特点反而会使得对工业机器人这种运动学与动力学高度非线性耦合且相对难于控制的自动化设备在控制上的要求有所缓解。"顺序控制"在工业生产中大有用武之地。PLC 技术也就是在这种工业环境下诞生出来的可靠、高效、低成本的以相对简单的控制设备应对严格有序、流程化的相对简单的生产过程"顺序控制"实现技术。PLC 的主要特点是：专门为工业生产环境而设计的"顺序控制"用计算机；面向用户的指令，编程方便；可扩展性优于 DSP、单片机。尽管其实时性好，但是以不做在线复杂运动学、逆动力学计算为前提的，在这一点上也恰恰说明其只能用于简单的顺序控制，而难以用于解决高速、高惯性负载以及高精度的基于模型或非基于模型的智能运动控制、非线性控制问题。

② 控制系统中需要大量的开关量、模拟量作为状态监测和反馈：自动化作业工业生产环境和设施设备或生产线控制系统中需要大量的开关量即数字信号输入输出、模拟量信号输入输出，如来自限位开关（也称行程开关）、霍尔元件、

光电编码器、电位计、热电偶、光栅尺、压力传感器、电流传感器、超声波传感器等等的数字量或模拟量；由控制器输出脉冲、PWM、电流、电压等等各种用途的数字信号、模拟信号给周边设备。

③ 复杂的时间序列和优化组合：工业生产环境下自动化生产线或设备是由多数个多层次的子系统组成的，各子系统、子系统等等之间分层次、分优先级高低按着时间序列有机结合、协调工作而成的。需要按着时间序列来严格控制自动化设备系统的各部分的组织与协调，需要有效的优化组合设计和控制。

④ 系统构成结构稳定与面向更新换代所需开放性的矛盾：环境与被控对象组成一个有机的系统整体，一旦生产线等自动化成套设备上线生产，预先设计好的顺序控制系统构成与运行会相对稳定，相当长的时间或时期内保持系统软硬件构成基本不变。但当自动化设备生产的产品需更新换代时，系统结构构成稳定的设计与考虑更新换代设计的开放性的矛盾要求系统设计之初预留部分开放性设计。这个矛盾需要从系统软硬件设计上去解决。其实实际上是很难做好两者之间的平衡性设计的。

⑤ 工业环境存在的强电磁设备会成为电子设备的电磁干扰源：自动控制系统对电子设备的抗电磁干扰性能要求较高。

⑥ 工业控制中的数字计算量和算法相对简单：多数工业环境下的机器人作业采用相对简单的点位控制（point-to-point control，PTP Control）或者是工业控制中常用的PID控制这些简单而又实用的基本控制方式即可满足作业要求。点位控制之所以简单，是只关注作业开始点到作业终了点两点的位置，而对两点之间的作业轨迹则不作精确控制或者无需关注轨迹如何，因此，只要根据末端操作器作业起始点和终了点的位姿通过两次逆运动学计算或示教的办法即可得到相应的各关节起始关节角和终了关节角，然后在关节角极限位置约束条件下按着各关节单独的PTP控制方式即可给定实现末端操作器的PTP控制。PTP方式是最简单的控制方式，用顺序控制的方法容易实现；PID控制是伺服驱动与控制器中常用的基本控制方式，数字PID控制的算法已经由编制好的PID计算程序被伺服驱动与控制单元制造商固化到其单元控制器内，通常作业情况下只需在线整定PID控制参数即可，采用整定后的PID控制方法可以实现位置轨迹追踪控制。一般用于生产线或其他用途的工业机器人作业是重复执行其工作空间内很小一部分作业空间内的运动，运动相对简单，许用的控制参数变化范围不大。因此，这类机器人的控制由工业机器人制造商出厂时提供给用户的PID控制功能即可实现。但是，对于作业复杂、运动复杂、高精度、高速、高惯性负载以及变化的负载等作业条件下，工业机器人各关节高速运动、关节运动范围大幅协同变化时，惯性负载、高精度、高速运动等作业参数使得工业机器人只用PID位置轨迹追踪（也称位置轨迹跟踪）控制无法平衡掉机器人与负载或作业对象两者构成动力

学系统的惯性力、离心力、柯氏力、摩擦力等等非线性项时，是得不到好的轨迹跟踪控制结果（即位姿轨迹精度或力控制精度满足机器人作业控制目标要求）的。此时，要求控制机器人的控制器应具有强大的逆动力学实时计算能力和在线参数识别能力，然后以参数识别和逆动力学计算为基础，采用自适应控制、鲁棒控制等基于模型的控制方法设计控制器（狭义的控制器，控制器软件，也即控制算法程序）方能有效。一般采用适合运动学、动力学计算能力强大的 PC 或者是大型计算机（视机器人及被控对象自由度数多少和机构而定）来作为主控计算机也即主控器。

　　⑦ 可以离线控制获得控制参数为在线作业控制时参数查表所用——即离线获得前馈作为在线控制的前馈控制＋在线 PID 反馈控制以期获得比 PID 控制更好的控制结果：如果采用 PLC 等工控机或其他带有微处理器的计算机作为主控器，针对采用机器人制造商提供的伺服驱动与控制单元提供的底层 PID 控制难以满足作业精度要求的问题，可以采用离线作业控制实验获得有效控制参数的办法来解决，也即通过预先进行离线实验确定机器人给定线上作业运动的控制参数、驱动力参数或形成参数表，然后将参数或参数表用于在线作业机器人控制。由于工业环境下的工业机器人作业是可以预先设定好的或者可以通过预先进行的作业实验，把给定作业运动下的机器人通过实验的办法，按着基于模型的控制方法设计控制器来进行给定线上作业控制实验，可以得到驱动力、关节角、关节角速度、关节角加速度轨迹等曲线以及底层 PID 控制参数，如果进行参数识别实验还可以得到给定线上作业参数下机器人运动方程（即动力学方程）中的基底参数，将前述这些参数保存成数表，用于该机器人线上作业控制时在线检索读取预存的基底参数，进行简单的逆动力学计算来求得驱动部件需要输出的驱动力、力矩，或者根据作业参数直接检索控制参数、运动参数、驱动力矩参数，然后直接用于前馈、反馈控制。这种解决办法相当于离线作业控制得到前馈量直接用于在线作业控制的前馈量（无需在线计算前馈量），再与在线位置/速度反馈控制结合，相当于在线准前馈＋在线反馈控制相结合的控制方法。这种控制仅适用于复杂计算能力不足的工控机作为主控器和作业环境固定时的工业机器人控制方法，是一种将在线前馈＋PID 反馈控制方法与复杂运动学、动力学计算以及实时控制能力不足的计算机作为主控器进行折中处理的一种有效方法。它兼顾了工业环境机器人作业特点与控制系统构建低成本、顺序控制简单易用等优点。如果说将工控机计算能力提升到 PC 的程度，那么工控机也就与 PC 没有什么本质区别了，可以这样说：PC 如果通过 RS232 串行口或者 USB 口等接口外挂 PCI 总线插槽扩展箱或 USB 集线器的话，同样可以外挂大量的外部设备的输入、输出，同时计算运算能力强大，同样可以 PC 为主控器代替工业控制计算机用于工业控制。

（2）PLC 控制的优点

PLC 是专门为工业环境下的自动化设备顺序控制而设计的。工业环境下干扰源众多，各种作业条件（温度、湿度、粉尘、烟雾、有害气体、腐蚀性气体、液体以及振动、噪声等等）、监测监控条件要求参差不一，对电子器件、元件以及连接件、线缆等正常工作条件要求以及防护保护要求、可靠性要求也相对于实验室用器件、设备要求更为实际、更为全面、更为严格或苛刻。所有这些都归结为一点就是要保证控制性能、工作性能正常、可靠。PLC 广泛应用于机械制造、汽车、交通运输、石油化工、冶金、专用机床、通用机床、自动化楼宇等各个领域，是一种很好的工业控制用产品。国际上代表性的 PLC 产品制造商有德国的欧姆龙（OMRON）、日本的三菱（MITSUBISHI）、德国的西门子（SIEMENS）、美国的施耐德（SCHNEIDER）以及 ALLEN-BRADLEY。PLC 控制的优点如下：

- PLC 抗电磁干扰能力强，可靠性高。
- 专门面向工业自动控制系统工程实际需要设计，有充足的输入、输出接口资源，所用模块通用性强，维护方便，PLC 编程简单易于实现顺序控制功能；系统设计、安装、调试工作量小。
- PLC 可以将顺序控制与运动控制结合起来使用，实现多轴（也即多台原动机驱动系统）的直线或回转运动的位置控制、速度控制、加减速控制。
- 通信便捷，可以联网通信，可以实现分布式控制（分散控制），集中管理。
- 可扩展能力强。
- 体积小，能耗低。

（3）PLC 的基本结构

PLC 本身仍然是以 CPU 为核心的一种专用于工业控制的计算机，PLC 主要由 CPU 模块、输入模块、输出模块和软件等组成，如图 2-140 所示。

① CPU 模块：主要由 CPU（微处理器芯片）和存储器组成。CPU 模块有时也被简称为 CPU。PLC 的程序分为操作系统程序和用户程序，前者是使 PLC 硬件正常运行所需的基本程序，由 PLC 制造商设计并固化在 ROM（只读存储器）中，用户无法直接读取；后者则是由用户按着 PLC 编程语言、程序结构、数据类型与寻址方式、位逻辑指令、定时器与计数器指令、功能指令以及数字量控制系统梯形图程序设计方法、PLC 的计算机通信技术等等，用编程软件进行 PLC 编程后从编程计算机下载到 PLC 中去的。调试、运行用户程序以完成用户要求 PLC 实现预定的工业作业控制功能。

CPU 模块中的物理存储器：有 RAM（随机存取存储器）、ROM（只读存储器）、EEPROM（可电擦除可编程只读存储器）。其中：EEPROM 兼有 RAM、

ROM 的优点，但对 EEPROM 进行写入数据的时间要比 RAM 长得多，而且擦除改写次数有限，主要用来存储用户程序和需要长期保存的重要数据。

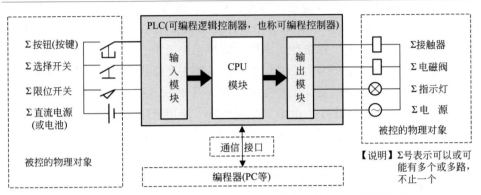

图 2-140　PLC 的基本结构构成及其外部链接的输入输出类型示意图

　　② 输入、输出模块：包括输入模块和输出模块，且均为多路信号输入、多路信号输出，以满足工业自动化设备中各种状态监测以及状态控制、运动控制等对丰富的输入、输出资源的需要。

　　输入模块：用来采集、接收输入信号。输入信号可以分为数字信号（也即瞬间变化的开关量信号）和随时间连续变化的模拟信号。相应地输入模块也分为数字信号输入模块和模拟信号输入模块。

　　数字信号输入模块（也称数字量输入模块）：工业自动化设备当中有许多开关量需要由 PLC 的开关量输入模块接收，如按钮开关、选择开关、数字拨码开关、限位开关、压力继电器、光电开关、接近开关等等开关量输入信号。

　　模拟信号输入模块（也称模拟量输入模块）：PLC 的模拟量输入模块主要用来接收来自电位计、测速发电机、变送器等等的电压、电流等随时间连续变化的模拟信号。

　　输出模块：输出数字信号（开关量）、模拟信号（模拟量）来控制工业自动化设备中需要控制的元部件，也分为开关量输出模块（或称为数字信号输出模块）和模拟量输出模块（也称为模拟信号输出模块）。

　　数字信号输出模块：其输出信号被用来控制电磁阀、电磁铁、各种指示灯、数码管以及数字显示装置、报警装置、接触器等等。

　　模拟信号输出模块：其输出的模拟信号被用来控制电动调节阀、变频器等等执行器。

　　③ 编程软件：用于用户编写 PLC 用户程序的专用软件。可在计算机屏幕上用此编程软件直接生成和编辑梯形图或指令表程序，经编译后可通过计算机通信

接口下载到 PLC 上，也可以将 PLC 上的用户程序上载到计算机。还可以用此编程软件监控 PLC。

④ 电源：PLC 使用 AC 220V 电源或 DC 24V 电源。PLC 内部开关电源为 PLC 各模块提供不同电压值的 DC 电源；小型 PLC 还可以为输入电路和外部电子传感器提供 DC 24V 电源，驱动 PLC 负载的 DC 电源通常由用户准备。

（4）关于输入、输出模块与外部信号的光电隔离问题

CPU 模块的工作电压一般为 5V，但 PLC 外部输入/输出回路的电源电压较高，来自外部电源的尖峰电压和噪声干扰可能影响 CPU 模块内的元器件正常工作甚至于被损坏。因此，在 I/O 模块中，用光电耦合器件（简称光耦）、光敏晶闸管或小型继电器等器件将 PLC 内部的电路与外部 I/O 电路隔离开来，通过这种非直接导线连接性的光电信号耦合的办法将信号"耦合"输入到 PLC 内或者从 PLC 中输出出去。

有关各 PLC 专业制造商生产的 PLC 硬件说明、软件编程以及 PLC 工程实际应用的书籍有很多，简单易学，此处只将 PLC 作为工业机器人运动控制中最简单的顺序控制方法实现的一种工具简述，不加以展开。

2.6.2.4　用于 DC/AC 伺服驱动单元控制器的单片机

（1）关于 CPU 的形态与单片机

按着 RAM、ROM 两类存储器是否与 CPU 设计在一块 CPU 芯片里，可将 CPU 分成两种形态，一种是多芯片型 CPU，是将 RAM 芯片、ROM 芯片、并行接口芯片、串行接口芯片等多个 IC 芯片作为 CPU 芯片的周边外围回路组成部分的多芯片型 CPU；另一种是单芯片型 CPU，即是将 RAM、ROM、CPU、并行接口、串行接口等电子器件、线路完全与 CPU 设计在一起并封装在一个 IC 芯片内部的单芯片型 CPU。因此，多芯片型 CPU 是指 CPU 本身是单独的 CPU 芯片，而 RAM、ROM、串行接口、并行接口等各芯片处于 CPU 芯片的外部，所谓的多芯片 CPU 就是指为使计算机正常工作，必须为 CPU 提供内存（RAM、ROM）和接口等外围回路用 IC 芯片。而单片机的单芯片型 CPU 本身内部已经有了 RAM、ROM 以及串行、并行接口。显然，单芯片型 CPU 与多芯片型 CPU 相比不容易扩展，但是却可以在不扩展的情况下原样使用 CPU 与内存、接口之间的多种功能。微型计算机技术和产品的发展史中，最早使用的多芯片型 CPU 是 Z80，多芯片 Z80 之后开始出现了单芯片型 CPU 的 Z80 单片机。此后，作为控制用的计算机被分为：

PC：是一种必须为多芯片型的 CPU 提供输入/输出接口回路、内存以及显示屏（CRT 显示器、液晶显示器等）、键盘、鼠标等等而成为台式计算机、笔记本式计算机（即笔记本电脑）。但这类计算机通常作为主控器，不适合将其与伺

服驱动单元模块集成在一起。当然，可以将整台台式计算机或笔记本式计算机作为控制器放在被控对象物理实体系统之上或之内（如果整个系统结构空间允许且系统位置固定的话），但是对于结构空间狭小、集成化程度高的全自立型机器人系统，将台式计算机、笔记本式计算机整机放在机器人本体之上并不合适。

PIC（peripheral interface controller）：为单芯片型 CPU，大小类似于 TTL IC 芯片，价格也很便宜。往往作为使用计算机作为控制器的初学者学习或者小制作、小玩具类的简单控制，为最低档的单片机。其内存容量小，不适合作为处理大量数据的控制用计算机。

单芯片型 CPU 与中高档单片机：单芯片型 CPU 本身是既含有 CPU，同时也含有内存、输入/输出接口等 CPU 外围回路的一片 IC 芯片。中高档单片机是将单片型 CPU 芯片及其与 PC 连接的通信用接口电路等等设计制作在一块印制电路板上而形成实验板或开发板。如 Z80 单片机（没有内藏内存）、H8 单片机（带内存）等 CPU 实验板。由于 PIC 等低档单片机本身容量、资源和数据处理能力十分有限，一般不用作高性能智能伺服驱动单元内的驱动控制器，通常采用中高档单片机。

（2）日立（HITACHI）制作所生产的 H8 系列单片机

H8 系列单片机（MyCom）大体上可以分为 8 位、16 位两大类总共 6 个系列。16 位 H8 单片机命令上位互换向下兼容 8 位 H8 单片机。8 位的有 H8/300L 系列、H8/300 系列两个系列，而且这两个系列命令完全互换（兼容）；16 位的有 H8/500 系列、H8/300H 系列、H8S/2000 系列、H8/300H Tiny 系列四个系列，其中：H8/300H 系列与 H8/300H Tiny 系列命令完全互换，H8S/2000 系列命令上位互换向下兼容 H8/300H 系列。

H8/500 系列为 H8 的初代产品，为 16 位、最高时钟频率为 16MHz、最大内存为 1MB 的系列单片机。

H8/300 系列为 8 位标准单片机的机能添加版，为添加、搭载 A-D、D-A 转换器等多种功能的系列，最高时钟频率为 16MHz。

H8/300L 系列为以 1.8V 低电压工作的低功耗耗电、性价比好的 8 位单片机系列。其命令与 H8/300 系列完全兼容，软件资源可以原封不动地使用。

H8/300H 系列是以 H8/300 系列为基础，性能提高版的 16 位单片机系列，最高时钟频率为 25MHz，最大内存为 16MB。命令集与 H8/300 系列上位兼容，特别配备了带符号位的乘法、除法运算命令。并且内藏数据直接传送机能（DMAC）和可用于控制电动机运动的 PWM 机能。所以，H8/300H 系列在相当一段时期内成为伺服电动机驱动与控制单元的首选控制用高档单片机。

H8S/300H Tiny 系列是 CPU 采用 H8/300H、外围电路中采用了 H8/300、16 位、最大时钟频率为 16MHz 的小型低价位的单片机系列，命令上与 H8/

300H 系列完全互换、兼容。

H8S/2000 系列则是比 H8/300H 性能更高但命令上位兼容的 16 位、最高时钟频率为 33MHz 的单片机系列。有积和运算命令等功能，从功能、速度上都堪称 H8 系列单片机中的最高版本。除 H8 系列之外，与 H8 系列不同的更高系列就是日立制作所的 SuperH 系列 32 位高档单片机。这些系列单片机的详细信息和资料可以从日立制作所的官方网站上查阅。

H8/300H 系列单片机概要：H8/300H 系列单片机相对容易买到，易于开发，性价比好。H8/300H 系列与 CPU 有上位互换性；有 16 个 16 位通用寄存器；62 种基本命令（指令），包括：8/16/32 位的转换和运算指令、乘除运算指令、强大的位操作指令等等；8 种可用的地址寄存器指令，包括：直接寻址、间接寻址、移位寄存器间接寻址、绝对寻址、立即寻址、程序计数器（相对）、内存间接寻址等寻址方式；16Mbits 内存可用；高速工作，最小命令执行时间为 80ns，最高时钟为 25MHz；兼有两种 CPU 工作方式：标准模式和高级模式（H8/3048 系列无此模式）；低功耗耗电：通常消耗约 50mA 电流，并且可用 SLEEP 命令进一步切换到低耗电状态。此外，H8/300H 的 CPU 在 H8/300 基础上做了进一步的改良，主要包括：通用寄存器扩展、内存扩展、寻址方式强化、命令的演化等机能得到改善。

H8/3048F 单片机：H8/3048F 是 H8/300H 系列中的代表性机型。H8 系列单片机即便是机型不同，基本的使用方法也是相同的，基本属于知其一而通同类。H8/3048F 的外观及其主要机能、结构构成如图 2-141(a)、(b) 所示。H8/3048F 为总体尺寸约为 15mm×15mm、周围均布总共 100 根引脚、内藏 4KB 的 RAM、各种定时器、A-D/D-A 转换器、通信等机能以及工作时钟为 16MHz 的高度集成化单片封装结构。100 根引脚针中输入、输出总共占 78 针，其中 8 位输入、输出接口 7 个，7、6、5、4 位输入、输出接口各 1 个，有的引脚针兼有多种用途可切换使用。由于 H8 系列单片机的引脚针间距狭窄，不同于通常的单片机或 IC 芯片的引脚针间距，因此，如果作为学习或通常实验用途使用 H8 系列单片机的话，最好购买如图 2-141(b)、(c) 所示的带有 H8 系列单片机的开发实验板，它们分别是日本秋月电子通商和 AW 电子的贩卖产品实物照片。如果是面向智能伺服驱动 & 控制单元的研发用途则需要按其引脚针间距自行设计印制电路板以及外围电路。

（3）日立（HITACHI）制作所生产的 SuperH 系列单片机（微处理器，micro process unit，缩写 MPU）[13]

SuperH 系列单片机是日立制作所面向高性能低价格开发的 32 位单片机。日立的单片机的总体目标是面向集成化小型化驱动和控制单元或控制系统设计与研发需要而设计制作的。众所周知的日本本田公司的本田技研研发的小型仿人机器人 ASIMO 的集成化控制系统中采用了日立 SuperH（简称 SH）系列单片机作为底层驱动和运动控制单元的控制器。即便是比 SuperH 系列单片机较早的 H8系列单片机也曾是设计研发蛇形机器人、腿式移动机器人、机器人操作臂等机器人伺服驱动单元的控制器。

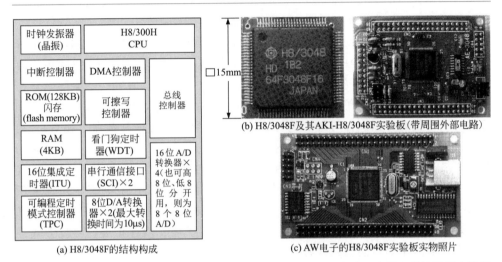

(a) H8/3048F 的结构构成

(b) H8/3048F 及其 AKI-H8/3048F 实验板 (带周围外部电路)

(c) AW 电子的 H8/3048F 实验板实物照片

图 2-141　日立制作所生产的 H8 系列单片机 H8/3048F 的结构构成示意图、芯片及其实验板

日立 SH 系列单片机的基本设计思想：

① 为单片机组入编译型语言程序同时以汇编语言为辅助功能。在运动控制行业，以往的 CPU 中许多命令并没有被用到，因此，可以削减命令数，所需要的机能可以以基本命令的组合来实现。如此使得命令从整体上得到简化。

② CPU 处理能力是按单位时间内处理的命令数来计量的。则提高时钟速度有利于电路处理能力提高。

③ 命令处理采用管道（pipe-line）并行处理，可以以最简单的低成本方式实现，有以固定字长的命令（指令）寄存器为中心的运算电路，采用内存运算无操作数（operand）的内存加载-存储（load-store）方式是有利的。

④ 伴随着运算速度的高速化同时命令和数据的总线宽度（bus band）不足，对此，用高速缓存（cache memory）来加以缓和。如此，命令的解码（decode）和控制回路都得以简化，可以用空出来的内存可以将高成本抑制到最小化，是一种均衡性的设计思想。

日立 SH 系列单片机的发展历程：SH 系列高档单片机从初代 SH-1 历经SH-2、SH-3、SH-4 发展到 SH-5，族谱比较多，而且 SH-2、SH-3、SH-4 都有自己的分支系列。

第 1 代（SH-1 系列）：SH 系列最初的 SH-1 内核（core）虽然是 32 位机，但其是以 16 位固定字长代码得到高效为特征的；但时钟信号频率并不高，为 20/12.5MHz。该系列中的型号有：SH7020，SH7021，SH7032，SH7034。

第 2 代（SH-2 系列，SH-2E）：是将第 1 代 SH-1 系列单片机的积和运算器的 42 位存储器扩展为 64 位，增加了两倍精度的乘法运算命令，并且搭载了专用的高速运算乘法运算器，提高了运算速度，但主要是通过将时钟信号频率从原来的 20MHz 提高到 28.7MHz/40MHz 来实现的。该系列中的型号有：SH7011，SH7014，SH7016，SH7017F，SH7040～SH7045，SH7050，SH7051F，SH7055F，SH7604。

第 2 代派生品（SH-DSP）：SH-DSP 是将 SH 特有的积和运算命令利用价值减半，由专用的三总线构成并且不以高效积和运算效率为主的产品。DSP 机能为 16 位固定小数点积和运算功能，工作频率为 60MHz。该系列中的型号有：SH7065F，SH7410，SH7612。

第 3 代（SH-3 系列，SH-3E）：第 2 代及以前的 SH 单片机都没有搭载 MMU（memory management unit，内存管理单元），因此，搭载 OS 或者大容量的存储器时在有效利用存储器方面及扩展应用上有些薄弱。对此，自 SH-3 开始日立 SH 系列单片机开始搭载 MMU，并追加 TLB 命令，如此，使得 SH-3 系列单片机搭载 OS（操作系统）变得容易实现了。从这一点上，SH-3 系列单片机在设计上超越了 Windows CE、PDA 用处理器等多数设计水平。此外，SH-3 还追加了可以实现已不是 2/8/16 等固定字长转变，而是由寄存器自由转变的 Shift 命令，也可由 C 语言生成代码，运算更高速，程序更紧凑。第 3 代的 SH-3 系列单片机的时钟信号频率上限可达 133MHz，性能大幅提高。工作频率为 45～133MHz。该系列中的型号有：SH7702，SH7707，SH7708R，SH7708S，SH7709，SH7709A，SH7718R。

第 3 代派生品（SH3-DSP）：在 SH-3 上搭载 3 总线 DSP 的制品。DSP 的机能与前述的 SH-DSP 相同。该系列中的型号有 SH7729，工作频率为 133MHz。

第 4 代（SH-4 系列）：SH-4 是为熟知 SEGA 的用户而设计的处理器，是组入为实现 3D 几何学运算高速化的加速矩阵运算机能的版本。主要扩展之处在于导入了浮点小数运算器，追加了与浮点小数运算相关的大量命令（指令）集，最高可以以 200MHz 的速度正常工作。SH-4 具有整数运算和浮点小数运算并行执行的并行运算机能，并且组入了图形用命令从而可以进行 SIMD 型处理。该系列中的型号有 SH7750，SH7750V，工作频率分别为 200/167MHz，167MHz。

第 5 代（SH-5）：SH-5 系列于 2002 年开始投入使用。

（4）日立 SH7040 系列单片机[14]

SH7040 为 SH 系列单片机的第二代即 SH-2 系列中的型号之一，为以日立自有结构的高速 CPU 为核心的 LSI 设计，将 CPU 与其系统构成所需的外围周边电路集成在一起的 CMOS 单芯片型单片机。CPU 拥有 RISC（reduced instruction set computer）型命令集，基本上是采用 1 命令（指令）1 周期的高速工作方式。以 SH7040 系列单片器作为控制器时的可用资源主要有：

I/O 口：SH7040、SH7042、SH7044 皆有 74 路输入/输出、8 路输入，合计 82 路；SH7041、SH7043、SH7045 皆有 98 路输入/输出、8 路输入，合计 106 路。

A/D 转换器：10 位 A/D 转换器 8 路；可外部中断触发转换；内藏 2 个采样保持机能单元（2 路可同时采样）；有高速/中等精度 A/D 内藏型、中速/高精度 A/D 内藏型可选。

大容量内存：ROM 按着不同型号分别有 64KB、128KB、256KB 可选；RAM 为 4KB（使用缓存时为 2KB）。

MTU（多功能定时脉冲单元）：基于 5 路 16 位定时脉冲信号可以最多生成 16 种波形或者最多可以处理 16 种脉冲信号的输入、输出；16 个输出兼输入的寄存器；总共 16 路独立比较器；脉冲输出方式：单触发（one shot）/计数触发（时钟触发）（toggle）/PWM/互补 PWM/Reset 同步 PWM；多个计数器同步机能；互补 PWM：6 相逆变器控制用无缝（non-overlap）波形输出、死区（dead）定时器自动设定、PWM 占空比为 0～100% 可任意设定、输出 OFF 机能；Reset 同步 PWM 模式：任意占空比的正、反相 PWM 波形 3 相输出；位相计数方式：可以处理 2 相编码器计数功能。

串行通信接口：2 路。每路：调步同步式/时钟同步式两种可选；全二重可同时发送信息；多处理器间通信机能。

2.6.3 控制系统的软件系统

前述给出了有关机器人控制系统设计中用于集中控制方式的运动控制接口卡、用于分布式控制方式的各个驱动与控制单元等硬件设计以及实例。一般而言，硬件只有在软件运行下才能发挥作用，除非所有的控制完全由机械中用作控制的机构、控制用的液压阀或气阀、以及电气系统的电子电路，再加上传感器系统的配合，完全由硬件系统实现自动控制。因此，相应于控制系统硬件的相关软件初始化或程序设计与执行是必不可少的。另外，工业控制、航空航天等诸多领域中的控制系统设计都有对系统响应时间的严格要求，这一要求下的系统即被称为实时系统。对于机器人系统而言，给定机器人控制系统一个指令，机器人系统本身必须在一定的时间要求内给出其响应，这个响应时间就是从指令发送给控制系统控制器到机器人执行完该指令下的运动或作业任务之间所经历的时间。这个响应时间的确定来自于机器人运动或作业任务性能要求，但受到机器人系统软硬

5343

件自身条件的限制。

2.6.3.1 控制系统的软件环境

机器人控制系统是运行在移动的软件环境下的。如早期在 PC DOS 运行环境下编写控制系统软件、现在的 Microsoft Windows 各种版本操作系统、Linux、Unix 等计算机操作系统之下以 C、C++、VC、MATLAB 等程序设计语言、汇编语言开发控制系统软件。对于机器人控制而言，由于各关节运动是按着时间同步协调运动来实现机器人本身的运动和执行作业任务的，因此，在现实物理世界中的控制的实时性要求是机器人控制的一项重要指标。即便是相对简单的顺序控制，也是按着开关顺序和时间序列来严格执行的。一般而言，除非软件上采用并行计算、硬件上实现完全的同步并行控制，否则，绝对的实时控制和理想的实时（即期望的执行时间或时刻与实际执行的时间或时刻误差为 0）是不存在的。在机器人控制中，用实时控制周期来衡量实时性，如控制周期为 20ms、10ms、5ms、2ms、1ms 或更短。实时性的衡量也是相对的，在计算机计算速度相对现在慢得多的 20 世纪 80 年代 6 自由度工业机器人操作臂实时控制周期 20ms 就属于实时性良好的控制了，而现在控制周期 10ms 为实时性一般，而对于数十个自由度的仿生、仿人机器人运动控制的实时性可以达到几毫秒已属平常。机器人控制的实时性要求是相对于其所执行的作业任务对实时性这一时间要求而言的。

(1) 实时的含义与实时系统（real time system）

实时的含义：实时（real time）的词义本身是指事件或过程出现的同时。在控制系统、感知系统中，则是指被控或被感知对象状态本身改变的同时，能够通过对当前已发生状态的认知有效地促进系统下一时刻所期望的状态的出现所作积极行为的"及时性"与"适时性"。其中具有"及时性""适时性"的积极主动的行为与过程可以称为"实时处理"。按着"实时"本意所含有的"及时性"和"适时性"，"实时处理"则含有实时过程时间的长短与同步性跟随两层意义。理想的实时则意味着完全同步和并行性，即时间差为零。但是，绝对实时是不可能存在的。所谓的实时控制、实时处理是指时间差满足不过时程度和适当的时候所进行的处理。实时处理并不都是体现在处理速度上，人们通常将高速处理与实时处理等同看待是有一定的误解的。但是，当系统要求具有高速处理能力时，实时处理通常体现在处理速度上，处理速度快慢则通常用时间长短衡量，如采样时间或频率、控制周期或频率等等。实时是相对的。

实时处理中的时间约束：是指实时处理过程的起始与终了两个端点时刻的约束，即开始处理的最早可能时刻 [被称为释放时间（release time）] 和结束处理的最晚可能时刻 [被称为截止时间（deadline）]。当实时处理为周期性处理时，每次处理的释放时间的偏差十分重要，释放时间的偏差被称为晃动（jitter）。

硬实时（hard real time）与软实时（soft real time）：按着强弱程度，可将实时处理的时间约束分为硬实时和软实时两类。实时处理或其中某处理不能满足时间约束则成为对系统贡献度为零的时间约束，这种时间约束即为硬实时；实时处理或其中某处理虽然不能满足时间约束，但其只是使系统贡献度有所下降，这种时间约束即为软实时。

实时系统：实时系统已约有 60 年的发展历史，但实时系统尚未有能够被普遍接受的定义。牛津计算机词典中给出的定义是："实时系统是指生成系统输出的时间限制（简称时限）对于系统至关重要，这通常是因为输入对应于现实物理世界的某些运动，同时输出也与这些运动相关。从输入到输出的滞后时间必须足够小到一个可以接受的时限（timeline）内。因此实时系统逻辑正确性不仅依赖于计算结果的正确性，还取决于输出结果的时间。"这个定义是有局限性和模糊性的。实时系统的定义首先依赖于系统的定义，而系统又可以分为包括机械、电力电子设备、计算机实体等等构成系统本体（现实物理世界中的实体）在内的硬件系统和以计算机程序为核心的软件系统。这里的硬件和软件仍然是狭义的概念，而广义的软、硬件系统的概念涉及的范围相当广泛，几乎涵盖了自然科学、社会科学、工程技术等各个领域。如社会问题的应急机制和管理系统便是有实时性要求的实时系统，也是一个有实时和反馈要求的实时控制系统。机器人系统更是一个实时性要求严格和实时控制的实时系统。所有的实时系统都有时限要求。

（2）机器人控制系统的实时性的决定因素

① 用于控制系统软硬件运行的计算机操作系统（不管是 PC 还是单片机或其他）是否是 RT OS（real time operation system）；

② 机器人机构自由度数的多少，也即机器人机构运动学、动力学计算复杂性，或者非基于模型的智能学习系统计算的复杂性；

③ 需要传感系统获取状态量数、采样时间（采样频率）及获取各状态量所需解算的计算复杂性；

④ 控制系统本身对控制指令的响应速度；

⑤ 各传感器本身感知能力及对外界或内部刺激响应速度；

⑥ 控制系统控制方式以及控制器设计；

⑦ 干扰和噪声，等等。

最后用一句话概括：实际上所有的这些因素最终都归结为计算机、主控计算机系统、驱动与控制单元、传感系统等硬件系统对实时性的影响。即便是计算机计算最终也是由硬件来实现的，而软件只能在硬件"计算"速度前提条件下，从如何减小计算量提高算法的计算效率（降低计算成本）的角度来提高实时性。计算机控制下的机器人控制系统的实时控制程度是随着作为计算机计算技术核心的 CPU、MPU 硬件技术等的发展而更新的。

（3）软硬件的时间预测性

在设计满足各种时间约束的实时系统时，要求系统对硬件和软件所有处理的时间具有预测性（predictability）。所谓时间预测性就是特定处理的完成时刻与预测时刻之间接近程度如何的测试结果。

通常通过高速处理（高速缓存、流水线技术等）来满足各种时间约束的办法，实际上是提高系统平均处理能力的一种办法，并不能保证每一个处理过程或处理周期都能获得高速处理的结果。一旦某次或某几次处理的时间差达不到高速要求，可能会因时间预测性能降低而导致系统性能急剧下降。因此，对于时间约束较强的实时处理要求，选用结构简单的硬件更为可靠。软件的时间预测性问题主要体现在实时处理软件设计方面的影响因素，主要包括：编程语言对时间约束的特定操作功能、编译器优化是否能够预测出运行时最有可能采用的路径和缩短平均运行时间、多个程序共享 CPU 的实时性保障问题等等。

（4）计算机实时操作系统（RT OS, real time operation system）

计算机系统最为核心的部件是 CPU（相应的也有微处理器 MPU），CPU 的形态有单芯片型和多芯片型。围绕 CPU 形态的不同相应的操作系统软件结构和通用性也就不同。通常的个人计算机（PC）系统的结构适于软硬件系统的通用性，在设计上面向办公与个人使用，也可作为各种自动化设备的控制系统上位机主控制器使用，多数 PC 用户所用的操作系统是 MS Windows OS，目的是获得最高平均性能，它不具备实时性。部分用户在 PC 上为了得到实时性而安装了 RT OS，如采用分时处理和作业优先级权限的 Unix、RT-linux 等 OS。也有用户针对 MS Windows OS 的非实时性而研发 RT OS for Windows 来为 MS Windows 用户 PC 提供作为主控器所需的实时性软件运行环境。

实时操作系统：就是以尽可能地避免时间预测性能低下的机制运行并保证实时性任务处理的操作系统，如计算机实时操作系统、机器人实时操作系统等实时操作系统。

实时操作系统运行的实时性（即时间预测性）保证机制：主要常用的机制包括优先权、调度和调度算法、优先权逆转问题与共享资源存取协议、中断处理等等。

优先权机制：基于时间约束的优先权（也称优先度），优先权可以固定即为固定优先权（fixed priority），也可以随着实时处理的进程根据实际情况加以改变即为动态优先权（dynamic priority）。

优先权调度算法机制和实时调度：采用固定优先权进行各个实时处理。优先权调度算法用于处理周期性实时处理，处理周期越短，优先权越高，代表性的算法如固定优先权（rate monotonic，RM）算法；动态优先算法中代表性的有最早时限优先（earliest deadline first，EDF）算法，该算法的机制是截止时间（deadline）越早，优先权越高。

优先权逆转机制与协议：解决优先度逆转（priority inversion）带来的系统可预测性降低以及资源共享会加大系统开销等问题的代表性机制，就是采用像 VxWorks 那样能够决定是否每一个互斥（mutex）都应用优先级继承性协议（priority inheritance protocol）的机制。

中断处理：减少系统中 I/O 中断发生的任意性。通过屏蔽、查询、用户线程优先权等方式来选择、处理 I/O 中断，可以起到有效减少使系统时间预测性降低的作用。

实时操作系统需要具备的功能特征：多任务和可抢占；任务有优先级；操作系统具有支持可预测的任务同步机制；支持多任务间通信；具备消除优先级转置的机制；包括 ROM 在内的存储器优化管理；中断延迟、任务切换、驱动程序延迟等行为是可知的或可预测的（在全负载下最坏反应时间可知）、实时时钟服务、中断管理服务等等。

实时操作系统的实时多任务内核：是 RT OS 最为关键的部分，其基本功能包括任务管理、定时器管理、存储器管理、资源管理、事件管理、系统管理、消息管理、队列管理、信号量管理等等。这些管理功能都是通过内核服务函数形式交给用户调用的，也即 RT OS 的 API。

2.6.3.2 分布式系统（distributed system）实时处理

网络通信实时处理：分布式实时系统的基本思想是将实时处理任务通过网络连接的资源协同作业，由网络上的每个节点资源通过相互之间通信的实时性和分担给各节点处理任务的实时性来保证整个分布式系统总体处理任务的实时性。分布式实时系统靠总线通信延迟、带宽等与响应相关的指标等来满足通信实时性要求。这种网络节点间协同作业中的优先权支持方式既有硬件方式也有协议支持方式，也可以同时实现硬实时和软实时通信。

网络节点上的实时处理：对于机器人控制系统而言，网络节点内的实时性主要是伺服驱动 & 控制单元实时处理的实时性，也即机器人控制系统各底层控制器的实时性。现有的智能伺服驱动与控制单元一般采用以 CPU、DSP 或 PLC 为核心的控制器硬件，以 PID 控制算法实现原动机（或关节）位置、速度、力矩等控制方式的实时性能够以微秒级实时控制周期满足底层运动控制的实时性。

通信协议（communication protocol）：通信的目的是进行正确无误且高效的

信息交换，要实现此目的，必须得有预先的约定，通俗地讲，这个为了通信双方或多方能够正确无误且高效地获得各自所需的信息而预先做出的规则约定就是通信协议。对于计算机通信而言，通信协议包括传递信息的硬件介质与接口的定义和信息格式软件定义。软件意义上的通信协议是由表示信息结构的格式（format）和信息交换的进程（procedure）两部分组成。

2.6.3.3　嵌入式实时系统（embedded real time system，ERTS）

要想了解嵌入式实时系统，首先必须了解什么是嵌入式计算机的概念及其与PC的区别。

① 嵌入式计算机（embedded computer）：又称作嵌入式系统计算机，20世纪70～80年代逐渐应用于工业、交通、能源、通信、科研、医疗卫生、航空航天、家用电器、国防等各个行业。它与面向个人用户的通用的PC不同，是以面向某些专门用设备中信息处理与控制任务而设计的一种计算机，它是针对应用系统特别是专用或专业用途设备、装置的功能、可靠性、成本、体积、功耗、实时性等等严格要求而设计开发的计算机，它一般由嵌入式微处理器、外围硬件、嵌入式操作系统和特定的应用程序四个部分组成，主要面向工业自动化设备实现控制（control）、监视（monitor）和管理（management）等功能。软件系统工作方式类似于PC的BIOS，具有软件代码短小、高度自动化和响应速度快等特点，适用于有实时处理和多任务自动化要求的系统。

② 嵌入式计算机系统区别于通用计算机系统的特征：

• 专用的嵌入式CPU：将通用计算机中位于CPU外部的许多由板卡完成的任务集成在CPU芯片内部，从专用和系统设计小型化的角度设计嵌入式计算机的CPU，系统设计上也较通用计算机系统小型化。这种小型化专用化系统设计对于类似于系统构成复杂的腿足式移动机器人系统集成化和移动能力提高是有利的。

• 软件/硬件/算法/应用对象特定任务紧密结合的专用性、唯一性决定了其为专用计算机：不仅CPU为专用的，而且嵌入式系统设计是软硬件紧密结合、相互依赖，且与应用对象系统的特定任务紧密结合的，去除了通用计算机那种因通用所需的冗余性设计。因此，从硬件到软件有专用性和唯一性，而且升级换代与相应产品同步，具有较长的生命周期。

• 用户只能按功能使用，软硬件通常不能改变：用户只能按着预定方式使用它而无需用户进行编程和指导其系统内部设计细节，不能也无需改变它。

• 嵌入式计算机系统大都为实时控制系统并采用分布式系统实现：适用于专用的工业仪器设备、控制装置、数控设备、信息家电、军用装备与控制系统等等，也适用于全自立的专用工业机器人、特种机器人系统；通过通信链接将各个嵌入式计算机连接成网络，从而构成分布式系统，更有利于保证硬实时性要求与实现。

• 嵌入式计算机系统软件的特征：

响应时间快并且有确定的硬实时性要求；

嵌入式系统多为事件驱动系统，采用多进程（多任务）运行机制，有处理异步并发事件的能力；

不允许控制程序在运行前从磁盘上加载，程序大都放在 ROM 存储器并直接执行，程序是决定定位、可再入的，具有故障诊断与修复能力，运行死机前自动恢复之前的运行状态；

嵌入式系统软件的应用软件与操作系统之间的界限模糊，往往是一体化设计的程序；

软件开发困难，需要使用交叉开发环境。

③ 嵌入式系统的嵌入方式：

整机嵌入式：是指一个带有专用接口的计算机系统嵌入到一个控制系统中作为控制系统的核心部件。这种嵌入式系统功能完整而强大。

部件嵌入式：以部件的形式嵌入到一个控制系统中，完成某些处理功能，需要与其他硬件紧密耦合，功能专一。一般选用专用的 CPU 或 DSP 器件。如伺服电动机的驱动 & 控制单元多数为采用 CPU 或 DSP 芯片作为控制器并且由制造商开发其内部的嵌入式软件系统。

芯片嵌入式：一个芯片是一个完整的专用计算机，具有完整的 I/O 接口，完成专一功能，如显示设备、家用电器控制器等等，一般为专门设计的芯片。

④ 分布式嵌入式系统：是将嵌入式系统应用中，带有微处理器（嵌入式计算机）的设备多台以分布式连接方式连接起来的系统，通过分布式系统实现嵌入式应用系统。具体的方法如下：

• 将对运行时间要求严格的关键任务放在不同的 CPU 中，可以更易于保证满足它的死线要求。

• 微处理器放在设备上，使得设备间的接口容易实现，在设计上避免舍近求远。

• 按着设备信息处理与控制要求的不同选择不同性能和等级的微处理器。

• 许多嵌入式系统采用分布式系统将各个微处理器（嵌入式计算机）用通信链路连接起来而成网络。通信链路可以采用紧耦合型的高速并行通信数据总线，也可采用串行通信数据链路。

• 制造或化工等过程控制中所用的计算机系统一般多为分布式嵌入式系统。

2.6.3.4 Wind River 公司的嵌入式 RT OS 软件系统 VxWorks 及其开发环境 Tornado

VxWorks 操作系统是美国 Wind River 公司（中译名为风河公司）于 20 世纪 80 年代推出的一款拥有高性能内核和友好的用户开发环境的嵌入式强实时操作系统，并且不断推出升级版，曾因成功用于火星探测车和"爱国者"导弹而闻名[15]。笔者有幸曾于 1999～2000 年在日本名古屋大学提出设计研发类人猿型机器人系统 GOROBOT-Ⅰ型时使用了 VxWorks 及其开发环境 Tornado 分别作为机器人控制系统的 RT OS 软件环境和 Windows 系统终端开发控制系统软件[16,17]。VxWorks 是一款非常稳定可靠好用的实时操作系统，Tornado 提供了网络服务、多目标代理、C＋＋编译、连接等多个组件以及优良的应用开发环境。包括丰田公司的仿人机器人研发在内，许多仿人、仿生机器人的十数个、数十个自由度的复杂机器人系统设计研发中都使用了 VxWorks 及其开发环境 Tornado 作为中、大规模机器人实时控制系统的软件环境开发平台。

VxWorks 操作系统的设计者充分利用了 VxWorks 和 Unix 或 VxWorks 和 Windows 两者的优点，相互补充达到性能最优，而非一定要创建一个万能的单一的操作系统。VxWorks 可以处理紧急实时任务，同时主机用于程序开发和非实时的任务。开发者可以根据实际需要恰当地裁剪 VxWorks，开发者可以使用基于主机上的集成开发环境 Tornado，来编辑、编译、连接和存储实时代码。但实时代码的运行和调试都是在 VxWorks 上进行的。最终生成的目标映像可以脱离主机系统和网络，单独运行在 ROM 或磁盘上。主机系统和 VxWorks 也可以在一个混合应用中通过网络连接共同工作，主机使用 VxWorks 系统作为实时服务器。

VxWorks 是将计算机操作系统独立于处理器而建立的实时系统中最具特色的 OS 之一，支持多种 CPU，同时支持 RISC、DSP 技术。VxWorks 的微内核 Wind 是一个具有较高性能的、标准的嵌入式实时操作系统内核，其主要功能特征包括：多任务快速切换、抢占式任务调度、多样化的任务间通信手段等等，以及任务间切换时间短、中断延迟小、网络流量大等特点。

VxWorks 操作系统由进程管理、存储管理、设备管理、文件系统管理、网络协议及系统应用等部件组成，并且只占用很小的存储空间，可高度裁剪，以保证系统高效运行。

Ternado 是 VxWorks 操作系统面向实际应用开发和调试所不可缺少的组成部分，是实现嵌入式实时应用程序的完整的软件开发平台，是交叉开发环境运行于主机上的部分。它是集成了编辑器、编译器、调试器于一体的高度集成的、不受目标机资源限制的、超级开发和调试的交互式窗口环境。

2.7　传感技术基础与常用传感器

传感器的定义：传感器（sensor，或 transducer）是一种能够准确感知和获得被感知、被检测对象的物理信息、化学信息以及生物信息，并能将获得的信息转换成与之相应的其他易于使用的量的功能性器件或装置。其中所说的易于使用的量通常采用机械量、电学量、光学量等等物理量。对于以计算机作为控制器核心部件的自动控制系统所用传感器而言，通常是经过数字信号处理后转变成计算机能够利用的电子信号数字量。

传感器系统是机器人系统中驱动与控制系统的"肌肉""皮肤"和"眼睛"等生物感官系统，是用来感知机器人自身状态以及被操作对象物或者所处周围环境的状态量，并用来进行状态反馈、机器人行为决策与控制，使机器人系统运动或作业有效达到目标的不可欠缺的基本组成部分。这一节主要对机器人系统常用的传感器结构与工作原理、应用加以讲述。

2.7.1　工业机器人传感系统概述

（1）传感器分类

内传感器与外传感器：工业机器人传感系统按着是否位于机器人本体之上可以分为工业机器人本体上搭载的传感系统即内传感器系统和位于机器人本体外被操作对象物或者周围环境中的外传感器系统。

按着检测物理量的不同（即按检测内容不同）分类：工业机器人传感系统中所用的传感器按着其检测物理量的不同可分为接触或滑动传感器、位置/速度传感器、加速度传感器、姿势传感器、力传感器、视觉传感器、电压传感器、电流传感器、温度传感器、流量传感器、压力传感器、特定位置或角度检测传感器、任意位置检测传感器等等；详细分类如表 2-20 所示。

表 2-20　按检测物理量不同划分的常用传感器的检测方式与种类

检测物理量的类型	常用传感器的检测方式与种类	检测物理量的类型	常用传感器的检测方式与种类
数字量 0 和 1	方式：机械式、导电橡胶式、滚子式、探针式、光电感应式、磁感应式 种类：限位开关（行程开关）、微动开关、接触式开关、光电开关、霍尔元件、磁敏管无触点开关、磁敏管电位计等等	方位（姿态）、方向（合成加速度、作用力方向）	方式：地磁式、浮动磁铁式、陀螺仪式、滚球式、静电容式、导电式、铅垂振子式、万向节式、球内转动球型 种类：陀螺式陀螺传感器（垂直、定向）、光纤式陀螺传感器、机械式陀螺仪、倾斜计等等；万向传感器

检测物理量的类型	常用传感器的检测方式与种类	检测物理量的类型	常用传感器的检测方式与种类
任意位置或角度	方式：应变式、板弹簧式、光栅式、电容式、电感式、光电式、光纤式、霍尔式、激光测距式、涡流式、变压器式等 种类：电位器（点记计）（位移）、直线编码器、旋转编码器、光线位移传感器、变压器式位移传感器、电感位移传感器、涡流式侧位移传感器、霍尔式位移传感器	电流	方式：光纤式、磁敏式、检测电流引起磁通变化的磁通管式、被测电流磁势与测定电流铁芯磁势平衡式 种类：光纤式电流传感器、磁敏管式电流传感器、磁通管式电流传感器、直流电流传感器等
速度	方式：应变式、光电式、机械式、微电子式、光纤式、霍尔式、激光测速式、涡流测速式等 种类：光电编码器、陀螺仪、光纤测速传感器、霍尔式速度传感器等	电压	方式：光纤式、电位器 种类：光纤式电压传感器、电位器（电压）
角速度	方式：光电式、机械式、微电子式、磁敏式、霍尔式 种类：位置传感器内置微分电路的编码器、磁敏管转速测量传感器、霍尔式转速传感器	力（接触力、压力）、力/力矩分量	方式：应变式（电阻应变式、半导体应变式）、压电式、电感式、压阻式、压磁式、电容式、压电谐振式、石英式、电位器式等 种类：1～6维应变式力/力矩传感器、压电式压力传感器、压电式测力传感器、压电多维力/力矩传感器、压阻式压力传感器、压磁式力传感器、压磁（磁致伸缩）式转矩传感器、石英晶体谐振式压力传感器、电感式压差传感器、电位器(压力)
加速度	方式：应变式、伺服式、压电式、压阻式、霍尔式、光纤式、电位器式等等 种类：光电式加速度传感器、压电式加速度传感器、重力加速度传感器、光纤式加速度传感器、压阻式加速度传感器、霍尔式加速度传感器、电位器(加速度)等等	温度	方式：热敏式、热电式、光纤式、涡流式、热膨胀原理、压电式、热辐射型、光辐射型、压磁式、红外线型 种类：热敏电阻、热电偶、涡流式温度传感器、热膨胀型热敏传感器、压电式热敏传感器(压电石英、压电超声、压电 SAW)、热或光辐射型热敏传感器、压磁式温度传感器、红外线型温度传感器
角加速度	方式：压电式、振动式、光相位差式等等 种类：压电加速度传感器、光电式角加速度传感器、角加速度陀螺仪等等	距离	方式：光学式（反射光量、反射时间、相位信息）、声波式（反射音量、反射时间） 种类：各种方式下的距离（测距）传感器

按着检测原理和方法分类：可以分为机械式、光学式、超声波式、电阻式、半导体式、电容式、高分子传感方式、生物传感方式、电化学传感式、磁传感式、气体传感式、气压式、液压式等等各种方式、原理的传感器类型。详细分类如表 2-21 所示。

表 2-21　按检测原理与方法不同的常用传感器分类

传感器	检测方法	原理	传感器	检测方法	原理
机械式传感器	触觉、软硬、凹凸	开关原理	气压式传感器	接近觉	
电阻式传感器	压觉、分布触觉、力觉、温度感觉	电阻式应变计、压电、光敏电阻、压阻、热敏电阻	高分子传感器	触觉、压觉	
电容式传感器	接近觉、分布压觉、角度/位移/加速度感觉	两极板间电容量与间距的关系原理：变极距型、变面积型、变介电常数型	电化学传感器	触觉、接近觉、角度	离子敏选择性电极原理
半导体传感器	压觉、分布力觉、力觉	半导体电导、载流子密度和迁移率。半导体应变计、霍尔效应、磁阻效应	生物传感器	触觉、压觉	生物功能物质识别与变换；生物膜反应产生的变化通过生物电极、半导体器件、热敏电阻、光电管或声波检测器等转换成电信号
超声波传感器	接近觉、视觉、距离感觉	压电元件的压电效应；高频电流、电压电源作用；压电换能、磁致伸缩换能原理；利用超声波产生的逆效应原理接收超声波	流体传感器	角度	
磁传感器	接近觉、触觉、方向感觉、方位感觉、位移/角度/压力/速度等感知	磁电感应、霍尔效应、磁敏电阻、磁敏管、磁栅	气体传感器	嗅觉	气敏元件电极表面与气体产生电化学反应而输出电流量；声表面波（surface acoustic wave，SAW）气敏元件；半导体气敏理论；MOSFET 等 MOS 元件气敏特性；质谱仪分析气体成分；光学方法气体成分分析等等
光学式传感器	视觉、接近觉、分布视觉、角度、光泽、疏密、色觉、速度/加速度/位移、压力/振动/、温度、电流/电压、电场/磁场	光敏、光电效应、电荷耦合器件原理；光学效应、光导纤维导光原理			

按着功能分类：接触、压觉、滑觉、力觉、接近觉、距离、运动角度、方向、姿势、轮廓形状识别、作业环境识别与异常检测等各个功能的传感器。详细分类如表 2-22 所示。

表 2-22　按功能不同的常用传感器分类

检测功能	传感器类型	方式	检测功能	传感器类型	方式
有无接触	接触传感器	单点式、分布式	倾斜角、旋转角、摆动角、摆动幅度	角度传感器	旋转式、振子式、振动式

续表

检测功能	传感器类型	方式	检测功能	传感器类型	方式
力的法向分量	压觉传感器	单点式;高密度集成式;分布式	方向	方向传感器	万向节式、球内转动球式
剪切力接触状态变化	滑觉传感器	点接触式;线接触式;面接触式	姿势	姿势传感器	机械陀螺仪式、光学陀螺仪式、气体陀螺仪式、微电子陀螺仪式
力、力矩、力和力矩	力觉传感器;力矩传感器;力和力矩传感器	模块式、单元式	特定物体形状、轮廓识别	视觉传感器(主动视觉)	光学式(照射光的形状为点、线、面、螺旋线等)
近距离接近程度	接近觉传感器	空气式、电磁场式、电气式、光学式、声波式、红外线探测式	作业环境识别、异常检测	视觉传感器(被动视觉)	光学式、声波式
距离	距离传感器	光学式、声波式	气体、气味检测	气敏传感器、嗅觉传感器	固态电解质式(电位式、安培式)、声表面波(SAW)式、半导体式、金属栅 MOS式、真空度式、气体成分式、光学成分分析式等等

　　按着所检测的是物理量分量还是合成量分类:物理量间耦合检测的耦合式传感器和物理量间分立检测的无耦合式传感器。物理量间耦合的耦合式传感器需要有从耦合检测到耦合解耦分解的解算器。

　　按传感器输出信号类型不同可分为数字信号输出传感器和模拟信号输出传感器:

　　数字信号输出传感器:传感器的输出为数字信号输出的传感器即数字量输出传感器,开关量传感器〔行程开关(限位开关)、接近开关等〕、光电编码器、磁栅传感器、接触传感器、霍尔元件等即数字量输出传感器;其数字信号输出高电平一般为 3.5～5V,即数字"1";低电平电压一般为 0～0.25V,即数字"0";也有的数字设备会降低高电平的最低限制,如最低低到 1.7V 左右,但是对于通用设备应遵守一般规定。信号上升沿即是由"0"上升到"1"的信号状态值瞬间跃迁沿(称其为"跃变沿"更形象),信号的下降沿是指信号值由"1"下降到"0"的信号状态值瞬间跃迁沿(称其为"跳变沿"更形象)。意味着输出端有较大的电流输出能力。输出端高阻抗状态意味着输出端电流输出能力较小。

　　模拟量信号输出传感器:传感器输出为模拟信号的传感器即模拟信号输出传感器,如张力传感器、多维力/力矩传感器、电流传感器、磁场传感器、电场传感器等等。模拟信号输出的是连续的电压信号(或电流信号),因此,按传感器输出模拟信号类型又可分为电压型信号输出和电流型信号输出两类。一般电压型信号输出抗干扰能力较差，可以在短距离范围内进行信号传输；电流型信号输出抗干扰能力强，适合远距离信号传输。

关于数字信号输出传感器与模拟信号输出传感器的计算机数据采集：数字信号输出的传感器一般可以直接由计算机通过计算机上的串行口或并行口或者数字输入/输出接口卡（I/O 口、计数器等）采集传感器输出信号入计算机后成为数字量值；而模拟信号输出传感器输出的信号一般不能由 PC 或者是没有 A/D 转换器的单片机、DSP 直接采集，这种传感器的检测部输出的信号一般为弱电压或弱电流信号，需要经过信号放大器放大之后由 A/D 转换器（即将模拟信号转换成数字信号的转换器件）或经带有 A/D 转换器的数字输入/输出接口卡转换成数字信号才能被采集到计算机中。因此，模拟信号输出传感器产品一般有两类：一类是该类传感器本体或其信号处理系统不带 A/D 转换器，传感器检测部输出的微弱模拟信号只经放大器放大后输出可供用户使用的模拟信号（用户直接使用模拟信号或用户自行将模拟信号作 A/D 转换后变成数字信号使用）；另一类是该类传感器系统（传感器本体、信号处理系统）输出的已经是经过 A/D 转换后的数字信号。前者制造商只随传感器硬件提供传感器所需电源要求以及传感器输出信号参数、使用说明书；后者作为传感器完整功能的系统，通常制造商已经设计并在传感器本体或信号处理系统［模拟信号处理和数字信号处理（DSP）］内部搭载所有软、硬件系统，并提供能够在计算机上正常使用该传感器系统的初始化、安装程序，同时面向用户程序设计，通过动态链接库文件（*.Lib）提供可供用户应用程序调用的库函数。此类动态链接库文件中定义了设置、使用传感器各项功能的函数。

（2）传感器的构成方法

① 传感器的组成　传感器通常是由敏感元件、转换元件、转换电路组成的，并输出电学量信号。

敏感元件（sensing element）：是直接用来感受被测量，并以确定的关系输出某一物理量的功能元件。可供传感器利用的敏感元件如表 2-23 所示。

表 2-23　制作各种传感器常用的敏感元件表

检测功能	实现敏感量检测功能的主要敏感元件	检测功能	实现敏感量检测功能的主要敏感元件
将力、压力转换成应变或位移	弹性元件：梁式、平行板式、环式、圆柱式、膜片式、膜盒、波纹膜片式、波纹管、弹簧管等等	声敏	压电振子、压电陶瓷
位移	应变片、电位器（电位计）、电感、电容、电涡流线圈、差动变压器、容栅、磁栅、光栅、感应同步器、码盘、霍尔元件、光纤、陀螺等等	射线敏感	闪烁计数管、中子计数管、盖革计数管、通道型光电倍增管、电离室、PN 二极管、PIN 二极管、表面障壁二极管、MIS 二极管

检测功能	实现敏感量检测功能的主要敏感元件	检测功能	实现敏感量检测功能的主要敏感元件
力敏	压电陶瓷、压电半导体、压磁式元件、半导体压阻元件、高分子聚合物压电体、石英晶体等等	气敏	MOS 气敏元件、热传导元件、半导体气敏电阻元件、浓差电池、红外吸收式器件
热敏	半导体热敏电阻、金属热电阻、热电偶、热释电器件、热线探针、PN 结、强磁性体、强电介质体	湿敏	MOS 湿敏元件、电解质湿敏元件、高分子电阻式湿敏元件、热敏电阻式湿敏元件、CFT 湿敏元件
光敏	光敏二极管、光敏三极管、光导纤维、光电倍增管、光电池、热释电器件、色敏元件、CCD	物质敏感	固相化敏膜、固相化敏膜、动植物组织膜、离子敏场效应晶体管(ISFET)
磁敏	霍尔元件、磁敏二极管、半导体磁阻元件、铁磁体金属薄膜磁阻元件、SQUID		

转换元件（transduction element）：是将敏感元件输出的诸如位移、应变、应力、压力、热、声波、磁、光强等非电学量物理量转换成电压、电流、频率等便于进行处理的电学量的功能元器件。

转换电路（transduction electric circuit）：是将电阻、电感、电容等电路参数表示的物理量转换成便于测量的电压、电流、频率等电学量的功能电路。

传感器的这三个组成部分并不是一成不变的。

有的传感器只有敏感元件，即由敏感元件在感受到被检测量之后直接输出便于处理和测量的电学量，如热电偶在感受到被测温差时直接输出电动势。

有的传感器只由敏感元件和转换元件两部分组成，而无需转换电路，如压电式加速度传感器。

有的传感器只由敏感元件和转换电路两部分组成，而无转换元件，如电容式位移传感器。

有的传感器转换元件不止一个，需要经过多个转换元件进行多级转换后才能输出便于测量的电学量（电压、电流或者频率等等）。

有的传感器将敏感元件（即检测部）和转换元件设计在传感器本体上，而转换电路不设计在传感器本体上，如梁式结构＋应变片原理的力、力/力矩传感器。

有的传感器使用环境要求安装空间、结构紧凑，传感器需要设计成集成化的一体式结构，将其三个组成部分全部集成在传感器本体上。

有的传感器制造商仅提供敏感元件与转换元件两个组成部分的传感器。转换电路由用户自己设计或选用带有 A/D 转换器的转换电路板卡。等等不一而足。

② 传感器构成方法的分类　传感器种类繁多，根据传感器的各个组成部分的不同，可以将传感器的构成方法分为基本型、电路参数型和多级变换型、参比

补偿型、差动结构型和反馈型。

• 基本型：是指只利用敏感元件构成的传感器，这种传感器没有转换元件和转换电路作为其组成部分。这种构成方法又分为以下三种基本型：

能量变换基本型：输入为被测的非电学量，输出为电压或电流。这类基本型传感器的共同特征都是可基于能量变换的基本原理由敏感元件直接产生电学量，但不需要外加电压，敏感元件本身就是能量转换元件。因此，将这一类称为能量变换型传感器，也称为无源型传感器。

能量变换基本型传感器：如基于热电效应的热电偶、基于光生伏特效应（简称光伏效应）的光电池、基于压电效应的力传感器、固体电解质气体传感器等等都属于这一基本型。

辅助能源基本型：采用电源或磁源（固定磁场）来增强抗干扰能力、提高稳定性和提取出电信号，但是敏感元件输出的能量并不是从电源或磁源上获得的，而是从被测对象上获得的，属于能量变换型传感器。而所采用的电源或磁场作为辅助能源或偏压源。

辅助能源基本型传感器：霍尔传感器、光电管、光敏二极管、磁电感应式传感器等等。

能量控制基本型：需要用外加电源才能将被测非电学量转换成电压、电流或频率等电学量作为传感器输出。这一类型的传感器的共同特点是：需要外加电源；输出能量可大于被测对象所输入的能量。

能量控制基本型传感器：变压器式位移传感器、感应同步器、电化学电解电池传感器、声表面波传感器、离子敏场效应晶体管等等。

• 电路参数型：这一类型的传感器是由敏感元件、包含敏感元件在内的转换电路、电源三部分组成的。其特点是：敏感元件对输入的非电学量信号进行阻抗变换；电源向包含敏感元件在内的转换电路提供能量，传感器输出电压或电流。这种类型属于能量控制（或称调制）型传感器；输出的能量远大于输入能量。利用热平衡、传输中二次效应的传感器皆属于电路参数型传感器。

电路参数型传感器：电阻应变式、电感位移式、电涡流位移式、电容位移式传感器等等；热敏电阻；光敏电阻；湿敏电阻；气敏电阻等等。

• 多级变换型：多数传感器都采用由敏感元件把被测非电学量通过中间变换转换成某种作为中介的物理量，然后再通过转换元件（或者再加上转换电路）转换成便于测量的电学量并输出。多级变换型又可分为能量变换型和能量控制型两类。多级变换型传感器可利用的中间变换物理量及转换元件如表 2-24 所示。

多级变换型传感器：如利用弹性体（如梁结构、弹簧等）作为力、压力敏感元件，敏感元件上贴应变片，再用电桥电路输出电信号测量得出力、压力的各种力、力矩传感器。

表 2-24　多级变换型传感器可利用的中间变换物理量及转换元件表

中间变换物理量	被测量	转换元件
位移	力、压力、热、加速度、扭矩、温度、流速、湿度等	应变片、电感、电容、霍尔元件等等
光量	位移、转数、浓度、气体成分、湿度、射线、维生素等	各种光电器件
热	温度、真空度、流速、尿素等	热电偶、热敏电阻等
复合物	葡萄糖、胆固醇、各种成分的浓度等	各类电极等电化学器件

能量变换型多级变换传感器：压电式加速度传感器、L-氨基酸酶传感器等等。

能量控制型多级变换传感器：应变式力传感器、电容式加速度传感器、霍尔式压力传感器、光纤式加速度传感器、酶热敏电阻式传感器等等。

•参比补偿型：是组合使用两个或两个以上的性能完全相同的敏感元件分别感受被测量与环境条件量（工作敏感元件）和环境条件量引起的补偿量的敏感元件（补偿用敏感元件）组合式形式。为消除环境温度、湿度变化或电源电压波动等因素对传感器性能的影响，传感器中采用完全相同的两个敏感元件，其中一个用来感受被测量和环境条件量；另一个只用来感受环境条件量而作为对传感器测量的补偿量使用，从而达到消除或减小环境干扰对传感器测量结果准确性的影响的目的。参比补偿型的传感器构成方法有利于提高测量精度。

参比补偿型传感器：带有温度补偿片的压电式压力传感器、电阻应变式传感器等等。

•差动结构型：是将传感器检测部设计成差动式结构并采用性能完全相同的两个敏感元件同时感受方向相反的被测量和相同的环境条件量的传感器构成方式。这种方式的思路与差动电路原理一样，是通过两个性能完全相同的敏感元件分别对相同环境条件下的扰动量进行感测，感测后的被测量中含有同样大小的扰动量和互为正负的单纯被测量，两个敏感元件的输出作差后扰动量互相抵消，输出则为两个敏感元件输出量之和的1/2。差动结构型的特点是通过差动式结构来提高传感器的灵敏度、线性度，并减少或消除环境等因素对传感器性能的影响。

差动结构型传感器：差动电阻应变式、差动电容式、差动电感式等能量控制式差动结构型传感器；压电式能量变换式差动结构型传感器。

•反馈型：反馈型传感器是一种闭环反馈系统，是一种将起测量检测作用的敏感元件（或转换元件）同时兼作反馈元件使用的一种传感器构成方式。它通过将敏感元件检测到的被测量反馈回来进行比较运算以使传感器输入处于平衡状态，因此又称为平衡式传感器，主要有位移反馈型、力反馈型和热反馈型等类型。

反馈型构成方式主要用于高精度微差压测量、高流速测量等用于特殊场合的传感器，但传感器结构复杂。

反馈型传感器：差动电容力平衡式加速度传感器、热线热反馈式流速传感器等等。

（3）传感器信号处理过程

传感器的信号处理一般包括两大部分：模拟信号调整和数字信号处理。传感器本身是一个系统，由传感器检测部（也即传感器本体）、信号处理系统、电源等组成。传感器输出的信号（电压、电流等）通过信号调整子系统进行信号放大和滤波，将传感器输出信号放大，使其具有一个低的或者匹配的输出阻抗，并且提高了与被测量相应的模拟信号的信噪比（signal noise ratio，SNR）。经过调整子系统调整之后的信号（电压或电流等电学量）可以在不同的设备上显示或存储，调整后的信号经低通滤波器后，通过模拟/数字转换器（A/D converter）转换后变成数字信号，便可以由 PC 或以 CPU 为核心的单片机、DSP、PLC 等控制器用作状态量数据进入到控制系统中用来进行计算，进行反馈控制。传感器信号处理的大致过程如图 2-142 所示。

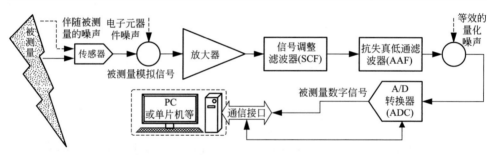

图 2-142　传感器输出模拟信号的调整与 A/D 转换等信号处理过程

传感器信号处理过程中的噪声主要来源于三个方面：

① 伴随被测量的噪声，也称环境噪声，如来自外部环境的温度变化、振动与机械噪声、湿度、非被检测气体、电磁干扰源等等。

② 与电子信号调整系统有关的噪声，该噪声与输入有关。

③ A/D 转换过程中产生的等效量化噪声，等等。

噪声会影响传感器测量的准确性和分辨率。

（4）模拟信号的调整

通常传感器检测部输出的信号都很小，无法用来直接使用，需要进行放大，放大器不仅产生增益，而且还能用作滤波、信号处理或非线性校正。

模拟信号调整通常利用普通运算放大器、特殊的测量放大器、隔离放大器、模拟乘法器以及非线性处理集成电路来实现。

① 理想的运算放大器特性　运算放大器的等效电路模型如图 2-143 所示，输入端 V_1 和 V_2 之间连接一个输入阻抗 R_i，输出电路由一个受控电压源与连接到输出端 V_o 的一个输出阻抗 R_o 串联而成，两个输入端 V_1 和 V_2 之间的电压差产生流经输入阻抗 R_i 的电流，差分电压被放大 A 倍后产生输出电压，A 为运算放大器的增益。为简化电路设计，对理想运算放大器的特性作一些假设：开环增益无穷大；输入阻抗无穷大；输出阻抗为零；带宽无穷大，即无限频率响应；无失调电压，即当放大器两个输入端电压相等时输出端的电压为零。其中：输入阻抗无穷大和无失调电压两点特性假设对于设计运算放大器电路十分有用，即有设计定则为：

定则 1：当运算放大器工作在线性范围内时，两个输入端的电压相等。

定则 2：运算放大器的任一端点都无电流流入。

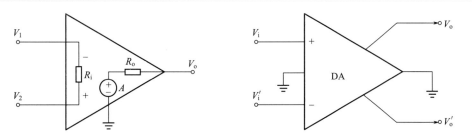

图 2-143　运算放大器的等效电路　图 2-144　具有差动输出的普通差动放大器（四端口电路）

运算放大器是高增益的直流差分放大器，通常用于由外部反馈网络决定特性的电路结构中，电路的传递函数为输出函数与输入函数之比。电压放大器的传递函数又称增益，为放大器输出电压与输入电压之比，即增益 $A_v = V_o/(V_2 - V_1)$。

② 差动放大器（differential amplifier，DA）　在传感器、测量系统中广泛使用差动放大器，差动放大器在所有类型的运算放大器、测量放大器、隔离放大器、模拟乘法器、阴极射线管（CRT）示波器以及特殊集成电路等等器件与电路中都有应用的典型运算放大器。一般作为各种类型放大器的输入级。

差动放大器的一般形式：如图 2-144 所示，包括接地端在内，是一个四端口电路，实际使用的差动放大器多为单端 V_o 输出，所以实际使用时多为三端口电路，即单端输出的差动放大器。

单端输出的差动放大器作为典型的运算放大器，它有很高的直流增益和高共模抑制比（common mode rejection ratio，CMRR）。

多数运算放大器的开路传递函数可为：

$$A_D = \frac{V_o}{V_i - V_i'} = \frac{K}{(1+\tau_1 s)(1+\tau_2 s)} \tag{2-10}$$

增益带宽积（GBWP）：运算放大电路的高频响应是小信号的增益带宽积（GBWP，gain bandwidth product）。GBWP 是控制闭环的一个关键参数，可近似为：

$$\text{GBWP} \approx \frac{K_{vo}}{2\pi\tau_1} \tag{2-11}$$

$$f_T \approx \text{GBWP} \tag{2-12}$$

式中，K_{vo} 为运算放大器的直流增益；f_T 为开环运算放大的单位增益或 0dB 频率。

共模抑制比（CMRR）：是差动放大器的一个品质因数，单位通常用 dB 表示。它描述了实际的差动放大器性能接近理想差动放大器性能的程度。CMRR 等于放大器对差模（differential mode，DM）信号的电压放大倍数与对共模（common mode）信号的电压放大倍数之比。

差动放大器的特点：差动放大器能够响应其输入信号的差值信号（$V_i - V_i'$），同时能够抑制随着两个输入信号一起"混入"进来的噪声或干扰，这样的共模输入电压通常为一直流电平噪声或者其他固有干扰；使用差动放大器能够抑制放大器的直流电源电压的变化。

③ 运算放大器按其特点和应用划分的分类　大多数运算放大器的工作电源电压为 ±15V 或 ±12V 的直流电源，并且能够提供 ±10mA 的电流。而工作电源电压为 ±3.2V、±5V 等的直流电源用于便携式仪表和通信设备中。

运算放大器的分类是按着其特点和应用来划分的。

高速运算放大器：是指具有转换速率超过 25V/μs 和 75MHz 或更大的小信号增益带宽积（GBWP）的运算放大器，主要用于仪表、传感器以及通信设备中。

功率和高电压运算放大器：是指那些能够为负载提供超过 10mA 电流，或者能够在超过 ±15V（典型值为 ±40~±150V）的电源上工作的运算放大器。一些功率运算放大器甚至于能够工作在 68V 电压和 30A 电流条件下；有些运算放大器既属于高速运算放大器，也属于高电压和功率运算放大器。功率运算放大器主要用于驱动电动机、电磁传感器或其他电磁类元部件。

斩波稳定放大器（chopper-stabilized operational amplifier，CSOA）：是指应用于稳定性好、漂移小、直流电幅度长期稳定且环境温度可调的范围内的运算放大器，主要应用于电子秤、电气化学应用和静态光度测量等等。

理想运算放大器：尚处于电路设计的初始阶段，未见于市场产品中。理想运算放大器的主要参数为：无穷大的微分增益、CMRR、输入阻抗、转换速率、GBWP、零噪声、偏置电流、失调电压、输出阻抗。一个理想的运算放大器就是具有无穷大增益和频率响应的微分 VCVS（voltage controlled voltage source，电压控制电压源）。

④ 基本的运算放大器 运算放大功能中的基本运算放大器有同相放大器、反相放大器、单位增益放大器、差动放大器。各基本运算放大器电路及其传递函数、增益等如表 2-25 所示。

表 2-25 基本的运算放大器

放大器名称	放大器电路	增益 A_v
同相放大器	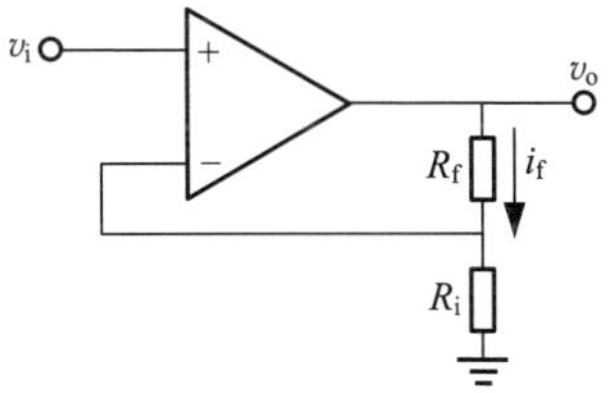	$v_i = R_i i_f$ $v_o = R_i i_f + R_f i_f$ $A_v = v_o / v_i = 1 + \dfrac{R_f}{R_i} \geqslant 1$ 输入、输出特性：电路增益为正且总是大于或等于 1；输入阻抗非常大，接近于无穷大
反相放大器	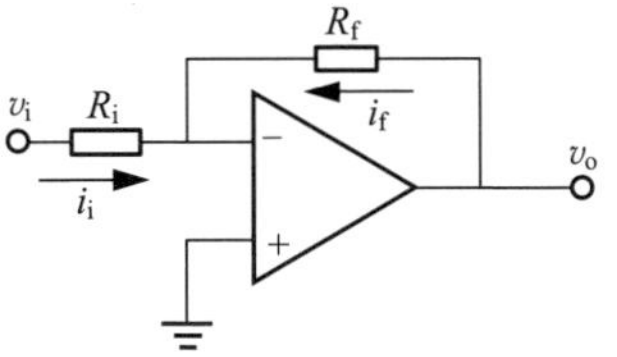	$i_i = v_i / R_f = -i_f$ $v_o = R_f i_f$ $A_v = v_o / v_i = -\dfrac{R_f}{R_i}$ 输入、输出特性：当输出电压超过饱和电压时，电路饱和。无论输入电压 v_i 怎样增大，输出 v_o 不再改变。可通过加大 R_f 提高增益但最大值有实际限制；增大 R_i 可提高输入阻抗随之增加，但增益减小
单位增益放大器	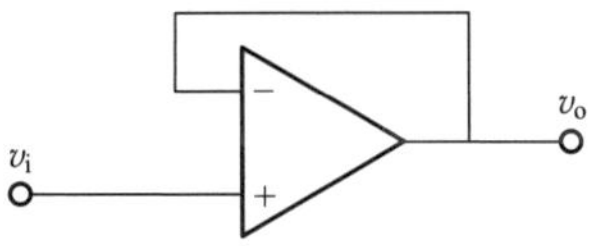	$v_i = v_o$；$v_o / v_i = 1$ 若同相放大器中，将 R_i 置为无穷大（相当于接地端断开），R_f 置为零，则同相放大器就变为左图所示的单位增益放大器 为什么要使用单位增益放大器呢？单位增益放大器是很有用的缓冲器或阻抗控制器。它将电路与后级负载效应相隔离；在 A/D 转换器中使用单位增益放大器将得到一个恒定不变的输入阻抗；对于某些 D/A，用它可获得一个所需的高阻抗负载来保证正常工作但又不想对输出电压进行换算

续表

放大器名称	放大器电路	增益 A_v
差动放大器	(电路图：v_1 经 R_1 接 v_1' 到反相输入端，R_2 反馈；v_2 经 R_1 接 v_2' 到同相输入端，R_2 接地；输出 v_o)	$v_2' = R_2 v_2 / (R_1 + R_2)$ $(v_o - v_1')/R_1 = (v_1' - v_o)/R_2$ $v_o = v_i R_2 / R_1 = (v_2 - v_1) R_2 / R_1$ 若两个输入端连接在一起有 $v_1 = v_2$（即共模，有公共的驱动电压），则 $v_o = 0$。差动放大器的共模增益为 0；若 $v_1 \neq v_2$ 则差动放大器的共模增益为 R_2/R_1

⑤ 模拟信号运算放大器　实现模拟信号运算的主要运算器有：反相器、加法器（也称加法放大器）、积分器、微分器、比较器、滞后的比较器、整流器、限幅器等等，各自的电路及其增益如表 2-26 所示。

表 2-26　模拟信号运算的运算放大器

放大器名称	运算放大器电路	特性
反相器和换算变换器	(电路图：v_i 经 R_i 接反相输入端，R_f 反馈，i_f；输出 v_o)	$i_i = v_i / R_f = -i_f$ $v_o = R_f i_f$ $A_v = v_o / v_i = -R_f / R_i$ 适当选择 R_f，R_i，由反相放大器即可得到所需要的增益变化和符号反相。反相器可用于换算数字-模拟转换器（D-A converter）的输出
加法器（或称加法放大器）	(电路图：v_1 经 R_1，i_1；v_2 经 R_2，i_2；……v_n 经 R_n，i_n 汇入反相输入端，R_f 反馈，i_f；输出 v_o)	$i_i = v_i / R_i$ $v_o = -R_f i_f$ $v_o = -R_f \sum_{j=1}^{n} \dfrac{v_j}{R_j}$ 电阻 R_f 决定电路的总增益
积分器	最简单的积分电路 (电路图：v_i 经 R_i，i_i 接反相输入端，C 反馈，i_f；输出 v_o)	$v_{ic0} = i_f t_1 / C$ $i_i = v_i / R_i = i_f$ $v_o = -\dfrac{1}{RC} \int_0^{t_1} v_i \, dt + v_{ic0}$ 式中：v_{ic0} 为电容 C 的初始电压；t_1 为积分时间。

续表

放大器名称	运算放大器电路	特性
积分器	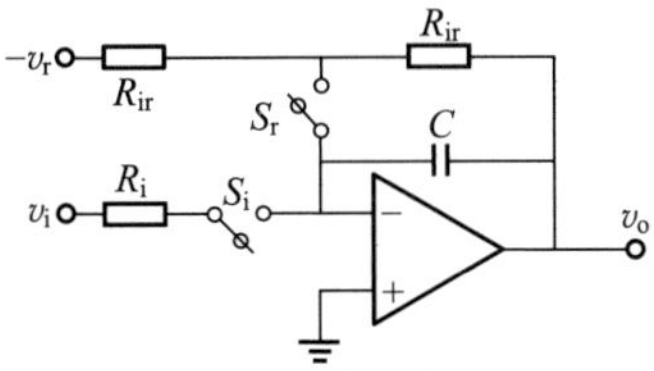 实际的积分电路	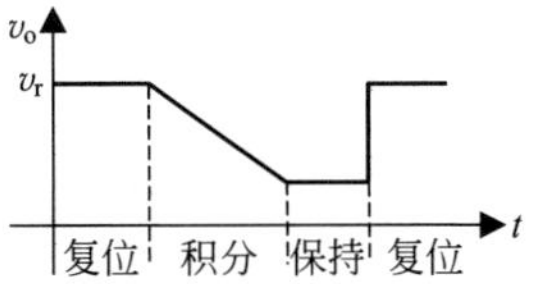 左图中开关 S_i、S_r 可以采用继电器触电或FET(场效应管之类的固体开关或模拟开关，开关动作由外部逻辑控制)
微分器	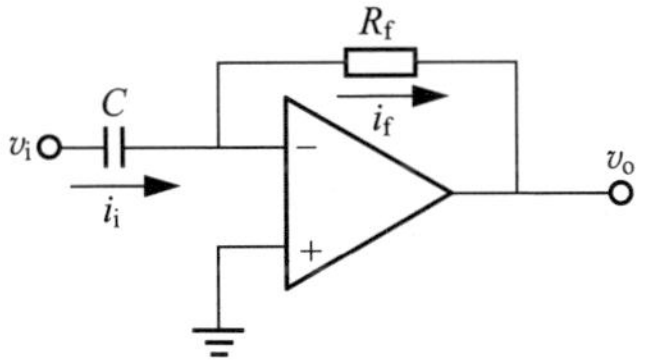	$i_i = C dv_i/dt$ $v_o = -RC dv_i/dt$
微分器	实际的微分器 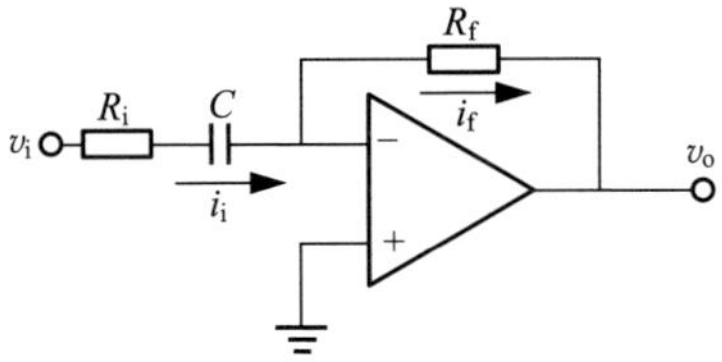 	为设计稳定的微分器,应使: $$\omega_i = \sqrt{\left(\frac{A_0\omega_0}{R_f C}\right)} = \frac{1}{R_i C} \text{或} R_i = \sqrt{\left(\frac{R_f}{A_0\omega_0 C}\right)}$$ 式中,$A_0\omega_0$ 为运算放大器的增益带宽积(GBWP)
比较器	简单比较器 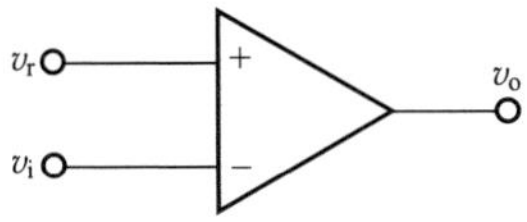	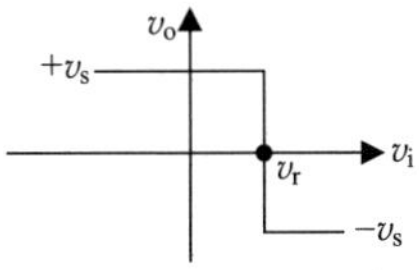 v_s 为饱和电压
比较器	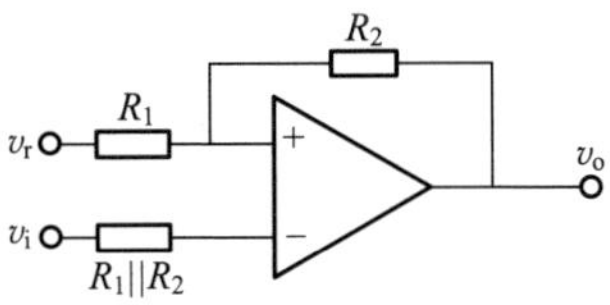	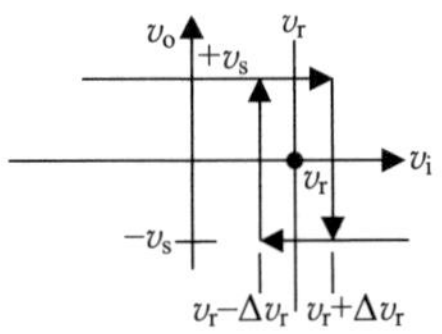 v_s 为饱和电压

放大器名称	运算放大器电路	特性
整流器	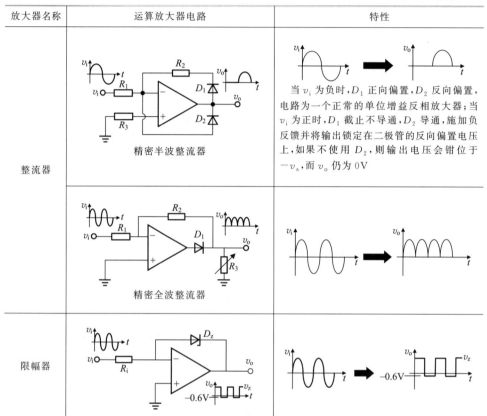精密半波整流器	当 v_i 为负时,D_1 正向偏置,D_2 反向偏置,电路为一个正常的单位增益反相放大器;当 v_i 为正时,D_1 截止不导通,D_2 导通,施加负反馈并将输出锁定在二极管的反向偏置电压上,如果不使用 D_2,则输出电压会钳位于 $-v_s$,而 v_o 仍为 0V
	精密全波整流器	
限幅器		

（5）滤波器

按照滤波通带的形状可将模拟有源滤波器分为高通滤波器、宽带滤波器、窄带滤波器、低通滤波器、陷波滤波器、全通滤波器等几种主要的类型；按着模拟有源滤波器的结构不同分为受控源有源滤波器、四次有源滤波器、通用阻抗变换器有源滤波器、高阶有源滤波器等几种主要结构类型。

受控有源滤波器可以用来实现带通、低通、高通二次传递函数。一个单一的运算放大器加上 4 或 5 个电阻或电容反馈元件，可以用作低通或单位增益 VCVS（电压控制电压源）。如著名的 Sallen-Key 低通滤波器、高通滤波器。

四次有源滤波器是一种容易满足设计标准的有源滤波器。其中最为通用的一种是两环四次有源滤波器，根据所选择的输出的不同，两环四次有源滤波器可用作高通、调谐带通或低通滤波器。它允许滤波器的峰值增益、截止频率、阻尼因子和调谐电路的 Q 值独立调整。还可以利用基本的四次有源滤波器外加一个运算放大器来实现全通和陷波滤波器[18]。

通用阻抗变换器（GIC）采用了 2 个运算放大器和 5 个二端口元件（电容或电阻），它能够形成对地阻抗。这些阻抗反过来可与电阻、电容以及运算放大器组合起来构成各种二次传递函数，这些二次传递函数如同前述的四次有源滤波器结构的传递函数，可以设计基于通用阻抗变换器的有源滤波器，分别可设计实现带通、全通、陷波、低通以及高通等等滤波器[18]。

高阶有源滤波器是将两极点（两次）有源滤波器级联成高阶滤波器，从而有四个或更多个极点。常用的有：巴特沃斯（Butterworth）滤波器、切比雪夫（Chbychew）滤波器、椭圆或考尔（Cauer）滤波器、贝塞尔（Bessel）或汤普森（Thompson）滤波器[18]。

2.7.2 位置/速度传感器及其应用基础

（1）用于关节极限位置限位的限位开关（行程开关）和其他开关量元件

限位开关有接触式的和非接触式的；有机械式的、光电式的、磁感应式的多种。它们的结构和工作原理简单、易用，是用于获得机械运动极限位置的最简单的位置传感器。通常将限位开关或霍尔元件安装在相对运动（回转或移动）的两个构件中运动构件的两个极限位置上，而另一个构件上固连用来触发开关动作的挡块或霍尔元件的另一半。开关或霍尔元件连接在由直流电源（一般为 DC 5V）和由两个用来分压的电阻构成的简单电路中。关节正常运动期间开关为常开状态，开关输出的电信号为大于 3.5V 的高电平信号数字量"1"；当关节运动到极限位置时开关被触发，当开关闭合或触发时，电路形成电流回路，从采样电阻两端可拾取到小于 2.7V 的电压，即输出低电平信号数字量"0"。关节有两个硬极限（即机械限位的左极限、右极限）的情况下，根据左右极限位置上安装的行程开关（或限位开关）以及关节转向（或移动关节往复移动方向）可以设计逻辑真值表，按着逻辑真值表设计用数字 IC 逻辑器件［数字"与（AND）""或（OR）""非（NOT）"逻辑门电路］搭建关节机械限位与转向判别控制电路，即可实现机器人关节自动回避关节极限位置的无碰安全运动或者限位安全行程运动。当限位开关（或行程开关）动作，关节运动到达关节极限位置时的数字信号被传递给控制器时，控制器给驱动关节运动的电动机发出停止或反转的控制信号，控制电动机停止或反转。这种应用的霍尔元件测量的也是开关量，限位工作与控制方法没有本质区别。

机械式的限位开关（limited-switch）：也称微动开关、微型开关（micro switch），行程开关；有按键式、压簧按钮式、片簧按钮式、铰链按钮式（铰链杠杆式）、软杆式等等。其动作的原理简单，外力加在开关按钮或杠杆、软杆上使按钮或杆柄动作并压向电触点使电路导通或断开，从而形成"0"或"1"的数字信号量并传给控制系统，"准确告知"开关动作产生的状态。

光电开关（photo-interrupter）：光电开关由作为发光的 LED 光源和受光产生电信号的光电二极管或光电三极管等光敏元件，按着发光部位对应受光部位相隔一定距离而构成的透光式开关，发光部与受光部之间是横向布置的遮光片狭窄通道（缝隙）。当移动的遮光片遮挡在发光部与受光部之间时，LED（发光二极管）导通将电能转化成的光照射不到光电二极管或光电三极管等光敏元件的受光部位，光敏元件侧回路呈开路状态"输出"电信号（如"高电平"）；当遮光片移开光没有被遮挡时，光敏元件受光照射，回路开通，输出电信号（如"低电平"），从而起到开关作用。光电开关的基本原理奠定了光电编码器的原理，也可以说光电开关是最基本的只有"0""1"两个编码的最简单编码器，可以检测直线、回转以及任意运动范围内的点位位置。

电位计（电位器）：有直线式或回转式。电位计的原理好比滑线变阻器，电位计上作直线移动或回转运动的触点的线位移量或角位移量（或位置）与由该触点输出的电压成正比，比例系数为单位位移量输出的电压值，为定值。因此，将电位计壳体、输出电位的触点分别固连在关节壳体和关节回转轴上，当关节转动时，关节转动的位置（或角度）就可以转换成电位计触点输出的电压值（模拟量），变换成数字信号后通过数字 I/O 接口采集到计算机中，即可得到按其比例关系转换成的、对应实际关节位置（或位移量）的关节角位置（或角位移量）的数值，用该值与期望的关节位置（或关节位移量）进行比较和调节，从而进行简单的关节位置控制或限位、行程控制。这种简单的位置控制精度取决于电位计测量位置（位移量）的分辨率、精确程度。这种采用电位计的位置测量、控制的精度都较低。但成本低，电路简单，由 5V 直流电源供电或取电于控制系统中的5V DC 电源。直线式和回转式电位计在位置测量、限位与行程控制上的原理没有本质区别。

（2）光电编码器（optical encoder）（也称光学编码器或光电码盘）

① 光电编码器感测位置、速度、加速度的基本设计思想和原理　知道光电开关的开关作用原理，就不难懂得光电编码器的位置/速度传感器的工作原理了。换句话说，光电编码器的原理是光电开关作用原理的延伸和应用。如果在圆周方向一定的扇区内对应成对布置几对位置精确的 LED 光源和其对面正对着的受光照射的光敏元件（光电二极管或光电三极管），然后将前述光电开关原理中的遮光片设计成沿着圆周方向以一定间距或一定间距规律间隔开来的透光径向窄缝族群的圆盘，或者圆盘上沿圆周分布的径向窄缝族群不只一周，而是同心圆周的多周，而且各周窄缝所在的径向位置都与前述布置的几对 LED 和光敏元件有着严格的几何位置对应关系（通过编码结构设计实现），则当预先设计好的遮光圆盘绕其自己的轴线旋转时，垂直正对着遮光圆盘上各周窄缝的各发光 LED 之间以

一定的相位差和周期按序发光，旋转的遮光圆盘以任意转速或任意变速旋转，则各发光 LED 发出的光会在遮光圆盘旋转过程中间歇式透过各个窄缝又间断地被窄缝之间的遮光格栅遮挡，持续间歇式地透过窄缝的光照射到光敏元件上产生并输出电信号。如果严格地按着窄缝等间隔或严格规律性的间隔与精确的位置关系设计光源数及其位置、遮光圆盘及其上窄缝族群位置与尺寸，以及光敏元件的数量、位置，即编码结构设计，然后加以精确制造。则，遮光圆盘转动的周向位置、位移、速度以及加速度与各光敏元件在遮光圆盘旋转过程中接收透光照射时产生的编码脉冲电信号之间存在着严格的数学函数关系。通过各编码脉冲电信号之间的逻辑运算可以解算出遮光圆盘的实际位置、速度乃至加速度。这就是光电编码器设计的重要基本思想和原理。之后的事情是如何做具体设计和实现的问题，也即具体技术实现的事。

脉冲发生器（pulse generator）：脉冲发生器是检测单方向位移或角速度并输出与位移增量相对应的串行脉冲序列的装置。

编码器（encoder）：是输出表示位移增量的编码脉冲信号且带有符号的编码装置。

② 编码器的类型　按着遮光板或遮光圆盘上刻度的形状，编码器可以分为测量直线位移的直线编码器（linear encoder）和测量旋转角度（位移）的旋转编码器（rotary encoder）；按着信号的输出形式可以分为增量式编码器（incremental encoder）和绝对式编码器（absolute encoder）。增量式编码器对应每个单位线位移或单位角位移输出一个脉冲，绝对式编码器则从码盘上读出编码，检测绝对位置；按着位置、速度的检测原理，可将编码器分为光学式编码器、磁式编码器、感应式编码器以及电容式编码器。机器人中用来测量电动机（或关节）位置、速度的传感器绝大多数是光学编码器（也称光电编码器），也有用磁式编码器的。

③ 光学编码器（optical encoder）的结构与原理　如图 2-145 所示，光学编码器本体主要由发光元件、光敏元件和两者之间的与绕编码器输出轴固连并一起转动的主刻度盘三部分组成。主刻度盘的圆周方向整周分布着间隔开来的窄缝，此外，主刻度盘窄缝圆周的里侧还有一个用来作为标志信号用的窄缝（通常称为 Z 相信号窄缝）；而主刻度盘沿圆周方向分布的各个窄缝用来获取编码器的 A 相、B 相信号。这里所说的 A、B、Z 相信号实际上都是由相应的发光元件发出的光透过主刻度盘上的窄缝或被窄缝之间的遮光部分遮挡住时在光敏元件上形成的光电信号，当光线透过窄缝后照射到光敏元件上就会在光电信号中产生一个上升沿的脉冲，而当被遮挡住无关照射时，便在脉冲的下降沿产生低电平的信号，当下一个窄缝随着主刻度盘的转动来临，光线又透过窄缝照射到与前面同一个光敏元件时，刚才的低电平转变为上升沿形成一个新的脉冲，周而复始地产生一系

列的脉冲和低电平间隔开来的信号。发光元件和与之相对应的光敏元件两者一个发光一个接受对方发来的光或被遮挡，这样形成的电信号被称为一相。如图 2-145 所示，有三对发光元件和光敏元件，则形成三相电信号，被称为 A、B、Z 三相。其中：A、B 相电信号是取自对应主刻度盘窄缝所在圆周位置的两对发光元件和光敏元件；而 Z 相电信号则取自与 Z 相信号窄缝所在圆周（半径）位置处，当主刻度盘上的 Z 相信号窄缝（只有一个）随主刻度盘旋转到产生 Z 相信号的第 3 对发光元件和光敏元件之间并且正对着这一对元件时，发光元件的光线透过窄缝照射到光敏元件时，则产生主刻度盘单向旋转一周时只有一个脉冲的 Z 相电信号（即只有一次上升沿和下降沿，其余则是低电平水平），因此，Z 相电信号又称作索引相（index phase）。当使用索引相时，而且编码器转动角度不超过 360°时，可作绝对位置使用（前提条件是必须在安装时将机械角度的零位与编码器的索引相窄缝的位置精确对应上，通过在线调试可以做到）。但是，通常光电编码器是用来作为伺服电动机的位置、速度传感器，与电动机前后同轴线的两个输出轴轴伸之一连接在一起的，电动机的转速为每分钟几十转（直接驱动的力矩电动机）到几千转甚至上万转，单向或双向正反转，因此，通常无法作为绝对编码器使用。

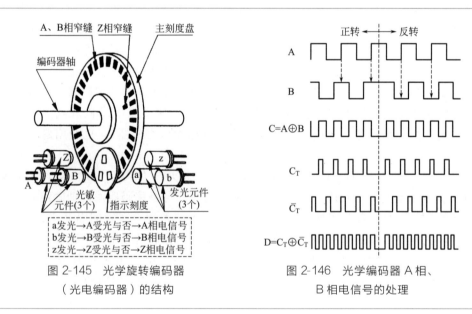

图 2-145　光学旋转编码器
（光电编码器）的结构

图 2-146　光学编码器 A 相、
B 相电信号的处理

光学编码器转向判别原理：A 相、B 相两路输出的电信号有 90°的相位差，利用这个相位差可以判断编码器主刻度盘的转向，也可以利用这个相位差来得到提高编码器分辨率所需的插补信号（即分辨率的细分）。根据 A、B 两相信号判断编码器转向的信号逻辑运算如图 2-146 所示，当 A 相信号为上升沿时，观测 B 相信号的电平，若也为高电平状态，则为正转；若 A 相信号为上升沿，同时刻对应 B 相信号电平为低电平状态，则为反向转向。这里所说的正转、反转只是光电编码器主刻度盘的正向转动、反向转动。转向正、反是相对的概念，定义正、反转向中的一个为正向则另一个必为与之相反的反向。转向的判别是根据 A、B 两相信号中哪个信号的相位超前来进行的。

提高光学编码器的分辨率的原理：将 A、B 两相电信号进行异或（XOR）逻辑运算就可得到频率为原来 A、B 相信号频率两倍的脉冲信号 C。信号 C 可以通过逻辑非门得到与信号 C 高低电平恰好相反的 $\overline{C}$（C 非）信号；再分别将 C 和 $\overline{C}$ 上升的触发信号 C_T 和 $\overline{C}_T$ 再进行异或（XOR）逻辑运算，又可得到频率扩大两倍的脉冲序列信号 D。如此，可以用电学手段来进一步提高光学编码器物理角度的分辨率。这种以通过逻辑门电路的硬件设计对 A、B 相信号进行信号倍频处理的方法与手段称为硬细分。通常购买的光学编码器都带有四倍频的细分功能，就是用上述所讲的原理来实现的。

光电编码器一般不能直接使用，需要连接到计数器对计数脉冲进行计数后并换算成角度位置或速度才能作为位置反馈与期望的转动位置或速度进行比较，从而实现伺服电动机位置、速度反馈控制。如果选用成型的伺服驱动 & 控制单元产品构建直流或交流伺服电动机驱动系统，一般伺服驱动 & 控制单元产品本身都带有计数器，与光学编码器的线缆端部的连接器按各针的定义正确连接在一起即可。如果自行设计伺服驱动 & 控制单元的话，可以选择带有计数器的单片机作为单元的控制器并编写控制程序；如果用 PC 作为控制器，则选用 PCI 总线的计数器板卡或者带有计数器的运动控制卡插到 PCI 扩展槽中并初始化板卡即可使用计数器计数并换算成回转角度位置、速度。

④ 其他常用的位置或速度传感器　旋转变压器、磁编码器、测速发电机（tachometer generator，也称为转速计传感器，或者简称"tacho"）等等。此处不一一介绍。

2.7.3 力/力矩传感器及其应用基础

（1）机器人作业的自由空间内作业和约束空间内作业的分类

对于工业机器人操作臂的工程实际应用而言，可以将机器人作业分为两类，一类是自由空间内作业；一类是约束空间内作业。

① 自由空间内作业：是指机器人操作臂的末端操作器不受来自作业对象物或者作业环境的外力的作业，如喷漆机器人末端是以喷枪作为操作器，喷枪喷漆时基本不受被喷漆对象物给喷枪的力，尽管喷出的漆以一定的速度从喷嘴

喷出到被喷漆表面会有一定的反作用力，但力的大小完全可以忽略不计；搬运机器人虽然作为末端操作器的手爪夹持重物，但手爪和重物不受来自作业环境的力；焊接作业也是。这类作业的控制主要是机器人在末端操作器作业空间（即现实物理世界的三维空间）或关节空间内的位置轨迹追踪控制，一般无需力或力矩控制。

② 约束空间内作业：是指机器人末端操作器与作业对象物或环境之间有位置或力学约束的作业。这种作业的控制不仅有位置轨迹追踪控制，还同时需要有末端操作器对作业对象物或环境的力或力矩控制。这种既有位置控制，同时又有力、力矩控制的机器人控制被称为力/位混合控制。如机器人操作臂末端操作器手爪把持一个销轴，要将销轴装配到与销轴有轴孔配合尺寸与公差关系的孔中的装配作业，即是约束空间内的作业。销轴位于孔外并且还处于尚未接触孔的边缘的时候，可以视为自由空间内的轨迹追踪控制。但是当销轴尚未进入孔中处于搜孔阶段和开始进入孔内以后，机器人由之前的孔外自由空间内位置轨迹追踪控制开始进入销轴入孔的力/位混合控制阶段，即把持销轴的末端操作器既要按着孔的轴线轨迹进行位置轨迹追踪控制，同时还要进行能够使销轴继续在孔内前进的力控制，如果不做力控制，销轴一旦偏斜就有可能导致不能继续装配的状态或者是导致末端操作器手爪、销轴、销孔三者之中材料最弱者发生破损。此外，诸如机器人拧螺钉、操作脆性材料等等的作业往往都需要作力控制或力/位混合控制。虽然，可以进行没有力传感器进行操作力或力矩测量的虚拟力控制，但这种虚拟力控制一般只能用于对于被操作物或环境、末端操作器本身的材料、力学性能等等经过事先测量过后能够准确得到操作力与位移之间关系情况下的特定作业，通常不会有通用性和更高的可靠性。通常的虚拟力控制是把末端操作器与环境或作业对象物之间的力学作用关系简化成由假想的弹簧和阻尼构成的线性虚拟力学模型，这种虚拟的力控制可以用于机器人操作臂回避障碍的运动控制，但是对于实际的力学作用而言，随着作业对象物或环境材质的不同，末端操作器、作业对象物或环境之间相互作用的真实力学特性和关系差别较大而且比较复杂，单单用简化后的弹簧-阻尼的线性化模型引起的不确定量对操作力、位移影响可能很大而无法得到满意的力/位混合控制结果。因此，以力传感器直接或间接换算的办法测得操作力，进行力/位混合控制是通常的装配作业的有效控制方法。总而言之，各种力传感器是进行约束空间内机器人作业力控制、力/位混合控制的重要传感器之一。

(2) 力觉传感器（force sensor）的分类

力觉就是机器人对力的感觉。所谓的力觉传感器就是测量作用在机器人上的外力和外力矩的传感器。在用三维坐标系 $O\text{-}xyz$ 表示的三维空间中，

力有 F_x、F_y、F_z 三个分力和 M_x、M_y、M_z 三个分力矩一共六个分量。要想完整测量任一物体在三维空间内所受到的力，需要由能测得三个互相垂直方向的三个分力和分别绕这三个互相垂直方向轴回转的三个分力矩这六个分量来表达的完整的力的力觉传感器是六维力/力矩（转矩）传感器，或称为六轴力觉传感器（6-axis force sensor）。在机器人领域，"力"通常指的是力和力矩的总称。

① 按着力的测量原理和方法的分类：可将力觉传感器分为应变仪（应变计，俗称应变片）式、半导体应变片式、光学式三种力觉传感器。这里，应变片是力觉传感器用来检测应变的最基本的元件。应变片是一种固定在底板上的细电阻丝，按着其材料的不同有：电阻丝应变仪（采用电阻细线）、铂应变仪（采用金属铂）、半导体应变仪（采用压电半导体）。

② 应变片及其检测力的原理：应变片也叫应变仪，是一种通过测量外力作用下变形材料的变形量来检测力的传感元件，其结构如图 2-147 所示。应变片能测量一个方向的应变，也可以通过多种模式来测量二轴或三轴方向的应变。应变片检测力的原理是当应变片被贴在（或被埋入）被检测部位基体表面（或内部表面）随着基体受力应变片内的电阻丝受拉与基体表面一起产生形变，如图 2-147(a) 所示。电阻金属丝伸长时其阻值会发生变化，金属丝的电阻阻值 R 与其长度 L 成正比，与其截面积 S 成反比；当金属丝受到沿长度方向的张力伸长时，伸长量 ΔL 与其原长度 L 为应变量 ε；长度方向的应变与直径方向的应变的比值为泊松比。则通过上述分析可求出应变引起的电阻的变化为：$\Delta R/R = k\varepsilon$。其中：$k$ 为与金属丝电阻本身的材料、形状、泊松比有关的常数，也叫应变片的灵敏度。当将应变片连接在检测力的电路里构成完整的检测电路［如图 2-147(d) 所示］时，电路中有电流流过，则应变片上的应变变化会引起应变阻值的变化，从而引起电压的变化，由电路输出端输出电压的变化值。反过来讲，知道了电压的变化值，也就能求出应变片电阻的变化量，根据应变片的几何参数就可以算出应变以及金属丝电阻的伸长量和所受的张力。

③ 测力传感器是一种精密测量压缩或拉伸的最基本的检测器，其测量原理是在承受外力的、断面几何形状一般为圆柱形或方形梁式结构承力载体的合适的检测力部位和方位贴上应变片，由检测电路检测出的应变值求出作用力的大小。

④ 半导体压力传感器是一种将半导体硅片在厚度方向上经过蚀刻使其变薄，加工成易于变形的隔膜，再在其上制作半导体应变片实现力的检测的力传感器。

⑤ 按着力觉传感器结构不同的分类：环式、垂直-水平梁式、圆筒式、四根梁式（十字梁式）、平行板式、应变块组合式、光学式等力觉传感器，如

图 2-148 所示。

⑥ 力觉传感器设计和制作应注意的事项：

无滑动摩擦：应无产生摩擦的滑动部分以避免摩擦力瞬时不稳定性、不确定性对力测量结果的影响。

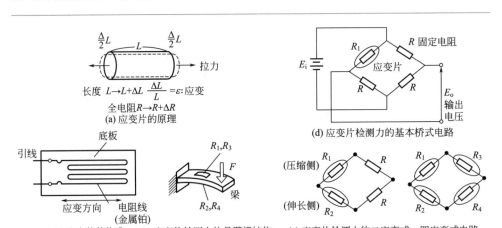

图 2-147 应变仪（应变计、应变片）的基本原理与结构及利用应变检测力的电路形式

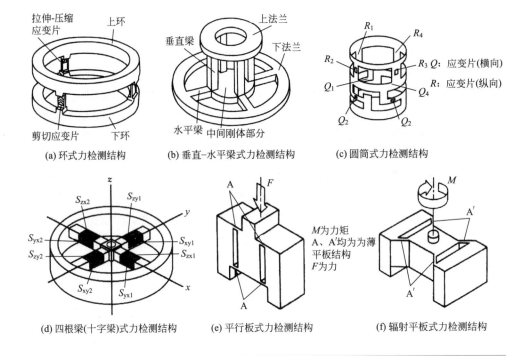

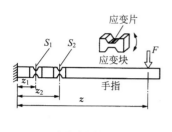

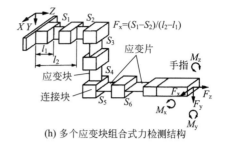

(g) 应变块式力检测结构　　　　　　(h) 多个应变块组合式力检测结构

图 2-148　电阻应变片原理的力觉传感器的各种力检测结构

保持弹性变形：应力产生的变形应在材料的弹性范围之内，以使力觉传感器测量性能保持稳定。

各个分力间应无耦合：获得六个彼此独立的检测部位应变信息，即各检测部位的应变相互之间不应有耦合作用。各个力轴之间干涉尽可能地小。

（3）机器人用 JR3 六维力/力矩传感器及其应用

JR3 六维力/力矩传感器是在机器人技术领域广泛应用的力觉传感器产品之一，此外还有 ATI 六维力/力矩传感器。它们都是带有机器人力控制、力/位混合控制的自动化作业系统中代表性的力觉传感器产品。

① JR3 六维力/力矩传感器的原理、结构　JR3 六维力/力矩传感器属于前述的力觉传感器力检测机构中的四根梁式（即十字梁式）结构＋电阻式应变片的结构原理，如图 2-149 所示。断面为矩形的四根梁的每一根在力检测部位四周都贴有应变片，传感器的力检测部机械零件结构为：与机器人末端机械接口法兰连接的机械接口圆盘与最外侧圆环之间为十字交叉的四根梁，机器人侧机械接口圆盘、最外侧圆环、十字梁三部分结构为整体的一个零件，即一块材料加工而成。在外侧圆环的侧面与十字梁同轴线的 X、Y 轴部位开有条形窗，并且在 X、Y 轴线间的两个角分线上加工有对称的四个圆柱销孔，工具侧接口法兰零件与力检测部零件（即有十字梁的零件）通过这四对圆柱销和圆柱销孔连接在一起，如此，当工具侧（也即末端操作器侧）受到外部力、力矩作用时，通过四个圆柱销和销孔将外力、外力矩传给力检测部零件上的十字梁，十字梁受力、力矩作用后产生微小变形量，相应地贴在十字梁各个部位上的应变片产生应变，进而各个应变片上的阻值发生变化，当将这些应变片按着前述的应变式检测电路原理连接成有源检测电路时，各应变片有微电流流过时，就能从应变式检测电路的输出端拾取各路电压信号，从而经过解算后得到六维力/力矩传感器的六个力和力矩分量。这就是十字梁结构＋电阻式应变片结构形式下的六维力/力矩传感器检测力、力矩分量的原理。

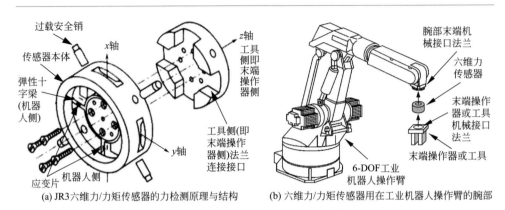

(a) JR3六维力/力矩传感器的力检测原理与结构   (b) 六维力/力矩传感器用在工业机器人操作臂的腕部

图 2-149   六维力/力矩传感器原理及其在机器人腕部的应用

② 关于安全销是否总是能够保证安全的问题   前述的六维力/力矩传感器中的均布的四个圆柱销将传感器的检测部与工具侧负载件连接在一起，起到定位与连接作用，但是不仅如此，这四个销轴是经过过载校准过的安全销，当工具侧法兰上外载荷在安全销上产生的剪切力超过了安全销的公称负载能力时，安全销自动剪断，从而使工具侧法兰连接件与力检测部之间的硬连接断开，过载的载荷传不到检测部，从而保护了作为力觉传感器功能主体的力检测部，特别是其上的弹性十字梁，不至于过载而产生过大的弹性变形甚至超过弹性变形范围而失去一定的弹性。这种过载保护对于用于工业机器人操作臂是有效的。但是，如果将带有这种过载保护措施的力觉传感器应用在足式或腿式步行机器人的腿、足部（踝关节）时，是无法保证该力觉传感器的，更无法保护机器人。因为，当过载使安全销剪断时，靠近足一侧的接口法兰与力检测部的硬连接完全脱开，分别作为腿或足的一部分的力传感器的两侧构件脱开，无异于腿或足折断了，即相当于突然断腿或断足，机器人将失去平衡而很有可能会摔倒。此时，无论是机器人还是力传感器都不会安全的。

由此而引出了用于腿式、足式机器人且具有过载保护能力的新型六维力/力矩传感器的设计与研制的新课题。日本东京大学、笔者都曾经设计、研究了这种带有过载后机器人与传感器本身都能得到安全保护作用的六维力/力矩传感器。

③ JR3 六维力/力矩传感器系统及其在力控制系统的应用   JR3 六维力/力矩传感器通常用于需要控制工业机器人操作臂末端操作器对作业对象物或作业环境的操作力或者用于轴/孔零件装配作业中的力/位混合控制作业中。而对于腿、足式移动机器人的移动控制中，通常用六维力/力矩传感器作为足底力反射控制以维持步行过程中的稳定与平衡。因此，六维力/力矩传感器检测到的力信号需要经过调整、A/D 转换器转换后变成数字信号被采集到作为控制器的 PC 或单片

机等等主控计算机中计算出反射力位置与大小，并与期望的反射力作用位置进行比较，然后折算成关节位置/速度补偿量，通过高增益的局部位置/速度反馈控制来控制机器人的稳定步行。

JR3 六维力/力矩传感器产品的制造商提供传感器本体、电缆线、DSP 板卡以及力传感器软件系统。其中 PCI 总线的 DSP 板卡用来插在 PC 的 PCI 扩展槽中，并通过专用的电缆线连接传感器本体与 DSP 板卡，如图 2-150 所示。安装后将专用的随硬件附属的软件初始化安装在 PC 上，用户在 C 语言编程软件环境下利用传感器专用的动态链接库（＊.lib）中库函数进行程序设计、编译、连接形成执行文件后，即可使用力传感器。

硬件使用：传感器本体用专用的电缆线连接到 DSP 数字信号处理板卡或模块，然后再将 PCI 总线板 DSP 卡插入计算机的 PCI 扩展槽，或将 USB 板 DSP 卡（模块）通过 USB 线连接到计算机的 USB 口。初始化安装制造商提供的专用软件即可使用其测力，并且具有将力信号以图形方式可视化表示功能。若用于机器人力控制系统中，则需要用户编写使用力传感器进行力控制的程序。

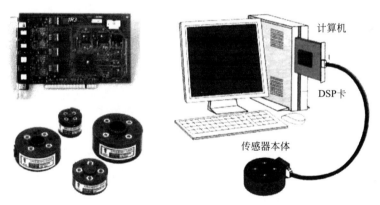

图 2-150　JR3 六维力/力矩传感器本体、 DSP 卡产品实物及其与 PC 的连接

（4）传感器控制器的组成

在外力作用下，四根梁式（又称十字梁式）力觉传感器的各个梁上粘贴的各应变片产生的应变信号经放大器放大后送入力觉传感器本身的控制器，经 A/D 转换，再根据传感器的常数矩阵计算各个分力、分力矩，最后以串行或并行信号的输出形式输出给计算机，用来进行机器人操作或移动机器人稳定移动的力反馈控制。力觉传感器系统本身的控制器的详细组成如图 2-151 所示。

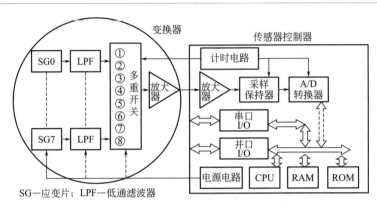

SG—应变片；LPF—低通滤波器

图 2-151　六维力/力矩传感器（力觉传感器）系统中的控制器

（5）关于六维力/力矩传感器测得的力、力矩数据的转换和使用的力学原理

① 直接测力与间接测力的问题　工业机器人操作臂操作力控制、移动机器人稳定移动的力反射控制等等一般都不是直接测得操作器对作业对象物、移动机器人移动端与地面（或支撑物）之间的作用力或力矩。为什么会这样呢？难道不能像人手操持物体时人手手指、手掌与被操持物之间通过皮肤和肌肉的感知来直接得到作用力吗？通常的如仿人多指手的手指、手掌表面不乏贴敷柔性的、分布式检测接触力的传感器即人工皮肤力觉薄片以感知抓取物体、操作对象物时的感知力。但是，这种多指手操作的对象物通常都为连续曲面表面物体或者质量较轻、没有尖棱尖角或者棱边、尖角经过倒棱倒圆的物体，作用力也小的轻载或超轻载物体。否则，柔性薄膜或者分布式接触力柔片式力觉传感器会受到来自被操作物或环境的尖棱、尖角的尖锐的作用力而导致超量程甚至于柔性传感器的破损。另外，即便整个问题可以忽略，力传感器本身如果与被操作物体经常直接接触，也不可避免地会导致不同程度的磨损，而机器人用力觉传感器属于用于运动控制、力控制的精密部件，磨损后会导致测量精度、灵敏度的下降甚至于难以满足作业要求的位置精度、力觉精度、灵敏度等指标。因此，通常力觉传感器测得力并不是直接测得操作器与作业对象物之间的力（力矩）。而是将力觉传感器安装在距离末端操作器或者移动机器人移动肢体的末端较近的适当位置来间接地测量，测量得到的力、力矩需要按着力学原理（力平衡方程、力矩平衡方程，根据力觉传感器安装的位置不同，也可能还需要机构运动学）来推导由力的直接作用端到力觉传感器安装位置之间的力、力矩平衡方程（动态控制的情况下需要动力学方程），然后由力觉传感器测得的力的数据解算出外力直接作用端的力、力矩以及作用位置（即力的作用点或作用面的位置）。

直接测量力的力觉方式：是指力觉传感器安装在末端操作器与作业对象物直接接触部位并直接测得力的力觉方式。

间接测量力的力觉方式：是指力觉传感器没有安装在末端操作器末端（或抓持时与被操作物直接接触的表面）或移动机器人移动肢体末端（与支撑面直接接触的脚底或腿末端），也就无法直接测得实际接触部位的作用力，而是通过力学原理间接解算出力的力觉方式。

两种力觉测量方式的比较：以上两种力觉测量方式比较而言，直接测量时，力觉传感器如果能正常工作，则直接测量得到的数据要比间接测量得到的结果可能更准确，也省略了间接测量力觉方式下的解算环节，但是这种直接测量力觉方式会导致力觉传感器侧头部直接磨损，而且一般量程都不会太大，力觉传感器的应用会受到被操作对象物或作业环境表面形貌、材质、几何形状等等多方面的限制而不能发挥测量功能；间接测量力的力觉方式恰好相反，如工业机器人操作臂上安装的力觉传感器一般有人工皮肤、六维力/力矩传感器。人工皮肤覆盖在操作臂的臂部外周，六维力/力矩传感器一般安装在机器人操作臂的腕部或者移动机器人的踝部（或脚底板之上、脚靠近踝关节一侧并与传感器上接口连接的脚板之下）。间接力觉方式需要经过由力传感器上的测量基准坐标系坐标原点与末端操作器末端中心点之间力、力矩的换算关系（力、力矩平衡方程），这不单单是间接换算需要额外的方程求解和计算量的问题，两个点之间的机械部分的尺寸偏差、形位公差等都会影响测量、换算后得到的力的精度问题。因此，需要从设计、装配、测试以及标定上，以精度设计、加工/装配/调试/测量精度来加以保证。

② 间接测量的力觉方式的力学模型以及换算解算

• 动态运动下动力学方程及力觉转换解算：取力觉传感器上测量基准坐标系 $O\text{-}XYZ$ 与外力、外力矩作用中心点之间部分作为分离体，建立分离体的力学模型，如图 2-152 所示。需要注意的是如果末端操作器是在动态运动下进行操作，则是动态平衡的力学模型，即必须考虑速度、加速度、转动惯量的力学影响；如果是匀速运动或静态下的操作，则是不考虑速度、加速度以及惯性力的力学影响的，即为静力学平衡方程。设分离体（力矩传感器、末端操作器）总的质量、绕质心 C 的惯性矩分别为 m、I（I 为惯性矩阵）；在基坐标系 $O_0\text{-}X_0Y_0Z_0$ 中，各坐标原点 O、o 以及质心 C 的位置矢量 r_O、r_o、r_C 以及它们对时间 t 的一阶、二阶导数即线速度、线加速度矢量 $\dot{r}_O$、$\dot{r}_o$、$\dot{r}_C$、$\ddot{r}_O$、$\ddot{r}_o$、$\ddot{r}_C$，分离体的角速度、角加速度矢量 ω、$\dot{\omega}$ 都可通过机器人机构运动学的解析几何法或矢量分析法、齐次坐标矩阵变换（简称齐次变换）法来求得。则可由牛顿-欧拉法列写分离体的力、力矩平衡方程：

$$F_{\mathrm{O}} - {}^{O}\!R_{\mathrm{o}} \cdot f + mg = m\ddot{r}_{\mathrm{C}} \tag{2-13}$$

$$M_{\mathrm{O}} - {}^{O}\!R_{\mathrm{o}} \cdot M + F_{\mathrm{O}} \times (r_{\mathrm{C}} - r_{\mathrm{o}}) - ({}^{O}\!R_{\mathrm{o}} \cdot f) \times (r_{\mathrm{C}} - r_{\mathrm{o}}) = I \cdot \ddot{\omega} + \omega(I \cdot \omega) \tag{2-14}$$

式中，m、I、r_{C} 分别为分离体的质量、绕其自己质心的惯性参数矩阵、质心位置矢量；F_{O}、f 分别为力觉传感器检测到的力矢量、分离体（末端操作器）所受到的外力矢量，$F_{\mathrm{O}} = [F_{\mathrm{X}}, F_{\mathrm{Y}}, F_{\mathrm{Z}}]^{\mathrm{T}}$，$f = [f_{\mathrm{x}}, f_{\mathrm{y}}, f_{\mathrm{z}}]^{\mathrm{T}}$；$M_{\mathrm{O}}$、$M$ 分别为力觉传感器检测到的力矩矢量、分离体（末端操作器）所受到的外力矩矢量，$M_{\mathrm{O}} = [M_{\mathrm{X}}, M_{\mathrm{Y}}, M_{\mathrm{Z}}]^{\mathrm{T}}$，$M = [M_{\mathrm{x}}, M_{\mathrm{y}}, M_{\mathrm{z}}]^{\mathrm{T}}$；${}^{O}\!R_{\mathrm{o}}$ 为将在末端操作器坐标系中表示的力 f、力矩 M 分别转换为力觉传感器本体上基准坐标系表示的力和力矩的变换矩阵；ω、$\ddot{r}_{\mathrm{C}}$、$\ddot{\omega}$ 分别为分离体质心 C 点处的角速度矢量、质心线加速度矢量和角加速度矢量；g 为重力加速度矢量 $[0, 0, -g]^{\mathrm{T}}$。

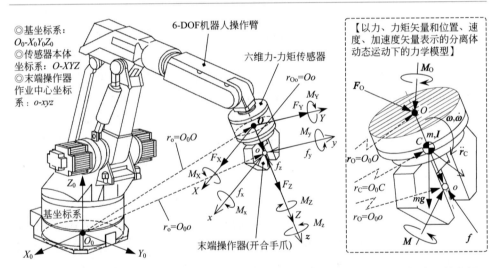

图 2-152　六维力/力矩传感器检测的力、力矩与末端操作器作业实际受到的外力、外力矩

则已知力觉传感器测得 $F_{\mathrm{O}} = [F_{\mathrm{X}}, F_{\mathrm{Y}}, F_{\mathrm{Z}}]^{\mathrm{T}}$、$M_{\mathrm{O}} = [M_{\mathrm{X}}, M_{\mathrm{Y}}, M_{\mathrm{Z}}]^{\mathrm{T}}$ 六个分力、分力矩已知量，由矢量和矩阵表示的式(2-13)、式(2-14) 可以从这六个标量方程中求解出末端操作器上作用的外力 $f = [f_{\mathrm{x}}, f_{\mathrm{y}}, f_{\mathrm{z}}]^{\mathrm{T}}$、外力矩 $M = [M_{\mathrm{x}}, M_{\mathrm{y}}, M_{\mathrm{z}}]^{\mathrm{T}}$ 一共六个未知分力、分力矩量值。

•用静力学方程的力觉转换与解算：式(2-13)、式(2-14) 是动力学方程，用于分离体的运动为带有加减速以及惯性力、离心力、柯氏力等动态运动下的方程。如果为静力平衡条件下的运动，则可用从力觉传感器测力基准坐标系至末端操作器操作力作用中心点（末端操作器上固连坐标系的坐标原点，或任意杆件、关节坐标系）之间的雅克比矩阵 $\boldsymbol{J}$ 的转置来转换，即有：

$$\begin{bmatrix} \boldsymbol{f} \\ \boldsymbol{M} \end{bmatrix} = \boldsymbol{J}^{\mathrm{T}} \begin{bmatrix} \boldsymbol{F}_{\mathrm{O}} \\ \boldsymbol{M}_{\mathrm{O}} \end{bmatrix} \tag{2-15}$$

有关机器人机构运动学、牛顿-欧拉法动力学以及将力觉传感器测得的力、力矩转换成末端操作力（力矩）的雅克比矩阵 $\boldsymbol{J}$ 的具体内容请见本书"第4章 工业机器人操作臂系统设计的数学与力学原理"一章。

③ 关于间接测量的力觉方式的力学模型以及换算解算原理与方法的实际应用问题

间接测量的力觉方式下，力觉传感器不一定非得像机器人操作臂那样安装在腕部末端机械接口与末端操作器腕部末端一侧机械接口之间，也可能根据需要安装在机器人机构某个关节与杆件之间用来检测除了末端操作器与作业对象物直接操作力以外的力、力矩，譬如某个杆件受到外部作用力、力矩的检测。这种情况下，力矩转换与解算的原理与方法与前述相同。取力觉传感器检测基准坐标系位置处与被测量杆件所受外力作用点位置处两处之间的部分作为分离体，建立分离体的静力学模型或动力学模型，用牛顿-欧拉法列写如式(2-13)、式(2-14)或式(2-15)的力、力矩平衡方程。为了由力觉传感器测得后已知的三个分力、三个分力矩量值解算出杆件上外力作用位置处的三个分力、三个分力矩量值。期间同样需要有关机器人机构运动学、牛顿-欧拉法动力学以及将力觉传感器测得的力、力矩转换成末端操作力（力矩）的雅克比矩阵 $\boldsymbol{J}$ 等等知识。这时需要注意的是：这时的雅克比矩阵 $\boldsymbol{J}$ 是前述取分离体的两端部位之间的雅克比矩阵，而不是整个机器人机构的雅克比矩阵；当然分离体的动力学平衡方程也是在机器人基坐标系中的分离体前后两端之间所有构件部分的动力学平衡方程，而不是机器人整体的动力学平衡方程。

对于六维力/力矩传感器本体上的测量基准与末端操作器上固连的坐标系两者间的几何方位关系是由机器人设计与安装时来决定的，为简化力、力矩的转换与解算计算，最好在初始化安装时将两个坐标系的坐标轴置成相互平行或垂直的关系。

2.7.4 视觉传感器及其应用基础

视觉传感器系统可谓机器人系统的"眼睛"，机器人需要通过视觉系统感知作业对象物、环境乃至机器人自身的各种状态信息，主要包括被视对象物的方位、运动方向、双目视差、光波波长、几何形状、色觉等等信息，并依据这些信息的处理和数据进行对象物特征提取与识别，处理结果用于机器人行为决策与控制系统。

（1）人眼、生物眼视觉

生物视觉传感器的原理首先来自于人类眼球的构造和光学成像的原理，同时，在研究解明昆虫等生物复眼视觉系统的构造与视觉原理后研究模拟昆虫复眼视觉系统。蜜蜂成蜂复眼中最小分辨率为 $1°$，人眼视觉最小分辨率为 $0.01°$，比昆虫高得多。左右眼视野重叠的部分形成双目视觉，大部分昆虫由于长在头部两侧，左右眼没有重叠视野，螳螂双眼复眼基本上都朝着正面，有 46% 的重叠视野，螳螂据此可以快速测量自己到被视对象物的距离。哺乳动物中，兔子的重叠视野为 20%，灵长类动物的双眼一般都朝向正面，可获得最大的重叠视野达 80%。复眼的时间分辨率差别较大，快速飞行的蜜蜂为 $200\sim300\text{Hz}$；蜻蜓为 170Hz；苍蝇为 140Hz；蚂蚁低于 40Hz；人眼的时间分辨率基本上与低速移动的昆虫的时间分辨率大体相当，为 $30\sim40\text{Hz}$。人眼色觉的可视波长为 $400\sim800\text{nm}$，蜜蜂则为 $300\sim650\text{nm}$，能感受紫外线。

人眼眼球直径约为 24mm，瞳孔直径可变范围约为最小 1mm（缩瞳）～最大 8mm（散瞳），对光的调节能力只有 64 倍。而外界光量的变化范围为 100 万倍左右，只靠瞳孔直径的变化根本不足以调节光量，还需要借助视觉细胞适应光亮明暗变化；昆虫的复眼则由若干小眼集合组成，小眼数目差别也较大，如幼蝶复眼有 16000 个小眼，而蜜蜂复眼有 5000 个小眼，苍蝇复眼有 800 多个小眼。

（2）光接收器件及各种图像传感器与成像原理

① 光接收器件

• 光电二极管与光电转换器：光电二极管（photo diode）是将入射光转换成电流的光电转换器件。其原理是半导体的 PN 结边界耗尽层受射入的光子照射时会激励出新的空穴，在外部电场的作用下，将空穴和电子分离到两侧，就可以得到与光子量成正比例的反向电流。PN 型半导体光电二极管的优点是暗电流小，广泛用于照度计、分光度计等测量装置中。光电二极管的结构原理与器件的符号表示如图 2-153 所示。

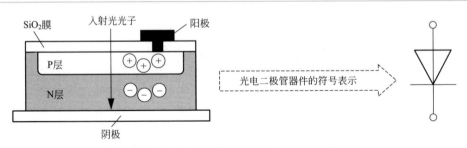

图 2-153　光电二极管结构原理与器件的符号表示

高速响应的 PIN 型发光二极管：是在 PN 结边界加入本径半导体 I 层取代边界耗散层，给它施加反向偏置电压可以减少结电容以获得高响应性能，可用于高速光通信。

高速响应的雪崩型发光二极管：是在 PN 结上施加 100V 左右的反向偏置电压产生强电场，通过强电场激励载流子加速并与原子相撞，从而产生电子雪崩现象的发光二极管，可用于高速光通信。

• 位置敏感检测器件（PSD，position sensitive detector）：是测定入射光位置的传感器，由光电二极管（光敏二极管）、表面电阻膜、电极组成。入射光通过光电二极管产生的光电流通过电阻膜到达器件两端的电极，流入每个电极的电流与电阻值存在对应关系，电阻值又与入射光的入射位置以及到各电极的距离成比例，据此电流值就能检测光的入射位置。PSD 有一维、二维两种，为高速响应性光电器件，但需注意入射光入射位置到 PSD 开口部分的散射光的影响。

② 电荷耦合器件（CCD，charge coupled device）及 CCD 图像传感器　基于电荷耦合器件（即 CCD）的图像传感器是由多个光电二极管（也称光敏二极管）排列成阵列的形式来传送储存电荷的装置构成。它有多个 MOS（metal oxide semiconductor，金属氧化物半导体）结构电极，电荷的传送方式是向其中的一个电极上施加与其他电极不同的电压，产生势阱（也称电压井），并顺序变更势阱来实现电荷传送。根据电荷需要的脉冲信号的个数，电极上施加电压的方式有两相方式、三相方式。CCD 图像传感器中，按着发光二极管排列方式可分为一维 CCD 图像传感器和二维 CCD 图像传感器。采用 CCD 图像传感器与微处理器相结合的视觉测量系统的优点是：通过光波传递信息，无机械接触力的影响；测量范围大，频谱宽；用 CCD 图像传感器能够获得一维、二维的阵列信息，可实时检测。

电荷耦合器件的突出特点是以电荷作为信号，而不是像其他多数传感器件那样是以电流或电压为信号。CCD 的基本功能是电荷的存储和电荷的转移。CCD 的工作过程就是信号电荷的产生、存储、传输和检测。

一维 CCD 图像传感器：是将光电二极管和电荷传送部分呈一维排列而制成的 CCD 图像传感器。

二维 CCD 图像传感器：是将光电二极管和电荷传送部分呈二维排列而制成的 CCD 图像传感器，二维传感器为水平、垂直两个方向上传送电荷的传感器。可以代替传统的硒化镉光导摄像管和氧化铅光电摄像管二维传感器。传送方式有行间传送方式（interline transfer）、帧-行间传送方式（frame-interline transfer）、帧传送方式（frame transfer）、全帧传送（full frame transfer）方式四种。其中，二维 CCD 图像传感器的行间传送方式的结构原理如图 2-154 所示。

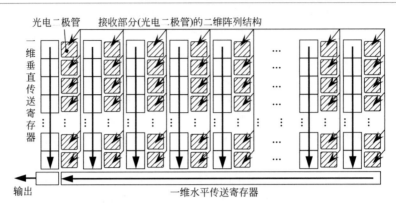

图 2-154　行间传送方式的二维 CCD 图像传感器结构原理

CCD 图像传感器把垂直寄存器用作单画面图像的缓存，可以将曝光时间和信号传送时间分离开，所有像素都能在同一时间内曝光。输出电路部分则是模拟移位寄存器的终端，使信号电荷转换成电压形式输出。

③ CMOS 图像传感器　CMOS 图像传感器由光电二极管作为受光器件的接收部分和放大部分组成一个个单元，将这些单元排列成二维阵列构成 CMOS 图像传感器。其优点是耗电低，利用一般的半导体制造技术即可以完成 CMOS 处理器件的设计与加工，有利于图像处理电路和图像传感器的单片化和低成本化。但是，CMOS 图像传感器的问题在于如何解决各个放大器单元特性的离散性较大的问题。特性离散性大则导致噪声大，需要通过设计减小乃至消除噪声的电路来解决此问题。

④ 光电子倍增管　光电子倍增管是根据二次放电效应增大入射光光量的器件，可以用来检测微弱光线，可以用作夜间监视用摄像机、分析仪器或 X 射线相机等等。

⑤ 红外线图像传感器　有波长为 $2 \sim 15 \mu m$ 的中红外和远红外区域的传感器。

⑥ 人工视网膜传感器　人工视网膜传感器是模仿人类的视网膜信息处理功能的图像传感器，主要器件为人工视网膜芯片，它由像素阵列、控制扫描器、输出电路组成。各个像素受给定的 -1、0、+1 三种灵敏度状态控制信号控制，各自对应负、零、正灵敏度，属于灵敏度可调型光敏元件（variable sensitivity photodetection cell，VSPC）。可以利用适当的控制律（控制规则），对所成图像进行边缘增强、光滑、模式匹配、一维摄影等图像处理运算。人工视网膜图像传感器同 CCD 相比，具有灵活、快速、低耗电、低成本等优势，被广泛应用于数字摄像机及安全监视等行业。

⑦ 超高速数字视觉传感器　超高速数字视觉芯片是该类传感器的核心器件，它已经超出了以处理摄像信号为主的传统图像处理的概念，是在二维平面内排列许多光电检测元件构成的阵列，阵列中的光电检测元件检测的信息数据被送入到位于同一芯片内的并行（并联）通用处理单元内，实施完全并行的、不受摄像信号速率限制的高速并行处理。它在 1ms 的时间内可以同时跟踪十数个以上物体的轨迹。

（3）三维视觉传感器

三维视觉传感器可以分为被动视觉传感器和主动视觉传感器两大类。三维被动视觉传感器是指用摄像机对目标物体进行摄像，获得图像信号的视觉传感器；三维主动视觉传感器是指借助于传感器向目标物体投射光图像，再通过接收返回的信号来测量被视对象物体的距离的视觉传感器。三维视觉传感器的分类如图 2-155 所示。

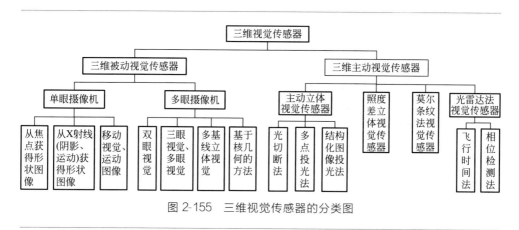

图 2-155　三维视觉传感器的分类图

① 被动视觉传感器

•单眼视觉：即单个摄像机的被动视觉。单眼视觉传感器有两种视觉方式：一种是通过测量视野内各点在透镜聚焦的位置来推算出透镜与被视物体之间距离的光学方法；另一种是通过移动摄像机的位置，拍摄到被视对象物体的多个图像，求出各个点的移动量后再设法复原被视物体的形状的方法。

•立体视觉：由两个摄像机或多个摄像机通过能够准确确定摄像机相互之间几何方位并保证几何精度的机构（各摄像机相对不动或相互之间有确定的而且是精确的相对运动）将它们组合在一起的前提下，由各个摄像机对被视物体进行摄像获得不同角度拍摄同一对象物的多幅图像，然后对任意点 P 在图像上的位置做图像处理，得到方位角 α、β 或 γ 等等各摄像机之间的方位角参数值。由前述说明中靠机构来确定或保证的各摄像机之间的相对距离等参数是已知的，则可以通过三角测量原理计算出 P 点在三维现实物理世界空间内的位置。另外，增大摄像机之间的间隔还可以提高纵深测量精度。但是，用这种加大双眼、三眼摄像机相隔距离的办法需要占用较大的视野空间（不能遮挡摄像机）和场地。将这种办法应用于机器人视觉是不现实的。尤其是移动机器人搭载这样的立体视觉是无法在机器人本体上提供安装这样大间隔距离的两个以上的摄像机的位置空间的。再者，摄像机从不同角度观察同一对象物，有时适应性会较差。采用三个摄像机的三眼视觉、由不同基线长度的多个摄像机组合的多基线立体视觉方法在提高测量精度的同时，也会改善适应性。

　　② 主动视觉传感器

　　• 光切断法：光切断法是将双眼视觉其中的一个摄像机改换为狭缝投光光源法，即让光源对准光源面前的一个竖向狭缝，即成为一个狭缝光源，然后从水平方向扫描狭缝光源得到镜面角度以及图像提取的狭缝图像的位置关系，按照与立体视觉相同的三角测量原理就可以计算和测量出视野内各点的距离。光切断法的原理如图 2-156 所示，按着相对运动方式，理论上可以有光源相对狭缝横向扫描和狭缝相对光源横向扫描两种。

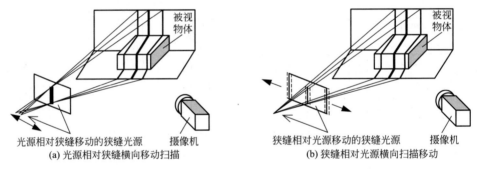

(a) 光源相对狭缝横向移动扫描　　　　　　(b) 狭缝相对光源横向扫描移动

图 2-156　三维视觉传感器的光切断法主动视觉原理

　　光切断法的耗时问题：通俗地讲，光切断法是让单个狭缝光源透光然后横向（水平）扫描狭缝得到一系列被视对象物体上与竖向狭缝相应的竖向狭缝图形集，摄像机得到的被视物体上这些狭缝图形（把被视物体视为狭缝光源照射到的狭窄被视物体）的图像一起进行图像处理"运算"（利用三角测量原理）计算出被视物体上在视野内（一系列狭缝图像内）的各个点的距离。显然，光切断法只能得到"狭缝"图像上对应被视物体上的各点的距离分布信息。要想得到被视物体更多或者整个图像画面的距离分布信息，必须取得更多幅数的狭缝图像，显然按时间序列通过狭缝光源横向扫描的串行方式来获得狭缝图像，幅数越多，所需时间就越长，相当花费时间，不适合用于高速响应的图像传感器。如果将单一竖向狭缝光线改为多个（设为 n 个）竖向狭缝光线同时透光同时形成相应竖向狭缝数的多幅（即 n 幅）狭缝图像，则会解决单一竖向狭缝"光切断法"的耗时问题。这就引出了空间编码测距仪。

• 空间编码测距仪：是在光切断法的原理基础上，采用带有多个竖向窄缝光源并且进行编码的掩膜片，由光源透过掩膜片上的各个狭缝照射到被视物体上将被视物体用这些经过编码后的狭缝光源"分割"成有序排列的多数狭缝图形，这些由一个个狭缝光照射后形成的、由光来表示的有序狭缝图形被射入摄像机成像（成序列的狭缝图像帧集），这些狭缝图像按着掩膜片上的编码已经被赋予了作为标识的代码即 ID，然后按着三角测量原理可以解算出各个狭缝图像上任意一点的距离（从摄像机或光源到被视对象物及其上任意点之间的距离）信息。显然，空间测距仪的主要原理是光切断法＋掩膜片设计与编码。掩膜片上设计的多个狭缝如何排列决定了编码原理，在这一点上与前述的光电编码器的编码原理基本类似，尤其是直线移动编码器的设计，结构原理上几乎相同，只是信号转换与传输原理不同。

掩膜片的设计与编码：在相同的视野范围条件下，为了得到更多的狭缝图像，使得被视物体上任意一点的位置测量更精确、更精细，类似于光电编码器的编码盘上蚀刻的窄缝条纹一样，将掩膜片设计成多片掩膜片组合编码的结构形式。如图 2-157 所示，掩膜片 1、2、3 分别用 0（白色表示）、1（涂灰表示）二进制码的组合来表示位置，掩膜片 1、2、3 上的 0、1 码组合可通过光切断法得到被视对象物上对应狭缝成像后各狭缝图像的位置，掩膜片 1、2、3 上 0、1 码的总位数分别为 2^1、2^2、2^3 即 2、4、8 位（也即相应有 2、4、8 个狭缝，也决定了最大编码位数为 8 位），则编码分别为 01、0101、01010101，而对应被测对象物上位置时，则扩展为掩膜片 1：00001111；掩膜片 2：00110011；掩膜片 3 为：01010101。这里给出的掩膜片编码只是为了便于显示而给出的数目较少狭缝的例子（数目多时太精细不便于图形表达），实际设计时为达到高分辨率，狭缝数和掩膜片上的编码要比图 2-157 所示的多得多。测距依据的依然是三角测量原理。光源可采用投影仪或电灯、液晶闪光灯组合，或者激光和多角形镜面的组合等等。

• 其他主动视觉传感器的视觉方式：莫尔条纹法、激光测距法、主动视觉与被动视觉混合应用法等等。

2.7.5　激光传感器及其应用基础

（1）激光

激光问世于 20 世纪 60 年代初，激光是具有方向性强、亮度高、单色性好等特点的一种光源和测量技术介质。激光器是发射激光的装置。按着产生激光的工作物质种类的不同可以分为固体激光器、气体激光器、半导体激光器和染料激光器。激光可用于长度（距离）、流量、速度等物理量的测量。激光测量装置通常由激光器、光学零件和光电器件构成，广义上也将激光测量装置称为激光传感器。

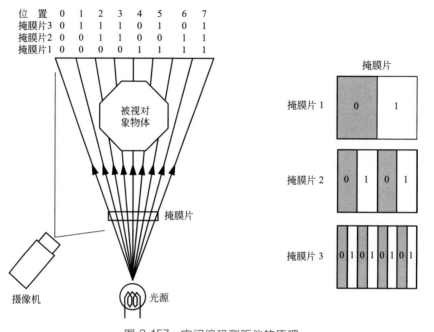

图 2-157　空间编码测距仪的原理

① 激光的本质

a. 原子的激发：原子在正常分布状态下多处于稳定的低能级状态，并且如果没有外界作用，原子可以长期保持这个状态。但是，原子得到外界能量后会产生由低能级向高能级的跃迁，这个过程叫作原子的激发。

b. 原子的自发辐射：原子被激发的时间非常短，处于激发状态的原子能够快速地、自发地从高能级跃迁回到低能级，同时辐射出光子，这种发光现象叫作原子的自发辐射。但是，自发辐射的各个原子发光过程互不相关，它们辐射光子的传播方向、发光时原子由高能级跃迁到哪一个能级（即发光频率）等都具有偶然性。

c. 原子的受激辐射：原子的自发辐射过程中，如果处于高能级的原子在外界作用影响下发射光子跃迁到低能级，这种发光称作原子的受激辐射。

d. 光放大：原子的受激辐射过程中，发射光子不仅在能量上（或频率上）与入射光子相同，而且在相位、振动方向和发射方向上也完全相同。如果这些发射光子、入射光子再引起其他原子发生受激辐射，则这些其他原子所发射的光子在相位、发射方向、振动方向和频率上也都和最初引起原子受激辐射的入射光子完全相同。如此一来，在一个入射光子的影响下（激发下），会引起大量原子的受激辐射产生大量的在相位、发射方向、振动方向和频率上完全相同的发射光子，再加上原有激发原子受激辐射的入射光子，这种现象和过程被称为光放大。

e. 激光：原本原子自发辐射时，原子的发光过程是互不相关的，但是在受到外界入射光子激发时，原本互不相关的原子发光过程转变为相互联系的状态，这种发光过程和现象中产生的光就是激光。激光产生的过程可用图 2-158 来表示。

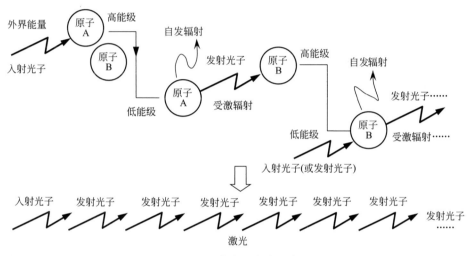

图 2-158　激光形成的示意图

② 激光的特性和激光的频率稳定

a. 激光的特性：激光与普通光相比，具有方向性强、亮度高、单色性和相干性好等特性。这些特性决定了激光可以用于测距、通信、准直、定向、难熔材料打孔、切断、焊接等加工，以及用于精密定位、检测和作为长度基准、光频标准等多种用途。

• 方向性强，发散角约为 $0.18°$：普通的光是从光源向其周围的整个空间发光的，而激光则是从激光光源（激光器）开始在光轴方向定向发射的光，方向性强。激光光束的发散角（即两光线之间的最大夹角）很小，一般约为 $0.18°$，在 mrad 范围内。其中，气体激光器的发散角最小（为几分），固体次之，半导体激光器的激光发散角最大，约几度到十几度。

• 亮度高，立体角小至 10^{-4}rad：光源的亮度是指光源在单位面积上向某一方向的单位立体角内发射的光功率，单位为 $W/(cm^2 \cdot sr)$。激光束的方向性强，

立体角一般可小至 10^{-4} rad，而普通光源发光的立体角要比激光大百万倍。有些激光器的发光时间极短，光输出功率高，如巨脉冲红宝石激光器发射的激光能量在时间、空间上高度集中，其亮度比太阳表面亮度高几百亿倍。功率为 1×10^{-2} W 的氦氖激光器的激光亮度约为 106 W/($cm^2 \cdot$ sr)。

• 单色性好：不同颜色光的光波波长（或频率）是不同的，并且每一种颜色的光也不是单一波长，而是有一个波长范围（或频率范围）。单一颜色光的波长（或频率）范围称为单色光的谱线宽度。如红光波长范围为 $650 \sim 760$ nm，即谱线宽度为 110 nm。谱线宽度越窄，光的单色性就越好。普通光中单色性最好的是同位素 ^{86}Kr 灯所发出的光，其波长为 605.7 nm，低温时谱线宽度为 0.0047Å（1Å $= 10^{-10}$ m）；氦氖激光器发射的激光波长为 632.8 nm，其谱线宽度可小至 10^{-8} nm，一般为 10^{-5} nm。

• 相干性好：光的相干性是指两束光相遇时，在相遇区内发出的光波的叠加，能形成比较清晰的干涉图样（即亮暗交替的条纹，简称光干涉条纹）或能够接收到稳定的拍频信号。不同时刻，由同一点出发的光波之间的相干性称为时间相干性；同一时间，由空间不同点发出的光波的相干性称为空间相干性。由于激光是原子受激辐射后产生的发射光子形成的，而且各个发射光子在相位、传播方向、振动方向、频率等等方面与入射光子完全相同，因此激光的时间相干性和空间相干性都好，谱线宽度窄。而谱线宽度越窄，光的时间相干性就越好，就越能产生干涉图样的最大光程差（即相干长度）也就越长。当光波波长 λ 一定时，其谱线宽度 $\Delta\lambda$ 越窄，可相干的最大光程差 ΔL 也就越长。

• 气体激光器的单色性、相干性比固体、半导体等激光器的好，且能长时间较稳定地工作。其中，技术最为成熟、应用最为广泛的是氦氖激光器。氦氖激光器的氦氖比例为 $5:1 \sim 10:1$。常用直流电源（电压为几千伏，电流为几到几十毫安）放电形式进行气体放电激励，能获得数十种谱线的连续振荡。目前应用最多的是谱线宽度为 6328Å 的红光，此外还有谱线宽度为 11523Å 和 33913Å 的红外光，它们的单色性好，谱线宽度很窄，相干长度可达几千米，方向性强，发散角约为 1 mrad，能获得极高的频率稳定度，一般是多波长（多模）振荡，波长稳定度约为 10^{-6}。在要求较高的场合下，如精密测长、测距，需用单波长（单模）振荡，并采用稳频技术，它的使用寿命长达几万小时；缺点是功率低，一般只有几毫瓦到 100 mW，且能量转换效率仅为不到 $1/1000$；广泛应用于精密计量、准直、测距等方面。

b. 激光的频率稳定。当激光用于精密计量如测长、测距等情况时，通常是以激光波长作为计量基准的，即测得长度或距离是激光波长的多少倍。因此，激光波长是否稳定均一，或者说激光频率的稳定性如何，将直接影响测量的精度。

激光频率稳定与否的影响因素：引起激光频率变化的主要影响因素是温度、

气压、气流、振动和噪声等。温度变化、空气扰动、外界振动都将改变激光器谐振腔的几何长度（如玻璃管、金属支架长度）和腔内介质的折射率，使输出的激光的频率发生变化。激光管内气体成分比例、放电电流、原子自发辐射等产生的噪声也使输出的激光的频率不稳定。因此，在精密计量中，除了采取恒温、防振、密封等措施外，同时采用稳压、稳流电源作为激励，以减小温度、振动、气流、噪声等因素对激光频率的影响之外，还采用线胀系数小的石英玻璃作为氦氖激光器的管子、殷钢（invar steel，因瓦合金，不变钢，铁镍合金的一种，含镍36%，含铁63.8%，含碳0.2%）作支架，采取这些措施后，频率稳定度可达 10^{-7} 数量级。在要求更高的情况下，必须采取稳频措施。

兰姆下陷稳频法：目前常用的稳频措施是利用增益曲线的兰姆下陷现象进行反馈控制，将腔长控制在一定范围之内，这就是兰姆下陷稳频法。气体激光在一定条件下，其输出功率（或光强 I）调谐曲线中心（频率为 f_0）处将会出现一个极小值，这个极小值称为兰姆下陷。兰姆下陷稳频法结构简单、稳定度较高，广泛应用于精密测量和工业自动化以及科学研究中。此外，还可采用反兰姆下陷（饱和吸收）法稳频。稳定度可达 $10^{-11} \sim 10^{-12}$。

目前长度测量中普遍采用氦氖激光器作为光源，进行激光干涉测长（如线纹尺检定）、激光衍射测量（如细丝直径测量）、激光扫描测量（如热轧圆棒直径在线检测）等。相应地，激光传感器按查测长工作原理可分为激光干涉传感器、激光衍射传感器、激光扫描传感器等。其中以激光干涉原理的传感器应用最多。

（2）激光器

① 气体激光器及其原理　气体激光器的工作介质为诸如各种惰性气体原子、金属蒸气、各种双原子和多原子气体以及气体离子等物质。气体激光器就是指对激光管中的气体介质物质在放电过程中进行激励来产生激光（发射光子）的激光器。常用的氦氖激光器分为内腔式和外腔式两种，由球面镜、阳极、放电毛细管、储气套、阴极、平面镜组成。其中，由一个球面镜、一个平面镜组成光学共振腔。球面镜半径要比腔长大一些。放电管内充有一定气压（如几毫米水柱压力）和一定氦氖混合比例的气体。阳极与阴极之间施加几 kV 高压使气体产生辉光放电，产生大量的高动能自由电子去撞击氦原子，氦原子被激发到处于亚稳态的 2^1S 和 2^2S 能级，它的粒子数积累增加。氦原子与氖原子碰撞后，氦原子回基态，氖原子被激发到 2S 和 3S 能级（亚稳态），并很快积累增加。氖的 2P 和 3P 能级是激发态，粒子数比较少。但在 2S 能级与 2P 能级之间，3S 能级与 3P、2P 能级之间建立了粒子数反转分布。在入射光子的作用下，氖原子在 2S、3S 能级与 2P、3P 能级之间产生受激辐射，然后以自发辐射形式，从 2P 和 3P 能级跃回到 1S 能级，再通过与管壁碰撞形式释放能量（即产生管壁效应），回到基态。由以上过程可知：氦原子（He）只是起到了能量传递作用，产生受激辐射的是氖

原子（Ne），它的能量小，转换效率低，输出功率一般为毫瓦级。

二氧化碳（CO_2）激光器是典型的分子气体激光器。其气体介质为 CO_2 气体中加入氮、氦等辅助气体。最常用的为激光波长为 $10.6\mu m$ 的红外线。二氧化碳气体激光器能量转换效率高，可达百分之十几到 30%，输出功率大，可有几十到上万瓦，可用于激光打孔、焊接、通信等方面。

② 固体激光器及其原理　固体激光器的主要工作介质是掺杂晶体和掺杂玻璃，最常用的是红宝石（掺铬）、钕玻璃（掺钕）和钇铝石榴石（掺钕）。固体激光器常用的激励方式是光激励（简称光泵），就是用强光去照射一般为棒状的工作介质物质，在光学共振腔中，棒状工作介质的轴线与两个反光镜相垂直，入射的强光使棒状的工作介质激发起来，产生激光。常用作光泵源的有脉冲氙灯、氪弧灯、汞弧灯、碘钨灯等各种灯，被称作泵灯。如果泵灯和工作介质物质一起放在光学共振腔内，则腔内壁应镀上高反射率的金属薄层，使泵灯发出的光集中照射在工作介质物质上。

③ 半导体激光器及其原理　半导体激光器体积小、质量轻、结构紧凑。一般固体、气体激光器长度从几厘米到长达几米，但半导体激光器本身却只有针孔大小，即长度不足 1mm。将它装在一个晶体管模样的外壳内或在它的两端加上电极，总共质量不足 2g，体积很小、质量很轻，用起来十分方便。半导体激光器常用的工作介质为砷化镓，并常常做成二极管。半导体激光器效率很高，但激光方向性比较差，输出功率较小，受环境影响较大。

（3）激光传感器的原理及其应用

激光传感器按着激光测量的原理可以分为：激光干涉传感器、激光衍射传感器、激光扫描传感器和激光流速传感器等类型。激光因其具有高方向性、高亮度、高单色性以及高相干性等特点，广泛应用于测量，通常用于长度（距离）、流速、车速等方面的实际应用测量，可实现无机械触点、远距离测量以及高速、高精度测量，而且测量范围从微米量级小范围到米、千米量级大范围很广，抗光、电干扰能力强，从而得到广泛应用。

① 激光干涉传感器　激光干涉传感器的基本工作原理：是光的干涉原理。而且在实际长度测量中，应用最广泛的是迈克尔逊双光束干涉系统原理。

迈克尔逊双光束干涉系统原理：如图 2-159 所示，来自光源 S 的光经过半反半透分光镜 B 后分成两路光束，这两路光束分别由固定的反射镜 M_1 和可动的反射镜 M_2 反射在观察屏 P 处相遇产生干涉。当可动反射镜 M_2 每移动半个光波波长时，干涉条纹亮暗变化一次。因此，测量长度的基本公式为：

$$x = N\frac{\lambda_0}{2n} \tag{2-16}$$

式中，x 为被测对象物的被测长度；n 为空气中光的折射率；λ_0 为真空中光波波长；N 为干涉条纹亮暗变化的数目。

干涉条纹由光电器件接收，经电路处理后由计数器计数，即可测得 x 值。将图 2-159 所示的迈克尔逊双光束干涉系统中的光源改用激光器产生的激光，即成为激光干涉系统。所以，激光干涉测量长度（或距离）系统是以激光波长为基准，用对干涉条纹计数方法来得到测量值的。

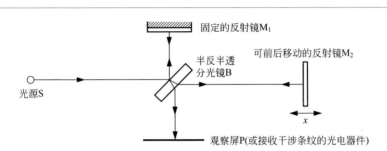

图 2-159　迈克尔逊双光束干涉系统原理

由于激光波长随空气中光的折射率 n 而变化，同时又受测量环境温度、湿度、气压、气体成分等条件影响，因此，在高精度测量中，特别是长距离高精度测量中，对环境条件要求甚为严格，必须进行在线实时测量折射率 n，自动修正它对激光波长的影响。

② 单频激光干涉传感器　单频激光干涉传感器是由单频氦氖激光器作为光源的迈克尔逊干涉系统。光路中的可动反射镜和固定反射镜均采用角锥棱镜，而不采用平面反射镜，其目的是消除移动的工作台在运动过程中产生的角度偏转而带来的附加误差。

单频激光干涉传感器测量精度高，例如，采用稳频单模氦氖激光器测量 10m 长的被测对象物，可得 $0.5\mu m$ 的精度。但是对环境条件要求严格，抗干扰（如空气湍流、热波动等）能力差，主要用于环境条件良好的实验室以及被测距离不太大的情况下。

③ 双频激光干涉传感器　双频激光干涉传感器采用双频氦氖激光器作为光源的激光传感器。其测量精度高，抗干扰能力强，空气湍流、热波动等影响甚微。它降低了对环境条件的要求，使得激光传感器不仅能用于实验室，还可用于工厂车间、自动化生产线等自动化设备中，并且可进行远距离测量。其测量系统如图 2-160 所示，由双频氦氖激光器、1/4 波片、扩束透镜、分光镜、检偏器（光线偏转检测镜，2 个）、偏振分光镜、固定角锥棱镜 M_1 和可动角锥棱镜 M_2、光电器件（将光信号转变成电信号的器件，2 个）等组成。由光电器件将光信号转换成可作输出的交流电信号。

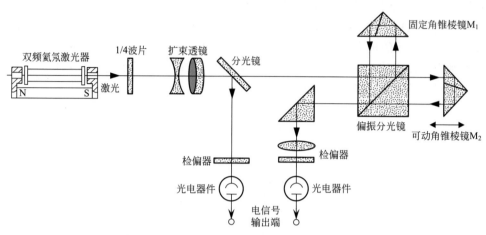

图 2-160 双频激光干涉传感器光学测量系统原理图

双频激光干涉传感器中的双频氦氖激光器是将单频氦氖激光器置于轴向磁场中，成为双频氦氖激光器，由于赛曼效应，外磁场使得粒子获得附加能量而引起能级分裂和谱线分裂，使激光的谱线在磁场中分裂成两个旋转方向相反的圆偏振光，从而得到两种不同频率的双频激光，双频激光信号的频率分别为 f_1、f_2，则，双频激光干涉传感器输出的电信号为频率 $\Delta f(=f_1-f_2)$ 及 $\Delta f \pm \Delta f_2$ 的交流电信号。且被测对象物位移仅使信号的频率 Δf 发生变化，变化量为 $\pm \Delta f_2$，是一种频率调制信号，中心频率 Δf 与被测物体移动速度无关。因此，可用高放大倍数窄带交流放大电路放大，从而克服了单频激光干涉仪直流放大器的零漂，且在光强衰减 90% 的情况下仍能正常工作。

双频激光干涉传感器的特点及适用场合：即使双频激光的频率 f_1、f_2 受到外界扰动而变化，双频激光干涉传感器仍能基本保持稳定，抗干扰性能好，不怕空气湍流、热波动、油雾、烟尘等干扰，可用于现场大量程测量。在波长稳定性为 10^{-8} 的情况下，在 $10\sim50$m 范围内可得到 1μm 的测量精度，分辨率小于 0.1μm，测速低于 300mm/s。它不仅用来测量长度，而且还能直接测量小角度，对于其在工业机器人操作臂、移动机器人上的应用如救灾、救援机器人作业环境具有重要的实际意义。

激光干涉传感器的用途：可应用于精密长度测量，如螺纹尺和光栅的检定、量块自动测量、精密丝杠动态测量等等；还可用于工件尺寸、坐标尺寸的精密测量。在这些测量中，除了应用激光干涉传感器测定工作台（或测杆）位移外，还需要有相应的瞄准装置，常用的有光电显微镜瞄准（应用于线纹尺及某些工件尺寸和坐标位置测量）、白光干涉瞄准（用于量块检定）以及接触瞄准（用于一般精密量块及工件尺寸和坐标位置测量）。激光干涉传感器还可用于精密定位，如精密机构加工中的控制和校正、感应同步器的刻划、集成电路制作等等的精密定位。其在工业机器人中的应用有机器人操作臂安装、调试过程中的安装定位与校准、机器人运动精度测试、机器人精密操作时的精确位置控制等等，可为中等、中高精度的机器人操作臂提供定位精度测量、基准位置与构形的标定与校准等提供测量手段和工具。

④ 激光衍射传感器　光的衍射（也称光饶射）：是光的波动性的反映，指当光遇到障碍物或孔时，光可以绕过障碍物到达按着光直线传播的几何光学将会因为遮挡而成为"阴影"的区域（也即光按直线传播不可能到达的区域）或者到孔的外面去。由于光波的波长较短，所以，只有当光通过小孔或者窄缝、细丝时，才能有明显的光的衍射现象。激光衍射传感器利用了激光单色性好、方向性好、亮度高的特点，使光的衍射现象能够真正应用于微小直径、位移、振动、压力、应变等高精度非接触式测量中。最简单的应用就是用光的衍射现象测量直径或厚度在 0.1mm 以下的细线外径或者细缝宽度，测量精度可达 $0.05\mu m$。

激光衍射传感器的组成：由激光器、光学零件（透镜等）和将衍射图样转换成电信号的光电器件组成。

激光衍射传感器的基本原理：光束通过被测对象物体产生衍射现象时，在物体背后投影面上形成光强有规律分布的光斑，这些光斑条纹被称为衍射图样。衍射图样和衍射物（即被测对象物遮挡光束的物障部分或孔）的尺寸以及光学系统的参数有关。也就是说衍射物的几何形状、尺寸与光衍射图样及其变化规律有确定的对应关系。因此，得到衍射图样后可根据衍射图样及其变化规律反过来推测被测物的尺寸。

激光衍射现象分类：按着光源 S、衍射物 x 和观察衍射条纹的投影面 P（"屏幕"）三者之间的位置关系，可将激光衍射现象分为两类——菲涅尔衍射和夫琅和费衍射。

• 菲涅尔衍射：是指光源 S、衍射物 x 和观察衍射条纹的投影面 P 三者之间间距短小的有限距离处的衍射。

• 夫琅和费衍射：是指入射光和衍射光都是平行光束，就好似光源 S 和观察衍射条纹的投影面 P 到衍射物 x 之间的距离为无限远的条件下产生的衍射。夫琅和费单缝衍射原理如图 2-161 所示。

如图 2-162 所示，平行单色光源 S 垂直照射宽度为 b 的狭缝 AB，经透镜在其焦平面处的屏幕 P 上形成夫琅和费衍射图样。若衍射角为 φ 的一束平行光经透镜后聚焦在屏幕 P 上的 P 点，AC 垂直于 BC，则衍射角为 φ 的光线从狭缝 A 和 B 两边到达 P 点的光程差，也即它们的两条边缘光线间的光程差 BC 为：

$$BC = b\sin\varphi \tag{2-17}$$

P 点干涉条纹的亮暗由 BC 值决定：

BC 值为光波半波长 $\lambda/2$ 的偶数倍时，P 点为暗条纹；

BC 值为光波半波长 $\lambda/2$ 的奇数倍时，P 点为亮条纹。

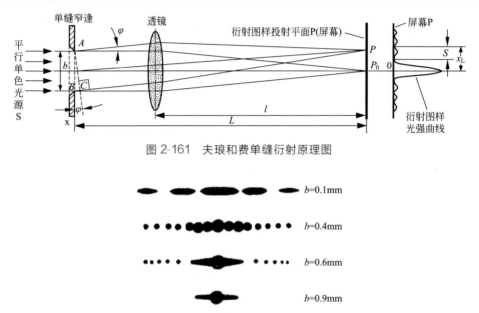

图 2-161　夫琅和费单缝衍射原理图

图 2-162　不同狭缝宽度 b 下的夫琅和费衍射图样

用数学公式可表示为：

$$\begin{cases} -\lambda < b\sin\varphi < \lambda \text{ 为零级（即中心），为亮条纹，其中心位置则为 } \varphi=0 \\ b\sin\varphi = \pm 2k\dfrac{\lambda}{2}(k=1,2,3\cdots) \\ b\sin\varphi = \pm(2k+1)\dfrac{\lambda}{2}(k=1,2,3\cdots) \end{cases} \tag{2-18}$$

式中，"$\pm$"号表示亮暗条纹分布于零级亮条纹两侧；$k=1,2,3,\cdots$ 表示相应为第 1 级、第 2 级、第 3 级等亮（暗）条纹。中央零级条纹最亮最宽，为其他亮条纹宽度的 2 倍。两侧亮条纹的亮度随着级数增大而逐渐减小，它们的位置可以近似地认为是等距分布的。暗点等距分布在中心亮点的两侧。当狭缝宽度 b 变小时，衍射条纹将对称于中心亮点向两侧扩展，条纹间距增大。

采用氦氖激光器作为光源时的夫琅和费衍射图样：采用氦氖激光器作为光源时，激光方向性好，发散角仅为 1mrad，因此，激光光源相当于平行光束，可以直接照射狭缝，又因激光单色性也好、亮度又高，衍射图样明亮清晰，衍射级次可以很高；若屏幕离狭缝的距离 L 远大于狭缝宽度 b，则将透镜去掉，仍可在屏幕 P 上得到垂直于缝宽方向的亮暗相同的夫琅和费衍射图样。由于衍射角 φ 很小，所以，由图 2-161 的几何光学和公式（2-18）可得：

$$b = \frac{kL\lambda}{x_k} = \frac{L\lambda}{S} \tag{2-19}$$

式中，k 为从 $\varphi=0$ 算起的暗点数；x_k 为第 k 级暗点到中心亮条纹的间距；λ 为激光波长；S 为相邻暗点的间隔，$S = x_k/k$。

屏幕离狭缝距离 L 一定但不同狭缝宽度 b 值下的衍射图样：图 2-162 给出了屏幕离狭缝距离 L 为 1m 时，不同狭缝宽度 b 值所形成的几种衍射图样。由于 b 值的微小变化将引起条纹位置和间隔的明显变化，所以可以利用目测或照相记录或采用光电测量得出条纹间距，从而求得 b 值或其他变化量。用物体的微小间隔、位移或振动代替狭缝的一边，即可测出物体微小间隔、位移或振动等量值。

夫琅和费单缝激光衍射测量装置的误差由 L 和 x_k 的测量精度决定。狭缝宽度 b 一般为 0.01～0.5mm。

菲涅尔衍射与夫琅和费衍射之间的关系：利用两个透镜，光源 S 和观察衍射条纹的投影面 P（观察屏幕）分别在两个透镜的焦平面上，就可将菲涅尔衍射转化成夫琅和费衍射。

利用夫琅和费细丝衍射测量细丝直径的原理：由氦氖激光器发出的激光束照射到细丝（被测对象物）时，其衍射效应和狭缝一样，在观察衍射条纹的投影面 P（观察屏幕，在焦距为 f 的透镜的焦平面处）上形成夫琅和费衍射图样，如图 2-163 所示。相邻两暗点或亮点间的间距 S 与细丝直径 d 的关系为：

$$d = \frac{\lambda f}{S} \tag{2-20}$$

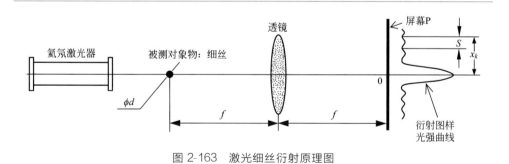

图 2-163 激光细丝衍射原理图

当被测对象物细丝的直径变化时，各条纹位置和间距也相应地随细丝直径的变化而变化。因此可根据亮点或暗点间距测出细丝直径。其测量范围约为 0.01～0.1mm，分辨率为 0.05μm，测量精度一般为 0.1μm，也可高达 0.05μm。

激光衍射传感器的特点：由激光器、光学零件（透镜等）和将衍射图样转换成电信号的光电器件组成的激光衍射传感器结构简单、精度高，测量范围小。需选用 1.5mW 较大功率的氦氖激光器，激光平行光束要经望远镜系统扩束成为直径大于 1mm（有时为 3mm）的光束。

激光衍射传感器的应用：可以用于诸如薄膜材料表面涂层厚度等微小间隔或间隙测量；诸如漆包线、棒料等直径变化量的微小直径测量；诸如钟表游丝等薄带宽度测量；狭缝宽度、微孔孔径、微小位移以及能量转换成位移的物理量（如质量、温度、振动、加速度、压力等等）测量等等。

⑤ 激光扫描传感器　激光扫描传感器是指：激光束以恒定的速度扫描被测对象物体以获得被测物体几何形状及几何尺寸等物理参数的激光传感器。由于激光方向性好、亮度高，光束在物体边缘形成强对比度的光强分布，经光电器件可以将光信号转换成脉冲电信号，脉冲宽度与被测尺寸成正比，从而实现物体几何尺寸的非接触式测量。激光扫描传感器常用于各类加工中的非接触式主动测量。激光扫描传感器的精度高，可达 0.01%～0.1% 数量级，但结构较复杂。

激光扫描传感器的组成：由激光器（如氦氖激光器）、扫描装置和光电器件组成。

激光扫描传感器的工作原理：如图 2-164 所示，氦氖激光器发出的激光细束经扫描装置以恒定速度 v 对直径为 ϕD 的被测对象物体进行扫描，并由光电器件接受光信号后转换成如图中所示的电脉冲信号。设激光扫描直径 D 的时间为 Δt，扫描速度为 v，则有 $D = v\Delta t$；根据激光扫描传感器输出的电脉冲信号的波形，可知 $\Delta t = t_2 - t_1$；v 是扫描装置提供的扫描速度，为已知的量；则可求出被测对象物的直径 D。

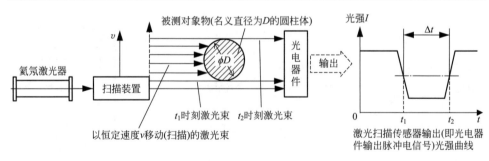

图 2-164　激光扫描传感器扫描测量的原理

激光扫描传感器的应用：非机械接触式测量，特别适用于测量柔软的、不允许施加测量力的物体，适用于不允许测头接触的高温物体，以及表面不允许划伤、不允许有划痕的物体等等的在线测量。扫描速度可以高达 95m/s，因此允许测量快速运动或振幅不大、频率不高的振动着的物体的尺寸，每秒能测 150 次，一般采用多次测量加算平均的方法可以提高测量精度。激光扫描传感器测长的测量范围约为 $0.1\sim100cm$，允许物体在光轴方向的尺寸小于 1m。测量精度约在 $\pm0.3\sim\pm7\mu m$，扫描速度越小精度越高。为了保证测量精度，要求激光束越细越好，但要防止周围空气的抖动对激光细束带来的影响。被测件在扫描区内纵向位置变化会因光束平行性不够好而带来一定的测量误差。当被测直径大于 50mm 时，可采用双光路激光扫描传感器，工作原理与前述的单光路激光扫描传感器原理相同，只需将两个光路的光电信号合成，经电路处理即可测得被测直径。激光扫描传感器除了用于测长外，还可用来测量物体或微粒运动速度，测量流量、振动、转速、加速度等等，并且具有较高的测量精度。激光扫描传感器在工业机器人中的应用很重要，常用来测量机器人所处周围环境的障碍物距离以及获得周围环境的路径或形貌。此外，也是用来对工业机器人重复定位精度测量以及校准的重要测量设备。

2.7.6　姿态传感器及其应用基础

姿态传感器（posture sensor）：是指能够检测重力方向或姿态角变化（角速度）的传感器。

姿态传感器通常用于移动机器人的姿态控制。

姿态传感器分类：按着检测姿态角的原理可分为陀螺式姿态传感器和垂直振子式姿态传感器两类。

（1）陀螺式姿态传感器（也称陀螺仪）

① 陀螺。高速旋转的物体都有一个旋转轴线，该轴线也即该旋转物体的旋转中心轴线，并且在空间中都有一个方位（即该旋转轴线的空间方向和位置），这种特性被称为刚性。当高速旋转的物体受到一个外力 F 作用时，其旋转中心轴线会在原来的基准方位上随着 F 力作用方向产生偏摆，同时沿着原旋转中心轴线的垂直方向移动（即在原转轴基准线垂直方向上移动一段距离 S），这个移动被称为进动。这种具有刚性和进动特性的高速旋转物体就被称作陀螺。

② 陀螺式姿态传感器简称陀螺传感器（gyroscope sensor）：是以自身为基准，用来检测运动物体摆动方位及偏移基准、角速度的一种传感器装置。其特点是：即使没有被安装在旋转轴上，也能检测物体转动的角速度。通常用于检测移动机器人在移动过程中的姿态并反馈给机器人的姿势控制器，也用于检测转轴不固定的转动物体的角速度。

③ 陀螺传感器的分类。

按着检测量的不同，陀螺传感器主要分为：速率陀螺传感器、位移陀螺传感器、方向陀螺传感器三种。其中，机器人领域中大都使用速率陀螺传感器（rate gyroscope)。

按着具体检测原理和方法的不同,陀螺传感器又可分为:机械转动型陀螺传感器、振动型陀螺传感器、气体型陀螺传感器、光学型陀螺传感器四种。其中,机械转动型以及振动型两类价格便宜,尤其是振动型陀螺传感器采用微机械加工技术制造,具有小型化、使用方便、价格便宜以及精度高等特点;而精度最高的应属于光学型陀螺传感器,但价格昂贵。光学型陀螺传感器又分为环形激光陀螺传感器和光纤陀螺传感器。

按着自由度数不同,陀螺传感器又可分为:1 自由度陀螺传感器和 2 自由度陀螺传感器。1 自由度陀螺传感器又可分为:比例陀螺传感器和比例积分陀螺传感器。2 自由度陀螺传感器又可分为:垂直陀螺传感器、定向陀螺传感器、陀螺指南针(俗称螺盘)和电动链式陀螺传感器。

其他陀螺传感器:压电陀螺传感器、静电悬浮陀螺传感器、核磁共振陀螺传感器等等。

④ 陀螺传感器的特性。陀螺传感器被用来检测运动物体的方位、角速度等物理量,而运动的物体在三维空间中通常有俯仰(pitch)、滚动(roll)、偏摆(yaw)三个分别绕各自坐标轴转动的动作。可将这三根轴定义为运动物体中线坐标系的三根轴,也可以是系统基坐标系的三个坐标轴。通常运动物体都是两轴或三轴同时动作。2 自由度陀螺传感器和静电悬浮陀螺传感器都是以地球坐标系为基准来检测角度的传感器;其他陀螺传感器则是以运动物体的中心坐标系为基准检测角速度。将以物体中心坐标系为基准变为以地球坐标为基准时,必须使两个或三个输出相互解耦和补偿。此外,实际陀螺式陀螺传感器中,由于轴承内存在摩擦、陀螺和万向架存在着不平衡量等影响因素,方向会随时间变化,存在测量偏差,这种现象称为偏移。各类陀螺传感器的主要特性如表 2-27 所示。

表 2-27　各类陀螺传感器的主要特性

类型	陀螺传感器名称	主要特性
2 自由度陀螺传感器	垂直陀螺传感器	有经常保持垂直的结构,最适用于俯仰和滚动角度的测量,不存在偏移。但受立起精度影响,在左旋、右旋时会有偏差
	定向陀螺传感器	方向不同时受地球自转影响不同,用于检测相对方位,被用于短时间检测和方位控制。测量结果有偏移
	陀螺指南针	方向自动指北,能够检测绝对方位。但快速动作时产生误差
	电动链式陀螺传感器	一个该传感器即可进行两轴的检测,廉价,使用场合很多。但其控制电路复杂
	比例陀螺传感器	价格便宜,能简单检测角速度。被用于汽车、船等的动特性分析中。但只能用于在极短的时间内用积分输出角度
	比例积分陀螺传感器	为中、高精度陀螺传感器,实用但价格较贵。需要控制电路。在高精度要求的检测中,需要两、三个同时使用以互相补偿

续表

类型	陀螺传感器名称	主要特性
光陀螺 传感器	环形激光陀螺传感器	陀螺传感器中的主流。寿命长,可靠性高,启动时间短,动态范围宽,数字输出,无加速度影响。价格高,为尖端技术。一般市场上难寻
	光纤陀螺传感器	仅次于环形激光陀螺传感器,亦为主流。寿命长,可靠性高,启动时间短,动态范围宽,数字输出,无加速度影响。优点同于环形激光陀螺传感器,但价格低廉
其他陀螺 传感器	静电悬浮陀螺传感器	精度高,价格非常高,维护费用高。仅用于特殊场合
	核磁共振陀螺传感器	处于研究中。但价格可能较低
	气体比例陀螺传感器	价廉。被用于无人搬运车。但必须注意:它的温度特性容易变化且精度不高
	振动型陀螺传感器	为低精度陀螺传感器。比陀螺式陀螺传感器寿命长,价格低

⑤ 振动型陀螺传感器 (vibration gyroscope)。振动型陀螺传感器简称振动陀螺传感器,是指给振动中的物体施加恒定的转速,利用柯氏力 (coriolis force) 作用于物体的现象来检测转速的传感器。理论力学中,柯氏力 f_c 的定义是运动着的质点质量 m 以线速度 v 和角速度 ω 相对于惯性参考系既作线速度移动同时又作角速度转动的合成运动时所产生的惯性力。即 $f_c = 2mv \times \omega = 2m|v\parallel\omega|\sin\alpha$,其中 α 为质点 m 的线速度矢量 v 与角速度矢量 ω 之间的夹角。

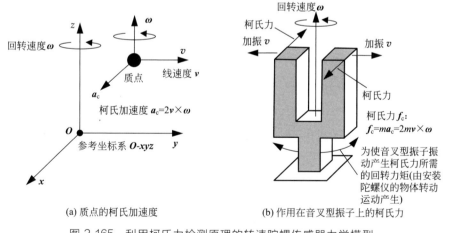

(a) 质点的柯氏加速度　　　　　　(b) 作用在音叉型振子上的柯氏力

图 2-165　利用柯氏力检测原理的转速陀螺传感器力学模型

图 2-165 所示的音叉型振子是利用陀螺传感器的柯氏力检测转速的原理。无论是直接测量音叉型振子上的柯氏力还是测量它们合力作用在音叉根部的转矩,

都能够检测出转动的角速度 ω。

(2) 光陀螺传感器（optical gyroscope）

光陀螺传感器精度高、寿命长、可靠性高、启动时间短、动态范围宽，采用数字输出，无加速度影响，是陀螺传感器中的主流。

① 光陀螺传感器的基本原理

• Sagnac 效应。如图 2-166 所示的环状光通路中，来自光源的光经过光束分离器被分成两束光，在同一个环状光通路中，这两束光分别向左、向右转动进行传播。此时，如果系统整体相对于惯性空间以角速度 ω 转动，则光束沿环状光路左转一周所经历的时间和右转一周所经历的时间是不同的。此即所谓的 Sagnac 效应。利用 Sagnac 效应，人们开发了利用激光测量转速的环形激光陀螺传感器（环形陀螺仪）。

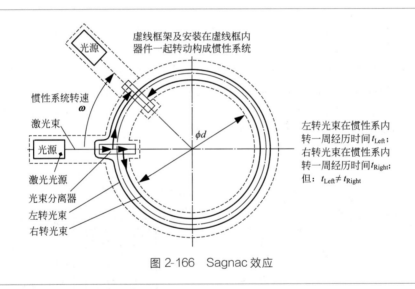

图 2-166　Sagnac 效应

• Sagnac 效应的应用：Sagnac 效应将惯性系统内部环形光路上的正反两个方向的光束在同起点同终点之间的行程、时间差与光波波长和惯性系统的转速等物理量关联在一起而成为一定的函数关系。在惯性系统结构的主要几何尺寸、光源种类（光波波长等）确定的情况下，这个函数关系就是惯性系统转速与时间的函数关系。因此，Sagnac 效应为测量转速的光陀螺传感器设计提供了理论依据。至于这个函数关系具体是什么、如何推导不在本书内容范围之内。另外，这里用来解释 Sagnac 效应的是环形光路，但 Sagnac 效应并不仅限于环形光路，三角形、多角形等光路也同样。如果推导出惯性系统转速与系统内 Sagnac 效应中正反两个方向光路时间差等函数关系，则可以以光波波长（或频率）精确计算惯性系统转动的速度（角速度）、行程（角位移）。

② 环形激光陀螺传感器　环形激光陀螺传感器是光陀螺传感器的一种。它无机械式陀螺运动部分，工作可靠，寿命长。

• 环形激光陀螺传感器的工作原理。它是基于 Sagnac 效应而设计的一种闭合光路激光谐振器。如图 2-167 所示，环形激光器中激励起顺时针和逆时针运动的两束激光，当激光谐振器静止时，两束激光的振荡频率相同，但若激光谐振器以角速度 ω 旋转，则因正反两个方向上的这两束激光光程不同而引起振荡频率差 Δf，而且 Δf 与激光谐振器旋转的角速度 ω 成正比，因此，在标定好成正比的比例系数后，测出 Δf 也就等同于测量出了激光谐振器的转速 ω。不仅如此，对测量得到的转速 ω 进行积分便得到旋转的角度 φ。环形激光陀螺传感器兼有速率陀螺传感器和速率积分陀螺传感器的功能。若在互相垂直的三个方向上分别安装绕方向轴旋转的三个环形激光陀螺传感器，则可同时测量三维姿态的角速度、角度。

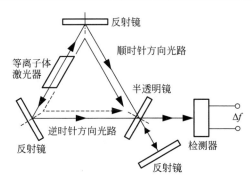

图 2-167　环形激光陀螺传感器的工作原理

• 环形激光陀螺传感器的系统构成。如图 2-168 所示为环形激光陀螺传感器常见的结构，它由激光光源、光路长度检测部、光路长度控制传感器、棱镜与检测器、反射镜、高频振荡发条、前置放大器等几部分组成。它是在三角形（图 2-168 中所示）或四边形的角点处设置反射镜或棱镜（仅模拟信号输出部角点处），形成顺、逆时针两个方向的光路，并用光通过的光路本身作为激光的振荡管。当环形激光陀螺传感器顺时针旋转时，顺时针旋回的光的光路长度就增加，该光路的激光的振荡频率就相应变低。当环形激光陀螺传感器逆时针旋转时，逆时针旋回的光的光路长度会缩短，该光路的激光的振荡频率会相应变高。这两路光路方向相反的两束激光同时照射时会产生频率差的差拍，该差拍与传感器回转的角速度成比例。因此，观测到差拍也就测得了角速度。

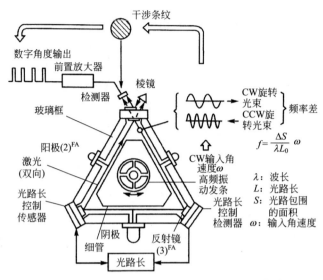

图 2-168　环形激光陀螺传感器的系统构成[19]

• 环形激光陀螺传感器的特点及应用。环形激光陀螺传感器结构简单、体积小，没有机械陀螺的可动部分，工作可靠，使用寿命长，已在波音 757、767 等飞机上使用。其缺点是低速旋转时正反（顺逆）两个方向上光的振荡同步，$\Delta f = 0$，会发生闭锁现象。低速时灵敏度受到限制。为解决这个问题，人们研制了干涉型激光陀螺传感器。

③ 干涉型激光陀螺传感器　干涉型激光陀螺传感器的工作原理：是将激光谐振器和其他装置组合成干涉系统，其工作原理如图 2-169 所示。依据 Sagnac 效应，左右两束激光会产生与旋转速度成比例的相位差 $\Delta\theta$。取出有相位差的两束光并使它们干涉，可以把相位差直接变换成光强度变化。系统旋转角速度值 ω 与相位差 $\Delta\theta$ 之间的关系式为：

$$\Delta\theta = \frac{8\pi A}{c\lambda}\omega \tag{2-21}$$

式中，A 为四方形光路系统所包围的面积；c、λ 分别为干涉系统介质中的光速和波长。

由式(2-21) 可知：相位差 $\Delta\theta$ 与 A 成正比。则激光陀螺传感器的振荡频率差 Δf 也与面积 A 成正比。这说明要想提高激光陀螺传感器的灵敏度必须加大光路系统所包围的面积 A，即需要扩大光路系统包围、覆盖的面积。

干涉型激光传感器在静止状态时（即传感器转动角速度 $\omega = 0$ 时），左右两束激光的光路长度相等，输出功率与 $\cos\Delta\theta$ 成比例。因此，不会存在输出为零的闭锁状态。但低速时灵敏度也低，光路中空气波动、环境振动等因素会导致反射镜位置变动而使光信号产生不稳定现象。为此，人们开发了光纤陀螺传感器（即光纤陀螺仪）。

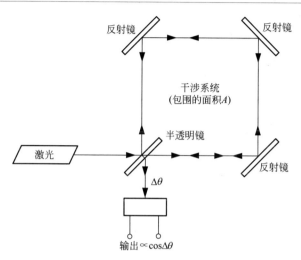

图 2-169　干涉型激光陀螺传感器的工作原理

④ 光纤陀螺传感器（光纤陀螺仪）　光纤陀螺传感器简称为光纤陀螺，也称为光纤角速度传感器。光纤陀螺传感器既无机械运动部件，也无预热时间和不敏感加速度等缺点，并且还克服了环形激光陀螺传感器成本高以及存在的闭锁现象等致命问题。光纤陀螺具有动态范围宽、数字输出、体积小等优点。

光纤陀螺传感器的工作原理：如图 2-170 所示，它由激光器、光纤卷线盘、透镜、半透明镜、检测器和数字输出部分组成。它是用单模光纤代替图 2-169 所示的干涉型激光陀螺传感器的干涉系统。光纤陀螺传感器仍然是基于 Sagnac 效应引起两光束间的相位差 $\Delta\theta$，系统旋转角速度值 ω 与相位差 $\Delta\theta$ 之间的关系式为：

$$\Delta\theta = \frac{8\pi NA}{c\lambda}\omega \tag{2-22}$$

式中，A 为四方形光路系统所包围的面积；c、λ 分别为干涉系统介质中的光速和波长；N 为光纤环绕的圈数，即当干涉型激光陀螺传感器和光纤陀螺传感器有相同的面积 A 时，光纤陀螺传感器的灵敏度是干涉型激光陀螺传感器的灵敏度的 N 倍。

光纤陀螺传感器的优缺点：光纤陀螺传感器没有环形激光陀螺传感器的低速闭锁（锁定）现象，也避免了激光陀螺传感器的光路在空气中波动和环境振动导致反射镜位置变动等问题，且体积小，灵敏度高；但光纤陀螺传感器也如同干涉型激光陀螺传感器一样，有低速旋转时灵敏度低下的问题。

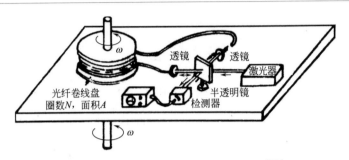

图 2-170　光纤陀螺传感器的工作原理[19]

　　解决光纤陀螺传感器在低速旋转时灵敏度低下问题的办法和措施：为提高光纤陀螺传感器在低速旋转时的灵敏度，采用带有移相器的光路系统，即左右两束光路引入各自的光路，然后用移相器使两束光路产生 $\pi/2$ 的相位差。但使灵敏度最佳的光学系统相当复杂，若使用反射镜和透镜组成的光学系统，将有损于光纤陀螺传感器的优点。因此，光纤以外的部分用光集成电路，整个系统采用单模光纤构成。光纤也会因温度变化而使光纤极化面旋转，从而使输出变化。解决这一问题的办法是采用偏振片，仅取出与入射光同一方向的分量。采取这些措施的效果是：灵敏度最佳化的光纤陀螺传感器，若用损耗为 2dB/km 的光纤作为单模光纤，其灵敏度可达 10^{-8}rad/s。

　　⑤ 机械陀螺式陀螺传感器　机械陀螺式陀螺传感器是根据机械陀螺运动原理来设计的陀螺传感器，其中含有万向铰链机构。如图 2-171 所示，机械陀螺式陀螺传感器可分为：垂直陀螺传感器、比例陀螺传感器和比例积分陀螺传感器三类。

　　垂直陀螺传感器：使机械陀螺保持开始旋转时的方向的陀螺传感器被称为自由陀螺传感器，则垂直陀螺传感器就是使自由陀螺传感器中的机械陀螺的旋转轴经常保持垂直状态的陀螺传感器，如图 2-171(a) 所示。

　　比例陀螺传感器：如图 2-171(b) 所示，是在机械陀螺的万向架上安装机械弹簧，陀螺传感器在没有自由度的方向上转动时，终将停止在由于进动产生的转矩和传动系统的力平衡的地方。这个力平衡时停止的位置与输入角速度成比例。

　　比例积分陀螺传感器：若在比例陀螺传感器中，没有安装机械弹簧，则当输入角速度时万向架转动，其转动的角度等于角速度的积分值，即积分陀螺传感器；若在积分陀螺传感器上附加转矩，便构成了比例积分陀螺传感器，如图 2-171(c) 所示。比例积分陀螺传感器在结构上与积分陀螺传感器相同，区别在于它是用伺服放大器的电气传动装置代替了比例陀螺传感器的机械传动装置而使万向架经常保持在零位置。由于电气传动中流过的电流与输入角速度成正比，所以，比例积分陀螺传感器实质上是一种高性能的比例陀螺传感器。

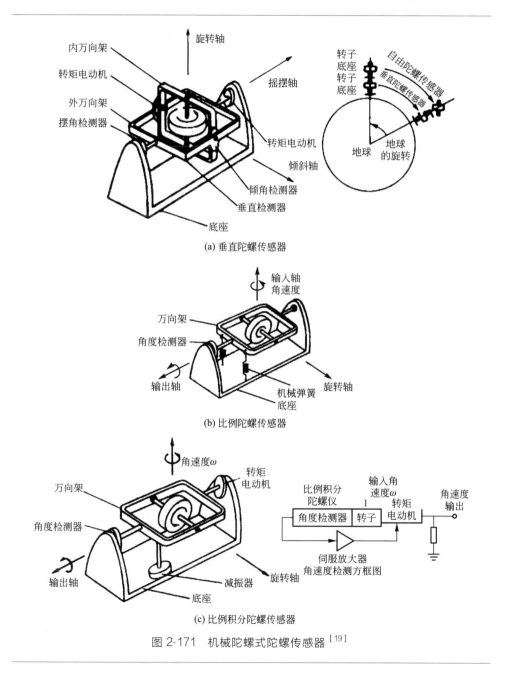

(a) 垂直陀螺传感器

(b) 比例陀螺传感器

(c) 比例积分陀螺传感器

图 2-171　机械陀螺式陀螺传感器[19]

机械陀螺式陀螺传感器与光学陀螺传感器的区别：机械陀螺式陀螺传感器是在机械陀螺、万向架等机械运动部件的惯性运动、机械弹簧的力约束等等基础上，通过角度、倾斜、垂直、摆角等传感器检测来获得姿态角、角速度量的，测量精度、寿命、可靠性受机械零部件的设计制造、安装精度影响较大；另外，体积、质量相对光学陀螺传感器的都较大，精度也不如光学陀螺传感器高。

2.8 本章小结

按着机器人系统由机械本体、驱动系统、控制系统、传感系统的构成部分，本章全面系统地分别讲述了机器人机械系统机构、精密机械传动中的谐波齿轮传动、RV摆线减速器的原理与结构；电动、液压驱动、气动等驱动方式下的原动机及其驱动 & 控制系统、电气回路、液压回路、气动回路等硬件原理与构成；传感器系统以及位置/速度传感器、力/力矩传感器、视觉传感器、姿态传感器等各种传感器的原理、结构与应用。这些知识是进行工业机器人系统设计乃至仿生仿人机器人系统设计所需的也是必备的基础知识。同时也说明机器人系统设计不仅是掌握机械系统本体设计知识就可以进行的事情，需要机器人系统设计者必须掌握机械、电气工程、控制工程以及计算机工程中相关的基础知识以及部分专业技术，才能设计出性能良好的工业机器人系统。尽管原动机、传感器、控制器等硬件设计更多的是选型设计，但它们的原理、选择依据以及如何正确使用、应用是必须有这些基础知识作为后盾才能把握住的。

参考文献

[1] 遠藤博史，和田充雄. 骨骼型肘・前腕関節機構の张力拮抗驱动. 日本ロボット学会誌 Vol. 11 No. 8, 1993: 1252～1260.

[2] Suhugen Ma, Shigeo Hirose. Design and Experiments for a coupled Tendon-Driven Manipulator, IEEE Control Systemy, 1993: 30-3.

[3] G. S. Chirikjian, J. W. Burdick. Design and Experiments with a 30 DOF Robot, IEEE Conf. On Robotics and Automa-tion; 1993:113-119.

[4] 吴伟国，张勇，梁风. 具有啮合齿面接触对的谐波齿轮传动有限元模型建立与分析. 机械传动，Vol. 35, No. 12: 37-41.

[5] 吴伟国，于鹏飞，侯月阳. 短筒柔轮谐波传动新设计新工艺与实验. 哈尔滨工业大学学报，Vol. 46, No. 1, 2014: 40-46.

[6] 吴伟国等. 一种用于短筒柔轮谐波减速器的刚轮与柔轮及其加工工艺. 技术发明专利授权号：ZL201210176679. 0

[7]　吴伟国等.刚轮轮齿有倾角的短筒柔轮谐
波齿轮减速器及其传动刚度测试装置.技
术发明专利授权号：ZL201210273241.4.

[8]　于鹏飞.机器人用短筒柔轮谐波减速器研
制与性能测试[D].哈尔滨工业大学硕士学
位论文，2012.

[9]　[日]日本机器人学会编.新版机器人技术
手册.北京：科学出版社.2007，10：93，
98，101，103，113-116，143，146.

[10]　（美）R. Krishnan 著.永磁无刷电机及其
驱动技术.柴凤等译.北京：机械工业出版
社，2012.

[11]　刘宝廷，程树康等.步进电动机及其驱动
控制系统.哈尔滨：哈尔滨工业大学出版
社，1997.

[12]　[日]原文雄，小林宏.著.顔という知
能——顔ロボットによる「人工情感」の
創発.日本東京：共立出版株式会社，

2004 年：57～69，105～123.

[13]　日立製作所官方网页：http://www. hita-
chisemiconductor. com/sic/jsp/japan/
PRODUCTS/MPUMCU

[14]　CQ 出版社.SuperHプロセッサ.TECHI
Vol. 1，2002：4～6.

[15]　孔祥营，柏桂枝编著.嵌入式实时操作系
统 VxWorks 及其开发环境 Tornado. 北
京：中国电力出版社，2001.11

[16]　VxWorks Programmer's Guide 5. 4，
Wind River Systems, Inc.

[17]　Tornado User's Guide, Wind River
Systems, Inc.

[18]　（美）Robert B. Northrop 著.测量仪表
与测量技术（原书第 2 版）曹学军等译.
北京：机械工业出版社，2009.

[19]　张红润.传感器技术大全（中册）.北京：
北京航空航天大学出版社，2007.

（接 169 页）

[125]　Javier Serón, Jorge L. Martínez,
Anthony Mandow, Antonio J. Reina,
Jesús Morales, and Alfonso J.
García-Cerezo. Automation of the
Arm-Aided Climbing Maneuver for
Tracked Mobile Manipulators. IEEE
TRANSACTIONS ON INDUSTRIAL E-
LECTRONICS, VOL. 61, NO. 7, JU-
LY 2014：3638-3647.

[126]　Toyomi Fujita, Yuichi Tsuchiya. Devel-
opment of a Tracked Mobile Robot E-
quipped with Two Arms. 978-1-4799-
4032-5/14/\$ 31. 00 © 2014 IEEE：
2738-2743.

[127]　Pinhas Ben-Tzvi, Andrew A. Golden-
berg, and Jean W. Zu. A Novel Con-
trol Architecture and Design of Hybrid

Locomotion and Manipulation Tracked
Mobile Robot. Proceedings of the 2007
IEEE International Conference on
Mechatronics and Automation, August 5-
8, 2007, Harbin, China：1374-1381.

[128]　王田苗，陶永.我国工业机器人技术现状
与产业化发展战略.机械工程学报，
2014，50（9）：1-13.

[129]　骆敏舟，方健，赵江海.工业机器人的技
术发展及其应用.机械制造与自动化，
2015（1）：1-4.

[130]　王杰高.埃斯顿机器人核心技术研发及应
用，机器人技术与应用，2012（4）：2-6.

[131]　吴伟国.面向作业与人工智能的仿人机器
人研究进展.哈尔滨工业大学学报，2015
（7）：1～19.

第3章

工业机器人操作臂机械系统机构设计与结构设计

3.1 典型工业机器人操作臂机构构型及关节驱动形式

3.1.1 工业机器人操作臂关节驱动形式

工业机器人操作臂的功用就是在计算机自动控制下由驱动系统元部件驱动与各关节相连的臂杆运动从而带动末端操作器上的负载物按着期望的末端操作器作业位置、轨迹或输出作业力（力矩）进行运动。

按着原动机工作原理可以分为液压、气动、电动等驱动方式，相应的原动机元部件分别为液压缸、气缸、电动机，这些原动机能量供给和伺服运动控制系统分别为液压系统、气动系统及电动机驱动与控制系统。如果不考虑关节运动形式的变换，液压缸、气缸直接驱动机器人操作臂关节就可以满足关节回转或直线运动速度、驱动力大小的要求，即可以不在气缸、液压缸与关节之间增加机械传动元件或减速器装置。这是这两种驱动方式与电动驱动方式的不同之处。但是，由于气缸、液压缸等驱动元件输出一般是直线运动（当然，它们也可以根据需要设计成非直线运动形式），对于由它们驱动的机器人操作臂回转关节而言，需要通过诸如齿轮齿条机构、连杆机构、滚珠丝杠螺旋传动等常用的机械传动形式将直线运动转换成回转运动，此时，液压缸、气缸与关节之间的机械传动件主要是用来改变运动方式或者方向，其机械传动部分相对简单，但关节运动精度以及机器人操作臂末端操作器的位姿精度较电动机驱动操作臂要低。

从 20 世纪 70 年代到 90 年代，工业机器人操作臂在欧美、日本等发达国家和地区已经发展成为一项成熟的技术。期间随着交/直流伺服电动机、谐波齿轮减速器、RV 摆线针轮减速器、行星齿轮减速器等机械传动装置等高性能工业基础元部件产业化以及伺服驱动与计算机控制技术日趋成熟，工业机器人操作臂技术在发达国家也已完成产业化和产品系列化，且已成为品牌商品，如 FANUC、MOTOMAN、KUKA 等工业机器人操作臂在发达国家的工厂车间、自动化生产线随处可见。这些工业机器人操作臂与 20 世纪 60 年代至 80 年代工业机器人的最大区别就是机构与结构设计相对简单且性能指标高，而且高精度高负载能力的 RV 摆线针轮减速器、谐波齿轮减速器成为工业机器人操作臂设计、研发的主要部件。基本上，这些机器人操作臂的腰部、肩部、肘部三个关节大都采用 RV 摆线针轮减速器作为传动部件，腕部的 3 自由度关节采用谐波齿轮传动，而且交流、直流伺服电动机作为驱动这些减速器、关节的原动机成为工业机器人操作臂产品驱动方式的主流。

原动机输出给关节的输入运动形式可分为直线运动、回转运动、球面/复杂曲面运动三种，其中对于工业机器人操作臂而言，原动机多为前两种形式；后者为目前已被研究的球面电动机驱动形式，或由两三台原动机以并联、并/串联机构形式驱动的 2~3 自由度以上多自由度复合型原动机，尚未在工业机器人操作臂关节上应用。

关节驱动系统是机器人操作臂本体设计的核心内容，由原动机、传感器、传动系统组成。这里主要以电动机驱动的关节驱动系统为例加以介绍。

如 2.1.2 节中所述，工业机器人操作臂机械本体一般可以分为由基座、腰部、肩部、臂部、肘部、腕部六个部分，其中臂部有上臂（即通常所说的大臂）、前臂（即通常所说的小臂），各自由度分别分布于腰部、肩部、肘部、腕部，且除腕部有 3 个自由度外，其余部分各有 1 个自由度。各自由度下的运动是通过各关节驱动系统实现的。

（1）FANUC ROBOTM、Standford 工业机器人操作臂臂上关节的驱动形式

按着原动机输出给关节的输入运动形式、关节运动输出形式以及关节输入运动与输出运动的相对方位进行分类。

① 电动机回转运动经滚珠丝杠传动转变成关节直线移动的关节驱动形式 FANUC ROBOTM 机器人操作臂的移动关节 J_2、J_3：如图 3-1 所示的圆柱坐标型机器人操作臂 FANUC ROBOTOM，其机构运动是由腰转 J_1、上下移动 J_2、水平移动 J_3、腕部转动 J_4、J_5 关节运动实现的，其中 J_2、J_3 两个移动副关节可以设计成交流伺服电动机通过一级齿轮传动或减速器驱动滚珠丝杠传动机构实现移动，机构原理与结构如图 3-2 所示。

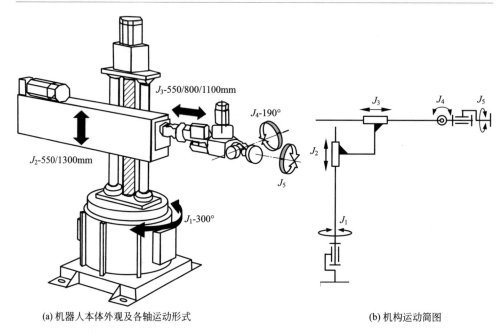

(a) 机器人本体外观及各轴运动形式　　　　　　(b) 机构运动简图

图 3-1　FANUC ROBOTOM 机器人及其机构原理

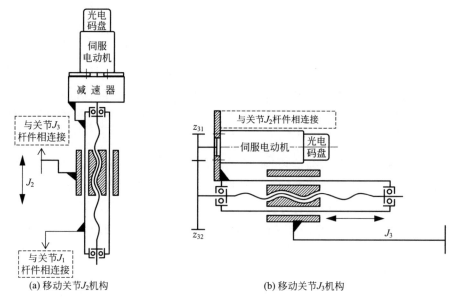

(a) 移动关节J_2机构　　　　　　(b) 移动关节J_3机构

图 3-2　分别用伺服电动机加齿轮传动或减速器、滚珠丝杠

传动驱动的移动关节 J_2、J_3 机构运动简图

② 电动机回转运动经内啮合齿轮传动转变成腰部回转运动的关节驱动形式

FANUC ROBOTM 机器人操作臂的腰转关节 J_1：如图 3-3 所示，为用伺服电动机驱动一对内啮合的圆柱齿轮 z_1、z_2 传动实现 FANUC ROBOTOM 腰转关节 J_1 的回转运动机构简图。这种回转关节驱动形式的特点是可以充分利用腰转关节空心轴内部空间布置 $J_1 \sim J_3$ 关节的电缆线走线。如果腰转关节 J_1 的驱动力矩不足，可在内啮合圆柱齿轮传动与伺服电动机之间再加一级齿轮传动或减速器部件；另外，腰转关节 J_1

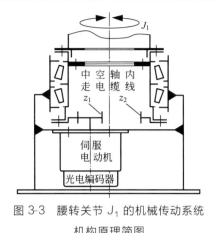

图 3-3　腰转关节 J_1 的机械传动系统机构原理简图

支撑轴系采用了一对圆锥滚子轴承支撑，也可用一套交叉滚子轴承代替这对圆锥滚子轴承。

（2）Stanford 机器人的移动关节驱动方式

Stanford 机器人是一款 6 自由度机器人操作臂，如图 3-4 所示，腰、肩部关节 J_1、J_2 皆为回转关节，然后是伸缩移动臂移动关节 J_3，$J_4 \sim J_6$ 皆为回转关节一起构成 3 自由度腕关节。

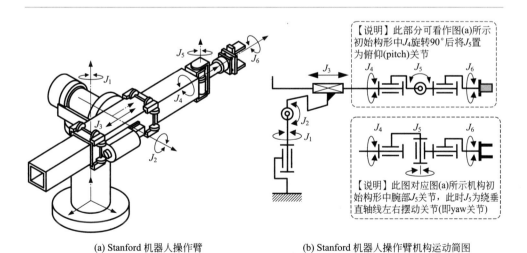

(a) Stanford 机器人操作臂　　　(b) Stanford 机器人操作臂机构运动简图

图 3-4

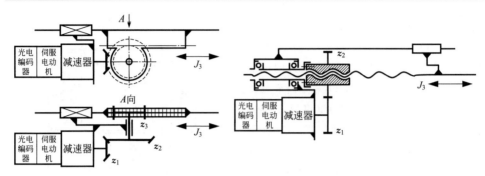

(c) 移动关节的齿轮-齿条机构运动简图　　　　(d) 移动关节的齿轮传动+滚珠丝杠螺母机构运动简图

图 3-4　Stanford 机器人操作臂机构及其移动关节机构原理

(3) PUMA 工业机器人操作臂臂上关节的驱动形式

PUMA 机器人是美国 UNIMATION 公司生产的机器人操作臂，是一款自 20 世纪 80 年代以后被广泛用于大学、研究院所、机器人实验室等研究机器人操作臂技术使用的多型号规格产品，如被用于研究机器人操作臂作业运动学、动力学、运动控制、力/位混合控制、装配作业、多机器人操作臂协调、远程控制、遥操作等等实验研究机型，其外观与机构原理如图 3-5 所示。

① 腰转关节 J_1 的驱动　如图 3-6 所示，腰转关节 J_1 的驱动方式为伺服电动机（也可为带减速器及编码器的一体化伺服电动机）驱动两级直齿圆柱齿轮传动驱动立柱实现腰转，机构运动简图如图 3-6（b）所示，转动范围为 308°。

② 肩部关节 J_2 的驱动　如图 3-6 所示，肩部关节 J_2 的驱动方式为肩部关节伺服电动机（也可为带减速器及编码器的一体化伺服电动机）输出轴通过一柔性联轴器与一圆锥小齿轮相连接，依次驱动该级圆锥齿轮传动，与大锥齿轮同轴的圆柱小齿轮、圆柱大齿轮，以及与圆柱大齿轮同轴的第二级圆柱齿轮传动的小齿轮、大齿轮，从而实现肩关节转动，机构运动简图如图 3-6（c）所示，转动范围为 314°。

③ 肘部关节 J_3 的驱动　如图 3-6 所示，肘部关节 J_3 的驱动方式为肘部关节伺服电动机（也可为带减速器及编码器的一体化伺服电动机）输出轴通过一柔性联轴器远距离传动到与另一柔性联轴器相连的圆锥小齿轮，依次驱动该级圆锥齿轮传动，与大锥齿轮同轴的圆柱小齿轮、圆柱大齿轮，以及与圆柱大齿轮同轴的第二级圆柱齿轮传动的小齿轮、大齿轮，从而实现肘关节转动，机构运动简图如图 3-6（d）所示，转动范围为 292°。

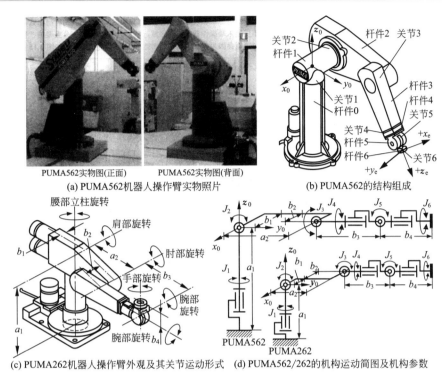

(a) PUMA562机器人操作臂实物照片   (b) PUMA562的结构组成

(c) PUMA262机器人操作臂外观及其关节运动形式   (d) PUMA562/262的机构运动简图及机构参数

图 3-5   PUMA562/262 机器人操作臂外观结构及其机构原理

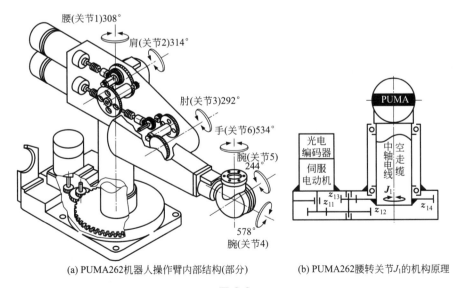

(a) PUMA262机器人操作臂内部结构(部分)   (b) PUMA262腰转关节J_1的机构原理

图 3-6

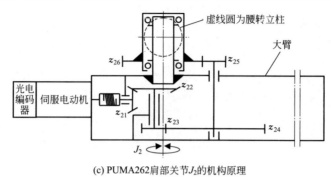

(c) PUMA262肩部关节J_2的机构原理

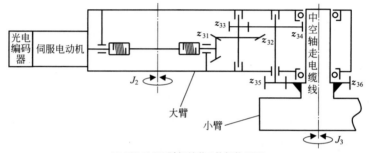

(d) PUMA262肘部关节J_3的机构原理

图 3-6　PUMA 机器人操作臂结构及其腰、肩、肘

三个关节驱动系统原理图（即机构运动简图）

（4）SCARA 工业机器人操作臂臂上关节的驱动形式

被称为 SCARA（selected compliance assembly robot arm）型机器人的机构如图 3-7、图 3-8 所示，各关节轴线皆为垂直方向。这些关节回转轴皆相对于扭转方向呈易于转动的构造。而且，各个杆件的纵向断面具有纵向长的特点，杆件断面呈长方形的情况下，对于杆件负载的刚度与边长的三次方成正比。总之，轴、杆件在垂直方向上没有变形且能产生大出力，与此相反，水平方向上出力少而且产生变形相对较大。因此，这种机构可实现适于作为装配用途的、高刚度的操作臂。

① 回转关节 J_1、J_2 的驱动　如图 3-9(a)、(b) 所示，回转关节 J_1、J_2 的驱动方式为带减速器（行星齿轮减速器或谐波齿轮减速器等）及编码器的一体化伺服电动机（直流伺服或交流伺服电动机）直接驱动关节转动。

② 回转关节 J_3 的驱动　如图 3-9(c) 所示，回转关节 J_3 的驱动方式为带减速器（行星齿轮减速器或谐波齿轮减速器等）及编码器的一体化伺服电动机（直流伺服或交流伺服电动机）经过两级同步齿形带（或钢带、钢绳）传动驱动关节

3 转动。由于关节 J_3 的驱动电动机是安在基座上的，通过两级传动并分别利用了关节 J_1、关节 1 回转轴线位置，关节 J_3 的运动是关节 J_1、关节 J_2 及关节 J_3 自身三者回转运动复合而成的，所以关节 J_3 独立的位置、速度控制也必须在关节 J_1、关节 J_2、关节 J_3 协调控制下才能实现。

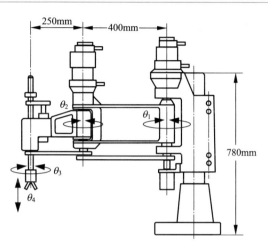

图 3-7　SCARA 机器人操作臂外观与结构

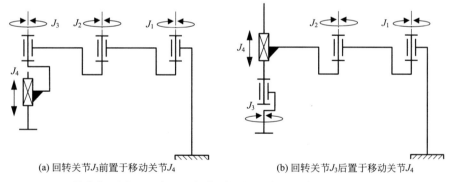

(a) 回转关节J_3前置于移动关节J_4　　　　(b) 回转关节J_3后置于移动关节J_4

图 3-8　SCARA 机器人操作臂机构设计的两种构型的机构
运动简图（关节前置/后置——离基座近为前、远为后）

③ 移动关节 J_4 的驱动　如图 3-9(c) 所示，移动关节 J_4 的驱动方式为带减速器（行星齿轮减速器或谐波齿轮减速器等）及编码器的一体化伺服电动机（直流伺服或交流伺服电动机）经过一级同步齿形带（或钢带、钢绳）传动驱动滚珠丝杠传动的螺母转动，从而使丝杠在回转关节 J_3 内移动导向约束下做伸缩移动，实现关节 J_4 的移动运动，但是，需注意的是：由于移动关节 J_4 驱动电动

机安装在小臂上，不能跟随回转关节 J_3 一起转动，关节 J_4 的移动是在回转关节 J_3 驱动电动机、移动关节 J_4 驱动电动机的复合运动下实现的，所以，其移动量控制也应是在关节 J_3、关节 J_4 协调控制下实现期望的移动量、移动速度。

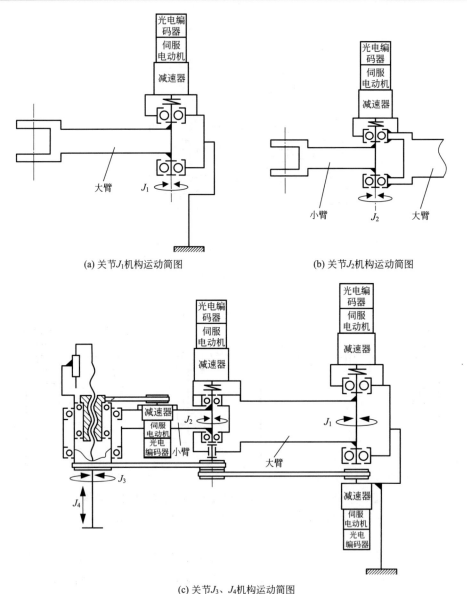

(a) 关节 J_1 机构运动简图

(b) 关节 J_2 机构运动简图

(c) 关节 J_3、J_4 机构运动简图

图 3-9 SCARA 机器人操作臂各关节机构运动简图

（5）MOTOMAN 工业机器人操作臂臂上关节的驱动形式

① MOTOMAN-L10 型机器人操作臂弧焊系统及其机构原理　如图 3-10 所示为应用 MOTOMAN-L10 型机器人操作臂进行弧焊作业的机器人系统。该系统由焊接电源 1、气瓶 2、焊丝送丝装置 3、示教盒 4、控制柜 5、焊枪 6、工件 7、夹具 8、操作台 9、机器人 10 等组成。

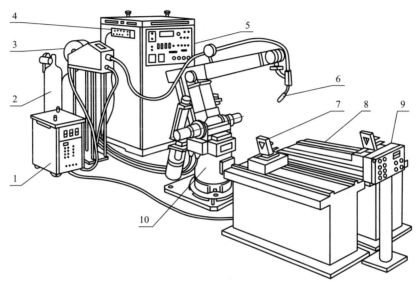

图 3-10　MOTOMAN-L10 型机器人操作臂及其弧焊系统
1—焊接电源；2—气瓶；3—焊丝送丝装置；4—示教盒；5—控制柜；
6—焊枪；7—工件；8—夹具；9—操作台；10—机器人

对弧焊机器人的要求：

a. 系统各部分必须协调控制：计算机作为主控器，必须与电焊机、工作台控制系统有相应的接口，以便统一控制弧焊作业焊机（送丝速度和焊接电流等）和工作台（运动方式和运动速度）与机器人操作臂协调动作。

b. 机器人操作臂至少应有 5 个自由度：焊丝沿焊缝移动需要 3 个自由度；焊丝在焊缝的任意一点处都需要有确定的姿态，即确定焊丝的方向，由于焊丝是轴对称的，所以确定焊丝姿态只需 2 个自由度。

c. 机器人必须是连续轨迹追踪控制（CP），而且还要有附加的起弧、熄弧和焊丝的横摆运动。

d. 为了提高焊缝质量，通常还需要有焊缝跟踪系统。

② MOTOMAN-L10 型机器人操作臂的机构运动分析　如图 3-11 所示，有 5 个自由度，分别定义为腰部回转 S 轴、大臂俯仰 L 轴、小臂俯仰 U 轴、腕部

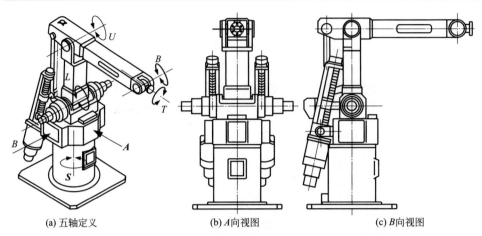

(a) 五轴定义　　　　　(b) *A*向视图　　　　　(c) *B*向视图

图 3-11　MOTOMAN-L10 型机器人操作臂各关节（轴）定义及平面投影视图

摆动 B 轴、手部回转 T 轴等 5 个回转关节。各轴机械传动系统如图 3-12 所示，下面结合此图说明各轴机械传动系统的机构运动原理。

a. 关节 J_1—腰部回转 S 轴：由 400W 直流伺服电动机 2 通过谐波齿轮减速器 3 减速后带动大臂壳体 4 绕垂直轴旋转。

b. 关节 J_2—大臂俯仰 L 轴：由 400W 直流伺服电动机 1 带动滚珠丝杠 9 螺母转动驱动丝杠，再由丝杠带动大臂杆 7 上的凸耳 8 驱动大臂杆前后俯仰运动。

c. 关节 J_3—小臂俯仰 U 轴：由 400W 直流伺服电动机 1 带动另一滚珠丝杠 11 的螺母转动驱动丝杠，再由丝杠带动平行四连杆机构的主动杆摆动，借助于该四连杆机构的拉杆 12 迫使小臂臂杆 16 以大臂杆上端的销轴 14 为支撑做上下俯仰运动。

d. 关节 J_4—腕部摆动 B 轴：由 200W 直流伺服电动机 21 通过谐波齿轮减速器 10 减速后带动大臂杆内的链传动链条运动，再通过大臂杆上面销轴上的一个双联链轮 13 带动小臂杆内的链条转动，从而带动与腕壳固连在一起的链轮 22，驱动腕壳 19 上下摆动。

e. 关节 J_5—手部回转 T 轴：由 200W 另一直流伺服电动机 6 通过谐波齿轮减速器 5 减速后带动大臂杆内的另一链传动链条运动，再通过大臂杆上面销轴上的另一个双联链轮 15 带动小臂杆内的另一链条转动，从而带动腕壳内的链轮 17，该链轮与大锥齿轮 18 同轴固连，再带动小锥齿轮与轴，最后带动手部固接法兰 20 转动。

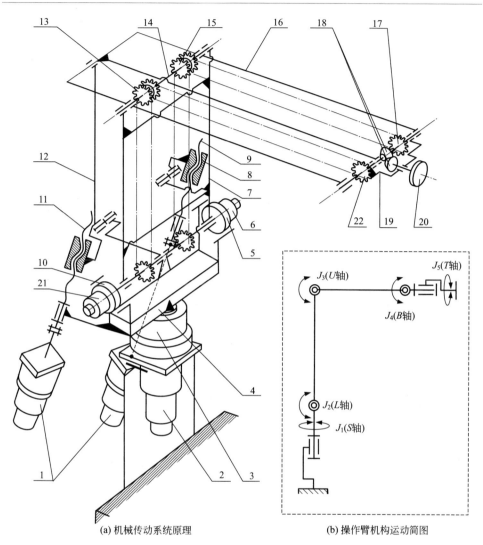

(a) 机械传动系统原理　　**(b) 操作臂机构运动简图**

图 3-12　MOTOMAN-L10 型机器人操作臂机构运动简图及机械传动系统原理

1，2，6，21—直流伺服电动机；　3，5，10—谐波齿轮减速器；　4—大臂壳体；　7—大臂杆；　8—凸耳；
9，11—滚珠丝杠；　12—拉杆；　13，15—双联链轮；　14—销轴；　16—小臂臂杆；　17—腕壳内的链轮；
18—大锥齿轮；　19—驱动腕壳；　20—手部固接法兰；　22—链轮

　　③ MOTOMAN-K100S 型机器人操作臂臂上关节驱动　表 3-1 为日本安川公司（Yaskawa Company）生产的 MOTOMAN K 系列中 MOTOMAN-K100S 型机器人操作臂机械本体规格表。图 3-13 为 MOTOMAN K 系列机器人操作臂立体图及其机构运动简图。

表 3-1　MOTOMAN-K100S 型工业机器人操作臂机械本体规格表

型号	MOTOMAN-K100S	许用扭矩	R 轴（腕部扭转）	588N・m(60kgf・m)
动作形态	垂直多关节型		B 轴（腕部俯仰）	588N・m(60kgf・m)
自由度数	6		T 轴（腕部回转）	353N・m(36kgf・m)
可搬质量（负载）	100kg	许用转动惯量 $(GD^2/4)$	R 轴（腕部扭转）	37kg・m^2
位置重复精度	±0.5mm		B 轴（腕部俯仰）	37kg・m^2
最大动作范围	S 轴（本体回转） 300°		T 轴（腕部回转）	13.7kg・m^2
	L 轴（大臂摆动） 115°	本体质量		1600kg
	U 轴（小臂摆动） 140°	外漆颜色		橘红
	R 轴（腕部扭转） 380°	环境条件	温度	0～+45℃
	B 轴（腕部摆动） 260°		湿度	20%～80%RH（不结露）
	T 轴（腕部回转） 700°			
最大动作速度	S 轴 1.92rad/s,110°/s	振动		小于 4.9m/s^2
	L 轴 1.92rad/s,110°/s	其他		
	U 轴 1.92rad/s,110°/s			
	R 轴 2.44rad/s,140°/s			
	B 轴 2.44rad/s,140°/s			
	T 轴 4.19rad/s,240°/s	动力电源容量[①]		24kV・A

① 根据不同的应用及动作模式而有所不同。
注：图中采用 SI 单位标注。符合标准 JIS B 8432。

如图 3-13(b) 所示，有 6 个自由度，分别定义为腰部回转 S 轴、大臂俯仰 L 轴、小臂俯仰 U 轴、腕部回转 R 轴、腕部摆动 B 轴、手部回转 T 轴等 6 个回转关节。

a. 关节 J_1——腰部回转 S 轴：由伺服电动机通过 RV 摆线针轮减速器减速后带动腰部及以上大臂一起绕垂直轴旋转。

b. 关节 J_2——大臂俯仰 L 轴：由伺服电动机通过 RV 摆线针轮减速器减速后带动大臂绕 L 轴作俯仰运动。

c. 关节 J_3——小臂俯仰 U 轴：由伺服电动机通过 RV 摆线针轮减速器减速后带动平行四连杆机构的主动杆曲柄转动，曲柄牵引拉杆拉动小臂绕 U 轴作俯仰运动。

d. 关节 J_4——腕部回转 R 轴：由伺服电动机通过杯形柔轮谐波齿轮传动减速后带动小臂前端绕 R 轴回转。

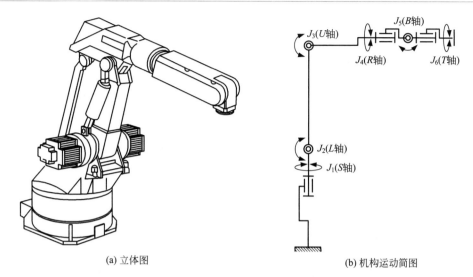

(a) 立体图

(b) 机构运动简图

图 3-13　MOTOMAN K 系列机器人操作臂立体图及其机构运动简图

　　e.关节 J_5——腕部摆动 B 轴：由伺服电动机先后通过一级圆锥齿轮传动、一级同步齿形带传动、环形柔轮谐波齿轮传动减速后驱动腕部壳体绕 B 轴作俯仰摆动运动。

　　f.关节 J_6——手部回转 T 轴：由伺服电动机先后通过一级圆锥齿轮传动、一级同步齿形带传动、又一级圆锥齿轮传动换向、环形柔轮谐波齿轮传动减速后驱动手部接口法兰绕 T 轴作回转运动。

　　以上 6 个关节运动传递的详细机构运动简图如图 3-14(a)～(f) 所示。

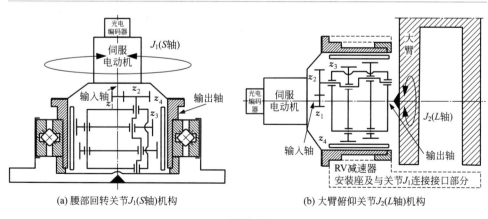

(a) 腰部回转关节 J_1(S轴)机构

(b) 大臂俯仰关节 J_2(L轴)机构

图 3-14

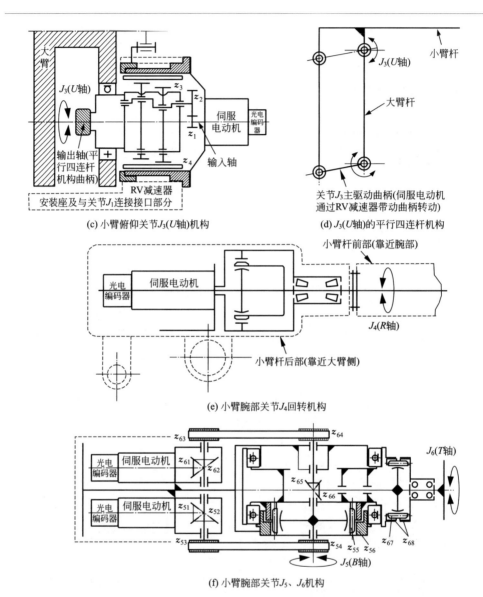

(c) 小臂俯仰关节J_3(U轴)机构

(d) J_3(U轴)的平行四连杆机构

(e) 小臂腕部关节J_4回转机构

(f) 小臂腕部关节J_5、J_6机构

图 3-14　MOTOMAN K 系列机器人操作臂各关节（轴）驱动机构运动简图

3.1.2　工业机器人操作臂的腕关节驱动形式

工业机器人操作臂的腕部关节通常具有 1～3 个自由度，通用的工业机器人操作臂腕部一般都具有 3 个自由度，在腕部末端连接如喷漆作业喷枪不需要最后

一个自由度回转运动的情况下有 2 个自由度也足矣。由于腕部关节一般为三轴交于一点且结构紧凑，腕部各轴运动主要是为了实现末端操作器作业姿态，所以，腕关节设计时通常将 3 个自由度的运动机构、结构设计放在一起去考虑。

（1）单自由度手腕

其一般有 roll 和 pitch 两种形式，如图 3-15 所示，其实现也较简单，通常可以用伺服电动机直接驱动谐波齿轮减速器（行星齿轮减速器）或者带有谐波齿轮减速器（行星齿轮减速器）和光电编码器的一体化伺服电动机实现 roll 运动；而对于 pitch 运动腕关节则可以通过圆锥齿轮传动换向和同步齿形带传动将运动相对较远距离地传递给 pitch 运动轴上的谐波齿轮传动或行星齿轮传动从而实现具有 pitch 运动的腕关节运动。

图 3-15　两种单自由度手腕机构运动简图

实现如图 3-15 所示的单自由度腕关节的机械传动系统如图 3-16 所示。图 3-16（a）所示是伺服电动机通过杯形谐波齿轮传动输出腕关节 roll 运动；图 3-16（b）所示是带有光电编码器、减速器（如谐波齿轮减速器、行星齿轮减速器等）一体化伺服电动机上减速器输出轴直接生成腕关节 roll 运动，这类一体化伺服电动机如 MAXON 电动机的齿轮减速器、直流伺服电动机、光电编码器可以在其可配套选择范围内自由组合订购购得一体化电动机，详细参见 Maxon 产品样本或网页；图 3-16（c）、（d）所示则是单关节 pitch 自由度运动机构，分别是由伺服电动机通过一级圆锥齿轮传动将运动传递换向后再经一级同步齿形带传动实现运动的远距离传动，进而传递给环形柔轮或者杯形柔轮谐波传动从而实现腕关节单自由度 pitch 运动的。除此之外，还有其他传动形式，不再一一列举。

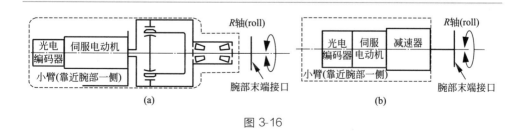

图 3-16

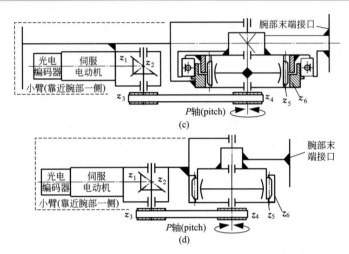

图 3-16　单自由度手腕关节机构的机构设计方案

（2）双自由度手腕

其一般有 roll-pitch 式、roll-yaw 式、pitch-roll 式、pitch-yaw 式四种，如图 3-17 所示。

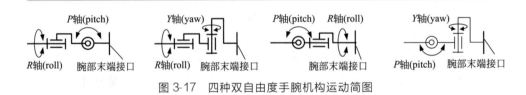

图 3-17　四种双自由度手腕机构运动简图

（3）三自由度手腕

常用的三自由度手腕典型机构形式如表 3-2 所示。

表 3-2　三自由度手腕的典型机构形式

类型	机构简图	应用实例
偏交型		

类 型	机构简图	应用实例
汇交型	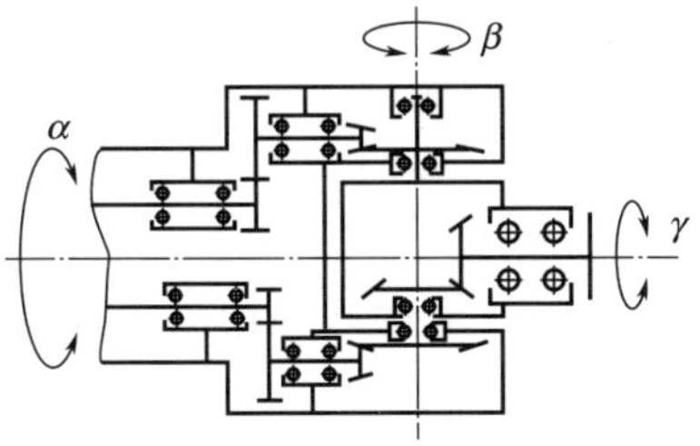	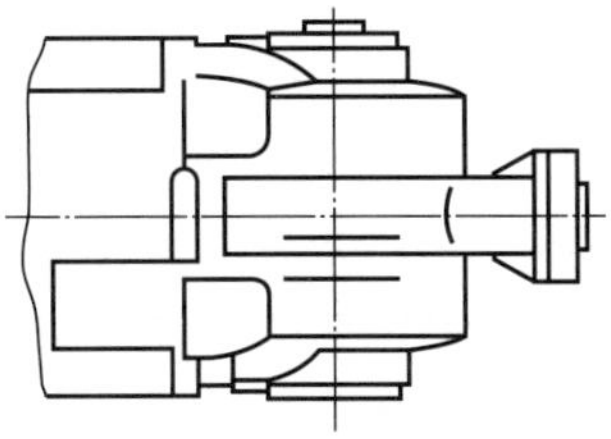
球形汇交型	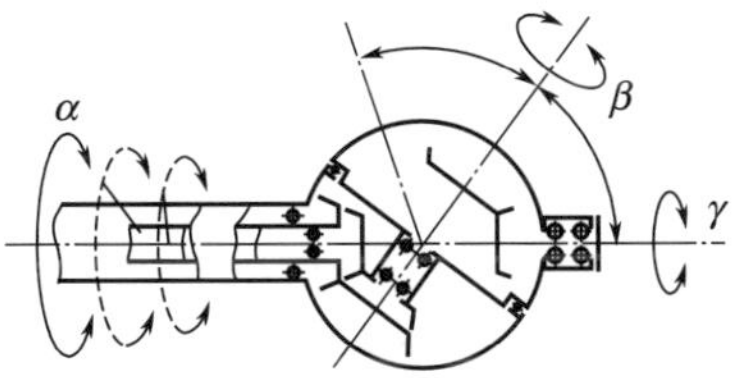	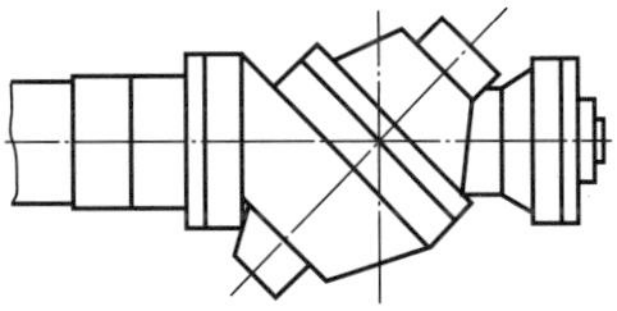
中空偏交型	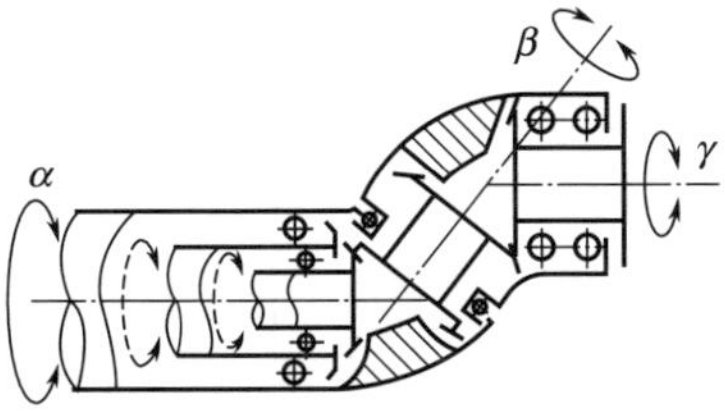	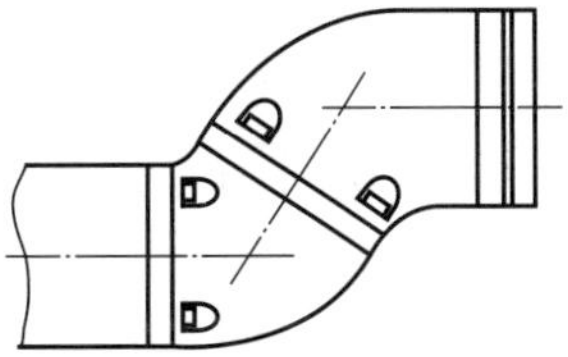
回形偏交型	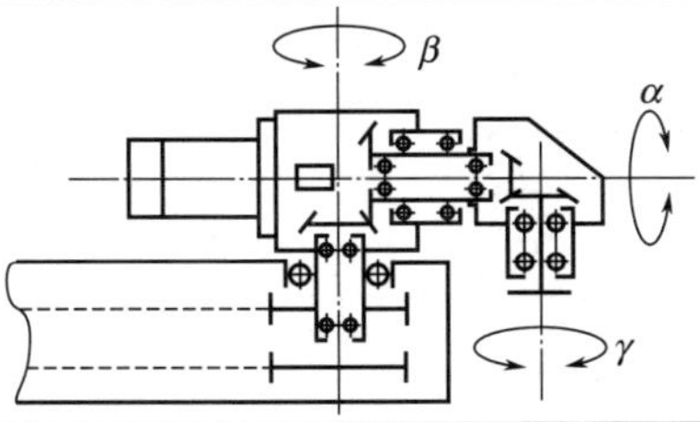	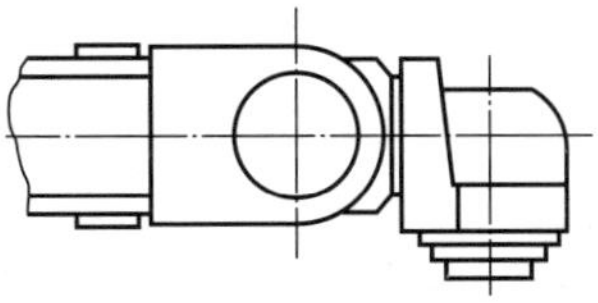

3.2　工业机器人操作臂的机械结构设计

3.2.1　MOTOMAN K 系列机器人操作臂机械结构设计

MOTOMAN K 系列工业机器人操作臂的机构运动简图如图 3-13（b）所示，有 6 个自由度，其制造商将其分别定义为腰部回转 S 轴、大臂俯仰 L 轴、小臂

俯仰 U 轴、腕部回转 R 轴、腕部摆动 B 轴、手部回转 T 轴等 6 个回转关节，在机构运动简图上分别对应关节编号 $J_1 \sim J_6$。

其主要包括腰部、大臂、小臂及其各部分关节等机械结构设计。

① 关节 J_1—腰部回转 S 轴：其机械结构如图 3-18 所示，由伺服电动机 1 通过 RV 摆线针轮减速器 2 减速后带动腰部 3 及腰部以上大臂一起绕垂直轴旋转。腰部主轴承采用交叉滚子轴承 4；5 为电动机电缆线，设计时必须按着腰部关节回转范围及电缆缠绕半径计算好总的缠绕圈数及配线时预留出电缆线缠绕总长度，以保证腰部关节转到最大角度位置时电缆线不致受到被强行牵拉的力。

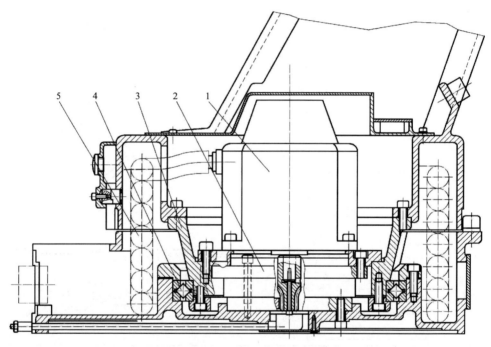

图 3-18　MOTOMAN K 系列机器人操作臂腰部机械结构

1—伺服电动机；　2—RV 摆线针轮减速器；　3—腰部；　4—交叉滚子轴承；　5—电动机电缆线

② 关节 J_2—大臂俯仰 L 轴：其机械结构如图 3-19 所示，伺服电动机 2 与 RV 摆线针轮减速器 3 一起连接、装配在腰座 1 的左侧板上，RV 摆线针轮减速器 3 的输出法兰与大臂 10 的左侧法兰配合、连接在一起，由伺服电动机 2 通过 RV 摆线针轮减速器 3 减速后带动大臂 10 绕 L 轴作俯仰运动。

③ 关节 J_3—小臂俯仰 U 轴：其机械结构如图 3-19 所示，伺服电动机 6 与 RV 摆线针轮减速器 7 一起连接、装配在腰座 1 的右侧板上，RV 摆线针轮减速器 7 的输出法兰与大臂 10 的左侧法兰配合、连接在一起，由伺服电动机 6 通过

RV 摆线针轮减速器 7 减速后，驱动由交叉滚子轴承 9 支撑在大臂 10 右侧轴承座孔上的平行四连杆机构主动杆曲柄 5 转动，曲柄 5 牵引平行四连杆机构的后拉杆拉动小臂绕 U 轴作俯仰运动。

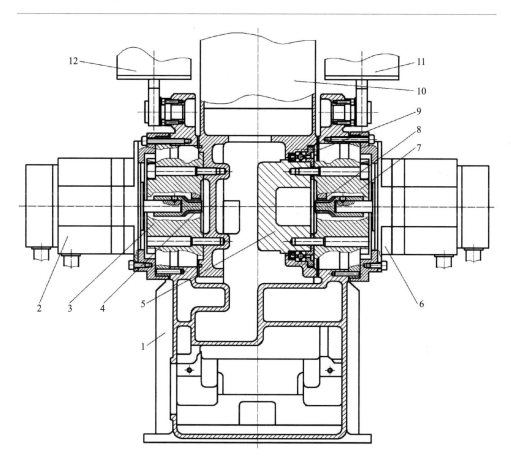

图 3-19　MOTOMAN K 系列机器人操作大臂俯仰关节
（L 轴）及小臂俯仰关节（U 轴）的机械结构

1—腰座；2—大臂俯仰运动驱动电动机；3,7—RV 摆线针轮减速器；4,8—电动机轴上
的小齿轮；5—曲柄；6—小臂俯仰运动驱动电动机；9—四点接触球轴承或
交叉滚子轴承；10—大臂；11,12—小臂两侧拉杆

④ 关节 J_4—腕部回转 R 轴：由伺服电动机通过杯形柔轮谐波齿轮传动减速后带动小臂前端绕 R 轴回转；其装配结构图如图 3-20 所示。

⑤ 关节 J_5—腕部摆动 B 轴：如图 3-21 所示，由伺服电动机先后通过一级圆锥齿轮传动、一级同步齿形带传动、环形柔轮谐波齿轮传动减速后驱动腕部壳体绕 B 轴作俯仰摆动运动。

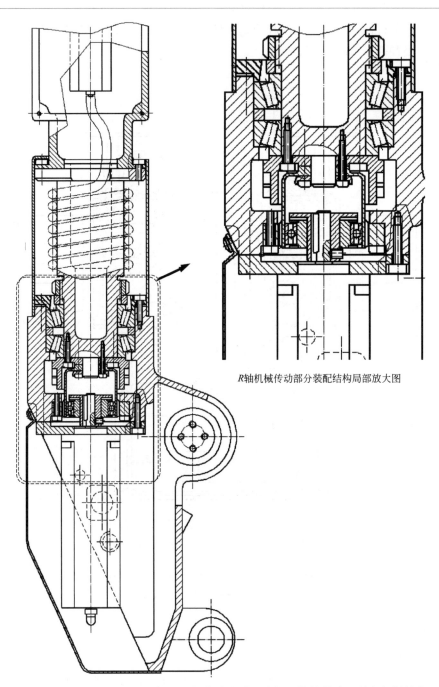

*R*轴机械传动部分装配结构局部放大图

图 3-20　MOTOMAN K 系列机器人操作臂小臂及腕部回转关节（R 轴）机械结构

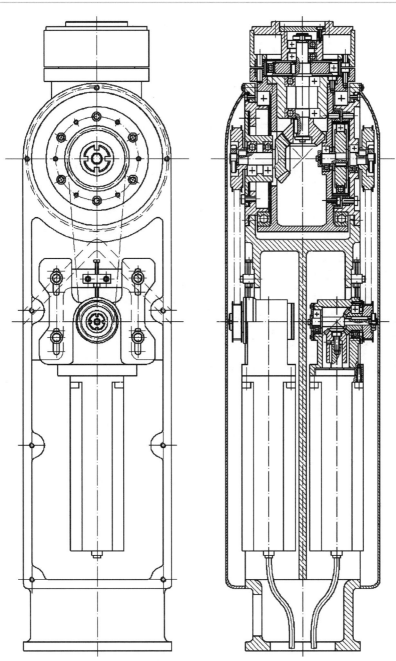

图 3-21 MOTOMAN K 系列机器人操作臂小臂前部及
腕部回转关节（B 轴和 T 轴）机械结构

⑥ 关节 J_6—手部回转 T 轴：如图 3-21 所示，由伺服电动机先后通过一级圆锥齿轮传动、一级同步齿形带传动、又一级圆锥齿轮传动换向、环形柔轮谐波齿轮传动减速后驱动手部接口法兰绕 T 轴作回转运动。B 轴和 T 轴的机械结构局部放大图如图 3-22 所示。

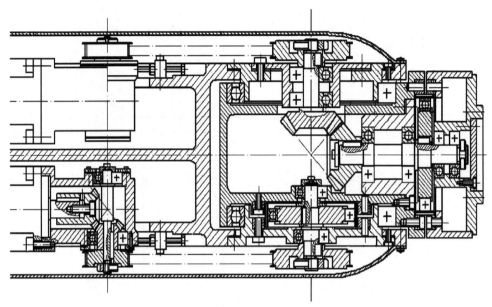

图 3-22　MOTOMAN K 系列机器人操作臂小臂腕部
回转关节（B 轴和 T 轴）机械结构（局部放大图）

3.2.2　PUMA 系列机器人操作臂机械结构设计

PUMA 机器人操作臂有 6 个自由度，分别定义为腰转、大臂俯仰（肩关节）、小臂俯仰（肘关节）、腕部回转 R 轴、腕部摆动 P 轴、手部回转 R 轴等 6 个回转关节，在如图 3-6(b) 所示的机构运动简图上分别对应关节编号 $J_1 \sim J_6$。PUMA262 型机器人操作臂三维结构及各关节（轴）回转范围如图 3-23 所示。

（1）腰转关节 J_1 的驱动

如图 3-24 所示，腰转关节 J_1 的驱动方式为伺服电动机（也可为带行星齿轮减速器及编码器的一体化伺服电动机）1 驱动两级直齿圆柱齿轮传动驱动立柱 3 实现腰转，机构运动简图如图 3-6(b) 所示，转动范围为 308°。

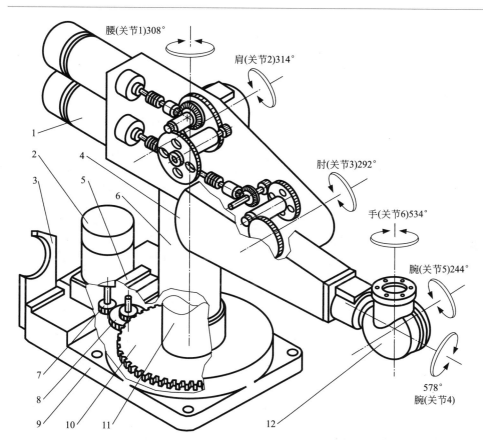

腰(关节1)308°

肩(关节2)314°

肘(关节3)292°

手(关节6)534°

腕(关节5)244°

578°
腕(关节4)

图 3-23　PUMA262 型机器人操作臂三维结构及其各关节（轴）回转范围
1—大臂；2—关节 1 电动机；3—小臂定位夹板；4—小臂；5—气动阀；6—立柱；
7—直齿轮；8—中间齿轮；9—机座；10—主齿轮；11—管形连接轴；12—手腕

（2）肩部关节 J_2 的驱动

如图 3-25 所示，肩部关节 J_2 的驱动方式为肩部关节伺服电动机（也可为带行星齿轮减速器及编码器的一体化伺服电动机）输出轴通过一柔性联轴器与一圆锥小齿轮相连接，依次驱动该级圆锥齿轮传动，与大锥齿轮同轴的圆柱小齿轮、圆柱大齿轮，以及与圆柱大齿轮同轴的第二级圆柱齿轮传动的小齿轮、大齿轮，从而实现肩关节转动，机构运动简图如图 3-6(c) 所示，转动范围为 314°。

（3）肘部关节 J_3 的驱动

如图 3-25 所示，肘部关节 J_3 的驱动方式为肘部关节伺服电动机（也可为带行星齿轮减速器及编码器的一体化伺服电动机）输出轴通过一柔性联轴器远距离传动到与另一柔性联轴器相连的圆锥小齿轮，依次驱动该级圆锥齿轮传动，与大锥齿轮同轴的圆柱小齿轮、圆柱大齿轮，以及与圆柱大齿轮同轴的第二级圆柱齿轮传动的小齿轮、大齿轮，从而实现肘关节转动，机构运动简图如图 3-6(d) 所示，转动范围为 292°。

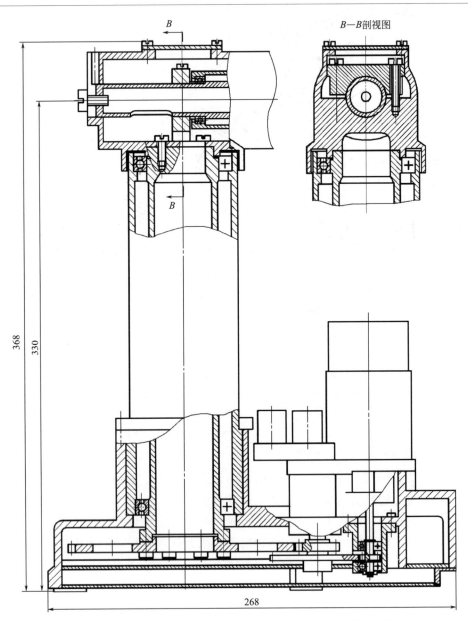

图 3-24　PUMA262、562 型机器人操作臂基座及腰部关节机械结构

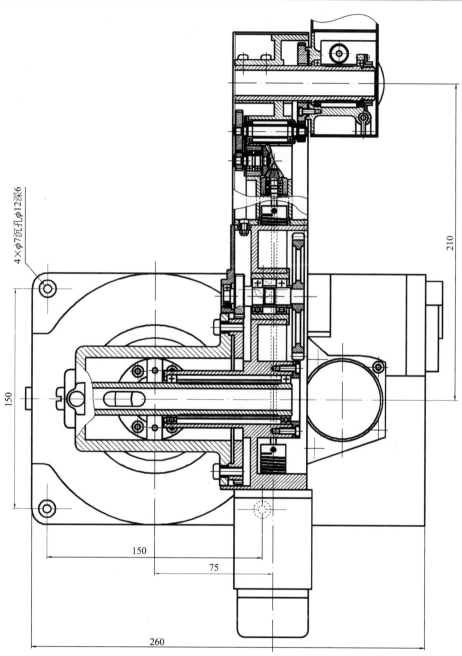

图 3-25 PUMA262、562 型机器人操作臂关节 J_2（肩关节）、

J_3（肘关节）及大臂机械结构

3.2.3　SCARA 类型机器人操作臂机械结构设计

如前所述，SCARA 机器人操作臂为臂在水平面内运动的 4 自由度操作臂，其末端有 1 个垂直移动的自由度。此处讨论如图 3-26 所示的 SCARA 型机器人机构的机械结构设计问题。与现有的 SCARA 型机器人相比，在设计上不同的是：为使该类型机器人操作臂更适用于工作要求，在基座与立柱之间设置了大臂高度位置可调整安装结构等等，有多处体现。下面结合图 3-26～图 3-30 对该类型机器人操作臂基座与立柱、关节 1（J_1）、关节 2（J_2）、关节 3（J_3）、关节 4（J_4）的机械结构进行详细论述。

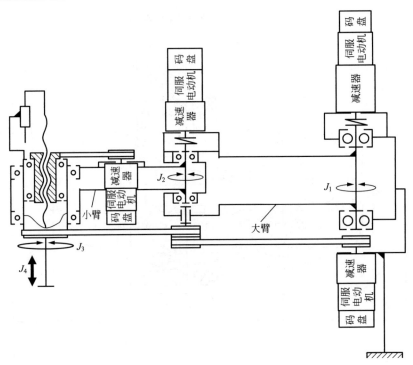

图 3-26　SCARA 型机器人操作臂机构运动简图

（1）基座与立柱的结构设计

如图 3-27 所示，基座是整台机器人操作臂的支撑基础，设计上需要保证高支撑刚度和高定位精度，为此，基座地面需有定位止口（法兰），且基座内侧面设有汇总四轴（J_1～J_4）驱动电动机及光电编码器电缆线的汇总接线盒（22）；立柱（3）与基座（1）间为过盈配合，采用压力装配法装配在一起并用紧定螺钉固定以保证支撑刚度，立柱端部用双圆螺母（2）拧紧。立柱设计成中空结构，其内部用来走四路汇总的电缆线（23、21）。

为了适应不同作业高度要求，在立柱上设置了借助于直齿圆柱齿轮-齿条传动原理的大臂高度调整装置（4），能够人工调整关节1关节座（5）位置，也即调整大臂（17）高度。关节1关节座（5）与立柱（3）间为精密的轴孔滑动配合，立柱侧面上沿母线方向加工有相当于直齿齿条的齿，对侧与关节1关节座（5）孔间有导向平键连接可保证关节1关节座（5）只沿立柱轴向直线滑移，且立柱另一母线方向上有刻度尺线用来标记调整高度位置。

（2）关节1（J_1）的结构设计

如图3-27所示，关节1介于基座、立柱与大臂之间，安装在驱动电动机安装座（8）上的带有光电编码器的驱动电动机（7）输出轴与谐波减速器的波发生器（9）采用键连接，谐波减速器刚轮（10）装入壳体（11）并与电动机安装座（8）一起用螺栓组连接固定在一起；柔轮（12）的输出法兰与输出轴花键轴（16）用螺栓组连接。由于谐波齿轮减速器内润滑要求需要密封，因此，输出轴花键轴（16）与轴承端盖间采用了唇形密封圈（15）密封。电动机、谐波齿轮减速器可作为一个独立的部件装配好后，将壳体（11）上的配合面圆柱面、输出轴花键轴分别对准关节1关节座（5）、大臂（17）上对应的轴孔、花键轴孔后插入、装配在一起。

由于大臂（17）与关节1关节座（5）以及电动机（7）、关节1谐波齿轮减速器等是相对回转的，所以来自关节2、关节4驱动电动机的电缆（13）需要设计有缠绕和放松导向架（14）。另外，由于关节3驱动电动机（19）是安装在基座（1）内侧面的安装座（18）上的，因此通过第一级同步齿形带传动将回转运动传递到关节2轴线上的第二级同步齿形带传动输入轴。

（3）关节2（J_2）的结构设计

如图3-28所示，关节2介于大臂、小臂之间，安装在驱动电动机安装座（26）上的带有光电编码器的驱动电动机（24）输出轴与谐波减速器的波发生器（29）采用键连接，谐波减速器刚轮（28）装入壳体（27）并与电动机安装座（26）一起用螺栓组连接固定在一起；柔轮（30）的输出法兰与输出轴花键轴（31）用螺栓组连接。由于谐波齿轮减速器内润滑要求需要密封，因此，输出轴花键轴（31）与轴承端盖间采用了唇形密封圈（34）密封。电动机、谐波齿轮减速器可作为一个独立的部件装配好后，将壳体（27）上的配合面圆柱面、输出轴花键轴（31）分别对准大臂（17）、小臂（37）上对应的轴孔、花键轴孔后插入、装配在一起。

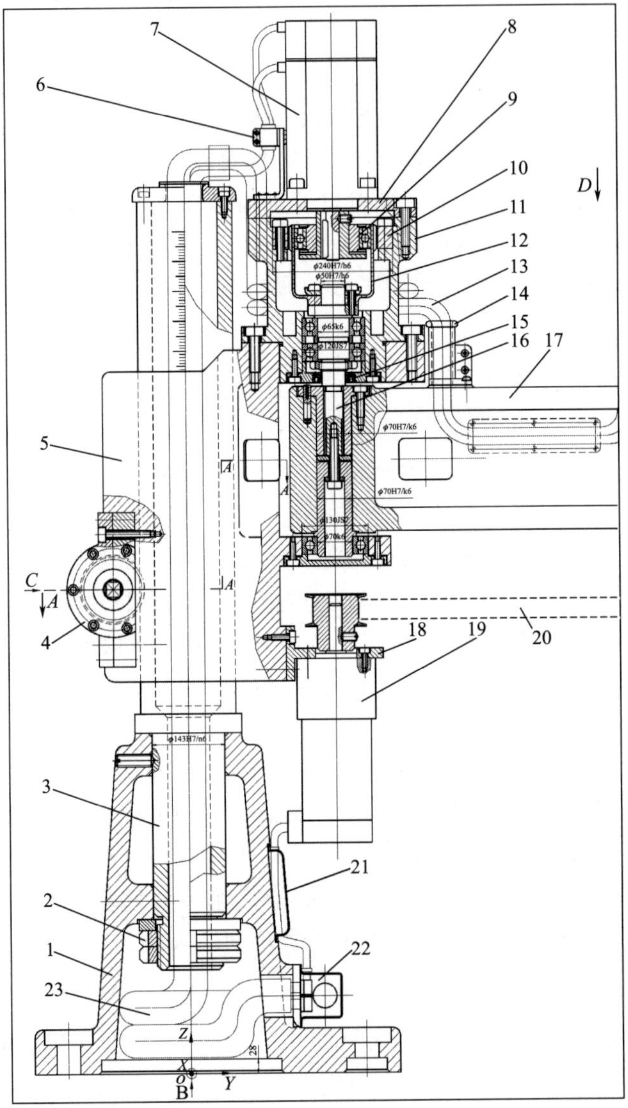

图 3-27　SCARA 型机器人操作臂基座及关节 1（J₁）的机械结构

1—基座；2—圆螺母；3—立柱；4—大臂高度调整装置；5—关节 1 关节座；6—电缆夹及其支架；7—关节 1 驱动电动机；8—关节 1 驱动电动机安装座；9—波发生器；10—刚轮；11—谐波齿轮减速器壳体；12—柔轮；13—来自关节 2、关节 4 驱动电动机的电缆；14—电缆缠绕和放松导向架；15—唇形密封圈；16—谐波齿轮减速器输出轴花键轴；17—大臂；18—关节 3 驱动电动机安装座；19—关节 3 驱动电动机（光电码盘、伺服电动机与减速器一体化电动机）；20—关节 3 第一级同步齿形带传动；21—电缆防护罩；22—电缆线汇总接线盒；23—四路汇总电缆

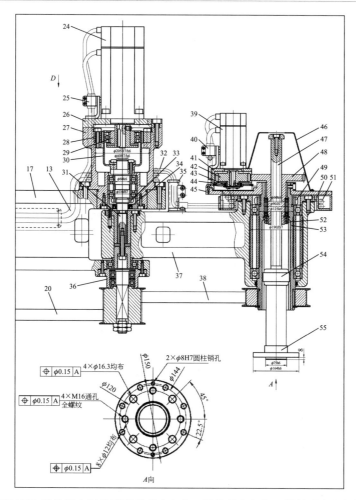

图 3-28 SCARA 型机器人操作臂关节 2（J_2）、关节 3（J_3）及关节 4（J_4）的机械结构

关节2：24—关节 2 驱动电动机；25—电缆夹及其支架；26—关节 2 电动机安装座；27—谐波齿轮减速器壳体；28—刚轮；29—波发生器；30—柔轮；31—关节 2 谐波齿轮减速器输出轴花键轴；32—关节 4 驱动电动机电缆；33—圆螺母；34—唇形密封圈；35—关节 4 电动机电缆缠绕、放松导向架；36—关节 3 第二级同步齿形带传动轴架；37—小臂

关节3：20—关节 3 第一级同步齿形带传动；38—关节 3 第二级同步齿形带传动

关节4（直线移动关节）：39—关节 4 驱动电动机；40—电缆夹及其支架；41—关节 4 驱动电动机安装座 42—圆柱小齿轮；43—O 形密封圈；44—密封板；45—关节 4 驱动部托盘；46—丝杠防护罩；47—丝杠；48—圆柱大齿轮兼螺旋传动螺母；49—圆螺母；50—关节 4 驱动电动机电缆线收放托盘；51—关节 4 驱动电动机电缆；52—圆螺母；53—直线移动导向管；54—滑动导向块；55—末端接口部

由于小臂（37）与大臂上关节 2 关节座以及电动机（24）、关节 2 谐波齿轮减速器等是相对回转的，所以来自关节 4 驱动电动机的电缆（32）需要设计有缠绕和放松导向架（35）。另外，由于关节 3 驱动电动机（19）通过第一级同步齿形带传动（20）将回转运动传递到关节 2 轴线上第二级同步齿形带传动轴座（36）的输入轴。

(4) 关节 3（J_3）的结构设计

如图 3-28 所示，如前所述，关节 3 驱动电动机（19）通过第一级同步齿形带传动（20）将回转运动传递到关节 2 轴线上第二级同步齿形带传动轴座（36）的输入轴，从而将回转运动传递给了关节 3 的直线移动导向管（53），从而实现了关节 3 的回转运动。直线移动导向管（53）是一根空心轴，与第二级同步齿形带大带轮的轴毂连接采用的是渐开线花键连接；关节 3 上的直线移动导向管为直线移动关节 4 的"基座"，因此，关节 3 转动将带动关节 4 整体绕关节 3 轴线转动。

(5) 关节 4（J_4）的结构设计

如图 3-28 所示，关节 4 为直线移动关节。关节 3 的直线移动导向管"空心轴"轴端与关节 4 驱动部托盘（45）用螺栓组径向连接，该托盘上固定着关节 4 驱动电动机安装座（41），输出轴上套装圆柱小齿轮的关节 4 驱动电动机（39）、电缆夹及其支架（40）都安装在该安装座（41）上。关节 4 驱动电动机（39）驱动圆柱小齿轮（42）转动将运动传递给与小齿轮相啮合的圆柱大齿轮（48），圆柱大齿轮（48）设计成与丝杠螺母螺旋传动的螺母为一体结构（如采用含铜合金螺母则需设计成嵌入式结构）；螺母转动驱动丝杠（47）在滑动导向块（54）的引导下带动操作臂末端（55）作直线移动。

由于关节 3 转动将带动关节 4 整体绕关节 3 轴线转动，所以关节 4 驱动电动机及光电编码器的电缆也随之转动，为此，需要设计关节 4 驱动电动机电缆线收放托盘（50）容纳电缆（51）。此外，为防止粉尘，丝杠设有上端带出口的防护罩（46）。

(6) 其他辅助零部件设计简介

电缆线线夹及其支架、大臂高度调整装置、基座安装定位结构等参见如图 3-29、图 3-30 分别所示的机器人操作臂俯视图、各部件局部视图。

电缆线线夹及其支架采用 2~3mm 厚钢板钣金折弯、切割以及钻孔等加工方式加工而成，用螺钉固定在其安装部位。

基座采用稳定性能好的铸铁材料铸造而成，最小壁厚不小于 15mm；大臂、小臂均采用硬铝合金铸造而成，铸造壁厚不小于 9mm；大小臂上机械加工面与铸造表面分开，均铸出凸台或凹坑后机械加工；大小臂结构上给出的长方形或正方形凸台自由表面是需要精加工的，而且相对于各环节定位基准需要满足尺寸公差、形位公差要求，因为这些自由表面凸台是用来校准机器人初始位置、初始构形的基准面的。

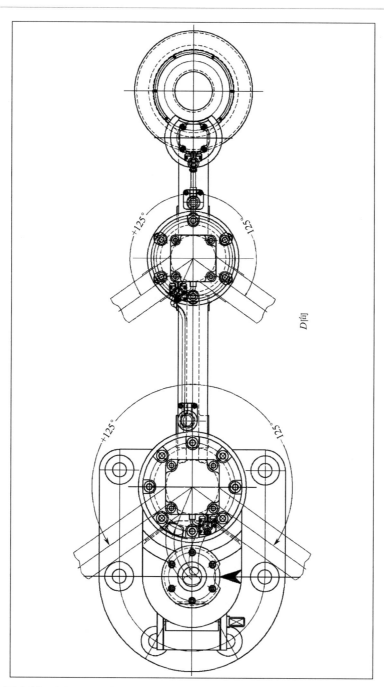

图 3-29 SCARA 型机器人操作臂俯视图——机械结构与各关节回转范围

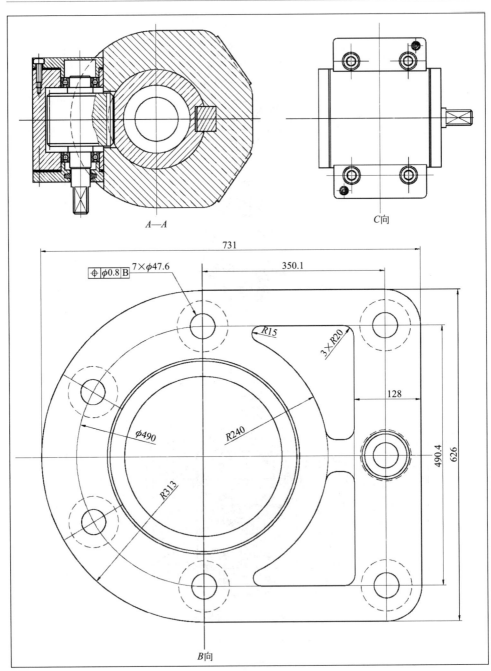

图 3-30　SCARA 型机器人操作臂局部视图——机械结构与基座安装定位尺寸

（7）关于图 3-27～图 3-29 的说明

SCARA 型机器人操作臂是早期工业机器人中机构、结构较简单的一种类型，并无该产品相关结构装配图公开。为了满足本科生"工业机器人操作臂综合课程设计"教学需要，既不能太难和过于复杂，也不能不符合工业机器人产业行业规范，所以，将 SCARA 型机器人操作臂机构作为参考对象，这里给出的图 3-27～图 3-29 并不是 SCARA 工业机器人制造商的原图或变更图，而是只取 SCARA 机器人机构简图为原型，为著者根据教学需要自行设计绘制的，并无 SCARA 机器人结构装配图参照，因此称为"SCARA 类型机器人操作臂"。

该套装配结构图设计的主要优点是：①从电缆线布线与防护到便于装拆结构、润滑结构与措施、校准定位、限位结构等细节都进行了详细设计；②SCARA 型机器人操作臂关节 4 是与关节 3 有耦合关系的，在运动学上需要解耦，即关节 3 转动与关节 4 中将回转变为直线运动的转动是存在加减关系的；而本设计中的关节 4 将转动转变为直线运动的转动是完全独立的，关节 4 在运动学上独立。

3.3 多自由度无奇异全方位关节机构创新设计与新型机器人操作臂设计

3.3.1 单万向铰链机构原理

如图 3-31 所示的单万向铰链机构是机械类本科专业基础课《机械原理》中讲授的内容，以轴线垂直且相交布置的双 U 形叉与十字轴三个构件构成的单万向铰链机构原理只有一种，但是由其演化而变种出来的万向节机构原理不止一种。图 3-32 为单万向铰链机构运动简图及画法，图(a) 与图(b)、(c) 的区别在于其构件 1、构件 3 都不是轴对称的 U 形或弧形叉子，构件 2 也不是轴线互相垂直的十字轴的形式，而是轴线互相垂直但呈 L 形的半个十字轴。图 3-32(a)～(c) 所示的三种机构运动简图表达的机构原理皆相同，虽然图 3-32(b) 与图 3-32(c) 中的构件 1、构件 3 分别呈 U 形、弧形，但从机构原理上完全等效。显然，如图 3-31(a) 所示，仅当作为输入轴的弧形叉构件 1 和作为输出轴的弧形叉构件 3 被作为机架的构件 4 支撑，有各自的、确定的回转轴线时，单万向铰链机构的输入回转运动（转角 θ_1、角速度 ω_1、角加速度 ε_1）与输出回转运动（θ_3、ω_3、ε_3）才有相应的、确定的数学关系，即单万向铰链机构输入-输出运动学，θ_1、θ_3 分别为构件 1、构件 3 从各自初始位置开始绕其各自轴线 z、z_a 的转角；而且这些确定的运动学关系取决于 θ_3 和 α，其中：θ_1 的取值范围为 $0° \sim 2n\pi$（n 为 $1,2,3,\cdots$）。当构件 1 转过一周时，构件 3 也同样转过一周，但构件 1 与构件 3 瞬时转速却不相等，瞬时转速关系为：

$$\omega_1 = \frac{\cos\alpha}{1 - \sin^2\alpha\cos^2\theta_3}\omega_3 \tag{3-1}$$

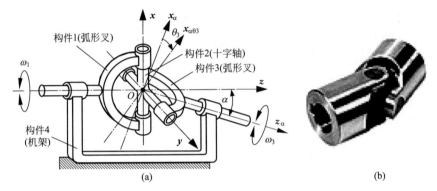

图 3-31　单万向铰链机构模型及实物照片

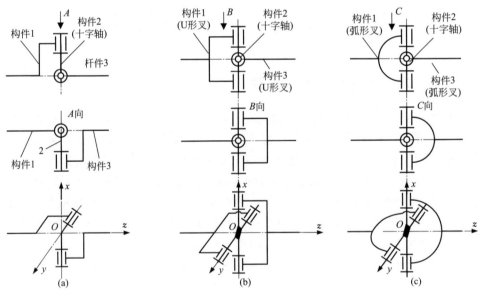

图 3-32　单万向铰链机构运动简图及画法（二维：上图、三维：下图）

由式(3-1)可以计算得到：当 θ_1 取值为 $0 \sim 360°$ 即构件 1 转动一周，而 α 角分别取 $10°$、$20°$、$30°$ 时，构件 1 输入轴转速 ω_1 与构件 3 输出轴转速 ω_3 的比值 i

（即传动比）随 θ_1、α 的变化规律，计算结果绘制的曲线图如图 3-33 所示。当 α 为一非零的定值时，传动比 i 是随着构件 1 输入轴转角 θ_1 的变化呈周期性变化，且周期为 2π，即使构件 1 输入轴匀速转动（即 ω_1 为一定值），构件 3 输出轴的转速 ω_3 仍呈等幅、周期为 2π 的周期性变速回转，即有速度周期性波动现象。因此，只要 α 不为 0，单万向铰链机构就不可能输出匀速回转运动，这在机械系统中应用时，除了得不到定传动比变角换向的匀速回转运动之外，还会在输出轴侧产生附加动载荷，这是不利的。当然，将单万向铰链机构作为单万向联轴器使用时，如果被连接的两根轴转速不高，且两轴线径向偏斜量较小、输出轴侧惯性较小、对于附加动载荷限制要求较低的情况下，可以忽略速度波动对系统的影响而使用单万向铰链机构（单万向联轴器）；而绝大多数情况下则是使用两个单万向铰链机构构成的双万向铰链机构。

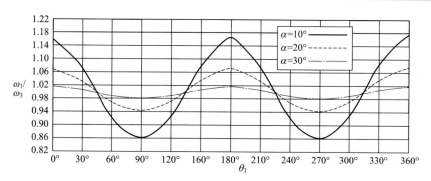

图 3-33　单万向铰链输入转速 ω_1 与输出转速 ω_3 的比值 i（传动比）随 θ_1、α 的变化曲线图

3.3.2　双万向铰链机构等速传动原理

前面分析了单万向铰链机构存在运动输出速度周期性波动变化，以及速度周期性波动对传递运动和动力不利的结论，那么，试想：如图 3-34 所示那样，如果把一个单万向铰链机构的输出轴与另一个单万向铰链机构的输入轴串联在一起传递运动，是否可以得到无速度波动的运动输出呢？

将式（3-1）分别应用于图 3-34 中的单万向铰链机构 A 和 B 得：

$$\omega_{1A} = \frac{\cos\alpha_{1A}}{1 - \sin^2\alpha_{1A}\cos^2\theta_{3A}}\omega_{3A} \tag{3-2}$$

$$\omega_{1B} = \frac{\cos\alpha_{1B}}{1 - \sin^2\alpha_{1B}\cos^2\theta_{3B}}\omega_{3B} \tag{3-3}$$

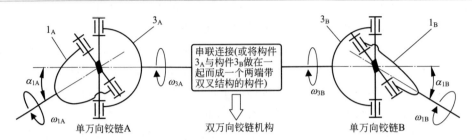

图 3-34　两个单万向铰链机构串联连接（或双叉一体）而成双万向铰链机构

由于将单万向铰链机构 A 的构件 3_A 输出轴作为单万向铰链机构 B 的构件 3_B 输入轴串联连接（或做成双叉一体构件），如此一来，单万向铰链机构 B 的构件 1 则成为双万向铰链机构的输出轴，则有：

$$\omega_{3A} = \omega_{3B} \tag{3-4}$$

$$\omega_{3B} = \frac{1 - \sin^2\alpha_{1B}\cos^2\theta_{3B}}{\cos\alpha_{1B}}\omega_{1B} \tag{3-5}$$

将式(3-4)、式(3-5) 带入式(3-2) 中得：

$$\omega_{1A} = \frac{\cos\alpha_{1A}}{1 - \sin^2\alpha_{1A}\cos^2\theta_{3A}} \times \frac{1 - \sin^2\alpha_{1B}\cos^2\theta_{3B}}{\cos\alpha_{1B}}\omega_{1B} \tag{3-6}$$

由式(3-6) 可知，若要得到 $\omega_{1A} = \omega_{1B}$，需满足如下等式条件：

$$\frac{\cos\alpha_{1A}}{1 - \sin^2\alpha_{1A}\cos^2\theta_{3A}} = \frac{\cos\alpha_{1B}}{1 - \sin^2\alpha_{1B}\cos^2\theta_{3B}} \tag{3-7}$$

因为 $\theta_{3A} = \theta_{3B}$，所以，仅需 $\alpha_{1A} = \alpha_{3B}$ 即可实现 $\omega_{1A} = \omega_{1B}$。因此，有如图 3-35 所示两种情况可实现双万向铰链机构传动比为 1 的等速传动。

3.3.3　机构拓扑变换演化

（1）浅议机械系统中机构与结构的区别以及机构的拓扑演化

机械系统中的机构是对机械系统实际结构（或实际物理实体）的一种抽象和升华，是把相对复杂的或十分复杂的具体的物理结构（三维几何形状与结构、材质、密度等的物理实体或借助计算机形成的虚拟机械系统模型）抽象成为一种从本质上、原理水平上能够反映构成机械系统各构件之间相对运动关系和机械系统总体工作原理的各构件有机聚合体，这种抽象是以尽可能少的构件数和构件最简单的几何抽象表达形式来清晰、易懂地准确表达出机械系统原理为原则的。

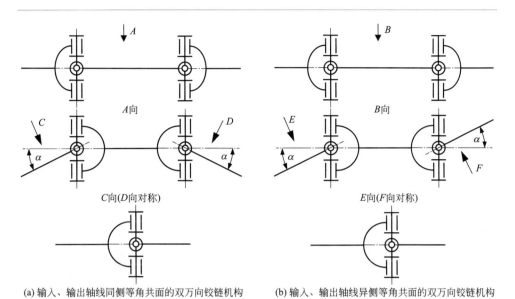

(a) 输入、输出轴线同侧等角共面的双万向铰链机构　　(b) 输入、输出轴线异侧等角共面的双万向铰链机构

图 3-35　等速传动的双万向铰链机构

① 这种抽象的必要性

a. 从作为设计结果的机械系统物理实体分析系统工作原理的角度来看：构成机械系统物理实体的零部件结构形状千差万别、有简有繁，由数十到数万乃至更多的零部件组成的机械系统难以用机械系统装配图或三维图的形式将系统工作的原理相对简单、清晰易懂地表达出来（并不是说系统装配图不能反映其工作原理，而是必须也必然要反映出的，实际上装配图既然是机械系统物理实体的完整表达，是与实际制造出来的物理实体系统严格对应的，其就已完全涵盖了系统工作原理，然而，要想从机械系统装配图读出系统的工作原理相对于读机构运动简图是需要花费很长的时间和精力的），而机构的合理性在于可以把机械系统中无相对运动的多个零部件看作是一个构件，而且具有实际物理结构的零部件可以抽象为简单的易懂的构件，以线段、圆、曲线以及由这些要素复合构成的图形表示各种运动副、构件并被规范化表示，再由这些构件聚合成机构，从而形成机械系统的机构运动简图。机构中的构件几何形状以及除了机构主要参数以外的几何尺寸、角度大小等等没有实际的物理意义；而零部件结构形状与尺寸则是与将要设计、制造出来的物理实体或虚拟模型具有一一对应的关系，是有实际意义的。从机构图与装配图图面构成表面上看，机构运动简图的复杂程度要比零部件装配图相对简单得多，能明了地反映机械系统工作原理。

b. 从系统设计问题解决流程的角度来看：任何机械系统设计都是从概念、功能定义开始的，而概念、功能定义的是系统总体设计的大目标。这个目标是通过对实现功能的原理、设计方案的拟订等细化、分解任务，一直到一个个落实到具体零部件设计才能实现的。因此，机械原理设计先行，机械结构设计承接其后。机构原理设计为下一步的机械结构设计指明了方向和道路。因此，机构设计是不可能完全考虑实际结构的，通常只能确定机构构型或机构构成方案以及构件的主要参数，而构件又不等同于零件和部件。构件可以是机械结构设计、加工制造出来的一个零件，也可能是多个零件、部件，机构的构件与机械零件、部件并没有严格的一一对应关系要求。工程实际设计中，机构运动简图中的构件数少于甚至远少于机械系统装配图中的零部件数。可以说机械系统设计中，机构讲究原理，而机械结构讲究实际。因此，机构创新研究通常属于科学范畴，即机构学；而机械结构设计属于工程技术范畴。机构创新侧重于机构原理上的创新，需要注意的是：机构学研究结果在工程技术上的应用应属于工程技术范畴。

c. 从创新与实用的角度来看：任何机构原理都可以从拓扑变换的角度尝试对其构件进行拓扑变换演化，寻求新型机构。因为构件的几何图形表示是抽象出来的、不受零部件实体结构限制；具有同样功能的零部件结构也不是一成不变的，同样零部件的机械设计任务，不同的设计者设计出来的结构也不可能完全一样（除非参照同一个样本结构），但机械结构的变化根本谈不上机械原理、机构原理层次上的创新。往往是机械系统结构与其组成的零部件结构多样，而机械系统机构原理相同。

② 机械系统中机构与结构的区别

a. 机构讲究的是机械系统运动构成和传动的原理，是以几何学、拓扑学、力学、机构学等知识为理论分析工具的；机械结构讲究的是工程实际、实用，是以机械设计、制造及其自动化专业知识为基础灵活运用解决工程实际问题的，机械系统设计需要机构学、机构设计研究的结果进行工程实际运用。

b. 机构中的构件只为表达机构运动原理而存在，不与实际机械系统物理实体中的零部件存在严格的一一对应或者几何形状对应关系，单从机构原理上看也不考虑构件的材料、加工制造工艺等问题；而机械零部件机械结构则是具有材质、在设计时应考虑热处理、制造、装配等工艺以及使用问题的零部件结构。

③ 机构的拓扑演化

a. 拓扑学（topology）的直观认识。拓扑学最早是由德国数学家莱布尼茨于1679年创立的，当时命名为"形势分析学"，19世纪中期创造黎曼几何的德国数学家黎曼在复变函数研究中提出研究函数和积分需要研究"形势分析学"，从此开始了拓扑学系统的研究。拓扑本质上是一门几何学，但研究的并不是通常我们大家所熟悉的普通的几何性质，而是图形的一类特殊性质，是研究数学上定义的各种"空间"在连续性变化下不变的性质，即拓扑性质或者称为拓扑不变性。尽管拓扑学研究的对象可以用几何图形的形式直观地给出，但很难用简单易懂的语言来准确地给出"拓扑性质",因此其确切的定义是用数学上抽象的语言叙述的[1]。

拓扑学里研究两个图形等价概念,如圆形、椭圆形、方形、三角形等,虽然它们在通常我们所说的几何图形形状与大小上不等,但在拓扑变换下它们是等价的,也不管图形是在平面还是曲面上。我们可以这样去直观形象地理解拓扑学性质:如果你将一条软绳或者可以任意弯折的细铁丝首尾相接而成为一个封闭的绳或铁丝"圈",或者是橡皮筋套,则你可以任意改变其几何形态(但不能撕裂、破坏几何实体本身),无论是圆形、方形还是三角形等,由它们当中的任意一种几何图形都可以改变成它们中的其他图形,也可以再改变回来。因此,有人形象地将拓扑学称为"橡皮筋几何学"。这就是直观意义上的拓扑变换(但不是数学上抽象的语言描述)。研究这种与几何图形大小、形状以及所含线段的曲直等等都无关系的图形间变换的几何学问题的学问就是拓扑学。用函数的概念去定义拓扑变换的话,可简单地定义为:存在从图形 M 到图形 M' 的一个一一对应的函数 f,如果 f 与 f 的反函数 f^{-1} 都是连续的,则称 f 为从 M 到 M' 的一个拓扑变换,并且将 M 与 M' 称为是同胚的。拓扑性质也就是同胚的图形所共同具有的几何性质。因此,拓扑学中往往对同胚的图形不加以区别。日常生活中有很多拓扑变换的实例:如将衣服、橡胶手套等由内翻向外的变换就是拓扑变换,变换前后的衣服是同胚的,人的动作过程就是拓扑变换的函数 f 或 f^{-1}。

b. 机构学与拓扑学的关联性。机构是对机械系统物理实体或虚拟样机机械系统的几何抽象。机构是由一个个构件通过运动副有机连接而成的整体系统。机构学上用机构运动简图表达机构构成与机械系统运动原理。因此,各构件间的连接关系同样可以用抽象的图的形式表达出来。这一点在"平面机构的类型综合""机构的图形综合"中用顶点与边构成的"缩图"表示就是在机构构型研究上的进一步抽象的拓扑变换,而每一"缩图"相当于机构构型变换的拓扑图形不变性,在这一拓扑不变性下找到所有机构构型种类,是发现机构新构型和新原理机构创新的一种方法。这里,我们仅探讨机构设计方面直观的较浅层次的拓扑变换问题。单纯从机构原理上来看(暂时忽略其机械设计与工程实际应用问题),构成机构的构件除了该构件本身的几何特征和功能特征要素之外是可以不考虑其他如形状、尺寸大小、软硬等等物理要素的。也就是说一根杆件是直线还是折线、曲线并无实际意义,仅代表杆件构件,同样,一个构件是三角形、四边形还是多边形也无本质差别,只要是表达该构件就行。这与拓扑学研究几何图形不考虑图形的形状、大小以及所含线段的曲直等等都有共同之处,而且都是一种几何学上的数学抽象问题。因此,这种被抽象表达的构件和机构可以尝试类似于被形象地称为"橡皮筋几何学"的拓扑学那样对已有的原型机构进行拓扑变换,以期发现新机构构型或新原理的机构,进行机构设计创新。我们可以称这种方法为"机构的拓扑变换演化"(或简称"机构的拓扑演化")。机构的拓扑演化的方法也同样可以运用到折展机构、变胞机构中去。折展机构很早就已经得以应用，只不过古人将其当作"精巧""机关""能工巧器"看待，而没有上升到机构学的科学层次，如：古代的雨伞和折/剪纸艺术、现代的折叠伞等等，也都隐含着拓扑学的知识。机构构型的变化与研究几何图形间变换的拓扑学有着深刻的理论关系。

（2）机械原理中基本原型机构的拓扑变换演化举例

机构拓扑演化最简单的例子莫过于平面连杆机构、齿轮传动、螺旋传动、蜗杆传动等机构类型的多样化。

① 平面四连杆机构原型的拓扑演化　如图 3-36(a) 所示，铰链、杆件连接而成的平面四连杆机构，当构件 3 长度相对于其他构件长度变化到无穷大的程度时，构件 3 的端点 C 的运动已经由以 D 为圆心、以杆长 CD 为半径的圆弧（或圆周）运动演变为在平面上的移动，从而由普通的平面四连杆原型机构演化出图 3-36(b) 所示曲柄-直线移动滑块机构；当我们不将构件 3 看作直杆，而是看作绕支点 D 回转的平面圆盘或者其他多边形状构件时，构件 3 端点 C 的轨迹为圆弧或圆周，则在平面圆盘或多边形构件上形成圆弧或圆周形滑道，则又演化出图 3-36(c) 所示曲柄（或非曲柄）-圆弧滑道滑块机构；当我们继续把构件 3 的长度在机构运动中看作是按某种规律变化的时候，构件 3 又可以用带槽的盘形凸轮来代替，从而演化出图 3-36(d) 所示连杆-带槽盘形凸轮机构等等，这只是构件 3 进行几何形状的拓扑变换后演化出的常见的机构，还有很多，不一一列举，读者自己可以尝试演化思考下去。

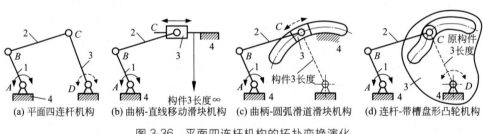

图 3-36　平面四连杆机构的拓扑变换演化

② 齿轮传动机构原型的拓扑演化　图 3-37(a) 所示为一对外啮合的圆柱齿轮传动机构，我们可以将其中的一个齿轮（如 z_2）看作一个直径大小可变的圆柱齿轮，如此在保证齿轮中心距 a 不变（实际上与 a 是否不变无关）的前提下，一直加大 z_2 齿轮的直径使得 z_1 齿轮圆被包含在 z_2 齿轮圆内并且两齿轮轮齿仍然相互啮合，则原来的外齿轮 z_2 只能拓扑变换为内齿轮 z_2'，从而将外啮合圆柱齿轮传动机构拓扑变换演化为图 3-37(b) 所示的内啮合圆柱齿轮传动机构。

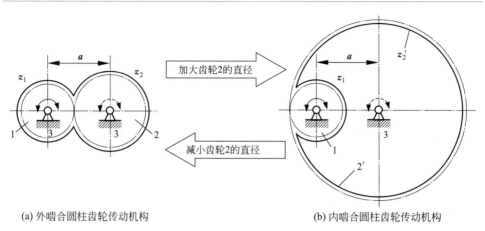

(a) 外啮合圆柱齿轮传动机构　　　　　　　　　(b) 内啮合圆柱齿轮传动机构

图 3-37　内啮合、外啮合圆柱齿轮传动机构之间的互为拓扑变换演化

　　同理，齿轮-齿条传动机构可以看作是通过增大圆柱齿轮之一的直径到无穷大的情况，则该直径为无穷大的齿轮即拓扑演化成了齿条，从而使一对圆柱齿轮传动机构原型经拓扑变换演化成齿轮-齿条传动机构。

　　③ 螺旋传动机构与蜗杆传动机构之间的拓扑演化　图 3-38(a) 所示为一对普通的螺杆和螺母组成的螺旋传动机构，如果假设螺母轴向长度足够长，并且可以用两个分别通过螺母母线和轴线的平面从螺母上切取一长条并且将这一长条向螺杆外侧弯曲首尾相接成封闭的圆环（或直接将螺母假想成橡皮管一样外翻并且张成圆环），且原本长条上的内螺纹牙变成了环外螺纹牙，从而演化成蜗轮轮齿，则由螺杆与螺母组成的螺旋传动就经拓扑变换演化成了图 3-38(b) 所示的蜗杆传动。因此，我们可以把螺杆与螺母组成的螺旋传动看作是蜗轮分度圆直径为无穷大的蜗杆传动。由蜗杆传动也可逆向演化回到螺旋传动。

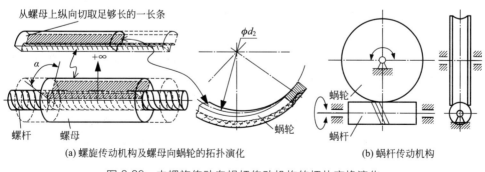

(a) 螺旋传动机构及螺母向蜗轮的拓扑演化　　　　　(b) 蜗杆传动机构

图 3-38　由螺旋传动向蜗杆传动机构的拓扑变换演化

3.3.4　万向铰链机构的拓扑变换演化及其组合机构

(1) 单万向铰链机构的拓扑演化

① 单万向铰链机构的结构形态拓扑演化与多层嵌套式多单万向铰链复合机构创新设计　机构学中机构的创新可以分为两大类：a. 机构原理上的机构创新；b. 机构构成形态上的机构结构创新。前者理论意义重大，反映机构学方面学术水平；后者机构设计和实现的实际意义重大，主要研究实用化设计，体现工程实用价值和实际意义。从研究角度看两类创新，机构原理创新难度较大甚至于可以说很大很难，成果相对少；而机构的结构创新层次比机构原理创新要容易得多，但层次相对低。

通常我们一说到十字轴，首先想到的就是"十"字形实体轴，如图 3-39(a) 中所示。但从实现十字轴为其上的构件提供两个互相垂直轴线的支撑功能角度而言，只要能提供这样的支撑功能而不必局限于两个互相垂直又相交的实体"十"字轴的形态。因此，我们可以对十字轴做如图 3-39(b)~(d) 所示的十字轴构件形态"部分拓扑"演化。这样演化的结果是我们可以把原本十字相交的十字轴所占据的中间实体位置空出来，形成中空的框架形态的十字轴，以供我们在中空的空间内设置其他的构件或机构，从而尝试去设计新机构或新机构的结构。图 3-39(b)~(d) 所示的非常规形态的单万向铰链机构中，显然，中空的构件 2、构件 3 可以植入另一个单万向铰链机构，甚至可以重复这种"部分拓扑"演化做法实现如图 3-40 所示的单万向铰链机构内多层嵌套式多单万向铰链机构的"机构结构创新设计"。

图 3-40(c) 所示的多单万向铰链机构中最外层的单万向铰链机构 A 内嵌套的环形框架十字轴式单万向铰链机构 B 内还可以继续内嵌图 3-40(a) 中所示的普通十字轴单万向铰链机构或者环形框架式十字轴单万向铰链机构，如果不考虑实际尺寸，可以一直内嵌下去，从而形成多个单万向铰链机构复合机构，用以传递多个由原动机独立驱动的回转运动。

② 多层嵌套式多单万向铰链复合机构结构创新的实际意义　这种多层嵌套式多单万向铰链机构的机构设计的实际意义是非常重要的，它可以把多个独立的回转运动传递出去，而且驱动这些单万向铰链机构独立回转的多个原动机可以设置在所有运动构件之外或机架构件上，从而减小了机构运动构件部分的质量和惯性，以及机构某一或某些方向上的尺寸，同时也相对提高了原动机的驱动能力。

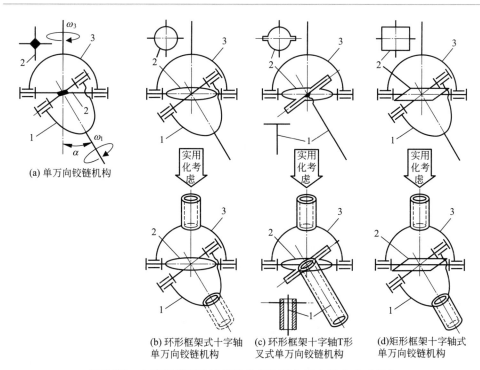

(a) 单万向铰链机构　(b) 环形框架式十字轴单万向铰链机构　(c) 环形框架十字轴T形叉式单万向铰链机构　(d)矩形框架十字轴式单万向铰链机构

图 3-39　由普通单万向铰链机构拓扑演化出来的中空式机构

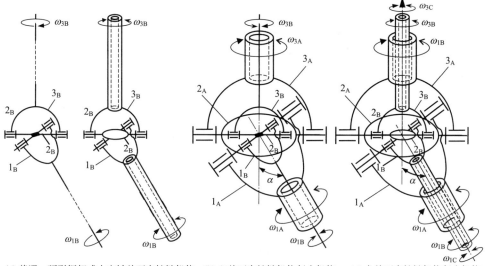

(a) 普通、环形框架式十字轴单万向铰链机构　(b) 双单万向铰链机构复合机构　(c) 多单万向铰链机构复合机构

图 3-40　单万向铰链机构内多层嵌套式多单万向铰链机构

（2）中空同轴多层嵌套式多双万向铰链机构

有了上述单万向铰链机构拓扑演化出的双、多单万向铰链机构复合机构原理的基础，我们就可以将图 3-40(b)～(d) 所示的经拓扑演化后的双、多单万向铰链机构应用到等速传动双万向铰链机构上，同样可以获得双万向铰链机构内多层嵌套多个双万向铰链机构，以实现多个独立驱动的回转运动的等速传递。将图 3-40(b)～(d) 所示的单万向铰链机构 A、B 的构件 3_A、3_B 连接在一起合成一个构件 3，就形成了如图 3-41(a)、(b) 所示的一个中空式双万向铰链机构，其中空的空间内可以多层嵌套多个同样结构的中空式双万向铰链机构。图 3-42 所示即为中空式双万向铰链机构内同轴多层嵌套多个双万向铰链机构（双万向铰链机构 A、B、C、…）的万向铰链复合机构。它除具备一般的双万向铰链机构特点之外，还能同轴换向、等速、远距离传递多个独立驱动的双万向铰链机构的回转运动和动力。其各独立驱动的双万向铰链机构的运动输入可通过如图 3-43 所示的圆柱齿轮传动、圆锥齿轮传动或其他传动方式实现。

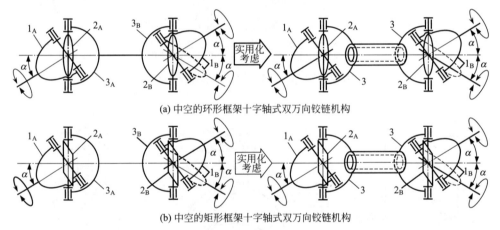

(a) 中空的环形框架十字轴式双万向铰链机构

(b) 中空的矩形框架十字轴式双万向铰链机构

图 3-41　可实现双万向铰链机构内多层嵌套双万向铰链机构的中空式双万向铰链机构

【本图说明】 当 $\alpha = \beta$ 且输入、输出构件以及构件 3 三者回转运动轴线共面时，

各输入运动 $\omega_{1A（或B，C\cdots）} = \omega_{1A（或B，C\cdots）}$。

（3）以任一轴交角 α 实现输入与输出等速比传动的轮系-双万向铰链组合机构

我们继续思考双万向铰链机构的传动问题，要实现图 3-31(a)、图 3-33 所示的单万向铰链机构和图 3-41、图 3-42 所示的各种双万向铰链机构有确定的输入与输出运动关系，必须由机架将输入轴与输出轴相对位置确定下来，即使图中 α、β 角各自随时间保持确定的变化规律或保持不变。一般的机械系统中（如汽车后桥双万向节传动）通常是给万向铰链机构提供固定的机架，保持定轴回转运动。但是，如果需要双万向铰链机构在轴交角 α、β 变化的情况下，也能实现等速比或速比按某种规律变化的传动，则需要考虑形成双万向铰链机构的两个单万向铰链机构运动的等速或变速耦合问题。下面要给出的是双万向铰链机构在一定范围内 $\alpha = \beta$ 为任意变化情况下仍能实现等速比传动的机构原理。

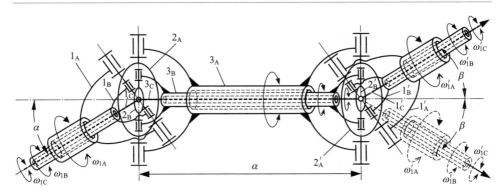

图 3-42　中空同轴多层嵌套式多双万向铰链机构

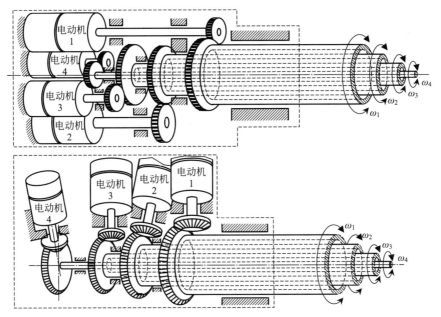

图 3-43　实现多个单/双万向铰链机构各自独立驱动的运动输入端驱动与传动的两种方式

【问题】在轴交角 α（$= \beta$）在一定范围内（工程实际中一般为 $0°\sim45°$）任意变化的情况下，怎样保证图 3-41、图 3-42 所示的双万向铰链机构运动输入与输出速比为 1？

【解】图 3-41 中的双万向铰链机构是将一个单万向铰链机构的输出轴与另一个单万向铰链机构的输入轴固连而成一个构件来形成双万向铰链机构的，但是并未将合二为一的该构件分别与该双万向铰链机构输入轴、输出轴之间的轴交角关系确定下来。因此，需要考虑能够同时实现这两个目的的运动传递原理。如图 3-44 所示为由一对分别固连一个杆件的普通圆柱齿轮构件 1、3（齿数分别为 z_1、z_2 且 $z_1 = z_2$）的齿轮传动、系杆 2 形成的简单周转轮系机构运动简图，如果能够将这样的能够实现轴交角 α 等值传递的周转轮系与双万向铰链机构结合在一起，则可以解决上述【问题】。图 3-45 为将图 3-44 所示的周转轮系机构与一个双万向铰链机构组合实现任意轴交角 α 下的等速比双万向铰链机构原理及其机构运动简图。

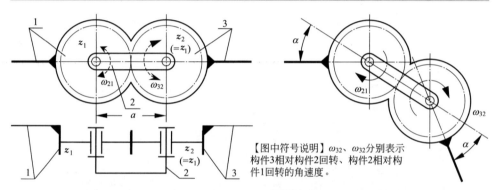

图 3-44　能够实现轴交角 α、β 等角度运动的齿轮轮系机构原理与机构运动简图

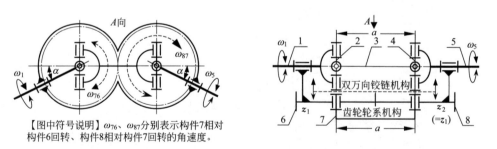

图 3-45　轴线同侧等轴交角等速比传动的轮系-双万向铰链组合机构原理与机构运动简图

图 3-45 所示的是轴线同侧等轴交角的等速比齿轮轮系-双万向铰链组合机构，若要实现轴线两侧等轴交角的等速比传动，则需要在齿轮 z_1、z_2 之间增加一个惰轮改变齿轮 z_2 的转向，即在图 3-45 所示的系杆构件 7 上齿轮 z_1、z_2 之间再安置一个同模数的圆柱齿轮分别与齿轮 z_1、z_2 啮合即可实现双万向铰链机

构轴线两侧等轴交角的等速比传动，如图 3-46 所示。

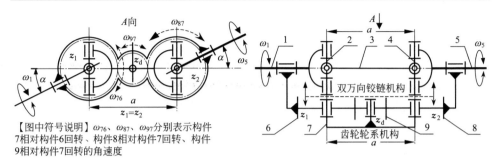

【图中符号说明】ω_{76}、ω_{87}、ω_{97}分别表示构件7相对构件6回转、构件8相对构件7回转、构件9相对构件7回转的角速度

图 3-46　轴线两侧等轴交角等速比传动的轮系-双万向铰链组合机构原理与机构运动简图

（4）输入与输出等速比的中空同轴多层嵌套式多双万向铰链机构

与图 3-46 同理，我们可以将前述如图 3-45 所示齿轮轮系及图 3-46 中所示的系杆上带有惰轮的齿轮轮系分别与图 3-42 所示的中空同轴多层嵌套式多双万向铰链机构对心平行并联组合而成轴线同侧、轴线两侧等轴交角等速比传动的多轴独立驱动的轮系-双万向铰链组合机构，其机构原理分别如图 3-47、图 3-48 所示。

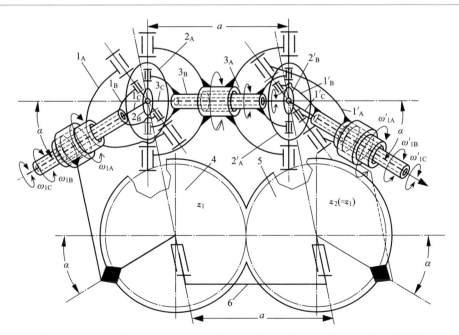

图 3-47　轴线同侧等轴交角的中空同轴多层嵌套式等速比传动多双万向铰链机构

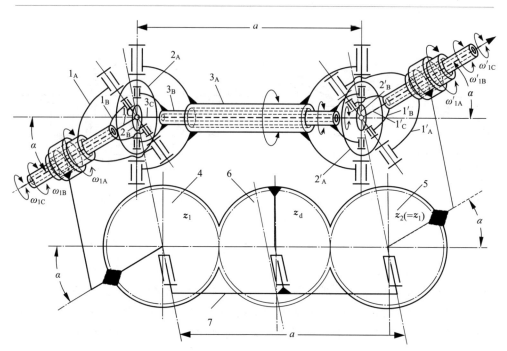

图 3-48 轴线两侧等轴交角的中空同轴多层嵌套式等速比传动多双万向铰链机构

需要说明和注意的是：图 3-45～图 3-48 所示机构中的齿轮轮系以及 3.3 节内所有给出的万向铰链机构都是从机构原理上来说明利用机构拓扑变换演化方法以及机构组合方式来实现机构原理的创新与设计，而暂不考虑工程应用或实际机构设计情况下构件次要几何尺寸、角度或形状的具体情况，也不会影响或改变机构原理，即保持机构原理的唯一性。然而，机械类专业技术人员都知道：从机构传动效率以及简化构件实际机械结构设计等方面考虑，对单万向铰链传动机构或者双万向铰链传动机构中的两个单万向铰链机构而言，通常轴交角 $\alpha \leqslant 45°$。因此，构成图 3-45～图 3-48 所示机构中的齿轮轮系的主、从动齿轮（z_1、z_2）可以设计成满足传动机构运动范围即可的不完全齿轮传动（如图 3-49 所示）。但在机构设计时必须考虑到：

① 不完全齿轮有齿部分的初始位置取决于整体机构工作时的初始工作位置；

② 在轴交角 α（$-45° \leqslant \alpha \leqslant +45°$）变化范围内，不完全齿轮上有轮齿部分所对应的扇形区一定要大于等于齿轮正常啮合齿对数所对应的扇形区 β_1，以确保即使在 $|\alpha| = 45°$ 的边界位置啮合时重合度也不变（或者换句话说：同时啮合的完整齿的齿对数不变）。

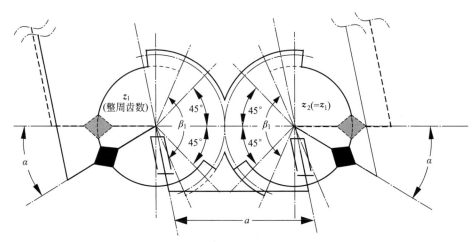

【说明】虚线所示为$\alpha=0°$时机构构件的初始位置

(a) 轴线同侧等轴交角下使用的不完全齿齿轮轮系机构

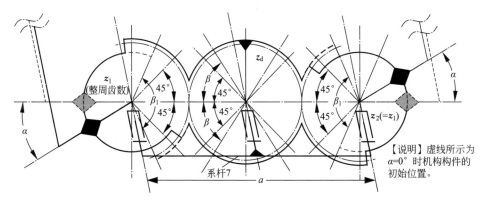

【说明】虚线所示为$\alpha=0°$时机构构件的初始位置。

(b) 轴线两侧等轴交角下使用的系杆上带有惰轮齿轮的不完全齿齿轮轮系机构

图3-49 轴线同侧或两侧等轴交角下使用的不完全齿齿轮轮系机构

（5）输入与输出等速比的中空同轴多层嵌套式多双万向铰链机构的全方位传动机构

图3-45~图3-49给出的都是轴交角在其变化范围内单自由度任意变化的齿轮轮系-单双万向铰链组合机构、齿轮轮系-多双万向铰链组合机构原理，同理我们还可以用另外一套与等轴交角α-齿轮轮系机构垂直布置的同样机构原理的等轴交角γ-圆柱齿轮轮系传动机构，如此，由等轴交角α-齿轮轮系、γ-齿轮轮系并行耦合驱动各个双万向铰链机构轴交角全方位变化的并联机构和等速比多双万向铰链机构组成的并联-串联组合式速比双齿轮轮系-多万向铰链全方位传动组合

机构，如图 3-50、图 3-51 所示。需注意的是：图中分别与构件 4、8 圆柱齿轮固连的连杆绕左侧单万向铰链机构构件 $1_A \sim 1_C$ 等的同轴线有相对回转运动；分别与构件 5、9 圆柱齿轮固连的连杆绕右侧单万向铰链机构构件 $1'_A \sim 1'_C$ 等的同轴线有相对回转运动，否则，α、γ 轮系并联耦合运动互相干涉。

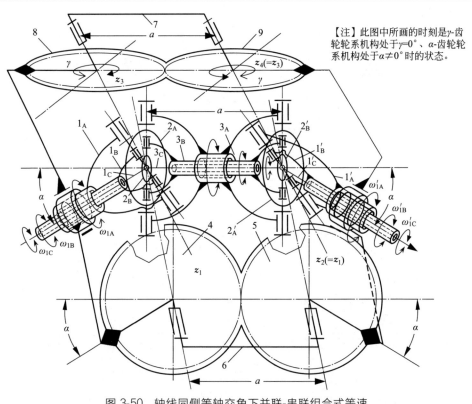

【注】此图中所画的时刻是 γ-齿轮轮系机构处于 $\gamma=0°$、α-齿轮轮系机构处于 $\alpha \neq 0°$ 时的状态。

图 3-50　轴线同侧等轴交角下并联-串联组合式等速
比双齿轮轮系-多万向铰链全方位传动组合机构

　　图 3-50、图 3-51 中的两个并联的圆柱齿轮轮系中的齿轮可以设计成如图 3-49，图 3-53 所示的不完全齿轮式传动轮系机构。此外，图 3-50 中互相垂直并联布置两轮系的系杆 6、7 以及图 3-51 中互相垂直且并联的两轮系系杆 7、11皆分别可以进一步进行拓扑变换演化成如图 3-52 所示圆（柱）形座筒或框架形构件，并且在结构上对称，同时按照将周转轮系的系杆置于齿轮里侧和外侧又可演化出图 3-52(a)、(b) 所示的两种构件。图中左右两组对应轴线两两互相平行、组内互相垂直且相交成"十"字形的四个轴线分别为双万向铰链机构构件中的 U 形叉或弧形叉提供轴线。至此，我们用机构拓扑变换演化和与圆柱齿轮轮系机构相结合的组合方法提出并彻底论述了多个双万向铰链机构等速全方位传动

机构构型创新原理和机构原理。

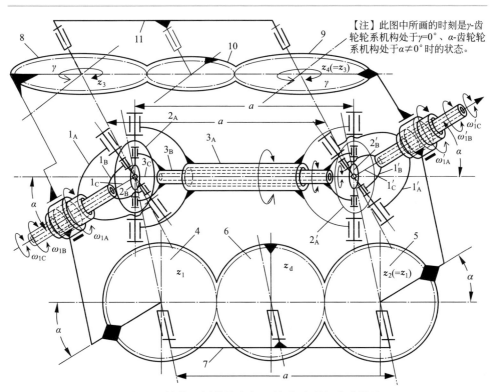

【注】此图中所画的时刻是γ-齿轮轮系机构处于$\gamma=0°$、α-齿轮轮系机构处于$\alpha\neq0°$时的状态。

图 3-51　轴线两侧等轴交角下并联-串联组合式等速比双齿轮轮系-多万向铰链全方位传动组合机构

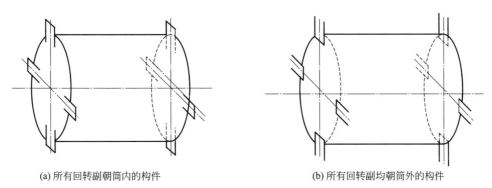

(a) 所有回转副朝筒内的构件　　　　　(b) 所有回转副均朝筒外的构件

图 3-52　由互相垂直且并联的两个齿轮轮系的系杆分别置于齿轮里侧和外侧进行拓扑变换演化而成的构件

3.3.5　新型 4 自由度无奇异并/串联式全方位关节机构的机械设计及研制的原型样机与实验

（1）基于万向铰链机构基本原理进行创新设计思维的小结

3.3.1 节～3.3.4 节各节以本科机械类专业《机械原理》教材中万向铰链机构传递运动和动力的基本原理为基础和约束条件，以机构拓扑演化和运动约束实现为根本，在机构原型基础上提出新的运动和动力传递需求：

① 如何脱离以杆机构和回转副组成的万向铰链机构原型对机架构件提供的轴交角约束，实现万向铰链机构自身具有这样的等轴交角或者轴交角按某种规律变化（即靠改变周转轮系的齿数比）的约束条件，从而在理论上达到万向铰链机构自身能够具备任意等轴交角的约束条件，在机构原理上进行创新，进而进一步丰富万向铰链机构原理，并向其实用化又迈进一步。

② 单、双万向铰链机构在机构原理上具有的特点是可以改变机构运动传递的方向，实现任意角度运动（回转）和动力（转矩）的传动。绕与回转运动输入轴线成任意角度的轴线回转的运动实际上可以分为一维回转运动和二维回转运动，自然，对任意等轴交角下等速比传动这一约束条件的实现也就可以分为一维和二维两个分轴交角，即前述的 α 或 γ 机构之一和 α、γ 机构两者的组合，能够充分利用和挖掘好这一特点则是继续进行机构创新的动力和源泉。

③ 新型、新原理机构的创新往往不只是机构设计和走向实用化的需要，也可以是不考虑机构设计需求或实用化问题而单纯从机构拓扑变换演化或者从机构综合的理论上找出所有可能的机构构型，然后再去考虑其可能的需求。

（2）基于双万向铰链机构原理的 3 自由度全方位手腕及其存在的问题

美国的机械工程专家 Mark E. Rosheim 于 1989 年在其设计、研制的机器人手腕驱动器中提出了由互相垂直的两个方向上各配置一对两节等传动比圆柱齿轮传动双万向节机构，从而提出了实现 $-45° \leqslant \alpha \leqslant +45°$ 范围内任意轴交角 α 下的双万向节等速比传动的 3-DOF 全方位关节机构，并根据该机构原理设计、研制了多种驱动机构驱动的全方位手腕。

① 采用连杆机构推拉驱动的全方位手腕[2]　如图 3-53 所示，腕座上互相垂直布置着两个推拉杆连杆机构，它们分别用销轴与轴承外圈套装的圆环相连形成并联机构，分别推拉由轴线互相垂直、速比皆为 1∶1 的两对直齿圆柱齿轮传动构成双万向节机构，实现手腕 ±90° 俯仰（pitch）与偏摆（yaw）运动，两者合成即为全方位运动；由双万向节自身传动实现滚动（roll）运动。这种全方位手腕为 pitch-yaw-roll 型 3-DOF 机构，简记为 P-Y-R 机构。

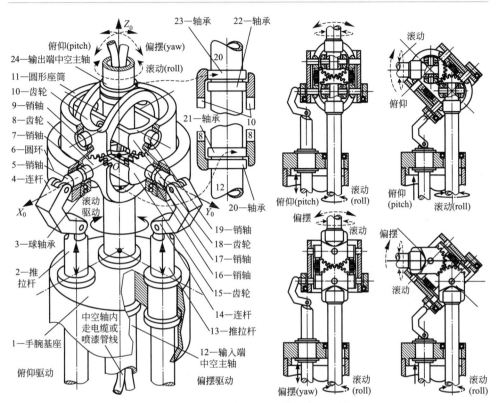

图 3-53 基于齿轮传动与双万向节传动原理的 3-DOF
无奇异 P-Y-R 型全方位手腕结构及其机构运动原理[2]

图 3-53 所示 3-DOF 无奇异 P-Y-R 型全方位腕的结构与机构原理具体如下：

a. 双万向铰链机构：由输入端中空主轴 12，输出端中空主轴 24，侧面带有导轨面的直齿圆柱齿轮 8、10，齿轮 15、18 以及圆形座筒 11，销轴 7、9、16、19 组成，并且输入端中空主轴 12、输出端中空主轴 24 的轴线分别与圆形座筒 11 的轴线所成轴交角为同侧相等，且可全方位任意变化轴交角，从而实现此双万向节在轴交角全方位任意变化下 1∶1 等速比传动的滚动（roll）运动。

b. 俯仰（pitch）运动机构运动原理：为便于表述，用箭头符号"→"表示构件间的驱动关系。则推拉杆 2 推（拉）→连杆 4 牵引→销轴 5 牵引→圆环 6 牵引→双万向铰链机构俯仰。

c. 偏摆（yaw）运动机构运动原理：推拉杆 13 推（拉）→连杆 14 牵引→销轴 16 牵引→圆环 6 牵引→双万向铰链机构偏摆。

圆环 6 与圆形座筒 11 之间有球轴承 3，所以，并联在圆环 6 上的俯仰运动驱动机构、侧偏运动驱动机构两者与圆形座筒 11 之间（也即与双万向铰链机构之间）不存在运动干涉问题。

　　图 3-53 所示机构中两对直齿圆柱齿轮传动结构也可以加以简化，设计成如图 3-54(a) 中所示的相对简单、紧凑、便于加工制造的结构紧凑型 pitch-yaw-roll 全方位机构，但是，由于 U 形构件内侧面与齿轮轮坯侧面是相对滑动，而非图 3-53 所示机构中的滚动，所以，摩擦磨损会相对大一些。

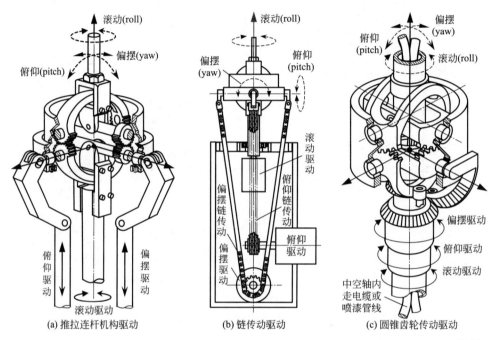

图 3-54　基于齿轮传动与双万向节传动原理的 3-DOF 无奇异全方位手腕三种驱动机构原理[3-5]

　　② 链传动驱动的全方位腕[3]　如图 3-54(b) 所示，将图 3-54(a) 中所示的分别用于俯仰、偏摆驱动的推拉连杆机构分别用链传动替代，即为链传动驱动的全方位腕（关节）机构，而圆形座筒内由双节齿轮传动构成的双万向节机构可以与图 3-53、图 3-54(a) 所示的圆形座筒内的双万向节机构完全相同。

　　③ 圆锥齿轮传动驱动的全方位腕[3]　如图 3-54(c) 所示，用于圆形座筒相连的不完全齿大圆锥齿轮分别替代俯仰、偏摆运动驱动的推拉杆机构，然后采用前述如图 3-43 所示的两或三个同轴小圆锥齿轮中的两个分别与大圆锥齿轮啮合即可实现俯仰、偏摆运动驱动，而位于同心空心轴最里层（即由外到内的第三层）的轴可以用圆锥齿轮传动实现双万向节的滚动驱动，也可以直接连接原动机（或原动机＋其他传动装置的出轴）。但是，如图 3-54(c) 中所示，每个大锥齿轮轮坯的外侧面都需要用两个固定在腕部基座上的压辊形成导向，即需形成里侧圆

锥齿轮啮合、外侧双辊导向的俯仰（偏摆）运动约束。

④ Mark Elling Rosheim 全方位腕机构存在的问题 图 3-53、图 3-54 所示的 3-DOF P-Y-R 型全方位腕机构中，由于分别实现 pitch、yaw 运动的 pitch 机构与 yaw 机构同时互相垂直地连接（即并联）在套装轴承外圈的同一个圆环上，在理论上存在着 pitch 与 yaw 并联机构运动耦合导致并联机构运动干涉的严重问题，即 pitch 运动驱动机构与 yaw 运动驱动机构无法同时运动。这一问题是由本书作者与蔡鹤皋院士在 1993 年发现并从理论上给出证明，同时提出了解决办法，下面给出了用机构运动学矢量分析法证明过程、双环解耦原理及其设计。

（3）P-Y-R 型全方位腕机构运动学与单环 pitch/yaw 并联机构运动干涉理论证明[6]

前述图 3-53 所示 P-Y-R 型全方位腕机构中，pitch 机构、yaw 机构以及构件 6 圆环在手腕基座提供的 3 自由度球面约束下，形成的 pitch/yaw 并联机构运动简图可以用图 3-55(a) 表示，构件 6（圆环）相当于并联机构动平台，而手腕基座 1 相当于静平台，两平台之间并联着三个由串联杆件构成的空间连杆机构，即有三个分支机构：

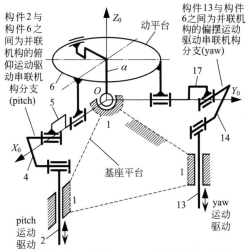
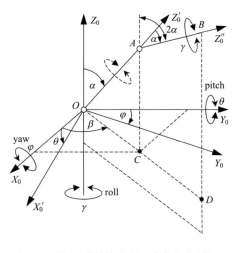

(a) 推拉连杆式全方位腕的pitch/yaw并联机构运动简图　　(b) P-Y-R型全方位腕的pitch/yaw机构运动分析

图 3-55　P-Y-R 型全方位腕 pitch/yaw 并联机构简图与机构运动分析图

① pitch 运动驱动串联杆件分支机构：作为机架的手腕基座构件 1、推拉杆构件 2、连杆构件 4、作为销轴的连杆构件 5 以及圆环构件 6 两两之间用单自由度的回转副串联而成空间连杆机构，为 pitch 分支机构。

② yaw 运动驱动串联杆件分支机构：作为机架的手腕基座构件 1、推拉杆构

件 13、连杆构件 14、作为销轴的连杆构件 17 以及圆环构件 6 两两之间用单自由度的回转副串联而成空间连杆机构，为 yaw 分支机构。

③ 动平台定心转动串联杆件分支机构：作为机架的手腕基座构件 1、连杆 a、圆环构件 6 以及 2 自由度的圆弧形圆柱移动副、3 自由度球铰的球面运动副串联而成空间连杆机构，为球面定心约束分支机构。其中连杆 a 并非实际的构件，是由图 3-53 所示 P-Y-R 型全方位腕机构中，由输入端中空主轴 12，输出端中空主轴 24，侧面带有导轨面的直齿圆柱齿轮 8、10，齿轮 15、18 以及圆形座筒 11，销轴 7、9、16、19 组成的双万向铰链（双万向节）机构，此双万向铰链机构受到作为机架的手腕基座构件 1 支撑，并且圆形座筒构件 11 与圆环构件 6 之间用球轴承间隔定位、支撑，由此为圆环构件 6 提供了 3 自由度定心转动约束。据此可以将此约束运动等效简化为动平台定心转动串联杆件分支机构。而且，图 3-55(a) 给出的此分支机构只是图 3-53 中下部单万向铰链机构的等效机构。

P-Y-R 型全方位腕机构运动学分析$^{[7,8]}$：将基坐标系 $O\text{-}X_0Y_0Z_0$ 建立在图 3-53 所示全方位腕定心转动中心点 O 上，全方位腕处于垂直初始状态时，其 pitch、yaw 运动驱动机构中与圆环构件 6 相连的销轴构件 5、17 的轴线所在的直线分别作为基坐标系的 OX_0、OY_0 轴，输入端中空主轴构件 12 的中心线为 OZ_0 轴。

根据前述万向铰链机构等速传递运动的原理，图 3-53、图 3-54 所示的全方位腕机构可以等效为如图 3-55(b) 所示的三杆等轴交角串联机构。由图 3-55(a) 可知：推拉连杆式 P-Y-R 型全方位腕的 pitch/yaw 分支机构除圆环构件 6 外皆分别在垂面 $O\text{-}X_0Z_0$、$O\text{-}Y_0Z_0$ 内运动，且圆环构件 6 始终与圆形座筒构件 11 同轴线，圆形座筒构件 11 的中线轴线与 OA 连杆共线，因此，当推拉杆构件 2 向下拉动使圆环构件 6 绕 OY_0 轴旋转 θ 角时，OX_0 转至 OX_0'，当推拉杆构件 13 向下拉动使圆环构件 6 绕 OX_0 轴旋转 φ 角时，OY_0 转至 OY_0'，且 OA 始终垂直于 $O\text{-}X_0'Z_0'$ 平面，OA、AB 所在的平面为过 OZ_0 轴且垂直于 $O\text{-}X_0Z_0$ 平面的垂面，并且 $\angle Z_0OA = \angle Z_0'AB = \alpha$。$OA$、$AB$ 在 $O\text{-}X_0Z_0$ 平面上的投影分别为 OC、CD 且在一条直线 OD 上，OD 与 OX_0 的夹角为 β，则 pitch/yaw 并联机构动平台构件 6（即圆环构件 6）、双万向节运动输出杆件 AB 在基坐标系 $O\text{-}X_0Y_0Z_0$ 中的姿态分别为 $(\alpha,\ \beta,\ \gamma)$、$(2\alpha,\ \beta,\ \gamma)$。下面用矢量分析法求 α、β 与俯仰（pitch）角 θ、偏摆（yaw）角 φ 之间的关系式。需要说明的是：P-Y-R 型全方位腕 pitch、yaw 运动转动角度的正负的定义遵从右手定则，即以绕坐标轴逆时针转动为正，顺时针为负。

设 OA 的方向矢量为 $\boldsymbol{oa}$，在基坐标系 $O\text{-}X_0Y_0Z_0$ 中，矢量 $\boldsymbol{OX_0'}$，$\boldsymbol{OY_0'}$ 分别为：$\boldsymbol{OX_0'} = \begin{bmatrix} \cos\theta & 0 & -\sin\theta \end{bmatrix}^{\mathrm{T}}$；$\boldsymbol{OY_0'} = \begin{bmatrix} 0 & \cos\varphi & \sin\varphi \end{bmatrix}^{\mathrm{T}}$，则有：

$$\boldsymbol{oa} = \boldsymbol{OX_0'} \times \boldsymbol{OY_0'} = \begin{vmatrix} \boldsymbol{i} & \boldsymbol{j} & \boldsymbol{k} \\ \cos\theta & 0 & -\sin\theta \\ 0 & \cos\varphi & \sin\varphi \end{vmatrix} = \begin{bmatrix} \sin\theta\cos\varphi & -\cos\theta\sin\varphi & \cos\theta\cos\varphi \end{bmatrix}^{\mathrm{T}}$$

进而有：$|\boldsymbol{oa}|^2 = \cos^2\theta + \sin^2\theta\cos^2\varphi$

$$\boldsymbol{OZ} \cdot \boldsymbol{oa} = \begin{bmatrix} 0 & 0 & 1 \end{bmatrix} \begin{bmatrix} \sin\theta\cos\varphi \\ -\cos\theta\sin\varphi \\ \cos\theta\cos\varphi \end{bmatrix} = \cos\theta\cos\varphi = |\boldsymbol{OZ}\|\boldsymbol{oa}|\cos\alpha$$

$$= \sqrt{\cos^2\theta + \sin^2\theta\cos^2\varphi}\cos\alpha$$

所以有：

$$\cos^2\alpha = \cos^2\theta\cos^2\varphi / (\cos^2\theta + \sin^2\theta\cos^2\varphi) \tag{3-8}$$

由 $\cos^2\alpha + \sin^2\alpha = 1$ 得：

$$\sin^2\alpha = 1 - \cos^2\alpha = (\cos^2\sin\varphi^2 + \sin^2\cos^2\varphi)/(\cos^2\theta + \sin^2\theta\cos^2\varphi) \tag{3-9}$$

所以可得：$\tan^2\alpha = \sin^2\alpha / \cos^2\alpha = (\cos^2\theta\sin^2\varphi + \sin^2\cos^2\varphi)/(\cos^2\theta\cos^2\varphi)$

整理得：

$$\tan^2\alpha = \tan^2\theta + \tan^2\varphi \tag{3-10}$$

设 $\boldsymbol{OC}$ 在基坐标系中的方向矢量为 $\boldsymbol{oc}$，则：$\boldsymbol{oc} = \begin{bmatrix} \sin\theta\cos\varphi & -\cos\theta\sin\varphi & 0 \end{bmatrix}^T$。
则有：

$$\boldsymbol{OX} \cdot \boldsymbol{oc} = \begin{bmatrix} 1 & 0 & 0 \end{bmatrix} \begin{bmatrix} \sin\theta\cos\varphi \\ -\cos\theta\sin\varphi \\ 0 \end{bmatrix} = \sin\theta\cos\varphi = |\boldsymbol{OX}\|\boldsymbol{oc}|\cos\beta$$

$$= \sqrt{\sin^2\theta\cos^2\varphi + \cos^2\theta\sin^2\varphi}\cos\beta$$

所以有：

$$\cos^2\beta = \sin^2\theta\cos^2\varphi / (\sin^2\theta\cos^2\varphi + \cos^2\theta\sin^2\varphi) \tag{3-11}$$

$$\sin^2\beta = \cos^2\theta\sin^2\varphi / (\sin^2\theta\cos^2\varphi + \cos^2\theta\sin^2\varphi) \tag{3-12}$$

整理得：

$$\tan^2\beta = \tan^2\varphi / \tan^2\theta \tag{3-13}$$

至此，我们得到了 α、β 与俯仰（pitch）角 θ、偏摆（yaw）角 φ 之间的关系式。但需要注意的是：这里得到的公式(3-10)、式(3-13)是带有平方项的方程，要得到可供 P-Y-R 型全方位腕运动控制所用的运动学方程，还需进一步考虑象限角问题，需要对公式进一步修正，这部分内容请参见笔者的文章（参考文献 [8]）。限于篇幅，此处省略。

P-Y-R 型全方位腕 pitch/yaw 并联机构运动干涉证明：由几何关系和矢量运算可知：

$$\boldsymbol{OX'_0}^T \cdot \boldsymbol{OY'_0} = \begin{bmatrix} \cos\theta & 0 & -\sin\theta \end{bmatrix} \begin{bmatrix} 0 \\ \cos\varphi \\ \sin\varphi \end{bmatrix} = -\sin\theta\sin\varphi$$

$$= |\boldsymbol{OX'_0}| \cdot |\boldsymbol{OY'_0}|\cos\angle X'_0 OY'_0 = \cos\angle X'_0 OY'_0$$

则有：

$$\angle X_0'OY_0' = \arccos(-\sin\theta\sin\varphi) \qquad (3\text{-}14)$$

当 pitch、yaw 运动驱动使 P-Y-R 型全方位腕机构处于如图 3-55(b) 所示的状态下，且 $\theta = 45°$、$\varphi = -45°$时，由式(3-14) 可计算得出：$\angle X_0'OY_0' = 60° \neq 90°$。这说明当 pitch、yaw 运动驱动机构只要使全方位腕离开由基坐标系 $O\text{-}X_0Y_0Z_0$ 定义的初始位姿，变化后的 OX_0'、OY_0'轴将不再互相垂直，两者相对转动了 30°角度。这意味着前述 Mark Elling Rosheim 所提出的 P-Y-R 型全方位腕机构中连接在单环圆环构件 6 上的 pitch、yaw 运动驱动机构同时运动时会因俯仰、偏摆运动存在耦合而导致圆环 6 无法产生俯仰、偏摆合成运动，即存在机构运动干涉问题，圆环构件 6 在全方位腕机构精确制造下无法运动。

解决 Mark Elling Rosheim 的 P-Y-R 型全方位腕机构 pitch/yaw 运动干涉问题的双环解耦法：1993 年笔者根据前述理论证明和分析，提出了将圆环构件 6 改用可以相对转动的同轴线双圆环构件 6 和 6′分别与 pitch、yaw 运动驱动机构用销轴构件 5、17 对应连接，即可实现俯仰与偏摆运动耦合的解耦，从而解决了俯仰、偏摆运动耦合干涉问题。基于双环解耦原理的 P-Y-R 型全方位腕的 pitch/yaw 并联机构原理如图 3-56 所示。双环解耦原理不仅限于解决由推拉连杆机构组成的 pitch/yaw 并联机构存在的俯仰与偏摆运动耦合产生的机构运动干涉问题，同时也适于解决诸如圆柱齿轮传动、圆锥齿轮传动等任何驱动 P-Y-R 型全方位腕（关节）机构中 pitch/yaw 运动耦合产生的机构运动干涉问题。

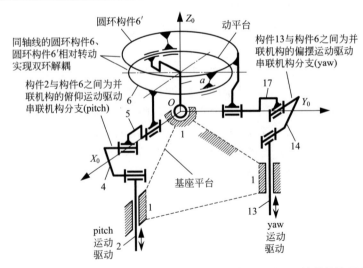

图 3-56　基于双环解耦原理的 P-Y-R 型全方位腕 pitch/yaw 并联机构原理图

（4）新型 P-Y-R 型 4/3/2-DOF 无奇异全方位腕（关节）机构创新设计与实验

在所提出的双环解耦原理基础上，进一步对 P-Y-R 型全方位腕（关节）机构进行创新设计，从推拉连杆机构实现 pitch、yaw 运动驱动在机械结构紧凑型以及传动精度、刚度等方面优势不足考虑，采用内外侧带有导轨的圆锥齿轮传动机构实现 P-Y-R 型全方位腕（关节）机构的俯仰、偏摆运动的驱动，进一步创新设计基于双环解耦原理和双节齿轮式双万向节传动原理的 4-DOF、3-DOF 以及 2-DOF 全方位腕（关节）机构。

① P-Y-R 型全方位腕（关节）机构的特点与实际意义

a. 无机构奇异问题，可适用于喷漆、焊接、远程遥控作业等有实时控制要求下的作业：所谓的"机构奇异"是指 2 个以上自由度机构在运动到某一或某些构形时会丧失 1 个或几个自由度，从而导致机构运动退化。如图 3-57 所示，图 (a)、(b) 给出的是工业机器人操作臂、仿人手臂中肩部（此处将腰转、肩部大臂俯仰 2 个自由度皆看作是肩关节自由度）、腕部常用的 R-P 型、R-P-R 型关节机构构型。显然，当图 3-57(a)、(b) 所示的构型伸展开至图 3-57(c) 所示即杆件 1 与杆件 2 共线时，杆件 2 根本无法绕 Y 轴旋转形成偏摆运动，此时机构构形处于丧失 1 个自由度的状态，即机构构形奇异；图 3-57(c) 所示奇异构形状态下，只能通过杆件 1 前的 R 自由度作旋转 90° 运动，杆件 2 才能向侧向"俯仰"（实际上是侧向偏摆运动）。而图 3-57(d) 所示的 P-Y-R 构型全方位机构可以在任何构形下实现俯仰、偏摆转动，即无机构奇异构形。当用 R-P、R-P-R 机构构型作为手腕关节机构时，不适于有喷漆、焊接、远程遥控等作业对手腕有"拐直角"实时控制要求的作业，而 P-Y-R 型全方位腕适用于这些作业。

b. 结构紧凑、可以把伺服电动机、减速器以及液压缸、气缸等驱动元部件完全放在基座内：用作手腕、机器人操作臂其他关节时结构紧凑，而且采用同轴线圆锥齿轮传动作为 pitch、yaw 运动驱动机构时，可以将诸如伺服电动机、减速器等驱动元部件完全安放在手腕（或其他关节）基座内，从而减轻了机器人操作臂运动部分的质量，相对提高了机器人操作臂机械本体的刚度和末端负载能力。

c. 可以充分利用中空主轴中空空间：输入、输出端中空主轴中空空间内可以通过电缆线、喷漆管。

d. 可以实现机器人操作臂的模块化组合式设计与关节模块化集成化单元设计：P-Y、P-Y-R、P-Y-R-R 型全方位关节机构基座内可以设计成完全容纳驱动全方位手腕（或关节）伺服电动机、分布式控制系统底层控制器等集独立驱动、传感和控制等一体化、系列化、集成化的 2/3/4-DOF 的全方位关节模块化单元，从而可以实现机器人操作臂、蛇形机器人、柔性臂等等的模块化组合式设计。

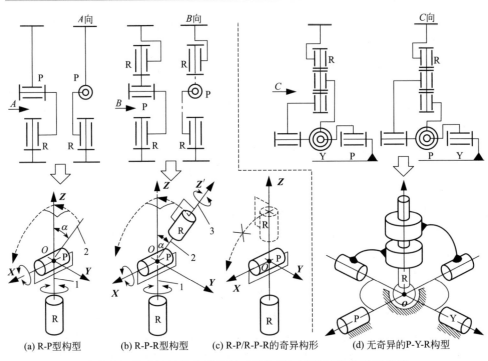

(a) R-P型构型　　(b) R-P-R型构型　　(c) R-P/R-P-R的奇异构形　　(d) 无奇异的P-Y-R构型

图 3-57　R-P/R-P-R 构型及其奇异构形与无奇异的 P-Y-R 构型

② 新型 4-DOF P-Y-R-R 无奇异全方位腕（关节）机构与结构设计　笔者于 1993 年在直齿圆柱齿轮传动构成的等轴交角双万向节机构原理和 pitch/yaw 运动驱动并联机构双环解耦原理基础上，提出由圆锥齿轮传动＋圆锥齿轮转动导向约束装置构成的并联分支机构分别驱动 pitch/yaw 并联机构的俯仰与偏摆运动，如图 3-58 所示，其机构原理与结构具体介绍如下。

a. Pitch 运动驱动串联杆件分支机构与结构原理：如图 3-58 所示，作为机架的手腕（关节）基座构件 1、小圆锥齿轮构件 2、两侧内表面带导轨面的大圆锥齿轮构件 3、作为销轴的连杆构件 4 以及双环解耦向心-推力复合球轴承 5 外环构件 5-1、滚动体 5-2、与圆形座筒 6 固连的内环构件 5-3 以及两两之间用单自由度的回转副或齿轮副串联而成的空间机构，为 pitch 分支机构。为保证该分支自由度数为 1，大圆锥齿轮构件 3 的两侧内表面带导轨面，固连在基座构件 1 上的轴承座 7 上径向对准轴心线（即对准图中通过俯仰与偏摆运动轴线的交点 O 的固定轴线 Y，即基坐标系 O-XYZ 的 Y 轴）伸出两根轴线互相平行的轴 7-1、7-2，每根轴上安装着径向位置相互错开的一个滚动轴承（轴承 7-3、7-4），这两个轴承外圈最外侧所在母线间的距离与主轴上套装着的滚动轴承 8、9 外圈直径相等，如此，轴承 7-3、7-4 与轴承 8、9 的外圈最外侧为大圆锥齿轮 3 提供了绕固定轴线回转的导向约束，大圆锥齿轮 3 的两侧内表面作为导轨面紧紧压在相应的轴承 7-3、7-4、8、9 外圈上，各个轴承相对于导轨面作纯滚动以减小摩擦；如果为了获得尺寸小、紧凑的结构，在不以传动精度和支撑刚度为主且忽略摩擦大小的情况下，这些滚动轴承也可以改用滑动轴承。

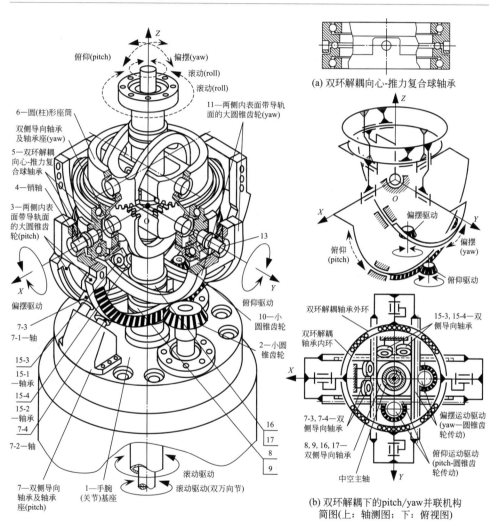

图 3-58　基于双环解耦原理和圆锥齿轮传动的 P-Y-R-R
构型 4-DOF 无奇异全方位腕（关节）机构与结构[6]

　　b. yaw 运动驱动串联杆件分支机构：如图 3-58 所示，作为机架的手腕（关节）基座构件 1、小圆锥齿轮构件 10、两侧内表面带导轨面的大圆锥齿轮构件

11、作为销轴的连杆构件 13 以及双环解耦向心-推力复合球轴承 5 外环构件 5-1、滚动体 5-4、与圆形座筒 6 固连的内环构件 5-3 以及两两之间用单自由度的回转副或齿轮副串联而成的空间机构，为 pitch 分支机构。为保证该分支自由度数为 1，大圆锥齿轮构件 11 的两侧内表面带导轨面，固连在基座构件 1 上的轴承座 14 上径向对准轴心线（即对准图中通过俯仰与偏摆运动轴线的交点 O 的固定轴线 X，即基坐标系 O-XYZ 的 X 轴）伸出两根轴线互相平行的轴 15-1、15-2，每根轴上安装着径向位置错开的一个滚动轴承（轴承 15-3、15-4），这两个轴承外圈最外侧所在母线间的距离与主轴上套装着的滚动轴承 16、17 外圈直径相等，如此，轴承 15-3、15-4 与轴承 16、17 的外圈最外侧为大圆锥齿轮 11 提供了绕固定轴线回转的导向约束，大圆锥齿轮 11 的两侧内表面作为导轨面紧紧压在相应的轴承 15-3、15-4、16、17 外圈上，各个轴承相对于导轨面作纯滚动以减小摩擦；如果为了获得尺寸小、紧凑的结构，在不以传动精度和支撑刚度为主且忽略摩擦大小的情况下，这些滚动轴承也可以改用滑动轴承。

c.第一个 roll 运动分支机构——双节齿轮式双万向节传动机构：是从 pitch/yaw 并联机构中"穿出"的双万向节传动机构。它由分别用销轴连接在圆形座筒上、两侧内表面带导轨面、传动比为 1∶1 的直齿圆柱齿轮传动，分别用销轴连接在圆形座筒和中空主轴之间的另一对传动比为 1∶1 的直齿圆柱齿轮传动，以及输入端中空主轴、输出端中空主轴组成。其中，两对齿轮在圆形座筒上呈互相垂直布置，中心距相同。两侧内表面带导轨面的齿轮传动由中空主轴上套装的一对轴承提供绕与该齿轮轴线垂直的轴线回转的导向，因此，两侧内表面上导轨面间距离应与中空主轴上套装的轴承外径相等。pitch/yaw 并联机构为该 roll 运动分支机构提供其等轴交角的驱动，而其本身的滚动运动驱动则是独立的，与 pitch/yaw 并联机构无关；同时，它也为 pitch/yaw 并联机构提供了俯仰、偏摆运动绕固定点转动的"球心支点"几何约束，即保证了 pitch/yaw 并联机构自由度为 2。

d.第二个 roll 运动分支机构——普通双万向节传动机构：是在第一个 roll 运动分支机构中空主轴中设置的普通双万向节传动机构。该普通双万向节传动机构的滚动运动驱动也是独立的，与 pitch/yaw 并联机构、第 1 个 roll 运动分支机构无关；但是它的等速比传动所需的等轴交角条件是依赖和继承于第 1 个 roll 运动分支机构所具有的等轴交角条件的。

如图 3-58 所示的 P-Y-R-R 型全方位腕（关节）机构总共有四个自由度，实现这四个自由度运动独立驱动的原动机数也为四个，而且这四个原动机（如电动机、液压缸、气缸等）全部都可以设置在手腕（关节）基座内，从而减轻了手腕（关节）运动部分的质量，相对提高了负载能力。这与现有工业机器人操作臂驱动腰部、肩部、肘部单关节回转的电动机大都放在运动着的构件上（如将电动机、减速器放置在回转的肩部、大臂上）是完全不同的。

③ 双环解耦轴承的结构类型与设计　双环解耦轴承是为了解决 pitch/yaw 并联机构的俯仰运动分支机构、偏摆运动分支机构同时运动时运动耦合产生干涉问题而专门设计的专用轴承，我们知道，通用的滚动轴承有国家标准，有成型的设计、加工制造工艺、检验标准、检验工具和手段，大批量生产，成本相对较低；而专用的轴承是无法按着国家标准进行选型设计后购置或制造的，需要专门设计、专门制造，属于非标设计非标加工类特殊部件。

双环解耦轴承在其主要功能上等同于向心-推力滚动轴承，虽然可以考虑用两个同型号的深沟球轴承或角接触球轴承进行组合设计，但是，按着滚动轴承国家标准选择向心球轴承或向心-推力轴承进行组合设计双环解耦轴承，则其结构尺寸过大、质量过重，根本无法满足全方位腕（关节）设计要求。为此，笔者于1993 年提出结构如图 3-59 所示的两种双环解耦轴承：向心-推力复合球轴承、向心-推力复合球-圆锥滚子轴承。其中向心-推力复合球轴承的向心球轴承部分又分为深沟球轴承和角接触球轴承 [图 3-59 中未给出，只是把图(a) 中深沟球轴承部分改为背对背角接触球轴承即可] 两种。

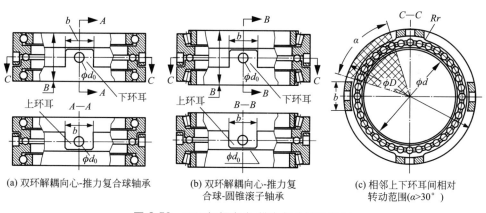

(a) 双环解耦向心-推力复合球轴承　　(b) 双环解耦向心-推力复　　(c) 相邻上下环耳间相对
合球-圆锥滚子轴承　　转动范围($\alpha > 30°$)

图 3-59　双环解耦向心-推力复合滚动轴承

a.双环解耦向心-推力复合球轴承。其结构如图 3-59(a) 所示，以垂直于轴承轴线的中间平面（即图中 C—C 剖切面）为对称分为上下两个结构和尺寸完全相同的深沟球轴承，分别由内圈、直径方向上对称设置两个环耳的外圈和密珠填装的滚珠组成。

内圈结构：与标准深沟球轴承内圈相比，除宽度和环厚都小于标准轴承内圈之外，内圈滚道、圆角等再无多大区别。

滚珠：采用轴承厂制造的标准滚珠；由于双环解耦轴承用于全方位腕（关

节）运动输出端，最高转速不会超过 100r/min，相比于适用转速上至数千转/分的标准滚动轴承而言，转速非常低。加之滚动轴承保持架的制造需要做专用的工装卡具，单套成本高，因此，无需保持架，而采用轴承端面填入密珠滚珠的密珠轴承形式。

外圈结构：外圈与标准深沟球轴承或角接触球轴承的外圈相比，除滚道形状及尺寸、公差为标准滚道的之外，其余都不相同。双环解耦轴承的外圈（外环）是将与驱动全方位腕（关节）的销轴直接相连的环耳直接设计、制造在外圈之上，环耳有径向销轴孔，需要精确加工；而且，外圈上有两种滚道，一是相当于深沟球轴承的标准径向滚道；另一个是外圈内端面上的轴向标准推力球轴承滚道。

把上述内圈、外圈和密珠滚珠组成的向心-推力球轴承两个对装在一起，中间是推力球轴承的密珠滚珠或带保持架的滚珠群，就形成了双环解耦向心-推力复合球轴承，为上下完全对称结构。上部轴承外环上的环耳称为上环耳，下部轴承外环上的环耳称为下环耳。

b. 双环解耦向心-推力复合球-圆锥滚子轴承。其与双环解耦向心-推力复合球轴承相比，在结构组成上除向心球轴承部分改为圆锥滚子轴承之外，其余在设计上完全相同，此处不再赘述。为便于装拆，显然上下完全对称的两个圆锥滚子轴承部分为背对背设计、安装。圆锥滚子完全采用轴承厂制造的标准圆锥滚子，也无保持架，采用密珠轴承形式，滚道也是按相应滚动轴承标准滚道设计、加工。其结构如图 3-59(b) 所示。

④ 关于双环解耦轴承外环（外圈）环耳的圆周方向宽度 b 的确定　如前述图 3-58 所示，双环解耦轴承套装在圆形座上，轴线与圆形座筒同轴线，在全方位腕（关节）机构处于初始位置时，双环解耦轴承上下两个外环上径向对称的两个环耳销轴孔所在的轴线互相垂直，且分别与 pitch、yaw 转动运动所绕轴线（为始终保持互相垂直的固定轴线）重合，即上下两个外环各自环耳销轴孔所在轴线在俯仰、偏摆转角皆为零的初始状态下呈 90°角，而在俯仰、偏摆运动分别转过 45°角时，前述计算结果为：此时上下两个外环各自环耳销轴孔所在轴线成 60°角。这说明：两个外环绕同轴轴线相对转动了 30°角。因此，上下环耳在圆周方向的宽度 b 不能过宽，如 b 过宽，则相邻的两个上下环耳会在相对转动过程中互相碰撞在一起，导致俯仰、偏摆运动无法继续甚至于损坏机构零部件。

上下环耳圆周方向宽度 b 的确定原则：如图 3-59(c) 所示，在相邻两个上下环耳销轴孔轴线所成 90°角范围内，除去一个环耳圆周方向宽度 b 和环耳与环衔接结构过渡处圆角的 2 倍所对应的圆弧部分之外，剩余外环圆弧所对应的扇形区角度 α 应大于 30°，才能保证上下外环相对转动过程中相邻两环耳不碰到一起，也即保证了 P-Y-R(-R) 型全方位腕（关节）机构的单节俯仰、偏摆运动分别可达－45°～45°，此时，全方位腕（关节）整节俯仰、偏摆可达－90°～90°，即全方位运动。

⑤ "异形" 齿轮结构设计　P-Y-R(-R) 型无奇异全方位腕（关节）中的齿轮结构形状与通常的齿轮不同，较为特殊，为形如弓形且内侧面带导轨面的不完全齿轮或框架形不完全齿齿轮，其不仅需要具有传递运动和动力的功能，同时还必须为保证其本身绕某轴线回转而为其自身提供回转导向约束，可谓 "异形" 齿轮。

a. 实现等轴交角 1：1 速比滚动（roll）的双节齿轮式双万向节中的齿轮结构设计。双节齿轮式双万向节的结构组成：如图 3-60(a) 所示，双节齿轮式双万向节的圆形座筒内的不完全齿轮有两对，一对是上、下节导轨齿轮，分别用销轴连接在圆形座筒内，并且两内侧导轨面分别与中空主轴上轴向套装的轴承形成导向滚动约束；另一对是上、下节无导轨齿轮，是用互相垂直的两对销轴分别与圆形座筒、中空主轴相连。而且，这两对不完全齿轮的齿数、模数完全相同，在圆形座筒上的轴线互相垂直。另外，为保证正确的装配关系，在输入端中空主轴、输出端主轴轴线共线的初始状态下，每对不完全齿轮上轮齿必须呈轴对称分布，而且一个齿轮中间位置上的轮齿与配对啮合的另一齿轮中间位置上齿槽严格对中啮合，如图 3-60(b) 所示：下节导轨齿轮中间轮齿对准上节导轨齿轮中间齿槽，这是在设计与制造上必须保证的先决条件之一。上、下节无导轨齿轮也需如此。

双节齿轮的运动分析：对于等轴交角 1：1 速比滚动的双万向节而言，上、下节无导轨齿轮分别相对于上、下节导轨齿轮相对转动角度范围为－45°～45°。在此范围内，两对不完全齿轮之间相对运动不得干涉，方能实现±90°范围内 pitch/yaw 全方位运动下的独立滚动（roll）自由度的运动。

上、下节导轨齿轮结构设计：如图 3-60(b) 所示，上、下节导轨齿轮为弓形且其两内侧面为导轨面的不完全齿直齿圆柱齿轮，两者除其一的中间位置为对中齿而另一的中间位置为对中齿槽的不同之外，其余结构形状和尺寸完全相同，但是，其结构较常见的普通齿轮复杂，而且除需满足不与框架形的上、下节无导轨齿轮在±45°相对转动过程中发生干涉的设计要求之外，还需满足不与圆形座筒发生运动干涉、为保证全方位关节总体结构尺寸尽可能小的设计要求。因此，在对其进行结构设计时需按图 3-60(c) 所示，严格保证不干涉的几何关系：即整个上节（下节）导轨齿轮整体位于外接直径为 D 的球面之内，且圆形座筒内圆柱面直径为 $\phi D' > \phi D$，可取 $D' = D + (2\sim3\text{mm})$。因此，上下节导轨齿轮结构是由球面 C、圆柱面 A、齿顶圆所在的 ϕd_a 圆柱面、两侧立面 B_1、B_2 包围截割而成轮坯形状的。

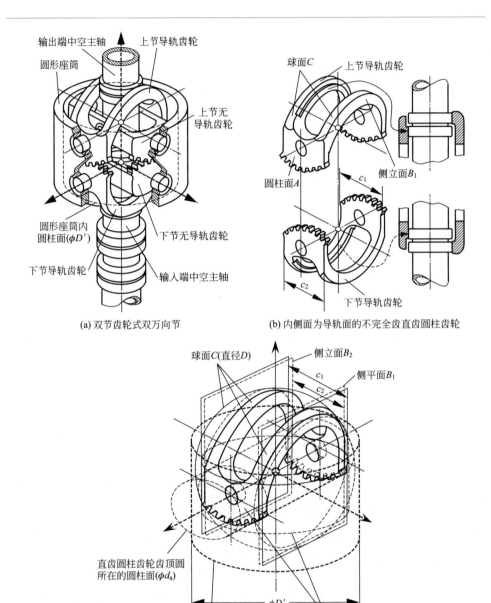

(a) 双节齿轮式双万向节

(b) 内侧面为导轨面的不完全齿直齿圆柱齿轮

(c) 上节导轨齿轮结构面及几何关系

图 3-60　双节齿轮式双万向节及其不完全齿直齿圆柱齿轮结构设计

上、下节导轨、无导轨齿轮加工制造：如图 3-60(a)、(b) 中所示的弓形、框架形齿轮结构形状相对较复杂，需要从整块毛坯材料上通过机械加工方法去除材料，结构变形问题是必须考虑的，其中框架形结构的上、下节无导轨齿轮为封闭结构，整体刚性要比上下节导轨齿轮好，结构变形相对小；而上下节导轨齿轮为弓形开放式结构，需要设计制作专用工装卡具装卡，车、铣零件外廓，选用直径与留有半精加工余量的内侧导轨面间距相等的铣刀，径向进给与摇动分度头周向进给相结合铣通两内侧导轨面，注意进给量要小、转速要高，以保证尽可能小的铣削加工变形，完成粗加工；在坯料粗加工后留有一定的半精加工用余量，粗加工成形后经自然时效形状稳定后进一步进行结构尺寸检测，尤其是作为设计基准与加工基准的前后同轴同孔径的销轴孔，可能会因非对称开放式结构形成的内应力引起轴孔轴线位置变形，因此需要对销轴孔测量后进行轴线变形分析是否需要在半精加工前修整销轴孔，然后以销轴孔为绝对基准对导轨面及轮齿进行半精加工并留好剩余精加工用余量，自然时效处理后，热处理以提高轮齿齿面硬度、导轨面硬度，然后精加工磨削齿面及导轨面达到零件设计尺寸与公差要求。

关于轮齿与导轨面的热处理方式：为减小整体变形（尤其是两内侧导轨面部分的变形），采用 38CrMoAlA 材料下碳氮共渗热处理方式，获得硬齿面。

关于轮齿的加工方法：由于该直齿圆柱齿轮传动为高传动精度要求下的低速传动，而且为保证等轴交角和初始位置准确的装配条件，需要确保中间位置的轮齿、齿槽严格精确对中，因此，需要从齿坯正中间位置向两侧加工轮齿，所以，需要在轮齿加工前以销轴孔轴线、导轨面为基准，测量找正中间位置开始加工轮齿或齿槽。加工方法可选择高精度数控机床或 (1~5)/1000 精度的慢走丝线切割机床上一次性加工出留有磨削余量的轮齿，经热处理、自然时效处理后，磨削轮齿达到设计要求。

b. 实现俯仰、偏摆全方位运动的 pitch/yaw 并联机构中的圆锥齿轮结构设计。圆锥齿轮组装式结构：为了便于制造、装配，pitch/yaw 并联机构中圆锥齿轮传动的大圆锥齿轮结构设计没有采用整体一体结构，而是采用如图 3-61(a)、(b) 所示的分体装配式结构，由左右对称的两个轴承座、不完全齿弧形半环圆锥齿轮、弧形半环导轨组装而成左右对称、两内侧有导轨的圆锥齿轮。

pitch/yaw 机构大圆锥齿轮之间空间结构关系的几何分析：为得到结构紧凑而又不发生两个大圆锥齿轮绕各自定轴转动时结构实体障碍问题的空间结构设计结果，需要进行结构设计的几何分析，如图 3-61(b) 所示，pitch 机构的大圆锥齿轮与 yaw 机构的大圆锥齿轮两者分别绕固定轴线 OY、OX 转动，两轴线交点为坐标原点 O，而且，yaw 机构的大圆锥齿轮是在 pitch 机构的大圆锥齿轮之上彼此作相对运动。因此，按着以坐标原点 O 为球心的四个同心球面 1~4 确定 yaw、pitch 机构的两个弧形半环圆锥齿轮、两个弧形半环导轨之间空间结构的几何关系和尺寸，球面 1~4 的直径分别用 D_1~D_4 表示。由前述双节齿轮式双万向节的结构设计，可以确定圆形座筒内、外圆柱面的直径 D'、d_1。则球面 1 直径 D_1 为：

$$D_1 = 2\sqrt{d_2^2/4 + h_1^2} \qquad (3-15)$$

式中，d_2 为球心以下球面 1 内接圆柱面的直径，$d_2 = d_1 + (2\sim4)\mathrm{mm}$，直径方向增加（$2\sim4$）mm 是为了在圆形座筒外圆柱面与球面 1 之间留有足够的间隙；h_1 为球心至球面 1 在球心以下内接圆柱面下端面的距离。

球面 2 的直径 D_2 取决于滚动（roll）运动输入侧中空主轴上套装的轴承（相对于 yaw 弧形半环大锥齿轮及其弧形半环导轨作纯滚动的两个轴承）外圈直径 d_3、轴承度 b_z 以及轴承相对于原点 O 的轴向距离。

球面 3 直径 D_3 为：$D_3 = D_2 + (4\sim6)\mathrm{mm}$。$4\sim6\mathrm{mm}$ 是因为球面 3 与球面 2 之间留有 $2\sim3\mathrm{mm}$ 的半径间隙。

球面 4 的直径 D_4 取决于滚动（roll）运动输入侧中空主轴上套装的轴承（相对于 pitch 弧形半环大锥齿轮及其弧形半环导轨作纯滚动的两个轴承）外圈直径 d_3、轴承度 b_z 以及轴承相对于原点 O 的轴向距离。

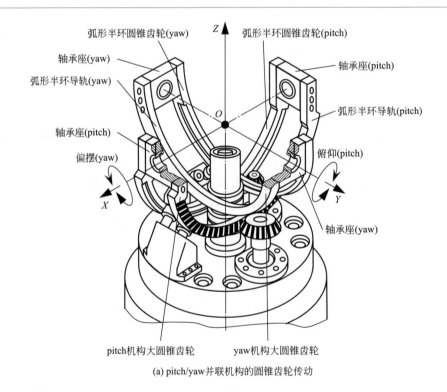

(a) pitch/yaw 并联机构的圆锥齿轮传动

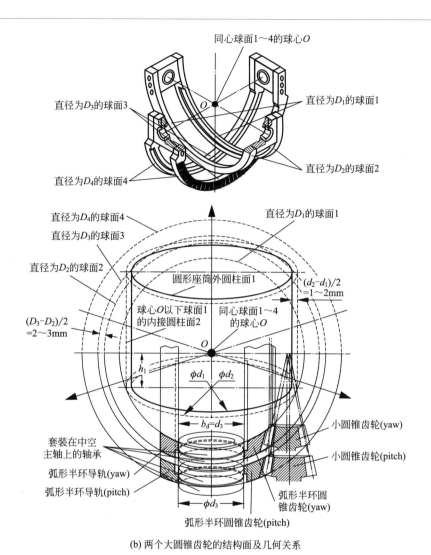

同心球面1~4的球心O

直径为D_3的球面3

直径为D_1的球面1

直径为D_4的球面4

直径为D_2的球面2

直径为D_4的球面4

直径为D_1的球面1

直径为D_3的球面3

直径为D_2的球面2

圆形座筒外圆柱面1

$(d_2-d_1)/2$ =1~2mm

球心O以下球面1 的内接圆柱面2

同心球面1~4 的球心O

$(D_3-D_2)/2$ =2~3mm

h_1

ϕd_1 ϕd_2

$b_d=d_3$

小圆锥齿轮(yaw)

套装在中空 主轴上的轴承

小圆锥齿轮(pitch)

弧形半环导轨(yaw)

弧形半环导轨(pitch)

弧形半环圆 锥齿轮(yaw)

ϕd_3

弧形半环圆锥齿轮(pitch)

(b) 两个大圆锥齿轮的结构面及几何关系

图3-61　pitch/yaw 并联机构圆锥齿轮传动及其两个大圆锥齿轮结构与几何关系

因此，可按图 3-61(b) 所示，在球面 1 与球面 2 之间、球面 3 与球面 4 之间分别截取 pitch 机构、yaw 机构中导轨、圆锥齿轮所用的弧形半环、弧形半环毛坯，它们的上下表面均为球面 1（或球面 3）、球面 2（或球面 4）的一部分，外侧面为平面或者圆锥齿轮轮齿。如此进行结构设计几何分析，可以保证这两个大圆锥齿轮设计不发生结构性障碍导致无法运动或达不到运动范围的设计错误。其理论依据是：球面结构内部任何其他与之同心的球面结构以及内接圆柱面结构，它们绕球心的运动都不会与该球面结构发生障碍。

⑥ 导轨结构设计　两自由度 pitch/yaw 并联机构绕两个互相垂直的固定轴线回转实现俯仰、偏摆运动，是通过大圆锥齿轮两侧弧形半环内侧表面上的导轨面、固定在全方位腕（关节）腕座上的双侧导向轴承与轴承座组件、滚动（roll）运动输入侧万向节十字轴中心定心，以及滚动（roll）运动输入侧中空主轴上套装的两个一对共两对总计四个完全相同的轴承一起形成回转轴线与回转导向约束的，其机构原理如图 3-58(b) 所示，其结构组成原理如图 3-62 所示。

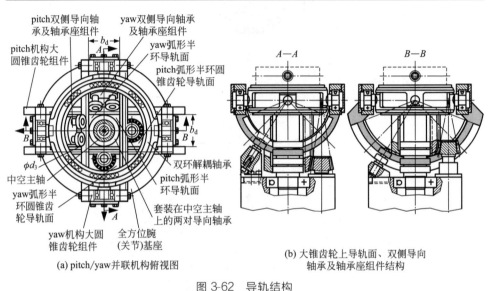

(a) pitch/yaw 并联机构俯视图

(b) 大锥齿轮上导轨面、双侧导向
轴承及轴承座组件结构

图 3-62　导轨结构

⑦ 新型 4-DOF P-Y-R-R 型无奇异全方位腕（关节）机构研制与运动控制实验

a. 全方位关节研制及其在仿人手臂上的应用。图 3-63(a) 所示为笔者于 1993 年设计、研制的新型 4-DOF P-Y-R-R 型无奇异全方位关节机构原型实物照片，由照片中可见双环解耦向心-推力复合球轴承为密珠轴承，实现了 pitch、yaw 机构无干涉 ±90°全方位运动和两个 ±360°的滚动（roll）运动。图 3-63(b) 为笔者在 1995 年应用该全方位关节作为肩 [图 3-63(a)]、腕关节（图 3-64）研制的 7-DOF 仿人手臂原型样机实物照片[6~9,12]。

图 3-63(b) 所示的 7-DOF 仿人手臂的单自由度肘关节的驱动来自于 4-DOF P-Y-R-R 型全方位肩关节中的第 4 个自由度，即该关节中置于中空主轴内部的、实现第 2 个滚动（roll）自由度的双万向节机构驱动肘关节蜗轮蜗杆机构实现肘的俯仰运动。驱动该臂肩关节、肘关节的四个电动机全部安装在基座内。为实现全方位关节的小型化、模块化单元化，该臂 3-DOF P-Y-R 型无奇异全方位腕为图 3-64(a) 所示的单元臂形式的全方位腕，且双环解耦轴承设计成滑动轴承，驱

动该单元臂式全方位腕的三个电动机全部放在小臂单元臂内。

(a) P-Y-R-R型4-DOF全方位肩关节　　　(b) 具有无奇异全方位关节(肩/腕)的7-DOF仿人手臂

图 3-63　研制的 P-Y-R-R 型 4-DOF 全方位肩关节及 7-DOF 仿人手臂原型样机实物照片[12]

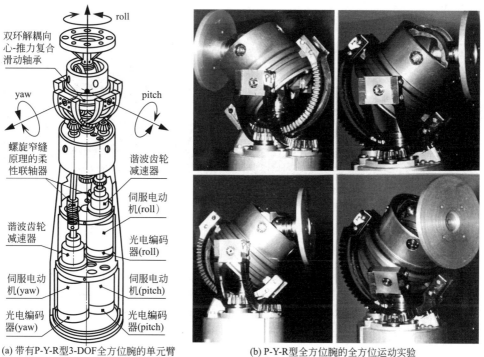

双环解耦向心-推力复合滑动轴承

roll

yaw　　pitch

螺旋窄缝原理的柔性联轴器

谐波齿轮减速器

伺服电动机(roll)

谐波齿轮减速器

光电编码器(roll)

伺服电动机(yaw)

伺服电动机(pitch)

光电编码器(yaw)

光电编码器(pitch)

(a) 带有P-Y-R型3-DOF全方位腕的单元臂　　　(b) P-Y-R型全方位腕的全方位运动实验

图 3-64　P-Y-R 型 3-DOF 全方位腕单元臂结构图及全方位腕的全方位运动实验照片[12]

　　b. 全方位关节及仿人手臂运动控制实验。全方位运动控制实验：图 3-64（b）为在计算机控制系统控制下，该全方位腕实现全方位运动（pitch：$-90°\sim90°$；yaw：$-90°\sim90°$；roll：$-360°\sim360°$整周/多周连续滚动）的实验照片。实验表明：设计研制的 P-Y-R-R/P-Y-R 型无奇异全方位关节机构及双环解耦原理可以实现：$-90°\sim90°$俯仰（pitch）、$-90°\sim90°$偏摆（yaw）以及 $-360°\sim360°$整周/多周连续滚动（roll）无奇异、无 pitch/yaw 并联机构运动耦合干涉的全方位运动。

　　7-DOF 仿人手臂自运动控制实验：机器人自运动（self-motion）是指具有冗余自由度的机器人臂，当其末端位置姿态保持不变的固定状态下，其臂自身的运动即臂构形连续变化的运动。图 3-65 为该仿人手臂的自运动控制实验照片。由图中可以看出：臂末端法兰接口虽然已被固定在保持静止不动的三脚架"小平台"中央，但在计算机控制系统控制下，臂的形态（即构形）正在无奇异地连续变化，而且可以实现比人臂各关节更大的关节运动范围以及更大的自运动空间。拥有自运动能力的机器人臂则可以以无穷多的臂形实现末端同一位置和姿态，因此，除完成其末段的主操作运动之外，还可以回避障碍和优化作业性能。

图 3-65　基于 P-Y-R-R/P-Y-R 型无奇异全方位关节的 7-DOF 仿人手臂的自运动控制实验照片

　　⑧ 新型 4-DOF P-Y-R-R 型无奇异全方位腕（关节）机构改进与拓扑演化版

　　a. 4-DOF P-Y-R-R 型无奇异全方位关节机构的实用化问题分析。如前所述，4-DOF P-Y-R-R 型无奇异全方位关节机构实际上是一种由 pitch、yaw 两个串联机构组成的 2-DOF pitch/yaw 并联机构、由 pitch/yaw 并联机构的"动平台"（即双环解耦轴承外圈构件）中间并行穿出的两个同轴线双万向铰链机构组成的串-并联混合机构。

　　刚度与精度问题：无论是 M. E. Roshiem 最初提出的 pitch/yaw 机构存在运动干涉问题的 P-Y-R 型全方位腕，还是笔者提出的双环解耦全方位腕（关节）机构都存在着作为机械臂关节使用时的刚度与精度问题。前述的全方位关节机构作为腕关节设计和使用时，承载能力与刚性足够而不会对腕末端位置和姿态产生多大影响。然而，当前述的全方位关节机构作为整台仿人手臂或工业机器人操作臂的肩关节设计和使用时，靠肩关节机构圆形座筒内上下节导轨齿轮的两侧（实则承压一侧）导轨支撑着输出端中空轴连接的整台臂运动部分，用以平衡该部分重力和惯性力的力臂短，上下节导轨齿轮导轨部分的刚度是否足够对关节输出端以及整台臂手腕末端的位置与姿态定位精度影响极大。需要改进全方位关节机构中上下节导轨齿轮部分机构，提高其导轨支撑整臂的刚度，从而提高臂末端的定位精度。

机构的结构紧凑性与承载能力的进一步合理化问题：前述研究的全方位腕（关节）机构在其结构紧凑性和承载能力上仍有可以进一步改进与提高之处。具体体现在：圆形座筒内双节齿轮的结构尺寸决定了圆形座筒直径大小，而全方位腕（关节）的总体结构与尺寸取决于双环解耦轴承内外径大小，因此，在全方位关节相同径向总体尺寸情况下，为相对提高承载能力，如何减小圆形座筒以及双环解耦轴承结构尺寸大小成为机构与结构设计应考虑的主要问题。

b. 3-DOF P-Y-R 型无奇异全方位关节机构的改进设计与研制[9]。针对前述高精度实用化设计需要考虑的问题，进行全方位关节改进设计。

pitch/yaw 并联机构与双环解耦轴承在机构中位置的拓扑演化：将前述如图 3-53、图 3-54、图 3-58 所示的全方位腕（关节）机构中两对上下节导轨齿轮、上下节无导轨齿轮由圆形座筒内进行拓扑变换"移"到圆形座筒和双环解耦轴承之外，并且两个下节导轨齿轮的弧形半圆环外侧分别与驱动 pitch/yaw 并联机构俯仰、偏摆的弧形半圆环圆锥齿轮"融合"在一起，演变成兼有下节导轨齿轮的直齿圆柱齿轮和 pitch 弧形半圆环圆锥齿轮、弧形半圆环导轨内外侧双侧导轨面的功能的整体一体弧形半环齿轮零件（或分体组装而成齿轮组件），简称为"下节内侧导轨圆柱直齿-圆锥齿一体齿轮"；而原上节内侧导轨直齿圆柱齿轮则演化成上节内外侧双侧皆有导轨面的弧形半环直齿圆柱齿轮。如此，即简化了圆形座筒内（含圆形座筒本身）双万向节结构、缩小了该部分径向尺寸，同时又将下节导轨齿轮与 pitch、yaw 机构的大圆锥齿轮分别合二为一，使关节总体结构得以简化、结构也更为紧凑，如图 3-66(a)、(b) 所示。

基于力封闭原理的双侧导轨支撑刚度保证器设计：为解决双侧圆弧形半圆导轨对滚动（roll）输出侧中空主轴支撑刚度问题，笔者提出了基于力封闭原理设计的刚度保证器，以提高导轨对输出侧主轴的支撑刚度，对前述的全方位腕（关节）机构进行了进一步的改进设计。刚度保证器的结构如图 3-66(b) 所示，其上有分别压在两个上节内外侧双侧导轨直齿圆柱齿轮的内外侧双侧导轨面上的 8 个兼起导向和压辊作用的轴承，每个轴承都安装在轴线径向垂直指向齿轮回转轴线的轴上，也即每根轴都是相对于输出侧中空主轴轴线斜向安装在刚度保证器壳体上，每套轴承的外圈压在齿轮导轨面上并相对圆弧形导轨平面作纯滚动。刚度保证器的壳体与中空主轴间有滚动轴承，当输出侧中空主轴作滚动（roll）运动时，刚度保证器壳体与中空主轴间即靠其间的滚动轴承作相对转动。由于内外侧双侧导轨面被 8 个轴承导向同时从内外侧"夹持"，所以，刚度保证器与输出侧中空主轴、上节内外侧导轨齿轮之间形成了力封闭结构，因此，除上节内外侧双侧导轨齿轮导轨对输出侧中空主轴提供支撑刚度之外，刚度保证器上 8 根轴上的轴承"加固"了导轨对输出侧中空主轴的支撑刚度。

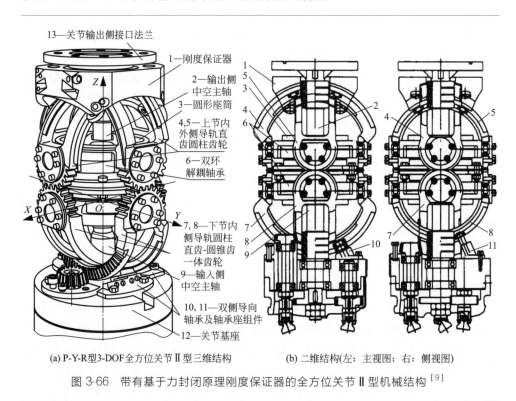

13—关节输出侧接口法兰
1—刚度保证器
2—输出侧中空主轴
3—圆形座筒
4,5—上节内外侧导轨直齿圆柱齿轮
6—双环解耦轴承
7,8—下节内侧导轨圆柱直齿-圆锥齿一体齿轮
9—输入侧中空主轴
10,11—双侧导向轴承及轴承座组件
12—关节基座

(a) P-Y-R 型 3-DOF 全方位关节Ⅱ型三维结构　　(b) 二维结构(左：主视图；右：侧视图)

图 3-66　带有基于力封闭原理刚度保证器的全方位关节Ⅱ型机械结构[9]

带有基于力封闭原理刚度保证器的全方位关节Ⅱ型机构的研制及其在 7-DOF 仿人手臂上的应用[9]：

按照上述Ⅱ型全方位关节机构设计研制的新型 3-DOF 全方位关节（肩）Ⅱ型机构以及 3-DOF 全方位腕分别如图 3-67(a)、(b) 所示。与前述的图 3-63 所示的全方位关节机构相比：减小了圆形座筒和双环解耦轴承的径向尺寸，而且简化了双环解耦轴承结构和制造工艺，在全方位腕的设计上使得采用一对标准的薄壁深沟球轴承、角接触球轴承组合设计而成双环解耦轴承成为可能，降低了制造成本；整个全方位关节机构分为对称的上、下节两部分，而且上、下节独立装配，通过调整上、下两节接口法兰之间的调整垫片可调齿轮中心距，减小或消除齿轮传动的回差，从而可以提高齿轮传动精度和传动刚度。

(a) 高刚度结构紧凑版P-Y-R-R型4-DOF全方位关节　　(b) 高刚度结构紧凑版P-Y-R型3-DOF全方位腕

图 3-67　带有基于力封闭原理刚度保证器的全方位
腕（关节）高刚度结构紧凑型版本实物照片

基于图 3-67 所示的 3-DOF P-Y-R 型全方位关节Ⅱ型机构原理的全方位肩、腕关节设计研制的 7-DOF 仿人手臂机器人原型样机如图 3-68 所示。该仿人手臂的肩、肘、腕关节自由度分配是 3、1、3，肩、腕关节皆由 200W 交流伺服电动机＋谐波齿轮减速器分别驱动各自由度下的 pitch、yaw、roll 机构；肘关节 pitch 单自由度俯仰运动是由 200W 交流伺服电动机＋谐波齿轮减速器＋双万向节＋一级圆锥齿轮传动实现。肩、腕部 pitch、

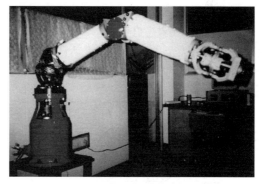

图 3-68　基于全方位关节Ⅱ型机构原理的 7-DOF
仿人手臂原型样机照片

yaw、roll 自由度的回转范围分别为 $-90°\sim+90°$、$-90°\sim+90°$、$-360°\sim+360°$或多周连续正反转；肘关节 pitch 自由度运动范围为 $-30°\sim+150°$，同图 3-69 所示的人臂各关节运动范围相比，具有更大的运动灵活性和关节空间，尤其是腕部可以获得更大运动范围内姿态。

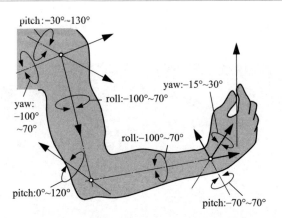

图 3-69　人臂各关节的各自由度运动范围

⑨ 新型无奇异全方位关节机构的其他创新设计[7]

a. 基于全方位关节的±180°大全方位柔性手腕。图 3-70、图 3-71 所示分别为将导轨齿轮拓扑变换到圆形座筒之外的圆锥齿轮驱动、绳索驱动的 4(3)-DOF P-Y-R (-R) 型全方位关节，前者适于作为一般工业机器人操作臂的手腕；而后者则适于组合设计±180°大全方位柔性手腕。将两个如图 3-70、图 3-71 所示的±90°全方位关节的 pitch、yaw 驱动机构分别用柔性绳索或刚性连杆机构对应耦合在一起，即可构成由四节单节 pitch、yaw 机构组合成的±180°大全方位柔性手腕，而两个全方位手腕的滚动（roll）机构输入与输出轴可以直接用联轴器或旁路齿轮传动间接串联起来，成为大全方位手腕的滚动自由度驱动，如图 3-72 所示。

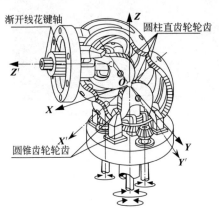

图 3-70　圆锥齿轮驱动 pitch/yaw 的
P-Y-R-R 全方位关节[7]

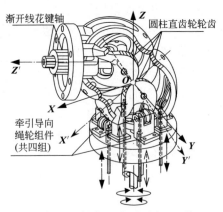

图 3-71　绳索驱动 pitch/yaw 的
P-Y-R-R 全方位关节[7]

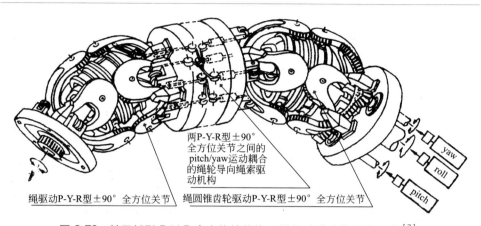

图 3-72　基于新型 P-Y-R 全方位关节的 ±180° 大全方位柔性手腕[7]

b. 2-DOF 全方位关节及其在多自由度柔性臂与蛇形机器人的应用设计。

设计思想：去除 3-DOF P-Y-R 型全方位关节机构中的"滚动（roll）"自由度 R 则可得到只有 pitch、yaw 运动 2-DOF±90°全方位关节机构，同时双环解耦轴承也会因无 R 自由度而无需相对于圆形座筒整周连续回转，从而得以简化结构设计和容易制造，此外，可以加大圆形座筒内的中空主轴内径获得更大的中空空间，从而可以内置多路驱动元件（如软轴或套管钢丝绳等）将多路主驱动传递到各个前级 2-DOF 全方位关节机构。如此，可以基于这种只由 2-DOF pitch/yaw 并联机构构成的±90°全方位关节串联设计和制造冗余自由度或超冗余自由度柔性臂、蛇形机器人机构，可将 3-DOF P-Y-R 型或 4-DOF P-Y-R-R 型全方位腕作为该柔性臂或蛇形机器人的最末端腕关节机构，既可实现多节全方位关节串联机构的任意柔性运动，又可在末端全方位腕上安装末端操作器，实现操作。

2-DOF P-Y 型全方位关节机构与绳索挠性驱动：将图 3-71 所示的绳索驱动 pitch/yaw 的 P-Y-R-R 型全方位关节中的两个自由度 R 机构去掉即可，而且为简化双环解耦轴承结构，重新设计双环解耦结构。由于起 pitch、yaw 运动耦合解耦功能的双环相对转动角度仅需 30°即可实现±90°的全方位姿态，所以，2-DOF P-Y 型全方位关节机构无需 360°以上整周转动的完整双环解耦轴承形式，而可以将双环解耦结构设计成：分别驱动关节俯仰、偏摆运动的两对弧形导轨齿轮绕圆形座筒轴线可以相对转动最大角度 30°的滚道槽，以及套装在齿轮销轴上、分别在高低不同的两个滚道槽滚道上作纯滚动的滚动轴承对的结构形式。此外，为了实现冗余自由度、超多冗余自由度的柔性臂或蛇形机器人设计，每节 2-DOF P-Y 型全方位关节的中空主轴内、关节座上都设置供多路驱动元件（如绳索及柔性套管）通过的"通道"，如图 3-73(a) 所示。

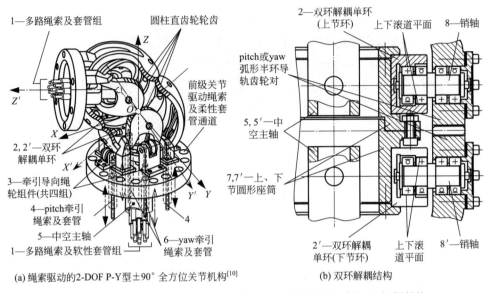

图 3-73　绳索驱动的 P-Y 型 2-DOF 全方位关节机构及其双环解耦结构

滚动式双环解耦结构设计：如图 3-73（b）所示，双环解耦单环上节环 2、下节环 2′分别有相同结构的上下滚道平面，上下滚道平面是开在以圆形座筒轴线为轴线的 30°环形扇区从而形成 30°滚道槽（注：30°环形扇区只是理论值，实际上考虑轴承半径和加工误差应留有一定的余量，原则是保证轴承在滚道平面上应能滚过 30°角度的最小范围）。图中套装在销轴 8（8′）上左侧轴承只在上（下）滚道上滚动，右侧轴承只在下（上）滚道上滚动。上下滚道平面间的垂直距离理论上应等于在上下滚道平面上滚动的轴承外圈直径。上下滚道平面其一（上或下）的正对侧平面为与另一滚道平面（下或上）邻接但不同面的非滚道面，该面与轴承外圈之间设计有间隙。如此，销轴 8、8′在其所在的 pitch（或 yaw）弧形半环导轨齿轮对作俯仰（或偏摆）运动时，俯仰与偏摆运动耦合使得销轴 8、8′上套装的上下滚道一侧的两个轴承外圈分别在上、下滚道平面上滚动，从而实现俯仰与偏摆运动耦合的解耦。

滑动式双环解耦结构：前述的滚动式双环解耦结构完全依靠滚动轴承外圈在上下滚道平面上作线接触纯滚动运动和外圈与滚道平面间压力实现俯仰或偏摆，虽然精度相对高但承载能力不高。因此，当对于机构运动精度要求不高，而且负载较大时，可以将双环解耦结构设计成销轴上套装滑块在"滑槽"上下滑道平面上滑动的滑动式双环解耦形式，结构简单，容易实现。

基于绳索驱动 2-DOF P-Y 型全方位关节的冗余/超冗余自由度柔性臂与蛇形

机器人设计[10]：将前述图 3-73 所示的 2-DOF P-Y 型全方位关节设计成模块化结构，然后 n 个这样的模块化全方位关节两两串联在一起，用绳索、柔性套管与导向轮驱动每节上的俯仰、偏摆机构，形成 $2n$ 自由度的模块化组合式柔性臂或蛇形机器人，除实现任意弯曲臂形变化运动或蛇形移动之外，为实现操作功能，臂末端设有 4-DOF P-Y-R-R 型或 3-DOF P-Y-R 型全方位腕，腕的末端机接口法兰可以连接末端操作器，选用 4-DOF P-Y-R-R 全方位腕机构的情况下，第 4 个自由度 R 还可以为末端操作器提供诸如拧螺钉、打磨零件等作业所需的回转驱动动力。如图 3-74 所示，驱动 $2n$ 自由度的模块化组合式柔性臂或蛇形机器人各个关节的所有绳索和柔性套管均从中空主轴内部和每个关节基座上的"通道"穿过。从臂基座上的全方位关节到臂末端依次编号为 1、2、3、…、n，末端全方位腕关节不在其内。则总共需要 $4n-4$ 根柔性套管内穿绳索并与套管一起分别穿过第 1～n 号关节，分别驱动各关节的 pitch、yaw 齿轮产生俯仰、偏摆运动。可以推算出：第 i 关节需穿过 $4n-4(i-1)$ 根柔性套管。除末端全方位腕关节的滚动自由度 R 之外，所有 P、Y 自由度运动均由绳索驱动，而且驱动所有绳索牵拉运动的伺服电动机均可放置在臂基座内。这对于减小各关节运动部分的质量、提高关节带载能力是非常有实际意义的，尤其对于空间技术领域微重力、无重力空间环境下柔性臂、蛇形机器人研发具有重要的应用价值。

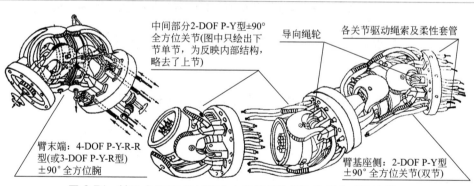

图 3-74　基于 2-DOF P-Y 型全方位关节的模块化组合式柔性臂、

蛇形机器人概念设计与结构[10]

3.3.6　全方位关节机构设计与研究的总结

总结对 P-Y-R(-R) 型全方位无奇异关节机构设计、研制经验的基础上，以仿人臂、柔性腕、柔性臂的模块化、组合式设计为目标，集中解决小型化、刚度问题论述了无奇异无干涉模块化组合式单元型三自由度关节的改进设计，并研制了改进型 P-Y-R 全方位关节 Ⅱ 型机构，讨论了基于这种关节的仿人臂研制以及柔性腕、柔性臂设计问题。

作为对其应用研究的展望，在柔性腕尤其是超多自由度柔性臂的应用方面还必须解决以下问题：

① 前述的改进型 Ⅱ 型机构已从改进设计、制作工艺等各方面全面提高了关节刚度，但将其作为柔性臂的单元关节，还必须提高臂的整体设计刚度，这方面有待于从材料（如采用高强度、高刚度复合材料）、各关节单元的动力传递方面需进一步研究；

② 为提高作业时柔性臂的刚度，目前，我们基于该改进型 Ⅱ 型机构提出、并且正在研究一种采用柔性臂主驱动、为提高刚性的附加驱动相结合策略的柔性臂结构。

总的来说，这种改进型 P-Y-R(-R) 全方位关节 Ⅱ 型机构是目前为止最适宜作为柔性腕尤其是超多自由度柔性臂的单元关节机构，经过不断的探索和研究，深信将来在核工业、空间目标物包围抓取、回收作业等方面会发挥其独特的作用和魅力。

3.4　工业机器人操作臂的机构设计与机械结构设计中需要考虑和注意的问题

3.4.1　工业机器人操作臂机构构型设计问题

(1) 奇异点（singular point）与奇异构形（singular configuration）

要想从理论上认识奇异点，首先必须定义机器人机构运动学中的雅克比矩阵（Jacobian matrix）的概念。有关雅克比矩阵 $\boldsymbol{J}$ 的定义详见第 4 章 4.3.8 节。

所谓的奇异点在理论上是指机器人操作臂机构运动学中定义的雅克比矩阵 $\boldsymbol{J}$（$\boldsymbol{J}=[\boldsymbol{J}_1\boldsymbol{J}_2\boldsymbol{J}_3\cdots\boldsymbol{J}_n]$，其中：$\boldsymbol{J}_i=[J_{1i}J_{2i}J_{3i}\cdots J_{mi}]^{\mathrm{T}}$，$i=1,2,3,\cdots,n$）的秩（rank）小于末端操作器在作业空间中完成作业运动所需的运动维数 m 时所对应于关节空间内关节矢量 $\boldsymbol{\theta}[\boldsymbol{\theta}=[\theta_1\theta_2\theta_3\cdots\theta_n]^{\mathrm{T}}$，$\theta_i$ 为第 i 个关节的回转关节角（或移动关节的位移），$i=1,2,3,\cdots,n]$ 的点。关节空间内的奇异点对应末端操作器作业空间内的奇异点，也对应机构的奇异构形。奇异点处有：

$$\mathrm{rank}\boldsymbol{J}<m \tag{3-16}$$

利用矩阵理论可对雅克比矩阵 $\boldsymbol{J}$ 进行奇异值分解（singular value decomposition）。即有：

$$J = U \cdot \Sigma \cdot V^{\mathrm{T}} \tag{3-17}$$

$$\Sigma = \begin{bmatrix} \sigma_1 & & & & \\ & \sigma_2 & & 0 & \\ & & \cdots & & 0 \\ & 0 & & \cdots & \\ & & & & \sigma_m \end{bmatrix}，\ \sigma_1 \geqslant \sigma_2 \geqslant \sigma_3 \geqslant \cdots \geqslant \sigma_i \geqslant \cdots \geqslant \sigma_m \geqslant 0。$$

式中，σ_1、σ_2、σ_3、$\cdots$、σ_i、$\cdots$、σ_m 是雅克比矩阵 J 的奇异值；U、V 分别是 $m \times m$、$n \times n$（其中：$m \leqslant n$）的矩阵。

以上是从矩阵理论方面定义的奇异点。

奇异点意味着机构作业坐标的自由度退化，也是机构逆运动学解有多组解时相互之间的切换点（或者换句话说是机构逆运动学解的种类的变化点）。在机器人运动控制过程中，在奇异点处或者奇异点附近（近奇异点）是不可能对末端操作器进行作业位置控制和力控制的。因此，机器人操作臂在设计和控制上尽可能避开机构奇异点，也即必须"远离"奇异构形。机构构形奇异可以分为边界奇异、内部奇异、半奇异和局部奇异。

边界奇异（saturation singularity）是指机器人操作臂机构完全伸展开所能到达伸展极限位置或完全缩回所能到达最近极限位置时的构形集合，即工作空间的边界位置。此时，机器人机构沿着伸展或缩回成一直线向外已无位移能力。

内部奇异（internal singularity）是指发生在机器人工作空间内部的奇异。

半奇异是指机器人机构处于某种构形下沿某一方向已失去末端操作器作业运动能力（速度贡献），但是在与该方向相反的方向上仍有速度贡献，前述的边界奇异也属于半奇异。

局部奇异是指机器人机构中局部丧失在末端操作器作业运动方向上的速度贡献，但是尚有其他主动关节自由度的运动能够弥补该局部所丧失的速度贡献，从而机构在整体上仍然有能力完成末端操作器作业运动。冗余自由度机器人机构往往可利用冗余的自由度进行臂的自运动（self motion）来回避局部奇异、半奇异。

近奇异是指在理论上 $m \times n$ 阶雅克比矩阵中用来完成各个关节对末端操作器速度（线速度、角速度）贡献的 m 个关节构成的 $m \times m$ 阶雅克比矩阵的行列式的值并不为零，但其值很小几近于 0，此时，机器人机构构形虽然并未处在奇异构形，但是离奇异构形很近，若要得到末端操作器作业所需运动，某个或某几个关节速度虽然不是奇异时的无穷大，但是已经远远超出了关节速度极限，根本无法实现。

算法奇异（algorithmic singularity）是指取决于末端操作器作业和附加作业

的相容性的一种奇异，算法奇异为可选择解同时退化时的公共奇异。

机器人机构的奇异构形的求得方法：机器人机构的奇异构形可以从雅克比矩阵的行列式（determinant）求得。另外，也可以从机构构形分析中找到奇异构形。机器人机构的边界奇异是无法避免的。

（2）机构构型设计注意事项

• 对于通用的机器人操作臂的机构构型设计尽可能将肩、腕关节设计成无奇异的全方位关节机构或者设计成可回避奇异构形的冗余自由度机器人操作臂机构构型，但这样一来增加了工业机器人成本和价格。

• 机构构型方案设计时，对各种可行的机构构型进行机构奇异性分析，选择奇异点少的机构构型。需充分考虑奇异点将工作空间分割成不连通、不连续的子工作空间的问题。

• 对于作业精确性要求高的机器人操作臂，在机构构型设计时应考虑机构参数的便于测量问题。

• 对于重载的机器人操作臂，机构构型设计上需要考虑采用能够起到平衡臂自身重力、重力矩作用的闭链连杆机构或者是合理布置电动机、减速器等部件的位置以起到平衡臂重的作用，相对提高机构负载能力和刚度。

• 机构构型设计时，应尽可能考虑减小运动部分构件质量，如尽可能采用将电动机、减速器等部件设置在基座或者距离基座较近的部位而进行机构构型方案设计。

3.4.2　工业机器人操作臂机械结构设计问题

工业机器人操作臂的机械结构设计不仅是实现操作臂本体制造的依据，同时也是机器人机构设计的延续与保障。机构的刚度、机构参数、作业精度、机器人性能的稳定性乃至运动控制等等都要在机械结构设计中予以充分地考虑而设计。

• 机器人关节输出轴与臂杆连接结构不可采用普通平键连接，宜采用无键连接或连接精度高的渐开线花键连接，以保证连接的可靠性和连接精确性。普通平键连接有可能会造成"紧配合连接"假象！

• 各个关节相对运动部位需设计"0"位对准结构和标记，用来关节初始位置粗定位或半精确定位、校准。

• 位于各个关节回转中心轴线上的输出轴在设计时应预留作为装配、调试和机构参数确定用的测量基准轴段。并在结构设计、精度设计上给出便于测量、保证测量准确性的相应设计。

• 在设计时预先考虑好装配后的测量方法和手段、工艺。

• 各关节应有机械限位结构设计。而且顺时针、逆时针两个转向的极限位置可以作为关节机构初始位置的测量或调整基准，此时，应在精度设计和结构设计上给出作为初始位置基准的相应设计。关节转角范围超过 360° 的可以采用分级限位环（两个以上的限位环串联在一起，一环达到该环限位范围后推动另一个限位环转动到其限位角度后再推动下一级限位环，直至达到关节总的转动范围）的限位结构设计。

• 支撑关节回转轴的轴承宜用回转精度高、两个以上轴承支撑关节输出轴的情况下，尽可能选择轴承均一性好的轴承，尽可能用消除轴承的游隙但还运转灵活的高精度等级轴承，以提高关节的回转精度和支撑刚度。宜采用高回转精度的四点接触轴承或十字交叉滚子轴承作为关节输出轴上的轴承。

• 机器人操作臂机械设计、加工办法上宜考虑一次装卡和配作，以提高关节回转精度和机构参数的准确性。如臂杆壳体上与各个关节输出轴相配合的轴孔的加工、轴的加工等等。

• 机器人基座、大臂、小臂等壳体构件宜采用铝合金材料（基座也可用铸铁）等铸造毛坯，经探伤、时效处理后机械加工，加工后仍需充分的时效处理和检验。

• 电缆线布线设计，包括线长计算、运动部分预留、线缆收放机构、线缆固定等等结构设计。

• 机构总体刚度设计计算以及设计精度的分配。从基座接口法兰开始，经腰转、肩部、肩关节、大臂、肘关节、小臂到腕部三个轴、腕部末端机械接口法兰，期间的每一个环节都影响机器人操作臂的重复定位精度、性能稳定性、使用寿命。

• 工业机器人操作臂的失效并不意味着机器人机械本体一定出现机械损伤才算失效，当机器人重复定位精度不能满足作业要求时即意味着对该作业要求而言失效，不能继续用于该类作业要求下的作业而退役，但退役之后的机器人操作臂可能经过重新进行的性能检测与评估后，可以再次用于作业要求较退役前低的作业。

• 机器人设计是一件在满足作业条件要求与性能指标要求的前提下，综合平衡精度设计、元部件选型设计、成本的设计活动。机器人机械本体的精度、控制系统的控制精度是相对于作业要求精度而言的。并不是单纯的精度越高越好，精度越高成本越高，使用时的维护要求越严格。

• 对于作业精度要求严格、作业性能要求保持长期稳定的工业机器人操作臂，应为其设计或配备在线精度检测系统。

总而言之，设计制造一台中高精度以上的工业机器人不亚于制造一台精密的测试仪器设备。或者说其本身就是一台精密的自动化工具设备。

3.5　工业机器人操作臂的机构参数优化设计

3.5.1　工业机器人操作臂的机构参数优化设计问题

自动化作业系统中工业机器人操作臂实际应用问题的解决方案有两个：一个是选型设计，即根据作业条件及作业性能指标要求，从现有工业机器人制造商供应给机器人市场的产品中优化选择合适的成型机器人系统产品；另一个是自行设计（用户自己设计）或订制性设计（由工业机器人制造商根据用户要求设计）工业机器人系统。无论哪类解决方案，都存在机器人机构参数优化设计的问题，但两者并不完全相同。

机构参数优化设计可以分为机构构型参数的优化设计和机构运动参数的优化设计两类。

机构构型参数是指已知机构构型（即机构构成方案已经确定的构型）机构的构件、构件之间确定的参变量，如机器人机构的 D-H 参数中 a_i、d_i、α_i 三类参数即为构型参数，作为参变量来优化；再如各类连杆机构中所有杆件的尺寸参数即为机构构型参数，确定各个杆件相互之间连接关系方位不变的角度参数也是机构构型参数。机构构型参数决定了该机构构成类型，无论机构如何运动，机构构型参数确定后机构类型不变。

机构运动参数是指已知机构构型（即机构构成方案已经确定的构型）机构的构件之间相对运动的参数，如机器人机构的 D-H 参数中 θ_i 参数即为机构运动参数，作为变量来优化；再如连杆机构中运动输入、运动输出的线位移或角位移、线速度或角速度等参数即为运动参数。机构运动参数决定了该机构构型下的构形变化。

（1）系列化成型产品中选型设计下的机构参数优化设计

这类选型优化设计是受到机器人制造商生产的系列化产品的限制，是以作业性能最优为优化目标函数，以已有可选机器人系列化产品中各机器人的机构参数、关节运动范围、关节速度极限、关节驱动能力极限、负载能力、重复定位精度、工作空间等等离散数据限制作为离散化的而非连续的实际产品约束条件，然后选择诸如遗传算法、演化计算、粒子群算法等全局优化、多目标优化算法求解最优解的优化设计。从工业机器人系列化产品中进行选型优化设计的最优化问题形式化（标准形）的数学描述为：

• 设 x_1、x_2、$\cdots$、x_k 是为系列化的成型机器人产品选型优化设计问题求解而选定的 k 个优化设计变量，即已有可选机器人系列化产品中各机器人的机构参数、关节运动范围、关节速度极限、关节驱动能力极限、负载能力、重复定位精度、工作空间等等离散数据，则设计变量的列矢量 x 表示为：$x = [x_1 x_2 \cdots x_k]^T$。

• 设 n 个单项作业性能目标优化的目标函数分别为 $F_1(X_{11}, X_{12}, \cdots, X_{1m})$、$F_2(X_{21}, X_{22}, \cdots, X_{2m})$、$\cdots$、$F_n(X_{n1}, X_{n2}, \cdots, X_{nm})$，其中：$m$，$n$ 分别取 1，2，3……的自然数，下标 $1m$，$2m$，$\cdots$，nm 表示每个目标函数对应的将影响该目标函数值变化的主要影响因素作为该目标函数优化问题的独立设计变量数目，$X_1 = [X_{11} X_{12} \cdots X_{1m}]^T \in x$、$X_2 = [X_{21} X_{22} \cdots X_{2m}]^T \in x$、$\cdots$、$X_n = [X_{n1} X_{n2} \cdots X_{nm}]^T \in x$，是从 x_1、x_2、$\cdots$、x_k 设计变量集中选择出来的、作为影响各个相应目标函数 F_1、F_2、$\cdots$、F_n 值变化的独立设计变量构成的列矢量。

• 设可选成型机器人系列化产品的型号标识变量 ID 分别为：ID_1、ID_2、ID_3、$\cdots$、ID_p。下标 p 表示系列产品中有 p 台可选，构成最优化问题求解过程中搜索解的可行域。每个 ID 号对应机器人型号产品规格中的性能指标数据与条件要求。这些规格和技术性能指标为设计变量集合的子集或全集。则 ID 集合 Ω 为最优化问题解的可行域。$\Omega = \{ID_1, ID_2, ID_3, \cdots, ID_p \,|\, p$ 为可选台数和 ID 编号$\}$，则设计变量 x 的值应满足：$x \in \Omega$。

• 系列化的成型机器人产品中进行选型优化设计的最优化问题数学描述即最优化问题数学标准形式为：

$$\min F_1(X_1), F_2(X_2), \cdots, F_n(X_n)$$
$$\text{s. q.} \begin{cases} x \in \Omega \\ X_1, X_2, \cdots, X_n \in x \end{cases} \quad (3\text{-}18)$$

式中，多目标优化问题各个目标函数 $F_1(X_1)$、$F_2(X_2)$、$\cdots$、$F_n(X_n)$ 具体如何定义与构建后面具体交代。

• 最优化问题式(3-18) 的求解：由于解得可行域 Ω 为有限可行解构成的搜索空间，实际上相当于从给定的数据中优选出最优解，因此，肯定有解，能够收敛。可用遗传算法等全局优化算法求解；如果可行域的可行解数不多，还可用遍历解空间的搜索、比较、择优的算法来求解，相对简单。

这种选型优化设计中的选型是指选择产品具体型号，实际上是通过产品型号对应的机器人机构与性能规格参数用于优化目标函数值计算后的相互之间的比较，从中选择出最优的产品规格也即型号。属于离散化的有限数据中优选解，而不是完全机构参数优化设计意义上的最优化问题求解。

（2）完全机构参数优化设计意义上的优化设计问题描述与形式化

• 设在机构构型选定之后，主要影响因素机器人机构参数优化目标函数值变化的独立设计变量为 x_1、x_2、$\cdots$、x_m，主要为机构参数和运动参数，即机构的 D-H 参数中的变量（参见第 4 章）。则设计变量 x 的矢量表示形式为：$x=\begin{bmatrix} x_1 & x_2 & \cdots & x_m \end{bmatrix}^T$。注意：D-H 参数中有一些已经由机构构型中坐标系间正交与平行关系决定了其为定值，这里所说的是 D-H 参数中作为机构尺寸参数和关节角可以作为变量的参变量，一般不会为所有名义上的 D-H 参数。

• 设 n 个单项作业性能目标优化的目标函数分别为 $F_1(x)$、$F_2(x)$、$\cdots$、$F_n(x)$，其中：n 取 1，2，3，$\cdots$。

• 设计变量的上下界约束条件：设设计变量的变化范围即上界、下界分别为 $x_{max}=\begin{bmatrix} x_{1max} & x_{2max} & \cdots & x_{m max} \end{bmatrix}^T$；$x_{min}=\begin{bmatrix} x_{1min} & x_{2min} & \cdots & x_{m min} \end{bmatrix}^T$，则有设计变量约束条件为：$x_{min} \leqslant x \leqslant x_{max}$。

• 末端操作器作业工作空间约束条件：设末端操作器的可达位姿矢量（或矩阵）为 $X_{end\text{-}effector}$，工作空间的几何表示为：$\sum[x,y,z,\alpha,\beta,\gamma]$ 或 $\sum T_{end\text{-}effecter}$ 是所有可用工作空间内末端操作器可达位姿点的集合。则工作空间约束条件为：末端操作器位姿 $X_{end\text{-}effector}=X_{end\text{-}effector}(x) \in \sum[x,y,z,\alpha,\beta,\gamma]$ 或 $\sum T_{end\text{-}effecter}$。

• 设计变量 x 对时间 t 的一阶导数（即速度）的上下界约束条件：设设计变量的变化范围即上界、下界分别为 $\dot{x}_{max}=\begin{bmatrix} \dot{x}_{1max} & \dot{x}_{2max} & \cdots & \dot{x}_{m max} \end{bmatrix}^T$；$\dot{x}_{min}=\begin{bmatrix} \dot{x}_{1min} & \dot{x}_{2min} & \cdots & \dot{x}_{m min} \end{bmatrix}^T$，则有设计变量约束条件为 $\dot{x}_{min} \leqslant \dot{x} \leqslant \dot{x}_{max}$。注意：$\dot{x}_{min} \leqslant \dot{x} \leqslant \dot{x}_{max}$ 中并非一定针对于每一个 $\dot{x}_i$（下标 $i=1,2,\cdots,m$）都有上下界约束，需要具体情况具体分析，视 x_i 具体是什么而定。

• 动力学约束条件：各个关节的驱动力或驱动力矩的上下界约束条件。即 $\tau_{max}=\begin{bmatrix} \tau_{1max} & \tau_{2max} & \cdots & \tau_{k max} \end{bmatrix}^T$，$\tau_{min}=\begin{bmatrix} \tau_{1min} & \tau_{2min} & \cdots & \tau_{k min} \end{bmatrix}^T$。则有约束：$\tau_{min} \leqslant \tau \leqslant \tau_{max}$。

• 对于需要力控制的机器人操作臂，还需有外力作用的力约束条件，等等。

• 机构参数优化设计的最优化标准形式：

$$\min F_1(X_1), F_2(X_2), \cdots, F_n(X_n)$$

$$\text{s. q.} \begin{cases} \dot{x}_{min} \leqslant \dot{x} \leqslant \dot{x}_{max} \\ X_{end\text{-}effector}(x) \in \sum[x,y,z,\alpha,\beta,\gamma] \text{or} \sum T_{end\text{-}effector} \\ \tau_{min} \leqslant \tau \leqslant \tau_{max} \\ \quad \vdots \\ \tau(x)=M(x)\ddot{x}+C(x,\dot{x})+D(x)\dot{x}+G(x) \end{cases} \quad (3\text{-}19)$$

采用遗传算法、演化计算、粒子群算法或者线性规划优化方法、梯度投影法、罚函数法等等最优化问题求解方法，进行程序设计，对上述最优化问题数学模型求最优解。

上述多目标函数优化问题也可以转化为综合加权（w_i 为第 i 个目标函数在总的优化问题求解中的权重，也称加权系数）考虑各个多目标优化函数优化问题

的单目标函数 $F(\boldsymbol{x})$，即

$$\min F(\boldsymbol{x}) = w_1 F_1(\boldsymbol{X}_1) + w_2 F_2(\boldsymbol{X}_2) + \cdots + w_n F_n(\boldsymbol{X}_n)$$

$$\sum_{i=1}^{n} w_i = 1 \text{ 且 } 0 \leqslant w_i \leqslant 1, i = 1, 2, \cdots, n \tag{3-20}$$

约束条件不变，这样多目标优化问题就转变成了单目标函数的优化问题来求解。

3.5.2　机构参数与工作空间

如图 3-75 所示，为一 6-DOF 的回转关节型机器人操作臂机构简图。设其末端操作器作业的工作空间的几何形状与大小（长×宽×高＝$a \times b \times c$）如图所示，工作空间中心点位于机器人基坐标系 $O\text{-}xyz$ 中的位置坐标为（x_{w}，y_{w}，z_{w}）。现对该机器人进行机构参数优化设计。选择机构参数设计变量包括大、小臂的臂杆长 l_2、l_3、l_5，偏置距离 e_2 和关节转角 θ_2、θ_3、θ_4、θ_5 为设计变量 $\boldsymbol{x}$，则 $\boldsymbol{x} = [l_2 \quad l_3 \quad l_5 \quad e_2 \quad \theta_2 \quad \theta_3 \quad \theta_4 \quad \theta_5]^{\mathrm{T}} = [x_1 \quad x_2 \quad x_3 \quad x_4 \quad x_5 \quad x_6 \quad x_7 \quad x_8]^{\mathrm{T}}$。现取最优化问题的目标函数分别为机器人结构紧凑性最好的目标函数 $F_1(\boldsymbol{x})$ 和总质量最轻的目标函数 $F_2(\boldsymbol{x})$。则需要根据机器人机构参数来构建具体的目标函数表达式。这里只讲方法，具体从略。

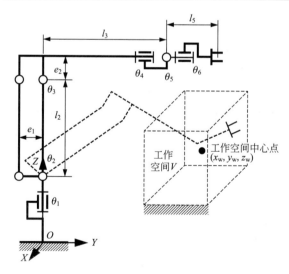

图 3-75　给定工作空间和位置的机器人操作臂机构简图

则，总的最优化目标函数 $F(\boldsymbol{x})$ 可以写为：$F(\boldsymbol{x}) = \lambda_1 F_1(\boldsymbol{x}) + \lambda_2 F_2(\boldsymbol{x})$。建立约束条件 $\boldsymbol{G}_i(\boldsymbol{x})$：

最为重要的约束条件是末端操作器可达工作空间 $W_{\text{end-effector}}$ 应该大于作业要求给定的工作空间 V，则有工作空间约束条件：$G_{\text{workspace}}(\boldsymbol{x})=W_{\text{end-effector}}(x_1,$ $x_2,x_3,x_4,x_5,x_6,x_7,x_8)-V\geqslant0$；还有关节极限、杆件参数最大、最小的上下界约束条件 $\boldsymbol{x}_{\min}$、$\boldsymbol{x}_{\max}$ 为：$\boldsymbol{x}_{\min}\leqslant\boldsymbol{G}_i(\boldsymbol{x})\leqslant\boldsymbol{x}_{\max}$（可写成 $i=2,3,\cdots,2n$ 个不等式约束）。即有：

$$\min F(\boldsymbol{x})=\lambda_1 F_1(\boldsymbol{x})+\lambda_2 F_2(\boldsymbol{x})$$
$$\text{s. q.}\begin{cases}\boldsymbol{G}_{\text{workspace}}(\boldsymbol{x})=W_{\text{end-effector}}(\boldsymbol{x})-V\geqslant0\\ \boldsymbol{x}_{\min}\leqslant\boldsymbol{G}_i(\boldsymbol{x})\leqslant\boldsymbol{x}_{\max}\end{cases} \tag{3-21}$$

剩下的问题是选择合适的最优化算法来求解上述优化数学模型的解。

3.5.3　机器人机构操作性能准则与灵活性测度

（1）机器人机构操作性能准则

机器人类型不同，评价其运动性能的指标也各有差异。Hayward 将冗余度机器人机构运动性能准则概括如下，有：

- 回避奇异构形（singularity avoidance）；
- 回避障碍（obstacle avoidance）；
- 机器人灵活性（robot dexterity）；
- 操作手精度（manipulator precision）；
- 能量消耗最少（energy minimization）；
- 负载量最大（load carrying capacity）；
- 操作速度（speed of operation）等等。

上述这些准则有些是相关的。例如：通过可操作性测度函数回避奇异构形与机器人灵活性准则是相关的。1990 年 Tesar D. 基于上述准则重新定义了作业独立无关准则（task independent criteria），如下：

- 一阶几何准则（first order geometric criteria）；
- 二阶几何准则（second order geometric criteria）；
- 动能分配准则（kinetic energy distribution）；
- 系统变形（system deformation）；
- 系统振动（system oscillation）；
- 作业空间和障碍回避（workspace operation and obstacle avoidance）。

其中，一阶几何准则、二阶几何准则分别是基于关节速度、加速度提出的准则；动能分配准则是通过定义杆件 i 的动能在系统总动能的比例 $\text{PV}_i=\text{KE}_i/\text{KE}$ 来定义的；当 PV_i 急剧增加时说明杆件间的能量急剧转换，会引起振动、冲击；

系统变形是基于杆件挠曲变形和驱动系统的柔顺性而提出的。

Tesar D. 对上述的前四项准则建立了混合性能多元准则指标 P.I.，为：

$$P.I. = \frac{W_1 C_1 + W_2 C_2 + W_3 C_3 + W_4 C_4}{W_1 + W_2 + W_3 + W_4} = \frac{\sum\limits_{i=1}^{4} W_i C_i}{\sum\limits_{i=1}^{4} W_i} \qquad (3\text{-}22)$$

式中，W_i 是权重系数；C_i 是规范化的各准则指标值，下标 $i=1,2,3,4$。

对于非冗余自由度的工业机器人操作臂除了可以用灵活性测度来评价其运动灵活性和可操作程度之外，一般难于应用这些准则去优化其运动性能、承载能力等等。因此，上述各项准则是针对冗余自由度机器人操作臂的。一般用于机器人操作臂运动样本生成，即求解最优性能的各关节运动轨迹。但是对于机器人操作臂机构参数优化设计而言，需要从综合运动或综合作业性能指标最优的角度去确定机器人机构参数。因此，需要根据这些准则定义综合性的指标来优化机构参数。因此，要区分开给定机器人机构构型、机构参数下机器人运动和作业性能优化准则、优化设计与给定机器人机构构型但需要通过综合性的性能指标准则优化设计出机构参数这两类优化设计工作的区别。前者是为给定机构参数的机器人操作臂的运动控制提供最优性能准则下的各关节运动轨迹，也即机构运动参数（各个关节的关节角）的优化；而后者是从整体上找出综合性能准则指标最优的机器人机构参数，是机器人机械本体机构的物理参数优化（D-H 参数），也可以说是机构尺度参数的优化。两者区别的另一个体现是优化设计变量的选取不同，机构运动参数的优化设计问题的设计变量是随时间变化的关节运动角度；而机构参数优化设计的设计变量选取的是 D-H 参数或者机构构件尺寸变量作为设计变量。这两类机构优化设计问题均被涵盖在工业机器人系统机构设计范畴之内。

（2）基于伪逆阵 $\boldsymbol{J}^+$ 的冗余自由度机器人操作臂的局部最优速度解

1981 年由 Ben-Israel 和 Greville 给出了基于 Jacobian 矩阵 $\boldsymbol{J}$ 的伪逆阵 $\boldsymbol{J}^+$ 的通用局部最优关节速度 $\dot{\boldsymbol{\theta}}$（$n\times 1$ 矢量）解为：

$$\dot{\boldsymbol{\theta}} = \boldsymbol{J}^+ \dot{\boldsymbol{x}} + (\boldsymbol{I} - \boldsymbol{J}^+ \boldsymbol{J})\boldsymbol{Z} \qquad (3\text{-}23)$$

式中，$\boldsymbol{J}^+$ 是 $m\times n$ 的雅克比矩阵 $\boldsymbol{J}$ 的 Moore-Penrose 伪逆阵，为 $n\times m$ 的矩阵，且 $\boldsymbol{J}^+ = \boldsymbol{J}^{\mathrm{T}}(\boldsymbol{J}\boldsymbol{J}^{\mathrm{T}})^{-1}$；$\boldsymbol{Z}$ 为任意 $n\times 1$ 的常值矢量，一般取为附加作业函数 $h(\boldsymbol{\theta})$ 对关节角矢量 $\boldsymbol{\theta}$ 的梯度 $\nabla h(\boldsymbol{\theta}) = \partial h(\boldsymbol{\theta})/\partial \boldsymbol{\theta}$；$\boldsymbol{I}$ 为 $n\times n$ 单位阵；$\dot{\boldsymbol{x}}$ 为末端操作器的 $m\times 1$ 位姿速度矢量；$\dot{\boldsymbol{\theta}}$ 为 $n\times 1$ 的关节角速度矢量；$(\boldsymbol{I} - \boldsymbol{J}^+ \boldsymbol{J})$ 称为雅克比矩阵 $\boldsymbol{J}$ 的零空间。

1985 年由 Baillieul 在 Greville 提出的基于雅克比矩阵伪逆阵的局部最优速度解基础上，定义附加作业 $y(\boldsymbol{\theta}) = [h_1(\boldsymbol{\theta})h_2(\boldsymbol{\theta})\cdots h_r(\boldsymbol{\theta})]^{\mathrm{T}}$，并进一步定义了附加

作业雅克比矩阵 $H(\boldsymbol{\theta}) = \partial y(\boldsymbol{\theta}) / \partial \boldsymbol{\theta}$，从而得到扩展雅克比矩阵 $\boldsymbol{J}^{\mathrm{e}}$ 为：

$$\boldsymbol{J}^{\mathrm{e}} = \boldsymbol{J}^{\mathrm{e}}(\boldsymbol{\theta}) = \begin{bmatrix} \boldsymbol{J}(\boldsymbol{\theta}) \\ \boldsymbol{H}(\boldsymbol{\theta}) \end{bmatrix} = \begin{bmatrix} \boldsymbol{J} \\ \boldsymbol{H} \end{bmatrix}_{n \times n} \tag{3-24}$$

式中，$\boldsymbol{J}$、$\boldsymbol{H}$ 均为 $\boldsymbol{J}(\boldsymbol{\theta})$、$\boldsymbol{H}(\boldsymbol{\theta})$ 函数的简写形式。通过将附加作业雅克比矩阵 $\boldsymbol{H}$ 引入到雅克比矩阵 $\boldsymbol{J}$ 之中，得到 $n \times n$ 的扩展雅克比矩阵（extended Jacobian matrix）$\boldsymbol{J}^{\mathrm{e}}$（注意：这里的上标 e 为 "extended" 首字母，不表示指数）。

则由 $\begin{bmatrix} \dot{\boldsymbol{x}} \\ \dot{\boldsymbol{y}} \end{bmatrix} = \boldsymbol{J}^{\mathrm{e}} \dot{\boldsymbol{\theta}}$ 可得：

$$\dot{\boldsymbol{\theta}} = \boldsymbol{J}^{\mathrm{e}-1} \begin{bmatrix} \dot{\boldsymbol{x}} \\ \dot{\boldsymbol{y}} \end{bmatrix} \tag{3-25}$$

（3）关于附加作业准则函数

机器人附加作业概念的定义：是指附加给机器人的除了机器人主作业以外的其他的运动性能要求和附加目标要求的作业。这主要是针对具有冗余自由度和冗余运动能力的机器人而定义的。对于工业机器人操作臂而言，是指除了末端操作器主作业以外回避障碍、回避奇异、回避关节位置极限、回避关节速度极限、回避关节驱动力或驱动力矩极限、能量消耗最小（最优）等等皆属于附加作业。对于移动机器人、移动＋操作的移动机器人等根据实际作业需要也可以类似地定义除主作业以外的附加作业。

① 阻尼最小二乘解的最小化准则函数　1986 年日本东京大学的中村仁彦（Nakamura Yoshihiko）提出阻尼最小二乘法的最小化准则函数 $h(\boldsymbol{\theta})$ 为：

$$h(\boldsymbol{\theta}) = \| \mathrm{d}\boldsymbol{x} - \boldsymbol{J} \mathrm{d}\boldsymbol{\theta} \|^2 + \lambda^2 \| \delta\boldsymbol{\theta} \|^2 \tag{3-26}$$

式中，λ 为大于零小于 1 的加权系数；等号右边第 1 项为末端操作器微小位移量与用雅克比矩阵 $\boldsymbol{J}$ 将关节微小位移量转换成由关节微小位移量引起的末端操作器微小位移量之间的偏差平方项；等号右边第 2 项为关节角位移本身的偏差加权之后积的平方项。

② 加权阻尼最小二乘法的最小化准则函数　借助于扩展雅克比矩阵以及作业优先权，加权阻尼最小二乘是可以实现的。这种方法在 1986 年由日本东京大学的中村仁彦在非冗余自由度机器人操作臂逆运动学中应用过；对于冗余自由度机器人操作臂逆运动学求解的应用是在 1991 年提出的，加权阻尼最小二乘法的最小化准则函数为：

$$h(\boldsymbol{\theta}) = \| \mathrm{d}\boldsymbol{x} - \boldsymbol{J} \mathrm{d}\boldsymbol{\theta} \|^2 + W^2 \| \mathrm{d}\boldsymbol{y} - \boldsymbol{H} \delta\boldsymbol{\theta} \|^2 + \lambda^2 \| \delta\boldsymbol{\theta} \|^2 \tag{3-27}$$

上式与前述的加权最小二乘法的最小准则函数式（3-26）相比，引入了附加作业偏差加权（权重系数 W）之后的积的平方项。

③ 能量消耗最小准则函数　Kazerounian K. 和 Wang Z. Y. 于 1988 年给出了对

速度平方项进行积分值最小的动能消耗最小准则函数，即优化数学模型为：

$$\min \quad I = \int_{t_0}^{t_f} (\dot{\boldsymbol{\theta}}^T \boldsymbol{A} \dot{\boldsymbol{\theta}}) \mathrm{d}t$$

$$\text{Subject to} \quad G_k(\boldsymbol{\theta}, t) = 0, k = 1 \text{ to } m \tag{3-28}$$

式中，$G_k(\boldsymbol{\theta}, t) = 0$ 为机器人机构的正运动学方程。

④ 奇异构形回避与灵活性性能指标　多数奇异构形的回避都是通过灵活性性能指标来控制的。

• 可操作性测度。1984 年 Yoshikawa 提出以可操作性测度为指标来检测和控制回避奇异构形，其可操作性定义为 W_J：

$$W_J = \sqrt{\det(\boldsymbol{J}\boldsymbol{J}^T)} = \sigma_1 \sigma_2 \cdots \sigma_m \tag{3-29}$$

并对雅克比矩阵 $\boldsymbol{J}$ 进行奇异值分解引出了可操作性椭球的概念，从而在几何上直观地表达了机器人灵活性。

• 引入附加作业性能评价的可操作性测度。1992 年 Dragomir N. Nenchey 在式（3-29）中定义的可操作性测度指标和附加作业意义上进一步定义了运动灵活性的三个指标：

约束操作性能测度：${}^J\widetilde{\omega} = \sqrt{\det[\boldsymbol{J}(\boldsymbol{I} - \boldsymbol{H}^+\boldsymbol{H})\boldsymbol{J}^T]}$。

附加作业性能测度：${}^H\omega = \sqrt{\det[\boldsymbol{H}\boldsymbol{H}^T]}$。

约束-附加作业性能测度：${}^H\widetilde{\omega} = \sqrt{\det[\boldsymbol{H}(\boldsymbol{I} - \boldsymbol{J}^+\boldsymbol{J})\boldsymbol{H}^T]}$。

上述定义中将附加作业性能评价引入到了灵活性指标中。

• 条件数。1985 年 Asada 提出了以雅克比矩阵 $\boldsymbol{J}$ 的 SVD（奇异值分解）得到的条件数作为灵活性测度的条件数指标。条件数是雅克比矩阵 $\boldsymbol{J}$ 经矩阵奇异值分解得到的最大奇异值 $\sigma_{\max}$ 和最小奇异值 $\sigma_{\min}$ 的比值。条件数作为灵活性测度的概念最初是由 Salisbury 和 Lraug 于 1982 年提出的。1987 年 Klein 则以最小奇异值作为灵活性测度指标来限制关节速度上限：

$$\| \dot{\boldsymbol{q}} \| \leqslant \left(\frac{1}{\sigma_1}\right) \cdot \| \dot{\boldsymbol{x}} \| \tag{3-30}$$

⑤ 回避关节极限的作业准则函数　回避关节极限的附加作业准则函数的定义并不是唯一的。

• Liegois 给出的关节极限回避作业准则函数：对于 6 自由度的机器人操作臂，有

$$H_J(\boldsymbol{\theta}) = \frac{1}{6} \sum_{i=1}^{6} \left(\frac{\theta_i - a_i}{a_i - \theta_{i\max}}\right)^2 \tag{3-31}$$

式中，a_i 为关节 i 的关节角最大值和最小值的平均值，即 $a_i = (\theta_{\min} + \theta_{\max})/2$。

将此函数扩展到 n 自由度的机器人操作臂，则为：

$$H_J(\boldsymbol{\theta}) = \frac{1}{n}\sum_{i=1}^{n}\left(\frac{\theta_i - a_i}{a_i - \theta_{i\max}}\right)^2 \tag{3-32}$$

• Zghal 给出的关节极限回避作业准则函数：对于 n 自由度的机器人操作臂，有

$$H_J(\boldsymbol{\theta}) = \sum_{i=1}^{n}\frac{(\theta_{i\max} - \theta_{i\min})^2}{(\theta_{i\max} - \theta_i)(\theta_i - \theta_{i\min})} \tag{3-33}$$

⑥ 回避关节极限、关节速度极限、关节驱动力矩极限之类的附加作业准则函数的统一形式

$$H_J(\boldsymbol{\theta}) = \frac{1}{n}\sum_{i=1}^{n}\left(\frac{\Lambda_i - a_i}{a_i - \Lambda_{i\max}}\right)^2 \tag{3-34}$$

或

$$H_J(\boldsymbol{\theta}) = \sum_{i=1}^{n}\frac{(\Lambda_{i\max} - \Lambda_{i\min})^2}{(\Lambda_{i\max} - \Lambda_i)(\Lambda_i - \Lambda_{i\min})} \tag{3-35}$$

式中，Λ 被分别用来表示关节角 θ、关节角速度 $\dot{\theta}$、关节角速度极限 $\dot{\theta}_{\max}$ 与 $\dot{\theta}_{\min}$、关节驱动力或驱动力矩极限 $\tau_{\max}$ 与 $\tau_{\min}$ 等等的对应符号。

⑦ 回避窗口类、孔洞类封闭障碍的附加作业准则函数[13]　本书作者吴伟国于 1995 年提出了回避非封闭、封闭多边窗口形障碍时的运动学准则。设机器人与障碍物的公共坐标系为 $O\text{-}X_0Y_0Z_0$，任何孔洞、非封闭的孔洞形障碍物都可以沿多边窗口、孔洞纵深方向的中心轴线（直线、折线或曲线）通过视觉或激光测距、激光扫描、超声波测距等原理的传感器来获得一系列垂直于中心轴线方向的"切片"集，这些切片都可由封闭的多边形或非封闭的折线在公共坐标系（或机器人的基坐标系）中描述、表达出来。如图 3-76 所示，设窗口、孔洞形障碍的几何模型由一些列沿着中心轴线的切片组成，则每个切片切得孔洞的平面皆为一些折线构成的封闭或不封闭的多边形（或折线），不规则的曲线边都可以用线段拼接近似并且取与形心距离最小的线段来近似。则窗口、孔洞形的障碍数学模型就转换成了一些列的直线段围成的平面多边形的数学描述的问题。为不失一般性，这里取第 k 个切片建立多边形障碍数学模型。

在第 k 个切片的几何形心上建立与切片固连的坐标系 $O_k\text{-}X_kY_kZ_k$，构成第 k 个切片平面 m 边多边形的各边分别为 l_{k1}、l_{k2}、l_{k3}、$\cdots$、l_{kj}、$\cdots$、l_{km}，$(j=1,2,\cdots,m)$，设这 m 条边围成的平面区域内的所有点的集合为 $\{Q\}$；设机器人的第 i 个杆件与第 k 个切片平面的交点为 G_k，杆件 i 的两端点分别为 S_{i-1}、S_i。则杆件 i 不与第 k 个切片的多边形边界相"碰撞"的条件是：$G_k \in \{Q\}$，为使避碰更安全，取根据实际孔洞障碍切得的平面多边形边界以里（朝向几何形心

O_k）均保留一端距离 s 作为避碰的安全裕度，考虑此避碰裕度 s 后得到的平面多边形作为避碰目标的第 k 个切片多边形边界。避碰裕度 s 可根据机器人操作臂臂杆或关节垂直于杆件中心线的横断面的几何尺寸来确定。设第 k 个切片多边形边界的第 j 条边 $l_{kj}(j=1,2,3,\cdots,m)$ 在 $O_k\text{-}X_kY_kZ_k$ 坐标系中的直线方程为：$A_jx_k+B_jz_k=C_j,j=1,2,\cdots,m$。

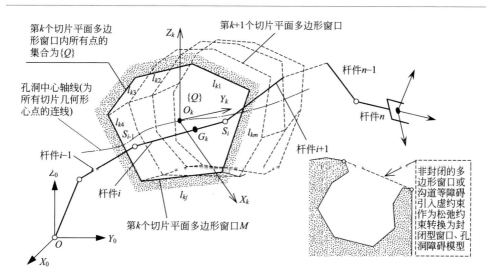

图 3-76　多边形窗口、孔洞类障碍回避的几何模型[13]

若 $G_k\in\{Q\}$，则需满足：$f_{Gkj}(\boldsymbol{x}_k)=A_jx_k+B_jz_k<C_j$（或$>C_j$），$j=1,2,\cdots,m$。而在第 k 个切片平面内 m 边多边形窗口外总能找到一条直线：$f_{Gkj}(\boldsymbol{x}_k)=A_jx_k+B_jz_k>D_j$（或$<D_j$），$j=1,2,\cdots,m$，$\boldsymbol{x}_k=[x_ky_kz_k1]^T$ 为 G_k 点在 $O_k\text{-}X_kY_kZ_k$ 坐标系中的位置矢量的齐次坐标表示。即引入松弛约束以使 $G_k\in\{Q\}$，则有：

$$D_j<f_{Gkj}(\boldsymbol{x}_k)=A_jx_k+B_jz_k<C_j,j=1,2,\cdots,m \tag{3-36}$$

又因为：G_k 点是杆件 i 与第 k 个切片平面 m 边多边形的交点，该点在基坐标系 $O\text{-}X_0Y_0Z_0$ 中的位置矢量的齐次坐标表示为 $\boldsymbol{x}=[xyz1]^T$，且根据机器人机构的正运动学，有：$\boldsymbol{x}=[xyz1]^T=\boldsymbol{f}(\boldsymbol{\theta})$。假设坐标系 $O_k\text{-}X_kY_kZ_k$ 坐标系与基坐标系 $O\text{-}X_0Y_0Z_0$ 之间的齐次坐标变换矩阵为 4×4 的矩阵 $^0\boldsymbol{A}_k$，则：

$$\boldsymbol{x}=[x\quad y\quad z\quad 1]^T={}^0\boldsymbol{A}_k[x_k\quad y_k\quad z_k\quad 1]^T={}^0\boldsymbol{A}_k\boldsymbol{x}_k$$

进而有：$\boldsymbol{x}_k=[x_k\quad y_k\quad z_k\quad 1]^T={}^0\boldsymbol{A}_k^{-1}\boldsymbol{x}={}^0\boldsymbol{A}_k^{-1}\boldsymbol{f}(\boldsymbol{\theta})$。即可根据 $\boldsymbol{\theta}$ 计算 $x_k=x_k(\boldsymbol{\theta}),y_k=y_k(\boldsymbol{\theta}),z_k=z_k(\boldsymbol{\theta})$。则，式(3-36) 可以写为：$D_j<f_{Gkj}(\boldsymbol{x}_k(\boldsymbol{\theta}))=$

$A_j x_k(\boldsymbol{\theta}) + B_j z_k(\boldsymbol{\theta}) < C_j, j = 1, 2, \cdots, m.$ 简写为下式：

$$D_j < f_{Gkj}(\boldsymbol{\theta}) = A_j x_k(\boldsymbol{\theta}) + B_j z_k(\boldsymbol{\theta}) < C_j, j = 1, 2, \cdots, m \qquad (3-37)$$

至此，根据式(3-36)，类似于前述的回避关节极限、关节速度极限以及关节驱动力或力矩极限一样，同理建立回避障碍准则函数为：

$$H_{\text{Obstacle}}^{ki}(\boldsymbol{\theta}) = \sum_{j=1}^{m} \frac{(C_j - D_j)^2}{[C_j - f_{Gkj}(\boldsymbol{\theta})][f_{Gkj}(\boldsymbol{\theta}) - D_j]} \qquad (3-38)$$

$$f_{Gkj}(\boldsymbol{\theta}) = f_{Gkj}(x_k(\boldsymbol{\theta})) = A_j x_k(\boldsymbol{\theta}) + B_j z_k(\boldsymbol{\theta}), j = 1, 2, \cdots, m$$

式中，$H_{\text{Obstacle}}^{ki}(\boldsymbol{\theta})$ 的上标 ki 表示第 k 个切片平面与机器人第 i 个杆件相交，$H_{\text{Obstacle}}^{ki}(\boldsymbol{\theta})$ 为需要第 i 个杆件回避第 k 个切平面多边形障碍的附加作业准则函数。

若窗口形或孔洞形障碍沿着其中心轴线方向依次被切片平面切成 p 个平面多边形，则总的回避障碍作业准则函数为：

$$\sum H_{\text{Obstacle}}(\boldsymbol{\theta}) = \sum_{k=1}^{p} \left\{ \sum_{j=1}^{m} \frac{(C_j - D_j)^2}{[C_j - f_{Gkj}(\boldsymbol{\theta})][f_{Gkj}(\boldsymbol{\theta}) - D_j]} \right\} \qquad (3-39)$$

上述方法一般被用来求解给定机构构型和机构 D-H 参数下的回避障碍的逆运动学解。由于除了关节角矢量 $\boldsymbol{\theta}$ 之外的 D-H 参数 a_i、d_i、α_i 并没有在上述方程、不等式中以显式形式出现，但存在于正运动学方程中，因此当用于机构参数优化设计时，可以将 a_i、d_i、α_i 三个 D-H 参数显式形式写出来，而作为最优化问题的设计变量。回避窗口形、孔洞形障碍准则函数可以写为：

$$H_{\text{Obstacle}}^{ki}(\boldsymbol{\theta}, \boldsymbol{a}, \boldsymbol{d}, \boldsymbol{\alpha}) = \sum_{j=1}^{m} \frac{(C_j - D_j)^2}{[C_j - f_{Gkj}(\boldsymbol{\theta}, \boldsymbol{a}, \boldsymbol{d}, \boldsymbol{\alpha})][f_{Gkj}(\boldsymbol{\theta}, \boldsymbol{a}, \boldsymbol{d}, \boldsymbol{\alpha}) - D_j]}$$

$$\qquad (3-40)$$

$$\sum H_{\text{Obstacle}}(\boldsymbol{\theta}, \boldsymbol{a}, \boldsymbol{d}, \boldsymbol{\alpha}) = \sum_{k=1}^{p} \left\{ \sum_{j=1}^{m} \frac{(C_j - D_j)^2}{[C_j - f_{Gkj}(\boldsymbol{\theta}, \boldsymbol{a}, \boldsymbol{d}, \boldsymbol{\alpha})][f_{Gkj}(\boldsymbol{\theta}, \boldsymbol{a}, \boldsymbol{d}, \boldsymbol{\alpha}) - D_j]} \right\}$$

$$\qquad (3-41)$$

⑧ 回避非封闭类障碍的附加作业准则函数　前述给出封闭类障碍附加作业准则函数只要稍加处理即可用于非封闭类障碍回避附加作业准则中。即为非封闭类障碍几何模型引入松弛约束作为开口处的虚拟边界即可将非封闭的障碍几何模型转化为虚拟的封闭障碍模型，从而可以原封不动地应用前述的封闭障碍回避附加作业准则函数。

⑨ 关于第 k 个障碍平面与第 $i-1$ 个杆件、第 i 个杆件、第 $i+1$ 个杆件相交的判别准则　若 $\dfrac{|G_k S_{i-1}|}{|S_{i-1} S_i|} + \dfrac{|GS_i|}{|S_{i-1} S_i|} = 1$，则为第 i 杆件与第 k 个切面平面多

边形相交，避障准则函数为 $H_{\text{Obstacle}}^{ki}(\boldsymbol{\theta},\boldsymbol{a},\boldsymbol{d},\boldsymbol{\alpha})$；

若 $\dfrac{|G_kS_{i-1}|}{|S_{i-1}S_i|}>1$ 且 $\dfrac{|GS_i|}{|S_{i-1}S_i|}<1$，则为第 $i+1$ 杆件与第 k 个切面平面多边

形相交，避障准则函数为 $H_{\text{Obstacle}}^{k(i+1)}(\boldsymbol{\theta},\boldsymbol{a},\boldsymbol{d},\boldsymbol{\alpha})$；

若 $\dfrac{|G_kS_{i-1}|}{|S_{i-1}S_i|}<1$ 且 $\dfrac{|GS_i|}{|S_{i-1}S_i|}>1$，则为第 $i-1$ 杆件与第 k 个切面平面多边

形相交，避障准则函数为 $H_{\text{Obstacle}}^{k(i-1)}(\boldsymbol{\theta},\boldsymbol{a},\boldsymbol{d},\boldsymbol{\alpha})$。

3.5.4　6自由度以内工业机器人操作臂的机构参数优化设计

　　6自由度以内工业机器人操作臂的机构参数优化设计一般为机构构型参数优化设计，因为6自由度以内机器人操作臂末端操作器作业运动需要6个自由度，即便是所需少于6个自由度，除非末端操作器姿态可以自由，否则，机构运动参数〔即各个关节运动参数（关节运动轨迹）、末端操作器在作业空间内的位姿参数（位姿轨迹）〕优化设计问题解的可行域非常小，仅有有限的几组解可选。

　　6自由度以内工业机器人操作臂机构参数优化设计中多数为两种情况：

　　• 末端操作器作业位姿轨迹的参数优化设计：这类优化设计是通过对末端操作器在作业空间内进行最优目标的轨迹规划，以实现机器人操作臂的运动性能以及作业性能的优化。如末端操作器作业时间最短、作业路径最短、作业空间最大、作业灵活性最优、机器人操作臂消耗能量最小等等。这类优化设计问题属于末端操作器轨迹规划最优设计，也即机构运动输出参数的轨迹最优规划。需要注意的是：机器人轨迹规划分为关节空间内轨迹规划和末端操作器作业空间内的轨迹规划，采用的方法是三次样条曲线、五次样条曲线的拼接方法在保证轨迹速度、加速度曲线光滑连续性的同时，还要以实际机器人操作臂各关节运动位置（移动位置或转动位置）极限、速度极限，末端负载大或需要末端操作力控制的机器人还需要以各关节驱动力或驱动力矩使用极限等为约束条件，进行轨迹规划。

　　• 机构构型参数（即D-H参数）优化设计：这类优化设计是在给定机构构型、给定末端操作器作业工作空间和作业任务要求与指标的前提条件下，通过优化设计计算求得实现末端操作器实际作业任务目标最优的机器人机构构型参数，即D-H参数中的各构件（杆件）的几何尺寸参数（杆件长度等），也可以优化计算表征各构件之间连接方位关系的方位类D-H参数，此时优化设计的设计变量是完整的机构D-H参数。如前述的3.5.2节给出的便是优化设计给定末端操作器工作空间下的机构参数优化设计。

　　机器人机构参数优化设计是以机器人机构、机构正运动学、逆运动学以及轨

迹规划和最优化理论与优化设计方法、数值计算方法、计算机程序设计技术等理论、方法与技术为基础的。

3.5.5　冗余自由度机器人操作臂机构参数的优化设计

机器人机构参数优化设计的目的是以机构构型参数或机构运动参数或者是两者兼而有之的优化设计去实现机器人操作臂作业性能和作业目标的最优化目标。但最优化目标实现的根本还在于机器人机构自身可供优化的资源的具备与多少，所有的现实物理世界中实际最优化问题都是有约束的最优化求解问题。非冗余自由度的工业机器人操作臂本身可供用于机构参数优化设计的资源很少。因此，6自由度及以内工业机器人操作臂产品在自动化作业中的应用相对于冗余自由度工业机器人而言，很少需要机构参数的优化设计。机构参数优化设计更重要的是冗余自由度机器人。但不管是否冗余，工业机器人在实际应用中或者离线或者在线都必须要回避关节极限、回避奇异构形。

（1）冗余自由度机器人操作臂的加权最小二乘解

定义关节速度矢量 $\dot{\boldsymbol{\theta}}$ 的加权范数为：

$$\dot{\boldsymbol{\theta}} = \sqrt{\dot{\boldsymbol{\theta}}^{\mathrm{T}} \boldsymbol{W} \dot{\boldsymbol{\theta}}} \tag{3-42}$$

式中，$\boldsymbol{W} \in \boldsymbol{R}^{n \times n}$ 是对称且正定的加权矩阵，若想使计算得到简化，可取对角线上元素值不为零的对角阵，且对角线上的矩阵元素皆为各个关节速度实际使用时的权重（加权系数），可根据各关节对末端操作器速度贡献大小以及关节速度极限、驱动能力确定权重值。

设加权情况下关节角矢量及雅克比矩阵分别为 $\boldsymbol{\theta}_{\mathrm{W}}$、$\boldsymbol{J}_{\mathrm{W}}$，则根据广义伪逆阵和末端操作器速度矢量 $\dot{\boldsymbol{x}}$ 有关节速度的加权最小二乘解 $\dot{\boldsymbol{\theta}}_{\mathrm{Wm}}$ 为：$\dot{\boldsymbol{\theta}}_{\mathrm{Wm}} = \boldsymbol{J}_{\mathrm{W}}^{+} \dot{\boldsymbol{x}}$。其中：$\boldsymbol{J}_{\mathrm{W}}^{+} = \boldsymbol{W}^{1/2} \boldsymbol{J}^{\mathrm{T}} [\boldsymbol{J} \boldsymbol{W}^{-1} \boldsymbol{J}^{\mathrm{T}}]^{-1}$。则，冗余自由度机器人附加作业梯度投影法下关节速度的加权最小二乘解 $\dot{\boldsymbol{\theta}}_{\mathrm{W}}$ 为：

$$\dot{\boldsymbol{\theta}}_{\mathrm{W}} = \boldsymbol{J}_{\mathrm{W}}^{+} \dot{\boldsymbol{x}} + k(\boldsymbol{I} - \boldsymbol{J}_{\mathrm{W}}^{+} \boldsymbol{J}_{\mathrm{W}}) \nabla H(\boldsymbol{\theta}) \tag{3-43}$$

式中，k 是实数比例系数，要求附加作业函数 $H(\boldsymbol{\theta})$ 值为最大时 k 为正；要求附加作业函数 $H(\boldsymbol{\theta})$ 值为最小时 k 为负；取值受关节速度和驱动力或驱动力矩的限制。

式（3-43）给出的雅克比矩阵零空间上附加作业梯度投影法下的关节速度加权最小二乘解是用于冗余自由度机器人逆运动学解求解的局部最优速度解计算公式，为机器人机构运动参数的优化设计解，可用于机器人的运动控制，作为关节位置/轨迹追踪控制的速度参考输入，其积分结果可为位置参考输入，但实际上很难得到解析的积分运算结果，一般是以位置增量作为位置控制器的参考输入。

（2）机构参数优化设计问题

若使用式（3-43）进行冗余自由度机器人机构构型参数优化设计，则选择机构 D-H 参数作为优化设计变量时，它们是隐含在式（3-43）的附加作业函数 $H(\boldsymbol{\theta})$ 和 $\boldsymbol{J}_W$、$\boldsymbol{J}_W^+$ 当中的。此时，将 D-H 参数作为优化设计变量表达的实际表达式应为：

$$\begin{bmatrix} \dot{\boldsymbol{\theta}}_W & \dot{\boldsymbol{a}} & \dot{\boldsymbol{d}} & \dot{\boldsymbol{\alpha}} \end{bmatrix}^T = \boldsymbol{J}_W^+(\boldsymbol{\theta},\boldsymbol{a},\boldsymbol{d},\boldsymbol{\alpha})\dot{\boldsymbol{x}} +$$
$$k\begin{bmatrix} \boldsymbol{I} - \boldsymbol{J}_W^+(\boldsymbol{\theta},\boldsymbol{a},\boldsymbol{d},\boldsymbol{\alpha})\boldsymbol{J}_W(\boldsymbol{\theta},\boldsymbol{a},\boldsymbol{d},\boldsymbol{\alpha}) \end{bmatrix}\nabla H(\boldsymbol{\theta},\boldsymbol{a},\boldsymbol{d},\boldsymbol{\alpha}) \tag{3-44}$$

式中，$\boldsymbol{\theta}$、$\boldsymbol{a}$、$\boldsymbol{d}$、$\boldsymbol{\alpha}$ 为机器人机构的各 D-H 参数列矢量。但是要注意：若将 D-H 参数的 $\boldsymbol{\theta}$、$\boldsymbol{a}$、$\boldsymbol{d}$、$\boldsymbol{\alpha}$ 作为机构参数优化设计变量看待，则根据机器人正运动学方程求对时间的一阶微分得到速度方程中的雅克比矩阵 $\boldsymbol{J}$、$\boldsymbol{J}_W$ 将不再是只将关节角 $\boldsymbol{\theta}$ 作为变量看待得到的雅克比矩阵，而是将 $\boldsymbol{\theta}$、$\boldsymbol{a}$、$\boldsymbol{d}$、$\boldsymbol{\alpha}$ 都作为变量来看待得到的高维数雅克比矩阵 $\boldsymbol{J}$、$\boldsymbol{J}_W$。

（3）回避障碍、回避关节极限、回避奇异构形等多元附加作业准则下的机构运动参数加权最小二乘解[14]

加权矩阵的定义应该根据作业准则函数的变化使关节运动允许使用冗余自由度去完成其他附加作业目的。Tan Fung Chan 和 Rajiv V. Dubey 于 1993 年针对回避关节极限附加作业给出了如下加权矩阵（权重矩阵）：

$$\boldsymbol{W} = \begin{bmatrix} w_1 & 0 & 0 & \cdots & 0 \\ 0 & w_2 & & \cdots & 0 \\ \vdots & & \ddots & & \vdots \\ 0 & 0 & 0 & \cdots & w_n \end{bmatrix}_{n \times n} \tag{3-45}$$

式中，w_i 为对角阵 $\boldsymbol{W}$ 的对角线上第 i 个权重，定义如下：

设关节极限回避附加作业准则函数为 $H_J(\boldsymbol{\theta})$，则 w_i 为：

$$w_i = \begin{cases} 1 + \left| \dfrac{\partial H_J(\boldsymbol{\theta})}{\partial \theta_i} \right|, & \text{if} \Delta \left| \dfrac{\partial H_J(\boldsymbol{\theta})}{\partial \theta_i} \right| \geqslant 0 \\ 1, & \text{if} \Delta \left| \dfrac{\partial H_J(\boldsymbol{\theta})}{\partial \theta_i} \right| < 0 \end{cases} \tag{3-46}$$

显然，w_i 不是 θ_i 的连续函数，当 θ_i 位于关节角范围的中间值附近时，w_i 趋近于 1，使关节运动具有较大的余地和自由性；而远离中间值时，w_i 趋近于 ∞，对应于关节停止运动而使关节极限回避得到保证。

由于回避窗口形、孔洞形的障碍本质上也是属于由距离这类多边形边界几何形心远近程度来使用冗余自由度关节来保证回避障碍边界处碰撞问题，假设回避障碍的附加作业准则函数为 $H_{\mathrm{Obstacle}}(\boldsymbol{\theta})$ ［可按着前述的式（3-37）～式（3-41）具体定义］，则同样可定义利用第 i 个关节运动回避障碍的加权系数 w_{io} 为：

$$w_{io}=\begin{cases} 1+\left|\dfrac{\partial H_{\mathrm{Obstacle}}(\boldsymbol{\theta})}{\partial \theta_i}\right|,\mathrm{if}\Delta\left|\dfrac{\partial H_{\mathrm{Obstacle}}(\boldsymbol{\theta})}{\partial \theta_i}\right|\geq 0 \\[4mm] 1,\mathrm{if}\Delta\left|\dfrac{\partial H_{\mathrm{Obstacle}}(\boldsymbol{\theta})}{\partial \theta_i}\right|<0 \end{cases} \tag{3-47}$$

设同时要求回避窗口形、孔洞形障碍和关节极限两类附加作业的二元准则函数为：$H_{\mathrm{J\&O}}(\boldsymbol{\theta})=\varepsilon_1 H_{\mathrm{J}}(\boldsymbol{\theta})+\varepsilon_2 H_{\mathrm{Obstacle}}(\boldsymbol{\theta})$。其中：$\varepsilon_1+\varepsilon_2=1.0$，$\varepsilon_1$、$\varepsilon_2$ 分别为两项附加作业之间均衡的各自权重。则有：

$$w_{io}=1+\varepsilon_1\frac{\partial H_{\mathrm{J}}(\boldsymbol{\theta})}{\partial \theta_i}+\varepsilon_2\frac{\partial H_{\mathrm{Obstacle}}(\boldsymbol{\theta})}{\partial \theta_i},\quad (i=1,2,3,\cdots,n) \tag{3-48}$$

式中，ε_1、ε_2 可按下式确定：

$$\begin{cases} \varepsilon_1=0,\varepsilon_2=0 \ \mathrm{if}\ \Delta\left|\dfrac{\partial H_{\mathrm{Obstacle}}(\boldsymbol{\theta})}{\partial \theta_i}\right|<0\ \&\ \Delta\left|\dfrac{\partial H_{\mathrm{J}}(\boldsymbol{\theta})}{\partial \theta_i}\right|<0 \\[4mm] \varepsilon_1=0,\varepsilon_2=1 \ \mathrm{if}\ \Delta\left|\dfrac{\partial H_{\mathrm{Obstacle}}(\boldsymbol{\theta})}{\partial \theta_i}\right|\geq 0\ \&\ \Delta\left|\dfrac{\partial H_{\mathrm{J}}(\boldsymbol{\theta})}{\partial \theta_i}\right|<0 \\[4mm] \varepsilon_1=1,\varepsilon_2=0 \ \mathrm{if}\ \Delta\left|\dfrac{\partial H_{\mathrm{Obstacle}}(\boldsymbol{\theta})}{\partial \theta_i}\right|<0\ \&\ \Delta\left|\dfrac{\partial H_{\mathrm{J}}(\boldsymbol{\theta})}{\partial \theta_i}\right|\geq 0 \\[4mm] \varepsilon_1=0.5,\varepsilon_2=0.5 \ \mathrm{if}\ \Delta\left|\dfrac{\partial H_{\mathrm{Obstacle}}(\boldsymbol{\theta})}{\partial \theta_i}\right|\geq 0\ \&\ \Delta\left|\dfrac{\partial H_{\mathrm{J}}(\boldsymbol{\theta})}{\partial \theta_i}\right|\geq 0 \end{cases} \tag{3-49}$$

3.6　本章小结

本章从早期的工业机器人机构、结构设计讲述到现代工业机器人机构与结构设计，以一些具有代表性的工业机器人产品 PUMA、MOTOMAN、SCARA 等操作臂为实例，用表达机构原理的最简机构运动简图和关节传动系统详细机构运动简图、机械装配结构图等形式将机构、机械结构设计表达出来，同时给出了由并联机构单元构成串/并联混合式机器人操作臂机构构型设计实例；在指出现有工业机器人存在奇异构形问题的同时，结合笔者自己的科研成果给出了多自由度无奇异全方位关节机构创新设计内容与机构原理创新设计的拓扑演化方法，详细地给出了创新设计的思维过程和机构拓扑演化过程，以及基于双万向节机构原理和齿轮传动原理、解决并联机构运动耦合干涉的双环解耦原理创新设计的 3 自由度、4 自由度全方位 P-Y-R(-R) 关节机构，基于该多自由度关节单元的 7 自由度仿人手臂、柔性臂、蛇形机器人机构设计、结构设计，旨在提供一种重要的创新设计方法和参考；在机器人操作臂机构设计与结构设计问题上，从如何保证机器人操作臂精度、性能稳定可靠等方面指出了诸多注意事项，供从事机器人机械系统设计者参考；最后，作者从机器人操作臂机构参数优化设计的角度，讲述了工作空间与机构参数、机构构型参数、机构运动参数优化设计所需要的逆运动学、各种附加作业函数的定义等具体的基础理论内容与实用性方法。这一章内容是从事机器人机械系统创新设计和工程实际设计的重要基础内容。

参考文献

[1]　尤承业编著. 基础拓扑学讲义. 北京：北京大学出版社，1997.

[2]　Mark E. Rosheim. Robot wrist actuators. John Wiley&Sons, Boston（1989），271.

[3]　Mark Elling Rosheim. A New Pitch-Yaw-Roll Mechanical Robot Wrist Actuator. Robots 9, Conference Proceeding. Volume 2: Current Issues, Future Concerns. Detroit Mich. RI/SME, June 2-6, 1985: 15. 20-15. 42.

[4]　Mark Elling Rosheim. Four New Robot Wrist Actuators. Robots 10, Conference Proceeding. Chicago, IL, USA. RI/SME, Dearborn, MI, USA. 1986: 8. 1-8. 45.

[5]　Mark Elling Rosheim. Singularity-free Hollow Spray Painting Wrist. Robots 11, Conference Proceeding. April. 26-30, 1987.

[6]　吴伟国，邓喜君，孙立宁，等. 新型 PITCH-ROLL-YAW 关节机构研究. 高技术通讯，1995, 5（5）：36-39.

[7]　吴伟国，邓喜君，蔡鹤皋. 基于直齿轮传动和双环解耦的柔性手腕原理与运动学分析. 机器人，1998, 20（5）：433-436.

[8]　吴伟国，邓喜君，孙立宁，等. PITCH-YAW-ROLL 全方位关节机构运动学分析与控制. 哈尔滨工业大学学报，1995, 27（5）：117-122.

[9]　吴伟国，邓喜君，蔡鹤皋. 基于改进 PYR 型全方位关节的 7 自由度仿人手臂设计. 中国机械工程. 1999（12）：1345-1346.

[10]　梁风，吴伟国，王瑜，蔡鹤皋. 改进型 PYR 全方位关节及其在柔性臂中的应用. 机械设计与制造. 2006, 6: 106-108.

[11]　Mark. Elling Roshiem. Design on Omni-directional Arm. Proc. IEEE Conf. On Robotics and Automation, 1990: 2162-2167.

[12]　吴伟国，邓喜君，蔡鹤皋，张超群. 高灵活度仿人臂型七自由度冗余机器人的研究. 高技术通讯. 第 6 卷第 8 期，1996, 8: 30-33.

[13]　吴伟国. 冗余度机器人运动学基本理论与七自由度仿人手臂的研究. 哈尔滨工业大学博士学位论文，1995 年.

[14]　吴伟国，邓喜君，蔡鹤皋. 回避障碍和关节极限的二元准则的冗余自由度机器人运动逆解研究[J]. 哈尔滨工业大学学报，1997, 29（1）:103~106.

科学是永无止境的，它是一个永恒之迷。

——爱因斯坦

"中国制造2025"
出版工程

国家出版基金项目
NATIONAL PUBLICATION FOUNDATION

"十三五"国家重点出版物
出版规划项目

"中国制造2025"
出版工程

工业机器人系统设计

（下册）

吴伟国　著

化学工业出版社

·北　京·

本书从工程设计角度出发，详细梳理和论述了操作与移动两大主题概念下的现代工业机器人系统总论、工业机器人操作臂系统设计基础、工业机器人操作臂机械系统机构设计与结构设计、工业机器人操作臂系统设计的数学与力学原理、工业机器人操作臂机械本体参数识别原理与实验设计、工业机器人操作臂驱动与控制系统设计及控制方法、工业机器人用移动平台设计、工业机器人末端操作器与及其换接装置设计、工业机器人系统设计的仿真方法、面向操作与移动作业的工业机器人系统设计与应用实例、现代工业机器人系统设计总论与展望等内容。

　　本书适合于机器人相关研究方向的本科高年级生、硕士研究生、博士研究生以及从事机器人创新设计与研发的研究人员、高级工程技术人员阅读。

图书在版编目（CIP）数据

工业机器人系统设计/吴伟国著. —北京：化学工业出版社，2019.8

"中国制造2025"出版工程

ISBN 978-7-122-35094-7

Ⅰ.①工…　Ⅱ.①吴…　Ⅲ.①工业机器人-系统设计

Ⅳ.①TP242.2

中国版本图书馆 CIP 数据核字（2019）第 183243 号

责任编辑：王　烨　项　滪　　　　　　　　文字编辑：陈　喆
责任校对：王素芹　　　　　　　　　　　　装帧设计：尹琳琳

出版发行：化学工业出版社（北京市东城区青年湖南街 13 号　邮政编码 100011）
印　　装：三河市延风印装有限公司
710mm×1000mm　1/16　印张 65¾　字数 1256 千字　　2019 年 10 月北京第 1 版第 1 次印刷

购书咨询：010-64518888　　　　　　　　　售后服务：010-64518899
网　　址：http://www.cip.com.cn
凡购买本书，如有缺损质量问题，本社销售中心负责调换。

定　　价：298.00 元（含上、下册）

目录

下　册

604 第5章 工业机器人操作臂机械本体参数识别原理与实验设计

615 第6章 工业机器人操作臂伺服驱动与控制系统设计及控制方法

653　第 7 章　工业机器人用移动平台设计

804 第8章 工业机器人末端操作器及其换接装置设计

899 第 10 章 面向操作与移动作业的工业机器人系统设计与应用实例

工业机器人操作臂系统设计的数学与力学原理

4.1 工业机器人操作臂及其运动的数学与力学的抽象描述

除哲学外，数学和力学是自然科学研究中占据首要地位的科学，而且数学又先于力学，力学需要以数学为基础，并且作为力学问题描述和表达方法、手段和问题求解的工具。工业机器人操作臂也不例外，工业机器人操作臂首先起源于人类对自动化机械的梦想和代替人类劳作的实际技术需要。如果工业机器人操作臂仅停留于代替人类进行粗糙的作业、也不需要较高或高精度的位置定位精度等作业的话，则机器人学的发展仅停留于相对简单的三维空间的解析几何和矢量分析的数学程度，以及经典力学的程度就够了！但事实并非如此，随着科学技术的发展和不断进步，人类对机器人的需求有更高的要求，末端定位精度有时可能要求达到千分之几毫米，甚至现在微纳米机器人技术领域的微纳米程度。为更深刻地认识机器人学与机器人技术之间的关系，以及工业机器人的机器人学与机器人技术问题，这里以现实物理世界中的机器人与机器人学中进行抽象的"机器人"（即机器人学）之间的关系为例，来对此进行说明。狭义上的目的是更深刻地认识和理解工业机器人操作臂系统设计中机构设计、机械设计以及控制系统设计等所需的机构学、数学、力学和控制科学基础，而其基础则是数学和力学问题。

为使设计制造的工业机器人操作臂代替人来完成各种作业任务，需要运用数学与力学原理，将现实物理世界中的机器人实体、运动以及作业环境与对象，映射成抽象的机器人学中机构、运动方程以及控制律等数学与力学描述，包括机器人机构学、运动学、动力学以及控制理论，并用现代机械工程、控制工程等技术再次回到现实物理世界中机器人及其完成作业任务所需的运动控制，即形成机器人技术。

工业机器人操作臂首先是机械本体，也即机器，按照机械原理，机构是由原动机、运动副、构件组成的，其中运动副可以是回转副、移动副、螺旋副等。对一般的机器人而言，其原动机大都需要连接传动装置，而后向主动运动副输送运动和动力（有一些机器人具有从动运动副），运动副将各构件相连同时也限制相邻构件间的相对运动，最末端的构件一般连接操作器，完成机器人的既定任务。如图 4-1 所示，是将现实物理世界的工业机器人操作臂弧焊系统抽象成三维欧式空间内 6 自由度机器人机构的例子。下面就此例介绍工业机器人设计与制造、运动控制以及末端操作器作业实现问题（从理论到实际）。

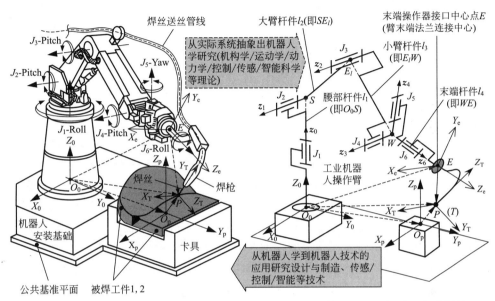

图 4-1　从现实物理世界中的机器人操作臂到机构学与作业控制理论之间的双向映射关系

Pitch—俯仰；Yaw—偏摆；Roll—滚动

4.1.1　工业机器人操作臂与作业对象构成的首尾相接的"闭链"系统

（1）安装基础

如图 4-1 所示，现实物理世界中的工业机器人操作臂机械本体与作业对象物分别被固定（或有确定的相对运动关系地固定）在各自的安装基础（或基座）上，两者安装基础（或基座）上的安装面相对于公共基准平面（地面或公共平台面）在机器人、作业对象物安装之前即需要经设计制造加工而保持一定的位置姿势精度并且需要校准或标定给出实际相对于公共基准平面的位置姿势及精度。之后可以得到机器人机座连接法兰与末端操作器作业对象物安装机座（或夹具）之间精确的相对位置与姿势实际值。这只有两个途径：用设计、制造加工、检测的精度保证位置及姿势精确；安装基础设计制造不精确但精确检测后能够得到两安装基础安装面之间精确的相对位置及姿势，两者必居其一才能供机器人与操作对象物安装使用。

（2）末端操作器及作业对象物

通常的工业机器人作业有喷漆、焊接、搬运、涂覆、装配等，作业精度有高有低，但都有位置及姿势精度要求。如第 2 章所述，末端操作器因作业种类不同而不同，焊接需要焊枪（点焊焊钳、弧焊焊枪）、喷漆需要喷枪、搬运需要手爪或大型抓手机构、装配需要装配用器具以及工具换接器等，无论何种末端操作器，都必须有与工业机器人操作臂末端机械接口法兰相配合的接口且必须保证有足够的接口配合轴向与周向定位精度；接口法兰与末端操作器作业端之间也必须经设计制造检测而得到精确的位置姿势及其精度。作业对象物上需作业的点、线、面与其安装基础之间也必须有足够精度的相对位置与姿势精确值。

（3）工业机器人操作臂

一般较常用的工业机器人操作臂都是开链的串联结构，即为机座杆件-关节-杆件-关节-杆件……-关节-杆件的串联连接结构形式。只有并联机构机器人是末端动平台与机座之间为并联结构。现实物理世界的工业机器人操作臂是由诸多零件、部件装配在一起的，零件、部件的加工制造、连接、装配等都会产生误差，而以人类目前的测量手段或工具还不能将这些误差准确地检测出来，因此，要求工业机器人操作臂机械本体必须具有足够的设计、制造加工、装配、检测精度。这些精度要求最终集中体现在末端机械接口法兰相对于其机座接口法兰之间的位置姿态精度。不仅如此，若想使工业机器人操作臂能够进行正常作业，必须在控制系统控制和传感系统感知共同作用下使其机械本体输出末端运动和动力，因此，还要具有足够的控制系统控制精度和传感器的位置、姿势检测精度。

综上所述，如图 4-1 所示，工业机器人操作臂安装基座、工业机器人操作臂机械本体、末端操作器、作业对象物以及作业对象物安装基座（或夹具）、公共基准平面之间已经形成了一个串联结构、首尾相连的封闭式"闭链"系统。对于"闭链"系统而言，其每一个环节都会对其有影响，对于工业机器人操作臂作业系统而言，每一个串联环节都会对作业精度有影响。这使得机器人操作臂作业系统在设计、制造、检测、控制以及操作上变得十分复杂，并且集中体现在精度以及作业性能要求与实现上。因此，会出现中低性能的工业机器人操作臂研发容易，而中高性能的则较难的局面。以上只是从理论上论述的"闭链"系统。从研究上看机器人学与机器人技术在研究过程中的关系也存在一个"闭环"系统。即，从工业机器人到机器人学与从机器人学再回到机器人技术的"闭环"。

由图 4-1 可知，设计制造出现实物理世界中的工业机器人操作臂之后，要想使其实现代替人类劳作的运动和操作，必须控制该机器人运动起来进行工作。首先需要将该机器人机械本体进行抽象，研究其关节、杆件之间的连接关系（即操作臂的机构构型）、各关节运动与臂末端（或末端操作器）之间的运动关系（即运动学）、各关节驱动力（或力矩）与末端（或末端操作器）负载、各构件本身物理参数之间的运动学、力学关系，通过何种方式实现这些运动关系即机器人操作臂如何控制的问题等，这些都属于基本的机器人学学术问题和理论研究范畴，即由实际的工业机器人操作臂及其作业抽象出来的机器人科学问题。

当机器人学家通过机构学、数学、力学、控制等科学研究找到了机器人学问题解决的理论、方法后，又需要重新回头面对现实物理世界中实实在在存在的工业机器人操作臂本身，需要针对其各部分物理参数无法误差为零地精确获得以及不确定量的存在、精度问题、刚度问题以及位置姿势反馈量获得、控制方法实现等诸多技术实现问题，即从机器人学回到机器人技术及其应用的研究范畴。因此，机器人技术是以针对机器人本身以及机器人实际应用问题解决以及实现过程中所包含的一切技术。

4.1.2　工业机器人操作臂作业"闭链"系统的数学与力学描述问题

将工业机器人操作臂作业系统抽象为图 4-1 所示的"闭链"机构系统之后，我们就可以从机构学、数学和力学的角度描述机器人末端操作器运动与各关节运动之间的关系、各关节运动驱动力与末端操作器输出的力或力矩之间的关系，以及机器人安装基础与被操作对象物之间、末端操作器与作业对象物之间的关系，即可以用解析几何或矢量分析与矩阵变换等数学知识、理论力学或多刚体系统动力学等力学理论去解决机器人机构运动学、动力学的数学与力学问题，为机器人作业的运动控制提供机构学、数学与力学理论基础。

显然，用图 4-1 中机器人安装基础、被焊工件夹具、机器人末端接口、被焊接工件上焊缝任意位置（也即末端操作器焊枪焊条末端）上分别建立的三维空间直角坐标系即可得到两两坐标系之间的相对位置和姿势，并进一步可以得到相对运动的速度、加速度矢量。从而可以描述任意作业位置和姿势下的机器人操作臂的运动以及驱动力或驱动力矩。

4.2　工业机器人操作臂机构运动学

4.2.1　机构运动学

如图 4-2 所示，多关节型构型的 n-DOF（degree of freedom）工业机器人操作臂中，由 n 个关节变量组成的关节角矢量设为 $\boldsymbol{\theta} = (\theta_1 \quad \theta_2 \quad \theta_3 \quad \cdots \quad \theta_n)^{\mathrm{T}}$，末端操作器的位置和姿势矢量用 $\boldsymbol{X} = (x \quad y \quad z \quad \alpha \quad \beta \quad \gamma)^{\mathrm{T}}$。则，机构运动学的定义就是在给定工业机器人操作臂机构构型的前提下，研究末端操作器的运动与各关节运动之间关系的学问。机构的构型是指构成工业机器人操作臂的各个关节、各个杆件之间以确定的相互连接关系及相对位置所构成的机构形式，它涉及各个关节类型在机构中的配置以及先后顺序。如机器人机构构型确定，则这台机器人机构构成也就唯一地确定下来［机构的构形（Configuration）是指当机构构型给定情况下，机构运动所形成的形态。机构"构型"与机构"构形"这两个词词义有着本质区别！］。

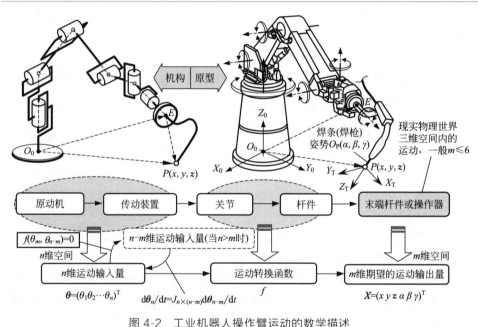

图 4-2 工业机器人操作臂运动的数学描述

由机械原理、机械设计的知识可知，构成机器人的每一个关节都是由原动机（电动机或汽缸、液压缸等）驱动的，对于电动机驱动的关节，除力矩电动机等直接驱动以外，都需要传动装置进行减速同时增大驱动转矩，因此，我们可以把原动机与传动装置看作机器人各关节的运动输入量即关节角矢量 $\boldsymbol{\theta} = (\theta_1 \quad \theta_2 \quad \theta_3 \quad \cdots \quad \theta_n)^{\mathrm{T}}$，而把末端操作器（或末端杆件）看作机器人操作臂的运动输出量即其位置和姿势矢量 $\boldsymbol{X} = (x \quad y \quad z \quad \alpha \quad \beta \quad \gamma)^{\mathrm{T}}$，进一步，可把由各个关节将各个杆件构件有序连接组成的机器人机构构型看作运动转换函数 f，即机构将运动输入量转换成末端操作器的期望的输出量。如此，机器人运动学也可以表述为在给定运动转换函数 f 即机器人机构构型的前提下，研究关节角矢量即各关节运动输入量 $\boldsymbol{\theta}$ 与末端操作器位置和姿势即期望运动输出量 $\boldsymbol{X}$ 之间关系的学问。

我们知道：现实物理世界当中，任何物体所在的位置和保持的姿势（或称姿态）都是相对的，任何对物体位置和姿势的数学描述离开了所参照的对象物体或系统是毫无意义的。而对物体的位置和姿势的定义和描述是研究机构学、机器人运动控制最为基础的知识。因此，机器人的理论研究首先是从参照系、参照物体、参考坐标系开始的。

4.2.2 机构正运动学和逆运动学

显然，机器人机构的运动转换功能可以完全用数学上的函数描述出来，即

$$\boldsymbol{X} = f(\boldsymbol{\theta})$$

或

$$f(\boldsymbol{\theta}) = \boldsymbol{X} \quad 或 \quad \boldsymbol{\theta} = f^{-1}(\boldsymbol{X})$$

上述函数表达形式虽然从函数关系上等价，但物理意义完全不同，前者表示已知机构构型即运动转换函数 f 和关节角矢量 $\boldsymbol{\theta}$，求末端操作器运动输出量即其位置和姿势矢量 $\boldsymbol{X}$，此即为机器人正运动学，也称机器人运动学正问题或运动学正解；后者则表示已知机构构型即运动转换函数 f 和末端操作器运动输出量即其位置和姿势矢量 $\boldsymbol{X}$，求能够实现末端操作器位置和姿势 $\boldsymbol{X}$ 的关节角矢量也即运动输入量 $\boldsymbol{\theta}$，此即为机器人逆运动学，也称机器人运动学逆问题或运动学逆解。

机器人的正运动学可以表达成以下形式。

0 阶正运动学方程：$\boldsymbol{X} = f(\boldsymbol{\theta})$

1 阶微分正运动学方程：$\dot{\boldsymbol{X}} = \dfrac{\mathrm{d} f(\boldsymbol{\theta})}{\mathrm{d} t} = \boldsymbol{J} \dot{\boldsymbol{\theta}}$，其中 $\boldsymbol{J} = \boldsymbol{J}(\boldsymbol{\theta})$

2 阶微分正运动学方程：$\ddot{\boldsymbol{X}} = \dot{\boldsymbol{J}} \dot{\boldsymbol{\theta}} + \boldsymbol{J} \ddot{\boldsymbol{\theta}}$，其中 $\dot{\boldsymbol{J}} = \dfrac{\mathrm{d} \boldsymbol{J}(\boldsymbol{\theta})}{\mathrm{d} \boldsymbol{\theta}} \dot{\boldsymbol{\theta}}$

机器人的逆运动学具有以下形式。

逆运动学方程：$\boldsymbol{\theta} = f^{-1}(\boldsymbol{X})$

微分逆运动学方程：当 $n = m$ 时，$\dot{\boldsymbol{\theta}} = \boldsymbol{J}^{-1} \dot{\boldsymbol{X}}$，其中 m、n 分别为矢量 $\boldsymbol{X}$、$\boldsymbol{\theta}$ 的维数；

$$当 n > m 时，\dot{\boldsymbol{\theta}} = \boldsymbol{J}^{+1} \dot{\boldsymbol{X}} - k(\boldsymbol{I} - \boldsymbol{J}^{+} \boldsymbol{J}) \boldsymbol{Z}$$

且当 $n > m$ 时，$\dot{\boldsymbol{\theta}}_n = \boldsymbol{J}_{n \times (n-m)} \dot{\boldsymbol{\theta}}_{n-m}$，其中 $\dot{\boldsymbol{\theta}}_n = \dot{\boldsymbol{\theta}}$；$\dot{\boldsymbol{\theta}}_{n-m} = [\dot{\theta}_{m+1} \quad \dot{\theta}_{m+2} \quad \cdots \quad \dot{\theta}_n]^{\mathrm{T}}$。

式中 $\boldsymbol{J}$ 为雅克比（Jacbian）矩阵；$\boldsymbol{J}^{+}$ 为雅克比矩阵 $\boldsymbol{J}$ 的伪逆阵；$\boldsymbol{I}$ 为 $n \times n$

的单位阵；Z 为任意 $n \times 1$ 维矢量；k 为一比例系数。

4.3　工业机器人操作臂机构运动学问题描述的数学基础

4.3.1　作为工业机器人操作臂构形比较基准的初始构形

机器人操作臂机构初始构形一般选择在各关节轴线间相互平行、重合或垂直的情况下，使得各杆件间位于一条直线或者相互垂直的状态，如图 4-3(a)、(b) 所示，给出了三种不同的初始构形：完全伸展开的初始构形 1；肩部伸展开，大臂、小臂在呈垂直，腕部完成 90°的初始构形 2 以及腕部完全伸展开的初始构形 3。这三种构形都可作为该机器人操作臂关节位置与末端位姿相对基准的初始构形。初始构形也即机器人操作臂构形的零位，在工作中机器人操作臂各关节的位置都是相对初始构形下相应各关节角位置而言的。工作中机器人操作臂关节角位置相对于初始构形下相应关节角位置的转动或移动量即为关节位移量（角位移量或线位移量）。初始构形作为机器人工作过程中构形比较基准，也称为零构形。零构形的定义不是唯一的，但必须精确，并需要校准。

4.3.2　末端操作器姿态的表示

机器人工作中，其末端操作器在基坐标系 $O_0\text{-}X_0Y_0Z_0$ 中是动态变化的。如图 4-4(a) 所示，在机器人基坐标系 $O_0\text{-}X_0Y_0Z_0$ 中，以末端操作器机械接口法兰的中心点 E_c 为原点，建立与末端操作器固连的直角坐标系 $E_c\text{-}xyz$（简称为 xyz），其中，x、y、z 轴分别取为末端操作器横向、法向、纵向三个方向上的单位矢量（有的书上记为 o、s、a），则末端操作器的姿态可用三个回转角度表示其姿态。机器人操作臂初始构形下末端操作器上固连的坐标系 xyz 在机器人基坐标系 $O_0\text{-}X_0Y_0Z_0$ 中的姿态为基准姿态，如图 4-4(a) 所示，图 4-4(b) 所示为末端操作器中心点 E_c 处的作业姿势。后面会讲到：末端操作器姿态可以用 9 个元素构成 3×3 的姿态矩阵来表示，这 9 个元素实际上是末端操作器坐标系 xyz 的三个坐标轴单位矢量分别在基坐标系坐标轴上投影分量。但三维现实物理世界空间中末端操作器姿态用三个姿态角即可以表达出来，而且，末端操作器姿态一般是由如图 4-4(c)、(d) 所示的机器人操作臂腕部的三个自由度来实现的。

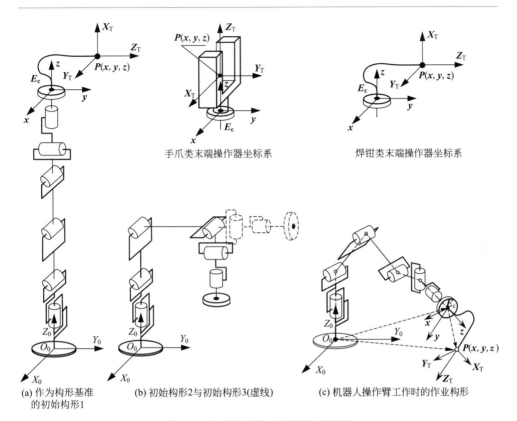

手爪类末端操作器坐标系

焊钳类末端操作器坐标系

(a) 作为构形基准
的初始构形1

(b) 初始构形2与初始构形3(虚线)

(c) 机器人操作臂工作时的作业构形

图 4-3　初始构形与末端操作器姿势

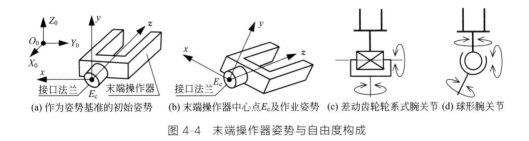

接口法兰　　末端操作器

(a) 作为姿势基准的初始姿势

(b) 末端操作器中心点E_c及作业姿势

(c) 差动齿轮轮系式腕关节 (d) 球形腕关节

图 4-4　末端操作器姿势与自由度构成

这里介绍两种末端操作器的姿态表示方法。

① 欧拉（Euler）角表示法　如图 4-5（a）所示，以 Euler（φ，θ，η）对末端操作器的姿态进行表示，绕坐标系轴线的旋转顺序为 $\mathbf{Rot}(z,\varphi) \rightarrow x'y'z \rightarrow \mathbf{Rot}(y',\theta)$ $\rightarrow x''y'z' \rightarrow \mathbf{Rot}(z',\eta) \rightarrow x'''y''z'$，则末端操作器上固连的坐标系 xyz 此时与 $x'''y''z'$ 完全重合。我们可以这样理解：假设末端操作器上固连的坐标系 xyz 在机器人初始

构形下末端操作器初始姿态时的坐标系完全重合，则将该初始姿态下的坐标系 xyz 分别按图 4-5(a) 所示的 $\mathbf{Rot}(z,\varphi) \to x'y'z \to \mathbf{Rot}(y',\theta) \to x''y''z' \to \mathbf{Rot}(z',\eta) \to x'''y''z'$ 变换顺序得到坐标系 $x'''y''z'$，若机器人在工作状态下，末端操作器上固连的坐标系 xyz 与 $x'''y''z'$ 完全重合（即末端操作器坐标系的 x、y、z 轴分别与 $x'''y''z'$ 坐标系的 x'''、y''、z' 坐标轴对应重合），则将欧拉角 φ、θ、η 称为末端操作器的相对于其初始姿态（即零姿态）的姿态角，并以 φ、θ、η 三个姿态角表示末端操作器姿态。

② Roll-Pitch-Yaw 表示法　如图 4-5(b) 所示，以 $(\theta_r,\theta_p,\theta_y)$ 对末端操作器的姿态进行表示，绕坐标系轴线的旋转顺序为 $\mathbf{Rot}(z,\theta_r) \to \mathbf{Rot}(y,\theta_p) \to \mathbf{Rot}(x,\theta_y)$。

同样，我们可以这样理解：假设末端操作器上固连的坐标系 xyz 在机器人初始构形下末端操作器初始姿态时的坐标系完全重合，则将该初始姿态下的坐标系 xyz 分别按图 4-5(b) 所示的 $\mathbf{Rot}(z,\theta_r) \to \mathbf{Rot}(y,\theta_p) \to \mathbf{Rot}(x,\theta_y)$ 变换顺序先后得到坐标系 $x'y'z'$、$x''y''z''$、$x'''y''z''$，若机器人在工作状态下，末端操作器上固连的坐标系 xyz 与 $x'''y''z''$ 完全重合。则将 θ_r、θ_p、θ_y 称为末端操作器的相对于其初始姿态（即零姿态）的姿态角，并以 θ_r、θ_p、θ_y 三个姿态角表示末端操作器姿态。

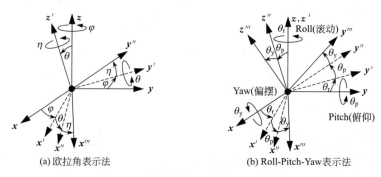

(a) 欧拉角表示法　　　　　　(b) Roll-Pitch-Yaw表示法

图 4-5　两种末端操作器的姿态表示方法

4.3.3　坐标系的表示与坐标变换

(1) 物体和坐标系

如图 4-6 所示，坐标系 （coordinate system） 可分为绝对坐标系 O_0-$X_0Y_0Z_0$（也称基坐标系、参考坐标系或参照系）和物体坐标系两种。绝对坐标系为该坐标系所表达三维空间内所有物体的位置与姿态描述提供基准；物体坐标系则是与物体固连、随物体一起运动的坐标系，物体坐标系与其所固连的物体之间没有任何相对运动（或者说两者相对运动为 0）；坐标系的 x、y、z 三个坐标轴的顺位遵从右手定则，物体坐标系内一点 P 标记为$^{obj}\boldsymbol{P}$，可用矢量形式表示为：$^{obj}\boldsymbol{P} = \begin{bmatrix} ^{obj}p_x, & ^{obj}p_y, & ^{obj}p_z \end{bmatrix}^{\mathrm{T}}$。

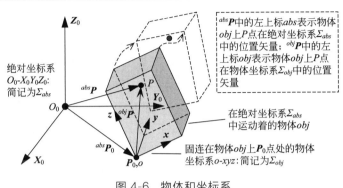

图 4-6　物体和坐标系

（2）坐标变换

为把物体坐标系中的矢量$^{obj}\boldsymbol{P}$ 在绝对坐标系中表示出来，物体坐标系$\sum_{obj}$ 的原点在绝对坐标系$\sum_{abs}$ 中的矢量表示为$^{abs}\boldsymbol{P}_0$；物体坐标系$\sum_{obj}$ 与绝对坐标系$\sum_{abs}$ 间的坐标轴回转变换关系为矩阵$\boldsymbol{A}$；则物体上点 P 在绝对坐标系$\sum_{abs}$ 中的矢量表示$^{abs}\boldsymbol{P}$ 为：

$$^{abs}\boldsymbol{P} = \begin{bmatrix} ^{abs}p_x \\ ^{abs}p_y \\ ^{abs}p_z \end{bmatrix} = \begin{bmatrix} \boldsymbol{A} \end{bmatrix} \cdot {}^{obj}\boldsymbol{P} + {}^{abs}\boldsymbol{P}_0 \tag{4-1}$$

其中矩阵 $\boldsymbol{A}$ 为 3×3 的矩阵，称为回转变换矩阵。显然由式(4-1) 可以看出：坐标系间的变换可用绕坐标轴的回转和坐标原点的平移来表示。

① 回转变换　假设回转变换之前，参考坐标系 $o\text{-}xyz$ 与动坐标系 $o'\text{-}x'y'z$ 完全重合，然后开始回转变换：让动坐标系 $o'\text{-}x'y'z$ 绕参考坐标系 $o\text{-}xyz$ 的 z 轴转 θ 角，得到图 4-7 所示的坐标系 $o'\text{-}x'y'z$ 新的位置和姿态。图中，P 点为动坐标系 $o'\text{-}x'y'z$ 中的任意一点（P 点可以看作与动坐标系固连）。回转变换前，P 点在参考坐标系 $o\text{-}xyz$ 与动坐标系 $o'\text{-}x'y'z$ 中的位置坐标完全相同，皆为 $P(x_0, y_0, 0)$；

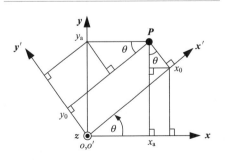

图 4-7　绕 z 轴回转的坐标变换

经回转变换，P 点在动坐标系 $o'\text{-}x'y'z$ 中的位置坐标 $P(x_0,y_0,0)$ 没有变，但 P 点与动坐标系 $o'\text{-}x'y'z$ 一起绕参考坐标系 $o\text{-}xyz$ 的 z 轴旋转了 θ 角，因此，旋转变换之后，P 点在参考坐标系 $o\text{-}xyz$ 中的位置坐标已经不再是 $P(x_0,y_0,0)$，而是变为 $P(x_a,y_a,0)$。则，由平面解析几何知识很容易推导出 x_a、y_a 与 x_0、y_0 的关系式并写成矩阵的形式，过程如下：

设两坐标系间的坐标回转变换矩阵 A 为 $R(z,\theta)$，则可求得：

$$\begin{cases} x_a = x_0\cos\theta - y_0\sin\theta \\ y_a = x_0\sin\theta + y_0\cos\theta \\ z_a = z_0 \end{cases} \Rightarrow \begin{bmatrix} x_a \\ y_a \\ z_a \end{bmatrix} = \begin{bmatrix} \cos\theta & -\sin\theta & 0 \\ \sin\theta & \cos\theta & 0 \\ 0 & 0 & 1 \end{bmatrix} \begin{bmatrix} x_0 \\ y_0 \\ z_0 \end{bmatrix} \Rightarrow$$

$$R(z,\theta) = \begin{bmatrix} \cos\theta & -\sin\theta & 0 \\ \sin\theta & \cos\theta & 0 \\ 0 & 0 & 1 \end{bmatrix} \tag{4-2}$$

同理可得：

$$R(y,\theta) = \begin{bmatrix} \cos\theta & 0 & \sin\theta \\ 0 & 1 & 0 \\ -\sin\theta & 0 & \cos\theta \end{bmatrix} \tag{4-3}$$

$$R(x,\theta) = \begin{bmatrix} 1 & 0 & 0 \\ 0 & \cos\theta & -\sin\theta \\ 0 & \sin\theta & \cos\theta \end{bmatrix} \tag{4-4}$$

上述回转变换矩阵 $R(z,\theta)$、$R(y,\theta)$，$R(x,\theta)$ 均称为基本回转变换矩阵。"R" 为 Rotate（绕……轴线回转）首字母，因此，$R(z,\theta)$ 即是绕坐标系 z 轴回转 θ 角之意，$R(y,\theta)$，$R(x,\theta)$ 也分别是绕 y 轴回转 θ 角、绕 x 轴回转 θ 角之意。

如图 4-5（b）所示，设 Roll 转角、Pitch 转角、Yaw 转角分别为 θ_r、θ_p、θ_y，则经过 RPY 旋转变换后的坐标变换矩阵 $RPY(\theta_r,\theta_p,\theta_y)$ 为：

$$RPY(\theta_r,\theta_p,\theta_y) = R(z,\theta_r)R(y,\theta_p)R(x,\theta_y)$$

$$= \begin{bmatrix} \cos\theta_r\cos\theta_p & \cos\theta_r\sin\theta_p\sin\theta_y - \sin\theta_r\cos\theta_y & \cos\theta_r\sin\theta_p\cos\theta_y + \sin\theta_r\sin\theta_y \\ \sin\theta_r\cos\theta_p & \sin\theta_r\sin\theta_p\sin\theta_y + \cos\theta_r\cos\theta_y & \sin\theta_r\sin\theta_p\cos\theta_y - \cos\theta_r\sin\theta_y \\ -\sin\theta_p & \cos\theta_p\sin\theta_y & \cos\theta_p\cos\theta_y \end{bmatrix}$$

$$\tag{4-5}$$

需要特别注意的是：多次回转变换后得到的回转变换结果（即回转变换之后的坐标系）与各基本回转变换的顺序是相关的，改变各基本回转变换的顺序得到的回转变换结果是不同的，即得到的总的回转变换矩阵、坐标系结果不同。

② 平移变换　设平移变换前，坐标系 $o\text{-}xyz$ 与 $o'\text{-}x'y'z'$ 完全重合，让坐标系 $o'\text{-}x'y'z'$ 沿着坐标系 $o\text{-}xyz$ 的 x 轴平移 p_x，然后继续沿坐标系 $o\text{-}xyz$ 的 y 轴

平移 p_y，然后再继续沿着坐标系 o-xyz 的 z 轴平移 p_z，最后到达如图 4-8 所示中的坐标系 o'-$x'y'z'$ 位置。这三次平移变换的路径是 Tans $(x, p_x) \rightarrow$ Tans $(y, p_y) \rightarrow$ Tans (z, p_z)，但改变平移变换中基本平移变换的顺序并不改变平移变换的结果。平移变换顺序 Tans $(y, p_y) \rightarrow$ Tans $(x, p_x) \rightarrow$ Tans (z, p_z)、Tans $(y, p_y) \rightarrow$ Tans $(z, p_z) \rightarrow$ Tans (x, p_x)、Tans $(z, p_z) \rightarrow$ Tans $(x, p_x) \rightarrow$ Tans (y, p_y)、Tans $(z, p_z) \rightarrow$ Tans $(y, p_y) \rightarrow$ Tans (x, p_x) 的结果得到的平

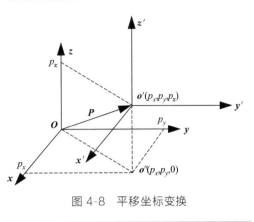

图 4-8　平移坐标变换

移变换之后的 o'-$x'y'z'$ 坐标系位置与姿态都是完全一样的。在这一点上，平移变换与回转变换不同。

设两坐标系间的坐标平移变换矢量为 $\boldsymbol{T}$，则有：

$$\boldsymbol{T}(p_x, p_y, p_z) = \begin{bmatrix} p_x \\ p_y \\ p_z \end{bmatrix} \tag{4-6}$$

③ 齐次变换矩阵　通常的坐标变换都是回转和平移复合在一起实现的，为了将旋转变换和平移变换表达在一起，在 3×3 的回转变换矩阵增加一行，与平移矩阵一起定义 4×4 的坐标变换矩阵，即得齐次变换（homogenious transformation）矩阵 $\boldsymbol{A}$，表示为：

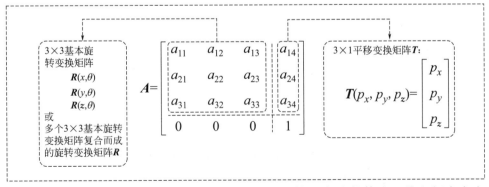

该齐次变换矩阵方法在计算机图形学中也是被用来让物体在三维空间内自由移动、回转的方法。平移和旋转同时进行时，旋转后得到的坐标系各坐标轴矢量分别设为：

$$\boldsymbol{n}=\begin{bmatrix} n_x & n_y & n_z \end{bmatrix}^{\mathrm{T}}, \boldsymbol{o}=\begin{bmatrix} o_x & o_y & o_z \end{bmatrix}^{\mathrm{T}}, \boldsymbol{a}=\begin{bmatrix} a_x & a_y & a_z \end{bmatrix}^{\mathrm{T}} \quad (4\text{-}7)$$

式中，$\boldsymbol{n}$ 为法线 "Normal" 方向；$\boldsymbol{o}$ 为横移 "Orientation" 方向；$\boldsymbol{a}$ 为前后向接近 "Approach" 方向。原点的移动设为 $\boldsymbol{p}=\begin{bmatrix} p_x, & p_y, & p_z \end{bmatrix}^{\mathrm{T}}$，则动坐标系经齐次变换后的位姿矩阵为：

$$\begin{bmatrix} n_x & o_x & a_x & p_x \\ n_y & o_y & a_y & p_y \\ n_z & o_z & a_z & p_z \\ 0 & 0 & 0 & 1 \end{bmatrix} \quad (4\text{-}8)$$

当坐标系不做旋转运动时各坐标轴矢量分别为：

$$\begin{cases} \boldsymbol{n}=\begin{bmatrix} 1 & 0 & 0 \end{bmatrix}^{\mathrm{T}} \to x\ \text{轴} \\ \boldsymbol{o}=\begin{bmatrix} 0 & 1 & 0 \end{bmatrix}^{\mathrm{T}} \to y\ \text{轴} \\ \boldsymbol{a}=\begin{bmatrix} 0 & 0 & 1 \end{bmatrix}^{\mathrm{T}} \to z\ \text{轴} \end{cases}$$

【例题】动坐标系 Σ_b 初始时与参考坐标系 Σ_a 完全重合，让动坐标系 Σ_b 相对参考坐标系 Σ_a 沿 $\boldsymbol{x}$、$\boldsymbol{y}$、$\boldsymbol{z}$ 方向分别平移 1、2、1，然后绕 $\boldsymbol{z}$ 轴旋转 30°，再绕 $\boldsymbol{y}$ 轴回转 60°，绕 $\boldsymbol{x}$ 轴回转 45° 得到新的动坐标系 Σ_b：$o''-x''y''z''$，如图 4-9 所示。

（a）求坐标系 Σ_b 对 Σ_a 的齐次变换矩阵 $\boldsymbol{A}$；

（b）已知动坐标系 Σ_b 中有一点 P 的矢量为 $^b\boldsymbol{P}=\begin{bmatrix} 1 & 1 & 1 & 1 \end{bmatrix}^{\mathrm{T}}$，求该点在参考坐标系 Σ_a 中的坐标值或位置矢量 $^a\boldsymbol{P}$。

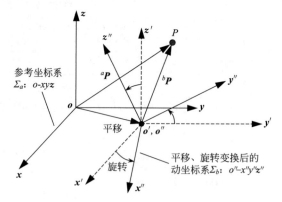

图 4-9　移动与旋转复合变换例题图

答：首先求齐次变换矩阵 $\boldsymbol{A}$：

$$T = \begin{bmatrix} 1 \\ 2 \\ 1 \end{bmatrix}$$

$$R = R(z, 30°) \cdot R(y, 60°) \cdot R(x, 45°) = \begin{bmatrix} 0.43 & 0.18 & 0.88 \\ 0.25 & 0.92 & -0.31 \\ -0.87 & 0.35 & 0.35 \end{bmatrix} \Rightarrow \quad A$$

$$= \begin{bmatrix} 0.43 & 0.18 & 0.88 & 1 \\ 0.25 & 0.92 & -0.31 & 2 \\ -0.87 & 0.35 & 0.35 & 1 \\ 0 & 0 & 0 & 1 \end{bmatrix}$$

而后求解$^a\boldsymbol{P}$。

$$^a\boldsymbol{P} = \boldsymbol{A} \cdot {}^b\boldsymbol{P} = \begin{bmatrix} 0.43 & 0.18 & 0.88 & 1 \\ 0.25 & 0.92 & -0.31 & 2 \\ -0.87 & 0.35 & 0.35 & 1 \\ 0 & 0 & 0 & 1 \end{bmatrix} \begin{bmatrix} 1 \\ 1 \\ 1 \\ 1 \end{bmatrix} = \begin{bmatrix} 2.49 \\ 2.86 \\ 0.83 \\ 1 \end{bmatrix}$$

【问题讨论】上述例题中计算得到的齐次变换矩阵 $\boldsymbol{A}$ 各行、各列及各元素的物理意义是什么？

齐次坐标变换矩阵 $\boldsymbol{A}$ 的第 1 列表示动坐标系 $\sum_b$：$o''\text{-}x''y''z''$ 的 $\boldsymbol{x}''$ 坐标轴在参考坐标系 $\sum_a$：$o\text{-}xyz$ 中的矢量（单位矢量）；则第一列各元素分别表示 $\boldsymbol{x}''$ 坐标轴在参考坐标系 $\sum_a$：$o\text{-}xyz$ 中的 $\boldsymbol{x}$、$\boldsymbol{y}$、$\boldsymbol{z}$ 轴上的投影分量。类似地，$\boldsymbol{A}$ 的第 2 列表示动坐标系 $\sum_b$：$o''\text{-}x''y''z''$ 的 $\boldsymbol{y}''$ 坐标轴在参考坐标系 $\sum_a$：$o\text{-}xyz$ 中的矢量（单位矢量）；则第 2 列各元素分别表示 $\boldsymbol{y}''$ 坐标轴在参考坐标系 $\sum_a$：$o\text{-}xyz$ 中的 $\boldsymbol{x}$、$\boldsymbol{y}$、$\boldsymbol{z}$ 轴上的投影分量；$\boldsymbol{A}$ 的第 3 列表示动坐标系 $\sum_b$：$o''\text{-}x''y''z''$ 的 $\boldsymbol{z}''$ 坐标轴在参考坐标系 $\sum_a$：$o\text{-}xyz$ 中的矢量（单位矢量），则第 3 列各元素分别表示 $\boldsymbol{z}''$ 坐标轴在参考坐标系 $\sum_a$：$o\text{-}xyz$ 中的 $\boldsymbol{x}$、$\boldsymbol{y}$、$\boldsymbol{z}$ 轴上的投影分量。

4.3.4 正运动学

正运动学（forward kinematics）：已知机器人机构构型、各关节位置（移动关节为移动量，回转关节为关节角），求末端操作器位置和姿态的问题。

（1）机器人的坐标系建立

如图 4-10 所示，将机器人的基坐标系记为 $\sum_0$，关节坐标系从离基座最近的关节开始对各关节坐标系编号 $i(i=1,2,\cdots,n)$ 并将其固定在连杆 i 上。

设第 i 坐标系相对于第 $i-1$ 坐标系的坐标变换矩阵为 $^{i-1}\boldsymbol{A}_i$；机器人操作臂末端坐标系矢量变换成第 $i-1$ 坐标系矢量的变换矩阵为 $^i\boldsymbol{T}_n$，则有：

$$^i\boldsymbol{T}_n = {}^i\boldsymbol{A}_{i+1} \cdot {}^{i+1}\boldsymbol{A}_{i+2} \cdot \cdots \cdot {}^{n-1}\boldsymbol{A}_n$$

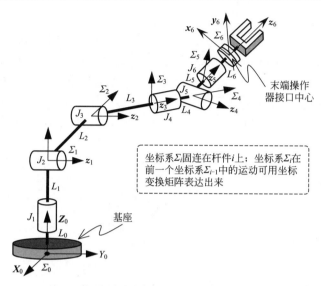

图 4-10　操作臂的关节坐标系

将第 6 轴-机器人末端即末端操作器的坐标在基坐标系中表示出来的坐标变换为 $^0\boldsymbol{T}_6$：

$$^0\boldsymbol{T}_n = \boldsymbol{A}_1 \cdot \boldsymbol{A}_2 \cdot \cdots \cdot \boldsymbol{A}_6 \qquad\qquad (4\text{-}9)$$

这里省略左肩上的上标数字，将 $^{i-1}\boldsymbol{A}_i$ 简写为 $\boldsymbol{A}_i$。

（2）机器人的杆件及关节的 D-H 参数表示法

到目前为止，由关节连在一起的两杆件间的运动学关系可由坐标变换矩阵 $\boldsymbol{A}$ 来求得。要具体地求出坐标变换矩阵 $\boldsymbol{A}$，杆件及关节在三维空间中的参数如何表示呢？

对于一个自由度的关节，两杆件间相对运动（转动或移动）的变量只有一个，即相对回转的关节角或相对移动时的位移量。最常用的方法是 1955 年由 Denavir 和 Hartenbeg 提出的为关节链中的每一个杆件建立附体坐标系的矩阵方法，即 D-H 参数法（Denavir-Hartenbeg 定义法，也称 DH 模型）。

① 建立基坐标系　把机器人原点设定基座或第一关节轴上任意一点，并建立基坐标系 Σ_0，该基坐标系的 z_0 轴作为关节 1 的回转轴。

② 考虑第 $i-1$ 杆件与第 i 杆件间的关系

a. 如图 4-11 所示，连接第 i 关节 J_i 的杆件 L_{i-1} 和 L_i。按着前一杆件 L_{i-1} 设为 x 方向、关节轴设为 z 方向，按着 x、z 方向和右手定则确定 y 轴方

向建立第 $i-1$ 坐标系。

b. 作关节 J_i 和 J_{i+1} 的回转轴的公垂线，将两垂足间的距离设为杆件 L_i 的长度 a_i，将两回转轴线间的角度设为杆件 L_i 的拧角 α_i。

c. 关节 J_{i-1} 和关节 J_i 的回转轴线公垂线与关节 J_i 和关节 J_{i+1} 的回转轴线公垂线间在 z_{i-1} 轴上的距离设为杆件 L_{i-1} 与杆件 L_i 的偏移量 d_i。在垂直于 z_{i-1} 轴线平面内逆时针回转测得的这两条公垂线间的夹角 θ_i 设为杆件 i 的回转角度。在回转关节的情况下，该角度 θ_i 即为关节 J_i 的关节角变量。

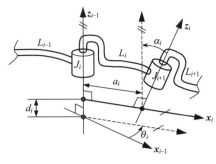

图 4-11　关节和连杆的连接关系及 D-H 参数定义

③ 考虑关节 J 为图 4-12 所示的移动关节的情况：

a. 第 i 关节的下一个关节即第 $i+1$ 关节轴线公垂线是轴 $i-1$ 与轴 $i+1$ 两轴之间的公垂线。此时，关节变量为 d_i，并且坐标系设立在第 $i-1$ 回转关节处。

b. 移动关节的情况下，杆件长度参数 a_i 没有意义，应设为 0。

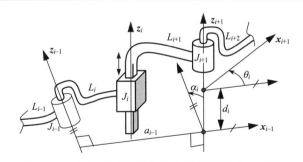

图 4-12　移动关节和连杆的连接关系及 D-H 参数

④ 杆件参数 (link parameters)　$a_i(a_{i-1}), d_i, \alpha_i, \theta_i$ 这四个参数能够表达以下 4 个运动。

a. 绕 z_{i-1} 轴回转 θ_i 角。

b. 沿 z_{i-1} 轴移动 d_i。

c. 回转后的 x_{i-1} 轴，即沿 x_i 轴移动 a_i。

d. 绕 x_i 轴拧转 α_i 角。

⑤ 基于 D-H 参数法的坐标变换矩阵 A_i　根据 4 个 D-H 参数所表达的运动功能，按着式(4-2)～式(4-6) 及齐次变换矩阵的形式依次写出坐标变换矩阵，

依次相乘可求得由第 $i-1$ 坐标系到第 i 坐标系的坐标变换矩阵 $\boldsymbol{A}_i$，如下式所示：

$$\boldsymbol{A}_i = \boldsymbol{R}(z,\ \theta_i) \cdot \boldsymbol{T}(0,\ 0,\ d_i) \cdot \boldsymbol{T}(a_i,\ 0,\ 0) \cdot \boldsymbol{R}(x,\ \alpha_i)$$

$$= \begin{bmatrix} \cos\theta_i & -\sin\theta_i & 0 & 0 \\ \sin\theta_i & \cos\theta_i & 0 & 0 \\ 0 & 0 & 1 & 0 \\ 0 & 0 & 0 & 1 \end{bmatrix} \begin{bmatrix} 1 & 0 & 0 & 0 \\ 0 & 1 & 0 & 0 \\ 0 & 0 & 1 & d_i \\ 0 & 0 & 0 & 1 \end{bmatrix} \begin{bmatrix} 1 & 0 & 0 & a_i \\ 0 & 1 & 0 & 0 \\ 0 & 0 & 1 & 0 \\ 0 & 0 & 0 & 1 \end{bmatrix} \begin{bmatrix} 1 & 0 & 0 & 0 \\ 0 & \cos\alpha_i & -\sin\alpha_i & 0 \\ 0 & \sin\alpha_i & \cos\alpha_i & 0 \\ 0 & 0 & 0 & 1 \end{bmatrix}$$

$$= \begin{bmatrix} \cos\theta_i & -\sin\theta_i\cos\alpha_i & \sin\theta_i\sin\alpha_i & a_i\cos\theta_i \\ \sin\theta_i & \cos\theta_i\cos\alpha_i & -\cos\theta_i\sin\alpha_i & a_i\sin\theta_i \\ 0 & \sin\alpha_i & \cos\alpha_i & d_i \\ 0 & 0 & 0 & 1 \end{bmatrix}$$

$$(4\text{-}10)$$

（3）正运动学问题例题

① 运动学正问题　n 关节机器人，当各关节回转角度或位移量给定时，求解臂前端即末端操作器中心的位置和姿态的问题称为"运动学正问题"或"正运动学问题"，简称"正运动学"。正运动学问题实际上就是求从基坐标系到末端操作器中心坐标系的齐次变换矩阵的问题。以 $n=6$ 自由度的工业机器人操作臂为例，关于各关节的坐标变换矩阵依次相乘下去得到的矩阵 ${}^0\boldsymbol{T}_6$，则有：

$${}^0\boldsymbol{T}_6 = \boldsymbol{A}_1 \cdot \boldsymbol{A}_2 \cdot \boldsymbol{A}_3 \cdot \boldsymbol{A}_4 \cdot \boldsymbol{A}_5 \cdot \boldsymbol{A}_6$$

$$= \left[\begin{array}{ccc|c} \boldsymbol{n} & \boldsymbol{o} & \boldsymbol{a} & \boldsymbol{p} \\ \hline 0 & 0 & 0 & 1 \end{array} \right]$$

式中，$\boldsymbol{p}$ 为表示末端操作器中心在基坐标系中的位置矢量；$\boldsymbol{n}$，$\boldsymbol{o}$，$\boldsymbol{a}$ 分别为表示末端操作器在基坐标系中的各方向矢量。

② 水平面内运动的 2-DOF 机器人操作臂　其机构如图 4-13 所示，为水平面内运动的关节式 2-DOF（degree of Freedom）串联杆件组成的开链连杆机构。

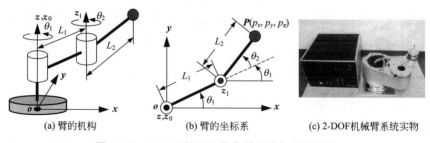

(a) 臂的机构　　　　　(b) 臂的坐标系　　　　　(c) 2-DOF机械臂系统实物

图 4-13　2-DOF 机器人操作臂机构与实物照片

③ **2-DOF 机械臂的正运动学**　如图 4-13(b) 所示，可直接通过解析法求得：

$$\begin{cases} p_x = L_1\cos\theta_1 + L_2\cos(\theta_1+\theta_2) \\ p_y = L_1\sin\theta_1 + L_2\sin(\theta_1+\theta_2) \\ \qquad p_z = 0 \end{cases} \tag{4-11}$$

若由 D-H 参数法求解，则建立如表 4-1 所示的 D-H 参数表。

表 4-1　2-DOF 机械臂的 D-H 参数

L	θ_i	d_i	a_i	α_i
1	θ_1	0	L_1	0
2	θ_2	0	L_2	0

则由 D-H 参数和各关节的绕 z 轴旋转的坐标变换矩阵求得：

$$\boldsymbol{A}_1 = \boldsymbol{R}(z,\theta_1)\cdot\boldsymbol{T}(L_1,0,0) = \begin{bmatrix} \cos\theta_1 & -\sin\theta_1 & 0 & L_1\cos\theta_1 \\ \sin\theta_1 & \cos\theta_1 & 0 & L_1\sin\theta_1 \\ 0 & 0 & 1 & 0 \\ 0 & 0 & 0 & 1 \end{bmatrix}$$

$$\boldsymbol{A}_2 = \boldsymbol{R}(z,\theta_2)\cdot\boldsymbol{T}(L_2,0,0) = \begin{bmatrix} \cos\theta_2 & -\sin\theta_2 & 0 & L_2\cos\theta_2 \\ \sin\theta_2 & \cos\theta_2 & 0 & L_2\sin\theta_2 \\ 0 & 0 & 1 & 0 \\ 0 & 0 & 0 & 1 \end{bmatrix} \tag{4-12}$$

$$^0\boldsymbol{T}_2 = \boldsymbol{A}_1\cdot\boldsymbol{A}_2 = \begin{bmatrix} C_1C_2-S_1S_2 & -C_1S_2-S_1C_2 & 0 & L_1C_1+L_2C_1C_2-L_2S_1S_2 \\ S_1C_2-C_1S_2 & -S_1S_2+C_1C_2 & 0 & L_1S_1+L_2S_1C_2+L_2C_1S_2 \\ 0 & 0 & 1 & 0 \\ 0 & 0 & 0 & 1 \end{bmatrix}$$

$$\tag{4-13}$$

式中，$S_i = \sin\theta_i$，$C_i = \cos\theta_i$。

则臂末端即末端操作器中心点的位置 $\boldsymbol{P}(p_x,p_y,p_z)$ 可求得，为：

$$\boldsymbol{P} = {}^0\boldsymbol{T}_2\begin{bmatrix} 0 & 0 & 0 & 1 \end{bmatrix}^\mathrm{T}$$

由式(4-13) 的第 3 列得：

$$\begin{aligned} p_x &= L_1\cos\theta_1 + L_2\cos(\theta_1+\theta_2) \\ p_y &= L_1\sin\theta_1 + L_2\sin(\theta_1+\theta_2) \\ p_z &= 0 \end{aligned} \tag{4-14}$$

如果杆件 2 的伸展方向就是手腕的方向，则式(4-15) 中的 $\begin{bmatrix} \boldsymbol{n} & \boldsymbol{o} & \boldsymbol{a} \end{bmatrix}$ 就是末端操作器的姿态矩阵，$\boldsymbol{n}$、$\boldsymbol{o}$、$\boldsymbol{a}$ 分别为末端操作器接口（或末端操作器）上固连坐标系的 $\boldsymbol{x}$、$\boldsymbol{y}$、$\boldsymbol{z}$ 坐标轴在基坐标系（即参考坐标系）中的单位矢量。

$$
{}^{0}T_{2}=A_{1} \cdot A_{2}=\begin{bmatrix} C_1C_2-S_1S_2 & -C_1S_2-S_1C_2 & 0 & L_1C_1+L_2C_1C_2-L_2S_1S_2 \\ S_1C_2-C_1S_2 & -S_1S_2+C_1C_2 & 0 & L_1S_1+L_2S_1C_2+L_2C_1S_2 \\ 0 & 0 & 1 & 0 \\ 0 & 0 & 0 & 1 \end{bmatrix} \tag{4-15}
$$

$$
\begin{bmatrix} \boxed{n} & \boxed{o} & \boxed{a} \end{bmatrix}
$$

④ PUMA 机器人操作臂的正运动学 PUMA 机器人操作臂的机构如图 4-14（a）所示。

应注意的是：对于 PUMA 机器人的第一关节的轴线，到下一关节的距离是有偏移量的。PUMA 机器人操作臂的 D-H 参数如表 4-2 所示。

表 4-2 PUMA 机器人操作臂的 D-H 参数表

L	θ_i	d_i	a_i	α_i
1	θ_1	d_1	0	90
2	θ_2	d_2	a_2	0
3	θ_3	0	0	90
4	θ_4	d_4	0	-90
5	θ_5	0	0	90
6	θ_6	d_6	0	0

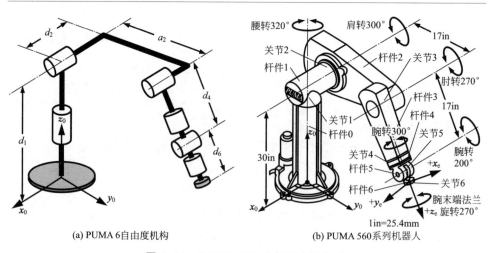

(a) PUMA 6自由度机构   (b) PUMA 560系列机器人

图 4-14 6-DOF PUMA 机器人操作臂

由 D-H 参数表有各关节旋转变换矩阵，如下：

$$\boldsymbol{A}_1=\begin{bmatrix} C_1 & 0 & S_1 & 0 \\ S_1 & 0 & -C_1 & 0 \\ 0 & 1 & 0 & d_1 \\ 0 & 0 & 0 & 1 \end{bmatrix} \quad \boldsymbol{A}_2=\begin{bmatrix} C_2 & -S_2 & 0 & a_2C_2 \\ S_2 & C_2 & 0 & a_2S_2 \\ 0 & 0 & 1 & d_2 \\ 0 & 0 & 0 & 1 \end{bmatrix} \quad \boldsymbol{A}_3=\begin{bmatrix} C_3 & 0 & S_3 & 0 \\ S_3 & 0 & -C_3 & 0 \\ 0 & 1 & 0 & 0 \\ 0 & 0 & 0 & 1 \end{bmatrix}$$

$$\boldsymbol{A}_4=\begin{bmatrix} C_4 & 0 & -S_4 & 0 \\ S_4 & 0 & C_4 & 0 \\ 0 & -1 & 0 & d_4 \\ 0 & 0 & 0 & 1 \end{bmatrix} \quad \boldsymbol{A}_5=\begin{bmatrix} C_5 & 0 & S_4 & 0 \\ S_5 & 0 & -C_5 & 0 \\ 0 & 1 & 0 & 0 \\ 0 & 0 & 0 & 1 \end{bmatrix} \quad \boldsymbol{A}_6=\begin{bmatrix} C_6 & -S_6 & 0 & 0 \\ S_6 & C_6 & 0 & 0 \\ 0 & 0 & 1 & d_6 \\ 0 & 0 & 0 & 1 \end{bmatrix}$$

$$(4\text{-}16)$$

则有：

$${}^5\boldsymbol{T}_6=\boldsymbol{A}_6$$

$${}^4\boldsymbol{T}_6=\boldsymbol{A}_5\cdot{}^5\boldsymbol{T}_6=\boldsymbol{A}_5\cdot\boldsymbol{A}_6$$

$${}^3\boldsymbol{T}_6=\boldsymbol{A}_4\cdot{}^4\boldsymbol{T}_6=\boldsymbol{A}_4\cdot\boldsymbol{A}_5\cdot\boldsymbol{A}_6$$

$${}^2\boldsymbol{T}_6=\boldsymbol{A}_3\cdot{}^3\boldsymbol{T}_6=\boldsymbol{A}_3\cdot\boldsymbol{A}_4\cdot\boldsymbol{A}_5\cdot\boldsymbol{A}_6$$

$${}^1\boldsymbol{T}_6=\boldsymbol{A}_2\cdot{}^2\boldsymbol{T}_6=\boldsymbol{A}_2\cdot\boldsymbol{A}_3\cdot\boldsymbol{A}_4\cdot\boldsymbol{A}_5\cdot\boldsymbol{A}_6$$

$${}^0\boldsymbol{T}_6=\boldsymbol{A}_1\cdot{}^1\boldsymbol{T}_6=\boldsymbol{A}_1\cdot\boldsymbol{A}_2\cdot\boldsymbol{A}_3\cdot\boldsymbol{A}_4\cdot\boldsymbol{A}_5\cdot\boldsymbol{A}_6$$

推得：

$${}^0\boldsymbol{T}_6=\begin{bmatrix} \boldsymbol{n} & \boldsymbol{o} & \boldsymbol{a} & \boldsymbol{p} \\ 0 & 0 & 0 & 1 \end{bmatrix}=\begin{bmatrix} n_x & o_x & a_x & p_x \\ n_y & o_y & a_y & p_y \\ n_z & o_z & a_z & p_z \\ 0 & 0 & 0 & 1 \end{bmatrix}$$

其中：

$$n_x=C_1[C_{23}(C_4C_5C_6-S_4S_6)-S_{23}S_5C_6]+S_1(S_4C_5C_6+C_4S_6)$$

$$n_y=S_1[C_{23}(C_4C_5C_6-S_4S_6)-S_{23}S_5C_6]-C_1(S_4C_5C_6+C_4S_6)$$

$$n_z=S_{23}(C_4C_5C_6-S_4S_6)+C_{23}S_5C_6$$

$$o_x=-C_1[C_{23}(C_4C_5S_6+S_4C_6)-S_{23}S_5C_6]-S_1(S_4C_5S_6-C_4C_6)$$

$$o_y=-S_1[C_{23}(C_4C_5S_6+S_4C_6)-S_{23}S_5S_6]+C_1(S_4C_5C_6-C_4C_6)$$

$$o_z=-S_{23}(C_4C_5S_6+S_4C_6)-C_{23}S_5S_6$$

$$a_x=C_1(C_{23}C_4S_5+S_{23}C_5)+S_1S_4S_5$$

$$a_y=S_1(C_{23}C_4S_5+S_{23}C_5)-C_1S_4S_5$$

$$a_z=S_{23}C_4S_5-C_{23}C_5$$

$$p_x=d_4C_1S_{23}+a_2C_1C_2+d_2S_1$$

$$p_y=d_4S_1S_{23}+a_2S_1S_2-d_2C_1$$

$$p_z = -d_4 S_{23} + a_2 S_2 + d_1 \quad (d_6 = 0)$$

4.3.5 逆运动学

逆运动学（inverse kinematics）：已知机器人机构构型、末端操作器位置和姿态，求各关节位置（移动关节为移动量，回转关节为关节角）的问题。

逆运动学解求解方法：几何法、基于齐次矩阵变换的矩阵运算法。本节以 2-DOF 平面连杆机器人操作臂和 PUMA 机器人操作臂为例讲述逆运动学问题。

（1）逆运动学问题一般解法

根据机器人操作臂的作业需要，将按作业要求给定位置和姿态的位姿矩阵设为机器人操作臂末端接口中心处位姿矩阵 $^0T_6$，即有：

$$\begin{bmatrix} \boldsymbol{n} & \boldsymbol{o} & \boldsymbol{a} & \boldsymbol{p} \\ 0 & 0 & 0 & 1 \end{bmatrix} = {}^0T_6 \tag{4-17}$$

$${}^0T_6 = {}^0A_1 \cdot {}^1A_2 \cdot {}^2A_3 \cdot {}^3A_4 \cdot {}^4A_5 \cdot {}^5A_6 \tag{4-18}$$

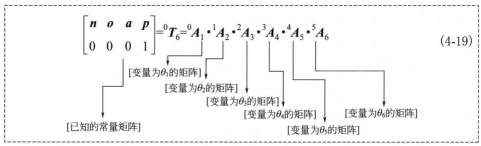

式（4-18）两边同时乘以 $^0A_1$ 的逆矩阵 $^0A_1^{-1}$：

$${}^0A_1^{-1} \begin{bmatrix} \boldsymbol{n} & \boldsymbol{o} & \boldsymbol{a} & \boldsymbol{p} \\ 0 & 0 & 0 & 1 \end{bmatrix} = {}^0T_6 = {}^1A_2 \cdot {}^2A_3 \cdot {}^3A_4 \cdot {}^4A_5 \cdot {}^5A_6 = {}^1T_6 \tag{4-20}$$

[只含 θ_1 的矩阵] → 对应元素相等可列出只含 θ_1 的方程式，得到 θ_1 的计算公式。 ← [含常数元素和用变量表示元素的矩阵]

从式（4-20）等号左边乘得的矩阵中找出与式（4-20）等号右边 $^1T_6$ 中常数元素对应的含 θ_1 变量的元素，即可列出只含 θ_1 变量的方程式，从而推导出 θ_1 的计算公式。

同理式（4-20）两边同时乘以 $^1A_2$ 的逆矩阵 $^1A_2^{-1}$ 有：

$${}^1A_2^{-1} \cdot {}^0A_1^{-1} \cdot \begin{bmatrix} \boldsymbol{n} & \boldsymbol{o} & \boldsymbol{a} & \boldsymbol{p} \\ 0 & 0 & 0 & 1 \end{bmatrix} = {}^2A_3 \cdot {}^3A_4 \cdot {}^4A_5 \cdot {}^5A_6 = {}^2T_6$$

从上式等号左边乘得的矩阵中找出与等号右边 $^2T_6$ 中常数元素对应的含 θ_2 变量的元素，即可列出只含 θ_2 变量的方程式，从而推导出 θ_2 的计算公式。在此过程中，θ_1 可当作已知量看待。

类推下去，有：

$$^{i-1}\boldsymbol{A}_i^{-1} \cdot \cdots \cdot {}^1\boldsymbol{A}_2^{-1} \cdot {}^0\boldsymbol{A}_1^{-1} \begin{bmatrix} \boldsymbol{n} & \boldsymbol{o} & \boldsymbol{a} & \boldsymbol{p} \\ 0 & 0 & 0 & 1 \end{bmatrix} = {}^i\boldsymbol{A}_{i+1} \cdot \cdots \cdot {}^{n-1}\boldsymbol{A}_n = {}^i\boldsymbol{T}_n$$

(4-21)

当 $n=6$ 时，$^{i-1}\boldsymbol{A}_i^{-1} \cdot \cdots \cdot {}^1\boldsymbol{A}_2^{-1} \cdot {}^0\boldsymbol{A}_1^{-1} \cdot \begin{bmatrix} \boldsymbol{n} & \boldsymbol{o} & \boldsymbol{a} & \boldsymbol{p} \\ 0 & 0 & 0 & 1 \end{bmatrix} = {}^i\boldsymbol{T}_6$。

按与 θ_1 的计算公式相同的方法依次推导出各关节角的计算公式。

（2）水平面内运动的 2-DOF 机械臂运动学求解方法——解析几何法

如图 4-15 所示，设 2-DOF 机械臂的末端 P 点至坐标原点的距离为 L_0。

则根据余弦定理有：

$$L_0^2 = L_1^2 + L_2^2 - 2L_1L_2\cos(180° - \theta_2)$$
$$= L_1^2 + L_2^2 + 2L_1L_2\cos\theta_2$$

设 P 的坐标为 (p_x, p_y, p_z)，

则 $L_0^2 = x^2 + y^2$，有：

$$\cos\theta_2 = -\frac{p_x^2 + p_y^2 - (L_1^2 + L_2^2)}{2L_1L_2}$$

(4-22)

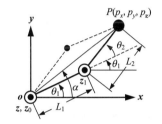

图 4-15 2-DOF 机械臂逆运动学
的解析几何解法

虽然可由 arccos 计算出 θ_2，可遗憾的是：由 arccos、arcsin 计算结果在 $0°$、$90°$、$180°$处的误差变大，而且 arccos 只能算 $0° \sim 180°$，arcsin 只能算 $-90° \sim +90°$ 的结果。为此，采用：$\theta = \arctan(\sin\theta/\cos\theta)$，并且在计算机算法语言中使用象限角计算函数"ATAN2 (a, b)"，且 $a = \sin\theta$，$b = \cos\theta$。则有：

$$\sin\theta_2 = \pm\frac{\sqrt{(2L_1L_2)^2 - [p_x^2 + p_y^2 - (L_1^2 + L_2^2)]^2}}{2L_1L_2}$$

(4-23)

则有：

$$\theta_2 = \text{ATAN2}\left\{\pm\frac{\sqrt{(2L_1L_2)^2 - [p_x^2 + p_y^2 - (L_1^2 + L_2^2)]^2}}{2L_1L_2}, -\frac{p_x^2 + p_y^2 - (L_1^2 + L_2^2)}{2L_1L_2}\right\}$$

这里，$\sin\theta_2$ 有正负值，则 $-\theta_2$ 也是解，对应图 4-15 中虚线所示的构型。末端有两种可能的姿态。下面求 θ_1：

$$\begin{cases} p_x = L_1\cos\theta_1 + L_2\cos(\theta_1 + \theta_2) = k_c\cos\theta_1 - k_s\sin\theta_1 \\ p_y = L_1\sin\theta_1 + L_2\sin(\theta_1 + \theta_2) = k_c\cos\theta_1 + k_s\sin\theta_1 \\ p_z = 0 \end{cases}$$

(4-24)

其中：

$$\begin{cases} k_c = L_1 + L_2\cos\theta_2 \\ k_s = L_2\sin\theta_2 \end{cases} \tag{4-25}$$

则由式（4-24）得：

$$\begin{cases} \cos\theta_1 = \dfrac{k_c p_x + k_s p_y}{k_c^2 + k_s^2} \\[3mm] \sin\theta_1 = \dfrac{-k_s p_x + k_c p_y}{k_c^2 + k_s^2} \end{cases}$$

综上所述，可得平面 2-DOF 机器人操作臂逆运动学的解析解为：

$$\theta_1 = \arctan\frac{\sin\theta_1}{\cos\theta_1} = \text{ATAN2}\left\{\frac{-k_s p_x + k_c p_y}{k_c^2 + k_s^2} \quad,\quad \frac{k_c p_x + k_s p_y}{k_c^2 + k_s^2}\right\} \tag{4-26}$$

$$\theta_2 = \text{ATAN2}\left\{\pm\frac{\sqrt{(2L_1 L_2)^2 - [p_x^2 + p_y^2 - (L_1^2 + L_2^2)]^2}}{2L_1 L_2}, -\frac{p_x^2 + p_y^2 - (L_1^2 + L_2^2)}{2L_1 L_2}\right\} \tag{4-27}$$

【问题讨论】逆解公式中的"±"号如何处理？

公式(4-26)、式(4-27) 中的"±"号对应着图 4-15 所示机器人操作臂末端在给定位置下的两个不同构形，即末端操作器接口点到达同一位置有两种不同的构形，从解方程的角度意味着方程有两组解。但"±"号下的这两组解不能同时使用，也不能混用，即用"±"号中的"+"号公式解算机器人逆运动学解并控制机器人操作臂时自始至终都应用"+"号下的公式，反之，用"−"号时自始至终也都应该用"−"号下的公式计算逆解。

4.3.6 RPP 无偏置型 3 自由度机器人操作臂臂部机构运动学分析的解析几何法

RPP 无偏置型 3 自由度操作臂臂部机构运动简图如图 4-16 所示。当大臂、小臂完全伸展开呈竖直状态时，各关节回转中心、各相邻关节回转中心两两连线（即臂杆构件）理论上都在一条直线上。各关节角变量、各杆件长度等机构参量及其符号定义如图 4-16 所示。

在操作臂基座底面中心处建立基坐标系 $O\text{-}XYZ$，图示的整臂竖直伸展成一直线状态为作为绝对基准构形的"零构形"，即各关节位置为"0"位时的 0°，关节角位移即关节角都是相对"零构形"时的位置而定义的，如图所示的 θ_1、θ_2、θ_3，且逆时针转为正、顺时针为负。根据图 4-16 所示的 RPP 三自由度操作臂臂部机构各关节、杆件间的无偏置式关系和机构运动简图，当关节 1、关节 2、关节 3 各自从臂"零构形"开始独立转动至图示的 θ_1、θ_2、θ_3 角时，不难作立体解析几何分析：由于关节 1 轴线垂直于基座底面平面，关节 2 轴线、关节 3 轴线互相平行，且皆平行于基座底面基准面，同时又都垂直且相交于关节 1 轴线，所以，各关节由"零构形"位置转动 θ_1、θ_2、θ_3 后，臂杆 A_1B_1、B_1P 在基座底面即 $O\text{-}XY$ 平面上的垂直投影分别为 OA_o、A_oP_o，即点 A、B_1、P、P_{B1}、P_A、O、A_o、B_o、P_o 都在同一平面上，且该平面垂直于 $O\text{-}XY$ 平面且相交于 OP_o 所在的直线 OX'。

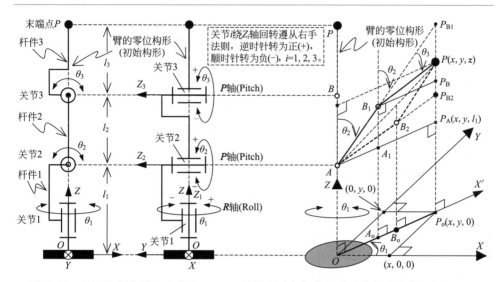

图 4-16　机器人操作臂 3 自由度 RPP 无偏置型臂部机构运动学分析的立体解析几何法

【正运动学解】已知如图 4-16 所示的机构构型和机构参数，求给定各关节的关节角 θ_1、θ_2、θ_3 的情况下，在基坐标系 $O\text{-}XYZ$ 中，求臂末端点 P 的位置坐标（x，y，z）和末端杆件 3 的姿态。由图中几何关系可得：$\overline{AP_A}=\overline{OP_o}=l_2\sin\theta_2+l_3\sin(\theta_2+\theta_3)$；$z=\overline{P_oP}=l_1+l_2\cos\theta_2+l_3\cos(\theta_2+\theta_3)$，则可得末端点 P 在基坐标系 $O\text{-}XYZ$ 中的位置坐标分量计算公式：

$$\begin{cases} x=\overline{OP_o}\cos\theta_1=[l_2\sin\theta_2+l_3\sin(\theta_2+\theta_3)]\cos\theta_1 \\ y=\overline{OP_o}\sin\theta_1=[l_2\sin\theta_2+l_3\sin(\theta_2+\theta_3)]\sin\theta_1 \\ z=\overline{P_oP}=l_1+l_2\cos\theta_2+l_3\cos(\theta_2+\theta_3) \end{cases} \tag{4-28}$$

末端杆件 3 在基坐标系 $O\text{-}XYZ$ 中的姿态用由 B 点指向 P 点的矢量来表示。B 点、P 点在基坐标系中的位置坐标分别为 B（x_B，y_B，z_B）和 P（x，y，z）表示。其中，B_1 点坐标分量分别为：

$$\begin{cases} x_B = l_2 \sin\theta_2 \cos\theta_1 \\ y_B = l_2 \sin\theta_2 \sin\theta_1 \\ z_B = l_2 \cos\theta_2 + l_1 \end{cases} \tag{4-29}$$

则 $\boldsymbol{BP} = \begin{bmatrix} x-x_B & y-y_B & z-z_B \end{bmatrix}^T$，作为臂末端杆件 3 在基坐标系中的方向矢量归一化为单位长度的方向矢量 $\boldsymbol{e}_3$ 为：

$$\boldsymbol{e}_3 = \boldsymbol{BP} / \|\boldsymbol{BP}\| = \begin{bmatrix} x-x_B & y-y_B & z-z_B \end{bmatrix}^T / \sqrt{(x-x_B)^2 + (y-y_B)^2 + (z-z_B)^2} \tag{4-30}$$

末端杆件 3 在基坐标系中的姿态可用式(4-30)计算出的方向矢量 $\boldsymbol{e}_3$ 来表示。将式(4-28)、式(4-29)代入到式(4-30)中即可计算出末端杆件 3 的方向矢量 $\boldsymbol{e}_3$。

对操作臂机构作解析几何分析的逆运动学目的：根据末端点 P 在基坐标系 $O\text{-}XYZ$ 中的位置坐标 $P(x,y,z)$ 及机构参数，求对应于 $P(x,y,z)$ 位置的各关节角位置，即关节角 θ_1、θ_2、θ_3，也即用操作臂机构的末端杆件的末端点 P 的位置坐标 x、y、z 和杆件长度参数 l_1、l_2、l_3 来表示 θ_1、θ_2、θ_3 的解方程。

【逆运动学解】

• 关节角 $\boldsymbol{\theta_1}$ 计算公式推导：根据前述内容和图 4-16 中右图所示的几何关系，可得：$\tan\theta_1 = y/x$，则有：$\theta_1 = \arctan(y/x)$，由于存在多解，因此，用程序设计语言中的象限角函数 ATAN2 的形式计算 θ_1，即：

$$\theta_1 = \arctan(y,x) = \text{ATAN2}(y,x) \tag{4-31}$$

• 关节角 $\boldsymbol{\theta_3}$ 计算公式推导：在 $\triangle AB_1P$ 中，由余弦定理可得如下关系式：

$$\overline{AP}^2 = x^2 + y^2 + (z-l_1)^2 = l_2^2 + l_3^2 - 2l_2 l_3 \cos(\pi-\theta_3) = l_2^2 + l_3^2 + 2l_2 l_3 \cos\theta_3 \tag{4-32}$$

继而有：$\cos\theta_3 = \dfrac{x^2 + y^2 + (z-l_1)^2 - l_2^2 - l_3^2}{2l_2 l_3}$，$\theta_3 = \arccos\left[\dfrac{x^2+y^2}{2l_2 l_3} + \dfrac{(z-l_1)^2 - l_2^2 - l_3^2}{2l_2 l_3}\right]$。显然，由 arccos 函数求解 θ_3，有无穷多解而且可呈周期性变化。因此，仍然采用象限角函数来求 θ_3。由 $\cos^2\theta_3 + \sin^2\theta_3 = 1$ 可得：

$$\sin\theta_3 = \pm\sqrt{1-\cos^2\theta_3}$$

$$= \pm\frac{\sqrt{\{(l_2+l_3)^2 - [x^2+y^2+(z-l_1)^2]\}\{-(l_2-l_3)^2 + [x^2+y^2+(z-l_1)^2]\}}}{2l_2 l_3}$$

$$\cos\theta_3 = \frac{x^2 + y^2 + (z-l_1)^2 - l_2^2 - l_3^2}{2l_2 l_3} \tag{4-33}$$

$$\theta_3 = \arctan(\sin\theta_3, \cos\theta_3) = \text{ATAN2}(\sin\theta_3, \cos\theta_3) \tag{4-34}$$

需要注意的是：显然由公式（4-34）利用公式（4-33）求解出的关节角 θ_3 有 "±" 两组解，这两组解分别对应图 4-16 右图中都能够实现臂末端点 P 处于同一位置坐标下的 AB_1P 和 AB_2P 两个臂形构形。

• 关节角 θ_2 计算公式推导　令 $\triangle AB_1P$ 中 $\angle B_1AP=\alpha$，在 $\triangle AP_AP$ 中有：

$$\angle PAP_A=\arctan(z-l_1,\sqrt{x^2+y^2})=\text{ATAN2}(z-l_1,\sqrt{x^2+y^2})$$

且 $\alpha=\angle B_1AP=\pi/2-\theta_2-\angle PAP_A$，所以有：

$$\alpha=\pi/2-\theta_2-\text{ATAN2}(z-l_1,\sqrt{x^2+y^2}) \tag{4-35}$$

则在 $\triangle AB_1P$ 中，同样根据余弦定理有：

$$l_3^2=l_2^2+\overline{AP}^2-2l_2\overline{AP}\cos\angle B_1AP=l_2^2+x^2+y^2+(z-l_1)^2-2l_2\sqrt{x^2+y^2+(z-l_1)^2}\cos\alpha$$

$$\cos\alpha=\frac{l_2^2+x^2+y^2+(z-l_1)^2-l_3^2}{2l_2\sqrt{x^2+y^2+(z-l_1)^2}} \tag{4-36}$$

由 $\sin\alpha=\pm\sqrt{1-\cos^2\alpha}$ 得：

$$\sin\alpha=\pm\frac{\sqrt{4l_2^2\left[x^2+y^2+(z-l_1)^2\right]-\left[l_2^2+x^2+y^2+(z-l_1)^2-l_3^2\right]^2}}{2l_2\sqrt{x^2+y^2+(z-l_1)^2}} \tag{4-37}$$

由象限角计算公式得：

$$\alpha=\arctan(\sin\alpha,\cos\alpha)=\text{ATAN2}(\sin\alpha,\cos\alpha) \tag{4-38}$$

则由式（4-35）、式（4-38）推导出：

$$\theta_2=\pi/2-\alpha-\text{ATAN2}(z-l_1,\sqrt{x^2+y^2})$$

$$=\pi/2-\text{ATAN2}(\sin\alpha,\cos\alpha)-\text{ATAN2}(z-l_1,\sqrt{x^2+y^2})$$

$$\theta_2=\pi/2-\text{ATAN2}\left\{\pm\frac{\sqrt{4l_2^2\left[x^2+y^2+(z-l_1)^2\right]-\left[l_2^2+x^2+y^2+(z-l_1)^2-l_3^2\right]^2}}{2l_2\sqrt{x^2+y^2+(z-l_1)^2}},\right.$$

$$\left.\frac{l_2^2+x^2+y^2+(z-l_1)^2-l_3^2}{2l_2\sqrt{x^2+y^2+(z-l_1)^2}}\right\}-\text{ATAN2}(z-l_1,\sqrt{x^2+y^2}) \tag{4-39}$$

需要注意的是：关节角 θ_2、θ_3 都是各有 "±" 两组解，共有四组不同的组合结果，但实际上由图 4-16 可知，只有对应图 4-16 右图中都能够实现臂末端点 P 处于同一位置坐标下的 AB_1P 和 AB_2P 两个臂形构形下的两组组合解有实际意义。因此，定义臂形标志 k，当 $k=1$ 时为高臂形即 AB_1P 臂形，$k=-1$ 时为低臂形即 AB_2P 臂形。

$\text{sign}(\theta_2)\text{sign}(\theta_3)=1$ 时为高臂形，即 $k=1$；

$\mathrm{sign}(\theta_2)\mathrm{sign}(\theta_3)=-1$ 时为低臂形，即 $k=-1$。

则式(4-31)、式(4-33)、式(4-34)、式(4-39)分别为用解析几何方法推导出的关节角 θ_1、θ_2、θ_3 的解析解计算公式。有了这些计算公式，即可用程序设计语言（如 Mtalab、C、C++、VC、VB）编写对于该机器人操作臂机构通用的逆运动学求解计算程序。在实际使用时需要根据臂形标志和保证各关节连续运动条件下分别对公式中的"±"加以组合。除非在大小臂臂形处于一直线上，否则绝对不允许出现由高臂形一下子"突然"跳到低臂形的运动不连续情况发生。

• 末端点 P 走连续轨迹（路径）时的逆运动学求解方法　以上求解的只是在末端杆件的末端点 P 到达基坐标系内的某一位置坐标 (x,y,z) 时对应的各关节角位置，也即操作臂处于某一构形下的逆运动学解。当末端点 P 在基坐标系内按作业要求给定的连续轨迹路径运动时，需要将给定的连续轨迹按着时间间隔和顺序离散成 n 个离散位置点 P_i（下标 $i=1,2,3,\cdots,n$），n 越大即离散点数越多，求得的关节轨迹越光滑。设连续运动轨迹上的第 i 个位置点 P_i 在基坐标系 $O\text{-}XYZ$ 中的位置坐标为 $P_i(x_i,y_i,z_i)$，则按着前述的解析几何方法推导得到的逆运动学解求解式(4-31)、式(4-33)、式(4-34)、式(4-39)即可分别计算出对应点 $P_i(x_i,y_i,z_i)$ 位置坐标的关节角 θ_{1i}、θ_{2i}、θ_{3i}（$i=1,2,3,\cdots,n$），从而计算出各关节角曲线上按时间顺序给出的一系列关节角位置值，即求得了关节轨迹数据曲线。将求解得到的这些关节轨迹数据按着仿真软件对外部数据文件输入的数据格式要求存储在数据文件中，然后作为运动输入数据导入仿真软件中用于运动仿真。

4.3.7　RPP 有偏置型 3 自由度机器人操作臂臂部机构（即 PUMA 臂部机构）运动学分析的解析几何法

偏置型的 3 自由度 RPP 机器人操作臂机构是指前后相邻的两个杆件之间根本不存在共线情况的机构。如图 4-17 所示。非偏置型的 3 自由度 RPP 机器人操作臂机构由于存在臂杆共线的情况，因此，某些关节因相邻臂杆之间会有关节的机械极限位置而减小了关节运动范围，导致工作空间减小。因此，为了扩大关节运动范围和工作空间，多数工业机器人机构采用了图 4-17 所示含有臂杆之间相互错开的偏置型机构。工业机器人中较早的 PUMA 机器人臂部机构就是这种偏置型的 RPP 三自由度机构，大臂与小臂沿着肩、轴关节轴线方向是相互错开配置的，大臂同时沿肩关节轴线偏置于腰转轴线一侧，使得臂部机构中大、小臂杆件（构件）所构成的平面（为垂直于基座底面水平面的垂直面）与关节 1（腰转关节）轴线平行且距离为 h。根据图 4-17 所示的操作臂臂部机构原理和各关节回转运动，用立体解析几何分析方法绘出图 4-17 右侧的几何关系图。

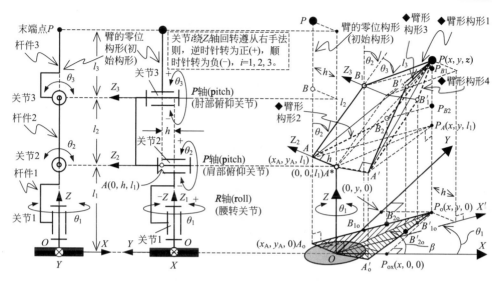

图 4-17　机器人操作臂 3 自由度 RPP 偏置型臂部机构运动学分析的立体解析几何法

【正运动学解】已知如图 4-17 所示的机构构型和机构参数，求给定各关节的关节角 θ_1、θ_2、θ_3 的情况下，在基坐标系 $O\text{-}XYZ$ 中，求臂末端点 P 的位置坐标（x，y，z）和末端杆件 3 的姿态。由图中几何关系可得：$\overline{AP_A}=\overline{A_oP_o}=l_2\sin\theta_2+l_3\sin(\theta_2+\theta_3)$；$z=\overline{P_oP}=l_1+l_2\cos\theta_2+l_3\cos(\theta_2+\theta_3)$。则在直角 $\triangle P_oA_oO$ 中，有：$\overline{OP_o}=\sqrt{\overline{A_oP_o}^2+\overline{OA_o}^2}=\sqrt{[l_2\sin\theta_2+l_3\sin(\theta_2+\theta_3)]^2+h^2}$。另外，$\angle P_oOX'$ 可由下式求出：$\angle P_oOX'=\arcsin(h/\overline{OP_o})=\arcsin\left(h/\sqrt{[l_2\sin\theta_2+l_3\sin(\theta_2+\theta_3)]^2+h^2}\right)$，且对于给定的机器人机构，一般在可用共空间内，取 $0\leqslant\angle P_oOX'\leqslant\pi/2$ 值，则 P_o 点的坐标分量也即臂杆 3 末端点 P 的坐标分量 x、y 分别为：$x=\overline{OP_o}\cos(\theta_1+\angle P_oOX')$，$y=\overline{OP_o}\sin(\theta_1+\angle P_oOX')$。则臂杆 3 末端点 P 在基坐标系 $O\text{-}XYZ$ 中的位置坐标分量 x、y、z 分别为：

$$\begin{cases} x=\overline{OP_o}\cos(\theta_1+\angle P_oOX') \\ y=\overline{OP_o}\sin(\theta_1+\angle P_oOX') \\ z=l_1+l_2\cos\theta_2+l_3\cos(\theta_2+\theta_3) \end{cases} \qquad (4\text{-}40)$$

其中，$\overline{OP_o}=\sqrt{[l_2\sin\theta_2+l_3\sin(\theta_2+\theta_3)]^2+h^2}$；$\angle P_oOX'=\arcsin(h/\overline{OP_o})$ 且 $0\leqslant\angle P_oOX'\leqslant\pi/2$。

求臂杆 3 在基坐标系中的姿态方法与前述的非偏置型操作臂机构末端杆件 3 的方向矢量方法相同，用解析几何法求 B 点在基坐标系中的坐标分量 x_B、y_B、z_B，然后求由 B 点的坐标（x_B，y_B，z_B）和式（4-40）求得的 P 点坐标（x，y，z）求由 B 指向 P 点的矢量 BP，并归一化求得 BP 的方向矢量 e_3 即可。此处从略。

【逆运动学解】对于在基坐标系 $O\text{-}XYZ$ 中给定的末端点位置坐标 P（x，y，z），偏置型的 RPP 三自由度臂部机构有四种构形可以使臂末端到达同一点 P，这四种构形分别是：

① 大小臂位于腰转轴线左侧肘部高位臂形—OA^*AB_1P

② 大小臂位于腰转轴线左侧肘部低位臂形—OA^*AB_2P

③ 大小臂位于腰转轴线右侧肘部高位臂形—$OA^*A'B'P$

④ 大小臂位于腰转轴线右侧肘部低位臂形—$OA^*A'B'_1P$

这说明对于给定的臂末端点位置坐标，偏置型 RPP 操作臂臂部机构逆运动学解有四组解。

• 求关节角 θ_1　图 4-17 中，$\angle P_o OX = \beta$，则在 $\triangle P_o P_{ox} O$ 中，有：$\beta = \text{ATAN2}(y, x)$。在 $\triangle P_o OA_o$ 中，有：$\angle A_o P_o O = \angle P_o OX'$。且 $\sin\angle P_o OX' = h/\sqrt{x^2 + y^2}$；$\cos\angle P_o OX' = \pm\sqrt{(x^2 + y^2 - h^2)/(x^2 + y^2)}$。则有：

$$\angle P_o OX' = \text{ATAN2}\left\{h/\sqrt{x^2 + y^2}, \pm\sqrt{(x^2 + y^2 - h^2)/(x^2 + y^2)}\right\}$$

对于给定的机器人机构，一般在可用工作空间内，用 $\sin\angle P_o OX' = h/\sqrt{x^2 + y^2}$ 即可解出 $\angle P_o OX'$：$\angle P_o OX' = \arcsin(h/\sqrt{x^2 + y^2})$ 且取 $0 \leqslant \angle P_o OX' \leqslant \pi/2$ 值，而不需用 ATAN2 函数来求解。

由 $\angle P_o OX' + \theta_1 = \beta$ 可得：$\theta_1 = \beta - \angle P_o OX' = \text{ATAN2}(y, x) - \angle P_o OX'$。

$$\theta_1 = \text{ATAN2}(y, x) - \arcsin(h/\sqrt{x^2 + y^2}) \tag{4-41}$$

• 求关节角 θ_2 和 θ_3 的解析几何法

由图 4-17 可知，P 点在基坐标系的位置坐标已知为 $P(x, y, z)$，臂形构形 1 的情况下，$\triangle AB_1P$ 所在的平面永远垂直于基座底面 $O\text{-}XY$，A^* 点在基坐标系中的位置坐标为 $A^*(0, 0, l_1)$，设 A 点的位置坐标为 $A(x_A, y_A, l_1)$，其中 x_A，y_A 待求，如果能求出 A 点的坐标分量 x_A，y_A，则就可以用与前述非零偏置 RPP 三自由度臂部机构中用余弦定理和象限角函数 ATAN2 求解关节角 θ_2 和 θ_3 的方法一样来求出偏置型 RPP 机构的关节角 θ_2 和 θ_3。下面用解析法求 x_A，y_A。两端线段构成的平面直角折线 OA_oP_o 是大臂、小臂在 $O\text{-}XY$ 平面上的投影，所以，A 点坐标分量 x_A、y_A 就是 A_o 点的相应坐标分量。因此，可在 $O\text{-}XY$ 平面内将 A_o 点坐标（$x_A, y_A, 0$）中的未知分量

x_A、y_A 求出来。

在直角 $\triangle OA_\circ P_\circ$ 中，有如下方程组：

$$\begin{cases} x_A^2 + y_A^2 = h^2 \\ x^2 + y^2 = h^2 + (x - x_A)^2 + (y - y_A)^2 \end{cases} \tag{4-42}$$

整理得：$h^2 - xx_A - yy_A = 0$。则有：

$$x_A = (h^2 - yy_A)/x \tag{4-43}$$

显然，当 $x = 0$ 或 $x \approx 0$ 或很小时，x_A 分别为 $x_A = \infty$ 或很大。一般情况下，不可能这样使用机器人操作臂的。需要注意的是：图 4-16 中机器人操作臂的零位构形只是用来作为关节转动位置（角位移）的比较基准。若初始构形为机构奇异构形，在机器人实际作业时为各关节协调连续运动时需要回避的奇异机构构形，但是可以让各个关节以 Point-T-Point 这种点位控制方式单独运动到实际作业的起始构形，然后利用逆运动学计算程序计算各关节协调运动的关节轨迹，并用于进行轨迹追踪的运动控制；或者也可以采用远离图 4-16 所示的杆件两两相互垂直状态作为初始构形。

将式(4-43)代入式(4-42)中的第 1 个方程中并整理得一元二次方程：

$$y_A^2 - 2yy_A + h^2 - x^2 = 0 \tag{4-44}$$

得

$$y_A = y \pm \sqrt{y^2 + 2y(h^2 - x^2)} \tag{4-45}$$

则 A 点坐标分量 x_A、y_A、z_A 为：

$$\begin{cases} x_A = (h^2 - yy_A)/x \\ y_A = y \pm \sqrt{y^2 + 2y(h^2 - x^2)} \\ z_A = l_1 \end{cases} \tag{4-46}$$

式中，"$\pm$"分别对应前述四种臂形构形中的肩关节在腰转关节轴线左侧、右侧两种情况，即图 4-17 中"$+$"对应臂形构形 1、2，"$-$"对应臂形构形 3、4。这里所说的左右侧是以 $O\text{-}XYZ$ 坐标系的 X 轴正向为前向，或者假设将偏置型机器人操作臂看作人的左臂则按人体定义的前后左右方向。或者换句话说：当机器人臂形处于：大小臂位于腰转轴线左侧肘部高位臂形—OA^*AB_1P 或者大小臂位于腰转轴线左侧肘部低位臂形—OA^*AB_2P 时，式(4-45)取"$+$"；当机器人臂形处于：大小臂位于腰转轴线右侧肘部高位臂形—$OA^*A'B'P$ 或者大小臂位于腰转轴线右侧肘部低位臂形—$OA^*A'B_1'P$ 时，式(4-46)取"$-$"。

至此，求解偏置型机器人操作臂关节角 θ_2 和 θ_3 的问题归结为图 4-18 所示的已知三角形的两个顶点的坐标及两个边长，求其内角、外角的问题。

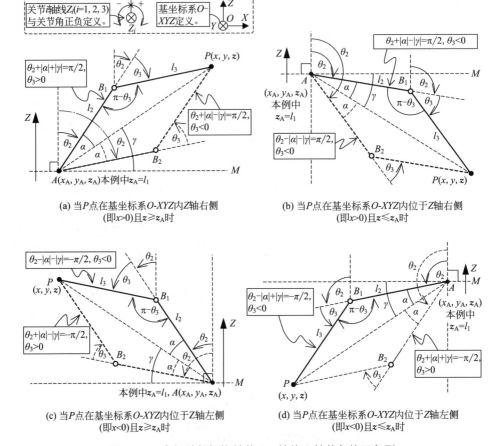

图 4-18　求解臂部机构关节 2、关节 3 关节角的三角形

根据余弦定理有：$\overline{AP}^2 = (x - x_A)^2 + (y - y_A)^2 + (z - z_A)^2 = l_2^2 + l_3^2 - 2l_2 l_3 \cos(\pi - \theta_3)$，则有：

$$\cos\theta_3 = \frac{(x - x_A)^2 + (y - y_A)^2 + (z - z_A)^2 - l_2^2 - l_3^2}{2l_2 l_3} \qquad (4\text{-}47)$$

由 $\cos^2\theta_3 + \sin^2\theta_3 = 1$ 可得：

$$\begin{cases} \sin\theta_3 = \pm\sqrt{1 - \cos^2\theta_3} \\ \cos\theta_3 = \dfrac{(x - x_A)^2 + (y - y_A)^2 + (z - z_A)^2 - l_2^2 - l_3^2}{2l_2 l_3} \end{cases}$$

则 $\theta_3 = \arctan(\sin\theta_3, \cos\theta_3) = \text{ATAN2}(\sin\theta_3, \cos\theta_3)$，得解。公式中正负号"±"分别对应机器人操作臂机构肘部高位肘、低位肘构形。"+"对应高位肘臂

形；"—"对应低位肘臂形。

关节 3 的关节角计算公式为：

$$\begin{cases} \theta_3 = \arctan(\sin\theta_3, \cos\theta_3) = \text{ATAN2}(\pm\sqrt{1-\cos^2\theta_3}, \cos\theta_3) \\ \cos\theta_3 = \dfrac{(x-x_A)^2 + (y-y_A)^2 + (z-z_A)^2 - l_2^2 - l_3^2}{2l_2 l_3} \\ x_A = (h^2 - yy_A)/x \\ y_A = y \pm \sqrt{y^2 + 2y(h^2 - x^2)} \\ z_A = l_1 \end{cases} \tag{4-48}$$

下面接着求 θ_2。由图 4-18 所示的几何关系可知：$\theta_2 + \angle B_1 AP + \angle PAM = \theta_2 + \alpha + \gamma = 90° = \pi/2$。只有求出 α、γ 关于 x、y、z 和 l_2、l_3 的表达式，即可解得 θ_2。在 $\triangle B_1 AP$ 中，应用余弦定理可得：

$$\overline{B_1 P}^2 = l_3^2 = (x-x_A)^2 + (y-y_A)^2 + (z-z_A)^2 + l_2^2 - 2l_2 \sqrt{(x-x_A)^2 + (y-y_A)^2 + (z-z_A)^2} \cos\alpha$$

$$\cos\alpha = \frac{(x-x_A)^2 + (y-y_A)^2 + (z-z_A)^2 + l_2^2 - l_3^2}{2l_2 \sqrt{(x-x_A)^2 + (y-y_A)^2 + (z-z_A)^2}} \tag{4-49}$$

由 $\cos^2\alpha + \sin^2\alpha = 1$ 可得：

$$\begin{cases} \sin\alpha = \pm\sqrt{1-\cos^2\alpha} \\ \cos\alpha = \dfrac{(x-x_A)^2 + (y-y_A)^2 + (z-z_A)^2 + l_2^2 - l_3^2}{2l_2 \sqrt{(x-x_A)^2 + (y-y_A)^2 + (z-z_A)^2}} \end{cases}$$

则 $\alpha = \arctan(\sin\alpha, \cos\alpha) = \text{ATAN2}(\sin\alpha, \cos\alpha)$。公式中正负号 "$\pm$" 分别对应机器人操作臂机构肘部高位肘、低位肘构形。"$+$" 对应高位肘臂形；"$-$" 对应低位肘臂形。因为由臂杆和 AP 构成三角形，所以实际上只取 $-\pi < \alpha < \pi$。

由图 4-18 中的几何关系和 $\cos^2\gamma + \sin^2\gamma = 1$ 可得：

$$\begin{cases} \sin\gamma = (z-z_A)/\sqrt{(x-x_A)^2 + (y-y_A)^2 + (z-z_A)^2} \\ \cos\gamma = \sqrt{1-\sin^2\gamma} \end{cases}$$

则 $\gamma = \arctan(\sin\gamma, \cos\gamma) = \text{ATAN2}(\sin\gamma, \cos\gamma)$。$\gamma$ 角只取第 1、4 象限角，即 $-\pi/2 < \gamma < \pi/2$，分别对应于 z 与 z_A 的比较情况。"$+$" 对应于 $z > z_A$；"$-$" 号对应于 $z < z_A$；当 $z = z_A$ 时 $\gamma = 0$。

4.3.8　机器人操作臂的雅克比矩阵

机器人操作臂在某一姿态下，关节的微小变化与末端操作器的位置和姿态的微小变化之间的关系可用雅克比矩阵（jacobian matrix）来线性化表示；关节角速度与末端操作器速度及其姿态变化的角速度也可以用雅克比矩阵来表示。

（1）微小位移与雅克比矩阵

一般地，设 n 维矢量 $\boldsymbol{y}$ 与 m 维矢量 $\boldsymbol{x}$ 有如下函数关系：

$$\boldsymbol{y} = f(\boldsymbol{x}) \tag{4-50}$$

则，求矢量 $\boldsymbol{y}$ 对矢量 $\boldsymbol{x}$ 的偏微分得 $n \times m$ 矩阵 $\boldsymbol{J}(\boldsymbol{x})$：

$$\boldsymbol{J}(\boldsymbol{x}) = \frac{\partial \boldsymbol{y}}{\partial \boldsymbol{x}} \tag{4-51}$$

则，称矩阵 $\boldsymbol{J}(\boldsymbol{x})$ 为雅克比矩阵。

设 6 自由度机器人操作臂各关节变量的微小变化量构成的矢量 $\mathrm{d}\boldsymbol{q}$ 为：

$$\mathrm{d}\boldsymbol{q} = \begin{bmatrix} \mathrm{d}q_1 & \mathrm{d}q_2 & \mathrm{d}q_3 & \mathrm{d}q_4 & \mathrm{d}q_5 & \mathrm{d}q_6 \end{bmatrix}^{\mathrm{T}}$$

相应地，末端操作器在绝对坐标系中的位置变化量矢量 $\mathrm{d}\boldsymbol{P}$ 为：

$$\mathrm{d}\boldsymbol{P} = \begin{bmatrix} \mathrm{d}p_x & \mathrm{d}p_y & \mathrm{d}p_z \end{bmatrix}^{\mathrm{T}}$$

Jacobian 矩阵 $\boldsymbol{J}$ 用以其各列向量为元素表示为：

$$\boldsymbol{J} = \begin{bmatrix} J_1 & J_2 & J_3 & J_4 & J_5 & J_6 \end{bmatrix}$$

关节为移动关节的情况下，$\boldsymbol{q}$ 表示关节位移矢量 $\boldsymbol{d}$，关节为回转关节时，$\boldsymbol{q}$ 表示关节角矢量 $\boldsymbol{\theta}$，则有：

$$\mathrm{d}\boldsymbol{P} = \boldsymbol{J} \cdot \mathrm{d}\boldsymbol{q} \tag{4-52}$$

$$\begin{bmatrix} \mathrm{d}p_x \\ \mathrm{d}p_y \\ \mathrm{d}p_z \end{bmatrix} = \begin{bmatrix} J_1 & J_2 & J_3 & J_4 & J_5 & J_6 \end{bmatrix} \begin{bmatrix} \mathrm{d}q_1 \\ \mathrm{d}q_2 \\ \mathrm{d}q_3 \\ \mathrm{d}q_4 \\ \mathrm{d}q_5 \\ \mathrm{d}q_6 \end{bmatrix} \tag{4-53}$$

坐标变换用 ${}^{0}\boldsymbol{T}_i = \begin{bmatrix} \boldsymbol{n} & \boldsymbol{o} & \boldsymbol{a} & \boldsymbol{P} \end{bmatrix}$ 表示的机器人操作臂第 i 关节变量为 q_i 时，雅克比矩阵各行的 $\boldsymbol{J}_i$ 可用下式表示：

$$J_i = \frac{\partial \boldsymbol{P}}{\partial q_i} \tag{4-54}$$

【问题讨论】雅克比矩阵中各行、各列、各元素的物理意义是什么？

$$
\boldsymbol{J} = \begin{bmatrix}
J_{11} & J_{12} & J_{13} & J_{14} & J_{15} & J_{16} \\
J_{21} & J_{22} & J_{23} & J_{24} & J_{25} & J_{26} \\
J_{31} & J_{32} & J_{33} & J_{34} & J_{35} & J_{36} \\
J_{41} & J_{42} & J_{43} & J_{44} & J_{45} & J_{46} \\
J_{51} & J_{52} & J_{53} & J_{54} & J_{55} & J_{56} \\
J_{61} & J_{62} & J_{63} & J_{64} & J_{65} & J_{66}
\end{bmatrix}
$$

（2）水平面内运动的 2-DOF 机械臂的雅克比矩阵

考虑该 2-DOF 机器人操作臂各关节微小转动时，末端操作器在绝对坐标系中如何变化的问题。

设在某一 θ_1、θ_2 下的微小转动量分别为 $\mathrm{d}\theta_1$、$\mathrm{d}\theta_2$，相应地机器人臂末端在绝对坐标系中的微小位移为 $\mathrm{d}x$、$\mathrm{d}y$，则有：

$$
\begin{bmatrix} \mathrm{d}x \\ \mathrm{d}y \end{bmatrix} = \begin{bmatrix} \dfrac{\partial x}{\partial \theta_1} & \dfrac{\partial x}{\partial \theta_2} \\ \dfrac{\partial y}{\partial \theta_1} & \dfrac{\partial y}{\partial \theta_2} \end{bmatrix} \begin{bmatrix} \mathrm{d}\theta_1 \\ \mathrm{d}\theta_2 \end{bmatrix} \tag{4-55}
$$

$$
\begin{aligned}
x &= p_x = L_1\cos(\theta_1) + L_2\cos(\theta_1+\theta_2) \\
y &= p_y = L_1\sin(\theta_1) + L_2\sin(\theta_1+\theta_2)
\end{aligned} \tag{4-56}
$$

求式（4-56）对 θ_1、θ_2 的偏微分方程得：

$$
\begin{cases}
\dfrac{\partial p_x}{\partial \theta_1} = -L_1\sin\theta_1 - L_2\sin(\theta_1+\theta_2) \\[2mm]
\dfrac{\partial p_x}{\partial \theta_2} = -L_2\sin(\theta_1+\theta_2)
\end{cases} \tag{4-57}
$$

$$
\begin{cases}
\dfrac{\partial p_y}{\partial \theta_1} = L_1\cos\theta_1 + L_2\cos(\theta_1+\theta_2) \\[2mm]
\dfrac{\partial p_y}{\partial \theta_2} = L_2\cos(\theta_1+\theta_2)
\end{cases} \tag{4-58}
$$

将式（4-57）和式（4-58）合写成矩阵的形式有：

$$
\boldsymbol{J}_s = \begin{bmatrix}
-L_1\sin\theta_1 - L_2\sin(\theta_1+\theta_2) & -L_2\sin(\theta_1+\theta_2) \\
L_1\cos\theta_1 + L_2\cos(\theta_1+\theta_2) & L_2\cos(\theta_1+\theta_2)
\end{bmatrix} \tag{4-59}
$$

（3）通用的雅克比矩阵表示

前述是关于机器人操作臂末端位置的 Jacobian 矩阵，那么关于姿态的那部分呢？

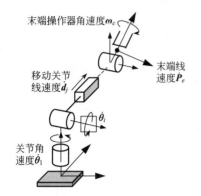

图 4-19 关节速度和末端操作器速度的关系

下面讨论关于机器人操作臂末端位置及姿态下的 Jacobian 矩阵，即通用的雅克比矩阵。

为表示包括姿态在内的雅克比矩阵表示，定义末端操作器角速度矢量为 $\boldsymbol{\omega}_e$，求关节速度与末端操作器的速度及角速度的关系。矢量 $\boldsymbol{\omega}_e$ 的方向为其回转轴的方向，矢量长度表示角速度的大小。

将末端操作器的 6×1 维速度矢量 $\boldsymbol{v}_e$，用图 4-19 所示的移动速度矢量 $\dot{\boldsymbol{P}}_e$ 和角速度矢量 $\boldsymbol{\omega}_e$ 表示如下：

$$\boldsymbol{v}_e = \begin{bmatrix} \dot{\boldsymbol{P}}_e \\ \boldsymbol{\omega}_e \end{bmatrix} \tag{4-60}$$

设关节速度为 $\dot{\boldsymbol{q}}$，$\boldsymbol{J}_v$ 为 6×6 的速度雅克比矩阵，则：

$$\boldsymbol{v}_e = \boldsymbol{J}_v \cdot \dot{\boldsymbol{q}}$$

上式表示了末端操作器中心的位置与姿态的变化速度与关节速度之间的关系。

将雅克比矩阵表示成列向量元素的形式为：$\boldsymbol{J}_v = \begin{bmatrix} \boldsymbol{J}_{v1} & \boldsymbol{J}_{v2} & \boldsymbol{J}_{v3} & \boldsymbol{J}_{v4} & \boldsymbol{J}_{v5} & \boldsymbol{J}_{v6} \end{bmatrix}$ 且：$\dot{\boldsymbol{P}}_e = \dfrac{\mathrm{d}\boldsymbol{P}_e}{\mathrm{d}t}$，$\dot{\boldsymbol{q}} = \dfrac{\mathrm{d}\boldsymbol{q}}{\mathrm{d}t}$。则如图 4-20 所示，回转关节 i 到末端操作器中心的矢量 ${}^0\boldsymbol{P}_{ei}$ 为：

$$ {}^0\boldsymbol{P}_{ei} = {}^0\boldsymbol{P}_e - {}^0\boldsymbol{P}_i $$

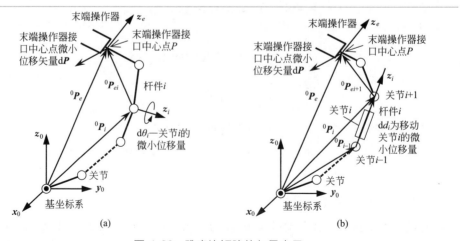

图 4-20 雅克比矩阵的矢量表示

① 关节 i 的雅克比矩阵　指的是只关节 i 运动其他关节不动时该自由度下的 Jacobian 矩阵（即完整雅克比矩阵的第 i 列向量）。

a. 回转关节 i 转动速度对末端操作器速度的贡献为：

$$\begin{cases} \dot{\boldsymbol{P}}_e = (\boldsymbol{z}_i \times {}^0\boldsymbol{P}_{ei}) \cdot \dot{\boldsymbol{\theta}}_i \\ \boldsymbol{\omega}_e = \boldsymbol{z}_i \cdot \dot{\boldsymbol{\theta}}_i \end{cases} \tag{4-61}$$

b. 直线移动关节 i 移动速度对末端操作器速度的贡献为：

$$\begin{cases} \dot{\boldsymbol{P}}_e = \boldsymbol{z}_i \cdot \dot{\boldsymbol{d}}_i \\ \boldsymbol{\omega}_e = \boldsymbol{0} \cdot \dot{\boldsymbol{d}}_i \end{cases} \tag{4-62}$$

分别将式(4-61)、式(4-62)等式写成矩阵形式得关节 Jacobian 矩阵表示。

② 关节 i 的雅克比矩阵表示

a. 回转关节 i 的雅克比矩阵：

$$\boldsymbol{J}_{ri} = \begin{bmatrix} \boldsymbol{z}_i \times {}^0P_{ei} \\ \boldsymbol{z}_i \end{bmatrix} \tag{4-63}$$

b. 移动关节 i 的雅克比矩阵：

$$\boldsymbol{J}_{si} = \begin{bmatrix} \boldsymbol{z}_i \\ \boldsymbol{0} \end{bmatrix} \tag{4-64}$$

【例题】基于矢量法求解水平面内运动的 2-DOF 机器人操作臂第 1、2 关节的雅克比矩阵。

解：为使公式写法简练，令 $C_1 = \cos\theta_1$、$S_1 = \sin\theta_1$，并依次类推，$\sin\theta_i$、$\cos\theta_i$ 分别表示成 S_i、C_i，则由正运动学分析得：

$${}^0\boldsymbol{A}_1 = \begin{bmatrix} C_1 & -C_1 & 0 & L_1C_1 \\ S_1 & C_1 & 0 & L_1S_1 \\ 0 & 0 & 1 & 0 \\ 0 & 0 & 0 & 1 \end{bmatrix}, \quad {}^1\boldsymbol{A}_2 = \begin{bmatrix} C_2 & -C_2 & 0 & L_2C_2 \\ S_2 & C_2 & 0 & L_2S_2 \\ 0 & 0 & 1 & 0 \\ 0 & 0 & 0 & 1 \end{bmatrix}$$

则关节 2 中心点在基坐标系中的位置矢量 ${}^0\boldsymbol{P}_2$ 为：

$${}^0\boldsymbol{P}_2 = \begin{bmatrix} L_1C_1 \\ L_1S_1 \\ 0 \end{bmatrix}$$

且有正运动学方程：

$${}^0\boldsymbol{T}_2 = {}^0\boldsymbol{A}_1 \cdot {}^1\boldsymbol{A}_2 = \begin{bmatrix} C_1C_2 - S_1S_2 & -C_1S_2 - S_1C_2 & 0 & L_1C_1 + L_2C_1C_2 - L_2S_1S_2 \\ S_1C_2 + C_1S_2 & -S_1S_2 + C_1C_2 & 0 & L_1S_1 + L_2S_1C_2 + L_2C_1S_2 \\ 0 & 0 & 1 & 0 \\ 0 & 0 & 0 & 1 \end{bmatrix}$$

则末端操作器接口中心点即 2-DOF 操作臂杆件 2 的末端点在基坐标系中的位置矢量 $^0\boldsymbol{P}_e$ 为：

$$^0\boldsymbol{P}_e = \begin{bmatrix} L_1C_1 + L_2C_1C_2 - L_2S_1S_2 \\ L_1S_1 + L_2S_1C_2 + L_2C_1S_2 \\ 0 \end{bmatrix}$$

则由 $^0\boldsymbol{P}_{ei} = {}^0\boldsymbol{P}_e - {}^0\boldsymbol{P}_i$ 可得：由关节 2 中心点至杆件 2 末端点 P 之间连线在基坐标系中的矢量 $^0\boldsymbol{P}_{e2}$ 为：

$$^0\boldsymbol{P}_{e2} = {}^0\boldsymbol{P}_e - {}^0\boldsymbol{P}_i = \begin{bmatrix} L_2C_1C_2 - L_2S_1S_2 \\ L_2S_1C_2 + L_2C_1S_2 \\ 0 \end{bmatrix} = \begin{bmatrix} L_2\cos(\theta_1+\theta_2) \\ L_2\sin(\theta_1+\theta_2) \\ 0 \end{bmatrix} = \begin{bmatrix} L_2C_{12} \\ L_2S_{12} \\ 0 \end{bmatrix}$$

又关节 2 回转轴线的单位矢量为：$\boldsymbol{z}_2 = \begin{bmatrix} 0 & 0 & 1 \end{bmatrix}^{\mathrm{T}}$，则有：

$$\boldsymbol{z}_2 \times {}^0\boldsymbol{P}_{e2} = \begin{vmatrix} \boldsymbol{i} & \boldsymbol{j} & \boldsymbol{k} \\ 0 & 0 & 1 \\ L_2C_{12} & L_2S_{12} & 0 \end{vmatrix} = \begin{bmatrix} -L_2S_{12} \\ L_2C_{12} \\ 0 \end{bmatrix}$$

$$\boldsymbol{J}_{v2} = \begin{bmatrix} \boldsymbol{z}_2 \times {}^0\boldsymbol{P}_{e2} \\ \boldsymbol{z}_2 \end{bmatrix} = \begin{bmatrix} -L_2S_{12} \\ L_2C_{12} \\ 0 \\ 0 \\ 0 \\ 1 \end{bmatrix}$$

又关节 1 回转轴线的单位矢量为：$\boldsymbol{z}_1 = \begin{bmatrix} 0 & 0 & 1 \end{bmatrix}^{\mathrm{T}}$，则由 $^0\boldsymbol{P}_{ei} = {}^0\boldsymbol{P}_e - {}^0\boldsymbol{P}_i$ 可得由关节 1 中心点至杆件 2 末端点 P 之间连线在基坐标系中的矢量 $^0\boldsymbol{P}_{e1}$ 为：

$$^0\boldsymbol{P}_{e1} = {}^0\boldsymbol{P}_e = \begin{bmatrix} L_2C_1 + L_2C_{12} \\ L_1S_1 + L_2S_{12} \\ 0 \end{bmatrix}$$

则有：

$$\boldsymbol{z}_1 \times {}^0\boldsymbol{P}_{e1} = \begin{vmatrix} \boldsymbol{i} & \boldsymbol{j} & \boldsymbol{k} \\ 0 & 0 & 1 \\ L_1C_1 + L_2C_{12} & L_1S_1 + L_2S_{12} & 0 \end{vmatrix} = \begin{bmatrix} -(L_1S_1 + L_2S_{12}) \\ L_1C_1 + L_2C_{12} \\ 0 \end{bmatrix}$$

$$\boldsymbol{J}_{v1} = \begin{bmatrix} \boldsymbol{z}_1 \times {}^0P_{e1} \\ \boldsymbol{z}_1 \end{bmatrix} = \begin{bmatrix} -(L_1S_1 + L_2S_{12}) \\ L_1C_1 + L_2C_{12} \\ 0 \\ 0 \\ 0 \\ 1 \end{bmatrix}$$

而：$\boldsymbol{J} = \begin{bmatrix} \boldsymbol{J}_{v1} & \boldsymbol{J}_{v2} & \boldsymbol{J}_{v3} & \boldsymbol{J}_{v4} & \boldsymbol{J}_{v5} & \boldsymbol{J}_{v6} \end{bmatrix}$；且对于平面 2-DOF 操作臂，$\boldsymbol{J}_{v3} \sim \boldsymbol{J}_{v6}$ 皆为 6×1 的 **0** 向量，可得平面 2-DOF 操作臂的雅克比矩阵 $\boldsymbol{J}$ 为：

$$\boldsymbol{J} = \begin{bmatrix} \boldsymbol{J}_{v1} & \boldsymbol{J}_{v2} & \boldsymbol{0} & \boldsymbol{0} & \boldsymbol{0} & \boldsymbol{0} \end{bmatrix} = \begin{bmatrix} -(L_1 S_1 + L_2 S_{12}) & -L_2 S_{12} & 0 & 0 & 0 & 0 \\ L_1 C_1 + L_2 C_{12} & L_2 C_{12} & 0 & 0 & 0 & 0 \\ 0 & 0 & 0 & 0 & 0 & 0 \\ 0 & 0 & 0 & 0 & 0 & 0 \\ 0 & 0 & 0 & 0 & 0 & 0 \\ 1 & 1 & 0 & 0 & 0 & 0 \end{bmatrix}$$

（4）力与关节力矩间的关系

作用在末端操作器上的力与各关节力矩间的关系也可用 Jacobian 矩阵表示。表示末端操作器操作力与关节力矩间关系的雅克比矩阵。

如图 4-21 所示，设机器人操作臂末端所受的外力矢量 $\boldsymbol{F}$、微小位移矢量 $\mathrm{d}\boldsymbol{x}$ 分别为：

$$\boldsymbol{F} = \begin{bmatrix} f_x & f_y & f_z & M_x & M_y & M_z \end{bmatrix}^{\mathrm{T}}$$

$$\mathrm{d}\boldsymbol{x} = \begin{bmatrix} \mathrm{d}x & \mathrm{d}y & \mathrm{d}z & \mathrm{d}\alpha & \mathrm{d}\beta & \mathrm{d}\gamma \end{bmatrix}^{\mathrm{T}}$$

则该微小位移 $\mathrm{d}\boldsymbol{x}$ 下外力 $\boldsymbol{F}$ 所作的功 δW 为：

$$\delta W = \boldsymbol{F}^{\mathrm{T}} \cdot \mathrm{d}\boldsymbol{x} \tag{4-65}$$

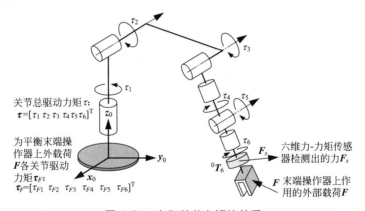

图 4-21　力和关节力矩的关系

设各关节均为回转关节，且为平衡掉末端操作器上作用的外载荷 $\boldsymbol{F}$、并使末端操作器产生微小位移 $\mathrm{d}\boldsymbol{x}$，各关节需输出力矩 $\boldsymbol{\tau}_F$ 和各关节的微小转角 $\mathrm{d}\boldsymbol{q}$ 分别为：

$$\boldsymbol{\tau}_F = \begin{bmatrix} \tau_{F1} & \tau_{F2} & \tau_{F3} & \tau_{F4} & \tau_{F5} & \tau_{F6} \end{bmatrix}^{\mathrm{T}}$$

$$\mathrm{d}\boldsymbol{q} = \begin{bmatrix} \mathrm{d}q_1 & \mathrm{d}q_2 & \mathrm{d}q_3 & \mathrm{d}q_4 & \mathrm{d}q_5 & \mathrm{d}q_6 \end{bmatrix}^{\mathrm{T}}$$

为平衡外载荷 $\boldsymbol{F}$、并产生微小位移 $\mathrm{d}\boldsymbol{x}$，各关节驱动元件（如电动机＋传动装置）驱动关节所作的功与外力所作的功应相等，即有：$\delta W = \boldsymbol{F}^T \cdot \mathrm{d}\boldsymbol{x}$；$\delta W = \boldsymbol{\tau}_F^T \cdot \mathrm{d}\boldsymbol{q}$，则有：

$$\boldsymbol{F}^T \cdot \mathrm{d}\boldsymbol{x} = \boldsymbol{\tau}_F^T \cdot \mathrm{d}\boldsymbol{q}$$

进一步地，有：$\boldsymbol{\tau}_F^T = \boldsymbol{F}^T \cdot \mathrm{d}\boldsymbol{x}/\mathrm{d}\boldsymbol{q}$，又 $\mathrm{d}\boldsymbol{x}/\mathrm{d}\boldsymbol{q} = \boldsymbol{J}$，则有：$\boldsymbol{\tau}_F^T = \boldsymbol{F}^T \cdot \boldsymbol{J}$，进而得：

$$\boldsymbol{\tau}_F = \boldsymbol{J}^T \cdot \boldsymbol{F} \tag{4-66}$$

【结论】用雅克比 Matrix 可表示末端操作器部分的力与关节力矩间的变换关系。为平衡末端操作器上作用的外载荷 $\boldsymbol{F}$，机器人操作臂各关节需要付出的驱动力矩 $\boldsymbol{\tau}_F$ 为机器人操作臂的雅克比矩阵 $\boldsymbol{J}$ 的转置乘以末端操作器上作用的外载荷 $\boldsymbol{F}$。

需要说明和注意的是：这里所说的"为平衡末端操作器上作用的外载荷 $\boldsymbol{F}$，机器人操作臂各关节需要付出的驱动力矩 $\boldsymbol{\tau}_F$"不包括机器人操作臂各关节为平衡机器人操作臂在重力场中所受到的自身质量引起的重力矩以及惯性力、柯氏力、离心力以及摩擦力等机器人自身系统产生的力矩，只是用来平衡外载荷 $\boldsymbol{F}$ 各关节所需要付出的驱动力矩。

【例题】如图 4-22 所示，水平面内运动的 2-DOF 机器人操作臂机构构形为 $\theta_1 = 30°$、$\theta_2 = 30°$ 时，为使操作臂在末端操作器处产生 $\boldsymbol{F} = \begin{bmatrix} F_x & F_y \end{bmatrix}^T = \begin{bmatrix} 2 & 1 \end{bmatrix}^T$ （N）的力，用 Jacobian 矩阵求电动机的驱动力矩 τ_1、τ_2。

【解】由式（4-66）可知：

$$\begin{bmatrix} \tau_1 \\ \tau_2 \end{bmatrix} = \boldsymbol{J}^T \cdot \boldsymbol{F} = \boldsymbol{J}^T \cdot \begin{bmatrix} F_x \\ F_y \end{bmatrix}$$

由水平面内运动的 2-DOF 操作臂的雅克比矩阵计算式（4-59）及代入 $\theta_1 = 30°$、$\theta_2 = 30°$、$L_1 = L_2 = 0.2\mathrm{m}$ 可得：

$$\boldsymbol{J} = \begin{bmatrix} -L_1\sin\theta_1 - L_2\sin(\theta_1+\theta_2) & -L_2\sin(\theta_1+\theta_2) \\ L_1\cos\theta_1 + L_2\cos(\theta_1+\theta_2) & L_2\cos(\theta_1+\theta_2) \end{bmatrix} = \begin{bmatrix} -0.273 & -0.173 \\ 0.273 & 0.1 \end{bmatrix}$$

$$\begin{bmatrix} \tau_1 \\ \tau_2 \end{bmatrix} = \boldsymbol{J}^T \cdot \boldsymbol{F} = \boldsymbol{J}^T \cdot \begin{bmatrix} F_x \\ F_y \end{bmatrix} = \begin{bmatrix} -0.273 & 0.273 \\ -0.173 & 0.1 \end{bmatrix} \begin{bmatrix} 2 \\ 1 \end{bmatrix} = \begin{bmatrix} -0.273 \\ -0.246 \end{bmatrix} \quad [\mathrm{N} \cdot \mathrm{m}]$$

解得：为使操作臂末端产生 $\boldsymbol{F} = \begin{bmatrix} F_x & F_y \end{bmatrix}^T = \begin{bmatrix} 2 & 1 \end{bmatrix}^T [\mathrm{N}]$ 的力，关节1、关节2分别需输出大小为 $0.273\mathrm{N} \cdot \mathrm{m}$、$0.246\mathrm{N} \cdot \mathrm{m}$ 的驱动力矩，且各力矩的方向为顺时针作用方向。各关节驱动力矩数值中的"－"号即表示与图 4-22 中所示的逆时针为正的力矩方向相反。

（5）力的坐标变换关系

雅克比矩阵可表示在不同坐标系间微小移动和微小转动的情况下力的坐标变换关系，也可表示末端操作器操作力与关节力/力矩间的坐标变换关系。

基坐标系和某一动坐标系间的变换关系可由变换矩阵 $\boldsymbol{A}$ 求得。

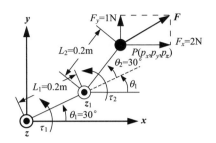

图 4-22　SICE-DD 臂的力和关节力矩变换

$$A = \begin{bmatrix} \boldsymbol{n} & \boldsymbol{o} & \boldsymbol{a} & \boldsymbol{p} \\ 0 & 0 & 0 & 1 \end{bmatrix} = \begin{bmatrix} n_x & o_x & a_x & p_x \\ n_y & o_y & a_y & p_y \\ n_z & o_z & a_z & p_z \\ 0 & 0 & 0 & 1 \end{bmatrix}$$

在基坐标系中，$\boldsymbol{d} = [\mathrm{d}x, \mathrm{d}y, \mathrm{d}z]^{\mathrm{T}}$ 和 $\boldsymbol{\delta} = [\delta x, \delta y, \delta z]^{\mathrm{T}}$ 都是微小变化量；在 A 坐标系的变化量$^{\mathrm{A}}\boldsymbol{d}$ 和$^{\mathrm{A}}\boldsymbol{\delta}$ 用矢量关系可表示为如下形式：

$$\begin{cases} {}^{\mathrm{A}}\mathrm{d}x = \boldsymbol{\delta} \cdot (\boldsymbol{p} \times \boldsymbol{n}) + \boldsymbol{d} \cdot \boldsymbol{n} \\ {}^{\mathrm{A}}\mathrm{d}y = \boldsymbol{\delta} \cdot (\boldsymbol{p} \times \boldsymbol{o}) + \boldsymbol{d} \cdot \boldsymbol{o} \\ {}^{\mathrm{A}}\mathrm{d}z = \boldsymbol{\delta} \cdot (\boldsymbol{p} \times \boldsymbol{a}) + \boldsymbol{d} \cdot \boldsymbol{a} \\ \qquad {}^{\mathrm{A}}\delta x = \boldsymbol{\delta} \cdot \boldsymbol{n} \\ \qquad {}^{\mathrm{A}}\delta y = \boldsymbol{\delta} \cdot \boldsymbol{o} \\ \qquad {}^{\mathrm{A}}\delta z = \boldsymbol{\delta} \cdot \boldsymbol{a} \end{cases} \tag{4-67}$$

将其用矩阵表示为：

$${}^{\mathrm{A}}\boldsymbol{D} = \begin{bmatrix} n_x & n_y & n_z & (\boldsymbol{p} \times \boldsymbol{n})_x & (\boldsymbol{p} \times \boldsymbol{n})_y & (\boldsymbol{p} \times \boldsymbol{n})_z \\ o_x & o_y & o_z & (\boldsymbol{p} \times \boldsymbol{o})_x & (\boldsymbol{p} \times \boldsymbol{o})_y & (\boldsymbol{p} \times \boldsymbol{o})_z \\ a_x & a_y & a_z & (\boldsymbol{p} \times \boldsymbol{a})_x & (\boldsymbol{p} \times \boldsymbol{a})_y & (\boldsymbol{p} \times \boldsymbol{a})_z \\ 0 & 0 & 0 & n_x & n_y & n_z \\ 0 & 0 & 0 & o_x & o_y & o_z \\ 0 & 0 & 0 & a_x & a_y & a_z \end{bmatrix} \cdot \boldsymbol{D} \tag{4-68}$$

其中：$^{\mathrm{A}}\boldsymbol{D} = \begin{bmatrix} {}^{\mathrm{A}}\boldsymbol{d} \\ {}^{\mathrm{A}}\boldsymbol{\delta} \end{bmatrix}$；$\boldsymbol{D} = \begin{bmatrix} \boldsymbol{d} \\ \boldsymbol{\delta} \end{bmatrix}$。

令：

$$
J_W = \begin{bmatrix}
n_x & n_y & n_z & (\boldsymbol{p}\times\boldsymbol{n})_x & (\boldsymbol{p}\times\boldsymbol{n})_y & (\boldsymbol{p}\times\boldsymbol{n})_z \\
o_x & o_y & o_z & (\boldsymbol{p}\times\boldsymbol{o})_x & (\boldsymbol{p}\times\boldsymbol{o})_y & (\boldsymbol{p}\times\boldsymbol{o})_z \\
a_x & a_y & a_z & (\boldsymbol{p}\times\boldsymbol{a})_x & (\boldsymbol{p}\times\boldsymbol{a})_y & (\boldsymbol{p}\times\boldsymbol{a})_z \\
0 & 0 & 0 & n_x & n_y & n_z \\
0 & 0 & 0 & o_x & o_y & o_z \\
0 & 0 & 0 & a_x & a_y & a_z
\end{bmatrix}
$$

则：${}^{A}\boldsymbol{D} = J_W \cdot \boldsymbol{D}$；$\boldsymbol{D} = J_W^{-1} \cdot {}^{A}\boldsymbol{D}$；$J_W^{-1} = \begin{bmatrix}
n_x & o_x & a_x & (\boldsymbol{p}\times\boldsymbol{n})_x & (\boldsymbol{p}\times\boldsymbol{o})_x & (\boldsymbol{p}\times\boldsymbol{a})_x \\
n_y & o_y & a_y & (\boldsymbol{p}\times\boldsymbol{n})_y & (\boldsymbol{p}\times\boldsymbol{o})_y & (\boldsymbol{p}\times\boldsymbol{a})_y \\
n_z & o_y & a_z & (\boldsymbol{p}\times\boldsymbol{n})_z & (\boldsymbol{p}\times\boldsymbol{o})_z & (\boldsymbol{p}\times\boldsymbol{a})_z \\
0 & 0 & 0 & n_x & o_x & a_x \\
0 & 0 & 0 & n_y & o_y & a_y \\
0 & 0 & 0 & n_z & o_z & a_z
\end{bmatrix}$

$$(4\text{-}69)$$

在某一动坐标系上施加的力 ${}^{A}\boldsymbol{F}$ 和基坐标系中力的关系可由虚功原理求得：

$$\delta W = {}^{A}\boldsymbol{F}^{T} \cdot {}^{A}\boldsymbol{D} = \boldsymbol{F}^{T} \cdot \boldsymbol{D}$$

$$\boldsymbol{F} = J_W^{T} \cdot {}^{A}\boldsymbol{F} \tag{4-70}$$

$${}^{A}\boldsymbol{F} = (J_W^{T})^{-1} \cdot \boldsymbol{F} \tag{4-71}$$

如图 4-23 所示，如果将 6 维力传感器安装在第 5 关节与第 6 关节之间，需要根据 6 维力传感器测得的力求作用在该 PUMA 机器人操作臂的手部所施加的力和力矩 ${}^{E}\boldsymbol{F}$ 时，用第 5 坐标系到末端操作器的变换矩阵 ${}^{5}J_W$，可变换出检测出的力和力矩值。

$${}^{E}\boldsymbol{F} = {}^{5}J_W^{T} \cdot \boldsymbol{F}_s \tag{4-72}$$

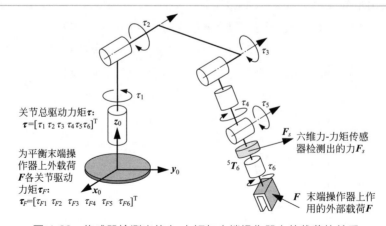

图 4-23 传感器检测出的力-力矩与末端操作器上外载荷的关系

4.4 工业机器人操作臂机构动力学问题描述的力学基础

4.4.1 工业机器人操作臂运动参数与机械本体物理参数

前述的 4.2 节结合如图 4-2 给出机器人操作臂机构运动学的数学描述。构成工业机器人操作臂机械本体的各部分都是有质量、质心位置和惯性参数、关节位置、几何形状以及结构尺寸等物理参数的实体零部件，此外，各构件本身有刚度、弹性模量以及相互接触又有相对运动的零部件之间还有摩擦等物理影响因素，构成机构的各关节和构件运动时还有位移（角位移或线位移）、速度（角速度或线速度）、加速度（角加速度或线加速度）等运动参数。与工业机器人操作臂机构动力学有关的物理参数和运动参数、负载与动力参数归纳如下。

① 机器人机构参数：实际机器的 D-H 参数；机器人初始构形参数。

② 机械本体物理参数：实际机器人机械本体各部分长度（几何结与尺寸）/质量/质心位置、绕质心的惯性矩、摩擦、传动参数、刚度等物理参数；作业参数。

③ 机构运动参数：各关节位置（位移）、各关节速度、加速度；作业指标等。

④ 机构负载与动力参数：各关节驱动力/驱动力矩，作用在机器人上的外力、外力矩、负载等。

4.4.2 什么是动力学？

（1）逆运动学在运动控制中的作用

① 机器人操作臂慢速运动时　机器人操作臂的运动控制，即末端操作器从空间中的一点移动到另一点的情况下，当运动速度非常慢的情况下，用前述的逆运动学即根据末端操作器的位置和姿态即可求得相应的各关节角，然后对各关节进行位置控制即可实现运动控制的目的。

② 机器人操作臂的末端受到来自作业对象的静力时　通过前述的雅克比矩阵的转置矩阵同样也可以求得各关节的力或力矩，从而控制各关节实现力控制。

但是，中高速运动的机器人操作臂如何进行控制呢？也就是如何回答如下问题：

【问题1】基于前述逆运动学的方法能够用于机器人操作臂高速运动控制吗？

【问题2】当机器人操作臂各杆件质量很大时在末端操作器或指尖上产生的力能控制住吗？

【答案】实验表明：高速运动或者杆件质量很大时，基于逆运动学的方法很难实现末端操作器准确的位姿控制或力控制。

【原因】高速运动时，各杆件及各关节部分的质量产生的惯性力、黏性阻力等对于机器人操作臂运动的影响越来越大。

这个问题就像汽车要拐弯时因为速度过快很难完成一样，生活中还有其他类似例子。学习机器人操作臂高速运动控制理论，也需要从这一点上去理解动力学的必要性。

【结论】为实现机器人操作臂高速、高精度运动控制，需要考虑对机器人操作臂运动有影响的各种力的方法，动力学则成为各种控制方法的基础，其根本则是牛顿运动方程式。

（2）动力学以及正、逆动力学概念

机器人机构动力学，就是在机器人机构构型给定的前提下，研究各个关节的驱动力（直线移动关节）或驱动力矩（回转关节）与机器人机构参数以及末端操作器操作力或力矩之间关系的科学。

前述运动学有正运动学、逆运动学之分，而动力学也有正动力学和逆动力学之分。

① 逆动力学是指机器人机构构型给定的前提下，已知机构的物理参数、运动参数、作业对象给末端操作器的作用力或力矩、或者末端操作器上的负载，求实现给定任意运动参数下机构运动时各个关节所需驱动力或驱动力矩的动力学问题。逆动力学也称动力学逆问题，动力学逆问题的解也称动力学逆解。

② 正动力学是指机器人机构构型给定的前提下，已知机构的物理参数、运动参数、作业对象给末端操作器的作用力或力矩、或者末端操作器上的负载，求实现给定各个关节驱动力或驱动力矩的动力学情况下各个关节运动参数的动力学问题。正动力学也称动力学正问题，动力学正问题的解也称动力学正解。

机器人机构动力学是基于模型的机器人控制所需要的理论基础，而且机器人机构动力学不仅是单纯的力学理论问题，它还涉及从机器人机构模型回到实际存在的机器人机械本体实体的深入理解和研究上来，也即面向实际的机器人物理参数和运动参数的动力学才是更有实际意义的动力学。

4.4.3 推导工业机器人操作臂微分运动方程的拉格朗日法

（1）什么是拉格朗日法（Lagrange formulation）？

机器人操作臂可以看作为各杆件间通过各关节连接起来，一边相互施加位置约束一边运动的多刚体系统。

拉格朗日方程是在适于描述物体运动的一般化的坐标系（即广义坐标系）中基于能量法推导出的运动方程式，是从机械系统总体上看待动力学问题，通过对系统总的动能与势能微分来寻求得到各关节驱动力或驱动力矩与系统物理参数、运动参数以及系统所受的负载力（或力矩）之间关系的方法。

（2）运动方程式的推导和物理意义

设：广义坐标为 q_i；对应于广义坐标 q_i 的广义力为 Q_i；广义坐标 q_i、广义力为 Q_i 下的系统运动的能量为 T。则，多刚体系统的牛顿运动方程可表示为下式：

$$\frac{\mathrm{d}}{\mathrm{d}t}\left(\frac{\partial T}{\partial \dot{q}_i}\right) - \frac{\partial T}{\partial q_i} = Q_i \tag{4-73}$$

当 Q_i 由势场推导的情况下，设势能为 U，则：

$$\frac{\mathrm{d}}{\mathrm{d}t}\left(\frac{\partial T}{\partial \dot{q}_i}\right) = \frac{\partial T}{\partial q_i} - \frac{\partial U}{\partial q_i} \tag{4-74}$$

若引入 $L = T - U$ 表示拉格朗日函数 L，则：

$$\frac{\mathrm{d}}{\mathrm{d}t}\left(\frac{\partial L}{\partial \dot{q}_i}\right) - \frac{\partial L}{\partial q_i} = 0 \tag{4-75}$$

即为拉格朗日运动方程式。

当系统存在不能在势场中表示的力 Q_i 时，可写为下式：

$$\frac{\mathrm{d}}{\mathrm{d}t}\left(\frac{\partial L}{\partial \dot{q}_i}\right) - \frac{\partial L}{\partial q_i} = Q_i' \tag{4-76}$$

【例题】求图 4-24 所示 1 自由度刚体摆的运动方程式。已知：均质摆杆的摆长为 $2l$，质心位于摆长中点，质量为 m，重力加速度为 g，摆角变量为 θ。

【解】① 求摆动动能 T 与势能 U：

$$T = \frac{1}{2}m(l\dot{\theta})^2 + \frac{1}{2}I\dot{\theta}^2 \tag{4-77}$$

$$U = mgl(1 - \cos\theta) \tag{4-78}$$

其中，I 为杆件绕其质心的转动惯量：$I = \frac{1}{3}ml^2$

② 利用拉格朗日方程求刚体摆运动方程，结果为：

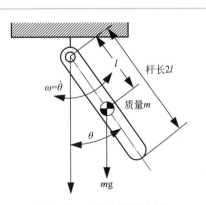

图 4-24　1 自由度刚体摆

$$l\ddot{\theta} + \frac{3}{4}\frac{g}{l}\sin\theta = 0 \tag{4-79}$$

由拉格朗日法推导机器人操作臂具体的运动方程式：

首先，需要表达出构成机器人操作臂各杆件质心相对于固定在基座上的坐标系的平移速度和绕相对于各杆件坐标系质心回转的杆件角速度。

【方法】用本章前述的运动学理论求杆件 i 的质心的移动速度。

$$^{0}\boldsymbol{p}_{gi} = {}^{0}\boldsymbol{A}_1 \cdot {}^{1}\boldsymbol{A}_2 \cdot {}^{2}\boldsymbol{A}_3 \cdot \cdots \cdot {}^{i-2}\boldsymbol{A}_{i-1} \cdot {}^{i-1}\boldsymbol{p}_{gi} = {}^{0}\boldsymbol{T}_{i-1} \cdot {}^{i-1}\boldsymbol{p}_{gi} \tag{4-80}$$

$$\text{则：} \quad {}^{0}\dot{\boldsymbol{p}}_{gi} = \begin{bmatrix} {}^{0}\dot{x}_{pgi} \\ {}^{0}\dot{y}_{pgi} \\ {}^{0}\dot{z}_{pgi} \end{bmatrix} = \left[\frac{\partial\ ({}^{0}\boldsymbol{A}_1 \cdot {}^{1}\boldsymbol{A}_2 \cdot {}^{2}\boldsymbol{A}_3 \cdot \cdots \cdot {}^{i-2}\boldsymbol{A}_{i-1} \cdot {}^{i-1}\boldsymbol{p}_{gi})}{\partial\boldsymbol{\theta}} \right] \begin{bmatrix} \dot{\theta}_1 \\ \dot{\theta}_2 \\ \cdots \\ \dot{\theta}_6 \end{bmatrix}$$

式中，$^{i-1}\boldsymbol{p}_{gi}$ 为杆件 i 的质心相对于 $i-1$ 坐标系的位置矢量；$^{0}\boldsymbol{p}_{gi}$ 为杆件 i 的质心相对于基坐标系的位置矢量。

杆件 i 的角速度矢量是杆件 i 在 $0 \sim i-1$ 关节转动情况下产生的回转运动。由 $i-1$ 坐标系看杆件 i 的角速度矢量可表示为：

$$^{i-1}\boldsymbol{\omega}_i = {}^{i-1}\boldsymbol{\omega}_{i-1} + {}^{i-1}_{i-1}\boldsymbol{R} \cdot \dot{\theta}{}_i^i \cdot \hat{\boldsymbol{z}}_i \tag{4-81}$$

式中，$^{i}_{i-1}\boldsymbol{R}$ 为关节 $i-1$ 坐标系到关节 i 坐标系的回转变换矩阵；$\hat{\boldsymbol{z}}_i$ 为 z_i 轴的单位矢量。

式(4-81) 两边同时左乘 $^{i}_{i-1}\boldsymbol{R}$ 得到

$$^{i}\boldsymbol{\omega}_i = {}^{i}_{i-1}\boldsymbol{R} \cdot {}^{i-1}\boldsymbol{\omega}_{i-1} + \dot{\theta}{}_i^i \cdot \hat{\boldsymbol{z}}_i \tag{4-82}$$

依次按着杆件的根端计算 $^{i}\boldsymbol{\omega}_i$ 则可求出 $\boldsymbol{\omega}_i$。

即把 $0 \sim i-1$ 各关节的角速度矢量变换到 $i-1$ 坐标系后矢量叠加运算。

则杆件 i 的动能为移动运动能量和回转运动能量的和，如下：

$$k_i = \frac{1}{2}m_i\boldsymbol{v}_{gi}^{\mathrm{T}} \cdot \boldsymbol{v}_{gi} + \frac{1}{2}\boldsymbol{\omega}_i^{\mathrm{T}} \cdot \boldsymbol{I}_i \cdot \boldsymbol{\omega}_i \tag{4-83}$$

式中，m_i 为杆件 i 的质量；$\boldsymbol{v}_{gi}$ 为杆件 i 重心的移动（平动）速度矢量；$\boldsymbol{\omega}_i$ 为杆件 i 绕其重心的回转角速度矢量；$\boldsymbol{I}_i$ 杆件 i 对其重心的转动惯量矩阵。

机器人操作臂的总动能 T 为：

$$T = \sum_{i=0}^{n} k_i \tag{4-84}$$

考虑作为外力的重力场，位置势能 u_i 为：

$$u_i = -m_i\boldsymbol{g}^{\mathrm{T}} \cdot \boldsymbol{p}_{gi} + u_{consti} \tag{4-85}$$

式中，$\boldsymbol{p}_{gi}$ 为杆件 i 在固定坐标系中的位置矢量；$\boldsymbol{g}$ 为重力加速度矢量：

$g = \begin{bmatrix} 0 & 0 & -9.8 \end{bmatrix}^T \begin{bmatrix} m/s^2 \end{bmatrix}$。

机器人操作臂总的位置势能 u_i 为:

$$U = \sum_{i=0}^{n} \boldsymbol{u}_i \qquad (4\text{-}86)$$

则拉格朗日函数为 $L = T - U$,带入拉格朗日方程中有:

$$\frac{\mathrm{d}}{\mathrm{d}t}\left(\frac{\partial L}{\partial \dot{q}_i}\right) - \frac{\partial L}{\partial q_i} = Q_i' \qquad (4\text{-}87)$$

式中,Q_i' 为关节驱动器产生的驱动力或力矩。

此为机器人操作臂的运动方程式。

(3)由拉格朗日方程推导水平面内运动的 2-DOF 机器人操作臂运动方程式

水平内运动的 2-DOF 机器人操作臂机构为如图 4-25 所示的两自由度平面连杆机构,机构参数如图所示。

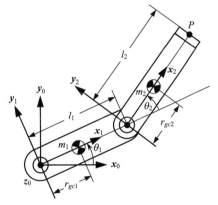

图 4-25 2-DOF 机器人操作臂机构参数

$$A_1 = \begin{bmatrix} \cos\theta_1 & -\sin\theta_1 & 0 & 0 \\ \sin\theta_1 & \cos\theta_1 & 0 & 0 \\ 0 & 0 & 1 & 0 \\ 0 & 0 & 0 & 1 \end{bmatrix} \qquad (4\text{-}88)$$

$$A_2 = \begin{bmatrix} \cos\theta_2 & -\sin\theta_2 & 0 & 0 \\ \sin\theta_2 & \cos\theta_2 & 0 & 0 \\ 0 & 0 & 1 & 0 \\ 0 & 0 & 0 & 1 \end{bmatrix} \qquad (4\text{-}89)$$

杆件 1、2 的质心的位置矢量 $\boldsymbol{p}_{g1}$、$\boldsymbol{p}_{g2}$ 分别为:

$$\boldsymbol{p}_{g1} = \boldsymbol{A}_1 \begin{bmatrix} r_{gc1} \\ 0 \\ 0 \\ 1 \end{bmatrix} \qquad (4\text{-}90)$$

$$\boldsymbol{p}_{g2} = \boldsymbol{A}_1 \boldsymbol{A}_2 \begin{bmatrix} r_{gc2} \\ 0 \\ 0 \\ 1 \end{bmatrix} \qquad (4\text{-}91)$$

进而得杆件 1、2 的质心的速度矢量 $\boldsymbol{v}_{g1}$、$\boldsymbol{v}_{g2}$ 分别为:

$$v_{g1} - \frac{\mathrm{d}\boldsymbol{p}_{g1}}{\mathrm{d}t} = \begin{bmatrix} -r_{gc1}\sin\theta_1 \\ r_{gc1}\cos\theta_1 \\ 0 \end{bmatrix} \dot{\theta}_1 \tag{4-92}$$

$$v_{g2} = \frac{\mathrm{d}\boldsymbol{p}_{g2}}{\mathrm{d}t} = \begin{bmatrix} -r_{gc2}(\dot{\theta}_1 + \dot{\theta}_2)\sin(\theta_1+\theta_2) - l_1\dot{\theta}_1\sin\theta_1 \\ -r_{gc2}(\dot{\theta}_1 + \dot{\theta}_2)\cos(\theta_1+\theta_2) + l_1\dot{\theta}_1\cos\theta_1 \\ 0 \end{bmatrix} \tag{4-93}$$

各杆件在杆件坐标系中的角速度矢量分别为 ${}^1\boldsymbol{\omega}_1$、${}^2\boldsymbol{\omega}_2$ 为:

$${}^1\boldsymbol{\omega}_1 = \dot{\theta}_1 \cdot {}^1\hat{\boldsymbol{z}}_1 = \begin{bmatrix} 0 \\ 0 \\ \dot{\theta}_1 \end{bmatrix} \tag{4-94}$$

$${}^2\boldsymbol{\omega}_2 = {}^2_1\boldsymbol{R} \cdot {}^1\boldsymbol{\omega}_1 + \dot{\theta}_2 \cdot {}^2\hat{\boldsymbol{z}}_2 = \begin{bmatrix} 0 \\ 0 \\ \dot{\theta}_1 + \dot{\theta}_2 \end{bmatrix} \tag{4-95}$$

将式(4-90)~式(4-95)分别代入式(4-83)~式(4-86)中得到系统总的动能为:

$$T = \frac{1}{2}m_1 r_{gc1}^2 \dot{\theta}_1^2 + \frac{1}{2} r_{gc2}^2 (\dot{\theta}_1 + \dot{\theta}_2)^2 m_2^2 + m_2 l_1^2 \dot{\theta}_1^2 + 2 r_{gc2} l_1 \cos\theta_2 \dot{\theta}_1 (\dot{\theta}_1 + \dot{\theta}_2) m_2 +$$

$$\frac{1}{2} I_{gc1} \dot{\theta}_1^2 + \frac{1}{2} I_{gc2} (\dot{\theta}_1 + \dot{\theta}_2)^2 \tag{4-96}$$

因为 2-DOF 平面连杆机构的机器人操作臂成水平放置各关节轴线始终垂直于水平面,所以,势能 $U=0$。

则拉格朗日函数 $L = T - U = T - 0 = T$,为:

$$L = T = \frac{1}{2}m_1 r_{gc1}^2 \dot{\theta}_1^2 + \frac{1}{2} r_{gc2}^2 (\dot{\theta}_1 + \dot{\theta}_2)^2 m_2^2 + m_2 l_1^2 \dot{\theta}_1^2 +$$

$$2 r_{gc2} l_1 \cos\theta_2 \dot{\theta}_1 (\dot{\theta}_1 + \dot{\theta}_2) m_2 + \frac{1}{2} I_{gc1} \dot{\theta}_1^2 + \frac{1}{2} I_{gc2} (\dot{\theta}_1 + \dot{\theta}_2)^2 \tag{4-97}$$

则可由拉格朗日方程式(4-98):

$$\frac{\mathrm{d}}{\mathrm{d}t}\left(\frac{\partial L}{\partial \dot{q}_i}\right) - \frac{\partial L}{\partial q_i} = Q'_i \tag{4-98}$$

得,水平面内运动的 2-DOF 机器人操作臂运动方程式为:

$$\boldsymbol{M}(\boldsymbol{\theta})\begin{bmatrix} \ddot{\theta}_1 \\ \ddot{\theta}_2 \end{bmatrix} + \begin{bmatrix} -m_2 l_1 r_{gc2}(\dot{\theta}_2^2 + 2\dot{\theta}_1\dot{\theta}_2)\sin\theta_2 \\ m_2 l_1 r_{gc2}\dot{\theta}_1^2 \sin\theta_2 \end{bmatrix} = \begin{bmatrix} \tau_1 \\ \tau_2 \end{bmatrix} \tag{4-99}$$

式中，τ_1、τ_2 分别为平面两杆 2-DOF 机器人操作臂的关节 1、2 的驱动力矩。

4.4.4 推导工业机器人操作臂微分运动方程的牛顿-欧拉法

（1）牛顿-欧拉法（Newton-Eular formulation）

拉格朗日方程方法是把机器人操作臂作为一个整体从能量的角度利用拉格朗日函数推导出运动方程式，不涉及相邻的杆件与杆件之间的作用力、力矩关系。

牛顿-欧拉法是采用关于平动的牛顿运动方程式和关于回转运动的欧拉运动方程式，描述构成机器人操作臂的一个个杆件的运动。这种方法涉及相邻杆件之间互相作用的力和力矩的关系。

牛顿-欧拉法的具体方法是从基坐标系开始向末端操作器，依次由给定的各关节运动计算各杆件的运动，相反，由末端操作器侧向基坐标系，依次计算为产生关节运动所需要的、作用在各个杆件上的力和力矩。计算过程中需要前一次计算的杆件运动所需的力和力矩。

与拉格朗日法相比，使用牛顿-欧拉法推导出的运动方程式计算逆动力学可以提高计算效率。

（2）关于牛顿-欧拉法方法的解释

牛顿-欧拉法是矩阵变换与矢量分析相结合的方法：矩阵变换获得位姿矢量，矢量运算获得杆件运动（位置矢量、速度矢量、加速度矢量），推导获得各杆件的运动。

牛顿-欧拉法中，由基坐标系向末端操作器侧依次计算各杆件运动。

牛顿-欧拉法中，由末端操作器向基坐标系依次计算各杆件的力和力矩。

牛顿-欧拉法中，对于构成机器人操作臂机构的任何一根杆件，都使用相同的公式进行计算，即建立如图 4-26 所示的第 i 杆件的力学模型，并列写第 i 杆件的力、力矩平衡方程式。

杆件 i 的力平衡方程式：

$$\boldsymbol{f}_i - {}^i\boldsymbol{R}_{i+1} \cdot \boldsymbol{f}_{i+1} + m_i\boldsymbol{g}_i = m_i\boldsymbol{a}_i \tag{4-100}$$

杆件 i 的力矩平衡方程式（绕质心回转）：

$$\boldsymbol{n}_i - {}^i\boldsymbol{R}_{i+1} \cdot \boldsymbol{n}_{i+1} + \boldsymbol{f}_i \times \boldsymbol{r}_{gci} - ({}^i\boldsymbol{R}_{i+1} \cdot \boldsymbol{f}_{i+1}) \times (\boldsymbol{r}_{gci} - \boldsymbol{p}_i) \tag{4-101}$$
$$= \boldsymbol{I}_i \cdot \boldsymbol{\varepsilon}_i + \boldsymbol{\omega}_i(\boldsymbol{I}_i \cdot \boldsymbol{\omega}_i)$$

式中，m_i、$\boldsymbol{I}_i$、$\boldsymbol{r}_{gci}$ 分别为杆件 i 的质量、绕其自己质心的惯性参数矩阵、质心位置矢量；$\boldsymbol{f}_i$、$\boldsymbol{f}_{i+1}$ 分别为杆件 $i-1$、杆件 $i+1$ 给杆件 i 的力矢量；$\boldsymbol{n}_i$、$\boldsymbol{n}_{i+1}$ 分别为杆件 $i-1$、杆件 $i+1$ 给杆件 i 的力矩矢量；${}^i\boldsymbol{R}_{i+1}$ 为将第 $i+1$ 关节坐标系中表示的力 $\boldsymbol{f}_{i+1}$、力矩 $\boldsymbol{n}_{i+1}$ 分别转换为第 i 关节坐标系中的力和力矩的

变换矩阵；$\boldsymbol{\omega}_i$、$\boldsymbol{a}_i$、$\boldsymbol{\varepsilon}_i$ 分别为杆件 i 的角速度矢量、质心线加速度矢量和角加速度矢量；$\boldsymbol{g}_i$ 为重力加速度矢量。

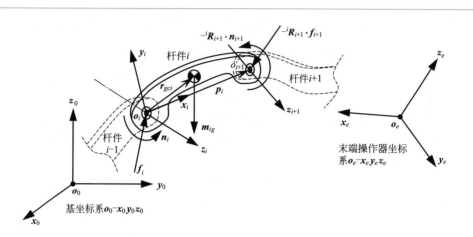

图 4-26　机器人操作臂第 i 杆件的力学模型

　　显然，图 4-26 所示的杆件 i 的力学模型以及式(4-100)、式(4-101) 适用于机器人操作臂中的任何一个杆件，只是不同杆件的物理参数值和运动参数值不同而已。利用计算机程序设计只需按着式(4-100)、式(4-101) 编写一个参数化的计算程序，并由末端操作器侧向基坐标系侧重复使用该参数化计算程序依次计算各杆件的力和力矩即可。这就是使用牛顿—欧拉法推导出的运动方程式计算逆动力学可以提高计算效率的原因。

4.5　工业机器人操作臂机构误差分析与精度设计的数学基础

4.5.1　机构误差分析的数学基础

(1) 工业机器人操作臂机构的实际误差与精度

　　工业机器人操作臂的精度指标包括末端操作器位置精度和姿态精度，位置精度是指其末端操作器上实际操作中心点相对于机器人操作臂安装基座接口法兰中心点即基坐标系坐标原点之间实际位置与理论位置之间的偏差；姿态精度是指末端操作器上固连坐标系三个坐标轴在基坐标系中的实际姿态矢量与理论姿态矢量的偏差。位置精度与姿态精度合在一起称为位姿精度，由位姿矩阵的偏差矩阵来表示。

需要说明的一点是：工业机器人操作臂的位姿精度应该是实际作业时的精度，即包括末端操作器在内的精度，但作业种类不同，相应的末端操作器工作原理、结构组成以及位姿精度要求等均不同，因此，不好统一衡量一台机器人操作臂在不同应用条件下的位姿精度。而且，工业机器人操作臂成型产品的制造商多数为了使机器人操作臂能够适应各种作业，提供给用户的工业机器人产品是不带有末端操作器而只提供用来连接末端操作器机械接口法兰的腕部末端零件的机械接口法兰。因此，为了便于用精度指标评价机器人产品实际系统误差程度，工业机器人操作臂产品均以腕部末端机械接口法兰中心点及其上固连的以该中心点为坐标原点的坐标系（坐标架）相对于基坐标系的实际位姿与理论位置之间的偏差作为位姿精度定义的基准。

① 机器人系统的位置精度　机器人操作臂系统组成包括机械系统、驱动系统、控制系统，因此，工业机器人操作臂系统的精度由机械精度、驱动精度、控制精度三部分组成，是机械系统、驱动与控制系统三方面对机器人操作臂末端操作器机械接口位姿精度的综合影响下的精度。其中，机械系统是需要首要被衡量精度指标的对象，机械精度受机械系统设计者的设计精度、制造精度、装配与测试精度支配和决定，并集中反映在机器人产品机械系统机构 D-H 参数中。机器人操作臂被制造成形之后，理想的误差为零的 D-H 参数存在于现实物理世界的实际机器人机械本体之上，但无法误差为零地被测得。机械精度是机器人系统精度中最为关键的精度指标，是其他精度实现的先决条件。

② 机器人系统的硬精度与软精度　机器人操作臂的精度可分为软精度、硬精度，机械系统的机械精度为硬精度，是指一旦制造成形之后无法更改（但可小范围内调整），是由机械本体的设计、制造、装配和调试、测量得到的精度，从机械系统构成角度来讲，机械精度的主要决定因素为：机械系统传动精度（即减速器或机械传动装置的机械传动精度）、关节和机构构件（基座、肩、大臂、肘、小臂）的刚度、D-H 参数相关构件的设计制造精度、各机械接口连接处的连接刚度与精度、载荷类型、方向与大小等；软精度是指控制精度，是指通过包括位置、速度传感器在内通过原动机位置、速度反馈控制系统硬件和控制器算法以及控制系统软件控制下得到位置伺服系统精度。

综上所述，实际机器人机构的机械精度由自末端接口法兰中心点至基坐标系原点之间串联在一起的所有环节来决定，单纯的机构误差分析只是机械系统理论上的简化和近似，并不能完全反映实际机器人机械系统的精密程度。从机械原理上讲，机构只是用来反映机械系统最简运动构成和原理的抽象表示，用机构原理来进行机构误差分析只是理论上的近似；不仅如此，机构的构件并非实际机器人机械本体上的零件，可能是两个或两个以上的机械零部件连接在一起而成为构件，因此，这样的构件中相互连接在一起的零件之间连接刚度、连接精度都会影响机器人机械系统的机械精度。机械系统构成越简单，精度的提升越容易实现；机械系统构成越复杂，精度越难以提高。机械系统功能越多越强，机构与结构就越复杂，影响总体精度指标的因素就越多，精度越难提高，这就越加要求每一个影响因素在其自身的设计、制造、装配和测量精度要求就越高，保障精度的环节也就越多。专业和精细到位是中高精度工业机器人操作臂产品的唯一技术保障途径，机构误差分析只有与实际测量技术相结合起来才使得误差分析理论更有实际意义。

机构误差分析的意义如下。

① 为机器人机构设计和结构设计提供精度设计和精度分配所需的参考数据和理论依据。机器人机械系统精度是一个系统化的设计和综合影响下才成立的总的精度指标，是设计与制造的实际测量结果。而这一实际测量结果是经过对其有影响的各个组成部分的设计、制造来实现的，自然存在着为保证这个总的精度指标，在设计阶段如何为串联在一起的各个组成部分合理分配局部精度设计指标的设计问题。机构误差的理论分析与数值仿真计算可为解决这个问题提供精度分配与精度设计的数据依据以及可行性仿真验证。

② 为控制系统与控制器的设计提供不确定量的估计值。机构误差分析与测量技术结合起来可为机器人运动控制方法与控制器设计（如鲁棒控制、自适应控制等）提供不确定量影响分析的相关数据基础，如不确定量的上下界以及 D-H 参数辨识结果。

③ 可以根据阶段性测量数据结果，预测机器人系统机械精度的稳定期，为机器人使用精度的维护有效提供参考依据。

（2）机械系统机构参数表示的几何模型与修正模型

机器人机构误差分析是建立在准确表示机构构型和机构参数表示的几何模型基础上的，机器人机构参数表示法有 D-H 参数法（在本章 4.3.4 节给出的）、矢量表示法、四元数表示法等。其中，D-H 参数法是常用的机器人机构参数表示法。

① D-H 参数表示法　本章"4.3.4 正运动学"一节给出了如图 4-11 所示的机器人关节与杆件间的 D-H 参数表示法及其详细的定义。D-H 参数法作为通用的机构参数表示法的不足之处在于：参考图 4-11，当 z_i 与 z_{i-1} 轴平行、x_i 与 x_{i-1} 轴平行时，即 z_{i-1} 绕 x_{i-1} 轴转到 z_i 轴的角度 $\alpha_i = 0$，d_i 为∞。当矩阵中某一个或某些元素趋近于∞时，会在计算与分析中导致坐标变换矩阵"病态"（称为病态矩阵），这种病态会导致误差分析失真。为解决或避开 D-H 参数表示法的坐标变换矩阵在 $\alpha_i = 0$ 时变成病态矩阵的问题，许多研究者提出了修正的 D-H 模型即 MDH 模型（modified denavit-hartenberg model）。MDH 参数模型主要有 4 个、5 个、6 个或更多个参数的模型。

② 四参数 MDH 模型　Hayati、Judd 和 Knasindki 等人分别于 1983、1987

年提出了图 4-27 所示的 4 参数 MDH 模型。该模型为：垂直于 z_{i-1} 轴的平面与 z_i 轴的交点是第 i 坐标系的原点 o_i；绕 z_{i-1} 轴旋转 $i-1$ 坐标系，使 x_{i-1} 轴与 $o_i o_{i-1}$ 平行，得到 $o_{i-1} - x'_{i-1} y'_{i-1} z_{i-1}$；将旋转后的 $i-1$ 坐标系 $o_{i-1} - x'_{i-1} y'_{i-1} z'_{i-1}$ 平移到 o_i 处得到 $o_i - x''_{i-1} y''_{i-1} z''_{i-1}$；再继续绕 x''_{i-1} 转 α 角得 $o_i - x''_{i-1} y'''_{i-1} z''_{i-1}$；再继续绕 y'''_{i-1} 转 β 角使 z'''_{i-1} 轴与关节 $i+1$ 的 z_i 轴一致。但是 $\{\theta_i, d_i, \alpha_i, \beta_i\}$ 四参数 MDH 模型在两关节轴线垂直时与 D-H 参数法在两关节轴线平行时的情况有同样的缺点。

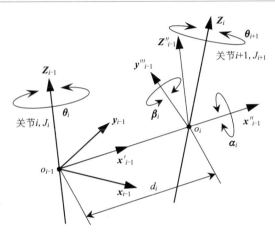

图 4-27　Hayati 等人的四参数 MDH 模型

③ 五参数 MDH 模型　Okada T. 与 Mohri S.、Veitschegger 与 Wu 等人分别于 1985、1987 年在 D-H 参数法的几何模型（图 4-11）基础上继续增加了一项绕 y 轴旋转 β 角的回转变换。将 $\{\theta_i, a_i, d_i, \alpha_i\}$ 四个 DH 参数的模型扩展为 $\{\theta_i, a_i, d_i, \alpha_i, \beta_i\}$ 五参数 MDH 模型，则关节 i 的齐次变换矩阵 A_i 也就是在原来的 DH 参数模型的齐次变换矩阵之后再乘以绕 y 轴回转 β 角的齐次变换矩阵即可。当相邻两关节轴线公称平行时，由于制造或装配误差等原因而偏离平行时，$\beta_i \neq 0$，$d_i = 0$；当相邻两关节轴线公称不平行时，$\beta_i = 0$，$d_i \neq 0$。

显然，用来表示机构参数的个数越多，误差分析就越复杂。

④ 六参数的 S 模型　Stone 和 Sanderson 于 1987 年提出的 S 模型（S-Model）是在 DH 参数模型的基础上允许每个坐标系沿 z 轴作任意的平移和绕 z 轴作任意角度旋转的 6 参数模型。6 个参数中有 3 个平移参数和 3 个旋转角度参数。

（3）雅克比矩阵伪逆阵法及误差最小二乘解

如前所述，由于 D-H 参数法在 z_i 与 z_{i-1} 轴平行、x_i 与 x_{i-1} 轴平行时，即 z_{i-1} 绕 x_{i-1} 轴转到 z_i 轴的角度 $\alpha_i = 0$，d_i 为 ∞，会产生病态矩阵的问题。所以

这里选用 $\{\theta_i, a_i, d_i, \alpha_i, \beta_i\}$ 五参数 MDH 模型进行机构的误差分析。五参数 MDH 模下,杆件 i 相对于 $i-1$ 的齐次坐标变换矩阵 $^{i-1}\boldsymbol{A}_i$ 为在原始 D—H 参数法 $\{\theta_i, a_i, d_i, \alpha_i\}$ 四参数齐次坐标变换矩阵 $^{i-1}\boldsymbol{A}_i$ 的基础上右乘 Rotate(z, β)(4×4 的回转齐次左边变换矩阵),则新的 $\{\theta_i, a_i, d_i, \alpha_i, \beta_i\}$ 五参数 MDH 模型下的齐次坐标变换矩阵 $^{i-1}\boldsymbol{A}_i$ 为:

$$^{i-1}\boldsymbol{A}_i = \mathrm{Rotate}(z_{i-1}, \theta_i)\mathrm{Trans}(z_{i-1}, d_i)$$
$$\mathrm{Trans}(x_{i-1}, a_i)\mathrm{Rotate}(x_{i-1}, \alpha_i)\mathrm{Rotate}(y_i, \beta_i) \tag{4-102}$$

式中,β_i 为相邻两关节轴线 z_{i-1} 与 z_i 在平行于 x_i 和 z_i 所在平面上的夹角,另外四个参数 $\{\theta_i, a_i, d_i, \alpha_i\}$ 的定义与 D-H 参数法定义完全一致,则由式(4-102)可得:

$$^{i-1}\boldsymbol{A}_i = \begin{bmatrix} C\theta_i C\beta_i - S\theta_i S\alpha_i S\beta_i & -S\theta_i C\alpha_i & C\theta_i S\beta_i + S\theta_i S\alpha_i C\beta_i & a_i C\theta_i \\ S\theta_i C\beta_i - C\theta_i S\alpha_i S\beta_i & C\theta_i C\alpha_i & S\theta_i S\beta_i - C\theta_i S\alpha_i C\beta_i & a_i S\theta_i \\ -C\alpha_i S\beta_i & S\alpha_i & C\alpha_i C\beta_i & d_i \\ 0 & 0 & 0 & 1 \end{bmatrix}$$

$$\tag{4-103}$$

由机器人的正运动学可知:n 自由度机器人操作臂腕部末端机械接口中心上固连的坐标系在机器人操作臂基坐标系中的位置矩阵 $^0\boldsymbol{T}_n$ 为:

$$^0\boldsymbol{T}_n = {}^0\boldsymbol{A}_1 \cdot {}^1\boldsymbol{A}_2 \cdot {}^2\boldsymbol{A}_3 \cdots {}^{i-1}\boldsymbol{A}_i \cdots {}^{n-1}\boldsymbol{A}_n \tag{4-104}$$

上述方程是机器人操作臂的正运动学方程,可写成矩阵函数的形式

$$^0\boldsymbol{T}_n(\boldsymbol{\theta}, \boldsymbol{a}, \boldsymbol{d}, \boldsymbol{\alpha}, \boldsymbol{\beta}) = {}^0\boldsymbol{A}_1(\theta_1, a_1, d_1, \alpha_1, \beta_1) \cdot {}^1\boldsymbol{A}_2(\theta_2, a_2, d_2, \alpha_2, \beta_2) \cdot$$
$$^2\boldsymbol{A}_3(\theta_3, a_3, d_3, \alpha_3, \beta_3) \cdots {}^{i-1}\boldsymbol{A}_i(\theta_i, a_i, d_i, \alpha_i, \beta_i) \cdot$$
$$\cdots {}^{n-1}\boldsymbol{A}_n(\theta_n, a_n, d_n, \alpha_n, \beta_n)$$

$$\tag{4-105}$$

式中:$\boldsymbol{\theta} = \begin{bmatrix} \theta_1 & \theta_2 & \theta_3 & \cdots & \theta_i & \cdots & \theta_n \end{bmatrix}^{\mathrm{T}}$;$\boldsymbol{a} = \begin{bmatrix} a_1 & a_2 & a_3 & \cdots & a_i & \cdots & a_n \end{bmatrix}^{\mathrm{T}}$;$\boldsymbol{d} = \begin{bmatrix} d_1 & d_2 & d_3 & \cdots & d_i & \cdots & d_n \end{bmatrix}^{\mathrm{T}}$;$\boldsymbol{\alpha} = \begin{bmatrix} \alpha_1 & \alpha_2 & \alpha_3 & \cdots & \alpha_i & \cdots & \alpha_n \end{bmatrix}^{\mathrm{T}}$;$\boldsymbol{\beta} = \begin{bmatrix} \beta_1 & \beta_2 & \beta_3 & \cdots & \beta_i & \cdots & \beta_n \end{bmatrix}^{\mathrm{T}}$。

机器人机构参数的误差就是各个关节和相邻杆件之间的参数误差,也即机器人机构上所有的 5 参数 MDH 模型下的 $\{\theta_i, a_i, d_i, \alpha_i, \beta_i\}$ 五参数误差($i=1,2,3,\cdots,n$),一共有 $5\times n$ 个机构参数误差,分别为:$\{\delta\theta_i, \delta a_i, \delta d_i, \delta\alpha_i, \delta\beta_i\}$ 五参数误差($i=1,2,3,\cdots,n$)。其中:$\delta\theta_i(i=1,2,3,\cdots,n)$ 一共 n 个,为机构运动参数偏差,为参数变化的偏差;$\{\delta a_i, \delta d_i, \delta\alpha_i, \delta\beta_i\}$ 四个参数误差($i=1,2,3,\cdots,n$)一共有 $4n$ 个,为机构构型恒量参数偏差。这 $5\times n$ 个机构参数误差会通过机构构型这一"运动转换函数"产生腕部末端机械接口上固连的坐标系相对

于机器人基坐标系的位姿偏差 Δ 为：$\Delta = \delta\ {}^0\boldsymbol{T}_n$。

在"4.3.8 机器人操作臂的雅克比矩阵"一节交代过雅克比矩阵三个用途之一就是：机器人操作臂雅克比矩阵可以用来表示各个关节微小运动量矢量与末端操作器（或末端杆件，即腕部末端构件）微小运动量矢量之间的比例关系，即：$\delta\boldsymbol{x} = \boldsymbol{J}\delta\boldsymbol{\theta}$。同理，机构参数的微小变化量 $\delta\boldsymbol{x}_{\text{MDH}}$ 与末端操作器（或末端杆件）微小变化量 $\delta\boldsymbol{y}_{\text{MDH}}$ 之间的关系也可以用雅克比矩阵 $\boldsymbol{J}$ 来线性表示，即：

$$\delta\boldsymbol{y}_{\text{MDH}} = \boldsymbol{J}\delta\begin{bmatrix}\boldsymbol{\theta} & \boldsymbol{a} & \boldsymbol{d} & \boldsymbol{\alpha} & \boldsymbol{\beta}\end{bmatrix}^{\text{T}} = \boldsymbol{J}\begin{bmatrix}\delta\boldsymbol{\theta} & \delta\boldsymbol{a} & \delta\boldsymbol{d} & \delta\boldsymbol{\alpha} & \delta\boldsymbol{\beta}\end{bmatrix}^{\text{T}} = \boldsymbol{J}\delta\boldsymbol{x}_{\text{MDH}}。$$

因此，与 4.3.8 节雅克比矩阵推导方法相同，通过对正运动学方程求对时间 t 的一阶导数即偏微分的方法可以求得雅克比矩阵 $\boldsymbol{J}$ 作为 MDH 参数下的雅克比矩阵 $\boldsymbol{J}_{\text{MDH}}$。

$$\boldsymbol{y} = \boldsymbol{y}_{\text{MDH}} = {}^0\boldsymbol{T}_n(\boldsymbol{\theta},\boldsymbol{a},\boldsymbol{d},\boldsymbol{\alpha},\boldsymbol{\beta}) = {}^0\boldsymbol{A}_1(\theta_1,a_1,d_1,\alpha_1,\beta_1) \cdot {}^1\boldsymbol{A}_2(\theta_2,a_2,d_2,\alpha_2,$$
$$\beta_2) \cdot {}^2\boldsymbol{A}_3(\theta_3,a_3,d_3,\alpha_3,\beta_3) \cdot \cdots \cdot {}^{i-1}\boldsymbol{A}_i(\theta_i,a_i,d_i,\alpha_i,\beta_i) \cdot \cdots \cdot {}^{n-1}\boldsymbol{A}_n(\theta_n,$$
$$a_n,d_n,\alpha_n,\beta_n) = \boldsymbol{f}(\boldsymbol{x}_{\text{MDH}})$$

对

$${}^{i-1}\boldsymbol{A}_i(\theta_i,\ a_i,\ d_i,\ \alpha_i,\ \beta_i) = {}^{i-1}\boldsymbol{A}_i =$$

$$\begin{bmatrix} C\theta_i C\beta_i - S\theta_i S\alpha_i S\beta_i & -S\theta_i C\alpha_i & C\theta_i S\beta_i + S\theta_i S\alpha_i C\beta_i & a_i C\theta_i \\ S\theta_i C\beta_i + C\theta_i S\alpha_i S\beta_i & C\theta_i C\alpha_i & S\theta_i S\beta_i - C\theta_i S\alpha_i C\beta_i & a_i S\theta_i \\ -C\alpha_i S\beta_i & S\alpha_i & C\alpha_i C\beta_i & d_i \\ 0 & 0 & 0 & 1 \end{bmatrix}$$

求偏微分有：

$$\mathrm{d}^{i-1}\boldsymbol{A}_i(\theta_i,\ a_i,\ d_i,\ \alpha_i,\ \beta_i) = \mathrm{d}^{i-1}\boldsymbol{A}_i = \frac{\partial\ {}^{i-1}\boldsymbol{A}_i}{\partial\ \theta_i}\delta\theta_i + \frac{\partial\ {}^{i-1}\boldsymbol{A}_i}{\partial\ a_i}\delta a_i +$$

$$\frac{\partial\ {}^{i-1}\boldsymbol{A}_i}{\partial\ d_i}\delta d_i + \frac{\partial\ {}^{i-1}\boldsymbol{A}_i}{\partial\ \alpha_i}\delta\alpha_i + \frac{\partial\ {}^{i-1}\boldsymbol{A}_i}{\partial\ \beta_i}\delta\beta_i$$

写成矩阵的形式为：

$$\mathrm{d}^{i-1}\boldsymbol{A}_i = \mathrm{d}^{i-1}\boldsymbol{A}_i(\boldsymbol{x}_{\text{MDH}i}) = \begin{bmatrix} \dfrac{\partial\ {}^{i-1}\boldsymbol{A}_i}{\partial\theta_i} & \dfrac{\partial\ {}^{i-1}\boldsymbol{A}_i}{\partial a_i} & \dfrac{\partial\ {}^{i-1}\boldsymbol{A}_i}{\partial d_i} & \dfrac{\partial\ {}^{i-1}\boldsymbol{A}_i}{\partial \alpha_i} & \dfrac{\partial\ {}^{i-1}\boldsymbol{A}_i}{\partial \beta_i} \end{bmatrix}$$

$$\begin{bmatrix} \delta\theta_i \\ \delta a_i \\ \delta d_i \\ \delta\alpha_i \\ \delta\beta_i \end{bmatrix} = {}^{i-1}\boldsymbol{J}_i\,\mathrm{d}\boldsymbol{x}_{\text{MDH}i}$$

$$(4\text{-}106)$$

式中：

$$\frac{\partial^{i-1} \boldsymbol{A}_i}{\partial \theta_i} = \begin{bmatrix} -S\theta_i C\beta_i - C\theta_i S\alpha_i S\beta_i & -C\theta_i C\alpha_i & -S\theta_i S\beta_i + C\theta_i S\alpha_i S\beta_i & -a_i S\theta_i \\ C\theta_i C\beta_i - S\theta_i S\alpha_i S\beta_i & -S\theta_i C\alpha_i & C\theta_i S\beta_i + S\theta_i S\alpha_i C\beta_i & a_i C\theta_i \\ 0 & 0 & 0 & 0 \\ 0 & 0 & 0 & 0 \end{bmatrix}$$

$$\frac{\partial^{i-1} \boldsymbol{A}_i}{\partial a_i} = \begin{bmatrix} 0 & 0 & 0 & C\theta_i \\ 0 & 0 & 0_i & S\theta_i \\ 0 & 0 & 0 & 0 \\ 0 & 0 & 0 & 0 \end{bmatrix}$$

$$\frac{\partial^{i-1} \boldsymbol{A}_i}{\partial d_i} = \begin{bmatrix} 0 & 0 & 0 & 0 \\ 0 & 0 & 0 & 0 \\ 0 & 0 & 0 & 1 \\ 0 & 0 & 0 & 0 \end{bmatrix} ; \quad \frac{\partial^{i-1} \boldsymbol{A}_i}{\partial \alpha_i} = \begin{bmatrix} -S\theta_i C\alpha_i S\beta_i & S\theta_i S\alpha_i & C\theta_i C\alpha_i S\beta_i & 0 \\ C\theta_i C\alpha_i S\beta_i & -C\theta_i S\alpha_i & -C\theta_i C\alpha_i C\beta_i & 0 \\ 0 & 0 & 0 & 0 \\ 0 & 0 & 0 & 0 \end{bmatrix} ;$$

$$\frac{\partial^{i-1} \boldsymbol{A}_i}{\partial \beta_i} = \begin{bmatrix} -C\theta_i S\beta_i - S\theta_i S\alpha_i C\beta_i & 0 & C\theta_i C\beta_i - S\theta_i S\alpha_i S\beta_i & 0 \\ -S\theta_i S\beta_i + C\theta_i S\alpha_i C\beta_i & 0 & S\theta_i C\beta_i + C\theta_i S\alpha_i S\beta_i & 0 \\ -C\alpha_i C\beta_i & 0 & -C\alpha_i S\beta_i & 0 \\ 0 & 0 & 0 & 0 \end{bmatrix} 。$$

$\boldsymbol{y}_{\text{MDH}} = {}^0\boldsymbol{T}_n(\boldsymbol{\theta}, \boldsymbol{a}, \boldsymbol{d}, \boldsymbol{\alpha}, \boldsymbol{\beta}) = {}^0\boldsymbol{A}_1(\theta_1, a_1, d_1, \alpha_1, \beta_1) \cdot {}^1\boldsymbol{A}_2(\theta_2, a_2, d_2, \alpha_2, \beta_2) \cdot {}^2\boldsymbol{A}_3(\theta_3, a_3, d_3, \alpha_3, \beta_3) \cdot \cdots \cdot {}^{i-1}\boldsymbol{A}_i(\theta_i, a_i, d_i, \alpha_i, \beta_i) \cdot \cdots \cdot {}^{n-1}\boldsymbol{A}_n(\theta_n, a_n, d_n, \alpha_n, \beta_n) = \boldsymbol{f}(\boldsymbol{x}_{\text{MDH}})$

$$\boldsymbol{J}_{\text{MDH}} = \frac{\mathrm{d}\boldsymbol{y}_{\text{MDH}}}{\mathrm{d}\boldsymbol{x}_{\text{MDH}}} = \left[\frac{\partial^0 \boldsymbol{A}_1}{\partial \boldsymbol{x}_{\text{MDH1}}} \cdot {}^1\boldsymbol{A}_n \right.$$

$$(\theta_2, a_2, d_2, \alpha_2, \beta_2; \theta_3, a_3, d_3, \alpha_3, \beta_3; \cdots; \theta_n, a_n, d_n, \alpha_n, \beta_n)$$

$$^0\boldsymbol{A}_1 \cdot \frac{\partial^1 \boldsymbol{A}_2}{\partial \boldsymbol{x}_{\text{MDH2}}} \cdot {}^2\boldsymbol{A}_n$$

$$(\theta_3, a_3, d_3, \alpha_3, \beta_3; \theta_4, a_4, d_4, \alpha_4, \beta_4; \cdots; \theta_n, a_n, d_n, \alpha_n, \beta_n)$$

$$^0\boldsymbol{A}_1 \cdot {}^1\boldsymbol{A}_2 \cdot \frac{\partial^2 \boldsymbol{A}_3}{\partial \boldsymbol{x}_{\text{MDH3}}} \cdot {}^3\boldsymbol{A}_n$$

$$(\theta_4, a_4, d_4, \alpha_4, \beta_4; \theta_5, a_5, d_5, \alpha_5, \beta_5; \cdots; \theta_n, a_n, d_n, \alpha_n, \beta_n)$$

$$\cdots$$

$$^0\boldsymbol{A}_{i-1}(\theta_1, a_1, d_1, \alpha_1, \beta_1; \theta_2, a_2, d_2, \alpha_2, \beta_2; \cdots; \theta_{i-1}, a_{i-1}, d_{i-1}, \alpha_{i-1}, \beta_{i-1}) \cdot$$

$$\frac{\partial^{i-1} \boldsymbol{A}_i}{\partial \boldsymbol{x}_{\text{MDH}i}} \cdot {}^i\boldsymbol{A}_n(\theta_{i+1}, a_{i+1}, d_{i+1}, \alpha_{i+1}, \beta_{i+1}; \theta_{i+2}, a_{i+2}, d_{i+2}, \alpha_{i+2}, \beta_{i+2}; \cdots; \theta_n, a_n,$$

$$d_n, \alpha_n, \beta_n)$$

$$\cdots$$

$${}^0\boldsymbol{A}_{n-1}(\theta_1, a_1, d_1, \alpha_1, \beta_1; \theta_2, a_2, d_2, \alpha_2, \beta_2; \cdots;$$

$$\theta_{n-1}, a_{n-1}, d_{n-1}, \alpha_{n-1}, \beta_{n-1}) \cdot \frac{\partial^{n-1}\boldsymbol{A}_n}{\partial \boldsymbol{x}_{\mathrm{MDH}n}} \Bigg]$$

$$\boldsymbol{J}_{\mathrm{MDH}} = \frac{\mathrm{d}\boldsymbol{y}}{\mathrm{d}\boldsymbol{x}_{\mathrm{MDH}}} = \frac{\partial {}^0\boldsymbol{A}_1}{\partial \boldsymbol{x}_{\mathrm{MDH}1}} \cdot {}^1\boldsymbol{A}_n(\boldsymbol{x}_{\mathrm{MDH}2}, \boldsymbol{x}_{\mathrm{MDH}3}, \cdots, \boldsymbol{x}_{\mathrm{MDH}n})$$

$${}^0\boldsymbol{A}_1(\boldsymbol{x}_{\mathrm{MDH}1}) \cdot \frac{\partial {}^1\boldsymbol{A}_2}{\partial \boldsymbol{x}_{\mathrm{MDH}2}} \cdot {}^2\boldsymbol{A}_n(\boldsymbol{x}_{\mathrm{MDH}3}, \boldsymbol{x}_{\mathrm{MDH}4}, \cdots, \boldsymbol{x}_{\mathrm{MDH}n})$$

$${}^0\boldsymbol{A}_2(\boldsymbol{x}_{\mathrm{MDH}1}, \boldsymbol{x}_{\mathrm{MDH}1}) \cdot \frac{\partial {}^2\boldsymbol{A}_3}{\partial \boldsymbol{x}_{\mathrm{MDH}3}} \cdot {}^3\boldsymbol{A}_n(\boldsymbol{x}_{\mathrm{MDH}4}, \boldsymbol{x}_{\mathrm{MDH}5}, \cdots, \boldsymbol{x}_{\mathrm{MDH}n})$$

$$\cdots$$

$${}^0\boldsymbol{A}_{i-1}(\boldsymbol{x}_{\mathrm{MDH}1}, \boldsymbol{x}_{\mathrm{MDH}2}, \cdots, \boldsymbol{x}_{\mathrm{MDH}i-1}) \cdot \frac{\partial {}^{i-1}\boldsymbol{A}_i}{\partial \boldsymbol{x}_{\mathrm{MDH}i}} \cdot {}^i\boldsymbol{A}_n(\boldsymbol{x}_{\mathrm{MDH}(i+1)}, \boldsymbol{x}_{\mathrm{MDH}(i+2)},$$

$$\cdots, \boldsymbol{x}_{\mathrm{MDH}n})$$

$$\cdots$$

$${}^0\boldsymbol{A}_{n-1}(\boldsymbol{x}_{\mathrm{MDH}1}, \boldsymbol{x}_{\mathrm{MDH}2}, \cdots, \boldsymbol{x}_{\mathrm{MDH}n-1}) \cdot \frac{\partial {}^{n-1}\boldsymbol{A}_n}{\partial \boldsymbol{x}_{\mathrm{MDH}n}} \Bigg]$$

$$= \begin{bmatrix} \boldsymbol{J}_{\mathrm{MDH}1} & \boldsymbol{J}_{\mathrm{MDH}2} & \cdots & \boldsymbol{J}_{\mathrm{MDH}i} \cdots & \boldsymbol{J}_{\mathrm{MDH}n} \end{bmatrix}_{6 \times 5n}$$

式中，$\boldsymbol{J}_{\mathrm{MDH}i} = {}^0\boldsymbol{A}_{i-1}(\boldsymbol{x}_{\mathrm{MDH}1}, \boldsymbol{x}_{\mathrm{MDH}2}, \cdots, \boldsymbol{x}_{\mathrm{MDH}i-1}) \cdot \dfrac{\partial {}^{i-1}\boldsymbol{A}_i}{\partial \boldsymbol{x}_{\mathrm{MDH}i}} \cdot {}^i\boldsymbol{A}_n$

$(\boldsymbol{x}_{\mathrm{MDH}(i+1)}, \boldsymbol{x}_{\mathrm{MDH}(i+2)}, \cdots, \boldsymbol{x}_{\mathrm{MDH}n}), i = 1, 2, 3, \cdots, n.$

由上述过程即可得五参数 MDH 模型下机构参数微小变化量 $\delta \boldsymbol{x}_{\mathrm{MDH}}$ 与末端操作器微小变化量 $\delta \boldsymbol{y}_{\mathrm{MDH}}$ 之间线性关系 $\delta \boldsymbol{y}_{\mathrm{MDH}} = \boldsymbol{J}_{\mathrm{MDH}} \cdot \delta \boldsymbol{x}_{\mathrm{MDH}}$ 与末端操作器微小变化量的雅克比矩阵 $\boldsymbol{J}_{\mathrm{MDH}}$，即有：

$$\delta \boldsymbol{y}_{\mathrm{MDH}} = \boldsymbol{J}_{\mathrm{MDH}} \delta \boldsymbol{x}_{\mathrm{MDH}}$$

$$= \begin{bmatrix} \boldsymbol{J}_{\mathrm{MDH}1} & \boldsymbol{J}_{\mathrm{MDH}2} & \cdots & \boldsymbol{J}_{\mathrm{MDH}i} & \cdots & \boldsymbol{J}_{\mathrm{MDH}n} \end{bmatrix}_{6 \times 5n} \cdot \begin{bmatrix} \delta \boldsymbol{x}_{\mathrm{MDH}1,(5\times1)} \\ \delta \boldsymbol{x}_{\mathrm{MDH}2,(5\times1)} \\ \vdots \\ \delta \boldsymbol{x}_{\mathrm{MDH}i,(5\times1)} \\ \vdots \\ \delta \boldsymbol{x}_{\mathrm{MDH}n,(5\times1)} \end{bmatrix}_{5n \times 1}$$

$$(4\text{-}107)$$

则由广义伪逆阵理论可得由末端操作器（或机器人操作臂末端机械接口）位

姿偏差反求机构的 MDH 参数偏差（误差）的最小二乘解计算公式为：

$$\delta \boldsymbol{x}_{\mathrm{MDH}} = \boldsymbol{J}_{\mathrm{MDH}}^{+} \delta \boldsymbol{y}_{\mathrm{MDH}} \tag{4-108}$$

当给定末端操作器作业位姿精度要求时可由上式计算出允许机器人机构的各 MDH 参数的许用偏差量。

4.5.2 机器人机构精度设计及测量

（1）机构 MDH 参数精度设计准则

根据末端操作器作业位姿精度要求，可由式(4-108)计算出给定作业位姿精度要求下各个 MDH 参数偏差量。但是，需要注意的是：用于精度与偏差之间换算的雅克比矩阵 $\boldsymbol{J}_{\mathrm{MDH}}$ 是作业过程中机器人机构构形参数的函数，也即随着构形变化，雅克比矩阵中各个元素的值是变化的，按着末端操作器微小变化量 $\delta \boldsymbol{y}_{\mathrm{MDH}}$ 求得的 MDH 参数 $\delta \boldsymbol{x}_{\mathrm{MDH}}$ 也会是变化的。假设：末端位姿精度上界为：$\| \delta \boldsymbol{y}_{\mathrm{MDH}} \| \leqslant \| \boldsymbol{\delta}_{\max} \|$，则机器人机构总的位姿精度的大小对机构 MDH 参数总大小的限制条件为：

$$\| \delta \boldsymbol{x}_{\mathrm{MDH}} \| = \| \boldsymbol{J}_{\mathrm{MDH}}^{+} \delta \boldsymbol{y}_{\mathrm{MDH}} \| \leqslant \| \boldsymbol{J}_{\mathrm{MDH}}^{+} \| \cdot \| \delta \boldsymbol{y}_{\mathrm{MDH}} \| \leqslant \| \boldsymbol{J}_{\mathrm{MDH}}^{+} \| \cdot \| \boldsymbol{\delta}_{\max} \| \tag{4-109}$$

又 $\delta \boldsymbol{y}_{\mathrm{MDH}} = \sum_{i=1}^{n} (\boldsymbol{J}_{\mathrm{MDH}i} \delta \boldsymbol{x}_{\mathrm{MDH}i})$，令 $\delta \boldsymbol{y}_{\mathrm{MDH}i} = \boldsymbol{J}_{\mathrm{MDH}i} \delta \boldsymbol{x}_{\mathrm{MDH}i}$，则：$\delta \boldsymbol{x}_{\mathrm{MDH}i} = \boldsymbol{J}_{\mathrm{MDH}i}^{+} \delta \boldsymbol{y}_{\mathrm{MDH}}$。

对第 i 个关节机构 MDH 参数误差限制为：

$$\| \delta \boldsymbol{x}_{\mathrm{MDH}i} \| = \| \boldsymbol{J}_{\mathrm{MDH}i}^{+} \delta \boldsymbol{y}_{\mathrm{MDH}} \| \leqslant \| \boldsymbol{J}_{\mathrm{MDH}i}^{+} \| \cdot \| \delta \boldsymbol{y}_{\mathrm{MDH}} \| \leqslant \| \boldsymbol{J}_{\mathrm{MDH}i}^{+} \| \cdot \| \boldsymbol{\delta}_{\max} \| \tag{4-110}$$

以上式中的 $\| \cdot \|$ 表示矩阵或矢量的范数。

显然，不等式(4-109)、式(4-110)给出了在末端操作器作业位姿精度给定的情况下机构 MDH 参数精度设计上限的设计准则。由于 $\{\theta_i, a_i, d_i, \alpha_i, \beta_i\}$ 五参数 MDH 模型中已包括关节运动参数 θ_i，所以，对机器人关节运动位置控制精度也提出了精度要求。

（2）关于机构构型参数与机构运动参数精度设计的均衡性问题

在精度设计上，可以根据机械精度与运动控制精度进行均衡性调节。如果在设计、制造、装配等机械设计与制造过程中难以保证分担的机械精度要求（即机构构型参数精度要求），而运动控制精度设计（即机构 MDH 参数中的运动参数精度设计）尚有提升空间，则可以通过提高运动参数精度（即通过更为精确的运动控制的办法提高精度）来弥补机械精度难以提高的不足。但是，这只适用于精度设计阶段，对于机器人机械系统设计制造已经完成的机构，如果设计制造的机器人机械精度已经不足，想要通过提高运动控制精度的办法来弥补机械精度不足已经是不可能的事情了。

（3）用于工业机器人性能指标检测的方法和仪器工具

包括光学摄像系统、超声波传感器、激光跟踪系统、光学经纬仪、电缆电位计、三坐标测量机、机械随动系统等。测试性能指标的种类有位姿特性、轨迹特性、相对测量、绝对测量、重复性、准确度、分辨率、有效载荷、速度特性等。

绝对测量是指利用测量仪系统对被测机器人进行标定，在建立测试坐标系与机器人基坐标系之间的坐标变换矩阵的基础上对机器人操作臂的精度进行测量和换算的方法，是以测量仪系统本身的高精度为参考的。

（4）机器人末端三维空间轨迹特性评价的最小二乘求解法

在 ISO、ANSI/RIA、GB 标准中，对工业机器人名词术语、性能规范、测试方法等都有相应的标准，国内外也有一些关于各类标准中诸如对机器人位置重复性特性的对比测试后的评价结果的研究性文献。机器人位姿特性的规范已经相当完善。而仍处于研究的主要是机器人末端轨迹特性的评价问题。自 20 世纪 90 年代哈尔滨工业大学机器人所蔡鹤皋教授（工程院院士）研究团队针对 GB/T 12642—1990 用平均值求实际轨迹的位姿中心不合理的问题，对机器人末端的空间直线轨迹、圆弧轨迹，分别用测量点与最小二乘直线、最小二乘圆弧的最大偏差来表示位置准确度，将圆弧位置重复性分为圆弧平面度偏差、圆度偏差来评价，从而提出了完整评价工业机器人任意空间轨迹特性的最小二乘曲线求解算法，而对于轨迹的姿态特性，即轨迹姿态准确度和轨迹重复性的概念和计算方法均与 GB/T 12642—1990 相同[1,2]。

无论是空间直线轨迹、圆弧轨迹，还是任意曲线轨迹特性的评价，通过测量仪器对测量点集求解最小二乘轨迹曲线即测点轨迹集的中心轨迹曲线，并定义、计算各项偏差指标，都是评测三维空间轨迹特性的有效方法。

4.6 工业机器人操作臂控制系统设计的现代数学基础

4.6.1 现代控制理论基础

用传递函数表达被控对象数学模型（即机械、力学、电磁学等物理模型的数学表达）和控制器构成的控制系统并进行控制系统分析与设计，这些内容属于经典控制理论基础。此外，控制理论发展到今天，以状态空间来表达系统模型为基础进行控制系统分析与设计的控制理论则称为现代控制理论。

（1）系统的状态空间模型与稳定性

① 系统的状态空间表示法　用传递函数来表达被控对象数学模型和控制器的这种数学描述只关注输入输出间的关系，而不去考虑系统内部信号如何变化和起什么作用、有什么影响等问题，信号初始值都是零，所以没能考虑初值问题。为了解决这些问题，不止考虑系统输入与输出之间的关系，系统内部状态也加以考虑的表达方式即是系统状态空间表示法。

系统状态是指表示系统的一组变量，只要知道这组变量的当前值情况、输入信号和描述系统动态特性的方程，就能完全确定系统未来的状态和输出响应。

系统的状态空间表示法首先需要明确用来描述系统的状态变量，即用来表达系统内部状态信号的变量，用 $x(t)$ 来表示状态变量。状态变量不一定必须是实际物理意义上的变量，但是实际物理意义上的物理量（如位置、速度、电荷、电流、水位、压力、温度等物理量）多被用来作为系统的状态变量。系统的状态空间表示法就是用含有状态变量 $x(t)$、系统输入 $u(t)$ 的一阶微分方程式即状态方程和用代数方程描述的输出方程来描述系统数学模型的表示方法。图 4-28 所示的输入输出系统的具体状态方程表达形式如下。

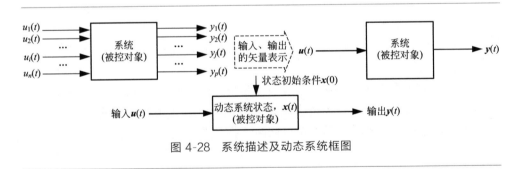

图 4-28　系统描述及动态系统框图

设 $x(t)$、$u(t)$、$y(t)$ 分别为系统状态变量、系统输入变量和系统输出变量，则系统的状态空间表示法如下。

状态方程：
$$\dot{x}(t) = Ax(t) + Bu(t) \tag{4-111}$$

输出方程：
$$y(t) = Cx(t) + Du(t) \tag{4-112}$$

式中，$x(t)$ 为 n 阶系统的 $n \times 1$ 维状态矢量，$x(t) = [x_1, x_2, \cdots, x_i, \cdots, x_n]^T$；

　　$u(t)$ 为系统的 $m \times 1$ 维输入矢量，$u(t) = [u_1, u_2, \cdots, u_j, \cdots, u_m]^T$；

　　$y(t)$ 为系统的 $p \times 1$ 维输出矢量（也称控制量），$y(t) = [y_1, y_2, \cdots, y_k, \cdots, y_p]^T$；

A 为系统的矩阵（$n \times n$）；B 为系统的输入矩阵（$n \times m$）；C 为系统的输出矩阵（$p \times n$）；D 为系统的输入输出间直接耦合矩阵（$p \times m$）。

当 A 为 $n \times n$ 矩阵、B 为 $n \times 1$ 矢量、C 为 $1 \times n$ 矢量、D 为 1×1 的比例系数时，1×1 的操作量 $u(t)$［即一个标量 $u(t)$］与 1×1 的控制量 $y(t)$［即一个标量 $y(t)$］之间成比例关系，这样的系统称为 1 输入 1 输出系统，也即单输入单输出系统。相应地，当操作量 $u(t)$ 和控制量 $y(t)$ 分别有多个操作量标量 $y_i(t)$（即 $1 < i \leqslant n$ 且 $n > 1$，$i = 2, \cdots, n$）、多个控制量 $y_j(t)$（即 $1 < j \leqslant p$ 且 $p > 1$，$j = 2, \cdots, p$）的系统称为多输入多输出系统。不管单输入单输出系统还是多输入多输出系统，其状态空间表示的处理方法都是相同的。

② 状态空间与传递函数间的关系　设状态初始条件为 $x(0) = 0$，则分别对状态方程 $\dot{x}(t) = Ax(t) + Bu(t)$、输出方程 $y(t) = Cx(t) + Du(t)$ 取拉普拉斯变换得：$X(s)s = AX(s) + BU(s)$；$Y(s) = CX(s) + DU(s)$，按如下整理此两式：

$$X(s)s = AX(s) + BU(s) \rightarrow X(s)(sI - A) = BU(s) \rightarrow X(s) = (sI - A)^{-1}BU(s)$$

$$Y(s) = CX(s) + DU(s) \rightarrow Y(s) = C(sI - A)^{-1}BU(s) + DU(s) \rightarrow Y(s)$$

$$= \{C(sI - A)^{-1}B + D\}U(s)$$

则，系统传递函数 $P(s)$ 为：

$$P(s) = Y(s)/U(s) = \{C(sI - A)^{-1}B + D\}U(s)/U(s) = C(sI - A)^{-1}B + D$$

③ 稳定性　显然，由 $P(s) = Y(s)/U(s) = C(sI - A)^{-1}B + D$ 可知，$n \times n$ 矩阵 A 的固有值，即特征方程 $|pI - A| = 0$ 的特征根 $p_i (i = 1, 2, \cdots, n)$ 等于传递函数 $P(s)$ 的极点。由此，可得状态空间表示法表示的系统的稳定性条件（充分必要条件）为：

若矩阵 A 的固有值 $p_i (i = 1, 2, \cdots, n)$ 的实部全为负，则由状态方程 $\dot{x}(t) = Ax(t) + Bu(t)$、输出方程 $y(t) = Cx(t) + Du(t)$ 表示的系统有且只有是稳定的。

（2）状态方程的解与状态迁移矩阵

① 状态方程的解　当 $u(t) = 0$ 即系统为零输入系统时，状态方程 $\dot{x}(t) = Ax(t) + Bu(t) = Ax(t)$。设状态初始条件为 $x(0)$，求系统状态方程 $\dot{x}(t) = Ax(t)$ 的解。

$$\int [1/x(t)]\mathrm{d}x(t) = \int A\mathrm{d}t \rightarrow \ln x(t) = At + C_1 \rightarrow x(t) = e^{At}C_2，\text{当 } t = 0 \text{ 时，}$$

$x(t) = x(0) = C_2$。所以，系统状态方程 $\dot{x}(t) = Ax(t)$ 的通解为：$x(t) = e^{At}x(0)$。

将 e^{At} 称为迁移矩阵。按着泰勒展开可以将此迁移矩阵展开为无穷级数的形式，由 $\mathrm{d}/\mathrm{d}t(e^{At}) = Ae^{At}$，得：

$$e^{At} = I + tA + \frac{t^2}{2!}A^2 + \frac{t^3}{3!}A^3 + \cdots + \frac{t^k}{k!}A^k + \cdots$$

状态方程 $\dot{x}(t) = Ax(t) + Bu(t)$ 的通解为：

$$x(t) = e^{At}x(0) + \int_0^t e^{A(t-\tau)}Bu(\tau)\mathrm{d}\tau。 \qquad (4\text{-}113)$$

② 状态迁移矩阵的计算   显然，状态方程 $\dot{x}(t) = Ax(t)$ 的通解 $x(t) = e^{At}x(0)$、状态方程 $\dot{x}(t) = Ax(t) + Bu(t)$ 的通解 $x(t) = e^{At}x(0) + \int_0^t e^{A(t-\tau)}Bu(\tau)\mathrm{d}\tau$ 很大程度上取决于迁移矩阵 e^{At}。因为 e^{At} 的泰勒展开为无穷级数，按此展式来计算迁移矩阵是比较困难的。多数情况下用拉普拉斯变换来计算，对状态方程 $\dot{x}(t) = Ax(t)$ 考虑其状态初始值为 $x(0)$ 的情况下，应用拉普拉斯变换有：

$$sX(s) - x(0) = AX(s) \to X(s)(sI - A) = x(0) \to X(s) = (sI - A)^{-1}x(0)$$

对 $X(s) = (sI - A)^{-1}x(0)$ 取拉普拉斯逆变换有：$x(t) = \mathcal{L}^{-1}[X(s)] = \mathcal{L}^{-1}[(sI - A)^{-1}]x(0)$，而状态方程 $\dot{x}(t) = Ax(t)$ 的通解为 $x(t) = e^{At}x(0)$。所以有：$x(t) = \mathcal{L}^{-1}[X(s)] = \mathcal{L}^{-1}[(sI - A)^{-1}]x(0) = e^{At}x(0)$。则得利用拉普拉斯逆变换计算迁移矩阵的计算公式为：

$$e^{At} = \mathcal{L}^{-1}[(sI - A)^{-1}] \qquad (4\text{-}114)$$

由上述计算出 A 的固有值的实部都为负时，零输入系统 [即 $u(t) = 0$ 的系统] $\dot{x}(t) = Ax(t)$ 对于任意初始状态 $x(0)$，当 $t \to \infty$ 时 $x(t) \to 0$，则系统是在振荡中趋于稳定的，即 $t \to \infty$，$x(t) \to 0$ 时，系统是渐进稳定的。

(3) 控制系统设计

① 可控性（也称能控性）   控制的目的和过程就是指对于一个被控对象系统，通过不断调整操作量 $u(t)$，使被控对象的状态 $x(t)$ 从其初始值 $x(t_0)$ 达到任意目标值 $x^d(t)$ 的状态不断迁移的过程。问题归结到：系统是否存在这样的操作量 $u(t)$，使得系统由初始状态 $x(t_0)$ 到达任意目标状态 $x^d(t)$。因此，也就有了可控性的概念。

可控性（也称能控性）：是指对于用状态方程 $\dot{x}(t) = Ax(t) + Bu(t)$、输出方程 $y(t) = Cx(t) + Du(t)$ 表达的被控对象系统，存在着能够使系统状态迁移到任意目标状态 $x(t)$ 的操作量 $u(t)$，则称该系统是可控的。

单输入输出系统是否可控的检验条件：对于用状态方程 $\dot{x}(t) = Ax(t) + Bu(t)$、输出方程 $y(t) = Cx(t) + Du(t)$ 表达的被控对象系统，令可控性矩阵 $P_c = [B \quad AB \quad \cdots \quad A^{n-1}B]$，若可控性矩阵 P_c 是正则矩阵（即 $|P_c| \neq 0$），也即可控矩阵 P_c 为满秩阵（即 $\mathrm{rank}P_c = n$），则该系统是可控的。

关于系统可控性的理解和认识的讨论：由系统状态方程的定义 $\dot{x}(t) = Ax(t) + Bu(t)$ 及系统可控性的定义可知，系统可控性是指对于给定的被控系统的

状态方程关系式，要找出一个可以使状态变量 $x(t)$ 按着给定的目标值变化的操作量 $u(t)$，该 $u(t)$ 当然必须满足状态方程关系式，因此，可控性的问题也就等价于已知状态方程关系式 $\dot{x}(t)=Ax(t)+Bu(t)$ 和状态变量 $x(t)$ 目标值，如何求出方程中的操作量 $u(t)$ 的解的问题，即由 $\dot{x}(t)=Ax(t)+Bu(t) \to u(t)=B^{-1}[\dot{x}(t)-Ax(t)]=B^{-1}\dot{x}(t)-B^{-1}Ax(t)$。这里，暂且假设 B 为方阵（实际不一定，可能为非方阵，可用伪逆阵表示）。$u(t)=B^{-1}\dot{x}(t)-B^{-1}Ax(t)$ 说明操作量 $u(t)$ 的解由状态变量 $x(t)$ 目标值、状态变量随着时间的变化量 $\dot{x}(t)$ 两部分影响之和组成。显然，若想系统状态方程存在操作量 $u(t)$ 的解，方程必须满足：$|B|\neq0$，$|(B^{-1}A)^{-1}|\neq0$（即 $|A^{-1}B|\neq0$）。这两个条件合成在一起就是：可控性矩阵 P_c 的正则性。

② 可观测性（也称能观性）　现代控制理论是以状态空间来表达系统模型为基础进行控制系统分析与设计的控制理论。控制器的设计是以被控对象系统的状态空间描述为基础的，状态变量 $x(t)$ 通常被用来作为反馈量来使用。把状态变量 $x(t)$ 反馈给控制系统通常都是由传感器来实现的，也就是通过传感器来检测状态变量 $x(t)$ 的当前值 $x_i(t)(i=1,2,\cdots,n)$。但是，如果无法用传感器直接检测出状态变量 $x(t)$ 的所有值，则必须想尽办法去推测状态变量的值。显然，如果被控对象系统的输出量 $y(t)$ 可以检测出来，则可以根据被检测出来的系统输出量 $y(t)$ 以及系统的操作量 $u(t)$ 来推测系统的状态量 $x(t)$。

可观测性（也称能观性）：对于用状态方程 $\dot{x}(t)=Ax(t)+Bu(t)$、输出方程 $y(t)=Cx(t)+Du(t)$ 表达的被控对象系统，如果能够根据被检测出来的系统输出量 $y(t)$ 以及系统的操作量 $u(t)$ 来正确推测得知系统的状态量 $x(t)$，则称为系统是可观测的。

观测量：可观测系统中，被检测出的系统输出量 $y(t)$ 就称为观测量。

单输入输出系统是否可观测的检验条件：对于用状态方程 $\dot{x}(t)=Ax(t)+Bu(t)$、输出方程 $y(t)=Cx(t)+Du(t)$ 表达的被控对象系统，令可观测矩阵 $P_o=[C\quad CA\quad\cdots\quad CA^{n-1}]^T$，若可观测矩阵 P_o 是正则矩阵（即 $|P_o|\neq0$），也即可观测性矩阵 P_o 为满秩阵（即 $\mathrm{rank}P_o=n$），则该系统是可观测的。

关于系统可观测性的理解和认识的讨论：由系统状态方程 $y(t)=Cx(t)+Du(t)$ 的定义及系统可观测性的定义可知，系统可观测性是指对于给定的被控系统的状态方程关系式，要找出一个可以由系统输出量 $y(t)$ 和操作量 $u(t)$ 可以推测出来的系统状态变量 $x(t)$，该 $x(t)$ 当然必须满足系统输出方程关系式，因此，可观测性的问题也就等价于已知系统输出方程关系式 $y(t)=Cx(t)+Du(t)$ 和输出量 $y(t)$、操作量 $u(t)$，如何求出方程中的状态变量 $x(t)$ 的解的问题，

即由 $y(t)=Cx(t)+Du(t) \rightarrow x(t)=C^{-1}[y(t)-Du(t)]=C^{-1}y(t)-C^{-1}Du$ (t)。这里，暂且假设 C 为方阵（实际不一定，可能为非方阵，可用伪逆阵表示）。$x(t)=C^{-1}y(t)-C^{-1}Du(t)$ 说明状态变量 $x(t)$ 的解由系统输出量 $y(t)$、操作量 $u(t)$ 两部分影响之和组成。显然，若想输出方程存在状态变量 $x(t)$ 的解，必须有：$|C| \neq 0$，$|(C^{-1}D)^{-1}| \neq 0$（即 $|D^{-1}C| \neq 0$）。这两个条件合成在一起就是：可观测性矩阵 P_o 的正则性。

③ 状态反馈（也称状态变量反馈）　状态反馈控制也称状态变量反馈控制。

设 $x(t)$ 为 n 阶系统的 $n \times 1$ 维状态矢量，$x(t)=[x_1, x_2, \cdots, x_i, \cdots, x_n]^T$；$u(t)$ 为系统的 $m \times 1$ 维输入矢量，$u(t)=[u_1, u_2, \cdots, u_j, \cdots, u_m]^T$；$y(t)$ 为系统的 $p \times 1$ 维输出矢量，$y(t)=[y_1, y_2, \cdots, y_k, \cdots, y_p]^T$；$A$ 为系统的矩阵（$n \times n$）；B 为系统的输入矩阵（$n \times m$）；C 为系统的输出矩阵（$p \times n$）；D 为系统的输入输出间直接耦合矩阵（$p \times m$）。用状态方程 $\dot{x}(t)=Ax(t)+Bu(t)$、输出方程 $y(t)=Cx(t)+Du(t)$ 表达的被控对象系统，假设无论是用传感器直接检测状态量还是通过系统输出量 $y(t)$ 和操作量 $u(t)$ 来获得观测量等方法，都可以利用状态变量 $x(t)$ 对控制系统进行反馈控制，则控制器可以设计成如下式所示的形式，也即控制律为：

$$u(t)=Kx(t)+Hr \tag{4-115}$$

式中，K 为 $m \times n$ 状态反馈增益矩阵，对于非线性系统进行线性化之后，K 通常为主对角线上元素不为零的系数矩阵；H 为 $m \times n$ 的比例系数矩阵（主对角线上元素不为零，其余元素为零），称为前馈增益比例系数矩阵；r 为 $n \times 1$ 作为目标值的参考输入矢量。

显然，控制器 $u(t)=Kx(t)+Hr$ 由前馈控制 Hr 和状态反馈 $Kx(t)$ 两部分组成。

对于单输入单输出系统 $\dot{x}(t)=Ax(t)+Bu(t)$、$y(t)=Cx(t)$：设 r 为控制器的参考输入，也即被控对象系统状态变量的目标值，为给定值标量；$u(t)$ 为被控对象系统的输入，为 1×1 的标量变量；状态量 $x(t)$ 为 $n \times 1$ 矢量；K 为 $1 \times n$ 的矢量；H 为一比例系数；且 $D=0$），其含有状态反馈的控制系统框图如图 4-29 所示。

关于输入与输出的定义：如同计算机软硬件系统中对输入输出的约定一样，控制系统的输入输出的定义也是相对于系统模块的，即对于被控对象系统模块而言，系统输入为 $u(t)$，系统输出为 $y(t)$；而对于控制器模块而言，控制器的输入为参考值，控制器的输出为操作量 $u(t)$，而控制器的输出，对于被控对象而言，又是被控对象的输入 $u(t)$。因此，言输入输出之前必言是谁的输入输出，以免混淆不清！

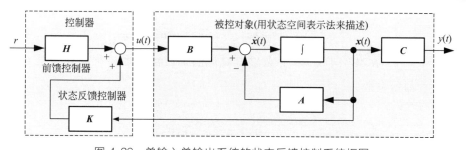

图 4-29　单输入单输出系统的状态反馈控制系统框图

④ 极点配置　可用极点配置法设计状态反馈控制器增益 $\boldsymbol{K}$。极点配置就是将 $\boldsymbol{A}+\boldsymbol{BK}$ 矩阵的固有值 p_1，p_2，$\cdots$，p_n 根据极点与过渡特性的关系适当地选择为 p_1^*，p_2^*，$\cdots$，p_n^*。对于单输入单输出系统可用 Ackermann 公式来方便地确定状态反馈控制器的增益矩阵 $\boldsymbol{K}$。Ackermann 公式指出：若反馈信号为 $\boldsymbol{u}(t)=-\boldsymbol{Kx}(t)$。其中，$\boldsymbol{K}=\mathrm{diag}[k_1 k_2 \cdots k_n]$，则闭环系统的预期特征方程为：

$$q(s)=s^n+a_1 s^{n-1}+a_2 s^{n-2}+\cdots+a_n \tag{4-116}$$

则，状态反馈的增益矩阵 $\boldsymbol{K}$ 可以写成：

$$\boldsymbol{K}=\begin{bmatrix} 0 & 0 & \cdots & 1 \end{bmatrix} \boldsymbol{P}_c^{-1} \boldsymbol{q}(\boldsymbol{A}) \tag{4-117}$$

式中，$q(\boldsymbol{A})=\boldsymbol{A}^n+a_1 \boldsymbol{A}^{n-1}+a_2 \boldsymbol{A}^{n-2}+\cdots+a_{n-1}\boldsymbol{A}+a_n \boldsymbol{I}$；$\boldsymbol{P}_c$ 为系统的可控性矩阵，为 $\boldsymbol{P}_c=\begin{bmatrix} \boldsymbol{B} & \boldsymbol{AB} & \cdots & \boldsymbol{A}^{n-1}\boldsymbol{B} \end{bmatrix}$。

⑤ 最优控制 （最优调节器）　简单而言，最优控制系统就是以控制系统综合评价函数的最优化为控制器设计目标的控制系统。自动控制系统设计的目的是用物理部件来实现具有预期操作性能的系统，通常用时域指标来描述系统的预期性能，如阶跃响应的最大超调量和上升时间等都可作为控制系统的时域指标，把系统的设计确定为系统的综合性能指标最小化设计，经过校正并达到了最小性能指标的系统称为最优控制系统。这里仅以由状态变量描述的最优控制系统设计问题为例，其中，控制信号 $\boldsymbol{u}(t)$ 由系统状态变量的测量值构成。设 $\boldsymbol{x}(t)$、$\boldsymbol{u}(t)$、t_f 分别为系统状态变量矢量、系统输入矢量、终止时间，则一般情况下，控制系统的综合性能指标 J 可以定义为：

$$J=\int_0^{t_f} g(\boldsymbol{x}，\boldsymbol{u}，t)\mathrm{d}t \tag{4-118}$$

最优调节器：是指根据使评价函数 （criterion function） 最小化的状态反馈来决定最优控制输入 （optimal control input） 的设计方法。设可控的线性时不变系统用状态空间表示法 $\dot{\boldsymbol{x}}(t)=\boldsymbol{Ax}(t)+\boldsymbol{Bu}(t)$、$\boldsymbol{y}(t)=\boldsymbol{Cx}(t)+\boldsymbol{Du}(t)$ 来描述。其中，$\boldsymbol{x}(t)\in\boldsymbol{R}^n$、$\boldsymbol{u}(t)\in\boldsymbol{R}^m$，则可以用线性状态反馈控制律作为评价函数最小

化的控制律，评价函数定义为如下 2 次形（quadratic form）的形式：

$$J = \int_0^{t_f} \left[\boldsymbol{x}^{\mathrm{T}}(t)\boldsymbol{Q}\boldsymbol{x}(t) + \boldsymbol{u}^{\mathrm{T}}(t)\boldsymbol{R}\boldsymbol{u}(t) \right] \mathrm{d}t \tag{4-119}$$

式中，$\boldsymbol{Q}$、$\boldsymbol{R}$ 分别为 $n \times n$ 非负定且对称的加权矩阵和 $m \times m$ 正定且对称的控制输入加权矩阵。

当终止时间 $t_f \rightarrow \infty$ 时，有：

$$J = \int_0^{\infty} \left[\boldsymbol{x}^{\mathrm{T}}(t)\boldsymbol{Q}\boldsymbol{x}(t) + \boldsymbol{u}^{\mathrm{T}}(t)\boldsymbol{R}\boldsymbol{u}(t) \right] \mathrm{d}t$$

设使 J 最小的最优控制输入 $\boldsymbol{u}(t)$ 为：

$$\boldsymbol{u}(t) = -\boldsymbol{K}\boldsymbol{x}(t)$$

式中，$\boldsymbol{K} = \boldsymbol{R}^{-1}\boldsymbol{B}^{\mathrm{T}}\boldsymbol{P}$；$\boldsymbol{P}$ 为满足 Riccati 代数方程（Riccati Algebraic Equation）的唯一正定对称矩阵解（即 $\boldsymbol{P} = \boldsymbol{P}^{\mathrm{T}} > 0$），可由如下所示的 Riccati 代数方程求得：

$$\boldsymbol{PA} + \boldsymbol{A}^{\mathrm{T}}\boldsymbol{P} - \boldsymbol{PBR}^{-1}\boldsymbol{B}^{\mathrm{T}}\boldsymbol{P} + \boldsymbol{Q} = 0 \tag{4-120}$$

(4) 伺服系统设计

① 轨迹追踪控制　设被控对象系统的控制量为 $\boldsymbol{y}(t)$，控制器的参考输入即控制量的目标值为 $\boldsymbol{r}$，则控制系统设计的目的就是让控制量 $\boldsymbol{y}(t)$ 追从既定的控制目标值 $\boldsymbol{r}$，理想的情况下即理想的控制结果为 $\boldsymbol{y}(t)$ 无偏差地追从目标值 $\boldsymbol{r}$ [理想情况下 $\boldsymbol{e}(t) = \boldsymbol{r} - \boldsymbol{y}(t) = 0$]。假设为使被控对象的系统输出 $\boldsymbol{y}(t)$ 无偏差地追从目标值 $\boldsymbol{r}$，采用反馈控制律设计的控制器为：$\boldsymbol{u}(t) = \boldsymbol{K}\boldsymbol{x}(t) + \boldsymbol{H}\boldsymbol{r}$。接下来的问题是如何设计状态反馈控制增益矩阵 $\boldsymbol{K}$ 和前馈控制增益矩阵 $\boldsymbol{H}$。

设使控制量 $\boldsymbol{y}(t)$ 为目标值 $\boldsymbol{r}$ 的状态变量 $\boldsymbol{x}(t)$、操作量 $\boldsymbol{u}(t)$ 的定常值 $\boldsymbol{x}_{\infty}$、$\boldsymbol{u}_{\infty}$ 在 $\boldsymbol{D} = 0$ 时由下式决定：

$$\begin{cases} \dot{\boldsymbol{x}}(t \rightarrow \infty) = \dot{\boldsymbol{x}}_{\infty} = \boldsymbol{A}\boldsymbol{x}_{\infty} + \boldsymbol{B}\boldsymbol{u}_{\infty} = 0 \\ \boldsymbol{r} = \boldsymbol{C}\boldsymbol{x}_{\infty} \end{cases} \rightarrow \begin{bmatrix} \boldsymbol{A} & \boldsymbol{B} \\ \boldsymbol{C} & 0 \end{bmatrix} \begin{bmatrix} \boldsymbol{x}_{\infty} \\ \boldsymbol{u}_{\infty} \end{bmatrix} = \begin{bmatrix} 0 \\ \boldsymbol{r} \end{bmatrix} \rightarrow \begin{bmatrix} \boldsymbol{x}_{\infty} \\ \boldsymbol{u}_{\infty} \end{bmatrix} =$$
$$\begin{bmatrix} \boldsymbol{A} & \boldsymbol{B} \\ \boldsymbol{C} & 0 \end{bmatrix}^{-1} \begin{bmatrix} 0 \\ \boldsymbol{r} \end{bmatrix}$$

设 $\tilde{\boldsymbol{x}} = \boldsymbol{x}(t) - \boldsymbol{x}_{\infty}$；$\tilde{\boldsymbol{u}} = \boldsymbol{u}(t) - \boldsymbol{u}_{\infty}$，则有

$$\dot{\tilde{\boldsymbol{x}}} = \dot{\boldsymbol{x}}(t) - \dot{\boldsymbol{x}}_{\infty} = \boldsymbol{A}\boldsymbol{x}(t) + \boldsymbol{B}\boldsymbol{u}(t) - \boldsymbol{A}\boldsymbol{x}_{\infty} - \boldsymbol{B}\boldsymbol{u}_{\infty} = \boldsymbol{A}\tilde{\boldsymbol{x}}(t) + \boldsymbol{B}\tilde{\boldsymbol{u}}(t)$$

控制目标是当 $t \rightarrow \infty$ 时，$\boldsymbol{e}(t) = \boldsymbol{r} - \boldsymbol{y}(t) = \boldsymbol{C}\boldsymbol{x}_{\infty} - \boldsymbol{C}\boldsymbol{x}(t) = -\boldsymbol{C}\tilde{\boldsymbol{x}}(t) \rightarrow 0$，所以，按着极点配置法和最优调节器控制理论为 $\dot{\tilde{\boldsymbol{x}}} = \boldsymbol{A}\tilde{\boldsymbol{x}}(t) + \boldsymbol{B}\tilde{\boldsymbol{u}}(t)$ 设计状态反馈控制器 $\tilde{\boldsymbol{u}}(t) = \boldsymbol{K}\tilde{\boldsymbol{x}}(t)$ 使 $t \rightarrow \infty$ 时 $\tilde{\boldsymbol{x}}(t) \rightarrow 0$ 即可。由 $\tilde{\boldsymbol{u}}(t) = \boldsymbol{K}\tilde{\boldsymbol{x}}(t)$ 可得：$\tilde{\boldsymbol{u}}(t) = \boldsymbol{u}(t) - \boldsymbol{u}_{\infty} = \boldsymbol{K}\tilde{\boldsymbol{x}}(t) = \boldsymbol{K}[\boldsymbol{x}(t) - \boldsymbol{x}_{\infty}] \rightarrow \boldsymbol{u}(t) = \boldsymbol{K}\tilde{\boldsymbol{x}}(t) = \boldsymbol{K}[\boldsymbol{x}(t) - \boldsymbol{x}_{\infty}] + \boldsymbol{u}_{\infty}$，因为采用反

馈控制律设计的控制器为：$u(t) = Kx(t) + Hr$，则有：

$$u(t) = Kx(t) - Kx_\infty + u_\infty = Kx(t) + \begin{bmatrix} -K & 1 \end{bmatrix} \cdot \begin{bmatrix} x_\infty \\ u_\infty \end{bmatrix}$$

$$= Kx(t) + Hr \rightarrow \begin{bmatrix} -K & 1 \end{bmatrix} \cdot \begin{bmatrix} x_\infty \\ u_\infty \end{bmatrix} = Hr$$

又因为：$\begin{bmatrix} x_\infty \\ u_\infty \end{bmatrix} = \begin{bmatrix} A & B \\ C & 0 \end{bmatrix}^{-1} \begin{bmatrix} 0 \\ r \end{bmatrix}$，则有：$\begin{bmatrix} -K & 1 \end{bmatrix} \cdot \begin{bmatrix} x_\infty \\ u_\infty \end{bmatrix} = \begin{bmatrix} -K & 1 \end{bmatrix} \cdot$

$\begin{bmatrix} A & B \\ C & 0 \end{bmatrix}^{-1} \begin{bmatrix} 0 \\ 1 \end{bmatrix} r = Hr$，因此得：

$$H = \begin{bmatrix} -K & 1 \end{bmatrix} \cdot \begin{bmatrix} A & B \\ C & 0 \end{bmatrix}^{-1} \begin{bmatrix} 0 \\ 1 \end{bmatrix}$$

因此，对于轨迹追从控制，只要按着满足上式设计状态反馈增益矩阵 K、前馈增益矩阵 H 即可。

② 积分型轨迹追踪控制　采用控制律中含有积分项的轨迹追踪控制器：

$$u(t) = Kx(t) + K_I \int_0^t e(\tau) \mathrm{d}\tau \tag{4-121}$$

其中，$e(t) = r - y(t) = r - Cx(t)$，并令 $w(t) = \int_0^t e(\tau) \mathrm{d}\tau = \int_0^t r \mathrm{d}\tau -$

$\int_0^t y(\tau) \mathrm{d}\tau$，则：

$$u(t) = Kx(t) + K_1 w(t)$$

$$\dot{w}(t) = \mathrm{d}\left[\int_0^t r \mathrm{d}\tau - \int_0^t y(\tau) \mathrm{d}\tau\right] / \mathrm{d}t = r - y(t) = r - Cx(t)$$

取 $x(t)$、$w(t)$ 为状态变量，则得扩大的系统状态变量 $x_e(t) = [x(t)^\mathrm{T} \ w(t)^\mathrm{T}]^\mathrm{T}$。状态变量扩大后系统状态方程为：

$$\dot{x}_e(t) = \begin{bmatrix} \dot{x}(t) \\ \dot{w}(t) \end{bmatrix} = \begin{bmatrix} A & 0 \\ -C & 0 \end{bmatrix} \cdot \begin{bmatrix} x(t) \\ w(t) \end{bmatrix} + \begin{bmatrix} B \\ 0 \end{bmatrix} \cdot u(t) + \begin{bmatrix} 0 \\ 1 \end{bmatrix} \cdot r \tag{4-122}$$

设使控制量 $y(t)$ 为目标值 r 的状态变量 $x(t)$、操作量 $u(t)$、新增状态变量 $w(t)$ 的定常值 x_∞、u_∞、w_∞ 在 $D = 0$ 时应满足如下关系式（w_∞ 由控制器的形式决定）：

$$\begin{cases} \dot{x}(t \to \infty) = \dot{x}_\infty = Ax_\infty + Bu_\infty = 0 \\ \dot{w}(t \to \infty) = r - y(t) = r - Cx_\infty = 0 \end{cases} \rightarrow \begin{bmatrix} \dot{x}(t \to \infty) \\ \dot{w}(t \to \infty) \end{bmatrix} = \begin{bmatrix} 0 \\ 0 \end{bmatrix} =$$

$$\begin{bmatrix} A & 0 \\ -C & 0 \end{bmatrix} \begin{bmatrix} x_\infty \\ w_\infty \end{bmatrix} + \begin{bmatrix} B \\ 0 \end{bmatrix} \cdot u_\infty + \begin{bmatrix} 0 \\ 1 \end{bmatrix} \cdot r$$

设 $\tilde{x} = x(t) - x_\infty$；$\tilde{u} = u(t) - u_\infty$；$\tilde{w} = w(t) - w_\infty$，则有：

$$\dot{\tilde{x}}_e = \dot{x}_e(t) - \dot{x}_{e\infty} = A_e x(t) + B_e u(t) - A_e x_\infty - B_e u_\infty = A_e \tilde{x}_e(t) + B_e \tilde{u}(t)$$，得：

$$\dot{\tilde{x}}_e = A_e \tilde{x}_e(t) + B_e \tilde{u}(t)$$

其中：$A_e = \begin{bmatrix} A & 0 \\ -C & 0 \end{bmatrix}$；$B_e = \begin{bmatrix} B \\ 0 \end{bmatrix}$；$\tilde{x}_e = \begin{bmatrix} \tilde{x}(t) \\ \tilde{w}(t) \end{bmatrix}$。

控制目标是当 $t \to \infty$ 时，$e(t) = r - y(t) = Cx_\infty - Cx(t) = -C\tilde{x}(t) \to 0$。

所以，按着极点配置法和最优调节器控制理论为 $u(t) = Kx(t) + K_1 w(t)$ 设

计状态反馈控制器 $\tilde{u}(t) = \tilde{K}x(t) + K_1 \tilde{w}(t) = \begin{bmatrix} K & K_1 \end{bmatrix} \cdot \begin{bmatrix} \tilde{x}(t) \\ \tilde{w}(t) \end{bmatrix} = K_e \cdot \tilde{x}_e(t)$ 的

增益矩阵 $K_e = \begin{bmatrix} K & K_1 \end{bmatrix}$，使 $t \to \infty$ 时 $\tilde{x}_e(t) \to 0$ 即可，但应注意：w_∞ 应满足 $u_\infty = Kx_\infty + K_1 w_\infty$。由 $e(t) \to 0$ 得：

$$e(t) = r - y(t) = r - Cx(t) = Cx_\infty - Cx(t) = -C\tilde{x}(t) =$$

$$\begin{bmatrix} -C & 0 \end{bmatrix} \cdot \begin{bmatrix} \tilde{x}(t) \\ \tilde{w}(t) \end{bmatrix} = \begin{bmatrix} -C & 0 \end{bmatrix} \cdot \tilde{x}_e(t)。$$

积分型轨迹追踪控制系统框图如图 4-30 所示。

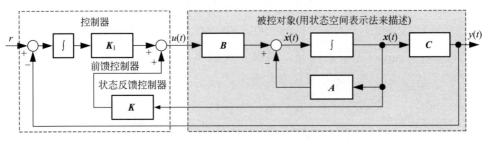

图 4-30　积分型轨迹追踪控制系统框图

4.6.2　模糊理论与软计算

（1）复杂、大规模、时变系统问题信息处理的软计算理论

模糊理论（fuzzy systems theory）是以模糊集合论的创始人 L. A. Zadeh 在 1965 年发表在 "Information and Control" 杂志上的原始创新性论文 "Fuzzy Sets" 中提出的模糊集合（fuzzy sets）为中心而发展起来的整套理论体系。在 20 世纪 80～90 年代，以追求大规模、广域、不确定性等系统问题求解的柔软性

的信息处理与计算技术蓬勃兴起，1940 年被提出的遗传算法（GA）、1943 年提出 1957 年以后中止 1980 年再度兴起的神经计算（人工神经网络设计）等非基于系统本身模型和非解析的问题求解方法、计算技术的研究与应用取得快速发展。这个发展时期，以复杂、大规模的、变化着的问题和对象为目标的信息处理方法的一个显著特点是不拘泥于一种方法，而是以其中某一种方法为核心，兼纳其他方法的优点，用两种或两种以上信息处理方法的融合来研究、寻求解决复杂、大规模的、变化着的问题和对象系统求解方法。

所有的这类求解方法中，模糊集合论恰好是从根本上为摆脱以 0、1 二值逻辑为代表的经典集合束缚而容纳 0～1 之间模糊性、宽容性、柔软性的计算理论基础。1990 年前后 L. A. Zadeh 提倡了信息处理新概念即软计算（soft computing），并于 1991 年在 California University 的 Berkeley 分校创立了 BISC（berkeley initiative in soft computing，软计算伯克利研究所）。

软计算（soft computing）：就是学习人类在思考、判断方面的柔软化信息处理方法，通过模拟并模型化，以活用于复杂、大规模的、变化着的问题和对象为目标的信息处理方法。从字面上来理解，也可以说是对应于当今以 0、1 的数字逻辑为基础的数字计算机即硬计算而言的。软计算则是在某种程度上容许不确切性、不正确性，以得到处理问题的容易性（tractability）、顽健性（robustness）、低成本（low cost）为目的的方法，也就是主观地、大域的而且柔软化的问题处理方法。软计算将目前已发展起来的概率理论（probabilistic reasoning）、模糊理论（fuzzy system theory）、神经网络理论（neural networks theory）、混沌理论（chaos theory）、遗传算法（genetic algorithm，GA）等理论单独或联合使用，来模拟人类信息处理的方法。

硬计算（hard computing）：是以正确分析作为问题对象，精确地进行问题求解为目的的计算。

很久以前人们已经开始探索性研究人类大脑是如何进行思考、判断之类的问题，已经利用作为硬件系统来考虑的脑生理学、作为软件系统来考虑的心理学和行为科学知识。相应地，利用计算机实现人工智能并将其活用于人类活动的种种用途的新观点、立场开始发展起来。作为人工智能，首先是以数字计算机为基础的，后来，从 20 世纪 70 年代开始的知识工程、到从 20 世纪 80 年代开始的软计算的各种方法开始发展起来了。可以认为，今后面向大脑的种种研究方法将逐渐研究协调、融合起来的脑机理，以及拓展其应用。

软计算中各种方法、理论的融合：神经网络与模糊（neuron-fuzzy，1974 年）；遗传算法与模糊（GA-fuzzy）；遗传算法与神经网络（GA-neuron）；混沌与神经网络（chaos-neuron）等。

（2）模糊集合及其运算

模糊集合定义：设 U 为一可能是离散或者连续的集合，用 $\{u\}$ 表示，U 称为论域（universe of discourse），u 表示论域 U 的元素。模糊集合是用隶属函数表示的。论域 U 中的模糊集 F 用一个在区间 $[0,1]$ 上取值的隶属函数 μ_F 来表示，是表示模糊集合的特征函数，隶属函数 μ_F 是一个映射关系，即 $\mu_F : U \rightarrow [0,1]$，隶属函数的值称为隶属度。隶属函数可以用曲线来表示，隶属函数也称隶属度函数，隶属函数的曲线表示也称作隶属度曲线。

当 $\mu_F(u)=1$（即隶属度等于 1）时，表示轮域 U 中的元素 u 完全属于 U；

当 $\mu_F(u)=0$（即隶属度等于 0）时，表示轮域 U 中的元素 u 完全不属于 U；

当 $0<\mu_F(u)<1$ 时，表示轮域 U 中的元素 u 部分属于 U。

显然，由 $\mu_F(u)=1$、当 $\mu_F(u)=0$ 决定的集合仍为 19 世纪末康托创立的经典集合范畴，而与经典集合不同的部分是由 $0<\mu_F(u)<1$ 所决定的元素构成的那部分集合。总的结论是：模糊集合涵盖了经典集合，扩展了经典集合讨论问题的范畴。仅以简单的生活中常遇到的"标称"如冷、热、红色、胖等都不是能用唯一的一个确定的数值来表达和判断的，而是具有一定取值范围的，而且也不是完全绝对的。描述事物的语言具有模糊性，人恰恰是利用这种模糊性进行判断和思维，达到了高效、精确处理信息的目的。

模糊集合的基本运算：设 A，B 为 U 中的两个模糊集合，隶属函数分别为 μ_A、μ_B，则模糊集合理论中的交（$\cap$，取小运算）、并（$\cup$，取大运算）、补（1 减运算）等运算可通过它们的隶属函数来定义，即通过两个模糊集合的隶属函数的运算得到新的模糊集。如：

并（取大运算）：$\mu_{A\cup B}(u)=\max\{\mu_A(u),\mu_B(u)\}$；

交（取小运算）：$\mu_{A\cap B}(u)=\min\{\mu_A(u),\mu_B(u)\}$；

补（取 1 减运算）：$\mu_{\overline{A}}(u)=1-\mu_A(u)$；

直积运算：如果 A_1，A_2，A_3，$\cdots$，A_n 分别是 U_1，U_2，U_3，$\cdots$，U_n 中的模糊集，其直积为在积空间 $U_1 \times U_2 \times U_3 \times \cdots \times U_n$，其隶属函数为：$\mu_{A_1 \times A_2 \times \cdots \times A_n}(u)=\min\{\mu_{A_1}(u_1),\mu_{A_2}(u_2),\cdots,\mu_{A_i}(u_i),\cdots,\mu_{A_n}(u_n)\}$ 或 $\mu_{A_1 \times A_2 \times \cdots \times A_n}(u)=\mu_{A_1}(u_1) \cdot \mu_{A_2}(u_2)\cdots\mu_{A_i}(u_i)\cdots\mu_{A_n}(u_n)$。

模糊关系运算：一个 n 维模糊关系是在 $U_1 \times U_2 \times U_3 \cdots \times U_n$ 中的模糊集，并且表示为：

$$R_{U_1 \times U_2 \times \cdots \times U_n}(u)=\{((u_1,u_2,\cdots,u_n),\mu_R(u_1,u_2,\cdots,u_n))|$$

$$(u_1,u_2,\cdots,u_n)\in U_1 \times U_2 \times \cdots \times U_n\}$$

确定隶属函数的原则：

◆表示隶属函数的模糊集合必须是凸模糊集合，即隶属函数曲线表示必须呈

"单峰满头形"，不允许是多峰、波浪形的；

◆变量所取隶属函数通常是对称和平衡的；

◆隶属函数要遵从语义顺序和避免不恰当的重叠，相同论域上使用的具有语义顺序关系的若干标称（模糊词）的模糊集合应该按着常识和经验顺序（如冷、凉、适中、暖、热等自然顺序排列，不能颠倒顺序）；

确定模糊控制系统隶属函数的原则：论域中每个点应该属于至少一个隶属函数区域，但同时不能超过两个隶属函数的区域；对于同一个输入没有两个隶属函数会同时有最大隶属度；当两个隶属函数有重叠区域时，重叠部分对两个隶属函数的最大隶属度不应该有交叉；重叠部分任何点的隶属函数的和应小于 1。

常用隶属函数的曲线图形如表 4-3 所示。

表 4-3　常用隶属函数曲线图形

隶属函数类型名	隶属函数名称	隶属函数曲线图	隶属函数类型名	隶属函数名称	隶属函数曲线图
Z 函数	Z_1 函数 (x, a_z)：矩形分布	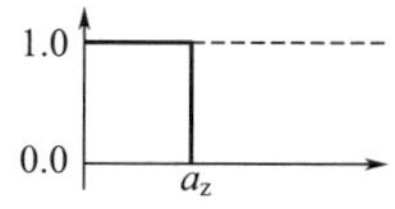	Ⅱ 函数	Ⅱ$_1$ 函数	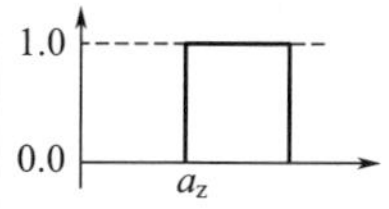
	Z_2 函数 (x, a_z, b_z)：梯形分布	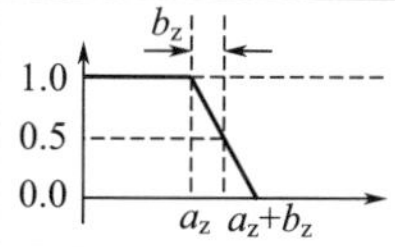		Ⅱ$_2$ 函数	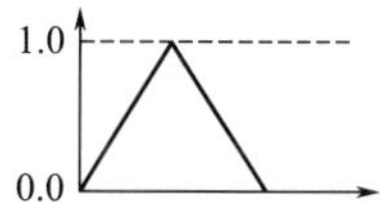
	Z_3 函数：曲线分布	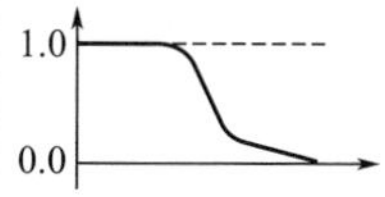		Ⅱ$_3$ 函数	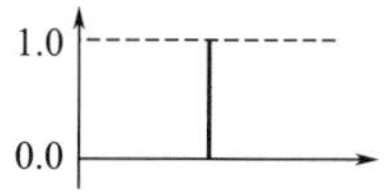
S 函数	S_1 函数 (x, a_s)	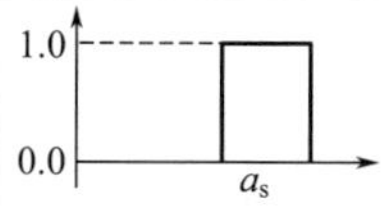		Ⅱ$_4$ 函数	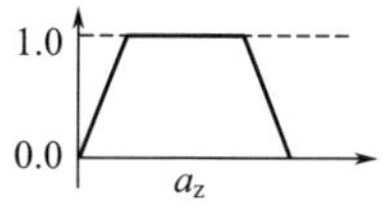
	S_2 函数 (x, a_s, b_s)	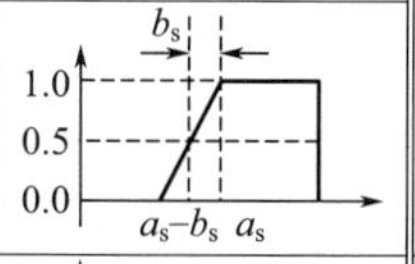		Ⅱ$_5$ 函数	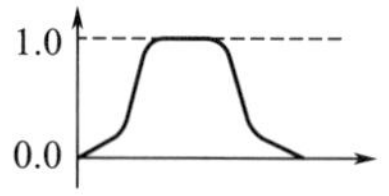
	S_3 函数	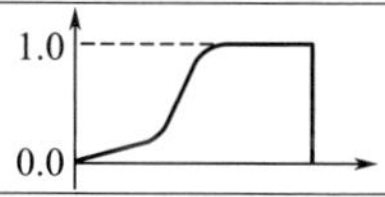	等分函数	在论域上取 n 个元素，而把论域 X（从 x_1 到 x_n）作 $n-1$ 等分划分，并用列举法表示	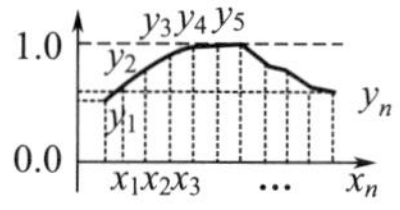
列举函数	以隶属度/元素形式的列举法，表达式：$\mu(x) = \{x: y_1/x_1 + y_2/x_2 + \cdots + y_n/x_n\}$	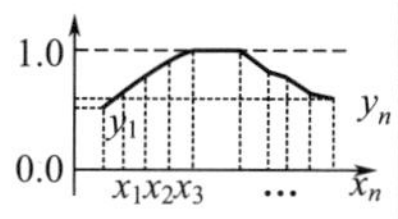			

隶属函数的确定方法：主要有模糊统计法和神经网络与模糊逻辑结合法。

◆模糊统计法（人工确定隶属函数的方法）：隶属函数是模糊集合应用于实际问题的基础，正确构造隶属函数是能否用好模糊集合的关键。然而，目前为止尚没有一种成熟有效的方法，仍然停留在依靠经验确定，然后通过试验或者计算机模拟得到的反馈信息进行修正。因此，靠经验的方法是根植于人的经验，经过人脑的加工，吸收了人脑的优点，但是这与人确定的心理过程有关，带有一定盲目性和主观性。所以从理论上说，即使根据专家的经验确定的隶属函数，这种没有理论化的方法也不能保证其正确性，因为任何人的经验和知识都是有局限性的。隶属函数的确定不是唯一的，允许有不同的组合。一种易于为广大科技工作者理解和接受的确定隶属函数的方法是模糊统计法，其思想是通过对足够多人的调查统计，对要确定的模糊概念在讨论的论域中逐一写出定量范围，在进行统计处理，以确定能被大多数人认可的隶属函数。这种方法工作量大，在科学研究中可以运用，在实际应用中一般很难采用。

◆神经网络与模糊逻辑结合（自动生成隶属函数的方法）：隶属函数的确定是个难题，把神经网络与模糊逻辑结合，通过对神经网络的训练，由神经网络直接自动生成隶属函数和规则，是解决这个难题的可行方法。

（3）模糊关系与模糊推理

模糊关系，也是一种模糊集合，它是将自变量论域从单输入扩展到多输入的产物，并且被用来描述多输入多输出系统（MIMO system），是将输入空间从一维空间扩展到多维空间的结果。它是定义在积空间上的模糊集，具有将一维空间扩展到多维空间过程中的方向性以及起到连接、传递、合成作用等功能。模糊集合的任何运算都适用于模糊关系的运算。通过已经存在的模糊规则可构成相应的模糊关系。

模糊推理（fuzzy reasoning）：也称近似推理（approximate reasoning）。它由模糊判断句、模糊规则、模糊关系和模糊合成法等主要成分（法则）组成。

模糊逻辑推理：是不确定性推理的一种，是在二值逻辑三段论（大前提、小前提、结论）上发展起来的，其基础是模糊逻辑。模糊逻辑推理是以模糊判断为前提，运用模糊语言规则，推出一个新的近似的模糊判断结论的逻辑推理。决定一个推理是否为模糊逻辑推理的根本点是：看推理过程是否具有模糊性，具体表现在推理规则是否具有模糊性，而不是看前提和结论中是否使用模糊概念。例如，间接推理：大前提——健康则长寿；小前提——蔡先生健康，结论为蔡先生长寿。虽然，大前提、小前提中都用了"健康""长寿"两个具有模糊性的词，结论中也用了"长寿"模糊词，但推理过程并无模糊性，因此，并不是模糊推理。

模糊逻辑推理方式和方法主要有：Zadeh方法（包括广义前向推理法、广义后向推理法等模糊蕴含规则）、Baldwin 方法、Tsukamoto 方法等。

模糊逻辑推理的过程：就是由输入的模糊集通过模糊规则库中的模糊规则或利用已存在的连接输入与输出的模糊关系，来推理出（或合成）输出模糊集的一系列步骤和过程。

模糊合成：是指由模糊集合的交、并、补集等基本运算生成模糊集，以及由已有模糊集派生出来的新的模糊集的过程。

模糊关系的获取途径：对于某一个可以用模糊集合来描述的模糊系统而言，通常是由掌握模糊理论和技术的专家或专业技术人员（即拥有用模糊理论和技术知识来处理模糊系统能力的人员），来将需要被模糊化描述的系统对象所述领域专业的专家或熟练技术人员处理专业对象系统输入与输出之间关系的专业性很强的知识、技巧性经验、技能的陈述、对话交流，以模糊集合、模糊规则库以及模糊推理的形式表达。当然，不排除开发模糊系统技术的人员既属于模糊技术人员也属于模糊化对象系统专业人员的情况。

那么，如何看待模糊计算？从大的范畴上来看，就是以模糊性的输入通过可用于模糊推理的模糊关系得到模糊性的输出，再还原成精确值输出即解模糊的一整套过程。

模糊投影：是与将一维空间扩展到多维空间的增维模糊关系方向相反的过程，模糊投影则是将多维空间降维到低维空间的降维模糊关系。

(4) 模糊决策—去模糊化（也称解模糊）过程

经过模糊关系获取、模糊逻辑推理以及模糊合成、模糊投影等一系列过程得到的输出模糊集若不再作为更大的模糊系统的模块，而作为模糊计算的最后环节，则需要由模糊值确定恰当的精确值作为最后输出的决策过程，即去模糊化过程（defuzzification），也称解模糊过程。常用的去模糊化方法有：最大值去模糊化处理算法、中心值平均去模糊化算法等。

(5) 关于模糊推理系统的工程实际问题

◆模糊化系统设计过程中受人为主观性因素影响较大：从隶属函数的获取方法、模糊关系获取途径、模糊规则库的建立、获得的模糊关系的"质量"以及去模糊化过程等实际上都涉及工程实际中"人"的影响因素，而且各个过程中都不存在一个万能的最佳的唯一方法。模糊推理系统、模糊计算系统设计中，往往容易存在设计者主观性因素较大问题以及受到"技巧（Skill）"性经验抽取程度等的影响。模糊规则库中各规则初始值的设定无客观根据，则人为因素影响较大。如设计得好的模糊控制器，其性能优于传统的 PID 控制；若模糊控制器设计不当，会导致控制效果不如传统 PID，并且预先无从知晓其效果。

◆基于控制器特性的模糊控制器设计与获得控制量的过程中，被控对象系统已有的信息未能加以利用；对于时间常数较大的过程控制问题能够奏效；对于实时性要求较高的机器人控制而言，除非预先进行离线学习，或者被控对象系统特性复杂难以获得精确的数学模型，否则尽量少用或不用。

（6）高木-菅野规则模型的模糊系统及模糊推理算例[3]

高木-菅野规则模型的模糊系统是由日本学者高木（Takagi T.）和菅野道夫（Sugeno M.）于 1985 年发表在 IEEE Trans. Sys. Man. and Cybern. 的文章中提出的。其模糊规则表示形式为：

$$R^i : \text{IF } x_1 \text{ is } A_1^i \quad \text{and} \quad x_2 \text{ is } A_2^i \quad \text{and} \cdots \text{and} \quad x_k \text{ is } A_k^i \quad \text{THEN } y^i = p_0^i + p_1^i x_1 + \cdots + p_k^i x_k$$

式中，R^i 表示第 i 条模糊规则，R 是 Rule 的首字母；A_1^i、A_2^i、$\cdots$、A_k^i 是模糊集合（是以隶属函数表示的模糊集合）；p_0^i、p_1^i、$\cdots$、p_k^i 是非模糊的实数；y^i 是此第 i 条模糊规则语句 R^i 所产生的控制量输出，为非模糊的实数值；x_1、x_2、$\cdots$、x_i；$i = 1, 2, \cdots, k$。

高木-菅野规则模型下模糊系统如下。

R^1：IF x_1 is A_1^1 and x_2 is A_2^1 and$\cdots$and x_k is A_k^1 THEN $y^1 = p_0^1 + p_1^1 x_1 + \cdots + p_k^1 x_k$

R^2：IF x_1 is A_1^2 and x_2 is A_2^2 and$\cdots$and x_k is A_k^2 THEN $y^2 = p_0^2 + p_1^2 x_1 + \cdots + p_k^2 x_k$

$\cdots$

R^i：IF x_1 is A_1^i and x_2 is A_2^i and$\cdots$and x_k is A_k^i THEN $y^i = p_0^i + p_1^i x_1 + \cdots + p_k^i x_k$

$\cdots$

R^n：IF x_1 is A_1^n and x_2 is A_2^n and$\cdots$and x_k is A_k^n THEN $y^n = p_0{}^n + p_1{}^n x_1 + \cdots + p_k^n x_k$

则，模糊系统输出 y 为：

$$y = \frac{\sum_{i=1}^{n} \{ [A_1^i(x_1) \cap \cdots \cap A_n^i(x_n)] \cdot (p_0^i + p_1^i x_1 + p_2^i x_2 + \cdots + p_k^i x_k) \}}{\sum_{i=1}^{n} [A_1^i(x_1) \cap \cdots \cap A_n^i(x_n)]}$$

$$= \frac{\sum_{i=1}^{n} \left[(A_1^i(x_1) \cap \cdots \cap A_n^i(x_n))(p_0^i + \sum_{j=1}^{k} p_j^i x_j) \right]}{\sum_{i=1}^{n} (A_1^i(x_1) \cap \cdots \cap A_n^i(x_n))}$$

$$(4\text{-}123)$$

$$\text{取}: \beta_i = \frac{A_1^i(x_1) \bigcap \cdots \bigcap A_n^i(x_n)}{\sum_{i=1}^{n}(A_1^i(x_1) \bigcap \cdots \bigcap A_n^i(x_n))}, \text{则有}:$$

$$y = \sum_{i=1}^{n}\beta_i(p_0^i + p_1^i x_1 + p_2^i x_2 + \cdots + p_k^i x_k) \tag{4-124}$$

当一个输入输出数据集 x_{1j}，x_{2j}，$\cdots$，$x_{kj} \to y_j$（$j=1,2,\cdots,m$）给定时，即可对上式求最小二乘法（lest square method）求解参数 p_0^i、p_1^i、$\cdots$、p_k^i（$i=1,2,\cdots,n$）。说明：上述公式中取小运算符号"$\bigcap$"在高木（Takagi T.）和菅野道夫（Sugeno M.）于1985年发表在 IEEE Trans. Sys. Man. and Cybern. 的文章中所用取小运算符号为"$\wedge$"表示❶。

高木（Takagi T.）和菅野道夫（Sugeno M.）于1985年发表在 IEEE Trans. Sys. Man. and Cybern. 的文章中给出的模糊推理的原始算例之一如下（这个很简单的例子能够充分说明高木-菅野模糊规则模型及模糊推理系统的基本原理，因此，为保持原貌，这里原样引用，并未翻译，稍有英文基础或借助英汉词典即可阅读明白）：

＝＝＝＝高木-菅野模糊规则模型模糊系统算例（1985年文献）＝＝＝＝

Example 2：Suppose that we have the following three implication：

R^1：If x_1 is small$_1$　and　x_2 is small$_2$　then $y=x_1+x_2$

R^2：If x_1 is big$_1$　then $y=2\times x_1$

R^3：If x_2 is big$_2$　then $y=3\times x_2$

Table I shows the reasoning process by each implication when we are given $x_1=12$，$x_2=5$. The column "Premiss" in Table I shows the membership functions of fuzzy sets "small" and "big" in the premises. The column "Consequence" shows the value of yi calculated by the function gi of each consequence and "Tv" shows the truth value of ｜y＝yi｜. For example，we have

｜y＝yi｜＝｜x10＝small1｜$\wedge$｜x20＝small2｜＝small1（x10）$\wedge$ small2（x20）＝0.25.

The value inferred by implications is obtained by referring to Table I

y＝(0.25×17＋0.2×24＋0.375×15)/(0.25＋0.2＋0.375)＝17.8.

❶　Takagi T.，Sugeno M. Fuzzy Identification of System and Its Applications to Modeling and Control. IEEE Trans. Sys. Man. and Cybern. 1985，SMC-15（1）：116-132.

TABLE Ⅰ

Implication	Premise		Consequence	Tv
g1	small$_1$ (0.25 at 12, 16 x_1)	small$_2$ * (0.375 at 5, 8 x_2)	$y = x_1 + x_2$ $= 12 + 5 = 17$	$\mu_{small1}(x_1) = \mu_{small1}(12)$ $= 0.25;$ $\mu_{small1}(x_2) = \mu_{small1}(5)$ $= 0.375;$ $\mu_{small1}(x_1) \cap \mu_{small1}(x_2)$ $= 0.25 \cap 0.375 = 0.25.$
g2	big$_1$ (0.2 at 12, 20 x_1)	(0, 5 x_2)	$y = 2 \times x_1$ $= 2 \times 12 = 24$	$\mu_{big1}(x_1) = \mu_{big1}(12)$ $= 0.25.$
g3	($x_1 = 12$)	big$_2$ (0.375 at 2, 5=10 x_2, $x_2 = 5$)	$y = 3 \times x_2$ $= 3 \times 5 = 15$	$\mu_{big2}(x_2) = \mu_{big2}(5)$ $= 0.375.$

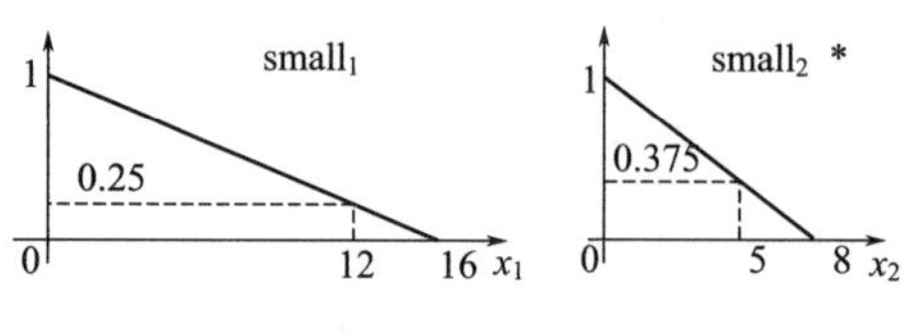

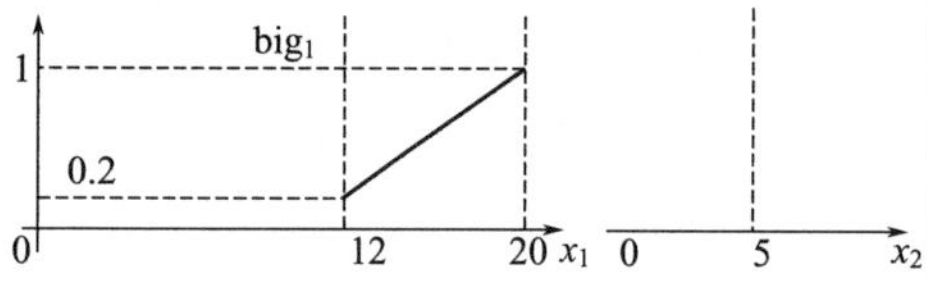

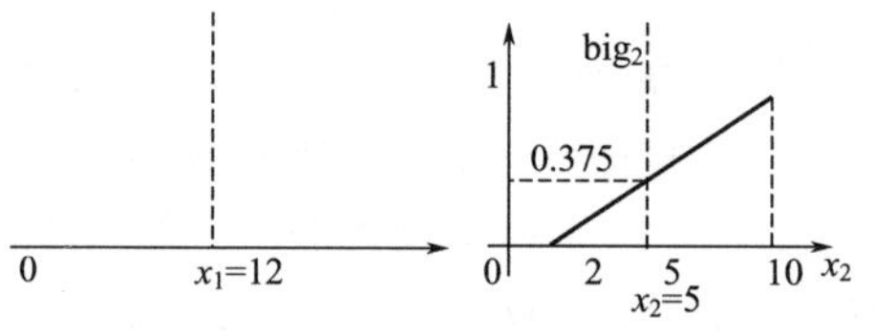

本书作者为便于模糊理论与模糊推理应用初学读者解读高木-菅野模糊规则模型模糊系统的原理所加注解如下（原文献无此注解）：

注解1：＊原文献中此处 small$_1$ 打字印刷有误，应改为 small$_2$；

注解2：原文献中 Premise 一列中各图无隶属函数（隶属度）纵轴，也无论域横轴的箭头的清晰定义。为便于读者阅读理解，特稍加更改，实质性内容不变。

注解3：该例子是以自然数论域中 0～20 模糊集合中，数值大小模糊集合为例的，数值小、数值两个标称下的大两个模糊集合，0～16 为数值小（Small）模糊集合的论域；2～20 为数值大（big）模糊集合的论域；两个模糊集合 small、big 论域重叠区为 2～16。原文献作者并未把这两个模糊集合隶属函数曲线画在一个曲线图中，而是按着 R^1、R^2、R^3 三条模糊规则和输入数据 $x_1 = 12$、$x_1 = 5$ 并以此为例将隶属函数曲线分解开了表达。

注解4：原文献中该表"Tv"列中只有诸如"$0.25 \wedge 0.375 = 0.25$"的算式，无模糊集合基本运算公式。特补加以便读者易于理解。

＝＝＝＝高木-菅野模糊规则模型模糊系统 1985 年文献中算例结束＝＝＝＝

上面的这个模糊推理和模糊计算的例子能够很好地说明模糊规则是在模糊推理的过程中含有模糊性，从形式上看与传统的精确推理规则看似无区别，而推理中含有的模糊性在于推理的过程中。

（7）模糊逻辑控制方式

对于难以建立精确数学模型系统可以采用基于状态估计的模糊控制方式；对

于具有部分模型的复杂系统可以采用预测型模糊控制方式。这两种模糊控制方法的原理分别如图 4-31(a)、(b) 所示。

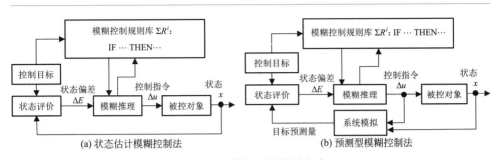

(a) 状态估计模糊控制法 　　　　 (b) 预测型模糊控制

图 4-31　模糊逻辑控制方式

状态估计模糊控制方法是知识工程学与模糊逻辑推理相结合，把测量得到的系统状态表达为"如果满足什么条件，该怎么做就去怎么做"的控制法则，其推理是根据用隶属函数来定义的模糊逻辑在表现不同控制目标中所满足的程度来决定。

预测型模糊控制方法：是在状态估计控制方法基础上，再加上通过对被控对象动态特性的模拟而建立的系统模型。

（8）状态估计模糊控制器的设计

状态估计模糊控制规则的一般描述形式采用 Mamdani 的模糊规则形式，即：

R^i：IF x is A　and　y is B　THEN　$\Delta u = C$，$(i=1,2,\cdots,n)$

也可写为：R^i：IF $(x=A$　and　$y=B)$ THEN　$\Delta u = C$，$(i=1,2,\cdots,n)$

式中，A、B 分别为以模糊标称和隶属函数表示的模糊集合。

设计方法与步骤如下。

◆熟练操作工作经验、技巧的描述和获取。例如，如果电动机输出转矩小（模糊标称：转矩大小，可分为大、较大、小、较小、过小等），则加大电流大小（模糊标称：电流大小，可具体分为电流很大、大、较大、较小、小，相应各个模糊词给出隶属度）。电动机温度值大小可分为很高、高、较高、正常、低，则根据电动机温升、输出转矩大小建立电流大小调节的经验法则。

◆对建立的经验法则中的模糊状态进行模糊量定量化并给出隶属度函数曲线。

◆把经验法则转换成模糊控制规则。如："如果温度（T）高（High）而且压力（P）大（High），那么阀门开度（C）应减小（Small）"表示成：IF T＝H and P＝H THEN C＝S。

◆通过试验对原有模糊控制规则以及分挡位的模糊状态进行合理调整。

（9）状态模糊控制推理过程（也即模糊推理计算与解算过程）

◆对各个推理规则前件模糊状态进行计算

R^i：IF x_1 is $A_1{}^i$　and　x_2 is $A_2{}^i$　and…and　x_k is $A_k{}^i$　THEN Δu is B^i（控制指令是 B^i），$(i=1,2,\cdots,n)$

第 i 条模糊规则的第 j 个参量（如第 2 个参量 x_2）在连续变化时其模糊集合 A_{ij} 可表示为：

$$A_{ij}=\int_V \mu_{Aij}(x_j)/x_j,(j=1,2,\cdots,k .) \tag{4-125}$$

若在时刻 t 输入状态为 $x_j(t)$，其隶属度为 $a_{ij}=\mu_{Aij}(x_j(t))$。

若有 k 个不同参量（如温度、压力等），根据测不同参量的输入值，求出第 i 号规则所有前件中各个不同参量的隶属度 a_{i1}，a_{i1}，$\cdots$，a_{ij}，$\cdots$，a_{ik} 后，对它们取逻辑交（∩）即取小运算，分别得到各个模糊推理规则前件的隶属度 r_i，则有：

$$r_i=a_{i1}\bigcap a_{i2}\bigcap a_{i3}\bigcap\cdots\bigcap a_{ij}\bigcap\cdots\bigcap a_{ik}=\min_{j=1,k}\{a_{ij}\} \tag{4-126}$$

◆计算每条模糊推理规则后件的模糊输出：将第 i 条模糊推理规则后件的模糊输出＝该条规则所有前件的隶属度 r_i×该条规则后件的隶属函数在 t 时刻各前件输入分别为 x_1、x_2、$\cdots$、x_k 时的值（后件在前件输入数据下的隶属度值）。

◆多条模糊推理规则后件的整合以得到总的模糊推理结果。该结果仍然是模糊输出，并且模糊输出是不能直接作为控制指令控制执行机构的。在生成控制指令之前必须进行对模糊输出的解模糊处理，这个过程也称为去模糊处理，简称解模糊或去模糊。

◆对模糊输出结果进行解模糊处理：可在最大隶属度法、加权平均法和重心法等模糊决策方法中选择其一进行解模糊处理。

（10）模糊控制规则表及模糊控制器设计

状态估计模糊控制方法含有 MIMO（多输入多输出）的非线性关系，这里以 X、Y 两个模糊集的两输入—输出型模糊控制规则的通用化来加以说明。首先将输入、输出区间都归整化为 $-1\sim+1$，模糊状态变量取值分为：NB（负大）、NM（负中）、NS（负小）、ZE（零）、PS（正小）、PM（正中）、PB（正大）7 个值；隶属度函数采用三角形（即 Π2 函数，如图 4-32 所示），并且有以下模糊规则：

IF x is NB　and　y is NB　THEN u is NB
IF x is NM　and　y is NB　THEN u is NB

$$\text{IF } x \text{ is NS} \quad \text{and} \quad y \text{ is NB} \quad \text{THEN } u \text{ is NM}$$

$$\cdots$$

$$\text{IF } x \text{ is PB} \quad \text{and} \quad y \text{ is PB} \quad \text{THEN } u \text{ is PB}$$

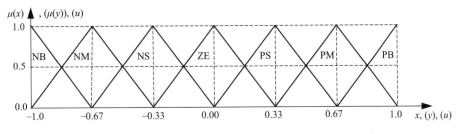

图 4-32　NB/NM/NS/ZE/PS/PM/PB 七个状态变量的隶属函数 $\mu(x)$

状态变量分别为 x、y，输出为 u，并且都是归整化（$-1\sim+1$）处理之后的量。通常可以将上述模糊规则以列表的形式表达出来，形成如表 4-4 所示的二维的模糊控制规则表。当然也可形成三维、四维等多维模糊规则表，多维模糊规则表需要用不止一个表的多个多层模糊规则子表、子表的子表才能将其所有的模糊规则完全表达清楚。

表 4-4　模糊控制规则表

Y \ X	NB	NM	NS	ZE	PS	PM	PB
NB	NB	NM	NM	NM	NS	NS	ZE
NM	NB	NM	NM	NS	NS	ZE	ZE
NS	NM	NM	NS	NS	ZE	ZE	PS
ZE	NM	NS	NS	ZE	ZE	PS	PS
PS	NS	NS	ZE	ZE	PS	PS	PM
PM	NS	ZE	ZE	PS	PS	PM	PB
PB	ZE	ZE	PS	PS	PM	PB	PB

掌管输入与输出之间关系的规则就是控制规则，因此，模糊控制规则及其应用、模糊推理、根据模糊推理结果的解模糊就构成了模糊控制器，模糊控制器的基本原理也就在于其构成之中。综上所述，模糊控制器的构成与控制的基本原理完全可以用图 4-33 表示出来。尽管有各种模糊控制方法，但基本原理和框架大抵如此。

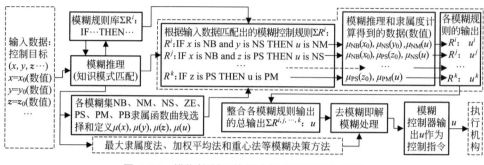

图 4-33　模糊控制器的构成与控制的基本原理

（11）新型高木-菅野模糊推理系统（new type of Takagi-Sugeno fuzzy inference system）[4,5]

① Mamdani 和 Takagi-Sugeno 模糊推理系统最具代表性的结构　Mamdani 以及高木-菅野模糊推力系统（fuzzy inference system，FIS）最具代表性的结构如图 4-34 所示。这种结构构成有以下几个基本组成部分。

◆模糊化过程器（fuzzificator）：将精确的输入量转变成模糊输入量。

◆知识库（knowledge base）：是以 IT-THEN 规则形式表达的模糊规则集，每条规则都由带有模糊性语句的前件（前提）和后件（结论）部分。

◆模糊推理模块（fuzzy inference block）：为基于模糊推理系统实现模糊推理。

◆解模糊器（defuzzificator）：将模糊输出转换成精确的输出。

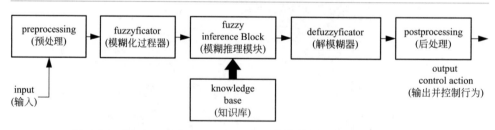

图 4-34　Mamdani 和 Takagi-Sugeno 模糊控制器最具代表性的结构

Mamdani 的模糊推理系统（FIS）：是以 IF-THEN 的形式定义模糊规则，并且是在后件部分带有模糊输出的模糊系统，其模糊规则形式如下。

R^i：IF x_1 is A_1^i　and　x_2 is A_2^i　and⋯and　x_n is ^iA_n　THEN y_i is B^i，（$i=1,2,\cdots,n.$）

Takagi-Sugeno 的模糊推力系统：如前所述，也是以 IF-THEN 的形式定义模糊规则的模糊系统。但其后件部分采用的是精确的线性函数。其模糊规则形式如下。

R^i: IF x_1 is A_1^i　and　x_2 is A_2^i　and…and　x_k is A_k^i　THEN $y^i = p_0^i + p_1^i x_1 + \cdots + p_k^i x_k$, $(i=1, 2, \cdots, n.)$

Mamdani 的 FIS 和 Takagi-Sugeno 的 FIS 的不足之处与解决途径：Mamdani FIS 和高木-菅野 FIS 都是重要的模糊推理系统并且被广泛用于设计模糊控制器。但是，Mamdani FIS 的缺点是灵活性不足；Takagi-Sugeno FIS 的缺点是可解读性不足。显然，将两者的优点结合起来混合运用是一个有效途径，否则，就要想办法消除存在的缺点。

② 将 Mamdani FIS 和高木-菅野 FIS 的模糊规则结合在一起的模糊规则形式 EFR 及 EFR FIS　将 Mamdani FIS 和高木-菅野 FIS 的模糊规则结合在一起的模糊规则形式为：

R^i: IF x_1 is A_1^i　and　x_2 is A_2^i　and…and　x_n is A_n^i　THEN y_i is B^i, $(i=1,2,\cdots,n.)$

$$B^i = p_0^i + p_1^i x_1 + \cdots + p_k^i x_n$$

不过，Igor V. Anikin 和 Igor P. Zinoviev 在其发表的文章中用的是如下表示：

$$\text{IF } x_1 \text{ is } A_1^i \cdots x_n \text{ is } A_n^i \text{ THEN } y \text{ is } B^i, \quad (i = \overline{1, \ N}) \tag{4-127}$$

$$B^i = C_1^i x_1 + \cdots + C_n^i x_n + C_0^i$$

上述两个表达形式没有本质区别，只是符号和列写的项数不同而已。

Igor V. Anikin 和 Igor P. Zinoviev 将规则形式式（4-127）称为 EFR（Enhanced Fuzzy Regression，增强模糊回归）。将拥有以 EFR 规则形式表示的模糊规则的模糊系统称作 EFR FIS（增强模糊回归模糊系统）。EFR FIS 作为一种通用的模糊逼近方法可用于模糊控制器设计，但是需要为其面向知识库构建一种学习过程机制。

当在作为输入的输入点 x_0 时有且仅有 A^*，则由式（4-127）所定义的规则的 EFR 过程输出可由式（4-128）和一个 T 项来定义，如下：

$$\mu_{\overline{B^i}}(y) = I[\mu_{A'}(x^0)\mu_{B'}(y)] \tag{4-128}$$

式中，I 为由 $I(a,b) = 1 - a + T^*(a,b)$ 定义的模糊意义上处理的函数。

T^* 为最弱三角范数（Weakest Triangular morm），Igor V. Anikin 等人定义了具有以下特征的特殊函数作为最弱三角范数 T^*：

$T^*(0,0) = T^*(0,1) = T^*(1,0) = 0, T^*(1,1) = 1;$

$T^*(a+\delta,0) \leqslant T^*(a,b) + \delta$, 对于任意的 $\delta > 0$;

$T^*(a,b) \leqslant T^*(a,d)$，对于任意的 $b \leqslant d$。

则 EFR 的隶属函数可由式(4-129) 定义：

$$\mu_C(y) = \max_{i=\overline{1,N}} \mu_{\tilde{B}^i}(y) \tag{4-129}$$

其中：

$$\mu_{\tilde{B}^i}(y) = T_{bp}(w_i, \mu_{\tilde{B}^i}(y)) = \max(0, \omega^i + \mu_{\tilde{B}^i}(y) - 1) \tag{4-130}$$

$$\omega^i = \frac{\alpha^i}{\sum\limits_{j=1}^{N} \alpha^j} - R^i \tag{4-131}$$

$$\alpha^i = \mu_{A^i}(x^0) = \min_{k=\overline{1,n}} \mu_{A_k^i}(x_k^0).$$

令 $\overline{y} = D(C)$ 是模糊集 C 的解模糊操作函数，$\overline{y} = D(C)$ 计算结果就是 EFR FIS 的精确输出，则可按下述来定义解模糊操作的后件：

$$\forall y \in (-\infty, a) \quad \mu_C(y) = \text{const} \Rightarrow \overline{y} \geqslant a \tag{4-132a}$$

$$\forall y \in (b, +\infty) \quad \mu_C(y) = \text{const} \Rightarrow \overline{y} \leqslant b \tag{4-132b}$$

$$\forall y \in (-\infty, a) \quad \mu_C(y) = \text{const} \Rightarrow \overline{y} > a \tag{4-132c}$$

$$\forall y \in (b, +\infty) \quad \mu_C(y) = \text{const} \Rightarrow \overline{y} < b \tag{4-132d}$$

则，EFR FIS 为由式(4-127)～式(4-132)来描述和表达的 FIS。

FER FIS 有如下优点：

◆IF-THEN 规则的前件、后件中都有模糊性含义；

◆后件（结论部分）的隶属函数对 EFR FIS 的灵活性产生较大的影响，可以调整这些隶属函数以获得最优的输出。

③ Learning Procedure for EFR FIS（EFR FIS 的学习过程）　设 $(\overline{x}^j, y^j)$，$j = \overline{1,M}$ 是 EFR FIS 的训练集合（training set）。在学习阶段可以用这个训练集合建立 EFR FIS 的知识库。该知识库将含有由前述式(4-127) 所定义的规则集，规则集中的规则数目为 N，并且有以下两个基本作业（Task）。

◆规则前件构建（rule antecedents creation）作业：通过将输入空间分解成模糊子空间（fuzzy subspace），来定义规则前件。

◆规则后件构建（rule consequence creation）作业：该作业通过搜索近似模糊系数 C^i 来构建规则后件。

Igor V. Anikin 和 Igor P. Zinoviev 提出的学习过程是由以上两个基本作业来完成的。

学习过程如下。

首先定义变量：N 为由领域专家定义知识库中最大规则数 N。

S^i 为对各个规则进行输入空间的分解由矢量，$S^i = (a_1^i, b_1^i, c_1^i, \cdots, a_n^i, b_n^i, c_n^i)$，$i = 1, 2, \cdots, N$。其中：三元数 a_k^i，b_k^i，c_k^i 为式（4-133）表示的隶属函数的模糊数（Fuzzy Number）。

$$\mu_{A_k^i}(x_k^j) = \frac{1}{1 + \left| \dfrac{x_k^j - c_k^i}{a_k^i} \right|^{2b_k^i}} \tag{4-133}$$

令 $E(S)$ 为 EFR FIS 的误差函数（Error Function）并由式（4-134）定义 $E(S)$ 为：

$$E(S) = \sum_{j=1}^{M} \left[y^j - Y(S, \overline{x}^j) \right]^2, \quad S = \{ S^1, \cdots, S^N \}. \tag{4-134}$$

式中，$Y(S, \overline{x}^j)$ 为 EFR FIS 对于矢量 $S = \{ S^1, S^2, \cdots, S^N \}$ 的输出。

式（4-134）为构建由模糊规则式（4-127）表达的 EFR FIS 模糊规则集的最小均方差（minimizing mean-square error）误差函数 $E(S)$。

为输入空间统一定义给定步长的网格，则可用枚举法列举网格方格并将矢量 $S^i = (a_1^i, b_1^i, c_1^i, \cdots, a_n^i, b_n^i, c_n^i)$ 映射成为二进制矢量即遗传算法（genetic algorithm）的种群（population）。为计算出遗传算法在下一次迭代中适应度函数（fitness function）的值，需要相应于矢量 S^i，求出规则 R^i 右侧部分的模糊系数（fuzzy coefficient）C_k^i。对此，Igor V. Anikin 和 Igor P. Zinoviev 给出了用于搜索模糊系数的方法。

· 从带有约束 $\mu_{A^i}(\overline{x}^j) \geqslant \widetilde{\alpha}$ 的训练集 $(\overline{x}^j, y^j)$ 中选择点。此处的模糊集 A^i 由矢量 S^i 定义；$\widetilde{\alpha}$ 值由领域专家定义，则可得新的点集 $(\overline{\overline{x}}^j, \overline{y}^j)$，$i = 1, 2, \cdots, m$。

· 考虑中心为 d_k^i、宽度为 w_k^i（$k = 0, 1, \cdots, n$；$i = 1, 2, \cdots, N$）的模糊三角形（fuzzy triangle）情况下任意系数 C_k^i。由 $(\overline{x}_1^j, \cdots, \overline{x}_n^j)$ 可得：$Y = C_1^i x_1 + \cdots + C_n^i x_n + C_0^i$。则由所构建的中心为 $d^i = d_0^i + \sum_{k=1}^{n} d_k^i \overline{x}_k^j$、宽度为 $w^i = w_0^i + \sum_{k=1}^{n} w_k^i |\overline{x}_k^j|$，$i = 1, 2, \cdots, N$ 的模糊三角形可得总值 Y。

搜索 d_k^i 可通过 $\overline{y}^j$（$j = 1, \cdots, m$）值使 d^i 值的标准差（standard deviation）最小化，用最小二乘法求解。搜索 w_k^i 可由带有下面约束条件的表达式 $w^i = \sum_{j=1}^{m} (w_0^i + \sum_{k=1}^{n} w_k^i |\overline{x}_k^j|)$，$i = 1, 2, \cdots, N$ 的最小化来得到。约束条件为：作为输出的隶属函数模糊三角形在 $\overline{y}^j$ 点集的隶属函数值皆应超过给定的阈值 H。使用

线性规划（linear programming）的方法可以求解完成上述工作。

4.6.3　神经网络基础与强化学习

（1）神经网络发展简史

起源：神经网络（neural network），源于 19 世纪末和 20 世纪初的物理学、心理学和神经心理学等跨学科研究。主要代表人物有 Herman Von Helmholts、Eenst Mach 和 Ivan Pavlov 等，他们早期研究着重于有关学习、视觉和条件反射等一般性的基础理论，并未有涉及神经元工作的数学模型。

现代人工神经网络的研究开端：作为标志性阶段，为 20 世纪 40 年代 Warren McCulloch 和 Walter Pitts 的工作，他们从原理上证明了人工神经网络可以进行任何算术与逻辑函数运算。因此，通常认为 Warren McCulloch 和 Walter Pitts 的研究工作是人工神经网络研究工作的开端。

人工神经网络（artificial neural network）的第一个实际应用出现在 20 世纪 50 年代后期，是 Frank Rosenblatt 提出的感知机网络和联想学习规则，并展示了具有模式识别能力但后来被发现基本的感知机网络仅能解决有限的几类问题。同时期，Bernard Widrow 和 Ted Hoff 通过引入新的学习算法用于训练自适应线性神经网络，它们所构建的网络结构和功能类似于 Rosenblatt 的感知机网络。但 Widrow-Hoff 学习规则沿用至今。这一时期的人工神经网络的固有局限性问题始终未得以解决。

神经网络研究基本停滞的 20 世纪 60~70 年代：由于神经网络固有局限性问题，同时，其研究受到 Minsky 和 Papert 的影响，而且那时没有功能强大的数字计算机来支持神经网络计算，使许多该领域研究者失去信心，神经网络研究停滞十余年之久。但 20 世纪 70 年代仍有部分科学家在坚持研究，1972 年 Teuvo Kohonen 和 James Anderson 分别独立提出了能够完成记忆的新型神经网络；同期，Stephen Grossberg 在自组织神经网络方面的研究十分活跃。

神经网络研究再度复兴的 20 世纪 80 年代及走向应用的 20 世纪 80 年代后期：随着个人计算机和工作站计算机的计算能力的急剧增强，以及个人计算机的逐渐普及应用，神经计算领域新概念的不断涌现，神经网络与神经计算研究热潮再度兴起。训练多层感知机的反向传播算法中，由 David Rumelhart 和 James McClelland 提出的最具影响力和说服力的反向传播算法有力地回答了 20 世纪 60 年代 Minsky 和 Papert 对神经网络的责难。1988 年 DARPA 的"神经网络研究报告（neural network study）"中列举了 1984 年自适应频道均衡器等一系列人工神经网络的应用实例。自 DARPA 报告问世以来，神经网络被广泛应用于航空、汽车、机器人、国防、电子、交通、商业、银行、娱乐、医疗、电信等诸多行业和研究领域。

（2）生物神经元[6]

神经细胞：神经系统包含两种细胞，即神经元和神经胶质细胞。神经元（neurons）接受信息并将其传递给其他细胞。据统计结果表明：成人大脑中约含有 1000 亿个神经元（R. W. Williams 和 Herrup，1988）[6]。

神经元的结构：胞体、树突、轴突和突触前终末（微小的神经元没有轴突且一些没有明显的树突）。

运动神经元（motor neuron）：如图 4-35(a) 所示，为脊椎动物的运动神经元的结构组成。运动神经元的胞体在脊髓中，它通过树突来接收其他神经元的兴奋，并将这种冲动沿着轴突传递到肌肉，控制肌肉群的伸缩和舒张运动。

感觉神经元（sensory neuron）：如图 4-35(b) 所示，为脊椎动物的感觉神经元的结构组成。感觉神经元的末梢特化成对某一种刺激敏感的结构，如光线、声音或者触觉。如图所示，感觉神经元正在将来自皮肤的触觉信息传递给脊髓。细小的分支从感受器一直延伸到轴突，胞体位于整个主体的稍靠中间部位的位置。

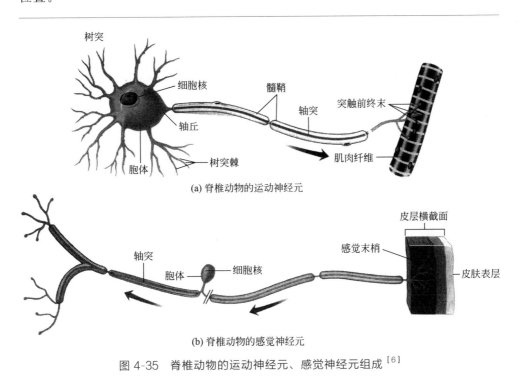

(a) 脊椎动物的运动神经元

(b) 脊椎动物的感觉神经元

图 4-35　脊椎动物的运动神经元、感觉神经元组成[6]

树突（dendrites）：是在末端逐渐变小的分支纤维。树突表面排列着很多突触受体，使得树突可以接收来自其他神经元的信息。而且，树突的表面积越大，能够接收的信息就越多。一些树突还包括树突棘（dendrites spines）。这些纤维增大了树突的表面积。树突的形状因神经元的不同而异，不同时期内，同一神经元的形状也会有所不同。树突的形状决定了它以什么样的方式接收不同的信息（Hausser，Spruston 和 Stuart，2000）。

细胞体（cell body）：或称为胞体（soma）（希腊语中的身体之意），包括细胞核、核糖体、线粒体以及绝大多数细胞中含有的其他结构。神经元主要的新陈代谢活动发生在细胞体内。神经元的胞体直径从哺乳动物的 0.005～0.1mm 到某些无脊椎动物的将近 1mm 不等。像树突一样，一些神经元的胞体表面覆盖着突触。

轴突（axon）：是一个有着固定直径的微细纤维，通常情况下比树突长。轴突是将神经元的信息传递者，能够将冲动传递给其他神经元、器官或肌肉组织。许多脊椎动物的轴突表面覆盖着一层叫做"髓鞘"（myelin sheath）的绝缘物质，两段髓鞘之间是无髓鞘的部分，称为郎飞氏结（nodes of ranvier）。无脊椎动物的轴突没有髓鞘。每一个轴突都有很多分支，这些分支在末端逐渐膨大，形成突触前末梢（presynaptic terminal），也称为终球体或终纽，是轴突释放化学物质的地方，并使得释放的化学物质从一个神经元传递到另一个神经元。一个神经元有很多个树突，但只有一个轴突。而且，轴突的长度可有 1m 以上，如从脊髓到脚底的轴突。多数情况下，轴突的分支与轴突是分开的，位于距离细胞体比较远的终端。

其他神经元方面的术语还有传入神经、传出神经和中间神经。这些概念主要体现在以下两个概念中。

传入轴突（afferent axon）：是将信息传递到神经元结构内部中去的轴突。

传出轴突（efferent axon）：是将信息带出到神经元结构外部的轴突。

中间神经元 [interneuron，也称内在神经元（intrinsic neuron）或介在神经元]：是指一个细胞的树突和轴突全部包含在一个单独的结构中，那么这个细胞就是中间神经元。如丘脑的中间神经元的所有树突和轴突都在丘脑中。

生物神经元的差异：不同神经元在大小、形状和功能上存在着巨大的差异。一个神经元的形状决定了它与其他神经元之间的连接方式，也就决定了它的功能。神经元的分支越多，就越能与更多的神经元建立相互之间的联系。神经元的功能与其形状有关。形状不同功能也不同的神经元各种形状如图 4-36 所示，差别巨大。

神经胶质细胞（glia，或者胶质细胞）：是神经系统除神经元细胞以外的另一种重要组成部分。它不能像神经元那样进行长距离信息传递，但它们可以与邻近的神经元之间进行化学物质交换。在某些情况下，这种物质交换会引起神经元的同步活动（Nadkarni 和 Jung，2003）。胶质细胞的功能曾被狭隘地认为：就像胶水一样将神经元黏合在一起（Somjen，1988）。神经胶质细胞比神经元小，但在数量上比神经元多。总体上来看，神经元和神经胶质细胞各自所占体积基本相同。

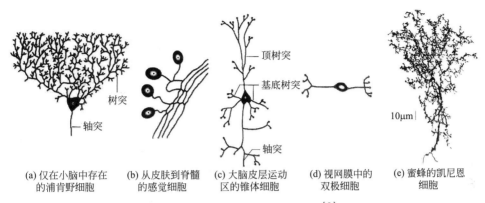

图 4-36　生物神经元的各种形状[6]

生物神经元与神经信息：神经元所有的功能都依赖于它和其他神经元之间的联系，神经元只需要传递一个动作电位，仅仅是"激活"或"停止"的信息，传递给那些与这个神经元的轴突相连的一定数量的神经元，不同的神经元接收到"激活"信息会产生兴奋或抑制。生物、动物、人类所有的行为和经验都是建立在这个有限的神经系统之上的。

·动作电位传导的信息强度不随距离的增加而减弱，但从接受刺激开始到传达至大脑需要一段时间；

·静息状态的神经元内部带负电，外部带正电；

·全或无法则：对于任何超过阈限值的刺激，动作电位的变化幅度和速率与激发它的刺激大小无关；

·一个动作电位产生后，细胞膜进入不应期，在这个期间不会产生新的动作电位；

·动作电位沿着轴突传递过程中保持其强度不变；

·在有髓轴突中动作电位只能从分离的髓鞘结点部位产生。有髓轴突比无髓轴突传导信息要快得多。

（3）人工神经网络（artificial nerual network，ANN）

神经网络在不同的语言环境中代表不同的含义，生物心理学、神经系统科学中，神经网络是指生物（动物）、人类神经系统中由大量的神经元细胞、神经胶质细胞之间相互连接在一起构成的网络；而在人工智能、计算机科学等学科专业语言环境下的神经网络是指人工神经网络，但是通常也简称为神经网络（NN）。

① 人工神经网络的结构   神经网络的结构是由基本的处理单元和各单元间相互连接方式决定的。如图 4-37 所示的神经网络系统是由权值集、节点集、阈值集和输出集四部分组成的输入层、中间层和输出层三层结构，输入层为神经网络的数据输入层，如图中所示有 m 个输入变量；输出层为神经网络的数据输出层，有 y^* 一个输入变量，当然也可以在设计上有多个输出变量；输入层的节点 i 与中间层（为隐含层）节点 j 之间的连接权重系数为 w_{ij}。也可以设计中间层含有两层或两层以上隐含层的神经网络，以及按着上下级关系将多个神经网络模块连接成多级神经网络。

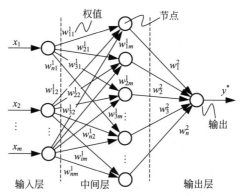

图 4-37   人工神经网络的结构构成

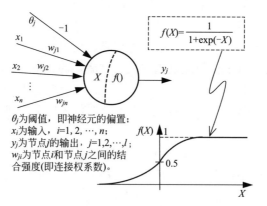

图 4-38   人工神经网络中的神经元模型及其输出变换函数例

人工神经网络系统中的神经元模型：如图 4-38 所示，为一个定义了该神经元（j）的 n 个输入及其与该神经元节点 j 之间连接权系数 w_{ji}、输出变换函数 $f(X)$ 的单个神经元模型。图中给出的输出转换函数实例为"Sigmoid 函数"（即 S 曲线函数）。在进行神经网络设计时，输出变换函数是可以从常用作神经元输出变换函数中选择或定义的。显然，人工神经网络系统中的神经元是一个简单的阈值单元，与复杂的生物神经元有着本质的区别。图 4-38 所示的神经元 j 的输出为：

$$y_j = f(X) = f\left(\sum_{i=1}^{n} w_{ji}x_i - \theta_j\right) \qquad (4\text{-}135)$$

常用的输出变换函数有：二值函数、S 形函数、双曲正切形函数等。

② 用于控制的人工神经网络的特性

◆并行分布处理：具有高度的并行结构和并行实现能力，神经网络训练、学习充分之后可用于实时控制和动态控制。

◆固有的非线性特性，能实现非线性映射关系，使用于非线性控制。

◆具有归纳全部数据能力，能够解决通过数学建模但又难以建立确定数学模型的问题，并且可以有教师学习和无教师学习两类人工神经网络应对。

◆适用于复杂、大规模和多变量系统的控制。

◆可由超大规模集成电路设计来实现神经网络硬件计算系统。

◆人工神经网络以其学习、适应、自组织、函数逼近以及大规模并行处理能力，已成为构建智能控制系统、实现智能控制的重要技术和方法之一。

③ 人工神经网络的基本类型

人工神经网络基本类型有递归（反馈）神经网络和前馈神经网络两大类，它们的神经网络结构分别如图 4-39 所示。前者代表性的有：Hopfield 网络、Elm-man 网络、Jordan 网络等；后者代表性的有：多层感知机（MLP）、学习矢量化网络（LVQ）、小脑神经网络（CMAC）等。

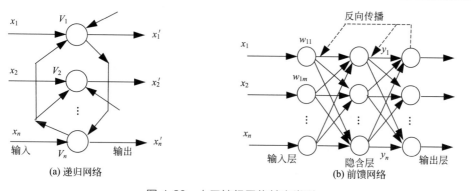

图 4-39 人工神经网络基本类型

④ 人工神经网络主要用于学习的算法

人类和灵长类动物等都具有学习能力，学习能力就是根据以往经历过的实事件中获得对事物属性、事物发展规律、解决问题的办法等的知识，并且能够利用这些知识（特别是经验性的知识）去处理、解决未经历过的事情和问题的能力。如前所述，神经网络具有归纳全部数据能力，即根据有确定对应关系的输入与输出样本数据集，通过神经网络能够将这些具体的输入、输出样本数据集泛化成隐式的"非线性的函数"。为便于理解可以这样来"简单地"看待神经网络：一维、二维线性插值相信有点儿数学应用基础的都能理解，还可以进行"三维"、更多维数的 n 维线性插值，还有样条曲线等。人工神经网络就好比线性插值或样条曲线一样，根据自变量数据集对应的输出的因变量数据集，能够通过类似于"插值""样条曲线"的"神经网络"的方法得到隐式的"非线性函数"。因此，人工神经网络到底是什么样的隐式"非线性函数"谁也不知道，无法显式地表达出来，它是由神经网络结构、各节点与节点之间的连接权值以及输入数据集及其对应的输出数据集来决定的。

前面提到一维、二维、多维线性插值、样条曲线等实际上就是最早的按着已知的线性或非线性关系来对以往的经验数据进行泛化学习的代表性例子，用线性插值方法来活用实验数据曲线、数据表的例子在工科教材中比比皆是；而神经网络则是在利用已知样本数据集训练人工神经网络各节点间连接权值的训练、学习过程之后才确定了"非线性插值"隐式函数关系，这种关系在学习、训练之前是不可能预知的。

用于学习的算法主要有有师学习、无师学习和强化学习三类。

• 有师学习算法。能够根据期望的输出与对于给定输入的网络实际输出的差来调节神经元间的连接强度（权重），因此，必须给网络期望或目标输出（样本）。主要有 δ 规则、广义 δ 规则、反向传播算法、LVQ 算法等。

• 无师学习算法。不需知道对应于给定输入的期望输出即不需样本，在训练过程中网络能够自动地适应连接强度，自行把输入模式分组聚集。主要算法有 Kohonen 算法、Carpenter-GrossBerg 自适应谐振理论（ART）等。

• 强化学习（reinforcement learning）。不需要预先给出对应于给定输入的目标输出，而是采用一个"评价模型"来评价与给定输入相对应的神经网络输出的优度（质量因数）。遗传算法（GA）便属于强化学习这一类。

• 小脑神经网络（CMAC）[7]　最初由 Albus 在 1975 年给出一个小脑神经网络（CMAC）的简易模型。小脑神经网络可以视为一种具有模糊联想记忆特性监督式（有导师）前馈神经网络。其特点是：操作速度很快，对于实时自适应控制可得到稳定性。其操作特点是"查表"，需要占用较大的存储空间。

a.CMAC 的基本构成。其基本模块由三层组成：L1 层、L2 层、L3 层。

L1 层——由关于各输入 y_i 的"特征探知"神经元 Z_{ij} 阵列组成。对于在限定范围内的输入，每个输出都是 1，否则是 0。在 L1 层，对于任意输入 y_i，固定数目的神经元（n_a 个）在该层的阵列中都将被激活。而且该层的神经元将各输入进行量化处理。

L2 层——由 n_v 个关联神经元（association neuron）a_{ij} 组成。这些关联神经元都是被相关地连接到由层 L1 输入阵列（z_{1i}，z_{2j}）所确定的各神经元上。当所有的输入为非零时，层 L2 的各神经元的输出都为 1，否则为 0。这些神经元通过计算输入的逻辑"AND"来精确地激活 n_a 个神经元。

L3 层——由 n_x 个输出神经元组成。各输出 x_i 为层 L2 各输出与其权重的积之后求和，即：

$$x_i = \sum_{jk} w_{ijk} a_{jk}$$

式中，w_{ijk} 为参数化 CMAC 变换的权重（连接 a_{jk} 至输出 i 的权重），对于 L2 层的每个关联神经元存在 n_x 个权重，则总共形成 $n_x n_v$ 个权重。

CMAC 变换算法是基于"查表"的形式给出的，从来没有使用神经网络的形式。CMAC 网络的结构如图 4-40 所示。CMAC 网络训练、学习原理是由用户为其准备用于训练 CMAC 网络的"教师"数据集，这些数据集包括已知输入变量 S 具体数据及相应于这些具体数据的系统实际输出数据，分别叫做"教师"输入数据和"教师"输出数据。教师数据为由实际系统实际运行获得的规模性试验数据，这些数据去除"噪声"后用来作为训练 CMAC 神经网络的输入和期望的输出数据来调节网络节点间连接的权值，训练、学习收敛后的 CMAC 即为泛化和活用这些教师数据之后得到的、用来求解教师数据专业范畴内的系统输入输出问题。

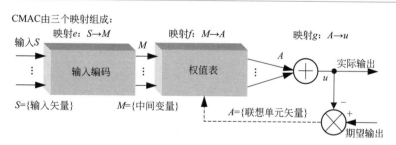

图 4-40　CMAC 网络的基本模块图

b. CMAC 网络的映射变换

• 输入编码 $S \to M$ 映射：如图 4-41 所示。

$$S \to M = \begin{bmatrix} s_1 \to m_1 \\ s_2 \to m_2 \\ \cdots \\ s_n \to m_n \end{bmatrix}$$

s_i 的域可通过量化函数 q_1，q_2，…，q_k 被近似地离散化。每个量化函数把域分为 k 个间隔。两个输入变量 s_1 和 s_2 均由 $0\sim8$ 域内的单位分辨度表示。每个输入变量的域采用 3 个量化函数来描述。例如 s_1 的域由函数 q_1，q_2，q_3 描述。q_1 把域分为 A，B，C，D 四个间隔，q_2 给出间隔 E，F，G，H，q_3 提供间隔 I，J，K，L，即：

$$\left. \begin{array}{l} q_1 = \{A,\ B,\ C,\ D\} \\ q_2 = \{E,\ F,\ G,\ H\} \\ q_3 = \{I,\ J,\ K,\ L\} \end{array} \right\}$$

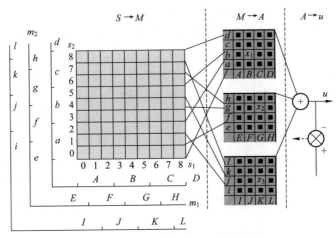

图 4-41　CMAC 网络模块内映射图

对于每个 s_1 的值，存在一元素集合 m_1 为函数 q_1，q_2 的交积，使得 S_1 的值唯一地确定 m_1 集合，而且反之亦然。例如，$s_1 = 5$ 映射至集合 $m_1 = \{B, G, K\}$，而且反之亦然。类似地，值 $s_2 = 4$ 映射至集合 $m_2 = \{b, g, j\}$，而且反之亦然。$S \rightarrow M$ 映射为 CMAC 网络提供了两个好处。首先，可把单个精确变量 s_i 通过几个非精确信息通道传送，每个通道只传递 s_i 的一小部分信息。这可提高信息传送的可靠性。另一个好处是 s_i 值的较小变化不会对 m_i 内的大多数元素产生影响，这导致输入特性的一般化。对于存在噪声的环境，这一点是很重要的。

• 地址计算 $M \rightarrow A$ 映射：A 为一与权值表相联系的地址矢量集合，且由 m_i 的元素组合而成。例如：图中，集合 $m_1 = \{B, G, K\}$ 和 $m_2 = \{b, g, j\}$ 被组合得到元素集合 $A = \{a_1, a_2, a_3\} = \{Bb, Gg, Kj\}$。对于每个 s_1 的值，存在一元素集合 m_1 为函数 q_1，q_2 的交积，使得 S_1 的值唯一地确定 m_1 集合，而且反之亦然。例如 $s_1 = 5$ 映射至集合 $m_1 = \{B, G, K\}$，而且反之亦然。类似地，值 $s_2 = 4$

映射至集合 $m_2 = \{b, g, j\}$，而且反之亦然。

• 输出映射 $A \rightarrow u$ 映射：这一映射包括把查询权值表和加入地址位置的内容，以求取网络的输出值。这就是说，对于那些与 a 内的地址 a_i 有关系的权值求和，例如，这些权值为 $w(Bb) = x_1$，$w(Gg) = x_2$，$w(Kj) = x_3$，于是可得输出为：

$$u = \sum_i w_i(a_i) \rightarrow u = x_1 + x_2 + x_3 。$$

综上所述，CMAC 可以看作图 4-42 所示的模块化结构。

图 4-42 CMAC 模块

(4) 强化学习（reinforcement learning）

强化学习的最大特点是完全不需要关于环境与机器人自身的先验知识信息的学习方法。机器人一边感知当前环境的状态，一边行动。根据状态和行动，环境迁移到新的状态，相应于新的状态的"奖惩"报酬信息返还给机器人。机器人根据"报酬"信息决定下一个行动。强化学习对于为实现自律运动的智能体来说是非常重要的。其意义在于很大程度上复杂问题求解的可能性将依赖于这种方法。

① 强化学习的构成要素[7]

• 策略。从环境感知到的状态到该状态下应该采取的行动映射。为强化学习智能体的核心，一般具有概率性。

• 报酬函数。它用来定义强化学习问题的目标。粗略地说，该函数把从环境感知到的状态［即（状态，行动）对］映射成一个数值化的"报酬"值，该报酬表示了从该状态所得到的期望程度。强化学习智能体的唯一目的就是最终使得到的总报酬的最大化。对于智能体而言，报酬函数定义了所采取行动的结果是好的还是不好的。在生物学的系统里，常把报酬与"满足"和"痛苦"联系在一起。这是智能体直接面对问题的本质特征。如此说来，报酬函数一定是智能体本身所不能变更的，但必须能作为更改策略时的根据来使用。例如，当遵从某一策略采取行动带来较低的报酬时，就需要改变成能够采取其他行动的策略。因此，报酬函数一般是概率性的。

• 价值函数。与某一时刻（或状态）意义上反应行动结果好坏的报酬函数相对应，价值函数则指定了最终什么是好的。粗略地说，状态的"价值"是智能体以该状态为基点过渡到所期望的将来的过程中，所蓄积的报酬的总量。以"价值评价"为核心将是今后数十年强化学习研究中重中之重。一些强化学习方法中都是以价值函数的评价为核心而构成的，但是价值函数并不是为解决强化学习问题所绝对必须的。例如，为求解强化学习问题，也可以使用遗传算法、遗传程序设计以及其他的函数最优化方法。

• 环境的模型。这是为模仿环境的举动而建立的。例如，设状态和行动被给定，则该模型将预测作为结果生成的下一个状态和下一个报酬。模型是为了在实际执行行动之前考虑将来可能的状况而决定动作的方法的意义上所进行的规划而使用的。

② 强化学习的系统基本模型描述与表达。智能体与环境构成的强化学习系统基本模型如图 4-43 所示。为描述该模型，定义如下变量符号：

S——可识别的机器人环境状态集合；

A——机器人对环境 S 能够进行的行动的集合，也称行为集合；

s——环境当前状态；

a——机器人行动，也称机器人行为；

s'——s 的下一状态，是机器人在 a 行动下得到的状态；

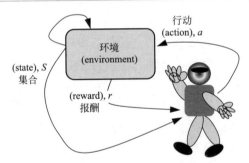

图 4-43　智能体（人或机器人）与环境构成的系统基本模型

T——此时状态迁移概率，$T(s,a,s')$；

(s,a)——状态-行动对，也称状态-行为对；

$r(s,a)$——报酬函数，一般的强化学习问题是找到对于无限时间的报酬衰减总和最大化的策略；

f——策略，是由状态集合 S 到行动集合 A 的变换。

则"累加报酬"可定义为：

$$\sum_{0}^{\infty} \gamma^{n} r_{t+n}$$

式中，r_t 为在各状态下，采取策略 f 时的时刻 t 时的报酬；γ 为衰减系数，控制将来的报酬对于行动价值给予多大程度的影响，通常为小于 1 的值。

③ 强化学习中的探索性学习方法——Q-学习。设状态为 s，行动为 a，把在此之后取最优策略时的累积报酬的期待值或"最优行动价值函数"设为 $Q^*(s,a)$。则，定义 $Q^*(s,a)$ 为：

$$Q^*(s,a)=r(s,a)+\gamma\sum_{s'\in S}T(s,a,s')\max_{a'\in A}Q^*(s',a')$$

最初，迁移概率 T 及报酬 r 是未知的，所以在线逐次更新"行动价值"Q。作为初始值从任意值（通常为 0）开始，每采取行动，将 Q 值更新为：

$$Q(s,a)\Leftarrow(1-\alpha)Q(s,a)+\alpha[r(s,a)+\gamma\max_{a'\in A}Q(s',a')]$$

式中，r 为状态 s 下采取行动为 a，时的报酬；s' 为下一状态；α 为学习率，取为 $0\sim1$ 间的值。

Q 学习算法的步骤如下。

a. $Q\leftarrow$ 代入行动价值函数的初始值（通常为 0）。

b. 对于当前的状态 s，根据策略 f 选择并执行行动 a（也可以任意选择）

c. $Q(s,a)$ 的更新

$$Q(s,a)\leftarrow(1-\alpha)Q(s,a)+\alpha[r+\gamma\max_{a'\in A}Q(s',a')]$$

s'，r 分别表示下一状态，即得报酬。

d. 策略 f 的更新找到使 $Q(s,a)=\max\limits_{b\in A}Q(s,b)$ 的行动 a，$a\rightarrow f(s)$。

e. 行动价值函数及策略判断出未达到收敛状态（目标）时，返回到 b。

④ 为用强化学习方法研究机器人行为所作的准备工作

a. 由机器人及其所存在的环境构成系统的模型化：机器人能够从该环境得到的信息类型、定义，这些信息应该是能够通过现有的各种传感器能够直接测得的或者是间接地通过相关传感器和数学方法相结合能够得到的；

合理地定义机器人自身的状态、环境的状态及状态变量 $S=\{s_1,s_2,\cdots,s_n\}$。

b. 明确机器人与环境间相互作用时的各种行为、并且加以定义。

c. 根据机器人行为结果定义报酬函数、策略、价值函数。

d. 根据状态空间的大小、行为复杂程度选择合适的强化学习方法。

（5）软计算中以模糊理论为基础的各种方法融合[8,9]

模糊逻辑、神经网络、强化学习以及它们之间算法的相互融合方法是现代机器人智能控制、参数识别、传感器信息处理等方面的重要理论基础与方法。不仅如此，以柔软化解决问题为目标的软计算理论中，还有一些更深入的互融研究。

① 模糊系统模型结构的柔软化：主要的模糊推理方法；柔软化的模糊关系；模糊规则的合成、适用；带参数的模糊推理方法等。

② 异质控制规则的合成：不完全知识的定性描述；局部性质的定性综合；整体控制律的定性解析。

③ 采用模糊相似的有教师学习和无教师学习：基于神经网络的模糊控制系统；二层混合学习算法；模糊相似性测度；在线有教师结构/参数学习算法。

④ 模糊 ARTMAP：在受限制条件下，为进行不断变化环境下预测的神经网络与模糊理论的融合技术。

⑤ 柔软制约的传播和补足。

⑥ 基于知识的模糊控制器。

⑦ 基于阶层化模糊模型的异质信息处理。

⑧ 基于模糊理论和遗传算法的自适应控制。

⑨ 模糊理论的软件和硬件应用。

4.7　本章小结

这一章主要介绍机器人机构设计、控制系统设计中需要用到的机构学中的数学和力学原理，以及现代数学发展中模糊数学、神经计算、强化学习等的基本原理（用来解决系统设计中复杂、有不确定性影响或者难以精确数学建模等问题）。其中，机器人机构运动学、动力学等理论是用于机器人机构设计、机构优化设计以及机器人运动和动力计算仿真的重要数学与力学基础。模糊集合、模糊运算以及模糊推理、神经网络、强化学习等基本理论与方法、算法是用于进行机器人智能控制系统设计、控制器设计以及基于行为的运动控制等的智能控制基础。

参考文献

[1] Zhangchaoqun, Caihegao, Wu Weiguo. Kinematic Model and Identification of Geometric Parameters of Robots. Journal of Haerbin Institute of Technology (English Edition) . 1998: E-5 (2) .

[2] 蔡鹤皋，张超群，吴伟国. 机器人实际几何参数识别与仿真. 中国机械工程.

[3] Takagi T. , Sugeno M. Fuzzy Indentification of System and Its Applications to Modeling and Contiol. IEEE Trans. Sys-Man and Cybern. 1985, SMC-15 (1): 116~132.

[4] Igor V. Anikin & Igor P. Zinoviev, Kazan National Roseach Technical University

named after A. N. Tupolev-KAI, Russia, 2015.

[5] Igor V. Anikin, Igor P. Zinoviev, Fuzzy Control Based on New Type of Takagi-Sugeno Fuzzy Inference System. 2015 International Siberian Conference on Control and Communications (SIBCON) . 2015.

[6] [美]詹姆斯·卡拉特著. 生物心理学. 第 10 版. 苏彦捷等译. 北京: 人民邮电出版社, 2011.

[7] Richard S, Sutton, Andrew G. Barto. Reinforcement Learning: An Introduction[B] MIT Press in Cambridge, MA. Fourth Printing, 2002: 7~9, 148~149.

[8] Ronald R. Yager, Lofti A. Zadeh. Fuzzy Sets, Neural Networks, and Soft Computing [B] . Van Nostrand Reinhold, A Division of Wadsworth, Inc. , 1994.

[9] Russell L. Smith. Intelligent Motion Contiol with an Artificial Cerbellum [D]. New Zealand University[D]. July, 1998.

第 4 章 工业机器人操作臂系统设计的数学与力学原理

工业机器人操作臂机械本体参数
识别原理与实验设计

5.1 平面内运动的 2-DOF 机器人操作臂的运动方程及其应用问题

5.1.1 由拉格朗日法得到的 2-DOF 机器人操作臂运动方程

图 5-1 所示为一实际的水平面内运动的平面连杆开链机构的 2-DOF 机器人操作臂模型。该机器人操作臂的参数如下。

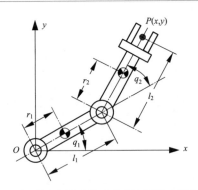

图 5-1　水平面内运动的 2-DOF 机器人操作臂模型

物理参数：m_i，I_i 分别为杆件 i 的质量和绕质心的惯性矩；l_i，r_i 分别为杆件 i 的长度和关节 i 到杆件 i 质心的长度；此外，还有关节内相对运动时的静摩擦、动摩擦等摩擦因数等。

运动参数：q_i，$\dot{q}$，$\ddot{q}$ 分别为关节 i 的角度、角速度及角加速度；τ_i 为施加在关节 i 上的驱动力矩。

第一关节中心为坐标系 O-xy 原点，机器人在水平面内运动。

用拉格朗日法可以推导出该机器人操作臂的运动方程式为：

$$M(q)\ddot{q} + C(q,\dot{q}) + B\dot{q} + D(\dot{q}) = \tau \tag{5-1}$$

其中：$q = [q_1, q_2]^T$，$\tau = [\tau_1, \tau_2]^T$；$M(q)\ddot{q}$ 是惯性力项；$C(q,\dot{q})$ 是离心力项；$B\dot{q}$ 是黏性摩擦项；$D(\dot{q})$ 是动摩擦项。

$$M(q) = \begin{bmatrix} M_1 + 2R\cos q_2 & M_2 + R\cos q_2 \\ M_2 + R\cos q_2 & M_2 \end{bmatrix} \tag{5-2a}$$

$$C(q,\dot{q}) = \begin{bmatrix} -2R\dot{q}_1\dot{q}_2\sin q_2 - R\dot{q}_2^2\sin q_2 \\ R\dot{q}_1^2\sin q^2 \end{bmatrix} \tag{5-2b}$$

$$B = \begin{bmatrix} B_1 & 0 \\ 0 & B_2 \end{bmatrix} \tag{5-2c}$$

$$D(\dot{q}) = \begin{bmatrix} D_1\,\text{sgn}(\dot{q}_1) \\ D_2\,\text{sgn}(\dot{q}_2) \end{bmatrix} \tag{5-2d}$$

$$M_1 = I_1 + I_2 + m_1 r_1^2 + m_2(l_1^2 + r_2^2) \tag{5-2e}$$

$$M_2 = I_2 + m_2 r_1^2 \tag{5-2f}$$

$$R = m_2 r^2 l_1 \tag{5-2g}$$

5.1.2 机器人操作臂运动方程的用途

式(5-1)是用符号表示的通用的运动方程式，针对一台实际的工业机器人操作臂，如果不能确定该式其中的物理参数（如惯性力项系数矩阵 M 中的物理参数以及黏性摩擦、动摩擦项系数参数等），则该方程无法在实际应用中有效使用。

如果前述得到的机器人操作臂运动方程式(5-1)能够完全与现实物理世界中的该机器人操作臂一致，即该方程能够误差为零地反映出实际机器人运动或作业时各关节所需要的实际驱动力矩与机器人物理参数、运动参数之间的关系，假设该方程中所有的物理参数都与实际机器人操作臂上存在的真实物理参数误差为零地一致，则只要按着给定的运动下各关节角、角速度、角加速度等随时间变化的运动曲线或数据，就能用该方程式计算出为实现上述给定关节运动要求下各关节所需要付出的驱动力矩，也即可以计算出驱动各个关节原动机（如电动机）的驱动力（或驱动力矩）数据（随时间变化的驱动力、驱动力矩曲线）。对于电动机驱动而言，进而可以对电动机实施转矩控制即电流控制，电动机在计算机控制器控制和直流伺服（或交流伺服）驱动器驱动下付出相应于机器人运动所需要的驱动力矩，则机器人能够误差为零地实现给定的运动（或给定运动与末端操作力）。

因此，可以用机器人操作臂的运动方程式(5-1) 对机器人操作臂进行基于动力学模型的运动控制器设计。但是，众所周知，要想误差为零地得到一个经设计制造、装配与调试后的实际机械系统的所有物理参数或者其动力学模型是不可能的。制造出的工业机器人操作臂终究会与理论设计结果之间存在误差，而且一些物理参数还存在不确定性。也就是说完全精确的且可用来进行计算的运动方程是不可能得到的。退而求其次，只能想办法根据机器人操作臂作业精度（位置精度、操作力的精度等）要求，尽可能寻求获得与实际机器人机械本体真实物理参数误差相对小的机器人参数。因此，需要对机器人操作臂进行参数识别以获得能够用来对实际机器人操作臂进行计算的运动方程，并用于基于模型的机器人操作臂运动控制方法研究以及运动控制器设计当中。

从运动方程式(5-1) 来看，如果能够将机器人操作臂的物理参数与运动参数完全分隔开来表达运动方程式中等号左边的表达式，则可以有下形式：

$$f(P) \cdot \begin{bmatrix} q \\ \dot{q} \\ \ddot{q} \end{bmatrix} = \tau \text{ 或 } f(P) \cdot F(q, \dot{q}, \ddot{q}) = \tau \text{ 或 } F'(q, \dot{q}, \ddot{q}) \cdot f'(P) = \tau$$

式中，$f(P)$、$f'(P)$ 分别为方程式(5-1) 等号左边机器人机械本体物理参数对关节驱动力矩大小的影响系数矩阵的不同表达形式，这样的矩阵形式中无运动参数出现；P 是机器人机械本体物理参数矢量。

如果上式能够被找到，则可以通过对关节施加不同的驱动力矩矢量 τ 让机器人运动，经传感器测量或者估计得到所施加的不同驱动力矩矢量下各关节运动参数数据集，则可以得到：

$$f(P) = \tau \cdot G(q, \dot{q}, \ddot{q}) \text{ 或 } f'(P) = F'^{+}(q, \dot{q}, \ddot{q}) \cdot \tau$$

式中，$G(q, \dot{q}, \ddot{q})$、$F'^{+}(q, \dot{q}, \ddot{q})$ 分别为由 $[q \ \dot{q} \ \ddot{q}]^{\mathrm{T}}$、$F'(q, \dot{q}, \ddot{q})$ 求得的伪逆阵。

如此，期望通过 $f(P)$ 进一步直接或间接地求解得到独立的物理参数或物理参数的组合参数。这就是参数识别的基本思想。但是，实际上这样的运动方程式是很难得到的。

那么，问题是：假设作为运动数据的关节角矢量 $q(t)$ 和关节输入力矩 $\tau(t)$ 矢量可以得到，再在构建运动方程式的基础上识别所需要的参数，能够误差为零地得到完全真实地反映实际机器人运动的方程吗？答案是否定的。

5.2 基底参数

为得到运动方程式(5-1) 需要明确必要而且充分的参数。首先，明确属于各个杆件的参数集合：

$$\boldsymbol{P} = \{I_1, I_2, m_1, m_2, r_1, r_2, B_1, B_2, D_1, D_2\} \in \boldsymbol{R}^{10} \tag{5-3}$$

若 $\boldsymbol{P}$ 已知，则能确定运动方程式(5-1)；相反，若给出运动方程式(5-1)，能从方程式中确定出 $\boldsymbol{P}$ 么？答案也是否定的！

$\boldsymbol{P}$ 中不能确定的参数集合为 $\boldsymbol{\rho}$：

$$\boldsymbol{\rho} = \{M_1, M_2, R, B_1, B_2, D_1, D_2\} \in \boldsymbol{R}^7 \tag{5-4}$$

【思考问题】能够完全确定运动方程式所需要的最低限度的参数集合不只各杆件具有的物理参数（I_i，m_i 等），还有各参数之间的耦合参数；相反，即使进行各杆件的物理参数识别实验，也不能完全确定其他参数，也就不能完全确定运动方程式。为什么？

【定义】设几何参数已知，则把为确定给定机器人操作臂的运动方式所需的而且是足够的参数的集合定义为基底参数。

5.3 参数识别的基本原理

5.3.1 逐次识别法

这里以水平面内运动的 2-DOF 两杆机器人为例说明其识别原理。

逐次识别法是对多自由度操作臂的 1 自由度（最多 2 个自由度）各轴逐次进行参数识别实验运动的识别方法。

对于水平面内运动的 2-DOF 两杆机器人要识别的参数集合为：

$$\boldsymbol{\rho} = \{M_1, \ M_2, \ R, \ B_1, \ B_2, \ D_1, \ D_2\} \in \boldsymbol{R}^7$$

（1）第一步识别：$\boldsymbol{\rho}_1 = \{M_2, \ B_2, \ D_2\}^{\mathrm{T}}$

如图 5-2 所示，先固定（电动机停止、保持力矩状态）第一轴，让第二轴单独运动（尽可能为一般运动），此时运动方程式为：

$$M_2 \ddot{q}_2(t) + B_2 \dot{q}_2(t) + D_2 \,\mathrm{sgn}(\dot{q}_2(t)) =$$

$$\begin{bmatrix} \ddot{q}_2(t) & \dot{q}_2(t) & \mathrm{sgn}(\dot{q}_2(t)) \end{bmatrix} \cdot \begin{bmatrix} M_2 \\ B_2 \\ D_2 \end{bmatrix} = \tau_2(t) \tag{5-5}$$

数据处理框图如图 5-3 所示。

测定在时刻 $t = t_1, t_2, \cdots, t_N$ 时的下述所有值（$N \geqslant 3$）：$\{q_2(t), \dot{q}_2(t), \ddot{q}_2(t), \tau_2(t)\}$，由式(5-5)得下式：

$$\boldsymbol{A}_N \boldsymbol{\rho}_1 = \boldsymbol{y}_N \tag{5-6}$$

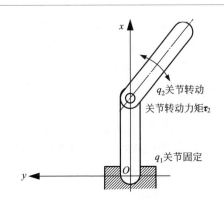

图 5-2   2-DOF 机器人操作臂第二轴单独运动

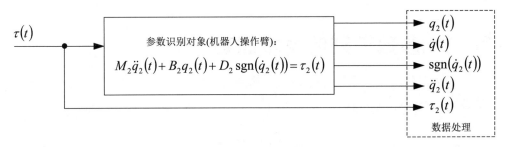

图 5-3   数据处理框图

其中：

$$A_N = \begin{bmatrix} \ddot{q}_2(t_1) & \dot{q}_2(t_1) & \mathrm{sgn}(\dot{q}_2(t_1)) \\ \vdots & \vdots & \vdots \\ \ddot{q}_2(t_N) & \dot{q}_2(t_N) & \mathrm{sgn}(\dot{q}_2(t_N)) \end{bmatrix}, \boldsymbol{\rho}_1 = \begin{bmatrix} M_2 \\ B_2 \\ D_2 \end{bmatrix}, \boldsymbol{y}_N = \begin{bmatrix} \tau_2(t_1) \\ \vdots \\ \tau_2(t_N) \end{bmatrix}$$

(5-7)

由最小二乘法计算 $\boldsymbol{\rho}_1$ 的解 $\hat{\boldsymbol{\rho}}_1$：

$$\boldsymbol{\rho}_1 = (A_N^{\mathrm{T}} \cdot A_N)^{-1} A_N^{\mathrm{T}} \cdot \boldsymbol{y}_N$$

(5-8)

（2）第二步识别：$\boldsymbol{\rho}_2 = \{M_1, B_1, D_1\}^{\mathrm{T}}$

固定第二轴在适当的姿势（有 2 种情况），让第一轴单独运动。

① 第一种情况如图 5-4(a) 所示，让第二轴固定在 0°，让第一轴运动，其运动方程式为：

$$(M_1 + R)\ddot{q}_{a1}(t) + B_1 \dot{q}_{a1}(t) + D_1 \mathrm{sgn}(\dot{q}_{a1}(t)) =$$

$$\begin{bmatrix} \ddot{q}_{a1}(t) & \dot{q}_{a1}(t) & \mathrm{sgn}(\dot{q}_{a1}(t)) \end{bmatrix} \begin{bmatrix} M_1 + 2R \\ B_1 \\ D_1 \end{bmatrix} = \tau_{a1}(t) \tag{5-9}$$

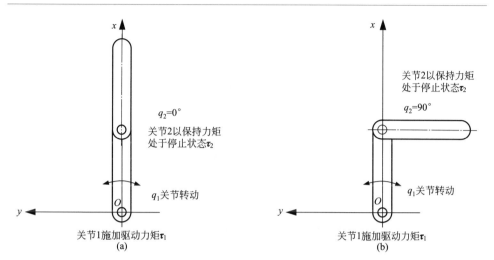

图 5-4 2-DOF 机器人操作臂第二轴固定并在不同臂形下让第一轴单独运动

测定在时刻 $t = t_1, t_2, \cdots, t_N$ 时的下述所有值（$N \geqslant 3$）：$\{q_{a1}(t), \dot{q}_{a1}(t), \ddot{q}_{a1}(t), \tau_{a1}(t)\}$，由式(5-5)得下式：

$$\boldsymbol{A}_{aN} \begin{bmatrix} M_1 + 2R \\ B_1 \\ D_1 \end{bmatrix} = \boldsymbol{y}_{aN} \tag{5-10}$$

其中：

$$\boldsymbol{A}_{aN} = \begin{bmatrix} \ddot{q}_{a1}(t_1) & \dot{q}_{a1}(t_1) & \mathrm{sgn}(\dot{q}_{a1}(t_1)) \\ \vdots & \vdots & \vdots \\ \ddot{q}_{a1}(t_N) & \dot{q}_{a1}(t_N) & \mathrm{sgn}(\dot{q}_{a1}(t_N)) \end{bmatrix}, \boldsymbol{y}_{aN} = \begin{bmatrix} \tau_{a1}(t_1) \\ \vdots \\ \tau_{a1}(t_N) \end{bmatrix} \tag{5-11}$$

由式(5-10)，$\{M_1 + 2R, B_1, D_1\}$ 的最小二乘解为：

$$\begin{bmatrix} \hat{M}_1 + 2\hat{R} \\ \hat{B}_1 \\ \hat{D}_1 \end{bmatrix} = (\boldsymbol{A}_{aN}^{\mathrm{T}} \cdot \boldsymbol{A}_{aN})^{-1} \boldsymbol{A}_{aN}^{\mathrm{T}} \cdot \boldsymbol{y}_{aN} \tag{5-12}$$

② 第二种情况如图 5-4(b) 所示，让第二轴固定在 90°（控制驱动该关节的伺服电动机使关节转动到 90°位置后处于停止、保持力矩状态），让第一轴运动

[也是一般性的运动，办法是可以用随机生成的限幅随机电流（与驱动力矩曲线的关系是伺服电动机的力矩常数倒数）作为操作量输出并施加给电动机，让其驱动关节作一般性的、非特定的随机运动]，其运动方程式为：

$$M_1 \ddot{q}_{b1}(t) + B_1 \dot{q}_{b1}(t) + D_1 \mathrm{sgn}(\dot{q}_{b1}(t)) =$$

$$\begin{bmatrix} \ddot{q}_{b1}(t) & \dot{q}_{b1}(t) & \mathrm{sgn}(\dot{q}_{b1}(t)) \end{bmatrix} \begin{bmatrix} M_{b1} \\ B_{b1} \\ D_{b1} \end{bmatrix} = \tau_{b1}(t) \tag{5-13}$$

测定在时刻 $t = t_1, t_2, \cdots, t_N$ 时的下述所有值（$N \geqslant 3$）：$\{q_{b1}(t), \dot{q}_{b1}(t), \ddot{q}_{b1}(t), \tau_{b1}(t)\}$，由式(5-5) 得下式：

$$\boldsymbol{A}_{bN} \begin{bmatrix} M_1 \\ B_1 \\ D_1 \end{bmatrix} = \boldsymbol{y}_{bN} \tag{5-14}$$

其中：

$$\boldsymbol{A}_{bN} = \begin{bmatrix} \ddot{q}_{b1}(t_1) & \dot{q}_{b1}(t_1) & \mathrm{sgn}(\dot{q}_{b1}(t_1)) \\ \vdots & \vdots & \vdots \\ \ddot{q}_{b1}(t_N) & \dot{q}_{b1}(t_N) & \mathrm{sgn}(\dot{q}_{b1}(t_N)) \end{bmatrix}, \boldsymbol{y}_{bN} = \begin{bmatrix} \tau_{b1}(t_1) \\ \vdots \\ \tau_{b1}(t_N) \end{bmatrix} \tag{5-15}$$

由式(5-14)，$\{M_1, B_1, D_1\}$ 的最小二乘解为：

$$\begin{bmatrix} \hat{M}_1 \\ \hat{B}_1 \\ \hat{D}_1 \end{bmatrix} = (\boldsymbol{A}_{bN}^{\mathrm{T}} \cdot \boldsymbol{A}_{bN})^{-1} \boldsymbol{A}_{bN}^{\mathrm{T}} \cdot \boldsymbol{y}_{bN} \tag{5-16}$$

由第二步的式(5-12)、式(5-14)，$\hat{B}_1$，$\hat{D}_1$ 可直接得到 $\hat{R}_1$：

$$\hat{R} = \frac{(\hat{M}_2 + 2\hat{R}) - \hat{M}_2}{2} \tag{5-17}$$

至此，所有参数识别完毕。

5.3.2　同时识别法

同时识别法就是让机器人操作臂的所有关节同时运动，并识别所有基底参数的参数识别方法。其基本方法是将式(5-1) 给出的机器人操作臂运动方程式 $\boldsymbol{M}(\boldsymbol{q})\ddot{\boldsymbol{q}} + \boldsymbol{C}(\boldsymbol{q}, \dot{\boldsymbol{q}}) + \boldsymbol{B}\dot{\boldsymbol{q}} + \boldsymbol{D}(\dot{\boldsymbol{q}}) = \boldsymbol{\tau}$ 写成：将机器人操作臂运动参数部分与机器人操作臂机械本体物理参数部分分解开显现的线性化表示的诸如 $\boldsymbol{F}'(\boldsymbol{q}, \dot{\boldsymbol{q}}, \ddot{\boldsymbol{q}}) \cdot \boldsymbol{f}'(\boldsymbol{P}) = \boldsymbol{\tau}$ 的形式，进而利用伪逆阵及最小二乘法可得到为求解出物理参数的

$f'(\boldsymbol{P}) = \boldsymbol{F'}^{+}(\boldsymbol{q}, \dot{\boldsymbol{q}}, \ddot{\boldsymbol{q}}) \cdot \boldsymbol{\tau}$ 形式，对于 2-DOF 操作臂：

$$\boldsymbol{M}(\boldsymbol{q})\ddot{\boldsymbol{q}} + \boldsymbol{C}(\boldsymbol{q}, \dot{\boldsymbol{q}}) + \boldsymbol{B}\dot{\boldsymbol{q}} + \boldsymbol{D}(\dot{\boldsymbol{q}})$$

$$= \begin{bmatrix} \ddot{q}_1 & \ddot{q}_2 & 2\ddot{q}_1\cos q_2 + \ddot{q}_2\cos q_2 - 2R\dot{q}_1\dot{q}_2 - \dot{q}_2^2\sin q_2 & \dot{q}_1 & 0 & \mathrm{sgn}\dot{q}_1 & 0 \\ 0 & \ddot{q}_1 + \ddot{q}_2 & \ddot{q}_1\cos q_2 + \dot{q}_1^2\sin q_2 & 0 & \dot{q}_2 & 0 & \mathrm{sgn}\dot{q}_2 \end{bmatrix}$$

$$\cdot \begin{bmatrix} M_1 & M_2 & R & B_1 & B_2 & D_1 & D_2 \end{bmatrix}^{\mathrm{T}} = \boldsymbol{\tau} = \begin{bmatrix} \tau_1 & \tau_2 \end{bmatrix}^{\mathrm{T}}$$

$$(5\text{-}18)$$

与前述的逐次识别法同理，如果能够通过位置/速度传感器甚至于角加速度传感器检测（或者参数识别精度要求不高的情况下由位置/速度传感器估算角加速度）得到各关节（或各关节驱动电动机）在 $t = t_1, t_2, \cdots, t_N$ 时刻下所有的运动参数数据集合：

$$\{q_i(t), \dot{q}_i(t), \ddot{q}_i(t)\}, \quad (i = 1, 2, \cdots, n)$$

式中，n 为机器人操作臂自由度数或主动驱动关节数，对于 2-DOF 平面运动操作臂，$n = 2$。

对于机器人操作臂参数识别而言，各主驱动关节的驱动力矩由伺服电动机提供，而且一般是通过给电动机绕组施加随时间变化的限幅随机电流或指定随时间变化曲线关系的电流的力矩控制方式，是参数识别实验前设计好的，因此，参数识别实验过程中机器人操作臂各关节的驱动力矩 τ_i（或严格地说是电动机输出的驱动力矩 $\tau_{motor\text{-}i}$）可当成已知量。因此，参数识别下已知的机器人操作臂运动和动力参数的集合为：

$$\{q_i(t), \dot{q}_i(t), \ddot{q}_i(t), \tau_i\}, (i = 1, 2, \cdots, n)$$

因此，由式(5-18) 可得：

$$\boldsymbol{A}_N \cdot \boldsymbol{\rho} = \boldsymbol{y}_N \tag{5-19}$$

其中：

$$\boldsymbol{A}_N = \begin{bmatrix} \ddot{q}_1(t_1) & \ddot{q}_2(t_1) \\ 0 & \ddot{q}_1(t_1) + \ddot{q}_2(t_1) \\ \vdots & \vdots \\ \ddot{q}_1(t_N) & \ddot{q}_2(t_N) \\ 0 & \ddot{q}_1(t_N) + \ddot{q}_2(t_N) \end{bmatrix}$$

$$2\ddot{q}_1(t_1)\cos q_2(t_1) + \ddot{q}_2(t_1)\cos q_2(t_1) - 2R\dot{q}_1(t_1)\dot{q}_2(t_1) - \dot{q}_2^2(t_1)\sin\dot{q}_2(t_1)$$

$$\ddot{q}_1(t_1)\cos q_2(t_1) + \dot{q}_1^2(t_1)\sin\dot{q}_2(t_1)$$

$$\vdots$$

$$2\ddot{q}_1(t_N)\cos q_2(t_N) + \ddot{q}_2(t_N)\cos q_2(t_N) - 2R\dot{q}_1(t_N)\dot{q}_2(t_N) - \dot{q}_2^2(t_N)\sin\dot{q}_2(t_N)$$

$$\ddot{q}_1(t_N)\cos q_2(t_N) + \dot{q}_1^2(t_N)\sin\dot{q}_2(t_N)$$

$$
\begin{bmatrix}
\dot{q}_1(t_1) & 0 & \mathrm{sgn}\dot{q}_1(t_1) & 0 \\
0 & \dot{q}_2(t_1) & 0 & \mathrm{sgn}\dot{q}_2(t_1) \\
\vdots & \vdots & \vdots & \vdots \\
\dot{q}_1(t_N) & 0 & \mathrm{sgn}\dot{q}_1(t_N) & 0 \\
0 & \dot{q}_2(t_N) & 0 & \mathrm{sgn}\dot{q}_2(t_N)
\end{bmatrix}_{2N\times 7}
\tag{5-20}
$$

$$
\boldsymbol{y}_N =
\begin{bmatrix}
\tau_1(t_1) \\
\tau_2(t_1) \\
\vdots \\
\tau_1(t_N) \\
\tau_2(t_N)
\end{bmatrix}_{2N\times 1}
\tag{5-21}
$$

$\boldsymbol{\rho} = \langle M_1, M_2, R, B_1, B_2, D_1, D_2 \rangle \in \boldsymbol{R}^7$ 即 $\boldsymbol{\rho} = \begin{bmatrix} M_1 & M_2 & R & B_1 & B_2 & D_1 & D_2 \end{bmatrix}^{\mathrm{T}}$，则利用最小二乘法可解得机器人操作臂基底参数 $\boldsymbol{\rho}$ 的最小二乘解为：

$$
\boldsymbol{\rho} \approx \hat{\boldsymbol{\rho}} = (\boldsymbol{A}_N^{\mathrm{T}} \cdot \boldsymbol{A}_N)^{-1} \boldsymbol{A}_N^{\mathrm{T}} \cdot \boldsymbol{y}_N
\tag{5-22}
$$

5.3.3　逐次识别法与同时识别法的优缺点讨论

逐次识别法与同时识别法的优缺点对比如下。

① 逐次识别法所用运动数据是在每次仅让一个关节运动而其他关节不动的情况下得到的，显然，所得运动数据对各关节同时运动下物理参数对各关节运动耦合影响的反映不如同时识别法充分，参数识别的误差累积成分相对较大，往往需要多次识别。但是逐次识别法每次仅单一关节运动，每次计算量相对少且简单。

② 同时识别法是所有关节同时运动下获得的运动数据，物理参数对所有关节运动耦合的影响体现相对充分，但是，由于参数识别下的运动控制的实时性要求、运动的光滑连续性以及采样周期所决定，参数识别开始到结束的时间 t 被离散化成 N 份，N 的整数值较大，由公式(5-20) 可以看出，$\boldsymbol{A}_N$ 一般为 $2N\times 7$ 矩阵，而且对于机器人操作臂自由度数为 n、基底参数的个数为 m 时，$\boldsymbol{A}_N$ 将为 $(n\times N)\times m$ 大规模矩阵。因此，机器人操作臂自由度数、基底参数个数越多、采样周期越短，则数据处理中的矩阵运算规模越大。

根据上述分析，实际进行参数识别时，需要综合考虑机器人操作臂控制精度要求、速度高低以及是否需要进行在线或离线参数识别等因素来选择逐次识别法还是同时识别法。

5.4 参数识别实验前需考虑的实际问题

由前述可知，机器人操作臂参数识别是在利用理论力学中拉格朗日方程法或者牛顿-欧拉方程法获得运动方程理论基础上，结合参数识别实验获得运动数据和运用参数识别算法（如最小二乘法）对运动数据进行处理后获得基底参数的。其中，实验是不可缺少的，而且要想尽可能准确地获得实际机器人机械本体的物理参数或基底参数，成功地进行参数识别实验，就必须考虑机器人的实际情况。

① 参数识别实验中，逐次识别法、同时识别法一般都需要机器人关节的运动是一般的、带有随机性的运动，为的是尽可能避免识别出的物理参数或基底参数解陷入局部最优（次优）解而降低甚至于失去一般性。因此，为得到具有一般性的关节运动，需要对驱动各关节的伺服电动机施加限幅随机变化的电流信号即对电动机进行力矩控制，让电动机驱动关节运动，然后由关节或电动机上的位置/速度传感器甚至角加速度传感器获得各关节位置、速度、加速度运动参数。

② 由于对于驱动各关节的伺服电动机采用限幅随机生成的电流指令进行力矩控制，事先并不能预知各关节运动的实际情况，这对于机器人操作臂本身或者参数识别实验现场机器人操作臂周围的环境以及人员都是一件危险的事情。因此，为安全起见，对于非整周回转的关节而言，有必要设置限位行程开关或者根据回转位置传感器测量是否将接近关节回转极限位置而对关节执行制动控制，以确保机器人不发生机械碰撞；而且在参数识别实验进行过程中，周围环境中的物体以及人员应该处于机器人操作臂工作空间之外。

③ 参数识别实验之前需要做好参数识别方法的选择以及充分的实验设计。

5.5 本章小结

为使用机器人系统的动力学方程进行控制系统中所需的逆动力学计算，需要获得实际机器人的尽可能准确的实际物理参数或者多参数复合型的参数值（实际只能获得近似值），本章讲述了机器人参数识别的最基本的方法，即参数识别实验与参数识别最小二乘法算法相结合的逐次识别法和同时识别法。结合 2-DOF 的操作臂给出了详细的参数识别方法和过程，同时给出了这两种方法的优缺点以及参数识别实验需要注意的安全事项。这一章的方法虽然是以 2-DOF 操作臂为例讲述的，但是，对于 n 自由度机器人操作臂或其他类型的机器人参数识别同样有效。但需在参数识别之前做好参数识别的实验设计，如 3-DOF 平面操作臂可以采用类似于 2-DOF 平面操作臂的方法，将 3-DOF 操作臂当作一个 2-DOF 操作臂和一个 1-DOF 臂杆。另外，参数识别过程中，各个固定的关节的角度位置可以采用更细的划分，如 30°、60°、90°、120°、150°、180°、210°、240°、270°、300°等，当然需要的实验次数越多，参数识别的结果就越准确。另外，还可以将不同关节位置和构形下的参数识别结果数据存储成数据表的形式，然后可以在逆动力学计算中通过查表和插值方法来使用最接近参数识别实验位置和构形下的参数值。显然，参数识别的实验设计并不是一成不变的，有多种不同构形组合的实验设计。参数识别实验设计者也可以从中找到相对而言更有效的构形设计和构形组合。也可以采用参数识别实验输入、输出数据训练人工神经网络（ANN）或常用的小脑神经网络（CMAC）等方法获得泛化的机器人参数识别神经网络模块，来确定机器人逆动力学计算所需的物理参数或物理参数的组合参数。

第6章

工业机器人操作臂伺服驱动与控制系统设计及控制方法

6.1 工业机器人操作臂驱动与控制硬件系统构建

6.1.1 机器人系统体系结构设计需要考虑的问题

工业机器人系统体系结构可以分为单台机器人系统结构和多台机器人系统结构两类。

即便是单台机器人系统也涉及其系统结构问题，对于机械系统总体结构，由移动、操作功能或者是两者兼而有之三种类型来决定，除非机器人本身原动机驱动类型不同，否则机械系统总体结构对于驱动与控制系统结构的硬件影响不会有本质上的区别。简单地说，伺服电动机驱动与控制技术对于所有的电动驱动的各类机器人的驱动与控制系统都是共通的。因此，除系统功能这一最大决定因素之外，影响机器人系统体系结构的另一个重要因素是计算机与通信系统，当然，这里所说的计算机包括以 CPU 为核心的所有各类用于机器人控制的计算机，它以硬件和软件两种方式影响并决定着机器人控制系统结构、系统实时性和响应时间。

多台套机器人系统构成的多机器人系统体系结构设计包括：按移动、操作两大主题功能和多机器人系统总体功能布局的各机器人类型选型设计、系统总体控制方案与控制系统结构设计、通信系统设计、软件开发平台设计。

按移动与操作两大主题功能，设计工业生产用多机器人系统时，首先需要优化设计其系统构成中移动机器人台数、机器人操作臂台套数以及最佳总体作业性能下的各机器人作业能力要求。尤其对于以现有工业机器人产品市场中选型选购设计，即以市场已有产品为基础进行系统总体集成化的方案设计，属于从模块化系列化产品选型中进行系统优化组合类多目标优化设计工作。多目标优化设计是指包括追求系统总体性能最优、成本最低、系统使用寿命最佳等多个优化目标下的多产品多目标优化组合设计。

多机器人系统按大系统中机器人类型是否相同又可以分为同类多机器人系统和异类多机器人系统。同类多机器人系统中各台机器人系统之间还涉及控制系统设计方式的不同，如采用 PLC 控制的机器人、采用 PC 机控制的机器人，采用 PC 机控制的机器人还可能所用计算机操作系统软件平台的不同等。

多台机器人系统结构按时间轴和作业是否各自独立工作又可以分为系统作业过程协调但各自独立工作的多台机器人系统和作业协调非独立工作的多台机器人系统。前者各机器人系统之间不涉及相互通信和协调；后者则是在作业过程中涉及各机器人系统之间的相互通信与协调。

此外，单台、多台机器人系统设计时还需要考虑是否涉及人-机器人交互问题。这种人-机器人交互不仅是人-机器人通过计算机屏幕界面交互问题，还涉及人-机器人现场协作、交流的所有问题。

无论单台机器人系统还是多台机器人系统都涉及机器人的计算机控制方式的问题。在机器人系统结构层次上讨论这一问题的实质性问题实际上是 CPU 与 CPU 之间通信方式决定下的机器人系统本身所有资源的利用和控制系统结构构成的问题，并且最后终结于机器人系统的实时性和响应时间这一问题上来。实时性和响应时间直接决定了实时性要求高的机器人在现实物理世界作业空间中能否实现控制目标的第一要素。对于来自作业对象或环境的外部"刺激"信号，如果不能在极其有限的时间内"实时"地响应就是错过了最佳的控制时间和机会，小则定位误差累积、失稳振荡和噪声，大则导致机器人不能自我保护或保护作业对象物、环境。对机器人控制系统实时性要求的高低取决于作业要求。

6.1.2 集中控制

在第 2 章的 2.6.2.1 节讲述了以 PC 机（个人计算机）为主控器的集中控制方式下的控制系统硬件构成与技术，是本节的集中控制系统设计时的硬件系统构成技术基础。这一节主要讲述集中控制系统的设计方式以及什么情况下设计成集中控制方式的软硬件问题。

集中控制可以一台或几台计算机作为主控计算机系统，通过 PCI 总线接口板卡（或 PCI 总线扩展箱）、USB 接口等"中介"实现主控计算机与其所需的外部资源设备之间进行的信息输入与输出。它取决于主控计算机本身输入输出（I/O）口数以及中断处理能力、外部设备数据处理与通信速度、数据维数、地址等，更重要的是主控计算机还担负着基于模型的控制系统的控制器的计算与控制信号输出的任务。因此，集中控制方法好比整个控制系统的总管，它需要在计算机实时操作系统下来完成整个控制系统的软、硬件的实时控制工作。因此，集中控制系统设计的关键在于计算机实时控制软件系统（RTOS）、与所有外部设备资源链接的计算机接口板卡设计与开发技术以及按控制律设计的控制器算法三个方面。

对于工业机器人操作臂系统，以现在的计算机计算速度，PC机作为主控器硬件，采用基于模型的控制方法来控制六轴以内（即6自由度及以内）的机器人操作臂完成末端操作器在现实物理世界三维自由空间内的作业，实现控制周期为几毫秒至十几毫秒的实时运动控制是没有问题的。但是，如果控制系统需要视觉、力觉等传感器的反馈量来实现力反射控制、视觉位置伺服控制，则传感器信息处理耗时，实时控制周期会变长，取决于总的控制周期是否能满足机器人作业实时性运动要求。对于要求控制周期严格、时间短（如控制周期几毫秒）的机器人视觉伺服系统，图像处理速度可能需要花费大量的时间（具体取决于作业对象物或环境的视觉信息或图像的复杂程度），需要采用高速、多层神经网络技术来实现几毫秒级1帧的图像处理速度，以满足视觉伺服下的机器人运动控制的实时性要求；如果用一台PC机难以完成几毫秒的实时控制要求，可以采用两台或多台计算机分别进行多个视觉、力矩等传感器系统的传感器信息处理系统，PC机可以通过局域网络连接在一起以通信的方式来传递数据信息。

对于一般的工厂自动化车间或生产线上应用的工业机器人操作臂而言，如果是搬运、焊接等简单作业，由于末端操作器作业运动轨迹都是事先规划好的简单轨迹，采用PC机作为机器人作业管理器（管理一台或多台机器人作业）和PLC顺序控制器（主控器）即可实现机器人操作臂的作业实时控制。

对于一般的工厂自动化车间或生产线上应用的自主移动的轮式、履带式移动机器人而言，可以用一台PC机或者是高性能的单片机作为主控计算机搭载在移动机器人上作为主控计算机，搭载在移动机器人本体上的还有I/O接口板卡、视觉、位置/速度传感器等传感系统、无线信号发送与接收系统等，从而构成自治的移动机器人系统。

对于多自由度的集成化全自立型腿足式移动机器人系统而言，采用集中控制的方式则需要将搭载在机器人本体上的PC机系统硬件拆解后重新布置在移动机器人本体上，如果机器人机械本体上的空间充足，则可以选用计算机作为主控器下的I/O接口类板卡产品搭建控制系统的软硬件系统，否则，需要自行设计、开发多轴运动控制接口板卡，如果一台PC机难以满足视觉等传感器信息处理与运动控制系统计算的实时性要求，则需要采用两台或两台以上的PC机，其中一台作为运动控制的主控制器计算机，其余的PC机用来处理视觉、力觉等多传感器以及无线通信信息处理与计算系统。显然，主控计算机与其他PC机或单片机之间必须以CAN总线等连接进行通信。

总而言之，集中控制方式是以一个或多个CPU为核心集中处理和利用来自所有外部 I/O 资源（广义的 I/O，即所有进入计算机和从计算机输出给外设的信息，含数据、指令和地址）的信息并用于机器人运动控制计算的控制方式。采用以 PC 机为主控计算机的集中控制方式的目的除了统筹和控制所有的外部设备之外，最重要的是发挥 PC 计算机的内存大、运算速度快、外部存储器容量大、高级程序设计语言编程、编译、链接控制程序开发资源丰富等优势，尤其是运用本章讲述的基于模型的控制方法设计控制器（相对于主控器硬件而言的运动控制律、控制算法程序软件模块），需要运用经过离线参数识别或在线参数识别下的机器人运动学、动力学方程进行大量计算，而且对于有在线实时运动控制作业要求的机器人而言，一个控制周期内完成一次逆运动学、逆动力学计算等所经历的时间必须满足比控制周期更短时间内实时地完成。对于以 PC 机或高档单片微型计算机等作为主控器的集中控制系统而言，一个控制周期是指从一个输入给控制器（控制系统）的输入指令发出后，逆运动学/逆动力学/（正运动学，某些控制方法需要正运动学计算）等计算时间、主控制器（控制算法程序）输出操作量值的时间、所有传感器数据同期采样时间最大值、给控制器的反馈控制状态量计算及其与期望值偏差计算时间、伺服电动器驱动和控制器软硬件接收操作量值并进行硬件控制和功率放大后产生给被控对象的操作量物理信号［电压（速度）或电流（力或力矩）］作用于原动机的时间之和。原动机完成一个控制周期内的动作标志着一个控制周期的结束。因此，一个控制周期是指一次控制系统控制指令的输入开始到原动机执行该次控制指令完毕所经历的时间。以二进制编码和逻辑运算原理的数字计算机作为主控器的控制系统是离散的、非连续的数字控制，控制周期越短，原动机运动越光滑，控制精度相对而言就越高。

集中控制方式的优点是所有作业参数、控制指令、外部设备资源的通信和管控、实时控制、除原动机底层驱动与控制器 PID 控制算法以及嵌入传感器系统 DSP 数据处理以外的所有计算都由作为集中控制的主控器计算机来完成，便于统一协调控制，资源利用率高，相对可以降低成本。外部设备的输入/输出接口软硬件负担较重，一般宜采取设计、研发集成化的多轴运动控制卡的方式，可以获得最佳的集成度，适用于对主控系统集成化程度、体积空间紧凑性等集成化小型化要求高的场合，如全自立自治的多自由度移动机器人系统。集中控制方式宜采用 CPU 主板内存大、运算速度快、寻址范围宽、外部设备扩展能力强（尤其是主板上预留的扩展槽或 USB 插口数）、主板布局结构紧凑、散热能力强或添加外挂散热部件的计算机。以 PC 机作为主控器的集中控制方式可以充分利用 PC 机的各种软硬件以及人机交互资源，但扩展能力有限，电源供电容易受到 PC 机电源的限制，需要充分考虑主板上提供和可以利用的电压、电流驱动能力是否充足。

对于通常的工业机器人操作臂系统不要求也没有必要要求机器人本体、控制系统、传感系统、电源、液压源（液压泵站系统）、气动动力源（压缩机、气泵泵站系统）等集成在机器人操作臂本体上，因此，其集中控制系统设计与搭建在合理选购市场上工业机器人相关部件产品即可实现，因此，工业机器人操作臂系统构建方案容易实现。例如，若不选用工业机器人系统产品制造商生产的机器人操作臂整套系统，自行设计工业机器人操作臂机械本体的情况下，控制系统可以选配 PC 机作为主控器、选择现有的机器人用多路运动控制卡及扩展箱 PMAC、UMAC 等搭建机器人集中运动控制系统，也可以自行设计、研发基于 USB、PCI 总线的多轴运动控制卡及扩展箱。但其元器件的产业基础如高档 DSP、高档单片机以及集成化运动控制卡的电路板卡自主设计与制作技术、嵌入式系统软硬件设计技术是关键技术基础。

对于工业用移动机器人而言，轮式、履带式移动机器人的集中控制方式易于实现。由于其自由度数较少，计算量相比机器人操作臂、腿足式机器人小得多，更多的计算量是环境或作业对象物的视觉系统图像处理算法、导航定位算法的计算量。主控计算机、传感系统、驱动与控制系统、直流电源及电源管理系统搭载在轮式、履带式移动机器人的机械本体上而成为全自立自治的集成化移动机器人系统，相对于腿足式移动机器人而言，轮式、履带式以及搭载机器人操作臂的此类移动机器人系统的集成化易于实现，集成化的空间结构限制远没有腿足式移动机器人那么严格。因此，选购市面上的 PC 机作为主控制器即可，如果 PC 机 I/O 资源不足，选购市面上贩卖的 I/O 扩展板卡及扩展箱即可容易地搭建主控计算机系统。

对于包括双足以及多足步行机器人在内的工业用腿足式移动机器人而言，自由度数多（少则十几个多则数十个自由度），基于模型的控制方法计算量较大，实时控制要求严格，运动控制周期一般在几毫秒至十几毫秒不等，对于运动稳定性（高速动态步行稳定性、爬坡步行稳定性、快速移动运动稳定性等）要求严格，则控制周期以及实时运动控制要求更为严格，其根源在于处于运动稳定临界状态时的快速响应与足够的额外驱动力矩产生加减速惯性运动平衡恢复能力的要求。如果视觉、力觉等传感器、伺服驱动与控制器不能在临界状态下快速响应并且快速动作，在被控对象物理系统作为倒立摆模型产生的固有周期限制内，控制系统以及被控对象的响应时间延迟或额外驱动力或力矩不足则无法恢复平衡，则失稳导致不能正常移动。这些稳定性问题的力学原理早已在 1972 年及其以后的动步行理论研究中解明，但是理论是理论，稳定步行、稳定移动的实际控制问题需要控制技术来解决。

从人类自身的作业、移动方式触发，尽管目前的工业机器人在工业生产环境及作业中，腿足式移动机器人的应用尚没有引起工业界普遍的足够的重视，腿足式机器人在工业生产中的应用极低。但腿足式移动机器人对于工业生产区域内外拥有足够的移动灵活性和操作作业潜力，其根本的理由就在于人类自身是以头部传感与交流系统、手臂与手的操作系统、腿足移动系统来应对工业生产互动的。

但未来的工业生产中这种全自立自治的腿足式的移动机器人可能是代替人类工作人员的主导者。这种机器人的特点是集成化程度要求相当高，其控制方式是集中控制与分布式控制相结合的混合控制方式，能充分发挥"大脑"集中控制方式的优点和各个"局部神经系统"的分布式控制方式的优点。目前，采用集中控制方式的腿足式移动机器人的主控计算机（PC）用来作为上位机处理大量的计算工作，腿足式机器人自由度数多，其物理系统的运动学、动力学方程复杂、需要处理的多传感器信息量大、作业环境不单一而且相对复杂，采用基于模型的控制方法计算量大、实时性要求严格，因此，主控计算机的选择首要问题是内存、主频下的计算速度以及外部设备资源的信息处理能力和实时性问题。因此，可采用上位机集中控制方式、下位机分布式结构的控制方式。具体的例子是本田技研在20世纪90年代末研发的P系列全自立仿人机器人。它以计算机工作站作为主控计算机，然后将腿部、臂手部、躯干等控制分别设计局部控制器，腿部、臂手、躯干部上的各个关节驱动-控制器为底层的直流伺服系统控制器。上位机作为主控计算机系统用来生成运动样本、在线仿真整个仿人机器人系统的步行运动的计算、控制、各个局部控制器的协调。采用VME总线通信。

6.1.3　分布式控制

6.1.3.1　单台套机器人的分布式控制系统

第2章的2.6.2.2节讲述了分布式控制系统的基本原理和控制系统构成。这里讨论的是分布式控制系统设计的问题。分布式控制与集中控制方式的实质性区别在于通信方式所引起的不同，集中控制方式是以计算机系统内部总线的通信方式通过接口板卡或串行/并行插口驱动方式进行主控计算机CPU与外部设备之间通信的，外部设备的寻址占用计算机存储地址宽度，是用诸如PCI总线接口板卡上分配好的基地址和地址段、寻址方式来对外部设备寻址的，而分布式控制则是主控计算机CPU与外部其他分布式布置的各个设备上的CPU之间以网络总线（如CAN总线、RS-485总线或者是IEEE1394总线、USB等）通过导线连接在一起而成的网络结构形式，各个含CPU的外部设备以及主控计算机CPU都是网络上的节点，各个节点之间可以相互通信和共享公共资源。尽管各个节点在以某种总线连接的网络上的节点"地位"是相同的。但是，对于机器人而言，除非控制系统中运动学、动力学计算采用并行计算方式和结构，否则，各个CPU上的计算量大小以及计算任务仍然无法完全按各个CPU硬件构成的这种分布式结构划分得清清楚楚，仍然需要有一个主节点，而且主节点计算机承担着主要的控制任务和大量的计算工作。因此，绝大多数分布式控制系统的构成采用的是以PC机作为主控器节点、其他CPU节点作为该节点下的运动控制器节点。

也即主控计算机节点上的 PC 机为主频高、运算速度快、计算能力强、满足实时计算和控制的要求、程序设计资源多的计算机，而其他各个节点上的 CPU 设备为只负责该节点下原动机驱动-运动控制的底层伺服驱动-控制系统的计算与操作量的生成和执行。主控节点计算机仍然承担着集中控制方式下主控计算机的上位机的角色，负责整个机器人系统基于模型控制的运动学、动力学计算或者在线参数识别与控制器参数、控制指令生成与发送工作，以及人机交互接口、全部或部分传感器信息处理工作，主控节点 PC 机将生成的各个控制参数与指令发送给其他各个节点。因此，从这个意义上讲，这种分布式控制方式只是在通信方式和各个外部 CPU 硬件连接方式上是分布式的，从控制方式的实质性来讲，仍然含有集中控制方式的上位机和下位机的特点。

不管主控节点 CPU 还是其他 CPU 节点，如果它们的计算能力以及计算任务的分配具有相当程度，而且相互之间在计算过程中能够互相通信、协调共同来完成机器人系统的基于模型控制的运动学、动力学计算或者在线参数识别，或者非基于模型的神经网络控制器的计算等计算工作，方为从硬件连接、通信以及控制系统计算任务实质上的分布式控制方式。因此，多数情况下，单台套机器人系统的分布式控制方式实际上仍然属于集中控制的上位机、下位机控制结构形式。本格上的分布式控制含有并行计算与并行控制的意义，它可以实现多自由度机器人系统的高速实时控制。但是，不管是连接形式与通信方式意义上的分布式控制系统结构还是并行计算控制意义上的分布式控制系统结构，有效利用各个节点上多 CPU 的计算能力和资源来最大限度来实现机器人实时运动控制的控制周期以及快速响应能力是腿足式移动机器人的关键所在。

绝大多数机器人控制系统构成是以主控节点为 PC 机作为主控器、以 CPU 为核心的单片机或 DSP 作为其他各个节点的通用伺服运动控制-驱动器，通过总线连接成网络的这种结构形式。实际上往往存在着各个节点上的资源浪费的问题，存在着如何有效利用各个节点上高档单片机运算能力和资源的设计问题，各个节点之间通过相互通信传递数据信息来综合完成机器人系统的逆运动学、逆动力学计算或者包括正运动学计算、环境识别、导航等在内的并行计算工作，可以提高实时性和整体数据处理能力。

6.1.3.2　多台套机器人的分布式网络控制系统

对于多台套机器人系统分布在一个作业区域或环境当中共同完成作业的情况下，属于分布式的多台机器人系统间协调控制问题，与单台套的机器人系统的分布式控制问题不是一回事，属于多机器人协调控制技术问题，涉及更为复杂的分布式控制系统设计问题。首先是各台机器人本身控制系统软硬件结构构成的差异问题，以及不同种类的多类机器人大系统的分布式控制问题。这类问题首先是通过网络将这些机器人连接在一起情况下的同种控制系统平台和异种控制系统平台之间相互通信以及机器人之间相互协作的问题。

多台套机器人呈分布式处于作业环境中协调完成作业情况下，按机器人类型可以将多机器人系统分为同类多机器人系统协调控制与同类、非同类多机器人系统的协调控制；按各机器人控制系统软件平台是否相同又可以分为同类控制系统平台的多机器人协调控制与非同类控制系统平台的多机器人协调控制两类控制系统。

毫无疑问，多台套机器人系统通过网络连接在一起就是将每台机器人的主控计算机 CPU 通过网络总线（CAN、CAN-Open、USB、Ethernet 等）按协议连接在一起的分布式系统结构。多台机器人系统之间通过相互通信和协调控制来完成作业。同类控制系统平台是指机器人控制系统构建的计算机系统基础平台即操作系统以及控制系统软件设计的软硬件平台，如基于 Windows 操作系统（operation system，OS）设计的控制系统及其控制软件则为 Windows 平台、基于 RT Linux OS 设计的计算机控制系统及控制软件则为 RT Linux 平台等，还有很多其他 OS 系统平台。显然，同类系统平台的多机器人协调相互之间的通信相比非同类系统平台的多机器人系统协调控制要简单，然而非同类的多机器人协调控制需要找到一个公共的平台来将所有的异类系统平台的多台或多类机器人协调、管理起来，相互之间能够共享公共的资源以及相互通信交换信息、数据。作为未来目标之一，机器人研究将是以积极帮助人类进行劳动和生活支援为目标的。目前正在尝试让机器人深入人类生活当中的一些基础性研究。将分散在现实世界中的许多机器人通过网络联系起来，更好地协作完成复杂个人支援任务是其中研究内容之一。

2000 年，日本东京大学情报系统工学学科稲葉雅幸、井上博允等人研究了基于网络环境的移动智能体机制以及以多台足式仿人机器人协同支援个人为分布式控制目标的分散机器人统合研究方法。该研究提出了关于多机器人异种计算机控制系统平台下的分布式多机器人系统协同控制的理论与方法，并且用多台机器人构成的分布式多机器人系统进行了实验验证。以下是其研究的分布式多机器人网络智能体控制的主要方法、原理和技术实现手段的汇总归纳。

（1）网络环境下的智能体

作为个人援助的分散机器人系统的设计方针：

① 把机器人行为决定部分从机器人本体上脱开，作为属于特定用户的 Soft Agent 软智能体；

② 相应于作为支援对象的用户的移动，Agent 在网络上动态地获得/控制对用户有用的机器人群，进行为特定用户的持续援助；

③ 从减小网络流量和延迟的观点来看，考虑机器人与 Agent 的"定位性"，利用 Mobile Agent（移动智能体）技术，将 Agent 置为网络移动型。

作为分散机器人环境下的个人持续援助的方法，首先考虑专属于用户的机器人，这台机器人持续地支援用户的方法。在这种情况下，如果不需要对用户进行援助时，那台机器人就被搁置起来，从有效地利用机器人群的角度来看这显然并非是高效的。另外，考虑多台自立机器人协调地进行个人援助的方法。这种情况下，因为与用户交互对话的对象是多台机器人而且相互交替进行，所以存在着如下问题：要求哪台机器人援助好呢？还是哪台都行？有模糊性。因此，为了谋求机器人群的有效利用，把机器人作为网络上的分散资源，适当地安排它们的位置，某一时刻节点上的 Agent 只被用户要求的机器人被动态地选择/控制。在被判断为不需要的情况下则释放成为其他 Agent 可能使用的机器人。

在异种结构混合环境下，需要一个可以明确地定义分散机器人环境要素（Agent 和 Robot 等）之间的通信接口框架。

作为"接口"（interface）的条件，有如下两个要求：异种平台间的统一的通信方式；可以柔软地适应环境结构的变化的通信手段。

作为满足这样要求的手段，可以着眼于 OMG（object management group）的先进分散目标技术 CORBA（common object request broker architecture），它能够适应异种结构环境的通信要求。作为异种平台共存的机器人环境下的共通的 Bus 采用 CORBA，作为 CORBA 对象实装环境下的构成要素（Agent 和 Robot）通过被定义成不依存于平台的"接口"，环境构成要素间的统一通信成为可能。这样，可以让各种机器人介入环境中。

移动型智能体：以特定用户援助为目的，期望在某个时刻，假设 Agent 控制的机器人群体集中在某一局部区域，在网络上也假定是接近的。因此，Agent 在网络上移动时也需要与机器人接近。为解决该问题，采用的方法有：在用户需要时，下载 Agent Program 给周围的机器人；在用户携带的连接在网络上的计算机上，让 Agent Program 运行起来。

跟随人的智能体所要求的机能：为了让 Agent 能够知道用户的要求，有如下两种方法：Agent 使用所控制的机器人上的传感器信息观察用户；用户借助于用户接口发送指示给 Agent。

为使网络上 Agent 持续援助现实世界中的用户，主动方法是必不可少的。为此，以下两点是很重要的：必须识别用户所在的位置；保存用户过去的行动履历，并且据此主动地进行援助。

（2）基于 CORBA 的分散机器人的管理/获得/控制方法

分布式多机器人环境下的通信，都是通过对 CORBA 对象的方式调用的形式来实现的，即机器人环境的构成要素无论哪一个在内部都有通信用的 CORBA 对象（com object），它们各自以对于其他构成要素的 CORBA object 的通信方式为参量，通过调用方式来实现双方的通信。机器人和 Agent 把各自的属性（是 Agent 还是 Robot）和在实空间上的绝对位置等信息登录给管理器。绝对位置被用于检索实空间上用户身边的机器人的同时，也作为计算网络间距离来使用。Agent 检测到用户的移动，就将用户位置与当前控制机器人群的位置进行比较，更新用户身边的可用机器人。

Agent 获得机器人的一般顺序如下。

① 机器人生成自身的通信对象（com object），将相对于它的参照和自身的信息登录在管理机构（manager object）上。

② Agent 进入管理机构，检索被登录的机器人群（entry object）的信息，选择所需要的机器人，获得面向机器人通信对象（com object）的参照。

③ Agent 使用已获得的通信对象（com object）把控制信息发送给机器人。Agent 把自身的通信对象移交给机器人，通过这种方式，实现双向通信。

（3）网络上移动智能体的机制

在描述 Mobile Agent 的语言中，要求如下两个机能：可移动于不同的机器上；移动后，可以再次从移动前的状态开始执行。具有代表性的语言中有 Telescript 和 JAVA 等。从开发环境和移植性的角度来看作为 agent 描述语言，使用 JAVA 构筑 mobile agent mechanism（移动智能体机制）。在 Mobile Agent 的实现中，需要在 agent 执行环境之间移动 agent 的"类"（class）信息和"文本"双方，移动后再构成 Agent。这里，用以下两种方式实现 Mobile Agent。

① RMI（remote method invocation，远程调用方式）：是一种调用方式，与 CORBA 同样处于远程状态的面向对象（Object）的方式技术。利用这种技术，通过把 agent 的信息置成参变量调用移动对象的位置对象（place object）的 agent 的接受方式来实现 agent 的移动。

② dynamic class load（动态类加载）：是获得在 Program 执行中新的 class 定义。由这个 class 定义生成"实例（instance）"，因而可以作成 object。在 Agent 移动时，不只是那个 Agent 的文本，其类（class）也移动，在不知道那个 Agent 的软件结构的位置上，再次构造出 Agent Object。根据文本的情况可以恢复成移动前的状态。

Agent 的行动顺序如下。

① 由用户操作生成 agent，在某个位置上开始执行。

② agent 进入管理机构，获得所需要的机器人群和用户接口的通信对象，利用来自机器人和用户输入的信息控制机器人，进行用户支援。

③ 更换机器人时，用管理机构查找是否存在更接近于更换后的机器人群的位置，若存在，对当前的位置发出指示：移向新的位置。

④ 已接受移动指示的位置让 Agent 执行停止，发出如下指示：对 Agent 一直保持通信的通信对象中断通信。此后，连同文本（执行状态），与 class 定义一起用 RMI 转送给移动对象位置。转送后，消去已停止的 Agent。

⑤ 关于移动对象位置，用动态"类加载（class load）"再次构造成被交给的 Agent，在传送时，对于 Agent 保持的通信对象，传送 Agent 自身的新的通信对象，指示通信的再次开启，再次开启 Agent 的执行。

（4）由网络移动 Agent 控制的对用户援助作业的实现实验

Agent 行动决定部分用基于来自外部的输入让内部状态进行迁移的状态迁移方式来记述。可用被抽象化的指令处理机器人群，用状态迁移方式通过适于网络移动的、比较简洁的代码记述行动的决定部分。但是，这只能实现在有限状态下被限定的作业。

① 对用户持续跟随的援助实验。这里进行的实验是：Agent 更换机器人，在现实世界中对移动着的用户进行持续追踪。利用来自当前已获得的机器人的视觉传感器的输入图像作为 Agent 识别用户的手段。Agent 根据图像处理的结果检知用户的存在，推测用户在现实世界中的三维坐标。利用搭载在机器人上的摄像机经常性地观察用户，通过不断地更换为距离用户最近的机器人，从而可以持续地对用户进行援助。在 Agent 更换机器人时，当距离新的机器人更近的 Agent 执行环境存在时，则移向那个位置。实验概要如下：

a. 在初始状态下，Agent 获得单方的 Robot，等待用户的出现，等待时机。

b. 用户一进入视野，就通过图像处理检测用户的动作，作为援助的替代，开始交互作用。作为交互式行为，配合用户手的动作，机器人也同样挥动自己的手，就像镜子一样进行动作。

c. 用户停止交互式作用，一跳出移动机器人视野，就在现实世空间内通过追随检测并判断用户移动到哪里，如果在用户移动方向上存在可能获得的机器人，就释放当前机器人，获得距离用户更近的机器人。此时，由新获得的机器人存在更接近的位置的情况下，Agent 就移向那个位置。位置的情况也同样被登录在管理机构上，利用这种方法就可以知道位置和机器人的位置关系。如果在用户移动方向上不存在机器人的话，则保持当前的状态，等待时机。

② 利用过去履历的主动援助。

为利用过去的履历进行主动援助，以物体搬运、拿走动作为例进行动作实验。Agent 控制机器人来到用户身边搬运物体，用户用完该物体后，Agent 就控制机器人去返还物体。这时，假设用户可以选择返还物体的机器人，则 Agent 就利用来自用户的输入信息和过去的履历记忆信息查找当前环境信息，判断能够返还物体的机器人，获得并控制那台机器人将物体取走。如在环境中，存在两台类人形机器人 A 和 B，带摄像机的机器人 2 台（侧摄像机，前摄像机），使用茶叶罐作为对象物。实验顺序如下。

a. 用户对 Agent 发出来搬运罐子的指示。

b. Agent 获得拿罐子的机器人 A 和搭载侧摄像机的机器人，基于侧摄像机的信息让机器人 A 移动到用户等待的指定位置。

　　c. 用户把接罐子的手势传递给 Agent。由此，Agent 释放机器人 A，获得搭载前摄像机的机器人，把当前的环境作为视觉图像来记忆。

　　d. 用户让机器人 A 或 B 中的任一个去返还罐子，并将"去拿茶叶罐"的指令发送给 Agent。

　　e. Agent 利用前摄像机的信息提取已记忆的图像并与当前图像差分，来判断让哪台机器人还罐子。

　　f. Agent 获得去返还罐子的机器人，把罐子带走。

6.2　位置/轨迹追踪控制

6.2.1　机器人操作臂位置轨迹追踪控制总论

　　根据第 4 章整理作为基于模型的机器人控制基础所需的机器人运动学、动力学之间的关系如图 6-1 所示。

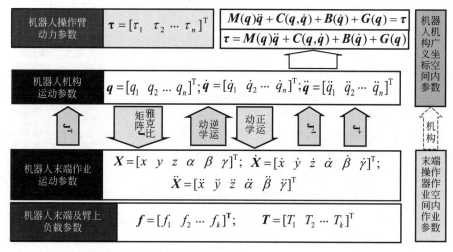

图 6-1　机器人操作臂的运动学、动力学之间的关系图

　　在机器人的搬运、喷漆等常规作业中轨迹追踪控制是最常用的控制功能，按是否在控制时对机器人自身的惯性力、阻尼等动力学方程中的非线性项进行补偿可分为静态控制和动态控制两类，静态控制器是一个将原本是以机械系统运动学、动力学方程来描述的动态系统用一个有位置、速度反馈的线性方程去平衡非

线性系统的简单线性控制器；与静态控制不同，动态控制在控制律中将机器人动力学方程内的非线性项进行补偿，而不是将其当成扰动来处理，对于高速、重载或关节传动系统的减速比较小的机器人，静态控制难以得到良好的轨迹追踪控制结果，必须使用动态控制进行补偿。

后面的内容将分别介绍 PD 反馈控制器即静态控制器以及包括前馈＋PD 反馈控制器、计算力矩法控制器、加速度分解控制器等在内的轨迹追踪动态控制器。将这些基于模型的控制方法与涉及的实际机器人机构、运动学、动力学、传感器、伺服驱动和控制系统等归纳在一起，为反映它们之间的相互关系、信息流程以及控制原理，归纳总结出图 6-2 所示的总论图，以帮助读者纵览机器人位置轨迹追踪控制理论与方法、技术的全貌。这张图将机器人机构、运动学、动力学、反馈控制、参数识别等用于机器人轨迹追踪控制的基础知识"串在"一起，给读者提供一个清晰的知识应用路线。

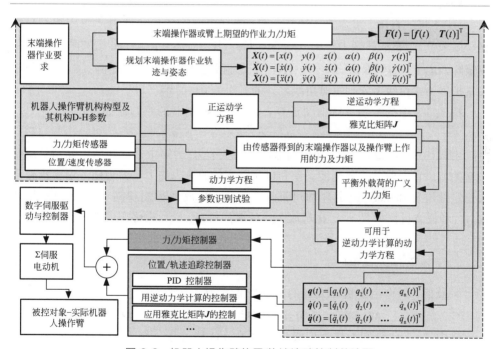

图 6-2　机器人操作臂位置/轨迹追踪控制总论图

6.2.2　PD 反馈控制（即轨迹追踪的静态控制）

此类控制器只考虑机器人当前运动与目标运动的误差进行控制，将机器人本体在运动过程中产生的惯性力/力矩等当作外界扰动处理。此类控制器中最为经典的是 PD 反馈控制器，其控制系统框图如图 6-3 所示。

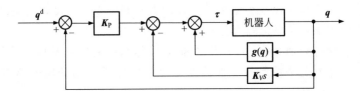

图 6-3　PD 反馈控制器的控制系统框图

上图中 $\boldsymbol{q}=[q_1,q_2,\cdots,q_n]^{\mathrm{T}}$ 为机器人的广义关节位置矢量，其中，$q_i(i=1,2,\cdots,n)$ 是机器人第 i 个关节的广义位置（对于回转关节是关节角，对于移动副关节是移动的距离），n 是机器人的关节总数；$\boldsymbol{q}^{\mathrm{d}}$ 是机器人运动的目标位置矢量；$\boldsymbol{g}(\boldsymbol{q})$ 是机器人的重力补偿项；$\boldsymbol{\tau}=[\tau_1,\tau_2,\cdots,\tau_n]^{\mathrm{T}}$ 是机器人的广义关节力/力矩矢量，若第 i 个关节为回转关节，$\tau_i(i=1,2,\cdots,n)$ 表示其关节力矩，对于移动副关节 τ_i 表示其推力；$\boldsymbol{K}_P=\mathrm{diag}([K_{P1},K_{P2},\cdots,K_{Pn}]^{\mathrm{T}})$ 是比例系数的对角线矩阵，$\boldsymbol{K}_V=\mathrm{diag}([K_{V1},K_{V2},\cdots,K_{Vn}]^{\mathrm{T}})$ 是微分系数的对角线矩阵，$\mathrm{diag}()$ 是将矢量扩展为对角线矩阵（主对角线之外的元素为 0）的函数。

按图 6-3 中的控制系统框图计算，PD 反馈控制器的控制律如下：

$$\boldsymbol{\tau}=\boldsymbol{K}_P(\boldsymbol{q}^{\mathrm{d}}-\boldsymbol{q})-\boldsymbol{K}_V\dot{\boldsymbol{q}}+\boldsymbol{g}(\boldsymbol{q}) \tag{6-1}$$

由式(6-1)可知，PD 反馈控制器输出的关节力/力矩中包含 3 项，分别是用于平衡关节位置误差、关节速度误差和机械臂本体的重力的力或力矩项。由李雅普诺夫稳定性定理和 LaSalle 定理均可证明：上述 PD 反馈控制律对于任意初始状态 $(\boldsymbol{q},\dot{\boldsymbol{q}})$ 和任意目标位置 $\boldsymbol{q}^{\mathrm{d}}$，在选取合适的 $\boldsymbol{K}_P$ 和 $\boldsymbol{K}_V$ 后，均可实现渐进稳定。

6.2.3　动态控制

一般地，n 自由度机器人臂的运动方程式为：

$$\boldsymbol{M}(\boldsymbol{q})\ddot{\boldsymbol{q}}+\boldsymbol{C}(\boldsymbol{q},\dot{\boldsymbol{q}})+\boldsymbol{B}\dot{\boldsymbol{q}}+\boldsymbol{D}(\dot{\boldsymbol{q}})+\boldsymbol{G}(\boldsymbol{q})=\boldsymbol{Q} \tag{6-2}$$

式中，$\boldsymbol{q}$、$\boldsymbol{Q}$ 分别为作为广义坐标的关节位移矢量、作为广义力的关节驱动力/驱动力矩矢量，分别表示为：$\boldsymbol{q}=[q_1 \quad q_2 \quad \cdots \quad q_i \quad \cdots \quad q_n]^{\mathrm{T}}$；$\boldsymbol{Q}=[Q_1 \quad Q_2 \quad \cdots \quad Q_i \quad \cdots \quad Q_n]^{\mathrm{T}}$；

$\boldsymbol{M}()$ 为惯性系数矩阵，即是由机器人构件加减速运动时有质量构件的惯性引起的力或力矩项系数矩阵；

$\boldsymbol{C}()$ 为离心力、科氏力等力或力矩项；

$\boldsymbol{B}()$ 为关节相对运动时内部摩擦项中的黏性摩擦项，即是由关节构件间相对运动产生的黏性摩擦引起的摩擦力或力矩项；

$D()$ 为关节相对运动时内部摩擦项中的动摩擦项（摩擦力或摩擦力矩）；

$G()$ 为重力、重力矩项。

而对于控制机器人运动达到控制目标而言，其理想的运动控制方程应为：

$$Q = M(q)\ddot{q} + C(q,\dot{q}) + B\dot{q} + D(\dot{q}) + G(q) \tag{6-3}$$

即相应于期望的机器人运动，驱动机器人各个关节运动的广义力 Q 应该是多少！理论上，在额定功率范围内，只要各个关节驱动力为实现该关节运动所需的驱动力，即可达到运动控制目的。因此，只要计算出期望运动参数下机器人运动所需驱动力，然后由驱动部件的驱动系统完全产生这样大的力来驱动各关节即可，而且轨迹误差为零。需要注意的是：上述两个方程从形式上看只是等号左右颠倒了一下，但意义不同！

实际上，由于现实物理世界中的实际机器人本体物理参数以及运动参数都很难误差为零地得到，所以很难通过计算得到完全精确的、误差为零的驱动力，因而也就很难得到理想运动及作业。而只能退而求其次，将运动及作业误差通过控制方法限制在一定范围之内，在该误差范围即作业精度要求之下完成机器人操作臂的作业。按机器人作业精度要求的高低不同，可以不同程度地用近似于上式的方法计算各关节驱动力，因而也就出现了不同的轨迹追踪控制方法。

任何函数函数 $f(x)$ 在其变量 x 取任意一点的附近都可以线性化近似，因此，对关节广义驱动力 Q 也可以在 q_d 附近作线性化近似为：

$$Q \approx G(q) + k_p(q_d - q) + k_d(\dot{q}_d - \dot{q}) + \sum_{j=2}^{N} \left[k_j \left(\frac{\mathrm{d}^{(j)} q_d}{\mathrm{d}t^{(j)}} - \frac{\mathrm{d}^{(j)} q}{\mathrm{d}t^{(j)}} \right) \right] \tag{6-4}$$

式中，q_d 为期望的位置矢量，$q_d = \begin{bmatrix} q_{d1} & q_{d2} & \cdots & q_{di} & \cdots & q_{dn} \end{bmatrix}^\mathrm{T}$。

上述线性化之后的方程仍然有 2 阶及以上的导数，计算起来还是相当麻烦！因此，可以进一步通过对误差累积进行近似计算加以补偿。通常用积分项去加以近似，则有：

$$Q \approx G(q) + k_p(q_d - q) + k_d(\dot{q}_d - \dot{q}) + k_i \int_0^t (\ddot{q}_d - \ddot{q}) \mathrm{d}t \tag{6-5}$$

可以这样理解上式：除重力补偿以及线性化以外的所有误差全部由重力补偿项和线性化部分补偿掉！

对于关节类型皆为回转关节的机器人操作臂，θ、τ_d 分别表示关节角矢量和关节驱动力矩矢量，还可以进一步简化为：

$$\tau_d \approx G(\theta) + k_p(\theta_d - \theta) + k_d(\dot{\theta}_d - \dot{\theta}) \tag{6-6}$$

上式中，由于期望的关节角 θ_d 可以作为已知常数看待，而且，τ_d 是理论上的关节驱动力矩，实际上，τ_d 很难精确地得到。所以，只能求其近似值 τ 用作操作量，也即控制器的输出，对于计算机控制而言，也就是操作量的数字量值。

经过上述分析和近似，最后得到的最简单的 **PD** 控制律为：

$$\boldsymbol{\tau} = -k_p(\boldsymbol{\theta} - \boldsymbol{\theta}_d) - k_d \dot{\boldsymbol{\theta}} + \boldsymbol{G}(\boldsymbol{\theta}) \tag{6-7}$$

显然，由上述线性化分析过程可知：静态控制是把一个原本非线性的动态系统简化成一个近似的线性的静态系统来看待，然后用一个线性的 PD 或 PID 控制器来进行控制的方法。

仍然从机器人操作臂的运动方程来看待控制问题。该方程等号左边含有离心力、柯氏力等非线性项。当机器人动作速度较慢时，这些非线性项为速度的平方项，与其他力学要素相比非常小。因此，仅在动力学模型被线性化的系统上添加重力补偿项，即可以控制被控对象。也即对于运动速度较慢的机器人臂而言，其控制系统设计即使忽略离心力和科氏力也不会产生多大的问题。但是，当机器人臂速度较快或高速运动，其离心力、柯氏力大到不能忽视的程度时，仅用一个将非线性系统线性化后设计的 PID 控制器产生的操作量数值是不足以平衡掉（也即补偿不掉）模型线性化后产生的误差的。模型线性化后产生的误差可以全部看作为未知的扰动，而且必须由反馈控制来平衡掉。当快速、高速运动时，此未知扰动难以由一个 PID 反馈控制器平衡掉，从而产生较大的轨迹误差。若系统驱动能力足够，可以采用提高伺服系统增益的办法来减小轨迹跟踪误差，但是，被作为扰动看待的模型化误差也被作为非白噪声放大，同样得不到好的轨迹跟踪效果。采用动态控制方法会更有效。

动态控制：不是把这些非线性项作为扰动看待，而是通过对运动方程式进行数值计算直接推定它们的值。然后，把为消去成为问题的非线性项而得到的计算值作为前馈或反馈。通过这种方法期待得到与没有非线性项的、理想情况相同的效果和良好的控制结果。

显然，动态控制方法的实际运用离不开机器人的动力学方程（即运动方程式），而且还要对其进行参数识别，获得能够用于运动参数给定情况下操作量值计算的运动方程。如此，引出"逆动力学问题"。

为进行机器人操作臂的动态控制而采用的力学方程式的计算称为"逆动力学问题"，即为某机器人被给定运动时，求解实现该运动所需要的驱动力矩的问题。其输入为瞬间各关节的转角、角速度、角加速度。

因此，应尽可能采用将实际机器人正确模型化的运动方程式，知道准确的参数是最重要的。此外，要求采样时间尽可能短以接近连续性系统。依靠控制算法，寻求实时地计算运动方程式的数值解，快速求解逆动力学的方法。

6.2.4　前馈动态控制

前馈动态控制是以如前所述的逆动力学问题为理论依据，基于参数推定值推定并施加给定运动所需的驱动力或驱动力矩给机器人操作臂的控制方法。

驱动机器人运动的各关节驱动力矩矢量 Q 为：$Q = M(q)\ddot{q} + C(q,\dot{q}) + B\dot{q} + D(\dot{q}) + G(q)$。逆动力学问题是基于参数推定值推定实现给定运动所需的力矩 τ_{ID}。其解可以表示为：

$$\tau_{ID}(q,\dot{q},\ddot{q}) = \hat{M}(q)\ddot{q} + \hat{C}(q,\dot{q}) + \hat{B}\dot{q} + \hat{D}(\dot{q}) + \hat{g}(q) \tag{6-8}$$

其中，包含"Λ"的参数分别为实际机器人经参数识别试验确定的惯性力、离心力和柯氏力、黏性摩擦项、动摩擦项等项或系数的推定值；τ_{ID} 的下标 ID 表示参数识别之意，为"识别"的英文词缩写。

方程式(6-8)为可以用来进行逆动力学计算的实际机器人操作臂关节驱动力矩方程。

当操作臂轨迹追踪控制的所有轨迹用关节变量 $q_d(t)$ 即期望的关节轨迹给定时，通过求解逆动力学问题可以计算出各关节的驱动力矩 τ，即有：

前馈动态控制的控制律：$\tau = \tau_{ID}(q_d,\dot{q}_d,\ddot{q}_d)$ $\tag{6-9}$

其中：$\tau_{ID}(q,\dot{q},\ddot{q}) = \hat{M}(q)\ddot{q} + \hat{C}(q,\dot{q}) + \hat{B}\dot{q} + \hat{D}(\dot{q}) + \hat{g}(q)$。

把计算得到的期望关节轨迹 $q_d(t)$ 情况下的各关节驱动力矩 τ 施加给实际的机器人操作臂，期望实现无误差的理想状态下的各关节轨迹。仅有前馈的动态控制系统框图如图 6-4 所示，这是一个开环控制系统。

图 6-4　仅有前馈的动态控制系统框图

显然，实际机器人操作臂一旦制造出来之后，其实际的物理参数即误差为零地存在于其机械本体之上，但是我们无论是通过测量还是参数识别实验都无法误差为零地将其得到。但实际上，由于模型误差、扰动的存在，用这样的控制器是得不到好结果的。机器人对外界进行作业时会受到不希望的扰动，会因把持物体质量的不同导致力学特性的变化，会因与外界接触时受到扰动，而且，一旦轨迹稍有偏差，就会导致计算力矩与实际需要的力矩间产生偏差，从而产生更大的轨迹误差。

因此，除非机器人动力学模型足够精确，或者能够满足于实际控制目标要求，否则，仅有前馈的动态控制方法一般是得不到良好的控制结果的！

6.2.5　前馈+PD反馈动态控制

此种控制器中的前馈部分是指对如式(6-10)所示的机器人动力学方程进行

计算，期望得到当机器人按参考运动轨迹进行运动时关节处应施加的驱动力/力矩。

$$\boldsymbol{\tau} = \boldsymbol{M}(\boldsymbol{q})\ddot{\boldsymbol{q}} + \boldsymbol{C}(\boldsymbol{q}, \dot{\boldsymbol{q}}) + \boldsymbol{B}\dot{\boldsymbol{q}} + \boldsymbol{D}(\dot{\boldsymbol{q}}) + \boldsymbol{g}(\boldsymbol{q}) \tag{6-10}$$

式中，$\boldsymbol{M}$ 为机器人的广义惯性阵，是机器人关节位置 $\boldsymbol{q}$ 的函数；$\boldsymbol{C}$ 为科氏力和离心力项，是关节位置 $\boldsymbol{q}$ 和关节速度 $\dot{\boldsymbol{q}}$ 的函数；$\boldsymbol{B}$ 为机器人关节的阻尼系数矩阵；$\boldsymbol{D}$ 为机器人关节的库伦摩擦项，是关节速度 $\dot{\boldsymbol{q}}$ 的函数。

这里将实际机器人动力学方程中参数的准确取值称为参数的真值，以式(6-10)中原本的符号表示；将应用式(6-10)进行动力学计算时使用的参数值称为参数的标称值，以变量符号 $\hat{\boldsymbol{M}}$、$\hat{\boldsymbol{C}}$、$\hat{\boldsymbol{B}}$、$\hat{\boldsymbol{D}}$、$\hat{\boldsymbol{g}}$ 表示。参数的标称值一般由设计建模、实际测量、参数识别等方式获得，但上述过程中存在的误差将使参数的标称值始终与其真值存在一定的误差。前馈+PD 反馈控制器计算关节的驱动力/力矩 $\boldsymbol{\tau}$ 时，需将机器人参考运动轨迹中的关节位置 $\boldsymbol{q}^{\mathrm{d}}$、速度 $\dot{\boldsymbol{q}}^{\mathrm{d}}$、加速度 $\ddot{\boldsymbol{q}}^{\mathrm{d}}$ 代入式(6-10)中，考虑上述参数误差，则关节驱动力/力矩的计算值 $\boldsymbol{\tau}_{\mathrm{ID}}$ 为：

$$\boldsymbol{\tau}_{\mathrm{ID}} = \hat{\boldsymbol{M}}(\boldsymbol{q}^{\mathrm{d}})\ddot{\boldsymbol{q}}^{\mathrm{d}} + \hat{\boldsymbol{C}}(\boldsymbol{q}^{\mathrm{d}}, \dot{\boldsymbol{q}}^{\mathrm{d}}) + \hat{\boldsymbol{B}}\dot{\boldsymbol{q}}^{\mathrm{d}} + \hat{\boldsymbol{D}}(\dot{\boldsymbol{q}}^{\mathrm{d}}) + \hat{\boldsymbol{g}}(\boldsymbol{q}^{\mathrm{d}}) \tag{6-11}$$

为消除式(6-10)、式(6-11)之间由机器人参数引入的驱动力矩计算误差，前馈+PD 反馈控制器在动力学的前馈计算基础上还添加了轨迹追踪的 PD 反馈控制，其控制系统框图如图 6-5 所示。

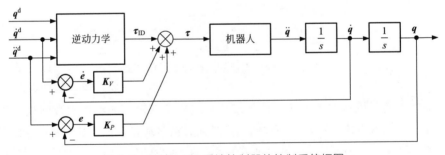

图 6-5　前馈+PD 反馈控制器的控制系统框图

按图 6-5 中的控制系统框图对应的控制律如式(6-12)所示，其中 $\boldsymbol{\tau}_{\mathrm{ID}}$ 按式(6-11)计算，$\boldsymbol{e}$ 是机器人的位置误差矢量，按 $\boldsymbol{e} = \boldsymbol{q}^{\mathrm{d}} - \boldsymbol{q}$ 计算，$\dot{\boldsymbol{e}}$ 是机器人的速度误差（$\boldsymbol{e}$ 的时间导数）。

$$\boldsymbol{\tau} = \boldsymbol{\tau}_{\mathrm{ID}} + \boldsymbol{K}_P \boldsymbol{e} + \boldsymbol{K}_V \dot{\boldsymbol{e}} \tag{6-12}$$

由式(6-11)、式(6-12)可知，前馈+PD 反馈控制器输出的关节驱动力/力矩 $\boldsymbol{\tau}$ 由根据机器人参考运动和参数标称值计算的驱动力/力矩和补偿轨迹跟随误差的补偿力/力矩构成。

6.2.6 计算力矩控制法

这里将介绍另一种动态控制的轨迹追踪控制器,即计算力矩法控制器,其控制系统框图如图 6-6 所示。

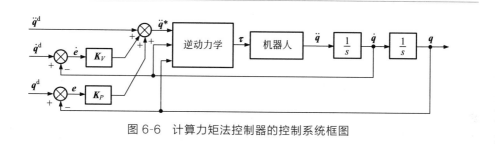

图 6-6 计算力矩法控制器的控制系统框图

图中 $\ddot{\boldsymbol{q}}^*$ 是经过 PD 反馈控制调整后的机器人关节广义加速度矢量,按式(6-13)计算。

$$\ddot{\boldsymbol{q}}^* = \ddot{\boldsymbol{q}}^{\mathrm{d}} + \boldsymbol{K}_P \boldsymbol{e} + \boldsymbol{K}_V \dot{\boldsymbol{e}} \tag{6-13}$$

将 $\ddot{\boldsymbol{q}}^*$、$\dot{\boldsymbol{q}}$、$\boldsymbol{q}$ 代入机器人的动力学方程计算关节驱动力/力矩的值,即可得到计算力矩法控制器的控制律,此控制律公式如下式所示。

$$\boldsymbol{\tau} = \hat{\boldsymbol{M}}(\boldsymbol{q})(\ddot{\boldsymbol{q}}^{\mathrm{d}} + \boldsymbol{K}_P \boldsymbol{e} + \boldsymbol{K}_V \dot{\boldsymbol{e}}) + \hat{\boldsymbol{C}}(\boldsymbol{q}, \dot{\boldsymbol{q}}) + \hat{\boldsymbol{B}}\dot{\boldsymbol{q}} + \hat{\boldsymbol{D}}(\dot{\boldsymbol{q}}) + \hat{\boldsymbol{g}}(\boldsymbol{q}) \tag{6-14}$$

应注意到,与前面介绍的前馈+PD 反馈控制律式(6-11)中使用机器人的参考轨迹计算驱动力/力矩不同,在计算力矩法的控制律式(6-14)中,机器人的运动所需驱动力矩计算方程中代入的是调整后的关节加速度和实际的关节位置与速度。

这实际上说明了两种控制器的不同控制思想,前馈+PD 反馈控制器中,动力学的前馈计算与 PD 反馈控制并行进行、相互补充,二者地位相同,因此动力学前馈按理想的参考轨迹计算,轨迹追踪反馈按实际误差计算,并在最终的控制律[式(6-14)]中将前馈与反馈的控制输出相加;计算力矩法控制器中,机器人动力学计算的目的是去除系统的非线性影响,这使得计算力矩法控制器本质上是一种去除了系统非线性的 PD 反馈控制器,所以计算力矩法控制器的 PD 反馈与动力学计算分层进行,具有最优 PD 增益不随机器人末端位姿发生变化的优点。

6.2.7 加速度分解控制

前面介绍的两种轨迹追踪动态控制器均是在机器人的关节空间内对机器人进行控制,这里将介绍一种直接在机器人的工作空间内进行轨迹追踪控制的动态控制器,即加速度分解控制器,其控制系统框图如图 6-7 所示。

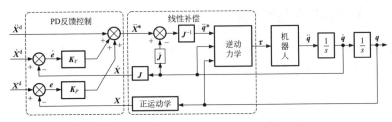

图 6-7　加速度分解控制器的控制系统框图

图中 $\boldsymbol{X}$ 为机器人末端的位姿矢量，$\dot{\boldsymbol{X}}$ 是 $\boldsymbol{X}$ 的速度矢量，$\boldsymbol{X}^{\mathrm{d}}$、$\dot{\boldsymbol{X}}^{\mathrm{d}}$、$\ddot{\boldsymbol{X}}^{\mathrm{d}}$ 分别是机器人末端的参考位姿、参考速度和参考加速度矢量；$\boldsymbol{J}$ 是 $\boldsymbol{X}$ 关于 $\boldsymbol{q}$ 的雅可比矩阵，$\dot{\boldsymbol{J}}$ 和 $\boldsymbol{J}^{-1}$ 分别是雅可比矩阵的时间导数矩阵和逆矩阵；$\ddot{\boldsymbol{X}}^{*}$ 是 PD 反馈调整后的机器人末端位姿加速度矢量，按式(6-15) 计算；$\ddot{\boldsymbol{q}}^{*}$ 是由 $\ddot{\boldsymbol{X}}^{*}$ 算得的机器人广义关节加速度矢量，按式(6-16) 计算。

$$\ddot{\boldsymbol{X}}^{*} = \ddot{\boldsymbol{X}}^{\mathrm{d}} + \boldsymbol{K}_{P}(\boldsymbol{X}^{\mathrm{d}} - \boldsymbol{X}) + \boldsymbol{K}_{V}(\dot{\boldsymbol{X}}^{\mathrm{d}} - \dot{\boldsymbol{X}}) \tag{6-15}$$

$$\ddot{\boldsymbol{q}}^{*} = \boldsymbol{J}^{-1}(\ddot{\boldsymbol{X}}^{*} - \dot{\boldsymbol{J}}\dot{\boldsymbol{q}}) \tag{6-16}$$

综合式(6-15) 和式(6-16)，可得加速度分解控制器的总体控制律如式(6-17) 所示。

$$\boldsymbol{\tau} = \hat{\boldsymbol{M}}(\boldsymbol{q})\{\boldsymbol{J}^{-1}[\ddot{\boldsymbol{X}}^{\mathrm{d}} + \boldsymbol{K}_{P}(\boldsymbol{X}^{\mathrm{d}} - \boldsymbol{X}) + \boldsymbol{K}_{V}(\dot{\boldsymbol{X}}^{\mathrm{d}} - \dot{\boldsymbol{X}}) - \dot{\boldsymbol{J}}\dot{\boldsymbol{q}}]\} + \tag{6-17}$$
$$\hat{\boldsymbol{C}}(\boldsymbol{q}, \dot{\boldsymbol{q}}) + \hat{\boldsymbol{B}}\dot{\boldsymbol{q}} + \hat{\boldsymbol{D}}(\dot{\boldsymbol{q}}) + \hat{\boldsymbol{g}}(\boldsymbol{q})$$

由图 6-7 可以看到，加速度分解控制器也是先进行 PD 反馈控制补偿轨迹追踪误差，再以系统的动力学方程进行线性化，与计算力矩法控制器相似，因此可认为加速度分解控制器是机器人工作空间内的计算力矩法控制器。这种控制方法的优点是：按此控制律给机器人系统组入控制器后，不需要用户懂得机器人机构以及运动学，只要规划末端操作器作业空间内位姿轨迹即可。

6.3　鲁棒控制

对于前面介绍的轨迹追踪控制器和后面 6.5 节的力控制器，其中都有一些控制参数，这些控制参数的取值对于控制效果有很大影响，当机器人的参数发生变化时（例如负载变化、工作介质变化导致与环境间的阻抗模型变化等情况），已调整好本来可用的控制参数将有可能使控制误差超出限制，甚至使原本稳定的系统变得不稳定。

　　对于上述问题，有两种解决思路，其一是构建一种对于系统或环境的变化不敏感的控制器，其控制参数一旦整定完成后就能将参数变化对控制效果的影响限定在一定范围内，从而对时变的系统或环境始终能得到可用的控制效果；另一种思路是实时识别系统或环境的变化，根据识别结果对控制器中的参数进行动态修正，来达到使控制器主动适应变化的效果。这两种思路中，对变化的影响进行消减的控制器称为鲁棒控制器，主动适应变化的控制器称为自适应控制器。下面将结合 6.2.5 中给出的计算力矩法轨迹追踪控制器，分别介绍将其改造为鲁棒控制器和自适应控制器的方法，应注意的是鲁棒控制和自适应控制均可认为是对其他控制器的一种加强（使其具备鲁棒或自适应的性质），所加强的控制器不局限于这里的计算力矩法轨迹追踪控制器，理论上任何控制器都可增加鲁棒控制或自适应控制的部分。以计算力矩法的轨迹追踪控制器为基础，下面将分别介绍基于李亚普诺夫方法的鲁棒控制器和基于被动特性的鲁棒控制器。

（1）基于李亚普诺夫方法的鲁棒控制器

　　基于李亚普诺夫方法的鲁棒控制器控制系统框图如图 6-8 所示，其中 P 是李雅普诺夫方程的正定对称唯一解，$\tilde{u}$ 是由李亚普诺夫方法给出的非线性调整量，其计算式如式（6-18）所示。

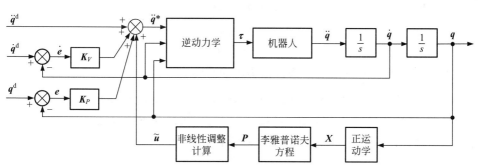

图 6-8　基于李亚普诺夫方法的鲁棒控制器系统框图

$$\tilde{u}=\begin{cases} -\rho(X,t)\dfrac{B^{\mathrm{T}}PX}{\parallel B^{\mathrm{T}}PX \parallel}, & \parallel B^{\mathrm{T}}PX \parallel>\varepsilon \\[3mm] -\rho(X,t)\dfrac{B^{\mathrm{T}}PX}{\varepsilon}, & \parallel B^{\mathrm{T}}PX \parallel\leqslant\varepsilon \end{cases} \tag{6-18}$$

　　式（6-18）中 $\rho(X,t)$ 是机器人和环境的不确定变化的上界估计，B 为矩阵 $[0,I]^{\mathrm{T}}$，ε 为充分小的正数。上述控制器的鲁棒控制通过将非线性控制量 $\tilde{u}$ 叠加到逆动力学计算的关节角加速度内，形成如式（6-19）所示的控制律。

$$\boldsymbol{\tau}=\hat{\boldsymbol{M}}(\boldsymbol{q})(\dot{\boldsymbol{q}}^{\,\mathrm{d}}+\boldsymbol{K}_{P}\boldsymbol{e}+\boldsymbol{K}_{V}\dot{\boldsymbol{e}}+\tilde{\boldsymbol{u}})+\hat{\boldsymbol{C}}(\boldsymbol{q},\ \dot{\boldsymbol{q}})+\hat{\boldsymbol{B}}\dot{\boldsymbol{q}}+\hat{\boldsymbol{D}}(\dot{\boldsymbol{q}})+\hat{\boldsymbol{g}}(\boldsymbol{q})\quad(6\text{-}19)$$

（2）基于被动特性的鲁棒控制器

基于被动特性的鲁棒控制器控制系统框图如图 6-9 所示，其中 $\boldsymbol{\varLambda}=\mathrm{diag}$ $([\lambda_{1},\lambda_{2},\cdots,\lambda_{n}]^{\mathrm{T}})$ 和 $\boldsymbol{K}=\mathrm{diag}([k_{1},k_{2},\cdots,k_{n}]^{\mathrm{T}})$ 均是对角正定矩阵（$\lambda_{i},k_{i}>0$，$i=1,2,\cdots,n$），$\boldsymbol{a}$、$\boldsymbol{v}$、$\boldsymbol{r}$ 均是辅助变量。

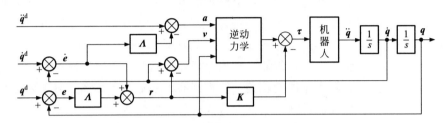

图 6-9　基于被动特性的鲁棒控制器系统框图

图 6-9 中的控制器和计算力矩法控制器的不同之处在于，用辅助变量 $\boldsymbol{a}$ 和 $\boldsymbol{v}$ 替换了机器人动力学计算中的 $\ddot{\boldsymbol{q}}$ 和 $\dot{\boldsymbol{q}}$，并在逆动力学计算得到的关节驱动力/力矩的基础上减去了 $\boldsymbol{Kr}$。三个辅助变量按下列公式计算：

$$\boldsymbol{a}=\ddot{\boldsymbol{q}}^{\,\mathrm{d}}-\boldsymbol{\varLambda}\dot{\boldsymbol{e}}\quad(6\text{-}20)$$

$$\boldsymbol{v}=\dot{\boldsymbol{q}}^{\,\mathrm{d}}-\boldsymbol{\varLambda}\boldsymbol{e}\quad(6\text{-}21)$$

$$\boldsymbol{r}=\dot{\boldsymbol{e}}+\boldsymbol{\varLambda}\boldsymbol{e}\quad(6\text{-}22)$$

基于被动特性的鲁棒控制器的控制律如式（6-23）所示。

$$\boldsymbol{\tau}=\hat{\boldsymbol{M}}(\boldsymbol{q})\boldsymbol{a}+\hat{\boldsymbol{C}}(\boldsymbol{q},\ \boldsymbol{v})+\hat{\boldsymbol{B}}\boldsymbol{v}+\hat{\boldsymbol{D}}(\dot{\boldsymbol{q}})+\hat{\boldsymbol{g}}(\boldsymbol{q})-\boldsymbol{Kr}\quad(6\text{-}23)$$

式（6-23）中最右侧一项 $\boldsymbol{Kr}$ 可按式（6-22）变换为 $\boldsymbol{Kr}=\boldsymbol{K\varLambda}\cdot\boldsymbol{e}+\boldsymbol{Ke}$，相当于 PD 控制律，因此矩阵 $\boldsymbol{K}$ 和 $\boldsymbol{\varLambda}$ 可看做是 PD 控制中的系数阵。

6.4　自适应控制

自适应控制可分为两类，即自调整控制器（亦称自校正控制器）和模型参照型自适应控制器，其区别在于：自调整控制器中，控制对象的参数识别和控制系统的参数修正各自独立进行；而在模型参照型自适应控制器中，控制系统的参数修正将根据参考模型与实际控制对象的响应偏差进行。上述两种自适应控制器通用的控制系统框图分别如图 6-10、图 6-11 所示。结合参数识别算法，上述两种自适应控制器均可应用于之前介绍的轨迹追踪控制器和力控制器中，这里不进行详细展开。

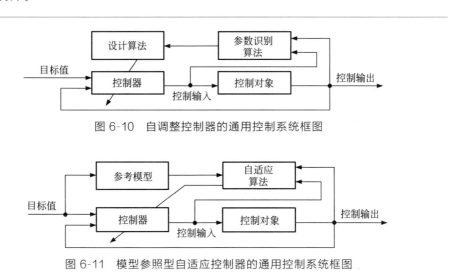

图 6-10　自调整控制器的通用控制系统框图

图 6-11　模型参照型自适应控制器的通用控制系统框图

6.5　力控制

6.5.1　机器人操作臂与环境构成的系统模型

对机器人操作臂作业时既进行末端操作器的位置控制，同时还要进行末端操作器操作力的控制，这种控制即为力/位混合控制。

例如，利用机器人操作臂进行零件去毛刺、装配、打磨、往轴上装配轴承、往车轮轴上装配车轮轮毂或车轮、往伺服阀上装阀芯、往减速器轴承座孔里装轴承、焊缝打磨、卸拧螺丝等的一些作业中，需要同时控制机器人末端的位姿和机器人末端与被作业物之间的作用力，这些作业中进行的控制称作力位混合控制，对于其中的力控制的实现方式，这里按基于位置控制和基于力控制分为两类，后面将分别对这两类中的经典力控制器进行介绍。与通常的喷漆、焊接、搬运等用途的机器人不同的是，装配、零件打磨等作业用途不仅需要位置/速度控制还需要力控制的机器人与作业环境构成一个有位置约束和力学约束的系统。

（1）机器人操作臂与作业环境的数学与力学模型

这里，首先以平面 2-DOF 机械臂与作业环境之间的相对位移、相互作用力模型为例，讨论系统数学与力学建模问题。为简化问题，通常将臂末端与作业环境之间相互作用的力学模型简化为简单的弹簧模型，也即假设臂末端与作业环境之间的作用力是由两者之间假想存在的弹簧产生的。对于图 6-12(a) 所示的 2-DOF 机器人操作臂末端与作业环境中作业对象物之间，在两个正交方向上的作用力分别为 $K_{ey}y_e$，$K_{ex}x_e$。臂末端所受到来自环境的反作用力分别为 $F_{ey}=-K_{ey}y_e$；$F_{ex}=-K_{ex}x_e$，这是简化成弹簧力的最简力学模型。

如果考虑接触面之间的黏性摩擦或动摩擦的力学作用效果，还需引入图 6-12 (b)、(c) 所示的阻尼力或阻尼力矩模型，即机器人末端与作业对象物或环境之间的弹簧-阻尼力模型或扭簧-阻尼力矩模型。图 6-12(b)、(c) 是常用于建立机械零部件或系统之间、机械系统与环境之间相互作用力学模型的简化模型，也即线性化模型。

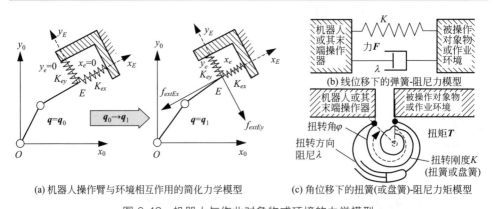

(a) 机器人操作臂与环境相互作用的简化力学模型　　(b) 线位移下的弹簧-阻尼力模型

(c) 角位移下的扭簧(或盘簧)-阻尼力矩模型

图 6-12　机器人与作业对象物或环境的力学模型

有了这些简化的力学模型和第 4 章的机器人机构运动学、动力学方程，对于 n-DOF 机器人操作臂末端与作业环境中作业对象物所构成系统就可用机器人操作臂运动学、动力学以及作业环境力学模型来描述，即多刚体杆件构成的 n 自由度机器人操作臂与环境构成的系统的建模问题可用如下数学模型即矢量方程式(6-24)～式(6-26) 描述出来。

● 机器人操作臂运动学方程 （Arm Kinematics）:

$$\begin{cases} \boldsymbol{X}=DK(\boldsymbol{q}) \\ \boldsymbol{q}=IK(\boldsymbol{X}) \\ \dot{\boldsymbol{X}}=\boldsymbol{J}\dot{\boldsymbol{q}} \\ \ddot{\boldsymbol{X}}=\dot{\boldsymbol{J}}\dot{\boldsymbol{q}}+\boldsymbol{J}\ddot{\boldsymbol{q}} \end{cases} \tag{6-24}$$

● 机器人操作臂动力学方程 （Arm Dynamics）:

$$\boldsymbol{\tau}=\boldsymbol{M}(\boldsymbol{q})\ddot{\boldsymbol{q}}+\boldsymbol{h}(\boldsymbol{q},\dot{\boldsymbol{q}})+\boldsymbol{g}(\boldsymbol{q})-\boldsymbol{J}^{\mathrm{T}}\boldsymbol{f}_{\mathrm{ext}} \tag{6-25}$$

●环境动力学方程（*Environment Dynamics*）：

$$K_e X = -f_{\text{ext}} \tag{6-26}$$

式中，$X \in R^{n \times 1}$ 为臂末端的位置和姿态；$q \in R^{n \times 1}$ 为关节角矢量；$\tau \in R^{n \times 1}$ 为关节驱动力或驱动力矩矢量；$h \in R^{n \times 1}$ 为柯氏力、离心力、摩擦力或力矩矢量；$M \in R^{n \times n}$ 为惯性矩阵，为正定对称阵；$f_{\text{ext}} \in R^{n \times 1}$ 为环境反作用给臂的外力或力矩矢量；DK 为机器人操作臂正运动学函数；IK 为机器人操作臂逆运动学函数；$K_e \in R^{n \times n}$ 为环境的刚度矩阵，为正定对称阵。

（2）关于机器人与环境力学模型的应用

前述给出了机器人末端与作业对象物或环境之间线位移下的弹簧-阻尼力的力学模型和角位移下的扭簧-阻尼力矩的力学模型。这些力学模型有其实际意义和虚拟意义两层意义上的应用。

① 弹簧-阻尼模型在实际意义上的应用。对于实际的力控制，弹簧-阻尼模型实际上对应于实际的物理作用效果，即机器人、机器人末端操作器与作业对象或环境之间相互作用的力学效果取决于它们自身的刚度、综合刚度以及它们之间存在的黏性摩擦、动摩擦等力学作用随着运动速度的变化情况。这种实际物理意义上的力学模型在应用时，需要通过试验来识别、整定弹簧-阻尼力学模型的物理参数，即刚度系数和阻尼系数。

② 弹簧-阻尼模型在虚拟意义上的应用。对于不存在实际物理作用的情况，即自由空间内的机器人作业中，虽然机器人末端或机器人操作臂臂部没有受到来自作业环境的力学作用，但是可以假想与环境（如作业环境周围的障碍物等）之间有虚拟的、假想的"弹簧"和"阻尼"，也即假设机器人受到假想弹簧和阻尼力的作用，利用这种假想的力学作用可以进行回避障碍的运动控制，当机器人接近障碍物时，随着假想弹簧被接近的机器人"压缩"而产生反作用于机器人的"排斥力"，在这种假想的"排斥力"的控制下，机器人会产生远离障碍物的避障运动。当然，如果是需要"吸引"而非排斥的情况下，假想弹簧设为"拉簧"即可。

（3）关于机器人受到来自于环境作用的外力的处理方法与力反馈方式

在介绍具体的力控制器之前，这里首先说明力控制中的力反馈问题，直接获得力反馈的方法是在末端机械接口与机器人使用的工具（角磨机、手爪等）之间安装六维力/力矩传感器，能获得传感器坐标系内的 3 个力分量和 3 个力矩分量，通过坐标变换可以得到机器人与被作业物之间的作用力。对于直接由力/力矩传感器测量实际作用力的情况，力反馈回路如图 6-13(a) 所示，其中 f^d 表示机器人末端作用力的参考输入矢量，f_{ext} 表示由力/力矩传感器测量、计算得到的实际作用力矢量，e_f 是 f^d 与 f_{ext} 的差值，即机器人末端作用力的控制误差矢量。

对于不安装力/力矩传感器的机器人，也可通过建立机械臂末端与环境（被作业物）之间的作用力模型来估计实际作用力，建模方法有很多种，其中最为常用的是假设机器人末端与环境之间存在一定的弹性，即机器人末端运动时会受到大小与运动距离呈正比，方向与运动方向相反的外力作用，应用此种假设时，机器人末端的作用力可按式(6-27)计算。

$$\hat{f}_{ext} = -K_e(X - X_0) \tag{6-27}$$

式中，$\hat{f}_{ext}$ 为由机器人末端作用力的估计矢量；K_e 为机器人末端与环境间的刚度系数阵；X_0 为刚度模型的作用力 0 点。对于通过环境模型估计作用力的情况，力反馈回路如图 6-13(b) 所示。

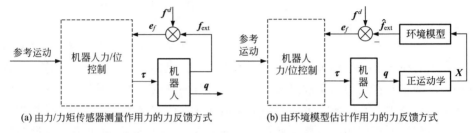

(a) 由力/力矩传感器测量作用力的力反馈方式　　(b) 由环境模型估计作用力的力反馈方式

图 6-13　力/位控制系统的两种力反馈方式

由上图可以看出，无论使用哪种力反馈方式，在机器人的力控制器看来力反馈回路得到的均是作用力的误差矢量 e_f，因此在后面将要介绍的具体控制器中，将不对具体的力反馈获得方式进行区分，统一将机器人末端作用力的测量值或估计值记作 f_{ext}，控制系统框图中的力反馈回路画法也将统一采用图 6-13(a) 中传感器直接测量的方式。

在本书中，机器人末端作用力 f_{ext} 和作用力参考输入 f^d 均被定义为机器人末端受到的力，按此定义 f_{ext} 与 f^d 的方向与机器人末端的运动方向相反，因此图 6-13 中的作用力偏差 $e_f = f^d - f_{ext}$，这样偏差 e_f 的方向将与之后机器人需要进行的调整运动相同。在实际的控制器中，上述这些变量的方向均可视情况任意定义，但当与这里的定义不同时，使用后续介绍的控制律需改变相应变量的符号。

6.5.2　基于位置控制的力/位控制器

基于位置控制的力控制是指通过调整机器人末端位置来间接调节其作用力的控制方式，其控制过程是根据末端作用力偏差由力控制器计算机器人末端的位置调整量，之后将此调整量叠加到机器人参考运动上，并将叠加后的结果作为机器人位置控制的输入，由机器人的位置控制器计算并输出各关节的驱动力/力矩。

下面将对基于位置控制的力控制器中进行分类介绍，对于用来实现力控制功能的位置控制器部分，就不再详细展开。位置控制器可采用前述的位置轨迹追踪控制器、鲁棒控制器、自适应控制器等之一即可。

（1）刚度控制的力控制器

刚度控制的控制思想认为机器人末端与环境间存在假想的弹簧，因此使机器人末端位置的调整量与作用力偏差成正比，其控制系统框图如图 6-14 所示。

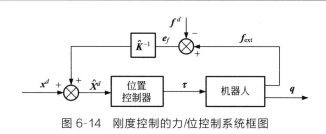

图 6-14　刚度控制的力/位控制系统框图

图中 $\hat{\boldsymbol{K}}$ 为机器人与环境的标称刚度矩阵，$\hat{\boldsymbol{X}}^d$ 为经过力控制部分调整后的机器人位置参考输入，按式（6-28）计算。

$$\hat{\boldsymbol{X}}^d = \boldsymbol{X}^d + \hat{\boldsymbol{K}}^{-1}\boldsymbol{e}_f \tag{6-28}$$

若将位置控制部分的控制律写作 $\boldsymbol{\tau} = \boldsymbol{G}_P(\hat{\boldsymbol{X}}^d, \boldsymbol{X})$，其中，$\boldsymbol{G}_P()$ 是位置控制律关于给定位置和当前位置的函数，则将式（6-28）代入其中就得到了上述力控制器的总体控制律，后面为了简化表示，对涉及修正机器人的参考运动输入并最终以位置控制来实现整体控制目标的控制器，就将式（6-28）这样的参考输入修正作为其控制律。

（2）阻尼控制的力控制器

阻尼控制的控制思想认为机器人末端与环境间存在假想的阻尼，因此按与作用力偏差成正比的方式调整机器人末端的速度，其控制系统框图如图 6-15 所示。

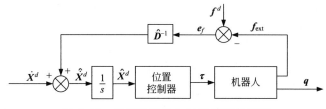

图 6-15　阻尼控制的力/位控制系统框图

图中 $\hat{\boldsymbol{D}}$ 为机器人与环境的标称阻尼矩阵，$\hat{\boldsymbol{X}}^d$ 为经过力控制部分调整后的机器人速度参考输入，积分后得到机器人位置的参考输入，控制律如式（6-29）计算。

$$\hat{\boldsymbol{X}}^d = \int (\dot{\hat{\boldsymbol{X}}}^d + \hat{\boldsymbol{D}}^{-1}\boldsymbol{e}_f)\,\mathrm{d}t \tag{6-29}$$

（3）阻抗控制的力控制器

阻抗控制的控制思想认为机器人末端与环境间存在假想的弹簧-阻尼系统，认为作用力偏差 $\boldsymbol{e}_f$ 与参考位置的调整量 $\Delta\boldsymbol{X}^d$ 之间应有如下关系：

$$\hat{\boldsymbol{K}}\Delta\boldsymbol{X}^d + \hat{\boldsymbol{D}}\frac{\mathrm{d}}{\mathrm{d}t}\Delta\boldsymbol{X}^d + \hat{\boldsymbol{M}}\frac{\mathrm{d}^2}{\mathrm{d}t^2}\Delta\boldsymbol{X}^d = \boldsymbol{e}_f \tag{6-30}$$

式中，$\hat{\boldsymbol{M}}$ 为假想的弹簧-阻尼系统的惯性矩阵。计算参考位置调整量 $\Delta\boldsymbol{X}^d$ 时需求解式（6-30）中的微分方程，这里对式（6-30）进行拉普拉斯变换，整理后可得传递函数形式的控制律方程。

$$\hat{\boldsymbol{X}}^d = \boldsymbol{X}^d + (\hat{M}s^2 + \hat{D}s + \hat{K})^{-1}\boldsymbol{e}_f \tag{6-31}$$

按式中的控制律，阻抗控制的力/位控制系统框图如图 6-16 所示。

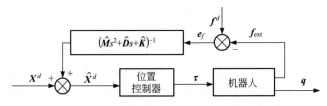

图 6-16　阻抗控制的力/位控制系统框图（一）

6.5.3　基于力控制的力/位控制器

在基于力控制的力/位控制过程中，力控制部分将直接计算关节驱动力/力矩的调整量，并将此调整量叠加到由位置控制部分输出的关节驱动力/力矩上，来实现对机器人的力位混合控制。

相对于基于位置控制的力/位控制器，基于力控制的力/位控制器的力控制部分与位置控制部分相互独立，因此性能不会相互影响，比较容易获得稳定的控制结果，但相对来说控制系统更加复杂。

这里将介绍采用 $\boldsymbol{J}^\mathrm{T}$ 的直角坐标系力/位控制器和力位混合控制器两种基于力控制的力/位控制器。

（1）采用 $\boldsymbol{J}^\mathrm{T}$ 的直角坐标系力/位控制器

根据机器人的微分运动学，当机器人末端受到外力 $\boldsymbol{f}_\mathrm{ext}$ 作用时，机器人的动力学方程式(6-2) 将变为式(6-32) 的形式。

$$\boldsymbol{\tau}+\boldsymbol{J}^{\mathrm{T}}\boldsymbol{f}_{\mathrm{ext}}=\boldsymbol{M}(\boldsymbol{q})\ddot{\boldsymbol{q}}+\boldsymbol{C}(\boldsymbol{q}, \dot{\boldsymbol{q}})+\boldsymbol{B}\dot{\boldsymbol{q}}+\boldsymbol{D}(\dot{\boldsymbol{q}})+\boldsymbol{g}(\boldsymbol{q}) \qquad (6\text{-}32)$$

因此对于机器人末端的作用力偏差为 $\boldsymbol{e}_f$ 的情况, 为使 $\boldsymbol{e}_f$ 减小到 0, 应在当前关节驱动力/力矩的基础上增加 $\boldsymbol{J}^{\mathrm{T}}\boldsymbol{e}_f$。按以上分析的结果, 力/位控制器的控制系统框图可按图 6-17 所示形式画出, 应注意图中省略了位置控制部分的位置反馈回路。

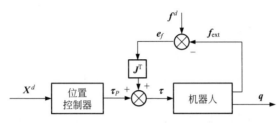

图 6-17　阻抗控制的力/位控制系统框图（二）

图 6-17 中 $\boldsymbol{\tau}_P$ 为机器人位置控制器输出的关节驱动力/力矩, 上述采用 $\boldsymbol{J}^{\mathrm{T}}$ 的直角坐标系力/位控制器的控制律如式(6-33) 所示。

$$\boldsymbol{\tau}=\boldsymbol{\tau}_P+\boldsymbol{J}^{\mathrm{T}}\boldsymbol{e}_f \qquad (6\text{-}33)$$

（2）力位混合控制器

混合控制是用作业坐标（工作空间坐标系）把控制力的方向和控制位置的方向分离开来, 分别实施各自控制环路的方法, 其控制系统框图如图 6-18 所示。

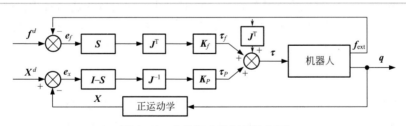

图 6-18　力位混合控制系统框图

图 6-18 中 $\boldsymbol{S}$ 为控制模式选择用的对角线矩阵, 其主对角线元素的取值在 [0, 1] 的闭区间范围内, 取 0 表示只使用位置控制, 取 1 表示只使用力控制; $\boldsymbol{I}$ 为单位阵; $\boldsymbol{K}_P$ 和 $\boldsymbol{K}_f$ 分别为位置控制和力控制的增益矩阵。根据上述控制系统框图, 力位混合控制器的控制律如式(6-34) 所示。

$$\boldsymbol{\tau}=\boldsymbol{K}_P\boldsymbol{J}^{-1}(\boldsymbol{I}-\boldsymbol{S})(\boldsymbol{X}^d-\boldsymbol{X})+\boldsymbol{K}_f\boldsymbol{J}^{\mathrm{T}}\boldsymbol{S}(\boldsymbol{f}^d-\boldsymbol{f}_{\mathrm{ext}}) \qquad (6\text{-}34)$$

6.6　最优控制

在第 4.6 节作为机器人控制基础中讲述了最优控制的基本理论和方法。这里给出的是机器人操作臂作业时间最短的最优控制方法。

设关节位置矢量 q 为 $n \times 1$ 矢量，$q = [q_1 q_2 \cdots q_n]^T$；关节驱动力矩矢量 τ 为 $n \times 1$ 矢量，$\tau = [\tau_1 \tau_2 \cdots \tau_n]^T$；控制输入量 u 同为 $n \times 1$ 维矢量，$u = [u_1 u_2 \cdots u_n]^T = \tau$；机器人系统状态变量分别为 $x = [x_1 \quad x_2]^T$，则：$x_2 = \dot{x}_1$；$x_1 = q$；$x = [x_1 \quad x_2]^T$。n 自由度机器人操作臂的状态方程为：$\dot{x} = Ax + Bu$。对于给定的机器人操作臂通过其运动方程可写出具体状态方程：

$$\dot{x}(t) = Ax(t) + Bu(t) \tag{6-35}$$

设关节位置矢量 q 的目标值为 $q^* = [q_1^* q_2^* \cdots q_n^*]^T$，最优控制作业终了时间为 t_f，则通用的 n 自由度机器人操作臂最短时间控制问题的评价函数（即最优控制评价函数）J 为：

$$J = N(x(t_f)) + \int_0^{t_f} L(x, u) dt \tag{6-36}$$

对机器人操作臂最短时间控制，分别定义 $N(x(t_f))$ 和 $L(x, u)$：

终了状态约束评价函数 $N(x(t_f))$ 为：

$$N(x(t_f)) = [x_1(t_f) - q^*]^T \gamma_1 [x_1(t_f) - q^*] + [x_2(t_f)]^T \gamma_2 [x_2(t_f)] \tag{6-37}$$

式中，γ_1、γ_2 分别为对角矩阵，且主对角线上元素皆为适当且为正的常数。

对机器人操作臂最短时间控制定义最短时间评价函数项中 $L(x, u)$ 为常数 1，即有 $L(x, u) = 1$，则：

$$\int_0^{t_f} L(x, u) dt = \int_0^{t_f} 1 dt = t_f \tag{6-38}$$

之所以将 $L(x, u)$ 定义为常数 1，是因为其对时间积分恰好如式（6-38）所示，积分结果为 t_f。这正好意味着总的评价函数 J 中含有：$\min J = \min(N + t_f) \rightarrow \min t_f$。

n 自由度机器人操作臂最短时间控制问题的评价函数为：

$$J = N(x(t_f)) + \int_0^{t_f} 1 dt \tag{6-39}$$

至此，n 自由度机器人操作臂最短时间控制形式化为：

求解最优化问题：Find $u(t) \in \Omega s.t. \min J(u(t))$ $\tag{6-40}$

系统方程与状态方程：$\dot{x}(t) = f(x(t), u(t)) = Ax(t) + Bu(t)$ $\tag{6-41}$

评价函数：$J = N(\boldsymbol{x}(t_f)) + \int_0^{t_f} 1 \mathrm{d}t$

$$N(\boldsymbol{x}(t_f)) = [\boldsymbol{x}_1(t_f) - \boldsymbol{q}^*]^{\mathrm{T}} \boldsymbol{\gamma}_1 [\boldsymbol{x}_1(t_f) - \boldsymbol{q}^*] + [\boldsymbol{x}_2(t_f)]^{\mathrm{T}} \boldsymbol{\gamma}_2 [\boldsymbol{x}_2(t_f)]$$

$$\boldsymbol{x}(0) = x_0; \quad t \in [0, t_f^d]$$

到此，完成了机器人操作臂的最短时间控制形式化建模问题。剩下的工作可用梯度法数值解法算法去求解作业时间最短情况下的最优控制输入 $\boldsymbol{u}(t)$ 的解的数值计算问题了。此处不加展开。

6.7 主从控制

在人类无法接近的恶劣工作环境（高温、低温、高污染、深海等情况）中，若需执行非定型的作业任务，由于不能预先确定作业内容，因此必须由人在安全的环境内远程操纵实际工作环境内的机器人进行作业，常用的实现方法是操纵人员直接以手动牵引一个机器人操作臂（可以是穿戴机器人的形式）进行运动，实际工作环境内的作业机器人复现此运动完成作业。上述作业中由操纵人员直接操纵或自动控制的机器人操作臂称为主臂，工作环境内的机器人操作臂称为从臂，此种作业方式的控制器称为主从操作臂控制器。

在进行主从操作臂控制时，不仅要求从臂追从主臂的运动，往往还要求主臂能将从臂作业中受到的作用力反馈给操纵者，使操纵者能够获得实际作业中的力觉信息从而实现更精细的作业效果。这种带有作用力反馈机制的主从操作臂控制称作双向控制，后面将介绍 3 种经典的双向主从操作臂控制器。

与双向控制相对的是无作用力反馈的单向控制方式，单向控制中主臂将自身末端或关节的位置传递给从臂作为参考运动输入，其控制方式与 6.2 中介绍的轨迹追踪控制完全一致，这里不再赘述。

6.7.1 对称型主从控制系统与控制器

对称型主从控制器的控制系统框图如图 6-19 所示，其中，$\boldsymbol{IK}_m$、$\boldsymbol{IK}_s$ 分别是主臂和从臂的逆运动学简写，$\boldsymbol{DK}_m$、$\boldsymbol{DK}_s$ 分别主臂和从臂的正运动学简写；$\boldsymbol{q}_m$、$\boldsymbol{q}_s$ 分别是主臂和从臂的关节广义位置矢量，$\Delta\boldsymbol{q}_m$、$\Delta\boldsymbol{q}_s$ 分别为 $\boldsymbol{q}_m$、$\boldsymbol{q}_s$ 的调整量；$\boldsymbol{X}_m$ 为由主臂构形在从臂工作空间内的假想末端位姿矢量；$\boldsymbol{X}_s$ 为从臂末端在工作空间内的位姿矢量；$\Delta\boldsymbol{X}$ 为从臂末端的位姿调整量。

上述控制系统框图中，主臂和从臂均使用位置控制方式，其中从臂的运动是为弥补主从臂间的位置偏差，主臂的运动是通过反向运动向操作者传递从臂作业时受到的作用力信息，当主从臂间的位置偏差越大时，说明从臂受到的阻碍越强，主臂进行的反向运动也越大。按上述过程，主臂对操作者的力觉反馈按式（6-42）进行。

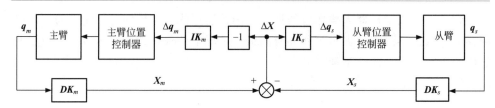

图 6-19　对称型主从控制器的控制系统框图

$$f_m = f_s + M_s(q_s)\dot{q}^\cdot_s + B_s\dot{q}_s + M_m(q_m)\dot{q}^\cdot_m + B_m\dot{q}_m \qquad (6\text{-}42)$$

式中，f_m 为主臂反馈给操纵者的作用力；f_s 为从臂的实际作用力；M_m、M_s 分别为主臂和从臂的广义惯性矩阵；B_m、B_s 分别为主臂和从臂的阻尼系数阵。从上式可以看出，主臂的力觉反馈不但含有从臂的实际作业力，还受主、从臂的动态惯性力、阻尼力影响，因此对称型主从控制器虽然结构较简单，但降低了力觉反馈的精度，主要适用于主、从臂质量都较轻，且低摩擦或液压驱动的情况。

6.7.2　力反射型主从控制系统与控制器

力反射型主从控制器的控制系统框图如图 6-20 所示，其中 K_f 是力觉反馈增益，J_m 是主臂的雅可比矩阵，τ_m^d 是主臂关节驱动力/力矩的目标矢量。

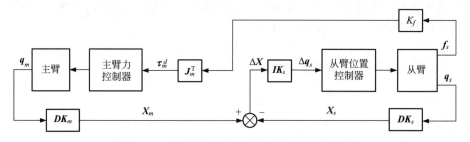

图 6-20　力反射型主从控制器的控制系统框图

上述控制器中，主臂使用力控制方式向操纵者返回从臂的作用力信息，从臂使用位置控制方式弥补主从臂间的位置偏差。主臂对操作者的力觉反馈将按式（6-43）进行。

$$\boldsymbol{f}_m = K_f \boldsymbol{f}_s + \boldsymbol{M}_m(\boldsymbol{q}_m)\ddot{\boldsymbol{q}}_m + \boldsymbol{B}_m\dot{\boldsymbol{q}}_m \qquad (6\text{-}43)$$

由式(6-43)可知，力反射型主从控制器能消除从臂动态惯性力、阻尼力在力觉反馈中的影响，但仍受主臂的动态效应影响，当主从臂系统处于稳态时，力觉反馈按增益 K_f 规定的比例进行。基于上述特点，力反射型主从控制器适用于主臂质量轻且摩擦小的情况。

6.7.3　力归还型主从控制系统与控制器

力归还型主从控制器是力反射型主从控制器的一种补充，其控制系统框图如图 6-21 所示。

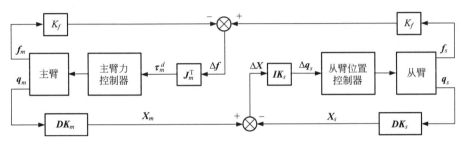

图 6-21　力归还型主从控制器的控制系统框图

力归还型主从控制器在对从臂的作用力进行反馈的基础上，还对主臂的操作力进行了补偿，其力觉反馈按式(6-44)进行。

$$\boldsymbol{f}_m = \frac{K_f}{1+K_f}\boldsymbol{f}_s + \frac{\boldsymbol{M}_m(\boldsymbol{q}_m)\ddot{\boldsymbol{q}}_m + \boldsymbol{B}_m\dot{\boldsymbol{q}}_m}{1+K_f} \qquad (6\text{-}44)$$

由式(6-44)可以看出，当力反馈增益 K_f 趋近正无穷时，主臂对操作者的作用力 $\boldsymbol{f}_m$ 将趋近于从臂的实际操作力 $\boldsymbol{f}_s$，但考虑到过大的 K_f 容易引起震荡，一般也需对其进行限制，即使这样也能将主臂惯性力、阻尼力的影响降至原先的 $1/(K_f+1)$，因此力归还型主从控制器的操作性好于对称型和力反射型主从控制器，是最常用的双向主从控制器。

6.7.4　对称型/力反射型/力归还型三种双向主从控制系统的统一表示

（1）主臂与从臂异构和位移传递比与力传递比均不为 1 的主从臂系统

前面所讲的都是主从臂的运动传递比、力传递比都是按 1：1 比例考虑并给出的。但是，主臂通常由人来操纵，从便于操作的适应性角度来看，主臂大小应大致与人类相称；而从臂大小与构型则因作业不同而异。显然，从主臂应便于人类操纵的角度出发，适用于各种不同作业的主从机器人系统及主从控制问题还应进一步考量实际作业情况。例如，重载作业情况下，通常多使用尺寸大、质量大、驱动能力与操作能力大的机器人操作臂，而人类几乎不可能去直接操纵一台与重载作业用的从臂机器人一样大的主臂。这种情况下，显然需要想办法用人类便于直接操纵的相对小型化的操作臂作为主臂更现实，如此，主从机器人操作臂系统需要设计成主从臂之间运动传递比、力传递比不为1的主从系统，而且其主从控制理论与方法需要在之前所讲的那些知识点基础上进一步考量："改变运动传动比、力传递比，使主从机器人系统更易于操作"这一问题。实现主从机器人操作臂系统的运动传递比、力传递比不为1且更易于操作的目标，显然涉及主从臂两者机械系统在设计上的差别，除机构尺寸、质量等不同之外，还存在主从臂机构构型是否相同的差异问题，即主从臂为主从同构还是异构的问题。主从臂同构是指不管主从臂机构参数是否相同，只要它们的机构构型相同即视为主从同构。机构构型相同是指构成机构的运动副的种类、运动副的配置、运动副与构件之间的连接关系、相对位置关系完全相同，当然，自由度也完全相同。总之，机构构型相同就是指两个机构构成完全相同，但机构参数可以不同。若机构构型相同，同时机构参数也相同，则这两个机构即为线束完全相等的同一机构，此时主从臂运动传递比、力传递比才皆为1。主从异构则指的是主从臂机构构型不同。

　　机构同构是指机构构型完全相同，只机构参数大小可以相同也可以不同的机构；机构异构是指机构构型不同的机构。可用图 6-22 所示的例子来说明机构同构与异构。机构同构的两台机器人运动学方程、动力学方程表示完全相同，只是机构参数、运动参数大小不同。

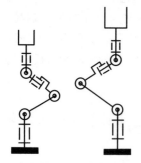
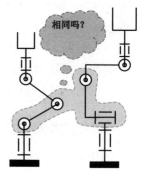

(a) 两台6自由度机器人操作臂机构同构示意图　　　(b) 两台5自由度机器人操作臂机构异构示意图

图 6-22　两台机器人操作臂机构同构与异构示例图

　　主从臂的大小及运动、力的传递比：当主从臂的大小不同时，设：

● 主臂与从臂的运动传递比为 s_p，力传递比为 s_f；
● 从臂反射回的从臂操作力为 F_s，主臂的操作力为 F_m；
● 主臂的位移为 X_m，从臂的位移为 X_s。

则前述所给出的三种主从控制系统公式中的 F_s、X_m 均需要用下述两式来替换：

$$\begin{cases} F_s \Leftarrow s_f F_s \\ X_m \Leftarrow s_p X_m \end{cases} \tag{6-45}$$

式中，s_f 为力传递比（或力反射率、力反射比、力归还率、力反馈增益等）；s_p 为运动传递比（或位移放大缩小比等）；s_f、s_p 为对角矩阵（多自由度系统）或常数（1 自由度系统）。

（2）双向控制系统的统一表示

双向控制系统的统一即是将对称型、力反射型、力归还型主从控制的三位一体化表示。统一模型中包含对称型、力反射型、力归还型三种主从控制系统模型，如图 6-23 所示。该图是以主从臂末端操作器作业空间内位姿表示的系统，也可以运用正运动学将其在主从臂关节空间内的关节角矢量形式来表示。

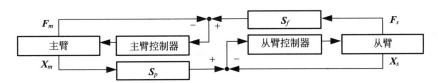

图 6-23　三种基本双向主从控制系统的统一表示（含力反射、运动传递比的主从控制系统)

双向控制系统统一表示下主从臂驱动力/力矩的一般形式：

$$\boldsymbol{\tau}_m = \begin{bmatrix} \boldsymbol{k}_{m1} & \boldsymbol{k}_{m2} \end{bmatrix} \begin{bmatrix} s_p \boldsymbol{X}_m \\ \boldsymbol{F}_m \end{bmatrix} - \begin{bmatrix} \boldsymbol{k}_{s1} & \boldsymbol{k}_{s2} \end{bmatrix} \begin{bmatrix} \boldsymbol{X}_s \\ s_f \boldsymbol{F}_s \end{bmatrix} \tag{6-46}$$

$$\boldsymbol{\tau}_s = \begin{bmatrix} \boldsymbol{k}_{m3} & \boldsymbol{k}_{m4} \end{bmatrix} \begin{bmatrix} s_p \boldsymbol{X}_m \\ \boldsymbol{F}_m \end{bmatrix} - \begin{bmatrix} \boldsymbol{k}_{s3} & \boldsymbol{k}_{s4} \end{bmatrix} \begin{bmatrix} \boldsymbol{X}_s \\ s_f \boldsymbol{F}_s \end{bmatrix} \tag{6-47}$$

式中，对称型：$\boldsymbol{k}_{m2}=\boldsymbol{k}_{s2}=\boldsymbol{k}_{m4}=\boldsymbol{k}_{s4}=0$；力反射型：$\boldsymbol{k}_{m1}=\boldsymbol{k}_{m2}=\boldsymbol{k}_{s1}=\boldsymbol{k}_{m4}=\boldsymbol{k}_{s4}=0$；力归还型：$\boldsymbol{k}_{m1}=\boldsymbol{k}_{s1}=\boldsymbol{k}_{m4}=\boldsymbol{k}_{s4}=0$。

6.8　非基于模型的智能控制方法

从是否利用被控对象系统模型、作业对象物或作业环境系统的模型来设计控制系统的角度，可将控制分为基于系统模型的控制和非基于系统模型的控制两大类。这里所说的被控对象系统模型是指按着机构学、力学、电磁学等基本原理对被控对象系统的数学描述。对于机器人系统而言，就是基于机构原理、机构运动学、动力学、电磁学等方程所表示的数学模型设计控制系统、控制律，进而研究被控对象系统控制的控制理论与方法。

非基于模型的控制理论与方法则是指不需要对被控对象自身的物理信息，不需要对被控对象系统建立机构、运动学、动力学等方程所表达的数学模型，即非基于模型的控制理论与方法。这两种方法分别适用于不同性质的被控对象系统。基于模型的控制适用于被控对象所处的环境或作业要求相对固定、已知的确定条件下；而非基于模型的控制则适用于被控对象及其所处的环境或作业要求处于变化的、未知的、不确定的条件下。

如工业机器人操作臂往往应用于工厂车间、生产线等作业环境已知且相对固定的场合下，因此，可以按几何学、运动学、动力学等基于理论建立系统的数学模型，可以比较准确或精确地用数学方程或不等式去确切描述被控对象实际物理系统或作业对象物，并且按基于模型的控制理论去设计稳定的控制系统，达到控制目的；对于那些用于野外、未知环境或作业条件未知情况下，但又想得到控制目标的机器人而言，存在被控对象作业或环境不确定、未知，难以建立系统数学模型、或者数学模型十分复杂难以求解等问题的情况下，往往采用非基于模型的控制理论和方法。这种非基于系统数学模型的理论和方法，通常称为基于学习的控制理论与方法。

基于模型的机器人控制理论、方法与技术已经奠定了机器人控制系统设计与实际应用的基础和大的总体框架，并于 20 世纪 90 年代前后已处于成熟和实用化。但是，从理论、方法上很难有突破，目前的基于模型的机器人控制处于大同小异的应用状态！从 20 世纪 90 年代蓬勃兴起的智能控制理论与方法从算法上给机器人控制带来了新的活力。而且基于模型的控制与智能控制相结合的控制方法会更有效！

基于模型的控制方法是强烈依赖被控对象系统模型的方法，这里所说的模型是指机器人运动学、动力学以及环境或作业对象数学、力学模型。在精确得到系统模型的情况下，基于模型的控制方法能够得到很好的控制效果。然而，由于在实际应用中实际机器人的参数不可能完全精确地得到，或存在一些在建模过程中未考虑到的特性，或机器人在作业过程中受到一些不可预知的扰动等情况下，需要考虑鲁棒控制、自适应控制、非线性补偿控制等。此外，还可以应用智能控制方法。

智能控制理论与方法是以模糊数学、神经网络、遗传算法、演化计算等为理论基础应用于控制工程而发展起来的，从而形成模糊控制、神经网络控制、智能学习控制等控制方法。智能控制的概念是由美国著名机器人学学者付京逊于

1971 年提出的，由 Sardis 等在其基础上于 1977 年进一步提出智能控制系统结构框架，该框架包括组织级、协调级、执行级或控制级。此后，对于智能控制的研究主要体现在对基于知识系统、模糊逻辑和人工神经网络的研究。模糊数学、模糊逻辑是由伊朗裔美国籍数学家札德于 1965 年发表的原创性论文"模糊集合"发展起来的，其基本概念为模糊集、隶属函数、隶属度以及模糊集合运算等，使得原本二值逻辑的经典集合发展成为涵盖经典集合和隶属关系为多值逻辑的模糊集合。模糊控制系统是一种具有鲁棒性的控制系统，模糊控制控制器设计首先需要抽取控制上的"技巧"作为控制规则，形成规则库，并且根据输入按着模糊推理给出控制器的输出；在机器人的神经网络控制方面，小脑神经网络是应用得较早且相当成功的控制方法之一，小脑神经网络简称 CMAC，其最大的特点是实时性好，具有全局泛化特性，尤其对于多自由度机器人操作臂的现场学习控制，可用可编程逻辑阵列（PLA）制成专门芯片，从硬件上实现 CMAC 控制。更多采用 CMAC 实现学习控制的是 CMAC 算法软件。在机器人的模糊控制方面，模糊系统在机器人建模、控制、柔性臂控制、力位混合控制、模糊补偿控制以及移动机器人路径规划与控制等多方面已被研究或取得应用；不仅如此，模糊控制、神经网络等现代智能计算方法以及相互结合的智能控制方法已经被广泛应用于机器人控制。在运动样本生成以及全局优化方面，遗传算法、演化计算等可以用来生成全局性能最优的运动样本作为机器人学习控制的训练样本。

现代控制系统分析与综合的最为基础的工具：矩阵理论、微分几何、模糊数学、现代控制理论、最优控制理论、自适应控制理论等作为标准工具，标准工具可提供一个基础的、稳定的控制系统整体框架。还有一类工具是包括模糊控制、神经网络控制、变结构控制、遗传算法、混沌控制、H∞控制、逆系统控制、预测控制等在内的，统称为工程工具，它们只是其中的一个或几个环节的具体实现过程或方法。

基于 CMAC 的机器人智能学习控制：其控制系统框图如图 6-24 所示。控制原理为：参考输入生成模块在每个控制周期产生一个期望输出。该期望输出被送至 CMAC 模块，提供一个信号作为对固定增益常规反馈控制器控制信号。在每个控制周期之末，执行一步训练。在前一个控制周期观测到的装置输出用作 CMAC 模块的输入。用计算的被控对象输入 u^* 与实际输入 u 之间的差来计算权值并作出判断。当 CMAC 跟随连续控制周期不断训练时，CMAC 在特定的输入空间域内形成一个近似的被控对象逆传递函数。如果未来的期望输出在域内相似于前面的预测输出，那么，CMAC 的输出也会与所需的被控对象装置实际输入相近。由于上述结果，输出误差将很小，而且 CMAC 将接替固定增益常规控制器。

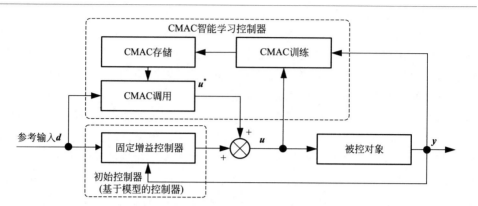

图 6-24　基于 CMAC（小脑神经网络）的机器人智能学习控制系统框图

6.9　本章小结

本章首先讲述了机器人控制系统的集中控制和分布式控制两种不同的控制方式，以及异种计算机控制系统软件平台下不同机器人系统在网络环境下移动智能体的设计机制，旨在给读者提供多类不同机器人系统协同作业控制系统构筑的方法和解决异种平台通信问题的软件途径，明确通过多目标管理技术中的 CORBA 程序设计和远程激活与调用方式可以实现不同计算机 OS 下各类机器人协同机制。对于基于模型的机器人的控制系统以及控制器设计问题，具体给出了通用的位置轨迹控制法（包括 PID 反馈控制法、前馈控制法、前馈＋PD 反馈控制法、逆动力学计算控制法、动态控制法、加速度分解法）、鲁棒控制、自适应控制、力控制、力/位混合控制、协调控制、主从控制、最优控制等控制方法、控制律以及控制系统原理框图。这些基于模型的控制理论与方法已经是在工业机器人操作臂的实际应用作业中验证有效的，可以作为机器人控制的实际应用的具体方法和控制器设计的理论依据。除非作业环境或作业对象物有不确定性主要影响因素，使得系统模型难以建立或模型无效，否则，本章给出的基于模型的控制理论、方法以及控制器设计适用于作业环境或作业要求确定的机器人控制系统与控制器的设计，它是基于模型的机器人控制的最基础的控制理论与方法。本章最后还介绍了非基于模型控制的方法以及基于 CMAC 的机器人智能学习控制方法与控制系统构成。

第7章

工业机器人用移动平台设计

7.1 工业机器人操作臂移动平台的形式与要求

搭载机器人操作臂的移动平台可以分为导轨式、轮式、履带式、腿足式、轮-腿式、轮履式、飞行式、水面、水下式、空间飞行推进式以及操作臂本身兼有移动功能等各种移动平台。

传统的工业机器人是在工业生产的结构化环境下使用的机器人，工业机器人操作臂或者安装在固定的基础上，或者安装在导轨式、轮式或履带式移动机器人平台上。

① 导轨式移动平台。将机器人操作臂悬挂或者坐立安装在一维、二维或 X、Y、Z 三维方向上可以在导轨上直线移动的平台上。一般以龙门式架设或卧式敷设导轨为主，导轨式移动平台结构和控制都简单，即使快速移动也不必考虑移动平台和机器人操作臂的运动稳定性问题。这种方式下机器人操作臂只能按着预先设计安装好的轨道路径移动，移动范围有限，移动路径固定。

② 轮式移动平台。搭载机器人操作臂的轮式移动机器人可以在工厂的结构化环境内的平地、台阶、楼梯、坡道等自治移动、操作，也可以按给定的路径导航移动、操作。但是，在系统设计时必须考虑到搭载操作臂的轮式机器人移动的稳定性问题。实际应用时，尤其在加减速、急停或者受到来自环境的扰动力、负载变化、移动路面状态的变化等情况下的运动或者作业平衡稳定能力。轮式移动平台移动灵活，移动作业范围较大，机动性强。轮式移动平台可以通过轮式移动机构设计实现爬台阶、爬楼梯、爬坡等功能。

③ 履带式移动平台。履带式移动机构因其履带与地面接触面积大，抓地能力强，运动平衡稳定能力较轮式移动平台好。但转弯不如轮式灵活。履带式移动平台可以在设计上实现爬坡、爬台阶以及越障等功能。

轮式移动平台和履带式移动平台，都需要在搭载操作臂、带载移动、作业情况下满足动态、静态运动稳定性的要求。

④ 腿足式移动平台。自 2000 年，日本川田工业用自律步行的仿人双足机器人进行管线巡检、开挖掘机等应用研究以来，腿足式机器人开始进入工厂生产作

业中。2017 年波士顿动力研发出在工厂、办公区可以识别门、门把手和利用所搭载的操作臂开门、自由出入的四足机器人，并且多台四足机器人可以相互合作完成任务，自主的腿足式移动机器人开始充当工业机器人移动平台，搭载操作臂的四足机器人在爬楼梯、上台阶、室外路面和道路环境比轮式、履带式移动平台具有更优越的移动灵活性和环境适应性。稳定性准则是双足步行机器人、四足步行机器人以及多足机器人持续行走、带载作业或受到外界扰动时必须满足的条件，是其控制系统和控制器设计需要遵守的准则。

7.2 移动平台小车的机构与结构设计

7.2.1 轮式移动机构与结构

（1）按轮式移动机器人本体机构与结构的分类方法与汇总

轮式移动机器人本体的主要构成可以分为两大部分：车轮配置部分和车体平台部分。车轮配置部分主要实现轮式移动功能；而车体平台部分用于搭载轮式移动操控部分和除与轮式移动有关之外的其他作业功能设备部分。车体平台又可分为单车体平台和两个以上单体之间由运动副连接而成可相对运动的多车体平台。根据第 1 章给出的现已研究和实用化的各种车轮的结构和原理，本书针对用于轮式移动机器人的各种代表性车轮、轮式移动机器人机构构型分别进行归纳整理，汇总成表 7-1、表 7-2，表中分别给出了车轮、轮式移动机构的类型、机构原理和特点，供轮式移动机器人机构选型设计或者创新设计时参考。

表 7-1　常用于轮式移动机器人的车轮类型、原理及特点

序号	车轮类型	机构原理构型	机构原理、特点说明
1	盘形轮		盘形轮呈简单的扁平结构。包括：扁平轮、轮胎车轮
2	全方位轮		（1）圆周方向被等分成正 n 边形，每条边为该边上鼓形辊子的回转轴线，因此，辊子能够沿着与整轮转动方向垂直的侧向滚动，从而形成全方位滚动 （2）可将同样的两个或多个单列辊子全方位轮沿周向相互间角错开并联在一起而成双列或多列全方位轮

序号	车轮类型	机构原理构型	机构原理、特点说明
2	全方位轮	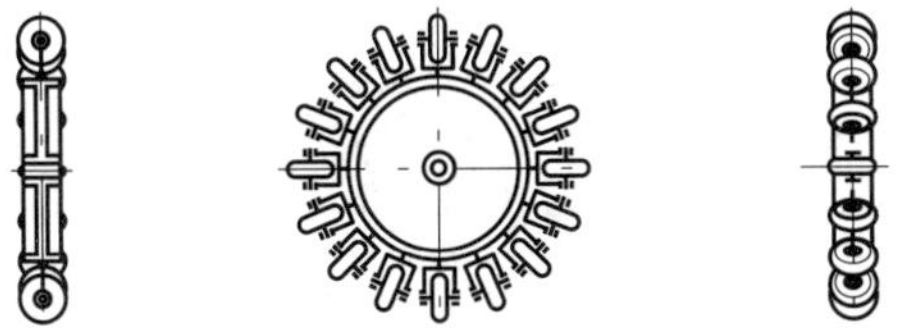	（1）轮毂外圆周上均匀分布着 n 个几何形状、尺寸皆相同的小轮，每个小轮径向固定安装在轮毂上，且小轮轴线与轮毂轴线呈空间相错且垂直 （2）所有的小轮最外侧点皆位于以全方位轮中心为圆心的同一个圆周上
3	麦克纳姆轮	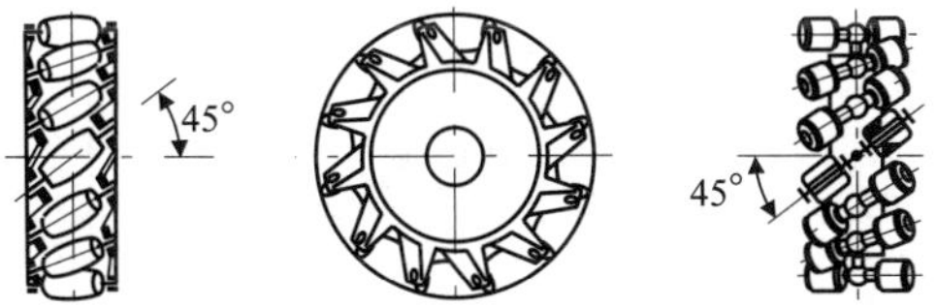	（1）每个辊子为形状、尺寸皆相同的轴对称鼓形结构；每个辊子的轴线与平行于麦克纳姆轮轴线的直线成 45° （2）所有的鼓形辊子沿圆周方向均匀分布，且辊子最外侧轮廓皆位于以麦克纳姆轮轴线为中心线的鼓形曲面上 （3）鼓形辊子可用同轴双圆柱辊子替代；也可将一个鼓形辊子从中间一分为二而成两个同轴且相对的半鼓形辊子
4	球形轮	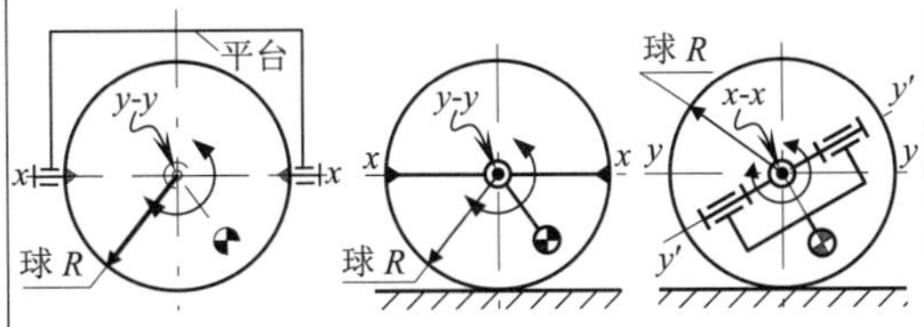	（1）1991 年国际上第 1 台球形机器人即是球外设置平台，球内置有单万向节机构，通过调整质心位置来驱动此球形机器人移动。平台上可搭载传感器、操作手等 （2）若球外表面无任何其他构件，则只为球形光滑表面的球形轮
		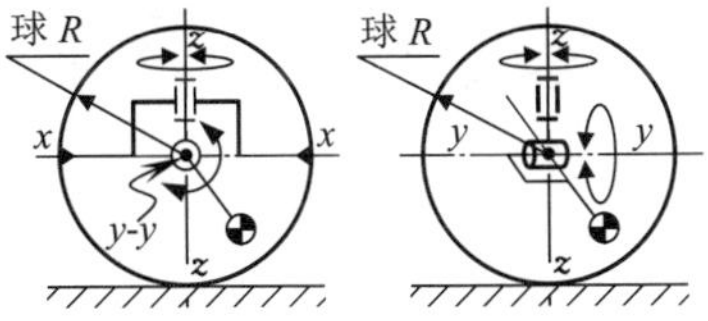	（1）如左图所示，球内的摆通过绕 y-y 轴回转实现整球直线滚动移动；球内的摆通过绕垂直方向轴线 z-z 轴转动实现球的侧向回转，可以改变直行方向 （2）如不考虑球内机构方位和奇异构形，该球形轮与上述球形轮无本质区别

续表

序号	车轮类型	机构原理构型	机构原理、特点说明
4	球形轮		（1）球内沿直径方向上杆两端分别有一无主驱动的平衡轮和有主驱动的驱动轮，驱动轮驱动此直径杆在球内绕球心转动，从而驱动球壳滚动移动 （2）直径杆上可设置位置固定的质量块 m，也可设置由另一主驱动器沿直径杆方向驱动的可移动质量块 m
			（1）球壳内沿直径置一直径杆，一端为平衡用非主驱动的球形万向轮，另一端为主驱动的四轮小车。直径杆上设置浮动的圆柱螺旋弹簧，使小车车轮始终与球壳内表面保持一定的接触力 （2）这种结构与球内只有四轮小车而无平衡轮和浮动弹簧的球形轮相比，可以抵抗外界对球形轮的冲击扰动，免使小车车轮脱离球内表面而成为不确定状态
			以球面内接的正四面体、正六面体或正 n 面体的几何形心点与各顶点之间的连线为半径杆，各半径杆上设置沿该半径杆长方向有主驱动的往复移动质量块，通过质量块沿径向移动来调整球壳内总质心的位置，从而驱动整球滚动移动

续表

序号	车轮类型	机构原理构型	机构原理、特点说明
4	球形轮	 (a) 前向视图　　(b) 侧向视图	全方位球（Omni-Ball）：2007 年美国 MIT、哈佛大学联合研制。十字轴线上的一根轴线作为主驱动轴；另一根轴线的两侧各有一个大小相同的半球绕此轴线自由回转。两个半球构成一个完整的球但两个半球之间必须留有间隙，因为两个半球绕垂直于主动轴线的轴线转动时相对主动轴运动。实际上其原理与已有的工业机器人操作臂腕部 Roll-Pitch-Roll 机构中的 Roll-Pitch 机构完全相同。只是 Pitch 为从动，且壳体为两半球面
			1995 年 MIT 的信息驱动机械系统中心的 Mark West、Haruhiko Asada 设计的一种球形轮机构并研制了球形轮全方位车[1] 该球形轮由滚动轴承、滚柱和球以及电动机组成球形轮单元轮
5	鼓形轮	 	(1)鼓形轮为轴向尺寸宽、轮面为鼓形曲面的轮子。它可以根据轮子上方载荷位置的变化，通过倾斜运动来改变鼓形曲面与地面的接触点位置或接触区域 (2)鼓形轮与倒立摆配合使用可以在一定范围内实现自平衡 (3)鼓形轮可以从两端部取支撑负载的平台构件，也可以设计成从中间一分为二的两个相对的半鼓形轮，从垂直于鼓形轮轴线的中间平面上取负载支撑平台。但这种结构的鼓形轮不适用于沙土和碎石路面

续表

序号	车轮类型	机构原理构型	机构原理、特点说明
6	圆锥台形车轮，圆柱-圆锥轮	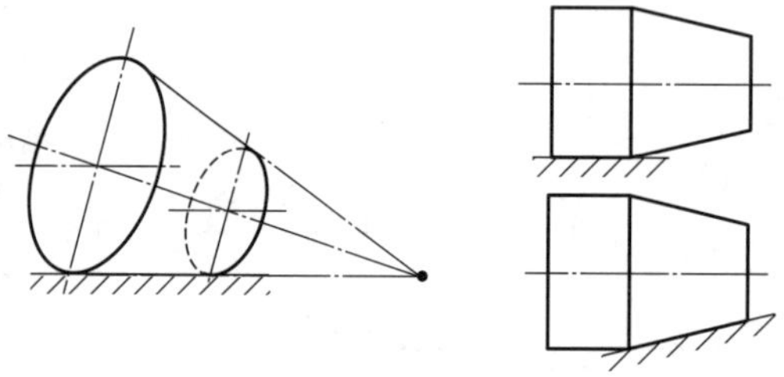	（1）圆锥台形车轮沿轴向可设计成两段：圆柱段和圆锥台段同轴连接在一起的宽车轮形式 （2）单轮特点：平整路面时由圆柱段支撑，圆锥台段不着地；当行驶在坡道或脊背形道路时，圆锥段着地，同时减小车体平台相对于水平面的倾斜角度 （3）利用圆锥台形车轮可帮助转向。直行则圆锥台段因各接地点周向速度不同有滑动
7	星形轮	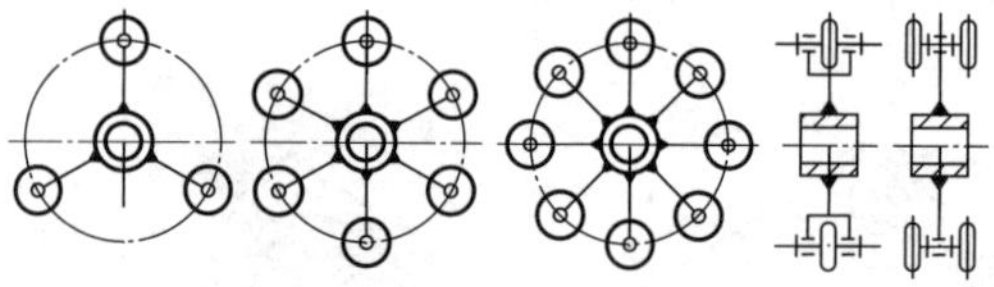	（1）在圆周方向均布着3、6、8等多个形状、大小完全相同的小轮，这些小轮均匀环抱着安装在轮毂上，分别称为三星轮、6星轮、8星轮等 （2）星形轮可用于爬楼梯、上台阶、有段差等地面环境
8	可折叠可变轮径的翅形轮（diameter-variable & foldable wheels）	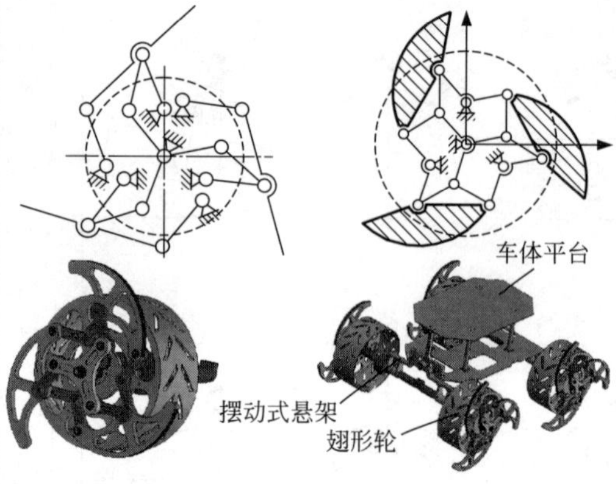	（1）通常的圆周形轮的端侧面上均布着3个以上的翅形机构，这些翅形机构由同一个传动系统驱动成可同步折叠的形式。左图所示的是通过连杆机构实现的可折叠可变轮径的翅形轮 （2）翅形机构收放运动可实现轮径大小的变化，以及收缩至最小尺寸时即为圆周形轮，而扩展至超过圆周形轮直径时即变为翅形轮 （3）可爬台阶、越障，面向野外环境 （4）由 Lan Zheng 等人提出并设计[2]

续表

序号	车轮类型	机构原理构型	机构原理、特点说明
9	辐条轮 （spoke wheel）	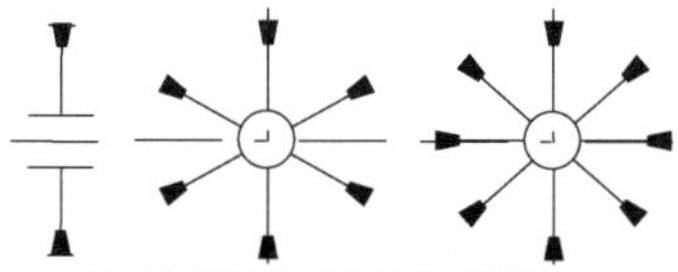 	（1）辐条轮没有整周的轮缘，而是整周均布长度相等的 n 个径向辐条，也即 n 个辐条均布在轮毂上 （2）这种轮可以用来爬楼梯、上台阶 （3）采用辐条轮作为主驱动轮的两轮或多轮移动机器人可以通过调整各轮接地辐条间相位关系来得到车体不同的姿态 （4）缺点是行走速度不均匀，轮心在前进时呈周期性上下起伏运动
10	星球探测车专用车轮	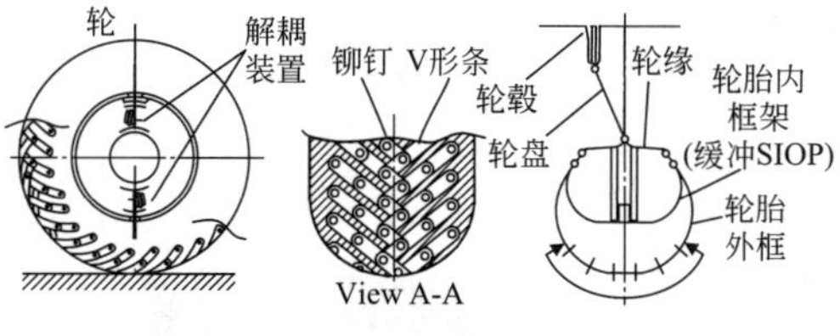	（1）Applo5 号的充气轮胎轮分内外两层；外层轮胎的外表面分布着正反两个方向呈"V"字形的金属条，如左图所示 （2）外层轮胎靠与月球表面接触产生变形增大轮胎与月面的接触面积，并且正反两个方向上等间隔布置的金属条相当于橡胶轮胎的纹理，用以增大摩擦力 （3）当与月面接触的外层轮胎变形达到内外两层轮胎相接触时，内层轮胎开始产生变形，从而增大了与月面的接触刚度
		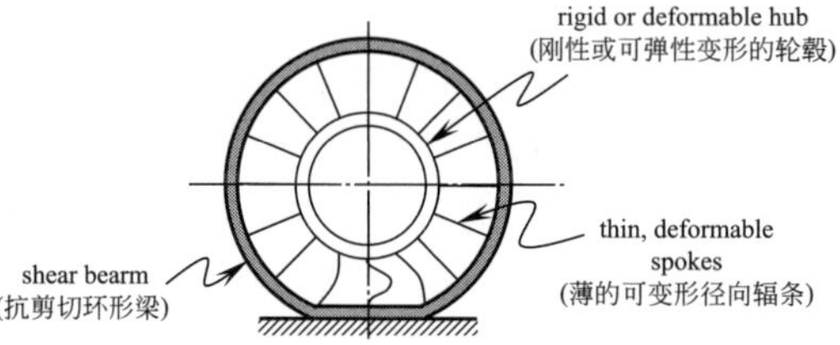	左图为非充气轮胎的基本几何模型。该图仅是一个概念性的示意图。其中，薄的可变形径向辐条可有多种不同的结构形式；抗剪切环形梁也有多种不同的结构形式。所有这些结构形式的核心都是为了轮与星球表面接触时通过接触部位产生足够的变形（并且在回转到非接触位置时恢复变形）而获得更大的接触面积和"抓住"星球表面的能力

续表

序号	车轮类型	机构原理构型	机构原理、特点说明
11	ASOC 轮 （active split offset caster）	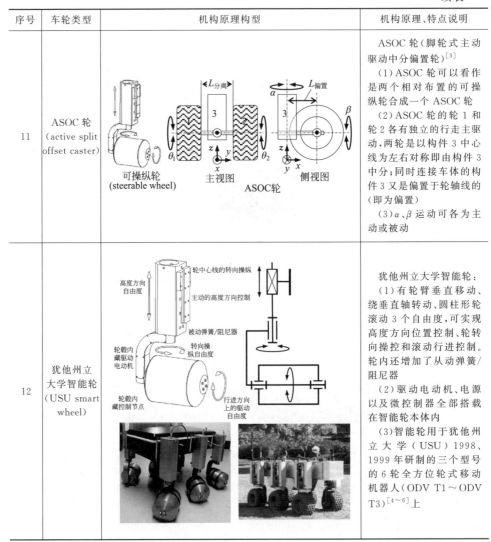	ASOC 轮（脚轮式主动驱动中分偏置轮）[3] （1）ASOC 轮可以看作是两个相对布置的可操纵轮合成一个 ASOC 轮 （2）ASOC 轮的轮 1 和轮 2 各有独立的行走主驱动，两轮是以构件 3 中心线为左右对称即由构件 3 中分；同时连接车体的构件 3 又是偏置于轮轴线的（即为偏置） （3）α、β 运动可各为主动或被动
12	犹他州立大学智能轮 （USU smart wheel）		犹他州立大学智能轮： （1）有轮臂垂直移动、绕垂直轴转动、圆柱形轮滚动 3 个自由度，可实现高度方向位置控制、轮转向操控和滚动行进控制。轮内还增加了从动弹簧/阻尼器 （2）驱动电动机、电源以及微控制器全部搭载在智能轮本体内 （3）智能轮用于犹他州立大学（USU）1998、1999 年研制的三个型号的 6 轮全方位轮式移动机器人（ODV T1～ODV T3）[4～6] 上

（2）车轮机构类型与结构

车轮在轮式移动机器人的应用上按功能分为主驱动车轮和从动车轮。表 7-1 中较全面地归纳出了各类轮式移动机器人机构中研究出来的有代表性的新型车轮和常用的车轮。部分车轮还结合其所用的轮式移动机器人机构进行了较为详细的解说。其中，球形轮本身就是轮式移动机器人。这些车轮种类不仅限于工业机器人范畴，还包括了星球探测车用的特种车轮、专用车轮，属于航天工业的空间机器人技术领域。

（3）轮式移动机器人机构构型

表 7-2 中给出具有代表性的各类轮式移动机器人的详细机构原理和结构。这些轮式移动机器人机构的运动简图（机构原理图、机构构型图）部分是根据相关文献中的原型样机照片或虚拟样机绘制的，部分是笔者根据轮式机器人原理给出并绘制的。

表 7-2　现有轮式移动机器人机构构型分类、原理及特点

序号	轮式机器人 类型名称	机构原理构型	机构原理、特点说明
1	单轮移动 机器人	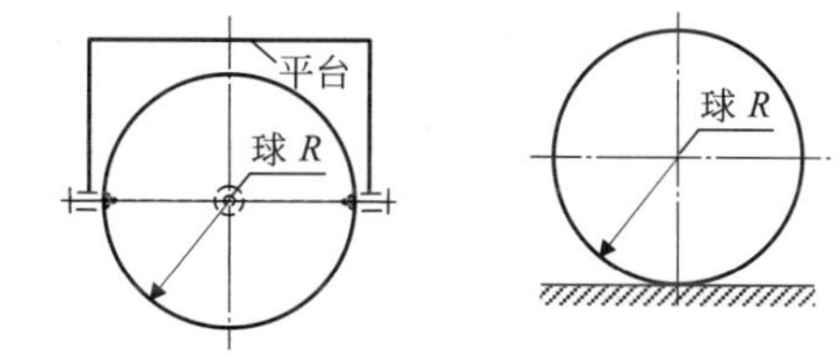	（1）单轮即是机器人本体，有球形机器人、盘形机器人。左图分别为外部有平台的球形机器人（左）和外部为光滑球面的球形机器人（右） （2）单轮移动机器人为轮内藏或轮外平台搭载驱动、控制、传感、导航系统的集成化设计与制作
		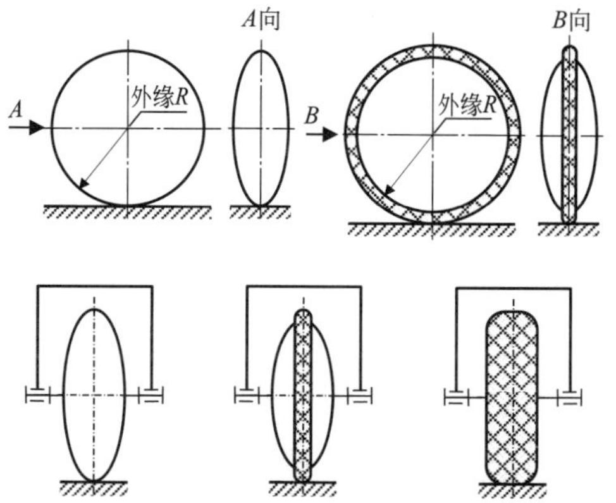	（1）左图皆为盘形单轮移动机器人。即外表面为非球的盘形；分别为外缘无轮胎和外缘有轮胎的单轮盘形移动机器人 （2）单盘移动机器人可设计成轮内藏或轮外平台搭载驱动、控制、传感、导航的集成化系统。左上图为轮内内藏驱动、控制、传感、导航的集成化系统（图中省略）；左下图为轮外搭载驱动、控制、传感、导航的集成化系统（图中省略）
		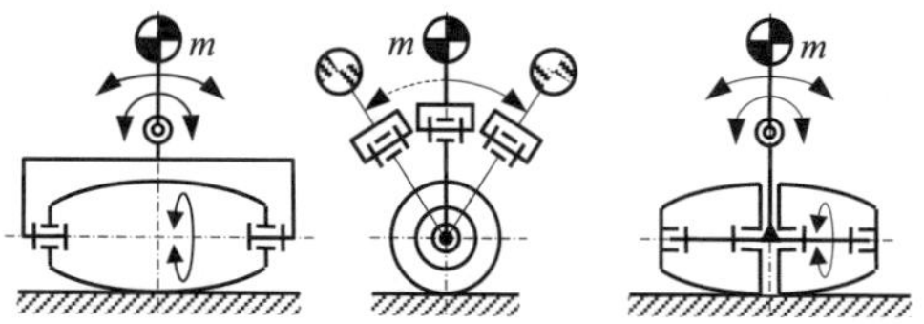	（1）左图皆为鼓形轮单轮移动机器人。即单轮外表面为鼓形曲面 （2）移动的倒立摆原理：倒立摆做往复周期性振动，可通过俯仰、侧偏运动调整质心在地面投影点相对鼓形轮接地点位置实现动态平衡和稳定滚动移动 （3）鼓形轮单轮移动机器人可设计成轮内藏或轮外平台搭载驱动、控制、传感、导航的集成化系统

序号	轮式机器人 类型名称	机构原理构型	机构原理、特点说明
2	双轮移动 机器人 (亦称两轮 移动机器人)	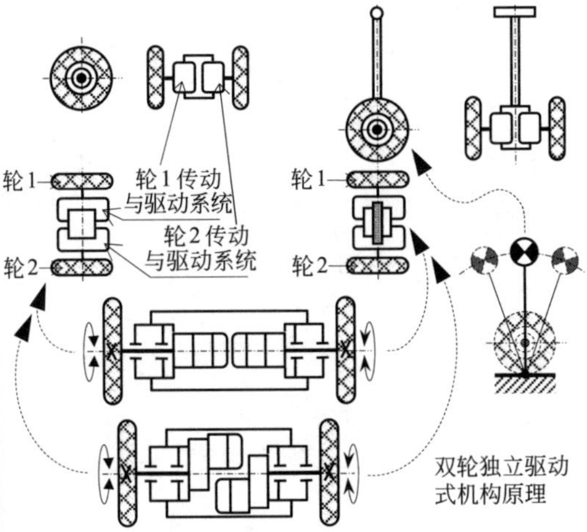 轮1 传动 与驱动系统 轮2 传动 与驱动系统 轮1 轮2 双轮独立驱动 式机构原理	双轮各有独自传动与驱动系统的轮式移动机器人 (1)由两个原动机驱动的轮子转动的角位移或角速度差实现转向运动,两轮速度同步则为行进运动 (2)有低车体式和倒立摆式两种,如左图所示 (3)还可分成同轴式(电动机、减速器轴线与轮轴线同轴)和偏置式(电动机、减速器轴线与轮轴线不同轴)两种,如下两图所示 (4)如果将车体的质心、惯性轴线恰好设计或控制在车轮轴线上,则理论上可实现双轮机器人直立而不发生倾倒 (5)需要由双轮各自速度传感器和驱动、控制系统来实现双轮的差速与同步,其性能取决于传感、电控操控及驱动系统
		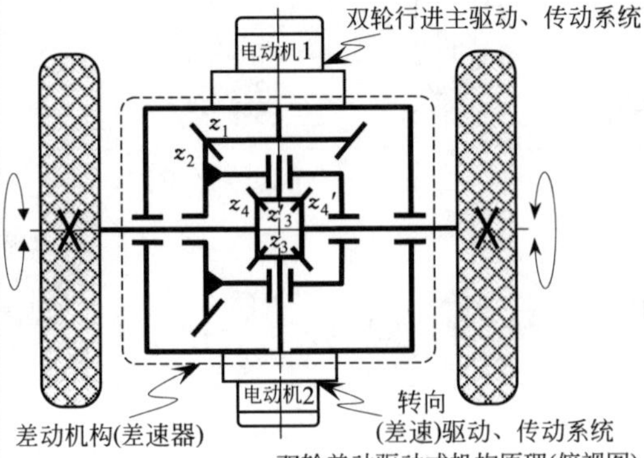 双轮行进主驱动、传动系统 电动机1 z_1 z_2 z_4 z_4 z_3 z_3 电动机2 差动机构(差速器) 转向 (差速)驱动、传动系统 双轮差动驱动式机构原理(俯视图)	由转向操控机构操控与差动轮系驱动双轮的轮式移动机器人 (1)由一台原动机直接驱动或经由机械传动系统(减速器)将运动和动力传递给两个轮子,直行时两个轮子转速相同,转弯时由转向操纵机构(类似于汽车方向盘之类的操纵机构)操纵差速器使两个轮子产生转速差从而实现转向 (2)与双轮独立驱动式相比,机械系统因增加了差动机构而变得复杂,但两轮同步或差速是由机械系统中的机构来实现和保证的,差速性能可靠,稳定性好

序号	轮式机器人类型名称	机构原理构型	机构原理、特点说明
3	三轮移动机器人	(a)　(b)　(c) 1,2—主动轮； 3—转向操纵轮； 4—原动机-传动系统； 5—差动机构 1,2—主动轮；驱动-传动系统； 3—从动轮(脚轮)； 4—驱动及传动系统 1,2—从动轮； 3—主动轮驱动-转向操纵轮； 4—驱动及传动系统 前轮轴线与后轮轴线垂直时车体不能正常前行的奇异构形 (d) 1,2,3-全方位轮(或麦克纳姆轮)及其主动驱动-传动系统； 4',4'',4'''-主动驱动-传动系统	差动驱动、操纵式三轮移动机器人 （1）双轮差动驱动式[图(a)]：双轮由一个原动机驱动-传动系统＋差动机构实现行走与转向，第 3 轮为非主动驱动的从动轮(脚轮) （2）双轮独立驱动式[图(b)]：双轮各由一个原动机驱动-传动系统驱动，转向由两者驱动系统的速度差实现。第 3 个轮为非主动驱动的从动轮(脚轮)，只起稳定支撑作用 （3）前轮转向操纵＋单前轮驱动式，如图(c)所示 这三类三轮移动机器人的缺点： 如图(d)所示，当前轮轴线与后轮轴线垂直时，车体皆不能前行或正常前行，即发生理论上的奇异现象 全方位三轮移动机器人 （1）三轮呈等间隔 120° 均布结构形式。角分线为轮轴线 （2）车轮有全方位轮、麦克纳姆轮、球形轮 （3）可实现原地 360° 回转，可实现任意方位行进

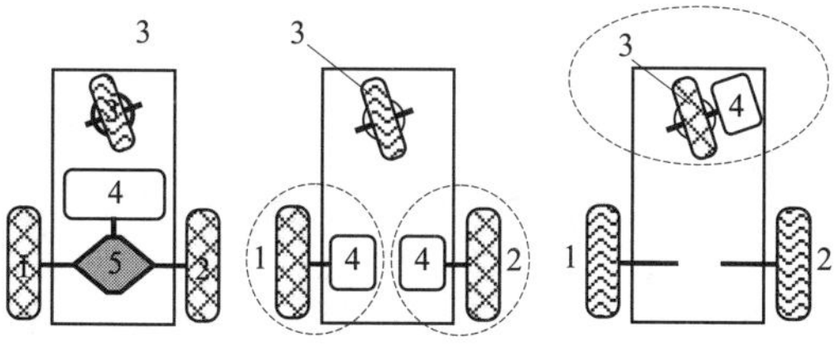

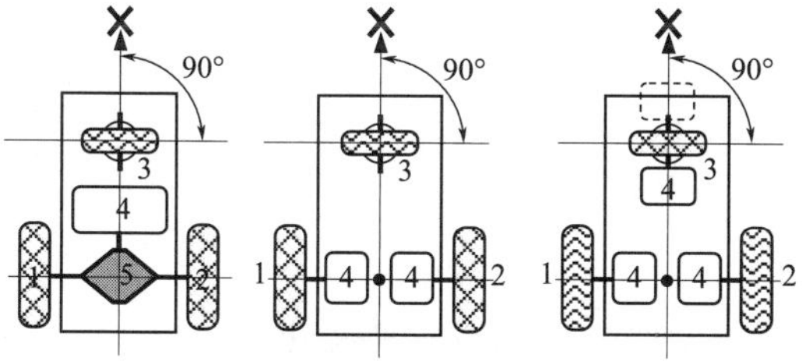

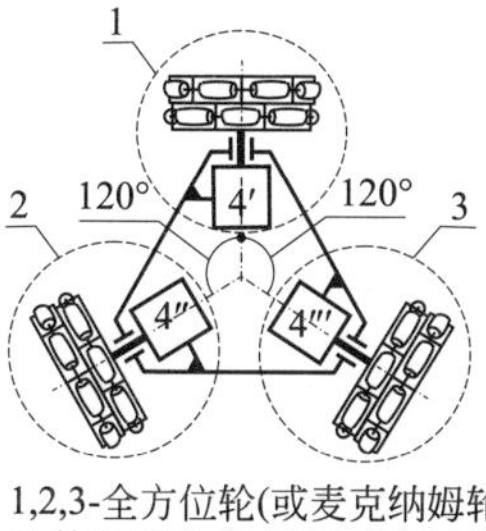

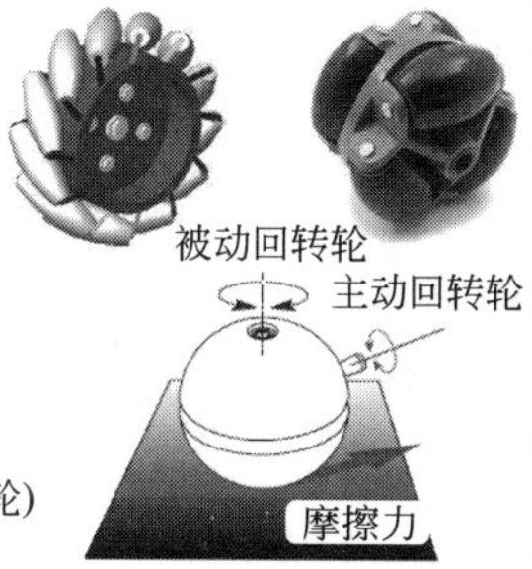

序号	轮式机器人类型名称	机构原理构型	机构原理、特点说明
4	四轮移动机器人	 1,2-主动轮；3,4-从动轮(受转向操纵机构7操纵)；5-原动机-传动系统；6-差动机构(差速器)；7-转向操纵机 两种常用的转向操纵机构 平行四连杆机构 Rudolph Ackrman (鲁道夫·阿克曼)连杆机构	四轮移动机器人按轮类型、主从动轮、转向操纵等的布置形式不同可分为很多种 后轮差速驱动式四轮移动机器人： (1)两前轮为从动轮，在转向操纵机构操纵下转向 (2)常用的转向操纵机构有两种：平行四连杆机构；鲁道夫·阿克曼(Rudolph Ackrman)连杆机构，即通常在汽车行业俗称的"阿克曼"转向机构 (3)两后轮为主动轮，由原动机驱动经传动系统再经差速器实现行走
		 两种常用的转向操纵机构 (1) 平行四连杆机构； (2) rudolph ackman连杆机构 1,2—主动轮(受转向操纵机构7操纵)；3,4—从动轮；5—原动机-传动系统；6—差动机构(差速器)；7—转向操纵机构	前轮转向操纵-差速驱动式四轮移动机器人： (1)两前轮为主动轮且为转向操纵轮，由一台原动机驱动 (2)两前轮由原动机经传动装置再经差速器驱动 (3)转向操纵机构可采用平行四连杆机构或鲁道夫·阿克曼连杆机构 (4)后两轮为从动轮
		 两种常用的转向操纵机构 (1) 平行四连杆机构 (2) rudolph ackman连杆机构 1~4—主动轮(受转向操纵机构7,7'操纵)；5—原动机-传动系统；6,6'-差动机构(差速器)；7,7'—转向操纵机构	四轮联合驱动式轮式移动机器人： (1)一台原动机驱动四个车轮的联合驱动式轮式机器人 (2)前轮、后轮皆为驱动轮；且同时分别为转向操纵轮 (3)前后轮皆由原动机经前后向传动系统和前后差速器分别驱动

续表

序号	轮式机器人类型名称	机构原理构型	机构原理、特点说明
4	四轮移动机器人	◆平面上行走的四轮移动机器人前后两节车体连接机构 ◆三维曲面上行走的四轮移动机器人中连接前后两节车体的万向铰链机构 1~4—主动轮；5—原动机-传动系统；6,6′—差动机构(差速器)；7—转向操纵机构；8—万向联轴节机构	四轮联合驱动-前后两节车体轮式移动机器人： (1)前后四轮皆由一台原动机驱动 (2)前后两节车体通过万向铰链机构连接，且原动机经传动系统分别再经前后差速器将动力分别传递给前后轮。其中，驱动前轮的传动系统需经过万向铰链和转向操纵机构，将动力传递给前轮 (3)转向操纵机构位于两节车体连接处 (4)可看作两台有差速器的双轮车连成
		1,2—主动轮；5,5′—原动机-传动系统；3,4—从动轮	两轮独立驱动式四轮移动机器人： (1)四轮中两个轮皆为主动轮，分别由各自的原动机-传动系统独立驱动；另外两个轮为从动轮，即被动运动的浮动轮 (2)转向由控制系统控制两个原动机的速度差来实现
		1~4—主动轮；5,5′,5″,5‴—原动机-传动系统.	全四轮驱动式轮式移动机器人： (1)四个轮皆由各自独立的原动机和传动系统驱动；转向由前轮、后轮以及前后轮的速度差来实现 (2)四轮行进、转向自动控制系统

序号	轮式机器人 类型名称	机构原理构型	机构原理、特点说明
4	四轮移动 机器人	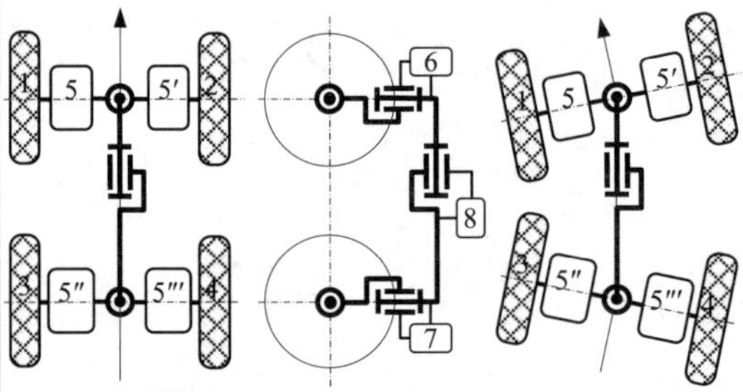 1~4—主动轮； 5,5',5",5"',6~8—原动机-传动系统.	可适应地面形貌的全四轮驱动轮式移动机器人： （1）四个轮皆由各自独立的原动机和传动系统驱动 （2）转向及转向速度由前轮、后轮以及前后轮的速度差来实现 （3）轮间速度差由控制系统控制 （4）有前轮转向、后轮转向、前后车身绕车身纵轴相对扭拧的原动机驱动系统，如左图所示 （5）采用自动控制技术 （6）前、后轮可适应地面落差、倾斜、台阶等路面
		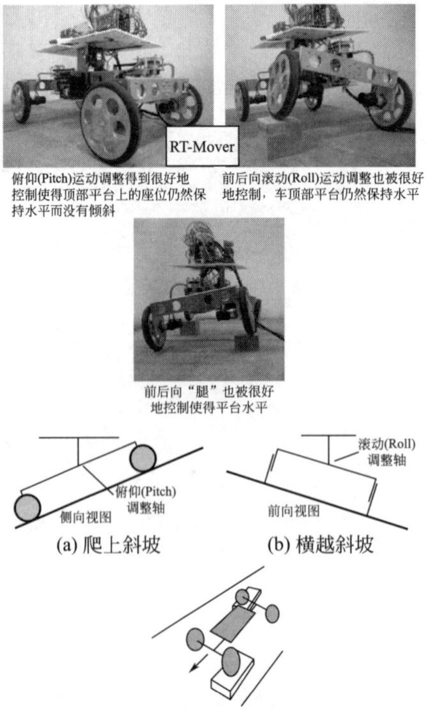	可适应地面形貌的全四轮驱动轮式移动机器人实例"RT-Mover"（日本，千叶工业大学，2009年）： （1）机构原理同前述，由Shuro Nakajima[7]提出并进行原型样机跨台阶越障试验 （2）通过三轮着地（另外一轮越障抬起），即使有台阶也可使车体平台始终保持水平姿态。若要任一轮抬起都能保持平台水平姿势不变，需平台增设一个绕车身纵向轴的回转副

RT-Mover

俯仰(Pitch)运动调整得到很好地控制使得顶部平台上的座位仍然保持水平而没有倾斜　　前后向滚动(Roll)运动调整也被很好地控制，车顶部平台仍然保持水平

前后向"腿"也被很好地控制使得平台水平

滚动(Roll)调整轴

俯仰(Pitch)调整轴

(a) 爬上斜坡　　　　(b) 横越斜坡

(c) 跨越随机障碍物

续表

序号	轮式机器人类型名称	机构原理构型	机构原理、特点说明
4	四轮移动机器人	 主视图　　　　　侧视图 1~4—主动轮，星球探测车轮；m_1~m_4—各主动轮行走动机驱动-传动系统；m_5~m_8—各主动轮转向原动机驱动-传动系统；m_9，m_{10}—车身两侧前后轮臂臂杆$l_1(l_2)$、$l_3(l_4)$间相对转动原动机驱动-传动系统. 美国JPL于1999年研制的SRR月面采样四轮探测车	双侧摇臂四驱轮式移动机器人(MIT,1999)： 美国MIT与喷气推进实验室(JPL, Jet Propulsuon Laboratory)于1999年为在崎岖地形实现轮式移动而提出的一种双侧摇臂四驱轮式移动机构，并研制了SRR月面采样探测车[8,9]。其特点是： (1)车身两侧的摇臂可产生不同的前后轮臂臂杆夹角以适应崎岖路面或岩石、段差路面 (2)前后轮臂皆采用平行四连杆机构，以保持前后轮臂臂杆竖直且互相平行 (3)车体上搭载机械臂，用于星球表面土壤采样操作 (4)车轮可用星球探测车轮
		 MIT于2007年设计的基于ASOC单元轮模块的四轮移动机器人[10,11]	基于ASOC单元轮(主动驱动偏置中分轮)驱动的全方位四轮移动机器人(MIT,2007年)[10,11]： (1)以ASOC单元轮模块为核心，进行模块化组合式设计高性能全方位轮式移动机器人 (2)轮臂采用了平行四连杆机构 (3)面向崎岖不平整野外路面 (4)当$L_{分离}/L_{偏置}=2.0$时，在平面崎岖路径上全方位方向移动能力相同，具有各向同性；当在凸凹不平的崎岖路面上移动时，期望较大的比值，并且该比值越大，各向同性退化程度越小。这表明：设计上增大$L_{分离}/L_{偏置}$的比值可以获得更好的各向同性，且各向同性与轮半径无关

序号	轮式机器人类型名称	机构原理构型	机构原理、特点说明
4	四轮移动机器人	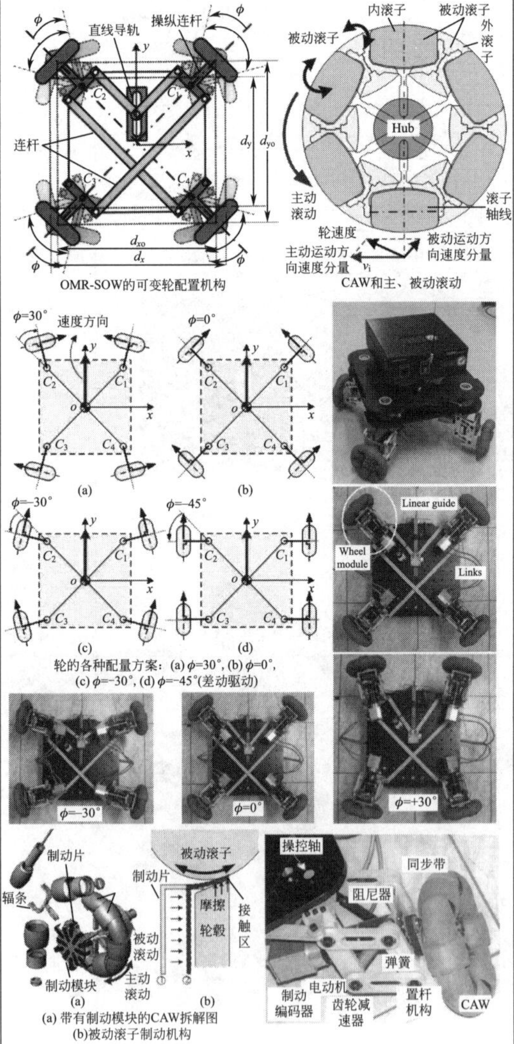 OMR-SOW 的可变轮配置机构 CAW和主、被动滚动 轮的各种配置方案: (a)$\phi=30°$, (b)$\phi=0°$, (c)$\phi=-30°$, (d)$\phi=-45°$(差动驱动) (a)带有制动模块的CAW拆解图 (b)被动滚子制动机构	具有连续可变操纵全方位轮机构 CVT 的四轮移动机器人"OMR-SOW"(OMR-SOW, the Omnidirectional Mobile Robot with Steerable Omnidirectional Wheels)(韩国,韩国大学,2002 ～ 2009年)[12～14]: (1)该机器人有可操纵的四个主动全方位轮,相应于驱动条件,可以形成不同的驱动模式。该机器人具有全方位运动所需的 3 自由度运动和 1 个可以操纵其连续可变操纵传动(Continuously Variable Transmission,CVT)机构的自由度,总共有 4 个自由度(2个自由度用来行进,1 个自由度用来转向,1 个自由度用来操纵四个轮的配置方位,如左中图的示意图和其周围照片所示)。CVT 可在±45°摆角范围内来操纵各轮姿态角 ϕ,CVT 的作用和功能是通过增加轮速以提高机器人的速率范围,来提高机器人的操作效率。不同的驱动模式可以得到比通常的全方位驱动模式更高的移动效率 (2)该机器人轮臂机构、底盘悬架机构均采用了如左图中所示的四连杆机构来调整四个全方位轮之间的不同相对姿态角配置方案以得到不同的驱动模式,以及通过调整轮臂上平行四连杆机构和弹簧来得到轮距离地面高低的不同位置 (3)主驱动轮(CAW)有制动模式,并且主动全方位轮轮外圆周上沿周向排列有绕轮周正多边形的边滚动的从动滚子

序号	轮式机器人 类型名称	机构原理构型	机构原理、特点说明
4	四轮移动 机器人	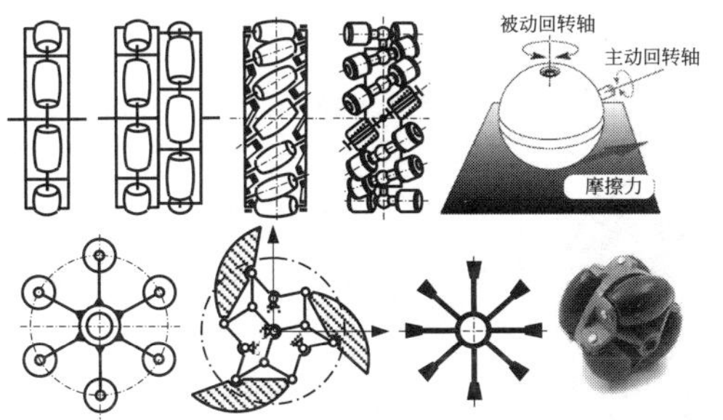 被动回转轴　主动回转轴　摩擦力	四轮移动机器人常用的车轮： (1)盘形轮,脚轮,柱形轮,鼓形轮 (2)各种万向轮 (3)各种全方位轮 (4)麦克纳姆轮 (5)球形轮 (6)星形轮 (7)辐条轮 (8)可折叠可变轮径的翅形轮 (9)可变刚度的星球探测车轮 (10)ASOC轮等
5	五轮移动 机器人	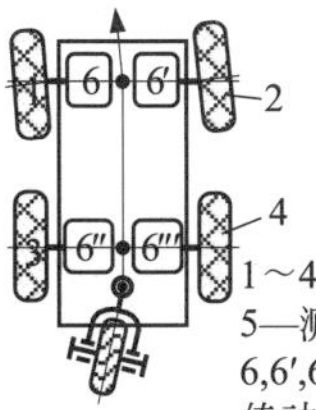 1～4—主动轮; 5—测程脚轮; 6,6',6",6'''—原动机-传动系统  The monitored mobile robot, MORCS-1	四主动轮一脚轮的五轮移动机器人： (1)四个主动轮皆各由一套原动机(带位置/速度传感器电动机)和传动系统驱动 (2)通过一个带有位置传感器的从动轮(脚轮)来测行程 (3)五轮移动机器人实例:中南大学蔡自兴院士等人研制的用于周围环境状态检测用的机器人MORCS-1[15],如左图的实物照片所示
		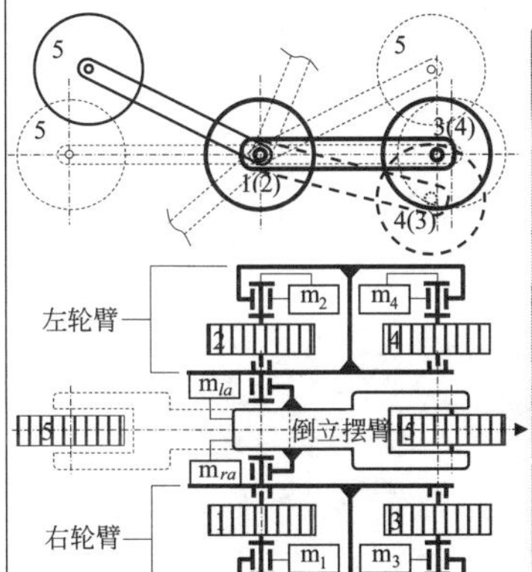 左轮臂　m_2　m_4 m_{la} 倒立摆臂 m_{ra} 右轮臂　m_1　m_3 1～4—主动轮;5—主动轮或脚轮; m_1～m_4,m_{la},m_{ra}—原动机-传动系统 	可变结构的五轮移动机器人(日本)： (1)有四个主驱动轮和一个脚轮 (2)机构由倒立摆臂、左轮臂、右轮臂、四个主动轮、一个脚轮组成。四个主驱动用电动机及其传动系统分别为右轮、右轮臂、左轮、左轮臂提供主动驱动 (3)可变结构形式:四轮着地、五轮着地车、两轮倒立摆三种结构形态。可爬台阶、越障以及在凸凹不平路面行走 (4)2006年由日本Ibaraki University与电气通信大学提出并研制出"HANZO"可变结构五轮车(如左图照片所示)[16]

续表

序号	轮式机器人类型名称	机构原理构型	机构原理、特点说明
5	五轮移动机器人	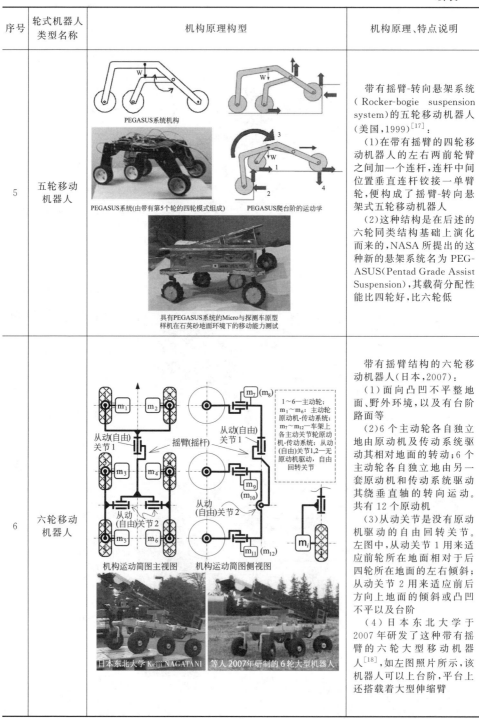	带有摇臂-转向悬架系统（Rocker-bogie suspension system）的五轮移动机器人（美国，1999）[17]： （1）在带有摇臂的四轮移动机器人的左右两前轮臂之间加一个连杆，连杆中间位置垂直连杆铰接一单臂轮，便构成了摇臂-转向悬架式五轮移动机器人 （2）这种结构是在后述的六轮同类结构基础上演化而来的，NASA所提出的这种新的悬架系统名为PEGASUS（Pentad Grade Assist Suspension），其载荷分配性能比四轮好，比六轮低
6	六轮移动机器人		带有摇臂结构的六轮移动机器人（日本，2007）： （1）面向凸凹不平整地面、野外环境，以及有台阶路面等 （2）6个主动轮各自独立地由原动机及传动系统驱动其相对地面的转动；6个主动轮各自独立地由另一套原动机和传动系统驱动其绕垂直轴的转向运动。共有12个原动机 （3）从动关节是没有原动机驱动的自由回转关节。左图中，从动关节1用来适应前轮所在地面相对于后四轮所在地面的左右倾斜；从动关节2用来适应前后方向上地面的倾斜或凸凹不平以及台阶 （4）日本东北大学于2007年研发了这种带有摇臂的六轮大型移动机器人[18]，如左图照片所示，该机器人可以上台阶，平台上还搭载着大型伸缩臂

续表

序号	轮式机器人 类型名称	机构原理构型	机构原理、特点说明
6	六轮移动 机器人

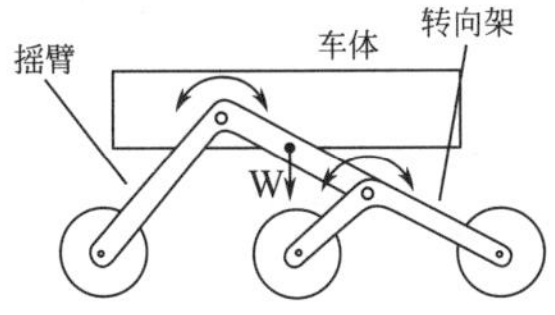

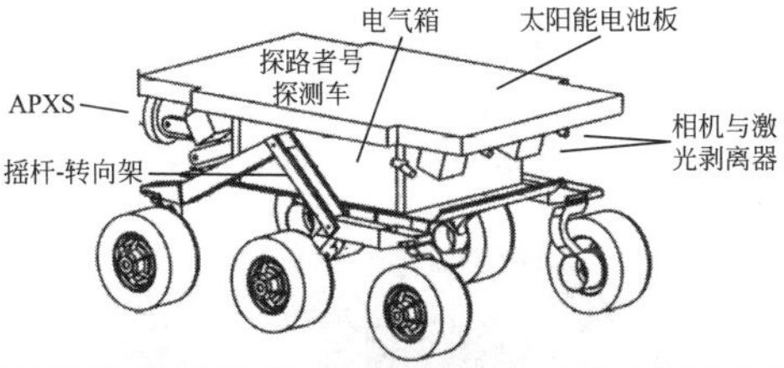

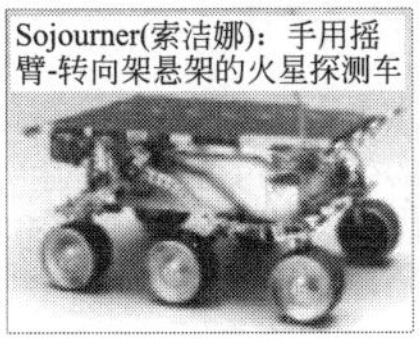

Sojourner(索洁娜)： 手用摇臂-转向架悬架的火星探测车

摇臂-转向架式悬架系统 | 带有摇臂-转向悬架系统（Rocker-bogie suspension system）的五轮移动机器人（美国，1995～1997）：
（1）在带有摇臂的四轮移动机器人的左右两侧前轮，各用一个带有两轮且类似摇臂的小摇臂替代，便构成了摇臂-转向悬架式六轮移动机器人
（2）这种结构是由1995～1997年NASA开发的[19]。目的是提高载荷分配性能，并因此而得到前述所言的五轮摇臂-转向悬架机构
（3）美国1996年12月发送的探路者号搭载六轮火星探测车（Mars Pathfinder Rover）上所用六轮移动机构构型[20,21] |
| | |

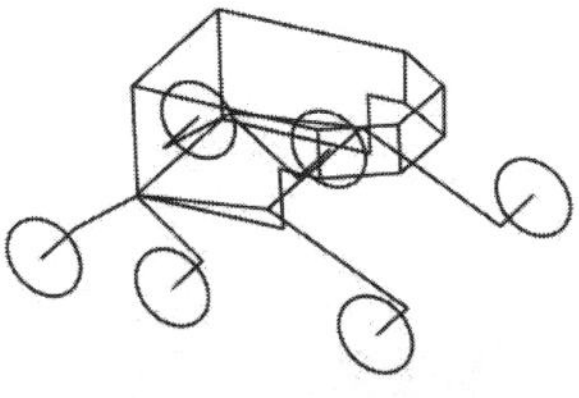

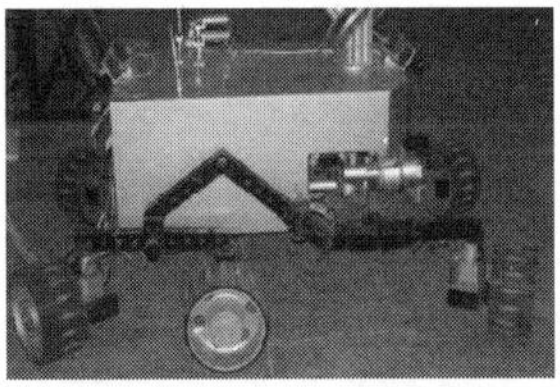

沈阳自动化研究所6轮移动机器人机构构型与原型样机[22] | 中国科学院沈阳自动化研究所的六轮移动机器人（2008年）：
（1）其六轮移动机构型如左图，属于前述的NASA摇臂-转向悬架机构类型。面向星球探测，属于星球探测车一类
（2）六轮独立驱动，通过从动柔顺机构连接车体，四个独立驱动的转向操纵轮分别位于前后。机器人上搭载轮编码器和低成本惯性测量单元IMU（Inertial Measurement Unit）[22] |

序号	轮式机器人类型名称	机构原理构型	机构原理、特点说明
6	六轮移动机器人	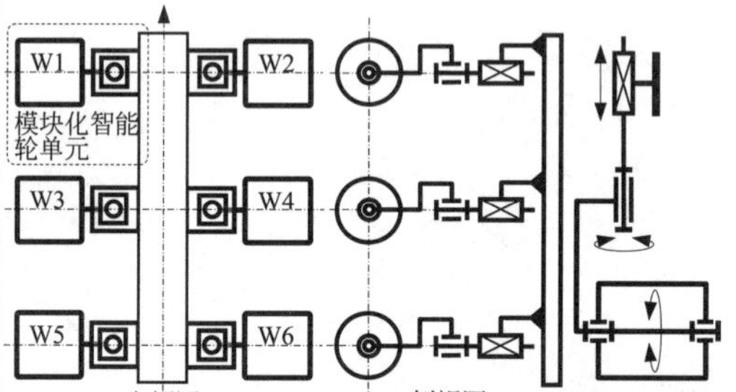 六轮全方位车机构运动简图 W1~W6为全方位智能轮单元模块。 模块化智能轮单元机构简图 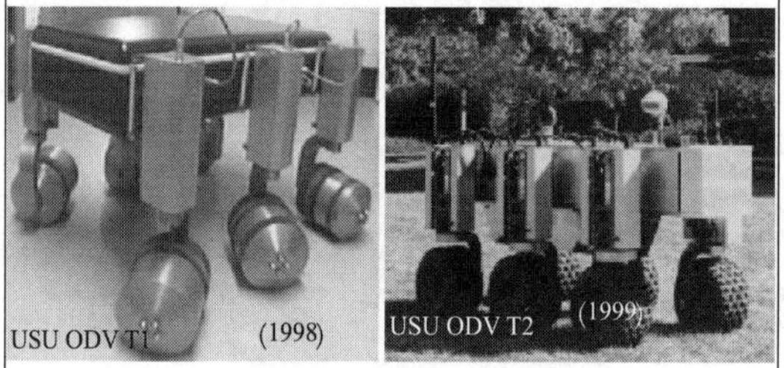 USU ODV 六轮全方位自治车[23~25]	基于全方位智能轮的模块化组合式六轮全方位自治移动机器人(美国,1999~2000 年): (1)如左图中机构简图所示的伸缩腿式 3 自由度全方位智能轮模块 (2)由 6 个智能轮组合设计而成 (3)靠轮腿的伸缩式运动来适应崎岖、凸凹路面,以及维持车体姿势 (4)美国犹他州立大学(USU)1998、1999 年基于模块化智能轮组合设计、研制的三个型号的六轮全方位轮式移动机器人(ODV T1~ODV T3)[23~25] (5)USU 还利用这种智能轮模块组合了三轮、四轮 ODV 机器人[24]
		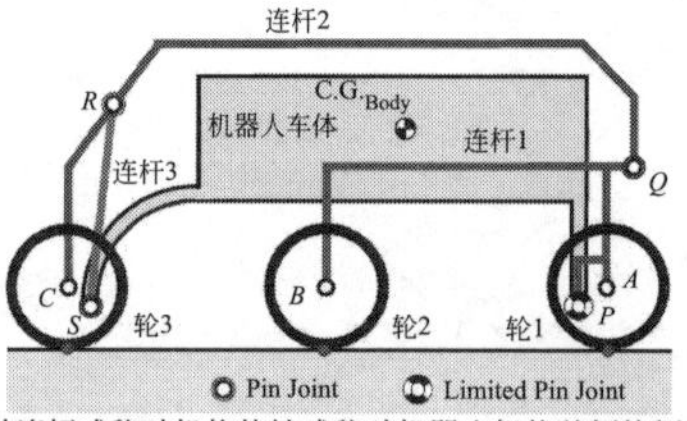 有从动连杆式移动机构的轮式移动机器人机构单侧的侧面图 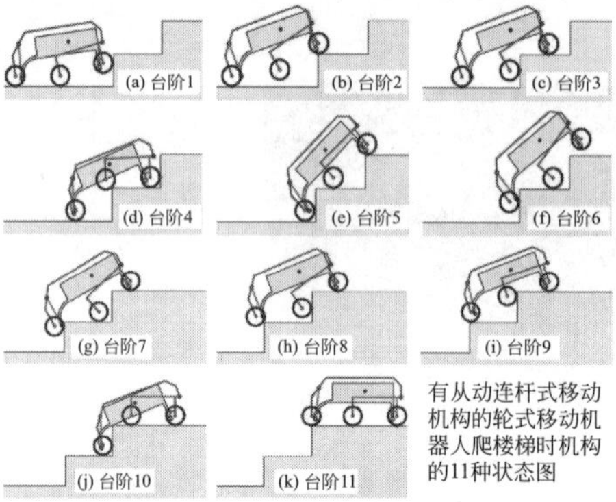 有从动连杆式移动机构的轮式移动机器人爬楼梯时机构的11种状态图	有从动连杆移动机构的六轮移动机器人(韩国,2007): (1)机构原理:该六轮移动机器人沿体长方向为左右对称结构,左右两侧各有 3 个主动驱动轮,单侧机构采用如左图所示的四连杆机构。驱动轮 1 和 2 内接连杆 1,连杆 1 可以绕着销轴 P 相对车体(Robot Body)转动;驱动轮 3 连接在杆件 2 上,杆件 2 通过销轴 Q 连接在杆件 1 上,为使车体稳定,杆件 3 通过销轴 R 和 S 连接在车体和杆件 2 之间。因此,杆件 1,2,3 与车体形成了只有一个自由度的 4 连杆机构

续表

序号	轮式机器人类型名称	机构原理构型	机构原理、特点说明
		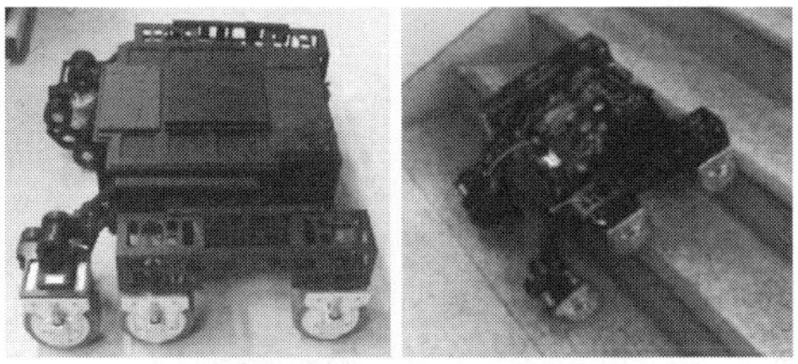 有从动连杆式移动机构的轮式移动机器人原型样机及其爬楼梯照片[26]	（2）各个驱动轮内置扁平电动机和谐波齿轮减速器 （3）可越障、爬楼梯、台阶。爬楼梯时可以有如左图所示的 11 种荐用的机构构形[26] （4）左图为韩国尖端科学技术研究院（KAIST，Korea Advanced Institute of Science and Technology）于 2007 年提出并研发的一种新型六轮移动机器人机构，可以爬最高可达轮半径 3 倍高度的台阶或楼梯
6	六轮移动机器人	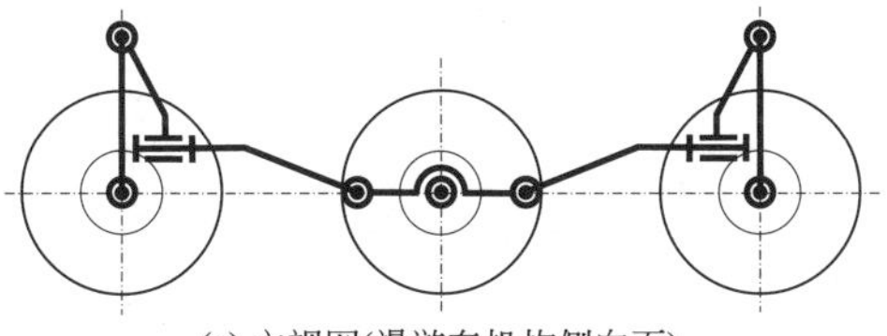 (a) 主视图(漫游车机构侧向面) 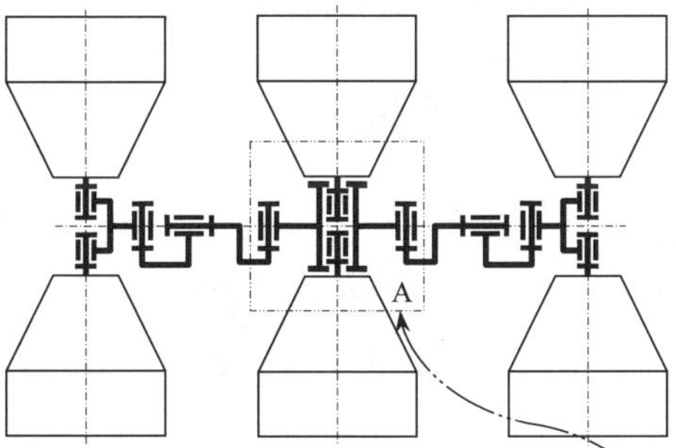 (b) 俯视图 六圆柱-圆锥轮式漫游车机构原理图  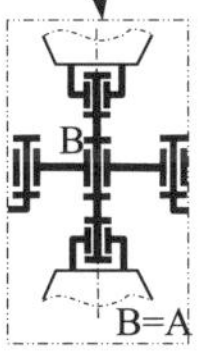 六圆柱-圆锥轮式漫游车原型样机(哈工大，2006年)[27]	六圆柱-圆锥轮漫游车（哈工大，2006）[27]： 机构原理：采用三节串联式悬架机构，每节具有一对独立的圆柱-圆锥轮。相邻两节之间均由具有俯仰、扭转、前后摆动三个自由度的空间悬架结构连接，其中俯仰关节设有驱动电动机、减速器和离合器；前后摆动关节设有驱动电动机、减速器和制动器；扭转关节设有离合器。当俯仰关节和扭转关节离合器处于释放状态时，俯仰、扭转关节均为自由状态，悬架形态能够产生被动变化适应地形；离合器处于接合状态时，三节可以锁定为一体，也可在电动机驱动下实现主动俯仰运动；前后摆动关节则在制动器或电动机驱动下实现锁定或摆动运动

序号	轮式机器人 类型名称	机构原理构型	机构原理、特点说明
6	六轮移动 机器人	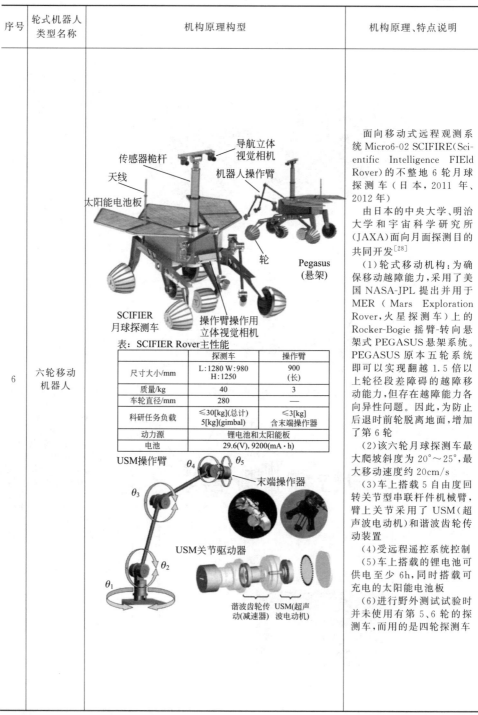	面向移动式远程观测系统 Micro6-02 SCIFIRE(Scientific Intelligence FIEld Rover) 的不整地 6 轮月球探测车（日本，2011 年、2012 年） 由日本的中央大学、明治大学和宇宙科学研究所(JAXA)面向月面探测目的的共同开发[28] （1）轮式移动机构：为确保移动越障能力，采用了美国 NASA-JPL 提出并用于 MER（Mars Exploration Rover，火星探测车）上的 Rocker-Bogie 摇臂-转向架式 PEGASUS 悬架系统。PEGASUS 原本五轮系统即可以实现翻越 1.5 倍以上轮径段差障碍的越障移动能力，但存在越障能力各向异性问题。因此，为防止后退时前轮脱离地面，增加了第 6 轮 （2）该六轮月球探测车最大爬坡斜度为 20°～25°，最大移动速度约 20cm/s （3）车上搭载 5 自由度回转关节型串联杆件机械臂，臂上关节采用了 USM（超声波电动机）和谐波齿轮传动装置 （4）受远程遥控系统控制 （5）车上搭载的锂电池可供电至少 6h，同时搭载可充电的太阳能电池板 （6）进行野外测试试验时并未使用有第 5、6 轮的探测车，而用的是四轮探测车

图中标注：导航立体视觉相机、传感器桅杆、机器人操作臂、天线、太阳能电池板、轮、Pegasus（悬架）、SCIFIER 月球探测车、操作臂操作用立体视觉相机、USM操作臂、末端操作器、USM关节驱动器、谐波齿轮传动(减速器)、USM(超声波电动机)、θ_1、θ_2、θ_3、θ_4、θ_5

表：SCIFIER Rover主性能

	探测车	操作臂
尺寸大小/mm	L:1280 W:980 H:1250	900（长）
质量/kg	40	3
车轮直径/mm	280	
科研任务负载	≤30[kg](总计) 5[kg](gimbal)	≤3[kg] 含末端操作器
动力源	锂电池和太阳能板	
电池	29.6(V), 9200(mA·h)	

序号	轮式机器人类型名称	机构原理构型	机构原理、特点说明
6	六轮移动机器人	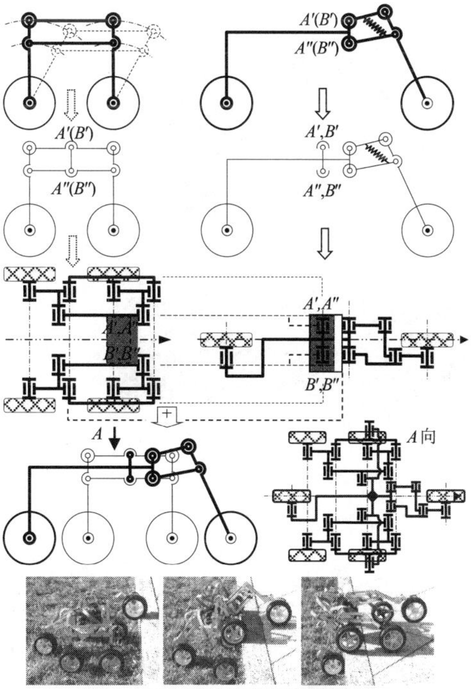 爬一个22cm高台阶的过程的视频截图(台阶高为轮直径的2倍)	一种两轮悬架机构与四轮悬架机构并联且可扩展爬行能力的六轮空间探测车新机构(瑞士,2000年): (1)6轮移动机器人机构原理:瑞士 EPFL(Swiss Federal Institute of Technology Lausann,Switzerland)机器人系统研究所(Institute of Robotics System)的 T.Estier 等人于 2000 年提出的一种新机构。其机构原理是由左右轮臂皆为平行四连杆机的四轮机器人与一个四连杆机构的两轮移动机器人并行连接在一起构成六轮机器人,如左图所示 (2)当轮与地面有大间隙时,装有弹簧的前轮悬架可以为 6 个主动轮提供一个非超静定(Non-hyperstatic Configration)的构形。如此,可保证整车具有最大稳定性、自适应能力以及优良的行走能力 (3)机器人原型样机及实验结果:整车长 60cm,前后高度分别为 23cm、15cm。能够爬越 2 倍车轮直径高度(22cm)的阶梯。该机构可以保证 6 个主动轮始终能够与最小半径为 30cm 的凹曲面和最小半径为 35cm 的凸曲面接触[29]

序号	轮式机器人类型名称	机构原理构型	机构原理、特点说明
7	七轮移动机器人	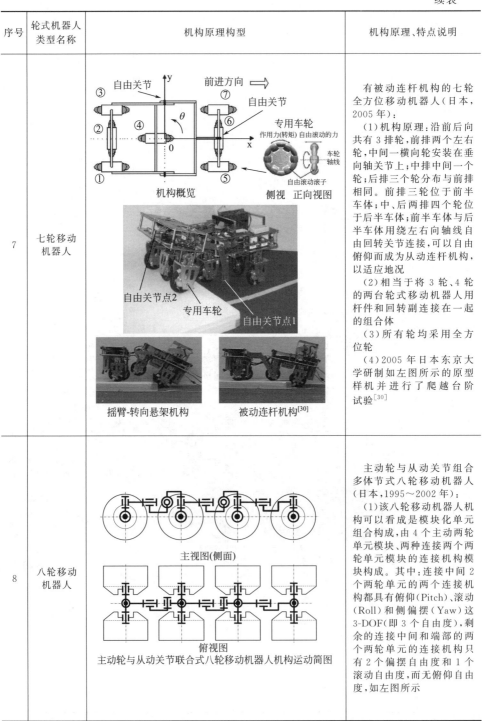 机构概览　　侧视　正向视图 自由关节点2　专用车轮　自由关节点1 摇臂-转向悬架机构　　被动连杆机构[30]	有被动连杆机构的七轮全方位移动机器人(日本,2005年): (1)机构原理:沿前后向共有3排轮,前排两个左右轮,中间一横向轮安装在垂向轴关节上;中排中间一个轮;后排三个轮分布与前排相同。前排三轮位于前半车体;中、后两排四个轮位于后半车体;前半车体与后半车体用绕左右向轴线自由回转关节连接,可以自由俯仰而成为从动连杆机构,以适应地况 (2)相当于将3轮、4轮的两台轮式移动机器人用杆件和回转副连接在一起的组合体 (3)所有轮均采用全方位轮 (4)2005年日本东京大学研制如左图所示的原型样机并进行了爬越台阶试验[30]
8	八轮移动机器人	主视图(侧面) 俯视图 主动轮与从动关节联合式八轮移动机器人机构运动简图	主动轮与从动关节组合多体节式八轮移动机器人(日本,1995～2002年): (1)该八轮移动机器人机构可以看成是模块化单元组合构成,由4个主动两轮单元模块、两种连接两个两轮单元模块的连接机构模块构成。其中:连接中间2个两轮单元的两个连接机构都具有俯仰(Pitch)、滚动(Roll)和侧偏摆(Yaw)这3-DOF(即3个自由度),剩余的连接中间和端部的两个两轮单元的连接机构只有2个偏摆自由度和1个滚动自由度,而无俯仰自由度,如左图所示

续表

序号	轮式机器人类型名称	机构原理构型	机构原理、特点说明
8	八轮移动机器人	日本TIT广赖茂男教授研制的Genbu3型八轮移动机器人及其试验照片[31] Lunokhod：八轮月球漫游车（俄罗斯）[32]	（2）所有连接机构的自由度都是被动的,用来适应崎岖,凸凹不平的路面 （3）日本东京工业大学（TIT）的广赖茂男教授于1995年、1997年、2002年先后设计、研发了Genbu1,2,3型八轮移动机器人[31] Lunokhod：八轮月球漫游车（俄罗斯）[32]
9	蛇形轮式移动机器人及管内轮式移动机器人	 ACM-Ⅲ(1972) ACM-R3 21节单元模型(2001)	多节两轮车首尾相连的轮式自治移动机器人（日本,1972～1993年）[33]： （1）最早的轮式移动蛇形机器人是1972年日本东京工业大学广赖茂男研制的ACM（Active Cord Mechanism）蛇形机器人,它像一列多节车厢的列车一样,不同的是每节车厢都有独立的电动机驱动主动轮。有ACM-Ⅰ,Ⅱ,Ⅲ,R3,R5等多个型号,如左图所示 （2）每节2轮车上都搭载电源（DC电池）、作为主控器的单片机、伺服电动机驱动器等电控回路 （3）广赖茂男等人研制的轮式移动蛇形机器人实现了像蛇一样蜿蜒爬行、滚动、翻转、过台阶等移动功能

续表

序号	轮式机器人类型名称	机构原理构型	机构原理、特点说明
9	蛇形轮式移动机器人及管内轮式移动机器人	 德国多体节轮式移动机器人概念(1997)[34] 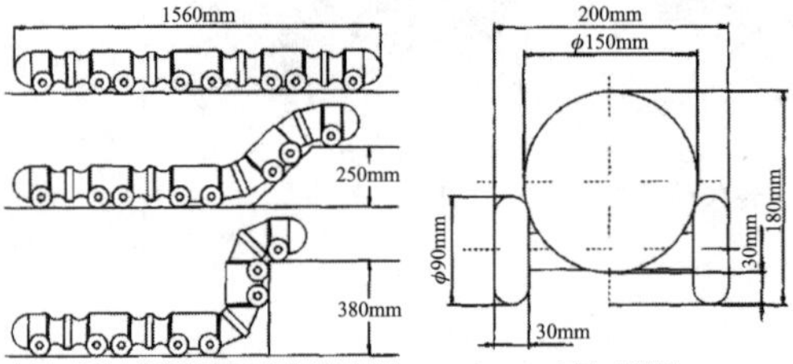 左图:机器人的总体尺寸和爬越台阶的能力　　右图:正视图 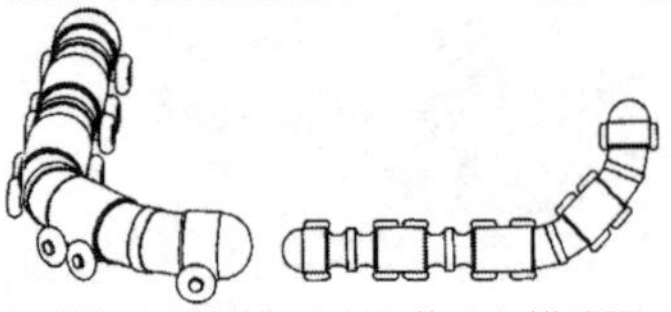 左图:转弯90°,两个关节相对弯曲成45°　　右图:转90°弯时的顶视图  左图:转180°弯,两个关节相对转弯90°　右图:转180°弯时的顶视图	多体节轮式自治移动机器人(德国,1997): (1)德国 Stefan Cordes 等人于 1997 年"提出"了与 1972 年日本广濑茂男提出的相同的多体节轮式移动机器人概念。所不同的是所提出的"概念"和所研制的机器人是面向管道内自治移动作业 (2)如左图所示[34],这种多体节的蛇形轮式机器人可以爬台阶、管内拐90°、180°的弯道。而且,其单元体节分为端头用单节两轮单元和两端头之间用单节四轮单元 (3)机器人本体上搭载动力源、驱动与控制系统、传感系统
			可适应管径变化的行星齿轮式车轮行走机构驱动原理的小口径管内轮式移动机器人(日本,2006 年): (1)行走机构原理:由小型伺服电动机驱动蜗杆,蜗杆转动驱动在其圆周方向均匀分布的 2~4 个蜗轮(如 A 向局部视图所示),每个蜗轮单侧或两侧面分别同轴固连着一个中心齿轮即行星轮系的太阳轮,每个蜗轮的轮轴上都铰接一个 L 形行星轮架(即系杆),L 形行星轮架的末端各安装一个或两个同轴车轮,车轮上同轴固连行星齿轮。蜗轮转动即中心齿轮转动,同时行星轮架绕着蜗轮即中心齿轮(太阳轮)轴线转动,行星轮架上的两个(或两对)

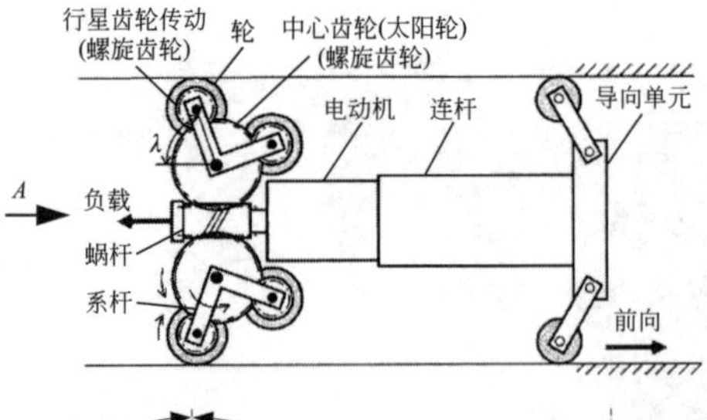

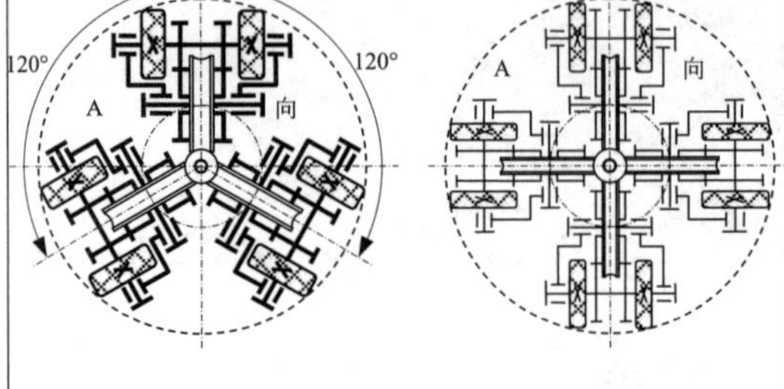

续表

序号	轮式机器人类型名称	机构原理构型	机构原理、特点说明
9	蛇形轮式移动机器人及管内轮式移动机器人	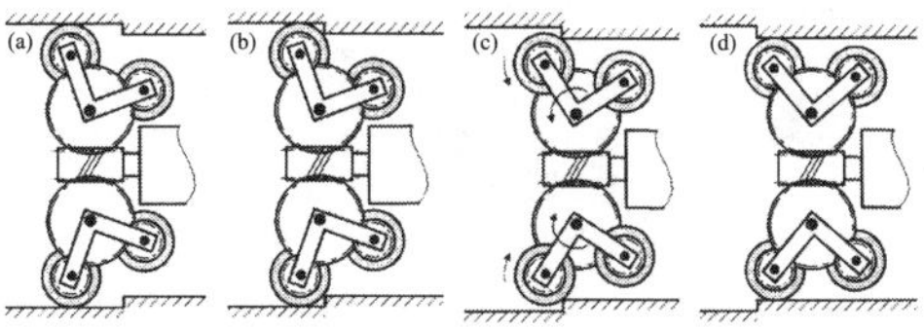 轮式驱动机构步进爬行过程的分解步骤 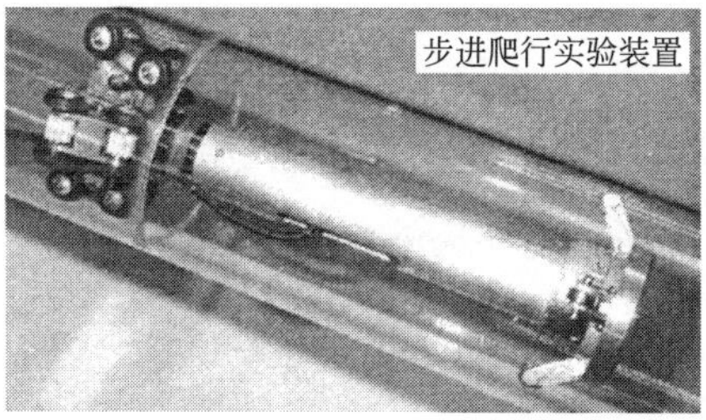 步进爬行实验装置	车轮随着行星轮架公转同时，车轮自转，紧贴着管壁的脚轮自转，驱动机器人在管内行走。各个蜗轮也即对应的行星轮系中心轮的轮轴应铰接在行走机构的壳体上（左图中没有画出），与蜗杆构成定中心距传动。一个蜗轮及与之同轴固连的中心齿轮、L形系杆、车轮及各自与之同轴固连的行星齿轮构成1个行星轮组 （2）通过车轮公转角度大小适应管道内径的变化且能够与管壁常时接触 （3）宫川丰美等人研制的适应管径变化的行星齿轮式行走机构驱动的小口径管内轮式移动机器人如左图照片所示[35,36]，在周向均布了四个行星齿轮式行走机构
		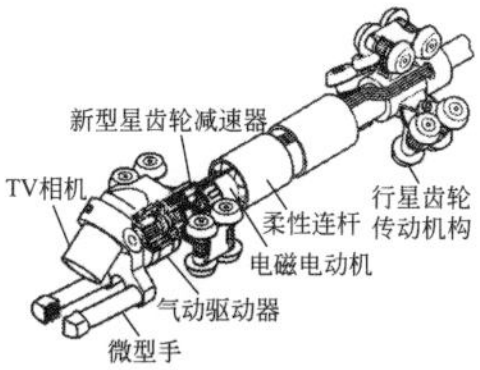 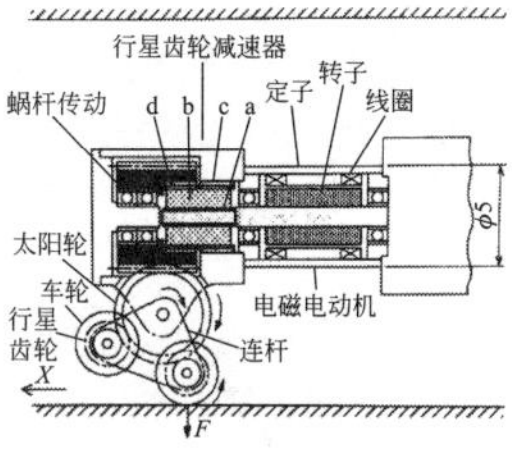   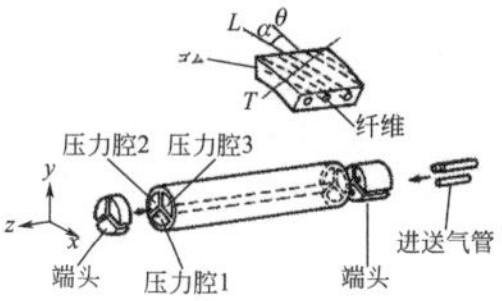	气动人工肌肉 FMA（Flexible microactuator）驱动的管内作业微小型轮式移动机器人（日本，铃森康一等人，1990～1992年，1997年）[37,38]： （1）2in 管内检测作业轮式移动机器人：外径44mm，长175mm，125g。移动机构由位于车身 FMA 两端的、由行星齿轮机构与车轮组构成的行星车轮机构与车轮行走单元构成。车轮组是以管道中心轴线为对称且呈放射状配置。前后各有4组由4个轮子组成的车轮组。这些车轮组一边被向管壁推压，车轮一边滚动，在管内行走。机器人本体上搭载驱动其行走单元的小型直流电动机、FMA、相机、照明设备等。如左上图所示 （2）1in 管内检测作业机器人：外径23mm，长110mm，重16g。移动机构原理基本与（1）相同

序号	轮式机器人类型名称	机构原理构型	机构原理、特点说明
10	模块化组合分布式轮式移动机器人（MWMRs，即 n 轮移动机器人）	作为模块化单元的单轮机器人[39]　　3个模块化单元组合体即3轮机器人[39] 分布式模块化单元群的可重构形态示例[39] 模块2　　　模块3　　　　模块3　　模块2 在 i_g 上的点3对接　　模块1＝i_g　模块1 模块4 静态稳定（MWMRs）非静态稳定 模块化轮式移动机器人的模块化组合示例	模块化分布式轮式移动机器人（澳大利亚，2012年）： （1）2012年澳大利亚UMIT的Christoph Gruber与Michael Hofbaur提出了可以任意数目个作为模块化单元的轮式移动机器人之间相互连接和分开的模块化分布式轮式移动机器人概念并研究了分布式构型[39] （2）作为模块化单元的是正六棱柱体车身底面安装主动车轮的单轮机器人，正六棱柱体车身的6个侧面都有机械接口，用于与其他模块化单元相接 （3）模块化单元聚合体具有可重构性。可重构、自重构的概念是1994年日本东京工业大学村田智提出来并研究的 （4）理论上可以由 n 个单元排列组合出许多不同构形的多轮移动机器人
		USU ODV T1 (1998) USU ODV T2 (1999) 基于智能轮模块的USU ODV六轮组合式全方位自治车	美国USU研发的基于全方位智能轮的模块化组合式三～六轮全方位自治移动机器人（1998～2000年）[23,24]

序号	轮式机器人类型名称	机构原理构型	机构原理、特点说明
10	模块化组合分布式轮式移动机器人（MWMRs，即 n 轮移动机器人）	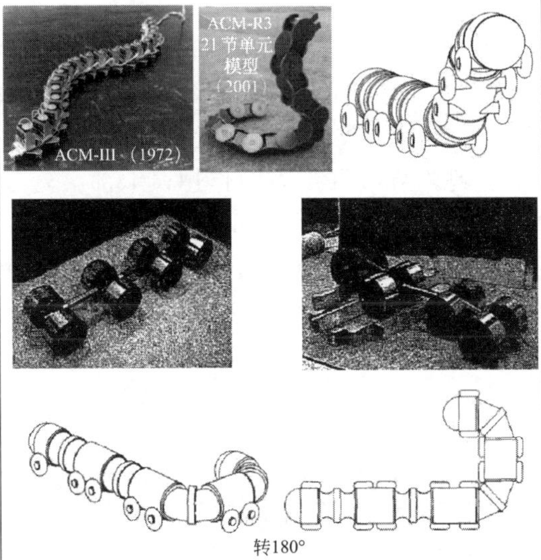 转180°	多体节轮式模块化组合式自治移动机器人： 德国 Stefan Cordes 等人于 1997 年"提出"并研制的、1972 年日本广濑茂男提出的多体节轮式移动机器人皆属于模块化组合式轮式移动机器人

7.2.2 履带式移动机构与结构

（1）履带式移动机构的基本知识

自人类发明并使用轮子之后，轮式移动车辆成为人类生活、生产中不可缺少的交通工具，但也会经常发生行驶在松软路面上车轮陷入地面而难以前行的不利状况。1904 年美国的本杰明·霍尔特首次在车轮与车轮之间铺设履带用于解决当时轮式农机和工程机械常常陷入松软地面里的问题，履带接触地面面积比车轮大得多，从而减小了与地面间的压强，而且履带横跨前后车轮较长，可以逾越台阶、沟壑，使得其在松软地面、障碍环境有独特的移动能力优势。

① 履带式移动机构的基本结构及特点。履带式移动方式是以一种沿着车轮滚动行进方向，在路面上周而复始地由主驱动履带轮边铺设履带边移送履带的循环行进方式。由于履带与地面的接触面积较汽车、拖拉机等农机、工程机械的车轮大得多，单位面积上的接触压力相对小，因此，一般不会像车轮那样容易陷入松软地面而难于行进。如图 7-1 所示，履带（Track 或 Crawler）式移动机构是一种由主驱动履带轮（主动链轮）、从动履带轮（从动链轮）、诱导轮（辅助支撑轮、滚轮）、履带以及安装这些零部件并承载的行驶框架构成的循环式移动机构。其中，行驶框架与车体相连，一般车体左右各有一个履带移动机构，左右对称布

置；上部滚轮个数、下部滚轮个数、布置形式等因履带周长、链轮半径以及履带周环几何形状等情况来具体确定。除行驶框架在履带的侧面之外，支撑履带的链轮、滚轮都被行驶框架安置在紧贴履带的内侧，为整周环形履带所封闭包围。链轮又包括主驱动链轮（又称驱动链轮、驱动轮或主动轮）、诱导链轮（也称调节链轮或诱导轮），它们除了主动驱动、诱导履带与链轮之间正常等节距啮合和保持等距离的作用之外，还都有支撑履带的作用。此外，诱导轮通过弹簧安装在行驶框架上，避免在行驶过程中履带受较大冲击或者异物进入履带与轮之间使履带张力过大，通过弹簧可以起到调节履带张力的作用；上部滚轮起到限制履带下垂、支撑上部履带的作用；下部滚轮是为了保证将履带压向路面，并尽可能最大限度地获得履带与地面间接触面积，这样可以降低履带与地面之间的压强，同时抓紧地面，减小履带对地面压力分布不均匀程度，从而可以发挥在松软地面上正常行驶、硬路面上也不至于损坏路面的优势。

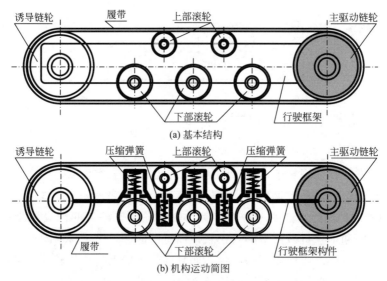

图 7-1　履带式移动机构的基本结构与机构运动简图
履带式可以摩擦、啮合两种方式传递运动

履带式移动机构的特点如下。

• 最大的特点就是与地面的接触面积大，对地面的抓紧力强，相对地面滑移小。

• 接地压强小，在各种路面上都能行走，尤其是松软路面上行走能力强。

• 一般履带式行驶机构都有悬挂系统，可以适应凸凹不平路面；如果两个以上的履带式形式机构同侧安装在行驶框架上，可以使履带式移动机器人具有爬坡、爬楼梯、台阶以及越障能力。此时，履带式移动机器人可以演变成履带-腿复合式移动机器人。

• 履带跨越车轮的距离较长，可以越过台阶、沟壑，爬坡、越障能力强。

② 履带的种类及其在履带式移动机构中的几何形态（图 7-2、图 7-3）。履带式移动机构所处的地面应用环境为松软土地、砂石、水泥路面等，为了适应不同强度和性质的路面，人们设计了不同材质和形状的履带。履带有金属材质的链轨履带和橡胶等非金属履带。在野外和砂石路面的农机、工程机械使用由链节、履带板组成的金属履带，履带板凸起在履带外缘，可以压入地面，提高抓地和移动能力；对于不希望履带驶过后留有压痕、划伤或被破坏，可选用橡胶履带；要求更严，不希望橡胶履带驶过后留下黑色行驶轨迹，可选用白橡胶履带。履带是一种挠性传动元件或部件，可以改变其自然形态而设计成期望的几何形态，其挠性来自于橡胶等履带材质自身柔性，或者由许多节刚性材质链节通过回转副铰接在一起相对转动来获得挠性。因此，履带式移动机构在设计上，可以通过改变主动轮、从动轮（诱导轮）以及滚轮、张力调节装置等构件的布局和数量来获得我们所需要的履带几何形态和性能。另外，履带的宽窄直接影响到与地面接触应力的大小以及对路面挤压、剪切变形的程度，为了降低履带给软地面的压强，可用较宽的履带；为了在提高越过凸凹不平、斜坡甚至于坡度较大的路面，可选用外缘有履带板凸起的履带，靠履带板与地面产生的剪切力来提高抓地移动能力。

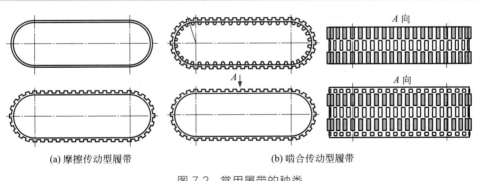

(a) 摩擦传动型履带　　　　　　　　(b) 啮合传动型履带

图 7-2　常用履带的种类

(2) 履带式移动机器人机构构型

履带式移动机器人一般是由 2 个或 2 个以上的图 7-3 所示的基本履带式移动机构组合而成的，这种履带式组合行驶系统即为履带式移动机器人。

多数由小型履带式移动机构组合成的履带式移动机器人车体与左右履带的关系是固定的，这种车体与左右两侧履带式移动机构固连的方式对不平整地面适应性不好，容易导致单侧履带着地或小面积着地，甚至地形恶劣时整体稳定性降低；而大型履带式移动机器人则车体与左右履带一般都采用由平衡梁和支撑轴组成的悬挂机构将左右履带两端支撑并组合在一起。采用悬挂机构的好处是可以使左右两侧的履带式移动机构相对摇动，以避免行驶在不平整地面上时单侧履带呈一点或小面着地导致所受外力过大或者整体姿态处于不稳定状态。常见的履带式组合行驶系统如图 7-4 所示。图 7-4（a）为最常见、最基本的双履带式行驶机构，双履带行驶驱动可各自独立，也可采用左右侧履带差动驱动机构；图 7-4（b）～（d）中的履带式移动机构如同摇臂一样可以改变履带着地或抬离地面的状态以及车身的高低和姿态。因此，可以适应不平整地面、台阶或楼梯等移动环境。为此，一个可以摇摆的履带式移动机构至少要有两个原动机（及机械传动系统）作为主驱动，分别用于履带式移动机构的行驶驱动和"摇臂"摆动驱动。

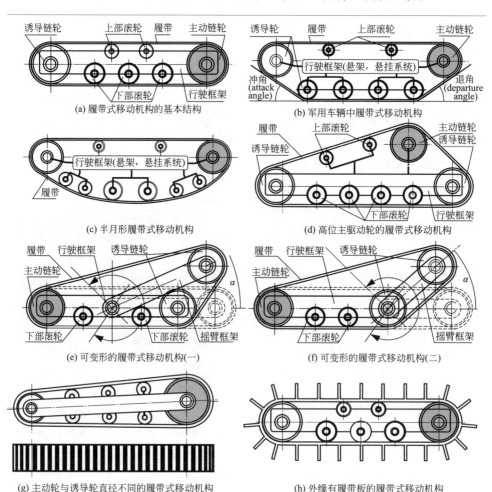

(a) 履带式移动机构的基本结构

(b) 军用车辆中履带式移动机构

(c) 半月形履带式移动机构

(d) 高位主驱动轮的履带式移动机构

(e) 可变形的履带式移动机构(一)

(f) 可变形的履带式移动机构(二)

(g) 主动轮与诱导轮直径不同的履带式移动机构

(h) 外缘有履带板的履带式移动机构

图 7-3 基本履带式移动机构常见的几何形态

(a) 车体与基本的履带式移动机构
固连的两履带式移动机器人

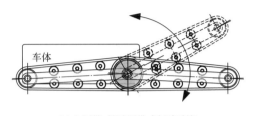

(b) 主履带+辅助履带式行驶系统

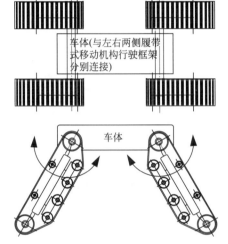

(c) 四履带式行驶系统

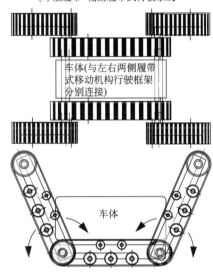

(d) 六履带式行驶系统

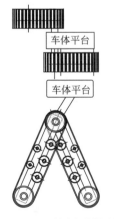

(e) 折叠方式的履带式行驶系统

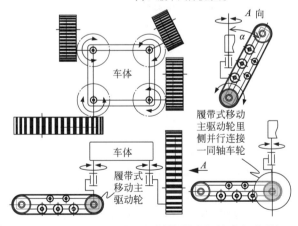

(f) 可调履带姿势的四履带式移动机构行驶系统

图 7-4

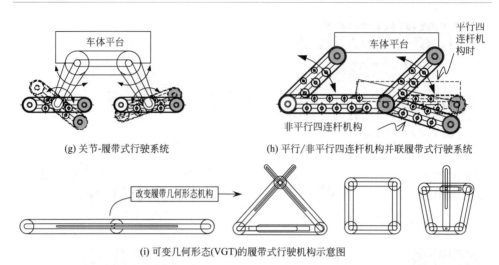

(g) 关节-履带式行驶系统   (h) 平行/非平行四连杆机构并联履带式行驶系统

(i) 可变几何形态(VGT)的履带式行驶机构示意图

图 7-4   基本履带式移动机构组合出的履带组合行驶系统构型（履带式移动机器人构型）

　　图 7-4（e）是两个履带式移动机构组合成具有公共回转轴线的折叠式履带行驶系统，通过控制两个履带式移动机构相对张开的角度可以调整车体平台的重心高度和姿态。图 7-4（f）给出的是四个履带式移动机构各自分别通过具有 Roll（绕垂直轴横向滚动）和 Pitch（绕平行于车体平面轴线回转的俯仰运动）两自由度串联杆件机构与车体连接的 4 履带方式的组合行驶系统，即可调履带姿势的 4 履带式移动机器人。每个履带式移动机构的 Roll 自由度负责实现机器人的转向；其上的 Pitch 自由度可用来适应平整地面、台阶、楼梯等障碍环境。如图 7-4（f）中右下图所示，如果在履带式移动主驱动轮的内侧同轴固连直径较履带式移动主驱动轮大的车轮，则还可实现轮式移动。如此，可转向的四履带式移动机器人就成为兼有履带式、轮式两种复合移动方式的移动机器人。有关足腿式、轮式、履带式等两种以上复合移动方式的移动机器人将在本书后面章节详细论述。图 7-4（g）所示的关节-履带式行驶机构是与车体平台连接的每条可摆动的履带腿末端都连着一个另一个可以摆动的履带式"脚"，因此，可以通过履带"腿"、履带"脚"的摆动可适应地面的凸凹不平；图 7-5（h）所示的四连杆机构并联履带式行驶机构可以将车体、单侧的三个履带设计成平行四连杆机构的并联履带式，也可以设计成非平行四连杆机构的并联履带式。前者始终能够保证车体平台与其相对也即不直接相连的履带式机构平行；而非平行四连杆机构的并联履带式则可以通过单侧的三条履带来适应地面的凸凹不平程度，但车体不再保持与其相对的履带平行。这两种四连杆式并联履带式机构都能够调整车体的高度，而且都可以收拢成最小体积，便于运输携带；后者还能调整车体平台姿态角。四连杆机构的构

型只需要一个摆角驱动原动机即可。图 7-4 中所示的各种行驶方式下的履带式移动机器人于 1956～2000 年间相继被设计、研发出来，可查阅日本、美国一些专家学者的文献。此处不再一一列举详述。

关于履带式组合行驶移动系统的方案设计创新的思考要点如下。

① 履带与地面之间构成非完整约束系统。如同轮式移动机器人的车轮与地面构成非完整约束一样，履带式移动机构的履带与地面也同样构成非完整约束系统。因此，履带与地面的土壤、砂石等之间的摩擦、剪切与挤压力学作用都有不确定性的一面，会对移动控制效果有影响，难以精确位置控制。

② 履带式行驶系统的模块化组合式设计特点明显，在设计上具有可重构、自重构的潜力。各种基本形式的履带式移动机构可以看作模块化组合式设计的单元模块，n 个这样的模块化单元可以通过不同约束形式的运动副和构件相互串联、并联，从而构成复杂的履带式行驶系统，以适应复杂地势环境。

③ 可变几何形态的履带式移动机构。可以通过设计和控制可以改变主动轮、从动轮以及辅助支撑轮所在位置的行驶框架机构，来得到所期望的不同的履带几何形态，从而适应不同的地面环境，达到越障、有效移动的目的。

④ 履带式移动机构可有臂、腿、模块化单元节等多种用途。可作为臂或腿使用，从而成为履带式腿、履带式臂或履带式脚。如前述图 7-4(c) 所示的四履带式或者两履带式、三履带式的每个履带式移动机构一端只要用俯仰运动关节与车体相连接，而另一端呈可着地的无连接状态，则各履带式移动机构自然相当于腿式移动机器人中支撑机器人本体的腿，也即可以看作是腿式移动机器人；如果 n 个履带式移动机构相互之间用万向铰链机构两两相邻串联在一起，则组合成了如同蛇形机器人一样的 n 节履带式移动机器人，而且单履带式单节、双履带式单节、三履带式单节，四履带式单节等都可作为多节履带式机器人的单节模块。

⑤ 履带式移动机构的可重构式设计。以基本的履带式移动机构为单元，可以通过将 n 个这样的基本单元连接在一起并可以改变履带式行驶系统整体结构形态的框架机构或与车体连接的悬架机构设计，实现 n 个履带式移动机构单元聚合体的可重构乃至自重构，如同变形金刚一样。注意：第③条"可变几何形态的履带式移动机构"是与自重构、可重构不同的概念，可变几何形态只是指履带式移动机构中的履带围成的几何形状的变化，如基本的几何形态、三角形、四边形、六边形等几何形态上的变化，虽然履带围成的几何形状发生变化，但履带式移动机构构成（或者说机构原理）本身不发生任何变化；而可重构、自重构是指得到不同的机构构型，是机构构型发生本质的改变。但可重构、自重构的难点在于一个履带式移动机构模块单元需要能够负担起其他与之相连接的多个履带式移动机构模块单元的重力和重力矩，而且相连接的模块单元数越多，自重构、可重构的有效性难度越大，乃至负担不起载荷，难以重构。

⑥ 轮式-履带式复合移动方式。履带式机器人中驱动履带运行的主动轮侧可以同轴固连直径比其大的车轮，当履带式移动机构抬离地面时，其上的车轮可以着地而成为轮式移动机器人；还可以在车体上连接摇臂，摇臂的末端安装车轮，而构成轮式-履带式移动机器人；还可以将轮式移动机构与履带式移动机构组合在一起，设计具有切换功能的切换机构，在轮式、履带式两种移动方式之间进行切换。

⑦ 腿-履带式复合移动方式。履带式移动机器人可以与腿式移动机器人复合在一起，而构成腿式-履带式复合移动机器人，履带式移动机构模块单元本身就可以作为最简单的腿，也可以两个或三个模块单元用回转副连接在一起而成为两杆腿、三杆腿。而且末端的模块单元可以看作履带式脚。当然，也可以有类似于腿式机器人的腿和脚。

⑧ 轮式-腿式-履带式三种移动方式的复合移动方式。这种复合方式是⑥和⑦两种方式的复合。

⑨ 搭载机器人操作臂的履带式移动机器人。搭载在履带式移动机器人上的操作臂不仅可以用来完成移动下的操作任务，还可以移动机器人身体为平台，平台上搭载各种作业工具和辅助装置，通过机器人操作臂自行换接其末端操作器为平台上搭载的各种工具或辅助装置，来帮助搭载它的移动机器人完成辅助平衡、辅助行走等作业。这种情况下，需要有快速换接器。

⑩ 履带式移动机器人的移动方式及其与地面接触状态的感知。移动方式包括常规的履带式行走；以履带式移动机构为腿或臂的腿式行走或臂式移动；蠕动爬行；轮式移动；爬台阶上楼梯；越障。履带式移动机器人相对而言，较容易实现，从作为自治移动机器人创新研究的角度，实质性学术研究主要集中在履带式移动机构原理上的创新设计，而作为实用化技术研究目标，主要是适应各种地面环境以及不同环境的变化，仍能可靠移动的设计制造与履带式移动自动控制技术，性能可靠是要解决的关键问题。其中，履带与地面接触状态的感知是需要进一步研究的关键技术。除可在行驶框架上设置倾斜计等传感器外，研发履带工具有检测履带与地面间接触力能力的分布式力传感器的力感知技术的履带具有重要的实际意义。

7.2.3 腿式移动机构与结构

（1）有双足双臂手的仿人机器人［由世界首台仿人机器人（1973 年早稻田大学）到液压驱动的仿人机器人 Petman、Atlas（2011 年，2013 年，美国波士顿动力公司）］

日本本田自动车株式会社的本田技研于 1996 年、1997 年相继公开发布了带有双臂手和双足的 P2、P3 型集成化仿人机器人，实现了稳定动步行、带有预测控制的自在步行以及上下楼梯、双臂手推车腿式行走等移动作业，1999 年发布的小型集成化全自立的仿人机器人 ASIMO，快速跑步移动平均速度可达 6km/h，2000 年实现足式移动速度 9km/h。ASIMO 机器人及其自律步行控制技术如图 7-5 所示。对于高度集成化的全自立机器人系统设计而言，结构空间十分受限的情况下，控制系统、驱动系统、传感系统的硬件系统均受到机械本体结构空间十分有限的限制，必须选择结构尺寸小、集成化程度高和高性能的 CPU 为核心来设计驱动各关节运动伺服电动机的底层计算机控制硬件系统，通常高档单片机或 DSP 成为首选。

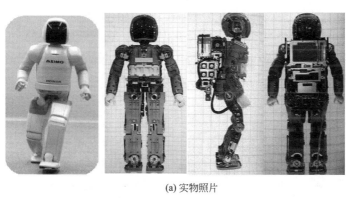

(a) 实物照片

(b) 步行运动控制技术构成

图 7-5　日本本田技研 2000 年研发出的全自立型仿人机器人
ASIMO 实物照片及其步行运动控制技术构成

ASIMO 的伺服电动机驱动系统：ASIMO 采用直流伺服电动机＋Harmonic Driver 的短筒柔轮谐波齿轮减速器驱动各关节，身体内搭载加速度计、陀螺仪以及双目视觉系统。

ASIMO 的控制系统硬件紧凑化集成化设计：ASIMO 控制系统采用了以日立（HITACH）制作所生产的 SH（SuperH）系列微处理器为基础的高档单片机作为各伺服驱动单元的底层控制器，SH 微处理器家族系列从最初的 32 位单片机但以

16 位固定字长代码为特征的高效微处理器 SH-1 为开端，经历 SH-2～SH-4 直至 SH-5 形成了高档单片机微处理器系列，SH 历代产品特征为：程序为采用编译器、目标文件连接式的程序设计语言；CPU 的处理能力是按单位时间内处理的命令数来计测的，可提高时钟周期的电子回路设计方式有利于提高处理能力；命令的处理是采用流水线设计技术（pipe-line）的并行处理模式；伴随着运算器高速运算同时命令及数据的总线带宽（bus bandwidth）不足的问题，通过搭载缓存（cache）来得以缓和矛盾。SH 系列简化了 CPU 命令，只以必需的基本命令为核心，基本命令可以组合生成其他命令，使得 CPU 命令总体上得以简化，相当于对通常 CPU 命令集的裁剪，从而更适合于作为高速运动控制的底层控制器。

进入 21 世纪之后的 10 年里，受本田技研 P2、P3 型以及 ASIMO 研发成功的鼓舞，双足以及全自立的仿人机器人技术得到了快速发展，受到世界范围内许多研究机构的重视，一些著名的仿人机器人如日本 HRP 系列仿人机器人、韩国的 HU-BO、美国波士顿动力公司的 Atlas 等取得了稳定快速步行以及双足移动双臂作业试验的成功。2005 年研发的电动机＋减速器驱动原理的 HRP-3P 仿人机器人双手也只有 10kgf 的最大负载能力。目前，以伺服电动机＋高精密减速器为驱动原理的仿人机器人作为工业机器人移动操作平台已经将要达到驱动能力的极限！尽管诸如日本通产省工业技术研究院与东京大学、川田工业等产学研联合研发的 HRP 仿人机器人已经进行了管路系统阀门检测、开挖掘机等应用试验研究，但由于目前伺服电动机功率密度、转矩密度以及高精密减速器额定驱动能力与承受过载能力所限，目前只能达到快速行走、跑步移动能力，而满足行进能力的前提下额外的带载以及操作作业能力远远不足，只能操作完成一些负载相对小的作业任务。电动机驱动的仿人机器人处于需要大幅提高伺服电动机功率密度、转矩密度以及所用减速器的额定转矩和亟待解决承受数倍过载能力的电动机与减速器技术瓶颈问题阶段。

与目前伺服电动机＋高精密减速器驱动技术发展的瓶颈问题相比，微小型泵及液压驱动原理的足式机器人经过 30 余年长期的技术研发与积累，微小型泵、微小型伺服控制阀以及液压驱动与控制技术取得了突破性的进展。美国 Boston Dynamic（波士顿动力）公司研发的液压驱动原理的 BigDog 四足机器人、仿人双足机器人 Petman、Atlas 的驱动能力、带载能力等较电动机驱动的足式机器人[40] 具有绝对的优势！如图 7-6 所示，Atlas 机器人总质量 150kg，由 28 个液压缸驱动所有关节，其自由度数分配为：臂、腿各 6，躯干 3、脖子 1。各关节运动范围：肩俯仰 −90°～45°、侧偏 −90°～90°；肘俯仰 0°～180°、侧偏 0°～135°；腕部俯仰 0°～180°、侧偏 −67.5°～67.5°；总高 1.88m；手及脚上装有力传感器；在骨盆部位装有光纤惯性测量单元（IMU）用来测算机器人姿态；臂上的每个驱动器装都有线性电位计、两个压力传感器（基于差分压力测量值），分别用来测量位置、关节力；机器人传感器套件还包括 3 个以 IP（Ethernet）布置在机器人周围以支持 360°视野的相机和一个提供视觉输入给操作器（CRL，2014）的 Carnegie Robotics MultiSense SL 传感器头。MultiSense SL 包括一套立体视觉相机和一个转动的 LIDAR 激光雷达定位器，并且可以用来处理再现机器人视野的点云。该部分供给机器人 480V 电源，1 个 10Gbit/s 网络通信的光纤连接器和水冷风扇。传感器直接与控制站覆盖的光纤网络通信；控制站可以无线遥控机器人，由领域计算机、主操控单元（OCU）、3 个辅助操控单元（auxiliary OCUs）组成。领域计算机管理所有与机器人有关的通信，限制、压缩来自机器人的高分辨率数据并发送给各 OCU 操控单元；主操控单元完成解压缩并将响应信息发送到通信管道；各辅助操控单元作为终端负责信息协调、供应给用和处理来自用户的信息。领域计算机直接以光纤连接到 Atlas 网络，并且它以由 DARPA 指定的有限带宽连接到 OCU 1；Atlas 的末端可换接 iRobot、Sandia、Robotiq 三种多指手，它们分别为 3 指 5 自由度、4 指 12 自由度、3 指 4 自由度多指手；质量分别为 1.53kg、2.95kg、2.3kg；驱动形式分别为蜗杆、齿轮、蜗杆传动；MIT 为 Atlas 设计、研制了基于可视化、感知和全身运动规划的控制仿真软件系统，该系统有高效运动规划的人机交互机能。

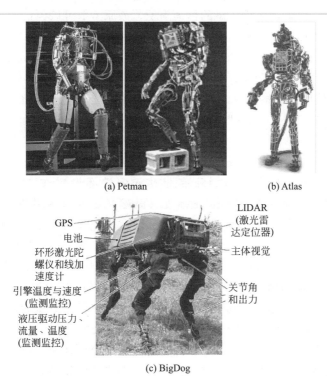

(a) Petman   (b) Atlas

(c) BigDog

图 7-6　美国波士顿动力公司的液压驱动 Petman、　Atlas 仿人机器人
以及 BigDog 四足机器人 [40]

液压驱动的仿人机器人 Atlas 完成了打开工业管路阀门、双足爬梯子、跨越三段台阶、横穿碎石堆、上坡道、切割墙壁、驾车运载、野外山地步行、草地奔跑、跳跃不连续台面、跳起后 360°回转的后空翻等移动作业、快速稳定行走和运动技能试验；四足机器人 BigDog 已验证具有抵抗外部作用力的自平衡能力和野外奔跑、带载行走等运动能力；2018 年波士顿动力公开了仿人机器人室外草地上奔跑以及跳跃地面上横卧一根木头的视频，体现了液压驱动下的快速移动、快速平衡、带载操作等高超的驱动能力与平衡运动能力。

（2）MIT 高功率密度电动驱动腿及猎豹机器人（cheetah robot）（美国，MIT，2012～2014 年）

2012 年 MIT 机械工程系的 Sangok Seok，Albert Wang，David Otten 和 Sangbae Kim 等人在 DARPA M3 Program 的资助下，在对驱动器（actuator）进行最大化转矩密度（maximizing torque density）和传动装置"传动系统透明度"（transmisson "transparency"）量纲分析（dimensional analysis）基础上，基于分析结果开发了一个不用力传感器而直接本体感知力控制的前腿原型样机，并用材料测试设备对垂向刚度控制的原型腿进行了测试，用来校准该原型腿的机械阻抗。通过补偿来自指令转矩的传动阻抗，该原型腿可以预估冲击力。试验结果以传感器满量程为比例基准，在 3406N/m 刚度试验和 5038N/m 刚度试验下的绝对误差分别为 0.041、0.049。表明所研制的该原型腿在高速运动中力的预测控制是可行的。

MIT 猎豹机器人前腿设计的实体模型如图 7-7 所示，是面向腿部行走机能的可驾驭性（backdrivability）和透射力（transparent force production）最大化而设计的，所有的驱动元部件都设计在大腿髋关节部位［注：原英文句子为"The rotational inertia of the leg is minimized by locating all drive components at the shoulder."，意思为所有驱动元部件都设置在"肩部"（Shoulder），本书作者感觉用词 Shoulder 不妥！既然是腿，所说的 Shoulder 应该是 hip，即大腿的髋关节］，以使腿部转动惯量最小化。如此，得到了整条腿的质心位于大腿髋关节回转中心下方 30mm 处的设计结果，使得腿部在高速步行中快速向前迈腿。值得一提的是：早在 1999 年前后，面向快速步行的双足步行机器人设计原则中，已有专家给出了质量轻、转动惯量小的腿部机构有利于快速步行的结论，不管双足、四足还是多足步行机器人，在这一点上都是共通的。对于承受大冲击的高速腿的设计重要原则之一是腿质量越轻越好、腿的总质心离大腿根部的髋关节越近越好，这样的腿转动惯量小，有利于快速向前蹬腿和迈腿。

MIT 猎豹腿研发小组按他们所做的电动机转矩密度分析为猎豹腿选择了能够适应 5in 结构设计空间约束的电动机最大半径。考虑到电动机输出转矩较大，齿轮传动最小减速比只需取 1：5.8 即可满足整个驱动系统的转矩要求。而多数电动机驱动的腿式机器人关节驱动系统中所用齿轮减速器的减速比往往达到 100 以上，从而导致驱动器不可反向驱动（non-backdrivable）并且降低了效率。图 7-7 给出的猎豹腿的臀部髋关节机构中，两个驱动器以及齿轮传动分别同轴位于臀部髋关节处，膝关节由膝关节电动机输出轴处连接的刚性连杆驱动。这种设计使得腿部机构转动惯量最小化，同时也有助于减轻电动机框架的质量。按估计可能产生的最大地面反作用力来考虑，期望该猎豹腿可能输出的最大峰值力矩为 100N·m。每台电动机都连接一个用 4 个行星轮来均分载荷的一级行星齿轮减速器。电动机的峰值转矩可达 21N·m。腿的结构也采用质量和惯量最小化设计，肱骨和桡骨由泡沫-型芯复合塑料材料（foam-core composite plastic）制作而成，脚部嵌入通过模压嵌入织网结构、径向应力最小化且可提供柔顺性的带状肌腱；分配拉力给肌腱的腿部结构设计使得弯曲应力最小化。这种设计方法即可以显著降低腿部惯性同时又不影响腿部力量的发挥。该腿臀部（髋关节）模块包括电动机、齿轮减速器以及框架在内总质量 4.2kg；肱骨质量 160g；包括足部质量在内下肢质量 300g；整个腿笔直伸展成一条直线的状态下绕髋关节（原文献英文为 shoulder joint）回转中心的惯性矩为 0.058kgf·m^2[41]。

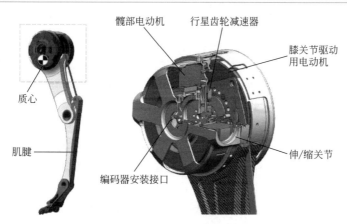

图 7-7　MIT 猎豹机器人前腿及其电动机驱动器的实体模型[41]

该腿设计目的是最大限度地提高可驾驭性和产生透明度。

通过所有驱动部件设置在"肩（shoulder）"部，使腿转动

惯量最小化；腿的质心位于"肩"关节回转中心下方 30mm 处

2015 年 5 月 29 日 MIT 发布研制出世界第 1 台自治跑步、跳跃障碍物的猎豹四足机器人，跑步平均步速 5mile/h、跳跃障碍物 18in；2015 年 5 月 29 日

MIT 机械工程系的 Sangbae Kim 研发小组在 MIT 校园网站 MIT News 栏目发布了 MIT 猎豹机器人在室外地面以 5mile/h 的平均速度跑步、跳越过其自身高度一半（18in）以上高度障碍物的技术新闻[42]，结束了 MIT 猎豹机器人在室内跑步机上相对跑步机 6m/s 速度跑步和拖带安全绳缆的历史。MIT 猎豹机器人在室外修剪过的草地上跑步以及在室内跨栏跑的场景如图 7-8 所示。

(a) 在室外草坪上跑步　　　　　　　　　(b) 在室内跨栏跑

图 7-8　MIT 猎豹机器人的跑步场景照片[42]

2015 年 5 月 MIT 猎豹机器人研发小组为设计出在一个零周期内使猎豹机器人系统在垂直方向、水平方向上能够分别产生相应冲量分量的力而提出了一种简单的冲量规划算法（impulse planning algorithm），进而，用一种跳跑步态控制算法（boundling gait control algorithm）实现了 MIT 猎豹 2 号机器人的变速跑步（variable-speed running）运动[43]。他们所设计的垂直方向和水平方向上的力在一个完整的步骤可导致线性动量守恒（the conservation of linear momentum），周期性地为机器人提供水平方向、垂直方向的速度。将所设计、规划的力应用于猎豹机器人系统，可以得到具有改变跑步速度能力的周期性轨迹。水平方向和垂直方向上的虚拟柔顺控制器施加到所设计、规划的力上从而使周期性轨迹稳定化。将这种基于冲量规划方法的力规划算法和控制算法用于 MIT 猎豹机器人 2 号机上，机器人分别在跑步机、室外草地上实现了 0～4.5m/s 速度范围内的变速跑步运动。MIT 猎豹机器人 2 号如图 7-9 所示，为本体搭载电池和计算机系统的全自立型四足机器人。

MIT 研发的电动驱动猎豹机器人及其移动与越障能力测试结果为电动驱动的腿式移动机器人移动平台的新设计方法提供了重要参考和研发方向。虽然其机器人上并没有搭载机器人操作臂，但从移动能力的角度已经为搭载操作臂实现移动兼具操作机能的腿式移动平台部分奠定了设计方法与技术基础。

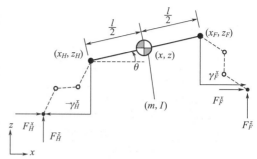

(a) 在室外草坪上跑步　　　　　　(b) 前后腿所受的水平和垂直方向上的分力

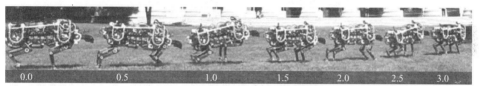

(c) 在室外草坪上的跑步试验

图 7-9　MIT 猎豹 2 号机器人及其在草坪上跑步[43]

7.2.4　带有操作臂的轮式移动机器人系统设计实例

（1）采用现有工业机器人操作臂产品和自行设计轮式移动平台的四轮驱动与操控的移动操作臂（2007，土耳其，伊斯坦布尔技术大学）

① 机械系统设计。土耳其伊斯坦布尔技术大学电气工程系机器人实验室的 Bilge GÜROL、Mustafa DAL、S. Murat YEŞİLOĞLU、Hakan TEMELTAŞ 选用日本三菱（MITSUBISHI）株式会社制造的 PA-10 工业机器人操作臂作为其移动机器人平台上的操作臂，并为其设计、制作了四轮驱动和操控移动平台，从而研发了四轮驱动与操控的移动操作臂系统[44]。三菱公司生产的 PA-10 工业机器人操作臂为 7-DOF 的冗余自由度操作臂，Bilge GÜROL 为其设计的四轮驱动（four-wheels-drive，4WD）和四轮操控（four-wheels-steer，4WS）的偏置轮式移动平台。该 4WD/4WS 移动操作臂总体设计及总体尺寸如图 7-10 所示。

四个载轮腿的每个腿上都有两台无刷伺服电动机（brushless servo motor），四轮每个轮的驱动皆是采用由一台伺服电动机驱动齿轮减速器再驱动车轮，而另一台电动机则用来驱动谐波齿轮减速器再驱动车轮架绕立轴轴线回转从而实现车轮转向操控。驱动车轮的电动机功率为 200W，而驱动转向的电动机功率为 100W。每台电动机都内置 2000 线增量式编码器（incremental encoder），且内置霍尔传感器用于正常通信。而光电编码器为外部运动控制设备提供位置、速度反馈信号。

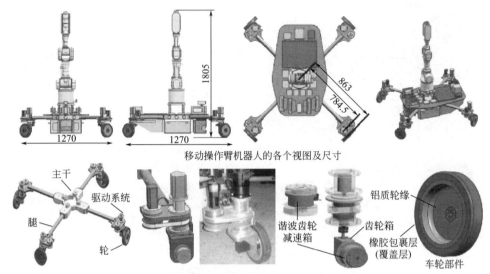

移动操作臂机器人的各个视图及尺寸

图 7-10　土耳其伊斯坦布尔技术大学利用工业机器人操作臂

成品设计轮式移动操作臂（2007 年）[44]

每个轮腿上的行走轮驱动电动机及转向操控驱动电动机的布置如图 7-11 左图所示。

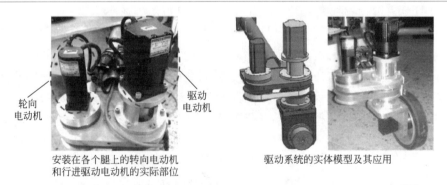

安装在各个腿上的转向电动机
和行进驱动电动机的实际部位

驱动系统的实体模型及其应用

图 7-11　轮腿上行走轮驱动电动机及转向操控电动机的布置（2007 年）[44]

② 电气系统设计。包括电源系统、伺服电动机及其驱动系统、传感器与控制系统的设计。

a.伺服驱动器设计。伺服驱动器则是基于 DSP 设计的。如图 7-12 所示，伺服驱动器的输入信号（COM、SRVOEN、ALMRST、CWLIM、CCWLIM；高速数字输入信号 STEP/PWM＋、STEEP/PWM－、DIR＋、DIR－）被用 6 个光耦器件经光-电隔离输入给伺服驱动器，同样，输出信号（BRAKE、ALAMR、INPOSN、CCM）也经三个光耦实现光电隔离之后输出。伺服驱动器可以通过 RS-232 或 RS-485 接口连接到 PC 机或者一台主控设备，RS-232 允许主控设备与驱动器最大连接距离是 15m 且只能连接 1 台。而 RS-485 可以允许 16 个驱动器与单个主控计算机或 PLC 相连。RS-485 处于全双工或半双工。驱动器可以根据电动机特性和系统配置用 QuickTuner（快速整定）软件。

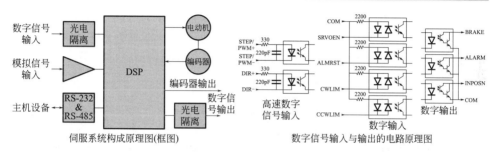

图 7-12　基于 DSP 的伺服驱动器及其输入、输出光电隔离部分电路（2007 年）[44]

驱动器参数整定过程如下。

第一步是设定光电编码器和霍尔传感器的定时参数；设定峰值电流以激活驱动器过流保护功能。

第二步是设置驱动操作模式，可以从列表中选择：力矩、速度、位置、力矩/速度/位置三者组合等模式中的一种模式。当采用力矩或速度模式时，驱动器的输入为模拟输入量；当选择位置模式时，输入为数字输入量。也可以将力矩、速度、位置三种单独模式同时指定给驱动器。如果驱动器检测到有模拟信号输入，则信号的范围（range）、偏移量（offset）、死区（deadband）可被设置。

第三步是设定将要使用的数字输入和输出。

第四步是设定控制参数和测试。

b.电源系统设计。两个 12V100A·h 的电池以串接方式为该移动机器人的所有用电系统供电，24V 电源可供伺服电动机及其驱动系统直接供电，但对于传感系统和控制用计算机而言，则需要经直流-直流转换器（DC-DC converter）转换后方能为其供电，其电压水平分别为－15V、－12V、－5V、3.3V、5V、12V、15V、24V。

c.运动控制卡与伺服驱动控制。运动控制卡是用来按着指定的移动机器人路径、速度、转向角度、轮速对移动机器人进行运动控制的板卡硬件。选用的PMC's DCX-PCI300 运动控制卡是一个模块化的系统，最多可以用 8 块这样的板卡实现对 16 轴的运动控制。可以同时控制、添加任何一种伺服电动机、步进电动机构成的混合驱动系统，并且同时提供模拟、数字 I/O 模块。DCX 卡可以通过 PCI 总线与 PC 机通信，板载 CPU 允许由 PC 机自治地操控板卡。

1 个双路伺服驱动模块可以同时控制 2 台伺服电动机，4 个双路伺服驱动模块可以控制移动机器人的 8 台伺服电动机。模块生成模拟控制信号为 16 位 ±10V 范围的模拟量信号和极性决定的方向信号。开路式漏极（open drain type）输出被用于伺服使能。3 个数字输入中 2 个用于运动的正负极限限位，1 个用于返回原点位置即复位；增量式编码器的差分或单端输出信号可被用来捕捉和解码，以得到来自系统的反馈。编码器电源电压为 5V 或 12V 之一可选。

伺服驱动器用连接器连接到运动控制卡上，一块运动控制卡可以用带有 VHDCI 连接器的两根电缆连接两个伺服驱动器，如图 7-13 所示。

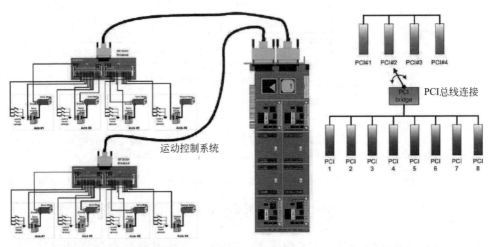

图 7-13　运动控制系统（2007 年）[44]

d. 控制系统专用计算机系统的接口扩展。用来根据预先生成或确定的路径，处理数据、采集来自各传感器信号数据、控制驱动部件。计算机机箱底板采用的是带有 7 个 ISA、8 个 PCI、2 个 PICMG 接口（扩展槽）的工业底板基板。PCI 扩展槽数可由如图 7-13（右图）所示的 PCI-bridge（PCI 扩展箱）选择，以防止发生冲突。

e. 单板机（single board computer，SBC）。SBC 通过 PICMG 接口与工业底板连接，SBC 主要性能：Intel P4 2.4 GHz Mobile processor；Intel 845D AGP-set；Max. 2GB DDR SDRAM support；400MHz front side bus frequency；ATI Mobility M6-D chip integrated graphics 16 MB memory controller；Onboard

Ethernet controller；Software programmable watchdog timer；Hardware moni-toring。

SBC 上还有 2 个 EIDE，1 个软驱，2 个串行口，1 个并行口，4 个 USB 口，1 个 PS/2，2 个 VGA 和 1 个 ethernet 接口，如图 7-14 所示。

图 7-14　单板机（2007 年）[44]

f. 传感器。包括激光扫描仪（laser scanner）、光纤陀螺仪（fiber-optic gyro）、磁罗盘（magnetic compass）、INS 传感器（inertial navigation system，惯性导航系统）、超声测距传感器（ul-trasonic range sensors）、高速相机（high sample rate camera），为观测腿和轮的负载，还搭载力传感器。

设计制造的移动操作机器人系统如图 7-15 所示。

（2）德国 DLR ［（Institute of Robot-ics and Mechatronics, German Aero-space Center, Muenchner Strasse 20）2011 年研发的轮式移动操作机器人"Rollin'Justin"（2009，2011 年，德国，Alexander Dietrich 等人）］

图 7-15　移动操作臂机器人
实物照片（2007 年）[44]

Alexamder Dietrich 等人面向服务机器人的应用背景以及轮式移动机器人作为非完整约束系统的阻抗控制问题，于 2011 年研发了图 7-16 所示的四轮移动平台搭载带有双臂多指手上半身的轮式移动仿人机器人"Rollin'Justin"[45,46]。该机器人上半身有力矩控制（torque-con-trolled）（颈部两个自由度除外）的 43 个主驱动自由度；轮式移动部分有采用位置/速度控制（position/velocity-controlled）的 8 个主驱动自由度，四个轮式移动机构分别各有绕垂直轴回转用来改变轮行进方向的偏摆运动和车轮主驱动行进运动两个自由度。为解决上半身与轮式移动平台之间惯性力与柯氏力/离心力耦合（coriolis/centrifugal coupling）对稳定性产生影响的鲁棒控制问题，他们于2016 年提出了整体阻抗控制器（whole-body impedance controller）和形式化稳定性分析（the formal stability analysis）方法，并用 Rollin'Justin 机器人进行了如图 7-17、图 7-18 所示的验证实验。

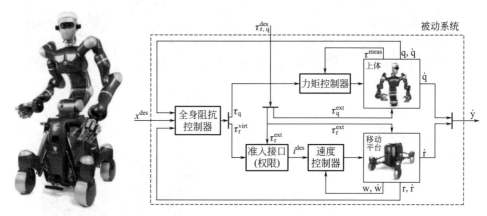

图 7-16　上体仿人双臂手四轮移动机器人"Rollin'Justin"
及其整体阻抗控制与闭环被动的控制系统框图[45]

图 7-17 所示为主动补偿惯性力、柯氏力与离心力耦合的控制实验。当用户用右手牵拉机器人右操作臂的末端操作器（多指手）时，机器人整体控制器（whole-body controller）通过轮式移动平台后移来补偿所引起末端操作器中心点TCP（tool center point）在笛卡儿坐标系内的位移偏差量（deviation）。当末端操作器被释放时，通过上体运动的冗余性重新使 TCP 快速达到虚拟平衡（virtu-al equilibrium），整个过程仅约 1.5s。

图 7-18 所示为仅轻轻触碰末端操作器，系统瞬时被打破平衡，轮式移动平台向前 [图（c）]、向后 [图（c）、图（d）] 移动了一大段距离，在 $t=1.5s$ 时，由于系统有较大的动能，实验人员突然停止。与此同时，躯干第一个关节水平轴已达该轴最大许用转矩 230N·m。两图照片均为抓拍的快照。

（3）搭载操作臂的双侧摇臂四驱轮式移动机器人（MIT，1999 年）

美国 MIT 与喷气推进实验室（jet propulsion laboratory，JPL）于 1999 年

为在崎岖地形实现轮式移动而提出的一种双侧摇臂四驱轮式移动机构，并研制了如图 7-19 所示机构原理的 SRR 月面采样四轮探测车，也即搭载用于月面采样用 4-DOF 操作臂的四轮驱动轮式移动机器人[47,48]。

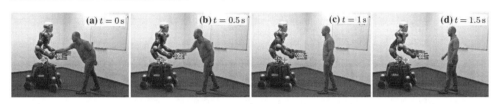

图 7-17　"Rollin'Justin" 主动补偿惯性力、柯氏力与离心力耦合的控制实验[45]

图 7-18　"Rollin'Justin" 无主动补偿惯性力、柯氏力与离心力耦合的控制实验[45]

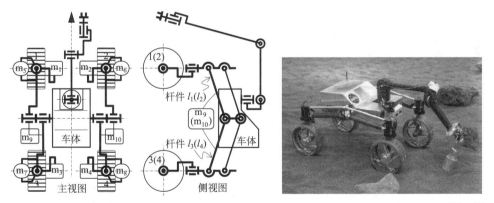

图 7-19　美国 MIT 与 JPL 于 1999 年研制的搭载 4-DOF 的 SRR 月面采样四轮探测车[47, 48]

1~4—主动轮，星球探测车轮；m_1~m_4—各主动轮行走原动机驱动-传动系统；

m_5~m_8—各主动轮转向原动机驱动-传动系统；m_9~m_{10}—车身两侧前后轮轮臂臂杆 l_1（l_2）、

l_3（l_4）间相对转动原动机驱动-传动系统

① 车身两侧的平行四连杆机构原理的摇臂可以不同的前后轮臂臂杆相对转动调整前后轮的相对位置，如此可以适应崎岖路面或岩石、段差路面。

② 前后轮臂皆采用平行四连杆机构，可以保持前后轮臂臂杆竖直且互相平行。

③ 轮式移动平台（即车体）上搭载的机械臂有四个自由度，机构构型为 RPPR，其中 R 为滚动（Roll），P 为俯仰（Pitch）。该操作臂用于星球表面土壤采样操作。由于星球表面土壤松散，在某种程度上土壤松散颗粒可在安装在操作臂末端的采样筒外力作用下适应采样作业所需的位置与姿态，所以，该操作臂腕部仅用 1 个滚动自由度 R（Roll）关节即可满足采样作业姿态需要。

④ 车轮可用星球探测车轮。

（4）离线机器人概念及搭载操作臂轮式移动操作机器人研发（1999～2000 年，日本电气通信大学，K. Arita 等人）[49]

离线机器人（off-line robots）相关概念的提出及其定义如下。

a. 20 世纪 70 年代以来产品需求与生产模式的变革与 FMS 技术兴起。20 世纪 70 年代以来，家用电器（home appliances）、汽车（automobile）、个性化个人物品（personal goods）等等多种类多样化高质量、高功能性商品市场需求日益增长，这种需求促使商品生产逐渐走向大量种类繁多的商品制造，并且由小批量产品生产模式逐步替代小批量多样化生产和大批量生产模式。这种大量种类繁多的产品和小批量生产模式可以通过传统手工生产（conventional manual production）或应用机器人的 FMS（柔性制造系统）来实现。因此，20 世纪 70 年代末，应用机器人的 FMS 技术开始被引入汽车、电力电子产品、机械、精密工业等产业领域。

b. 20 世纪 80 年代工业机器人技术与 FMS 技术结合的"夜间无人化生产系统"生产模式形成。以日本、德国、美国等发达国家为首，这种应用工业机器人技术的柔性制造生产模式在 20 世纪 80 年代得以高速发展。仅以日本为例，20 世纪 80 年代以来，Seiko-Epson、Richo、Citizen Watch Ltd 等以机械、光学、电子产品制造为代表的多家技术产品公司相继开始了无人化管理的生产模式，这种模式的英文名称为"Unmanned Production"，并且开发出了"面向夜间无人化生产系统"。初期，这些无人化生产系统也会存在一些简单低级的错误，如当零件从零件给料机跳落，则整个系统都会停止等待直至第二天早晨。因此，不被纳入整个无人化生产系统正常生产过程范畴，只有在无人化生产系统发生类似前述简单低级错误时，临时被用来排除这些简单低级错误使无人化生产系统恢复正常运行状态的机器人便有了用武之地。夜间无人化生产系统实际上即是每天 24h 自动运转的生产系统。

c. 离线机器人（off-line robot）的定义。用来矫正无人化生产系统在生产过程中发生的非正常运行状态和问题，使无人化生产系统恢复正常运转所使用的机器人。当整个无人化生产系统按着预定的功能正常运转期间，这种处于"离线"（即处于正常运转的无人化生产系统运行过程之外）用途的机器人在无人化生产系统正常工作期间处于"闲置"或被用于其他系统。

d. "Seiko-Epson"（日本精工-艾普森公司）的手表无人化装配生产线。采用了 47 台 SCARA 机器人来搬运手表，夜晚无人化管理，白天仅有 1~2 名管理人员通过监视器监控生产和矫正错误。1999 年，日本电气通信大学（University of Electro-Commnications）机械与控制工程系的 H. Z. Yang、K. Yamafuji、K. Arita 和 N. Ohra 等人对此提出了引入离线机器人到无人化机器人生产的概念，并进行了技术研发。为此，他们首先对日本国内传统自动化生产系统（Conventional Automatic Production System）中的机器人进行了分析。

e. 1999 年日本国内传统自动化生产系统中机器人使用率分析。传统自动化生产系统所用机器人具有以下几个特征。

• 1 台主控计算机集中控制整个操作和监测制造信息，不能掌控和及时排除失误性故障，没有适应小规模多种类产品的制造柔性。

• 在不同的车间之间使用自动导引车（automatic guided vechicles，AGV）运送材料和工件，自动导引车按着预先设定的路径行走，作业范围有限；搬运作业仅限于从一个车间到另一个车间指定的工位，且功能有限，都是事先预定好的，而缺乏应对突发性故障或事件的能力。

• 工作人员的工作被分成间接（in-direct）和直接（direct）制造（manufacturing）两大类：前者主要包括规划（planning）、程式（programming）和管理（managing）等智能、管理作业；后者主要包括车间工人工件装载/非装载（loading/unloading of workpiece）、材料供给（material supply）、监督（supervision）和维护维修（maintenance）等实际制造作业（actual manufacturing tasks）。根据日本精密工程学会调查结果表明：生产线上工人的直接制造作业包括：零部件供给（parts feeding）、装配（assembly）、检测（inspection）、维护（maintenance）、监视（monitoring）、记录（recording）以及其他，这些作业所占比例如图 7-20 所示。

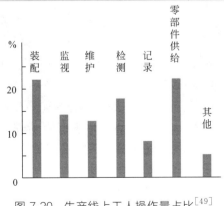

图 7-20　生产线上工人操作量占比[49]

f. 离线机器人系统（off-line robot system）的提出。针对无人化生产系统中暴露出的问题与分析，1999 年日本电气通信大学（university of electro-commnications）机械与控制工程系的 H. Z. Yang、K. Yamafuji、K. Arita 和 N. Ohra 等人提出了将离线机器人引入无人化机器人生产系统，并提出了离线机器人系统概念。该概念的示意图如图 7-21 所示，作为示例，将一种带有双臂的智能移动机器人作为离线机器人在无人化机器人生产系统中使用。

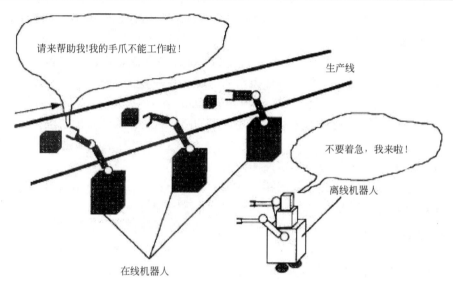

图 7-21　带有双臂的离线机器人概念示意图[49]

g. 引入在线和离线机器人的无人化生产系统概念（conceptual robotic production system）。如图 7-22 所示，无人化生产系统由直接制造部分（direct manufacturing division）和非直接制造部分（indirect manufacturing division）这两部分组成。非直接制造部分由诸如智能设计部（intelligent design department）、规划管理部（management plan）之类的几个创造性工作部门（creative departments）组成；而直接制造部分则由诸如机械加工部（machining department）、运输部（transportation department）、装配部（assembly department）、质检部（inspection department）、仓库保管部（warehouse department）等几个直接从事制造方面的部门组成。各部门都由一些智能体（Agent）组成。这里所说的智能体包括生产中的人、机器人等实际存在的物理个体"硬件"作为硬智能体，也包括整个生产过程中所执行的管理系统软件、计算机程序软件以及思想意识形态领域等"软件"作为软智能体。例如，装配部由转换器（converyors）、固定装置（fixtures）、工具（tools）、在线机器人（on-line robot）和离线机器人（off-line robot）智能体等组成。这样的制造系统通过各个个体智能体（individual agents）之间相互作用，具有高度的敏捷性，从而构成完整的制造系统。

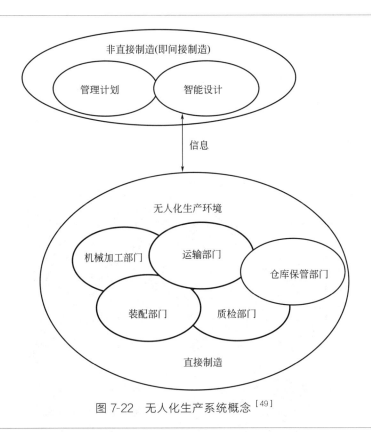

图 7-22　无人化生产系统概念[49]

（5）研发的离线机器人及离线机器人生产系统概念的实现方法论

① 为离线机器人系统而研制的双臂离线机器人系统组成

a. 硬件系统组成。H. Z. Yang 等人 1999 年研发的离线机器人实物照片如图 7-23 所示。该离线机器人组成包括：仿人双臂、带有力传感器和换接器（interchangeable）的末端操作器、用于停靠修理和故障修复（docking and fault repairing）的视觉传感器（visual sensor）CCD 相机、装有回转编码器（rotary encoders）和超声测距传感器（ultrasonic sensors）以及两个可操纵的动力驱动轮和一个脚轮（castor）等组成部分的移动平台（mobile platform）、自动充电电源（self-power supply）、通信设备（communication device）、智能控制器（intelligent controller）。其中：自动充电电源（self-power supply）对于离线机器人而言尤为重要。

b. 软件系统组成

• 新型仿生学目标提取系统（biological object extraction system）：为主动多眼系统（active multi-eye system，AME system），以仿生昆虫（insects）原理的运动文件模拟方式，用于进行实时图像处理。

• 利用行为仿真系统（behaviour simulation system）的人-机器人直接通信（direct human-robot communication）系统：被用来评估机器人实时行为的控制算法，以减少诸如机器人与障碍物碰撞、机器人硬件损伤。如果开发的算法适合于机器人被给定的作业要求，则机器人行为规划模块（the modules of robot action planning）、人-机器人直接通信模块将在实际的物理环境下被执行。该软件服务成为智能设计与人-机器人接口的重要组成部分。

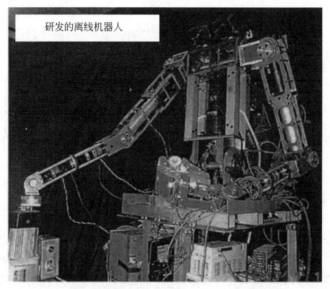

图 7-23　带有双臂的离线机器人系统实物照片[49]

• 管理系统（managing system）：分别控制两轮轮式移动平台的移动、机器人操作臂的操作以及图像处理系统的正常运行。

② 离线机器人生产系统概念的实现方法论。H. Z. Yang、K. Yamafuji、K. Arita 和 N. Ohra 等人通过对当时先进制造技术及其应用结果进行了调查研究，并在他们发表的 1999 年的文章中还论述了实现离线机器人概念的方法论，主要观点如下。

a. 为设计和验证机器人系统，他们直接利用行为仿真系统作为模拟测试平台进行人-机器人通信，以保证现实物理世界中的机器人系统的安全性与稳定性。

b.通过离线机器人与其他生产设备之间的局域无线通信，通过 Internet 权限使用全局制造知识，将权力下放给机器人系统。在该机器人系统中，各台离线机器人只负责指定的区域范围内的离线作业。当一台离线机器人要求协作作业，它将发送一个信息给其他离线机器人，从应标的离线机器人中选择一台胜出者并等待这台机器人的到来。若一台机器人放弃执行一个作业或失败，它将通过人-机器人接口报告给控制室的人类工作人员。如此，一台离线机器人对其他离线机器人影响较小，如此，整个系统安全性与稳定性得以大大加强。

c.使用基于个人计算机（personal computer，PC）的控制结构（PC-based control architecture）。这种控制结构具有根据实际生产条件的可扩展性，可使一个不同智能体共享公共平台资源，并且具有标准化的接口。例如，NC 机床、机器人、自动化的专用设备、自动化维修设备、零部件给料机、换接器等，都可由 PC 机控制。它们可以通过使用标准通信协议（standard communication protocol）的 Internet 来相互通信。

d.开发一些诸如故障诊断（fault diagnosis）和恢复（recovery）、Internet 网络通信关键技术。

e.将机器人系统实际应用到工厂。H. Z. Yang、K. Yamafuji、K. Arita 和 N. Ohra 等人于 1997 年 4 月开启了工厂与大学的合作项目，并且规划出了其后五年实现上述离线机器人、离线机器人生产系统等概念。

（6）离线机器人与在线机器人协作下辅助无人生产系统的机器人系统开发（2000 年，日本电气通信大学，H. -Z. Yang，K. Yamafuji and K. Tanaka）[50]

为支持无人化生产系统能够 24h 正常生产，H. Z. Yang、K. Yamafuji、K. Arita 和 N. Ohra 等人提出了离线机器人概念，并将离线机器人引入机械自动化生产系统中。2000 年他们对离线机器人作业进行了理论分析（operational analysis of off-line robots），并提出了单元装配站点（cellular assembly shop）的概念。

① 单元装配站点（cellular assembly shop）。工人们所做的工作，诸如故障检修（trouble shooting）、维护（maintenance）、修理（repair）、制造用装备的整备（back-up of manufacturing equipment），以及包括在线机器人在内，这些工作都可由离线机器人来替代完成。作为由离线机器人来支撑的单元装配站点的示例之一，如图 7-24 所示。这个装配站点由多个装配单元（assembly cells）组成；每个装配单元主要由一台离线机器人、零部件固定装卡系统（parts-feeding system）组成。离线机器人用来专门协助所属装配站点的辅助作业或服务作业，主要包括零部件的固定、自装配工件运送以及故障维修。此外，还有诸如自动导引车（AGV）等其他类型的离线机器人可以通过自治导航（navigate autonomously）在整个工厂范围内服务于无人化的自动生产系统。

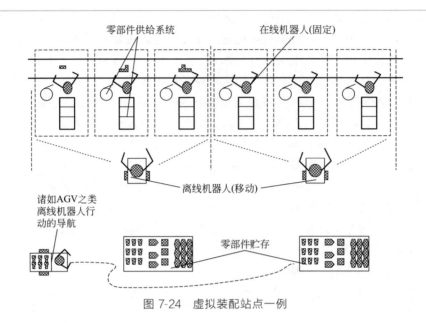

图 7-24 虚拟装配站点一例

② 离线机器人作业的理论分析。H. Z. Yang、K. Yamafuji、K. Arita 和 N. Ohra 等人还对一台离线机器人所能应对的装配单元数目的最优化问题以及离线机器人服务顺序等进行了理论分析，作为提高作业效率的理论基础[50]。

(7) 离线机器人与在线机器人协作的无人化生产系统中机器人系统的研发、自治导航和工件故障检测技术[51]

从 1999 年提出离线机器人概念到离线机器人辅助无人化生产系统方法论、作业优化以及服务顺序等理论分析为面向工厂无人化生产的离线机器人系统技术研发提供了理论基础。2000 年，H. Z. Yang、K. Yamafuji、K. Arita 和 N. Ohra 等人设计、研发了这样的无人化生产机器人系统技术。

① 以服务机器人 IS-robot 技术为基础研发离线机器人

a. 离线机器人的性能要求

• 解决故障恢复并辅助作业，在生产环境中代替人工作实现无人化生产目标；

• 弥补工件固定系统（parts feeding system）中那些些小但却可能引起致命性错误；

• 理解并按照人发出的作业指令，完成作业级（task-level plan）规划并自治执行；

• 利用多传感器融合系统（sensor fusion system）进行故障诊断（diagnose faults）并且保障快速恢复；

- 视觉系统处理，通过视觉系统实时识别环境和生产条件。

b.离线机器人的设计要求

- 仿人臂的双操作臂；
- 与操作臂一起可协调控制的主驱动轮驱动轮式移动平台；
- 末端操作器应具有像人类操作那样灵巧和技巧性的操作能力；
- 利用包括立体视觉（stereovision）、超声传感器（ultrasonic sensors）、激光传感器（laser sensors）、红外线传感器（infrared sensors）、触觉传感器（tactile sensors）和力传感器（force sensors）等多传感系统（multi-sensing system）来识别、诊断对象物、完成作业任务；
- 基于提取和测量得到的环境特征进行自定位（self-positioning）。
- 以自适应和自学习能力支撑不同种类的在线机器人和装备。
- 局域网和无线通信。

c.1992～1997年与7家日本公司合作研发的、面向办公楼服务的智能移动机器人 IS-robot。如图 7-25 所示，IS-robot 可以在办公楼里自治导航移动，可以回避障碍、开关房门、进入房间、按电梯按钮、利用电梯上下楼，还可以作来访者向导、投递邮件或文档，可充当服务人员，打扫、清理楼层、搬运垃圾、夜间巡逻、楼宇监控等。IS-robot 机器人技术及其改善提高是研发离线机器人的重要技术基础。

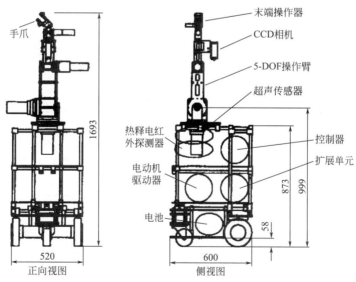

图 7-25　单操作臂-双轮驱动三轮移动的 IS-robot 服务机器人[51]

② 研发的离线机器人 OFF-robot 硬件系统

a. OFF-robot。如图 7-26 所示，OFF-robot 有双臂。图 7-27（左图）给出了 6-DOF 操作臂仿人双臂的连杆机构组成。双臂的末端分别设置手爪（pincette hand）、动力夹指手（powered gripper）。

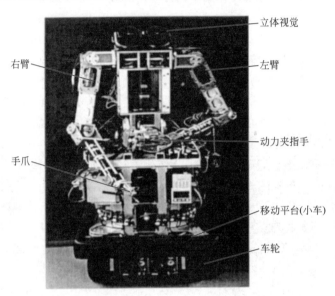

立体视觉

右臂

左臂

动力夹指手

手爪

移动平台(小车)

车轮

图 7-26　仿人双臂-双轮驱动三轮移动离线机器人[51]

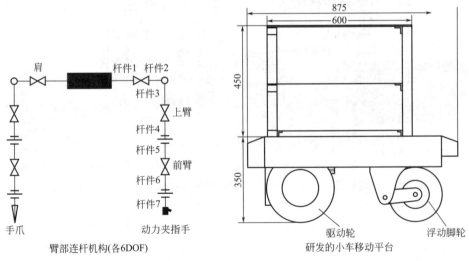

肩　杆件1　杆件2

杆件3　上臂

杆件4

杆件5　前臂

杆件6

杆件7

手爪　　动力夹指手

臂部连杆机构(各6DOF)

875

600

450

350

驱动轮　　浮动脚轮

研发的小车移动平台

图 7-27　OFF-robot 离线机器人的仿人双臂-双轮驱动三轮移动机构示意图[51]

b. 移动平台（mobile platform）。如图 7-27（右图）所示，移动平台由两个主动驱动的车轮（drive wheels）和一个浮动轮即脚轮（castor）与平台组成。

c. 感知系统（sensing system）。由 11 个设置在移动平台前面用来测量距离障碍物距离的超声测距传感器（ultrasonic sensors）、设置在 OFF-robot 机器人上的陀螺仪（gyro-sensor）、激光传感器、红外传感器、触觉传感器、力传感器等组成多传感器感知系统。

d. 通信系统（communication system）。用于在 OFF-robot 和生产线之间进行通信的要求如下。

• 无线通信（wireless communication）；

• 单点对多点（single to multi）或多点对多点（multi to multi）通信；

• 抗噪声（nosie resistance）；

• 可靠的误差补偿（reliable error compensation）；

• 一个生产设备使用时电磁波（electromagnetic waves）产生的电磁辐射对于其周边的外围设备（peripheral devices）的影响要尽可能小；

• 以太网兼容性要求（ethernet compatibility）；

• 市场上的可用性（availability at market）等。

e. 控制器（controller）。OFF-robot 的控制系统结构如图 7-28 所示，FA 计

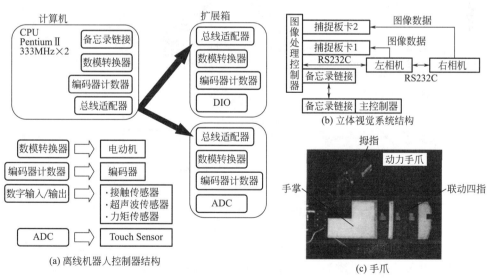

(a) 离线机器人控制器结构

(b) 立体视觉系统结构

(c) 手爪

图 7-28　OFF-robot 离线机器人的控制系统结构（左）、
立体视觉系统结构（右上）及手爪（右下）[51]

算机的 OS（operation system，操作系统）采用 Linux 2.0.35＋RT-Linux 0.9，主内存 256MB。

f. 双目立体视觉（stereovision）。搭载 SONY DVI-D30 双目 CCD 相机在机器人的顶部，使得机器人能够识别三维目标物体，其结构如图 7-28（右上）图所示。

g. 末端操作器（end-effectors）。OFF-robot 离线机器人上安装研发的有两类末端操作器：power gripper（动力夹指）；Pincette-type hand（Pincette 型夹指手）。

• power gripper：为了在制造环境下抓握大到 10kgf 的材料或对象物，power gripper 被设计成像人手一样的拇指和四指并联组合成一个宽大的手指，如图 7-28(c) 所示。拇指有四个关节，可以从外转向手掌，另外那个四合一的宽大手指则有三个关节。这些关节都是由正齿轮（spur gear）来实现传动的，在各手指的根部设有电位计（potentiometers）。五个触觉传感器的分布位置是：每个手指各两个，手掌上一个。

• pincette-type hand：被设计成在狭小空间内抓握小对象物和完成精细作业的夹指形式。其抓持力和抓持重物的质量、夹指展开宽度最大分别为 300gf、40g、100mm，其机构如图 7-29 所示。

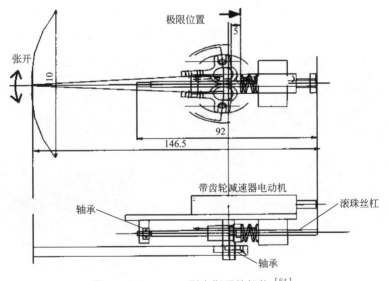

图 7-29　Pincette 型夹指手的机构[51]

以上各组成部分的相关参数如表 7-3～表 7-7 所示。

表 7-3　OFF-robot 仿人双臂连杆机构参数表[51]

杆件编号	杆件长度/mm	质量/kg	关节编号	回转范围
1	152	—	1	−90°～90°
2	125	5.5	2	−90°～90°
3	195	4.1	3	−90°～90°
4	256	1.8	4	0°～140°
5	244	1.4	5	−90°～90°
6	185	1.0	6	−90°～90°
7	235	0.85		

表 7-4　OFF-robot 轮式移动平台的技术参数[51]

类别	PWS(power wheeled steering)	
驱动器	名称	DC 伺服电动机
	额定电压-额定功率	DC 75V,123W×2
	减速比	1:50
位置检测传感器 （电动机轴回转位置检测）	名称	光电编码器
	分辨率	1000 pulse/rev
驱动轮	空气轮胎 Φ285mm×82mm	
被动轮	带有缓冲弹簧的空气轮胎脚轮 最大宽度 175mm×总高 345mm	
总体尺寸	总长×总宽×总高	875mm×735mm×800mm
质量	铝合金框架和驱动部	71kg
	传感器和控制器	37kg
	其他	3kg(当搭载电池时＋26kg)

表 7-5　超声波传感器性能指标[51]

传送器	类型	发射和接收
	传送频率	40kHz
信号、编码	电源	9V 电源线和地线
	信号	发送和接收
传送空间范围	以发射点为中心 30mm 范围之内	
传感器大小	长×宽×高/mm	50×65×35
方位	Approx. 22°	
测量范围	200～2000mm	
精度	满量程 FS 的±2.5%(FS＝2000mm)	

续表

输出分辨率	测距脉冲(1plusc－1cm)		
PIO 板卡			
端口(port)	输入(I)/输出(O)	Bit	信号类型
A	Input	0～7	计数器(0～7 位)
B	Input	0～1	计数器(8～9 位)
		2～7	未使用
C	Output	0～3	传感器选择(16)
		4	timing pluse 定时/计时脉冲
		5	latch
		6	counter reset(计数器复位)
		7	未使用

表 7-6 陀螺仪（gyro-sensor）传感器性能参数[51]

类别	3-Axis 振动式速度陀螺仪传感器	
可检测的角速度	Roll	小于±300°/s
	Pitch	小于±300°/s
	Yaw	小于±300°/s
可检测的姿态角	Roll	±60°
	Pitch	±60°
	Yaw	±60°
输出	数字输出	RS-232C 输出
	通信速度	9600bits/s
	通信格式	数据:8 位,校验位:无,停止位:2 位
电源	＋5V DC	±5％,1.1A
	±12V DC	12～15V,0.5A
功率	12W	
尺寸/mm	传感器本体尺寸	135×135×85
	信号处理器尺寸	63×35×40

表 7-7 无线部件性能参数[51]

性能	参数
频率	2484MHz 小功率范围
速度类型	直接顺序

续表

性能	参数
发射功率	小于 0.01W/MHz
带宽	小于 26MHz
模块类型	DBPSK
天线	Sleeve 天线
重试时间	1~9999
包单元（分组单元）	分隔符（定界符）代码-时间超时-OR 数据包长度条件

H. Z. Yang、K. Yamafuji、K. Arita 和 N. Ohra 等人还构筑了一个简易的虚拟工厂模型用来验证 oFF-line 离线机器人的概念以及与 on-line robot 协作用于无人化成产系统的可行性。

7.2.5 搭载操作臂的履带式移动机器人系统设计实例

（1）操作臂可辅助爬行的履带式自治移动操作机器人 Alacrane（阿莱科莱娜）（2014 年，Spain，Universidad de Ma'laga，Javier Serón 等人）

① 机构组成与驱动。Javier Serón 等人设计研制的移动机器人的履带移动部分为常见的两履带式移动机构，履带轮直径为 0.210m，一个惯性测量单元用来高频读入机器人相对于水平面的滚动（rolling）角度和俯仰（pitch）角度。两个带有用于航位推算（dead-rockoning）编码器的独立液压马达用来控制、牵引履带式移动机构行进和转向。在两履带式移动机构平台上搭载着由 5 个带有角度测量用绝对编码器的液压缸驱动来实现操作臂的 4-DOF 运动，其末端操作器为开合手爪式抓斗（grapple）。

② 传感系统。通过一个设置在连接操作臂基座关节液压缸上的压力传感器来获得力反馈。当操作臂末端的抓斗压向地面时，压力传感器测得压力会减小，直接测量此液压缸的冲击力比测量关节角会更有效。

Alacrane[52] 上通过加装一个自由度到一台 Hokuyo UTM-30LX 2-D 测距仪（rangefinder）上，使该机器人拥有了一套 3-D 激光扫描仪（3-D laser scanner）系统。这套激光扫描系统视野范围为 270°×135°；水平方向扫描分辨率（horizontal resolution）为 0.25°，垂直方向扫描分辨率（vertical resolution）为 0.067°~4.24°可调整。其上的测距仪沿着机器人前向行进方向可以扫描从地面到距离地面 1.48m 的高度范围。

③ 控制系统。液压系统底层控制采用工控用 PXI PC（2.26GHz Intel Core 2 Quad Q9100，配有 Lab VIEW Real-Time 软件系统），它配有数字、模拟连接器接口，以供通过 CANopen 总线连接各关节绝对编码器获得控制状态量。由此

PC 计算机控制该履带式移动操作机器人上扫描仪的数据处理和机器人的自治爬行运动。控制系统框图如图 7-30（a）所示。图 7-30（b）为自治算法中的状态搜索和转态迁移流程框图。

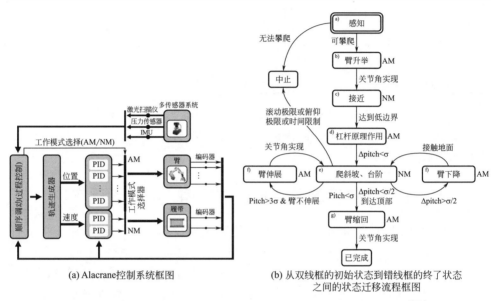

(a) Alacrane控制系统框图

(b) 从双线框的初始状态到错线框的终了状态之间的状态迁移流程框图

图 7-30 带有操作臂的履带式移动机器人 Alacrane 控制系统框图 [52]

④ 机器人实物与爬坡、爬台阶实验。Alacrane 机器人的实物及其自主爬台阶、爬斜坡实验照片如图 7-31、图 7-32 所示。

图 7-31 带有操作臂的履带式移动机器人 Alacrane 爬台阶实验场景 [52]

实验结果表明：Alacrane 机器人许用的最大俯仰、滚动角度分别为 45°、±20°。当超过这个范围很有可能发生图 7-32(c) 所示的突然倾倒。

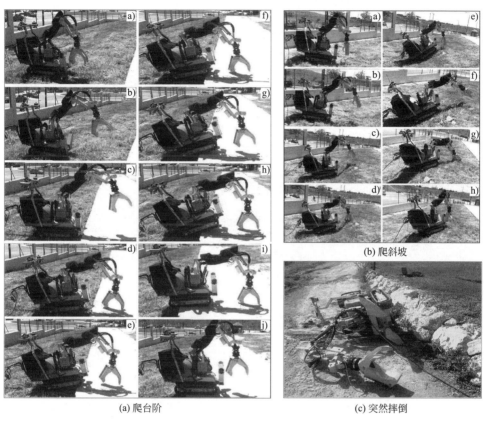

(a) 爬台阶　　　　　　　　　　　　　　　(b) 爬斜坡

(c) 突然摔倒

图 7-32　带有操作臂的履带式移动机器人 Alacrane 爬斜坡实验场景[52]

（2）带有双臂的履带式移动操作机器人［2014，日本，东北工业大学（Tohoku Institute of Technology），Toyomi Fujita，Yuichi Tsuchiya］

日本东北工业大学的 Toyomi Fujita（藤田富美）和 Yuichi Tsuchiya（土屋由一）于 2014 年研制了双履带并排的履带式移动机构外侧前端角点处左右各带有单个操作臂的双臂双履带式移动操作机器人[53]，如图 7-33 所示。该机器人系统由操作臂 1（arm1）和操作臂 2（arm2）、双履带式移动机构（tracks）、主控计算机（host PC）、图像处理系统板卡（image processing board）RENESAS SVP-330 和 CCD 相机（CCD camera）Sony EVI-D70 等硬件组成。该机器人总体尺寸为 590mm×300mm×450mm，总质量 30kg，双履带各有一台 150W 的 Maxon RE40 直流伺服电动机驱动，双臂单臂为 4-DOF，双臂驱动总共采用 9 个

KONDO KRS-4034HV 驱动器。该移动操作机器人系统可以用双臂操作移去行进路上的障碍物、石头，也可以双臂手持物体运送行进，最人移动速度为 0.47m/s。

① 双履带式移动机构。如图 7-33 所示，其履带式移动机构是由直流伺服电动机、同步齿形带传动、套筒滚子链传动来驱动履带式移动机构行走的，左右两条紧挨着并排布置的履带各由两条套筒滚子链传动和链条外用螺钉整周连接 70 块橡胶条（rubber block）作为履带板的结构形式组成。两个 DC 伺服电动机分别位于移动机构的前部、后部。

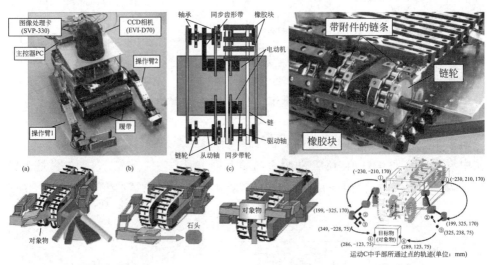

图 7-33　日本东北工业大学研制的双臂双履带式移动操作机器人[53]

② 机器人操作臂机构。操作臂单臂有 1 个 Yaw、2 个 Pitch、1 个 Roll 自由度总共 4 个自由度。操作臂 Arm1 的末端有 1 自由度手爪作为末端操作器，可以操作物体。Arm1 伸展开的总长为 531mm。操作臂 Arm2 机构与 Arm1 完全相同，总长为 446mm。

③ 视觉系统。由 SONY EVI-D70 型 Pan-tilt-zoom CCD 相机、视觉伺服（video server）系统 AVIOSYS IPVideo RK9100、一块图像处理板卡（RENE-SAS SVP-330）组成。相机为 380000 pixed（38 万像素），且带有 pan-tilt 回转机构。PC 计算机通过 VISCA Protocol（VISCA 协议）可以控制视觉系统中相机方向和角度，视觉系统服务器通过 TCP/IP 将来自相机的图像传送给主控计算机（host PC），用来观察机器人操作臂操作并遥控机器人，图像处理板卡也用于目标物的检测与识别。

④ 控制系统。如图 7-34 所示，由履带式移动机构控制、操作臂控制和

相机控制三个控制单元组成。通过接口系统，操作者可以通过远程遥控 PC 机来作为主控计算机控制该机器人，操作者可以发送指令给机器人，也可以通过搭载在机器人上的视觉系统（相机）回传给主控计算机的图像来观看机器人及其作业情况。在机器人上嵌入有两个微型计算机主板 Atmark Techno Armadillo-460 和 Renesas RX621。这两块主板通过 TCP/IP 协议接收来自远程主控计算机的指令，并通过串行通信将控制履带式移动机构、操作臂的指令传送给 RX621，通过 VISCA RS-232 电缆发送 Pan-tilt-zoom 控制信号给相机。RX621 根据来自主板的指令对履带式移动机构生成运动规划并执行 PWM 控制。臂的运动控制则是对一些操作作业预先设定好的多个运动控制。RX621 根据各项作业运动在每一次采样时间内发送控制脉冲给驱动各臂关节的伺服电动机。利用 AVIOSYS IPVideo RK9100 作为视觉系统服务器主板（streaming server board）通过无线 TCP/IP 通信将视觉系统捕捉到的图像传送给远程 PC 机。操作人员可以通过远程 PC 机来查看来自机器人的视觉图像，并且通过接口系统可以执行机器人的遥控操作（tele-operation）。操作对象物目标的检测也是通过 RENESAS SVP-330 系统显示在远程 PC 上以帮助操作人员发现一个对象物目标。

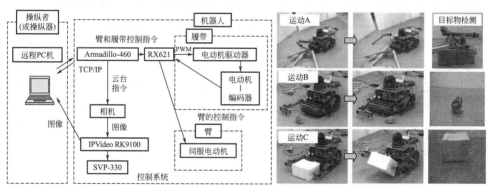

图 7-34　日本东北工业大学研制的双臂双履带式移动操作机器人控制系统（左）及控制实验（右）[53]

⑤ 实验。包括 A、B、C 三个作业运动试验。

运动 A 实验是从料堆中抓住末端拿起一根 290mm 长的橡胶管的实验；运动 B 实验是从地板上拾起一个 90mm 大小的石头；运动 C 实验是双臂拿起一个放在地板上尺寸为 265mm×205mm×150mm 的盒子。图 7-34 中右上、右中、右下的照片分别为视觉系统检测到的橡胶管、石头、箱子等目标对象物的图像。

（3）搭载单操作臂的双履带式混合移动操作机器人（2007，加拿大，机器人学与自动化实验室-振动与计算动力学实验室，Pinhas Ben-Tzvi，Andrew A. Goldenberg, and Jean W. Zu）

① 问题的提出：受 2001 年 9 月移动机器人被用于 WTC（world trade center，世界贸易中心）善后的城市搜救（urban search and rescue，USAR）活动的深刻影响，移动机器人主要用于灾害搜救、通过残垣瓦砾的路径搜索，以更快速地进行挖掘、结构检测、危险品材料检验等作业。在这种情况下，小型移动机器人更有使用价值。因为小型移动机器人比起通常的搜救设备可以进入更深、更狭小的空间之内，或者进入有崩塌危险的建筑结构。用于搜救的移动机器人存在的主要问题有：在残砖瓦砾堆积的环境下机器人容易翻倒或瓦砾进入机器人某个部位而导致其不能正常工作甚至无法继续移动；一些移动救援机器人仅有移动功能而没有操作能力。为此，加拿大多伦多大学机械与工业工程系的 Pinhas Ben-Tzvi，Andrew A. Goldenberg，以及 Jean W. Zu 等人总结归纳了表 7-8 所列的研究问题和解决方案，并且进一步提出、设计了一种由三杆三自由度操作臂和双履带式移动机构的混合多移动方式的移动操作机器人[54]。

表 7-8　加拿大 Pinhas Ben-Tzvi 等人 2007 年归纳总结的移动
机器人研究问题及提出的解决方案[54]

Issue/议题	研究问题	提出的解决方法
操作臂与移动平台为各自独立模块	各类模块的模块化设计将增加系统设计复杂性和质量、成本	操作臂和移动平台作为统一的整体来设计
操作臂安装在移动平台上部	臂容易损坏的问题	臂与平台作为一个整体均衡设计消除突出在外的部分
不搭载操作臂的移动平台有更好的移动能力	功能有限不能提供充足的操作能力	臂作为平台的部件可使其与周围的部件更为紧密
发生翻转：可逆性与自修复性	无特殊目的实际意义下的自修复功能的提供问题	对称性均衡性平台可适应翻转并可提高移动能力
障碍回避系统设计（例如：避免坠落或与对象物发生碰撞）	设计复杂性、可实现性（可行性）和成本增加的问题	有时适于让机器翻倒、滚动、并且继续执行其任务以致于更早地实现作业目标

② 移动机器人机构构型设计

a. 设计思想

• 将移动平台与操作臂按功能分开作为附属模块设计，不如将两者看成一个整体来设计，对于解决前述进入和深入狭小空间等问题可能会更有效。换句话说，可以将移动平台用作操作臂的一部分，反之，将操作臂用作移动平台的一部分也一样。这样一来，同样多数量的关节（电动机数）既可以全部提供给操作臂自由度，也可以全部提供给移动平台自由度，因而，相当于增加了移动平台（或操作臂）的自由度数，当然也就提高了移动能力（或操作能力）。

• 通过"允许"移动机器人翻倒并且连续操作来增强机器人移动能力，而不是试图预防机器人翻倒或者试图返回到正常状态。当机器人处于翻倒状态时，仅需控制指令使机器人从当前的位置和状态继续其作业。

如能将上述设计思想合成在一起来设计移动机器人则可以使移动机器人发挥更大的移动操作能力。Pinhas Ben-Tzvi，Andrew A. Goldenberg，以及 Jean W. Zu 等人就是基于以上两点的综合考虑来设计其提出的移动操作机器人的，并期望能够解决前述的用于残砖瓦砾环境下狭小空间、缝隙空间等环境下搜救作业问题。

为论证前述的概念，他们用图 7-35 描述出了前述概念设计的具体实施例。假设平台可以翻倒，则如图 7-35(a) 所示那样即使翻倒过来，在设计上的自然对称型结构允许平台仍然可以继续从其新位置和状态不需自身恢复便可达到目标位置。因为这种双履带机构中间夹着一个操作臂的结构设计形式允许其从翻倒后着地面的对侧继续使用其操作臂来进行操作。这种平台整体上作为移动平台时包括：将两个履带连杆作为基连杆 1（左右各 1 履带杆）、连杆 2、连杆 3 和两个轮履等构件。连杆 2 由关节 1 连接在两个履带基连杆之间 [图 7-35(a) ⓑ]；两个轮履被设置在连杆 2 和连杆 3 之间，通过关节 2 连接 [图 7-35(a) ⓒ]；轮履在移动/牵引模式时可被用来作为支撑连杆 2、连杆 3 的基座；为提高移动能力，轮履可被用来作为从动轮或主动轮来使用。连杆 2 和连杆 3 通过回转关节连接，并可设计成 360°整周回转的关节，如此，即使翻倒状态下也仍可使用操作臂。这种机器人结构形式可以收放操作臂，且可以根据各种应用需要来选择其形态模式。

侧面全面覆盖柔性盖板以防止机器人翻转翻倒在另一侧时被固定无法运动。(此图中对侧没有显露出来)

ⓐ封闭式构形

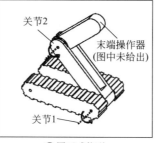

关节2

末端操作器
(图中未给出)

关节1

ⓑ展开式构形

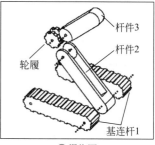

杆件3

杆件2

轮履

基连杆1

ⓒ爆炸图

(a) 对称性设计的自然特性使得翻倒后仍可使用操作臂

图 7-35

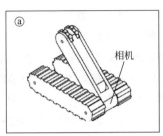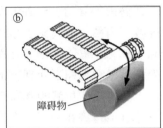
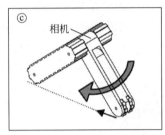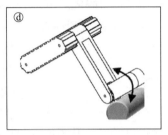

各种移动目的下的移动平台的构形

(b) 移动平台的不同移动构形

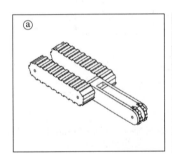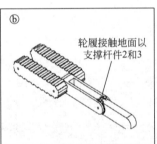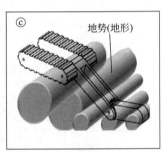

提高适应地势能力的构形

(c) 增强牵引力的构形

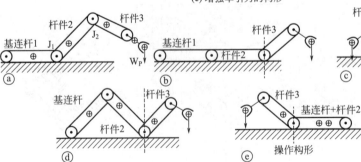

(d) 整体作为操作臂的操作构形

图 7-35　加拿大多伦多大学 Pinhas Ben-Tzvi 等人提出的概念具体化设计组图[54]

b.操作模式(modes of operation)。各连杆可以在以下三种模式下使用。

• 所有的连杆都用于移动,以提供更大的机动性与牵引能力;

• 所有的连杆都用于操作,以冗余自由度来获得更大的操作能力、灵活性,执行各种作业;

• 以上移动、操作两种单独模式的组合模式。当一些连杆被用于移动模式时,同时也可以重置这些杆件作为操作模式来使用,因而成为一种自然的混合模式。

所有的这三种模式都可以用如图7-35(b)~(d) 所示的示意图来描述。所有的电动机既可以用来驱动移动机构,也可以用来驱动操作臂操作,从而可以执行多种不同的作业。不论移动、操作,还是移动+操作,都是由这台机器人来完成。

c.可操纵性(机动性,manoeuvrability):如图7-35(b) 所示,使用连杆2来支撑平台可以达到增强移动能力的目的,同时也可以达到爬行的目的。连杆2可以保证机器人不会因抬高质心而失稳,并且可以爬高越过障碍物 [图7-35(b) ⓑ],可以通过连续回转运动帮助机器人向前推进。当以三腿构形移动时,连杆2可以用来支撑整个平台 [图7-35(b) ⓒ]。它可以通过连杆2和连杆1之间保持一个固定的角度,以履带式移动方式实现平台向前推进移动。图7-35(b) 中的构形ⓐ和构形ⓒ给出了可以设置视觉系统相机的两个不同部位,该图中的构形ⓓ则给出了连杆2被用于以三腿构形支撑平台的情况下,仍可利用连杆3来爬越障碍物的移动方式。

d.牵引(traction)。为增强牵引能力,连杆2和连杆3(假设连杆3有必要的话)还可以降落地面,如图7-35(c) ⓐ、ⓑ所示。同时,还可以图7-35(c) ⓒ所示的关节式移动平台自然构形来适应不同的地面形貌和条件,并且以连杆式移动机器人的移动方式行进。

e.操作(manipulation)。图7-35(d) 给出了作为操作平台的不同构形。当一些连杆被用作移动平台,而其余的连杆被临时用作操作时,在操作能力方面,构形ⓓ类似于构形ⓑ;而且,因为构形ⓑ与地面之间的接触面积最大,因而构形ⓑ是增强牵引力的最佳构形。而构形ⓓ被用来增强操控性也即机动性,因为构形ⓓ与地面之间的接触面积最小。

③ 机械结构设计(mechanical design architecture)。按前述设计思想和机构构型,Pinhas Ben-Tzvi 等人设计的移动机器人机械结构如图7-36所示。

a.电动机的数量及布置。他们设计的该机器人总质量65kg,长宽高总体尺寸分别为长814mm(臂收拢)、2034mm(臂伸展开),宽626mm(含侧面柔性盖板),高179mm。除末端操作器之外,此设计的机器人一共由四台电动机来驱动,其中,履带式移动机构共有两台电动机,左右履带各一,分别位于履带的前端和尾部,用来驱动履带式移动机构的行进和转向;右侧履带基连杆的前部有电动机驱动连杆2;左侧履带基连杆的前端有电动机驱动连杆3,如图7-36(a)、 （c）所示，并且所有的电动机都被安装在履带基连杆构件之内，这样设计的目的是尽可能使机器人结构的质心距离地面最近。

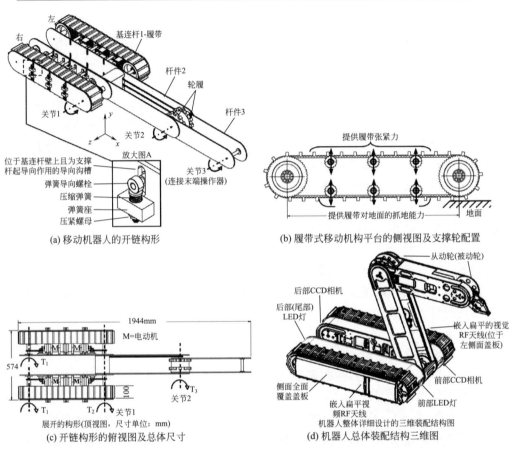

图 7-36　加拿大多伦多大学 Pinhas Ben-Tzvi 等人提出的概念机械结构设计组图[54]

　　b.基连杆 1-履带式移动机构。左右履带式移动机构设计成左右对称式结构。两个纵向并排并通过前端关节轴线连接在一起的履带之间夹着一个机器人操作臂。履带支撑框架上侧向布置着三组支撑轮，每组支撑轮上垂向设置着上下两个履带支撑轮，支撑轮安装在被固连在履带式移动机构总体支撑框架上，支撑轮与支撑轮座之间有圆柱螺旋弹簧，支撑轮可以沿着支撑框架上加工出的垂向滑槽导轨移动一定距离，如此设计是为了使履带支撑轮支撑的履带可以同支撑轮一起沿滑槽产生一定的位移，以适应不同地貌地面形状，这样履带会与地面产生更大的接触面积，减小履带的单位压力，同时提高行进的牵引力。值得注意的是：如图 7-36（b）所示，对于支撑履带上部的三个支撑轮而言，支撑轮下的弹簧产生的支撑力是为了使履带保持一定的张紧力；对于支撑履带下部的三个支撑轮而言，支撑轮下的弹簧产生的位移是为了保证与地面接触的履带能够更好地适应地面的形貌以获得更大的与地面的接触面积，从而提高抓地能力和牵引力。抓地能力越强，则履带与地面间接触产生的滑移就越小，履带式移动机构行进就越稳定。另外，在设计上，如电池、控制器、电动机、驱动器、齿轮头等机械部件与电气设备硬件都被安置在左、右履带基连杆构件之内。操作臂末端手爪等其他电动机和电气系统硬件都被安置在连杆 3 中。

c. 履带式移动机构内置的张紧与悬架机构（built-in track tension and suspension mechanism）。如图 7-36(a) 中的"放大图 A"和图 7-36(b) 所示。履带式移动机构支撑框架（即履带基连杆 1）的中心部位固连着 2×3 个履带支撑轮机构单元阵列，每个履带支撑轮机构单元都由弹簧座、导杆、套在导杆上的圆柱螺旋弹簧、履带支撑轮以及连接在履带支撑轮轴上的滑块和履带式移动机构支撑框架上开的滑道（滑槽）结构组成。上部的三个履带支撑轮分别沿着各自的滑槽滑移柔顺调节上部履带的张力；下部的三个履带支撑轮分别沿着各自滑槽滑移调节下部履带与地面接触时对地面形状的适应程度。另外，由于弹簧有减缓振动和冲击力的作用，因此，这种内置张紧与悬架机构使得履带式移动机构也具有减缓冲击和减轻振动的作用。

d. 移动机器人三维总体结构设计。如图 7-36(d) 所示，左右履带前端、后端分别设有 CCD 相机、LED 灯；左右履带侧面分别设有柔韧性弧形侧盖（pliable Rounded Side Covers）、侧盖内嵌入式扁平数据 RF 天线（embeded flat data RF antenna）、嵌入式扁平视觉 RF 天线［embeded flat video RF antenna（on left side cover），仅左侧盖板］；此外，机器人操作臂的关节 2、关节 3 的轴线上各设有一个被动轮（passive wheels）。用来将操作臂连杆 2、连杆 3 末端着地时将连杆 2、连杆 3 置成轮-腿式移动方式。

e. 应用 ADAMS 工具软件对所设计的单操作臂双履带混合式移动机器人进行仿真。包括爬台阶、爬越圆柱面障碍、爬上斜坡棱边后从斜坡侧面翻落后即刻为正常工作状态等，如图 7-37 所示。

④ 计算机硬件系统结构与控制（control/computer hardware architecture）

a. 车载节段间射频通信方案设计（on-board inter-segmental RF communication layout）。如前所述的单操作臂双履带式混合移动机器人是分节段式结构，由两个基连杆、连杆 2 和连杆 3 等 4 个节段组成的。组成机器人的各节段没有采用有线连接进行数据通信。电气系统硬件位于机器人的三节段上，即作为两个基连杆的履带移动机构和杆件 3 上。末端操作器（手爪机构）的电气系统硬件位于连杆 3 上，并且与基连杆之间没有借助于任何有线连接。各阶段涵盖了各自的电源（可充电电池）和各节段间进行无线通信的 RF（射频）模块。各个节段的控制系统硬件结构如图 7-38、图 7-39 所示。当各个其他节段内含有用于通信的节段内车载 RF 模块时，如图 7-38(a) 所示，右侧基连杆履带式移动机构内设有中央 RF 模块（central RF module）用于与 OCU（operator control unit，操控单元）间的通信。这样一来，各个节段内有独立的电源供电，而不需考虑各个关节回转时在回转节段之间采用物理实体的导线连线和滑环的问题。如此，连杆 2 和连杆 3 以及手爪机构的各个关节可以保证连续、任意地整周回转，而不需使用滑环和其他机械意义上的连接件，从而在运动范围内使得各连杆可以没有任何限制地运动，也不必担心在杆件回转时导线的缠绕，以及在狭小、缝隙等搜救作业空间下，移动机器人导线被压断或破损引起故障等实际问题。避开三节段之间直接有线通信的无线设计以及 OCU 可以帮助解决如下问题。

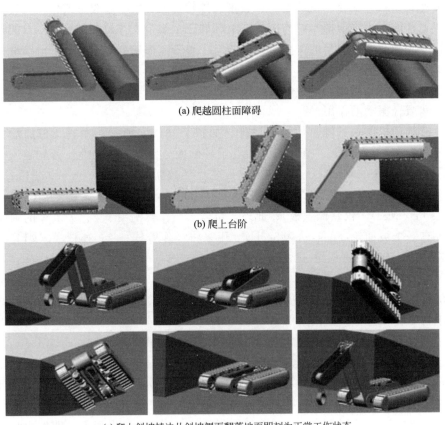

(a) 爬越圆柱面障碍

(b) 爬上台阶

(c) 爬上斜坡棱边从斜坡侧面翻落地面即刻为正常工作状态

图 7-37　加拿大多伦多大学 Pinhas Ben-Tzvi 等人设计的带有单操作臂的
双履带式混合移动机器人的 ADAMS 仿真组图[54]

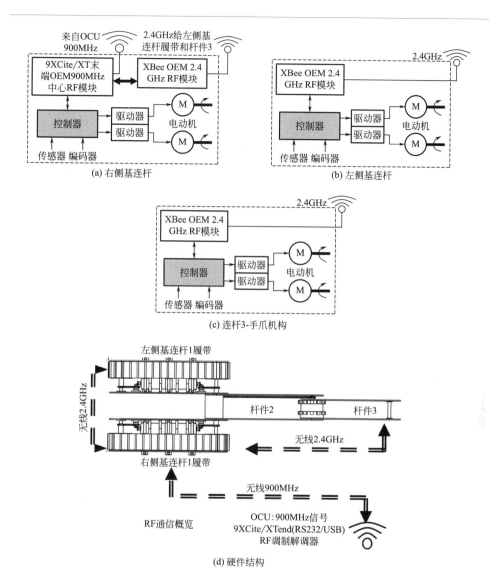

图 7-38　加拿大多伦多大学 Pinhas Ben-Tzvi 等人设计的带有单操作臂的
双履带式混合移动机器人的控制系统硬件组图[54]

• 机器人侧面柔性盖板内侧采用扁平天线可以解决机器人各个节段需要有一个独立垂向伸出到外面的天线不可靠的问题。从允许机器人翻落这一点而言，显然暴露在外面的天线在机器人翻落到地面时可能会损坏或者不能正常接收或发送信号。这种扁平的柔性天线实物如图 7-39（b）所示。这种专用的天线被设计在机器人侧面并且嵌入机器人侧面的柔性盖板之内，用于 RF 视频通信和 RF 数据通信，其在机器人上的设置部位如图 7-36(d) 所示。

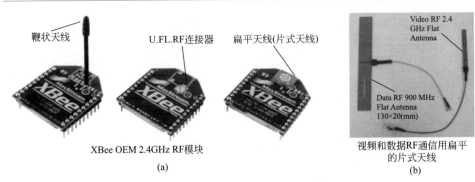

图 7-39　加拿大多伦多大学 Pinhas Ben-Tzvi 等人设计的
带有单操作臂双履带式混合移动机器人 RF 通信方案和所用通信模块[54]

•假如各基连杆直接接收到来自 OCU（操控单元）的数据信号，由于发送器和接收器之间的物理障碍（墙、树、建筑物等）可能会导致数据丢失，结果可能使得与由各基连杆得到的数据不一致，进而导致两个履带式移动机构之间运动不协调、不同步。从另一方面来看，即便是所有的数据与机器人在某一位置条件下所有各节段接收到的数据都是一致的，然后传送和分配给其他节段（该节段与其他没有外部物理障碍的节段是分开的且保持一定距离），则由各个基连杆履带机构接收来的数据将会与在 OCU 和机器人之间有任何数据丢失的数据几乎完全相同。

由于机器人的节段/连杆之间距离短且相对固定，所以，上述问题可以通过在左右基连杆 1 履带机构和连杆 3 之间使用一个低功率车载 RF 通信（low-power on-board RF communication）的办法来加以解决。

b. 混合式移动机器人上的 RF 硬件（RF hardware for the hybrid robot）。如图 7-38(d) 所示，OCU（操控单元）包括 MaxStream、9XCite 或 9XTend 900MHz 的 RF 模块。由 OCU 上一个单独的 RF 调制解调器（stand alone RF modem）发送数据，由位于右侧履带机构基连杆上的一个如图 7-38(a) 所示的 9XCite 或者 9XTend OEM RF 模块（取决于所要求的范围）来接收发送来的数据。当同时发送数据给其他节段（左侧基连杆履带机构和连杆 3）的一个以电缆线连接的 MaxStream XBee OEM 2.4GHz RF 模块时，9XCite 模块与控制器通信，控制右侧基连杆履带机构上的电动机伺服驱动器、电动机以及传感器等电气电子设备。这些数据以无线方式传送给另外两个 XBee OEM 2.4 GHz RF 模块，其中一个位于左侧基连杆履带机构上，而另一个位于连杆 3，如图 7-38(b)、(c) 所示。

XBee OEM RF 模块的主要优点如下。

• 可以有效利用图 7-39(a) 所示的 PCB 芯片天线（PCB chip antenna），可替代在各个连杆上设置外伸竖立的天线，外伸竖立天线对于允许翻倒在地面的机器人来说不安全，容易使天线无法正常工作甚至损坏天线；

• 操作频率为 2.4GHz，即操作频率不同于早期 Xtend/9Xcite RF 模块；

• 250kbps 的快速 RF 数据速率；

• 25mm×30mm 小型化，对于结构空间受限的机器人紧凑性设计而言，可以有效节省板卡空间。芯片天线可以适用于任何其他应用场合，但特别适合嵌入式用途。因为无线电波通过塑料壳体或外罩时没有任何发热散热问题，所以天线可以完全放在封闭的部位以起到保护天线的作用又不影响使用。在 Pinhas Ben-Tzvi 等人设计的这款单臂双履带混合式移动机器人系统设计中，便是将天线放在了左右履带侧面盖板封闭的履带式移动机构里。利用一个室内无线连接的芯片天线的 XBee RF 模块覆盖范围方圆可达 24m。而在混合移动机器人系统设计上，基连杆履带机构与连杆 3 之间的距离小于 0.5m。

小结：Pinhas Ben-Tzvi 等人提出的用于混合移动机器人上的车载分节段间射频无线通信设计方案从概念上避开了有线连接时为了保证线缆不影响关节运动范围或线缆安全性问题，以及在给定机械系统不同零部件之间滑环机械连接的问题。

⑤电气系统硬件结构设计

a. 控制器、驱动器、传感器以及视觉传感器相机方案设计。各连杆上的微控制器选用的是 "Rabbit" 内核模块。该微处理器模块内有多路模拟量输入，可以通过微处理器来接收来自传感器的信号；各基连杆履带机构上安装的电动机各由一个 Logosol（洛索尔）驱动器驱动，该驱动器作为电动机控制器提供位置、速度控制模式，来自各电动机后轴伸上安装的编码器的位置、速度信号被发送给该驱动器作为位置、速度反馈量。一个可插接微处理器的插槽被保留，用来留给将来添加的其他信号。如图 7-40 所示，有两个嵌入式的相机分别被设置在左侧基连杆履带机构的前、后部，用来为 OCU 操作者提供机器人周围的视觉信息；一个发送器用于将视觉信号发送给 OCU；由微处理器通过一个开关控制来决定哪个相机的图像被发送。

b. 电源（power sources）。电源是小型机器人设计的重要制约因素。为产生包括手抓机构在内各个连杆运动所需的足够驱动力矩，设计者采用了带有包括保护电路模块（protection circuit modules，PCMs）在内的可充电的锂离子电池单元（rechargeable lithium-ion battery units），并将电池组装在一个专用容器当中，可以安全地输出高放电流（high current discharge）以满足电动机输出高转矩需求。综合考虑电源，选择合适的无刷 DC 伺服电动机以及谐波齿轮减速器，设计者根据仿真结果选择可以产生高转矩电动机。各左右基连杆履带机构、手爪机构机械结构设计中为这些电源以及电动机、减速器等部件提供安装空间，并且连杆 3 内搭载了一个电源。

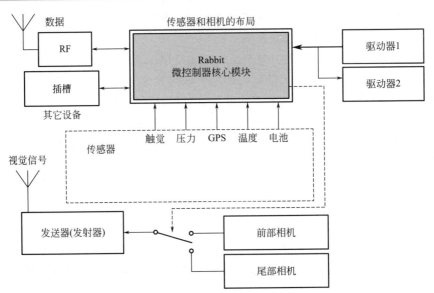

图 7-40　加拿大多伦多大学 Pinhas Ben-Tzvi 等人设计的带有单臂双履带式混合移动机器人的传感器与相机设计方案[54]

7.2.6　轮腿式移动机器人系统设计实例

（1）四轮腿式移动机器人"PAW"（加拿大，2006～2012 年，J. Smith，Inna Sharf and Michael Trentini）[55~57]

四轮腿式移动机器人"PAW"（Platform for Ambulating Wheels，轮式行走平台）是加拿大 McGill University（麦吉尔大学）机械工程系的 J. Smith，Inna Sharf 和加拿大国防研发中心自治智能系统部（the autonomous intelligent systems section defence R&D canada）的 Michael Trentini 等人合作于 2006 年研制的一款轮-腿式移动机器人。如图 7-41(a) 所示，PAW 是一台具有最小感觉能力和从动弹簧腿（passive springy legs）和在每条腿的末端有轮子的四足式机器人，是一台动态操控（dynamic maneuvering）的机器人。具有四足爬行、爬楼梯或台阶、跳跑等移动方式。

(a) 轮-弹簧伸缩腿式四足机器人PAW

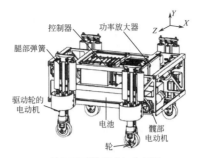

(b) PAW系统组成与外观图

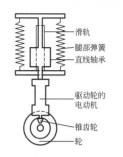

(c) PAW伸缩式弹簧腿机构

(d) PAW的轮-腿部轮式驱动机构与实物照片

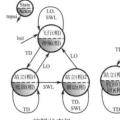

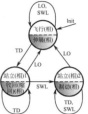

(e) PAW前后伸缩式弹簧腿机构状态的有限状态机描述

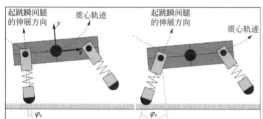

(f) PAW四足机器人腿式爬行运动分析

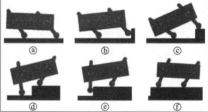

(g) PAW四轮驱动的轮式移动下爬台阶运动分析

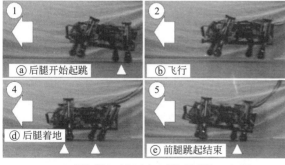

(h) PAW四足机器人平台原地不动轮-腿弹跳运动试验

(i) PAW轮式移动下爬不同高度台阶运动试验

图 7-41　轮-腿式四足机器人 PAW 机构原理、运动分析和试验 [56, 57]

① PAW 机器人。一个混合的轮-腿系统 (hybrid wheeled-leg system) 如图 7-41 (b) 所示，由 T 字形本体框架、四个模块化的伸缩式弹簧腿轮 腿单元、各腿与本体框架相连接的髋关节驱动机构、计算机、伺服驱动功率放大器、电池等部分组成。总共具有 8 个主动驱动自由度和 4 个从动的弹簧腿伸缩式运动自由度。PAW 机器人类似于其他铰接式悬架系统 (the articulated suspension systems) (endo 和 hirose，2000 年；Estier 等人 2000 年；Grand 等人 2004 年研制的机器人系统)，是以轮式移动、腿式移动复合式移动方式期望获得更高移动能力。在腿式移动模式下，轮可以进行主动控制，允许诸如跳跑 (jumping)、弹跳 (bounding) 等动态行为。总质量 15.7kg，腿长 0.212m，腿质量 1.3kg，髋部保持力矩 (stall torque) 64N·m，轮空载速度 715r/min，轮保持力矩小于 2.5N·m。PAW 机器人髋部 (hips) 使用 AMC 25A8 电动机放大器 (motor amplifiers) 和 90W 有刷 DC Maxon 电动机和齿轮减速箱驱动各腿髋关节。

② PAW 的伸缩式弹簧腿轮-腿部单元机构。如图 7-41 (c)、(d) 所示，PAW 的各腿采用了带有速比为 4.8：1 的 Maxon 233147 行星齿轮减速箱 (planetary gearbox) 的 20W Maxon 118751 有刷 DC 电动机和一对速比为 3：1 的圆锥齿轮 (bevel gear) 传动连接到腿末端的直径为 0.066m 的轮上。驱动车轮的电动机上都配置与髋关节驱动电机同样的增量式光电编码器 (quadrature encoder)。驱动轮电动机由四个 Apex SA60 放大器驱动，采用的 RHex 电动机驱动器板卡 (motor driver board，MDB) 原本是为 RHex 六足机器人 (hexapod robot) 所用 (McMordie 2002)。其他传感器包括：线性电位计 (linear potentiometer，用于测量腿的长度)；一个 BAE SilMU-01 惯性测量单元 (inertial measurement unit，IMU) (BAE Systems 2003) [通过串行口数据线连接，将 Roll、Pitch、Yaw 信息发送给随车搭载 (onboard) 的 PC/104 中]。

③ PAW 机器人高层控制 (high-level control) 的有限状态机 (the finite state machines) 方法。弹跳运动的高层控制被简化成在矢状面 (即沿纵向的前后向平面，sagittal plane) 内运动的对称步态 (symmetrical gaits)，机器人的前后两对腿被虚拟腿 (virtual legs) 替代，弹跳步态是由两个分开的有限状态机来控制的，分别控制前虚拟腿和后虚拟腿。如图 7-41 (e) 所示，其中：输入集为 $\lambda = \{TD, LO, SWL\}$，状态集为 $S = \{Flight, Stance1, Stance2\}$。此处，TD 表示 "Touch-Down" (着地)；LO 表示 "Liftoff" (抬离地面)；SWL 表示 "Sweep Limit" (扫描极限)。相应于髋部驱动器所需采取的行为，输出集为 $\Lambda = \{Protract, Retract, Brake\}$，即为：{伸长，缩回，制动}。机器人有三种状态，即 Flight (飞行相)、Stance1 (站立相 1)、Stance2 (站立相 2)。机器人各关节控制采用比例-积分 (proportional-derivative) 控制器进行关节轨迹追踪控制。

④ 运动分析与运动试验。如图 7-41(f)～(i) 所示。

（2）四轮-双腿混合型腿-轮式地面移动机器人（hybrid leg-wheel ground mobile robot）"Mantis"（螳螂）（意大利，2014，University of Genova，Luca Bruzzone 和 Pietro Fanghella）

着眼于室内环境下有爬楼梯能力、绕与地面垂直轴线无波动、无振荡移动下的稳定视觉、非结构化环境下也有移动性、机械和控制复杂性较低的移动机器人的研发目标，意大利热那亚大学（University of Genova）的 Luca Bruzzone 和 Pietro Fanghella 设计研发出机器人"Mantis"[58]。

① Mantis 移动机器人的机构与结构设计。Mantis 是在一台四轮小车式移动机器人，车身纵向的一端设有螳螂腿形状的两自由度两连杆腿的左右腿，两前腿与前车体连接的关节皆为各自主动驱动的回转关节，而连接最前端的小腿与大腿（与前车体连接的腿部）的回转关节皆为无原动机驱动、只靠弹簧弹性回复的从动关节。小车两前轮与两后轮通过绕垂向轴线回转的关节和连杆连接在一起。如图 7-42 所示。Mantis 是一个小型移动机器人平台，总体尺寸为 350mm×300mm×200mm。负载能力 1kgf。其上装备：相机、麦克风、面向作业（task-oriented）的传感器［如化学物质检测、放射性物质污染（radioactive contamination）检测的传感器］、无线通信设备等。可爬室内楼梯 160mm 高度台阶；具有平地绕垂直轴线回转能力；平地上可以无波动、无振荡移动，可以获得稳定的视觉信息；爬坡能力高于 65%；可非结构化环境内稳定移动。图 7-42 中，构成机器人的主要零部件有：前主车体 a、两个主动驱动的前轮 b、后车架 c、两个自由回转浮动的后轮（rear idle）d、两个像螳螂腿一样的前后摆动的前腿（rotating front leg with praying mantis leg shape）e。在平整和均匀地形下采用轮式移动模式，当两个后轮被动稳定机器人时，两个前轮执行差动操控转向。后车架通过一个绕垂向轴线回转的回转副（图中的 vj）与前面的主车体相连，以获得前后车体的相对转动；当路面不平坦时，为了获得前后车体绕水平轴线的相对转动，另有一个回转关节（图中 hj）可以使后车架 c 相对后轮 d 绕与车体纵向平面平行的轴线（图中 hj）滚动一定的角度。主车体掌控所有的驱动、控制和监测设备；该机器人的质心距离前轮轴线非常近，且后轮轴上分担的载荷非常轻；通过施加转向相反的角速度给两个前轮，机器人可以绕垂向轴线回转。此时后轮轴将会产生横向滑移；因此，当机器人绕垂向轴线转动（pivoting）时，在垂向关节 vj 上引入了弹性回复（elastic return）机制以限制其角偏移（angular excursion）。行驶在凸凹不平地面或者是小障碍物，或者是低摩擦表面等情况下，当前轮摩擦力不足时，前腿摆动接触地面或周围环境内物体，执行混合腿-轮移动（hybrid legged-wheeled locomotion）模式［图 7-43（a）］；腿 e 的外表面为腿绕其回转关节中心转动所形成的圆柱面的一部分，也即腿外表面为圆柱面；在腿-轮式移动模式下，可以不同的速度操控两条前腿回转摆动；当需要爬台阶时，

两条前腿一齐摆动，腿前端像钩子一样可以搭在或抓住台阶的上表面，顺势将机器人本体抬起并跨上台阶［图 7-43(b)］。类似地，也可以借助腿部不同的轮廓，执行爬行模式越过高台阶；当行驶在平地时，两前腿复位收拢回本体内以四轮轮式移动方式行走［图 7-43(c)］；当行驶在斜坡上时，上坡可借助两前腿"勾住"地面或者插入地里以加强向上的推进力或制止下滑的力，下坡可借助两前腿触地减速慢行或摩擦力不够时阻止失控下滑，如图 7-43(d) 所示。

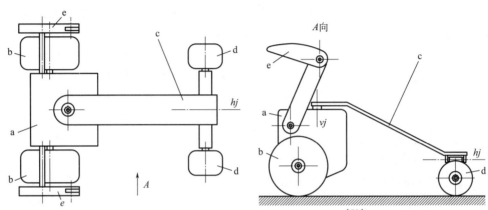

图 7-42　Mantis 机器人的机构与机械结构[58]

a—前主车体；　b—前轮；　c—后车架；　d—后轮；　e—前腿

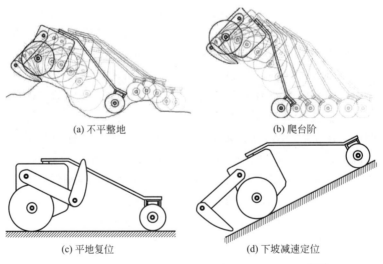

(a) 不平整地　　　　　　　　　　(b) 爬台阶

(c) 平地复位　　　　　　　　　　(d) 下坡减速定位

图 7-43　Mantis 机器人在四种不同环境下的形态[58]

两前腿上的带有弹性回复力的被动驱动自由度关节以及倾斜下台阶期间吸收

着地冲击力的形态如图 7-44 所示。实际样机的具体设计如图 7-45 所示。图中：m_1，m_2，m_3，m_4 分别为独立驱动两个前轮和独立驱动两条前腿的带齿轮减速器的电动机；p_1，p_2，p_3，p_4 分别为组成车主体框架的四块带有减重孔的铝合金竖直板；四台带齿轮减速器电动机（gearmotor）分别固定在内板 p_2、p_3 上；两个主动驱动的前轮 s_1、s_2 轮轴和两个前腿 s_3、s_4 的支撑轴分别用滚动轴承支撑并连接到内板和外板上，四对齿轮 g_1，g_2，g_3，g_4 分别被安置在内、外板之间的两个空间里，分别实现带齿轮减速器电动机 m_1，m_2，m_3，m_4 的输出轴与对应的轴 s_1、s_2、s_3、s_4 之间的机械传动。所有电动机的驱动与控制系统也都搭载在机器人本体之内。当机器人绕着垂直于地面的轴线回转时，连接在前后车体之间的两个弹性钢带 f 限制了垂向关节 vj 的回转；两个前腿上的从动关节上相对运动的小腿和大腿之间设置了类似板弹簧的弹性元件（Flexible Element）i 用来实现从动关节（Passive Joint）从动自由度（Passive Degrees of Freedom）恢复，在驶下斜坡、台阶着地时也起到减缓、吸收冲击作用。

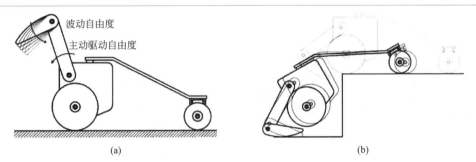

图 7-44 Mantis 机器人腿部靠弹性回复力的被动驱动关节及
下斜坡下台阶时吸收着地冲击力的前腿形态[58]

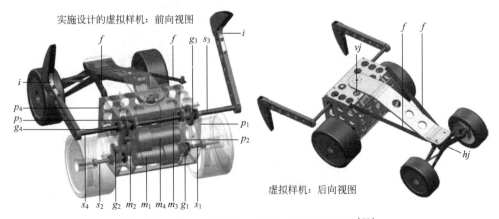

图 7-45 Mantis 机器人实际的虚拟样机设计[58]

$m_1 \sim m_4$—电动机；　$p_1 \sim p_4$—铝合金竖直板；　$g_1 \sim g_4$—齿轮；　$s_1 \sim s_4$—轴

② Mantis 移动机器人原型样机与实验。Mantis 的原型样机如图 7-46(a) 所示。两前腿复位收回到车体侧的机器人所占最小体积空间状态下，机器人长宽高总体尺寸为 335mm×298mm×160mm，包括本体上所搭载的环境状态检测用相机和 2600mA·h 的 LiPo 电池在内机器人总质量 3.2kg。Mantis 的研发人员对该机器人分别进行了爬越高度为 200mm 台阶、下台阶以及野外乱石地面环境下的爬行实验，实验场景如图 7-46(b)～(d) 所示。由图 7-46(d) 可以看出，Mantis 的两个前腿像一个钩子一样搭在台阶的上表面，然后通过两个前腿上各自的两个主驱动关节在控制系统控制下驱动大、小腿连杆协调运动将前后轮和车体拽上台阶，这一过程中，也可以同时驱动主动轮前轮协同爬台阶；而图 7-46(c) 的下台阶过程中，两前腿先着地，小腿杆与大腿杆之间的被动关节上的弹簧起到缓冲着地冲击力的作用；图 7-46(d) 中，两前腿像"钩子"或"镐头"一样可以"扎在"乱石堆或者泥土中（同样，连接小腿杆与大腿杆的被动关节上的弹簧也

(a) 第一代Mantis机器人原型样机照片　　　　　(b) 爬200mm高台阶实验

(c) Mantis机器人下200mm台阶实验　　　　　(d) 野外乱石地形下的移动实验

图 7-46　Mantis 机器人的初代原型样机及其爬台阶、下台阶和野外乱石地形移动实验[58]

起到减缓"刨地"冲击力的作用），然后前腿两杆机构在腿部主驱动关节的驱动下与主动驱动的前轮一起将车体向前牵引。从以上分析和实验可知：Mantis移动机器人在爬台阶、下台阶、野外乱石堆等环境移动作业过程中，两前腿起着重要作用，另外，两前腿的连杆机构中，杆件的长短与是否可伸缩都对可爬台阶的高度都有实际意义。正因如此，后面所讲的 Mantis2.0 版给出了对两前腿的改进设计之一就是大腿杆设计成可调节杆件长度的伸缩结构，即可变腿长结构。因此，这种带有末端像"钩子"或"镐头"一样的连杆机构前腿是Mantis 移动机器人最大的而且是可实用化的特征。虽然机构相对简单，但颇具实际意义。

（3）四轮-双腿混合型腿-轮式地面移动机器人（hybrid leg-wheel ground mobile robot）"Mantis2.0"版（螳螂 2.0 版）（意大利，2016 年，热那亚大学，Luca Bruzzone 和 Pietro Fanghella)[59~61]

Mantis 2.0 版本重新设计了两个前腿，其主要设计考虑有以下三个要点。

① 在连接大小腿的回转关节处增设了辅助轮（Auxiliary Wheels）以提高在爬台阶时最后状态的可靠性（reliability）。

② 可变腿的长度：变长度腿对于更详尽地进行实验研究活动是非常有用的。

③ 用来产生腿部最后一个从动自由度关节弹性回复力的柔性簧片被用圆柱螺旋弹簧替代，以达到快速改变刚度和预加载的目的。

Mantis 2.0 版实际的总体设计结果如图 7-47(a) 所示。其车体主体机械设计如图 7-47(b) 所示。带有辅助轮的可变长度腿的设计的爆炸图如图 7-47(c) 左图所示。带有辅助轮的可变长度腿的工作原理如图 7-47(c) 右图所示。

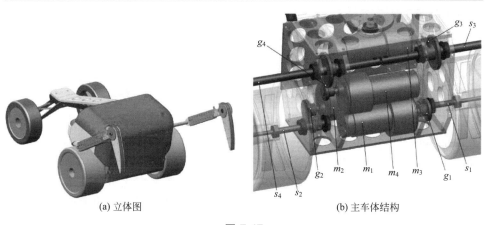

(a) 立体图　　　　　　　　　(b) 主车体结构

图 7-47

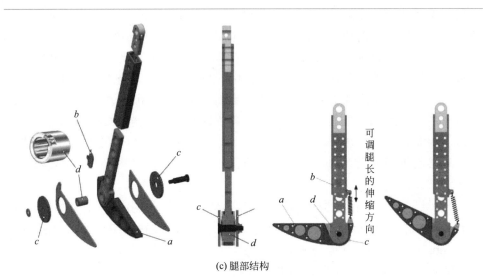

(c) 腿部结构

图 7-47   Mantis2. 0 版机器人[59]

7.2.7   轮式-腿式-履带式复合移动方式的轮-腿-履式移动机器人（wheels-legs-tracks hybrid locomotion robot）系统设计实例

不管将轮、履带、腿式三种移动方式称为"腿-履带-轮式"还是称为"轮式-腿式-履带式"或"履带-腿-轮式"等，不同的文献中叫法中"轮""履""腿"哪个写在前面还是后面并不一致，也没有统一，因此，作为这三种移动方式的复合式移动机构都没有谁先谁后加以区别和统一，所以本质上都代表着相同的意义。

（1）腿-履带-轮式多模式移动机器人平台（leg-track-wheel multi-modal locomotion robotic platform）概念的提出及多模式移动机器人"AZIMUT"（2003 年，加拿大，University of Sherbrooke，Francois Michaud 等人）[62,63]

① "AZIMUT" 多移动模式移动机器人。面向一台移动机器人对完整约束（holonomic）和全方位运动（omnidirectional motion）、爬行或者越过障碍物移动、上下楼梯等作业环境以及沙土、乱石、泥土等不同材质路面的移动作业，并且着眼于获得更大、更宽范围内的移动作业能力，加拿大谢布克大学（University of Sherbrooke）的 Francois Michaud 等人于 2003 年提出了四个独立驱动的、集腿式步行/履带式行驶/轮式移动方式和功能于一台移动机器人的"腿-履带-轮复合式移动机构"（leg-track-wheel hybrid style locomotion mechanism），并且具有比通常轮式、履带式、轮-腿复合式、履-腿复合式移动机构更宽广的移动环

境适应性。他们将这台多移动方式的机器人命名为"AZIMUT",如图 7-48 所示。AZIMUT 车体方形框架的四角各有一个独立驱动且绕与 z 轴平行轴线回转的 Roll 关节部件,该关节部件兼有履带、轮式移动车轮的 3 自由度模块化单元腿。总共有 12 台套电动机驱动该机器人移动。腿部靠近车体侧的 Pitch 自由度关节可以绕着与 y 轴平行的关节轴线回转 360°、Roll 自由度关节可以绕与 z 轴平行的轴线回转 180°。设计上,一旦各关节转动到合适的、准确的初始位置,机器人就能够保持住该位置而不需消耗任何电能。

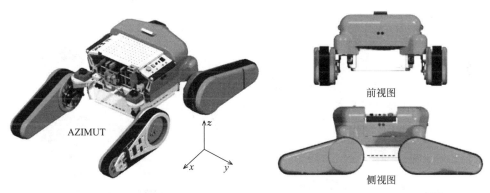

图 7-48 轮-腿-履带复合式移动机器人"AZIMUT"(2003 年,加拿大)[62]

当腿部连接车体框架的髋关节伸展开时,该机器人通过履带绕着腿部四周周而复始地运转以履带式移动方式行驶。当腿部髋关节运动将腿放在不同的位置时,AZIMUT 可以如图 7-49 所示的各种不同移动模式行走或上台阶、跨越障碍。

② AZIMUT 的多移动模式。如图 7-49(a) 所示,a、g 是由绕平行于地面的轴线回转的各关节驱动向前移动;b~f 是通过髋部 Pitch 运动关节将各腿部向上竖起来而成为四轮轮式移动模式,或者将各腿向下而成为履带式移动模式[图 7-49(a)h]。这些移动模式之间可以通过操纵控制实现移动模式之间的相互转换,而且还可以选择合适的模式爬楼梯、过台阶。

③ AZIMUT 的设计

a.机械系统(mechanical system)。AZIMUT 是一台集复杂的机械、电气、计算机等元部件于一体的集成化设计系统,在结构、硬件和嵌入式软件(embedded software)构成方面都是按着模块化设计的,从而构成复杂移动机器人平台。组成机械系统的部件如图 7-49(b) 所示,四个髋关节型履带腿机构被连接在底盘 a 上,底盘 a 上还装备着机器人的电控系统硬件和电池,电池被放置在底盘底部以保证机器人的重心尽可能接近地面,两个电池组被分别放置在底盘底部的左右两侧。在两个电池组之间有一个滑槽用来安装搭载的 PC104 规格计算机；车身 b（bodywork）用来保护内部元件并且是按着美学设计的外观；c 为履带腿的壳体框架；d 为用于改变髋关节型履带腿方向和锁定位置的方向子系统（direction subsystem）；e 为行驶推进子系统（propulsion subsystem），它驱动履带-轮回转，也容许关节型履带腿绕着平行于 y 轴的关节轴线回转。一旦关节型履带腿回转到指定的位置，则即被机械式机构锁定；关节型履带腿内安装有由两个轮和一条履带构成的履-轮子系统 f（track-wheel subsystem），与履带腿壳体框架 c 一起将履带张成履带腿式移动机构上的形状，并且支撑整车体重。

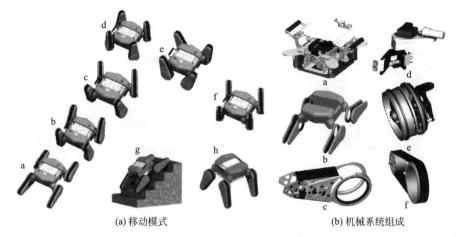

(a) 移动模式　　　　　　　　(b) 机械系统组成

图 7-49　"AZIMUT"机器人的各种移动模式及其机械系统组成（2003 年，加拿大）[62]

b. 硬件（hardware）。AZIMUT 机器人的硬件系统组成如图 7-50 所示，是一种模块化的结构，不同子系统之间相互通信交换信息并且协调各子系统的行为，用 CAN 2.0B 1Mbps 实现各子系统间的通信。各子系统有其自己的控制器，并将按照过程要求选择给定的子系统。通过分布式控制（distributing control）或者附加的冗余性功能覆盖控制所有的元部件，并且很容易地进行系统扩展，如此以增强系统的鲁棒性。各关节型履带腿有其自己的局部控制系统（local control subsystem），一个关节型履带腿上的各个电动机的位置、速度、加速度采用常规的 PID 控制器控制；限位开关（limit switches）被用于各转向子系统（direction subsystem）以回避各关节极限。在硬件、转向电动机等发生故障的情况下，各个局部控制子系统直接激活限位开关；各个关节型履带腿上的局部感知子系统（local perception subsystem）中设有一个大量程超声传感器（long-range ultrasonic sensor）和 2 个小量程超声传感器（short-range ultrasonic sensors）、5 个红外传感器（infrared range sensors），用来检测关节型履带腿周围附近的目标物和地面；动力子系统（power subsystem）负责分配并监测电池组（battery packs）或者外部电源（external power source）能量给其他所有的子系统。此外，还有用户接口子系统（user interface subsystem），该子系统是面向 PDA 以 CAN 总线通信，用 PIC 微控制器开发了一个 RS-232 到 CAN 总线的子系统；倾斜计测量子系统（inclinometer subsystem）用于测量机器人本体的倾斜角等数据，对于遥控子系统（remote control system），允许通过无线遥控（wireless remote control）方式将指令发送给该机器人；计算子系统（computing subsystem）由搭载在机器人本体内的用于高层决策（high-level decision making，即安装在机器人上的相机的视觉处理系统）的计算机系统组成。所有的子系统由同步总线（synchronization bus）协调，该同步总线也用来同步关节控制（即机器人以同步方式移动，并且避开一个关节比其他关节过快的情况），总线允许在局部控制子系统（local control subsystem）之间进行信息实时交换。

c. 软件（software）。AZIMUT 的软件系统为两层结构，一层是子系统软件；一层是机器人总体控制软件。

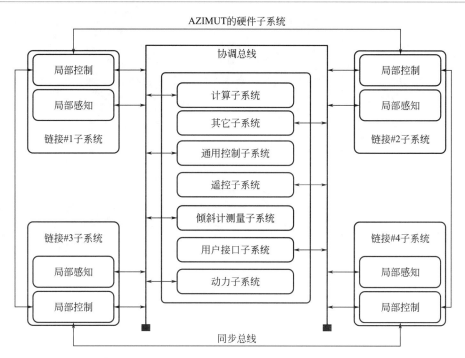

图 7-50　"AZIMUT"机器人的硬件系统组成（2003 年，加拿大）[62]

④ AZIMUT 的第 1 台机器人原型样机（first prototype，2002 年 12 月）。

AZIMUT 的第 1 台原型样机完成于 2002 年 12 月，共由至少 2500 余个零部件组成，如图 7-51 所示。其主要性能规格参数如下。

总体尺寸（cm）：长宽等尺寸为（L）70.5（Articu. up/down）～119.4（Articu. Stretched）×（W）70.5×38.9（Articu. Strected）～66（Articu. Down）；

本体间隔（body clearance）（cm）：8.4（Articu. Stretched）～40.6（Articu. Down）；

总质量：63.5kg；

额定速度（nominal speed）：1.2m/s（4.3km/h）；

转向速度（direction speed）：120°/s；

回转速度（rotation speed）：45°/s；

关节长度（length articu.）：46.9cm。

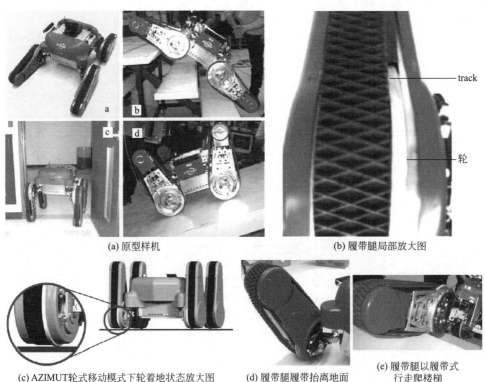

(a) 原型样机　　　　　　　　　　(b) 履带腿局部放大图

(c) AZIMUT轮式移动模式下轮着地状态放大图　　(d) 履带腿履带抬离地面　　(e) 履带腿以履带式
行走爬楼梯

图 7-51 "AZIMUT" 机器人的第 1 台原型样机（2002 年，加拿大）[62]

AZIMUT 拥有与其他地面无人驾驶车辆（unmanned ground vehicles）所不同的许多特点，例如，它可以改变各个关节型履带腿的方位、类似四轮驱动可操控的车辆。如同类的机器人 "WorkPartner" 不同于 AZIMUT，它的四个腿的末端也都有轮，机器人也共有 12 个自由度。各个腿都有类似于 AZIMUT 配置的 Siemens 167 微控制器，计算机系统也是以 CAN 总线协议为核心的分布式通信结构。WorkPartner 比 AZIMUT 更重，而且它不能像 AZIMUT 那样通过关节改变腿的方位。AZIMUT 拥有更加柔性、灵活的移动方式。同机器人"Urban"相比，也提供了更加多样化的移动方式。从概念上接近于 AZIMUT 的机器人有"High Utiliy Robotics（HUR）""Badger"。HUR-Badger 是一台四腿-履带式关节型独立推进的移动机器人，但它没有像 AZIMUT 那样的关节型履带腿方位调节系统。

（2）轮-履带-腿式移动机器人（wheel-track-leg hybrid locomotion robot）（2018 年，中国，上海交通大学机器人所，Yuhang Zhu，Yanqiong Fei 等人）

2018 年，上海交通大学同样地在前述"AZIMUT"机器人研究中提出的轮式-腿式-履带式复合移动方式的轮-腿-履式移动机器人概念下，设计了一种四履带腿式移动机器人，车体纵向中轴线前后两端各设有一轮腿的四履带腿＋两轮腿＋纯轮式混合式移动机器人机构（图 7-52），并研制出了原型样机（图 7-53），进行了室内爬台阶实验[64]。

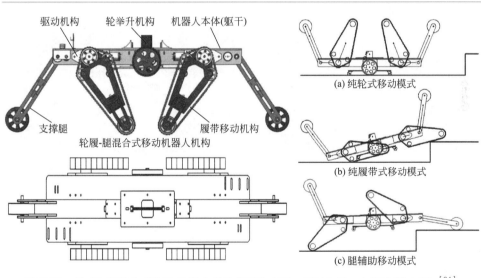

图 7-52　轮-履-腿混合式移动机器人机构原理与结构（2018 年，上海交通大学）[64]

① 四履带腿＋两轮腿＋纯轮式的轮—履—腿混合式移动机构原理。如图 7-52 所示。移动机器人本体平台上纵向两侧面中部各设有一车轮和一连杆连接的两轮辅助支撑轮构成的两轮移动机构；同时，在车体的两侧靠近两端部位各设有一个关节型履带式移动机构即履带腿，构成左右对称的四履带腿式移动机构；此外，在车体纵向中轴线上前后两端各设有 1 个连杆末端带有轮的支撑腿即轮腿，构成车体前后

部的双轮腿移动机构。整个机器人本体上的机械结构呈左右对称布置形式。四个独立的履带式移动机构每个都有两个自由度，左右对应的每个自由度共用一个 DC 电动机提供动力来驱动，各由两台电动机来分别实现左右对应履带腿上履带腿绕其关节轴线的摆动运动，所以四个独立的履带腿的俯仰摆动共有两个电动机来驱动，而四个独立的履带腿的履带各由一台电动机来驱动实现履带式行驶，总共有四个电动机驱动履带，四个履带腿的摆动和履带式行驶总共有 6 台电动机驱动，也即共有 6 个自由度；两个前后支撑腿轮腿各有 1 个自由度，分别用 DC 电动机来驱动支撑腿绕与连接车体的关节轴线作俯仰摆动，支撑腿末端安装的滚轮是自由回转的从动轮，两个支撑腿轮腿总共有 2 个自由度，支撑腿在平衡整个机器人和跨越障碍时起着重要的作用；纯轮式移动机构又被设计者们称为轮式举升机构（wheeled lifting mechanism）作为一个完整的模块被安装在车体中间，该机构中 1 个自由度用于举升机构，2 个自由度用于轮式驱动机构。整个机器人总共具有 11 个自由度，如图 7-52(a)～(c) 所示，共三种移动模式：单纯的轮式移动模式；单纯的履带式移动模式；腿式辅助移动模式。

图 7-53　轮-履-腿混合式移动机器人爬台阶障碍实验场景照片组图
（2018 年，上海交通大学）[64]

　　② 原型样机系统与实验。该机器人系统主要包括机器人本体和作为主控器的上位 PC 计算机。操控者通过 PC 机上的人机交互界面发送指令，决策与执行。控制信号通过通讯模块被发送给机器人的控制模块，进一步控制与驱动轮式移动机构、履带式移动机构、腿式移动机构；同时，通信模块将接受来自传感器的信号，及时建立环境模型并加以矫正，并将信息发送给人机界面和操控者；控制系统底层采用了 MC9S12XS128 飞思卡尔微控制器（freescale's microcontroller），通过其 I/O 口、PWM 口发送控制指令来控制电动机。限位开关用来检测关节位置，一旦履带式移动机构到达指定位置点或者接触到地面，微控制器将给出停止指令到 DC 电动机，如此控制该机器人。该机器人爬台阶实验的场景照片如图 7-53 所示。

7.3 搭载机器人操作臂的移动平台稳定性设计理论

7.3.1 运动物体或系统的移动稳定性定义

（1）物体、系统的稳定性

任何物体能够在地球上现实物理世界三维空间中保持确定的位置和姿态，必须有其他物体为其提供接触式的支点或支撑面；也可以是非接触式的物体为其提供使其能够平衡重力或干扰力的力（或力矩），如电磁力、磁悬浮、流体浮力等。物体能够持续地保持其正常形态的性质即是物体的稳定性。物体的稳定性包括静态稳定性和动态稳定性。一个高的长方体重物箱子竖直放在静止或匀速行驶的货车车厢内水平面上，箱子始终不倒即是静态稳定，其静态稳定性的静力学原理是箱子的总质心在车厢"地面"上的投影点始终落在箱子底面与车厢地面的接触区域内；但若货车加减速行驶时，车内的箱子受到水平方向惯性力的作用时，箱子底面受到车厢"地面"给它的摩擦力小于惯性力时，箱子在车厢内便产生移动，不再保持原姿势和位置，便不再稳定，此外，若箱子受到的惯性力与车厢"地面"给箱子的支撑反力两力的合力的作用线的反向延长线与车厢"地面"的交点若不在箱子底面与车厢"地面"接触的支撑区范围之内，则箱子一定处于不稳定状态或者是开始倾倒，此时如果货车司机没有相应地在一定时间内（由箱子总质心与支撑面中的边界点构成的倒立摆的固有周期决定）采取减加速的措施，使开始向前后某一方向倾倒的箱子受到反向的惯性力作用，则箱子一定是倾倒到底无疑。站在悬崖边缘的人也是一样，当其感觉到身体开始倒向深渊一侧时立即下意识地开始摆动双臂或摇晃身体努力使身体总质心产生惯性力，从力学上就是在努力使该惯性力与地面给身体总质心的支反力两力合力反向延长线与地面平面的"交点"返回到着地脚底之内，如此才不至于身体继续向深渊一侧倾倒而是靠自身的惯性力把身体"拉"回到悬崖地面一侧。以上从物体、人体行为和力学的原理阐明了物体、人体的稳定性问题。人们通常把物体、人体运动稳定性的问题简单地归结为"平衡"的问题，但是这个"平衡"需要从力学上去加以研究和解释！平衡有静平衡和动平衡，稳定性有静态稳定性和动态稳定性。物体或系统的移动稳定性可用稳定性的方向性和稳定程度量化来衡量。

① 静态稳定。静平衡从静力学上很容易理解，物体的质心在地面上的投影点只要处于箱子底面的支撑区内即是静态稳定的；当物体处于倾斜的支撑面上

时，则是箱子质心在垂直方向上的投影点位于倾斜的箱子底面在水平面上投影面内时，便是静态稳定的。显然，当箱子放在倾斜的支撑面上时，倾斜的箱子底面在水平面上的投影面的面积要比箱子放在水平面上时的底面支撑面面积要小，面积是箱子底面与支撑面接触面积乘以倾斜角度的余弦，也就是说箱子放在斜面上的单向稳定性程度要小于放在水平面时的稳定程度。

②动态稳定。前述举例说明中货车车厢内箱子的稳定性问题中，货车加减速行驶过程中车厢内箱子所受惯性力与支反力、摩擦力等力的合力作用线的反向延长线与支撑平面的交点是随着货车行驶加减速运动的变化而变化的，该交点在箱子底面与支撑面接触面区域内动态变化，不管怎样变化，只要是该点位于该接触面区域内，箱子在车厢内便是动态稳定的，即便是箱子在车厢内相对于车厢"地面"来回晃动、滑动但仍然保持箱子不倒。物体运动的稳定性问题的研究包括无外界扰动情况下物体运动的稳定和有外界（或称外部）扰动情况下物体运动的稳定。对于机器人而言不仅仅是物体运动稳定的相对简单的问题，而是机械系统运动的稳定以及控制问题。可以从物体或机械系统总质心来看待运动稳定的系统力学问题，这一点上不管是单个物体还是机械系统，理论上的力学原理都是相同的，不同的是从系统构成的角度来看待机械系统内部如何进行运动的调节（即控制）来实现整个机械系统移动运动或其他形式运动稳定。动态稳定性需要从运动学、动力学理论上去阐明。而动力学是研究物体或系统的本身物理参数、运动参数与系统主驱动力或驱动力矩之间关系的力学学问。物体或系统运动稳定性问题的研究不只"平衡"两个字这样简单，其复杂性在于物体、系统运动的非线性问题，即便是拉格朗日法、牛顿-欧拉法、动量守恒等方法通常也仅限定于运动参数对时间的二阶导数项即通常所说的二阶项（速度、加速度、牵连运动项），但是，在瞬间爆发运动、高速运动或者前后速度差变化较大的运动情况下，不仅二阶项，三阶及以上的高阶项的影响无法通过状态反馈的方法来准确、实时（快速响应）补偿高阶项产生的动力学影响效果，虽可估计但误差可能很大，理论上的研究在实际的技术实现上是个大问题。

（2）物体、系统的移动

物体或系统的移动是指物体或系统的总质心在重力场中的重力相对于支撑该物体或系统的支撑点或支撑面不平衡引起物体或系统的运动（即靠重力驱动产生的运动），或者是以足式、腿式、轮式、履带式、抓杆摆荡渡越、水力学游动方式、借助于翼翅拍打流体飞行方式、弹射飞行等运动方式产生的物体运动。按移动介质的不同，可将物体移动分为连续介质表面支撑面上的移动、连续介质内的移动、非连续介质间的移动三大类。其中，支撑面上移动或者非连续支撑面上物体的移动，以及连续介质内物体的移动都涉及物体移动稳定性的理论与技术问题。如地面上的人、足腿式（或称腿足式）步行移动机器人、地面上行驶的车辆、轨道上行驶的列车、海水连续介质中航行的轮船等都存在移动稳定性的力学问题，值得分析和研究。物体移动首先讲究的是移动方式，移动方式实际上包含着移动的机构原理和移动运动的力学原理。

（3）移动稳定性

移动稳定性是指在正常移动目的下，物体或系统以某种或某几种移动方式能够持续地使移动运动正常进行下去的性质。简单举例说明，如人或机器人在地面上行走的稳定性就是指能够使人或机器人在地面上以正常的形态持续地行走下去的性质，即不摔倒或者摔倒过程中有能力回复正常状态继续正常行走下去。这样给出的移动稳定性定义只是字面意义上对移动稳定性的肤浅的解释。从研究的角度上看，谈移动稳定性的目的和意义在于其背后隐藏着的运动物体或系统在力学意义上的稳定性理论问题。目前，学术界对于运动物体、系统的移动稳定性的定义比较笼统，如日本学者给出的步行稳定性是指使步行能够持续地进行下去而不出现无法步行的状态的性质等；而被用作步行稳定性判定准则的是 1972 年国际著名机器人学者 Vukobratovic M 等提出的 ZMP（zero moment point，ZMP，零力矩点）的概念，评价步行稳定性的准则是步行时步行机器人系统的 ZMP 点始终位于着地脚支撑区内，则系统步行就是稳定的，因此成为普遍适用于步行机器人、移动机器人的动步行、移动的稳定性准则。但是，需要注意的是 ZMP 是从最高阶为二阶项的系统力、力矩平衡方程中推导得出的概念和 ZMP 位置计算公式，并没有考虑非线性系统中运动参数对时间的二阶以上导数的高阶项引起的力、力矩对非线性系统的运动稳定性的影响。因此，从理论上，本书著者吴伟国与其研究生侯月阳等于 2010 年提出了含有加加速度即舒适度成分的 ZMP 概念及 ZMP 点的位置计算公式[65,66]。尽管考虑到了运动参数的三阶项，可以通过加速度计去估计加加速度项，但仍然无法具有将三阶以上的高阶项考虑进去的实际意义。但从运动力学的角度可以从理论上给出移动稳定性的确切定义。

从运动力学的角度，关于运动物体或系统的移动稳定性定义：移动的物体或机械系统总的质心所受到各类力、力矩在合力矩为零的情况下合力作用线的反向延长线与环境提供给物体或系统支撑面的交点在移动运动各方向上距离支撑面边界距离的度量上所反映出的物体或系统的稳定性、稳定程度以及临界稳定能力的性质。

7.3.2 物体或系统运动稳定性的力学基础与稳定移动的控制原理

（1）1972 年机器人学者 Vukobratovic M 等提出的 ZMP 概念及其稳定步行的控制方法

如图 7-54 所示，以人或双足步行机器人为例，人或机器人以一般步行步态行走过程中有单脚支撑期和双脚支撑期，行走过程就是单脚支撑期、双脚支撑期的不断交替重复步行周期的步行过程。单脚支撑期整个系统的 ZMP 就是支撑脚受到的来自地面支撑面的分布的支撑力的合力作用点，此点处绕支撑面上的 x 轴、y 轴的合力矩分量分别为零，绕 xy 平面内任意轴线回转的合力矩（即分别绕支撑面上 x 轴、y 轴的两个力矩分量的合力矩）也为零；同理，双脚支撑期时双脚受到来自地面支撑面的分布的力的合力的作用点是双脚支撑期的 ZMP点，此点上绕支撑面上 x、y 轴的分力矩也分别为零，两个分力矩的合力矩也为零。

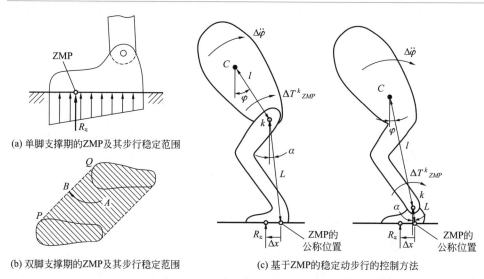

(a) 单脚支撑期的ZMP及其步行稳定范围

(b) 双脚支撑期的ZMP及其步行稳定范围

(c) 基于ZMP的稳定动步行的控制方法

图 7-54　Vukobratovic 等提出的 ZMP 概念及基于 ZMP 稳定步行的控制方法（1972 年）

单脚支撑期、双脚支撑期的步行稳定性判别准则就是 ZMP 点分别位于单脚支撑期、双脚支撑期着地脚与地面支撑面形成的凸多边形之内，则步行就是稳定的，人、运动的物体或系统、机器人系统在行走过程中就不会陷入摔倒而不能正常行走的状态。Vukobratovic M 等按着他们所提出的这一 ZMP 的概念于 1972年给出了动态步行稳定控制方法与原理。

这里仅考虑在 Sagittal 平面即前后向平面内的控制问题，在 Lateral 平面即左右侧向平面内的控制问题与 Sagittal 平面内道理相同。

如图 7-54(c) 所示，考虑垂直方向地面反力 R_z 作用点偏离公称地面反力中心（$x=0$）Δx 的情况。该公称反力中心也是目标 ZMP。力矩 $M_{xZMP}=R_z\Delta x$ 给出了步行系统整体行为的一个评价指标。

考虑用任意选定的关节 k 来修正 R_z 的作用点。

图 7-54(c) 为分别选择腰关节、踝关节的情况。假设其他关节的伺服系统的伺服刚度足够高。关节 k 上所有连杆的质量为 m，绕关节 k 转动惯量为 J_k。其质心用 C 表示。第 k 关节力矩的公称值的变化量设为 ΔT_{ZMP}^k。此时，为使实际地面反力中心移回到地面的公称反力中心（目标 ZMP），第 k 关节上力矩的变化量可由下式算出：

$$\Delta T_{ZMP}^k = \frac{M_{ZMP}^k}{1 + \dfrac{mlL\cos\varphi\cos\alpha}{J_k} + \dfrac{mlL\sin\varphi\sin\alpha}{J_k}} \tag{7-1}$$

式中，l，L，φ，α 分别如图 7-54(c) 所示。

进行实际机器人 ZMP 控制时，为了降低减速器的摩擦等不确定因素的影响采取如下方法：考虑把支撑脚踝关节作为第 k 关节的情况。进行踝关节的局部位置控制。由力传感器测得地面反力中心位置，用该位置和地面公称反力中心（目标 ZMP）的偏差作为反馈控制量，进行踝关节目标轨迹的修正。其控制结果是：地面实际反力中心追从地面的公称反力中心。图 7-54(c) 给出的是 xz 平面上即前后向立面内运动的基于 ZMP 的稳定运动控制方法，对于 yz 平面即左右向侧立面内的稳定运动的控制方法和原理完全相同。

虽然 Vukobratovic M 提出的 ZMP 概念是在解决双足动步行机器人的稳定步行控制问题上提出的，但是，由于是从质点系统运动的力学原理上给出的力平衡、力矩平衡意义上衡量物体或系统运动稳定性的概念，因此，ZMP 的概念及基于 ZMP 的稳定步行控制方法的适用范围不局限于双足步行机器人领域，对于轮式、腿足式、履带式等其他各类地面移动机器人也适用，原理相同。

在理论上，由于 ZMP 的概念基于运动参数最高二阶项的动力学微分运动方程中推导出的 ZMP 位置计算公式，在高速运动情况下，并不能从非线性系统方程整体上保证运动的动态稳定性，因此，继 ZMP 之后又有专家学者提出了 CP 点的概念，算作对 ZMP 点的修正。

(2) 多刚体系统的简化倒立摆力学模型下的 ZMP 及其使用

① 移动运动的多刚体系统的理论 ZMP 计算公式。无论是人、仿人双足机器人还是多腿（足）式步行机器人、轮式移动机器人、履带式移动机器人等机械本体系统都可以看成多质点系统，并且可以简化成一个总质心的倒立摆模型，不同的是倒立摆模型的实际支撑区域大小不同而已，并且将支撑机械系统整体的稳定支撑区可以看成假想的着地脚。假想线着地脚的概念是 1991 年由日本东京工业大学的广濑茂男教授和米田完博士在没有像动物那样可以借助于头部、臂部、尾部等摇摆动作来实现动态平衡效果的四足步行机研究中，通过躯干摇动和虚拟假想线着地脚规划步态来实现四足快速动步行方法中所提出的概念，并且用 TITAN-VI 四足步行机实现了间歇步态 1 步最短周期为 0.25s、平地直行最高速

度 1m/s 的动步行实验，几乎与人的步行速度匹敌。将运动物体或多质点系统简化成总的质点 M 的倒立摆力学模型如图 7-55 所示，对于前后向即 xz 平面内的倒立摆力学模型与左右向平面内的倒立摆力学模型没有本质的区别。

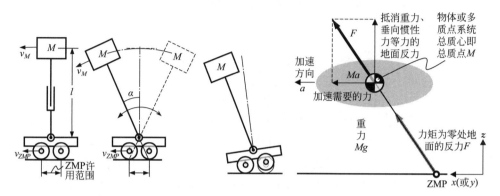

图 7-55 运动物体或多质点系统的简化倒立摆模型及其力学模型

设 n 质点构成的多体系统的质点 i 的质量为 m_i，质点 i 在基坐标系中的位置矢量为 $r_i = \begin{bmatrix} r_{ix} & r_{iy} & r_{iz} \end{bmatrix}^{T}$，则此多体系统的 ZMP 在基坐标系 $o\text{-}xyz$ 中的 ZMP 点位置矢量 $\begin{bmatrix} ZMP_x & ZMP_y & 0 \text{（或常数）} \end{bmatrix}^{T}$ 的计算公式为：

$$ZMP_x = -\frac{\overline{M}_y}{\overline{F}_z} = \frac{\sum\limits_{i=1}^{n} m_i (\ddot{r}_{iz} + g) r_{ix} - \sum\limits_{i=1}^{n} m_i \ddot{r}_{ix} r_{iz}}{\sum\limits_{i=1}^{n} m_i (\ddot{r}_{iz} + g)} \tag{7-2}$$

$$ZMP_y = -\frac{\overline{M}_x}{\overline{F}_z} = \frac{\sum\limits_{i=1}^{n} m_i (\ddot{r}_{iz} + g) r_{iy} - \sum\limits_{i=1}^{n} m_i \ddot{r}_{iy} r_{iz}}{\sum\limits_{i=1}^{n} m_i (\ddot{r}_{iz} + g)} \tag{7-3}$$

式中，$\overline{M}_x$、$\overline{M}_y$、$\overline{F}_z$ 分别为步行机器人运动所需的 x、y 向地面反力矩分量和 z 方向力分量；g 为重力加速度。

② 移动机器人系统本体上用于地面反射力检测的实际 ZMP 的获得。无论是单足、双足或多足步行机器人系统，一般用来检测足或腿部与地面接触的支反力或力矩的传感器设置在足底（接触力传感器）或踝关节处（六维力/力矩传感器）。采用接触力传感器只能检测地面支撑面法向力；采用踝关节处设置的六维力/力矩传感器能够间接检测到来自地面的三个分力、三个分力矩。可由各个着地脚或着地腿末端上安装的力/力矩传感器检测部到接触地面的底面之间部分取作分离体列写力、力矩平衡方程，通过力/力矩传感器检测部检测到的分力、分

力矩来计算来自地面的合力、合力矩，然后将合力、合力矩合成等效转化成只有合力而合力矩为零的力，求出合力矩为零处合力的作用点位置即是该脚或该腿的实际 ZMP 位置；将所有脚或腿上检测到的地面反力合力、合力矩再次合成，求所有脚或腿的总的合力和合力矩并进行等效转化，求出的总的合力矩为零时其作用点位置便是实际的 ZMP 位置。

③ 使用期望的 ZMP 轨迹来求系统总质心的轨迹和期望的关节轨迹。期望的 ZMP 是可以定义或规划的，以着地脚的大小和着地区域形成的凸多边形为 ZMP 的边界规划或定义 ZMP 在该边界内的轨迹曲线（即 ZMP_x、ZMP_y 随时间变化的轨迹曲线），然后，按着式(7-2)、式(7-3)给出的微分运动方程式对时间 t 进行积分，可以推导得出质心的位置矢量中各个位置分量的方程，即可得质心轨迹方程。为了使式(7-2)、式(7-3)可积，一般需要对质心在 z 方向上的运动进行适当的简化。期望的 ZMP 的定义可按线性 ZMP 或正弦（余弦）规律可变 ZMP 来定义。得到总的质心的轨迹曲线方程后，可以按着总的质心位置等于所有各刚体构件质量与其质心位置坐标的乘积求和后除以总质量列写方程，其中各个刚体构件的质心位置矢量可以按机器人机构运动学来求得用相关关节角矢量表示的质心位置矢量方程，进而谋求为实现总质心轨迹的关节角矢量，从而得到期望的关节参考轨迹，用作关节位置轨迹追踪控制的参考输入。

④ 稳定裕度。按着 ZMP 衡量的移动运动稳定性准则是只要在移动过程中 ZMP 不超出单脚着地支撑区或两个以上着地脚支撑区形成凸多边形，移动运动的系统就是稳定运动的。但是，由于 ZMP 位于着地支撑区的边界时系统处于临界稳定状态，因此，为了安全起见，一般将可用的 ZMP 范围取在支撑区边界以里一定距离的区域，则所取得距离支撑区边界的这个一定的距离便成为稳定裕度。稳定裕度的概念是 20 世纪 90 年代由双足步行机器人研究者提出的实用化概念。

（3）基于 ZMP 的稳定移动的力反射控制原理

不管是物体或机器人系统还是其他机械系统，从质点、多质点系统的理论力学的角度，它们的运动稳定性的力学原理都是相同的，都可从理论上将多质点系统看成一个总的质点来看待，该总的质点相对于支撑物体或系统的支撑点或支撑面的运动可以简化成移动运动的倒立摆模型，再从该移动运动的倒立摆的力学模型去推导 ZMP 以及含有加加速度的 ZMP 的计算公式，然后按实际的 ZMP [可由安装在物体或系统上测量着地力的力/力矩传感器测得的力、力矩来计算实际的 ZMP，其原理是取含有力/力矩传感器本体与机械系统和支撑点（线）或支撑面接触部分的物理实体之间的部分作为分离体，通过该分离体的力学模型来推导力、力矩平衡方程，进一步推导得到实际 ZMP 的计算公式并计算实际 ZMP 的位置，实际 ZMP 位置是支撑面上作用的合力矩为零的那一点的位置] 位置与预先确定的期望 ZMP 轨迹上的位置之间的位置偏差作为 ZMP 的补偿量，由该补偿量计算由物理系统上选择某一个或某几个主动驱动运动副（关节）在原有运动的基础上进一步实施加减速运动以使系统总的质心产生额外的惯性力、惯性力矩使实际的 ZMP 追从期望的 ZMP，以保证系统持续稳定的运动。基于 ZMP 的稳定移动力反射控制原理框图如图 7-56 所示。

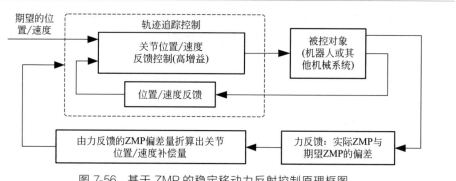

图 7-56　基于 ZMP 的稳定移动力反射控制原理框图

7.3.3　腿足式移动机器人的移动稳定性设计

（1）双足步行机器人稳定步行的 ZMP 的规划或定义

① 固定不变的 ZMP 位置。这种选取 ZMP 的方法是在步行过程中将期望的 ZMP 选取在固定不变的位置处，如单脚支撑期时，将 ZMP 选取在单脚着地接触区内的某一确定的位置，如踝关节中心的正下方、脚长的中间位置处、侧向位于脚宽中间位置。这种选取方法过于保守，实际步行时力反射控制总是要使实际的 ZMP 返回到期望的固定的 ZMP 位置处，如此可能导致需要机器人质心获得更大的额外惯性力矩，对于关节驱动力要求过于严格。

腿的着地端无脚掌的单腿、双腿或多腿机器人的单腿着地时的 ZMP 便只能是这种固定不变的 ZMP。

② 线性可变 ZMP。线性可变 ZMP 是 2004 年由日本前桥工科大学（Maebashi Institute of Technology）的朱赤（ZHU CHI）等人提出的 ZMP 设计方法。这种方法是将期望的 ZMP 设计成：单脚支撑期时按着脚长（或脚宽）方向从脚跟到脚尖（或脚宽里侧到外侧、外侧到里侧）ZMP 的位移按着线性规律变化；双脚支撑期的 ZMP 则按着后脚尖到前脚跟斜向线性位移规律变化。

③ 按余弦规律的可变 ZMP。按余弦规律的可变 ZMP 是 2005 年本书著者吴伟国等根据倒立摆在爬升和下摆两个阶段的主动驱动和被动驱动特性，同时为了避免前述固定不变 ZMP 对于主驱动要求过于严格、线性可变 ZMP 仍然对于主

驱动要求过于严格且没有利用摆的被动特性而提出的一种 ZMP 设计方法。该方法是将期望的 ZMP 设计成：单脚支撑期时按着脚长（或脚宽）方向从脚跟到脚尖（或脚宽里侧到外侧、外侧到里侧）ZMP 的位移按着余弦曲线规律变化；双脚支撑期的 ZMP 则按着后脚尖到前脚跟斜向余弦曲线位移规律变化。按着余弦规律变化的 ZMP 也可用正弦规律变化 ZMP 来表示，两者可以互相转换，两者有 90°相差。

（2）双足稳定步行控制系统的设计

① 常规的基于 ZMP 的力反射控制。常规的基于 ZMP 的力反射控制原理是图 7-56 所示的通用的基于 ZMP 的稳定移动力反射控制原理在双足步行机器人上的具体应用，如图 7-57 所示。其力反射控制的控制律可以用 $M_{xZMP} = R_z \Delta x$ 公式，用力/力矩传感器检测出的实际 ZMP 位置与期望 ZMP 位置的偏差 Δx 和地面反力 R_z 来计算出 $M_{ZMP}^k = M_{xZMP}$，作为使实际 ZMP 追从期望 ZMP 的力矩，再根据式（7-1）计算出利用第 k 关节加速运动使多刚体系统获得使实际 ZMP 返回到期望 ZMP 的惯性力矩所需要付出的额外的驱动力矩 ΔT_{ZMP}^k。如果关节位置轨迹追踪控制采用计算力矩法可将此力矩值直接与第 k 关节控制器输出叠加在一起；若采用关节位置速度反馈 PD 控制，则可根据 ΔT_{ZMP}^k 值和第 k 关节上的转动惯量求出第 k 关节需要获得的额外的角加速度值和控制周期求出需获得的额外的角速度、角度增量，然后对第 k 关节位置、速度进行补偿控制。采用两个或多个关节进行 ZMP 力反射控制的这些关节补偿控制原理与上述相同，但需要按总的补偿量对这些关节进行补偿量分配。

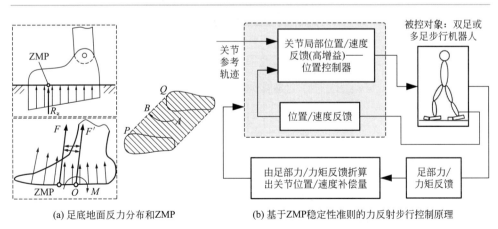

(a) 足底地面反力分布和ZMP　　　(b) 基于ZMP稳定性准则的力反射步行控制原理

图 7-57　足底 ZMP 点及基于 ZMP 的双足步行力反射控制原理

需要清楚的是：机器人的力反馈也称力反射控制并不是直接用力或力矩偏差

作为操作量，而是通过关节位置/速度补偿量来间接实现的。

② 基于模糊 ZMP 的双足步行力反射控制。考虑被作为步行稳定性指标的 ZMP，把目标轨迹偏差作为补偿 ZMP 的目标。根据 ZMP 的目标偏差量决定各关节角的补偿量，把该补偿量加到各关节目标轨迹上生成新的目标轨迹。用这一方法来实现有模型偏差和外部干扰情况下的步行稳定控制。可是，双足步行机器人是多杆系统，对于 ZMP 的变化，机器人的姿势的变化不一定是唯一的。因此，补偿量的确定采用 Fuzzy 推理的方法设计补偿器。该 Fuzzy 补偿器是把目标的 ZMP^* 与实际的 ZMP 的误差与实际的 ZMP 作为输入，输出是各关节的补偿量。双足步行机器人的模糊控制系统框图如图 7-58 所示。

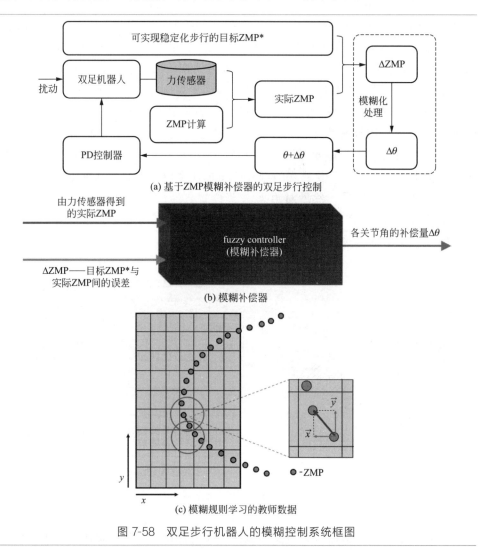

图 7-58 双足步行机器人的模糊控制系统框图

可以通过 GA、EP 等相结合的方法生成机器人步行的最优化关节轨迹，并且进行步行实验。在取得步行成功后用该样本（关节轨迹和 ZMP 曲线）进行规则训练。首先，将支撑脚着地区划分为如图 7-58(c) 所示的前后向（y 方向）9 个区域、侧向（x 方向）7 个区域，则相邻区域的 ZMP 差值为：

$$\Delta ZMP = a_1 \vec{x} + a_2 \vec{y}$$

则有：

$$\Delta \theta = a_1 \theta_x + a_2 \theta_y$$

教师数据是把 ZMP（x，y）作为输入，把 θ_x、θ_y 作为期望输出进行训练。隶属度函数使用三角型函数。而且，在 Fuzzy Rule 中，使用简化的后件部分：if $x = A$，$y = B$ then $\Delta \theta_i = p_i$。规则的学习中，把 w_i 作为对应于输入时的各规则的隶属度值。模糊输出为：

$$\Delta \theta_f = \frac{\sum_{i=1}^{r} w_i p_i}{\sum_{i=1}^{r} w_i}$$

把后件部分（结论部分）学习定义为：$p_i \Leftarrow p_i + \alpha w_i (\Delta \theta_i - \Delta \theta_f)$，其中：$\alpha$ 为学习常数。

模糊规则学习的流程如图 7-59 所示。首先，时间 t 被输入 Spline，从此机器人各关节角的轨迹 θ_x，θ_y 在作为机器人控制输入的同时，它也被作为模糊规则学习时的期望输出与模糊补偿器的输出进行比较，以调节模糊补偿器学习时的权值 w_i（学习后作为隶属度的值）。

由机器人的状态，通过 GA 和 EP，Spline 不断被更新，不断重复地将关节轨迹生成下去。同时，也进行了规则的学习。如图 7-59 所示，使用 ZMP 通过

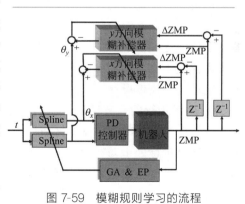

图 7-59 模糊规则学习的流程

模糊补偿器的输出和由 Spline 的输出的比较，规则被不断地更新下去。图 7-60 为采用模糊补偿器的步行稳定化控制系统原理图。基本的思想是首先需要一个固定增益的 PD 控制器作为初始控制器进行关节位置轨迹追踪控制，随着模糊规则学习的不断充分，模糊补偿控制器逐渐起主导控制器的作用，而初始控制器的作用被逐渐弱化。

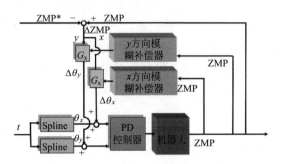

图 7-60　采用模糊补偿器的稳定步行控制系统

（3）四足步行机器人的假想线着地脚与基于 ZMP 的稳定动步行样本设计

四足步行机器人的步态有爬行步态、对角小跑步态、间歇小跑步态、溜蹄步态、跳跑步态等多种。通常的做法是按着步态规划生成步行样本（即各个关节随时间变化的关节轨迹），然后进行关节轨迹追踪控制，对于快速步行，一般按着足部安装的力/力矩传感器反馈的力信息进行基于 ZMP 的力反射控制，其基本原理与图 7-56 所示大体相同。这里不做展开，仅就本体上没有诸如可摆动的头、操作臂、尾等其他可供用来获得动态平衡效果的部分，只对仅有四条腿和躯干平台的四足步行机器人的稳定动步行的设计方法进行讲述。这里介绍的是 1991 年由日本东京工业大学的广濑茂男和米田完提出的一种假想线着地脚的概念和在此概念下如何进行基于 ZMP 的稳定步行样本生成的步行设计主要方法。这种方法不失为快速小跑步态步行样本生成的好方法，而且同样适合于其他多足步行机器人稳定动步行样本设计。

① 四足步行的静态稳定性、动态稳定性及稳定支撑区域。将四足步行机器人常用步态步行下的稳定支撑区域归纳在图 7-61 中，当 ZMP 位于图中阴影区域内时，四足步行处于动态稳定步行状态，即使机器人总质心在地面投影点位于阴影区之外，机器人也不摔倒，即机器人具有动态稳定性。通常所说的质心位于着地脚构成的凸多边形之内则机器人不倒是指静态稳定性。动态稳定性则是指即使机器人质心在地面投影点落于着地脚构成的凸多边形之外但 ZMP 仍位于该凸多边形之内则机器人不倒的稳定性。

② 四足步行机器人的步态线图。步态是指像步行动物那样以一定的抬脚、迈脚、落脚的时间和空间顺序运行所有脚的步行规律和步行形态。用无量纲时间周期为 1 的步行周期、支撑脚在 1 个无量纲步行周期中所占无量纲时间即占空比和迈脚先后顺序绘制出步态线图，如图 7-62 所示。图中阴影表示各脚在步行周期 1 中的着地时间即占空比。

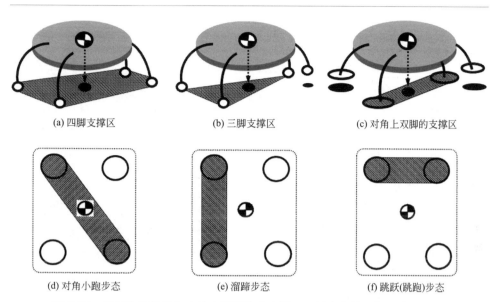

(a) 四脚支撑区　　　　　(b) 三脚支撑区　　　　　(c) 对角上双脚的支撑区

(d) 对角小跑步态　　　　(e) 溜蹄步态　　　　　(f) 跳跃(跳跑)步态

图 7-61　四足步行常见步态的支撑脚稳定支撑区及质心在地面投影点示意图

步态线图和各脚之间的相位关系反映了各步态下各脚的迈脚顺序以及步行周期为无量纲 1 下的着地时间。其中，扩展小跑步态［图 7-62(d)］的占空比可以在一定范围内调整以适合变速步行；溜蹄步态为马拉车时的步态，为同侧两脚同步迈脚同步着地，这种步态反映出了马在拉车时同侧两只脚位于与行进方向成最小角度的一条直线上可以获得最大的前行力的力学原理，即有效的前进力可以达到最大化的自然原理。

步态线图是用来规划步行样本生成步行机器人关节轨迹的理论依据。四足步行机器人脚或腿的末端向前或向后（倒退步行）推进以及抬脚高度、落脚高度等的轨迹规划将依赖于步态类型和步态线图，归一化的无量纲步行周期适用于任何有量纲步行周期时间 T 下各个脚的抬脚迈脚、落脚着地的时间（占空比乘以步行周期时间 T 为具体的着地期间时间）。步态线图按时间顺序将各个脚或腿部末端统一在一起进行协调运动，从而产生能够实现相应步态的步行。

③ 假想线着地脚[67,68]。1991 年由日本东京工业大学的广濑茂男和米田完提出的一种假想线着地脚的概念把四足步行机器人简化成了假想的双足机器人，并且进一步可以按类似于双足机器人的倒立摆简化模型和 ZMP 稳定性准则来解析兼规划地生成假想线着地脚中心点的轨迹，进而得到实际机器人脚的轨迹，从而生成四足步行机器人的间歇小跑步态、小跑步态的步行样本。

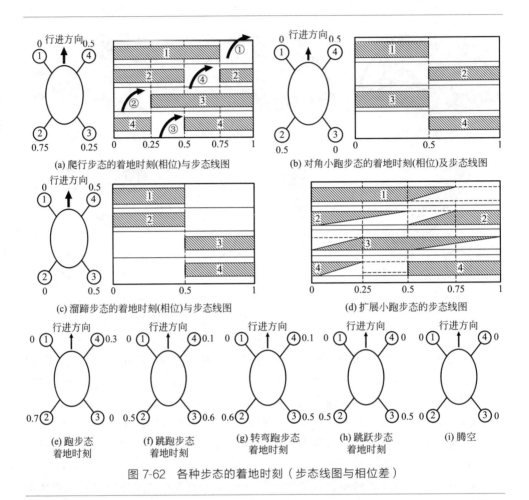

(a) 爬行步态的着地时刻(相位)与步态线图

(b) 对角小跑步态的着地时刻(相位)及步态线图

(c) 溜蹄步态的着地时刻(相位)与步态线图

(d) 扩展小跑步态的步态线图

(e) 跑步态
着地时刻

(f) 跳跑步态
着地时刻

(g) 转弯跑步态
着地时刻

(h) 跳跃步态
着地时刻

(i) 腾空

图 7-62　各种步态的着地时刻（步态线图与相位差）

　　假想线着地脚就是四足机器人对角线上的两只脚连线成一条直线，把这条直线段当作一只"线脚"。由于对角小跑步态是对角线上的两只脚同时成为着地脚同时成为游脚，所以，有了假想线脚的概念后，可以把对角小跑步态或者间歇小跑步态看成双足步行机器人，按着倒立摆模型和 ZMP 轨迹来生成假想线着地脚"线"中点的轨迹。假想线着地脚如图 7-63 所示，对角线上的两只脚连线得到的线段的中点称为假想线着地脚。

　　图 7-63 右图中的 $G(T_0)-P_1-G(T_1)-P_2-G(T_2)$ 曲线即为假想线着地脚在四足步行时的轨迹在地面上的投影曲线。显然，两只假想线着地脚如同双足步行机器人的两只脚一样交替迈脚、落脚。另外，取假想线着地脚处与假想线脚的线段一致的方向矢量作为 $G(T_0)-P_1-G(T_1)-P_2-G(T_2)$ 曲线的切线方向，光滑规划假想线着地脚的轨迹。

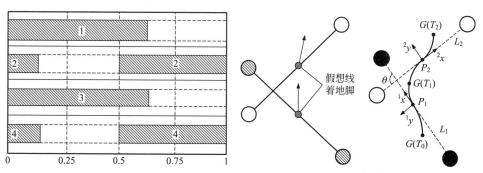

图 7-63 四足步行的间歇小跑步态（左图）、假想线着地脚（中图[67]）及其轨迹规划
中躯干摇动方向（y）和收敛的调节方向（x）（右图[67]）

④ 四足间歇小跑步态或小跑步态动步行的双脚支撑期假想线着地脚的轨迹规划

a.四足稳定动步行的双脚支撑轨迹规划[68]。四足机器人的双脚支撑期按着假想线着地脚就"假想"成了双假想线脚构成的双足步行机器人的单个假想线着地脚着地的单脚支撑期，这期间，通过 y 方向上的加减速运动进行使 ZMP 位于支撑脚连线上的运动规划。躯体重心位置用时间的函数 $G_y(t)$ 来表示，则 ZMP 的 y 坐标 $ZMP_y(t)$ 的计算可按图 7-64 所示的倒立摆力学模型仅由质心与质心在地面上投影点间的距离（即质心高度）×加速所需的力/重力得到，即可得下式：

$$ZMP_y(t) = G_y(t) - \frac{H}{g}\ddot{G}_y(t) \tag{7-4}$$

式中，g 为重力加速度；H 为质心高度。

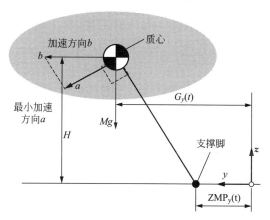

图 7-64 四足步行机器人的倒立摆力学模型及其最小加速方向（a）与水平加速方向（b）

为使 ZMP 位于支撑脚连线上，必须满足条件：$ZMP_y(t)=0$。满足该条件的 $G_y(t)$ 可通过求解式(7-4) 得到。把作为预想的解形式的 $G_y(t)=\mathrm{e}^{A(t-T_0)}$ 代入上述方程式中，可以求得 A 的两个值，若将其两个解进行线性结合可得如下形式的通解：

$$^1G_y(t)=C_1\mathrm{e}^{\frac{t-T_0}{\sqrt{H/g}}}+C_2\mathrm{e}^{-\frac{t-T_0}{\sqrt{H/g}}} \tag{7-5}$$

其中：由作为初始条件 $t=T_0$ 时的位置 $^1G_y(T_0)$、速度 $^1\dot{G}_y(T_0)$ 可以求得常量 C_1，C_2，则完整的通解形式为：

$$^1G_y(t)={}^1G_y(T_0)\cosh\left[\sqrt{\frac{g}{H}}(t-T_0)\right]+\sqrt{\frac{H}{g}}{}^1\dot{G}_y(T_0)\sinh\left[\sqrt{\frac{g}{H}}(t-T_0)\right]$$

$$\tag{7-6}$$

x 方向运动的确定应保证即使在步行期间改变步行方向和速度的情况下，生成的质心轨迹也不发散，能收敛于基准运动。例如，决定以 L_2 为支撑脚连线的下一步运动收敛性的是第 1 步初始状态的质心位置 $[G_x(T_1),G_y(T_1)]$ 和速度 $[\dot{G}_x(T_1),\dot{G}_y(T_1)]$，它们可以通过当前的（以 L_1 为支撑脚连线）1 步向 x 方向运动的设定来确定。此处，下一步的开始点在占空比为 0.5 时，就成了当前的两脚支撑期间的终了点，所以，关于双脚支撑期间终了时的位置和速度应具有这样的收敛性。

但是，当考虑占空比大于 0.5 时的情况下，如图 7-65 所示作为假想的下一步的支撑脚连线，考虑平移实际的支撑脚连线到前面以使其到达通过 P_s 的 L_s。占空比为 0.5 时 P_s 和 P_2 一致，假想的支撑脚连线与实际的支撑脚连线是一致的。对于该假想的支撑脚连线规划有收敛性的运动，可以使其对应 0.5 以上所有的占空比。具体地，首先尽可能减小 x 方向的速度变化，为使恒速步行的情况下 x 方向的速度为零，在 T_s 时的 x 方向的速度 $\mathrm{d}G_x(T_s)/\mathrm{d}t$ 为：

$$^1\dot{G}_x(T_s)=\frac{{}^1G_x(T_s)-{}^1G_x(T_0)}{T_s-T_0} \tag{7-7}$$

另外，为使生成的轨迹具有收敛性，暂且当前的速度指令也持续到下一步的情况下，下一步的初始位置和终了位置将成为以支撑脚连线 L_s 为对称的位置，即

$$^sG_y(T_s)=-{}^sG_y(T_2) \tag{7-8}$$

由这些条件，当前的双脚支撑期间终了时的位置为：

$$^1G_x(T_s)\frac{\sin\theta[{}^1P_{sx}-{}^1G_x(T_0)]+\cos\theta[{}^1G_y(T_s)-{}^1P_{sy}-K{}^1\dot{G}_y(T_s)]}{\sin\theta(-K+T_s-T_0)}$$

$$\tag{7-9}$$

其中：

$$K = -\frac{\sinh\left[\sqrt{\frac{g}{H}}\,(T_s - T_0)\right]}{\sqrt{\frac{g}{H}}\left\{1 + \cosh\left[\sqrt{\frac{g}{H}}\,(T_s - T_0)\right]\right\}} \tag{7-10}$$

θ 如图 7-65 所示，为两支撑脚连线所成的夹角。

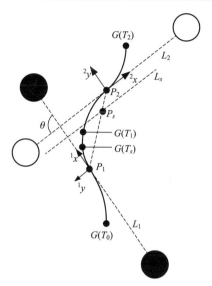

图 7-65　四脚支撑期间情况下的假想两支撑脚连线[68]

为实现式（7-7）表示的终了速度和式（7-8）表示的终了位置的光滑运动，有：

$$^1\dot{G}_x(t) = \begin{cases} ^1\dot{G}_x(T_0) + 3\,\dfrac{^1\dot{G}_x(T_s) - {}^1\dot{G}_x(T_0)}{T_s - T_0}(t - T_0),\ T_0 < t < \dfrac{T_0 + T_s}{2} \\[3mm] ^1\dot{G}_x(T_s) - \dfrac{^1\dot{G}_x(T_s) - {}^1\dot{G}_x(T_0)}{T_s - T_0}(t - T_s),\quad \dfrac{T_0 + T_s}{2} < t < T_s \end{cases}$$

$$\tag{7-11}$$

双脚支撑期的轨迹规划完毕。

b. 四足稳定动步行的四脚支撑期轨迹规划。关于 x 方向的运动与双脚支撑期相同，尽可能减小速度的变化，恒速步行的情况下应使 x 方向的加减速度为零，而且，为保证下一步的连续性，让四脚支撑终了时刻的速度方向与 $G(T_s)$ 和 P_2 的连线一致，即

$$\frac{{}^1\dot{G}_x(T_1)}{{}^1\dot{G}_y(T_1)}=\frac{P_{2x}-{}^1G_x(T_s)}{P_{2y}-{}^1G_y(T_s)} \tag{7-12}$$

将由式（7-7）、式（7-9）求得的双脚支撑期终了时的位置${}^1G_x(T_s)$、${}^1G_y$ (T_s)代入式（7-12）中得四脚支撑期终了时的位置和速度方程式为：

$$ {}^1G_x(T_1)-{}^1G_x(T_s)={}^1\dot{G}_x(T_1)(T_1-T_s) \tag{7-13}$$

$$ {}^1G_y(T_1)-{}^1G_y(T_s)={}^1\dot{G}_y(T_1)(T_1-T_s) \tag{7-14}$$

为实现上述终了速度和终了位置下的光滑运动，有：

$$ {}^1\dot{G}_x(t)=\begin{cases} {}^1\dot{G}_x(T_s)+3\dfrac{{}^1\dot{G}_x(T_1)-{}^1\dot{G}_x(T_s)}{T_1-T_s}(t-T_s), & T_s<t<\dfrac{T_1+T_s}{2} \\[4mm] {}^1\dot{G}_x(T_1)-\dfrac{{}^1\dot{G}_x(T_1)-{}^1\dot{G}_x(T_s)}{T_1-T_s}(t-T_1), & \dfrac{T_1+T_s}{2}<t<T_1 \end{cases} \tag{7-15}$$

$$ {}^1\dot{G}_y(t)=\begin{cases} {}^1\dot{G}_y(T_s)+3\dfrac{{}^1\dot{G}_y(T_1)-{}^1\dot{G}_y(T_s)}{T_1-T_s}(t-T_s), & T_s<t<\dfrac{T_1+T_s}{2} \\[4mm] {}^1\dot{G}_y(T_1)-\dfrac{{}^1\dot{G}_y(T_1)-{}^1\dot{G}_y(T_s)}{T_1-T_s}(t-T_1), & \dfrac{T_1+T_s}{2}<t<T_1 \end{cases} \tag{7-16}$$

按上述方法和公式生成的、对应于行进方向和转弯时回转运动的躯干摇动轨迹生成实例如图 7-66 所示。

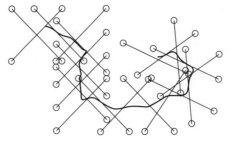

图 7-66　全方位移动躯干的假想线着地脚动态稳定轨迹生成实例[68]

用上述规划方法设计的实时指令下全方位动步行控制算法进行的实际步行实验情况：TITAN-6 (图 7-67) 是为进行能够爬楼梯、高速动步行实验而设计的四足步行机器人。其运动规划算法可以处理任意步行周期和占空比。这里介绍的是步行周期和占空比固定情况下通过步幅的变化调整移动速度的实验。由操作者操纵操纵杆发出指令控制任意方向的平移和回转运动。图 7-67 右图是用长时间曝光连续拍摄给出了让行进方向变化的情景。步态为间歇步态，1 步最短周期为 0.25s，不存在因为指令延迟导致操纵性恶化的问题。此外，平地直进实现了最高速度 1m/s 的步行实验。这几乎与人的步行速度匹敌。

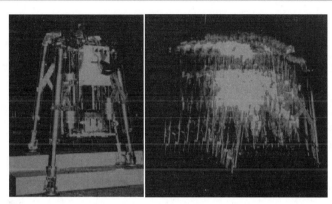

图 7-67   TITAN-6 四足步行机器人原型样机及其高速动步行实验[67, 68]

7.3.4 轮式移动机构移动稳定性设计

（1）轮式移动机构的静态稳定性判据

整个轮式移动机器人总质心在地面的投影点若在所有着地轮与地面接触区所形成的凸多边形之内则是静态稳定的，即匀速或低速的正常行驶下为静态稳定。

（2）与腿、足式机器人一样，轮式移动机构移动稳定性同样可以用 ZMP 作为稳定性判据

轮式移动机器人总质心所受到的各种力的合力的作用线（或其正向、反向延长线）与地面的交点若位于所有着地轮与地面接触区所形成的凸多边形之内则是动态稳定的。但轮式移动机器人稳定性不同于腿、足式机器人稳定性，腿足式机器人步行运动控制中必须满足静态、动态稳定性条件才能正常地、持续地行走下去，而轮式移动机器人移动过程中，除单轮、两轮、单个球型轮、双球形轮移动机器人外，三轮及以上的轮式移动机器人一般着地凸多边形稳定区较大，移动稳定性只是其在轮式行走过程中适时需要检测是否翻倒的问题，而不是在轮式移动控制过程中都需要保证的必要移动条件，而且一般的三轮及三轮以上的轮式移动机器人体长方向轮距较横向轮距宽，纵向稳定性较横向稳定性好，因此，通常是

在转弯时防止侧向失稳导致侧翻的问题，因此，需要限制最小转弯半径 r、转弯时行驶速度 v 以及实时在线检测弯道的坡度 γ 以及轮式移动机器人的质心的高度 H，并需考虑地面摩擦状态（摩擦因数 f），通过力学平衡方程给出由这些参数表达的移动稳定性条件式作为稳定性判据。在进行稳定性运动力学分析时，仍然将轮式移动机器人看成倒立摆模型进行力学分析。

（3）单轮、双轮、球形轮轮式移动机器人的二级倒立摆力学模型及其移动稳定性

单轮、双轮、球形轮轮式移动机器人的平面二级倒立摆的力学模型如图 7-68 所示，对于单扁平轮、同轴线双扁平轮型轮式移动机器人在行进立面（Sagittal 平面）内的力学模型即可用此图表达其力学模型，同理若有侧偏自由度则侧向立面（Literal 平面）内也可给出其平面二级倒立摆模型，原理相同，此处不再重复。对于球形轮式移动机器人则是三维二级倒立摆力学模型。本书只就图 7-68 给出力学方程和移动稳定性分析。

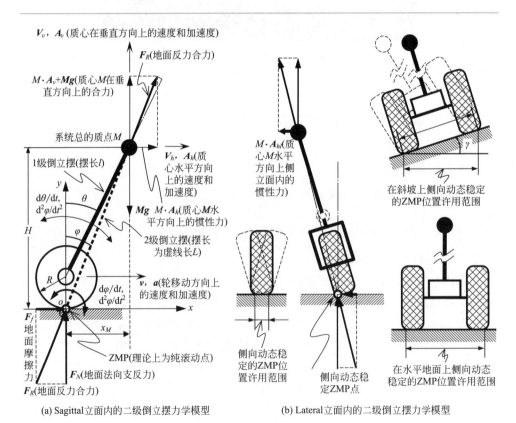

(a) Sagittal 立面内的二级倒立摆力学模型　　(b) Lateral 立面内的二级倒立摆力学模型

图 7-68　单轮、双轮或球形轮移动机器人的平面二级倒立摆力学模型

设 1 级倒立摆的摆长、绕轮轴回转的转动惯量分别为 l、I_l；2 级倒立摆的摆长、绕轮与地面的接触点回转的转动惯量分别为 L、I_L；轮的质量为 m、轮半径为 R、轮绕自己质心的转动惯量为 I_w，轮转动的角速度为 ω。图 7-68(a) 纯滚动点 o（即坐标系 $o\text{-}xyz$ 的坐标原点）就是 ZMP 点，因此，轮式移动机器人的简化倒立摆模型稳定移动下的 ZMP 点是位于轮与地面接触的纯滚动点，可得：

$$\begin{cases} Mgx_M + M(A_h - a)(H - R) - MA_v x_M + I_l \,\mathrm{d}^2\theta/\mathrm{d}t^2 = \tau \\ F_N + MA_v - Mg = 0 \\ Mgx_M + MA_h H - MA_v x_M + I_L \,\mathrm{d}^2\varphi/\mathrm{d}t^2 + maR + (mR^2/2 + mR^2)\mathrm{d}^2\varphi/\mathrm{d}t^2 = \tau \\ MA_h + ma = F_f \end{cases}$$

$$(7\text{-}17)$$

其中，$x_M = L\sin\varphi = l\sin\theta$。当 φ、θ 很小时，即轮式机器人的质心控制在支撑点上方附近时，可以近似地取 $\sin\varphi \approx \varphi$；$\sin\theta \approx \theta$。

整理得：

$$\begin{cases} [(H-R)M + Rm]a + MRA_h - I_l\,\mathrm{d}^2\theta/\mathrm{d}t^2 + (I_L + I_w + mR^2)\mathrm{d}^2\varphi/\mathrm{d}t^2 = 0 \\ F_N + MA_v - Mg = 0 \\ MA_h + ma = F_f \end{cases}$$

又因为：$a = \mathrm{d}\omega/\mathrm{d}t = \dot{\omega}$；$A_h = L\cos\varphi\,\mathrm{d}^2\varphi/\mathrm{d}t^2 = H\mathrm{d}^2\varphi/\mathrm{d}t^2 = H\ddot{\varphi}$，所以有：

$$\begin{cases} [(H-R)M + Rm]\dot{\omega} - I_l\dot{\theta} + (I_L + I_w + mR^2 + MRH)\ddot{\varphi} = \\ [(H-R)M + Rm]\dot{\omega} - I_l\dot{\theta} + (I_L + I_w + mR^2 + MRH)(F_f - m\dot{\omega})/MH = 0 \\ F_N + MA_v - Mg = 0 \\ MH\ddot{\varphi} + m\dot{\omega} = F_f \Rightarrow \ddot{\varphi} = (F_f - m\dot{\omega})/MH \end{cases}$$

最后得到：

$$\{[(H-R)M + Rm] - (I_L + I_w + mR^2 + MRH)m/MH\}\dot{\omega} -$$
$$I_l\dot{\theta} + (I_L + I_w + mR^2 + MRH)F_f/MH = 0 \qquad (7\text{-}18)$$

则，单轮、双轮或球形轮轮式移动机器人在前后向的稳定移动条件为：

$$\dot{\theta} = \frac{\{[(H-R)M + Rm] - (I_L + I_w + mR^2 + MRH)m/MH\}\dot{\omega}}{I_l} +$$
$$\frac{(I_L + I_w + mR^2 + MRH)F_f/MH}{I_l} \qquad (7\text{-}19)$$

上式说明：轮式移动平台上带有 1 级倒立摆的移动机器人要实现动态稳定移动，轮上 1 级倒立摆摆动的角加速度与轮转动角速度需满足式(7-19) 的关系。

但是，式(7-19) 中含有轮与地面滚动摩擦力 F_f，这说明：轮式移动机器人的移动稳定性受地面与轮之间的摩擦力的影响。受摩擦力影响的非线性系统都是非完整约束系统。

（4）三轮及以上的轮式移动机器人移动的稳定性

三轮及以上的轮式移动机器人具有较大的着地支撑区，如果能够保证机器人的 ZMP 位于着地轮形成的凸多边形之内，则机器人可保持动态稳定移动。正常行驶时，假设车轮相对地面作无滑移纯滚动，或者忽略车轮相对地面的滑移。轮式移动机器人车轮轮轴的加速度与车体质心处的加速度是相同的，所以，一般不会发生 ZMP 超出支撑区的现象，只有在高速转弯、突然减速急停或由静止状态突然加速的状态下，可能会出现失稳状态，如图 7-69 所示。

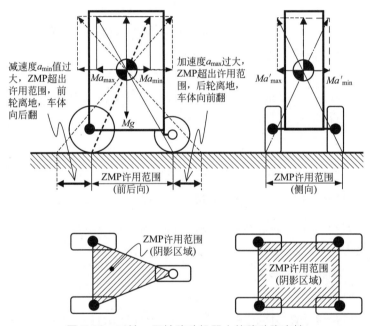

图 7-69　三轮、四轮移动机器人的移动稳定性

说"当 ZMP 超出轮着地形成的凸多边形支撑区可能失稳"，就意味着未必一定会失稳而倾覆，当某着地轮因 ZMP 超出稳定支撑区而抬离地面，机器人本体开始倾倒翻转，但如果此时机器人靠某些关节快速加减速运动可以在一定时间内获得额外的惯性力矩使 ZMP 及时返回到着地支撑区内，则机器人不会继续倾倒而返回到稳定状态。但是如果按倒立摆固有周期时间内，ZMP 不能及时返回着地支撑区，则无论如何通过关节加减速运动获得多大的额外的惯性恢复力矩都不能使机器人返回到稳定状态，即完全彻底失稳而倾倒下去。因此，保持运动稳

定的根本条件取决于恢复稳定运动的快速响应时间和机器人各个关节主驱动的最大驱动力或驱动力矩（即最大驱动能力）。

（5）轮式移动机器人的爬坡能力与条件

首先分析一个电动机产生转矩 τ 通过减速器传递给驱动轮时驱动轮蹭地面力 F 的求法。假设驱动轮为各自独立的两轮驱动，驱动轮的半径为 R_w，一个均一密度的圆盘式车轮的惯性矩为 $I = mR_w^2/2$（设车轮质量为 m）。减速器速比为 γ，减速器传动效率为 η，且驱动轮作无滑移的纯滚动。驱动轮蹭地面的力大小 F 乘以驱动轮半径 R_w 即为驱动转矩的大小 $\eta\gamma\tau$，其与驱动轮轴上转矩大小相等，即 $R_w F = \eta\gamma\tau$。

如图 7-70 所示，机器人行走在斜坡环境的情况下，需要研究爬坡时所需的转矩是否足够。设斜面倾斜角为 θ_{slp}。机器人处于斜坡途中时，平行于斜坡向下的重力分量为 $Mg\sin\theta_{slp}$，设：机器人行走时空气阻力大小 $f_{air}(v)$、路面与车轮滚动摩擦力为 $f_w(v)$，车轴轴承、减速器的摩擦力为 $f_g(v)$，它们都与移动机器人速度 v 有关，是 v 的函数。当机器人速度较慢时，$f_{air}(v)$ 可以忽略。所以，机器人行走时的力平衡方程可以写成：

$$\frac{2\eta\gamma\tau}{R_w} - [f_w(v) + f_g(v)] - Mg\sin\theta_{slp} = (M + 2m)a \qquad (7\text{-}20)$$

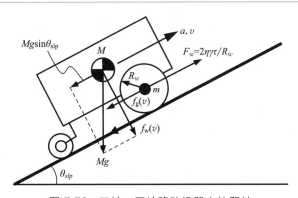

图 7-70　三轮、四轮移动机器人的爬坡

则用式(7-20) 可以验算在斜面上走行所需要的最高速度及电动机应该输出的转矩；用所期望的 θ_{slp} 最大值可以计算在斜面上走行时所需要的转矩。若在斜坡上驱动力矩不足以获得加速度 a 或者在 $a = 0$ 的情况下式(7-20) 等号左侧值小于零，则轮式移动机器人在斜坡上因驱动能力不足向下滑动而处于运动不稳定状态。

7.3.5　搭载机器人操作臂的移动平台的稳定性设计

（1）移动平台的稳定支撑区与操作臂对移动稳定性的调节作用

搭载机器人操作臂的移动平台的稳定性是指移动平台（包含操作臂在内）移动时 ZMP 在着地支撑区内外变化时系统的稳定性。当 ZMP 位于着地支撑区或在斜坡上移动时着地支撑区在水平面的投影区之内时，移动机器人系统是稳定的；当 ZMP 超出着地支撑区时，如果按着系统质心与支撑区形成的倒立摆固有周期时间内能及时将 ZMP 返回到支撑区内，则系统仍能继续稳定移动，否则，将陷入倾覆而不能继续正常移动状态。搭载机器人操作臂的移动平台除了通过移动平台自身调节获得稳定能力之外，还可以通过所搭载的机器人操作臂来辅助调节稳定性。因此，搭载在移动平台上的机器人操作臂兼有操作和移动稳定性调节两项功能。

移动操作的机器人操作臂的运动控制与工厂车间内固定作业环境下的机器人操作臂运动控制没有本质区别，可将移动平台拥有的自由度数及其运动看成机器人操作臂基座下连接的同样自由度数的移动副和回转副的"操作臂"来建立等效的机构运动学模型，进而简化成更多自由度的机器人操作臂处理。如同机器人操作臂基座串联一台兼有移动副和回转副的三坐标机构一样。但这只是理论上的简化模型，实际上不管是轮式移动方式，还是腿足式移动方式的移动平台都是与地面构成的非完整约束系统，都有移动量的不确定性和不可预知性，尤其在中高速运动时，非完整约束系统（非线性系统）是难以控制的，需要借助于系统内部或外部的多传感器系统获得机器人系统与环境的状态来实现高可靠性的控制。

前述的足式移动机器人动态稳定性获得中，讲述的四足机器人上没有操作臂，有的只是四条腿和躯干平台，无法像狗摇尾巴、鸡点头、恐龙摆尾等那样通过这些平衡行为来获得行走的动态稳定效果，只好通过摇动躯干平台的摇动步态来获得动态效果。而搭载机器人操作臂的四足步行机器人或轮式移动机器人则可以通过控制所搭载的机器人操作臂的运动来获得动态稳定的平衡效果。

（2）腿足式移动平台的稳定步行控制

关于双足步行机器人的稳定性以及稳定步行控制在 7.3.3 节已经做了讲解。四腿/足式步行机器人及三轮、四轮的轮式移动机器人的各种着地状态及其着地支撑区如图 7-71 所示。一般腿/足式机器人各腿末端或脚踝关节处都会安装六维力/力矩传感器或在脚底安装接触力传感器，用来检测各腿或脚着地状态下的地面反力，由所有的着地腿或脚上的力传感器测得的地面反力可计算出实际的 ZMP 位置，同时由各腿或脚着地得到的地面反力以及机器人的机构参数、驱动各腿关节的电动机上的位置/速度传感器或者关节位置/速度传感器信息可以计算出实际着地接触区域，进而可以通过判别 ZMP 是否位于着地支撑区凸多边形内以及 ZMP 点距离着地边界的远近，来进一步判别步行稳定性和进行稳定步行的预测控制。当四腿/足或更多腿/足的步行机器人的 ZMP 已经接近或超出着地凸多边形边界时，可以采用类似于 7.3.2 节和图 7-56 所述的方法，通过计算实际 ZMP 的位置与期望的 ZMP 位置的偏差以及此偏差与各腿/足上的力传感器检测到的地面反力的合力的乘积，将此乘积作为使 ZMP 返回期望 ZMP 位置所需的额外力矩，并通过选择步行移动平台上搭载的机器人操作臂上的各个关节进行加速运动来获得使实际 ZMP 返回到期望 ZMP 的惯性力矩，从而实现动态稳定的控制效果。

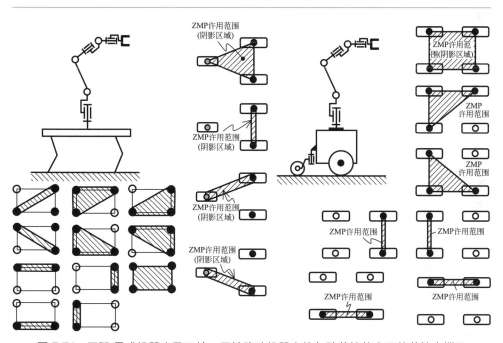

图 7-71　四腿/足式机器人及三轮、四轮移动机器人的各种着地状态下的着地支撑区

期望的 ZMP 可在着地支撑区域内的几何参数按线性或余弦规律可变 ZMP 规划。

（3）轮式移动平台的稳定移动控制

轮式移动机器人稳定移动的动态控制同样需要力反射控制才能实现动态稳定效果。由于车轮多为轮胎式车轮，无法在车轮轮胎上安装力传感器，因此，需要在靠近轮轴的附近安装力传感器以间接检测各着地轮所受地面的反力，进而求得各着地轮所受地面反力合力和合力矩，计算出实际 ZMP 位置，然后计算出实际 ZMP 位置与按着地支撑区规划期望的 ZMP 轨迹上相应 ZMP 位置的偏差。可以采用类似于 7.3.2 节和图 7-56 所述的方法，通过计算 ZMP 位置的偏差与各轮轴附近上力传感器间接检测到地面反力的合力的乘积，将此乘积作为使 ZMP 返回期望 ZMP 位置所需的额外力矩，并通过选择轮式移动平台上搭载的机器人操作臂上的各个关节进行加速运动来获得使实际 ZMP 返回到期望 ZMP 的惯性力矩，从而实现动态稳定的控制效果。期望的 ZMP 可在着地支撑区域内的几何参数按线性或余弦规律可变 ZMP 规划。

7.3.6　关于移动机器人的稳定性问题的延深讨论

（1）ZMP 只涉及机械系统机构运动参数对时间 t 的二阶导数项

绝大多数移动机器人的动态稳定性都是基于 1972 年机器人学者 Vukobratovic M 等所提出的 ZMP 概念及其稳定步行控制方法的。但是：多自由度复杂机器人机械系统的运动是强运动耦合的高度非线性动力学系统，涉及运动参数对时间 t 的从 1 阶直至 n 阶导数项产生的力、力矩。从多刚体质点系统的 ZMP 计算公式可知，ZMP 理论计算公式只包含运动参数的二阶项，即加减速、牵连运动等二阶项和速度项。2010 年吴伟国等利用三阶泰勒公式和机器人动量矩方程推导给出了计及加加速度（即舒适度）的 ZMP 计算公式。当机器人高速运动、急停和突然加速等运动情况下，高阶项的影响不容忽略。但是，在考虑加加速度及更高阶项影响下的稳定移动实际控制需要加速度传感器乃至加加速度传感器等反馈信息，进行加速度反馈控制。

（2）移动机器人与地面或支撑面间接触状态的检测与识别技术

移动机器人与地面接触的腿/足或车轮、履带之间形成的摩擦副由摩擦表面的材质、表面形貌、接触力大小等多因素决定，为非完整约束的不确定性问题。因此，实际上不存在对于任何地面或支撑表面下都适用的绝对稳定条件。在移动过程中，支撑腿/脚、轮、履带与地面或支撑面间产生滑移、滑转是不可避免的。通常追求一种既不排斥滑移、滑转又不会让滑移、滑转过大地影响稳定步行。因此，移动机器人的腿/脚、轮、履带等与地面接触状态的检测与识别技术成为稳定移动关键技术之一。现有移动机器人技术中，力/力矩传感器、接触力传感器等已经分别在腿/足式、轮式、履带式移动机器人中的腿部末端、脚踝关节、足底采用、履带、轮、轮腿式的脚等部位使用，用来直接或间接测量地面反力或识别法向接触状态。但是，有关接触时产生的滑移、滑转等滑觉传感器的使用和滑动状态的检测、识别技术研究远不够充分和有效。

（3）关于移动机器人动态稳定移动的力反射控制共通技术

无论是腿足式步行移动机器人，还是轮式、轮腿式移动机器人、履带式移动机器人，由其移动方式决定的移动机构部分的位置速度控制原理各有不同，但是在动态稳定移动的力反射控制上具有共通的力学原理和控制技术，归纳汇总如图7-72所示。

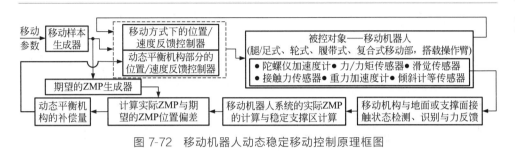

图7-72　移动机器人动态稳定移动控制原理框图

7.4 多移动方式机器人系统设计

7.4.1 具有多移动方式的类人及类人猿型机器人系统设计、仿真与实验

（1）具有多移动方式的类人及类人猿型机器人概念的更新与GOROBOT-Ⅱ型（2003～2005年，哈尔滨工业大学，吴伟国）

2003年本书作者在1999年提出的具有多移动方式类人猿机器人概念基础上，在国家自然科学基金资助下研制出模块化组合式类人猿机器人GOROBOT-Ⅱ[69]，于2005年IEEE IROS国际会议上提出了图7-73所示的具有腿式、轮式及特殊移动方式类人及类人猿型自主移动机器人的概念，并且为GOROBOT-Ⅱ设计装备了脚用轮式移动机构，在2004年实现的双足步行、四足步行及步行方式转换基础上进一步实现了轮式移动及腿式与轮式转换等功能，图7-74为其原型样机及其双足步行、四足步行、轮式移动等实验视频截图、脚用轮式移动机构与原理、关节单元的模块化组合式设计[70,71]。

① 有双足步行、四足步行、轮式移动以及特殊移动方式的类人及类人猿型自主移动机器人新概念。如图7-73所示，是指一台类人及类人猿机器人具有双足步行、四足步行、脚用轮式移动机构下的轮式移动以及能像猴子一样摆荡渡

越、翻越障碍物、跳跃障碍物、攀爬建筑物或树干等特殊移动方式的多移动方式机器人。这种机器人系统主要由多移动方式机构本体系统、由多种类多传感器构成的多感知系统、自主评价与决策系统、作业任务级总体规划系统、运动控制系统组成。其中，运动控制系统包括步行控制模块、轮式移动控制模块、特殊移动方式控制模块和多移动方式之间相互转换控制模块。这种机器人各种移动方式之间可以通过移动方式转换控制模块进行相互转换。通过其本体上搭载的视觉、嗅觉、激光扫描、姿势、加速度、力/力矩等多种类的多传感器系统获得地面、周围环境的状态量，并结合作业任务进行包括移动在内的作业行为自主决策，选择合适的移动方式。此外，这种自治移动机器人系统还可以根据当前的外部环境、作业任务要求对机器人当前内部状态和移动能力、作业能力进行评价。

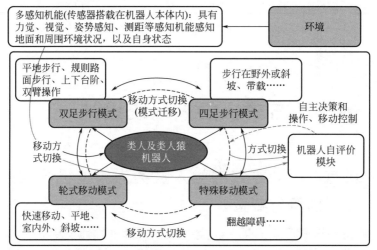

图 7-73 具有双足步行、四足步行、轮式移动以及特殊移动方式的类人及类人猿型自主移动机器人新概念（吴伟国， IEEE IROS'2005）[70]

这种多移动方式自主移动机器人仿生于人、类人猿、猴子等灵长类动物，机器人本体由头部、双臂手/双腿足四肢和躯干组成，其中，双臂手、双腿足可以兼作对方功能使用，因此，手、足分别为带手指的手爪、带脚趾并且可以有抓握功能的脚爪。手爪、脚爪均为大负载能力的可强力抓握、抓牢附着物的手/脚爪。

这种多移动方式的机器人，在平整路面上可优先采用轮式移动方式，其次是双足步行、四足步行；在有台阶、障碍物的环境下，采用双足上台阶或四足爬台阶移动方式，或者跳起越过障碍；在非连续介质的环境下，采用双臂交替抓杆攀爬或四足攀爬、双臂手摆荡渡越等特殊移动方式。

② 有双足步行、四足步行、轮式移动等移动方式的类人猿型机器人 GORO-

BOT-Ⅱ型。如图 7-74 所示，该机器人双足直立状态总高约 0.89m，总质量约 35kg，总共有 25 个自由度，其中，下肢双足部分有 2×6 个自由度，可以实现全方位步行；腰部 1 个俯仰自由度，上肢双臂部分有 2×6 个自由度。该机器人可以从双足直立状态趴下成四足着地状态，进行四足步行，也可以由四足着地或步行状态爬起来成双足直立状态，进行双足步行。脚部安有六维力/力矩传感器，脚的侧面连接着脚用轮式移动机构。脚用轮式移动机构由足式步行与轮式移动切换驱动机构（伺服电动机 1＋谐波齿轮减速器＋两级同步齿形带传动 2＋滑动螺旋传动 3）和轮式移动主驱动机构（伺服电动机 10＋同步齿形带传动＋谐波齿轮传动＋行走轮 9）两部分组成。

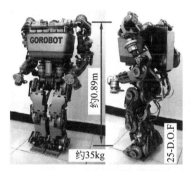

(a) 25-DOF GOROBOT-Ⅱ原型样机

(b) 双足步行(左)/四足步行(中)/轮式移动(右)

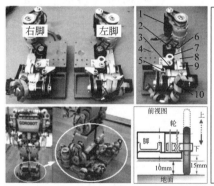

(c) 带有脚用轮式移动机构的脚

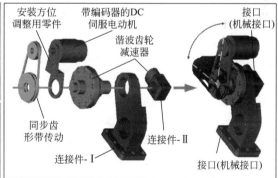

(d) GOROBOT-Ⅱ的关节单元的模块化设计

图 7-74 具有双足、四足步行、脚用轮式移动等多移动方式的类人及
类人猿机器人"GOROBOT-Ⅱ"（2004 年，吴伟国）[69~71]

GOROBOT-Ⅱ型臂、腿、腰及其上各个关节驱动机构皆采用模块化组合式设计方法，各个关节单元的模块化构成如图 7-74(d) 所示，包括：伺服电动机、同步齿形带传动、电动机安装板、谐波齿轮减速器单元、连接件Ⅰ、连接件Ⅱ。其中，连接件Ⅰ、Ⅱ分别为关节驱动单元与前后构件的连接接口件；伺服电动机

及同步齿形带安装板方位可选可调节，在机器人不同部位上的关节单元可根据各关节运动范围和构件间的相对位置情况选择电动机安装角度。减速器与连接件、接口件结构都是采用模块化设计，以满足不同安装方位的需要。即便是大腿、小腿等构件也是模块化接口，可更换不同长度的大、小腿构件以获得不同总体尺寸和不同机构参数的机器人。GOROBOT-Ⅱ的关节、机构构成的模块化设计的实际意义在于，可用同一机构构型和模块化系列化驱动单元构成不同机构参数的机器人，研究同一控制系统不断进化的科学与技术问题。

GOROBOT-Ⅱ型双足、四足步行以及脚用轮式移动等多移动方式的类人猿机器人是一台概念性的集成化设计的原型样机，其双足步行、四足步行、轮式移动分别如图 7-74(b) 所示。

(2) 面向地面移动及攀爬桁架结构的多移动方式仿猿双/多臂手机器人概念设计与发明（2007~2018 年，哈尔滨工业大学，吴伟国）

① 足式步行/轮式移动/攀爬桁架多移动方式的双臂手移动机器人概念。本书作者吴伟国在 2008 年提出了一种地面和空间桁架用双臂手多移动方式机器人并获得了发明专利权[72]。作为以空间桁架类建筑结构为作业对象的双臂手移动机器人，我们期望它自身能够从地面上距离空间桁架的某一位置自动地移动至桁架近前，然后抓握桁架杆攀爬而上完成诸如桁架检测、维护等操作任务。考虑到双臂手（足）移动机器人对地面环境的适应能力，以步行或者轮式移动等方式分别对应平整及不平整地面。因此，双手应设计成既可作为抓握桁架杆的手爪和步行时的足，又可在平整地面时转换为轮式移动以获得快速移动和节省能量的效果。当步行或手爪抓握桁架杆时，轮式移动机构收回。因此，手爪应带有手足和轮式移动方式间的转换机构。综上所述，具有抓握桁架杆、腿式步行及轮式移动等多移动方式的双臂手（足）移动机器人的总体概念和构想如图 7-75(a) 所示。空间桁架用双臂手移动机器人在空间桁架内外部移动时是两个臂手交替地抓握桁架杆移动的过程。其中移动期间紧紧抓牢桁架杆的手爪称为支撑手爪，而随臂移动的手爪称为游动手爪。此发明中还包括将仿猿双臂手作为单元臂手构成三、四、六等多个双臂手联合组合而成的移动机器人概念设计方案。

② 带有脚用轮式移动机构的"手爪"设计。该手爪可当足式步行的脚使用，手爪的侧面有轮式移动机构用来实现轮式移动方式，当攀爬桁架抓杆移动时可以适应不同的几何形状和尺寸的目标杆。因此，该手爪的设计需要适应这些作业要求。通常的桁架结构是由标准的角钢或圆形截面钢管作为桁架杆构成的。双臂手的开合手爪结构应尽可能适应抓取不同形状桁架杆结构，比较而言，抓取角钢结构的桁架要比抓取圆形截面的桁架杆容易些。因为抓紧圆形截面桁架杆时，由摩擦形成的摩擦力矩决定手爪是否能抓牢。为此，将手爪设计成结构对称的半爪，一半为静爪，另一半为动爪。由丝杠螺母机构实现手爪的开合动作。手爪合

拢后恰好以角钢的断面形状抓紧角钢，并可通过将不同厚度的垫铁用螺栓固定在两个半爪的内表面来调节合拢后的尺寸，用以抓取不同断面尺寸的角钢。为利于抓取角钢类桁架杆，在手爪上开有一定角度的坡口。对于桁架杆为圆形截面的情况，在抓角钢用手爪结构基础上，设计成图 7-75(b)～(d) 所示的组合式结构：将两个带有半圆孔、结构对称的半爪分别嵌在抓角钢用的半爪中后用螺栓固定，并在半圆孔表面覆以橡胶或石棉材料以增大摩擦力。

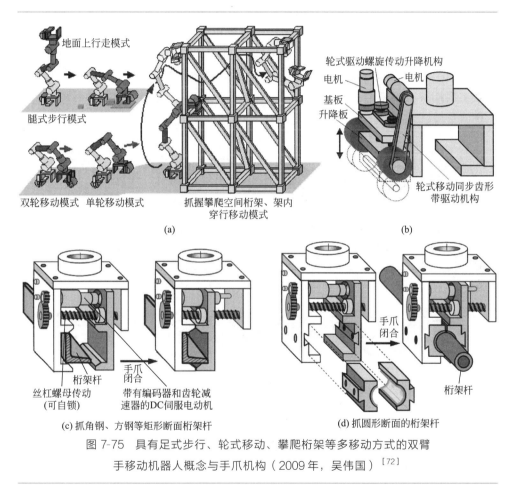

图 7-75　具有足式步行、轮式移动、攀爬桁架等多移动方式的双臂手移动机器人概念与手爪机构（2009 年，吴伟国）[72]

③ 双臂手多移动方式机器人机构、地面行走方式与系统（2007 年，吴伟国）。在空间桁架内外部移动的机器人由于受到桁架内部结构空间的限制，因此，同一般的工业机器人操作臂相比具有如下特点。

　　a.在设计上应满足结构紧凑、体积小、质量轻的要求。

　　b.冗余自由度的必要性：由于桁架内部有交错布置的桁架杆，在保证机器人在三维空间内完成抓握目标杆件主作业的同时，在机构设计及轨迹规划方面还必须在移动过程中保证完成臂手系统能够避并途径杆件的避障附加作业。因此，在自由度配置上应具有一定的冗余性。

　　c.机构与关节驱动能力的对称性：与工业机器人操作臂不同，双臂手步行及桁架内外抓取架杆的攀爬移动方式要求距离手爪越近的关节其驱动力矩越大，而且由于是双臂手交替抓握桁架杆实现移动，左右臂手在结构设计上和对应关节驱动能力设计上都是左右完全对称的。

　　根据上述特点及作业要求，适于用作该类机器人的机构形式及自由度配置如图 7-76 所示。其中图 7-76(a) 为左右臂全部采用回转关节的 8 自由度机构；图 7-76(b) 在左右臂之间增加了单自由度伸缩机构，为 9 自由度机构。两者的手爪都采用开合手爪形式。

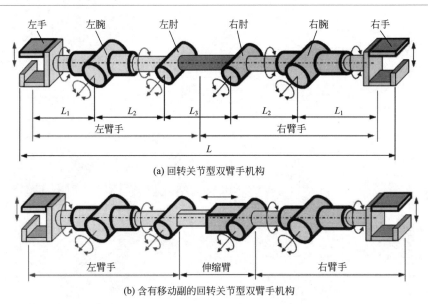

(a) 回转关节型双臂手机构

(b) 含有移动副的回转关节型双臂手机构

图 7-76　具有足式步行、轮式移动、攀爬桁架等多移动方式的双臂手移动机器人机构

　　图 7-76 所示机构的一个步行周期的移动过程如图 7-77 所示。其中，图 7-77(a) 表示的是当左右臂肘关节为正、反向关节极限相同时一个步行周期内的臂手形态（即步态）；图 7-77(b) 为肘关节反向转动极限不能满足步行要求时，通过着地手（即作足用）腕关节的 Roll 自由度的回转进行臂形态调整情况下实现的一个步行周期内臂手形态。图 7-77(c) 给出的是利用腕部的 Roll 自由度改变步行方向的步行臂手形态。图 7-77(d) 为蠕动式小步长步态，这种情况因双臂手受对称结构和移动过程中重心平衡所限，其蠕动步长小甚至无法移动。

　　为进行地面步行和空间桁架内穿行、攀爬运动控制的研究，根据上述步态与机构设计分析，笔者于 2007 年设计、研制了一台 6 自由度双臂手移动机器人系统（不含手爪自由度）。G&STrobot-I 双臂手系统的样机与控制系统硬件部分如图 7-78 所示，表 7-9 给出了其主要技术指标及性能参数。两个开合手爪各有一个开合自由度。

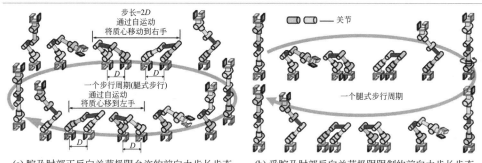

(a) 腕及肘部正反向关节极限允许的前向大步长步态　　　(b) 受腕及肘部反向关节极限限制的前向大步长步态

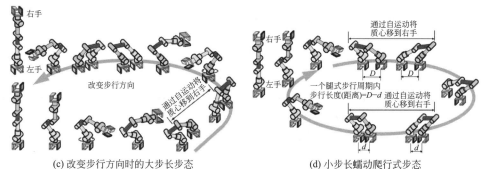

(c) 改变步行方向时的大步长步态　　　(d) 小步长蠕动爬行式步态

图 7-77　具有足式步行、轮式移动、攀爬桁架等多移动方式的
双臂手移动机器人概念与手爪机构

图 7-78　具有足式步行、攀爬桁架等多移动方式的双臂
手移动机器人原型样机实物照片（2007 年，吴伟国）

表 7-9　双臂手移动机器人系统主要技术指标及性能参数表

机构形式	自由度数	驱动系统	杆件参数/mm				控制系统	总质量/kg
			L_1	L_2	L_3	L		
左开合手爪＋PRPPRP串联机构＋右开合手爪	8(双臂6,双手爪2)	各关节:DC伺服电机＋同步齿形带传动＋谐波传动　手爪:DC伺服电动机＋行星齿轮减速器＋单级齿轮传动＋精密滚珠丝杠传动	160(设计值)(实测值:160.7和160.4)	230	150	894	主控PC＋RS485＋底层微控制器(位置/速度/电流闭环控制)＋实时内核	11.5

参数	手腕关节		肘关节	开合手爪			
	Roll	Pitch	Pitch	抓角钢断面尺寸/mm	抓圆柱直径尺寸/mm	开合行程/mm	开合时间/s
关节角范围	$-360°\sim+360°$	$-60°\sim+110°$	$-60°\sim+140°$	最大 40×30	30	最大 45	最小 3
关节速度	160°/s	96°/s	90°/s				
关节最大许用输出力矩/N·mm	28	65	43				

④ 地面行走与桁架攀爬移动仿真

a. 桁架内攀爬移动仿真。利用 ADAMS 机构设计与运动仿真软件设计的空间桁架用 6-DOF 双臂手移动机器人 3D 虚拟样机如图 7-79 所示,该虚拟设计与仿真只是为获得可行实际样机设计参数和移动能力的预设计,供分析使用。

作者在 2007 年提出并设计的这种能在空间桁架内外攀爬、穿行移动的双手抓据双臂移动机器人具有结构紧凑、轻质的特点;根据实际设计的该机器人零部件结构和尺寸进行了三维虚拟样机设计,在 Adams 软件环境下进行了动力分析和运动仿真,由后处理所得到的关节驱动力矩曲线等虚拟实验结果验证了所设计的双臂手移动机器人的各关节驱动能力是足够的,可在桁架杆长 0.7～1.0m 的空间桁架内外部攀爬、穿行移动。吴伟国、徐峰琳、吴鹏等于 2007～2012 年研究了带有斜架杆桁架结构单元组成的复杂多节桁架结构内双臂手移动机器人回避桁架内结构障碍的路径轨迹规划的理论研究与攀爬移动运动仿真验证[73~75],见图 7-80。

b. 双臂手地面行走仿真。根据攀爬桁架结构的虚拟样机设计与仿真结果所设计的地面与攀爬桁架两用移动机器人原型样机如图 7-78 所示。按着图 7-64 中机器人的倒立摆力学模型生成双臂手移动机器人足式步行运动样本,用所设计的图 7-64 模糊控制器进行的上下台阶、步行运动控制仿真如图 7-81 所示。

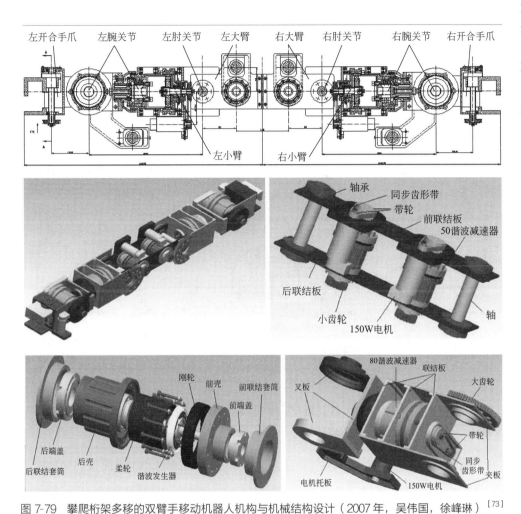

图 7-79 攀爬桁架多移的双臂手移动机器人机构与机械结构设计（2007 年，吴伟国，徐峰琳）[73]

(1)	(2)	(3)	(1)	(2)	(3)	(1)	(2)	(3)
(4)	(5)	(6)	(4)	(5)	(6)	(4)	(5)	(6)
(7)	(8)	(9)	(7)	(8)	(9)	(7)	(8)	(9)

图 7-80 6-DOF 双臂手移动机器人攀爬桁架结构内部的移动仿真（2007 年，吴伟国，徐峰琳）[73]

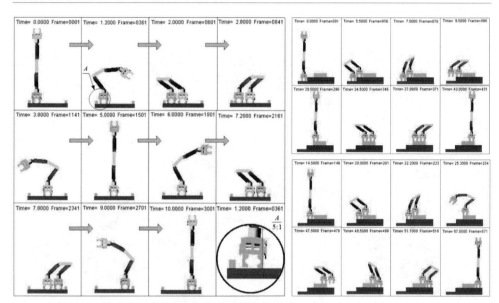

图 7-81　6-DOF 双臂手移动机器人地面步行（左组图）、
上下台阶的移动仿真（2010 年，吴伟国，姚世斌）[75]

7.4.2　非连续介质的摆荡渡越移动机构与大阻尼欠驱动控制系统设计和移动实验

（1）仿猿双臂手机器人手爪的新设计以及摆荡抓杆运动控制（2013～2018 年，哈尔滨工业大学，吴伟国）

有关摆荡抓杆运动控制的研究始于前名古屋大学教授/现任 IEEE 总主席福田敏男教授于 1991 年的仿猴子摆荡抓杆运动的 BMR（brachiator locomotion robot）机器人欠驱动抓杆移动研究。国际上有关 BMR 的机器人的研究集中在能量控制法、参数励振法、智能控制法、轨迹追踪控制法等摆荡抓杆运动控制方法，但这些方法都没有涉及如何保证可靠抓杆的问题和实验研究。而且这些研究都过于理论化和抓杆对象物的简化，没有考虑到诸如抓杆对象的几何形状和参数的变化以及侧向偏摆等不确定性的影响，很有可能导致抓杆经常性失败不可靠、难以实用化的技术问题。为此，在仿猿双臂手移动机器人抓握建筑结构桁架中的方钢、工字钢、槽钢、角钢等断面形状桁架杆并在桁架结构内外移动的理论与仿真、实验研究基础上，进一步考虑如何保证抓握圆柱形桁架杆并可靠移动的创新机构设计与摆荡渡越连续移动控制问题。

2013 年本书著者吴伟国等人提出了大阻尼欠驱动的概念和大阻尼退转反馈

控制策略，研究了仿猿双臂手机器人摆荡抓杆的欠驱动控制问题[76~78]。

① BARDAH-Ⅰ型仿猿双臂手机器人系统（the bio-ape brachiation robot system with dual-arm-hands）

a. 机器人机构及其物理参数。如图 7-82(a) 所示的是 BARDAH-Ⅰ型仿猿双臂手机器人原型样机本体实物照片和机构运动简图，该机器人包含两个在肘关节处相连的手臂，每个手臂有一个单自由度回转腕关节和一个直线移动夹持手爪机构。其中 $\Sigma O\text{-}xy$ 是原点为手爪 1（支撑手爪）中心点 O 且与支撑杆固连的基坐标系，手爪 2（游动手爪）的中心点 A 在基坐标系 $\Sigma O\text{-}xy$ 内的坐标是（x_A, y_A），手爪 2 的姿态角为 θ_A，由此定义游动手爪的位姿矢量为 $\boldsymbol{x} = [x_A, y_A, \theta_A]^\mathrm{T}$。手爪 1 和手爪 2 的开合距离分别以 x_1、x_2 表示，θ_2、θ_3、θ_4 分别是双臂手机器人三个主动关节的关节角，θ_1 是手爪 1 与支撑杆形成的欠驱动关节的转角。定义 $\boldsymbol{s} = [\theta_1, \theta_2, \theta_3, \theta_4, x_1, x_2]^\mathrm{T}$，则系统状态可由二元对（$\boldsymbol{s}, \dot{\boldsymbol{s}}$）确定。BARDAH-Ⅰ型双臂手机器人机构参数、物理参数的定义如图 7-82(b) 所示，参数值如表 7-10 所示；双臂手机器人关节的运动极限参数如表 7-11 所示。该仿猿双臂手机器人机构伸展开的总长约为 1.444m，总质量约为 10kg，主动关节和手爪开合直线移动副均由 DC 伺服电动机驱动，其中肘关节和两个腕关节的传动系统均由同步齿形带传动和谐波齿轮减速器组成。

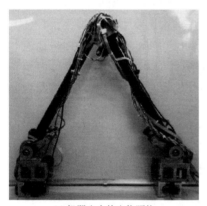
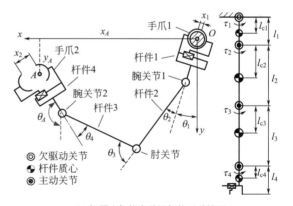

(a) 机器人本体实物照片　　　　(b) 机器人机构参数及机构运动简图

图 7-82　BARDAH-Ⅰ型仿猿双臂手机器人原型样机本体实物照片和机构运动简图

表 7-10　双臂手机器人机构参数与物理参数表

杆件序号 i	杆件长度 l_i/mm	质心位置 l_{ci}/mm	杆件质量 m_i/kg	转动惯量 J_i/kgf·m²
1	163.49	90	2.44	0.09
2	558.5	290	3.06	0.52

续表

杆件序号 i	杆件长度 l_i/mm	质心位置 l_{ci}/mm	杆件质量 m_i/kg	转动惯量 J_i/kgf・m²
3	558.5	300	2.08	0.46
4	163.49	80	2.42	0.09

表 7-11 双臂手机器人关节的运动极限参数

关节名称	运动范围	电动机功率/W	最大速度	最大力矩/N・m	最大合紧力/kN
手爪 1 开合	0～40mm	60	5.55mm/s	—	1.80
腕关节 1	−70°～70°	90	±71.1°/s	35.0	—
肘关节	−135°～135°	150	±227.4°/s	47.2	—
腕关节 2	−70°～70°	90	±71.1°/s	35.0	—
手爪 2 开合	0～40mm	60	5.55mm/s	—	1.80

b. 具有大阻尼退转反馈测量机构的手爪新设计（2011～2013 年）。如图 7-83 (a) 所示，BARDAH-Ⅰ型双臂手机器人两个手爪的传动机构皆由一级齿轮传动和丝杠螺母传动组成。通过控制机器人手爪的位置和合紧力，可控制由机器人手爪和支撑杆形成的欠驱动关节的阻尼力大小，使其分别处于小摩擦的自由回转与大阻尼的缓慢退转两种运动状态。

为准确测量欠驱动关节转角 θ_1，在机器人手爪上设计了带有摩擦轮的退转反馈机构，其机构简图与虚拟模型分别在图 7-83(a) (b) 中给出，实物照片如图 7-83(c) (d) 所示。摩擦轮与支撑圆杆间的正压力由圆柱螺旋压簧提供，使其被压紧在支撑杆表面并保持足够的摩擦力，因此摩擦轮将始终在支撑杆表面进行纯滚动而不产生相对滑动。当支撑手与支撑圆柱杆形成的欠驱动关节发生转动时，摩擦轮将驱动二级齿轮传动并使光电编码器的轴转动，从而产生测量角位移用的脉冲信号，通过传动机构的减速比 $I=I_f d_s/d_f$（其中 I_f 为退转反馈机构 2 级齿轮传动的减速比，d_f、d_s 分别为摩擦轮和支撑杆的直径），即可换算为欠驱动关节的转角 θ_1。虽然摩擦轮退转反馈机构的传动系统为增速传动，但当欠驱动关节转速较慢时（例如励振过程的初期及大阻尼状态下缓慢退转的过程），通过差分计算的角速度 $\dot{\theta}_1$ 仍会具有较大的误差，因此在手爪上安装了测量角速度用的微机电陀螺仪。如此机器人欠驱动关节的转角及角速度都能被实时测量，这些反馈量将被用于励振的相位估计和大阻尼阶段的退转补偿。

如图 7-83(a) 所示，机器人手爪的两个半爪内表面为矩形槽，可用于抓握矩形断面、L 形断面的杆（如方钢、角钢等）。矩形槽内嵌入安装不同直径系列的圆弧槽垫块，可用于抓握圆柱形杆件，圆弧槽的内表面粘贴不同的摩擦材料可使机器人的欠驱动关节具有不同的摩擦因数，下文中的实验数据表明：自由回转状态下，欠驱动关节的阻尼大小受手爪的摩擦材料影响之外还具有一定的不确定性，但平均值小于大阻尼退转状态的阻尼力矩，该阻尼力矩对机器人的摆荡运动有着不能忽略的影响。

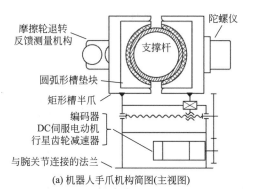

(a) 机器人手爪机构简图(主视图)

(b) 摩擦轮退转反馈机构的3维模型图

(c) 摩擦轮退转反馈测量机构的实物照片

(d) 机器人手爪的实物照片

图 7-83　BARDAH-Ⅰ型仿猿双臂手机器人整体及手爪局部的机构简图及实物照片

c. 机器人驱动与控制系统。BARDAH-Ⅰ型仿猿双臂手机器人各关节 DC 伺服电动机所用驱动器为 Maxon 公司生产的 EPOS2-50/5 型直流伺服驱动器，兼具有位置伺服控制器的功能，该机器人的控制系统硬件组成框图如图 7-84 所示。PC 计算机作为上位机主控器，根据主动关节和欠驱动关节的位置、速度反馈计算机器人系统的当前状态（s，$\dot{s}$），而后判断当前所处的运动阶段并激活该阶段的关节运动在线规划器（运动阶段的划分、切换条件、各阶段的运动规划算法参见文献 [77] 和 [79]），将规划得到的下一控制周期内各主动关节的运动通过 USB 传输给主节点驱动器，主节点驱动器通过 CAN 总线与其他驱动器通信，各驱动器根据收到的运动指令进行插补，完成各主动关节伺服电动机的位置伺服控制。其中 USB 与 CAN 总线的波特率均为 1Mbps，上位机的控制周期为 40ms，驱动器的位置伺服控制周期为 1ms。

d. 机器人摆荡抓杆运动控制。BARDAH-Ⅰ型仿猿双臂手机器人的抓杆运动从竖直悬垂状态开始，经过励振阶段获得杆间移动所需的势能和动能，进入大阻尼阶段后控制游动手爪的位置对目标杆进行抓握。为使上述 Brachiation 运动过程平滑连续，除了励振阶段和大阻尼阶段这两个主要的阶段外，还需在励振阶段前添加使机器人获得初始运动的自启动阶段，并添加从励振结束过渡到抓握构型的调整阶段。由此，本文中机器人的 Brachiation 运动按顺序分为如图 7-85 所示的 4 个阶段。各个阶段的控制器设计以及光滑运动切换条件此处从略。详见本书作者发表的文献 [78]。

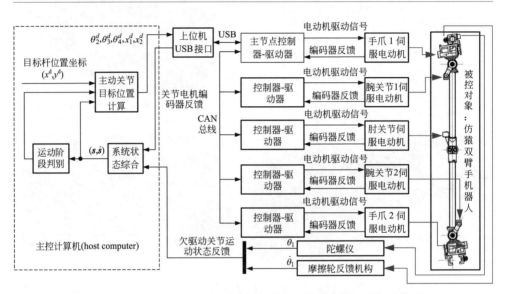

图 7-84　BARDAH-Ⅰ型仿猿双臂手机器人控制系统硬件组成框图

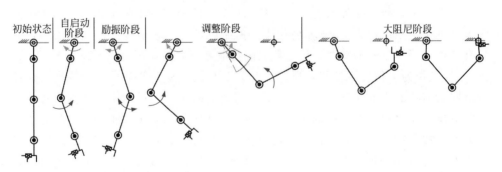

图 7-85　仿猿双臂手机器人抓杆运动的阶段划分示意图

② 不同摩擦副材料的自由摆荡和大阻尼实验及抓握目标杆运动控制实验（2017～2018 年）

首先对铝-不锈钢和橡胶-不锈钢两种支撑手爪摩擦副材料进行了自由摆荡和大阻尼实验，分析了欠驱动关节摩擦对励振阶段和大阻尼阶段的影响，并计算得到了不同摩擦副在励振阶段的平均阻尼系数和在大阻尼阶段的平均摩擦因数。而后对不同距离的目标杆进行了重复抓握实验，测试了所提出的基于大阻尼欠驱动控制的抓杆控制方法的成功率。所使用的仿猿双臂手机器人原型样机及实验场景如图 7-86 所示，其中目标杆为直径 27mm 的圆杆，铝-不锈钢和橡胶-不锈钢两种摩擦副材料对应的支撑杆直径分别为 34mm 和 27mm。

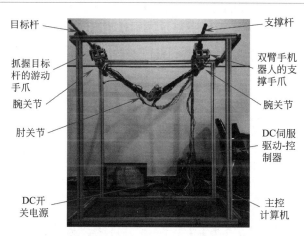

图 7-86　BARDAH-Ⅰ型仿猿双臂手机器人原型样机及实验场景照片

a.不同摩擦副材料的自由摆荡和大阻尼实验及结果分析。对铝合金-不锈钢和橡胶-不锈钢两种摩擦副材料分别进行了 13 组实验，每组实验中机器人按照自启动阶段、励振阶段、调整阶段运动，切换到大阻尼阶段后没有抓握目标杆，且每组实验的切换时机不同分别对应不同的欠驱动关节角速度 $\dot{\theta}_1$。铝合金-不锈钢摩擦副在励振阶段的肘关节摆幅为 $-36°\sim36°$，橡胶-不锈钢摩擦副的肘关节摆幅为 $-40°\sim40°$，除此之外各组实验的其他控制参数均相同，取值如表 7-12 所示。

表 7-12　自由回转与大阻尼实验中使用的控制参数

参数名	参数符号	参数取值	参数名	参数符号	参数取值
支撑手合紧力	N_S	1500N	欠驱动关节目标角度	$\theta_1{}^f$	25°
自启动运动时间	T_1	0.6s	肘关节目标角度	$\theta_3{}^f$	120°
调整运动时间	T_2	1.2s	游手腕关节目标角度	$\theta_4{}^f$	30°
励振安全系数	a	1.1	支撑手合紧的运动时间	T_S	0.88s

对应两种摩擦副材料，如图 7-87(a)、(b) 分别给出了 13 组实验中自启动阶段和励振阶段的欠驱动关节角 θ_1 的曲线，不同的曲线颜色用于区分不同组次的实验。由图 7-87 可以看出，铝合金-不锈钢摩擦副条件下的 13 条关节角 θ_1 曲线

比较一致，而橡胶-不锈钢摩擦副条件下的 θ_1 曲线分布较离散，这说明橡胶-不锈钢摩擦副的关节摩擦更加不稳定，因此在相同的励振控制方法和控制参数作用下得到了不同的响应。对每组实验的关节角曲线进行两次差分，并将得到的角速度和角加速度序列代入机器人动力学模型，得到了图 7-88 所示的欠驱动关节摩擦力矩曲线。由图 7-88 对比可知橡胶-不锈钢摩擦副的摩擦力矩大于铝合金-不锈钢摩擦副，将 τ_1 除以关节速度 $\dot{\theta}_1$，得到铝合金-不锈钢和橡胶-不锈钢两种摩擦副在自由回转条件下的平均阻尼系数及其标准差分别为 $(51.5\pm3.3)[\mathrm{N\cdot ms}/(°)]$ 和 $(83.1\pm13.1)[\mathrm{N\cdot ms}/(°)]$。由此可见实验过程中两种摩擦副的阻尼均不能忽略，且其中橡胶-不锈钢摩擦副的阻尼系数接近 $87\mathrm{N\cdot ms}/(°)$，按仿真中得到的结论，若使用能量泵入法其欠驱动关节的振幅将衰减到无摩擦条件下的 20.3%。

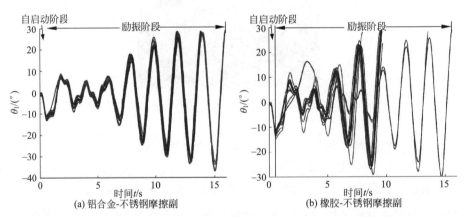

图 7-87　两种摩擦副材料的 13 组实验中自启动阶段和励振阶段的欠驱动关节角曲线

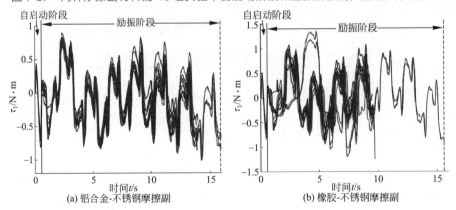

图 7-88　两种摩擦副材料的 13 组实验中自启动阶段和励振阶段的欠驱动关节摩擦力矩曲线

对共 26 组实验中调整阶段的实验数据进行类似处理，得到的欠驱动 θ_1 和 τ_1 曲线如图 7-89 所示，其中曲线颜色用于区分不同组次的实验，圆形标记点对应开始合紧支撑手爪的时刻，三角形标记点对应手爪合紧运动完成的时刻。

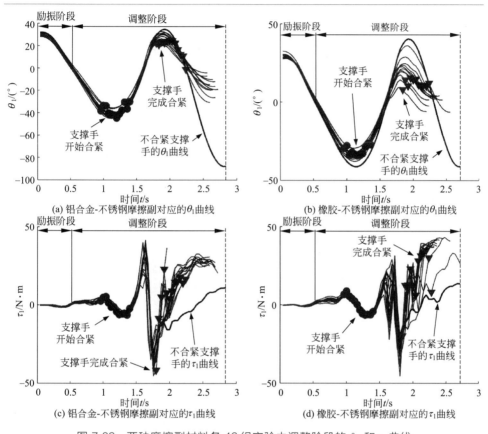

图 7-89　两种摩擦副材料各 13 组实验中调整阶段的 θ_1 和 τ_1 曲线

由于实际机器人手爪的合紧需要时间，不可能瞬间在 $\dot{\theta}_1 = 0$ 时刻从自由回转切换到大阻尼状态，这将导致手爪内表面与支撑杆表面不断压紧的同时还在进行相对滑动，此过程将耗散掉机器人的一部分摆动动能并产生冲击和振荡，所以可在图 7-89(c)、(d) 中观察到切换大阻尼后 θ_1 的摆幅缩小，并在图 7-89(c)、(d) 所示的圆形标记和三角形标记之间观察到阻尼力矩 τ_1 的振荡尖峰。大阻尼条件完全建立之后，θ_1 开始缓慢退转且 τ_1 快速增加到较高水平。根据上述实验结果的分析，在抓杆实验内将在欠驱动关节角速度 $\dot{\theta}_1$ 为 0 之前开始合紧手爪，以使合紧手爪后欠驱动关节能保持在较高的位置。

对手爪运动合紧完成后的阻尼力矩进行统计，求得铝合金-不锈钢和橡胶-不锈钢两种摩擦副材料的大阻尼状态平均阻尼力矩及其标准差为 (23.3±4.2)N·m 和 (28.2±6.5)N·m，对应的材料摩擦因数分别为 0.46±0.08 和 0.70±0.16。因此为尽量减小机器人在大阻尼阶段抓握目标杆时的退转速度，在抓杆实验中将把机器人欠驱动关节的摩擦副材料选为橡胶-不锈钢材料。

b. 大阻尼欠驱动控制的抓杆实验及结果分析。本节对不同距离的目标杆进行了基于大阻尼欠驱动控制的抓杆实验，支撑杆与目标杆距离的范围是 0.4～1m（机器人机构伸展长度的 28.5%～69.4%），在此范围内每隔 0.1m 选定一个目标杆距离（共 7 个不同目标杆距离）各进行 5 次重复试验。所有抓杆实验中，松握状态的手爪摩擦副间隙和切换至大阻尼时的手爪合紧力分别为 1.3mm 和 2250N（由手爪开合电动机的位置给定、电流给定和传动系统减速比计算得到）；励振阶段的安全系数 a 取 1.1，目标角度由逆运动学方程和约束条件确定。图 7-90 所示的是分别对距离为 0.4m 和 1m 的目标杆各一组抓握实验的机器人关节运动曲线，当目标杆距离较近时，机器人欠驱动关节角 θ_1 在切换为大阻尼状态后基本不退转，图 7-90(a) 中 θ_1 曲线在三角形标记后的波动是由切换过程导致固定支撑杆的桁架振动所引起的；而当目标杆距离较远时，欠驱动关节角 θ_1 在大阻尼状态也能保持较小的退转速度，但当其他主驱动关节开始运动时仍然会产生较大的退转速度。图 7-91、图 7-92 给出了分别对应于图 7-90 中两次实验的录像截图。

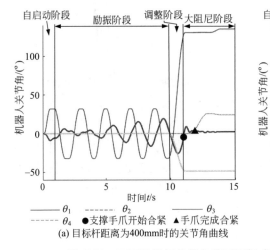
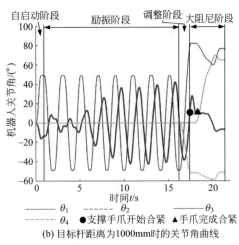

图 7-90　不同目标杆位置条件下两组成功抓杆实验的机器人关节角曲线

对机器人摆荡抓握 7 种不同目标杆距离的总共 35 组实验数据进行统计，得到的各目标杆距离条件下大阻尼阶段 θ_1 的最高摆角和平均退转角度，以及每种目标杆距离对应的抓杆成功率（以能在第一次抓握运动中成功握住目标杆为标准进行统计），统计结果如表 7-13 所示。

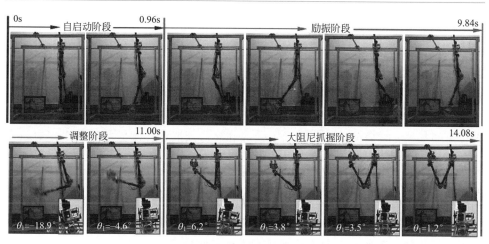

图 7-91　目标杆距离为 400mm 时的实验录像截图

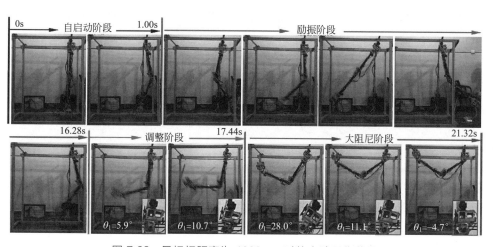

图 7-92　目标杆距离为 1000mm 时的实验录像截图

表 7-13　七种不同目标杆距离的抓杆实验结果统计

杆间距/mm	重复次数	大阻尼阶段 θ_1 达到的最高摆角/(°)	退转角均值/(°)	退转角方差/(°)	成功率
400	5	7.60	2.30	0.52	100%
500	5	11.20	8.81	2.86	100%
600	5	20.57	3.24	1.15	100%
700	5	12.25	4.76	1.49	100%

续表

杆间距/mm	重复次数	大阻尼阶段 θ_1 达到的最高摆角/(°)	退转角均值/(°)	退转角方差/(°)	成功率
800	5	18.42	10.75	3.01	100%
900	5	19.92	11.10	3.57	100%
1000	5	25.16	11.88	3.42	100%

由表 7-13 可知，随着目标杆距离的增加，欠驱动关节角 θ_1 在大阻尼阶段的退转也呈增加趋势，但依靠双臂手机器人的三个主驱动关节进行补偿，能在 0.4～1m 的距离范围内使仅靠一次抓握运动握住目标杆的成功率达到 100%。由此证明由作者提出的基于大阻尼欠驱动控制的 Brachiation 运动抓杆控制方法能够实现对目标杆的稳定抓握。

③ 结论

a. 研制了 BARDAH-Ⅰ型仿猿双臂手机器人系统，其开合手爪能使系统的欠驱动关节在自由回转状态和大阻尼状态之间切换，该手爪上的陀螺仪和摩擦轮退转反馈机构能对欠驱动关节的运动状态进行实时反馈。

b. 提出了一种基于相位差调节的励振控制方法，通过不同欠驱动关节条件下的励振控制仿真与 Acrobot 中应用的能量泵入法进行了对比，结果表明：在 Brachiation 运动需要的励振范围内（ $-90°～90°$ ），所提出的励振控制方法具有励振速度快、易于控制励振幅度和受摩擦影响小的优点，更适于 Brachiation 运动的励振控制。

c. 将双臂手机器人的 Brachiation 运动分解为了 4 个阶段，即自启动阶段、励振阶段、调整阶段和大阻尼阶段，并提出了基于大阻尼欠驱动控制的抓杆控制方法。

d. 对铝合金-不锈钢和橡胶-不锈钢两种摩擦副材料进行了共 26 组自由回转与大阻尼实验，结果表明：通过在手抓内侧粘贴橡胶材料，其合紧手爪后的摩擦因数可达 0.7 ± 0.16 ，能够满足抓杆时对手爪阻尼大小的要求；其在自由回转状态的平均阻尼系数为 $(1.45\pm0.23)\mathrm{N\cdot ms/rad}$ ，该摩擦对机器人增加了励振过程中的能量耗散，但应用本文提出的基于相位差的励振控制方法，仍能使机器人在 5～8 个励振周期内达到目标角度。

e. 对距离在 0.4～1m 范围内（机器人机构伸展长度的 28.5%～69.4%）的目标杆进行了 35 组抓握实验，结果表明：作者提出的基于大阻尼欠驱动控制的抓杆方法可使仅靠一次抓握运动握住目标杆的成功率达到 100%。

仿猿双臂手机器人可靠抓握目标杆实验的成功为 Brachiation 机器人走向实用化在理论与技术方面向前推进了一大步。作为后续的进一步研究，进行基于大阻尼欠驱动控制方法的非连续介质下抓握目标杆连续移动控制与实验研究。

（2）仿猿双臂手机器人摆荡抓杆连续移动运动控制（2018～2019 年，哈尔滨工业大学，吴伟国）[79,80]

仿猿双臂手机器人摆荡抓杆前向连续移动周期如图 7-93 所示，仿猿双臂手控制目标为实现机器人在非连续介质（如桁架）上的连续移动。连续移动的一个周期为前后两臂交替移动各完成 1 次抓杆后，两臂的前后位置顺序得以恢复的过程，如图 7-93 所示。将仿猿双臂手机器人的一次抓杆运动分为以下几个阶段：调整阶段（$a \rightarrow b$），松杆阶段（$b \rightarrow c$），摆荡阶段（$c \rightarrow d \rightarrow e$），切换大阻尼（$e$），大阻尼抓杆阶段（$e \rightarrow f$）。当机器人游爪成功抓握目标杆后，双臂手两手爪都呈抓在杆上状态，完成一次完整的抓杆运动。若连续移动抓杆，则进入调整阶段，继续向前移动（$f \rightarrow g \rightarrow h$）。图 7-93 中右侧的上下两图分别为抓握距离中间杆 0.5、0.8m 时的目标杆的运动控制仿真结果运动轨迹图。

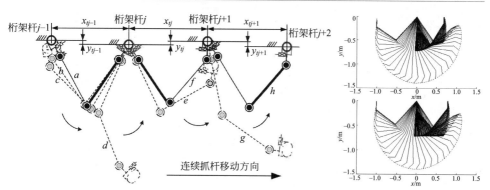

图 7-93　摆荡抓杆周期性连续移动示意图及目标杆距离分别为
0.5m、 0.8m 时的运动控制仿真结果运动轨迹图[80]

中间杆与目标杆间距分别为 0.5m 和 0.8m 两种情况实验的视频截图如图 7-94 所示。图 7-94(a) 中，摆荡阶段内欠驱动关节能够达到的最大角度为 44°左右，由于摩擦力矩不足以完全抵消重力矩及惯性力矩，机器人向后退转了 35°左右。由于手爪与支撑杆之间有一定的距离，机器人从开始切换大阻尼到完全切换到大阻尼需要一定的时间，为使欠驱动关节在退转后能够稳定到一个较大上摆角度下较高的游动手爪位置，需要提前切换大阻尼。

对初始杆与中间杆间距 1m，中间杆与目标杆间距为 0.5m、0.6m、0.7m、0.8m 参数下的全部 12 次实验的统计结果如表 7-14 所示。

从表 7-14 中可以看出，机器人在摆荡阶段能够摆荡较高的角度，当抓较远距离的目标杆时，由于重力矩较大，机器人的退转角度较大。在实验中发现，以靠近支撑手爪的腕关节进行退转补偿，当腕关节到达关节极限时会导致抓杆失败，但通过调整阶段的构形重力势能优化，机器人在切换大阻尼时其欠驱动关节能达到较高的摆角，此问题得以解决。通过实验证明，大阻尼方法能够在可抓握范围内 100% 成功抓杆。结论如下。

(a) 0.5m时

(b) 0.8m时

图 7-94　摆荡抓握目标杆距离分别为 0.5m、0.8m 时的连续移动运动控制实验视频截图[80]

表 7-14　中间杆与目标杆间距为 0.5～0.8m 时连续移动控制实验结果统计表[80]

（每个参数下做 3 次实验）

目标杆间距 /m	θ_1 最大角度 /(°)	退转角度 /(°)	成功率 /%	目标杆间距 /m	θ_1 最大角度 /(°)	退转角度 /(°)	成功率 /%
0.5	44.32	35.28	100	0.7	39.70	41.72	100
	47.23	35.91			40.73	43.07	
	43.07	39.18			39.15	43.42	
0.6	16.13	41.21	100	0.8	40.21	54.7	100
	17.85	30.48			33.81	51.3	
	17.25	30.81			39.09	53.75	

注解：表中的 θ_1 为抓握支撑杆悬挂整个机器人的手爪与支撑杆之间构成的欠驱动关节的关节角。

① 提出了为获得重力势能最大化构形的调整阶段机构自运动优化、摆荡阶段肘关节轨迹优化、抓杆阶段采用大阻尼退反馈方法等的关节运动轨迹生成方法，并进行了各阶段控制器设计。

② 利用所提出的方法、所设计的分阶段控制器和 ADAMS-Simulink 软件进行联合仿真，仿真实现了在不同高度的多根目标杆环境下，仿猿双臂手机器人连续抓杆移动，表明控制方法能够实现交替抓握不同高度目标杆的连续移动。

③ 使用臂展长度为 1.44m 的仿猿双臂手机器人，在起始杆与中间杆间距为 1m，中间杆与目标杆间距分别为 0.5m、0.6m、0.7m、0.8m 的 3 根杆环境下，进行了 12 组连续交替抓杆移动运动控制实验。实验表明，提出的运动优化与大阻尼欠驱动控制方法能够实现成功率为 100％的可靠连续抓杆移动。

7.4.3　多移动方式移动机器人设计与研究的总结

① 关于移动作业所能实现的条件参数的"鲁棒性"和移动方式与功能的"鲁棒性"的问题。多移动方式移动机器人是以一台移动机器人本体应对复杂多变的不确定和未知环境下的移动作业目标的完成为目的而提出并设计、研究的。其中所包含的科学问题是复杂多变环境下移动作业系统设计与控制的鲁棒性问题。目前，对于结构化地形（structured terrain）环境下的移动机器人作业，现已研发出的各种移动原理的移动机器人已经在不同程度上能够满足移动作业自动化需求，例如，轮式、履带式、腿式、无人飞行移动等移动机器人均能够在大规模地图构建系统、移动定位导航系统、网络远程遥控遥操作系统、实时操作系统等的辅助下由移动机器人本体完成移动作业。然而，这些单独移动方式或者兼有几种混合移动方式的移动机器人实用化仍然有一个极大的问题就是机器人自身移动作业参数和能力是否能够适应各种结构化地形及其几何参数的问题。也就是说单从移动功能本身的角度皆可实现一种或者多种移动方式下的功能，但是，是否能够满足不同作业环境下的不同作业参数要求这一条件，恐怕还不能给出一个满意的答案。因此，本书作者提出了结构化地形或环境下移动机器人对作业条件参数满足的"鲁棒性"问题，而不只是移动方式和单纯功能性的"鲁棒性"。因此，未来相当长的一段时间内关于移动作业"鲁棒性"科学问题的解决将更多地集中在移动作业参数"鲁棒性"以及移动作业参数"鲁棒性"和移动方式与功能"鲁棒性"两者兼顾的研究是重点。

以多移动方式来适应不同作业环境对移动作业的要求，是充分发挥各种移动方式各自特点的移动定性的满足移动作业自动化目标，来解决不同环境移动作业"鲁棒性"问题和工程实际的目标。而从作业条件和作业参数要求上来讲，是以何种设计理论、方法来从功能和作业参数两方面来达到一台或多台移动机器人对各种结构化乃至非结构化环境下移动作业自动化的"鲁棒性"问题。

以上讨论可以得出：具有改变自身结构形态和机构与结构参数的多移动方式自治移动机器人系统的设计和研发是今后的重点所在。

② 关于多移动方式移动机器人系统的设计理论与方法的研究。单一移动方式的机器人已有很多很多的设计与研发实例，并且原型样机从设计原理、方法、功能、关键技术等诸多方面都得到实验或试验验证，两种或两种以上的移动方式复合在一起必定不是简单地将它们组合在一起而成之事。必定在某方面或性能参数指标上有所牺牲，这需要系统设计者去借助于计算与分析型辅助设计软件加以综合考虑与平衡。即便如此能够在系统设计时所考虑的环境条件和要求，也很难适应各种不同结构化地势或环境的所有条件和要求。理想的鲁棒性是不可能的，如同任何人、物都有能力极限，即控制理论中所言的"上下界"的"有界性"。在工程实际上，"有界性"有着两层含义，一是自动化的作业机器或智能体的功能与性能指标、技术参数的有界性；二是作业环境物理形态与参数的"有界性"。在系统设计中解决和利用好这两个"有界性"，也就在自动化的系统研发和使用上最大限度地达到了工程实际问题中的"鲁棒性"。因此，多移动方式的自治移动机器人系统设计方法和理论研究更为首要。目前的设计理论与方法局限性还很大。从机器、人与环境三者构成的大系统的角度来看待现有移动机器人系统设计方法与理论方面的研究与挖掘，还远远不够，还不能满足工程实际的技术产品需求，尤其是接下来要谈的可靠性设计问题。

③ 关于多移动方式移动机器人系统可靠性设计的研究问题。由可靠性理论可知，系统可靠度随着构成系统的模块、部件、零件数目的增多，如果构成系统的每一个环节可靠度不够高则系统整体的可靠度大幅下降。从可靠性设计角度看问题，处于研发阶段的机器人主要着重于关键零部件或子系统设计的可靠性问题的解决，而从系统的角度看问题，系统的可靠性取决于每一个零部件或子系统。设计在先，研发在设计之后，因此，处于原型样机设计与研发、实验或试验阶段的多移动方式机器人系统的可靠性设计需要先行。另外，针对多移动方式自治移动机器人系统的无人化使用、现场维护等特殊状况，这种系统的可靠性设计问题的研究具有特殊性，可靠型设计要求更高。

④ 多移动方式移动机器人的机构与驱动系统创新要求。多移动方式的移动机器人系统是面向结构化、非结构化环境而设计的一种通用性质的自动化移动平台。它的实用化需要面对：大的冲击载荷、变化的不确定的环境、各种移动与操作的多种作业要求、无人化自动控制与决策、系统自我维护和自救等，仅从关节传动系统、原动机驱动系统来考虑现有的工业基础件支持条件便可知其与通常的机器人不同之处。以下基本问题供系统设计着重考虑。

a.轴承、减速器等机械传动系统的现实问题。通常我们认为轴承摩擦可以忽略或计入传动效率考虑，但实际上考虑不够！轴承摩擦阻力并非小到可以忽略的程度，不能忽略！标准轴承出厂时是有轴向、径向游隙的，安装时需要预紧才能得到较高的回转精度，否则轴系会有微小振幅的高频振动，从而产生附加动载荷使得回转关节上的轴承径向负载增大，摩擦阻力或阻力矩增大，可达 $1/9 \sim 1/3$ 或更大！短时间影响不明显，但长时间工作或寿命期限内摩擦磨损加剧，注意：不仅是轴承，还有随着轴承摩擦磨损加剧一起加剧的是其他有相对运动的运动副，从而使得整体性能和寿命下降，甚至导致不能正常工作。因此，我们不能将这种多移动方式的自治移动机器人当作通常的机械系统去看待，如果来自环境的负载或冲击力瞬间作用在轴承上、齿轮传动原理的减速器上，这些基础元部件的瞬间过载能力还难以抵抗 $2 \sim 3$ 倍以上的冲击力。因此，像人类、猛兽等动物那样或性能相当程度的骨骼、关节、肌肉等构成的机构、驱动系统的创新设计与研发是需要受到足够重视的。在技术上，高功率密度/高转矩密度、能够承受大冲击载荷且具有快速响应特性、缓冲后还能实现精确定位等兼顾的机构、驱动系统创新设计与研发势在必行！

　　b.手脚爪部机构与驱动的创新设计问题。这部分是个难题！手脚爪作为肢体末端的执行器，它集中了体积小、结构紧凑、质量小、高刚度高柔性之间瞬间可变的刚柔混合、高驱动能力和快速响应特性等高要求的诸多机构与结构设计要素难点。需要从机构、感知、驱动、仿生形态、材料四个主要方面去解决以上难点。目前及相当一段时期内需要从以下几个方面去解决并努力找到突破口。

　　• 仿生分布式驱动系统设计。以目前电磁学、电磁材料以及电动机设计与技术指标来看，所有驱动器放在手脚爪部的电动驱动系统设计不现实，可采用仿人仿生的分布式肌肉群驱动系统设计方式。

　　• 仿生分布式感知系统设计。在感知机构设计上不难解决，但需要考虑解决分布式传感系统数据获取与处理的耗时问题如何不影响控制周期和快速响应特性，以保证整个系统的快速响应特性。

　　• 仿生骨骼力学特性与自适应机制的构件设计。生物学家研究得出：人类、老虎等动物的骨骼内外部结构构成是一种能够根据力学环境的变化，自适应地调整骨密度从而呈现局部力反馈机制与力学特性的骨组织结构。从材料、机构设计、感知上仿生骨骼这种生物组织结构和力学原理具有现实意义。

　　• 手脚爪指/趾及指（趾）尖的仿生设计。仿生人、灵长类以及猛兽猛禽类动物手脚/爪指（趾）以及指（趾）尖进行机构、材料和形态设计，以爪尖、爪趾抓牢着地或着物点，对于实现攀爬、攀援等移动方式具有现实意义。

　　c.仿生肢体、躯干及其关节机构与关键构件设计。按着力传递的力学原理，如何在实现自身预期运动与带载作业的同时，将来自肢体末端、肢体或躯干上非作业有效载荷的外部载荷"化解"掉而不影响刚柔混合的肢体机构与关节的运动和承载能力是在材料、结构、机构、驱动和控制上需要综合解决的关键问题。

　　d. 多移动方式自治移动机器人系统集成化设计问题要解决的主要矛盾

　　•整体形态与各关节和肢体运动范围的矛盾：生物界的动物本体系统是经过自然界力学、气候、自然物等共存环境下长期适应和进化的过程中天然合理设计而成的有机整体。作为人工制造物的机器人需要仿生这种天然合理的系统设计，如何仿生设计使得系统有效？

　　•驱动系统分布与本体质量分布的矛盾。

　　•整体质量与运动驱动能力、带载能力的矛盾。

　　•本体内结构空间有限与本体搭载物有增无减的矛盾。

　　e. 自我维护/自我救援的功能设计与技术实现的问题。

7.5　本章小结

　　本章首先归纳总结了目前轮式移动机器人的轮构型、轮式移动机器人机构构型、履带式移动机器人机构构型和机构原理以及特点，为轮式、履带式等移动方式机器人设计提供机构构型选型设计参考。在此基础上，本章以最具代表性的轮式、履带式、腿/足式机器人为例具体讲述了机器人系统设计，供机器人技术人员以及机器人研究者们参考。移动平台的稳定性设计是移动平台正常运行的关键理论与技术问题，为此，结合腿/足式机器人、轮式机器人给出了基于 ZMP 的稳定性设计理论与稳定移动力反射控制方法。本章所选的实例都是在同类机器人中具有代表性的新思想、新概念、新机构和新理论与新方法方面的创新设计结果。同时也侧面说明创新首先从概念设计、设计思想开始，然后是解决问题的方法和技术实现，最后是技术指标的高低。对于那些重复性的、没有概念、方法、理论和技术创新的绝不列入其内。本章也包含了作者的大阻尼欠驱动控制、多移动方式移动机器人等原创性研究成果的介绍。本章通过原创性的创新设计实例论述了面向移动和操作的机器人系统设计的方法以及如何创新的问题，创新必先找到当时研究所存在的尚未解决的实质性问题。这些创新设计也并非是解决了各种复杂环境下移动灵活性和环境适应性的问题，都有一定的局限性。但是在概念上和技术上是先进的，为此，本章最后一节给出了有关移动机器人的移动稳定性问题讨论以及多移动方式机器人设计与研究的问题分析与总结，供同行专家、研究者们参考。

参考文献

[1] West, A. M. , Asada, H. , "Design Of Ball Wheel Mechanisms For Omnidirectional Vehicles With Full Mobility And Invariant Kinematics, " ASME Journal Of Mechanical Design, 117, 1995.

[2] Lan Zheng, Peng Zhang, Ying Hu, Gang Yu, Zhangjun Song, Jianwei Zhang. A Novel High Adaptability Outdoor Mobile Robot With Diameter-Variable Wheels. Proceeding Of IEEE International Conference On Information And Automation. Shenzhen, China June, 2011: 169-174.

[3] Yu H. , Dubowsky S. , Skwersky, A. , "Omni-Directional Mobility Using Active Split Offset Castors. " Proc Of The 26th Biennial Mechanisms And Robotics Conf Of The 2000 ASME Design Engineering Technical Conferences, 2000.

[4] Kevin L. Moore, Nicholas S. Flann. A Six-Wheeled Omnidirectional Autonomous Mobile Robot. IEEE Control Systems Magazine, 2000: 53-66.

[5] E. Poulson, J. Jacob, B. Gunderson, And B. Abbot, "Design Of A Robotic Vehi -Cle With Self-Contained Intelligent Wheels, " In Proc. SPIE Conf. Robotic And Semi-Robotic Ground Vehicle Technology, Vol. 3366, Orlando, FL, 1998: 68-73.

[6] C. Wood, M. Davidson, S. Rich, J. Keller, And R. Maxfield, "T2 Omnidirectional Vehicle Mechanical Design, " In Proc. SPIE Conf. Mobile Robots XIV, Boston, MA, 1999: 69-76.

[7] Shuro Nakajima. Concept Of A Novel Four-Wheel-Type Mobile Robot For Rough Terrain, RT-Mover. The 2009 IEEE/RSJ International Conference On. Intelligent Robots And Systems. St. Louis, 2009: 3257-3264.

[8] Karl D. Iagnemma, Adam Rzepniewski, Steven Dubowsky, Paolo Pirjanian, Terrance L. Huntsberger, Paul S. Schenker, "Mobile Robot Kinematic Reconfigurability For Rough Terrain, " Proc. SPIE 4196, Sensor Fusion And Decentralized Control In Robotic Systems III, (16 October 2000) ; Doi: 10. 1117/12. 403739.

[9] T. Huntsberger, E. Baumgartner, H. Aghazarian, Y. Cheng, P. Schenker, P. Leger, K. Iagnemma, And S. Dubowsky, "Sensor Fused Autonomous Guidance Of A Mobile Robot And Applications To Mars Sample Return Operations, " Proceedings Of The SPIE Symposium On Sensor Fusion And Decentralized Control In Robotic Systems II, 3839, 1999.

[10] Martin Udengaard, Karl Iagnemma, "Design Of A Highly Maneuverable Wheeled Mobile Robot, " Proc. SPIE 6962, Unmanned Systems Technology X, 696219 (16 April 2008); Doi: 10. 1117/12. 782201.

[11] Martin Udengaard, Karl Iagnemma. Kinematic Analysis And Control Of An Omnidirectional Mobile. Robot In Rough Terrain. Proceedings Of The

2007 IEEE/RSJ International Conference On Intelligent Robots And Systems, San Diego, CA, 2007: 795-800.

[12] J. -B. Song And K. -S. Byun. Design And Control of An Omnidirectional Mobile Robot With Steerable Omnidirectional Wheels, J. Of Robotic Systems, 2004: 193-208.

[13] Jae-Bok Song, Kyung-Seok Byun. Steering Control Algorithm For Efficient Drive Of A Mobile Robot With Steerable Omni-Directional Wheels. Journal Of Mechanical Science And Technology, 2009: 2747-2756.

[14] Kyung-Seok Byun, Sung-Jae Kim, Jae-Bok Song. Design of A Four-Wheeled Omnidirectional Mobile Robot With Variable Wheel Arrangement Mechanism. Proceedings Of The 2002 IEEE International Conference On Robotics & Automation Washington, DC, 2002: 720-725.

[15] Zhuo-Hua Duan, Zi-Xing Cai, Fault Diagnosis for Wheeled Mobile Robots Based on Adaptive Particle Filter [C]. Proceedings of the Fifth International Conference On Machine Learning and Cybernetics, Dalian, 13-16 August, 2016: 370-374.

[16] Naoji SHIROMA, Yu-Huan CHIU, Zi MIN, Ichiro KAWABUCHI And Fumitoshi MATSUNO. Development And Control of A High Maneuverability Wheeled Robot With Variable-Structure Functionality. Proceedings Of The 2006 IEEE/RSJ International Conference On Intelligent Robots And Systems October 9-15, 2006, Beijing, China: 4000-4005.

[17] Yoji KURODA, Koji KONDO, Kazuaki NAKAMURA, Yasuharu KUNII, And Takashi KUBOTA. Low Power Mobility System For Micro Planetary Rover "Micro5". I-SAIRAS'99, ESTEC, Noordwijk, The Netherlands, June 1-3 1999.

[18] Keiji NAGATANI, Ayato YAMASAKI, Kazuya YOSHIDA, Tadashi ADACHI. Development And Control Method Of Six-Wheel Robot With Rocker Structure. Proceedings Of The 2007 IEEE International Workshop On Safety, Security And Rescue Robotics. Rome, Italy, Setember 2007.

[19] Larry Matthies, Erann Gat, Reid Harrison, Brian Wilcox, Richard Volpe, And Todd Litwin. Mars Microrover Navigation: Performance Evaluation And Enhancement. Autonomous Robots · June 1995: DOI: 10. 1007/BF00710796.

[20] Yoji KURODA, Koji KONDO, Kazuaki NAKAMURA, Yasuharu KUNII* *, And Takashi KUBOTA. Low Power Mobility System For Micro Planetary Rover "Micro5". I-SAIRAS'99, ES-TEC, Noordwijk, The Netherlands, June 1-3 1999.

[21] Henry W. Stone: "Mars Pathfinder Microrover-A Small, Low-Cost, Low-Power Spacecraft", Proc. Of AIAA Forum On Advanced Developments In Space Robotics, 1996.

[22] Xiaokang Song, Yuechao Wang, Zhenwei Wu. Kinematical Model-Based Yaw Calculation For An All-Terrain Mobile Robot. Proceedings Of The 2008 IEEE/ASME International Conference On Advanced Intelligent Mechatronics July 2 - 5, 2008, Xi'an, China: 274-279.

[23] Kevin L. Moore, Nicholas S. Flann. A Six-Wheeled Omnidirectional Autono-

mous Mobile Robot. IEEE Control Systems Magazine, 2000: 53-66.

[24] H. Mcgowen, "Navy Omnidirectional Vehicle (ODV) Development And Technology Transfer Opportunities," Coastal Systems Station, Dahlgren Divi- Sion, Naval Surface Warfare Division, Unpublished Report.

[25] A. Mutambaraand H. Durrant-Whyte, "Estimationandcontrolforamodu-Lar Wheeled Mobile Robot," IEEE Trans. Contr. Syst. Technol., Vol. 8, 2000: 35-46.

[26] Chun-Kyu Woo, Hyun Do Choi, Sukjune Yoon, Soo Hyun Kim, Yoon Keun Kwak. Optimal Design Of A New Wheeled Mobile Robot Based On A Kinetic Analysis Of The Stair Climbing States. J Intell Robot Syst (2007) 49: 325-354. DOI 10. 1007/ S10846-007-9139-8.

[27] Jianguo Tao, Zongquan Deng, Haitao Fang, Haibo Gao, Xinyi Yu. Development Of A Wheeled Robotic Rover In Rough Terrains. Proceedings Of The 6th World Congress On Intelligent Control And Automation, June 21-23, 2006, Dalian, China: 9272-9276.

[28] 國井康晴. 月惑星表面探査 Roverの火山観測への応用—移動型遠隔無人観測システム: "SCIFIER" の開発-. 日本惑星科学会誌 Vol. 21, No. 2, 2012: 138-147.

[29] T. Estier, Y. Crausaz, B. Merminod, M. Lauria, R. Piguet, R. Siegwart. An Innovative Space Rover With Extended Climbing Abilities. 2000: DOI: 10. 1061/40476 (299) 44 · Source: OAI. https: //www. researchgate. net/publication/37441142.

[30] Daisuke Chugo, Kuniaki Kawabata, Hayoto Kaetsu, Hajime Asama, Taketoshi Mishima. Step Climbing Omni-

directional Mobile Robot With Passive Linkages. Optomechatronic Systems Control, Edited By Farrokh Janabi-Sharifi, Proc. Of SPIE Vol. 6052, 60520K, (2005) · 0277-786X/05/ $ 15 · Doi: 10. 1117/12. 648372.

[31] Hitoshi KIMURA, Shigeo HIROSE. Development Of Genbu: Active Wheel Passive Joint Articulated Mobile Robot. Proceedings Of The 2002 IEE/ RSJ Intl. Conference On Intelligent Robots And Systems. EPFL, Lausanne, Switzerland, October 2002: 823-828.

[32] "Lunokhod-1", FTD-MT-24-1022-71: 66-77.

[33] Shigw Hirose: Biologically Inspired Robots (Snake-Like Locomotor And Manipulator). Oxford University Press, (1993).

[34] Stefan Cordes, KarstenBerns, Martin Eberl, Winfried Ilg, Robert Suna. Autonomous Sewer Inspection With A Wheeled, Multiarticulated Robot. Robotics And Autonomous System. 21 (1997): 123-135.

[35] 宮川豊美, 岩附信行. 遊星歯車式管径追従車輪走行機構による小口径管内移動ロボットの走行特性. [日本] 精密工学会誌, Vol. 72, No. 12, 2006: 137.

[36] 宮川豊美, 岩附信行. 遊星歯車式管径追従車輪走行機構による 小口径管内移動ロボットの 段差走行. [日本] 精密工学会誌 , Vol. 73, No. 7, 2007: 828-833.

[37] 铃森康一, 阿部朗, 島村光明. 2インチ 配管用管内点検ロボットの開発. 第8回日本ロボット学術講 演, 1990: 203-204.

[38] 铃森康一, 堀光平, 宮川豊 美, 古賀章浩. マイクロロボットのためのアクチュエー タ技術. コロナ 社, 1998. 8. 21:

158-173.

[39]　Christoph Gruber, Michael Hofbaur. Distributed Configuration Discovery For Modular Wheeled Mobile Robots. 10th IFAC Symposium On Robot Control International Federation Of Automatic Control September 5-7, 2012. Dubrovnik, Croatia: 690-697.

[40]　Dedonato M, Dimitrov V, Du Ruixiang, Et Al. Human-In-The-Loop Control Of A Humanoid Robot For Disaster Response: A Report From The DARPA Robotics Challenge Trials [J]. Journal Of Field Robotics, 2015, 32 （2）: 275-292.

[41]　Sangok Seok, Albert Wang, David Otten And Sangbae Kim. Actuator Design For High Force Proprioceptive Control In Fast Legged Locomotion. 2012 IEEE/RSJ International Conference On Intelligent Robots And Systems October 7-12, 2012. Vilamoura, Algarve, Portugal: 1970-1975.

[42]　Jennifer Chu. "MIT Cheetah Robot Lands The Running Jump: Robot See, Clears Hurdles White Bounding At 5mph". MIT News Office. May 29, 2015. https: //news. mit. edu/2015/cheetah-robot-lands-running-jump-0529.

[43]　Hae-Won Park, Sangin Park, Sangbae Kim. "Variable-Speed Quadrupedal Bounding Using Impulse Planning: Untethered High-Speed 3D Running Of MIT Cheetah 2". 2015 IEEE International Conference On Robotics And Automation （ICRA）, Washington, May 26-30, 2015: 5163-5170.

[44]　Bilge GÜROL、Mustafa DAL、S. Murat YE+ŞİLOĞLU、Hakan TEMELTAŞ. Mechanical And Electrical Design Of A

Four-Wheel-Drive, Four-Wheel-Steer Mobile Manipulator With PA-10 Arm. 1-4244-0743-5/07/$ 20. 00ⓒ 2007 IEEE: 1777-1782.

[45]　Alexander Dietrich, Kristin Bussmann, Florian Petit, Paul Kotyczka, Christian Ott, Boris Lohmann, Alin Albu-Schäffer. Whole-Body Impedance Control Of Wheeled Mobile Manipulators: Stability Analysis And Experiments On The Humanoid Robot Rollin' Justin. Auton Robot （2016） 40: 505-517. DOI 10. 1007/S10514-015-9438-Z.

[46]　C. Borst, T. Wimbock, F. Schmidt, M. Fuchs, B. Brunner, F. Zacharias, P. R. Giordano , R. Konietschke, W. Sepp, S. Fuchs , C. Rink, A. Albus-chaffer, And G. Hirzinger, "Rollin' Justin-Mobile Platform With Variable Base," In Robotics And Automation, 2009. ICRA '09. IEEE International Conference On, May 2009, Pp. 1597-1598.

[47]　Karld. lagnemma, Adam Rzepniewski, Steven Dubowsky, Paolo Pirjanian, Terrance L. Huntsberger, Paul S. Schenker. Mobile robot Kinematic reconfigurability for rough terrian, Proc. SPIE 4196, Sensor Fusion and Decentralized Control in Robotie Systems Ⅲ, October 16, 2000. doi: 10. 1117/12. 403739.

[48]　T. Huntsberger, E. Baumgartner, H. Aghazarian, Y. Cheng, P. Schenker, P. Leger, K. lagnemnia, and S. Dubowsky. sensor Fused Autonomous Guidance of a Mobile Robot and Applications to Mars Sample Return Operations. Proceedings of the SPIE symposium. on Sensor Fusion and Decentralized Control in Robotic Sys-

tems Ⅱ, 3839, 1999.

[49] H. Z. Yang, K. Yamafuji, K. Arita And N. Ohara. Development Of A Robotic System Which Assists Unmanned Production Based On Cooperation Between Off-Line Robots And On-Line Robots: Concept, Analysis And Related Technology. International Journal Advanced Manufacturing Technology, (1999) 15: 432-437.

[50] H. Z. Yang, K. Yamafuji, K. Arita, N. Ohra. Development Of A Robotic System Which Assists Unmanned Production Based On Cooperation Between Off-Line Robots And On-Line Robots. Part 2. Operational Analysis Of Off-Line Robots In A Cellular Assembly Shop. International Journal Advanced Manufacturing Technology, (2000) 16: 65-70.

[51] H. Z. Yang, K. Yamafuji, T. Tanaka And S. Moromugi. Development Of A Robotic System Which Assists Unmanned Production Based On Cooperation Between Off-Line Robots And On-Line Robots. Part 3. Development Of An Off-Line Robot, Autonomous Navigation, And Detection Of Faulty Workpieces In A Vibrating Parts Feeder. International Journal Advanced Manufacturing Technology, (2000) 16: 582-590.

[52] Javier Serón, Jorge L. Martínez, Anthony Mandow, Antonio J. Reina, Jesús Morales, And Alfonso J. García-Cerezo. Automation Of The Arm-Aided Climbing Maneuver For Tracked Mobile Manipulators. IEEE TRANSACTIONS ON INDUSTRIAL ELECTRONICS, VOL. 61, NO. 7, JULY 2014: 3638-3647.

[53] Toyomi Fujita, Yuichi Tsuchiya. Development Of A Tracked Mobile Robot Equipped With Two Arms. 978-1-4799-4032-5/14/$ 31.00 © 2014 IEEE: 2738-2743.

[54] Pinhas Ben-Tzvi, Andrew A. Goldenberg, And Jean W. Zu. A Novel Control Architecture And Design Of Hybrid Locomotion And Manipulation Tracked Mobile Robot. Proceedings Of The 2007 IEEE International Conference On Mechatronics And Automation, August 5 - 8, 2007, Harbin, China: 1374-1381.

[55] Korhan Turker, Inna Sharf And Michael Trentini. Step Negotiation With Wheel Traction: A Strategy For A Wheel-Legged Robot. 2012 IEEE International Conference On Robotics And Automation Rivercentre, Saint Paul, Minnesota, USA, May 14-18, 2012: 1168-1174.

[56] J. Smith, I. Sharf, And M. Trentini, "PAW: A Hybrid Wheeled-Leg Robot," Proceedings- IEEE International Conference On Robotics And Automation, Pp. 4043-4048, 2006.

[57] J. Smith, I. Sharf, And M. Trentini, "Bounding Gait In A Hybrid Wheeled-Leg Robot," IEEE International Conference On Intelligent Robots And Systems, 2006: 5750-5755.

[58] Luca Bruzzone, Pietro Fanghella. Mantis: Hybrid Leg-Wheel Ground Mobile Robot. Industrial Robot: An International Journal. Volume 41 · Number 1, 2014: 26-36.

[59] Luca Bruzzone And Pietro Fanghella. Functional Redesign Of Mantis 2.0, A Hybrid Leg-Wheel Robot For Surveillance And Inspection. J Intell Robot

Syst（2016）81: 215-230. DOI 10. 1007/S10846-015-0240-0.

[60] 　Luca Bruzzone, Pietro Fanghella, And Giuseppe Quaglia. Experimental Performance Assessment Of Mantis 2, Hybrid Leg-Wheel Mobile Robot. Int. J. Ofautomationtechnology. Vol. 11No. 3, 2017: 396-397.

[61] 　Luca Bruzzone And Pietro Fanghella. Mantis Hybrid Leg-Wheel Robot: Stability Analysis And Motion Law Synthesis For Step Climbing. 978-1-4799-2280-2/14/$ 31. 00 © 2014 IEEE.

[62] 　Francois Michaud, Dominic Letourneau, Martin Arsenault, Yann Bergeron, Richard Cadrin, Frederic Gagnon, Marc-Antoine Legault, Mathieu Millette, Jean-Francois Pare, Marie-Christine Tremblay, Pierre Lepage, Yan Morin, Serge Caron, "AZIMUT: A Multimodal Locomotion Robotic Platform," Proc. SPIE 5083, Unmanned Ground Vehicle Technology V, (30 September 2003); Doi: 10. 1117/12. 497283: 101-112.

[63] 　Francois Michaud, Dominic L' Etourneau, Martin Arsenault, Yann Bergeron, Richard Cadrin, Fr ' Ed ' Eric Gagnon, Marc-Antoine Legault, Mathieu Millette, Jean-Franc Ois Parʹ E, Marie-Christine Tremblay, Pierre Lepage, Yan Morin, Jonathan Bisson And Serge Caron. Multi-Modal Locomotion Robotic Platform Using Leg-Track-Wheel Articulations. Autonomous Robots 18, 137-156, 2005, 2005 Springer Science + Business Media, Inc. Manufactured In The Netherlands.

[64] 　Yuhang Zhu, Yanqiong Fei, Hongwei Xu. Stability Analysis Of A Wheel-Track-Leg Hybrid Mobile Robot. J Intell Robot Syst（2018）91: 515-528.

[65] 　吴伟国, 侯月阳, 姚世斌. 基于弹簧小车模型和预观控制的双足快速步行研究. 机械设计. 2010,（4）: 84-90.

[66] 　侯月阳. 挠性驱动单元及其在仿人双足步行机器人应用研究[D]. 哈尔滨工业大学博士学位论文, 2014.

[67] 　広瀬茂男, 米田完. 日本ロボット学会誌, 9. 3（1991）P267.

[68] 　日本機械学会编. 生物型システムのダイナミックスヒ制御. 東京: 株式会社養賢堂発行. 2002 年 4 月 10 日: 78-92.

[69] 　吴伟国等. 用于仿人机器人、多足步行机上的脚用轮式移动机构. 发明专利: ZL200810209738. 3.

[70] 　Wu Weiguo, Wang Yu, Liang Feng, Ren BingYin. Development of Modular Combinational Gorilla Robot System, Proceeding of the 2004 IEEE ROBIO: 718-723.

[71] 　Wu Weiguo, Lang Yuedong, Zhang Fuhai, Ren Bingyin. Design, Simulation and Walking Experiments for a Humanoid and Gorilla Robot with Muttiple Locomotion Most 2005 IEEE/RSJ IROS 2005: 44-49.

[72] 　吴伟国, 梁风. 地面移动及空间桁架攀爬两用双臂手移动机器人. [P]发明专利, 黑龙江: ZL101434268, 2009-05-20.

[73] 　吴伟国, 徐峰琳. 一种空间桁架用双臂手移动机器人设计与仿真分析. 机械设计与制造, 2007,（3）: 110-112.

[74] 　吴伟国, 吴鹏. 基于避障准则的双臂手移动机器人桁架内运动规划. 机械工程学报, Vol. 48, No. 13, 2012: 1-7.

[75] 　吴伟国, 姚世斌. 双臂手移动机器人地面行走的研究. 机械设计与制造, 2010（1）: 159-161.

[76] 　吴伟国, 席宝时. 三自由度欠驱动机器人抓握目标杆运动控制[J]. 哈尔滨工业

大学学报，2013，45（11）：26-31.

[77] 吴伟国等.三自由度大阻尼欠驱动攀爬桁架机器人及其控制方法［P］.黑龙江：ZL201310288965.0.

[78] Wu WG, Huang MC, Gu XD. Under-actuated Control Of A Bionic-Ape Robot Based On The Energy Pumping Method And Big Damping Condition Turn-Back Angle Feedback［J］. Robotics And Autonomous Systems, 2018, 100: 119-131.

[79] 吴伟国等.能摆荡抓握远距离桁架杆的攀爬桁架机器人及其控制方法.发明专利申请号：201811098860.8.

[80] 吴伟国，李海伟.仿猿双臂手机器人连续摆荡移动优化与实验.哈尔滨工业大学学报（自然科学版），2018.03.04.

[81] Vukobratovic M, Branislav Borovac, Veljko Potkonjak. ZMP: A Review of some basicmisunderstangding［J］. International Journal of Humanoid Robotics, 2006, 3（2）: 153-175.

第8章

工业机器人末端操作器及其换接装置设计

8.1 工业机器人操作臂末端操作器的种类与作业要求

由机器人末端操作器在作业时是否受到被操作对象物或者作业环境的物理约束（几何约束和力约束），机器人末端操作器作业可分为自由空间内作业和约束空间内作业两大类。

自由空间内作业：诸如焊接、喷漆、搬运等作业，末端操作器没有受到来自作业对象物或作业环境的外力作用，就属于自由空间内的作业。

约束空间内作业：诸如装配、拆卸、推车、操纵机器、接触式测量、加工、回避障碍之类的机器人作业，在作业过程中受到来自作业对象物或作业环境的外力作用，则属于约束空间内作业。作业类型的不同便直接导致机器人末端操作器结构、原理上的不同。

8.1.1 焊接作业

① 电弧焊（arc welding）与电弧焊机（arc welding machines）。电弧是由焊接电源供给的，在工件与焊条构成的两极之间产生强烈而持久的气体放电现象。电弧焊是以电弧为热源，将电能转换为焊接所需的热能和机械能，将金属件连接在一起的焊接工艺。电弧焊主要有焊条电弧焊、埋弧焊、气体保护焊等焊接方法，是焊接生产总量中占据 60% 以上的重要焊接方式。电弧焊一般由空载电压为 50～90V 的电弧焊焊接设备（电弧焊机）实现。焊条电弧焊中，允许的空载电压是从对人体安全出发加以限制，电压波动率小于等于 10% 的直流电源最高电压为 100V，波动率更大的如焊接变压器则为 70～80V，锅炉、狭小容器内所用焊接变压器，空载电压只允许到 42V，只有在全机械化、自动化的焊接设备上使用的焊接变压器的许用空载电压可到 100V。机器人操作臂可以代替传统焊条

电弧焊中的焊工，在机器人末端操作器上把持电弧焊的焊条。

电弧焊机需要有连接在三相交流电网的两个相线上的焊接变压器（小功率变压器也有连接一根相线和中性线的）、使用半导体整流器组整流的焊接整流器或电子焊接电源（如脉冲点焊）等电力变换装置。

② 电 阻 焊 （resistance welding） 与 电 阻 焊 机 （resistance welding machines）。电阻焊是利用电流通过焊件及接触处产生的电阻热作为热源将被焊接件局部加热，同时对被焊接件焊接部位施加压力以实现焊接连接的一种方法。因为是通过局部加热并施加压力使被焊件快速熔融（即电阻热效应原理）或至塑性状态然后压接实现连接，所以不需填充金属，生产效率高，焊件变形小，容易实现自动化。实现电阻焊焊接功能的设备便是电阻焊焊接装置。电阻焊焊接装置包括位置固定的焊机、多点焊接装置、便携式焊钳和电焊器等。

电阻焊的种类：点焊、缝焊、滚焊、凸焊、对头焊（也称对焊）等，并由相应的焊机实现电阻焊功能。

点焊焊机结构组成与功能：点焊焊机（可简称为点焊机）一般由变压器、导电板、导电弹簧、下支臂、上支臂、压气缸和导轨、电极及其夹持器等部分组成。点焊用工业机器人的末端操作器即为点焊焊机。点焊焊机的功能要求主要包括：机械功能、电功能。

点焊焊机的机械功能要求：机械功能是指电极压力要能在较大范围内变动，以适应各种焊接条件（如被焊件材质、板厚、连接强度要求等）。焊机本身应有高刚度，在材料软化阶段点焊机机架等在电极压力作用下弯曲，使两电极向相反方向偏移。结构刚性对点焊机特别重要，以便保证各同时焊接的焊点上电流均匀分布。另外，为提高焊接生产效率，电极的闭合运动要快（闭合速度高），且两电极还不能发生冲击，以便把工作噪声和电极损耗限制在最低限度。运动的电极质量应尽可能小，使电极在较小惯性下随着被焊接件软化状态的材料下沉，以免在电极和材料的短时间接触中存在着不希望有的过热效应。

点焊机的电功能要求：焊接机需在短时间内输出一个尽可能高的次级电流。在互相接近的两个电极之间的短路电流最大值是特别重要的特性值。同时要力求次级电压低，以便使接触功率尽可能小，且变压器、次级回路和焊接电流控制系统的能量损耗必须限制在最低值。此外，批量生产的焊接机要保证高耐用度。

机器人焊接作业的制定（程序）：需要根据焊接机的焊接作业性能参数来制定机器人及其末端操作器动作位置轨迹、动作时间以及间歇时间等。另外，焊接机与机器人操作臂末端机械接口法兰的连接需要校准和标定位姿（矩阵）。机器人焊接作业规程的制定必须由焊接专业的工程师来指导。电弧焊作业是末端操作器连续运动路径下的焊接作业，因此，一条焊缝在焊接过程中一般不允许末端操作器停留，这就要求在焊缝形成过程中，带动末端操作器光滑、连续运动的机器人操作臂不允许出现因机构奇异构形、机构逆运动学求解过程中（或者离线生成）出现算法奇异、关节达到或超过关节极限位置等情况发生。

8.1.2　喷漆作业

喷漆机器人的末端操作器是喷漆枪，简称喷枪。手工用喷漆枪是人工把持喷漆枪手柄的喷枪，不能直接用作喷漆机器人的喷枪。喷漆机器人用的喷枪上需要有能够与机器人操作臂末端机械接口法兰保证位姿精度（尤其是周向连接）连接的机械接口法兰。但喷枪的工作原理基本相同：通过压缩空气将涂料雾化成细小的液滴，并在其内部压力作用下以一定的速度喷向被喷涂的表面。喷枪主要由喷帽、喷嘴、针阀和枪体组成，同时需要外部连接有气压装置（如压力罐、压力桶、泵等）。

喷漆作业参数计算及喷漆速度与喷枪运动速度的协调控制：喷漆作业之前需要根据喷枪的喷射距离、喷涂的面积、喷射速度等参数以及漆本身的种类和特性，设计、标定好喷枪喷漆作业参数，然后根据被喷漆表面的几何形状、材质等，设计、规划喷漆路径也即机器人末端操作器作业轨迹。需要根据被喷漆表面单次喷涂涂层厚度、面积以及喷漆流量、机器人操作臂末端操作器运动的速度进行匹配性的计算，以协调控制喷漆速度与喷枪运动速度。

喷漆作业轨迹连续光滑性要求和回避奇异：同电弧焊作业用途的机器人操作臂一样，喷漆作业过程中一般不允许末端操作器停留，这就要求机器人操作臂在喷漆过程中不允许出现因机构奇异构形、机构逆运动学求解过程中（或者离线生成）出现算法奇异、关节达到或超过关节极限位置等情况发生。

8.1.3　搬运作业

搬运作业用末端操作器：常用的有吸盘、开合手爪、多指手爪等末端操作器。这类工业机器人作业往往是点位（point to point，PTP）控制的作业，即机器人操作臂的末端操作器运动到某一位置抓持起工件，然后移动到另一个目标位置放下工件，如此循环往复。

搬运作业为最简单的点位控制：搬运作业的位置控制一般仅是搬运的起点位置控制与放置的目标点位置控制。两点之间的位置与轨迹除了回避奇异、关节极限之外没有其他要求。因此，通常情况下在这两点之间以直线或者简单曲线规划末端操作器轨迹即可，甚至只给定起点、终点两个点，以增量运动控制的最简单形式即可。

8.1.4 装配作业

(1) 装配作业的概念

日本精密学会 1989 年机器人装配技术文献中记载，将装配作业定义为"将两个或两个以上的零件制作成一个半成品或成品的作业，即依靠插入等动作，使两件发生相互作用而实现的一体化"。

零部件的自动化装配过程可以分解为如下几个步骤：自动识别、获得某个零部件即装配件或被装配件；自动进行零部件的位姿操作；自动定位；自动装配。

(2) 约束空间内的装配作业

传统的人工装配作业是工业生产过程中的重要作业，这类作业耗费了大量的人力和时间。现代工业生产中，装配作业（从微纳米级尺度的微小零部件装配到航天飞机、航空母舰、舰船等的装配作业）占整个生产过程的比例日益增大，对自动化装配技术与作业的需求越来越强烈。机器人装配技术的发展适应了这一技术需求。然而，比起前述的喷漆、焊接、搬运等自由空间内作业，约束空间内机器人装配作业技术的难度更大。它是在末端操作器运动（或关节运动）位置轨迹控制基础上进一步实现在实际物理环境的力约束下的操作力控制的复合作业。

同样是轴孔装配，装配技术含量和难易程度是不同的。公差与互换性测量技术中将精度规定为 12 个等级，包括尺寸精度和配合精度在内。配合尺寸、配合精度以及装配与被装配件材质等都决定了自动装配技术的难易程度。这里的"孔"不是仅指断面形状为圆形、方形、矩形、三角形以及多边形等规则形状的孔，而是广义上的各种形状、各种基本形状复合而成的"孔"；轴也不是仅指断面为圆形、方形、矩形、三角形以及多边形等规则形状的轴，而是广义上的各种形状、各种基本形状复合而成的"轴"。

① 名义上为装配技术实则为自由空间内的大间隙装配作业：如果给定轴孔的间隙配合和配合尺寸以及轴孔加工后实际配合尺寸所确定的轴孔间隙或间隙范围大于机器人操作臂系统末端重复定位精度（机械系统、传感器系统、控制系统综合决定的精度，其中以机械精度为主），则这种用机器人来实现的装配技术已经没有什么实质性的自动装配技术而言，换句话说，靠机器人系统自身的位姿精度就能够满足装配作业位置精度要求，这与自由空间内机器人作业没有本质区别。因此，大间隙的广义轴孔类零部件间隙配合装配技术就是靠末端操作器作业精度来保证的自由空间内作业。

② 配合精度要求与机器人操作臂系统精度相当甚至更高的配合性质下自动装配技术：是真正能够体现在自动装配过程中需要且能够解决装配过程中关键问题、难题的技术，是有自动装配技术含量的技术。通常为小间隙配合、H/h 配

合、过渡配合或过盈配合性质下装配作业的机器人技术实现。

(3) 工业机器人装配技术发展概况

工业机器人装配技术的研究和发展始于 20 世纪 70 年代，1977 年美国 Unimation 公司研制出世界上第一台由计算机控制的、可编程的通用装配操作机器人，即工业机器人发展史上著名的 PUMA 机器人，这里的 PUMA 是"programmable universal manipulator for assembly"的英文缩写词，意为"面向装配作业的可编程通用操作臂"。

1977 年，西屋电气公司建成了包含多台机器人并具有力觉、触觉、视觉和 RCC 柔性手腕的可适应可编程机器人装配系统。

1981 年日本山梨大学开发出平面双关节型机器人 SCARA (selective compliance assembly robot arm)，且有十多种类型。SCARA 机器人作为用于装配作业的工业机器人操作臂获得了大量的工业应用。它的设计虽然相对而言机构简单，但它是最符合快速、高效装配作业的设计。SCARA 机器人的水平关节设计摆脱了重力场中绕水平轴线回转运动的俯仰类关节带动各臂俯仰运动时机器人臂自重和自重引起的重力矩以及惯性力等引起的有效驱动力矩的消耗，使得驱动系统能够输出更大的驱动力或力矩以平衡装配作业的外部作用力或力矩，而且机构简单对于提升机器人整体的刚度是有利的。

20 世纪 80 年代装配机器人技术获得大发展：日本日立、松下、东芝、三菱、日本电气、富士通、丰田工机、小松制作所等纷纷开发并生产装配机器人和 APAS；欧洲许多国家也开始研制、生产装配机器人；20 世纪 80 年代中期，日本、瑞典、联邦德国等纷纷投放装配机器人产品进入工业自动化装配设备市场。

我国"七五"计划机器人攻关中，增列了第一代示教再现式装配机器人，陆续从国外引进 PUMA、SKILAM、INTELLEDEX、Adept 等装配机器人，开始从事装配机器人研究和开发；"八五"计划期间选择 SCARA 型机器人类型来研制智能精密装配机器人；国家"863 计划"将"具有多种感知的微驱动手及其控制系统"列入"七五"期间智能机器人基础研究重点课题之一；"国家自然科学基金"也将"销孔零件柔顺装配机理及装配策略研究"作为高技术探索重点资助方向之一。

20 世纪 80~90 年代销孔类零件装配作业的机器人装配技术的基础理论与装配策略已经奠定。此后，由于高精度的机器人及其末端操作器产品性能的不断提高，用于机器人控制的计算机计算能力的大幅提升，视觉、力觉等传感器感知能力的不断提升以及智能控制算法在工业机器人装配技术中的应用，几何形状规则、简单的轴孔类零部件的装配机器人技术研发之路已经完成。遗憾的是我国的工业机器人装配技术在产业领域的应用没有得到足够的重视，研发成果与技术产业化应用脱节，直到 2010 年以后，产业界受"人口红利消退""机器人换人"的困境所迫才开始跃进。在 20 世纪 80～90 年代，我国机器人界著名专家、工程院院士蔡鹤皋教授及其课题组团队在宏-微驱动精密装配机器人技术、销孔零件柔顺装配机器人技术研究中获得的成果奠定了我国工业机器人装配技术以及零件打磨等约束空间内作业的机器人力/位混合控制技术的基础。

（4）工业机器人操作臂的装配作业技术难点

① 目前，轴孔装配作业的机器人装配技术都是针对销孔类零部件装配和简单复合孔类零件装配的。本书作者带领研究生从 2016 年起开始研究圆-长方孔复合孔类零件的机器人装配问题，内容包括此类复合孔类零件装配的接触状态分析与识别、装配策略与装配力/位混合控制技术。

② 需要注意受机器人及其末端操作器的重复定位精度范围所限的装配作业位姿精度与用于装配力调节的位置轨迹精度两者的协调与均衡性。

③ 一般用于装配中测量装配操作力的力/力矩传感器很难直接安装在装配操作受力部位，而是安装在工业机器人操作臂的腕部末端机械接口与末端操作器机械接口之间进行间接测量，如此，不可避免地会受到末端操作器本身机械性能的影响。

④ 在零件的装配过程中，即使被装配的零部件之间存在微小的位姿偏差，都会产生相当大的作用力反作用在装配件以及力/力矩传感器上，这种由于装配时零部件间相互作用而产生的力就是装配力。从力学的角度来讲，装配力与装配力方向上的微小位移量之间的比值就是被装配件与装配件之间相互作用的刚度。

8.2 工业机器人用快速换接器（快换装置）

随着柔性制造、柔性生产线等概念的发展和应用，现代工业机器人作业过程中越来越多地需要使用多把工具对物料进行复合工序的加工、装卸操作，对应于作业中工具的快速更换需求，机器人快换装置应运而生，其定义为能在数秒至十数秒内完成机器人与末端工具的机械、电路、液压、气压一次性连接或断开的机器人辅助机械装置。

如图 8-1 所示，机器人快换装置一般包括机器人适配器和工具适配器两个部件，其中机器人适配器安装于机器人末端的机械接口上，工具适配器安装于工具原本与机器人连接的机械接口上，通过内部的换接机构，机器人和工具能够快速夹紧或脱开，从而提高复合工序中机器人的工作效率。

机器人快换装置在很多作业中都有应用，如图 8-2 所示，在关节型机器人、并联机器人、仿人双臂系统等机器人系统的螺栓紧固、装配、打磨、搬运等作业中均可使用快换装置。

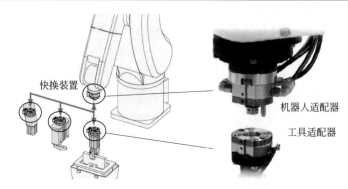

图 8-1　工业机器人的快换装置[1]

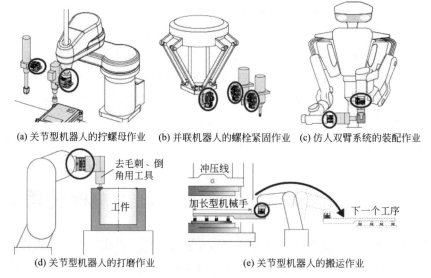

(a) 关节型机器人的拧螺母作业　(b) 并联机器人的螺栓紧固作业　(c) 仿人双臂系统的装配作业

(d) 关节型机器人的打磨作业　　(e) 关节型机器人的搬运作业

图 8-2　机器人快换装置的应用[1]

8.2.1　机器人快换装置的功能和技术指标

机器人快速换接装置的主要功能如下。

① 机器人与工具的定位。指通过快换装置的定位面使工具相对于机器人的末端接口具有确定的位置，从而使机器人在后续的运动中能够准确控制工具的运动轨迹。

② 工具的固定。通过快换装置的夹紧机构使机器人与工具形成稳固的机械连接，当工具受到的负载力或力矩在额定范围内时，快换装置的定位面不脱离接触

状态。

③ 机器人与工具的电气连接。对于大多数机器人使用的工具，一般在完成定位与固定后还需要进行电路和气路连接，以使工具获得必要运转能源并使机器人从工具处获得反馈信号。

为完成上述功能，机器人快换装置一般由机器人适配器和工具适配器两个部件组成，每个部件均有定位结构、夹紧机构、电气连接装置等组成部分，如图 8-3 所示。

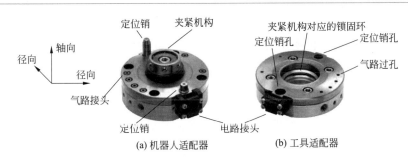

图 8-3　机器人快换装置的基本组成 [2]

表 8-1 中给出了机器人快换装置的技术指标。

表 8-1　机器人快换装置的技术指标

序号	名称	单位	含义
1	重复定位精度	mm	多次连接、分离过程中工具适配器相对于机器人适配器的径向位置误差,公差带形状为圆形,重复定位精度为此圆形公差带的直径
2	可搬运质量	kg	可以稳固连接的工具及工具所承载物料的最大质量
3	连接保持力	N	在机器人适配器和工具适配器的轴向定位面保持接触的情况下,能抵抗的最大轴向扯离力
4	容许轴向扭矩	N·m	在机器人适配器和工具适配器不发生绕轴向的扭转滑移条件下,能抵抗的最大绕轴向的扭矩
5	容许径向弯矩	N·m	在机器人适配器和工具适配器的轴向定位面保持接触的情况下,能抵抗的最大绕径向的弯矩
6	电极数量	个	机器人适配器与工具适配器在连接状态下能传递的电路信号数量
7	电极电流	A	各路电极的额定电流
8	气路数量	个	机器人适配器与工具适配器在连接状态下能传递的气路数量
9	气路气压	MPa	各气路能传递的额定气压
10	驱动气压	MPa	驱动快换装置的夹紧机构驱动气压,一般是一个范围,下限表示产生足够的夹紧力所需的最小气压,上限表示耐压极限
11	装置自重	kg	机器人适配器和工具适配器的质量(一般分开给出)

表 8-1 中第 2 项和第 3 项技术指标可以相互换算，因此在一般情况下这两个技术指标只会给出一个，其换算公式如下：

$$连接保持力＝9.8×（可搬运质量＋装置自重）×安全系数 \qquad (8-1)$$

式(8-1) 中安全系数是在考虑由机器人运动产生惯性力后，由快换装置的静载荷对其动载荷的一种估计，安全系数根据机器人运动的加减速快慢和工具运转时的冲击大小，一般取为 1.5～3。

上述技术指标中，第 1 项反映快换装置的定位精度，第 2～5 项反映快换装置的负载能力，第 6～9 项反映快换装置的电气连接功能，第 10 项反映快换装置与机器人或生产线气动系统的兼容性，气泵的供气压力应在此项技术指标给出的范围内；第 11 项反映快换装置对机器人有效负载的削弱程度，选型时要求机器人的有效载荷在正常工作下的富余量必须大于此项指标给出的装置自重。

为了进一步提高工具换接的可靠性，现有的主流产品一般还有强制分离和机械自锁两项辅助功能。

强制分离功能是指当所换接的工具质量较小或机器人工作于粉尘、黏性液体飞溅等高污染环境时，工具适配器不易靠自重实现可靠分离，需要在夹紧机构松开后将机器人适配器与工具适配器强制顶开，以实现工具适配器的可靠分离。

机械自锁功能是指在发生故障的情况下，若停止对快换装置的夹紧机构供气或供气压力不足时，夹紧机构仍能提供足够的夹紧力，而不使机器人和工具发生意外分离。

8.2.2　机器人快换装置的定位原理

机器人进行工具换接时往往要求工具相对于机器人末端机械接口的位置和姿态都被确定，因此快换装置机器人适配器与工具适配器之间的定位需限定全部六个自由度，按定位面的选择方式不同，可分为以下两类。

(1) 两面一销定位

如图 8-4 所示，机器人适配器与工具适配器之间可以采用两面一销的方式进行定位，其中定位面 1 为 x 向、z 向尺寸均较大的平面，限定沿 y 轴移动、绕 x 轴转动和绕 z 轴转动三个自由度；定位面 2 为 z 向尺寸较大但 y 向尺寸较小的平面，限定沿 x 轴移动和绕 y 轴转动两个自由度；定位销为短销，限定沿 z 轴移动一个自由度。

从结构设计的角度，定位销端面应有倒角，以方便装入销孔。必须保证的尺寸公差是定位销轴线到定位面 1 的距离，必须保证的形状公差是定位面 1 和定位面 2 的平面度。为防止定位面 1 和定位面 2 之间出现过定位问题，还需在加工、装配过程中保证二者的垂直度。

（2）一面两销定位

如图 8-5 所示，是机器人适配器与工具适配器之间的一面两销定位方式。

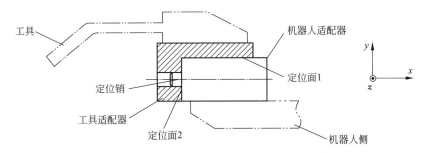

图 8-4　机器人快换装置的两面一销定位方式

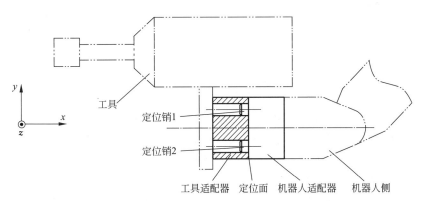

图 8-5　机器人快换装置的一面两销定位方式示意图

定位面是 y 向、z 向尺寸均较大的平面，限定沿 x 轴移动、绕 y 轴转动和绕 z 轴转动三个自由度；定位销 1 和定位销 2 均是短销，共同限定绕 x 轴转动、沿 y 轴移动和沿 z 轴移动。

从结构设计的角度，定位销 1 和定位销 2 端面均应设有倒角，以方便装入销孔。对于使用一面两销定位方式的手动快换装置，定位销 1 和定位销 2 的长度应不同，以防止同时装入两个定位销出现难以对正的情况。必须保证的尺寸公差是定位销 1 轴线到定位销 2 轴线的距离，必须保证的形状公差是定位面的平面度，一面两销的定位方式不存在过定位问题。

上述定位方式中，为使频繁拆装的定位销与销孔能较容易地对正、装入和拆出，其配合应是间隙配合，如图 8-6(a) 所示，加之拆装过程中的不断磨损，此间隙会不断扩大，最终使定位销与销孔之间的定位精度超差。在对工具位置精度要求较高的作业中，需要对此间隙进行补偿，可采用图 8-6(b) 所示的方式达到

0 间隙配合的效果。

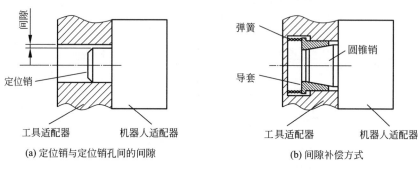

(a) 定位销与定位销孔间的间隙　　　　　　(b) 间隙补偿方式

图 8-6　定位销与定位销孔间的间隙与补偿方式

图 8-6(b) 中使用圆锥销代替了圆柱销，圆锥销的外锥面与导套的内锥面能实现无间隙配合。由于导套与工具适配器只需装配一次，因此导套外圆柱面与工具适配器销孔的配合可选为过渡配合，通过加工精度和专用的装配工具保证二者的位置精度。在快换装置使用过程中当圆锥销或导套发生磨损时，导套后的弹簧能自动补偿磨损产生的误差，使导套与圆锥销始终保持零间隙。

由于迄今为止，机器人和工具之间的机械接口不存在统一的标准，因此不同厂家的机器人和工具都具有不同尺寸的连接接口，快换装置也无法用一个统一的接口连接所有的机器人和工具。对此问题的解决方法是：通过机器人转接盘和工具转接盘进行转接，相同厂家的快换装置和转接盘之间的接口能保证相互适配，用户可自由订制转接盘与所要连接的机器人或工具的接口，快换装置的厂家将按图纸对转接盘进行加工。图 8-7 所示的是使用转接盘的机器人适配器的安装方式。

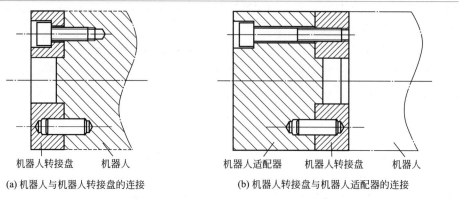

(a) 机器人与机器人转接盘的连接　　　　　(b) 机器人转接盘与机器人适配器的连接

图 8-7　使用转接盘的机器人适配器的安装方式

　　将快换装置的机器人适配器安装于机器人上时，应先将机器人转接盘与机器人末端的机械接口连接，二者的定位方式由机器人的末端机械接口确定（图 8-7 中采用止口和圆柱销定位），定位后以螺栓组紧固；机器人转接盘安装完成后可将机器人适配器装于机器人转接盘上，定位方式由快换装置对外连接的机械接口确定，定位后同样以螺栓组紧固。需注意的是机器人转接盘设计时需将与机器人连接的接口和与快换装置连接的接口相互错开，因此图 8-7(a)、图 8-7(b) 给出的是不同的径向截面。工具适配器在工具上的安装方式与图 8-7 相似，同样是先将工具转接盘安装于工具上，再将工具适配器安装于工具转接盘上。

8.2.3　机器人快换装置的夹紧原理

　　在机器人快换装置的工具适配器和机器人适配器之间完成定位后，需要进行夹紧，以使二者在作业过程中始终保持确定的位置关系。快换装置中使用的夹紧、锁固机构有以下几种。

（1）半圆销机构

　　如图 8-8 所示，半圆销是将一根圆柱销的一部分削去一半后得到的特殊锁紧销，其未被削去的部分与机器人适配器的销孔配合。工具适配器加工有带豁口的半圆销孔，半圆销可沿豁口滑入或滑出工具适配器，半圆销滑入后旋转 180° 完成锁紧。

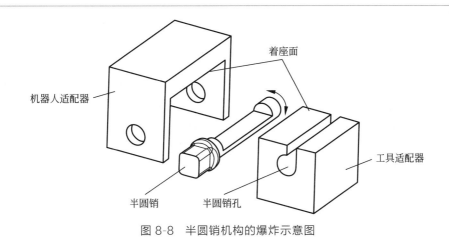

图 8-8　半圆销机构的爆炸示意图

　　此种锁固机构的优点是锁固、放松时只需将半圆销旋转半圈，操作简便、快速。其缺点是对半圆销孔自身的加工精度和其到着座面的位置精度要求高，锁固后提供的锁紧力较小。根据上述优缺点，半圆销机构一般用于轻型手动快换装置之中。

（2）丝杠螺母夹紧机构

如图 8-9 所示，当工具适配器和机器人适配器完成定位后，将螺杆旋入螺纹钢套内并施加拧紧力矩完成夹紧。工具适配器和机器人适配器的主体均由铝合金等轻质材料制成，螺纹钢套使用钢质材料，其作用是在保证螺纹强度的前提下尽量减轻快换装置的本体质量，以减少对使用快换装置的机器人有效负载的占用。另外在使用过程中若发生螺纹磨损，可对螺纹钢套进行更换，以降低维修成本。

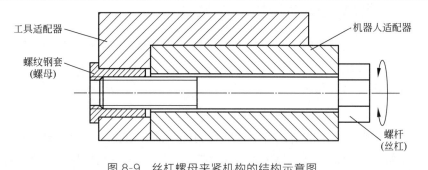

图 8-9　丝杠螺母夹紧机构的结构示意图

丝杠螺母夹紧机构的优点是加工制造成本低，施加的夹紧力大，使用测力扳手能够方便地控制夹紧力；缺点是夹紧时需要多周旋动螺杆，夹紧、放松操作不如半圆销机构简便。此机构一般应用于中型手动快换装置。

（3）钢球夹紧机构

如图 8-10 所示，钢球夹紧机构的原理是当推杆向左推出时，钢球在保持架的约束下沿径向向外移动，扣紧夹紧钢套的内侧曲面，产生夹紧力。

此种夹紧机构的优点是夹紧、放松动作简单，产生的夹紧力较大；缺点是推杆、夹紧钢套上均存在曲面，加工成本较大。钢球夹紧机构一般应用于轻、中型的自动快换装置。

（4）凸轮夹紧机构

如图 8-11 所示，凸轮夹紧机构的原理与钢球夹紧机构相似，当推杆向左推出时，推动凸轮转动，扣紧夹紧钢套的内侧曲面，产生夹紧力。

此种夹紧机构的优点是夹紧、放松动作简单，能产生很大的夹紧力；缺点是凸轮、夹紧钢套上均存在复杂曲面，加工成本较大。凸轮夹紧机构一般应用于重型自动快换装置。

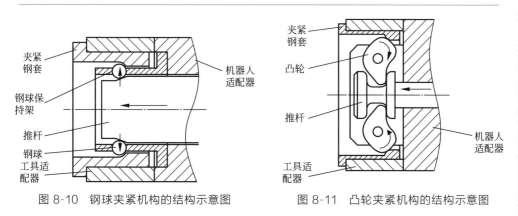

图 8-10 钢球夹紧机构的结构示意图　　　图 8-11 凸轮夹紧机构的结构示意图

8.2.4 现有的机器人快换装置

现有的机器人快换装置有以下几种。

（1）MGW 系列手动快换装置

这里介绍的是由德国 GRIP 公司生产的 MGW 系列手动快换装置[2]，其结构爆炸图如图 8-12 所示。

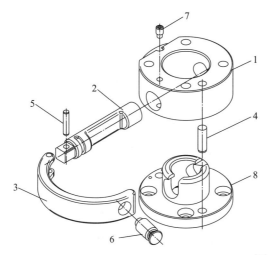

图 8-12 MGW 系列手动快换装置的结构爆炸图[2]

1—机器人适配器主体；2—半圆销；3—操作手柄；4—定位销；5—手柄销轴；

6—手柄锁紧器；7—手柄限位器；8—工具适配器

此种快换装置的定位原理是一面两销定位，夹紧机构为半圆销机构，手柄用于夹紧、分离操作。

（2）EINS 140 系列手动快换装置

如图 8-13 所示，日本 EINS 公司生产的 140 系列手动快换装置[3]，使用两面一销定位方式和丝杠螺母夹紧机构，螺杆两侧对称分布的两个定位销是相互冗余的关系，辅助夹紧螺栓用于防止上方的定位面脱离接触。

图 8-13　140 系列手动快换装置照片[3]

（3）SWA 系列手动快换装置

如图 8-14 所示的是德国 GRIP 公司生产的 SWA 系列手动快换装置[4] 的结构爆炸图。

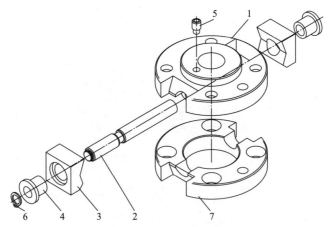

图 8-14　SWA 系列手动快换装置的结构爆炸图[4]
1—机器人适配器；2—螺杆（丝杠）；3—楔块；4—螺纹钢套（螺母）；
5—紧定螺钉；6—卡簧；7—工具适配器

此快换装置采用一面两销定位和丝杠螺母夹紧机构，但其夹紧用的螺杆沿径向布置，使用楔块将螺杆的径向压紧力转换为轴向压紧力。

(4) 无夹紧机构的快换装置

2017 年崔航等人设计了一种自身无夹紧机构的快换装置[5]，其结构示意图如图 8-15 所示。这种快换装置完全依靠机器人的运动进行夹紧，其机器人适配器的下面有对称布置的 4 个卡紧凸台，连接时首先令机器人沿轴向移动，使卡紧凸台由工具适配器的豁口处进入其内部的空腔中，之后机器人末端绕轴线旋转45°使卡紧凸台对准工具适配器的卡槽，之后机器人末端上抬使卡紧凸台进入卡槽内完成夹紧。

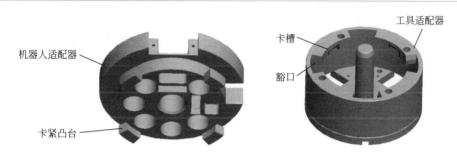

图 8-15　无夹紧机构的快换装置结构示意图[5]

为防止机器人运动过程中卡紧凸台从卡槽中意外脱出，工具适配器内还装有弹簧（未画出）将机器人适配器顶向上方。应注意的是此快换装置的夹紧力来自弹簧弹力和工具重力，因此对于作业时有轴向向上载荷力的情况或工具需翻转至机器人末端上方的情况并不适用。

(5) SWR 系列自动快换装置

图 8-16 所示的是日本考世美（KOSMEK）公司生产的 SWR 系列自动快换装置[1] 的结构原理，该快换装置采用一面两销定位方式，其中一个定位销与卡紧机构合一，另一个定位销单独安装，两个定位销均为圆锥销，用于补偿定位销与销孔之间的间隙，整体重复定位精度可达到 0.003mm。夹紧机构采用钢球夹紧机构，采用气动驱动，连接时以气缸推动活塞杆，活塞杆推出钢球卡紧工具适配器中的曲面卡槽。

为防止气缸供气消失时工具发生意外掉落（即实现机械自锁功能），机器人适配器气缸内装有弹簧，在供气消失或压力不足时将活塞杆向上顶起，阻止钢球回缩。

由于 SWR 系列自动快换装置使用了圆锥销定位，因此易发生锥面楔紧，需要在分离时进行强制脱出，其实现方式为分离时活塞杆向下移动，顶在工具适配器内腔的底部（图 8-16 中 A 部），产生 0.5mm 的顶升量强制脱开。

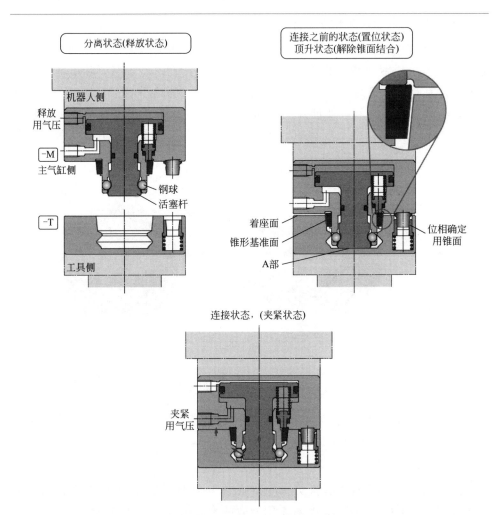

图 8-16　SWR 系列自动快换装置的结构原理

对于 SWR 系列自动快换装置使用的钢球夹紧机构，EINS 公司的 OX 系列自动快换装置使用了另外一种强制脱开的方法，如图 8-17 所示，在工具适配器的锁紧环上加工了方向相反的曲面，并使用锁紧钢球和松开钢球两组相互错开的钢球分别进行锁紧和松开操作。当进行锁紧时，活塞杆向左运动，锁紧用钢球推出，松开用钢球缩入，工具适配器被压向机器人适配器；进行松开操作时，活塞杆向右运动，锁紧用钢球缩入，松开用钢球推出，工具适配器被推离机器人适配器。

此外 SWR 系列自动快换装置还有自清洁功能，该功能是为防止高污染环境内的液体、固体进入快换装置的定位面影响定位精度和夹紧效果，其实现方式如

图 8-18 所示，依靠清洁用气孔的高速气流对所有定位面进行清洁。

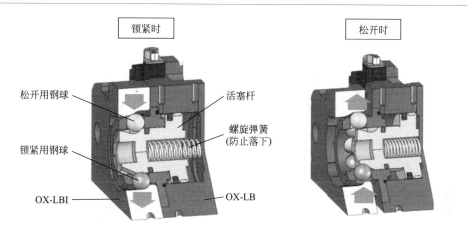

松开用钢球　活塞杆　螺旋弹簧（防止落下）　锁紧用钢球　OX-LBI　OX-LB

锁紧时　松开时

图 8-17　OX 系列自动快换装置的强制脱开原理

（6）OMEGA 系列自动快换装置

如图 8-19 所示，日本 NITTA 公司生产的 OMEGA 系列自动快换装置[6]，其定位方式为一面两销定位，夹紧机构采用凸轮夹紧机构，此快换装置专为重载工况设计，三个凸轮保证工具适配器与机器人适配器的可靠夹紧，承载可达 1000kgf，容许径向弯矩可达 5500N·m，容许轴向扭矩达 3500N·m。

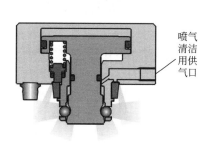

喷气清洁用供气口

图 8-18　SWR 系列自动快换装置的自清洁原理

图 8-19　OMEGA 系列自动快换装置照片[6]

（7）电动机驱动的自动快换装置

之前介绍的是手动或气动驱动的机器人快换装置，2018 年廖堃宇等人设计了一种电动机驱动的自动快换装置[7]，如图 8-20 所示，定位方式采用一面两销定位，夹紧机构采用钢球夹紧机构。

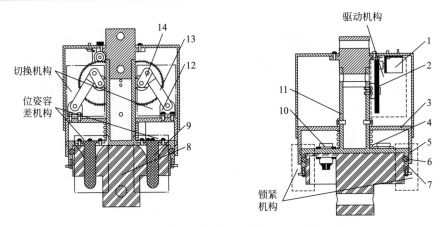

图 8-20   电动机驱动的自动快换装置机构原理

1—电动机；2—齿轮；3—锁紧壳；4—压簧；5—锥形槽；6—钢球；7—锁紧槽；
8—工具适配器；9—定位销；10—电极；11—机器人适配器；
12—铰支座；13—连杆；14—曲柄

此自动快换装置进行夹紧、分离操作时，由电动机转动通过齿轮传动带动曲柄摆动，经曲柄连杆机构使锁紧壳 3 上下移动，最终完成钢球的推出和缩回运动。

8.3   工业机器人操作臂末端操作器设计

工业机器人操作臂末端操作器，是指安装在机器人操作臂末端机械接口法兰上的用于操作物料的执行器（或称执行机构、操作装置）。

① 通用末端操作器和专用末端操作器。由于机器人操作臂作业种类、用途等实际应用情况不同，末端操作器机构、结构和功能也各不相同，按是否通用，可将其分为通用末端操作器和专用末端操作器两类。人手作为手臂的末端操作器，可以说是一种通用的末端操作器，可以直接或操持、使用各种工具间接实现各种操作。因此，仿人多指灵巧手、单自由度手爪、多自由度多指手爪等都属于通用末端操作器，而喷枪、弧焊焊枪、点焊焊枪等均属于单一用途的专用末端操作器。

这类由传统工业行业中专用工具经过面向自动化作业需求而改造成的专用末

端操作器均由专门的生产厂家（或制造商）供应，均为选型设计。专用末端操作器（即自动化作业用工具或部件装置）选型设计时需要考虑的有动力源、质量、质心位置、惯性参数、机械接口、工具直接作业端端点相对于其机械接口法兰（即工具坐标系）的准确位置和姿态参数（如点焊焊钳与焊点接触的点的准确位置参数与焊钳姿态参数）等。

② 单自由度末端操作器和多自由度末端操作器。按末端操作器机构自由度数不同可分为单自由度末端操作器和多自由度末端操作器。自由度为1的操作手多为夹持操作手，按机构类型不同，可分为连杆式、齿轮齿条式、齿轮-连杆式、凸轮-连杆式等多种机构形式；多于2个夹指的多自由度操作手称为多指手爪；仿人手的多指手爪称为多指灵巧手。机器人手爪的机构从原理上讲未必都需要重新设计，如机床上用的三爪卡盘，从机构原理上将手动手柄改成电动机＋减速器驱动-自动控制系统就可以成为单自由度三指手爪。

③ 电动、液动、气动等末端操作器。按原动机类型不同，可分为电动机、电磁铁、液压缸、气缸等驱动的末端操作器。

8.3.1　单自由度开合手爪机构原理

（1）连杆式操作手

① 连杆式机构原理1。如图8-21（a）所示，原动机可以采用气缸、液压缸、直线电动机或者电磁铁等直线运动驱动的元部件。电磁铁驱动直线推杆（或气缸、液压缸的活塞杆）推动夹指连杆，从而使两侧夹指连杆分别绕操作手基座上的销轴做定轴回转，实现两个对开的夹指相向转动张开，将操作对象物包围之后，当电磁铁推杆（或活塞杆）回撤，夹指连杆靠连接在两个夹指连杆之间的弹簧拉紧力夹持住操作对象物。图8-21（b）为其机构运动简图。

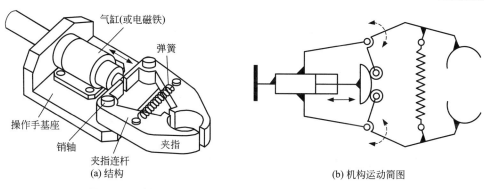

图 8-21　连杆式操作手结构示意图及其机构运动简图（一）

　　夹持力大小取决于弹簧和弹簧相对于夹指连杆回转轴的安装位置，夹持操作对象物质量的大小取决于操作对象物与夹指之间的摩擦力和夹持力。

　　延伸设计、应用及特点：这种电磁铁或气缸、液压缸驱动的连杆式操作手结构简单、易于制作，常常用于所需夹持力不大的小型物体；可设计成通过更换不同弹簧以及弹簧不同安装位置使具有多种夹持力的形式；夹指连杆可以设计成适应不同操作对象物表面形状的、可以从操作手基座回转轴上快速拆卸和安装的系列夹指结构，以适应不同的操作对象物的几何形状。

　　② 连杆式机构原理2。如图 8-22(a) 所示，电磁铁驱动顶杆（或液压缸、气缸驱动活塞杆）及其上的滑销直线移动。当电磁铁驱动时，电磁铁通电线圈内有电流通过，电磁铁产生电磁力将铁质顶杆及其上的滑销拉向电磁铁，即位于夹指连杆滑槽内的滑销（或滚轮）驱动夹指连杆绕夹指连杆销轴回转，夹指闭合实现抓握对象物动作；当电磁铁断电，电磁力消失，则夹指连杆靠两夹指连杆间连接弹簧的拉力使两夹指张开。该操作手的机构运动简图如图 8-22(b) 所示。

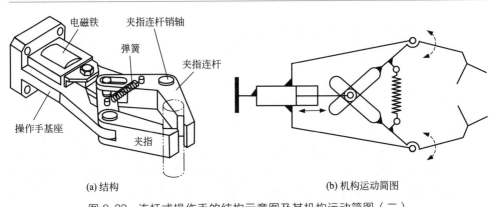

(a) 结构　　　　　　　　　　　　　　(b) 机构运动简图

图 8-22　连杆式操作手的结构示意图及其机构运动简图（二）

　　电磁铁驱动连杆式操作手的优点是控制简单，仅通过电磁铁的开/关（ON/OFF）控制即可实现抓握和张开动作。缺点是当电磁铁意外断电时，电磁力消失，弹簧力使得夹指张开，抓握住的零件会掉落。

　　③ 连杆式自动调心机构原理。如图 8-23(a) 所示，气缸活塞杆拉动倾斜面向右直线移动，斜面上两个带滚轮的夹指连杆各自绕其销轴转动从而张开夹指，当物体被包围在三个夹指上的滚轮 A、B、C 之间气缸活塞杆向左移动，三个夹指夹紧物体。当气缸缩回时，三个夹指靠弹簧的恢复力由滚轮 A、B、C 紧紧包围抓取状态开始张开夹指松开物体从而实现自动放下物体。图 8-23(b) 为其机构运动简图。

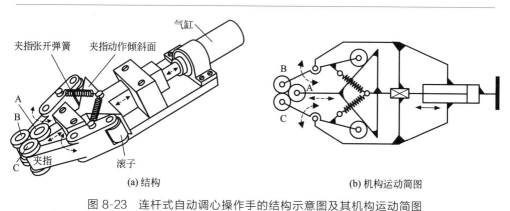

夹指张开弹簧　夹指动作倾斜面　气缸

A
B
C　夹指　滚子

(a) 结构

B
A
C

(b) 机构运动简图

图 8-23　连杆式自动调心操作手的结构示意图及其机构运动简图

（2）齿轮-齿条式操作手

如图 8-24（a）所示，气缸（或液压缸）活塞杆固连一齿条，齿条同时驱动两侧的夹指连杆上的齿轮转动实现夹指的开合。图 8-24（b）为其机构运动简图。

由齿轮齿条驱动夹指，操作力（抓握力）强，运动传递准确。但是，如工作中气缸失去压力，抓握的工件可能会掉落。采用电动机＋蜗轮蜗杆传动可以解决工作中失去动力导致工件掉落的问题，因为蜗轮蜗杆传动时的传动比大且可以实现自锁。

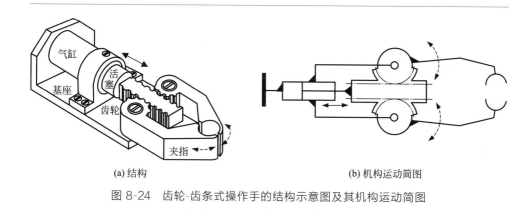

气缸
活塞
基座
齿轮
夹指

(a) 结构

(b) 机构运动简图

图 8-24　齿轮-齿条式操作手的结构示意图及其机构运动简图

（3）其他连杆式以及组合式机构原理的操作手

除前述的连杆式、齿轮-齿条式等操作手外，如图 8-25 所示，连杆式机构［图 8-25（a）、（b）］、齿轮-齿条连杆式［图 8-25（c）］、电磁铁两侧对称驱动式［图 8-25（d）］、气缸（或液压缸、电动机＋丝杠螺母机构）驱动的齿轮-连杆机构［图 8-25（e）］、凸轮-连杆机构［图 8-25（f）］都能实现零件的抓持操作。设计时需要进行多方案对比分析、论证，从中选择最优方案。

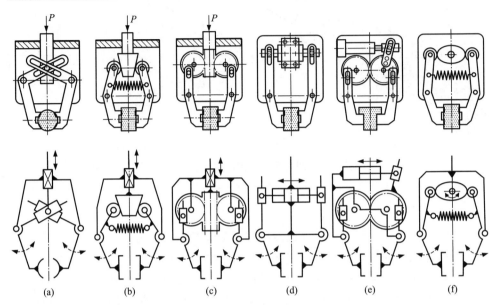

(a)　　　　(b)　　　　(c)　　　　(d)　　　　(e)　　　　(f)

图 8-25　其他连杆式以及组合式机构原理的操作手结构示意图及其机构运动简图

（4）吸盘

执行机构的方案设计首先要考虑被操作对象物的状态、材质，如搬运玻璃的执行机构在对玻璃拾取、放置的过程中，需要保证玻璃不受尖利、坚硬物体的挤压、振动和冲击，因此，需采用柔性抓取的执行机构。常用的吸盘按吸附被操作物的吸力产生原理可以分为真空负压吸盘和电磁原理产生吸力的电磁铁吸盘。

① 真空负压吸盘。如图 8-26 所示，真空负压吸盘是依据文氏原理，通过细管小孔中喷出的空气气流将橡胶吸盘与工件之间气腔中的空气抽出形成负压，从而将工件吸附在吸盘上。改变空气喷出的速度可以调节气腔内真空度。二重文氏管可使吸入压达到动压的十数倍。

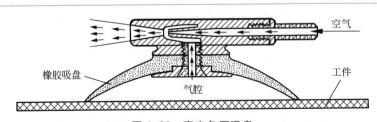

图 8-26　真空负压吸盘

真空负压吸盘主要用于吸着板、纸、玻璃等薄板状物。

② 电磁铁吸盘。电磁铁上缠绕的导电线圈通电后产生电磁场，当被吸附的对象物为钢铁材质时产生磁吸附力吸住铁磁材料物。主要用于吸附铁质、钣金、冲压类工件。

一般用于工业机器人操作臂的真空负压吸盘、电磁吸盘有专门的制造商生产，多为根据被拾取物的材质、质量以及吸盘吸附性能指标来进行选型与组合设计。

8.3.2 多指手爪

(1) 单自由度多指手爪

单自由度多指手爪是指有两个以上夹指由共用的一个原动机驱动系统驱动的多指手爪，也即多个夹指由同一个原动机联动驱动。其机构原理如图 8-27 所示，可由单自由度二指卡爪（开合手爪）机构按着圆周方向等间隔 120°（或 90°）角布置三个（或四个）夹指，通过指间联动机构的再设计即可得到三指（或四指）等多指手爪机构。

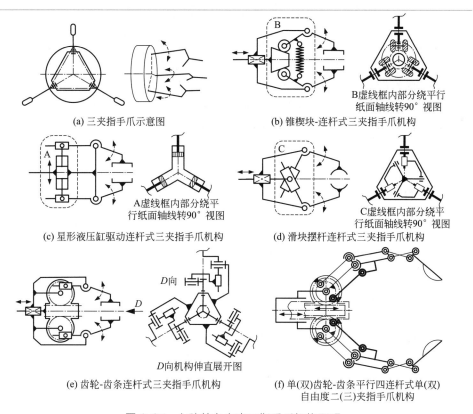

(a) 三夹指手爪示意图

(b) 锥楔块-连杆式三夹指手爪机构

B虚线框内部分绕平行纸面轴转90°视图

(c) 星形液压缸驱动连杆式三夹指手爪机构

A虚线框内部分绕平行纸面轴线转90°视图

(d) 滑块摆杆连杆式三夹指手爪机构

C虚线框内部分绕平行纸面轴线转90°视图

(e) 齿轮-齿条连杆式三夹指手爪机构

D向机构伸直展开图

(f) 单(双)齿轮-齿条平行四连杆式单(双)自由度二(三)夹指手爪机构

图 8-27 六种单自由度三指手爪机构原理

（2）多自由度多指手爪

前述各种操作手机构都是只能完成开合抓握一个自由度的简单动作，且只能适应圆柱形、长方形、梯形、三角形等外形简单且规则的几何表面物体。从作为执行机构直接操作作业对象物的角度，为使操作手能够适应不同形状、复杂不规则几何形状的对象物，可以设计两自由度以上的多自由度联动多指手爪。

① 单元指组合式多指手爪。多指手爪可以设计成由几个完全相同的单元指组合而成的形式。单元指又可分为各个指关节联动驱动的单自由度单元指、各个关节独立驱动的多自由度单元指和独立驱动与联动驱动混合式的多自由度单元指。前述的单自由度多指手爪也可以去除单自由度驱动的运动耦合机构，改为各指独立驱动的机构形式而成为多自由度多指手爪。

② 共用多自由度驱动部的多指手爪。这类多指手爪的各指机构均共用一套多自由度驱动系统。该类多指手爪在设计上，清楚地分为多自由度驱动部与多指手爪机构部两个组成部分。

8.3.3 柔顺操作与装配作业的末端操作器

在 8.1.4 节介绍了机器人装配作业的一些基本概念、零部件自动装配过程以及机器人装配技术的难点。其中难点之一就是只要装配件、被装配件、末端操作器三者之间有微小的位姿偏差就会产生相当大的作用力即装配力。装配力的大小不仅取决于驱动机器人操作臂及其末端操作器运动与操作的动力源，还主要取决于零件之间的相对位姿误差、零件的几何形状、零件的机械加工误差、接触表面的摩擦状况、装配方式、材质等诸多因素。这些主要因素决定了装配时由末端操作器、被装配件之间所构成的力学状态。装配件与被装配件之间接触状态的正确分析与准确识别是非常重要的。如果装配期间所处的力学状态不能被准确地分析和判别出来，或者零件位姿误差偏大，可能会导致装配失败，甚至造成装配零件、末端操作器、力/力矩传感器的损坏。因此，力控制不能只是为得到目标操作力而实施的，而是在不使力传感器、机器人或机器人末端操作器以及被操作对象物发生失效、损伤和破坏性行为的力控制。通俗地讲，就是不能以驱动系统的出力强行硬加平衡外力。最好的办法就是柔顺操作。

装配力控制的目的就是在尽可能减小零件几何形状误差、获得装配件与被装配件之间相互作用表面几何参数与物理参数的前提下，通过减小零件之间相对位姿误差以最大限度地减小装配力，同时仍能使零件之间完成装配任务。因此，装配力控制的过程就是在力/力矩传感器测量装配力的前提下，用实际装配力与期望装配力之间的偏差来不断调节、校正机器人末端操作器把持的装配件相对被装配件位姿偏差的过程。如同移动机器人力反射控制一样，都是通过位姿补偿控制来实现力控制，而不是直接用力偏差来作为力控制的。

这种靠位姿校正调整装配力的方法可分为被动适应法、主动适应法和主被动适应法。此外，还有一种不靠位姿校正调整装配力，而是为实现机器人装配专门设计的专用装配机器人。

① 被动适应法。装配零件相对位姿偏差的校正调整是通过被动方式实现的，这种方法又分为被动柔顺法和外力辅助法。

a. 被动柔顺法是借助于所设计的一种能够随着外力作用而变形的柔顺机构来实现柔顺的。装配时，外力作用于柔顺机构，柔顺机构产生弹性变形，使零件位姿偏差得到被动的顺应性调整，从而实现装配。

b. 外力辅助法是指预先设定的，以气压力、磁力或振动力等形式存在的外力或外力矩，并以一定的方式作用于错位的零件上使之消除错位，并继续完成装配的方法。主要有柔顺手腕法、工作台法、气力辅助法、磁力辅助法、振动法等外力辅助方法。

被动适应法的特点是装配速度快，装配结构简单，但对工况适应性差，因此，仅适用于专用工况下，专门设计专用装配的末端操作器结构与装配工艺。

② 主动适应法。这是利用可编程控制的末端操作器或工作台，通过装配过程中传感器采集并反馈给装配决策与控制系统的信息，来控制装配机构进行精密运动操作以校正零件位姿，从而完成装配的方法。通常所用的传感器有力/力矩传感器、视觉传感器和接近觉传感器。

主动适应法的特点是对工况的适应性强，但装配速度较慢，装配结构较复杂。

③ 主被动适应法。这是集被动适应法装配速度快、顺应性高和主动适应法对工况适应能力强两者优点于一体的装配方法。

④ 专用装配机器人。通常的装配作业都是选用通用的或适用于装配作业的工业机器人制造商提供的机器人操作臂产品，然后为其设计或选购装配用的末端操作器。而专用装配机器人则是设计的适合于某种或某些特定精密装配作业用的专用机器人。

综上所述，机器人装配作业需要根据实际装配作业的工况、装配与被装配零件的几何形状特征、零件的机械加工公差、材质、力学特性、表面粗糙度或表面形貌等决定和影响因素，选择合理的装配方法，进行装配过程的接触状态与受力分析，制定装配策略和装配路线，设计装配系统的力/位混合柔顺控制器并实施于控制系统，从而进行有效装配控制。

（1）被动适应法中的被动柔顺法与 RCC 手腕原理（1977 年）

被动柔顺法是一种被动适应装配位姿的方法，不需要对机器人控制器做任何改动，靠柔顺手腕或工作台自身的柔性适应装配位姿。自 1977 年起国际上已有多种柔顺装置及相应的柔顺装配系统被开发并应用。其中，最为著名的是图 8-28 所示的 RCC（remote compliance center）手腕装置。RCC 柔顺机构也称远中心柔顺机构或远心柔顺机构。

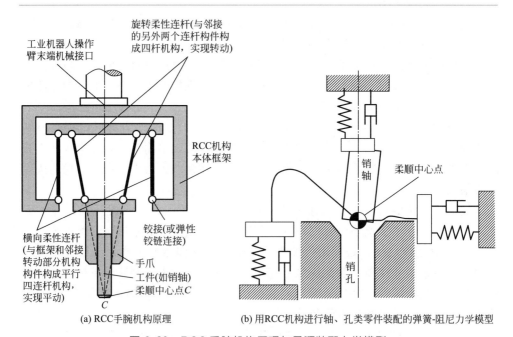

图 8-28　RCC 手腕机构原理与柔顺装配力学模型

柔顺中心（RCC）（也称远心点、顺应中心）就是对于施加的装配力可以使手爪和工件绕该中心进行转动和平动的中心点，用来被动适应、自动补偿装配过程中工件插入销孔的位姿误差。其目的是通过 RCC 机构的柔性解决装配工作中装配件（销轴）与被装配件（销孔）之间由于微小的位姿偏差而导致装配力激增的问题，通俗地讲就是"别劲"（"卡阻"）导致的过大作用力可能会造成工件、被装配件、力传感器、机器人的损伤。

① RCC 柔顺手腕机构工作原理。当只有位移偏差时，装配零件（图 8-28 中工件）与孔接触产生的装配力将通过 RCC 柔顺机构使零件向着对中位置平移；当还存在角度偏差时，装配零件与孔接触所产生的装配力矩将通过 RCC 柔顺机构使零件向着消除角度偏差的方向偏转；对同时存在位移偏差和角度偏差的装配零件，在装配作业时，其位移偏差的校正和角度偏差的校正是相互独立的，即在校正平动位移偏差时不产生附加的角度偏差，同样，在校正角度偏差时也不产生附加的平动位移偏差。

为满足上述三个条件，要求 RCC 柔顺机构产生的装配力和力矩应通过柔顺

中心点 C。

② RCC 柔顺手腕的不足之处。RCC 柔顺手腕要求装配力和力矩通过柔顺中心点，但实际装配过程中，由于零件位姿偏差引起的不确定性、摩擦力以及其他干扰力的存在，使得装配力和力矩难以保证通过柔顺中心，难免会出现校正一个移动方向上的误差反而会在另外一个移动方向上产生附加误差的情况。RCC 柔顺机构本身也有一定的平动和转动刚度，在柔顺的同时也会产生一个使零件恢复到校正前位姿的恢复力、力矩。另外，装配过程中，机器人操作臂快速动作时还会引起 RCC 机构的振动。因此，RCC 柔顺机构适用于装配与被装配零件间相对位姿误差较小（即位置偏差、转角偏差较小）、装配速度相对较慢的情况。一些专家学者在不断改进研发 RCC 手腕机构的同时，还致力于机器人装配用微驱动工作台的研究，并且研发了宏-微操作的机器人装配系统。

(2) 主被动柔顺手腕（也称主动适应性柔顺手腕，AACW，active adaptive compliance wrist）机构（1981 年，比利时，Van Brussel）

主被动柔顺手腕不同于被动柔顺的 RCC 手腕，它不依赖于机械装置，而是从控制技术上解决装配作业中由于位姿偏差而可能发生的卡阻和楔紧问题。AACW 能在柔性可控的自由度上采用主动控制方式，在需要快速响应的自由度上采用被动方式，而 RCC 手腕柔顺机构完全依赖于铰链连杆机构的位移或弹性铰链连杆机构的弹性变形，即完全依赖于机械系统。

① 主动适应性柔顺手腕（AACW）的工作原理。通过力传感器检测机器人腕部所受的外力和外力矩大小与方向，然后根据反馈回来的力、力矩计算并设置主动适应性柔顺手腕（AACW）的刚度矩阵，将反馈回来的力信息转变成相应的机构位置偏移量，通过控制柔顺手腕机构绕柔顺中心做适当的平移（平动）或转动来调整工件的位姿，使末端操作器和所夹持的工件处于最佳插入位置和姿态，以保证装配顺利进行。

② 主动适应性柔顺手腕（AACW）的机构原理。如图 8-29 所示，AACW 机构有 5 个自由度（无绕主轴线的转动），手腕的各个轴都由一台直流电动机进行闭环驱动，其工具侧安装有六维力/力矩传感器，可以检测末端作业空间直角坐标系内 X、Y、Z 三个方向上的力信号 F_X、F_Y、F_Z 分量和分别绕 X、Y、Z 三个坐标轴的力矩 M_X、M_Y、M_Z 三个力矩分量。

③ AACW 手腕的特点。该手腕不仅具有力感知功能，还可进行直接的位置控制。这种可编程力控制手腕的优点是系统柔性大，可用于初始误差较大的零件的柔顺装配；在零件或孔无倒角情况下也能正常进行装配工作。缺点是机械结构、控制算法都比较复杂，且柔性大，所以装配速度不够理想。

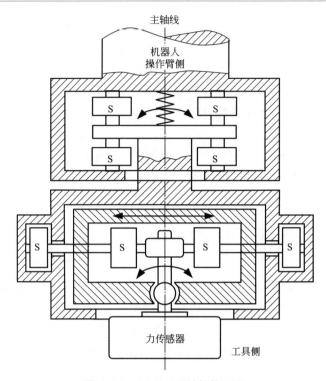

图 8-29 AACW 手腕机构原理

(3) 弹性铰链机构

① 弹性铰链（elastic joint）机构（也称柔性铰链机构）原理。圆弧形弹性铰链如图 8-30(a) 所示，是在宽度为 b 的矩形断面两侧相对位置上切割出半径为 ρ 的两个圆弧，两个圆弧的最近点间的距离 t 为最小铰链厚度。当圆弧形弹性铰链受到转矩 M 作用时，产生的柔性变形角为 θ，弹性铰链材料的弹性模量为 E，则该弹性铰链的刚度 K 可用 1965 年由 Paros J. M. 和 Weisboro L. 提出的 PW 完整模型的 PW 简化模型计算公式计算出：

$$M = K\theta$$
$$K = 2Ebt^{5/2}/(9\pi\rho^{1/2})$$

由四个弹性铰链构成的弹性铰链平行四连杆机构如图 8-30(b) 所示，设左上端受到的平行于长边的力为 F，在 F 作用下长边产生的横向位移为 d，短边两弹性铰链中心的距离为 l，弹性铰链的刚度为 K，则力 F 与其作用下弹性铰链平行四连杆机构产生的横向位移 d 之间的关系为：

$$F = 4Kd/l^2$$

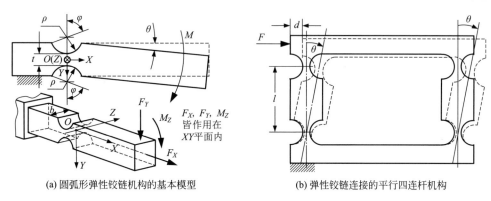

(a) 圆弧形弹性铰链机构的基本模型　　　　(b) 弹性铰链连接的平行四连杆机构

图 8-30 弹性铰链机构基本模型及弹性铰链平行四连杆机构

② 弹性铰链刚度与柔度计算模型

a. PW 完整计算模型。Paros J. M. 和 Weisboro L. 于 1965 年在发表于 Machine Design 杂志上的文章 "How to Design Flexure Hinges" 中提出了 PW 完整计算模型。根据图 8-30(a) 所示的圆弧形弹性铰链几何模型，假设弹性铰链中心（即图中坐标系原点位置）点处固定不动，弹性铰链机构向 XY 平面两侧的侧向弯曲刚度、绕 X 轴的扭转刚度为无穷大，在这两个方向上为绝对刚体，则圆弧形弹性铰链机构在绕 Z 轴的力矩 M_Z 的作用下的弯曲刚度计算公式为：

$$K = \frac{M_Z}{\theta} = \frac{2Eb\rho^2}{3f_{PW}}$$

$$f_{PW} = \frac{1}{2\beta + \beta^2}\left\{\frac{1}{1+\beta} + \frac{3 + 2\beta + \beta^2}{\beta(1+\beta)(2+\beta)} + \frac{6(1+\beta)}{[\beta(2+\beta)]^{3/2}}\arctan\sqrt{\frac{2+\beta}{\beta}}\right\}$$

式中，$\beta = t/\rho$。

在力 F_Y 作用下，假设由于弯矩导致弹性铰链机构产生的线性变形沿 Y 轴方向的变形分量为 Δy，则弹性铰链机构在力 F_Y 作用下 Y 方向的柔度计算公式为：

$$\frac{\Delta y}{F_Y} = \rho^2\frac{1}{K} - \frac{3}{2Eb}\left\{\frac{1}{1+\beta} - \frac{2+\beta(1+\beta)/(2+\beta)}{1+\beta} + 2(1+\beta)\left[\frac{2}{\sqrt{\beta(2+\beta)}} - \frac{1}{(2\beta+\beta^2)^{3/2}}\right]\right.$$

$$\left.\arctan\sqrt{(2+\beta)/\beta} - \pi\right\}$$

在力 F_X 作用下，假设由于拉伸或压缩导致弹性铰链机构产生的线性变形沿 X 轴方向的变形分量为 Δx，则弹性铰链机构在 X 方向的柔度计算公式为：

$$\frac{\Delta x}{F_X} = \frac{1}{Eb}\left[\frac{2(1+\beta)}{\sqrt{\beta(2+\beta)}}\arctan\sqrt{\frac{2+\beta}{\beta}} - \frac{\pi}{2}\right]$$

b. PW 简化计算模型。圆弧形弹性铰链机构在绕 Z 轴的力矩 M_Z 的作用下的弯曲刚度简化计算公式为：

$$K = \frac{M_Z}{\theta} = \frac{2Ebt^{5/2}}{9\pi\rho^{1/2}}$$

弹性铰链机构在力 F_Y 作用下 Y 方向的柔度简化计算公式为：

$$\frac{\Delta y}{F_Y} = \frac{9\pi\rho^{5/2}}{2Ebt^{5/2}}$$

弹性铰链机构在力 F_X 作用下 X 方向的柔度简化计算公式为：

$$\frac{\Delta x}{F_X} = \frac{1}{Eb}(\pi/\sqrt{\beta} - 2.57)$$

柔度与刚度是倒数关系，用上述公式可以互相转换。

③ 弹性铰链机构与精密微驱动机构工作台

a. 弹性铰链与通常的回转副机构相比的特点。结构简单、紧凑，不必采用由轴承、轴以及其他零部件构成的轴系部件实现相对转动；质量轻；相对运动无摩擦、无间隙和回差；采用压电陶瓷驱动器（PZT）等驱动部件可以获得高位移分辨率和微米、亚微米、纳米级精度；铰链结构的材料一体化连接方式和相对运动不产生摩擦热和噪声。因此，弹性铰链机构广泛应用于精密陀螺仪、加速度计、微动工作台、激光焊接系统、机器人精密装配、光学自动对焦系统等精密驱动技术领域。

b. 用弹性铰链设计二维、三维以及多维精密微驱动工作台机构。由回转副、棱柱移动副、圆柱移动副等基本运动副连接的刚性构件构成的机构构型设计已有较多成熟且取得应用的，如 6 自由度以内、多于 6 自由度的串联杆件的机器人操作臂机构、并联机器人机构、串并联混合式机构等。这些成熟的机构构型中多为含有回转副、移动副的刚性机构，而由基本弹性铰链机构构成的多弹性铰链机构中的每个运动副都是通过一块材料切削加工出来的圆弧形铰链，也即单独的基本铰链只能形成转动副，而不能形成移动副，若形成移动副必然是分体零件间相对滑动（形成相对滑动摩擦副），此时这种互动摩擦副与刚性机构的移动副无异。因此，可以通过"高副低代"的方法将刚性铰链机构中的高副用低副（1 自由度回转副或 2、3 自由度的回转副）以及增加构件（杆件）来转换成可用弹性铰链连接并实现的机构。

c. 弹性铰链机构的分类。按自由度（即不同的独立运动方向数）不同划分，可将基本的弹性铰链机构分成 1-DOF、2-DOF、3-DOF 弹性铰链；按是否是由基本弹性铰链复合而成，可分为 2-DOF 复合弹性铰链和多自由度复合弹性铰链（"复合"是指在一块材料上加工出多个基本弹性铰链结构而构成的运动复合弹性铰链，而不是分体后的复合）；按是否分体复合可以分为独体复合弹性铰链和分体复合弹性铰链；按弹性铰链结构形状可以分为圆弧形弹性铰链、椭圆弧形弹性铰链和自定义曲线形弹性铰链三类，常用的是圆弧形弹性铰链，也有少数采用椭圆弧形弹性铰链。

基本弹性铰链结构如图 8-31 所示，其中，图 8-31(b) 所示的 2-DOF 独体复合弹性铰链还可以继续扩展设计制作成 3-DOF、4-DOF 等更多自由度的微小位移弹性铰链机构，以实现更大的位移。实际上多自由度弹性铰链机构已经相当于多自由度机器人操作臂机构，而用于末端操作器的多自由度铰链平台机构则往往设计成由单自由度弹性铰链机构与工作台构成并联机构的形式。

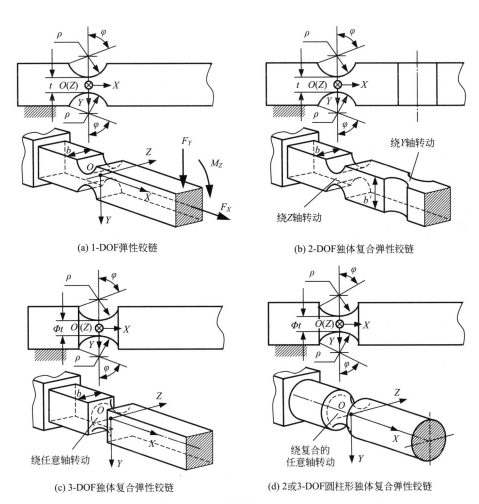

(a) 1-DOF弹性铰链

(b) 2-DOF独体复合弹性铰链

(c) 3-DOF独体复合弹性铰链

(d) 2或3-DOF圆柱形独体复合弹性铰链

图 8-31

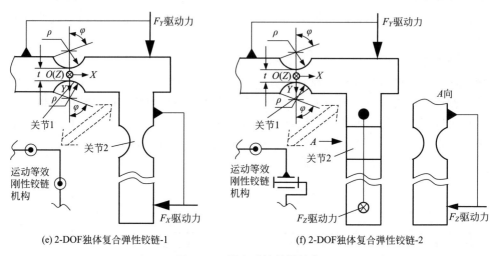

(e) 2-DOF独体复合弹性铰链-1　　　　　(f) 2-DOF独体复合弹性铰链-2

图 8-31　基本弹性铰链结构

为了简化减少驱动部件（如伺服电动机与传动部件、压电陶瓷驱动器等）几何形状、质量分布以及惯性负载等不均匀性或特定方向不均一性对弹性铰链机构中运动构件运动的动态影响，一般不将驱动部件放在柔性铰链可动构件之上。这样做的目的还有：尽可能减少或避免为了安装驱动部件于柔性铰链连带部分之中进行结构设计，使得柔性铰链其余部分结构几何形状变得复杂或影响柔性铰链的整体刚度。再者，弹性铰链机构不像刚性铰链机构那样，可以通过轴系将与回转轴线垂直方向的载荷、刚度对回转运动、回转刚度的影响卸载到支撑轴系的轴承座或机架构件上，除非专门设计用来减少对铰链回转机构刚度影响的辅助支撑滑轨，否则，弹性铰链连带的同体构件的重力、惯性负载会对弹性铰链回转刚度及回转运动产生附加的垂向刚度和运动影响。这是为了提高弹性铰链机构定位与运动精度必须首先在机构设计上要考虑的重要因素。除非与弹性铰链回转运动方向相垂直的方向上即侧向刚度足够高以至于对于弹性铰链刚度及其运动精度的影响，小到可以忽略的程度。

④多维（多自由度）精密超精密微驱动工作台机构

a. 3 自由度平面（二维）并联机构工作台。刚性铰链 3 自由度平面并联机构工作台的机构原理如图 8-32(a) 所示，基架与动平台之间并联着三个在同一平面或平行平面内由回转副连接的平面两杆串联机构。相应于其刚性机构，以弹性铰链替代其刚性铰链的平面 3 自由度弹性铰链并联机构如图 8-32(b) 所示。静平台为机架，基坐标系为 $O\text{-}XYZ$，动平台中心点 O_p 上固连动平台坐标系 $O_p\text{-}X_pY_pZ_p$，动平台可沿 X、Y 方向移动和绕 Z 轴转动。由于弹性铰链机构是靠弹性产生微小转角，虽经杆长将角位移放大成线位移，但线位移相对图 8-32（a）所示的刚性铰链机构也小得多，因此也属微小位移。所以，动平台获得的平面内线位移、绕 Z 轴转动的角位移都属于微小位移，只能用作 3-DOF 微操作工作台。显然，这种微驱动的弹性铰链机构除了驱动部件之外，动平台与弹性铰链和机构杆件均为一体结构，可由一整块弹性材料经慢走丝切割加工（加工精度可达 $5\mu m$）而成，并由双向驱动的直线驱动器驱动，结构简单，可获得高的位姿精度。采用 PZT（压电陶瓷）驱动方式的电致伸缩元件的位移量一般只有几十微米，尽管可以通过放大机构将位移量放大，但输出力和分辨率将随之降低。

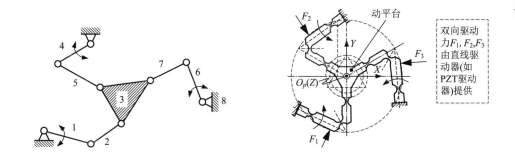

(a) 刚性铰链的3-DOF平面并联机构(可宏动可微动)　　　　(b) 弹性铰链的3-DOF平面并联机构(微动)

图 8-32　3-DOF 平面并联机构

1~8—构件

b. 二维大行程超精密工作台。前述的是采用弹性铰链机构的 3 自由度二维精密微驱动工作台的并联机构设计方案，此类精密微驱动工作台通常用于为精密超精密机械装配、机械加工提供精细的进给量，如机械加工时径向的微小、精密进给，装配过程中搜孔阶段横向小位移、插入阶段位姿的微纳米级精密调整量等。在不同的工作阶段需要提供的进给量量级不同，需要工作台提供的可能行程范围为几微米到几毫米，几微米到几十微米的位移范围为微动范围，一百或几百微米到几毫米的位移范围为宏动范围。因此，对于通用的微动工作台，需要具有大行程的宏动和微小精密行程的微动两类行程的驱动和分辨率匹配功能。二维大行程超精密工作台弹性铰链机构移动原理如图 8-33 所示。根据平行四连杆机构的原理，如果不将四杆机构的任何一个杆件固定则其有 2 个自由度，分别由两个电致伸缩微位移器件来推动弹性铰链连接而成的平行四连杆机构，则可使其输出端连接的工作台在二维平面内任意方向做微位移运动。

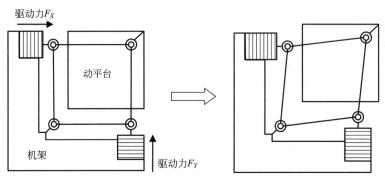

图 8-33 二维大行程超精密工作台弹性铰链机构
移动原理示意图（以等效运动刚性铰链连接表示）

8.4 仿人多指灵巧手的设计

8.4.1 仿人多指灵巧手的研究现状及抓持能力

(1) 仿人多指灵巧手现状

以人手为原型参照的多指灵巧手的研究最初源于人失去手后对人工假手的强烈需求。自 1962 年至今的 50 余年间，研究人员研究出了电动机驱动、气动驱动、形状记忆合金驱动等多种驱动原理的多指灵巧手。1962 年 Boni 与 Tomovic 为南斯拉夫伤残士兵研制的 Belgrade Hand 被认为是世界上最早的灵巧手。随着工业机器人操作臂、仿人手臂被广泛研究及对灵巧操作的技术需求，学者们根据人手的结构研究了仿人多指灵巧手。

1974 年，日本的 Okada Hand[8]［图 8-34(a)］，是当时全世界著名的仿人三指灵巧手。Okada Hand 的拇指、食指和中指为模块化设计，结构相同，指节长度不一，手指自由度仿人手设计，拇指有 1 个侧偏自由度和 2 个俯仰自由度，食指和中指有 1 个侧偏自由度和 3 个俯仰自由度。整体采用钢丝-滑轮传动，灵活性较差，只能进行如拧螺栓的简单操作。灵巧手约 240g，能抓取约 500g 的物体。

1980 年 MIT 人工智能实验室与犹他大学联合研制了由气缸与绳索驱动的四指灵巧手 Utah/MIT Hand。严格来说它没有手掌，有 4 个 4 自由度手指，从前臂通过软绳-滑轮传动到手指，装配有触觉传感器检测力的大小；采用气动驱动，柔顺性好、噪声小。如图 8-34 所示，分别为日本 Okada hand、美国犹他大学以及犹他大学与 MIT 联合研制的仿人多指灵巧手 Utah-Ⅲ和 Utah/MIT-Ⅱ。

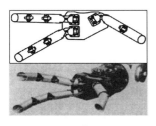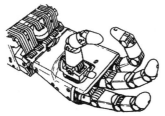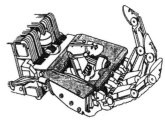

(a) Okada三指灵巧手(1974)　　　　(b) Utah-Ⅲ四指灵巧手(1980)　　　　(c) Utah/MIT-Ⅱ四指灵巧手

图 8-34　日本 Okada 三指灵巧手和 Utah 大学绳驱动多指灵巧手
Utah-Ⅲ 和 Utah/MIT-Ⅱ 四指令巧手

1982 年，美国斯坦福大学研制的 Stanford/JPL Hand，3 个手指一模一样，各有 3 个自由度，并没有进行拟人化设计，故没有设计手掌，采用腱传动方式，关节安有位置传感器，还有测量钢丝绳力的传感器。Stanford/JPL Hand 与 Okada Hand 相比，灵活性好、抓取能力更强，抓取适应性也比较强。

1984 年 Nakano 等人研制了由形状记忆合金驱动的 Hitachi 四指手。记忆合金性能与生物肌肉相似，在未来很有可能是灵巧手的主流驱动。Hitachi 四指手共 12 个自由度，不过寿命比较短。

1999 年 NASA 约翰逊航天中心研制机器人宇航员 Robonaut R1 版本，其上有 Robonaut 五指手，目的是在太空代替人手进行操作，具有 5 个手指和 1 个拟人的手掌总计 14 个自由度；仿照人手肌肉分布，所有电动机设置在前臂上；指尖可抓取 20lbf 的力（约为 88.9N），关节可承载力矩为 30lbf·in（约为 3.39N·m）。

1999 年德国宇航中心 Hirzinger 教授等人研制了 DLR-Ⅰ四指灵巧手；2000 年，DLR 设计的 DLR-Ⅱ Hand，手掌安装有 4 个模块化的手指，拇指具有俯仰/侧偏自由度，采用齿形带传动，与 DLR-Ⅰ Hand 相比，指尖承受力从 10N 增加到 30N。

2002 年日本 Gifu 大学研制出了 Gifu Hand，通过连杆耦合实现中端指节和末端指节的 1:1 耦合运动，整手共有 16 个自由度，有 5 个手指，集成了六维力/力矩传感器和分布式位置传感器。

2001 年，德国卡尔斯鲁厄研究中心研制了超轻型灵巧手。该五指灵巧手指具有 10 个自由度，加上腕部 3 个自由度共 13 个自由度。

2002 年，英国伦敦 Shadow 公司研制出 Shadow Hand，驱动集成在前臂，由绳索传动，整手有 20 个自由度，尺寸和人手近似 1:1 比例，可以进行强力抓取。

2004 年，德国柏林大学研制出五指 ZAR5 Hand。北京理工大学研制出 BITH3 Hand，该灵巧手有 5 个手指共 17 个自由度。与 Shadow Hand 一样将驱动置于前臂，采用人工肌肉-柔索混合传动。

2006 年，日本庆应义塾大学的微型五指机器人手，与人手比例为 1 : 3。共有 5 个手指，每个手指有 4 个自由度，驱动置于前臂。2006 年，美国 MIT 设计由 SMA 驱动的五指 MIT Hand。2008 年，都柏林理工学院研制出 12 个自由度的四指假肢手。

1993 年，北京航空航天大学研制出第一只三指灵巧手 BUAA-Ⅰ，然后是第二代灵巧手 BUAA-Ⅱ Hand 和第三代灵巧手 BUAA-Ⅲ Hand。BUAA-Ⅲ Hand 有 3 个手指 9 个自由度，无手掌；2001 年研制的 BUAA 四指灵巧手采用齿轮传动，有 4 个相同的手指共 16 个自由度。哈尔滨工业大学机器人研究所研制出了代表性灵巧手 HIT/DLR-Ⅰ Hand，采用圆锥齿轮-连杆传动，有 4 个相同手指，每个手指有 4 个关节 3 个自由度。HIT/DLR-Ⅱ Hand 手指采取模块化设计，外形更像人手。

以上仿人多指灵巧手的手指数、自由度数、驱动与传动方式、抓取能力汇总如表 8-2 所示。

表 8-2　国内外灵巧手参数与抓持能力

分类	灵巧手名称	年份	手指数	自由度数	传动方式	总质量/kg	抓取能力/kgf
电动机驱动	Okada Hand	1974	3	11	腱-滑轮	0.24	0.5
	Stanford/JPL Hand	1982	3	9	腱-滑轮		1.5
	Gifu Hand	2002	5	16	齿轮、连杆		1
	Robonaut Hand	1999	5	14	腱-滑轮		力 20lbf，力矩 30lbf·in
	BUAA 四指灵巧手	2001	4	16	齿轮		2
	HIT/DLR-Ⅱ Hand	2009	5	15	齿轮、连杆		指尖 30N
	DLR-Ⅱ Hand	2000	4	13	腱-滑轮		指尖 30N
气动驱动	Utah/MIT Hand	1980	4	16	腱-滑轮		2.5
	Shadow Hand	2001	5	20	腱-滑轮		指尖 15N
	ZAR5 Hand	2004	5	20	腱-滑轮		1
SMA驱动	Hitachi Hand	1984	4	12	SMA		1
	MIT Hand	2006	5	12	SMA		2

（2）人手与仿人多指灵巧手的对比分析以及仿生设计意义

人手的功能除通常的做手势、抓握、扶持、操持物体、使用工具等之外，还有许多特殊的用途，如攀援时支撑部分乃至整个身体、在低矮洞穴中四肢爬行时当脚用、爬悬垂绳索时抓握绳索悬吊支撑整个身体等。另外，人手的承载能力通过力量训练可以提高，从幼儿到成年再到老年，整个过程中，人手的力量与灵巧性从弱小增长至最强再变弱。我国青年男性手的展开尺寸：平均长宽 220mm，厚 50mm，平均质量 0.377kg，平均体积 244.36cm^{3}[9]，但能够单手抓杆悬吊自己五六十公斤的整个身体甚至更大的载荷。

现已研发出来的仿人三指、四指、五指灵巧手的承载能力、灵巧性等性能与正常人手比较起来相差甚远。这些仿人灵巧手绝大多数还只局限于模仿人手的一般性能，自由度数从几个到 20 个，抓持物体的能力多数不足 3kg，总的质量、大小都超过了人手而带载能力远不及人手。以人手大小和负载能力为参照，大负载能力的 1∶1 仿人多指灵巧手是仿人仿生机器人研究领域任重而道远的关键研究方向之一。从浑然天成"设计"的人手骨骼、关节、韧带以及驱动人手各关节运动的肌肉分布的解剖学成果分析中，可以给予仿生设计多指灵巧手的启发和设计思想如下。

① 人手是以分布在小臂上的肌肉驱动手部各关节为主的"在臂驱动"方式获得大负载强力操作能力，驱动人手各关节运动的大部分肌肉是从小臂延伸到手部的，小臂长而且有足够的空间来分布这些肌肉，相当于增强了手部关节的驱动能力，承担了更大的外部载荷。目前的仿人多指灵巧手从所有驱动元部件设置位置来看，可以分为在手驱动式、部分在手驱动部分在臂驱动式和完全在臂驱动式三种类型。"在手驱动式"仿人多指手体积大、负载能力小，难以实现 1∶1 比例于人手，腕部力感知系统容易设计和实现；"部分在手部分在臂驱动式"则兼顾了臂部空间、手部空间的有效利用和形体大小的均衡性；"完全在臂驱动式"从根本上提高了 1∶1 比例于人手的带载能力，但驱动系统与传动路径比较长，效率损失相对大，腕部力感知系统较难设计和实施。

② 人类在狭窄、低矮空间或非连续介质空间等特殊环境中通行、移动情况下，可以用来支撑部分甚至整个身体，具有大负载能力，可以抓杆、攀援、手变足等方式实现单手支撑悬吊身体摆荡、单双手交替抓杆移动、手脚并用四足爬行等多种移动方式。1999 年本书作者在国际上提出的具有双足步行、四足步行、Brachation 移动、步行方式转换等多种移动方式的类人及类人猿型机器人新概念之中，仿人仿猿手的概念已经超越了当时仿人多指灵巧手仅面向于仿人手操作的范畴，并于 2004 年给出了设计以及 2005 年的多移动方式自主移动机器人系统新概念。

③ 人手驱动的效率、欠驱动性、小摩擦甚至无摩擦、变刚度、运动随机性与精确性兼顾等特性是值得研究的一件事情。目前仿人多指灵巧手传动系统的效率相比于人手很低，尽管也有一些欠驱动、变刚度特性的多指手被研究出来，但根本问题没有解决。目前，仿人多指灵巧手的关键技术问题在于没有驱动能力/体积比大且可变刚度等性能指标与人类肌肉匹敌的"仿人肌腱"新型驱动系统和技术。

（3）现有仿人机器人负载及多指手操作的能力

前述国内外仿人机器人上的 1∶1 比例仿人手多指灵巧手自由度数不多，抓持重物能力远不及人手，一般仅 1～3kg 物体，现有仿人机器人除了 DARPA 的 Atlas 外，其余仿人机器人负载和多指手操作能力都较小。而人手一般可持 20～30kg 重物。因此，本文作者研制的 GoRoBoT-Ⅲ型仿人全身机器人并没有采用将所有动力源元件放在多指灵巧手内的方案，而是仿生人手与小臂的解剖学提出一种将小臂与多指灵巧手合在一起设计单元臂的形式，所有伺服电动机、传动装置均设置在小臂上的设计方法设计了 1∶1 比例仿人四指灵巧手。早在 2004 年 IEEE ROBIO 国际会议上，本书作者为面向四足步行及双足行走双臂操作而提出了兼作足式步行脚用的多指手，并进行了设计，这一概念和设计（图 8-35）在 2007 年设计、2012 年研制出的 GOROBOT-Ⅲ 型仿人全身机器人上得以实现。

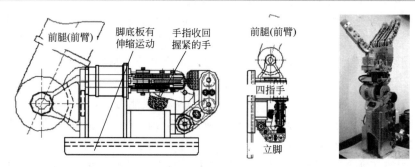

图 8-35　用作步行脚的多指手概念设计及其单元臂四指手实物照片

8.4.2　面向灵长类机器人的 1∶1 比例多指灵巧手设计

（1）人手数据与承载能力

现已研究出来的仿人多指灵巧手从结构、驱动原理、灵巧性以及带载操作能力等方面与人类手还有很大的区别，仿人手的研究很大程度还只是把人手简化为"机构"看待后对人手"机构"运动形态上的最浅层次仿生模仿性设计。但是，人手是在人类长期进化过程中形成的天然合理的"设计"结果，是以最少"材料"和最小"体积"而获得最大操作能力的绝无仅有的典范，其中仍然蕴含着仿生设计的巨大潜力，从解剖学角度分析和认识人手对于设计高性能仿人多指灵巧手具有十分重要的理论与实际价值。

参照南华大学基础医学院解剖教研室用人体测量仪对 254 例大学生的各手指宽度、各指的近端指节、中端指节和指尖的测量结果[10]，选择、整理出可供仿人多指灵巧手仿生设计参考的成人手指宽度（指宽）及各指节长、指总长重新成表，如表 8-3 所示。

表 8-3　成人手指宽度（指宽）、指节长和指总长测量数据统计值　　单位：mm

男性数据		指宽①	第 1 指节长②	第 2 指节长③	第 3 指节长③	指总长
拇指	均值	20.0364±1.3211	32.8741±5.3658	32.0796±2.5187		64.9739±6.0573
	最大值	24.20	46.80	39.30		82.20
	最小值	16.70	19.70	24.50		48.60

续表

男性数据		指宽①	第1指节长②	第2指节长③	第3指节长③	指总长
食指	均值	18.3966±1.0362	46.6269±4.8537	22.2043±2.4369	24.7461±2.1679	93.5718±6.3091
	最大值	21.80	58.10	33.70	34.30	110.90
	最小值	15.90	30.30	16.50	15.80	79.30
中指	均值	18.2789±1.2228	50.5747±4.7237	25.6137±2.3639	26.4340±2.0425	102.648±6.3395
	最大值	21.20	60.20	34.00	32.10	115.60
	最小值	13.80	30.30	19.90	14.50	82.80
环指	均值	17.3092±1.1332	48.0198±4.7158	24.0787±2.1234	26.3071±1.8435	98.2478±5.9485
	最大值	20.20	62.50	29.70	30.60	113.10
	最小值	14.10	34.00	17.70	20.60	79.10
小指	均值	15.3254±1.1061	38.1978±3.9710	16.7512±2.0397	23.6627±1.9418	78.4607±5.9763
	最大值	18.60	47.20	24.10	28.40	92.20
	最小值	12.70	30.60	11.10	16.30	59.20

女性数据		指宽①	第1指节长②	第2指节长③	第3指节长④	指总长
拇指	均值	17.3030±1.5464	30.7660±3.2727	28.1539±2.0729		58.9120±3.7147
	最大值	27.20	38.60	32.70		67.30
	最小值	12.40	21.40	21.60		50.10
食指	均值	16.4634±1.3771	40.6911±3.6208	21.1762±3.0862	22.7475±1.5265	84.6149±5.7934
	最大值	26.70	47.20	39.10	27.10	100.30
	最小值	14.00	26.30	13.10	19.20	68.70
中指	均值	16.5465±1.3611	44.7188±3.3913	24.5455±1.8878	24.2653±1.5385	93.5297±5.0443
	最大值	26.50	53.70	28.90	28.40	105.20
	最小值	14.20	36.10	20.90	21.00	82.20
环指	均值	15.6911±1.3437	42.4857±2.9970	22.8515±1.9366	24.0871±1.5631	89.4244±5.0490
	最大值	25.90	49.30	27.10	29.10	102.00
	最小值	13.30	35.00	18.50	20.00	75.60
小指	均值	14.0495±1.4742	34.4733±3.2108	15.5287±1.9382	21.8020±1.9375	71.8206±4.8916
	最大值	24.70	42.80	20.70	26.90	84.20
	最小值	11.40	28.30	11.10	12.00	58.70

① 指宽：手指近节桡尺侧的直线距离；

② 第1指节长：手指掌指关节和间关节均弯曲，背侧掌指关节和近侧指间关节之间的直线距离；

③ 第2指节长：背侧近侧指间关节和远侧指间关节之间的直线距离；

④ 第3指节长：背侧远侧指关节与指尖之间的直线距离。

注：按人体解剖学和人体测量手册中定义的人手关节和骨骼，拇指只有第1、第2节指骨，拇指根部骨归结到掌骨中。

成人男子单手握力约 40kgf[11]，可以抓取 40kg 的物体，单个手指可以承载近 7kgf 的力。由 Imrhan S. N. 和 Ohtsuki T. 对各个手指单独工作时产生力的大小的实验测量结果如表 8-4 所示，手指在单独工作时承载的力很明显大于与其余手指协调工作时的承载的力，并且合作的手指数目越多，各个手指的力量被削弱得越多，当食指与中指合作，中指和无名指合作，中指、无名指、小指合作时相对于独立工作时力量分别减少了 15.4%、24.7%、27.8%[12,13]。

表 8-4　成人男子手指单独工作时产生力的大小

项目	拇指	食指	中指	无名指	小指
右手力/N	234.3±60.1	149.0±19.6	192.0±44.1	152.9±33.3	95.1±16.7
左手力/N	203.5±53.7	132.3±24.5	156.8±38.2	129.4±33.3	92.1±28.4
均值/N	217.8	140.7	174.4	141.2	93.6

从表 8-4 中数据可以得出，手指单独工作时力量最大的是拇指，其次是中指，再次是食指和无名指，力量最小的是小指。拇指力量最大是因为拇指由前臂屈肌和手掌大鱼际肌共同驱动。对手指张开和弯曲进行力学分析可知手指张开的力量小于手指弯曲的力量，手指抓取物体时，人手除小指辅助抓取外，其余手指出力均较大。综上所述，抓取物体时小指力量最小，合作的手指越多手指力量削弱越多，为满足抓取要求，可将灵巧手手指个数确定为 4 个，分别为拇指、食指、中指和无名指。

人手指的各个关节并非是完全独立控制的，而是具有一定的耦合关系。在 1949 年，Landsmeer[14] 描述了"末端指节的释放"现象。人手指的中端指节和末端指节在工作时，大多数情况是同时伸直或者同时弯曲，且伸直或者弯曲的程度一样，即手指末端指节与中端指节在运动时存在 1:1 的耦合关系，在设计灵巧手时需要设计欠驱动机构实现这一耦合运动，在减少手指自由度的同时不失灵巧手的灵活性，使得手指控制起来更容易。

（2）人手关节、骨骼和筋肉

① 人手腕骨。由 8 块短骨组成，4 块一组排成 2 列，靠近桡骨和尺骨一侧的 4 块称为近侧列，靠近手掌一侧的 4 块称为远侧列。

② 人手掌骨和指骨。手掌处的骨即为掌骨，掌骨共有 5 块，近侧与腕骨相连，远侧与 14 块指骨中的 5 块近节指骨相连。14 块指骨又分为近节指骨（5 块）、中节指骨（4 块）、远节指骨（5 块）。注意：拇指指骨只有近节指骨和远节指骨，而无中节指骨。每块指骨又分为底、体、小头三部分。

③ 人手关节。人手关节包括桡腕关节、腕骨间关节、腕掌关节、掌骨间关

节、掌指关节和指间关节。其中：

掌指关节（5个）由拇指至小指掌指关节分别为拇指掌指关节、食指掌指关节、中指掌指关节、无名指掌指关节、小指掌指关节。

指间关节（9个）食指、中指、无名指、小指分别有近侧指间关节、远侧指间关节共8个，而拇指只有1个指间关节，不分近侧还是远侧。

④ 手部韧带。手部各个关节处都有比肌腱更为坚硬且难以拉伸的韧带，可增大关节强度，支撑运动的完成。

⑤ 手部肌肉。驱动手腕、手掌以及手指的肌肉并不都是分布在手上，而是主要分布在小臂上。拇长展肌、拇对掌肌、拇短伸肌、拇短屈肌、小指对掌肌分别分布在拇指、小指上，其他驱动手部运动的肌肉是从小臂上伸展到手部驱动部位，这样天然合理的"设计"对于手部以最小的体积、质量获得最大出力和运动灵活性目标的实现具有决定性意义，同时，对于仿人多指灵巧手的设计也具有极大的仿生设计意义和参考价值。牵引人类腕部及手部骨骼运动的肌肉及肌腱在小臂、手部的分布情况如图8-36(a)所示。

人手的自由度数：20个。

(3) 灵长类动物的手与脚

灵长类动物骨骼结构与人类似，但比人手要长，更适于摆荡抓握，而且对于类人猿，手还当脚用以形成四足步行状态和跳跑方式。类人猿的手及脚的使用方式如图8-36(b)所示。值得注意的是：当类人猿、大猩猩在地面上以四肢呈四足步行状态时，其前臂上的手是以中指背着地的立手状态支撑躯干的，这种方式实际上是以最小的体积和最佳承接受力方式来承担大载荷。另外，灵长类的脚趾能够像它的手一样以包围抓握状态抓住树干，当灵长类动物在树枝间摆荡、飞越时，它们可单手抓握树枝悬吊整个身体并承受体重。

(4) 人及灵长类动物的手的生理结构赋予多指灵巧手仿生设计的原则

① 以最小的体积和尺寸承担身体总重的手部驱动应呈分布式设计于臂部，以减轻手部的质量，提高手部承载下的刚柔混合特性，以使手的运动更加灵活，承载能力更强。

② 手部可以最佳的受力方式支撑身体，并可以当作脚使用。

③ 手的运动只有在操作和承载时才是主动驱动的，非工作状态时的形态是自由的。

④ 手的设计应遵从以最小的体积和尺寸获得最大的承载能力的优化设计准则。

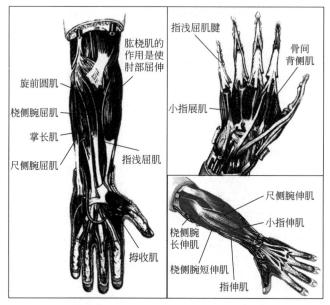

(a) 人类手部运动肌肉及肌腱在小臂上的分布

(b) 灵长类动物的手在移动中的形态

图 8-36　人及灵长类动物的手与灵长类动物步行移动时手的形态

（5）类人及类人猿机器人手兼作脚用的 1∶1 比例四指灵巧手单元臂手的仿生设计

本书作者在负责完成的国家"863"计划目标导向类课题"具有表情智能与多感知功能的仿人全身机器人系统集成化设计与技术验证"中仿生仿人创新设计的 1∶1 比例四指灵巧手如图 8-37 所示。

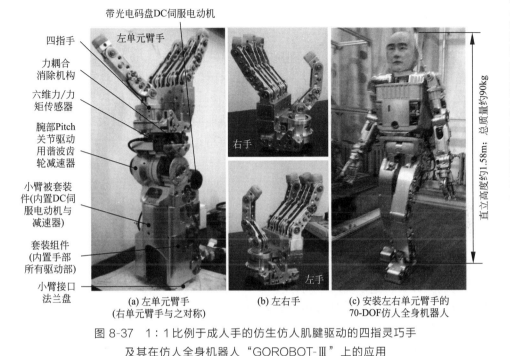

带光电码盘DC伺服电动机

四指手

力耦合消除机构

六维力/力矩传感器

腕部Pitch关节驱动用谐波齿轮减速器

小臂被套装件(内置DC伺服电动机与减速器)

套装组件(内置手部所有驱动部)

小臂接口法兰盘

左单元臂手

右手

左手

直立高度约1.58m；总质量约90kg

(a) 左单元臂手
(右单元臂手与之对称)

(b) 左右手

(c) 安装左右单元臂手的 70-DOF仿人全身机器人

图 8-37　1:1比例于成人手的仿生仿人肌腱驱动的四指灵巧手
及其在仿人全身机器人"GOROBOT-Ⅲ"上的应用

该手为单元臂手，机械本体由四指手、力耦合消除（解耦）机构、腕部六维力/力矩传感器（美国 ATI 力传感器）、腕部 Pitch 自由度驱动用 DC 伺服电动机及谐波齿轮减速器、小臂被套装件（内置 DC 伺服电动机与谐波齿轮减速器，即腕部 Roll 自由度驱动部）、内置手部所有驱动与钢丝绳传动系统的套装组件（相对于小臂被套装件转动，为腕部 Roll 自由度运动）、单元臂手与肘关节连接的小臂侧接口法兰盘等部分组成。该单元臂手共有 11 个自由度，其中四指手有 9 个自由度，拇指 3-DOF、其余三指每指 2-DOF（根指节 1-DOF，中指节和末指节联动 1-DOF），按成人手1:1比例设计，腕部有 1 个 Pitch 自由度和 1 个 Roll 自由度。小臂为套装结构，单元臂的小臂壳体为套装件，其内被套装件（内装 DC 伺服电动机及谐波齿轮减速器）连接在肘部 Pitch 关节之上，单元臂手套装在被套装件上之后为腕部提供 Roll 自由度。单元臂手的腕部装有美国 ATI 六维力/力矩传感器。按人类手部驱动的筋肉分布和 1:1 比例大负载能力设计要求，所有手指的驱动部分（带有减速器和光电编码器的 DC 伺服电动机）完全设置在单元臂手的壳体内，并通过钢丝绳传动将运动和动力传递至各个手指的各关节处。由于腕部安装有六维力/力矩传感器，而单元臂手上的小臂壳体内的所有驱动部都要通过作为"肌腱"群的钢丝绳将运动和动力传递到手内，途径腕部，而且腕部有 Picth 关节运动，所以必须将所有绳传动的张力对六维力/力矩传感器测力的影响卸掉，所以，在腕部设有随动机构用于解决途经腕部的所有绳传动与六维力/力矩传感器并行引起的力/力矩耦合问题。这项技术对于既要将单元臂手的臂部驱动传递到多指手，同时还要在腕部设置力/力矩传感器以准确检测多指手操作力的设计而言是个技术难题。该手具有高刚度、1∶1 比例大载荷能力，总质量约 2.5kg，经测试其抓取能力至少 3kg。该设计的特点除仿生仿人"肌腱"驱动外，还遵循以最小的体积和尺寸发挥最大功能的设计准则。但由于传动距离相对较远并且需要消除力耦合问题，使得机构与结构设计十分复杂。

8.5 本章小结

　　本章首先结合焊接、喷漆、装配、搬运等自动化作业，对工业机器人的作业要求给出了末端操作器设计及其应用应考虑的问题，作为提高自动化作业效率的一种有效手段，讲述了实现不同作业或工序中需要更换末端操作器情况下的快换装置设计的结构原理以及具体换接装置与使用。焊接用焊枪、喷漆用喷枪等通用工具性质的末端操作器由制造商提供，不必用户设计与制作。但是，工业机器人操作作业种类繁多，非通用性的末端操作器需要机器人用户或机器人应用技术开发者设计、制造。对此，本章给出了各类开合手爪机构原理，以及面向精密、超精密装配作业的柔顺操作器的原理与机构设计方法，其中包括 RCC 手腕、弹性铰链机构的工作台等。本章内容从各种操作的概念、机构原理以及实现方法上，对工业机器人操作臂的末端操作器设计原理与方法进行了较为详细的讲述，旨在为工业机器人系统设计中末端操作器的设计以及快换装置设计或开发提供理论与技术基础。作为操作器中最高技术水平的代表，本章最后还介绍了仿人多指灵巧手的研发现状和分析，并给出了设计思想和设计实例。实用化的仿人多指灵巧手技术仍在研发中，从负载能力、操作灵活性、刚柔混合、高精度等综合技术性能指标上看还远未达到人手、灵长类动物手爪性能的程度，其走向实用化、产品化的技术研究无论对于仿生仿人机器人技术还是工业机器人操作臂应用技术都还是一个挑战。

参考文献

[1]　http://www.kosmek-cn.com/php_file/chn_　　　　　product_page.php? lang＝3&no＝153_

01_01&group= 201. 考世美公司 SWR 系列快换装置产品页面.

[2] https: //www. grip-gmbh. com/index. php/en/products/exchange/mgw-manual-gripper-changing-system. GRIP 公司 MGW 系列产品页面.

[3] http: //www. eins1. cn/. EINS 公司产品手册.

[4] https: //www. grip-gmbh. com/index. php/en/products/exchange/swa-quick-change-adapter. GRIP 公司 SWA 系列产品页面.

[5] 崔航, 伍希志, 邓旻涯. 家具打磨机器人末端执行器全自动快换装置研究 [J]. 中南林业科技大学学报, 2017, 37 (12).

[6] http: //www. nitta-jd. com/? post_type= mecha&p= 9049&fnkey= product. NIT-TA 公司网站产品页面.

[7] 廖堃宇, 刘满禄, 张俊俊. 一种机器人末端工具快换装置的设计分析 [J]. 机械研究与应用, 2018, (2).

[8] Okada T. Object-handling system for manual industry [C] //Systems, Man and Cybernetics, IEEE Transactions, 1979: 79-89.

[9] 郑秀媛, 等. 现代生物力学. 北京: 国防工业出版社, 2002.

[10] 霍胜军, 范松青, 赵臣银. 人手指的宽度及各节长度的测量 [J]. 解剖科学进展, 2003, 9 (4): 326-328.

[11] 邵象清. 人体测量手册 [M]. 上海: 上海辞书出版社, 1985.

[12] Imrhan S N, Loo C H. Trends in finger pinch strength in children, adults, and the elderly [J]. Human Factors, 1989, 31 (6): 689-701.

[13] Ohtsuki T. Inhibition of individual fingers during grip strength exertion [J]. Ergonomics, 1981, 24 (1): 21-36.

[14] Landsmeer J M. Power grip and precision handling [J]. Annals of the Rheumatic Diseases, 1962, 21 (2): 164-70.

第9章

工业机器人系统设计的仿真设计与方法

9.1 工业机器人操作臂虚拟样机设计与仿真的目的与意义

9.1.1 虚拟样机设计与运动仿真

虚拟样机设计就是在三维 CAD 设计与分析型工具软件中将机械系统或装置的传统机械设计结果和二维工程图（零部件图、装配图等）在三维几何图形设计环境中用几何图形建立和编辑功能"建造"出三维样机几何模型的设计。假设按传统的机械设计方法绘制出所有的零部件的工作图和整机装配图的二维图图样（纸质或 CAD 图形电子版），则按所设计的零部件几何结构、实际尺寸、材质、零部件之间的相互关系（连接、相对运动、配合等）在三维 CAD 设计软件中将原型样机虚拟三维几何实体模型"建造"出来的过程，即是虚拟样机设计。设计出来的虚拟样机在虚拟的软件环境下与想要实际制造出来的原型样机在几何模型和尺寸等方面完全相同。

虚拟样机运动仿真则是在用三维 CAD 设计软件"建造"出来虚拟样机几何模型之后，将该模型直接用于或者导入具有机械系统机构设计、运动学分析与动力学计算、二维或三维动画模拟以及运动计算结果数据输出等功能的分析型软件之内，在设置运动仿真参数和仿真环境参数的基础上，进行模拟原型样机运动的动画展示与运动、动力参数计算的过程。

能够实现三维虚拟样机设计的常用工具软件有：AutoCAD、SolidWorks、Pro/E、ADAMS、DADS 等。其中，ADAMS、DADS 等软件不仅能够进行虚拟样机设计，还能在虚拟样机设计完之后，进行运动仿真与分析，为机构设计与动力分析型软件；而 AutoCAD、SolidWorks、Pro/E 的主要功能在于三维机械设计功能且设计功能强大。通常可以用 SolidWorks、Pro/E 将三维样机虚拟模型设计出来后，将三维虚拟样机图形文件（或称三维模型）导入 ADAMS、DADS 软件中进行机构运动仿真，仿真之前按需要提供虚拟样机的主驱动运动副的运动轨迹曲线数据，并事先设定好仿真虚拟物理环境参数和仿真条件，之后软件会利用用户选择的数值计算方法或系统默认的算法对虚拟样机运动仿真进行动力学解算，一边以虚拟样机运动的动画模拟形式展示运动，一边计算并且输出计算结果。此外，ADAMS、DADS 软件本身除了具有机构设计、虚拟样机设计与运动仿真分析等功能之外，还有一阶、二阶系统的控制要素，可用来在其软件环境内进行控制系统设计与仿真分析。它们还与 Matlab/Simulink 软件等具有外部接口，可以按接口约定，实现联合仿真。

9.1.2 机器人虚拟样机运动仿真的目的与实际意义

无论是借助于带有运动学、动力学计算功能的机构设计与动力学分析工具软件 Adams、Dads，还是用 Mathematics、Matlab 等数学计算工具软件，或者是自行利用 C 或 C++、VC、VB 等程序设计语言编写运动学、动力学计算程序进行机器人虚拟样机设计与运动仿真，其目的都是模拟实际机器人工作情况下的运动和驱动能力等，最后通过仿真得到的解析或数值的计算结果来判断所设计的机器人是否能够胜任所要完成的工作任务。而且，作为现代机械设计的方法，不仅仅是为了验证机械系统机构设计与结构设计的结果是否可行，而且还往往将机械系统设计结果的虚拟样机系统与控制系统结合在一起，进行机械系统运动仿真与控制系统设计仿真结合在一起的联合仿真，以进一步在虚拟样机情况下验证控制系统设计的可行性。因此，现代机械系统虚拟样机设计与控制系统设计已经融为一体化过程，从而为产品设计与研发从机械到控制提供了更高更宽范围内的可行性保障。甚至有一些比较特殊的机械系统设计，如果不在机械系统加工制造之前进行控制系统设计与仿真，则存在注定会失败的潜在风险。因此，机器人虚拟样机设计与运动仿真，乃至机械与控制两个系统的联合仿真，对于现代机械系统产品的研发具有重要的理论与实际意义。总结归纳如下。

① 验证所设计机器人运动范围、驱动能力以及带载能力，为可靠研制、使用所设计的机器人提供数据依据和保证。利用 ADAMS、DADA 等工具软件进行机器人虚拟样机运动仿真过程中或者结束后，可以通过在线实时观察或者后处理功能获得各个关节驱动力或驱动力矩随时间变化的曲线以及想要关注的构件所受到的力或力矩、位置、速度、加速度等随时间变化的曲线或数据等。这些数据或曲线可以继续用来对构件进行有限元分析，关节驱动力或驱动力矩曲线或数据可以用来判断原动机是否能够提供足够的驱动力或驱动力矩，进而判断设计中所选择的原动机驱动能力是否合格等。

② 为运动控制提供参考数据。给定机器人实际作业情况下末端操作器位姿轨迹或关节轨迹的情况下，进行运动仿真得到的驱动力或驱动力矩可以用来作为

实际机器人的前馈控制所需的驱动力或驱动力矩数据使用，再加上 PD 反馈控制可以构成相当于逆动力学计算的前馈＋PD 反馈控制方法的控制器。所建立的虚拟样机几何模型与所设置的力学要素越接近于实际制造出来的机器人，则这种控制方法的控制结果可能会越好。因为，机构设计与分析软件中的运动仿真实际上就是按机器人运动方程进行逆动力学计算，与用计算机程序设计语言所编写的逆动力学计算程序不同之处可能是计算方法的不同。

③ 仿真检验是否存在运动干涉和碰撞。通过机器人运动仿真还可以通过设置 Mark 点以及接触力要素等方法去检测机器人运动过程中是否存在与仿真环境中的物体碰撞或机器人自身是否存在碰撞的问题。也可以进行带有避碰功能的运动仿真等。

④ 为控制器的设计提供可用的数据。通过运动仿真可以获得机器人各个构件的惯性参数数据，从而用于机器人控制器的设计等。

综上所述，虚拟样机设计与运动仿真已经成为设计研发现代机械系统不可或缺的重要手段和方法，也是工程设计人员必备的一项技能。

9.2 虚拟样机设计与仿真分析工具软件概论

9.2.1 现代机械系统设计及其仿真系统设计概论

传统的机械系统设计过程是"设计-评价-再设计"模型，参考了人类专家在进行机械设计时的思维方法，可用图 9-1(a) 描述。设计、分析和评价是靠设计人员进行人工设计、分析和评价，设计人员的设计经验至关重要，但是，相对以计算机辅助设计为核心的现代设计方法的设计结果而言，可靠性和设计质量可能都不高，设计、研发周期也长。机械系统机构设计、结构设计、电气系统设计、控制系统设计等都相对独立，各有分工，其中的机构主要是指狭义机构的概念。然而，现代机械系统设计的系统性更强，如图 9-1(b) 所示，需要多学科交叉完成机器所有系统设计，如同广义机构定义，是指包括机械机构、电、磁、液、气、光、声、弹性构件等在内的组合体。传统的机械设计过程模型依然存在于现代机械系统设计过程中，但是，现代机械设计与分析方法为该设计过程模型提供了丰富的方法和工具资源，使得该设计过程更容易实现、更加科学、合理化。实际上传统的机械设计过程反映出的是通用化的机械设计思维模式，这一模式不仅存在于整个机械系统的设计中，即使系统的局部设计、零部件的设计过程也遵从这一模式，同时也被融入设计与分析型工具软件当中，并且可以充分利用模糊数学、神经网络（计算）、遗传算法、蚁群算法等现代数学理论对设计结果进行分析与评价，可以比过去靠人类专家、设计人员的经验评价法在更宽广的范围内进行多学科交叉融合综合评价，也更精确、更可靠。

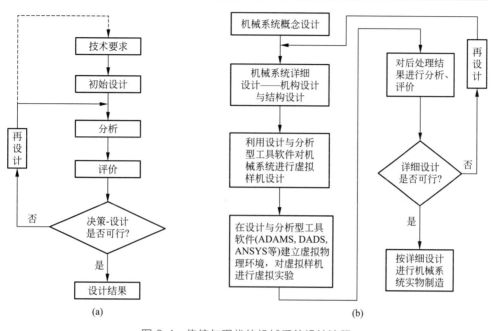

图 9-1　传统与现代的机械系统设计流程

9.2.1.1　现代机械系统机构设计与分析

（1）机构动力仿真分析先于机械结构设计进行

先进行机构方案设计确定机构构型，然后进行机构参数设计或参数优化设计，确定机构参数以及估算构件质量、质心位置等参数后，进行机构运动与动力学仿真分析，根据仿真结果选择原动机及传动装置，之后开始机械系统详细结构设计，按详细结构设计结果设计虚拟样机系统，再次进行机构运动与动力学仿真分析，根据仿真后处理结果分析原动机及传动装置的驱动能力。设计过程如图 9-2(a) 所示。

（2）机构设计与机械设计之后进行机构动力仿真分析

先进行机构方案设计确定机构构型，确定机构参数或参数优化设计；之后进行详细的机械设计，建立虚拟样机模型；再进行虚拟样机的机构运动与动力学仿真分析，根据仿真结果选择原动机及传动装置，或者如在详细机械设计阶段已经进行了原动机及传动装置选型设计，则此时可以根据仿真结果验证原动机及传动装置是否满足驱动能力要求。设计过程如图 9-2(b) 所示。

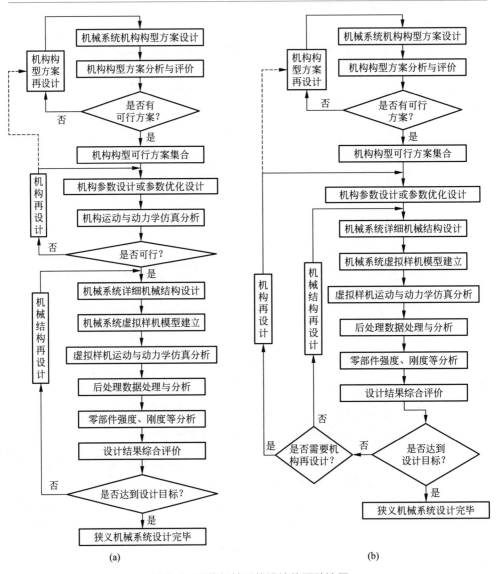

图 9-2　现代机械系统设计的两种流程

以上两种情况都可行，而且在完成机构运动与动力学仿真分析之后，可以从设计与仿真分析软件后处理获得各个构件（机构设计）或零部件（机械结构设计）所受力的大小和方向，根据受力方向与大小可分析并确定需要进行强度、刚度或稳定性等设计计算的关键构件或零部件，并对各个关键构件或零部件进行强度、刚度等计算，此时可以利用机械设计 CAD 软件或有限元分析软件 ANSYS 等进行计算与分析。

机械系统设计方案可能有多个，在初始设计阶段得到的设计结果可能各有优缺点，综合评价难以确定哪个方案更优，所以，往往会存在多个设计方案并行下去直至获得各个方案详细设计结果，然后进行对比、分析和评价，优选最佳设计方案和详细设计结果。评价方法有加权系数法、模糊评价法等。

现代机械系统设计显然可以轻松完成"设计-分析与评价-再设计"这一设计过程的多层嵌套、多层反复"设计"、反复"分析与评价"，这是过去传统机械系统设计中靠设计人员人工完成设计所难以胜任和不具备的绝对优势。

上述过程完成了传统的、狭义的机械系统机构设计与结构设计工作，但是并不意味着现代机械系统设计过程的结束。虚拟样机系统仿真分析结束之后，可以继续进行控制系统设计与仿真，使得虚拟机械系统在控制系统仿真控制下验证控制效果与系统性能。

仿真的对象就是已在现实物理世界中存在或仿真之后存在的物理对象，如一台机器人操作臂、一台车辆等，需要将其纳入仿真软件环境当中作为虚拟物理世界中的被仿真对象。在虚拟物理环境中，除了其虚拟的几何实体模型之外，还需要其运动学、动力学等数学模型，问题在于需要尽可能用这些数学模型将现实物理世界中的物理对象实体精确地描述出来，但实际上很难得到误差为零的数学模型。现代机械系统设计与分析型工具软件内部已经将几何学、力学、电磁学、控制科学等多学科研究成果融入计算机辅助设计技术当中，为工程设计人员提供了相当强大的辅助设计功能。例如，当使用 DADS、ADAMS 软件等按机构学建立一台机器人操作臂的几何实体模型即虚拟样机之后，在软件中已自行为该几何模型建立了运动学、动力学方程，即自动生成其力学模型及数值计算模型。有些软件还带有相应功能插件，可以导出其系统内部生成的非线性动力学方程，设计者不需要再用拉格朗日法或者牛顿-欧拉法去推导其动力学方程、建立动力学模型。注意：在控制系统设计或控制器设计时仍然需要这些方程，而单纯地用这些方程去计算驱动力或驱动力矩则已无必要，因为，设计与分析型工具软件系统已经自带了非线性动力学问题求解模块。

9.2.1.2 机械系统的控制系统设计与仿真

（1）自行建立被控对象的微分运动方程并设计控制器，利用 Matlab/Simulink、Mathematics 等数学工具软件进行仿真的方法

该方法需要根据被控对象的数学、力学、电磁学等原理建立被控对象的数学模型，如机械系统的运动学方程、动力学方程，电动机、磁场仿真中的电

学、电磁学方程等，用这些方程来准确描述被控对象，尽管被控对象的原理可以用力学、电磁学以及传热学等理论去定义一个系统并以方程的形式去描述，但都是用数学的方法以及数学方程去表达，因此可以将一切理论模型都归结为数学模型。当然，仿真和虚拟实验也都将归结为数学上的计算，而用计算机程序去模拟实现，则可归结为解析或数值计算方法。此外，为了尽可能准确地模拟真实被控对象及其工作环境，可能还需要建立被控对象工作环境工况下扰动的数学模型。

除建立数学模型外，还需要在工具软件中利用其已有的数值计算方法工具或自行编写被控对象模型的计算程序［如 C/C++、Virtual Basic（VB）、Virtual C（VC）、Fortran、Matlab 等程序设计语言编写的计算程序］对这些方程或数学模型进行计算或求解；而控制器的设计则是利用现有的控制理论或技术设计控制器，如工业控制中常用的 PID 控制器、逆动力学计算前馈控制或简单的运动学控制等。

除数值计算结果之外，还可能需要计算结果的可视化，如曲线/曲面图、表、动画显示等。而通常的专门用作算法语言（如 C/C++、Fortran 等）的软件不具备复杂三维几何实体图形设计功能，只能输出计算结果数据。用 VB、VC、Matlab 等软件编程可以实现计算结果的可视化显示。

这种方法可以不受到设计与分析型工具软件的限制，也不用考虑软件的外部接口问题，可以在 Matlab/Simulink 或 Mathematics 软件环境下解决所有的控制系统设计仿真问题，并且可以充分利用 Matlab 的工具箱，以减少程序设计的工作量。

（2）利用 Matlab/Simulink 软件与机构设计和动力分析软件联合仿真的方法

这种方法如图 9-3 所示，主要包括三部分内容。

① Matlab/Simulink 软件环境下被控对象数学描述及控制系统设计。根据被控对象的数学、运动学以及动力学等原理进行被控对象的数学描述，即确定系统输入、输出以及输入与输出之间的函数关系（即数学方程），然后利用现代控制理论或者轨迹追踪控制、自适应控制、鲁棒控制等控制原理与方法进行控制系统设计；利用 Matlab 编写被控对象的计算程序模块，根据控制系统设计的原理，利用 Simulink 软件包的各项功能模块建立 Simulink 下被控对象控制系统仿真模型。

② 利用机构设计与动力分析型软件（ADAMS 或 DADS 等）建立机械系统虚拟样机模型。利用 ADAMS 或 DADS 等软件中的二维、三维几何造型、机构设计要素（构件、运动副、驱动等约束要素）以及力要素建立机械系统虚拟样机与环境模型，也可以用 UG、Pro/E 等设计型软件建立虚拟样机的模型，然后导

入仿真软件中。用户自行建立的虚拟样机以及环境模型虽然只是几何造型、坐标系、各类约束条件设置等工作，但用于运动和动力学仿真分析的虚拟样机完整模型建好之后，设计与分析型软件系统会自动生成其运动学、动力学方程（一般包括正、逆问题，而动力学逆问题解析方程或数值计算方法最常用）。通常情况下，多质点、多刚体系统动力学方程具有很强的多变量间强耦合的非线性，很难求得通用的解析解，一般会将动力学方程线性化处理，得到其近似解；一些软件也能提取所建虚拟样机模型系统的非线性动力学方程，但在软件内部的求解基本上都是采用数值解法。

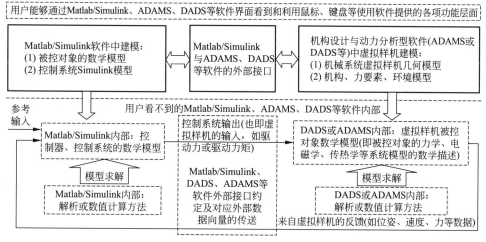

图 9-3　利用 Matlab/Simulink 与 ADAMS 或 DADS 软件进行机械系统运动与动力学联合仿真的基本原理

虽然，仿真时是以虚拟样机三维实体模型"动画"运动的方式展现在用户面前，实际上其背后是大量甚至大规模的运动学、动力学实时数值计算给出计算结果，这些计算结果结合计算机图形学与图形显示技术，以可视化的动态图形将虚拟样机在虚拟物理环境下的运动、作业模拟出来，展现在用户面前。

③ Matlab/Simulink、DADS、ADAMS 软件的外部接口

a. DADS 与 Matlab/Simulink 的联合。DADS 中建立好虚拟样机机构模型后，在系统设置菜单中选择"Dynamics"及其计算选择"Matlab"选项后，在Simulink 环境下设计其控制系统，如图 9-4 所示，并把 DADS 执行文件路径及含有虚拟样机机构模型的文件 *.def、*.fom 的路径添加在 Simulink 下所用路径表中，然后在 Matlab 环境下执行 [*.def *.def *.def *.def]，即在 Simulink 下启动仿真计算，计算结果将保存在 *.bin 文件中。在 DADS 下可读此文件进行运动控制下的图形仿真。其中，S-Function 模块的参数（Parameters）的

设置为"antype，dadsfiles"。

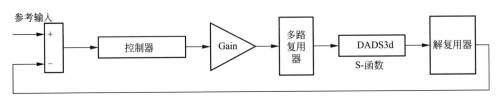

图 9-4　利用 Matlab/Simulink 与 DADS 软件进行机械系统运动与动力学联合仿真

b. ADAMS/Control 与 Matlab/Simulink 的联合。ADAMS/Control（控制）模块可以将 ADAMS/view 或 ADAMS/Solver 程序同其他控制系统设计与分析软件有机联系起来进行机械系统虚拟样机与其控制系统的联合仿真。它支持 EASY5、Matlab、Matrix X 等控制系统设计与分析软件，ADAMS/Control 工具箱与这些软件的联合方法除了构造控制系统框图的具体操作有所不同之外，其余与 Matlab/Simulink 基本相同。在 ADAMS/View 中建立好虚拟样机模型之后，按以下步骤实现 ADAMS 虚拟样机与控制系统软件的联合。

ⓐ 首先确定作为被控对象的 ADAMS 虚拟样机模型的输入与输出。如对于一台工业机器人操作臂虚拟样机模型，其输入应为各关节的驱动力或驱动力矩，而其输出应为关节位移、速度等量；在 ADAMS/Control 模块中定义输入、输出变量的方法是：在 Control 菜单中选择"Plant Export"后显示的"ADAMS/control"对话框中分别在"File Prefix""Input Variables""Output Variables"等栏中填入文件名、输入变量名、输出变量名，并在"Csd Package"栏中选择与 ADAMS 进行联合仿真的控制系统设计与分析软件，如"MATLAB"，选择"OK"按钮即完成了输入、输出变量的定义。此时，ADAMS/Control 模块会将输入、输出信息以 Matlab 程序 ∗.m 或 Matrix X、EASY5 程序 ∗.inf 的文件形式保存起来，同时产生一个 ADAMS/View 命令文件 ∗.cmd 和一个 ADAMS/Solve 命令文件 ∗.adm，供联合仿真计算与分析时使用。这里，"∗"即表示前述"File Prefix"栏中填入的文件名。

ⓑ 在控制系统设计与分析软件（Matlab/Simulink、EASY5、Matlab、Matrix X 等）中读入变量。启动 Matlab 程序，在其命令窗中输入"File Prefix"栏中填入的文件名，Matlab 会返回有关 ADAMS Plant（即作为被控对象的虚拟样机）输入（如驱动力矩）、输出（即虚拟传感器的位移、速度等）信息。需要注意的是：之前必须在 Matlab 的"Files"菜单中选择"Set Path"命令设置前述"File Prefix"栏中填入的文件名.m 的文件所存在的路径，否则，Matlab 返回的是出错信息。

ⓒ 在 Matlab 中输入 ADAMS 模块并设置仿真参数。在 Matlab 的命令行输

入 "adams_sys"，系统显示 "adams_sys" 模块窗口，该窗口中有 "adams_sub" "Mechanical Dynamics（S-Function）" "State-Space" 三个模块；点击该窗口菜单行中的 "Files" 菜单，选择 "New" 选项打开一个新的窗口 "adams_1"，将 "adams_sys" 模块窗口中的 "adams_sub" 模块连同其连接的输出显示器一同用鼠标拖到窗口 "adams_1" 中，点击新生成的这个窗口中的 "adams_sub" 模块，其中有 "Mechanical Dynamics"（ADAMS Plant）、"ADAMS_uout"（U to Workspace）、"ADAMS_yout"（Y to Workspace）、"ADAMS_tout"（T to Workspace）以及 Mux、Demux 等模块。鼠标双击 "Mechanical Dynamics"（ADAMS Plant）模块后，显示其参数设置对话框设置参数。

ⓓ 进行控制系统建模。用 Matlab/Simulink 工具箱进行控制系统建模，建模之后，用 "File" 菜单中的 "Save As" 命令输入该控制系统的 Simulink 模型文件名并存盘，则在 ADAMS 的 ADAMS/Control 模块例题目录：/install.dir/controls/examples/中已保存了完成控制系统建模的 Simulink 文件，文件名为.mdl。也可以在 Simulink 窗口直接读入该文件名.mdl 文件，然后进行联合仿真。仿真前必须在 "Simulink" 菜单中选择 "Simulation" 菜单，并且在参数设置对话框中设置仿真起始/结束时间、仿真类型等参数。

ⓔ 联合仿真。在 Simulink 菜单中选择 "Start" 命令，则开始进行机械系统、控制系统联合仿真。仿真过程中可以通过在控制系统建模时对模型添加的"显示器"观察和监测仿真曲线变化情况。

（3）在设计与分析型软件内部完成机构设计与动力学分析、运动控制系统设计与仿真的方法

例如，ADAMS、DADS 等设计与分析型 CAD 软件内部含有线性控制系统设计要素（如一阶系统、二阶系统控制要素等），在这类软件环境下建立机械系统虚拟样机模型之后，可以利用这些控制要素在其软件内部设计控制系统及控制器，然后实施虚拟样机运动控制仿真。

ADAMS/View 提供了控制工具箱，可以在软件内使用，该控制工具箱主要包括以下几类控制模块。

① 输入函数模块：输入模块含有向模块输入信号的外部时间函数以及输入模块的虚拟样机模型各种测量结果。

② 求和连接函数：该函数可以使用任何有效控制模块的输出作为输入，通过 "＋/－" 按钮设置被作为输入的信号是相加还是相减，因此，可以实现诸如反馈控制控制器的反馈信号的正、负反馈输入。

③ 增益、积分、低通滤波和导通延迟滤波模块。

④ 用户自定义转换模块：是由用户定义的可以产生通用的关系多项式模块。确定多项式的系数也就确定了多项式。

⑤ 二次滤波器模块：通过定义无阻尼自然频率和阻尼比，可以利用二次滤波器模块设计二次滤波器。

⑥ PID 控制模块：可以用该模块分析比例、积分、微分增益变化对控制效果的影响。

⑦ 开关模块。

由于这类软件系统内部提供的仅是线性控制系统设计的基本控制要素，对于复杂系统的控制系统及控制器设计局限性很大。因此，将控制系统设计、机械系统建模与机构动力分析分由 Matlab/Simulink 和 ADAMS 或 DADS 解决然后联合仿真的方法使用较多。

9.2.2　软件中虚拟"物理"环境与虚拟样机机构模型的建立

本节是应用现代 CAD 系统软件进行设计与分析必备的"建模"基础。此处所说的"建模"已经不是利用机构学、数学、力学原理的原始建模，因为现代 CAD 系统软件正是在这些理论基础上建立起来的，形成各项便于用户使用的功能，进行二次建模，而二次建模的目的是建立可供机构运动与动力分析的虚拟样机模型，进行仿真计算与分析所必备的数值计算方法的选择和参数设置。

尽管目前广义计算机辅助设计软件可以强大的设计与分析功能支持工程设计与科研人员的设计工作，但是，通常来讲，其仍然是设计的辅助工具和手段，除少数具有专家级处理问题能力的专家系统软件（如医疗诊断专家系统、滚动轴承设计专家系统等）可以通过人机界面或人机接口以对话的方式提供（输入）数据和事实信息，即由系统内部可以给出问题的"答案"或者解决方案之外，机构设计与分析的理论基础仍然是机械类本科专业基础课"机械原理"以及研究生课程"高等机构学""空间机构学"等所讲授的机构学理论，平面或空间解析几何、矢量分析、坐标变换矩阵等数学以及理论力学、材料力学等基础理论知识则是进行机构学问题求解中机构设计与分析、评价的数学与力学工具，如计算数学、数值计算方法、计算力学、计算流体力学等。因此，有必要对机构设计与动力分析软件中涉及的数学与力学问题加以阐述。

（1）虚拟重力场及虚拟世界坐标系

现代广义 CAD 工具软件中虚拟"物理"环境下，物体与物体之间的相对位置、相对运动都是建立在虚拟"物理"环境中，以坐标系描述物体位置和姿态，以矢量运算和矩阵齐次变换来描述物体与物体之间的相对位置和运动的；至于物体的质量、体积、惯性张量等计算则属于常规的物理知识；软件虚拟"物理"环境下，要想定义或建立一个物体，首先在建立之前必须定义重力场环境和虚拟的"世界"坐标系作为力和空间度量的基准。因此，现有的用于机构设计与动力分析的商业化工具软件在系统设置选项中都有重力加速度值及其方向的设置、虚拟"世界"坐标系的定义（一般为默认，进入系统软件界面已由系统自动设置），用来给被设计的机构系统中的所有构件提供虚拟的重力场环境以及在虚拟世界（坐标系）中的位置和姿态的参照基准。

（2）虚拟"物理"环境中物体（或构件）的定义

机构是机械系统或机器的理论抽象，由一个个构件组成。用 CAD 软件对机械系统进行建模时，可以建立抽象出的机构几何模型，也可以按零部件实际机械结构建立虚拟样机模型。但是，首先是建立构件或零部件虚拟的物理模型，包括用计算机图形学与技术实现的参数化、可视化几何模型和物理参数（质量、体积、密度、表面积、周长、惯性参数、弹性模量等）。

（3）虚拟"物理"环境中物体（或构件）的约束

虚拟物体在世界坐标系或局部坐标系中需要通过约束的定义来限制物体的相对位置、运动，否则，无约束的物体在重力场环境下，只能作自由落体运动。在世界坐标系里只有基础（一般称为"大地"）是绝对的，是为机械系统所有构件提供基础的物体，一般默认或可设置，不需具体大小和实体模型；约束是相对的，约束是用来定义一个物体相对其他物体的位置关系或运动关系，可以分为几何约束、力约束。几何约束包括物体坐标系坐标原点在世界坐标系或局部坐标系中的位置与姿态、物体相对于其他物体的位移曲线（线位移或角位移）；力的约束由物体与物体之间作用力的形式、方向和大小来定义，包括力、力矩。对于机构设计与分析而言，各种运动副的定义是被单独定义的基本运动副和复合运动副，如单自由度的圆柱回转副、移动副、棱柱移动副，二自由度的平面移动副、回转副、螺旋副；三自由度的球面副以及复合运动副等。此外，还有诸如传动机构中的齿轮副、凸轮运动副等。力的约束中很重要的一项就是接触力约束的定义，如点、线、面之间的接触力约束、摩擦力约束等。通过这些约束将物体（构件）之间连接或关联起来而形成虚拟物理环境下的机械系统机构。

（4）机构运动的"驱动"

机械系统机构，自然是靠原动机与传动系统实现驱动的。但是，在虚拟的物理环境下，机构的驱动是靠施加给虚拟原动机或运动约束以位移、速度或力运动曲线实现的，整个机械系统机构的运动是通过机构正、逆运动学方程、动力学方程以及数值计算方法等解析或数值迭代计算实现的。如果是可视化的软件，则是按计算结果数据，利用计算机图形学原理和技术再以曲线图或运动图形仿真的形式展现出来。机构运动可以是由设计与分析型仿真软件内部设置的驱动要素驱动，也可以是由来自软件外部的其他软件的输出驱动，如用 Matlab/Simulink 软件进行控制系统仿真计算的控制器输出可以作为 DADS 或 ADAMS 软件中虚拟样机仿真驱动的输入。

(5) 机构运动的动画与图形仿真的区别

动画 (animation) 只是将虚拟的物体以运动着的图形形式展现出来，它是将一帧一帧"计算"图形或"数字"图片按时间序列先后在屏幕上显示出来的运动效果；而运动图形仿真 (simulation) 则是在运动图形显示的背后，必须有机构运动学、动力学解析或数值的计算方法支撑才能实现，甚至有实时性的要求。两者有着本质的区别。动画主要用来欣赏运动的视觉效果；而运动图形仿真除此之外，主要目的是获得其背后的按数学、力学、机构学原理得到的计算结果数据或曲线，用来作为评价设计可行性或者进一步的分析依据。动画实现相对容易，技术含量相对低，而运动图形仿真则恰好相反。动画只是实现运动可视效果，而具有运动图形仿真基本功能的机构设计与动力分析软件研制则需要数学、力学以及相关专业技术人员、专家学者来实现，如 DADS 软件就是由非线性动力学学者所创。

(6) 几何模型的建立

几何模型的建立是所有计算机辅助设计型、设计与分析型软件的基本功能之一。对于设计与分析综合型工具软件而言，首先直接与用户"交互"式设计的部分就是几何模型的建立，其基本原理是通过二维图形中点、圆、长方形、三角形、正多边形，三维图形中球、四面体、长方体、圆柱、圆台等最基本几何图形要素和几何形体的几何模型的建立，以及"交""并""差"等几何图形的逻辑运算建立起相对更复杂形体或虚拟样机的几何模型。二维、三维图形设计还涉及剖面线、切割面、隐藏线/面消隐以及干涉、碰撞检验、图形几何变换等计算方法，即算法理论与技术实现问题。几何模型建立是计算机图形学中的主要内容之一，是用户根据软件所提供的几何模型建模所需基本功能，来建立自己设计的几何模型。

(7) 虚拟样机几何模型的建立

虚拟样机几何模型的建立是综合运用机构学以及 CAD 软件基本几何模型建立功能才能完成的。建立虚拟样机之前，需先确定机构构型方案以及机构参数（同样可以用计算机辅助设计的优化设计技术解决），然后建立机构坐标系系统（基坐标系、各运动副位置处的运动坐标系、执行机构作业坐标系等构成坐标系系统），再在基坐标系、各运动坐标系内分别建立构件的几何模型，定义各运动副约束，即完成了机械系统的机构几何模型建立。软件系统根据机构几何模型自动在系统内部生成、存储其运动学与动力学计算模型，可以在仿真软件设置选项中选择数值计算方法或由系统默认选择。

(8) 计算模型

包括以数学、力学、控制系统、传热学、电磁学等原理为理论基础的各种计算模型，这些模型是设计与分析型软件预先为用户提供的问题求解功能算法，也是最重要的功能部分，而为求解这些问题需要有相应的或者通用的计算方法，包括解析解和数值解求解方法算法。绝大部分通用的非线性问题求解方法都采用数值解法，常用的计算模型有运动学解析、动力学解析。适用于所有动力学问题求解的方法如 PECE（predict evaluate correct evaluate）法是显式公式的积分 Adams-Bashforth-Moulton-Corrector 法。该方法使用微分几何法解微分-代数方程式（differential algebraic equations，DAE），使用广义坐标分割法，把 DAE 变形成常微分方程（ordinary differential equations，ODE），然后使用 Gordon 和 Shampine 开发的可变参数的 ODE 求解器求解已被变形后的 ODE 方程的解；反向微分方程（backward differentiation formula，BDF）被用来作为隐式解法的积分器，为让各时间步（step）的解收敛，迭代计算求解 DAE 大系统；龙格-库塔法（Runge-Kutta，RK）是以微分几何法为基础的求解 DAE 方法，它是用广义坐标分割法把 DAE 变形成为 ODE，然后用 4 次 Runge-Kutta 法积分求解；含有力平衡方程和运动约束的平衡方程使用 Newton 法求解。

(9) 力要素

现实物理世界的力要素分为二维力要素、三维力要素；二维坐标系、三维坐标系中用矢量表示的力可以分解成力分量，则每一力分量都成为一维力，因此，在虚拟物理世界的坐标系中，若按分力数作为维数，在 $O\text{-}XY$ 坐标系中描述的二维力有三个力要素 F_x、F_y、M_{xy}（相当于三维空间 $O\text{-}XYZ$ 中的 M_z）；在 $O\text{-}XYZ$ 坐标系中描述的三维力矢量有 F_x、F_y、F_z、M_x、M_y、M_z 六个力分量，后三个力分量实际为三个力矩分量（分别相当于二维空间 $O\text{-}YZ$ 内的 M_{yz}、二维空间 $O\text{-}XZ$ 内的 M_{xz}、二维空间 $O\text{-}XY$ 内的 M_{xy}）。因此，工业机器人末端作业三维空间中常用的力/力矩传感器称为六维力/力矩传感器，这里的六维力/力矩的六维是指分力数六。现实物理世界三维空间是指其坐标系的三个轴 x、y、z，而在三维正交坐标系中要描述一个物体的位置和姿态、所受的合力分别都需要六个分量：三个位置三个姿态分量构成 $\begin{bmatrix} x & y & z & \alpha & \beta & \gamma \end{bmatrix}^{\mathrm{T}}$ 位姿矢量；三个力分量三个力矩分量构成力矢量 $\begin{bmatrix} F_x & F_y & F_z & M_x & M_y & M_z \end{bmatrix}^{\mathrm{T}}$。

设计与分析型软件中的三维力要素一般主要包括：梁要素、轴套类要素（如标准衬套、套类连杆、通用衬套等）、接触要素子类（点-点接触、点-线接触、回转接触的点-线接触、通用接触）、摩擦要素、板弹簧要素、回转弹簧/阻尼器/作动驱动器（RSDA）要素、平移弹簧-阻尼-作动器要素、轮胎要素、三点力要素等。

① 梁（beam）要素。6自由度力要素，有3个力、3个力矩，可用刚度矩阵描述，可用单纯梁结构类理论计算。

② 衬套类（bush）要素。由三个子要素构成，包括标准衬套、衬套杆、通用的一般衬套。它们也都是6自由度的力要素，可以有3个力、3个力矩。其弹性特性可以设置成线性或非线性形式，衰减特性仅能设置成线性。

③ 接触类（contact subtypes）要素。接触类要素是把两个物体间的接触模型化。第一个物体上的球面与第二个物体上的点相互挤压成为表面接触，两个物体接触产生力时可以使用弹簧-阻尼非线性特性模型进行计算。

④ 摩擦（friction）要素。为把静摩擦向动摩擦或者由动摩擦向静摩擦转移的动态效果模型化的要素，可以在回转关节或移动关节中使用。

⑤ 板弹簧（leaf spring）要素。大型卡车等的重型板弹簧模型化的6自由度力要素。弹簧的刚度可用有限元法将其Bush（衬套）特性和Shackle（弹簧环耳）结合起来运动效果模型化（建模）解析求得，为了表示垂直方向上的变形特有的非线性振动特性，也可以通过实验获得数据。

⑥ RSDA（rotational spring-damper-actuator）要素。两个物体间用回转关节或者圆柱形（回转和轴向移动）关节连接在一起相互作用形成转矩力学模型。该要素中可以把回转系统分解成回转弹簧、阻尼、驱动三个组成部分，分别可以设置成线性、非线性要素，然后组合成力学模型。

⑦ TSDA（translational spring-damper-actuator）要素。是设置在两个已知物体上的三合一原点。该力要素是在两个物体上设置的结点之间连线上产生作用力，是把直线位移弹簧、拉压弹簧、阻尼器、驱动器设置成线性或非线性组合起来使用。

⑧ 轮胎（tire）要素。在路面上与空压轮胎之间接触状态下产生三个分力的力学模型。这里的轮胎三分力包括：与滑转角（sleep）和垂直力成函数关系的横向力；与轮胎压缩和速度成函数关系的垂直方向的力；与垂直力和牵引力成函数关系的前后向力。该要素中，可分为不考虑轮胎回转惯性和考虑轮胎回转惯性两种情况。

（10）机构运动与动力分析仿真的作用及后处理模块

机构运动与动力分析仿真的目的不只是通过虚拟样机运动图形仿真得到的"动画"视频观看运动情况，更重要的是仿真结束后，将仿真计算与分析得到的数据等结果集中到后处理模块，后处理模块明确得到的数据类型以及数据供用户提取，用户用这些仿真计算数据来进一步评定机械系统设计的可行性以及虚拟样机模拟工作情况，进而可以判定所设计的机械系统设计结果是否可以进入加工与制造阶段。因此，机械系统机构运动与动力学仿真的目的是验证设计结果的可行性与系统性能设计指标。

设计与分析型 CAD 软件都有后处理模块，将机构运动与动力学计算与分析的结果呈现给用户，如机械系统机构各构件所受到的力、力矩，各构件质心、连接相邻构件运动副相对运动的位移（线位移、角位移）、速度（线速度、角速度）、加速度（线加速度、角加速度）、各运动副驱动力（移动副）、驱动力矩（回转副）等随时间变化的数据或曲线图。此外，各构件在局部坐标系、世界坐标系中的位置和姿态，各构件或零部件绕质心的惯性矩、质量，通过构件或零部件上设置的 Mark 点在机械系统机构运动过程中的位置随时间的变化也都能得到。

利用设计与分析型 CAD 软件进行仿真在机械系统设计过程中所起的具体作用如下。

① 验证机械系统原动机驱动能力、带载能力。例如，机械系统虚拟样机在空载或者带载下进行运动仿真，仿真结束后可以提取其后处理模块中原动机主驱动回转副驱动力矩随时间变化的曲线或数据，用驱动力矩的最大值与原选型设计的原动机额定输出转矩（原动机产品样本上该型号下的额定输出转矩）进行比较（注意：有传动装置的情况下应除以减速比和传动效率），验证所选原动机是否具有足够驱动能力以及足够的功率。

② 为机械系统关键构件或零部件的强度、刚度以及振动稳定性分析等提供受力分析用的数据。可以从后处理模块中提取各构件或零部件所受力、力矩随时间变化的曲线或数据，并可以找到其中最大值或典型值，用于关键构件或零部件的动态、静态强度、刚度、振动稳定性等计算与分析；可以将力、力矩等载荷数据或随时间变化的曲线输入 ANSYS 等有限元分析软件来计算该构件或零部件的应力与变形，以及振动模态分析等。

③ 为机械系统虚拟样机运动控制系统仿真提供状态反馈控制所需的"虚拟传感器"数据，从而可以进行机械系统、机械系统的控制系统的联合仿真。

④ 可以利用设计与分析型软件获得实际机械系统及其控制系统设计所需的物理参数以及力学模型，为实际机械系统的前馈控制器设计提供较准确的物理参数及逆动力学计算方程。

用户可以完全按实际机械系统设计的所有零部件图、零件材质以及选型设计的实际部件设计出与机械系统实物"几近"相同的虚拟样机，这里之所以用词"几近"是因为实际机械系统的摩擦以及机械加工、制造、装配过程中所致误差是不可避免的。但是，即便是有这些误差存在，所做的虚拟样机的物理参数已经可以与实物达到非常接近的程度，可以提取虚拟样机模型中的物理参数作为逆动力学计算方程中的相应物理参数（主要有零部件质量、惯性参数、质心位置等物理参数），也可以从软件中导出所建虚拟样机模型的线性状态方程或非线性方程（如果有相应功能插件的话）。

9.3 虚拟样机设计与仿真——用于机器人虚拟样机技术的设计与分析型工具软件及模型导入方法

9.3.1 虚拟样机设计

9.3.1.1 ADAMS 软件简介及利用其进行运动仿真的基本过程

ADAMS 软件是由美国 MDI 公司（Mechanical Dynamic Inc.）开发的一款虚拟样机技术商业软件，ADAMS 是英文 Automatic Dynamic Analysis of Mechanical Systems（机械系统动力学自动分析）取各单词首写字母缩写，现已被世界各行业设计与制造商作为产品设计与开发业务中的计算机辅助设计与分析工具软件普遍采用。20 世纪 90 年代国外一些著名大学为机械类专业学生开设了介绍 ADAMS 软件的课程。2001 年前后，国内从事机械设计与分析的教师、科研人员、研究生开始利用该软件进行各类机械设计与分析工作，现在已在国内普及应用，并且已经纳入机械类专业本科生毕业后从事产品设计与分析方面工作必须掌握的工具软件，成为必备的一项设计技能。

（1）ADAMS 软件的组成

① ADAMS 软件的三个基本程序模块

a. ADAMS/View 模块。该模块是设计与分析用图形可视化基本环境（界面）模块，其最主要的功能是为用户使用 ADAMS 软件提供了一个直接面向用户的基本操作对话环境和虚拟样机设计与分析的前处理功能。该前处理功能主要包括：虚拟样机的几何模型建模工具、虚拟样机模型数据的输入与编辑、与求解器和后处理等程序的自动连接、虚拟样机分析参数的设置、各种数据的输入与输出、与其他计算机程序设计软件或者设计与分析型商业软件的接口等。

b. ADAMS/Solver。求解器模块或简称求解器，是进行机械系统运动学、动力学问题求解的功能模块。ADAMS/View 程序可以自动调用 ADAMS/Solver 模块，求解 ADAMS/View 建好的虚拟样机系统的静力学、运动学、动力学问题。

虚拟样机系统运动学问题求解包括正反两个方面的含义和目的，即在已知机械系统运动构成即机构与机构参数的前提下，已知各原动机的运动形式和运动随时间的变化，求解出机械系统中某一构件的运动或执行机构输出的运动，此为运动学正问题求解（或称为正运动学求解）；反之，已知机械系统执行机构运动输出，求解出为实现此输出运动的机械系统运动输入，即各原动机应该输出的运动。

虚拟样机系统静力学、动力学问题求解也包括正反两个方面的含义和目的，即在已知机械系统运动构成即机构与机构参数前提下，在运动学理论基础上，已知各原动机输出的运动和力（包括力或力矩）某一瞬时大小（或随时间的变化），求解出机械系统中某一构件或执行机构所受到的力或力矩，此即为静力学（或动力学）正问题求解（或称为正动力学求解）；反之，已知机械系统执行机构所受到的外力或外力矩，求解出为平衡此外力或外力矩，机械系统动力输入即各原动机应该输出的力或力矩。静力学与动力学的区别在于，整个机械系统的运动状态是静态力平衡还是动态力平衡，静态力平衡是指整个系统运动没有速度随时间的变化，即系统或系统中某一构件运动的加速度为零，或者说速度对时间 t 的一阶、二阶等导数理论上皆为零，又或者实际系统中速度大小、方向虽然随时间 t 变化，但变化相对很小或非常缓慢，显然，静力学平衡方程中没有加速度、加加速度等，相对简单。而动力学则不然，静力学中没有或被忽略的加速度、加加速度等运动高阶项都存在于机械系统中。

综上所述，狭义上讲，ADAMS/Solver 模块的核心程序实际上就是机械系统运动学、动力学计算程序，但是必须考虑到能够计算复杂的机械系统动力学问题。至于能够承受多复杂的系统，取决于多刚体系统动力学、非线性系统动力学以及数值计算方法等理论基础与数值计算技术的运用程度。

c. ADAMS/PostProcessor。即后处理模块。该模块的功能是通过后处理模块的用户界面，根据用户需要或仿真设定，仿真在线或仿真后离线调用 ADAMS/Solver 模块对机械系统运动学、静力学、动力学问题求解结果，并以提供的数据或数学公式、统计计算等数据处理、编辑功能，用数据、数据曲线或数据文件的形式呈现给用户。

② 其他附加模块（图 9-5）。软件附加模块包括：ADAMS/Car（轿车模块）；ADAMS/Tire（轮胎模块）；ADAMS/Control（控制模块）；ADAMS/Exchange（接口模块）；ADAMS/Rail（机车模块）；ADAMS/Liner（线性模块）；ADAMS/FEA（有限元分析模块）；Mechanism/Pro/E（接口模块）；ADAMS/Driver（驾驶员模块）；ADAMS/Flex（柔性模块）；ADAMS/Hydraulic（液压传动模块）；ADAMS/Animation（高速动画模块）。

（2）运用 ADAMS 软件进行机械系统虚拟样机设计与运动仿真分析的基本流程（图 9-6）

值得注意的是，ADAMS 软件为用户提供的与其他软件（Pro/E、SolidWorks、CATIA 等软件）接口功能模块，可以通过相应接口功能模块，将在其他三维实体设计软件中建立的虚拟样机几何实体模型导入 ADAMS 软件系统中来，进一步对导入的几何模型施加运动副和其他约束，从而完成可以用来进行运动仿真的虚拟样机模型。如此，消除了虚拟样机几何实体设计型软件与设计分析型软件之间的壁垒关系，节省了设计时间，提高了不同软件设计结果的利用率，为掌握不同软件使用技能的用户提供了开放式的服务。

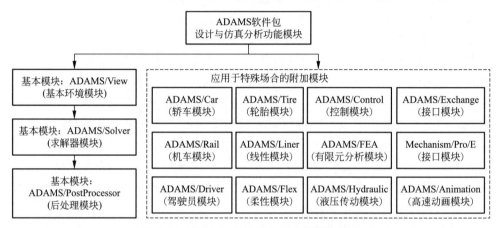

图 9-5　ADAMS 软件包总体功能模块组成

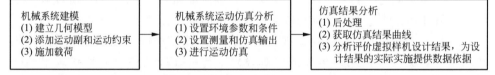

图 9-6　运用 ADAMS 软件进行机械系统虚拟样机设计与运动仿真分析的基本过程和内容

9.3.1.2　SolidWorks 软件简介及将 SolidWorks 几何实体模型导入 ADAMS 软件环境的方法

（1）SolidWorks 软件简介及其优势

　　SolidWorks 软件是由 SolidWorks 公司开发的一款三维 CAD 设计软件，它采用了参变量式设计理念以及 Microsoft Windows 图形化用户界面，体现出卓越的几何造型设计和分析功能，为三维设计商业软件主流之一。参变量式 CAD 设计软件是参数式和变量式的统称。参数式设计是将零件尺寸的设计用参数描述，并在设计修改的过程中通过修改参数的数值改变零件的外形。实际上参数式设计就是将选定的参数看作为参变量，因而可以通过参变量间的数学关系式和改变参变量的值由程序自动获得不同几何形状和大小的零件几何造型设计，并可以赋予虚拟零件以物理意义上的参数值。SolidWorks 软件三维几何造型设计功能和面向工程图设计的功能强大，可以随时由三维几何实体模型生成二维工程图，并可以自动标注工程图的尺寸数据，设计者在三维几何实体模型中进行任何数据修正，在软件环境下都会自动地改变相应的二维工程图及其组合、制造等相关设计参数，使得零件二维图与三维几何实体模型数据在零件修改过程中始终保持一致。因此，其优势主要面向于工程图设计与制造相关数据，并提供了用于零部件应力分析的有限元分析工具 SimulationXpress。

（2）将 SolidWorks 模型导入 ADAMS 中继续生成可用于运动仿真的虚拟样机模型的方法

尽管 SolidWorks 软件提供了用于零部件应力分析的有限元分析工具 SimulationXpress，但缺少机械系统运动仿真分析方面的功能。因此，如果是用 SolidWorks 进行虚拟样机几何实体造型设计，要想进行运动仿真则需要将所建立的几何实体模型导入具有运动学、静力学、动力学仿真功能的设计与分析型软件（如 ADAMS 软件）中去进一步完成虚拟样机建模工作，包括添加运动副、运动约束条件等。能够这样做的前提条件是设计与分析型软件本身必须具有与设计型软件之间的接口功能模块，用户只要熟练使用进行几何实体模型通过接口模块导入的连接设置即可。

这里给出了利用 ADAMS 软件与 SolidWorks 软件之间的接口模块将 SolidWorks 几何实体模型导入 ADAMS 软件环境中的方法与步骤。

① 在 SolidWorks 软件环境中建立机械系统的三维几何实体模型并进行装配。

② 将 SolidWorks 软件环境中几何建模并生成的装配体在软件界面菜单上点击 "装配体"，然后点击 "装配体" 菜单项中的 "另存为" 选项，在自动出现的 "另存为" 对话框中，将所建立的装配体另存为 Parasolid（∗.x_t）格式的文件。

③ 打开 ADAMS，点击 "File" → "Import"，并选择 "File Type" 为 "Parasolid（∗.x_t）"，在 "File To Read" 中双击选择之前保存的文件（与 ADAMS 相关的保存路径和文件名不能含有中文字符），在 "Model Name" 右边栏右键，依次点击 "Model" → "Create"，点击 "OK" 以确认。如此按上述三个步骤即将 SolidWorks 中所建的装配体导入 ADAMS 软件环境中。此后，即可按 ADAMS 软件使用手册继续建立用于运动仿真的虚拟样机模型，进行运动仿真。

9.3.1.3　Pro/E 软件简介及将 Pro/E 几何实体模型导入 ADAMS 软件环境的方法

（1）Pro/E 软件简介及其特点与优势

Pro/Engneer 软件简称 Pro/E，是由美国 PTC 公司（Parametric Technology Corporation，参数技术公司）推出的涵盖产品概念设计、工业造型设计、三维模型设计、分析计算、动态模拟与仿真、工程图输出、生产加工成品内容的大型三维高端机械设计软件。该软件为用户提供了从产品概念设计到生产加工成品全过程功能之外，还提供了电缆及管道布线、模具设计与分析等大量实用模块，Pro/E 软件已在机械、汽车、轻工、医疗、电子、航空航天等诸多领域得到广泛应用。Pro/E 4.0 野火版软件已有 80 多个专用模块，功能涉及机械设计、工业设计、功能仿真、模具设计、数控加工制造等诸多方面。现将 Pro/E 软件在机械设计与分析、加工制造工作中常用的功能模块及主要内容归纳于图 9-7 中。从图中可知，Pro/E 是一款集工程图设计、虚拟样机设计、机构分析、结构强度分析、疲劳分析、热分析、产品装配设计、零部件装配的公差分析与优化设计、数控加工于一体的设计与分析型大型软件。

（2）将 Pro/E 几何实体模型导入 ADAMS 软件环境的方法

尽管 Pro/E 软件本身除了强大的三维几何实体设计功能以外，还提供了机构分析、结构强度分析、疲劳分析、热分析等模块的分析功能，但是，从解决机械系统机构设计与动力分析问题的规模、复杂程度、系统性角度来看，ADAMS 软件更适合于机械系统机构运动仿真，也称为机械系统虚拟样机技术与虚拟实验，因此，ADAMS 软件常用来作为机械系统运动学、动力学仿真的工具软件。在此给出将 Pro/E 几何实体模型导入 ADAMS 软件环境的方法、步骤。

① 在 Pro/E 中将装配体保存副本，保存格式（文件类型）为 "Parasolid（＊.x_t）"。具体地，在 Pro/E 界面下点击 "文件" → "保存副本"，出现保存副本对话框，在对话框中给出 "新名称"，并选择 "类型" 为 "Parasolid（＊.x_t）"。注意保存路径中不能含有中文。点击 "确定"。在 "导出 PARASOLID" 对话框选项中："几何" 栏中 "实体" "壳" 等选项块 "□" 内打 "√"；"坐标系" 选择默认；"文件结构" 选 "平整"。

② 在 ADAMS 软件环境下，在 "File" 菜单下点击 "Import"（即输入），弹出 "File Import" 对话框，在 "File Type" 选项栏中选择 "Parasolid（＊.xmt_txt，＊.x_t，＊.xmt_bin，＊.x_b）" 选项；在 "File To Read" 选项栏中添选①中生成的 "＊.x_t" 文件［文件路径/文件名（＊.x_t）］；第三行的 "File Type" 为 "ASCII"，其右侧的 "Ref. Markers" 为 "Global"；第四行则选刚保存的 "＊.x_t" 文件，用 "Model Name" 给模型命名，即其右侧条框添选模型命名（＊.x_t 文件前的文件名，不含扩展名.x_t）。点击 "OK"。

③ 在 ADAMS 软件环境下手动添加模型质量、材料等属性，即完成 Pro/E 模型导入 ADAMS 中。

基本模块
(1) 基于参数化特征的零件设计；(2) 基本装配功能；(3) 钣金设计；(4) 工程图设计及二维图设计；(5) 自动生成图样明细表；(6) 照片及效果图生成；(7) 焊接模型建立及文本生成；(8) Web超文本连接及VRML/ HTML格式输出；(9) 标准件库

复杂零件曲面设计工具模块
(1) 参数化曲面建立
(2) 逆向工程工具
(3) 直接的建立曲面工具
(4) 曲线曲面分析功能

复杂产品装配设计工具模块
(1) 设计数据与任务传递给不同功能模块设计团队
(2) 大装配操作及可视化
(3) 装配流程生成
(4) 定义及文本生成

运动仿真模块
(1) Pro/MECHANICA机构运动性能仿真
(2) 运动学、动力学分析
(3) 凸轮/滑槽/摩擦/弹簧/冲击分析与模拟
(4) 干涉与冲突检查
(5) 载荷与反作用力
(6) 参数化优化结果分析
(7) 全相关H单元FEA结算器

结构强度分析模块
(1) Pro/MECHANICA结构强度分析与仿真
(2) 静态、模态及动态响应
(3) 线性分析与非线性分析
(4) 自动控制分析结果的质量
(5) 精确模型的再现
(6) 参数化优化结果分析
(7) 全相关H单元FEA结算器
(8) 与其他CAD系统的接口
(9) 可将运动分析结果传送给结构分析

疲劳分析模块
(1) 利用结构分析结果
(2) 载荷与材料库
(3) 预估破坏及循环次数
(4) 可靠性分析
(5) 参数化优化结果分析
(6) 与专业产品软件接口

塑料流动分析模块
(1) 注射模过程仿真
(2) 与Pro/E集成
(3) 直接对实体模型进行操作
(4) 注射时间、熔接痕和填充强度分析
(5) 质量及浇口预估
(6) 对设计提供改进意见

热分析模块
(1) Pro/MECHANICA产品设计热性能分析
(2) 稳态及瞬态性能分析
(3) 结构强度分析
(4) 自动控制分析结果的质量
(5) 精确模型的再现
(6) 参数化优化结果分析
(7) 全相关H单元FEA结算器
(8) 与CAD系统的接口

公差分析与优化模块
(1) 考虑所有装配中的零件及装配过程，统计确定装配质量
(2) 确定临界质量区
(3) 确定每个变量对装配质量的影响程度
(4) 优化零件及装配的工艺性
(5) 精确到特征层的变量
(6) 利用真实Cp和Cpk数据进行分析
(7) 加速装配的实施

数控编程模块
(1) 2轴半、多曲面3轴数控编程
(2) 4轴数控车床及4轴电加工编程
(3) 提供机床低级控制指令
(4) 支持高速机床
(5) 精确材料切削仿真
(6) 智能生成工艺流程及工艺卡
(7) 所有机床后处理

通用数控后处理模块
(1) Pro/E数控编程的通用后处理
(2) 在Web上提供丰富的机床类型
(3) 支持所有数加工中心机床

数控钣金加工编程模块
(1) NC编程支持冲床、激光切割等各种钣金加工类型机床
(2) 使用标准的冲头和冲压成形
(3) 自动展平并计算展开系数
(4) 自动选择冲头

数控仿真及优化模块
(1) NC仿真功能与Pro/NC是一个整体
(2) 在Pro/NC和VERICUT之间自动传输零件毛坯和刀具信息
(3) 该模块包括三个应用包：NC仿真；NC优化；NC机床仿真

模具设计模块
(1) 由设计模型直接拆分模具型腔
(2) 标准模架导柱导套
(3) 与注射分析集成
(4) BOM(材料清单)及图样自动生成

二次开发工具包
(1) 开发与Pro/E集成使用的应用模块
(2) 用C语言编写功能程序库(API)
(3) 客户化菜单结构
(4) 建立实体、基准及加工特征
(5) 获取装配的信息

图 9-7 Pro/E 软件的功能模块及其主要内容

9.3.1.4 Matlab 与 Matlab/Simulink 软件及其在虚拟样机运动仿真中的应用

（1）Matlab 程序设计软件简介及其优势

Matlab、Matlab/Simulink 是美国 Math Works 公司开发并注册商标的数学计算技术语言商业软件，已被作为一种通用的数学计算语言软件并广泛用于常规

的数学计算以及计算机数字控制、图像处理、信号处理、通信等诸多领域，是一种程序设计语言软件。该软件是一款集几乎所有通用数学计算工作和功能之大成于程序设计语言软件、集各领域专业方向问题中的数学计算工作于专用模块，并且将计算结果可视化表达的数学计算工具软件。一句话言之，就是将通用和部分专业专用的数学计算工作完全纳入其内，以程序设计语言和专用功能模块的形式来实现。用户用 Matlab 语言或命令编写 M 文件，在命令窗中命令行直接输入程序代码或语句来执行所期望的数学计算。

① 数学计算功能强大，数学计算工作范围宽，通用性强。

② 解释性语言，简单易学。Matlab 语言是一种简便易学易用的、以命令窗（Command Window）为中心的解释性（Interpret）语言。这种解释性语言是在程序设计语言环境下，在命令窗中输入程序代码语句或调入程序文件后，一边解释程序代码，一边执行程序代码实现其功能，并给出结果。

③ 程序运行状态清晰。Matlab 语言可以由用户通过命令窗来使用、处理 Matlab 工作空间（Workspace）、Matlab 系统内部函数、用户编制的 Matlab 程序等。其中，Matlab 工作空间（Workspace）内存储着变量、在命令窗里定义并修改的变量以及 Matlab 函数。

④ 功能可扩展性好，可以不断追加专用工具箱的方式扩展功能，用户自己可自主开发扩展功能或专用工具箱。为扩展其应用，还配有与外部软件的接口，实现与外部软件的无缝开发，营造仿真环境。Matlab 软件提供的基本命令都是由在 Matlab 内部处理的函数来给出的，但是几乎所有的命令都是用 Matlab 语言写成 Matlab 函数构成的。而且，Matlab 软件中追加的工具箱也几乎都是用 Matlab 语言写成的 Matlab 函数来实现其功能扩展的。这同时也意味着，用户自己通过 Matlab 语言编写 Matlab 函数也可以容易地扩展 Matlab 功能。

⑤ 数值计算/仿真、联合仿真功能强大。

（2）Matlab 软件总体结构与主要功能

① 总体功能。Matlab 软件由 Matlab System 和 Matlab Script File、Matlab Function、User Defined M-Files 组成。其中，Matlab System 主要由 Matlab 工作空间（Matlab WorkSpce）、命令窗（Command Window）、附加工具箱 Matlab 功能模块（Additional Toolbox Matlab Functions）、System Built-in functions 和 System Matlab function 组成，如图 9-8 所示。在 Matlab 命令窗上运行 Matlab 程序的情况下，难以区分 Matlab 命令、系统 M 文件、用户定义的 M 文件、变量，因此，在命令窗中，可以用当前路径、路径来管理哪个路径下的 M 文件有效。系统 M 文件通常按工具箱类别被保存在 C：\ matlabR12 \ toolbox（注意：此路径因用户安装 Matlab 系统软件在硬盘位置和软件版本号而异）中。Matlab 软件系统可以在命令窗中使用 "cd" "pwd" "cd 文件夹路径名" "dir" "ls""path"等改变路径或查看当前路径或某路径下文件等命令。例如，在命令窗下键入"path"后则可按顺序查看系统 M 文件；如果在命令窗中键入">which ls"后回车，则命令窗中返回当前正在使用的 M 文件所在的路径及文件名。一般用户编写的 M 文件都存放在用户指定的文件夹路径下，则可用"cd 文件夹路径名"命令更改当前执行 M 文件路径而切换到用户 M 文件所在的路径并执行路径下的用户 M 文件。

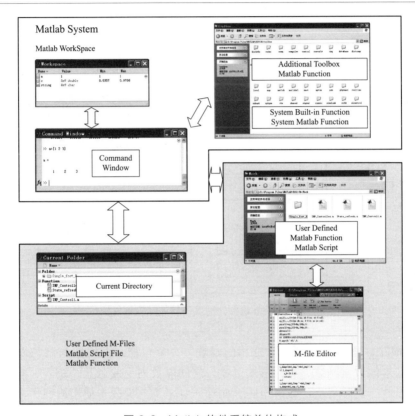

图 9-8　Matlab 软件系统总体构成

② 外部接口。Matlab 软件不只提供了数值解析、仿真、数据可视化等功能和用途，还提供了与外部软硬件之间的接口，代表性的接口就是 MEX 接口。Matlab 的 MEX 接口可以使 C、C++、Fortran 等 M 外部程序设计语言从 Matlab 工作空间（WorkSpace）使用 Matlab 数据，相反，在 C、C++、Fortran 等 M 外部程序设计语言环境下相应语言编写的程序也可以使用 Matlab Engine。除 MEX 接口外，还提供了被用于 Windows Application 程序间的数据存取操作的 DDE（Dynamic Data Exchange）和 Windows Application 程序操作的 Active X

接口以及自 Matlab 6 版本开始面向 Java 语言的新接口。这些外部接口及其功能如表 9-1 及图 9-9 所示。

表 9-1　Matlab 软件的外部接口及其功能

外部接口名	可连接的外部资源与功能
MEX	可用 C、C++、Fortran 等程序设计语言编程，并通过 MEX 接口与 Matlab 程序联系在一起。通常用于算法、处理高速化、硬件操作、网络、通信等场合
DDE	与 Windows 外部 Application（外部应用程序）的连接
ActiveX	由 Matlab 内部操控外部应用程序，反过来可以从外部应用程序来使用 Matlab 操作
Java	算法、GUI、网络、通信用

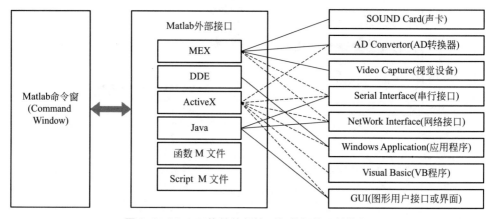

图 9-9　Matlab 软件外部接口与外部软硬件资源

③ Matlab 程序设计语言中通用的函数。主要包括：曲线图绘制与操作功能函数、基本的数学函数、对话形式函数、等间隔数列生成函数、矩阵（向量）生成基本函数、矩阵解析函数、矩阵（向量）算子等。为读者使用方便，本书作者将 Matlab 程序设计软件通用的具体函数名及其功能归纳汇总以表的形式给出，参见附录 1。

（3）Matlab/Simulink 软件包

① 总体功能。Simulink 是被包含在 Matlab 软件中的仿真器，它可以按被仿真对象系统的原理预先设计好的、用模块和信息传递连接线连接起来的系统框图实现可视化的仿真计算。Simulink 的启动是在命令窗（Command Window）中输入 "simulink" 或者双击在命令窗上部的 "Simulink" 图标，则 "Simulink Library Browser" 被启动，在其界面环境下显示各模块库的分层树形结构。如 "Simulink Library Browser" 启动后界面上由上到下显示的是：Simulink；Control System Toolbox；Simulink Extras，用鼠标双击"Simulink"，则"Simu-link"模块库下包含的各模块层被展开，自上到下同级层分别为 Continuous；Discrete；Functions&Tables；Math；Nonliner；Signals&Systems；Sinks；Sources，点击"Continuous"，则出现在"Continuous"这一层级下的树形结构层，分别为 Derivative；Integrator；Memory；State-Space；Transter Fun；Transport Delay；Variable Transport Dealy；Zero-Pole。Simulink 有不同的版本，自 Simulink Ver.4.0（R12）版本以后，Simulink Library Browser 界面模块库树形结构不仅用文字表示各模块名，还在模块库名表示的树形结构的右侧给出了以图标和模块库名（模块名）表示的树形结构。

② Simulink Block Library（Simulink 模块库）及各模块说明。Simulink Ver.3.0.x（R11.x）版本没有采用可视化来表示"Simulink Library Browser"，因此，Simulink Ver.4.0（R12）以后版本采用了各模块库（群）可视化的"Simulink Library Browser"表示。可以通过将鼠标光标移到 Simulink Library Browser 的"Simulink"后点击鼠标右键，或者在 Command Window 中输入">simulink2（按回车键）"两种方式运行 Simulink Block Library。Simulink Block Library 的可视化（即模块图标）表示如图 9-10 所示。

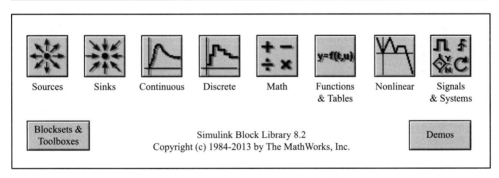

图 9-10　"Simulink Block Library 8.2"模块库的图标

a. Sources：信号源模块，阶跃函数（Step）、正弦函数（Sin）等信号生成模块群。

b. Sinks：接收器模块，接收表示模块的输出的文件和数据的模块群。

c. Continuous：描述传递函数表达和状态空间表达、微分要素、积分要素等线性时不变函数的模块群。

d. Discrete：描述线性离散时不变函数的模块群。

e. Math：描述加法器、比例要素、增益（Gain）等的模块群。

f. Functions&Tables：描述一般函数的模块群。

g. Nonlinear：描述非线性函数的模块群。

h. Signals&Systems：描述矢量分解/合成、与外部输入/输出数据的接收、传送等的模块群。

i. Controls Toolbox：附属于 Control System Toolbox 的模块群（在 Blocksets&Toolboxes 之内）。

各个功能模块库内的各项功能函数或功能发生器本身都可以看作最小功能模块，这些最小功能模块的图标表示可以分为有源、无源两类，这里所说的"源"指信息生成流向是否需要有信息输入给最小功能模块。有源就是指该最小功能模块需要用户给定输入或系统默认输入才有输出产生；无源指的是不需要用户给定输入而直接由系统内部或用户通过其对话框设定某些参数或条件然后由最小功能模块产生输出，也即最小功能模块本身无输入。综上所述，各最小功能模块的函数或"×××器（如×××信号发生器）"在 Matlab/Simulink 软件中也都是以图标的形式给出的，按有源、无源，图标表示可以归纳为图 9-11 所示的三类。这也是软件设计者们在设计图形界面或图标时精心考虑过的设计准则问题，即图标设计应最大限度地将图标所表达的内涵以图线、标志或文字符号的形式经过设计表达出来，使得用户在使用时一看软件界面、功能模块、功能函数或功能单元等可视化图标表示就能够快速地领悟或记忆它们所表达的内容和意义。

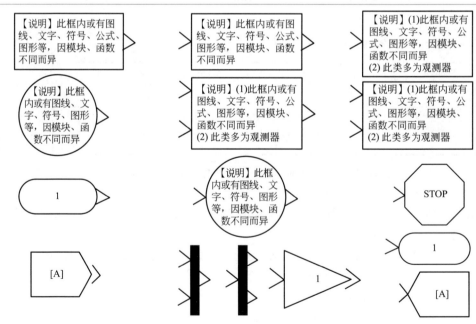

(a) 不需输入源(信号)的函数或模块　　　　(b) 需要输入源(信号)的函数或模块

图 9-11 "Simulink Block Library"各模块库中图标按输入输出分类表示

各模块库中部分常用的模块名称、功能及其图标表示归纳在附录 2 的附表 2-1 中。

9.3.2　虚拟传感器设计

一般的工程系统控制仿真都采用反馈控制方法，因此，通过传感器进行状态反馈的虚拟传感器模型的建立自然必不可少。这里所说的虚拟传感器只是为了在虚拟样机运动仿真中"实时"反馈给控制器一些状态量的数据，而并非一定要按传感器的物理结构及其测量原理设计虚拟传感器模型。

后处理模块以及软件间接口功能为：从运动仿真过程中的虚拟样机上获取用于控制系统设计和控制过程中所需的反馈数据提供了虚拟传感器设计基础。需要说明的是：后处理模块可以在运动仿真过程中"实时地"提供前述的数据信息，可以"实时地"为联合仿真的控制系统提供反馈数据，也可以在线以曲线图的形式展现在用户界面上，同时还可以在仿真结束后提取仿真结果数据，用来进行仿真结果分析。

（1）虚拟样机上运动构件的位置和姿势反馈

可以在该构件某一位置上设置一个与构件固连的坐标架，坐标原点为 Mark 点，利用构件上固连坐标系 x、y、z 轴在局部坐标系或世界坐标系的矢量，通过计算可以获得构件在局部坐标系或世界坐标系中的姿态角。如此可以作为虚拟的位置传感器或倾斜计使用，也可设置虚拟速度、加速度传感器。

（2）虚拟样机主驱动运动副的位移（线位移或角位移）和速度反馈

可以利用回转副的角位移、角速度或者移动副的线位移、线速度参量作为虚拟样机仿真模型的输出量，通过接口程序传递给控制仿真模型。如此，相当于建立虚拟的位置、速度传感器。

（3）虚拟样机与环境的接触力、力矩反馈

可以利用仿真软件中接触力要素定义构件与环境或作业对象物的接触力、力矩，或者将虚拟力/力矩传感器作为虚拟样机仿真模型中的构件，然后提取该构件在系统中所受的力/力矩参量作为虚拟样机仿真模型的输出，通过接口程序或参量设置传递给控制仿真模型，作为虚拟的力/力矩传感器感知的力、力矩数据用于反馈控制系统仿真。

总之，当软件系统没有提供可作为与虚拟传感器测量的物理量相当的参量时，可以通过系统模型中已有定义的参量，利用软件内部提供的函数计算得到。例如，对于虚拟样机机构模型，若想得到整个系统仿真过程中机构总质心随时间变化的位移或者速度，则可以通过内部函数编写总质心位置计算函数，并作为仿真模型中的输出量，提供给控制仿真模型。

9.3.3　虚拟样机系统运动控制仿真——应用现代 CAD 系统工具软件进行机构运动控制的仿真模型建立

现代控制理论的主要方法是对被控制对象建立状态方程，如果按数学、力学、电磁学以及传热学等原理可以将被控对象描述成连续系统状态方程，则一般为用矢量以及矩阵的形式表达的微分方程（展开成标量的形式则为偏微分方程组成的方程组）。这样的偏微分方程一般很难用解析法求解，而常用数值计算方法求解数值解。数值计算的根本问题就是如何将用微分方程描述的动力学系统数学模型转换为能够在数字计算机上运算的仿真模型。一般有以下方法。

① 基于常微分方程数值解的方法，如欧拉（Euler）法、龙格-库塔（Runge-Kutta）法（二阶、四阶、四阶五级 Runge-Kutta 法）、亚当姆斯（Adams）线性多步法、吉尔（Gear）法等。

② 基于连续系统离散化的方法，如转移矩阵法、离散相似法、屠斯丁法等。

系统的数学模型可以采用：微分方程和差分方程；传递函数和 z 函数；连续状态空间和离散状态空间；连续线性结构图和离散线性结构图；连续非线性结构图和离散非连续结构图等方程或结构图来描述。

现代的控制系统设计与仿真软件为用户提供了系统数学模型建立与仿真的强大功能模块库，如 Matlab/Simulink 模块库中以数学函数关系、状态方程、传递函数等多种形式提供了线性系统、非线性系统数学模型建立所需的各种基本模块库，用户可以利用这些基本功能模块库搭建用于仿真的"数学模型"。注意：这里的数学模型是指所搭建的数学模型并非通常的偏微分方程组形式的数学描述，而是以线框模块和信息流向线连接在一起的系统结构"框图"形式表达的"数学模型"，之所以这样是方便用户利用基本模块进行控制系统仿真模型的交互式设计，连接这些模块的"数学模型"各模块、各影响因素之间的关系所形成的有机整体仍然完全等价于系统的数学模型。

将图 9-12 所示的反馈控制系统设计用系统仿真的方法去实现，可以有 9.2.1.2 的"机械系统的控制系统设计与仿真"中的三种方法。

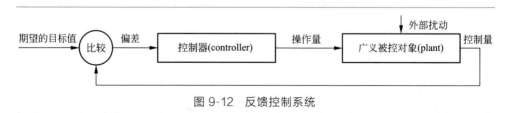

图 9-12　反馈控制系统

① 自行建立被控对象的微分运动方程并设计控制器，然后利用 Matlab/Simulink、Mathematics 等数学工具软件进行仿真的方法。

② 利用 Matlab/Simulink 软件与机构设计和动力分析软件联合仿真的方法。

③ 在设计与分析型软件内部完成机构设计与动力学分析、运动控制系统设计与仿真的方法。

对应这三种控制系统仿真方法，被控对象数学模型（或称为仿真模型）的建立分别如图 9-13 所示。需要注意的是图 9-13(c) 所示的方法中，机构设计与动力分析软件内含的控制系统设计模块库是否能够满足系统控制仿真模型建立的要求。

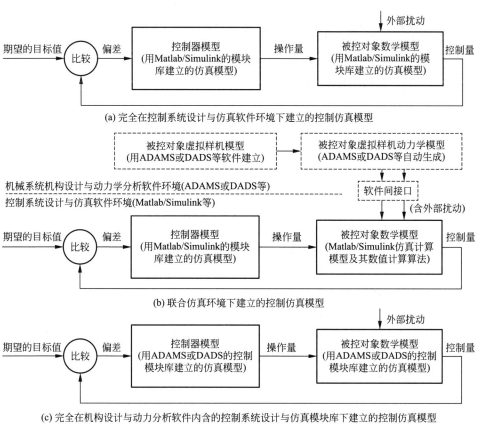

(a) 完全在控制系统设计与仿真软件环境下建立的控制仿真模型

(b) 联合仿真环境下建立的控制仿真模型

(c) 完全在机构设计与动力分析软件内含的控制系统设计与仿真模块库下建立的控制仿真模型

图 9-13　反馈控制系统仿真模型建立的三种方法

图 9-13 中所示的被控对象数学模型、控制器模型在仿真软件中虽然都是以状态方程或者传递函数的模块形式表示并建模的，但只是利用控制模块库中已有的各功能模块，控制系统设计所需的系统物理模型、系统数学模型仍然需要用户

自己根据物理定律去推导微分方程公式之后才能从控制模块库中选择相应功能模块搭建系统控制仿真的模型。只有在图 9-13（b）、（c）中的被控对象的数学模型可以利用虚拟样机模型由软件自动生成相应文件且用软件间或软件内部接口程序、参数设置提供给控制系统仿真使用。因此，机械系统机构设计与结构设计、工程数学、理论力学、现代控制理论、控制工程、电磁学、电动机学、流体传动与流体力学等依然是机、电、液系统设计与控制系统仿真的理论基础，设计与分析型 CAD 工具软件只是辅助用户进行有效设计与仿真分析的工具手段而已。

9.4 虚拟样机仿真实例——工业机器人操作臂虚拟样机运动样本数据生成与运动仿真

9.4.1 机器人操作臂的机构运动仿真与分析步骤

运动仿真分析步骤如图 9-14 所示，有两种路线可选。机械系统运动仿真软件与外部控制系统设计与分析软件联合仿真的方法参见 9.2.1.2（2）。

如果所设计的机械系统机构运动学分析较复杂，还需要解析计算或数值计算能力强的计算类程序设计语言软件环境，如 Matlab/Simulink、C、C++、Basic、VB、VC 程序设计软件平台。其中，用 Matlab 程序设计语言编写 M 文件简便易行，而且数学计算功能强大。

图 9-14 中除了机械系统设计、运动样本生成、机构原理（运动副）、控制要素选择和控制器参数设定之外，基本上都是按着商业软件用户使用手册或相关书籍学习后无误照做即可，属于设计手段、设计与分析工具软件熟练使用性质的一般性技能性工作。关于 PID 控制、一阶、二阶控制系统设计与分析是本科工科自动控制原理、控制工程等课程中必学必讲的内容。图 9-14 中涉及的专业内容对于本科工科机械类专业高年级学生或毕业生而言基本上不会在知识结构方面存在专业基础障碍问题。这里需要进一步讲解的是作为外部输入运动数据的运动样本生成问题。当运动样本数据是在仿真软件内部由运动函数生成时，只要是为了实现诸如机器人操作臂末端操作器给定作业运动，就涉及机构运动学解析问题，就需要通过机构运动学的数学分析与求解，来得到主驱动运动副的运动数据并施加到虚拟样机机构运动仿真模型中。

值得一提的是：随着机械系统自动化、智能化技术的发展，系统设计要求与设计技术水平的不断提高，现代机械系统设计与分析正在朝着机械系统、驱动与控制系统一体化设计、多系统集成化设计与分析之路。而且，机器人技术本身就是集机械、控制、电气、电子、计算机、人工智能等多学科专业交叉的综合性系统，因此，机械系统运动仿真与控制系统设计及其仿真结合在一起的联合仿真更具有实际意义，从系统设计分析与评价、决策的角度更具有长远意义。

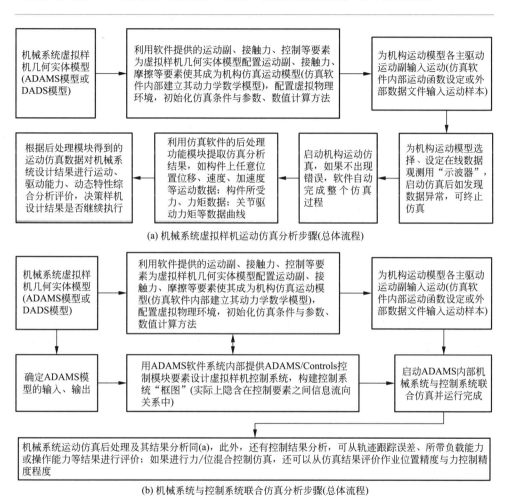

(a) 机械系统虚拟样机运动仿真分析步骤(总体流程)

(b) 机械系统与控制系统联合仿真分析步骤(总体流程)

图 9-14 机械系统运动仿真分析步骤

9.4.2 编写用于机器人操作臂机构仿真所需导入数据的机构运动学计算程序

有了第 4 章有关机器人操作臂正、逆运动学分析的理论基础和推导的数学方程及其解的计算公式，就可以对已知机构构型和机构参数的机器人操作臂用计算机程序设计语言编写该机器人操作臂的运动学通用计算程序了。运动学计算内容包括正、逆运动学计算两部分。无论是正运动学、逆运动学计算程序，机器人机构的 D-H 参数都作为待赋值的已知量用变量符号表示，对于正运动学计算程序，各个主动驱动的关节角变量作为正运动学计算程序功能函数中的参变量，末端操作器在基坐标系中的位置坐标、姿态角或位姿矩阵为待求解出的变量。

（1）正、逆运动学计算程序设计内容

① 定义参量。D-H 参数集 $\{a_i(a_{i-1}), d_i, \alpha_i, \theta_{i0}\}$ $(i=1,2,\cdots,n)$（用于齐次坐标变换矩阵法求解运动学的计算程序编写），注意：原本作为 D-H 参数之一的 θ_i 这里却写的是 θ_{i0}，表示定义的是机构零构形即作为基准构形的初始构形时的 θ_i 值，对于给定的机构，此时 θ_i 值为定值，因此将此时的 $\theta_i(=\theta_{i0})$ 作为参量；或各杆件杆长 l_i 和偏置型机构杆件偏离关节中心的偏距 h_i 的参数集 $\{l_i; h_i\}$ $(i=1,2,\cdots,n)$（用于解析几何法求解运动学的计算程序编写）。

② 定义变量。关节角是变量集 $\{\theta_i\}$ $(i=1,2,\cdots,n)$ 和末端操作器位置和姿态变量集 $\{x,y,z,\alpha,\beta,\gamma\}$ 或位姿矩阵 ${}^0T_n(=\{n_x,n_y,n_z;o_x,o_y,o_z;a_x,a_y,a_z; p_x,p_y,p_z\})$。

③ 编写运动学计算程序功能函数

a. 用解析几何法求解时编写运动学计算功能函数。按着如前述推导出的正、逆运动学解析几何解计算公式分别编写计算末端操作器位置坐标分量 x、y、z 及姿态角的计算程序、各关节角计算程序等功能函数，即直接按正运动学解析解的 n_x、n_y、n_z、o_x、o_y、o_z、a_x、a_y、a_z、p_x、p_y、p_z 的 12 个计算公式编写正运动学计算功能函数、逆运动学解析解计算功能函数。

b. 用齐次坐标变换矩阵求解时编写运动学计算功能函数。按如下内容编写程序。

编写定义关节 i 的齐次坐标变换矩阵程序 $A_i({}^0A_i)$，$i=1,2,\cdots,n$。

编写正运动学计算功能函数 $T_n({}^0T_n)$，${}^0T_n={}^0A_1{}^0A_2\cdots{}^0A_n$。

按逆运动学编写逆运动学计算功能函数或者用软件程序推导计算公式（如 Matlab 软件，可由正运动学方程的矩阵形式经矩阵运算推导出逆运动学解方程）。后者需要注意：在方程存在多组解的情况下，存在不同类的解与解之间的组合问题，程序无法自动给出正确的解组合和组合解。

④ 编写正、逆运动学计算的主程序。完成各主要计算功能函数编写后，编写正运动计算、逆运动学计算各自主程序或者两者兼而有之且可选的主程序，并为主程序中的参量赋值进行算例计算。

（2）用正运动学计算程序验证逆运动学程序计算结果是否正确？

正运动学计算程序在某些控制系统和控制器设计中（如加速度分解控制法、

力/位混合控制等）是有用处的，而在机构运动学仿真中一般没有什么实际用途（除非自己开发专用的图形仿真系统软件），只可作为验证由逆运动学计算程序计算出来的各关节角结果是否正确的工具，即为了保证所编制的逆运动学计算程序是正确可靠的，可以把逆运动学计算程序计算的结果（对应可实现给定末端操作器预期位姿的各关节角数值）回代到正运动学计算程序中去，查看作为计算结果的末端操作器位姿矩阵是否与逆运动学求解前给定的要求实现的末端操作器位姿矩阵完全相同（除可以容忍的计算误差之外）。如果完全相同或误差很小，说明逆运动学计算程序是正确可靠的，同时也说明正运动学计算程序是正确的。

那么，又如何单独验证正运动学计算程序的正确性呢？这要看选择初始构形下的各个关节角代入正运动学计算程序中计算，得到的末端操作器位姿矩阵中位置、姿态是否与用户直接判别的初始构形下末端操作器位姿相同，相同则正确，否则程序或解公式存在问题。因为机构初始构形通常选择机构伸展或杆件间垂直或平行构形，容易直观确定或计算出其末端位置与姿态矩阵。

9.4.3 运动学计算程序计算结果数据文件存储

按机械系统运动仿真软件所要求的调入数据格式存储逆运动学计算程序的计算结果数据：逆运动学计算程序需将机构 D-H 参数表、末端操作器位姿矩阵作为形参或作为全局变量，编写逆运动学解求解函数。当给定末端操作器运动轨迹和姿态数据时，首先用程序将连续轨迹曲线方程或分段轨迹方程进行离散化处理，然后对每个离散"点"（位置和姿态）调用逆运动学计算程序计算各关节角、角速度、角加速度等关节轨迹数据"点"，直至循环次数达到离散点总数，则计算完毕。计算过程中需要将这些数据按着关节顺位、调用该运动样本数据的机构运动仿真软件对调入数据文件的存储格式要求存储在数据文件中，供仿真工具软件调入。

9.5 虚拟样机仿真实例——用 ADAMS 软件进行机器人操作臂虚拟样机设计与运动仿真的实例

对于复杂的机械系统，直接求解其运动学和动力学方程将有大量的公式推导和编程计算工作量，应用 ADAMS 软件进行建模和仿真可以方便、快速地获得仿真结果。这里将以三自由度回转关节型机械臂为例，给出使用 ADAMS 软件进行机械系统运动学、动力学建模仿真的一般过程，所使用的 ADAMS 软件为 ADAMS 13 版本，其他版本的操作过程与本文中的操作过程大同小异。

9.5.1 机械系统的建模

本节将结合三维造型软件和 ADAMS 软件的使用，给出 ADAMS 内的刚体机械系统建模过程，步骤如下。

（1）机械系统构件的三维实体造型

机械系统的实体构件有两种造型方法，一种是直接在 ADAMS 软件内使用内嵌的三维造型指令进行造型，此种方法适合简单的构件和自由度较少的装配体造型；另一种是使用其他专业造型软件进行三维造型，适用于具有复杂曲面的多零部件、多约束复杂装配体造型。虽然对于本文所举的例子，三自由度回转关节型机械臂，使用 ADAMS 内嵌的造型指令完全能够完成建模，但为给出适用于更复杂装配体的造型和导入过程，这里对第二种方法进行说明。

所使用的三维造型软件为 CATIA V5 软件，此软件与 ADAMS 13 软件有直接模型导入接口，其他主流三维造型软件（例如 SolidWorks、Pro/E 等）也与 ADAMS 软件有相应的模型导入接口。如图 9-15 所示，首先在 CATIA V5 软件中绘制了三自由度关节型机械臂的构件零件图，包括地面、基座、大臂、小臂四个实体构件，并完成装配过程（将各构件放置在机械系统初始工作状态所对应的位置），之后将此装配体保存为 "*.CATProduct"，本文中使用的文件名为：Arm.CATProduct。

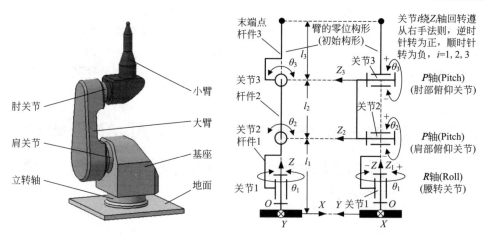

图 9-15 三自由度关节型机械臂装配体的几何造型及其机构简图

（2）ADAMS 软件内的三维实体模型导入

首先在所使用的计算机中建立一个文件夹作为仿真工作路径，注意：新建的文件夹名称及其所有上级文件夹中不能含有非英文字符。

打开 ADAMS 软件，初次建模仿真选择"New Model"建立新的仿真模型，弹出图 9-16 所示的对话框，将"Model Name"选项的默认值"MODEL_1"修改为本文的模型名称"ARM_MODEL1"，点击"Working Directory"选项后的文件夹按钮，浏览并找到预设的工作路径文件夹，设定此模型的工作路径。对已保存的模型，可在打开 Adams 软件后点击"Existing Model"并选择之前保存的"*.bin"文件进行再次编辑和仿真。

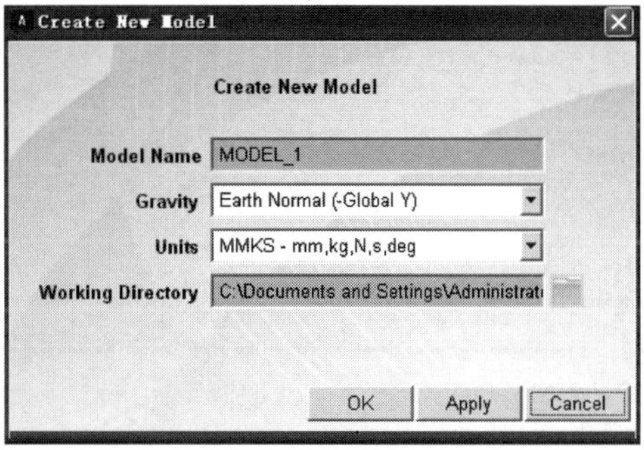

图 9-16 "建立新模型"对话框

在菜单中选择"File"→"Import"选项，弹出图 9-17 所示的"文件导入"对话框，点击"File Type"选项的下拉菜单，将其选为"CATIAV5"选项；右击"File To Read"选项的文本框，在弹出的菜单中点击"Browse"，浏览选择之前保存的 Arm. CATProduct 文件；点击"Part Name"下拉菜单，选择"Model Name"，输入所建模型名称 ARM_MODEL1；点击"OK"按钮完成导入，得到图 9-18 所示的实体模型。

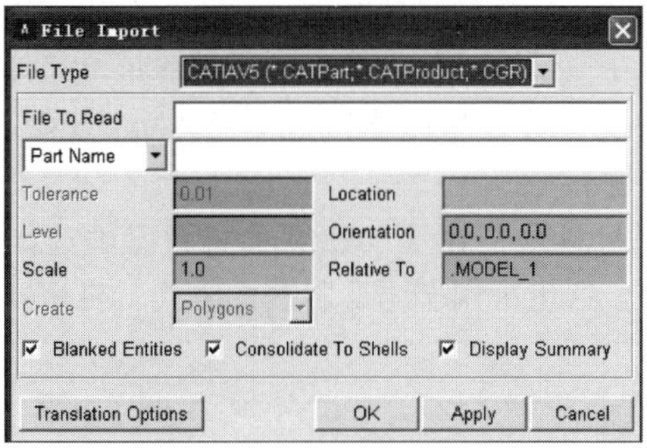

图 9-17 "文件导入"对话框　　图 9-18 导入 ADAMS 软件内的
　　　　　　　　　　　　　　　　　　三自由度机械臂实体模型

（3）ADAMS 软件内的实体参数修改

在此步骤中将对各构件的材料属性进行配置，双击欲进行属性配置的实体，弹出图 9-19 所示的对话框。

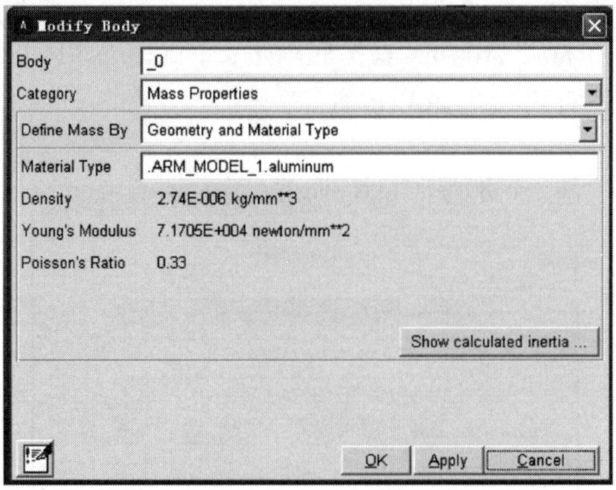

图 9-19 "实体属性配置"对话框

在 "Category" 所对应的下拉菜单中选择 "Mass Properties" 配置质量属性，此处质量的属性配置有 3 种方式：用户输入、定义密度、定义材料，分别对应 "Define Mass By" 后下拉菜单的 3 个选项："User Input" "Geometry and Density" "Geometry and Material Type"。

若选择用户输入方式，则需输入此构件实体的质量、惯性阵、质心、惯性参考系这 4 个质量参数。对于已知构件的上述 4 个质量参数但三维造型使用的几何参数不准确的情况、或希望在不改变实体造型的前提下对不同质量参数进行仿真的情况，适合应用此种方法进行参数配置。

若选择定义密度的方式，则需输入构件的材料密度。对于一个构件由多个相同材料的零、部件组成的情况，可在三维造型软件内所有零部件形成整体之后导入 ADAMS，并用此方式定义其密度参数，如此能够避免导入 ADAMS 后独立实体数量过多、配置过程繁琐的问题。

与定义密度的方式类似，定义材料是指在 ADAMS 的材料库中选择一种材料，其密度属性已经预先被定义好。这里采用了定义材料的方式，机械臂的三个构件均被定义成了铝合金材质。

（4）ADAMS 软件内的重力配置

双击图 9-20(a) 所示的重力图标，将弹出图 9-20(b) 中的"重力属性"对话框。这里有两种配置方式，可以直接输入重力加速度在全局坐标系 x、y、z

轴上的投影值，也可以点击对话框中"－X""＋X""－Y"等按钮，直接将重力配置到与坐标轴平行的方向上。配置完成后点击"OK"按钮确定。

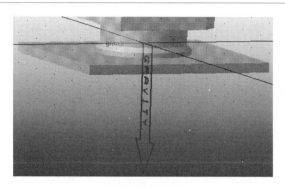 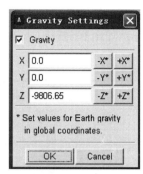

(a) 重力图标   (b) "重力属性"对话框

图 9-20   ADAMS 软件内的重力属性设置

对于前述的三自由度机械臂，点击按钮"－Z"将重力配置到 z 轴的负方向。

（5）ADAMS 软件内的约束建立

下面对所要仿真的机械系统建立约束，如图 9-21 所示，点击菜单下方的"Connectors"选型卡，可以看到 ADAMS 提供的约束分为 4 类，其中最常使用的为"Joints"（运动约束）。

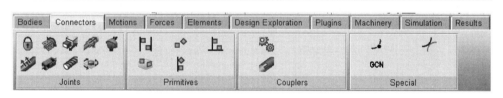

图 9-21   ADAMS 软件的约束工具栏

首先应点击代表固定约束的按钮 🔒，点击地面实体将其固定于基坐标系内，这样，在后续仿真中被固定的实体将不发生运动。

之后点击代表回转关节的按钮 🔧，将在窗口左侧出现图 9-22(a) 所示的配置工具栏，其中第一下拉菜单中的"1 Location-Bodies impl"表示定义基坐标系与实体之间的回转关节；第一下拉菜单中的"2 Bodies-1 Location"表示定义两个实体之间的回转关节，本文例子中的所有关节均以此方式定义。

选择好定义方式后可按窗口底部的提示进行实体和轴线的选取，以机械臂的肩关节为例，应选择第一实体（单击大臂作为转动构件）→选择第二实体（单击基座作为基础构件）→选择转轴中心（单击基座肩关节圆柱的中心点）→选择轴线方向（水平移动鼠标，观察轴线矢量方向并单击），定义完成的机械臂肩关节运动副如图 9-22(c) 所示。机械臂的立转关节及肘关节的定义与肩关节类似，定义结果分别如图 9-22(b)、(d) 所示。

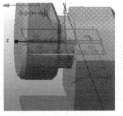

(a) 配置工具栏　　　　(b) 立转关节运动副　　　(c) 肩关节运动副　　　(d) 肘关节运动副

图 9-22　三自由度关节型机械臂的运动副定义

(6) ADAMS 软件内的运动建立

双击图 9-22 中的运动副图标，弹出如图 9-23(a) 所示的"运动副属性"对话框，单击其中的"Impose Motion (s) …"按钮，将对所选关节插入运动并弹出如图 9-23(b) 所示的"运动配置"对话框。

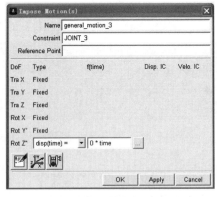

(a) "运动副属性"对话框　　　　　　(b) "运动配置"对话框

图 9-23　ADAMS 软件内运动的插入与配置

在图 9-23(b) 所示的"运动配置"对话框中，"Rot Z″"后的下拉菜单中有四个选项，分别为："free" "disp (time)" "velo (time)" "acce (time)"，分别对应自由运动、位置、速度、加速度四个选项。这里将机械臂的三个回转关节运动均配置为位置模式。

9.5.2　机械系统的运动学、动力学仿真

这里将给出对一般的机械系统应用 ADAMS 软件进行运动学、动力学仿真的方法。以三自由度关节型机械臂为例，仿真输入为各关节角曲线，运动学仿真是指由输入得到机械臂的整体运动及其末端点轨迹、速度、加速度的过程；动力学仿真是指由输入得到各关节驱动力矩曲线的过程。

（1）关节目标角度序列的数据文件

对于具体机构，一般需首先推导其逆运动学方程，而后根据工作空间内的目标轨迹计算关节角的目标曲线，此过程按第 4 章内容和方法进行。所生成关节的关节角数据文件应为"*.txt"文本文件，其中的数据格式如图 9-24 所示。

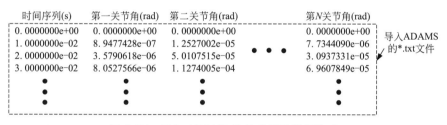

图 9-24　导入 ADAMS 的关节运动数据格式

导入的数据文件中每列表示 1 个变量，第一列一般设为时间变量，其余列按顺序为机械系统每个自由度的运动数据。对本文中的三自由度关节型机械臂，数据文件被命名为 data.txt，其中含有运动的时间序列和 3 个关节角序列。

（2）关节运动数据的导入

在 ADAMS 软件的菜单栏中，选择"File"→"Import…"弹出图 9-17 中的文件导入对话框，将"File Type"的下拉菜单选为"Test Data"后，对话框如图 9-25 所示。选择"Create Splines"单选按钮；在"File To Read"后的文本框中右击鼠标，在弹出的菜单中点击"Browse"，浏览选择所要导入的数据文件；在"File To Read"后的文本框中输入时间序列的列序号，即"1"；将"Names In File"复选框取消；点击"OK"按钮确定。

上述操作完成后将在所建模型中生成 3 条样条曲线，分别对应机械臂三个关节的运动。

（3）关节运动的配置

双击 ADAMS 界面中的运动图标可弹出图 9-23(b) 所示的"运动配置"对

话框，对三个关节的运动分别在"Rot Z″"后的文本框内输入样条函数指令，调取样条函数的值。以立转轴为例，需输入的样条函数指令为：

$$\mathrm{CUBSPL}\ (\mathrm{time},\ 0,\ \mathrm{SPLINE\_1},\ 0)$$

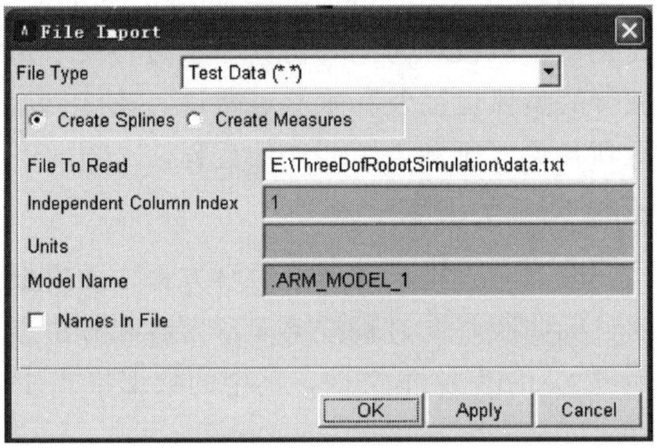

图 9-25　ADAMS 软件内的"数据导入"对话框

对于肩关节和肘关节，应分别把上述指令中的"SPLINE_1"替换为"SPLINE_2"和"SPLINE_3"。

（4）参考点设置

使用 ADAMS 进行运动学仿真的目的之一是观察机械系统上一些参考点的运动，对于这里的三自由度关节型机械臂，参考点为机械臂小臂的末端点，在进行仿真前应对其进行设置，这样才能在仿真完成后获得测量数据。

首先在图 9-26 所示的工具栏内选择"Bodies"→"Construction"→"Marker"图标，在弹出的配置工具栏中的第一个下拉菜单内选择"Add to Part"选项，之后选择要将此 Marker 添加到的构件（单击小臂构件）→选择Marker 点的位置（单击小臂的末端点）。

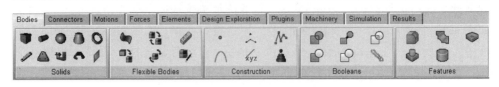

图 9-26　ADAMS 软件内的"实体"工具栏

（5）进行仿真

在图 9-26 所示的工具栏中选择"Simulation"选项卡，点击齿轮形状的仿真按钮，弹出如图 9-27 所示的"仿真控制"对话框。在"End Time"后的文本框中输入仿真运动的结束时间，在"Step Size"后的文本框中输入仿真的时间步长，单击绿色三角按钮▶开始仿真。

仿真过程中可以观察到机械臂的运动，仿真结束后运动停止。

（6）仿真数据的后处理

① 参考点轨迹生成。在图 9-26 中的工具栏内选择"Results"选项卡，点击单摆形状的按钮↘生成参考点轨迹。此按钮按下后应首先选择要生成轨迹的参考点（单击小臂的末端点），之后选择生成轨迹的参考系（单击地面），操作完成后可看到图 9-28 中的蓝色轨迹。

② 数据曲线的获得。获得数据曲线需使用 ADAMS 软件的后处理模块，选择图 9-26 中工具栏内的"Results"选项卡，

图 9-27　"仿真控制"对话框

点击"PostProcessor"按钮，将弹出图 9-29 所示的"后处理"界面。

图 9-28　三自由度关节型机械臂运动
　　　　　仿真中的末端点运动轨迹

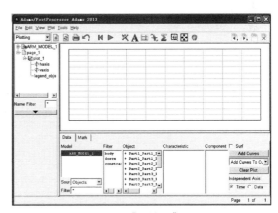

图 9-29　"后处理"界面

在上述界面内，可以获得仿真过程的所有曲线，操作过程：首先在"Object"栏内选择所要提取曲线的对象（如"Motion1""Body1"等），之后在"Characteristic"栏内选择所要提取的数据类型（如位移"Transitional _ Displacement"、角速度

"Angular _ Velocity"、力矩"Element _ Torque"等），最后在"Component"栏内选择绘图使用的具体数据分量（如 X 轴分量、模值等）。图 9-30 给出了仿真得到的曲线样例。

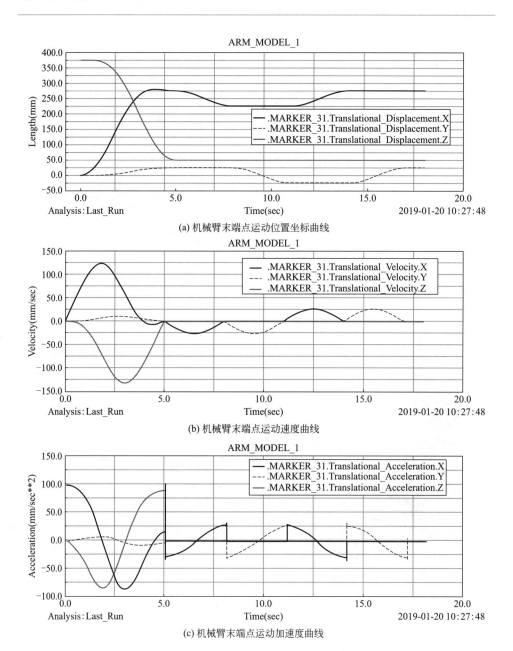

(a) 机械臂末端点运动位置坐标曲线

(b) 机械臂末端点运动速度曲线

(c) 机械臂末端点运动加速度曲线

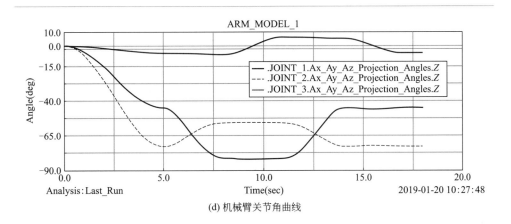

(d) 机械臂关节角曲线

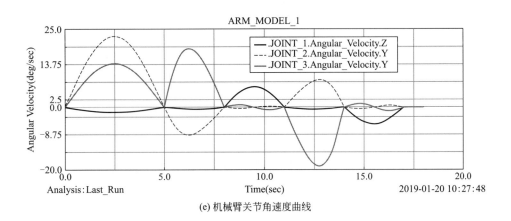

(e) 机械臂关节角速度曲线

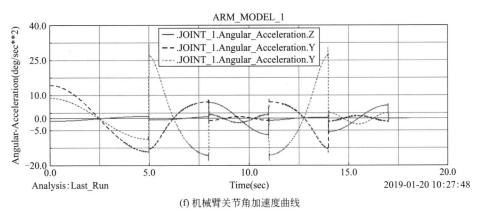

(f) 机械臂关节角加速度曲线

图 9-30

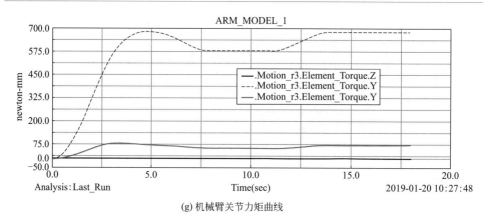

(g) 机械臂关节力矩曲线

图 9-30 ADAMS 仿真后导出的仿真结果曲线

③ 仿真动画的获得。在图 9-29 中后处理界面的菜单中，点击 "View" → "Load Animation" 载入动画，得到图 9-31 所示的 "动画编辑" 界面。使用图 9-31 中的红色录制按钮 ◉ 进行动画录制，录制好的动画会直接保存在模型的工作目录内，图 9-32 所示是三自由度关节型机械臂的仿真动画视频截图，每幅截图间隔时间为 2s。

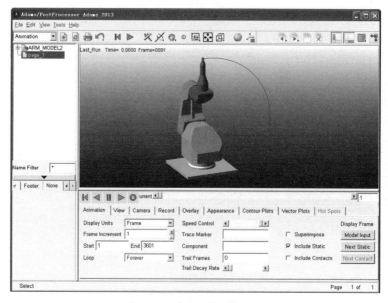

图 9-31 "动画编辑" 界面

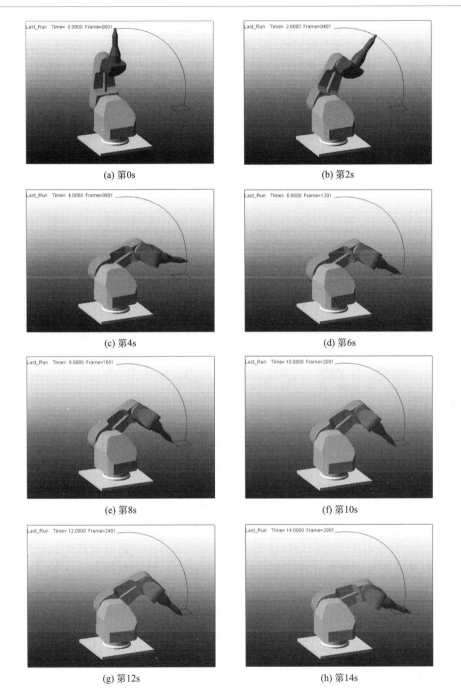

(a) 第0s (b) 第2s

(c) 第4s (d) 第6s

(e) 第8s (f) 第10s

(g) 第12s (h) 第14s

图 9-32

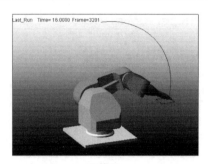 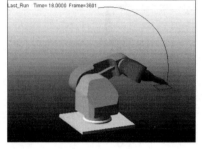

　　　　(i) 第16s　　　　　　　　　　　　　(j) 第18s

图 9-32　三自由度关节型机械臂的仿真动画视频截图

9.5.3　关于机械系统的运动学、动力学仿真结果的分析和结论

　　本节介绍的是以三自由度机器人操作臂为例运用 ADAMS 软件进行机构运动仿真的具体做法，但是，作为运动仿真工作并没有结束。在对仿真结果数据后处理得到的数据进行分析、讨论后，还应对机械系统设计结果给出一个理论上的评价结果作为仿真得出的结论。

　　（1）原动机驱动能力分析

　　从仿真得到的各关节驱动力/力矩数据曲线［诸如图 9-30(g) 给出的机械臂各关节驱动力/力矩曲线］和仿真前机械系统设计时各关节选型设计的原动机及设计的机械传动系统构成的各关节驱动系统所能达到的额定驱动力/力矩数据来对比分析驱动能力。由图 9-30(g) 可以看出：为实现给定运动，从关节 1、2、3 驱动力矩曲线（或数据集）上可以读出最大的驱动力矩分别为 675N·m、78N·m、一13mN·m。而按着仿真之前设计结果，驱动关节 1、2、3 的原动机和机械传动系统按着额定功率额定转矩计算对相应的各关节输出的额定驱动力矩最大值分别为 700N·m、80N·m、15mN·m，都比仿真得到的各关节力/力矩曲线上的最大值大，则经此对比可得出结论：原设计的驱动各关节的电动机额定输出转矩合格，理论上驱动能力足够，能够完成给定的作业运动（也即仿真所进行的运动），但余量较小；假使仿真得出的某关节所需的驱动力/力矩曲线上的最大值已经超过了电动机＋机械传动系统输出给该关节的额定驱动力/力矩值，则说明该关节驱动能力不足，无法完成给定作业运动。进而给出需要对该关节驱动系统进行再次设计，然后再进行仿真，直至达到驱动能力合格为止。要提醒读者的是：原动机

（如驱动机器人各关节的电动机）额定输出转矩、原动机＋机械传动系统（或减速器）输出给关节的额定转矩之间是可以通过机械传动系统或减速器的减速比、传动效率进行换算的。

（2）利用仿真结果数据为下一步的分析提供数据的分析

各关节驱动能力分析结果得出驱动能力合格，即通过运动仿真验证后，还需进行机械系统中关键构件（零部件）的强度、刚度以及振动等分析计算工作的话，可以从仿真软件后处理中提取这些关键构件所受的力、力矩数据最大值或者整个运动过程的数据曲线，用来作为有限元分析软件对这些关键构件进行应力、变形、振型分析所用的仿真原始数据。

（3）通过后处理得到的各种相关数据对设计结果进行单项或者综合性能评价

如机械系统在整个仿真作业过程中能量消耗的评价；不同作业运动路径下作业性能（最大驱动力矩、附加动载荷、能量消耗是否最小等等）、回避作业环境中障碍能力的评价，等等。

需要说明的是：究竟选择或定义哪些评价指标来通过仿真结果进行评价，不是一概而论的事情，需要根据作业情况和要求而确定。但是，首先，驱动能力是否足够是必须分析并得出结论的。

9.6 本章小结

本章从现代计算机辅助设计角度系统地论述了现代机械系统设计与分析的特点、内容以及实现方法。深入剖析了机械系统设计与分析型工具软件设计和主要功能实现的基本原理，旨在让机械类高年级本科生在熟练使用此类设计与分析型工具软件的同时，了解和掌握实现所用软件功能的基本原理和方法。在此基础上，主要结合机器人虚拟样机设计与运动仿真工作需要，概括介绍了 ADAMS、SolidWorks、Pro/E、Matlab/Simulink 等工具软件在虚拟样机几何模型建立、模型导入以及运动仿真模型的建立、运动样本生成与运动仿真等方面的应用和方法；最后给出了用 ADAMS 软件进行机器人操作臂虚拟样机设计与运动仿真从建模、运动学、动力学仿真到仿真结果分析与结论等完整过程的实例，为在完成机械系统设计后进行运动仿真提供了参考。

参考文献

[1]　吴伟国. 机械设计综合课程设计 Ⅱ 指导书: 机器人操作臂设计. 哈尔滨: 哈尔滨工业大学出版社, 2018.

[2]　郑建荣. ADAMS——虚拟样机技术入门与提高. 北京: 机械工业出版社, 2001.

[3]　文熙. Pro/ENGINEER4. 0 野火版宝典. 北京: 电子工业出版社, 2008. 10.

[4]　赵罘, 龚堰钰, 张云杰. SolidWorks 2009 从入门到精通. 北京: 科学出版社, 2009.

[5]　小林一行. MATALB 活用ブック. 日本东京: 株式会社秀和システム, 2001. 7. 18.

[6]　DADS 9. X: 機構解析プログラム Dynamic Analysis and Design System, DADS Revision 8. 0. CADS computer aided design software, Inc.

[7]　川田昌克, 西岡勝博. MATLAB/Simulink によるわかりやすい制御工学. 东京: 森本出版株式会社, 2001.

第10章

面向操作与移动作业的工业机器人系统设计与应用实例

10.1 AGV 台车

10.1.1 AGV 的种类

AGV 是英文 automated guided vehicle 或 automatic guided vehicle 的缩写，中译为自动导引车，也称无人搬运车，是在工厂结构化环境中代替人工搬运或人工操纵移动设备且具有一定机动灵活性的最适自动化移动设备，在生产和物流领域主要用于生产过程中物料、零部件产品的自动搬运。与传送带、轨道车等其他按预先设计的固定的移动或传送路线不同之处在于，它的移动范围有限但移动路线是有柔性的，且易于调整和调度，在结构化环境内具有一定的机动灵活性。

AGV 可以说是传统人工搬运方式和设备的自动化技术需求和发展的结果，从 AGV 中能够找到传统搬运车、牵引车、货车、叉车等传统设备的影子，因此，AGV 可分为以下几种。

① 无人搬运车：是传统人工操纵的搬运车的替代品，是将传统人工操纵搬运车用轮式、履带式移动机器人等自动化移动技术实现的产物。

② 无人牵引车：是传统的人工操纵的动力车头拖带无动力货车的自动化实现的产物，即带有货车车厢的轮式、履带式移动机器人。

③ 无人叉车：是传统叉车概念下轮式移动、前叉上下移动装卸货物的自动化技术实现，相当于轮式移动机器人与移动操作手功能的组合。

AGV 技术是以传统的轮式移动机构技术储备为基础，结合现代伺服电动机驱动与控制技术、传感器技术和计算机信息处理与控制技术、自动导航技术等发展起来的。

10.1.2　AGV 的典型导引方式

AGV 的典型导引方式主要分为固定路径导引方式、半固定路径导引方式和无路径导引方式。

(1) 固定路径导引方式

固定路径导引方式是指利用连续信息设定的引导方式。按导引信号识别与导引原理的不同，主要分为电磁式、光学式和磁式三种类型的固定路径导引方式。

① 电磁式导引方式的原理。是指在工厂结构化地面空间范围内，预先设计好的 AGV 的行走路线，然后在行走路线上埋设电缆线，利用电缆线中通过的低频电流产生磁场，在 AGV 车底部设置一对儿耦合线圈来检测磁场，以两者的输入达到一致为目标的方法来实现路径导引和驾驶。这种方法的特点是：承受地面颜色、光线和污染等变化因素影响的能力强，即抗地面环境干扰能力强。适用于工厂室厂区范围内平地重物运送和室内外无人运送的工况下。概括来说就是：在事先规定好的 AGV 移动路径地面之下铺设电磁线路通道作为"导轨"，让 AGV 在这种非接触非实体式"导轨"的通道上移动。

② 光学式导引方式的原理。是在预先设定好的 AGV 通道的路面上安装如铝带、不锈钢带等反射条，AGV 车底部安装有发射管线和接收反射光线两类光电器件，发射光线照射在反射条上并将光线反射回来由接受反射光线的光电器件接收后产生电信号传给控制系统，控制系统根据反射光产生的电信号来识别路径并导航驾驶。这种导引方式的特点是：起路径标识作用的反射条铺设简单易行（粘贴即可），工程简单，成本低。但是，反射条如被油污、粉尘污染或磨损、破坏，则会带来噪声，因此，适用于环境清洁、禁止行人行走 AGV 通道及地面色彩等管理严格并定期对反射条检测和维护的场合下。如果路径长期固定不变，最好将反射条嵌入地面并使其表面与周围地面持平。光学导引方式也适用于轻巧物体运送和频繁变更路径的应用场合。

③ 磁式导引方式的原理。是在预先设定好的 AGV 通道的地面上铺设铁酸盐橡胶磁条，AGV 车底部安装有磁性检测传感器件，该器件检测到磁场后产生电信号并传递给 CPU 进行路径识别和导航控制。由于磁条厚且质地柔软，需要对其加以防护，最好嵌在地面上的槽中。这种方式抗污染能力不如光学式。

(2) 半固定路径导引方式

这是在地面上间断性地设置光学式或磁条式路标（或者条形码、二维码）等，利用搭载在 AGV 上的视觉传感器、磁传感器等边识别边标记位置边行走的方式。这种方式简单易行，但是路标间距决定了路径识别与导航的准确性与精确程度。

(3) 无路径导引方式(自主行走方式)

这种方式不需在地面上设置任何标志和导引线,完全靠 AGV 上搭载的视觉(或激光测距)传感器自主识别与决策移动行为,或者借助无线通信系统、自主导航系统来实现自主行走的方式。这种以无路径导引方式移动的机器人也就是自主移动机器人(autonomous robot),也称自治机器人。这种无路径导引方式又可分为地面定位导航支持方式和自主定位导航方式两种。

① 地面定位导航支持方式是在 AGV 地面行走空间上设置用来为 AGV 进行定位用的激光标杆、超声波测距标杆、直角棱镜等测量装置,然后根据这些标志杆上标志点与 AGV 之间位置的几何关系计算 AGV 自身的位置并进行导航。

② 自主定位导航方式是 AGV 内部备有地图和位置编码器(或者通过在行走空间内通过地毯式扫描自行用视觉系统构建环境地图并编码),同时利用陀螺仪、超声测距传感器、视觉传感器及图像处理系统来识别周围环境,从而确定 AGV 自身所处地图中的位置并进行导航行走。这种方式一般在工厂这种结构化环境下使用较少,成本高、系统复杂,但环境适应性好,作业柔性好,适用于厂外、野外用途的智能移动机器人。

10.1.3 AGV 的移动方式与装卸载方式

AGV 主要用于工厂环境内的平整地面环境,因此,一般只要前后移动和转向两个自由度即可,其行走行为可分解为前后向进退(直线移动)、转弯式回转(有转弯半径或称回转半径)、自旋式回转(转弯半径为零,绕自身中心原地回转,也称原地回转)四个基本行为。AGV 是一个独立运动的本体,其组成主要有轮式行走平台和平台上搭载的装卸载装置。

10.1.3.1 AGV 的移动方式

AGV 的移动方式与两轮、多轮移动机器人相似,主要有以下几个方面。

① 两轮差动方式。是由一个原动机通过差动机构驱动两个行走轮的方式,其原理与两轮差动式移动机器人完全相同,有关两轮差动式移动机器人及差动机构在前面的章节中已作论述,在此不再详述! 两轮差动方式也是传统人工操纵的最为常用的各种车辆驱动方式,由于这种方式成本低、驱动系统相对简单,所以,两轮差动方式也是在 AGV 设备中应用最多的移动方式。为了维持车体的平衡和分担载荷,一般会在与两个行走驱动轮中心连线垂直的方向上布置有 1 个或 1 个以上的辅助支撑轮,即脚轮。

② 前轮驱动兼转向的驱动方式(也简称前轮转向方式)。这种方式可实现前后向进退和转弯式回转,一般最小转弯半径不为零,也即无法实现绕自身中心点

的自旋。在沿车身纵向中轴线的两侧需要设置两个轴线固定在车体上且同轴线的两个辅助支撑轮。这种移动方式行走简单，为无人牵引车常采用的方式。

③ 全方位独立转向方式。这种方式的车轮可分为独立驱动兼转向的车轮和起支撑车体的被动行走的万向轮或全方位轮。根据车轮的配置可以实现前后向进退、转弯式回转、自旋回转（原地回转）、横向行走、斜向行走等全方位行走。这种转向方式常用于半固定路径导引方式和无路径导引方式的 AGV 中。

10.1.3.2　AGV 的装卸载方式

AGV 作为无人化工厂中重要的自动化行走与搬运设备，运行到指定工作位置后应能实现自动装卸货物的功能，因此，装卸载装置上应设计有实现自动将货物或零部件产品自动升举、平移或输送功能的机构。常用的装卸载方式有以下几种。

① 辊式传送带方式，即通常所说的带式运输机。

② 链式传送带方式，即链式运输机。

③ 提升方式：通过液压或带传动、链传动等常用的提升方式。

④ 推挽方式：利用 AGV 和站点同时支撑工件或物料，用推挽装置上的爪钩实现装卸载。

⑤ 滑叉方式：AGV 平台上的装卸载装置上设置有平行导轨，导轨上有左右两侧带叉柄的滑叉，两侧叉柄夹住货物后，滑叉在驱动机构驱动下带着货物滑出装卸平台或将货物拉上装卸平台完成装载。

实现 AGV 的装卸载方式有很多，通用的装卸载方式则是采用带有 2、3 个自由度的机器人操作臂，或者满足对被装卸载对象物体摆放有位置、姿态 6 个自由度要求的六自由度机器人操作臂，装有夹爪、吸盘的末端操作器即可实现抓放、搬运物体。

10.1.4　AGV 自动搬运系统的组成

用于工业生产中的 AGV 自动搬运系统由 AGV、AGV 控制器、本地控制器、运送管理控制器、物料供应与分发站点运行系统、站点控制柜、AGV 的动力源辅助系统等部分组成。

① AGV。包括轮式移动平台和平台上搭载的装卸装置。

② AGV 控制器。对于由多台 AGV、物料供应站点构成的自动搬运系统，负责为每台 AGV、站点分配配送物料任务的中级控制器；介于上位机管理控制器、客户端控制器与本地控制器之间层次的控制器。AGV 控制器通过上位机及其交互式界面实施 AGV 系统的全面管理。AGV 控制器有两种连接方式：与负责搬运系统全局管理的运送管理控制器连接；直接与客户端控制器连接。

③ 本地控制器。即现场中 AGV 本体上搭载的控制器，包括控制 AGV 移动平台行走的行走控制器和控制物料装卸机构装置装卸物料的控制器。本地控制器通过通信电缆与 AGV 控制器进行连接，实现对自动充电器、AGV 周边自动设备的控制。

④ 运送管理控制器。属于自动搬运系统的上位机控制器，即管理部门用于控制整个系统正常运营的顶层控制器。

当 AGV 控制器从上位机上接收到运送指令（从站点 A 运送到站点 B）后，向处于待机状态的 AGV 发出行走至站点 A 的指令；接收到指令的 AGV 靠系统提供的路径导引方式沿着路径运行到站点 A；到达站点 A 后，AGV 控制器将控制站点控制柜完成向站点 AGV 码放工件的作业，然后 AGV 控制器向 AGV 发出向站点 B 运行的行走指令；AGV 行走至站点 B，AGV 将工件卸载给站点 B。

⑤ 物料供应与分发站点运行系统。站点有两类，一类是从上一站点接受来料或工件的输送与分发给 AGV 的配发系统，一般由带式或链式运输机或机器人转运系统组成；另一类为接收 AGV 搬运并卸载给该站点的物料或工件，并将这些物料或工件码垛保存在仓库，或者继续整列或分流，准备由下一站点的 AGV 继续搬运到下一站点。

⑥ 站点控制柜。用来控制站点的升降梯或运输机等正常运行的控制柜。

⑦ AGV 的动力源。由于 AGV 为相对长距离的移动设备，因此，一般不会拖动动力电供应电缆，而采用直流电池或者蓄电池供电并搭载在 AGV 本体上，并且必须对电池容量进行在线监测，如源动力检测系统检测到电池容量不足，将此信息传递给 AGV 控制器，AGV 控制器发出自动充电指令给 AGV 本地控制器，AGV 接收到充电指令后可以自动搜寻找到充电站自动充电续航。

10.1.5 AGV 的应用

现在，AGV 已经成为自动化无人化生产车间或物流、仓储行业不可缺少的自动化搬运设备。AGV 自动搬运大系统中可以根据实际需要配置有不同种类、不同性能的各种规格 AGV，从搬运几千克重到数十吨重的货物或工件，从工业电子产品到民用生活物品，从科研设备到工业生产中重型设备的运输等，应用十分广泛。AGV 属于十分成熟的技术产品。AGV 自动搬运系统的控制技术属于顺序过程控制，普遍适用于 PLC 作为其系统内的各类控制器。目前的 AGV 自动化搬运技术研发的重点在于重型 AGV 自动搬运技术产品的研发以及大规模 AGV 系统的优化设计与智能管理技术。总的来讲，AGV 自动搬运系统技术基本上属于工业机器人系统设计与技术中相对易于实现的中低端或低端层次的一般性、大众化技术，不涉及工业机器人深层次的、核心的技术问题，但产业应用价值巨大。

10.2　KUKA youBot

　　教育、科研以及工业应用开发，钢材质的麦克纳姆轮驱动的 AGV 台车可承载 20kg 物体，操作臂质量 6.3kg，末端有 2 指手爪，开合范围为 70mm，可更换不同的手指和末端操作器，末端最大负载 0.7kgf，本体上有安装视觉传感器、激光扫描仪等的安装孔。

10.3　操作人员导引的操作臂柔顺控制原理与控制系统设计

10.3.1　由作业人员导引操纵的机器人操作臂 Cobot 7A-15

　　迄今为止，几乎还没有工业机器人可通过人力操控。而且即便有，也是动作缓慢，对于减轻人员负担毫无帮助。因此，CEA List 在核工业领域中关于作用力反馈控制的经验尤其重要。借助这些专业知识，RB3D 公司最终能够生产出新一代工业机器人，将永久改善工厂中的工作环境及条件。法国 RB3D 公司的 Cobot 7A-15[1] 就是其中之一。该机器人臂采用壁式安装，具有七根轴，作业半径超过 2m，可将沉重的工具固定在手臂末端，例如一台研磨机，因此工作人员无须自己握持设备，只需要进行引导即可，举抬操作完全由 Cobot 完成。操作人员导引的机器人操作臂零件打磨作业场景如图 10-1(a) 所示。

　　Cobot 机器人操作臂各轴使用的是带有光电编码器的 Maxon 伺服电动机和可提供精确减速比的 Maxon GP 42 C 陶瓷强化式行星齿轮减速器；伺服驱动-控制系统采用的是 maxon EPOS2 控制系统，该 maxon 数字式位置控制器 EPOS2 既可用于 DC 电动机也可用于 BLDC 电动机，它安装在所有七根轴上。Cobot 7A-15 机器人操作臂的机械结构与尺寸如图 10-2 所示。

　　Cobot 7A-15 为 380V/50Hz 供电，最大功率 3kW，总质量 150kg，第 7 轴末端最大出力 250N，工具末端的最大速度可达 1m/s，是一台由高性能、结构紧凑型伺服电动机驱动的 7 个自由度冗余自由度机器人操作臂，各轴（关节）为无间隙（Clearance-free）且能光滑快速地响应控制指令。对于位置保持和稳定性要求严格的作业，各主轴都配备有制动和锁定功能；导引操纵系统配备有一个力传感器可以用来测量操纵者导引操纵时所要求方向上的力和力矩，用户近身操纵时有安全和人机工效学管理功能。

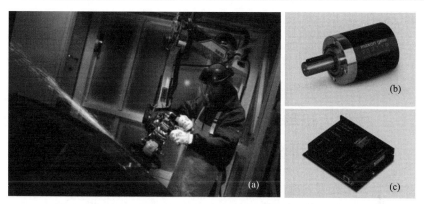

图 10-1　法国 RB3D 公司研发的操作人员导引机器人操作臂
Cobot 7A-15 打磨零件作业现场及该机器人所用部件

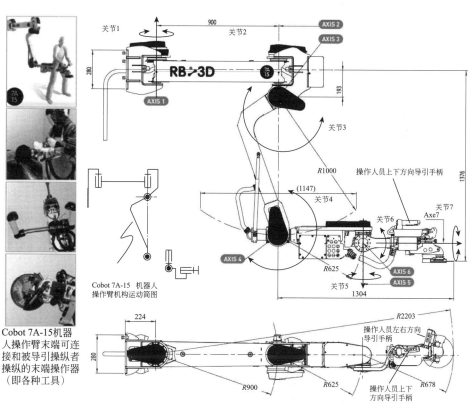

Cobot 7A-15机器人操作臂末端可连接和被导引操纵者操纵的末端操作器（即各种工具）

图 10-2　法国 RB3D 公司制造的操作人员导引机器人操作臂
Cobot 7A-15 的操纵方式、外观结构[1] 和机构简图

RB3D 公司的 Cobot 7A-15 型操作人员导引机器人操作臂的腕部末端可以连接多种不同功能电动工具作为其末端操作器，如电动的磨削砂轮机（Grinding）、打磨机（Sanding）、拧螺丝扳手（Screwing）、破碎机（Chipping）等。关节 1～关节 7 的转角范围分别为：$\pm 75°$、$\pm 75°$、$\pm 35°$、$\pm 45°$、$\pm 80°$、$\pm 80°$、$\pm 100°$；角速度（rad/s）分别为：0.5、0.8、0.8、0.6、1.5、1.5、3.0。

10.3.2　操作人员导引机器人进行零件打磨力/位混合柔顺控制的系统设计与问题剖析（吴伟国，2019 年 7 月）

本书作者并未查阅到有关 Cobot 机器人在操纵者导引下如何进行力/位混合柔顺控制系统原理与设计方面的任何文献。但就现有力/位混合柔顺控制理论与技术对操纵者导引下的力/位混合柔顺控制方法、理论与技术进行分析与系统设计问题进行论述。而且，RB3D 公司也在相关文献资料中言为其独有技术。因此，本节内容属于本书著者对操作人员导引机器人进行零件打磨、装配之类约束空间内作业的力/位混合柔顺控制系统设计问题提出的解决方案、控制方法和控制系统设计方法。

（1）关于操作人员导引机器人操作臂进行柔顺力/位混合控制的分析与所要解决的主要矛盾

首先来分析有无操纵人员导引的机器人操作臂力/位混合柔顺控制的区别，搞清楚这个重要问题才能知晓如何去设计有操纵人员导引的机器人操作臂力/位混合柔顺控制系统设计。

① 无操纵人员导引的机器人操作臂力/位混合柔顺控制。这类力/位混合柔顺控制系统设计的原理与控制系统构成框图在本书第 6 章的"6.5 力控制"一节中已有交代，按约束空间内作业的机器人操作臂的运动学、动力学以及机器人与作业环境或作业对象物之间构成的物理系统的力学模型，可以分别设计基于位置控制的力控制或基于力矩控制的力控制系统。通常将环境与机器人末端操作器之间相互作用的力学模型简化成弹簧-阻尼模型，既可用虚拟的力学模型，也可以用力/力矩传感器对操作力进行直接或间接的测量，将测得的力、力矩反馈给力控制器，力控制器实际上是通过期望的操作力与反馈回来的实际操作力（由力传感器直接测得，或间接测得后取分离体建立力、力矩平衡方程后换算出来的，或者用雅克比矩阵转换）之间的偏差值来计算关节局部位置控制器中关节位置补偿量，通过关节位置（或位置/速度）补偿量来调节关节位置/速度控制器，来实现力/位混合柔顺控制。因此，这种无操纵者导引的机器人操作臂系统除非将外力作为系统扰动看待，否则，根本不存在导引操纵力耦合进入机器人作业系统。也

就是说，安装在腕部末端的六维力/力矩传感器测得的是末端操作器操作作业对象物或与环境接触时由于受到来自作业环境或作业对象物的外力而在力传感器（即传感器本身坐标系的坐标原点）处产生的力、力矩。简而言之，机器人操作臂利用安装在自己腕部末端与末端操作器之间的力/力矩传感器来间接检测操作力来实现力控制。

② 操纵人员导引的机器人操作臂力/位混合柔顺控制。这类力/位混合控制如同小学一年级老师手把手教小学生写字的"力/位"控制一样，小学生写字要用力，老师手把其手"在线"矫正小学生正在写字的手握着的笔的轨迹也要付出矫正的力，小学生写字的力和教师手把手教写字用的在线矫正的力，二力合在一起呈并联或并行都会体现在小学生手腕上，如果假设小学生手腕就是机器人手腕末端与末端操作器之间的六维力/力矩传感器，则二力合二为一处反映在力/力矩传感器的检测力之中，问题在于传感器不知道哪个是小学生用的力，哪个是教师用的矫正的力，是混在一起的！如此分不清便搞不清楚该如何利用有效的矫正力而抑制住导致小学生写字不好看的那部分用力了。注意：这里面还有一个很关键的问题，就是对写字是否好看的评价问题以及评价之后如何反馈来调节状态量来使写字变得好看的问题。

③ 操作人员导引机器人操作臂进行柔顺力/位混合控制的所要解决的矛盾。由上述①、②所述内容不难看出有无操作人员导引操纵机器人操作臂进行力/位混合柔顺控制的区别了，那就是起导引作用的操纵力耦合进入了机器人操作力当中，二力合在一起由安装在机器人腕部末端与末端操作器之间的力/力矩传感器来作为总的操作力（力矩）被检测出来［当然，作为末端操作器直接操作作业对象物的操作力则需要由力传感器测得的力（力矩）折算过来］。既然导引操纵力与操作力已经混在一起，导引力是由操作含有技巧性（Skill）和经验丰富的工作人员的有效教导力，单纯的机器人操作力是不成熟的、不完全有效的操作力，可是，当它们同时进入力/力矩传感器当中时传感器分不出彼此，照单全收，同样都是力，最后作为三个分力、三个分力矩测量出来。如此一来，便成为问题所在：合二力为一之后，仅从一个力/力矩传感器上已经无法判断出哪部分力、力矩是导引者操纵力？哪部分是机器人使出的尚不成熟的操作力？而对于机器人力控制而言，分得清力的成分当中有效或无效是非常重要的！其实，即便假设能够分得清，问题也仍然不简单！

（2）操作人员导引机器人进行力/位混合柔顺控制系统设计中的导引力在线检测方法

既然用安装在腕部末端与末端操作器之间的六维力/力矩传感器难以让机器人力控制器分清导引力和机器人操作力（实际上，导引力与机器人操作力会合在一起后也成了操作力，但会合之前先让机器人就知道这个来路的力是导引力才是最重要的），那就在操纵机构或操纵手柄上设置能够检测导引力大小和方向的力传感器。而且，首先需要根据导引作业性质、复杂程度来确定导引运动的自由度数，然后，再确定导引操作机构所需的导引运动方向和导引方向数。或者设计带有六维力/力矩传感器的通用六自由度导引机构来检测任何作业导引操纵力，但这又有一个问题：因为增加导引机构上的六维力/力矩传感器会使系统成本增加，而且操纵机构总体质量和体积都增大。尽管如此，导引力与操作力被分别用各自的力传感器检测出来，即便导引力已经耦合进入了机器人腕部操作力之中，但可以根据导引力传感器检测到的导引力大小和方向从分离体力、力矩平衡方程中解算后剔除便得到了机器人的操作力。图 10-2 中操作人员上下方向导引手柄与左右方向导引手柄应该即是操纵手柄，也应分别是上下方向、左右方向导引力的检测手柄。而且，这两个手柄与末端操作器机械接口连接法兰之间的位置和姿态应该是经过检测和标定的精确值。

（3）导引力在线检测原理以及操作人员导引机器人的力/位混合柔顺控制系统设计

为考虑一般性的通用导引机构，本节给出的是图 10-3 所示的两种六自由度导引力检测与操纵机构作为导引操纵机构前提下，来考虑用于操作人员导引机器人力/位混合柔顺控制系统设计问题。

① 导引力在线检测的导引力操纵机构及其自学习系统

两种导引力检测原理的导引力操纵机构设计：如图 10-3 所示的两种导引力检测原理的导引力操纵机构，一种是以十字弹性梁上粘贴应变片检测导引力原理的导引力操纵机构；另一种是以弹性铰链机构检测导引力原理的导引力操纵机构。这种力传感器量程设计一般以成人男性操纵者操纵力 5～10kgf 为限即可，因为操纵力一般都不大，否则操纵不够灵活，但灵敏度、频响特性要求高。因此，其设计可以实现质量小、惯性小，更适合于操作人员操纵灵活性和快速响应性要求。为便于操纵人员从不同方位操纵，导引力操纵手柄上设有 ±90° 范围内任意方位的转位开关和手动转位机构。转位后转位开关自动发送转位信号给力传感器控制器用于不同操纵方位下的操纵力、力矩的换算。转位开关的操纵并不影响转位以及导引力检测正常工作。导引力在线检测的导引力操纵机构的机构参数如图 10-3(a) 所示，所有这些参数都必须经过精确测量后，标定得到导引力操纵机构的刚度矩阵数据集 $\{\boldsymbol{K}_{guide}\}$ （带索引表的 $\boldsymbol{K}_{guide}$ 集）或刚度曲线数据集 $\{k_{x\text{-}guide}、k_{y\text{-}guide}、k_{z\text{-}guide}、k_{Tx\text{-}guide}、k_{Ty\text{-}guide}、k_{Tz\text{-}guide}\}$ 精确值后才能使用。末端操作器侧、机器人操作臂侧两个机械接口上都设有精确的轴向、周向定位结构。

为了使导引操纵机构能够记忆、学习工厂作业技术熟练操作者的经验，为导引操纵机构设计自学习系统，由计算机和传感器以及人工神经网络原理的泛化学习算法来实现。导引操纵机构装置设计成可独立使用的便携式，同时，还可以与工业机器人操作臂连接，进行导引操纵人员导引下的机器人力/位混合柔顺作业，当导引操纵机构经自学习充分掌握技术熟练人员的作业技巧和经验后，还可以用导引操纵机构的自学习系统作为自导引（即零导引操纵力下的虚拟导引）控制器来代替导引操纵人员，此时已不需导引操纵机构硬件工作，而完全由其软件系统操控。意味着导引操纵机构作为辅助作业的操纵系统转变为力/位混合自主控制系统。

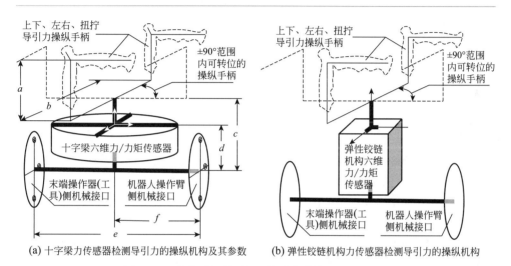

(a) 十字梁力传感器检测导引力的操纵机构及其参数　(b) 弹性铰链机构力传感器检测导引力的操纵机构

图 10-3　力传感器检测导引力的操纵机构及其参数

便携式导引操纵机构上的传感器配置：除导引操纵机构上检测导引力、力矩的力传感器之外，为获得操纵人员操纵该机构时作业位姿需要陀螺仪和加速度计，如果还需评价对作业对象物表面的作业质量，还需要视觉传感器。

导引操纵自学习系统是在导引操纵人员手持带有记忆与学习功能和系统以及末端操作器工具的便携式导引操纵机构进行人工作业的过程中进行自学习的，也可以将该便携式装置安装在机器人操作臂末端，由机器人操作臂"把持"，但由操纵人员来人工完成作业任务，机器人各个关节传动系统需带有离合器并处于驱动部与关节脱离状态，而且机器人各个关节处惯性负载越小越好，如此可以使机器人处于自由状态，不影响作业人员人工操作；或者机器人仅处于位置伺服状态跟随操作人员的运动而不输出操作力。

导引操纵自学习系统主要由 CPU、导引操纵机构上的力传感器、陀螺仪、加速度计等信号处理系统、外存储器（数据外部记忆）和小脑神经网络（CMAC）泛化学习系统、相应作业任务完成质量的评价系统组成，如图 10-4 所示。外部存储器存储的是导引操纵机构的位姿、作业任务类型参数集、相应于各类作业任务参数下导引操纵机构上的力传感器检测到的操纵力和操纵力矩、已有作业数据下相应作业任务完成质量的评价系统生成的评价值。

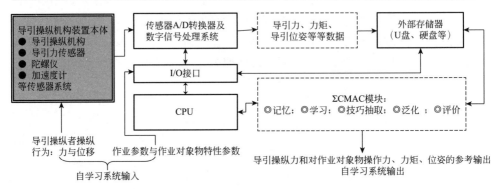

图 10-4　导引操纵机构装置自学习系统

如果小脑神经网络能够将导引操纵人员的经验学习充分，并抽取操作人员的操纵和操作技巧，凭借小脑神经网络泛化能力强、"运算"速度快的优势，则可以实现无操纵人员导引操纵下的机器人自操纵自导引能力，则为一台自律、自主操纵操作的智能机器人操作臂力/位混合柔顺作业系统。如此从根本上实现无人化作业。

②关于诸如零件打磨、零件装配等人工作业和导引机器人作业过程中的导引与操作数据的获得、训练与学习的具体问题。不同作业中作业质量要求、作业对象物的物理性质、作业参数均有较大差异，而且类似零件打磨、装配等作业人员使用工具操作对象物的人工作业过程中，作业质量在线评价与经验、技巧作用的发挥是通过操作人员人的眼睛的判断、操作工具的手、身体等感知功能来实现的，并且以操作力、操作位姿变化的行为参数及行为作用结果（即操作对象物的结果）上反映出来。如何通过自学习系统的输入与输出数据集中抽取出人工操作人员的经验和技巧是首要问题。目前通过采用强化学习与神经网络相结合的方法是一种有效的途径。强化学习、神经网络等智能学习运动控制所需的基础知识、强化学习系统构成以及常用的 Q 学习算法、CMAC 结构等在 4.6.3 节中给出了较为清晰的解释。

强化学习系统需要定义状态量、状态空间、行为量和行为空间。对于导引力操纵下的约束空间内机器人作业问题，可以定义如下。

a. 导引操纵系统的状态量与状态空间。取末端操作器的位置和姿态量 X（位姿矩阵或矢量）以及操作力、力矩量矢量 $F_{operate}$ 以及作业对象物本身的被操作变化量 X_{object}（如几何尺寸、表面粗糙状态、几何形状量等），以及各状态量的变化量即相应变化的"速度""加速度量"。构成状态空间 S，且可表示为：$S = \sum \{ X, F_{operate}, X_{object}, \dot{X}_{opreate}, \dot{F}_{operate}, \dot{X}_{object} \}$（这里"$\sum$"号只表示所有可能的状态的集合之意，而非求和）。

b. 导引操纵系统的行为量与行为空间。取作业人员使用导引操纵机构装置进行导引的行为量为：含有导引力方向与大小的导引力、力矩矢量 $\boldsymbol{F}_{guide}$、加在导引操纵机构的位移矢量 $\boldsymbol{X}_{guide}$、速度 $\dot{\boldsymbol{X}}_{guide}$ 等，则构成的行为空间 $\boldsymbol{A} = \sum \{\boldsymbol{X}_{guide}, \boldsymbol{F}_{guide}, \dot{\boldsymbol{X}}_{guide}\}$。

c. 导引操纵系统的映射关系。在当前（用下标 j 表示"当前"这一时间点）状态 $\boldsymbol{S}_j$ 下采取行为 $\boldsymbol{A}_j$ 得到将要到来的下一时刻（用下标 $j+1$ 表示）状态 $\boldsymbol{S}_{j+1}$ 的映射关系为：存在 $\boldsymbol{A}_j \in \boldsymbol{A}$；$\boldsymbol{S}_j$，$\boldsymbol{S}_{j+1} \in \boldsymbol{S}$。使得：$\boldsymbol{S}_j \xrightarrow{\boldsymbol{A}_j} \boldsymbol{S}_{j+1}$。得到的状态 $\boldsymbol{S}_{j+1}$ 的与期望的目标状态 $\boldsymbol{S}^*$ 的接近程度的评价值为 $\Delta \boldsymbol{S}_j = \| \boldsymbol{S}_{j+1} - \boldsymbol{S}^* \|$，则 $\boldsymbol{A}_j \in \boldsymbol{A}$ 的一系列行为 $\boldsymbol{A}_{j1}, \boldsymbol{A}_{j2}, \cdots, \boldsymbol{A}_{jk}, \boldsymbol{A}_{jn}$，$(j=1,2,3,\cdots,m; k=1,2,3,\cdots,n; n,m$ 皆为自然数）的总的评价 P_j 为：$P_j = \sum\limits_{k=1}^{n} \Delta \boldsymbol{S}_{jk}$，$\Delta \boldsymbol{S}_{jk} = \| \boldsymbol{S}_{j(k+1)} - \boldsymbol{S}^* \|$，则以 P 最小为学习的评价函数。

状态行为评价函数 $P_j(\boldsymbol{A}_j, \boldsymbol{S}_j) = P_j = \min \sum\limits_{k=1}^{n} \Delta \mathrm{S}_{jk}$，则可以导引操纵者进行导引操纵的力、力矩以及位姿数据、导引操纵者操纵下被导引操纵机构操作的作业对象物的状态数据作为训练用的教师数据，利用强化学习中的 Q 学习算法训练小脑神经网络（CMAC），不断调节神经网络内节点间相互关联强度即权值；并且在导引操纵者利用便携式智能学习导引操纵机构装置进行大量人工作业的情况下，获得大量的蕴涵操作者经验和技巧的教师数据，利用这些数据，分别训练学习功能 CMAC 模块；从学习功能模块 CMAC 的输入、输出数据再次利用作为技巧抽取功能 CMAC 模块的一次深度教师数据进行训练学习；从技巧抽取功能模块 CMAC 的输入、输出数据再次利用作为泛化功能 CMAC 模块的二次深度教师数据进行训练学习；并由学习、技巧抽取、泛化三个 CMAC 功能模块的输入、输出作为评价功能模块 CMAC 的三次深度教师学习数据进行训练学习。如此，将导引操纵者经验、技巧全部纳入自学习系统形成"智能导引操纵系统"。这种方法构筑 CMAC 自学习系统的问题就是占用大量的存储空间。因此，在获得大量的作业技术熟练导引操纵者操纵和作业教师数据的基础上，可采用基于状态、行为空间的特征选择和评价的方法来设计技巧特征抽取算法。但是，需要注意的是：每次深度学习的评价函数不同，技巧抽取的评价函数的定义、学习能力评价函数的定义是需要高度抽象后解决的问题。

上述用的是小脑神经网络和强化学习的 Q 学习方法来构筑和实现导引操纵机构系统的自学习系统，还可以用模糊神经网络来实现，用神经网络的非线性学习功能去为模糊系统抽取导引操纵者的技巧性、经验性模糊知识并得到模糊行为逻辑关系和模糊输出，再通过解模糊获得输出，将输出作为导引操纵机构自学习系统的输出。

③ 操作人员导引机器人的力/位混合柔顺控制系统设计。有了上述各基本问题解决方案设计和准备，接下来可以继续探讨此类技术问题的控制系统总体设计方案。首先需要明确该控制系统设计的原则。

a.操作人员导引机器人的力/位混合柔顺控制系统设计的原则

• 原则1：机器人助力但不影响导引操纵人员自身手持操作工具作业时的感觉与作业质量。

• 原则2：是建立在原则1基础上的，机器人跟随操纵者的导引运动但不对操纵者的操纵力（而非使用末端操作器工具时的操作力）产生影响。

• 原则3：导引操纵下的机器人作业质量评价系统应能够发现由于导引操纵者疲劳、意外而导致的失误并予以正确校正。

b.导引操纵者操纵导引机构的力学模型。导引操纵者施加给导引操纵机构上的力作用于机器人操作臂的被导引部位，导引操纵者操纵的导引操纵机构是安装在机器人操作臂末端并与操作臂一起在运动，我们期望机器人操作臂的运动与导引操纵者操纵运动协调一致使得导引操纵机构仅受到导引操纵者的操纵力，但是绝对的协调一致是不可能的，我们的控制目标只能追求期望得到尽可能小的、趋近于零的效果。因此，在导引操纵机构与机器人操作臂之间可以假设有个假想的、虚拟的以位移、速度、力各自的偏差来表示的力学模型，如图10-5所示。

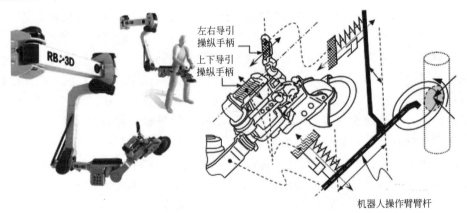

图 10-5　导引者导引（或导引操纵机构装置）与机器人操作臂之间假想的虚拟力学模型

c.控制系统设计中采用的控制方法。为实现机器人跟随导引操纵者操纵末端操作器的运动而又不对导引操纵者的操纵力产生影响，首先对机器人操作臂采用以操纵者操纵运动的位置、速度量作为机器人轨迹跟踪控制器的参考输入，然后通过机器人上腕力传感器、导引操纵机构上的导引操纵力传感器来检测导引操纵机构上被操纵者操纵部位的合力、合力矩矢量，该矢量中包含着操纵者导引操纵力、机器人在导引操纵者导引运动下运动跟随不协调产生的力两部分，由检测得到的这两部分力可以解算出由于跟随操纵者运动与操纵者运动不协调而产生的力。期望解算出的这个力理论上为零。这个力可以通过对机器人操作臂的位置轨迹追踪控制器进行机器人各关节运动（或被操纵部位运动）的补偿加以调节，从而达到：由于机器人操作臂的轨迹跟踪误差、外部扰动、惯性等影响因素而导致跟随运动不协调而产生的对操纵者操纵力的影响趋近于零的控制目的。用上述力/位混合柔顺控制原理和方法所要达到的控制目的就是：让导引操纵者感觉不到有机器人操作臂在用力帮助他但又在"暗中"给末端操作器施加操作力，并且达到与作业技术熟练的导引操纵者的作业质量。

d. 导引操纵类机器人操作臂的力/位混合控制系统。按上述控制方法和原理可以设计图 10-6 所示的导引操纵类机器人操作臂的力/位混合控制系统。

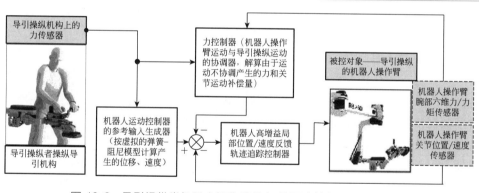

图 10-6　导引操纵类机器人操作臂的力/位混合控制系统原理框图

10.4 工业机器人操作臂圆-长方孔形零件装配系统设计及其力/位混合控制

10.4.1 关于应用于生产过程中的实际机器人装配系统设计问题的总体认识

（1）关于力、位双重控制目标下的机器人末端许用定位精度的博弈问题

机器人装配理论与技术是在机器人位置轨迹追踪控制的基础上，进一步要求

机器人实现力控制的目标的两类运动控制的复合控制问题。位置、力两个控制目标被统一在工业机器人操作臂末端定位精度这一几何约束条件下，意思是说：单纯的位置（位置/速度）轨迹追踪控制目标下的控制问题是在机器人操作臂末端定位精度来满足作业精度要求，而在力、位两个控制目标的要求下，同样的工业机器人操作臂的末端定位精度用来分别满足力、位两个控制目标，总的定位精度范围中，一部分限制末端操作器位姿精度，则剩下的部分用来限制力控制精度。显然，相当于对位置轨迹追踪控制下机器人作业精度要求更加严格，力控制也不能"享用"末端操作器的全部许用位姿精度。因此，力/位混合控制要求下的机器人控制问题就如同力控制中稍有位姿偏差便会产生相当大的反作用力一样，相对单纯位置轨迹追踪控制而言难度倍增。

因此，机器人装配技术的难易程度和能否实现由机器人末端位姿精度、销孔配合性质及其实际尺寸偏差值、公差值来决定。在实际的工业生产中机器人装配系统设计之前，需要根据被装配零件的实际尺寸测量值或者零件工作图、被装配件工作台与工业机器人操作臂安装基础、设计或选购的工业机器人操作臂、末端操作器、力/力矩传感器等进行精度设计和计算分析，在精度综合设计上给出可装配条件或范围，并满足力、位混合控制作业下的精度要求。

（2）机器人装配的几何学与力学理论问题

装配理论就是找出装配零件与被装配零件在装配过程中相互之间所有可能出现的不同的接触状态，然后对每一种接触状态进行静力学分析，获得这种接触状态的几何学、力学约束条件，由这些条件得到该接触状态判别条件，同时相应于各种接触状态给出装配策略（装配策略就是根据装配的当前状态事先推测下一步可能产生的状态并进行状态迁移概率计算来决定采取的装配行为的策略，装配策略是使装配能够顺利进行下去的保证），根据装配策略决定的由当前状态采取装配行为并进行装配力计算，进行力/位混合控制。其中，具体技术实现是由力/力矩传感器在装配过程中测得的当前状态下力、力矩信息以及当前状态下机器人末端的位姿信息，使用所有的判别条件判别当前状态属于哪种接触状态并由装配行为（即让末端操作器的位姿变化）进行状态迁移。机器人装配的几何学问题由解析几何和机器人机构运动学解决；由于机器人装配时作业速度相对较慢，一般情况下机器人装配的力学问题主要作为静力学问题来处理，由理论力学中的力、力矩平衡方程或不等式来解决。但是，对于运动的装配件或被装配件质量较大或快速装配时，只有静力学是不够的。是否需要考虑惯性、牵连运动等二阶力、力矩项的动态影响取决于装配工件配合性质、力/位混合控制精度要求以及实际装配速度等。

（3）机器人的位姿精度、力/力矩传感器的量程与分辨率、精度

如果不考虑柔顺控制，即末端操作器或机器人均为刚度较大的"刚体"（非

绝对刚体），则机器人装配系统设计时需要考虑和分析计算机器人位姿精度、力/力矩传感器的量程与分辨率和测量精度、孔轴类零件实际配合尺寸（间隙配合）等的匹配问题。一般的工业品六维力/力矩传感器为在使用中保护力/力矩传感器的检测部，都设有过载保护的安全销，过载则安全销剪断，检测部与工具侧硬连接完全脱开。然后需由传感器制造商提供维修，更换新的安全销将传感器恢复后仍能继续安装在机器人上使用，但耽误工期。基于上述考虑，一般的机器人装配技术均采用柔顺装配技术。

10.4.2 圆柱形轴孔装配理论与销孔类零件装配系统设计

（1）销孔类零件装配理论

尽管 1975 年 Simunovic 以销孔类零件装配为对象研究了工业机器人装配力信息的理论分析问题，但是销孔类零件的装配理论研究代表了圆柱孔类零件与圆柱表面的轴类零件之间的装配理论问题。

S. N. Simunovic 和 D. E. Whitney 分别于 1975 年、1982 年的研究并提出了销孔类零件装配力学条件和关系、采用拉伸弹簧和扭簧设计柔顺支撑机构和柔顺中心等研究成果，从而奠定了工业机器人装配理论与技术基础，并一直沿用至今。他将装配过程分为图 10-7 所示的接近、倒角过渡、单点接触和双点接触四个阶段，并对后三个阶段的接触状态进行了几何与静力学分析，分别推导出了各个阶段下插深度与销类零件的位姿以及装配力的函数关系；对装配过程的卡阻和楔紧现象进行了讨论；最后归纳出了完成装配必须满足的几何条件与力学条件。另外，销孔装配分为有倒角销孔装配和无倒角销孔装配两类。理论上讲，两者的差别只是在搜孔、接近阶段有差别，而在除倒角以外销孔与销接触阶段则在装配理论上完全相同。但是实际上，由于倒角的自动定心和装配导向作用，倒角使得开始装配的初始阶段容易实现。

（2）有倒角的销孔类零件的装配过程及柔性支撑结构模型

装配过程如图 10-7 所示，分为接近、倒角过渡、单点接触、双点接触四种状态和装配过程阶段。接近孔的阶段也即是搜孔阶段；Whitney 提出的末端操作器与销之间的横向弹簧、扭簧柔性支撑结构模型如图 10-8 所示。

（3）装配过程的几何分析

包括倒角接触阶段、单点接触阶段、双点接触阶段这三个阶段的几何分析。对各阶段进行几何分析的目的是：根据解析几何与力平衡关系，推导出销轴线与孔轴线的偏角 θ 计算公式，以及柔性支撑下参考点即柔顺中心点偏离孔轴线的偏距 X_h 计算公式，其中偏角 θ 计、偏距 X_h 的定义如图 10-8 所示。

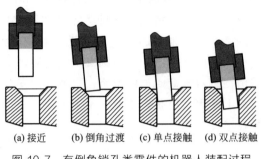

(a) 接近　　(b) 倒角过渡　　(c) 单点接触　　(d) 双点接触

图 10-7　有倒角销孔类零件的机器人装配过程

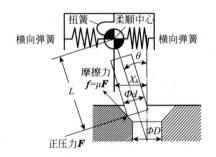

图 10-8　末端操作器与销之间的柔性支撑结构模型

(4) 装配过程的静力学分析

关于单点接触、双点接触状态下的静力学受力分析属于理论力学中很基础的问题，所以这里从略。而更重要的问题是：装配成功与否是由装配时的力学状态来决定的，导致装配失败的力学状态有卡阻和楔紧两种。二维、三维零件装配的静力学分析属于取装配件、被装配件为分离体应用大学工科理论力学知识进行受力分析和列写力、力矩平衡方程的一般性工作，此处不赘述。

① Simunovics 定义的卡阻和楔紧两种力学状态。由于支撑施加到销上的作用力和力矩的比例不当而使得销在孔中无法继续下插的一种力学状态，这种现象可以通过改变施加力的状态来排除掉；楔紧是由于销与孔的几何关系不当而使得销在孔中不能移动的力学状态。一旦发生楔紧现象，无论怎样改变装配力都不能使装配继续进行，除非使零件在接触点处损坏。销孔装配操作时单点接触和双点接触的代表性的静力接触状态共有 6 种，其中的三种如图 10-9 所示，其余三种则是销的倾斜方向分别与图示的三种方向相反，此处省略。

② 卡阻分析方法。按图 10-9 给出的三种接触状态和各自的静力学平衡方程可以分别推得各自状态下的 $M_y/(\mathrm{d}F_z/2)$、F_x/F_z 的计算公式，并可以得到以 F_x/F_z 为横轴、以 $M_y/(\mathrm{d}F_z/2)$ 为纵轴的四边形卡阻图，图中 1、3 象限位两点接触

状态的卡阻临界状态，2、4 象限为双点接触的卡阻临界状态。若装配力 F_x、F_z、M_y 组合出的单点状态、双点接触状态落入四边形的外面，则发生卡阻；落在里面则不发生卡阻；若落在平行四边形边界上则处于临界状态，也不发生卡阻。

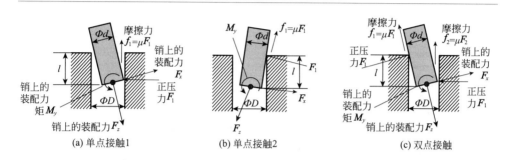

图 10-9 销孔装配过程中的接触状态与楔紧

③ 楔紧分析。Simunovics 认为楔紧是由于几何上的原因导致双点接触时两节触点处反作用力的作用线重合，使所用力所做的功全部转化为零件的变形能而不能使销产生运动。他认为当双点接触发生在 l 值很小的情况下，很可能导致两接触点处的摩擦锥相交而导致楔紧。根据两点接触状态的楔紧分析可以求得发生楔紧的最大深度 $l_w = \mu d$。最大偏角 $\theta_w = (D - d)/(D\mu)$，文献中使用 $c = (R - r)/R$，$\theta_w = c/\mu$，其中 R、r 分别为 $D/2$、$d/2$。

需要说明的是：Simunovics 当时提出的装配理论并未考虑销在 yz 平面内的偏斜。整个分析是建立在被动柔顺观点基础之上的二维静力学理论分析，实际应用上有很大局限性，而且没有对装配策略进行研究，楔紧分析也过于简单。但为机器人装配理论的进一步研究提供了思路和方法，其卡阻分析的实际意义很大。对后续的机器人装配理论与技术的研究影响很大。

（5）装配策略

主要包括两部分，一部分是搜孔策略；另一部分才是实质性的装配即插销入孔的插入策略。搜孔策略有被动柔顺搜孔策略和主动柔顺搜孔策略两种。

① 被动柔顺搜孔策略。是将销的支承柔顺中心配置在销的下端部，使得倒角过渡时孔对销的反力近似通过支承柔顺中心，达到不使销产生偏转的目的。此外，可以通过设计使柔顺机构横向调整的运动阻力趋于零，而摆动阻力相对而言远大于横向运动阻力（实际仍很小）的柔顺机构的办法，使孔对销产生的反力不易引起销的摆动。还可以采用变刚度法，即在倒角过渡时使支承结构的扭转刚度变得很大，如此使被动柔顺机构即使柔顺中心点至销下端部的距离 L 很大也不会引起销的偏转，柔顺机构设计也不受此距离 $L=0$ 的约束，当装配零件尺寸变

化时也不影响系统的工作效果。被动柔顺不论是横向调整还是偏摆调整，都期望在产生柔顺时柔顺运动阻力尽可能趋近于零。

② 主动柔顺搜孔策略。典型方法有平面搜孔法和立体搜孔法，如图 10-10 所示。

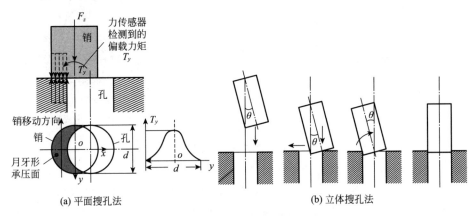

(a) 平面搜孔法　　　　　　　　　(b) 立体搜孔法

图 10-10　搜孔法原理图

a. 平面搜孔法是利用销与孔的位置偏移而产生力矩的原理来判别孔与销的相对位置，进而沿着计算出的方向移动销的位置，如此反复进行，直至销的下端部落入孔口为止。当销的下端部覆盖部分销孔时，销的下端面与孔边缘所在平面的接触面积为"月牙形"，由于实际接触的"月牙形"面积上作用着 z 方向的分布的接触力，对于销的下端面而言，受到来自孔边缘所在平面的反作用力，而且是偏离销的下端中心的力，这样就会在销上产生一个偏心的力矩，通过此偏心力矩即可检测出销已位于孔的上方，否则，销下端部没有遇到孔时，理论上不会有偏心力矩或偏心力矩非常小。由力/力矩传感器检测到的偏载力矩 T_y 的变化和大小可以找到沿销行进即搜索方向上的"月牙形"接触面积的中线位置，然后沿此中线分别左右横移销，由检测到横移方向上的力可判别出两个边界点即为直径端点。因此，平面搜索法的条件是必须让销在搜索平面上施加一定的搜孔压力。当零件无倒角时，这种搜索法的搜索时间很长。平面搜孔法适用零件有倒角或配合间隙较大的情况。

b. 立体搜索法是先将初始状态为零位的销偏转一定的角度，销一偏斜就会在其下端部有一个最低点，然后机器人带着偏斜的销下移，当没有遇到销孔时，销的最低点与孔所在零件的表面一旦接触就会受到一个反作用力（由机器人的腕力/力矩传感器检测出来），按预先设定好的搜索路径和步距重复上述动作，每次销的抬起高度和下移距离都相同。当按同样下移距离时力传感器没有检测到最低

点受到 z 方向上反作用力，说明销位于销孔之上。然后继续下移一定的距离，直至检测到受到 z 向、x 或 y 向的反作用力时，则沿着 x 或 y 方向力的反方向进行小步矩横移，直至检测到 z、x 或 y 方向上受到反作用力，则找到了另一个边界点。对于图 10-10(b)，就是找到了销孔，则将销的偏角调回成零为姿态，下移销入销孔即可。

③ 主动搜孔策略的实际问题。以上给出的只是在理论上说明的搜孔方法，实际上，销孔是二维平面孔（搜孔暂不考虑孔深问题），则需要找到二维销孔上两个互相垂直直径上各自的边界点（即距离最远的四个点才能确定销孔的中心）。因此，按着前述的立体搜孔策略原理需要在搜索区域内进行搜索路径的规划才能找准孔的中心，搜索步距越小找到的孔中心就越准确，但花费的时间越长。

单纯借助腕力/力矩传感器和搜孔策略的搜孔技术，即如前所述主动柔顺搜孔或被动柔顺搜孔法之一。

借助视觉传感器图像处理与模式识别、腕部力/力矩传感器和搜孔策略的搜孔技术：实际应用上，如果排除遮挡问题，可用视觉传感器进行视觉伺服和立体搜索法结合起来的方法会提高搜孔效率。对于应用工业机器人操作臂系统及其销孔类装配技术而言，通过机器人末端搭载的视觉系统可以获得末端操作器作业区域附近的被操作对象物或环境的图像，通过自动化车间生产线环境中机器人周围设置的外部视觉系统可以获得操作空间内的图像，通过图像处理来识别销孔等孔类结构的位置、尺寸，然后控制机器人操作臂将销移到要装配的孔的上方，然后执行搜孔，其实已经在销的下方，但销底面中心和孔的中心未必对得准确。因此，借助于视觉系统图像处理、孔类结构的模式识别和机器人操作臂末端的视觉定位技术即可以使销快速地移动到孔的上方，即销底面在孔所在平面上的投影与孔有"月牙形"的重叠区，此时，再利用前述的"立体搜孔法搜孔策略"在 x、y 两个方向上扫描搜索并利用腕力/力矩传感器的力信息的变化规律即可找出孔的中心，开始进入销插入销孔的装配"插入"阶段。

④ 装配过程中的"插入"策略。"插入"策略是根据单点或多点接触（双点、三点、…、n 点接触）状态分类（对于销孔类装配只有单点接触、双点接触状态，它们各自又可分为不同的单点或双点接触类型）与静力学分析后归纳得出的接触状态识别条件以及腕力传感器实时采集获得的力信息对当前实际接触状态进行判别，根据判别结果而采取继续进行装配的行动的行为决策。它包括根据当前接触状态执行下一步行为的选择和所选行为的结果即可能得到下一接触状态的评价（即行为选择的评价）。装配过程中的状态是用表示单点或多点接触状态的状态量来表示，而装配过程中的行为则是用表示使销产生位移和偏角的行为变量来表示。对于含有多点接触状态的装配"插入"策略可以采用基于状态、行为空间表示的强化学习的方法来实现。对于销孔类零件装配，由

于其接触状态相对较单一（单点接触、双点接触），接触状态迁移基本上可选择性很小，所以按着接触状态判别条件结合力传感器信息即可执行"插入"装配。

(6) 销孔类圆柱形轴孔零件的机器人装配系统设计

实现销孔类圆柱形轴孔零件的机器人装配方法与技术可以分为以下几类。

① 靠机器人末端定位位姿精度来满足装配条件的机器人装配技术（专用于装配的 SCARA 装配机器人）。这类装配技术是在机器人定位精度满足装配零件间配合性质和间隙配合条件下的装配，也即机器人末端定位精度高于配合间隙，使得靠机器人定位精度即可使销的位姿位于配合尺寸上偏差、下偏差范围之内。这类由定位精度要求高于间隙配合尺寸公差范围的装配技术只采用机器人位置轨迹追踪控制技术即可实现。如果是间隙配合也可不需在腕部加装力/力矩传感器，整个装配机器人系统即为通常的位置/轨迹追踪控制的工业机器人操作臂作业系统，实质上就是定位精度满足装配件配合性质和间隙配合尺寸偏差要求的工业机器人操作臂，但在装配技术上没有丝毫体现，从这一点来看，这类装配机器人实质上不属于装配技术型机器人。但需要解释的是：SCARA 机器人属于专属于装配的机器人，是因为该机器人在机构设计上已经考虑了装配力有效性的问题，即末端装配运动方向与各个关节回转运动轴线平行，机器人本身各个构件的重力和惯性力、力矩以及牵连运动产生的力、力矩均与装配运动方向和装配力方向垂直，因而，对装配力没有直接影响。这一点为 SCARA 机器人作为装配专用机器人的一大特点和优势所在。但若轴孔零件配合是过渡配合，则需要控制装配力，此时需要安装腕力/力矩传感器或者直接测定所需装配力，然后在位置控制基础上，施加假想的虚拟力控制。

② 靠被动适应的 RCC 柔顺手腕机构实现装配的机器人装配技术（1977～1984 年，P. C. Watson、D. E. Whitney、J. P. Merlet 等）。是通过 RCC 柔顺机构本身的弹性（柔性）来获得装配过程中的柔顺性，即使在刚性状态下处于卡阻或楔紧状态而陷入不能继续装配的困境时，采用 RCC 柔顺手腕机构本身在设计上特有的弹性能够解除卡阻和楔紧状态，刚性接触下的卡阻或楔紧状态产生的卡阻力或楔紧力可以被柔顺弹性机构的弹性以"顺从"（弹性变形）的方式从"硬性"几何关系和力学关系下的卡阻或楔紧状态逃离出来，并在保持弹性柔顺力的状态下，机器人驱动末端操作器及其上的销继续插入销孔。采用 RCC 手腕柔顺机构或者其他柔顺机构的被动柔顺机器人装配技术完全依赖于柔顺机构本身的弹性，这类柔顺机构在设计和制造、柔顺力与位移之间的函数关系的标定阶段给出实际柔顺机构弹性位移与柔顺力之间的具体函数关系式或具体数据曲线，然后按机器人操作臂末端操作器位置轨迹追踪控制器和被动柔顺力与柔顺位移关系构成的柔顺力控制器设计力/位混合控制系统。因此，这种控制系统也不需腕力/力矩传感

器，降低了控制系统设计与构件的成本，但是通用性差，可以将被动柔顺机构设计成其弹性在一定范围内离线可调控的被动柔顺机构，以获得可在一定范围内有一定柔顺通用性的柔顺机构。但若设计成在线可调控柔顺机构则演变成主动柔顺机构。

③ 靠 AACW 等主动适应的柔顺手腕机构实现装配的机器人装配技术（1977～1983 年，H. V. Brnssel 等）。如果将被动柔顺机构中加上主动驱动部件使弹性机构主动产生位移和偏角以适应装配所需柔顺性，或者在被动柔顺机构上施加柔顺力、力矩检测功能即带有柔顺力传感器功能，则被动柔顺机构就成了主动柔顺手腕机构。

④ 靠主动驱动和被动柔顺结合的主被动柔顺手腕机构实现装配的机器人装配技术（1983～1992 年 J. Rebman，T. L. De Fazio，D. S. Setzer，H. S. Cho，H. G. Cai 等）。

以上各种机器人装配技术中涉及各类柔顺手腕机构装置原理与结构在本书"8.3.3 柔顺操作与装配作业的末端操作器"一节中已交代清楚，这里不再讲述。

笔者归纳给出的机器人柔顺装配系统构成及其装配控制系统设计原理如图 10-11 所示。

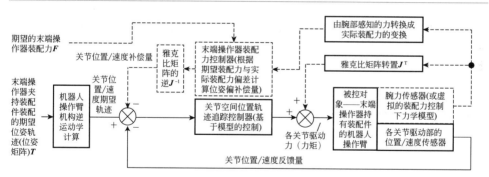

(a) 以末端操作器位姿精度为主的机器人装配系统构成及其控制系统设计原理框图

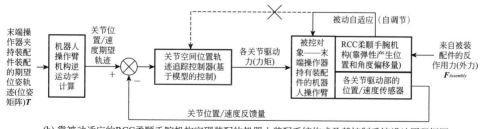

(b) 靠被动适应的RCC柔顺手腕机构实现装配的机器人装配系统构成及其控制系统设计原理框图

图 10-11

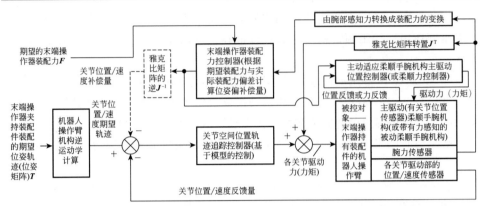

(c) 靠主动适应的柔顺手腕机构实现装配的机器人装配系统构成及其控制系统设计原理框图

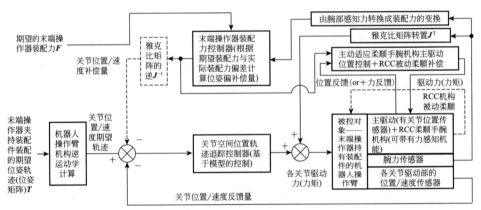

(d) 靠主动驱动和被动柔顺结合的主被动柔顺手腕机构实现装配的机器人装配系统构成及其控制系统设计原理框图

图 10-11　圆柱形轴孔类零件的机器人装配系统及其控制系统设计原理图

10.4.3　方形轴孔类零件的装配理论研究

圆柱形轴孔零件的形状简单，在研究中经常将其简化为理想的二维平面模型进行分析，在平面中研究它的几何约束和力约束等问题。而方形轴孔零件则不具备这样的简化条件，其研究需要在三维空间中进行，装配问题更加复杂。

方形轴孔的搜孔策略：在 2001 年，Chhatpar 等人讨论了具有位置不确定性的方形轴孔零件装配的搜孔问题[2]，提出以装配间隙为间隔，将搜索空间离散化，并找到一种花费时间少且可以覆盖全部区域的路径进行搜孔。2013 年 Park 等人从盲人将插头插入插座的行为中得到启发，提出了一种直观的搜孔策略[3]。该搜孔策略不需要事先知道孔件的精确位置，而是控制机器人夹持方形轴件在搜索空间内按照预定的螺旋轨迹运动，结合六维力传感器，成功实现方形轴孔的装配。但是这种搜孔策略存在局限性，搜孔花费的时间较长。2014 年，Kim 等人推导了一种基于六维力传感器的孔件形状识别算法和轴孔检测算法，提出了可以用于方形轴孔装配的搜孔策略[4]。该策略误差小、花费时间短，其成功率可以达到 93%，具有一定的实用价值。2016 年，Fei 等人在研究电子元器件装配的过程中，分析了螺旋线搜索、探查搜索和二分查找的性能和效率[5]。

方形轴孔的插入：1999 年，Yao 和 Cheng 在分析机械臂动力学特性的基础上，通过不断调整插入运动的速度来改善装配的质量，实现机械臂的快速装配[6]。仿真和实验的结果表明，利用变速插入运动进行方形轴孔零件的装配可以限制接触力的大小，减轻零件间的冲击，缩短装配时间。2002 年，Caine 等人对无倒角方形轴孔零件的装配过程进行分析，计算并归纳了所有可能出现的接触状况，提出可以通过一系列的可达状态逐步减少系统的不确定性，进而实现装配任务[7]。2005 年 Chhatpar 等人针对精密装配领域的自动化提出一种新的思路[8]。当装配过程中的位置不确定远远大于装配间隙时，在装配前利用探针感知装配环境，建立起方形轴孔的位姿关系和接触状态空间的映射集，提高了柔顺控制策略的成功率。2012 年 Park 等人将方形轴孔装配过程划分为六个阶段，并对每个阶段的接触情况进行了分析，最后在此基础上制定装配策略逐步实现装配操作[9]。2018 年，Kim 等人针对方形轴孔零件装配设计了一种带有角度测量系统的夹具，多次实验表明夹具配合六维力传感器可以准确感知方柱和孔件之间的位姿误差[10]。

10.4.4 复杂轴孔类零件装配问题

复杂零件装配是指装配对象的几何特征复杂导致装配运动路径复杂的装配类型，如不规则凸形轴孔零件装配、凹形轴孔零件装配和多轴孔零件装配等。下面将会对这类零件装配的研究现状进行介绍。

(1) 不规则凸形轴孔零件装配

1987 年，Strip 利用力/位混合控制方法，将 Caine 等人针对方形轴孔零件装配的研究方法推广到一般凸形轴孔零件的装配过程中[11]。他们从人类装配零件的动作中得到启发，将轴件倾斜一定角度，在保持已有接触的情况下对零件进行移动和转动，找准位置并对齐棱边，完成装配任务。基于这样的思路他们还研制出了一种用于一般凸形轴孔零件装配的被动柔顺装置。1999 年，Lee 和 Asada 提出一种振动/关联法，设计了一种压电振动装置，控制装置末端的夹持器以一定的频率振动，通过反馈信息判断接触状态，引导装配进行[12]。

(2) 凹形轴孔零件装配

凹形轴孔零件的装配在实际生产生活中并不多见，这方面的研究也相对较少。其中最典型的一种装配类型是将 T 形的工件装入 C 形的沟槽中。1997 年，Kang 等人针对这种装配类型设计了刚度控制器[13]，定义了目标逼近条件和接触力的边界条件，通过检测目标的状态和接触力的大小，在不分析接触状态和装配路径的条件下，使装配可以向着目标状态逼近。其研究方法虽然不具有一般性和普适性，但其思路对其他类型的凹形轴孔零件装配的研究具有一定的参考价值。

(3) 多轴孔零件装配

多轴孔零件装配是一种特殊的装配类型，其难点主要在于需要同时满足多对轴孔零件的约束条件，这类装配中最典型的是多圆轴孔零件的装配。Ohwovoriole 是最早开始对多轴孔零件的装配进行研究的学者之一[14]。1980 年，Ohwovoriole 利用旋量理论对双圆轴孔零件的装配问题进行了理论分析，提出多轴孔的装配问题可以分解为单轴孔的装配问题。1995 年，McCarragher 和 Asada 研究了人在装配过程中的决策机制，设计了离散事件控制器。控制器通过分析装配过程中可能出现的所有接触状态以建立 Petri 网络，实时监控装配接触状态的迁移[15]。实验证明该控制器可以应用在双轴孔零件的装配中。1998 年，Sathirakul 等人在准静态条件下对多轴孔零件装配进行了分析，以两轴孔零件装配为例推导了卡阻条件[16]。2001 年张伟军等基于装配过程离散化的思想，利用拓展库对装配过程进行建模，提出接触状态迁移序列优化的生成算法[17]。但同时他也指出，对于形状更加复杂的多轴孔零件装配，需要建立的 Petri 网络更加复杂，需要的计算时间也更长，可能会限制离散事件控制器在实际中的应用。2003 年，费燕琼等人提出利用二元素几何法来描述多轴孔零件的几何特征，结合旋量理论计算接触力，并利用最速下降法来推断下一步的装配运动[18]。2017 年 Hou 等人针对刚性的双轴孔零件的装配，提出利用模糊控制方法设计控制器完成装配[19]。2019 年，Zhang 等人分析了柔性的双轴孔零件的装配问题，并提出了一种机器人柔性双轴孔零件的装配方法，该方法同时可以拓展到多轴孔零件的装配任务中[20]。

(4) 圆-长方形复合孔类零件的装配

2015 年起，笔者和所指导的硕士生潘学欣和宋健伟最早开始对圆-长方形复合孔类零件的装配展开研究，重点分析了复合零件主动柔顺中心的设置方法以及避免"卡阻"现象的力学条件，并结合力/位混合控制等主动控制方法来实现圆-长方形复合孔类零件的装配，通过仿真进行了验证[21,22]。2019 年，对于圆柱形-长方形复合孔类零件的装配理论研究取得了搜孔、所有接触状态类型的分类、识别、各种接触状态静力学以及装配插入策略、主动柔顺力位混合控制以及仿真分析等研究成果[23]，并进入装配实验研究阶段。这些研究成果将在 10.4.5 节加以汇总论述。

10.4.5 圆柱形-长方形复合型轴孔装配理论与销孔类零件装配系统设计（吴伟国，哈工大，2015～2019）

（1）圆柱形-长方形复合型轴孔类零件的装配问题

圆柱形-长方形复合型轴孔类零件是指具有由长方孔和圆柱形孔两类基本几何图形要素复合而成的"轴""孔"类零件。这里所说的"轴"并不一定是轴，是指类似公差与互换性意义上的轴和孔，"孔"类零件则一定是有此类复合型孔的零件。此类零件如普通平键与轴上键槽的装配、带有普通平键的轴段与带键槽的轮毂之间的装配、板销与板销孔的装配等。圆柱形-长方形复合型轴孔（简称为圆-长方形复合轴孔，或圆-长方形复合孔）几何特征如图 10-12 所示，这些轴孔即可开在圆柱形表面上，也可以开在平面上。而且对于此类轴孔零件的机器人自动化装配技术研究而言，仍然是指按着公差与互换性理论和技术标准中定义的配合性质范畴内的装配技术，即按公差等级的间隙配合、过渡配合、过盈配合。单纯靠机器人定位精度就足以满足零件间大间隙"装配"问题没有必要在机器人装配技术中讨论，前文交代过，那种情况本身就是通常的位置轨迹追踪控制技术即可实现，不涉及到机器人装配的实质性技术问题。

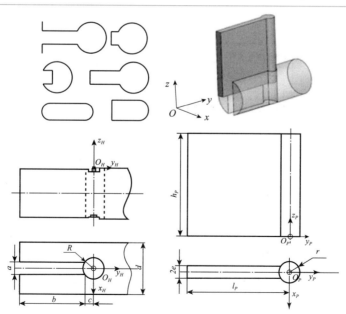

图 10-12 圆柱形-长方形复合型轴孔类零件的轴、孔断面几何特征及零件装配实例之一的三维图形和结构尺寸参数

(2) 圆柱形-长方形复合孔类零件装配的接触状态分析与分类

圆-长方形复合孔类零件的几何尺寸参数如图 10-12 所示。由于其形状的复杂性，在装配过程中会出现多种不同的接触状态，而这些接触状态由于接触性质不同存在多种分类方法，例如，按接触点的数目分类、按接触点的位置分类、按接触的性质分类等。为了便于后续的接触状态识别，需要将具有相似受力情况的接触状态划分为同一类，本文将采用接触点数目和接触点位置相结合的方式对复合零件装配过程中所有可能出现的接触状态进行分类和归纳，结果如图 10-13～图 10-15 所示。

按着接触点数目、接触点位置的不同对圆-长方形复合类轴孔零件装配时可能产生的所有接触状态进行分类，由于接触状态类型较多，为了准确而又不失简洁地表示出每一种接触状态，在本文中采用由字母和数字组合的编号来表示接触状态，编号的格式为"P-u-v-w"。其中，P 表示点接触，u 表示接触点的数目，v 是由接触点的位置决定的参数，表示接触的类别，w 表示某一类别下的接触种类。例如，编号"P-1-2-3"代表的是一点接触下的第二类接触类别下的第 3 种接触状态。

① 一点接触。一点接触共有 10 种接触状态，划分为两个类别。第一类是接触点位于复合孔类零件圆柱部分的情况，包括 2 种接触状态，如图 10-13(a) 所示；第二类是接触点位于复合孔类零件方柱部分的情况，包括 8 种接触状态，如图 10-13(b) 所示。

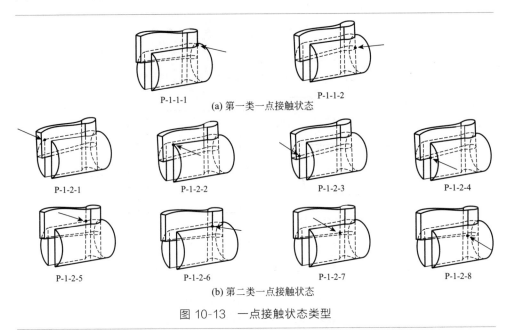

P-1-1-1 　　　(a) 第一类一点接触状态　　　 P-1-1-2

P-1-2-1　　　　　P-1-2-2　　　　　P-1-2-3　　　　　P-1-2-4

P-1-2-5　　　　　P-1-2-6　　　　　P-1-2-7　　　　　P-1-2-8

(b) 第二类一点接触状态

图 10-13　一点接触状态类型

② 两点接触。两点接触共有 21 种接触状态，可以划分为三个类别。第一类是两个接触点均位于复合孔类零件圆柱部分的情况，此类包括 1 种接触状态，如图 10-14(a) 所示；第二类是一个接触点位于复合孔类零件圆柱部分，另一个接触点位于复合孔类零件方柱部分的情况，此类包含 16 种接触状态，如图 10-14(b) 所示；第三类是两个接触点均位于复合孔类零件方柱部分的情况，此类包括 4 种接触状态，如图 10-14(c) 所示。

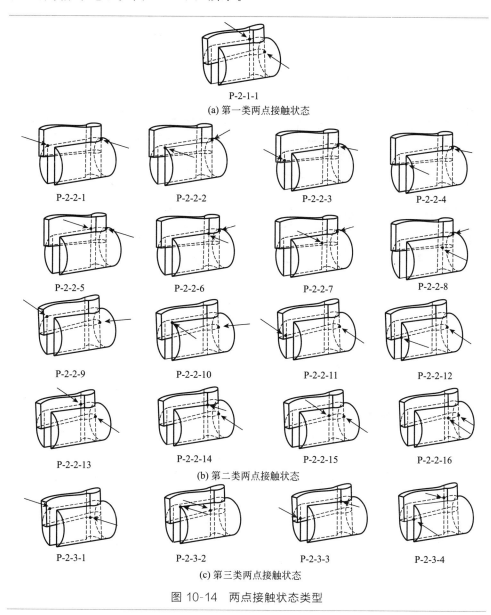

P-2-1-1
(a) 第一类两点接触状态

P-2-2-1 P-2-2-2 P-2-2-3 P-2-2-4

P-2-2-5 P-2-2-6 P-2-2-7 P-2-2-8

P-2-2-9 P-2-2-10 P-2-2-11 P-2-2-12

P-2-2-13 P-2-2-14 P-2-2-15 P-2-2-16
(b) 第二类两点接触状态

P-2-3-1 P-2-3-2 P-2-3-3 P-2-3-4
(c) 第三类两点接触状态

图 10-14 两点接触状态类型

③ 三点接触状态。三点接触共有 10 种接触状态，可以划分为两个类别。第一类是三个接触点均位于复合零件圆柱部分的情况，此类别包括 2 种接触状态，如图 10-15(a) 所示；第二类是一个接触点位于复合零件圆柱部分，另外两个接触点位于复合零件方柱部分的情况，此类别包含 8 种接触状态，如图 10-15(b) 所示。

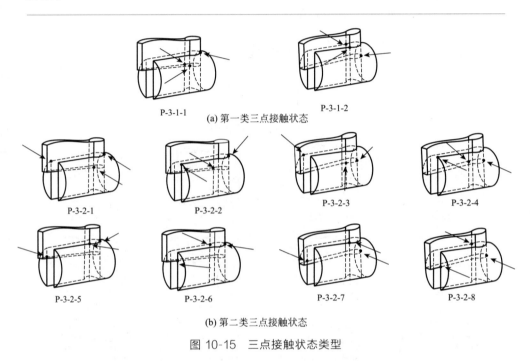

P-3-1-1　　　　　　　　　P-3-1-2

(a) 第一类三点接触状态

P-3-2-1　　　P-3-2-2　　　P-3-2-3　　　P-3-2-4

P-3-2-5　　　P-3-2-6　　　P-3-2-7　　　P-3-2-8

(b) 第二类三点接触状态

图 10-15　三点接触状态类型

(3) 接触点类型及其基本力学模型与各接触状态静力学分析方法

基于上文中对接触状态的分类，下面将对各类接触状态的接触受力情况进行分析。由于一点接触是其他接触状态类型受力分析的基础，因此，首先重点分析一点接触的受力情况，然后将分析方法拓展到多点接触的情况，最后推导给出圆-长方形复合孔类零件在装配过程中接触受力情况的一般表达式。

一点接触状态中出现的接触点可以根据性质不同划分为四类：第一类是孔件与轴件圆柱部分的侧面产生的接触点，如接触状态 P-1-1-1 中出现的接触点；第二类是轴件与孔件圆孔部分的内表面产生的接触点，如接触状态 P-1-1-2 中出现的接触点；第三类是孔件与轴件方柱部分的外表面产生的接触点，如接触状态 P-1-2-1 和 P-1-2-5 中的接触点；第四类是轴件与孔件方孔部分的棱边产生的接触点，如接触状态 P-1-2-3 和 P-1-2-7 中的接触点。考虑到装配运动是竖直向下的，可以利用准静态平衡条件对四种类型的接触点进行受力分析。

① 第一类接触点和第二类接触点。首先分析第一类接触点，以接触状态 P-1-1-1 为例，其受力情况如图 10-16 所示。以装配轴件坐标系 $O_p x_p y_p z_p$ 为参考坐标系，可以得到如下关系式：

$$F = \sum_{i=1}^{n} (F_{Ni} \mid F_{fi}) \tag{10-1}$$

$$M = \sum_{i=1}^{n} (M_{Ni} + M_{fi}) \tag{10-2}$$

式中，F 和 M 为从参考坐标系中得到的六维力传感器反馈的力和力矩信息，其中 $F = [F_x \ F_y \ F_z]^T$，$M = [M_x \ M_y \ M_z]^T$；n 为接触点的数目，F_{Ni} 和 F_{fi} 分别为轴件受到的法向接触力和摩擦力；M_{Ni} 和 M_{fi} 分别为轴件受到的接触力矩。分析图 10-16 所示的接触状态，可以得到：

$$\begin{bmatrix} F \\ M \end{bmatrix} = \begin{bmatrix} -f_1 \cos\theta_1 \\ -f_1 \sin\theta_1 \\ \mu f_1 \\ f_1 h \sin\theta_1 + \mu f_1 r \sin\theta_1 \\ -f_1 h \cos\theta_1 - \mu f_1 r \cos\theta_1 \\ 0 \end{bmatrix} \tag{10-3}$$

式中，f_1 为轴件在接触点 A 处受到的法向接触力；θ_1 为接触点 A 在参考坐标系 xy 平面内的方位角；r_A 为接触点 A 在参考坐标系下的位置矢量，$r_A = [r\cos\theta_1 \quad r\sin\theta_1 \quad h]^T$；$\mu$ 为轴件和孔件之间的摩擦因数；h 为装配深度。

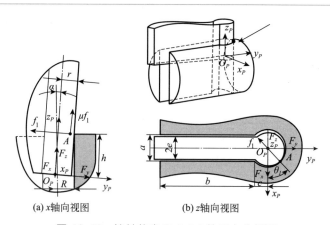

(a) x 轴向视图　　　　(b) z 轴向视图

图 10-16　接触状态 P-1-1-1 的受力分析图

对于第二类接触点，以接触状态 P-1-1-2 为例，可以按照同样的方法进行分

析，得到的结果如下

$$\begin{bmatrix} \boldsymbol{F} \\ \boldsymbol{M} \end{bmatrix} = \begin{bmatrix} -f_1\cos\theta_1 \\ -f_1\sin\theta_1 \\ \mu f_1 \\ \mu f_1 r\,\sin\theta_1 \\ -\mu f_1 r\,\cos\theta_1 \\ 0 \end{bmatrix} \qquad (10\text{-}4)$$

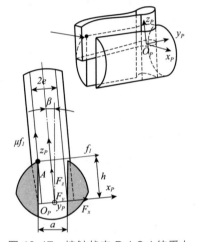

图 10-17　接触状态 P-1-2-1 的受力
分析图

② 第三类接触点和第四类接触点。首先分析第三类接触点，以接触状态 P-1-2-1 为例，其受力图如图 10-17 所示。

根据式(10-1) 和式(10-2)，可以计算图 11-17 所示接触状态在参考坐标系 $O_P x_P y_P z_P$ 下的受力情况：

$$\begin{bmatrix} \boldsymbol{F} \\ \boldsymbol{M} \end{bmatrix} = \begin{bmatrix} f_1 \\ 0 \\ \mu f_1 \\ -\mu f_1(b+c) \\ f_1 h + \mu f_1 e \\ f_1(b+c) \end{bmatrix} \qquad (10\text{-}5)$$

式中，b 为方孔部分的长度；e 为方孔部分的宽度的 $1/2$；c 为圆孔的中心线到圆孔和方孔相交面的距离。

对于第四类接触点，以接触状态 P-1-2-3 为例，可以按照同样的方法分析，得到的结果如下：

$$\begin{bmatrix} \boldsymbol{F} \\ \boldsymbol{M} \end{bmatrix} = \begin{bmatrix} f_1 \\ 0 \\ \mu f_1 \\ -\mu f_1(b+c) \\ \mu f_1 e \\ f_1(b+c) \end{bmatrix} \qquad (10\text{-}6)$$

下面，本文将一点接触的受力分析拓展到多点接触的情况。通过观察可以发现，任意一种多点接触状态都可以认为是多个一点接触状态的组合。本文以两点接触状态为例详细介绍多点接触状态的接触力分析方法。

③ 多点接触状态的受力分析。一点接触的受力分析可以运用到多点接触分析的过程中。观察两点接触状态和三点接触状态可以发现，任意一种多点接触状态都可以认为是多个一点接触状态的组合。可以用第二类两点接触状态为例详细分析两点接触状态的计算方法，对于三点接触状态同样可以利用这种方法进行分析。

第二类两点接触状态有一个接触点位于圆柱部分，一个接触点位于方柱部分，与第一类和第三类两点接触状态相比更具有一般性，下面将以第二类两点接触状态 P-2-2-1 为例进行分析，其示意图和受力图如图 10-18。

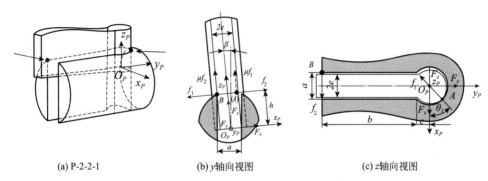

(a) P-2-2-1   (b) y 轴向视图   (c) z 轴向视图

图 10-18　接触状态 P-2-2-1 的受力分析图

从图 10-18 可以看出，接触状态 P-2-2-1 的两个接触点分别是第一类接触点和第三类接触点，利用式(10-3) 和式(10-5)，容易得到在此接触状态下的受力情况，如式(10-6) 所示。

$$
\begin{bmatrix} \boldsymbol{F} \\ \boldsymbol{M} \end{bmatrix} = \begin{bmatrix} -f_1\cos\theta_1 \\ -f_1\sin\theta_1 \\ \mu f_1 \\ f_1 h\sin\theta_1 + \mu f_1 r\sin\theta_1 \\ -f_1 h\cos\theta_1 - \mu f_1 r\cos\theta_1 \\ 0 \end{bmatrix} + \begin{bmatrix} f_2 \\ 0 \\ \mu f_2 \\ -\mu f_2(b+c) \\ f_2 h + \mu f_2 e \\ f_2(b+c) \end{bmatrix}
$$

$$
= \begin{bmatrix} -f_1\cos\theta_1 + f_2 \\ -f_1\sin\theta_1 \\ \mu f_1 + \mu f_2 \\ f_1 h\sin\theta_1 + \mu f_1 r\sin\theta_1 - \mu f_2(b+c) \\ -f_1 h\cos\theta_1 - \mu f_1 r\cos\theta_1 + f_2 h + \mu f_2 e \\ f_2(b+c) \end{bmatrix} \tag{10-7}
$$

　　容易证明，上述利用接触点叠加的方式计算得到的接触状态的受力分析结果与直接利用式(10-6)和式(10-7)计算得到的受力情况是一致的。可以看出，利用接触点叠加的方式对接触状态进行分析的方法更加简单和方便。

　　以上对于两点接触状态的分析可以推广到更一般的情况。假设某种接触状态下有 q 个接触点，其中，第 1 个到第 m 个接触点是第一类接触点，第 $m+1$ 个到第 n 个接触点为第二类接触点，第 $n+1$ 个到第 p 个接触点为第三类接触点，第 $p+1$ 个到第 q 个接触点为第四类接触点，这种接触状态的受力分析可以用如下的方程来描述：

$$\begin{bmatrix} \boldsymbol{F} \\ \boldsymbol{M} \end{bmatrix} = \begin{bmatrix} -\sum_{i=1}^{n} f_i \cos\theta_i \pm \sum_{k=n+1}^{q} f_k \\ -\sum_{i=1}^{n} f_i \sin\theta_i \\ \sum_{i=1}^{q} \mu f_i \\ \sum_{i=1}^{m} f_i h \sin\theta_i + \sum_{j=m+1}^{n} \mu f_j r \sin\theta_j - \sum_{k=n+1}^{q} \mu f_k L \\ -\sum_{i=1}^{m} f_i h \cos\theta_i - \sum_{j=m+1}^{n} \mu f_j r \cos\theta_j \pm \sum_{k=n+1}^{p} f_k h \pm \sum_{s=n+1}^{q} \mu f_s e \\ \pm \sum_{k=n+1}^{q} f_k L \end{bmatrix}$$

$$(10\text{-}8)$$

式(10-8)可以写成更简洁的向量形式：

$$\begin{bmatrix} \boldsymbol{F} \\ \boldsymbol{M} \end{bmatrix} = \sum_{i=1}^{m} \boldsymbol{F}_i + \sum_{j=m+1}^{n} \boldsymbol{F}_j + \sum_{k=n+1}^{p} \boldsymbol{F}_k + \sum_{s=p+1}^{q} \boldsymbol{F}_s \tag{10-9}$$

式(10-9)中每个组成项的表达式如下：

$$\boldsymbol{F}_i = [-f_i\cos\theta_i \ -f_i\sin\theta_i \ \mu f_i \ f_i\sin\theta_i(h+\mu r) \ -f_i\cos\theta_i(h+\mu r) \ 0]^{\mathrm{T}}$$

$$(10\text{-}10)$$

$$\boldsymbol{F}_j = [-f_j\cos\theta_j \ -f_j\sin\theta_j \ \mu f_j \ \mu f_j r\sin\theta_j \ -\mu f_j r\cos\theta_j \ 0]^{\mathrm{T}} \tag{10-11}$$

$$\boldsymbol{F}_k = [+f_k \ 0 \ \mu f_k \ -\mu f_k L \ +f_k(h+\mu e) \ +f_k L]^{\mathrm{T}} \tag{10-12}$$

$$\boldsymbol{F}_s = [\pm f_s \ 0 \ \mu f_s \ -\mu f_s L \ \pm\mu f_s e \ \pm f_s L]^{\mathrm{T}} \tag{10-13}$$

式中，L 为接触力产生力矩的力臂长度。

　　式(10-9)是圆-长方形复合零件接触受力分析的通用表达形式。在方程中，每一项均具有明确的物理意义。其中 $\boldsymbol{F}_i$ 表示了孔件与轴件圆柱部分的侧面产生的接触力（力矩），$\boldsymbol{F}_j$ 表示了轴件与孔件圆孔部分的内表面产生的接触力（力矩），$\boldsymbol{F}_k$ 表示了孔件与轴件方柱部分的外表面产生的接触力（力矩），$\boldsymbol{F}_s$ 表示了轴件与孔件方孔部分的棱边产生的接触力（力矩）。

式(10-9)涵盖了所有接触状态的受力情况，但是由于接触状态的种类众多，直接利用式(10-9)进行接触状态的识别是非常困难的。由前文中对接触状态分类的方式可知，同一类别的接触状态具有相同的接触点数目和相似的接触位置，其受力情况具有相似的特征。由此得到启发，一种比较可行的思路是采用分步识别的方法，即首先确定接触状态的类别，缩小识别范围，然后再识别接触状态的种类。

④ 所有接触状态下接触力情况的归纳汇总。在制定接触状态的识别策略前，需要先对所有接触状态的接触力进行描述，下面将按接触状态的类别进行归纳和汇总，结果如表 10-1 所示，表中 k_{ij} 为接触种类判别系数，$i=1,2,\cdots,7$；$j=1,2,\cdots$，当 k_{ij} 取不同的值时，相应的公式可以退化为某种接触状态的受力情况，系数的选择和对应接触状态的对应关系如表 10-3 所示。

表 10-1 接触状态受力情况汇总表

接触类别	接触力描述	接触类别	接触力描述
第一类一点接触	$\begin{bmatrix} \boldsymbol{F} \\ \boldsymbol{M} \end{bmatrix} = \begin{bmatrix} -f_1\cos\theta_1 \\ -f_1\sin\theta_1 \\ \mu f_1 \\ k_{11}(f_1 h\sin\theta_1)+\mu f_1 r\sin\theta_1 \\ k_{12}(-f_1 h\cos\theta_1)-\mu f_1 r\cos\theta_1 \\ 0 \end{bmatrix}$	第二类一点接触	$\begin{bmatrix} \boldsymbol{F} \\ \boldsymbol{M} \end{bmatrix} = \begin{bmatrix} k_{21}f_1 \\ 0 \\ \mu f_1 \\ -\mu f_1(k_{22}b+c) \\ k_{21}(k_{23}f_1 h+\mu f_1 e) \\ k_{21}f_1(k_{22}b+c) \end{bmatrix}$
第一类两点接触	$\begin{bmatrix} \boldsymbol{F} \\ \boldsymbol{M} \end{bmatrix} = \begin{bmatrix} -f_1\cos\theta_1-f_2\cos\theta_2 \\ -f_1\sin\theta_1-f_2\sin\theta_2 \\ \mu f_1+\mu f_2 \\ \mu f_1 r\sin\theta_1+f_2 h\sin\theta_2+\mu f_2 R\sin\theta_2 \\ -\mu f_1 r\cos\theta_1-f_2 h\cos\theta_2-\mu f_2 R\cos\theta_2 \\ 0 \end{bmatrix}$	第二类两点接触	$\begin{bmatrix} \boldsymbol{F} \\ \boldsymbol{M} \end{bmatrix} = \begin{bmatrix} -f_1\cos\theta_1+k_{41}f_2 \\ -f_1\sin\theta_1 \\ \mu f_1+\mu f_2 \\ k_{42}(f_1 h\sin\theta_1)+\mu f_1 r\sin\theta_1-\mu f_2(k_{43}b+c) \\ -f_1\cos\theta_1(k_{42}h+\mu r)+k_{41}k_{44}f_2 h+k_{41}\mu f_2 e \\ k_{41}f_2(k_{43}b+c) \end{bmatrix}$
第三类两点接触	$\begin{bmatrix} \boldsymbol{F} \\ \boldsymbol{M} \end{bmatrix} = \begin{bmatrix} k_{51}(f_1-f_2) \\ 0 \\ \mu f_1+\mu f_2 \\ -\mu f_1(b+c)-\mu f_2 c \\ k_{52}f_1 h+k_{51}\mu f_1 e+(k_{52}-k_{51})f_2 h-k_{51}\mu f_2 e \\ k_{51}[f_1(b+c)-f_2 c] \end{bmatrix}$	第一类三点接触	$\begin{bmatrix} \boldsymbol{F} \\ \boldsymbol{M} \end{bmatrix} = \begin{bmatrix} -f_1 c_1-f_2 c_2-f_3 c_3 \\ -f_1 s_1-f_2 s_2-f_3 s_3 \\ \mu f_1+\mu f_2+\mu f_3 \\ f_1 s_1(k_{61}h+\mu r)+(f_2 s_2+f_3 s_3)(k_{62}h+\mu r) \\ -f_1 c_1(k_{61}h+\mu r)-(f_2 c_2+f_3 c_3)(k_{62}h+\mu r) \\ 0 \end{bmatrix}$
第二类三点接触	$\begin{bmatrix} \boldsymbol{F} \\ \boldsymbol{M} \end{bmatrix} = \begin{bmatrix} f_1 c_1 k_{51}(f_1-f_2) \\ 0 \\ \mu f_1+\mu f_2 \\ -\mu f_1(b+c)-\mu f_2 c \\ k_{52}f_1 h+k_{51}\mu f_1 e+(k_{52}-k_{51})f_2 h-k_{51}\mu f_2 e \\ k_{51}[f_1(b+c)-f_2 c] \end{bmatrix}$		

(4) 接触状态识别与位姿调整策略

上文已经全面地分析了装配过程中所有可能出现的接触状态及其受力情况，本节将讨论如何利用这些理论分析的结果来制定接触状态识别策略，即如何利用六维力传感器反馈的力信息 $\begin{bmatrix} F_x & F_y & F_z & M_x & M_y & M_z \end{bmatrix}^{\mathrm{T}}$ 识别出当前装配过程中某一时刻出现的接触状态。

对接触状态的识别，主要分两步进行：一是确定当前接触状态的类别；二是在已知接触状态类别的条件下确定接触状态的种类。下面将分别进行研究。

① 接触状态类别的识别

a. 区分一点接触和多点接触的判断条件。在装配过程中发生一点接触时，轴件在接触点处受到一个法向接触力及摩擦力，六维力传感器反馈的力信息满足如下条件：

$$F_z - \mu \sqrt{F_x^2 + F_y^2} = 0 \tag{10-14}$$

当发生多点接触时，轴件在各点受到的法向接触力的方向不同，六维力传感器测量得到的是各力的矢量和，而轴件在各点受到的摩擦力方向相同，六维力传感器测量得到的是各力的代数和，反馈的力信息不满足式(10-14)。因此，可以用式(10-14)作为判断条件来区分一点接触状态和多点接触状态。

b. 区分一点接触类别的判断条件。对于第一类一点接触，接触点在轴件的圆柱部分，产生的接触力不会在轴件坐标系的 z 轴方向产生力矩，满足条件：

$$M_z = 0 \tag{10-15}$$

当发生第二类一点接触时，接触点在轴件的方柱部分，接触力必然会在轴件坐标系的 z 轴方向产生力矩。因此，可以利用式(10-15)作为判断条件来区分第一类一点接触和第二类一点接触。

c. 区分两点接触类别的判断条件。对于第一类两点接触，两个接触点均位于轴件的圆柱部分，接触力不会在轴件坐标系的 z 轴方向产生力矩，同时存在沿 y 轴方向的分力，传感器反馈的力信息满足如下的判断条件：

$$F_y \neq 0 \text{ 且 } M_z = 0 \tag{10-16}$$

发生第二类两点接触时，两个接触点一个位于轴件的圆柱部分，另一个位于方柱部分，既存在轴件坐标系中绕 z 轴方向的力矩，也存在沿 y 轴方向的分力，传感器反馈的力信息满足如下的判断条件：

$$F_y \neq 0 \text{ 且 } M_z \neq 0 \tag{10-17}$$

发生第三类两点接触时，由于接触点均位于方柱部分，存在轴件坐标系中绕 z 轴方向的力矩，但不存在沿 y 轴方向的分力，传感器反馈的力信息满足如下的判断条件：

$$F_y = 0 \text{ 且 } M_z \neq 0 \tag{10-18}$$

d. 区分三点接触类别的判断条件。与区分两点接触的类别相似，可以利用式(10-16) 和式(10-17) 作为区分第一类三点接触和第二类三点接触的判断条件。

e. 区分第一类两点接触和第一类三点接触的判断条件。对于第一类两点接触和第一类三点接触的，本文采用等效法进行判断。在不考虑沿轴件坐标系 z 轴方向摩擦力的情况下，可以将三点接触状态等效为两点接触状态，即将三点接触状态下在接触点 B 所受的法向接触力 f_2 和接触点 C 所受的法向接触力 f_3 等效为在 B' 点所受的法向接触力 f_2'，如图 10-19 所示。

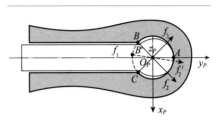

图 10-19　第一类两点接触和第一类三点接触的等效示意图

可以从理论上证明这种等效方法的正确性。从表 10-1 中可以得到式(10-19) 和式(10-20)：

$$\begin{cases} F_x = -f_1 c_1 - f_2 c_2 \\ F_y = -f_1 s_1 - f_2 s_2 \\ M_x = \mu f_1 r s_1 + f_2 h s_2 + \mu f_2 R s_2 \\ M_y = -\mu f_1 r c_1 - f_2 h c_2 - \mu f_2 R c_2 \end{cases} \tag{10-19}$$

$$\begin{cases} F_x = -f_1 c_1 - f_2 c_2 - f_3 c_3 \\ F_y = -f_1 s_1 - f_2 s_2 - f_3 s_3 \\ M_x = k_{61} f_1 h s_1 + k_{62}(f_2 h s_2 + f_3 h s_3) + \mu r(f_1 s_1 + f_2 s_2 + f_3 s_3) \\ M_y = -k_{61} f_1 h c_1 - k_{62}(f_2 h c_2 + f_3 h c_3) - \mu r(f_1 c_1 + f_2 c_2 + f_3 c_3) \end{cases}$$

$$\tag{10-20}$$

式中，$c_1 = \cos\theta_1$，$s_1 = \sin\theta_1$，$c_2 = \cos\theta_2$，$s_2 = \sin\theta_2$，$c_3 = \cos\theta_3$，$s_3 = \sin\theta_3$。

如果将方程式(10-19) 中的 $f_1 c_1$ 和 $f_1 s_1$ 分别替换为 $f_1 c_1 + f_3 c_3$ 和 $f_1 s_1 + f_3 s_3$，那么方程式(10-19) 可以转化为方程式(10-20) 在系数 $k_{61} = 1$ 且 $k_{62} = 0$ 的情况，即接触状态 P-3-1-1 的受力情况；如果将方程式(10-19) 中的 $f_2 c_2$ 和 $f_2 s_2$ 分别替换为 $f_2 c_2 + f_3 c_3$ 和 $f_2 s_2 + f_3 s_3$，那么方程式(10-19) 可以转化为方程式(10-20) 在系数 $k_{61} = 0$ 且 $k_{62} = 1$ 时的情况，即接触状态 P-3-1-2 的受力情况。

如图 10-20 所示，当发生第一类两点接触时，两个接触点只能出现在 B 点和 C 点之间的优弧段；而发生第一类三点接触时，等效的接触点 B' 只能出现在 B 点和 C 点间的劣弧段。

基于以上分析，可以得到区分第一类两点接触和第一类三点接触的判断条件：当反馈的力信息满足式(10-14)和式(10-16)时，按照第一类两点接触状态进行求解（具体求解方法将在后文进行阐述），如果存在一个接触点位于 B 点和 C 点之间的劣弧段，即满足式(10-21)，则当前状态可以判断为第一类三点接触；如果均位于优弧段，即满足式(10-22)，则当前状态可以判断为第一类两点接触状态。

$$\left|\theta_1+\frac{\pi}{2}\right|<\arcsin\frac{e}{r}\ 或\ \left|\theta_2+\frac{\pi}{2}\right|<\arcsin\frac{e}{r} \tag{10-21}$$

$$\left|\theta_1+\frac{\pi}{2}\right|\geqslant\arcsin\frac{e}{r}\ 且\ \left|\theta_2+\frac{\pi}{2}\right|\geqslant\arcsin\frac{e}{r} \tag{10-22}$$

f. 区分第二类两点接触和第二类三点接触的判断条件。对于第二类两点接触和第二类三点接触，本文采用试探法，即先按照第二类两点接触的情况计算系数 k_{41}、k_{42}、k_{43} 和 k_{44} 的值，若满足系数的取值范围，则判断为第二类两点接触，否则判断为第二类三点接触。

② 基于解析方法的接触状态种类的识别。在确定接触状态的类别后，接下来需要识别出接触状态的种类。对所有不同类别的接触状态进行分析后可以发现，对于推导得到的方程式，一旦确定了方程式中的系数 k_{ij}，那么接触状态种类也就确定下来了，同时各个接触点的法向接触力和方位角也可以计算得到。这样，识别接触状态种类的过程本质上就是求解静力平衡方程组的过程。

虽然推导得到的静力平衡方程式是非线性的，但是通过观察可以发现，第一类一点接触、第二类一点接触、第二类两点接触和第三类两点接触的静力平衡方程组形式相对简单，在实际情况的约束下存在唯一的解析解。由于解析解更简单直观，能够极大提高接触状态识别的速度，本文对这一类接触类别进行了求解，表 10-2 展示了部分求解结果。

表 10-2　部分求解结果

接触类别	未知变量的解析解
第一类 一点接触	$f_1=\dfrac{F_2}{\mu}$ $\theta_i=\pi-\arccos\dfrac{\mu F_x}{F_z}\ 或\ \theta_i=-\pi+\arccos\dfrac{\mu F_x}{F_z}$ $k_{11}=\dfrac{M_x-\mu f_1 r\sin\theta_1}{f_1 h\sin\theta_1}$ $k_{12}=-\dfrac{M_y+\mu f_1 r\cos\theta_1}{f_1 h\cos\theta_1}$
⋮	⋮

③ 基于修正的 L-M 算法的接触状态种类的识别。对于其他的接触类别，推导得到的非线性方程组比较复杂，利用解析方法求解的难度非常大，这时考虑采用数值方法进行求解。这类问题具有如下特点：非线性方程组的未知变量的数目比较多，一般存在 4～6 个未知变量，并且有 2 个以上的未知变量涉及三角函数；非线性方程组中未知变量的向量空间受到隐式约束和显式约束，隐式约束一般是指由静态平衡条件推导得到的等式约束，而显式约束一般是指由未知变量的取值范围得到的不等式约束。本文提出利用修正的 L-M 算法来处理这一类非线性系统，同时分析该算法的求解效率。

a. L-M 算法介绍。L-M 算法的全称为 Levenberg-Marquardt 算法，是学者 Marquardt 在 1963 年提出的。L-M 算法最早来源于求解非线性最小二乘优化问题中的 G-N（Gauss-Newton）算法，并通过采用系数矩阵阻尼的方法对 G-N 算法进行了改良，克服了 G-N 算法在迭代过程中因为系数矩阵病态而无法确定搜索方向的缺点，并且同时具有了最速下降法的全局搜索最优解的特性。

L-M 算法的迭代计算公式为：

$$x_{k+1} = x_k - (J_k^T J_k + \lambda I)^{-1} (J_k)^T g(x_k) \tag{10-23}$$

式中，J_k 为函数 $g(x)$ 在点 x_k 处的梯度；λ 为阻尼系数；I 为单位矩阵。

当阻尼系数 λ 很大时，算法的求解近似于最速下降法，而当阻尼系数趋近于零时，算法接近于 G-N 算法。在实际计算过程中，阻尼系数 λ 是一个试探性系数，当给定的 λ 使得目标函数值降低时，λ 按照比例因子缩小，并进入下一次迭代计算；否则，λ 按照比例因子增大，并重新进行本次迭代计算。

b. 将求解方程组的问题转化为最小二乘优化问题。考虑构造如下的目标函数：

$$s(x) = \sum_{i=1}^{n} g_i^z(x) \tag{10-24}$$

式中，$g_i(x)$ 为非线性方程组中第 i 个方程在点 x 处的误差值；n 为非线性方程组中方程的数目。只要确定了 $g_i(x)$，就可以将求解非线性方程组的问题转化为非线性最小二乘优化的问题

$$\min s(x) \tag{10-25}$$

其中，$s(x) = [g(x)]^T g(x) = \sum_{i=1}^{n} g_i^2(x)$。

c. 修正的 L-M 算法。L-M 算法收敛速度快，计算效率高，采用 L-M 算法可以提高计算接触状态的速度，以满足实时装配的需求，这是本文选择 L-M 算法的主要原因，但是，同时注意到 L-M 算法本身是一种无约束的优化方法，在计算过程中可能会陷入局部最优解，为了避免这种情况发生，需要结合课题实际，对传统的 L-M 算法进行修正。

在本课题中，未知变量存在取值的上界和下界，在计算过程中需要考虑这类

显式约束的影响，否则最后可能得到不符合实际情况的求解结果。针对这个问题，本课题对 L-M 算法进行了适当修改，增加了对迭代点进行自查的部分，即每次迭代计算后首先判断迭代点是否满足显式约束，如满足约束条件，迭代计算正常向下进行；如不满足，则首先对迭代点进行修正，使其回归可行域，然后再进行迭代计算。

这样的修改在一定程度上牺牲了原算法的求解效率，但优点是可以保证迭代计算始终在可行域中进行，最终结果是符合实际情况的最优解。下面本文将对修正的 L-M 算法的计算效率进行分析。

d. 修正的 L-M 算法的计算效率。假设一组从六维力传感器反馈回来的有效数据为：$F_x = 2.685\text{N}$，$F_y = 1.550\text{N}$，$F_z = 1.875\text{N}$；$M_x = -5.423\text{N}$，$M_y = 9.392\text{N}$，$M_z = 0.000\text{N}$。

其他参数的值为：$\mu = 0.25$，$r = 1\text{mm}$，$h = 1.9\text{mm}$。

由前文所述容易判别此时为第一类两点接触或第一类三点接触。利用等效法，可以得到方程组（10-26）。

$$\begin{cases} -f_1 c_1 - f_2 c_2 - 2.685 = 0 \\ -f_1 s_1 - f_2 s_2 - 1.550 = 0 \\ \mu f_1 r s_1 + f_2 h s_2 + \mu f_2 R s_2 + 5.423 = 0 \\ -\mu f_1 r c_1 - f_2 h c_2 - \mu f_2 R c_2 - 9.392 = 0 \end{cases} \tag{10-26}$$

构造目标函数

$$s(\boldsymbol{x}) = \sum_{i=1}^{4} g_i^2(\boldsymbol{x}) \tag{10-27}$$

由求解的结果可知这是第一类两点接触，法向接触力和接触点的方位角为：$f_1 = 2.200\text{N}$，$f_2 = 5.300\text{N}$；$\theta_1 = 30.01°$，$\theta_2 = 150.00°$。

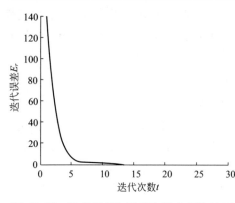

图 10-20 迭代误差和迭代次数之间的关系

迭代误差与迭代次数之间的关系如图 10-20 所示。

修改后的 L-M 算法当迭代次数达到 20 次时，求解精度已经能够达到 10^{-5}，收敛速度快，求解精度高，能够满足要求。

④ 冗余性问题的研究。由于静力平衡方程组中方程数目最多为 6 个，当未知变量的数目多于 6 个时，方程组属于不定方程组，即产生了冗余性问题。此时方程组的求解需要额外补充约束条件。为了解决这一类冗余问题，本文将

采用单位位移法（The unit displacement method）。

以第二类三点接触为例，可以得到如下方程组

$$\begin{cases} -f_1 c_1 + k_{71}(f_2 - f_3) - F_x = 0 \\ -f_1 s_1 - F_y = 0 \\ \mu f_1 + \mu f_2 + \mu f_3 - F_z = 0 \\ k_{72} f_1 h s_1 + \mu f_1 r s_1 - \mu f_2 (b+c) - \mu f_3 c - M_x = 0 \\ -k_{72} f_1 h c_1 - \mu f_1 r c_1 + k_{73} f_2 h + k_{71} \mu f_2 e + (k_{73} - k_{71}) f_3 h - k_{71} \mu f_3 e - M_y = 0 \\ k_{71}[f_2(b+c) - f_3 c] - M_z = 0 \end{cases}$$

$$(10\text{-}28)$$

在上述方程组中，未知变量的数目为 7 个，分别为 f_1，θ_1，f_2，f_3，k_{71}，k_{72}，k_{73}。方程组中方程的数目为 6 个，少于未知变量的数目，需要补充额外的约束条件，下面将结合接触状态 P-3-2-1 介绍利用单位位移法补充约束条件的方法，这种方法对其他状态同样适用。接触状态 P-3-2-1 的示意图如图 10-21 所示。

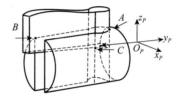

图 10-21 接触状态 P-3-2-1 的示意图

假设接触点 B 和接触点 C 处存在理想约束，在接触点 A 处沿法向接触力的方向施加一个单位位移 $\boldsymbol{\delta}s = [-\delta s\cos\theta_1 \quad -\delta s\sin\theta_1 \quad 0]^{\mathrm{T}}$，其中 $\delta s = 1$。

在单位位移 $\boldsymbol{\delta}s$ 的方向上，存在法向接触力 $[-f_1\cos\theta_1 \ -f_1\sin\theta_1 \quad 0]^{\mathrm{T}}$，由于发生了单位位移，机械臂末端和夹持器之间的连接件（即六维力传感器）在传感器坐标系 $O_s x_s y_s z_s$ 中会发生沿 x 轴方向的位移 δx、沿 y 轴方向的位移 δy、绕 x 轴方向的偏转 $\delta\alpha$ 以及绕 y 轴方向的偏转 $\delta\beta$，由虚功原理可以得到

$$[-f_1\cos\theta_1 \ -f_1\sin\theta_1 \ 0] \cdot \boldsymbol{\delta}s = {}^S F_x \times \delta x + {}^S F_y \times \delta y + {}^S M_x \times \delta\alpha + {}^S M_y \times \delta\beta$$

$$(10\text{-}29)$$

由于单位位移 $\boldsymbol{\delta}s$ 的存在以及几何约束条件可以得到以下公式

$$\delta x + \delta\beta(L - h) = \cos\theta_1 \tag{10-30}$$

$$\delta y + \delta\alpha(L - h) = \sin\theta_1 \tag{10-31}$$

式中，L 是传感器坐标系原点 O_s 到轴件坐标系原点 O_P 之间的距离。

假设六维力传感器可以等效为一个由拉簧和扭簧构成的弹性体结构，在传感器坐标系下，沿 x 轴和 y 轴的刚度分别为 k_x 和 k_y，绕 x 轴和 y 轴的刚度分别为 k_α 和 k_β，其各个方向间不存在耦合，因此可以得到：

$$\frac{k_x\delta x}{k_\beta\delta\beta} = \frac{1}{L - h} \tag{10-32}$$

$$\frac{k_y \delta y}{k_\alpha \delta \alpha} = \frac{1}{L-h} \tag{10-33}$$

由式(10-30)~式(10-33)可以推导得到 δx、δy、$\delta \alpha$ 和 $\delta \beta$ 的表达式

$$\delta x = \frac{k_\rho \cos\theta_1}{k_\beta + k_x (L-h)^2} \tag{10-34}$$

$$\delta y = \frac{k_\alpha \sin\theta_1}{k_\alpha + k_y (L-h)^2} \tag{10-35}$$

$$\delta \alpha = \frac{k_y (L-h) \sin\theta_1}{k_\alpha + k_y (L-h)^2} \tag{10-36}$$

$$\delta \beta = \frac{k_x (L-h) \cos\theta_1}{k_\beta + k_x (L-h)^2} \tag{10-37}$$

将式(10-34)、式(10-35)代入式(10-29)中可以得到补充的约束条件

$$f_1 = \frac{^S F_x k_\beta \cos\theta_1 + {}^S M_y k_x (L-h) \cos\theta_1}{k_\beta + k_x (L-h)^2} + \frac{^S F_y k_\alpha \sin\theta_1 + {}^S M_x k_y (L-h) \sin\theta_1}{k_\alpha + k_y (L-h)^2} \tag{10-38}$$

如果将轴件坐标系 $O_p x_p y_p z_p$ 作为参考坐标系，补充的约束条件则可以转化为如下形式

$$f_1 = \frac{F_x k_\beta \cos\theta_1 + (M_y - F_x L) k_x (L-h) \cos\theta_1}{k_\beta + k_x (L-h)^2} + \\ \frac{F_y k_\alpha \sin\theta_1 + (M_x + F_y L) k_y (L-h) \sin\theta_1}{k_\alpha + k_y (L-h)^2} \tag{10-39}$$

根据前文的分析，下面将对接触状态识别过程中接触状态类别的判断条件和接触状态种类的判断条件进行汇总，如表 10-3 所示。

表 10-3　接触状态判断条件汇总

接触类别	判断条件	接触种类	判断条件	接触种类	判断条件
第一类 一点接触	$\begin{cases} F_z - \mu\sqrt{F_x^2+F_y^2}=0 \\ M_z = 0 \end{cases}$	P-1-1-1	$k_{11}=1 \quad k_{12}=1$	P-1-1-2	$k_{11}=0 \quad k_{12}=0$
第二类 一点接触	$\begin{cases} F_z - \mu\sqrt{F_x^2+F_y^2}=0 \\ M_z \neq 0 \end{cases}$	P-1-2-1	$k_{21}=1 \quad k_{22}=1$ $k_{23}=1$	P-1-2-2	$k_{21}=-1 \quad k_{22}=1$ $k_{23}=1$
		P-1-2-3	$k_{21}=1 \quad k_{22}=1$ $k_{23}=0$	P-1-2-4	$k_{21}=-1 \quad k_{22}=1$ $k_{23}=0$

续表

接触类别	判断条件	接触种类	判断条件	接触种类	判断条件
第二类 一点接触	$\begin{cases} F_z - \mu\sqrt{F_x^2 + F_y^2} = 0 \\ M_z \neq 0 \end{cases}$	P-1-2-5	$k_{21}=1 \quad k_{22}=0$ $k_{23}=1$	P-1-2-6	$k_{21}=-1 \quad k_{22}=0$ $k_{23}=1$
		P-1-2-7	$k_{21}=1 \quad k_{22}=0$ $k_{23}=0$	P-1-2-8	$k_{21}=-1 \quad k_{22}=0$ $k_{23}=0$
第一类 两点接触	$\begin{cases} F_z - \mu\sqrt{F_x^2 + F_y^2} \neq 0 \\ F_y \neq 0 \\ M_z = 0 \end{cases}$ 同时利用等效法求得 θ_1 和 θ_2 满足接触状态 P-2-1-1 的判断条件	P-2-1-1	$\left\|\theta_1 + \dfrac{\pi}{2}\right\| \geqslant \arcsin\dfrac{e}{r}$ 且 $\left\|\theta_2 + \dfrac{\pi}{2}\right\| \geqslant \arcsin\dfrac{e}{r}$		
第二类 两点接触	$\begin{cases} F_z - \mu\sqrt{F_x^2 + F_y^2} \neq 0 \\ F_y \neq 0 \\ M_z \neq 0 \end{cases}$ 同时利用试探法求得 系数 $k_{41} \in \{-1,1\}$ 且 $k_{42} \in \{0,1\}$ 且 $k_{43} \in \{0,1\}$ 且 $k_{44} \in \{0,1\}$	P-2-2-1	$k_{41}=1 \quad k_{42}=1$ $k_{43}=1 \quad k_{44}=1$	P-2-2-2	$k_{41}=-1 \quad k_{42}=1$ $k_{43}=1 \quad k_{44}=1$
		P-2-2-3	$k_{41}=1 \quad k_{42}=1$ $k_{43}=1 \quad k_{44}=0$	P-2-2-4	$k_{41}=-1 \quad k_{42}=1$ $k_{43}=1 \quad k_{44}=0$
		P-2-2-5	$k_{41}=1 \quad k_{42}=1$ $k_{43}=0 \quad k_{44}=1$	P-2-2-6	$k_{41}=-1 \quad k_{42}=1$ $k_{43}=0 \quad k_{44}=1$
		P-2-2-7	$k_{41}=1 \quad k_{42}=1$ $k_{43}=0 \quad k_{44}=0$	P-2-2-8	$k_{41}=-1 \quad k_{42}=1$ $k_{43}=0 \quad k_{44}=0$
		P-2-2-9	$k_{41}=1 \quad k_{42}=0$ $k_{43}=1 \quad k_{44}=1$	P-2-2-10	$k_{41}=-1 \quad k_{42}=0$ $k_{43}=1 \quad k_{44}=1$
		P-2-2-11	$k_{41}=1 \quad k_{42}=0$ $k_{43}=1 \quad k_{44}=0$	P-2-2-12	$k_{41}=-1 \quad k_{42}=0$ $k_{43}=1 \quad k_{44}=0$
		P-2-2-13	$k_{41}=1 \quad k_{42}=0$ $k_{43}=0 \quad k_{44}=1$	P-2-2-14	$k_{41}=-1 \quad k_{42}=0$ $k_{43}=0 \quad k_{44}=1$
		P-2-2-15	$k_{41}=1 \quad k_{42}=0$ $k_{43}=0 \quad k_{44}=0$	P-2-2-16	$k_{41}=-1 \quad k_{42}=0$ $k_{43}=0 \quad k_{44}=0$

接触类别	判断条件	接触种类	判断条件	接触种类	判断条件
第三类 两点接触	$\begin{cases} F_z - \mu\sqrt{F_x^2+F_y^2} \neq 0 \\ F_y = 0 \\ M_z \neq 0 \end{cases}$	P-2-3-1	$k_{51}=1 \quad k_{52}=1$	P-2-3-2	$k_{51}=-1$ $k_{52}=-1$
		P-2-3-3	$k_{51}=1 \quad k_{52}=0$	P-2-3-4	$k_{51}=-1 \quad k_{52}=0$
第一类 三点接触	$\begin{cases} F_z - \mu\sqrt{F_x^2+F_y^2} \neq 0 \\ F_y \neq 0 \\ M_z = 0 \end{cases}$ 同时利用等效法求得 θ_1 和 θ_2 满足接触状态 P-3-1-1 或 P-3-1-2 的判断条件	P-3-1-1	$\left\| \theta_2 + \dfrac{\pi}{2} \right\|$ $< \arcsin\dfrac{e}{r}$	P-3-1-2	$\left\| \theta_1 + \dfrac{\pi}{2} \right\|$ $< \arcsin\dfrac{e}{r}$
第二类 三点接触	$\begin{cases} F_z - \mu\sqrt{F_x^2+F_y^2} \neq 0 \\ F_y \neq 0 \\ M_z \neq 0 \end{cases}$ 同时利用试探法求得系数 $k_{41}\in\{-1,1\}$ 或 $k_{42}\in\{0,1\}$ 或 $k_{43}\in\{0,1\}$ 或 $k_{44}\in\{0,1\}$	P-3-2-1	$k_{71}=1 \quad k_{72}=1$ $k_{73}=1$	P-3-2-2	$k_{71}=-1 \quad k_{72}=1$ $k_{73}=-1$
		P-3-2-3	$k_{71}=1 \quad k_{72}=0$ $k_{73}=1$	P-3-2-4	$k_{71}=-1 \quad k_{72}=1$ $k_{73}=-1$
		P-3-2-5	$k_{71}=1 \quad k_{72}=1$ $k_{73}=0$	P-3-2-6	$k_{71}=-1 \quad k_{72}=1$ $k_{73}=0$
		P-3-2-7	$k_{71}=1 \quad k_{72}=0$ $k_{73}=0$	P-3-2-8	$k_{71}=-1 \quad k_{72}=0$ $k_{73}=0$

　　⑤ 位姿调整策略。当轴件进入孔内后，会出现复杂的接触情况，如果不根据接触状态主动进行位置和姿态的调整，将容易导致装配失败。在接触状态识别的基础上，本节将讨论位姿调整策略，使轴件可以根据接触状态调整姿态以完成装配。

　　由于接触状态的种类众多，为每一种接触状态规划一种位姿调整方案将会是一项非常繁琐的工作，并且会占用控制器大量的存储空间，灵活性差。同时，一种位姿调整方案可能对于多种接触状态是有效的。由此可见，可以事先规划多种简单的调整运动，称为基本调整运动，对于不同的接触状态，有效的调整方案是一种或多种基本调整运动的组合。这样只需要进行简单的分析计算就可以规划出合理的调整方案，这种方法更具有一般性和普适性。

　　结合前文对接触状态的分析，初步制定了 5 种基本调整运动：在轴件坐标系 $O_p x_p y_p z_p$ 中沿 x 轴方向的平移、沿 y 轴方向的平移、绕 x 轴的旋转、绕 y 轴的旋转和绕 z 轴的旋转。针对不同的接触状态，部分位姿调整方案如表 10-4 所示。

表 10-4　部分位姿调整方案

接触类别		接触种类	基本调整运动
第一类 一点接触	P-1-1-1	$-45°\leqslant\theta_1<45°$	先绕 y 轴负方向 后沿 x 轴负方向
		$45°\leqslant\theta_1<135°$	先绕 x 轴正方向 后沿 y 轴负方向
⋮	⋮	⋮	⋮

（5）圆-长方形复合孔类零件装配过程仿真与分析

① 模块化组合式机器人虚拟样机仿真模型设计及参数设置。根据目前作者研究室已有的模块化组合式机器人的系列关节模块在 ADAMS 软件中搭建了虚拟的装配环境，包括一台装配用模块化六自由度机械臂、六维力传感器以及装配工作台。装配件固定在机械臂的末端执行器上，被装配件固定在装配工作台上。在 MATLAB/Simulink 软件中搭建装配控制系统，包括位置控制器、阻抗控制器、接触状态识别器和轨迹规划器等。借助 ADAMS 和 MATLAB/Simulink 之间的交互接口，ADAMS 输出在传感器坐标系中测量得到的力信息以及各个关节的角度值，同时 MATLAB/Simulink 输出计算力矩值，进行联合仿真。圆-长方形复合孔类零件的相应几何参数以及仿真环境参数如表 10-5 所示。

表 10-5　参数设置表

参数名称	参数值	参数名称	参数值
h_p	30mm	d	6mm
l_p	29mm	环境刚度	10000N/mm
e	0.45mm	环境阻尼	100N·s/mm
a	0.93mm	动摩擦因数	0.25
r	1.5mm	静摩擦因数	0.4
R	1.515mm		

② 圆-长方形复合孔类零件机器人装配仿真与结果分析。在仿真环境下机器人成功完成装配任务，装配过程如图 10-22、图 10-23 所示。整个过程由三个阶段构成，前 6.1s 为接近阶段，机器人控制装配件快速接近孔件；6.1～23.3s 为搜孔阶段，本文采用一种基于力传感器反馈信息的搜孔策略，控制轴件与孔件发生试探性接触，利用反馈的力信息判断轴孔的相对位姿关系，按顺序依次调整沿 x 轴的位置误差、沿 y 轴的位置误差和绕 z 轴的角度误差；23.3～45s 为插入阶段，在向下装配的过程中，控制器实时检测沿 z 轴方向的接触力，当接触力超过给定阈值时，接触状态判断器对此时的接触状态进行识别计算，同时停止装配运动，准备进行位姿调整运动。搜孔过程和位姿调整过程采用阻抗控制实现接触

力和位置的动态平衡，以避免接触力过大而对工件、机器人或传感器造成损坏。

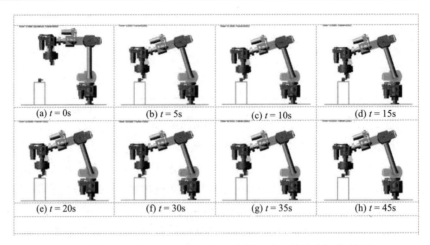

图 10-22　圆-长方形复合孔类零件装配过程的仿真视频截图

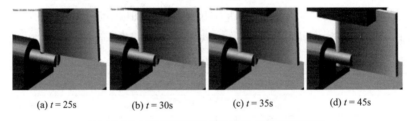

(a) $t = 25$s　　　(b) $t = 30$s　　　(c) $t = 35$s　　　(d) $t = 45$s

图 10-23　装配过程插入阶段的仿真视频截图

　　装配过程中轴件的受力情况如图 10-24 所示。由图可以看出，在插入阶段，当时间 $t = 27.7$s 时，沿 z 轴的接触力超过阈值，接触状态判断器根据接触力和接触力矩计算得到此时的接触状态为 P-1-1-2，接触点的方位角为 $-48.8°$，机械臂停止向下装配，轨迹规划器生成先绕 x 轴旋转、后沿 y 轴正方向平移的位姿调整方案。在时间 $t = 27.7$s 后经过短暂调整，接触力小幅震荡后迅速下降。

　　同样，在时间 $t = 32.4$s、$t = 37.2$s 和 $t = 40.4$s 时，沿 z 轴的接触力超过给定的阈值，接触状态判断器计算得到此时的接触状态分别为 P-1-1-1、P-2-1-1 和 P-2-2-4，轨迹规划器随后生成相应的调整运动，减小轴孔之间的位姿误差，接触力和接触力矩在经历小幅振荡后迅速减小，保证了装配的正常进行。在整个插入阶段，最大接触力小于 16N，最大接触力矩小于 40N·mm。仿真结果表明，本文提出的接触状态识别计算方法和位姿调整策略是有效的，通过识别接触状态生成相应的位姿调整方案，并结合阻抗控制可以实现圆-长方形复合孔类零件的装配任务。

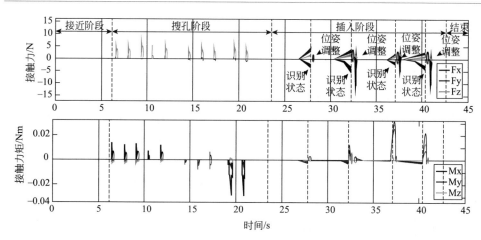

图 10-24　装配过程中轴件的受力情况

总结

① 针对圆-长方形复合孔类零件装配的特点，对装配接触状态进行了分类，在此基础上提出了复合孔类零件的接触力分析方法，并归纳了接触受力分析的通用表达式。

② 在接触受力分析的基础上，提出了对装配过程中的接触状态进行识别，并生成相应的位姿调整方案以实现装配任务的装配方法。给出了接触类别识别计算方法以及基于解析方法和基于修正 L-M 算法的接触种类识别计算方法，并对计算过程中可能出现的冗余性问题进行了分析。

③ 利用提出的方法，在 ADAMS 软件中搭建了虚拟装配环境，在 MAT-LAB/Simulink 中设计了接触状态判断器、轨迹规划器、位置控制器和阻抗控制器等进行了联合仿真，仿真实现了装配间隙为 0.03mm 的圆-长方形复合孔类零件的装配，仿真结果表明此装配策略能够实现复合孔类零件的机器人装配。

④ 本节内容已由本书作者申请发明专利，参见文献 [23]。

10.5　工业机器人操作臂模块化组合式设计方法与实例（吴伟国，哈工大，2012 年）

10.5.1　关于模块化组合式设计

模块化设计是 20 世纪 50 年代欧美国家提出的一种"先进"设计方法，随着计算机辅助设计、辅助制造技术的发展，已经与 CAD 技术、成组技术、柔性制造技术等紧密结合取得了实用。其核心思想是将整个系统或者部分子系统的按功能分解为若干模块，通过模块的不同组合，可以得到不同的结构形式、不同规格乃至不同类的产品；产品模块化设计也包括整个系统难以完全实现模块化的情况下，其中若干个组成部分的模块化设计。

（1）模块化设计要解决的问题

现代机械系统设计是以计算机辅助设计与分析技术在机械系统设计应用为基础上发展起来的，其结果很大程度上体现了：设计质量和设计可靠性提高，设计周期缩短，设计与分析更为精准，设计产品更新换代时间缩短。然而，伴随着产品更新换代加快的另一个问题是：设计资源和成为过去时的旧产品完全被新产品替代所造成巨大浪费！新产品功能的先进性和退出使用环节、生命终结的旧产品的废弃所造成资源浪费的矛盾需要在设计阶段去平衡解决，模块化设计是解决此问题的有效方法之一。模块化设计本身既能提高系统设计与维护周期，也能提高新旧产品更新换代的旧模块的再利用率。系统模块化设计本身也意味着系统的模块化组合式构成，因此，从概念上讲，模块化也意味着系统的局部或全局的组合式设计。

（2）机械系统的模块化设计

包括机构模块化组合式设计和机械结构的模块化组合式设计两大部分。

① 机构模块化组合式设计内容

a. 分析确定基本的运动副及构件构成模块化的基本机构形式，即通过模块化的定义明确与其他模块化接口形式、自由度、模块上接口之间的方位等。

b. 机构模块化定义完成之后，分析确定所定义机构模块类型之间的不同组合方式可以获得的可行机构构型方案。

c. 进行机构构型的优化选择及机构参数的优化设计等设计内容。

② 机械结构的模块化组合式设计内容

a. 根据机构模块化定义及可实现模块化组合式机构设计的机构构型方案进行模块化单元系列化、结构化组合式设计。

b. 设计各模块单元接口结构，保证模块化连接结构通用性。

c. 进行各模块的原动机、机械传动系统、电气元件以及电气接口部分的模块化组合式结构设计。

d. 工作载荷下的机械强度、刚度等设计计算。

e. 完成各模块化单元规格化、系列化设计。

（3）模块化设计的原则

① 设计的模块在功能、规格、机械与电气接口等均有明确的定义，具有一定的通用性。

② 模块化意味着产品模块性能、规格的系列化实现，否则失去模块化的实际意义。

③ 力求以少数模块组合成尽可能多的产品。

④ 满足用户要求的前提下使产品具有精度高、性能稳定、结构简单、维护方便、成本低等。

10.5.2 机器人操作臂的模块化组合式设计的意义与研究现状

在第3章论述了机器人操作臂的设计，包括机构设计和结构设计。显然，机器人操作臂的机构主要是由各个杆件和各个关节串联而成的机构。如果把关节和杆件做成不同规格、性能的模块化系列化关节机构和杆件，再由这些模块化关节、杆件进行合理组合，设计出不同规格、不同性能的同类或者不同类机构构型的机器人操作臂，是一种高效的设计方式。

（1）机器人操作臂的模块化组合式设计意义

近年来工业机器人在世界范围内应用日益广泛，特别是国内工业机器人的使用量从 2001 年的 3500 多台增加到 2011 年的 7 万余台。伴随着使用量的增长，使用者对工业机器人的各方面性能不断提出新的要求。在这种背景下，模块化工业机器人以其可通过模块单元重构组合来满足不同任务要求的特点，和能够减小设计周期、降低设计成本的优点成为一个新的研究领域，同时模块化机器人的优化设计也逐渐应用于模块化工业机器人的设计，并发展成为研究的热点。

研究一种应用于工业机器人的模块化组合式设计方法，建立记录存储模块单元各方面属性的数据库，并通过对模块库中各种模块的组合与优化选择给出较优构型，从而满足设计任务的需求，其意义在于对工业机械臂的设计问题在模块组合方面给出较系统的设计方法，并考虑构型运动学和动力学性能进行优化，以填补国内相关研究的空白。

（2）国内外机器人操作臂的模块化组合式设计研究

国外对于模块化工业机器人研究开展较早，1982 年美国的 RH Gorman 就在其申请的专利"工业机器人"（industrial robot）中提出了模块化工业机器人（modular industrial robot）的概念，他这样阐述："工业机器人应能绕着 6 个回转轴运动，并能被自然地划分成模块，从而在数个不同的应用中能被重新组合而有效地进行工作……"。1988 年，卡耐基梅隆大学机器人研究所的 D. Schmitz，P. Khosla，T. Kanade 三人研制了世界上第一台可重构的模块化机械臂样机——RMMS（reconfigurable modularized manipulator system），该系统包括六个由直流电机和谐波减速器构成的驱动单元，以及连杆单元和一台计算机。RMMS 不仅在机械上实现了可重构，在电气和软件上同样实现了可重构。在此基础上，L Kelmar，PK Khosla 在 1990 年给出了 RMMS 的正逆运动学生成算法。

在这之后国外的研究者们研制了很多模块化机器人机械臂，这里不一一赘述，其中成功商品化的主要有德国雄克（schunk）的机器人模块，美国机器人研发（robotics research）的 K-X07 系列机械臂和加拿大 ESI 公司生产的 RMM 系列机械臂等。

在国内，一些高校和研究所的研究人员也进行了相应的尝试，2007 年哈尔滨工业大学的史士财等人研制了一种高精度的模块化关节，该关节具有位置、力矩、温度等多种传感器，并且跟随误差小于 $0.01°$；2008 年浙江大学的赵亮、闫华晓、俞剑江研制了一种用于教学实验的模块化工业机器人系统，其主要包括水平关节模块、垂直关节模块和控制系统，并能够通过模块间的重构实现不同功能。

（3）机械臂性能评价指标和理论的研究现状

在理论和模块化组合式设计方法方面，研究者们也取得了很多成果。1985 年 Yoshikawa 提出了可操作度的概念，对于自由度非冗余系统来说，可操作度定义为机械臂雅各比行列式的绝对值，通过这一概念，人们可以明确判断某一位姿下机械臂的奇异性和灵活程度。以后的研究者在这一思想的启发下又进一步提出了条件数、全局条件数、各向同性指数等概念，用以衡量机械臂的运动学性能。

在此基础上 Yoshikawa 在其 1985 年的论文中简单推导了平面两杆机器人、PUMA 形式的三杆机器人等一些简单情况下的可操作度，并给出了两杆机器人最佳臂长比为 1：1 的结论；之后，美国的 Brad Paden 和 Shankar Sastry 在其 1988 年的论文中证明了 6R 机器人的可操作度最佳位姿一定为"手肘"型式，即机械臂应具有类似人类上肢的构型且"肘关节角"为直角。

与国外相比，国内在模块化工业机器人研究上起步较晚。在理论方面，国内研究者取得了一些进展，2006 年哈尔滨工业大学的赵杰、王卫忠、蔡鹤皋提出了一种使用指数积方程计算模块化机械臂运动学逆解的方法，并提出了使用一些已推导好的子问题简化求解过程的方法；同年吕晓俊、钱瑞明也提出了一种基于指数积公式建立与构型无关的运动学正解计算方法；2010 年张艳丽、车金峰、李树军给出了使用牛顿-欧拉法对机械臂进行动力学分析的方法。

（4）模块化机械臂设计方法的研究现状

在此之后研究者们开始对系统的模块化机器人设计方法感兴趣，1995 年新加坡南洋理工大学的 I-Ming Chen 和 Joel W. Burdick 提出了一种将构型评价分为结构倾向因子（structural preference）和任务性能（task Performance）两方面评价指标的方法，并提出了使用遗传算法的思想。虽然他们没给出具体的评价指标，但其在 1995 年论文中提出的评价思想和使用遗传算法的构想影响深远，同时 I-Ming Chen 在他 1994 年的博士论文中提出的基于 AIM（assembly incidence matrix）的模块化机械臂的表示方法在后来研究复杂构型的模块化机械臂的理论问题中得到了广泛的应用。1997 年韩国浦项科技大学的 Jeongheon Han 和 W. K. Chung 等人提出了一种以基于遗传算法可操作度为目标函数的模块化机械臂杆长优化方法，并研究了设计变量及遗传算法中变异率的优化选取，有效地实现了计算效率的提升。

在研究这些问题的同时，机械臂的动力学越来越受到研究者的重视，1997 年 I-Ming Chen 和 Guilin Yang 给出了基于牛顿-欧拉方程的机械臂动力学方程的显示形式。

这之后，优化问题的讨论中也开始考虑机械臂的动力学性能，2009～2012 年 Mehdi Tarkian 等人先后发表了一系列文章，阐述了使用基于 CAD 的图形建模，动力学建模、有限元分析、遗传算法以及数据库技术等多种技术手段融合进行模块化工业机器人优化设计的方法，如图 10-25 所示，Mehdi Tarkian 文中给出的例子机械臂构型已经给定设计变量为机械臂电动机功率、连接件壁厚，约束条件为各轴角速度、角加速度，目标函数为机械臂各轴最大速度和总质量，并使用了遗传算法进行优化。

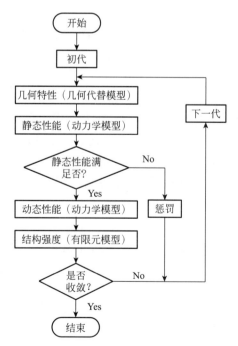

图 10-25　Mehdi Tarkian 的模块化机械臂设计流程框图

总结

国内学者主要集中于机械臂运动学、逆运动学的生成、模块化关节结构设计等方面的研究；国外学者的研究成果总体上领先于国内，很早就设计了实用的机械臂关节模块，并进行了相应的产品研究，之后提出了机械臂的一些运动学指标，且对于以其为目标函数的优化已经进行了大量研究，并在近年来开始系统总结模块化工业机器人的设计方法。

这些研究成果的不足主要表现在 2000 年之前的一般使用机械臂的运动学指标评价机械臂性能，而 2000 年以后则开始考虑机械臂的动力学性能，但无一例外都是先固定机械臂各模块的装配形式再进行优化设计。这样在设计中将不可避免由于各模块的组合不合理而产生机械臂性能的降低。本书作者从模块不同的组合方式对于机械臂的动力学指标的影响出发，进行机械臂的优化设计。具体参见10.5.3～10.5.9。

10.5.3　机器人操作臂的模块化组合式设计的主要内容

① 系列化机械臂模块的结构设计，按功能对机械臂进行功能模块划分，并基于模块化思想设计可以自由互换的系列化模块单元，并按格式存储模块特征信息建立模块数据库，方便之后计算使用。

② 研究基于给定 D-H 参数的构型生成方法，给出构型表示方法，并编写程序自动给出符合条件的所有可行机械臂构型。研究模块化机械臂的动力学自动建模方法，推导机械臂动力学显式方程，并研究给出构型自动生成动力学方程方法。

③ 提出用于模块化机械臂的静力学、动力学优化目标函数，给出优化约束条件，并以生成的可行构型作为设计变量，进行构型的优化选择。按所提出方法进行计算举例，并使用 ADMS 进行仿真实验，验证计算和优化的正确性。

④ 设计基于 PMAC 的集中式模块化控制系统，实现控制系统的软件模块化，并进行实验。

10.5.4　机器人操作臂模块的结构设计及数据库的建立

首先设计一个系列 4 种不同参数的关节模块及与之配套的连接杆和接口模块的结构，之后提出了串联机械臂最小单元的概念，并重点阐述总体方案的分析与选择、如何建立在设计过程中需要使用的数据库等基本问题。

（1）各模块的基本结构形式分析与设计

机械臂的关节模块按运动形式一般可以分为图 10-26 所示的三种形式：摆动

关节、回转关节和平动关节。

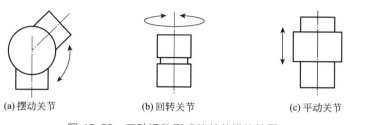

图 10-26　三种运动形式的关节模块简图

为了设计出一种能组合成多种机械臂的关节模块一般有以下两种方案：第一种方案是设计多种关节模块，之后按需要进行组合；第二种方案是只有一种关节模块，但关节模块或连接杆上具有多个不同位置的连接接口，组合时根据机械臂的结构使用不同的连接接口进行连接。第一种方案的每一种关节模块或连接杆模块具有较简单的结构，但多种模块将构成一个较复杂的模块库；第二种方案的优点在于模块库相对简单，但由于模块上要具有多个接口，将使模块的结构复杂化。

考虑到本文的研究对象是轻型串联工业机械臂，希望每个模块的结构精简并获得一个较简单的模块库以便于之后的组合，因此将两种方案结合，提出的方案是：设计一种只具有输入输出两个接口的关节模块和连接杆模块，不同的组合方式通过使用单独设计的两种接口模块和改变连接杆模块的长度来实现。具体的设计方案见图 10-27，其中关节模块为回转关节模块，两个连接接口分别位于关节壳体上和回转轴输出法兰上；接口模块一端与关节模块上的接口相连，一端与连接杆模块相连，分别是直连接口模块和垂直接口模块。为了方便表示机械臂的组装形式，在后文中均使用图 10-27 所示的模块简图。

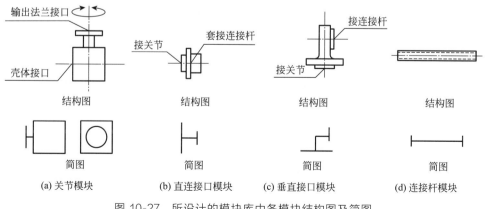

图 10-27　所设计的模块库中各模块结构图及简图

关节模块的传动系统机构简图如图 10-28 所示，减速器选择具有较大减速比的谐波减速器，电动机选择低速性能较好的直流伺服电动机，为减小轴向长度在电动机与减速器之间增加一级同步带传动。

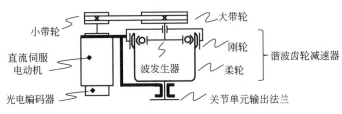

图 10-28　关节模块的传动系统机构简图

对于实际的串联机械臂，其根部关节和末端关节在功率、转矩和转速等参数方面应该有所区别，因此设计四种结构相似的不同型号关节模块，并要求其满足表 10-6 规定的参数要求。为达到此技术要求，这里进行了谐波减速器与电动机的选型（表 10-7）。对 1～3 型关节模块进行了加工、装配，所得关节模块实物照片如图 10-29 所示，所得到的关节模块技术参数如表 10-8 所示（1～3 型模块技术参数由实测得出，4 型模块技术参数按理论值计算）。

表 10-6　系列关节模块技术参数要求

序号	最大转速/[(°)/s]	额定转矩/N·m	质量/kg
1	240	5	≤1.5
2	160	15	≤2
3	90	30	≤3
4	60	50	≤5

表 10-7　系列关节模块部件选型表

关节序号	DC 伺服电动机			谐波减速器	同步带轮			
	电机型号	编码器			型号	齿型	齿数比	宽度/mm
		型号	线数					
1	RE35-273758	110515	500	XB1-32-80-2-3/3	BF	XL	18：18	6.4
2	RE35-273759			XB1-40-100-2-3/3			18：18	6.4
3	RE40-148877			XB1-50-125-2-3/3			16：40	7.9
4	RE65-353297	110517		XB1-60-160-2-3/3			21：42	9.5

表 10-8   系列关节模块技术参数表

关节序号	总减速比	额定转矩/N·m	最大转速/[(°)/s]	额定功率/W	供电电压/V	质量/kg
1	80	5	60	53.8	48	1.32
2	100	15	96	43.9	48	1.50
3	312.5	30	178	149.8	48	2.02
4	320	62.5	294	286.6	48	4.38

图 10-29   加工、装配的三种关节模块照片

共设计了 4 种关节模块、2 种接口模块和 1 种连接杆模块，为建立组合式设计使用的模块数据库，将每一种模块的数据存储为结构体，各结构体的内容和数据结构如表 10-9 所示，表中局部坐标系的定义如图 10-30 所示，模块的质心系为：坐标原点位于模块质心，且各轴线平行于模块局部坐标系的坐标系。

表 10-9   模块数据库内容表

名称	符号	数据类型	单位	备注
模块编号	e	char	—	1～4 号关节为 1～4 号模块，连接杆为 5 号模块，直连接口模块和垂直接口模块分别为 6、7 号模块
特征尺寸数组	L	double 1×5	m	包括各模块的长宽高尺寸和各模块两接口之间的偏移尺寸
质心坐标	$\boldsymbol{P}'_C$	double 3×1	m	质心坐标是指模块质心相对于模块局部坐标系的坐标值
质量	m	double	kg	模块的总质量值
惯性矩	$\boldsymbol{I}'$	double 3×3	kg·m²	相对于模块质心系的模块惯性矩阵
额定转矩	M	double	N·m	关节模块的额定转矩，其他模块该项值为 −1

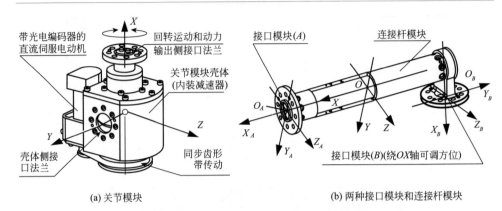

(a) 关节模块

(b) 两种接口模块和连接杆模块

图 10-30　各模块的局部坐标系定义

（2）最小单元及最小单元数据库的建立

使用以上方案设计的模块能够组合出大多数结构的机械臂，这里首先定义组成串联机械臂的最小单元，即由两个关节模块、一个连接杆和两个接口模块构成的串联机械臂的基本组成单元，并规定最小单元坐标系为靠近机械臂根部的关节模块坐标系的牵连坐标系，机械臂基坐标系为根部最小单元坐标系。如图 10-31（a）是一种平行轴最小单元的简图，实际上一个最小单元就是一个二轴机械臂。这里首先建立的最小单元库，最小单元库中包含所有按前文所设计的模块进行组合能够得到的不同最小单元，模块库的建立采用枚举法，过程如下。

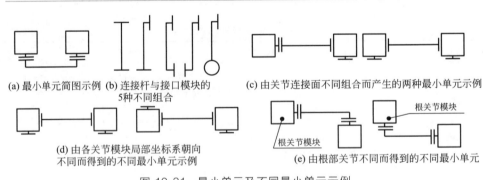

(a) 最小单元简图示例 (b) 连接杆与接口模块的 5种不同组合

(c) 由关节连接面不同组合而产生的两种最小单元示例

(d) 由各关节模块局部坐标系朝向不同而得到的不同最小单元示例

(e) 由根部关节不同而得到的不同最小单元

图 10-31　最小单元及不同最小单元示例

① 首先考虑连接杆与接口模块的组合，如图 10-31（b）所示共有 5 种组合。

② 然后对每种组合考虑连接关节上的不同连接面，如图 10-31（c）所示的情况就是由于一个关节连接面不同而产生的两种最小单元。

③ 如图 10-31（d）所示，还要考虑由各关节单元局部坐标系朝向不同而得到

的不同最小单元。

④ 最后还要考虑由根部关节不同而得到的不同最小单元，如图 10-31(e)
所示。

⑤ 去掉一些重复的最小单元并按最小单元两关节轴线的相对位置分为：平行
轴最小单元，垂直轴最小单元和交错轴最小单元三类，得到图 10-32 所示的最小单
元库。共有 99 种最小单元，其中平行轴单元 10 种，垂直轴单元 19 种，交错轴单
元 70 种。与模块数据库相似，99 种最小单元将每一个单元的数据存储成一个结构
体，以建立最小单元数据库，各结构体的内容和数据结构如表 7-5 所示。

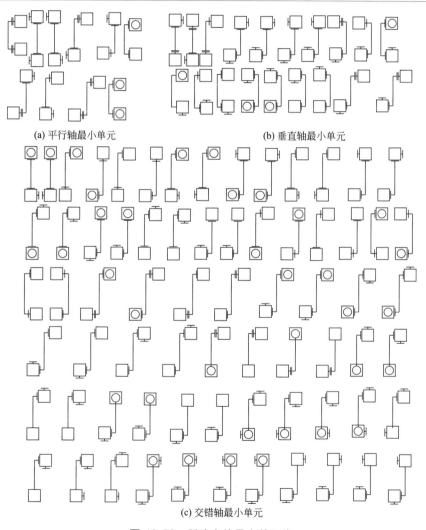

(a) 平行轴最小单元　　　　　　　　　　(b) 垂直轴最小单元

(c) 交错轴最小单元

图 10-32　所建立的最小单元库

表 10-10　最小单元数据库内容表

名称	符号	数据类型	单位	备注
单元编号	E	char	—	平行轴单元为 1～10 号,垂直轴单元为 11～29 号,交错轴单元为 30～99 号
模块序列	$\boldsymbol{F}$	char 1×5	—	按顺序给出组成该最小单元模块的模块编号
接口数组	$\boldsymbol{C}$	char 2×1	—	用 −1 和 1 表示最小单元两个关节模块对外接口,1 表示壳体接口,−1 表示输出法兰接口
安装向量	$\boldsymbol{P}'_{\text{Ins}}$	cell 1×5	m	每个元包体为模块坐标系相对于最小单元坐标系的位置,是一个长度为 6 的列向量[①]
旋转矩阵	$\boldsymbol{R}'_{\text{Ins}}$	cell 1×5	m	每个元包体都是各模块坐标系相对于最小单元坐标系的旋转矩阵,是一个 3×3 的矩阵
D-H 参数	$\boldsymbol{V}'_{\text{DH}}$	cell 1×4	m	各单元 DH 参数向量存储为长度为 4 的元包体数组,每个元包体是长度为 6 的列向量[②]

① $\boldsymbol{P}'_{\text{Ins}}$ 和 $\boldsymbol{V}'_{\text{DH}}$ 需要杆长度 L 确定才能完全确定,详见式(10-40)～式(10-43)。
② $\boldsymbol{V}'_{\text{DH}}(j)$ 中 $\boldsymbol{V}_{\text{DH1}}$ 具有的数据结构,详见式(10-44)。

表 10-10 中, 每一个元包体按照以下数据结构存储:

$$\boldsymbol{P}'_{\text{Ins}}(j)=\begin{bmatrix}\boldsymbol{P}_{\text{Ins1}}^{\text{T}} & \boldsymbol{P}_{\text{Ins2}}^{\text{T}}\end{bmatrix}^{\text{T}}, \quad j=1\sim5 \tag{10-40}$$

$$\boldsymbol{V}'_{\text{DH}}(j)=\begin{bmatrix}\boldsymbol{V}_{\text{DH1}}^{\text{T}} & \boldsymbol{V}_{\text{DH2}}^{\text{T}}\end{bmatrix}^{\text{T}}, \quad j=1\sim4 \tag{10-41}$$

式中, $\boldsymbol{P}_{\text{Ins1}}$ 和 $\boldsymbol{V}_{\text{DH1}}$ 为 $L=0$ 时的安装向量和 DH 参数向量; $\boldsymbol{P}_{\text{Ins2}}$ 和 $\boldsymbol{V}_{\text{DH2}}$ 为单位长度 L 产生的增量向量。

当 L 通过计算得到时, 安装向量 $\boldsymbol{P}_{\text{Ins}}$ 和 DH 参数向量 $\boldsymbol{V}_{\text{DH}}$ 可由式(10-42)、式(10-43) 计算:

$$\boldsymbol{P}_{\text{Ins}}(j)=\boldsymbol{P}_{\text{Ins1}}+L\times\boldsymbol{P}_{\text{Ins2}}, \quad j=1\sim5 \tag{10-42}$$

$$\boldsymbol{V}_{\text{DH}}(j)=\boldsymbol{V}_{\text{DH1}}+L\times\boldsymbol{V}_{\text{DH2}}, \quad j=1\sim4 \tag{10-43}$$

表 10-10 中, $\boldsymbol{V}'_{\text{DH}}(j)$ 中 $\boldsymbol{V}_{\text{DH1}}$ 具有以下结构:

$$\boldsymbol{V}_{\text{DH1}}=\begin{bmatrix}a'_j & b'_j & \alpha'_j\end{bmatrix}^{\text{T}}, \quad j=1\sim4 \tag{10-44}$$

式中, a'_j 为 $L=0$ 时两 DH 坐标系 z 轴的轴线间的距离; b'_j 为 $L=0$ 时两 DH 坐标系 z 轴轴线的公垂线在根部 DH 坐标系 z 轴上的截距; α'_j 为 $L=0$ 时两 DH 坐标系 z 轴的轴线间夹角, 正方向由根部关节的 x 轴确定。

10.5.5　机器人操作臂模块的模块化组合方法

按照 7.3.3 中定义的最小单元的概念, 一个 $n+1$ 轴的串联机械臂可以按照共用相邻关节模块的方式被分解为 n 个最小单元，图 10-33 表示的是将一个 3 轴机械臂分解为两个最小单元的过程。因此要表示一个 $n+1$ 轴串联机械臂的组合形式，只需给出一个具有 n 个元素的结构体数组，该数组称为机械臂的组合数组。组合数组的每个结构体元素包含：最小单元序号；连接杆模块长度。

图 10-33　将一个 3 轴机械臂划分为两个最小单元

这里主要考虑以机械臂的动力学性能作为评价指标对机械臂的模块化组合进行优化设计，机械臂组合数组的生成是以机械臂的 DH 参数矩阵作为输入，其形式如式（10-45）所示，同时还可以考虑给出机械臂根部和末端关节模块对外连接的接口号以其作为给定条件。

$$\boldsymbol{A}_{\mathrm{DH}} = \begin{vmatrix} - & a_2 & \cdots & a_n & a_{n+1} \\ b_1 & b_2 & \cdots & b_n & - \\ - & \alpha_2 & \cdots & \alpha_n & \alpha_{n+1} \end{vmatrix} \tag{10-45}$$

式中，a_j 为 DH 坐标系中 z_{j-1} 轴和 z_j 轴轴线间的距离，$j=2\sim n+1$；

b_j 为 DH 坐标系中 z_j 轴和 z_{j+1} 轴的轴线公垂线在 z_j 轴上的截距，$j=1\sim n$；

α_j 为 DH 坐标系中 z_{j-1} 轴和 z_j 轴轴线间夹角，正方向由 x_{j-1} 轴正方向确定，$j=2\sim n+1$。

机械臂组合数组生成流程如图 10-34 所示，首先将 DH 参数矩阵拆分成各最小单元的 DH 参数向量，然后按照规定的接口参数生成第一个单元的判别条件，并按判别条件对最小单元数据库中的各单元进行判别，得到一系列可行解。之后在生成的可行解中选择一个作为第一个最小单元，与第二个单元的 DH 参数向量一起生成新的判别条件，重复判别工作得到第二个单元的一系列可行解。按照上述过程重复下去，得到第 n 个单元的一系列可行解，它们与之前选定的 $n-1$ 个单元分别构成了机械臂组合的一部分可行解。由后向前逐个改变所选定的可行解并重复上述过程，就能得到机械臂组合的全部可行解。把各个生成的可行解保存成组合数组的形式，就得到了所有可行的组合数组。其中，可行解求解的计算流程图如图 10-35 所示。

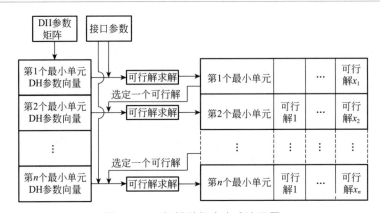

图 10-34　机械臂组合生成流程图

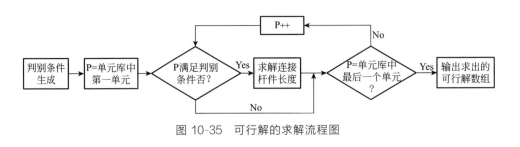

图 10-35　可行解的求解流程图

下面重点阐述图 10-35 中判别条件的生成和求出连接杆长度的过程。

① 单元类型条件。即根据目标 DH 参数向量，首先判断需要的最小单元类型。若为平行轴单元，则在 1～10 号最小单元内搜索；若为垂直轴单元，则在 11～29 号最小单元内搜索；若为交错轴单元，则在 30～99 号最小单元内搜索。

② 接口相容性条件。即根据前一确定的最小单元的末端接口，在由单元类型条件所确定的范围内搜索具有相同接口的最小单元。

对同时满足上述两个判别条件的最小单元，在计算所需的连接杆长度 L 之前，尚需对目标 DH 参数向量进行修正。这是由于建立最小单元数据库时，每个单元的根部 DH 坐标系的原点都被设置在单元坐标系的原点处，而机械臂的 DH 坐标系的原点位于相邻杆件坐标系中 z 轴的交点处，因此当一个最小单元组合到另一个最小单元上时，其根部关节的 DH 坐标系原点可能与建立最小单元数据库时所规定的不同。如图 10-36 所示，第二个最小单元上的 DH 坐标系原点从数据库中规定的 O_1' 变化为 O_1，这将会使实际 DH 参数 b_2 增大线段 $O_1'O_1$ 的长度，这里按式 (10-46) 对其进行修正，$j = 1～n$。

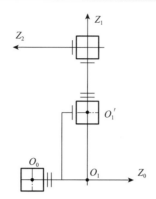

图 10-36 最小单元组合后 DH 坐标系原点发生的变化

$$b_{j\_M} = b_j + (-1)^{(N_{DH})_{j-1}} \left(\boldsymbol{R}_{Ins}(5)_{j-1} \cdot \begin{bmatrix} 1 \\ 0 \\ 0 \end{bmatrix} \right) \cdot \boldsymbol{P}_{Ins}(5)_{j-1} \qquad (10\text{-}46)$$

式中，b_{j_M} 为定的 DH 参数 b_j 的修正值；$(N_{DH})_{j-1}$ 为已选定的第 $j-1$ 个最小单元使用的 DH 坐标系序号；$\boldsymbol{R}_{Ins}(5)_{j-1}$ 为数据库中第 $j-1$ 个最小单元第 5 个模块的旋转矩阵；$\boldsymbol{P}_{Ins}(5)_{j-1}$ 为第 $j-1$ 个最小单元第 5 个模块的安装位置向量，由式(10-42)计算得到。

连接杆长度 L 按式(10-47)计算，并保存 $L>0$ 的解作为可行解。

$$L_j = \frac{|(\boldsymbol{V}_{DH})_j - (\boldsymbol{V}_{DH1})_j|}{|(\boldsymbol{V}_{DH2})_j|}, \quad j = 1 \sim n \qquad (10\text{-}47)$$

式中，$(\boldsymbol{V}_{DH})_j$ 为第 j 个最小单元经过修正后的 DH 参数向量；$(\boldsymbol{V}_{DH1})_j$，$(\boldsymbol{V}_{DH2})_j$ 为第 j 个最小单元存储在数据库中的相应数据。

10.5.6 基于模块库和最小单元库的机械臂动力学建模方法

机械臂第二类拉格朗日方程如式(10-48)所示：

$$\frac{d}{dt}\left(\frac{\partial T}{\partial \dot{\boldsymbol{\Theta}}}\right) - \frac{\partial T}{\partial \boldsymbol{\Theta}} + \frac{\partial V}{\partial \boldsymbol{\Theta}} = \boldsymbol{\tau} \qquad (10\text{-}48)$$

式中，T 为机械臂动能；V 为机械臂势能；$\boldsymbol{\tau}$ 为关节力矩向量；$\boldsymbol{\Theta}$ 为关节角向量。

设 $\boldsymbol{I}$ 为机械臂的广义惯性矩阵，则机械臂动能 T 可表现为如下形式：

$$T = \frac{1}{2}\dot{\boldsymbol{\Theta}}^{\mathrm{T}}\boldsymbol{I}\dot{\boldsymbol{\Theta}} \qquad (10\text{-}49)$$

将式(10-49)代入式(10-48)中，可得拉格朗日方程的变形形式：

$$I(\boldsymbol{\Theta})\ddot{\boldsymbol{\Theta}} + \dot{I}(\boldsymbol{\Theta}, \dot{\boldsymbol{\Theta}})\dot{\boldsymbol{\Theta}} - \frac{1}{2}\left[\frac{\partial (I\boldsymbol{\Theta})}{\partial \boldsymbol{\Theta}}\right]^{\mathrm{T}}\dot{\boldsymbol{\Theta}} + \frac{\partial V}{\partial \boldsymbol{\Theta}} = \tau \qquad (10\text{-}50)$$

由功能关系可知，式(10-50)中机械臂势能关于关节角向量的偏导数等于关节静转矩向量，因此式(10-50)中有两个未知量：广义惯性阵 I 和关节静转矩向量。对于 n 轴的机械臂，I 是一个 $n \times n$ 的矩阵，关节静转矩向量是一个长度为 n 的列向量。

根据式(10-50)可知，I_{ij}（矩阵 I 的第 i 行第 j 列元素）的数值等于忽略重力条件下，各关节速度为 0 且仅第 j 个关节有单位角加速度时第 i 个关节上的负载转矩。由于 I 是对称正定矩阵，因此只需求出其中 $j \geqslant i$ 的元素 I_{ij} 即可确定矩阵 I。设在第 j 个关节输出法兰接口连接面截断之后有 $k-1$ 个模块，并将接在机械臂末端关节上的负载当作第 k 个模块，且认为负载和机械臂末端关节构成了 n 轴机械臂的第 n 个最小单元，则按达朗贝尔原理有：

$$I_{ij} = \begin{bmatrix} 1 & 0 & 0 \end{bmatrix}^{\mathrm{T}} \cdot (\sum_{q=1}^{k} \boldsymbol{J}_{qi}\boldsymbol{\alpha}_{qi} - \boldsymbol{r}_{qi} \times m_q \boldsymbol{a}_{qi}) \qquad (10\text{-}51)$$

式中，$\boldsymbol{J}_{qi}$ 为第 q 个模块在坐标轴平行于第 i 个关节坐标系，原点位于模块质心的坐标系中的惯性阵；$\boldsymbol{\alpha}_{qi}$ 为在第 i 个关节模块坐标系下第 q 个模块的角加速度；$\boldsymbol{r}_{qi}$ 为在第 i 个关节模块坐标系下第 q 个模块的质心坐标；$\boldsymbol{a}_{qi}$ 为在第 i 个关节模块坐标系下第 q 个模块的质心加速度；m_q 为第 q 个模块的质量。

设第 i 个和第 j 个关节及第 q 个模块分别位于第 f 个、第 g 个和第 h 个最小单元中，且满足 $f \leqslant g \leqslant h$，则式(10-51)中的各参数可用式(10-52)求得。

$$\boldsymbol{J}_{qi} = \boldsymbol{Q}_{qi}\boldsymbol{I}_q'\boldsymbol{Q}_{qi}^{\mathrm{T}}$$

$$\boldsymbol{\alpha}_{qi} = \boldsymbol{R}_{gi}\begin{bmatrix} 1 & 0 & 0 \end{bmatrix}^{\mathrm{T}}$$

$$\boldsymbol{r}_{qi} = \begin{cases} \boldsymbol{Q}_{qi}\boldsymbol{P}'_{C_q} + \boldsymbol{R}_{hi}\boldsymbol{P}_q + \sum_{s=f+1}^{h-1}\boldsymbol{R}_{si} \cdot \boldsymbol{P}_{\mathrm{Ins}}(5)_s + \boldsymbol{R}_{\mathrm{Ins}}(N_i)_f^{-1} \\ \qquad \qquad [\boldsymbol{P}_{\mathrm{Ins}}(5)_f - \boldsymbol{P}_{\mathrm{Ins}}(N_i)_f], \qquad f < h \\ \boldsymbol{Q}_{qi}\boldsymbol{P}'_{C_q} + \boldsymbol{R}_{\mathrm{Ins}}(N_i)_f^{-1}[\boldsymbol{P}_{\mathrm{Ins}}(N_q)_f - \boldsymbol{P}_{\mathrm{Ins}}(N_i)_f], \qquad f = h \end{cases}$$

$$\boldsymbol{a}_{qi} = \boldsymbol{R}_{gi}(\begin{bmatrix} 1 & 0 & 0 \end{bmatrix}^{\mathrm{T}} \times \boldsymbol{r}_{qj})$$

$$(10\text{-}52)$$

式中，$\boldsymbol{Q}_{qi}$ 为第 q 个模块坐标系到第 i 个关节坐标系的旋转矩阵；$\boldsymbol{R}_{gi}$，$\boldsymbol{R}_{hi}$ 分别为第 g 个最小单元和第 h 个最小单元坐标系到第 i 个关节坐标系的旋转矩阵；N_i，N_q 分别为第 i 个关节和第 q 个模块在第 f 个最小单元和第 h 个最小单元内的模块序号。

$\boldsymbol{R}_{gi}$ 和 $\boldsymbol{R}_{hi}$ 可用式(10-53)计算，$\boldsymbol{Q}_{qi}$ 可用式(10-54)计算。

$$\boldsymbol{R}_{mi} = \left[\boldsymbol{\Phi}(N_i)_f \boldsymbol{R}_{\mathrm{Ins}}(N_i)_f\right]^{-1} \prod_{s=f}^{m-1} \boldsymbol{\Phi}(5)_s \boldsymbol{R}_{\mathrm{Ins}}(5)_s, \qquad m \geqslant f \qquad (10\text{-}53)$$

$$\boldsymbol{Q}_{qi} = \boldsymbol{R}_{hi}\boldsymbol{\Phi}(N_q)_h \boldsymbol{R}_{\mathrm{Ins}}(N_q)_h \qquad (10\text{-}54)$$

式中，$\boldsymbol{\Phi}$ 为关节角旋转矩阵，可以用式（10-55）计算。

$$\boldsymbol{\Phi}(N_q)_h = \begin{cases} \begin{bmatrix} 1 & 0 & 0 \\ 0 & \cos\theta_h & -\sin\theta_h \\ 0 & \sin\theta_h & \cos\theta_h \end{bmatrix}, & N_q \geqslant 1 + \boldsymbol{C}(1)_h \\[6pt] \begin{bmatrix} 1 & 0 & 0 \\ 0 & 1 & 0 \\ 0 & 0 & 1 \end{bmatrix} & O.W. \end{cases} \qquad (10\text{-}55)$$

式中，θ_h 为第 h 个关节的关节角；$\boldsymbol{C}(1)_h$ 为第 h 个最小单元根部关节的接口号，存储在最小单元数据库中。

综合式（10-51）～式（10-55），就完成了基于前文所建立数据库的求解机械臂广义惯性矩阵 $\boldsymbol{I}$ 的过程。关节静负载是将机械臂从所求关节的输出法兰接口连接面处截断，靠近末端部分的重力向关节坐标原点处简化主矢和主矩，具有以下形式：

$$\boldsymbol{L} = \begin{bmatrix} F_x & F_y & F_z & \tau_{sx} & \tau_{sy} & \tau_{sz} \end{bmatrix}^{\mathrm{T}} = \begin{bmatrix} \boldsymbol{F} \\ \boldsymbol{\tau}_s \end{bmatrix} \qquad (10\text{-}56)$$

式中，$\boldsymbol{F}$ 为作用点处的主矢；$\boldsymbol{\tau}_s$ 为作用点处的主矩。

按图 10-30 中关节模块的坐标系定义，$\boldsymbol{\tau}_s$ 的 x 轴分量为所求的关节静力矩，下面按递推计算的方法进行推导。设计算第 k 个关节负载向量时，已知第 $k+1$ 个关节的负载向量 $\boldsymbol{L}_{k+1}$。首先计算各最小单元系下的重力加速度 $\boldsymbol{G}$ 和在单元系下组成最小单元的 5 个模块质心坐标 $\boldsymbol{P}_C$：

$$\boldsymbol{G}_k = \left[\boldsymbol{\Phi}(5)_{k-1}\boldsymbol{R}_{\mathrm{Ins}}(5)_{k-1}\right]^{-1}\boldsymbol{G}_{k-1} \qquad (10\text{-}57)$$

$$\boldsymbol{P}_{Ci} = \boldsymbol{\Phi}(i)_k \left[\boldsymbol{R}_{\mathrm{Ins}}(5)_k \boldsymbol{P}'_{Ci} + \boldsymbol{P}_{\mathrm{Ins}}(i)_k\right], \quad i = 1 \sim 5 \qquad (10\text{-}58)$$

则 $\boldsymbol{F}_k$ 和 $\boldsymbol{\tau}_{sk}$ 可按式（10-59）计算：

$$\boldsymbol{F}_k = \left(\sum_{i=p}^{q} m_i\right)\boldsymbol{G}_k + \boldsymbol{\Phi}(5)_k \boldsymbol{R}_{\mathrm{Ins}}(5)_k \boldsymbol{F}_{k+1}$$

$$\boldsymbol{\tau}_{sk} = \left[\boldsymbol{\Phi}(5)_k \boldsymbol{P}_{\mathrm{Ins}}(5)_k\right] \times \left[\boldsymbol{\Phi}(5)_k \boldsymbol{R}_{\mathrm{Ins}}(5)_k \boldsymbol{F}_{k+1}\right] + \sum_{i=p}^{q} \boldsymbol{P}_{Ci} \times (m_i \boldsymbol{G}_k) + \boldsymbol{T}_{k+1}$$

$$(10\text{-}59)$$

其中，$p = 1 + \left[\boldsymbol{C}(1)_k + 1\right]/2$，$q = 5 - \left[\boldsymbol{C}(2)_k + 1\right]/2$。

按照式(10-57)～式(10-59) 可以先由根部向末端计算重力加速度 G，在由末端向根部求出 F 和 τ_s，从而得到各关节的静转矩。

10.5.7 组合式优化设计方法

机械臂的动力学性能可用相同负载条件和运动参数下的关节转矩来评价，关节转矩越小说明同样速率下的可加更大负载或同样负载下工作周期更短。根据机械臂动力学方程可知：关节转矩主要由与机械臂惯性矩阵、关节转速、关节角加速度有关的动转矩及关节静转矩组成，因此提出机械臂的静转矩评价数和惯性评价数两个全局评价数，分别如式(10-60) 和式(10-61) 所示。

$$M_s(X)_i = \max\{ \begin{bmatrix} 1 & 0 & 0 \end{bmatrix} \tau_s / M(X)_i \} \tag{10-60}$$

$$\overline{I}(X) = \max\left\{ \sum_{i,\,j=1}^{n} I_{ij}(X) / n^2 \right\} \tag{10-61}$$

式中，X 为给出的一种机械臂组合方式；M_s 为机械臂各轴的静转矩评价数；M 为机械臂关节的额定转矩；$\overline{I}$ 为机械臂的惯性评价数。

计算上述两个评价指标时需对机械臂的静转矩和广义惯性矩阵求最大值，由于机械臂的静转矩和广义惯性矩阵均是关节角的函数，因此当机械臂的自由度数增加时评价函数的计算耗时将呈指数规律增加，这里对比了以下三种计算评价指标的方法，以给出一种计算消耗较少的方法。

方法一：直接按照一定的数值解法求解式(10-60)、式(10-61) 中的最大值，即每次计算时先确定关节角角度，得到计算结果后按一定的搜索方式得到新的关节角角度，并继续计算，直到得到一定精度下的最大值。求解过程如图 10-37(a) 所示。

方法二：首先建立机械臂静转矩和广义惯性矩阵的符号表达式，再在所建立的符号表达式驻点处进行搜索，得到最大值的解析解，即先将各关节角设为符号变量，然后按所推导公式建立目标的符号表达式，之后对表达式求导并得到驻点，最后求各驻点处的函数值并找出最大值。求解过程如图 10-37(b) 所示。

方法三：首先建立机械臂静转矩和广义惯性矩阵的符号解，再按一定的数值解法求解所建立的符号表达式的最大值，得到最大值的数值解，即先按方法二中所述建立目标关于各关节角的符号表达式，再按方法一中所述进行搜索和计算。求解过程如图 10-37(c) 所示。

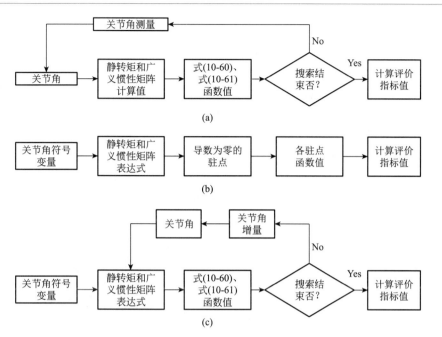

图 10-37　评价指标的三种计算方式

上述计算方式中采用的搜索算法是坐标轮换法,将关节角空间划分为多个小的子空间,在每个子空间内使用坐标轮换法得到局部的极大值,再找出各个子空间极大值中的最大值,即全局最大值。尝试了上述 3 种计算方式,发现:方法一的计算量较大,会在优化过程中带来较长的耗时;方法二的耗时较短,但在机械臂自由度较高时使用 Matlab 符号计算函数不能求出全部驻点,得到的最大值不准确;方法三能够在求出最大值的前提下减少计算耗时。表 10-11 给出了三种方式在分别计算评价指标的平均耗时。

表 10-11　三种计算方式对不同机械臂的计算耗时　　　　　　s

计算方法	三自由度机械臂		四自由度机械臂		六自由度机械臂	
	式(10-60) 耗时	式(10-61) 耗时	式(10-60) 耗时	式(10-61) 耗时	式(10-60) 耗时	式(10-61) 耗时
一	1.3	0.4	141	39.2	>3600	>3600
二	10.1	1.5	11.3	1.7	—	—
三	3.55	1.6	64.4	15.5	788	153

除了上述定义的评价函数,这里还需考虑因组合得到的机械臂因杆件之间相互碰撞而使可用工作空间缩小的问题,由此定义如式(10-62)所示的碰撞数约束

条件。

$$K_{Coll}(X) = \text{碰撞的关节角工作空间/总关节角工作空间} \leqslant K_0 \quad (10\text{-}62)$$

这里采用安全盒法进行碰撞判别。一个物体的安全盒是能将其完全封闭在内的具有简单形状的几何体，关节模块和接头模块对应长方体安全盒，连接杆模块对应圆柱体安全盒，碰撞检测实际上是检测各安全盒是否发生了相互侵入。对于上述碰撞数约束条件，需要求解关节空间内发生碰撞的子空间所占的体积比，设 n 自由度的机械臂关节角变量为 θ_1、θ_2、$\cdots$、θ_n，以固定增量 Δ 对机械臂的关节空间进行离散化，对离散后的每个节点进行碰撞检测，最后将发生碰撞的节点数与总节点数的比作为碰撞数的近似值。增量 Δ 越小，碰撞数越准确，但计算速度越慢；反之，增量 Δ 越大，计算速度越快，但得到的碰撞数越不准确。上述碰撞数的计算流程如图 10-38 所示。

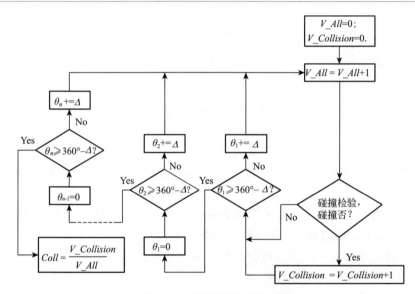

图 10-38　碰撞数计算的流程图

综合上述评价指标和约束条件，提出组合式优化设计的数学模型如式(10-63)～式(10-66) 所示：

$$X \in \bar{X} \quad (10\text{-}63)$$

$$\text{min.} \quad A_E(X) = \sum_{i=1}^{n} \text{Seq}(M_{Si}(X)) + \text{Seq}(\bar{I}(X)) \quad (10\text{-}64)$$

$$s.t. \quad K_{coll}(X) = \frac{\text{碰撞的关节角工作空间}}{\text{总关节角工作空间}} \leqslant K_0 \quad (10\text{-}65)$$

$$M_s(X)_i \leqslant S, \quad i=1 \sim n \tag{10-66}$$

式中，$\overline{X}$ 为机械臂组合生成得到的可行解集合；A_E 为机械臂的综合评价数；Seq 为排序函数，返回被排序指标在同一个评价指标中的升序序数；K_{coll}、K_0 分别为机械臂的碰撞数和碰撞阈值；S 为机械臂的静转矩裕度。

式（10-61）对所提出两个评价指标进行了归一化与综合决策，即对每个评价指标按由小到大排序，以它们的序数作为综合评价的依据，防止静转矩评价数的计算值很大而削弱惯性评价数对优化设计的影响，综合决策时认为静转矩评价数与惯性评价数同等重要，故而将两者权值都设为 1 之后相加。式（10-66）是静转矩约束条件，要求机械臂各轴的静转矩评价数应小于静转矩裕度 S，即限制了关节最大静转矩与关节额定转矩比值的上限。求解上述数学模型时采用遍历法，即计算所有可能组合的约束条件和评价指标，所提出的组合式优化设计流程应如图 10-39 所示。

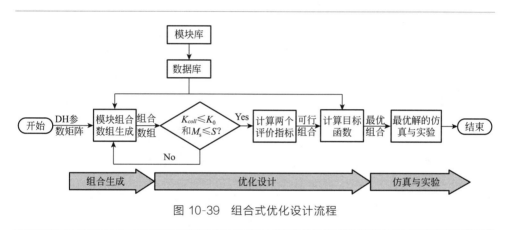

图 10-39　组合式优化设计流程

10.5.8　六自由度机械臂的组合式优化设计计算与仿真

按前文所述的组合式优化设计方法进行了计算与仿真。本算例按照 PUMA262 型操作臂的结构形式，输入 DH 参数矩阵如下：

$$\boldsymbol{A}_{\mathrm{DH}} = \begin{bmatrix} 0 & 0 & 0.198 & 0 & 0 & 0 & 0 \\ 0.2 & 0 & 0.02 & 0.203 & 0 & 0 & 0 \\ 0° & 90° & 0° & 90° & 90° & 90° & 0° \end{bmatrix}$$

设定转矩裕度为 0.8，碰撞数阈值为 0.65。进行组合数组生成，共获得 64 个可能的组合数组，它们的静转矩评价数、惯性评价数和碰撞数如图 10-40 ～图 10-42 所示。

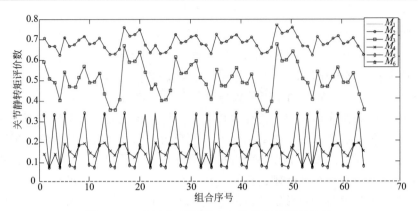

图 10-40　所有机械臂组合各轴的静转矩评价数

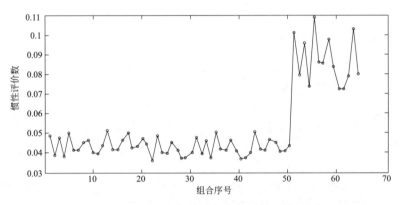

图 10-41　所有机械臂组合的惯性评价数

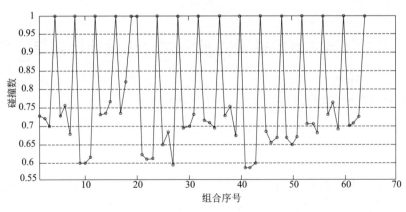

图 10-42　所有机械臂组合的碰撞数

经过约束条件判别得到满足约束的组合 13 种。分别计算综合评价数，结果如图 10-43 所示。

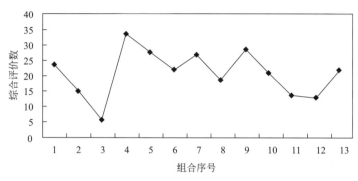

图 10-43　满足约束条件机械臂组合的综合评价数

经决策得 3 号为最佳组合，并选择 4 号组合作对比，分别建立 ADAMS 仿真模型如图 10-44 所示。

图 10-44　对 3 号组合（左）和 4 号组合（右）建立的 ADAMS 仿真实体模型

令末端执行器在 5s 内进行直线运动，末端执行器的起点与终点齐次位姿矩阵分别为 T_1、T_2：

$$T_1 = \begin{bmatrix} -1 & 0 & 0 & 0.075 \\ 0 & -1 & 0 & 0 \\ 0 & 0 & 1 & -0.3684 \\ 0 & 0 & 0 & 1 \end{bmatrix} \quad T_2 = \begin{bmatrix} -1 & 0 & 0 & 0.075 \\ 0 & -1 & 0 & 0 \\ 0 & 0 & 1 & -0.1690 \\ 0 & 0 & 0 & 1 \end{bmatrix}$$

第 2、第 3 关节力矩曲线如图 10-45 所示，其余关节力矩均近似为零，此处省略其曲线。

可见优化过程能够得出同样负载情况下关节转矩较小的操作臂装配形式。为验证 7.3.4～7.3.5 节中推导的公式的正确性，将由所推的动力学方程计算的各轴转矩与 ADAMS 的仿真结果进行对比，图 10-46 所示是 3 号组合第 2 轴转矩两种计算结果的相对误差曲线，其他轴和其他构型对应的结果与之相似。

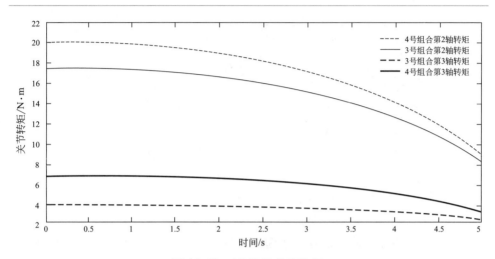

图 10-45　ADAMS 仿真结果

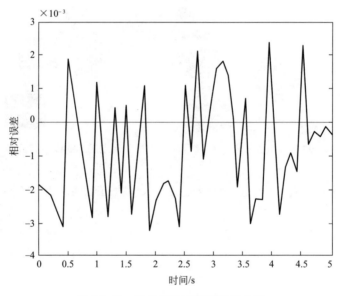

图 10-46　第 2 轴转矩相对误差曲线

由上图可知：两种理论计算与 ADAMS 计算所得结果相对误差在 $\pm 0.4\%$ 之内，说明了所提出的基于模块数据库的机械臂动力学建模方法的正确性。

10.5.9 三自由度机械臂的组合式优化设计与写字实验

应用前述设计的模块和提出的模块化机械臂的组合式设计方法，本小节将进行三轴写字机械臂样机的设计与研制，并将对其进行运动控制实验，以验证所设计的各模块的实用性。给定 DH 参数阵如下：

$$A_{DH} = \begin{bmatrix} 0 & 0 & 0.244 & 0 \\ 0.149 & 0 & 0 & 0 \\ 0 & 90° & 0 & 0 \end{bmatrix}$$

约束机械臂与安装面接口和末端接口均为输出法兰接口，并给定两个约束条件中的阈值分别为 $K_0 = 0.6$、$S = 0.75$。共得到 24 种有效的组合形式，它们的简图如图 10-47 所示。

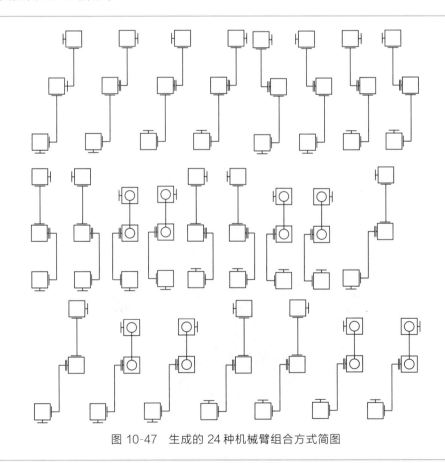

图 10-47　生成的 24 种机械臂组合方式简图

计算优化目标函数，所有组合的综合评价数如图 10-48 所示。

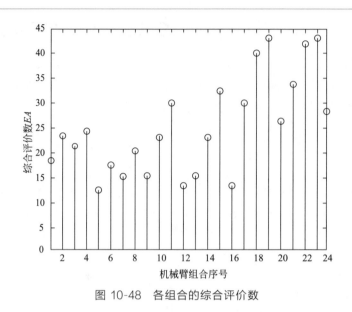

图 10-48　各组合的综合评价数

可知 5 号组合的综合评价数最小，是最优组合。5 号组合的机械臂样机照片及其坐标系定义如图 10-49 所示。

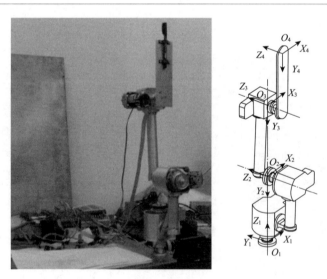

图 10-49　按 5 号组合组装得到的机械臂样机和坐标系定义

按 DH 参数法推导的运动学正解如式（10-67）所示。

$$\boldsymbol{P}_{41} = \begin{bmatrix} 0.224\cos\theta_1 \left[\sin\theta_2 + \sin(\theta_2 + \theta_3)\right] + 0.037\sin\theta_1 \\ 0.224\sin\theta_1 \left[\sin\theta_2 + \sin(\theta_2 + \theta_3)\right] - 0.037\cos\theta_1 \\ 0.149 + 0.224 \left[\cos\theta_2 + \cos(\theta_2 + \theta_3)\right] \end{bmatrix}$$

$$\boldsymbol{T}_{41} = \begin{bmatrix} \cos\theta_1\cos(\theta_2+\theta_3) & -\cos\theta_1\sin(\theta_2+\theta_3) & -\sin\theta_1 \\ \sin\theta_1\cos(\theta_2+\theta_3) & -\sin\theta_1\sin(\theta_2+\theta_3) & \cos\theta_1 \\ -\sin(\theta_2+\theta_3) & -\cos(\theta_2+\theta_3) & 0 \end{bmatrix} \tag{10-67}$$

式中，$\boldsymbol{P}_{41}$ 为末端坐标系原点的位置向量；$\boldsymbol{T}_{41}$ 为末端坐标系相对于基坐标系的姿态矩阵；θ_1、θ_2、θ_3 分别为三个关节模块的关节角。

由于机械臂为 3 轴空间机械臂，因此末端的位置和姿态不是独立的，这里选择末端位置坐标 x、y、z 作自由变量求解机械臂的逆运动学方程，求解的结果如式（10-68）所示。

$$\theta_1 = \begin{cases} \dfrac{\pi}{2} + \arctan\left(\dfrac{y}{x}\right) - \arccos\left(\dfrac{0.037}{\sqrt{x^2+y^2}}\right) & (x \geqslant 0,\ y \geqslant -0.037)\ \text{或} \\ & (x \leqslant 0,\ y \geqslant 0.037) \\ -\dfrac{\pi}{2} + \arctan\left(\dfrac{y}{x}\right) - \arccos\left(\dfrac{0.037}{\sqrt{x^2+y^2}}\right) & O.W. \end{cases}$$

$$\theta_2 = \arccos\left[\frac{z - 0.149}{0.448\cos(0.5\theta_3)}\right] - 0.5\theta_3$$

$$\theta_3 = \arccos\left[\frac{(x - 0.037\sin\theta_1)^2 + (y + 0.037\cos\theta_1)^2 + (z - 0.149)^2}{2 \times 0.224^2} - 1\right]$$

$$\tag{10-68}$$

机械臂的控制系统的硬件结构如图 10-50（a）所示，分别由上位 PC 机、PMAC 控制卡和雷塞伺服驱动构成。所设计的控制系统软件框图如图 10-50（b）所示，先进行初始化，这一阶段配置 PMAC 上的各种输入输出接口和内部位置环与速度环的各种参数；之后在 PMAC 运动控制卡的逆运动学缓存区中写入机械臂的逆运动学方程计算程序，后定义基坐标系；最后用运动描述语言在所定义的极坐标系中描述机械臂末端的运动轨迹，并执行编写的运动程序。

对所组装的机械臂样机进行了硬笔在纸上写字实验，分别书写了大写字母"HIT"和镂空的大写字母"GR"。实验中首先进行了机械臂的校准，令机械臂末端在水平面内运动，通过调整其初始位置和运动程序，一定程度上矫正了由装配和安装所带来的机械臂机构参数误差，之后编写了控制机械臂写字的运动程序。机器人的书写"HIT"、书写镂空的"GR"的过程如图 10-51 所示。"HIT"为哈尔滨工业大学的英文缩写，"GR"为笔者研究室的缩写和徽标。

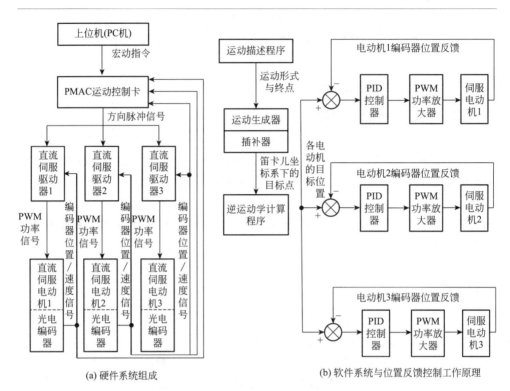

(a) 硬件系统组成　　　　(b) 软件系统与位置反馈控制工作原理

图 10-50　控制系统组成与工作原理

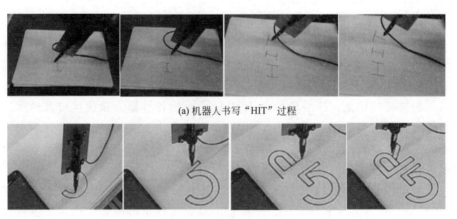

(a) 机器人书写"HIT"过程

(b) 机器人书写"GR"过程

图 10-51　机器人操作臂写字实验视频截图

10.6 多台工业机器人操作臂系统在汽车冲压件生产线上的应用设计与实例

10.6.1 汽车薄板冲压成形件的冲压工艺

　　汽车薄板冲压成形件是由薄板在多台冲压机生产线上经不同的组合模具按多道冲压工序冲压成形的零件。冲压生产线一般由毛坯料送料操作手、传送带装置、机械手 i、冲压机 i 和组合模具 i、冲压件成品件料框等组成。其中，究竟冲压件经多少道组合模具冲压即 i 等于多少取决于具体冲压生产线和冲压件的具体设计。另外，各冲压机之间距离的远近、相邻两台冲压机上组合模具间的横位、竖位都决定了两者之间是采用单台机械手还是两台机械手，以及机械手的机构构型的确定。组合模具分为上模和下模，下模固定在锻压机的工作台上，上模固定在锻压机的锻压头上随锻压头一起上下移动，冲压时锻压头带着上模下移与下模一起将薄钢板冲压成形，复杂形状的冲压件可能需要按顺序由不同的组合模具多次分别冲压后才成为最终的成品形状。冲压件在锻压机上的一次冲压成形视频截图如图 10-52 所示。

(a) 冲压件车间的5台锻压机　　　　(b) 锻压机上的组合模具　　　(c) 冲压成形件

(d) 锻压机冲压组合模具上模下模之间的薄板件后薄板成形(人工送料、取料)

图 10-52

(e) 机器人操作手拾取上下模之间的已成形冲压件

图 10-52 冲压件生产工艺

10.6.2 汽车冲压件生产线多工序坯/件运送多机器人操作臂系统方案设计实例

某汽车冲压件半自动生产线拟进行改造，用多机器人操作臂系统来实现汽车冲压件坯料自动取送，首先需要根据现场实际设计条件和生产技术要求与技术参数进行多机器人操作臂系统及文氏原理吸盘及其供气配气气站系统方案设计。

（1）设计要求与技术条件

① 汽车薄钢板冲压件用压力机冲压/组合模具成形生产过程自动化，提高产量和生产效率。

② 组合模具 5 套、冲压机（也称锻压机、压力机）5 台已到位。5 台冲压机成一字前后排列，相互间隔 a(m)；具体摆放及冲压流程如图 10-53 所示。其现场实际场景如图 10-52(a) 所示。其中，3 号冲压机上的组合模具与其他组合模具的方位不同，其放置方位与其他 4 台冲压机上的组合模具呈水平垂直，即呈转位 90°方位。

③ 叠放薄钢板坯料物料筐由人工供入生产线入口指定位置。

④ 冲压坯件经第 5 号冲压机成形后由机器人操作臂搬入生产线指定出口处物料筐内叠放，然后由人工搬出。

⑤ 薄钢板坯料从物料筐中取出按序分别送至 1～5 号冲压机成形后送入本线出口物料筐整个过程完全由机器人操作臂完成。

⑥ 薄钢板坯料约 15～20kg（冲压坯件及冲压成形件质量一般不会超过坯料重）。采用文氏原理橡胶吸盘吸附坯料及各工序冲压坯件、冲压成形件。

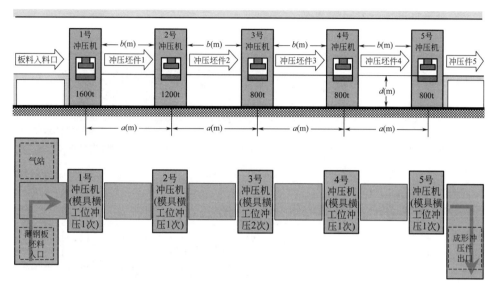

图 10-53　汽车冲压件半自动化生产线的 5 台冲压机摆放及冲压流程示意图

⑦ 作为气源的空气压缩机由用户方提供。

⑧ 运送坯料/坯件/冲压成形件的各机器人操作臂安装位置不得妨碍组合模具上、下模从压力机中取出或装入压力机，即不需将工业机器人操作臂从其固定位置拆卸下来，以免影响生产。

⑨ 机器人操作臂台套数及工作性能参数应满足 1～5 号冲压机按流水线工序对薄钢板坯料/冲压坯件/成形件运送协调要求。

⑩ 在 1～5 号冲压机正常工作的情况下，每分钟生产冲压成形件 x 件。空载运行时（即机器人操作臂末端操作器吸盘上无工件）可实现每分钟 $x+1$ 件当量数的正常运动。

（2）取送汽车冲压件的多机器人操作臂系统方案设计

① 方案 1：相邻冲压机之间机器人操作臂取送方案

该方案在相邻冲压机间无输送带，由第 i 号冲压机上取出冲压坯件 i 直接送至第 $i+1$ 号冲压机，如图 10-54(a) 所示。

系统构成：6 台机器人操作臂系统，气站及末端操作器吸盘。其中，3R2T/2R3T 的 5-DOF（自由度）操作臂系统：4 台套；2R2T 的 4-DOF 操作臂系统：2 台套；气站：1 套；末端操作器吸盘：6 套；机器人操作臂支撑结构框架：6 套。共计 6 台套总计 28 轴机器人操作臂/吸盘系统及机器人操作臂安装基础。其中的单台套机器人操作臂系统构成：4（5）-DOF 机器人操作臂机械本体＋主控计算机（或 PLC 控制器）＋带码盘带制动器交流伺服电动机＋伺服驱动-控制器。工作人员可通过触摸屏操控。

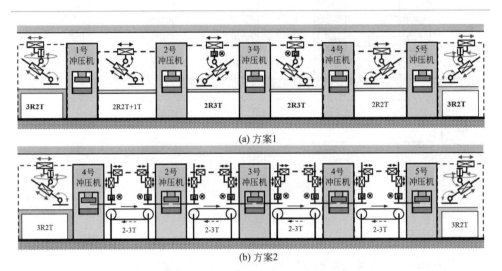

(a) 方案1

(b) 方案2

图 10-54　汽车冲压件自动化生产线的多机器人操作臂取送冲压件系统设计方案

优点：相邻冲压机间只需 1 台机器人操作臂，不需输送带。

缺点：相邻冲压机间间距越长，要求机器人取送速度越快，因此，对机器人操作臂性能指标要求相对较高。

② 方案 2：冲压机两侧各有一机器人操作臂取送方案

该方案在两相邻冲压机间需设输送带，由第 i 号冲压机左侧机器人操作臂将坯件取入，冲压后由其右侧机器人操作臂取出送至输送带上随输送带前移，第 $i+1$ 号冲压机左侧操作臂从输送带上取入坯件，冲压后其右侧操作臂取出再送至输送带，照此工作下去，如图 10-54(b) 所示。

系统构成：10 套机器人操作臂系统，末端操作器吸盘及气站。其中，3R2T 的 5-DOF（自由度）操作臂系统：2 台套；3T/2T 的 3/2-DOF 操作臂系统：8 台套；气站：1 套；末端操作器吸盘：6 套；机器人操作臂支撑结构框架：6 套。共计 12 台套总计 34/28 轴的多机器人操作臂/吸盘系统及机器人操作臂安装基础。最小系统构成 28 轴：3R2T＋(2T＋2T)＋(2T＋3T)＋(3T＋2T)＋(2T＋2T)＋3R2T＝6R22T。

单台套机器人操作臂系统构成：5(3)-DOF 机器人操作臂机械本体＋主控计算机（或 PLC 控制器）＋带码盘带制动器交流伺服电动机＋伺服驱动-控制器。工作人员可通过触摸屏操控。

优点：相邻冲压机间间距长时，机器人及输送带协调好可节省时间，对机器人操作臂速度指标要求可降低一些。

缺点：相邻冲压机间需输送带，各输送带只能分别独立驱动，各需电动机及减速器一套；冲压机间机器人操作臂总台数较方案1多。

（3）末端操作器吸盘系统设计方案

① 吸盘原理：文氏原理，靠空压机供气真空负压吸附。吸盘为橡胶吸盘。

② 气站原理：空压机＋控制阀＋气路向各末端操作器吸盘供气并调节吸附力。

方案1与方案2从设计和技术实现上都能实现且满足用户使用要求。两者各有优势和不足，需要对这两个设计方案进行优化设计计算后用综合评价指标定量评价后作决策。由于3号压力机上放置的组合模具与其他组合模具的放置方位不同而成水平面内转位90°放置，因此，3号冲压机两侧的机器人操作臂上各自至少有一个垂直纸面方向移动的自由度。

确定了多机器人操作臂系统的设计方案，剩下的机构参数设计以及详细的机械系统结构设计、控制系统硬件选择与搭建、PLC控制、机器人操作臂的轨迹规划以及控制程序的编写等均属于工业机器人技术基础中的一般性技术工作，此处不再赘述。

10.7 本章小结

本章首先介绍了工业机器人中工厂车间环境内移动平台的 AGV 的分类、典型导引方式、移动方式与装卸载方式、系统构成与应用，AGV 为成熟技术，有专业制造商供应产品，一般属于选型设计。本章主要内容是本书作者在工业机器人操作臂导引控制、圆-长方形复合孔类零件的机器人装配理论与技术、机器人操作臂的模块化组合式设计方法与设计理论等方面研究成果，详细论述了技术熟练作业人员导引机器人操作臂的柔顺力控制的基本原理与技术实现方法、复合孔类零件装配的接触状态分类、受力分析以及接触状态识别的几何学与力学条件、装配策略等具体理论与技术问题。为从事导引机器人操作、复合型轴孔类零件的机器人柔顺装配技术研究人员提供研究方法、理论与技术基础；模块化组合式设计方法是实现机器人操作臂乃至其他类型机器人的系列化标准化产品化的重要理论方法之一，基于所设计的基本的系列化模块化关节单元、模块化组合式机器人操作臂的动力学性能指标以及优化设计方法，较为完整地给出了机器人的模块化组合优化设计方法和优化设计实例以及运动仿真与实验，旨在通过这样一个完整的实例给应用组合优化设计机器人操作臂的科研人员提供有效的参考。最后给出了一个汽车冲压件生产线上送取冲压件的多机器人操作臂系统方案设计实例，像这种工业生产中实际应用的机器人操作臂系统设计属于一般性的不难实现的机器人工程技术工作，有实际应用价值，但均属于成熟技术，一般没有什么创新性；比较而言，机器人的导引柔顺控制、复合形状的孔轴类零件的机器人装配理论与技术、机器人的模块化组合式设计理论与方法则属于在理论、方法、技术、实验等方面难度较大的创新性工作甚至于原创性研究工作，具有重要的理论指导意义与参考价值。

参考文献

[1]　http: //www. rb3d. com/RB3D_Brochure7A15_EN_L. pdf.

[2]　Chhatpar S R, Branicky M S. Search strategies for peg-in-hole assemblies with position uncertainty[C]//IEEE/RSJ International Conference on Intelligent Robots & Systems. IEEE, 2001: 1465-1470.

[3]　Park H, Bae J H, Park J H, et al. Intuitive peg-in-hole assembly strategy with a compliant manipulator [C]//International Symposium on Robotics, 2013: 11-15.

[4]　Kim Y L, Song H C, Song J B. Hole detection algorithm for chamferless square peg-in-hole based on shape recognition using F/T sensor [J]. International Journal of Precision Engineering & Manufacturing, 2014, 15 (3): 425-432.

[5]　Fei Chen, Ferdinando Cannella, Jian Huang, et al. A Study on Error Recovery Search Strategies of Electronic Connector Mating for Robotic Fault-Tolerant Assembly[J]. Journal of Intelligent & Robotic Systems, 2016, 81 (2): 257-271.

[6]　Yao Y L, Cheng W Y. Model-Based Motion Planning for Robotic Assembly of Non-Cylindrical Parts [J]. International Journal of Advanced Manufacturing Technology, 1999, 15 (9): 683-691.

[7]　Caine M E, Lozano-Perez T, Seering W P. Assembly strategies for chamferless parts[C]//IEEE International Conference on Robotics and Automation. IEEE, 2002: 472-477.

[8]　Chhatpar S R, Branicky M S. Particle filtering for localization in robotic assemblies with position uncertainty[C]// IEEE/RSJ International Conference on Intelligent Robots and Systems. IEEE, 2005: 3610-3617.

[9]　Park Dong Il, Park C, Do H, et al. Assembly phase estimation in the square peg assembly process[J]. International Conference on Control, Automation and Systems, 2012: 2135-2138.

[10]　Kim K, Kim J, Seo T W, et al. Development of Efficient Strategy for Square Peg-in-Hole Assembly Task[J]. International Journal of Precision Engineering and Manufacturing, 2018, 19 (9): 1323-1330.

[11]　Strip D R. Insertions using geometric a-

nalysis and hybrid force-position control: method and analysis[C]//IEEE International Conference on Robotics and Automation. IEEE, 1987: 1744-1751.

[12] Lee S, Asada H H. A perturbation/correlation method for force guided robot assembly[J]. IEEE Transactions on Robotics & Automation, 1999, 15 (4): 764-773.

[13] Kang S C, Hwang Y K, Kim M S, et al. A compliant motion control for insertion of complex shaped objects using contact[C]// IEEE International Conference on Robotics and Automation. IEEE, 1997: 841-846.

[14] Ohwovoriole M S, Hill J W, Roth B. On the Theory of Single and Multiple Insertions in Industrial Assemblies[C]//International Conference on Industrial Robot Technologies. IEEE, 1980: 523-534.

[15] McCarragher B J, Asada H. The discrete event control of robotic assembly tasks[C]//IEEE Conference on Decision and Control. IEEE, 1995: 1406-1407.

[16] Sathirakul K, Sturges R H. Jamming conditions for multiple peg-in-hole assemblies [J]. Robotica, 1998, 16 (3): 329-345.

[17] 张伟军,魏长青. 机器人装配状态变迁控制的同步 Petri 网模型 [J]. 机械工程学报,2001, 37 (4): 33-37.

[18] 费燕琼,赵锡芳. 机器人三维多轴孔装配接触力建模 [J]. 上海交通大学学报,2003, 37 (5): 703-705.

[19] Hou Z, Philipp M, Zhang K, et al. The learning-based optimization algorithm for robotic dual peg-in-hole assembly [J]. Assembly Automation, 2017: 369-375.

[20] Zhang K, Xu J, Chen H, et al. Jamming Analysis and Force Control for Flexible Dual Peg-in-hole Assembly[J]. IEEE Transactions on Industrial Electronics, 2019: 1930-1939.

[21] 潘学欣. 圆-长方型复合孔型装配作业的机器人力/位混合控制研究[D]. 哈尔滨:哈尔滨工业大学硕士学位论文, 2015: 9-12.

[22] 宋健伟. 圆-长方形复合孔件机器人装配技术研究[D] 哈尔滨:哈尔滨工业大学硕士学位论文, 2017: 10-11.

[23] 吴伟国,高力扬. 一种圆-长方形复合孔类零件的机器人自动装配方法[P]. 已申请并被受理发明专利. 申请号: 201910853702.7, 2019.8.

[24] 高力扬,吴伟国. 轻型机器人操作臂的模块化组合式设计方法研究[J]. 机械设计与制造, 2014, (1), 154-156, 160.

[25] 吴伟国. 机器人操作臂的导引操纵系统及其柔顺操纵控制与示教学习方法[P]. 发明专利. 申请号: 201910940372.5

现代工业机器人系统设计总论与展望

11.1 现代工业机器人特点与分析

本书前面 10 章结合已有且具代表性的现代工业机器人系统设计新概念、新设计实例，基本上完整地论述了以"移动"和"操作"两大工业作业自动化主题下的现代工业机器人系统设计的主要理论、方法与技术。现代工业机器人系统设计较过去传统的工业机器人系统设计突出的特点是，由过去应用环境相对固定的设计开始转变到如何解决工业机器人系统实际应用中对于作业环境和作业变化的要求下的"鲁棒性"和"智能化"问题的解决。也可以说是从传统工业机器人技术应用的严格结构化作业条件和环境开始向宽松的结构化、非结构化作业条件与环境下的现代机器人的智能化作业转变。也标志着机器人技术从单纯的自动化到强鲁棒性和智能化转变。按着这一特点对现代工业机器人系统设计与技术进行分析如下。

① 多学科专业集成化设计与分析型软件的运用：现代工业机器人系统设计方法是集机械、控制、电子、计算机软硬件、数学、力学等多学科专业知识的综合运用以及集成化设计，其设计方式体现在大型系统设计与分析型软件的运用。计算机辅助设计（CAD）软件经过近 40 年的发展所形成的 Adams、DADS、ProE、ANSYS、SolidWorks、Matlab/Simulink、AutoCAD 等大型系统设计与分析型软件为现代工业机器人系统设计与分析提供了有力的工具，从系统参数化设计、优化设计、运动学、动力学计算到零部件的强度、刚度、振动模态、稳定性、多物理场耦合分析；从系统物理参数的获得，线性、非线性方程的数学模型，力学方程到控制系统设计与分析、参数的整定等，均有集成化的工具软件来辅助系统设计与分析，使系统设计中的计算与分析更加全面，更加精细，设计的结果更加可靠，设计周期大大缩短。机械系统运动仿真与控制系统仿真作为虚拟实验，为设计结果的工程实际执行的可靠性提供了重要保证。应用仿真技术可以模拟机器人实际作业并可预先获得作业结果的评价或发现存在的问题。对于工业机器人系统也可以通过虚拟作业的仿真来获得其完成不同作业的评价。如此，可以轻易地判断和选择一台可用的工业机器人系统。

②　工业机器人与作业经验丰富的人类作业人员的协作性和操纵型机器人：过去传统的工业机器人系统是在按着预先设计好的程序的控制下自动完成作业，代表性的案例就是汽车零部件制造、装配等自动化生产线上应用的工业机器人操作臂。然而，在工业机器人系统的"智能"尚未达到人类操作人员"智能"程度之前，许多作业仍然需要人类操作人员的参与，如本书中重点讲述的高级技工引导工业机器人协同作业的力/位混合控制技术，方兴未艾！更进一步的深入研究还有很多！如何在高级技工导引机器人作业时由机器人主控系统反过来识别与评价高级技工因疲劳对导引作业的影响，并且由"永不疲劳"的机器人来解决好这个问题。工业机器人作业对人的高度安全性保障性技术也是重要课题之一。操纵型机器人是由具有专业技术和作业能力的技术者（如职业技术工人、实验员、医生等）操纵、操控的作业型机器人，也是由技术者来导引、教会机器人进行技术性操作的机器人。

③　工业机器人系统设计的开放性：模块化组合式设计方法是实现开放性设计的有效途径之一，也是避免自然资源浪费和最大限度地有效利用已有设计资源和软硬件资源的有效设计方法。但是，如何将机械系统设计、驱动与控制系统设计综合在一起获得最优设计结果的模块化组合式设计方法仍然需要进一步研究，并且考虑如何应用于用户的产品选型设计。这种开放性的设计方法需要用户与制造商协同完成，需要解决如何做到可以由用户根据自己的作业用途与技术要求，在机器人制造商一方获得最佳的模块化选型设计结果，然后通过仿真验证后来得到相应产品的问题。需要注意的是：这里所说的并非是众所周知的单纯地进行量身订制。模块化组合式的产品设计方法如何获得对于每一个用户所用的机器人系统都是最佳的设计方案和设计结果的问题是需要考虑解决的关键技术问题。高性能的机构、驱动、控制、传感四位一体的集成化和模块化关节单元的设计以及系列化和产品化目标仍然是工业机器人系统模块化组合式设计的关键技术任务。

④　机器人操作臂轻量化高刚度大负载性能：从现有的高性能 CPU、DSP、高档单片机等电子技术基础元部件、计算机控制与通信技术软硬件技术来看，由于其本身就具有模块化组合式特点，能够满足模块化组合式机器人系统的关节单元的集成化设计与技术实现的需求，关键问题仍然在于机器人机械系统、机构的创新设计，其中包括高刚度轻质化复合材料的使用和结构设计、加工工艺等。目前的工业机器人操作臂尽管采用铝合金铸造壳体、以铝合金轧制材料作为零件制作原材料，但是减速器、电动机仍然占据很大一部分质量，工业机器人操作臂的总质量与其末端负载比值平均值一般约为1：10左右，显然机器人操作臂本身的质量很重，相对降低了末端负载能力。这个比值并非是想减轻就可以改变得了的。为保证末端操作器在机器人产品正常使用寿命期限内的重复定位精度不得不

采用铸造铝合金、铸铁等壳体零件，而且减速器传动系统中轴承、齿轮、摆线针轮等零部件采用合金钢等高强度金属材料。然而这些材料除铝合金材料外密度都较大，使得工业机器人相对负载能力而言过于笨重，原动机驱动能力很大一部分被消耗在重力场中用来克服机器人自重以及惯性力、力矩，以及摩擦力、力矩，而用于驱动末端负载的那部分驱动能力相对很小。同人类手臂相比，人类手臂及手总重不过十数千克，却能操持数十千克的重物。

⑤ 自动化制造机器人的机器人系统设计：机器人制造的自动化和无人化系统的设计，也可以说用机器人母系统制造子机器人的自动化制造与装配系统的设计，也可以说是机器人自动化制造工厂设计。该系统应包括机器人自动化设计系统、自动化制造系统、自动化装配系统与自动化测试系统。这样的自动化生产制造机器人产品的大系统应该是操作型机器人操作臂系统、移动操作与搬运的移动机器人系统、负责机器人零部件加工制作的机械加工机器人系统、装配用机器人系统、测试用机器人系统等多种类机器人协作的多机器人系统。

⑥ 灵巧操作系统设计越来越面向于适应度宽且灵巧操作更精细的技术性能。作业性能适应度宽是指负载能力大、作业响应速度范围宽、粗操作到精细灵巧操作范围宽、主动驱动与被动驱动相结合、多感知功能等等性能。

⑦ 机器人操作臂与移动机器人平台的复合性更强（多种类融合的复合型机器人）：机器人与机器人之间可以根据作业任务需要进行自动地结合与分离，形成复合型机器人或分解还原成各自独立的机器人。这种结合与分离包括机械本体的结合与分离、控制系统软硬件的结合与分离。

⑧ 工业机器人的自装配自重构创新设计：由多数个单元模块从随机的初始状态的聚合体经过有限次的单元间结合与分离自操作，根据作业任务需要自己重新构成新的自己。

⑨ 狭小、危险、极限作业环境和条件下的特种机器人系统设计与技术：这种机器人不是通用的工业机器人市场供应商、制造商所能提供的产品，而是专用机器人技术者根据特殊的作业环境和自动化作业任务而专门设计的专用机器人系统。如核工业设施的狭小空间内机器人自动化焊接系统技术、原油管道自动化清洁的机器人技术等等。

⑩ 机器人系统的智能化设计：智能设计源于 20 世纪 80 年代，是伴随着传统的计算机辅助设计技术而发展起来的，是机器人机构与结构机械设计的狭义 CAD 技术，人工智能的知识工程、专家系统以及人工智能程序设计技术相互融合来实现机器人系统设计的自动化与智能化的设计技术；是将机器人系统设计知识、设计过程以及设计评价等工作用知识工程中的知识表示与获取形式、知识库建立、推理机制和人工智能程序设计技术、最优化设计方法、智能算法等理论、方法与技术综合在一起来解决机器人设计自动化问题的计算机程序。

⑪ 现代工业机器人系统设计与技术向行业应用纵深方向发展：现代工业机器人的应用领域不断被拓宽，随之而来的需要与应用行业的专业性技术的结合也越来越密切。传统的工业机器人普遍应用于如常温、常压等普通作业环境下，少数应用于核工业、航空航天工业以及其他极限环境下。随着应用领域的不断拓展，高低温环境、热辐射、振动等非常规下的作业环境对机器人零部件提出了特殊的要求。

⑫ 关于让机器人学习人类行为的进化型机器人的设计：如何实现由技能型作业人员教会机器人并一直进化下去的学习型机器人系统的设计方法将会越来越受到研究者们关注和重视。约在1999年前后，研究者们发表了通过将电极插入猴子脑部提取猴子欲拿取面前摆放的香蕉和吃香蕉时的脑电信号并且经放大器和计算机处理后用来控制机器人操作臂同样拿取香蕉的研究文献。最新的2019年报道，美国的哥伦比亚大学研究人员不用插电极提取脑部电信号而是用脑机接口（BCI）技术来提取脑电信号来控制机器人操作臂的方法取得了成功。

⑬ 控制输入方式的改变：现代工业机器人与传统的工业机器人不同之处还在于，现代工业机器人除了通过用户按着机器人机构运动学、动力学编写计算机程序、设计机器人运动、控制机器人作业之外，还有其他多种方式来控制机器人完成给定的作业任务。如通过作业路径输入装置（激光笔）自动生成末端操作器作业位姿轨迹、通过视觉系统学习人工作业动作与行为、通过脑机接口来获取人类运动时大脑神经系统的信号并经放大处理后控制机器人，通过语音信号来控制机器人运动等等。

11.2 面向操作与移动作业的智能化工业机器人设计问题与方法

11.2.1 工业机器人操作性能的在线作业综合评价与管理控制机制问题

传统的工业机器人操作是由预先设计好的计算机程序来控制机器人按部就班地执行的过程，是一种在作业环境相对固定的条件下不断重复执行控制指令、不断重复作业运动过程的机器人，相对而言，传统工业机器人缺乏灵活性与作业变更时的新作业适应性。现代工业生产随着用户需求的个性化和定制化越来越灵活，以及现代自动化生产周期的相对缩短、产品更新换代频繁，这些也要求应用工业机器人的自动化、智能化生产线设计如何考虑快速更新、重复有效利用现有自动化生产线中的工业机器人系统的设计问题，其中，工业机器人系统在"移动"和"操作"两个方面的作业性能综合评价是需要解决的问题之一。

例如，固定基座或给定基座运动的工业机器人操作臂的操作性能的综合评价是包括回避关节运动位置极限、速度极限以及驱动力或力矩极限、回避奇异、回避障碍、有效工作空间、能量消耗最小、作业时间最短、操作最省力、输出的最大操作力限制、作业效率最高等的综合性能评价。显然，需要建立如前述章节中已经讨论过的综合评价数学模型，然后，针对末端操作器具体的实际作业运动进行综合性能评价计算后给出机器人操作臂的最佳运动样本，并进行运动控制或最优控制来实现操作作业。

上述所言只是一台机器人操作臂的综合作业性能评价建模内容和过程。应用多台机器人操作臂协调作业操作同一操作物或多台机器人操作臂协调完成多个操作物的多机器人操作臂应用系统的综合作业性能评价是以单台机器人操作臂的综合作业性能评价为基础，按着单个或多个操作物之间运动或力的协调来进行最优的作业性能指标分配来建立的协调与评价模型。对于具体的实际作业任务要求，这些综合评价问题都不难解决。但是，如何在未知具体作业任务或具体作业参数的情况下，设计、研发多个机器人操作臂协调作业的综合性能评价的通用软件系统不是件简单的事。因此，目前的应用多台工业机器人操作臂系统的设计都基本上是按着机器人操作臂的选型设计之后结合实际作业要求与参数进行生产工艺流程分析、设计，然后进行仿真，能够实现作业目标即可，尚缺乏从系统综合设计理论、方法与综合评价等方面进行考虑的成分。

当多台机器人操作臂、多台搭载操作臂的移动机器人构成具有作业灵活性、多机器人协调的开放式机器人应用作业系统的情况下，整个多机器人系统的综合优化设计以及综合作业评价系统设计的设计理论与方法是需要进一步研究与开发的重要内容。需要注意的是：这里所指的不是针对具体的机器人操作臂、移动机器人平台构成的具体事例的设计，而是通用化的设计理论与方法。其中重要的一点是这样的系统相当于一个多智能体的高效协调管理系统，并且具有内部自动进化的学习与评价、决策机制，主要解决的是系统的开放性设计方法与对外部"扰动"的鲁棒性设计。

11.2.2 力-力矩传感器设计与使用时面临的实际问题

现代工业机器人应用系统设计中，各类传感器是必不可少的。使用传感器的主要目的是为了在线获得机器人自身、作业环境或作业对象物的可测的一些状态量，通过这些状态量来实时地对控制系统中的各类控制器的控制参数或者操作量进行有效的调整，从而在控制器控制下能够得到与期望的控制目标或状态量足够接近的结果。

现有的机器人用六维力/力矩传感器中通过均布的四个圆柱销将传感器的检测部与工具侧负载件连接在一起，起到定位与连接作用，这四个销轴是经过过载校准过的安全销，当工具侧法兰上外载荷在安全销上产生的剪切力超过了安全销的公称负载能力时，安全销自动剪断，从而工具侧法兰连接件与力检测部之间的硬连接断开，过载的载荷传不到检测部，从而保护了作为力觉传感器功能主体的力检测部，特别是其上的弹性十字梁，不至于过载而产生过大的弹性变形甚至超过弹性变形范围而失去一定的弹性。这种过载保护用在工业机器人操作臂上是有效的。但是，如果将带有这种过载保护措施的力觉传感器应用在足式或腿式步行机器人的腿、足部（踝关节）时，是无法保证该力觉传感器的，更无法保护机器人。因为，当过载使安全销剪断，即便靠近足一侧的接口法兰与力检测部的硬连接完全脱开，分别作为腿或足的一部分的力传感器的两侧构件脱开，无异于腿或足折断了，即相当于突然断腿或断足，机器人将失去平衡而很有可能会摔倒。此时，无论是机器人、还是力传感器都不会是安全的。由此而引出了用于腿式、足式机器人且具有过载保护能力的新型六维力/力矩传感器的设计与研制的新课题。日本东京大学井上博允等人、本书著者吴伟国都曾经设计、研究了这种带有过载后机器人与传感器本身都能得到安全保护作用的六维力/力矩传感器，但还尚未产品化。

具有过载保护传感器检测部同时也能保护传感器负载端以及传感器所安装的移动机器人系统本体的六维力/力矩传感器的进一步研发以及实用化产品化是移动机器人用六维力/力矩传感器的重要实际课题之一。这里给出已有的两个解决方案和相关技术。

（1）无力耦合的六维力/力矩传感器设计（日本东京大学于1999年提出）

目前现有的用于机器人的六维力/力矩传感器的力检测原理都是通过十字梁检测应变的结构原理和六个分力/分力矩耦合的解耦计算来得到六个分量的。也即本书7.2.3节给出的六维力/力矩传感器是以十字梁结构上粘贴应变片的原理来检测力传感器感知的六个力分量（三个力分量和三个力矩分量）的，但这六个分量是从传感器负载侧所受到的合力、合力矩经过分力解算出来的，而不是由传感器直接检测到的六个独立分量。也即是通过力的解耦算法计算出六个分量的，不可避免地有计算误差。为此，研究者们提出了一种无耦合的六维力/力矩传感器。

日本东京大学稲葉雅幸、井上博允教授等人发明了一种如图11-1（a）所示的力检测结构和原理的无耦合六维力/力矩传感器，其检测部的结构原理是三维力的检测梁单元与球相接触的结构，在检测部与传感器本体（壳体）之间有十字梁端部固连的四个球体，每个球体都与三个悬臂梁接触，当球体所在的十字梁受到外力载荷作用后，球体与三个悬臂梁末端之间分别产生 X、Y、Z 方向的分力，由于球与悬臂梁之间为点接触，因此，可以通过每个悬臂梁上粘贴的应变片来检测所受到的法向力，且 X、Y、Z 方向三个分力之间无耦合，各自独立检测，同时整个传感器检测部采用对称式结构，可以通过差动运算放大器来消除噪声、减小测量误差。当独立地检测到三个分力的同时，也就独立地检测到三个分力矩分量。他们面向于仿人双足步行机器人脚部力/力矩的检测设计出了如图 11-1 中 (b) 所示的梁结构和 (c) 所示的安装在后脚掌上的无耦合力/力矩传感器。

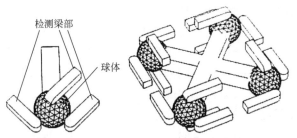

(a) 无耦合力/力矩传感器的力检测结构原理　　　　　　　(b) 力检测的梁结构

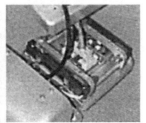

(c) 安装于仿人机器人后脚掌之上的力/力矩传感器实物照片

图 11-1　东京大学稻莱雅幸等人发明的无耦合力/力矩传感器的
结构原理及其在仿人机器人脚部力感知的应用

稻葉等人发明的这种无耦合力/力矩传感器对于移动、操作型机器人用新型力传感器研发提供了新设计、新结构和新方法。但是，仍然没有解决对于移动机器人用力传感器的过载安全保护技术问题，而且，这种无耦合的力/力矩传感器目前尚未产品化。

（2）无耦合安全型六维力/力矩传感器的设计与有限元分析（2011、2012年，吴伟国，马新科，李生广）

参考日本东京大学稻葉等人的无耦合力/力矩传感器设计方案并拟解决用于移动机器人时所需的过载安全保护功能的问题，本书著者吴伟国与其指导的硕士研究生们提出了一种无耦合兼过载安全保护型的六维力/力矩传感器并进行了设计与样机研制。其硬件系统结构如图 11-2 所示。其中：图 (a) ～图 (k) 给出了力检测部详细的结构原理、关键弹性构件结构及应变片粘贴部位、弹性构建与导力杆的装配关系。第 1 代、第 2 代硬件电路信号处理的核心部分都是基于 DSP

器件设计的。第1代、第2代都采用 DSP2407A 和 14 位的 AD7865-1 实现信号的 AD 转换，并使用了 TI DSP 硬件仿真器 XDS510 和软件开发工具 CCS3.3（Code Composer Studio）开发并进行了信号采集程序测试。第2代系统主要完善了上位机程序对下位机（DSP 系统）数据传输的软件功能和六个分力、分力矩的数据传输功能，以及传感器标定系统的模块化组合式设计。

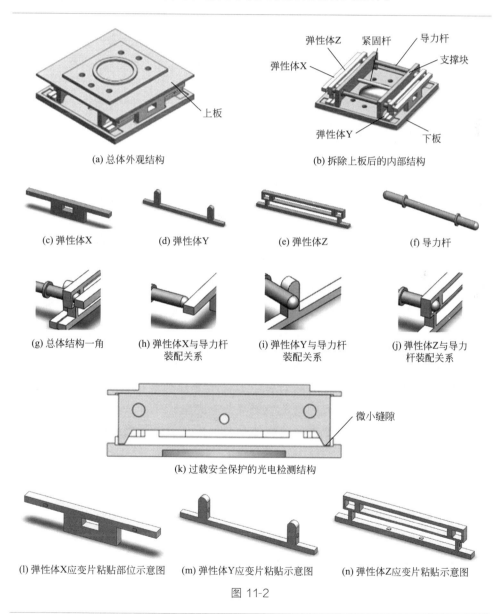

(a) 总体外观结构　　　　　　　　　　(b) 拆除上板后的内部结构

(c) 弹性体X　　(d) 弹性体Y　　(e) 弹性体Z　　(f) 导力杆

(g) 总体结构一角　(h) 弹性体X与导力杆　(i) 弹性体Y与导力杆　(j) 弹性体Z与导力
　　　　　　　　　　　装配关系　　　　　　　装配关系　　　　　　杆装配关系

(k) 过载安全保护的光电检测结构

(l) 弹性体X应变片粘贴部位示意图　(m) 弹性体Y应变片粘贴示意图　(n) 弹性体Z应变片粘贴示意图

图 11-2

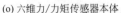

(o) 六维力/力矩传感器本体　　　(p) 传感器信号处理硬件电路第2代

(q) 传感器信号处理第1代

图 11-2　无耦合安全型六维力/力矩传感器系统设计与研制的原型样机系统实物

传感器信号采集处理系统硬件电路部分主要完成以下功能：六维力传感器电桥输出信号放大、滤波，AD 采样转化，DSP 处理，通信。软件主要完成了下位机与上位机的编制。下位机能够采集到传感器的输出信号，并进行计算得到六个方向的载荷，通过串行接口传输数据。上位机程序显示上位机接收到的信号。

过载保护功能实现的基本原理是在承载梁端部底面与传感器底板之间预留了"满量程"下的微小缝隙 [图 11-2(k) 所示]，微小缝隙的两侧设有发光二极管和光电二极管，当传感器超量程时梁受载变形使得微小缝隙变为 0 即无缝隙，发光二极管发出的光被 0 缝隙遮挡，其对侧的光电二极管无光可受处于截止状态，传感器检测到过载状态。此时，传感器的检测部所受载荷完全由传感器的上下板之间的非检测部的硬支撑承担，即弹性体所受载荷卸载到硬支撑和相对固定的硬连接结构上，从而对传感器的检测部弹性体起到过载保护作用，同时又不使传感器的机器人侧与负载侧两部分完全脱开，从而同时起到保护机器人的作用。当过载载荷消失，弹性体梁变形恢复使得硬接触解除，力传感器恢复正常工作。

为验证设计的可行性以及力检测能力，我们应用 ANSYS 软件对传感器的各弹性体、传感器整体进行了有限元分析模型的建模、网格划分以及约束条件的设置，使用面-面接触单元，目标单元使用 TARG170、接触单元使用 CONT174，以及可以模拟多种滑动副、转动副的 MPC184 单元、使用 APDL 代码等建立了有限元分析、计算模型，计算得到的 F_x、F_y、F_z、M_x、M_y、M_z 应力云图；利用模态分析得到传感器的前五阶振型。

以上针对目前成功用于工业机器人操作臂的六维力/力矩传感器存在的力耦合计算解耦和用于移动机器人时存在的不安全问题，给出了两种无力耦合的传感器和安全型无力耦合的力传感器原理与设计作为解决问题的方案，供操作型机器人和移动型机器人的通用力传感器开发者参考。

11.2.3　工业机器人的"通用化""智能化"与机器人应用系统集成方案设计工具软件研发的价值

现有的工业自动化作业的应用机器人解决方案是在预先明确作业需求和技术指标的前提下，由用户选择机器人制造商的成型产品，并由用户或者系统集成设计公司给出问题解决方案来实现设计目标的，这个设计过程需要相当的时间，而对于一些应急的机器人作业实际需求，如何进行快速的产品选型与应用系统集成设计是机器人应用研发者们应考虑的问题。工业机器人系统集成化方案设计的通用性和智能性系统框架的构筑问题是需要及早考虑的技术问题。目前大力提倡大数据与深度学习技术为主的人工智能应用技术可为这一问题的解决提供支撑。

目前的工业机器人操作臂基本上已经由机器人制造商内部标准化、系列化生产并推向机器人市场，此外，一些轮式移动机器人、履带式移动机器人和少数的腿足式移动机器人制造商或供应商们也有自己的产品或多或少推向机器人市场供用户选购，其中移动机器人中推向工业生产用的代表性产品就是 AGV 台车并且已经系列化。随着移动、操作两大主题下的工业机器人应用技术的不断发展，可以预测不久的将来，各种轮式移动机器人、履带式移动机器人、腿足式移动机器人等类型机器人制造商、供应商也会像工业机器人操作臂那样呈规模性地给机器人应用市场供应产品，也必然会有各种类型移动机器人乃至移动与操作复合型机器人系列化产品样本和数据库产生。那时，用户需要的各种机器人以及由这些机器人构成的多机器人应用系统的集成化设计将成为重要的设计工作，如同现在在工程设计中广泛使用的各类设计与分析型工具软件一样，机器人应用系统集成设计的工具软件必不可少！这种大型系统集成软件是一种功能集成的综合性设计与评价软件。

这种大型的机器人应用系统解决方案集成设计工具软件基本构成为：用户应用机器人产品解决生产自动化的实际需求与要求模块、各类机器人制造商成型的系列化标准化产品数据库模块、机器人选择与应用系统集成方案设计模块、应用系统集成设计方案评价模型生成模块、支撑系统集成设计方案评价的各种算法库模块、软件系统本身的控制模块、系统维护模块、各种机器人机构运动学和动力学求解模块、机器人应用系统解决方案集成设计结果的仿真模块、设计方案结果输出模块等几个主要组成部分。该大型机器人应用系统解决方案集成设计工具软件的概念及系统总体构成如图 11-3 所示。

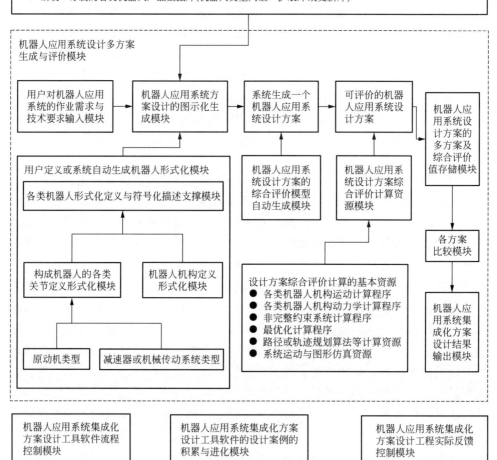

图 11-3　本书著者吴伟国提出的机器人应用系统集成
方案设计工具软件的概念设计与总体构成图[5]

　　以上是本书著者根据未来不同种类多样机器人应用的发展趋势而提出的机器人应用系统集成方案设计工具软件概念设计与总体构成图。目前国内外尚未有这样的机器人应用系统工具软件产品。该大型集成方案设计软件的概念设计、总体构成以及设计实施方法已经申请发明专利[5]。

11.2.4 灵巧操作手的实用化设计观点与方法论

很多机器人操作技术研究者把灵巧操作手的实用化寄希望于仿人多指灵巧手的实用化设计与研发上面，当然，人类5指手的操作灵活性和操作能力是任何生物和机器人手所无法比拟的，但人类手工操作还需要借助于得心应手的工具，人手能够巧妙地制造和使用各种工具。从这一角度讲，只要给工具提供灵活多样的位姿，则可以将使用工具的手与工具看作一体的末端操作器。如此说来，只要末端操作器可以为工具提供灵活的位姿即可达到与人手相当的程度，但未必一定要将灵巧操作手设计成仿人手的多指灵巧手。另外，人手并非是从一开始使用工具就变得灵巧到得心应手的程度，而是在长期使用工具的过程中不断积累经验才变得灵巧而操作自如的。人们容易忽略这一点而认为人手天生就灵巧自如地运用工具，实则不尽然。从工业机器人灵巧操作的目的出发，可以从人手使用各种工具或者机器人操作手使用工具进行各种操作的实际情况出发，设计能够夹持或操持各种不同工具并且从适应不同工具工作位姿的角度提高操作灵活性的灵巧操作手，如同科幻电影"剪刀手"机器人拥有的各种剪刀工具手一样灵巧，而未必一定是仿人多指灵巧手。如果使用各种工具的位姿约束和驱动角度设计得好的话，可能操作能力超出人类手。因此，灵巧操作手的实用化设计可以有如下两条路线。

灵巧操作手实用化设计的两条路线：一是沿着现有仿人多指灵巧手的实用化设计与研发之路继续走下去，以寻求像人手一样有灵巧操作能力的实用化设计结果；另一条路线是高度抽象操持工具或物体进行灵巧操作所需提供的灵巧位姿运动机构，通过简单而又有效的位姿约束机构与驱动机构的可变组合来实现多种灵巧操作的操作手。例如：人手拧紧螺钉必须借助于扳手，而对于机器人末端操作手而言，只需夹持住或外撑住螺栓头的两个平行的侧面（内六角头或外六角头螺钉或螺栓）外加提供定轴回转运动即可，而用仿人多指手来拧螺钉的话，则比这要复杂。因此，灵巧操作手的实用化设计在于如何为被操作的物体或工具提供确定运动所需的足够的约束面。后者需要从被操作的工具或物体几何形体的稳定操作几何学与几何位姿约束角度进行分析，总结归纳出一般规律，然后进行机构设计，这是可以实现的。但无论如何设计，最基本的开合手爪或夹指功能意义上的抓握工具或物体的机构是必备的。后者需分别考虑并在机构设计上实现粗操作与精细操作功能，打个不十分恰当的比方，就是像设计已有的多功能军工刀一样，刀是主要功能，同时刀把内藏锥子、指甲刀、镊子等多种精细的小功能一样。类似于多功能工具头那样的末端操作器可能更适合于作为工业机器人的灵巧操作手；而前者则是在同一个仿人多指手机构上从控制角度去实现粗操作与精细操作。

11.2.5 约束作业空间下力/位混合控制作业的"位置"精度与"力"精度的矛盾对立统一问题

目前的约束作业空间内力/位混合控制机器人作业是在机器人操作臂重复定位精度范围内"位置精度"控制和以牺牲位置精度去达到期望操作力的"力控制精度"要求的同一矛盾体。也就是说：在所选择的机器人重复定位精度要求范围之内，不仅要满足位置控制精度要求，同时还要通过末端操作器额外的位姿补偿调整来实现期望的力控制精度要求。显然，在许用的重复定位精度范围内，机器人的控制比单纯的位置轨迹追踪控制还要严格。打个比方说，末端重复定位精度为±0.5mm 的机器人操作臂满足末端位置轨迹追踪控制精度要求，现在又要求实现力控制精度为±10g 力的力控制要求，为实现此力控制精度要求需要末端操作器额外的位置补偿调整量为±0.1mm，则单纯的末端操作器的位置轨迹追踪控制的精度必须在±0.4mm 以内（注意：这里只是以单纯的位置偏差补偿量来实现力控制，如果考虑姿态角偏差，则不能这样说）。如果两者之和超出了±0.5mm，有可能（但不一定）出现被操作工件或力传感器损坏或不能正常工作。因此，从这个角度上讲，约束作业空间下力/位混合控制的机器人操作臂最好选择更高的重复定位精度的机器人操作臂，从而在实际使用时可以将充分考虑的余有"精度指标"用来实现力控制所需的位姿偏差调整量。如此，能够保证力/位混合控制下两类控制精度要求均能达到要求。否则，还可以考虑使用主动柔顺RCC 手腕或被动柔顺 AACW 手腕等柔顺机构和柔顺控制技术。

总而言之，在机器人操作臂自身的重复定位精度一定的条件下，位置轨迹追踪控制精度要求严格，则力控制的精度就要相对下降，反之当力控制精度要求严格时，则位置轨迹追踪控制精度相对下降。若两者在已有机器人重复定位精度条件下不可调和，则需要采用主动或被动柔顺机构的方式来调和两者的矛盾，以实现给定机器人操作臂精度限制条件下的力/位混合控制作业目标。

11.3 机器人操作臂新概念与智能机械

11.3.1 由模块化单元构筑可变机械系统的新概念新思想

(1) 从细胞到生命体系统的思考

前述各节讲述的是由机械设计者从有限的模块组合设计模块化组合式机械系统的传统思想和方法。然而，机械学者、计算机学者以及人工智能学者们并没有停留在此，它们从生命系统的构成获得进一步的启发，提出了"智能机械"的新概念。

生命系统是由许许多多的细胞构成的大系统，由于构成生命体组织与器官的各个细胞结构与功能是相同或相似的，因此，可以把细胞看作是均质要素，也即生命系统在这一意义上可以说是由作为均质要素的细胞构成的。如果把生命系统看作是由许许多多像细胞一样的机械单元构成的分布式机械系统的话，应该怎样去设计、制造这样的系统呢？进一步地，生命系统在受到损伤后，还可以自己修复自己，而且，可以这样认为：生命体在修复自己的同时，可以看作是新生细胞的"自装配"的过程；像生命体的皮肤以及其他组织、器官的"移植"，则相当于组织细胞对生命体的局部"重构"。基于这些生命体自然或者人为的现象，在20世纪90年代，机械学者们由此而提出了自修复、自装配、自组织、自重构等分布式自律的"智能机械"系统的新概念新思想。

（2）分布式机械系统的研究实例

分布式机械系统是指由许许多多个呈自由分散状态的单元，由最初无序或杂乱的群体状态，经过传感、控制系统作用下，以一定的结合和组织关系形成有序并且具有一定功能的单元集合体而成为一个有机的机械系统，该系统继续在传感、控制系统作用下能够发挥其作为机器的作用。实际上，有关许多单元组成集合体的系统构成问题，从20世纪50年代就开始研究了。

① 细胞自动机模型：最早对分布式系统进行理论研究的是因发明计算机而闻名于世的美国著名数学家冯·诺依曼（J. Von Neumann）。他于1950年设计了细胞自动机（cellular automation）模型，是一个能够在数学空间上实现样本自增殖的系统。

② 用简单机械结构模拟生物的自增殖现象：英国人 L. S. Penrose 在1960年前后用简单的机械结构制作出了能够模拟生物自增殖系统的简单模型。

③ 由相同的多个单元构成的蛇形移动机器人系统：日本东京工业大学的广濑茂男教授自1972年研制出世界上第一台蛇形移动机器人 ACM-Ⅲ，此后研制出了 ACM（Active Cord Mechanism）系列蛇形移动机器人，如图11-4所示。ACM-Ⅲ像列车一样由一节一节的多节"小车"组成的蛇形机器人，与列车不同的是每节"小车"都有独立的电动机驱动，并且由计算机控制实现了像蛇一样在地面上蜿蜒移动。

④ "细胞"机器人 CEBOT：生命体可以不靠来自外部的输入，在系统内部空间上或时间上有秩序地、自然地被形成的现象。20世纪90年代，日本名古屋大学福田敏男教授向生物系统学习，提出了一种由自律的"细胞"（即"机械单元"）构成的自组织化多机器人系统，即"细胞"机器人，又名"CEBOT"。其特点是兼具"自律分散"和"自组织化"两方面性质，并具有下列机能：移动、

屈曲、伸缩、分歧等单一机能和智能性；"细胞"间通过通信可以实现彼此的结合和分离；单一机能复合实现综合机能。

(a) ACM-Ⅲ　　　　　(b) ACM-R3　　　　　(c) ACM-R5　　　　　(d) HELIX

图 11-4　ACM 系列蛇形移动机器人

　　上述这些早期的分布式机械系统研究实例相对而言在当时还只是概念上的简单实现，但却"催生"出了自组织化、自律化机械系统"机械智能"的雏形，20世纪 90 年代开始，自律分布式机械系统以及现在的自治机器人系统成为"智能机械"的代表性的研究方向。

11. 3. 2 　"智能机械"系统的自装配、自重构、自修复概念

(1) 自装配（self-assembly）的概念与基本思想

　　1994 年日本东京工业大学村田智及其研究小组以二维平面内由多个单元模块实现的自装配系统"Modular Robot"（模块化机器人）实现了自装配、自重构的可变机械系统。同期，美国 Johns Hopkings 大学的研究小组也研究出了二维平面内的可变机械"fractum"。

　　"大量地准备同一种类的单元体，如果能够自由地改变它们的组合，则通过不断地连接和分离改变单元体，能够使最初杂乱无序的、不确定形态的单元体群的聚合体形态不断改变而成为我们所期望的形态，也即可以由单元的聚合体随意组装出我们所期望的整体形态，我们将这个过程称之为自装配"——村田智（1994 年）。这就是村田智给出的"自装配"定义的日文原话翻译。

　　为了更便于理解"自装配"概念和"自装配"的基本思想，村田智还用如图 11-5 所示的由平面正六边形单元群从随机的初始形态经过不断地改变单元体间的结合关系进行形态迁移而成为期望形态的图例进行了形象地说明。图中正六边形的每个边都能与相邻的正六边形的边结合与分离，而且两个相结合的正六边形中，其一只要转过 120°就能实现两者相结合的边分离而相邻的边又结合在一起。这里，正六边形的"正"字体现的是"细胞"单元的均质性之一，即单元间相结合的方向性均匀，皆由正六边形的 60°内角决定。图示的期望形态已经很形

象地表明：由 30 个正六边形单元聚合而成一个具有抓握功能的"机械手爪"。

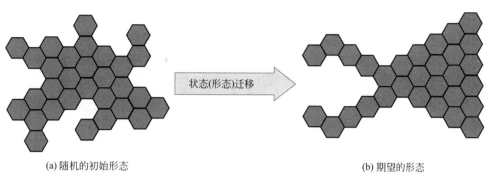

(a) 随机的初始形态   状态(形态)迁移   (b) 期望的形态

图 11-5 "自装配"概念的示意图

（2）实现自装配机能的单元应具备的基本机能

各基本单元只是能够机械地改变实现各单元之间的组合是不够的，单元自身还必须具有能够判断怎样改变单元组合的能力。为此，在每一个单元内都应嵌藏着微处理器（CPU）。将成为目标的所有整体形态信息全部存储在 CPU 内，然后就可以通过程序控制单元协调形成目标形态。为形成整体的形态，就必须知道当前处于怎样的形态，为此，各单元之间必须能够进行通信进行信息交流。

（3）自修复（self-repair）

如果可变形态的机械系统能够实现自装配，则作为自己修复自己的"自修复"机能在原来"自装配"能力的基础上使得自装配机械系统的能力又前进了一大步。

自修复的概念：像自然界中的三肠虫、水蛇那样自己能够修复自己的再生机能。即使可变机械系统中的某些部分无论受到怎样的损坏，也无需借助于人的帮助，自己恢复自己的机能，这便是自装配机械系统的自修复。

目前，自装配机械系统的自修复还不能像生物生命系统那样通过细胞的再生实现自修复，而是靠单元"冗余性"来实现的。即当单元群聚合体上的某些单元因为故障或损伤而无法正常工作的情况下，需要靠自装配系统本身将这些失效的单元从聚合体中剔除掉，同时，将单元群聚合体上预先准备的冗余（多余）的备用单元通过再次的局部自装配过程将其补充到被剔除掉的单元原位置上，从而使聚合体的期望形态得以维持并发挥正常的功能和作用。图 11-6 所示的自装配机械系统的"自修复"原理可以用图 11-6 直观地表达出来。

（4）自重构（self-reconfigurations）

自重构：将完成一定功能的机械系统设计成一系列的模块化单元，各单元具有与其他单元相互结合与分离的连接方式，且相互之间能够进行通信，从而在主控系统要求下通过这些模块单元之间的相互运动实现某种构型下的机械系统。

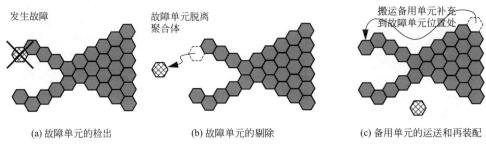

| 发生故障 | 故障单元脱离聚合体 | 搬运备用单元补充到故障单元位置处 |

(a) 故障单元的检出　　　　(b) 故障单元的剔除　　　　(c) 备用单元的运送和再装配

图 11-6 "自修复"的原理及自修复的过程

自装配的机械系统的单元群聚合体从一种整体形态演变成另一种整体形态的过程，称为自重构。对于自装配的可变机械系统而言，自重构不是单纯形态改变的问题，而是涉及整体形态性质的改变的过程。如单元聚合体从当前的四足步行机形态通过形态迁移演变成双足步行机或者正多边形滚动移动机等不同种类的机械形态的过程。

(5) 自装配、自修复的难点和问题

作为硬件系统，能够自装配的单元也可以实现自修复。但是，其驱动程序是一个难点。

① 驱动程序难在何处？关键在于系统中的某些部分何时、发生什么样的损坏的不可预测性。仅仅自装配的话，确定哪个为"前导（leader）"单元呢？

② 前导单元的功能：要将整体的形态信息集约在该前导单元上，由它来规划整体的装配顺序，命令并集中控制其余单元高效地进行装配。

③ 前导单元的问题及诸单元的万能性：前导单元的机能是起决定作用的，在诸多单元中占主导地位，但是，如果预先不知道哪个单元是否已损坏的话，也就不能预先决定前导单元。而且，一旦前导单元发生故障的话，整个形态也就成了一具"死体"。因此，一旦发生"万一"的情况下，哪个单元都应担负起整个系统的主导任务——单元的万能性。也就是说：需要将整体的信息全部给予所用的单元，必然地无论哪个单元都拥有完全相同的程序——整个系统呈均质-分散型。这与生物细胞拥有的所有遗传因子、无论怎样都能进行分化是完全相同的自然原理。

自装配自修复机械与生物细胞拥有的所有遗传因子、无论怎样都能进行分化是完全相同的自然原理。因此，自然而然地，自装配自修复机械内涵着仿生生物体自修复的原理。也必将从生物体的自然原理中获得"营养"。

④ 单元万能性、均质-分散型系统的难点：仔细研究就会发现，用相同的程序驱动所有的单元实际上是非常棘手的状况。例如：假设这里有 20 名小学生在学校的操场上写字。按着课堂教育程序，老师已经把写"A"字的程序教给了每个学生并且学生都已掌握。哪个孩子都知道写"A"字就行了。但是，没有告诉他们自己的那个"A"字应该站在那个位置写。老师不给指示，在操场上也不作出什么标志，则学生们不知道在哪写、找哪个方向写。再者，即使孩子们在操场上写"A"字的想法（样本）是完全相同的，也很难分出哪个是"主帅"、哪个是"分子"。如此想来，像孩子们分担任务角色、写字这样的例子在自装配自修复这样的机械系统来说就成了一项相当高级的工作。

11.3.3 自重构可变机械的单元

(1) 自装配单元

能进行自装配的单元应该能够互相连接，搭载 CPU，此外还必须与其他单元能够进行通信，而且，应实现单元的紧凑化。这里，就 2 维单元的构成、动作原理，3 维单元的构成、动作原理分别加以介绍。

(2) 二维单元的构成及其工作原理

① John Hopkings 大学二维单元：其研究小组提出的使用 3 个直流伺服电机构成的 6 角形可变连杆结构单元、齿轮尺条式的滑动导轨构成的可平行移动的正方形单元。

② 村田智研究的二维单元：村田智等人仅利用 3 个电磁铁提出的极其简单的结构，内部没有一个象齿轮之类的可动零件。这些机构各有利弊，这里统称为"Fractal"（不规则碎片形：不规则碎片形一种几何形状，被以越来越小的比例反复折叠而产生不能被标准几何所定义的不标准的形状和表面。不规则碎片形尤被用于对天然不规则的模型和结构的计算机模型制作中）。

村田智等人提出的二维单元的特点：①构成极其简单化。各单元利用电磁力将 6 个结合臂连接起来，分别能够进行独立的结合、分离动作；②单元内搭载微处理器，进行臂的结合控制以及与邻接单元间的通信。图 11-7 所示为村田智研制的二维单元构成图。

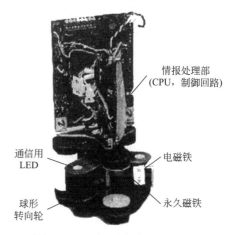

情报处理部
(CPU，制御回路)

通信用
LED

电磁铁

球形
转向轮

永久磁铁

图 11-7　不规则碎片形二维单元

整体为三层构造：最上层和最下层嵌藏着永久磁铁；中间层嵌藏电磁铁。通过将电磁铁的极性适当地设置成开关状态，来实现与其他单元的吸附、脱开动作，如此进行反复的结合/分离动作，实现单元的更替、移动、脱离等自装配自修复所需要的所有动作，如图 11-8 所示。此外，因为永久磁铁、电磁铁内嵌藏了光通信元件，结合中的单元间可以进行双向通信。此单元最多可以与 6 个单元结合，每个单元都有 6 个串行输入输出口。后来，又成功地实现了 10 个单元以上的群动作实验。

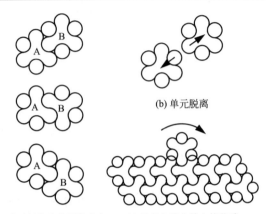

(b) 单元脱离

(a) 单元间接合位置的改变   (c) 单元在聚合体上的移动

图 11-8   村田智等人提出的单元的更替、移动、脱离顺序

(3) 三维单元的构成及其工作原理

同二维单元相比，三维单元的设计相当难。

第一，单元必须能够将除了自重以外的其他单元升举重新连接，输出驱动能力与单元质量比在 1 以上。在机械设计上仅此就是一个严格的条件。

第二，三维装配所需运动的自由度数多。二维仅需左移或右移的单方向运动；但是三维至少需要三个方向运动。

第三，这些自由度必须以所有的空间对称轴为均等配置。所需要的驱动器、传感器被均等地设置在受限的三维空间内，就像迷宫一样难。

如图 11-9 所示，村田智的设计方案中，在呈立方体的六面体上安装着 6 个回转臂，采用高出力的 DC 电机和谐波减速器以及蜗轮蜗杆传动机构，在各回转臂的前端有特殊的结合机构。六个臂回转，各自的结合机构开闭，一个单元合计需要 12 个自由度。为减重仅搭载 1 个电动机。用电磁离合器选择所需的自由度，仅被选择的自由度开始动作。结合机构一边互相"握手"，一边"抓住袖子"互相结合，实现极其牢固的结合（如图 11-10 所示）。

图 11-9　三维单元系统　　　　　　　　图 11-10　三维单元结合顺序

组装更替的顺序如图 11-11 所示，单元通常是成对动作的。一个单元提供结合的轴根，另一个单元提供基本的回转运动。重复这个动作能够实现所有 3 维单元的组装更替、移动。该单元已实现了 4 个单元的移动、把持举起、再结合等动作。再者，该单元没有搭载 CPU，由外部计算机控制。

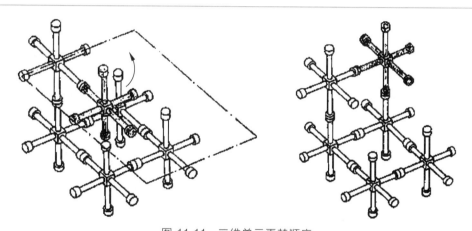

图 11-11　三维单元更替顺序

11.3.4　集成化的自重构模块 M-TRAN 及自重构机器人可变形态

（1）集成化的自重构模块（self-reconfigurable robot module）

日本 AIST 的村田智（Murata）及其研究小组 1998～2005 年间分别研究了

三种规格的自重构机器人模块，各模块的基本原理大体相同，如图 11-12 所示。模块的基本机构原理是：一个连杆两端各用一个回转轴线互相平行的回转副连接着两个 U 形块，其机构简图如图 11-12(a) 所示。

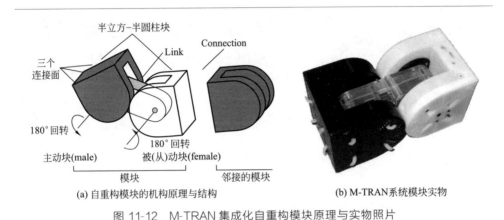

(a) 自重构模块的机构原理与结构　　(b) M-TRAN系统模块实物

图 11-12　M-TRAN 集成化自重构模块原理与实物照片

图 11-12 所示的 M-TRAN 系统的自重构模块为集成化设计，它具有两个自由度，三个主动连接面和三个被动连接面，一个主 CPU（DSP），三个从 CPU（单片机），10 个红外传感器和 1 个重力传感器，全局 CAN 总线通信，蓝牙模块，锂电池供电，是一个集机械、计算机控制与通信、传感器、直流电池以及伺服机等于单元模块内的机电一体小型化集成化系统。1998、2002、2005 年研制的三种规格的自重构模块如图 11-13 所示。Ⅰ型（1988 年研制）66mm 大小，440g；Ⅱ型（2002 年研制）60mm 大小，400g；Ⅲ型（2005 年研制）65mm 大小，420g。

（2）基于集成化自重构模块的机器人自重构系统及其形态

村田智及其研究小组 2005 年在 EXPRO 展出的 50 M-TRAN Ⅲ型系统自重构机器人由大量的相同的单元集成化模块组成其自重构可变机械系统；其控制系统构成如图 11-14 所示。通过 CAN 总线组网，每个模块的主 CPU 为日立制作所生产的基于 DSP 的 Super 系列中 SH-Ⅱ型高档单片机，三个从 CPU 采用的同样是日立制作所生产的早期高档单片机 H8 型产品。SH-Ⅱ、H8 这两款单片机体积小，各 100 根引脚，芯片各只有不足 3mm、2mm 见方大小，便于狭小空间内集成化设计使用；皆内藏 4 路 PWM 以及各 8 路 10 位 A/D 转换器、2 路 8 位独立 D/A 转换器等等用作电机运动控制器所必备的基本功能；图 11-15 所示为其无线遥控及计算机通信系统构成。

图 11-13　村田智等人研制的自重构模块实物及其拆解图

（左上图左起分别为Ⅰ Ⅱ Ⅲ型模块实物）

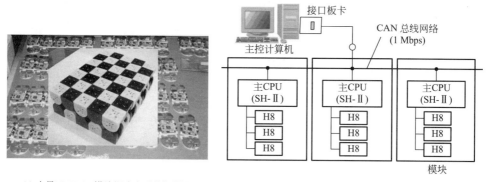

(a) 大量M-TRAN模块组成自重构机器人
（长方体形态）

(b) 分布式控制系统构成

图 11-14　基于 M-TRAN 模块的自重构机器人系统

（当前初始形态为长方体形态）

　　基于集成化自重构模块 M-TRAN 的自重构机器人系统经自重构可变成多种机构构型，如各种三维几何形态、四足步行机、双足步行机、蛇形机器人以及呈正多边形轮子形态的滚动移动机器人等等。如图 11-16 所示。

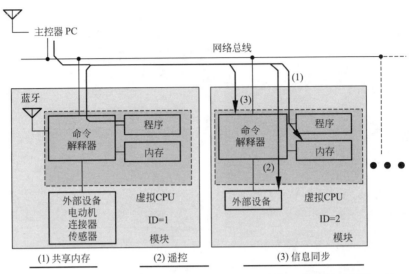

图 11-15 基于 M-TRAN 模块的自重构机器人系统的无线遥控及通信系统

(b) 未知形态

(c) 正多边形轮式移动机器人形态

(a) 四足步行机器人形态

(d) 蛇形移动机器人形态

图 11-16 基于 M-TRAN 集成化模块的自重构机器人系统可变的形态

11.3.5 关于自装配、自重构、自修复可变机械系统问题及本节小结

模块化组合式设计方法已经不再停留于设计者设计以及工程技术人员模块化装配乃至目前自动化制造与装配的传统概念上了。本节给出的模块化单元自装配、自修复、自重构出多种机构构型形态等新概念、新思想是继续进行机械系统设计创新的真正源动力，必将促进具有适应于环境和生产、生活实际需要，系统自我生成实用化"智能机械"产品时代的到来。但是，目前的自重构等可变机械系统还存在如下问题。

① 重力场内原动机运动与驱动能力的问题：承载能力差，因为在重力场环境下，自重构机械系统在形态变迁的运动过程中，需要每一个单元模块都有可能承担带动其他多个模块运动的能力。但实际上这样的系统目前很难实现实用化，需要体积小、大出力于几倍乃至十数倍于模块自身重力或重力矩的超高性能的原动机，这实际上与单元模块的集成化小型化已经形成难以调和的矛盾。因此，目前的自重构机械系统仅适用于在垂直方向（即平行于重力加速度的方向）上运动幅度不大的情况下。

② 大规模自重构可变机械系统的期望形态求解问题：模块化自重构机械系统的单元软硬件设计一般情况下遵从"细胞作为均质要素"的设计原则，即一般构成自重构机械系统的单元模块都相同。因此，由初始形态经自重构运动下形态变迁到期望形态的形成这一自重构的问题，就演变成了大规模完全相同模块进行组合形成所有可能组合出形态解空间内的可行解形态搜索的求解问题。而这一问题的求解计算量可能会随着模块化单元数目的增加而组合数目呈指数级增长，因此，软件算法的搜索策略、效率以及收敛性、实时控制等实际问题都是难点。

以上只是粗略地对大规模自重构机械系统所进行的浅层次问题进行分析，可以得出其硬件及软件两方面都存在难点需要不断解决。需要坚信的是：很多科学技术上的突破都曾是在当时被认为难以解决甚至无解的问题而得以解决的。

本节内容从机械系统模块化组合式设计进一步延伸给出了自装配、自修复、自重构"智能机械"的新思想和新概念。旨在为机械系统创新设计提供一种新思维和新方法。虽然大规模自重构可变机械系统目前难以实用化，但相对而言少数模块化单元的自重构机械系统经过努力是可以实现的，并经技术研发可以走向实用化。模块化组合式机器人操作臂的系列化型号产品已经实现，如在本书第1章中介绍过的美国机器人技术研发公司生产的K系列七自由度仿人手臂、仿人双臂等产品。但就目前而言，实用化的系列化产品化的自装配、自重构、自修复的机器人操作臂尚未见有成型产品出现。但可以预见，未来的工业机器人产业技

术必将朝着在模块化组合式设计基础上进一步努力实现以智能模块化驱动、控制和感知一体化关节单元与臂杆单元的自装配、自重构、自修复而成机器人操作臂为目标方向发展下去，直至实现产业化技术应用。这种机器人的具体技术特征将体现在下一节。

11.4 自装配、自重构和自修复概念将引发未来工业机器人产业技术展望

在以自动化制造系统生产出来的智能模块化驱动、控制和感知一体化关节单元与臂杆单元的基础上，机器人自装配、自重构以及自修复技术的实现意味着工业机器人可以自己组装出自己或改变自己的机构形态。这将意味着以机器人为代表的工程技术发展一直所追求的对作业需求与技术要求适应性的鲁棒性技术实现。因此，未来的工业机器人乃至其他用途的机器人更先进的技术特征将体现在：

① 驱动、控制和感知一体化的智能关节单元和连接构件单元　每个智能关节单元和连杆构件单元本身就是驱动、感知、控制、通信和动力源等集成化一体化的单元型最简智能机器人。这种智能化的关节单元、连接杆件单元自身具有自主移动功能且可以与单元群的其他单元通信、对接和分离。因此，这种一体化智能关节单元本身除了关节自由度主驱动运动机构之外，还有为实现与其他单元之间结合的自动对接机构、找到并自动移动到其他单元附近进行对接的行走驱动机构、识别其他单元的传感器系统、与其他单元的通信系统。

② 可变形态功能，机器人自己生成新的自己　根据各种给定的作业任务要求，这种具有回转关节、主动行走移动机构和通信机能的智能关节单元群可以通过通信系统自装配出适应实际作业要求的机器人机构构型系统。并且可以根据作业环境或作业对象的变化改变自己的机构构型而变身成如同变形金刚一样的不同形态和功能的机器人。

③ 智能化关节单元和构件单元也可以自装配成为机器人制造机器人的母机系统从而建立快速组装机器人的工作站。

④ 由选择单元构成机器人新系统的设计计算智能化　这些智能化单元可以通过识别其他单元并通过通信来获取各单元自身的数据信息，进行整台套机器人性能的设计计算。

⑤ 自救技术特征　这种智能化单元构成的机器人系统可以通过自装配、自重构、自修复等自动变形技术自律地从陷入的困境中逃脱出来。

⑥ 作业能力的自评价与作业决策特性　这种智能机器人系统可以实时检测

和评估其自身的状态与作业能力，为是否有能力承担作业任务或者继续进化变成有能力承担作业任务。

⑦ 单台机器人与多台机器人或者复合型机器人可以自由生成，自律协调作业。

⑧ 机器人之间可以相互帮助来改变、增强自己的作业能力。

11.5 本章小结

本章作为本书的最后一章，除了总结归纳现代工业机器人系统设计的特点和分析之外，更重要的是指出了目前工业机器人及其基础元部件中仍然存在的实际问题，并以六维力/力矩传感器为例讲述了如何去发现存在的实际问题，如何创新设计解决问题实例。在移动与操作两大工业机器人主题发展下的机器人操作臂、移动机器人不断深入地继续走向产品系列化模块化的形势下，笔者在本章还前瞻性地指出了工业机器人的"通用化""智能化"与机器人应用系统集成方案设计工具软件研发的价值，提出了机器人应用系统集成方案设计工具软件的概念和总体构想。与现有的采用 ADAMS、ProE、ANSYS、Matlab/Simulink 等通用的设计与仿真分析型 CAD 软件不同，它是专用于包括各种机器人在内构成的多种类多机器人构成更大的机器人应用系统设计时的机器人概念化、形式化、集成化通用的设计型机器人系统设计与分析型自成一体的工具软件的构想。目前工业机器人操作臂已经成为专门制造商系列化标准化的商品，随着移动机器人技术的不断进步与成熟，当各类移动机器人的产品化生产与应用规模达到现在工业机器人操作臂生产与应用规模时，以多种类多机器人产品选型设计、应用系统集成设计成为多机器人系统设计与研发主流时，这种专用于多机器人应用系统集成设计的大型商业工具软件必将成为急需和主流。

作为本书最后一章，特别介绍了日本机器人学者村田智所提出的"自装配""自修复""自重构"等"智能机械""智能机器人""自治机器人"等领域的新概念。尽管距离村田智提出这些概念和思想时已过去 25 年的时间，但是，这些概念下的实用化技术仍然尚未完善，技术成熟度还不高！仍然面临着单元驱动能力不够、系统过于复杂、可靠性与带载能力弱等诸多实际问题。但这些概念体现了仿生机械的进化的思想。随着超轻超强材料技术、驱动技术、系统集成技术等等的不断发展，仿生于生物、动物以及人类水平的智能机器人将不断完善、技术成熟度将不断提高，终将达到顶峰。科学技术发展的永恒不变的规律就是：将当时不可能的事情经过长期共同不懈的努力后变成可能！机器人技术发展与应用的历程便是机器人不断进化的历史！

参考文献

[1]　吴伟国，马新科. 一种安全型无力耦合六维力传感器[P]，ZL20110142847. X.

[2]　吴伟国，李生广. 一种无耦合六维力传感器的组合式标定装置[P]，ZL201210260652.X.

[3]　马新科. 仿人机器人用安全型六维力传感器设计与分析[D]. 哈尔滨工业大学学位论文，2011. 7.

[4]　李生广. 无耦合六维力传感器结构有限元分析与标定实验系统设计[D]. 哈尔滨工业大学学位论文，2012. 7.

[5]　吴伟国，高力扬. 一种机器人应用系统解决方案集成化设计的大型工具软件系统[P]. 已申请并被受理发明专利. 申请号：201910803474. 2，2019 年 8 月.

附录 1 Matlab/Simulink 软件基本功能函数表

附表 1-1 图形绘制及图形编辑操作功能函数

函数名	函数表达形式	函数说明
plot	plot(x,y)	绘制横轴为 x、纵轴为 y 的曲线图
semilogx	semilogx(x,y)	绘制横轴为 $\lg x$、纵轴为 y 的曲线图
semilogy	semilogy(x,y)	绘制横轴为 x、纵轴为 $\lg y$ 的曲线图
loglog	loglog(x,y)	绘制横轴为 $\lg x$、纵轴为 $\lg y$ 的曲线图
xlable	xlable('text')	设置 x 轴下侧的标签为"text"
ylable	ylable('text')	设置 y 轴左侧的标签为"text"
title	title('text')	设置框线上的标签为"text"
figure	figure(i)	生成且指定第 i 个图形窗
axis	axis(x_1 x_2 y_1 y_2)	绘制横轴最小值为 x_1、最大值为 x_2,纵轴最小值为 y_1、最大值为 y_2 的曲线图
	axis('square')	设定轴的区域为正方形
	axis('normal')	设定轴的区域为长方形
grid		绘制辅助线(网格)
hold	hold on hold off	保持图形 释放图形
clf		消除图形

附表 1-2 基本的数学函数

函数名	函数形式	函数说明	函数名	函数形式	函数说明
sin	sin(x)	x 的正弦函数,x 为 rad(弧度)	log	log(x)	自然对数函数 $\log_e x$,即 $\ln x$
cos	cos(x)	x 的余弦弦函数,x 为 rad(弧度)	$\log_{10}$	$\log_{10}$(x)	常用对数函数 $\log_{10} x$,$\lg x$
tan	tan(x)	x 的正切函数,x 为 rad(弧度)	sqrt	sqrt(x)	平方根函数

续表

函数名	函数形式	函数说明	函数名	函数形式	函数说明
asin	$\mathrm{asin}(x)$	x 的反正弦函数 $\arcsin x$	abs	$\mathrm{abs}(x)$	绝对值函数
acos	$\mathrm{acos}(x)$	x 的反余弦函数 $\arccos x$	real	$\mathrm{real}(x)$	取复数 x 的实部的函数
atan	$\mathrm{atan}(x)$	x 的反正切函数 $\arctan x$	imag	$\mathrm{imag}(x)$	取复数 x 的虚部的函数
exp	$\mathrm{exp}(x)$	指数函数 e^x			

附表 1-3　对话形式功能函数

函数名	函数表达形式	函数说明
disp	disp('text')	在命令窗(command window)中显示"text"
pause		等待用户从键盘上输入,即等待用户按键盘上的任一按键
input	$y=\mathrm{input}('text')$	在命令窗(command window)中显示"text",并将从键盘上输入的值赋给变量 y

附表 1-4　等间隔数列生成函数

函数名	函数表达形式	函数说明
linspace	$\mathrm{linspace}(d_1,d_2,n)$	在以最小值为 d_1 到最大值为 d_2 区间为范围,生成 n 等分的等间隔数列
logspace	$\mathrm{logspace}(d_1,d_2,n)$	在以最小值为 10^{d_1} 到最大值为 10^{d_2} 区间为范围,生成以对数为单位的 n 等分等间隔数列

附表 1-5　基本的矩阵（矢量）生成函数

函数名	函数表达形式	函数说明
eye	$\mathrm{eye}(n)$	$n\times n$ 的单位阵 $\boldsymbol{I}_n$
zeros	$\mathrm{zeros}(m,n)$	$m\times n$ 的零矩阵 $\boldsymbol{0}_{m\times n}$
diag	$\mathrm{diag}(\boldsymbol{v})$	以矢量 $\boldsymbol{v}=[v_1\ v_2\cdots v_i\cdots v_n]$ 的各个要素 v_i 作为第 i 行第 i 列的元素即对角线上元素的对角矩阵 $\mathrm{disg}[v_1 v_2\cdots v_i\cdots v_n]$

附表 1-6　矩阵（矢量）解析函数

函数名	函数表达形式	函数说明
eig	$\mathrm{eig}(\boldsymbol{A})$	矩阵 $\boldsymbol{A}$ 的固有值
rank	$\mathrm{rank}(\boldsymbol{A})$	矩阵 $\boldsymbol{A}$ 的秩
det	$\mathrm{det}(\boldsymbol{A})$	矩阵 $\boldsymbol{A}$ 的行列式 $|\boldsymbol{A}|$
poly	$\mathrm{poly}(\boldsymbol{A})$	当矩阵 $\boldsymbol{A}$ 给定时,以关于 $|s\boldsymbol{I}-\boldsymbol{A}|$ 的 s^i 的系数作为要素按降序构成的矢量
inv	$\mathrm{inv}(\boldsymbol{A})$	矩阵 $\boldsymbol{A}$ 的逆矩阵 $\boldsymbol{A}^{-1}$
max	$[\mathrm{xmax},i]=\mathrm{max}(\boldsymbol{x})$	矢量 $\boldsymbol{x}=[x_1\ x_2\cdots x_i\cdots x_n]$ 的最大元素 $x_{\max}$

函数名	函数表达形式	函数说明
min	$[\text{xmin},\text{i}]=\min(\boldsymbol{x})$	矢量 $\boldsymbol{x}=[x_1\ x_2\cdots x_i\cdots x_n]$ 的最小元素 $x_{\min}$
size	$[n,m]=\text{size}(\boldsymbol{A})$	矩阵 $\boldsymbol{A}$ 的行数 n 和列数 m

附表 1-7　矩阵（矢量）运算

函数名	函数形式	函数说明	函数名	函数形式	函数说明
＋	$\boldsymbol{A}+\boldsymbol{B}$	矩阵 $\boldsymbol{A}$ 与矩阵 $\boldsymbol{B}$ 相加	－	$\boldsymbol{A}-\boldsymbol{B}$	矩阵 $\boldsymbol{A}$ 减去矩阵 $\boldsymbol{B}$
＊	$\boldsymbol{A}*\boldsymbol{B}$	矩阵 $\boldsymbol{A}$ 与矩阵 $\boldsymbol{B}$ 相乘	^	$\boldsymbol{A}\hat{\ }k$	矩阵 $\boldsymbol{A}$ 的 k 次幂，$\boldsymbol{A}^k$
.'	$\boldsymbol{A}.'$	矩阵 $\boldsymbol{A}$ 的转置 $\boldsymbol{A}^{\mathrm{T}}$	'	$\boldsymbol{A}'$	矩阵 $\boldsymbol{A}$ 的共役转置 $\boldsymbol{A}^*$

附录 2　Simulink Block Library 中各类模块库及其库中模块名称、功能与图标表

附表 2-1　Simulink Block Library 中各类模块库及其库中模块名称与图标

信号源英文名称（中文名称）	可视化图标	信号源名称	可视化图标
（1）Sources（信号源模块库）			
Constant（常值信号源，产生一个常值信号）		**Chip Signal**（产生一个频率不断增大的正弦波）	
Signal Generator（信号发生器，产生各种不同波形的信号）		**Clock**（时钟信号，显示和提供仿真时间）	
Step（阶跃信号）		**Digital Clock**（在规定的采样间隔产生仿真时间）	
Ramp（斜坡信号）		**From Files**（从文件读取数据）	
Sine Wave（正弦波信号源）		**From Workspace**（从工作空间上定义的矩阵中读取数据）	
Repeating Sequence（产生规律重复的任意信号）		**Random Number**（随机数信号，按正态分布产生随机数）	
Discrete Pulse Generator（离散脉冲信号发生器）		**Uniform Random Number**（均匀随机数信号发生器）	
Pulse Generator（脉冲信号发生器，在规定的时间间隔上产生脉冲信号）		**Band-Limited White Noise**（限带宽白噪声信号发生器，即把白噪声加到系统中）	

信号源英文名称(中文名称)	可视化图标	信号源名称	可视化图标
（2）Sinks（接收器模块库）			
Scope（观测窗或示波器模块）		**To File**（输出到文件，untitled. mat）	untitled.mat
XYGraph（XY 坐标曲线图模块，也即 X-Y 示波器模块）		**To Workspace**（把数据输出到工作空间上定义的一个矩阵中）	simout
Display（显示器，实时数字显示模块）		**Stop Simulation**（停止仿真模块，当输入为非 0 时，停止仿真，在仿真停止前完成当前时间步内的仿真）	STOP
（3）Continuous（连续模块库）			
Integrator（积分器，对输入信号积分）	$\frac{1}{s}$	**Zero-Pole**（零极点模型，传递函数零、极点模型。可以双击设置零点、极点和增益，实现一个用零极点表示的传递函数）	$\frac{(s-1)}{s(s+1)}$
Derivative（微分器，对输入信号微分）	du/dt	**Memory**（存储器。输出来自前一个时间步的模块输入）	
State-Space（状态空间模块。主要用于现代控制理论中多输入多输出系统的控制仿真。双击可设置系统矩阵 **A**、**B**、**C**、**D** 以及仿真条件）	x=Ax+Bu y=Cx+Du	**Transport Delay**（时间延迟模块。对输入信号进行一定的延迟）	
Transfer Fcn（传递函数模块，传递函数多项式模型。双击可设置分子多项式、分母多项式中各个系数）	$\frac{1}{s+1}$	**Variable Transport Delay**（对输入信号进行可变时间量的延迟，即可变传输时延）	Ti
PID Controller（PID 控制器）	PID(s)	**PID Controller**（2DOF）（二自由度 PID 控制器）	Ref PID(s)
（4）Discrete（离散模块库）			
Zero-Order Hold（零阶采样保持器，建立一个采样周期的零阶保持器）		**Discrete Filter**（离散滤波器）	$\frac{1}{1+0.5z^{-1}}$
Unit Delay（延迟单位周期，即对其输入信号延迟一个采样周期，也即将信号延时一个单位采样时间）	$\frac{1}{z}$	**Discrete Transfer Fun**（为其输入建立一个离散传递函数）	$\frac{1}{z+0.5}$

续表

信号源英文名称（中文名称）	可视化图标	信号源名称	可视化图标
Discrete-Time Integrator（离散时间积分器，即对其输入的信号进行离散积分）	$\dfrac{KTs}{z-1}$	**Discrete Zero-Pole**（以零极点的形式建立一个离散传递函数）	$\dfrac{(z-1)}{z(z-0.5)}$
Discrete State-Space（为其输入建立离散状态空间系统模型并作为其输出）	x(n+1)=Ax(n)+Bu(n) y(n)=Cx(n)+Du(n) Disorete State-Space	**First-Order Hold**（1 阶采样保持器）	
Difference（差分环节）	$\dfrac{z-1}{z}$	**Discrete Derivative**（离散微分环节）	$\dfrac{k(z-1)}{Ts\,z}$
Discrete FIR Filter（离散 FIR 滤波器）	$\dfrac{0.5+0.5z^{-1}}{1}$	**Discrete PID Controller**（2DOF）（二自由度系统离散 PID 控制器）	Ref PID(z)
Discrete PID Controller（离散 PID 控制器）	PID(z)		

（5）Math（数学运算模块库）

信号源英文名称（中文名称）	可视化图标	信号源名称	可视化图标
Sin（正弦函数）		**Math Function**（数学运算函数模块，进行多种数学函数运算）	e^{u}
Product（乘法，等同于"×"运算符）	×	**Trigonometric Function**（三角函数）	sin
Dot Product（点乘）	●	**Min/Max**（最大/最小值函数）	min
Gain（增益，也即一个给定的系数，对其输入信号乘上一个常值增益）	1	**Abs**（绝对值函数）	|u|
Slider Gain（可变增益，系数可以在一定范围内变化，通过滑动形式改变增益）	1	**Sign**（符号函数）	
Matrix Gain（矩阵增益，即系数为矩阵，对其输入信号乘上一个矩阵增益）	1	**Rounding Function**（四舍五入函数）	floor
Combinatorial Logic（逻辑比较模块，建立逻辑真值表）		**Complex to Real-Imag**（将输入的复数转化成实部和虚部作为其输出的功能模块）	Re Im
Logical Operator（逻辑运算模块）	AND	**Real-Imag to Complex**（将输入的实部和虚部转化成复数作为其输出的功能模块）	Re Im

续表

信号源英文名称(中文名称)	可视化图标	信号源名称	可视化图标
Relational Operator(关系运算符模块)		**Algebraic Constraint**(代数约束模块)	
Complex to Magnitude-Angle(将输入的复数转化成幅值和相角作为其输出的功能模块)		**Matrix Concatenation**(矩阵连接模块)	
(6)Functions & Tables(描述一般函数的模块库)			
Look-Up Table[查表模块,输入信号的查询表(线性峰值匹配)]		**MATLAB Fcn**(对其输入 u 进行指定的 MATLAB 函数或表达式运算)	
Look-Up Table(2-D)[用选择的查表法逼近一个二维函数;对两个输入信号进行分段的线性映射;两维输入信号的查询表(线性峰值匹配)]		**S-Fubction**(访问 S-函数模块。S-函数是 System Function 的简称,用来写用户自己的 Simulink 模块,在仿真中非常有用)	
Fcn[以其输入 u 为变量,定义一个函数 $f(u)$ =关于 u 的表达式]		**Look-Up Table Dynamic**(动态查询表)	
(7)Nonlinear(非线性模块库)			
Rate Limiter[速率限制器(模块),或称变化速率限幅模块。限制通过该模块的信号的一阶导数值;静态限制信号变化的速率]		**Relay**(带有滞环的继电特性模块,在两个值中轮流输出)	
Saturation(饱和模块,或称限幅饱和特性模块。对输入的信号限制其上下限,即对输入限幅,输入超限则自动将上下限值作为模块输出)		**Switch**(在两个输入之间进行开关、切换信息流向。当第二个输入端大于临界值时,选择第一个输入端信号作为输出信号,否则第三个输入端信号作为输出信号)	
Quantizer(量化器,阶梯状量化处理模块。对输入信号进行量化处理,也即以指定的时间间隔将输入信号离散化处理)		**Manual Switch**[手动开关,即双输出选择器(手动)]	
Backlash(迟滞回环特性模块,用放映的方式模仿一个系统的特性,模拟有间隙系统的行为)		**Multiport Switch**(多路开关,实现多路开关的信息流向切换)	

续表

信号源英文名称(中文名称)	可视化图标	信号源名称	可视化图标
Dead Zone(死区特性模块,为输入信号提供一个死区,死带)		**Coulomb & Viscous Function**(库仑摩擦和黏性摩擦特性模块,模拟在零点处不连续而在它处有线性增益的系统;库仑和黏性摩擦非线性系统)	

(8)Signals & Systems(信号与系统模块库)

In1(输入模块,提供一个输入端口)		**Data Store Memory**(共享数据存储区模块,定义一个共享的数据存储区)	
Out1(输出模块,提供一个输出端口)		**Data Store Write**(数据写入模块,将数据写入一个已经定义的数据存储区)	
Enable(使能模块,当使能端为有效信号时,模块执行,当使能端信号无效时,模块不执行。使能模块只能用于子系统中,而不能用于仿真模型的最外层;将使能端口添加到子系统或模型)		**Ground**(接地模块)	
Trigger(触发模块,选择上升沿或下降沿或者外部函数触发;在系统模型中添加触发端口)		**Terminator**(信号终止模块)	
Mux(把多个信号合并成矢量形式,即将多个输入变成矢量量作为其输出)		**Data Type Conversion**(数据类型转换模块,将输入信号转换为指定的数据类型)	
Bus Selector(总线选择模块,在其输入输出的总线元素中选定子集)		**Function-Call Generator**(执行函数调用子系统。函数调用生成器;提供函数调用信号来控制子系统或模型的执行)	
Demux(多路分配器模块,是将矢量信号分解成多路输出,工作模式有向量模式和总线模式两种。用于矢量信号提取和输出)		**SubSystem**(表示一个系统在另外一个系统中,空的子系统)	
Selector(选择器,输入数据可以是矩阵、向量、常数、多维矩阵。该模块参数的设置有输入数据的维数、数据索引模式)		**Configurable SubSystem**(可配置子系统模块。从用户指定的模块库里选择的任何模块)	

续表

信号源英文名称(中文名称)	可视化图标	信号源名称	可视化图标
Merge(合并模块,当该模块的输入侧有多路信号通向该模块作为输入时,该模块自行判断哪路信息正在进行计算,就选择哪路信号通过)	Merge	**Function-Call Subsystem**(函数响应子系统;函数调用子系统模块;由外部函数调用输入触发执行的子系统)	In1 function0 Out1
From[信号来源,从 **Goto** 模块中接受输入,在 **From** 模块的参数设置对话框中指定 **Goto** 模块"标签(Tag)"(Goto Tag)。From 模块只能从一个 Goto 模块接收信号,然后将它作为输出。From 模块和 Goto 模块通过 Goto Tag 参数,联合起来使用可以从一个模块到另一个模块传递信号,而不用实际连接它们]	[A]	**Model Info**(是显示模型的属性和文本有关的掩码块上的模型。使用 **Model Info** 块对话框指定的内容和格式的文本块显示)	Model Info
Goto Tag Visibility(标签可视化模块,定义 Goto 模块标签的有效范围。也即 Goto 模块标记控制器)	{A}	**Hit Crossing**(检查过零点模块。即检测输入信号的零交叉点。检测信号上升沿、下降沿以及与指定值比较,输出 0 或 1)	
Goto(将其输入传递给相应的 From 模块)	[A]	**IC**(初始化参数模块。该模块为在其输入端口的信号设置初始条件,或设置输入信号的初始值)	[1]
Data Store Read(数据读取模块,从已定义的数据存储区中读取数据并输出)	A	**Width**(检查输入信号的宽度)	0
Probe(检测连线的宽度、采样时间和复数信号标记)	>w:0.Ts:[-1,0],c:0,d:[0],F:0		

(9)Controle Toolbox(控制工具箱)

信号源英文名称(中文名称)	可视化图标	信号源名称	可视化图标
LTI System[LTI 系统模型,即线性时不变系统模型。包括:传递函数模型(TF)、零极点-增益模型(ZPK)、状态空间模型(SS)、频率响应数据模型(FRD)]	tf(1,[11])	**Input Point**(输入点模块)	2009 及其以后版无图标,点击鼠标右键插入
Output Point(输出点模块)	2009 及其以后版无图标,点击鼠标右键插入		

附录 3 传感器的通用性能术语与概念定义

负载（负荷）：对于传感器而言，"负载"的物理形式涵盖热、机械运动（位置、位移、速度、加速度）、机械力或力矩、电磁、流体压力、光等一切作为传感器检测部元件上的广义载荷，也即被测量的物理作用形式。

特性方程：表示传感器输入与输出间关系的方程式。

测量范围：由传感器测量上限值与测量下限值之间所确定的被测量范围。

量程：传感器测量范围的上限值与下限值的代数差值。

满量程输出：在传感器制造商（或标准）规定的使用条件下，传感器测量测量范围上限与下限的代数差。

线性：是指校准曲线相对于理想拟合直线的接近程度。绝对线性的传感器即理想的传感器是不存在的。

蠕变：被测对象和测量环境条件保持恒定时，在规定时间内传感器的输出信号的变化。

迟滞：在一定的测量或使用条件下，逐渐加大传感器负载侧的被测量，然后再顺次反向减小被测量，在规定的测量范围内任意一被测量值处传感器输出信号量值的最大差值，即迟滞测量曲线上去程线与回程线上任一被测量值（对应负载侧的被测量值）所对应的去程线上传感器输出信号值与回程线上传感器输出信号值的最大差值。

重复性：在相同测量条件下，传感器负载侧按同一方向在全测量范围内连续变动测量多次时，传感器相应多次重复输出读值的能力。

灵敏度：传感器输出量的变化值与相应被测量的变化值之比。确切地说，是传感器的输出量（相应于负载侧加载量的输出量）的变化量与相应的负载侧加载量的变化量的比值。

输入阻抗：输入端的阻抗。

输出阻抗：输出端的阻抗。

准确度：测量值与真值的偏离程度。准确度反映传感器系统误差的大小。真值是被测量的真实大小，真值只存在于被测对象本体之上，是理想的、误差为零的、实际存在的但又无法通过测量准确得到的值。但真值可以通过直接或间接地通过某种效果尽可能以一定的精度得到，但不可能精确到零。通常的办法是用一种被同行公认的足够精确的传感器或测量方法、装置来标定所要评价的传感器。

显然，作为标定基准的传感器的准确度要比被标定的传感器的准确度要高至少一个量级。这种办法也即相当于将作为标定基准的传感器的测量值作为"真值"。

精密度：测量中所测数值重复一致的程度，也即重复性精度。精密度反映偶然误差的大小。

精度（精确度）：准确度与精密度的综合性指标。可以用均方根偏差的方法合成。

分辨力（分辨率）：传感器能够检测出的被测量的最小变化值。

阈值：传感器最小量程附近的分辨力（分辨率）。阈值也称灵敏阈或门槛灵敏度。

稳定性：表示传感器在一定的使用期限内或较长时间内能够保持其性能参数稳定的程度和能力。

过载（过负荷）：传感器负载侧承受被测量超出测量范围的现象。

过载限：在不引起传感器规定性能指标产生永久性变化的条件下，允许超过测量范围的能力。

耐压：传感器性质发生变化，但没有超出规定的允许误差时，所能给传感器敏感元件施加的最大压力值。

可靠性（可靠度）：在规定的时间或时期、产品规定的使用环境、使用条件、维护条件等综合条件下，传感器正常工作的概率。

漂移（时漂）：是指传感器在规定的输入和工作条件下，输出量随时间的缓慢变化。

漂移（温漂）：是指传感器在规定的输入和工作条件下，输出量随温度的缓慢变化。

回零：是指传感器卸载后的零点输出量与加载前零点输出量的差值。

零点漂移：是指传感器在输入量为零时的漂移。

零点稳定性：在规定的条件下，传感器保持零点输出不变的程度。如果传感器零漂，但如果其零点输出量能够基本保持不变即输出稳定，那么也能通过矫正零点输出或不矫正而从测量输出量中去除零点输出量也能保证测量准确度。

热零点漂移：是指传感器工作温度偏离校准温度而引起的零点输出量的最大变化。一般以每变化 $1{}^\circ\!C$ 时零点输出的相对变化率来表示零点漂移程度。

满量程漂移：是指传感器输入量为测量上限（对于双向型传感器是指上、下限）时的漂移。

工作温度范围：是保证传感器特性指标条件下的正常工作的温度范围。

安全温度范围：是指不造成传感器损坏以及传感器特性永久性变化的温度范围。

响应：是指传感器负载侧受到外部载荷作用时引起传感器输出随时间、输入量（被测量）变化的特性。

阶跃响应：当给传感器输入一个阶跃性输入量时传感器的响应。阶跃输入量是指输入信号从某一定值突然阶跃性跃变到另一个定值的输入量。

时间常数：当被测量发生阶跃性变化时，传感器输出量开始变化形成的阶跃响应过程中，从开始响应瞬间到响应达到传感器稳态输出量值的 63.2% 时所经历的时间。

固有频率：将传感器系统假想看作一个由该系统质量、等效刚度所决定的弹性振动系统，则由该假想弹性振动系统的等效质量、等效刚度所决定的自由振荡频率即作为传感器系统的固有频率。通常将该固有频率分为无阻尼固有频率和有阻尼固有频率。

谐振频率：是指传感器产生共振时的频率。通常是指最低的共振频率。

频率响应：正弦激励下，传感器输出信号的幅值与相位随输入量的频率而变化的特性。

幅值响应（幅频特性）：传感器系统传递函数的幅值与频率的函数关系，通常称为幅频特性。

相位响应（相频特性）：传感器系统传递函数的相位与频率的函数关系，通常称为相频特性。

阻尼：阻尼是在理论上表示系统能量损耗的特性。阻尼与固有频率一起决定了频率响应的上限和传感器响应的时域特性。以阶跃信号作为传感器输入信号时，欠阻尼系统（即周期性变化系统）的响应在达到稳定值以前，是围绕其最后的稳定值振荡的，即系统阻尼不足以消耗掉系统剩余的能量而使振荡的响应平稳下来；过阻尼系统（即非周期性系统）则是阻尼过大使得系统响应不能产生过冲而达到稳定值；临界阻尼系统则是处于欠阻尼条件与过阻尼条件之间系统的一种不稳定的临界状态。

阻尼比：实际阻尼与临界阻尼的比值。阻尼比是时域（时间域简称）与频域（频率域简称）中进行系统响应分析的重要参数。时域中，过冲量与阻尼比的值有关，并影响受冲击激励后的自振波出现的波数；幅频特性中，共振频率处的峰值高度与阻尼比的值有关。因此，阻尼比是系统响应特性分析中非常有用的参数。

衰减率：在呈衰减性振荡的系统响应中，相邻的同一方向上，后一个波峰值与前一个波峰值之比即为衰减比。

响应时间：以阶跃信号作为传感器输入量（也称阶跃信号激励）时，传感器的输出响应中，从达到稳定值的一定百分比的小值（如 10%）的瞬间上升到达到稳定值的一定百分比的大值（如 90%）的瞬间所经历的时间即为响应时间，即传感器输出响应曲线上对应稳定值乘以小百分比的值的时刻与对应稳定值乘以大百分比的值的时刻之间的时间差。传感器的频率响应与响应时间有关。

过冲量（也称超调量）：以阶跃信号作为传感器输入量（也称阶跃信号激励）时，传感器的输出响应中，测得的超出稳定值的相应输出量。对于理想的二阶系统，当阻尼比为零时，理论上有 100％的最大过冲量。

建立时间：以阶跃信号作为传感器输入量（也称阶跃信号激励）时，传感器的输出响应中，从开始响应到测得输出量达到稳定值的最小规定百分比（如 5％）时经历的时间。传感器系统输出响应的建立时间随着阻尼比、有阻尼固有频率的减小而增加。谐振频率为有阻尼固有频率时，从系统输出开始响应到响应值达到稳定值最小百分比的量值时即到达建立时间时所需经历的响应振荡波数可以根据阻尼比的值计算出来。

绝缘电阻：施加规定的直流电压时，在传感器指定的绝缘部分之间所测得的电阻。

绝缘强度：传感器规定的绝缘部分外加正弦交流电压时抵抗击穿的能力。

工作寿命：在规定的条件下，传感器能可靠工作的总时间或总的工作次数。

校准（也称标定）：用一定的试验方法，确定传感器的输入与输出之间关系（特性方程、特性曲线和校准表）以及精度的过程。

校准曲线：将传感器各校准点读数以连线的形式表达出来的曲线。各校准点读数一般是以取多次测量值的平均值。

拟合曲线：以一定的方法（如端点直线、端点平移直线、最小二乘法直线等）将校准曲线上的读数点拟合成理想的直线（基准直线）。将校准曲线与拟合直线进行各种比较运算，即可得该传感器按不同内容定义的线性度（如端点线性、最小二乘线性等）。

实测值：通过试验得到的被测量值。

理想值：由拟合直线所确定的输出值。

示值：测试仪器的读数装置所指示出来的被测量的数值。

真值：被测量本身所具有的真实大小值。

绝对误差：被测量的示值与真值的代数差值。

相对误差：绝对误差与约定值的百分比。约定值可以是被测量的实际值或满量程的输出值。

系统误差：由固定因素的影响而产生的数值大小和方向是固定或按一定规律变化的误差。

随机误差：由偶然因素影响而产生的数值大小与方向不固定的误差。

置信度：用传感器进行测量时，任意一次测量值的误差不超过给定误差范围的概率。

温度误差：传感器工作温度偏离校准温度时引起的误差。在传感器测量范围内，用温度变化引起的传感器输出量最大变化值与校准温度下满量程输出的百分比表示。

残差：实际测量值与相应的理想值的差值。

偏差：测量值与平均值的代数差。

子样均值（样本均值）：测量得到的 N 个子样数值之和除以 N，即测量得到的所有子样值的均值。

子样方差（样本方差）：测量得到的 N 个子样测量值分别与子样均值作差然后求差值平方和，然后再除以（$N-1$）得到的值，即均方差。

标准偏差（样本标准偏差）：为子样方差（样本方差）的开平方值。

主要针对振动、冲击、加速度传感器性能的概念术语

电压灵敏度：传感器承受单位激励时输出的电压量。

电荷灵敏度：传感器承受单位激励时输出的电荷量。

横向灵敏度：在与传感器敏感轴垂直的任意方向上受到单位激励时，传感器的信号输出量。也称为侧向灵敏度或者交叉轴灵敏度。

横向灵敏度系数：等于横向灵敏度除以敏感轴灵敏度（即轴向灵敏度），且以百分数的形式表示的系数。也称横向灵敏度，横向灵敏度比。

基座应变灵敏度：由传感器基座产生的单位弯曲应变而引起的传感器的信号输出，是不希望有的输出量。严格地说，这不是传感器本身的偏差，不是传感器系统检测部（测量部）内部产生的偏差，而是传感器基座安装以及基座变形引起的当量耦合到传感器的输出量中造成的偏差。

磁灵敏度：传感器位于磁场中的情况下，单位磁场强度变化引起的传感器的信号输出，是不希望有的输出量。

瞬间温度灵敏度：传感器受到瞬间温度变化所引起的不希望有的信号输出。

声灵敏度：传感器受到一定的声压所用下所产生的不希望有的信号输出。

零漂：传感器受到一定的冲击载荷作用后，冲击载荷已经不存在了但其输出仍不回零的现象。由于传感器工作所处的环境条件发生变化，如环境温度变化、环境的气压变化、环境存在磁场或磁场强度发生变化等环境条件变化下，当环境条件即使恢复正常、或者传感器无载情况下其输出也不回零的现象。

波形失真：波形发生了不希望有的变化。

相位失真：传感器的输出与输入间的相角不是频率的线性函数时而引起输出的波形失真。

传感器的相位移：是指正弦信号输入激励时，传感器输出与输入之间的相位差。

频率范围：在给定的工作条件和误差范围内，传感器能够正常工作的频率区

间范围。

温度极限： 阻尼比小于 0.1 的传感器在极限温度下，至少恒温 4h 以上，传感器性能仍然符合规定的性能要求的最高温度和最低温度。

加速度范围： 在规定误差条件下，振动、冲击、加速度传感器可以正常工作的加速度区间。

加速度极限： 在规定的性能指标范围之内，振动、冲击、加速度传感器能够承受的最大加速度值。

偏值： 是指在没有加速度作用时，加速度计的输出量折合成输入加速度的数值。偏值也称为零偏值、零位输出。

标度因数： 是加速度计输出量的变化对想要测量或施加的输入量变化的比值。标度因数又称为刻度因数或刻度系数。

交叉加速度： 是在与输入基准轴相垂直的平面内作用的加速度。

交叉轴灵敏度： 交叉轴灵敏度是建立在加速度计输出量的变化与交叉加速度之间关系的比例常数。交叉轴灵敏度可以随交叉加速度的方向而变化。

交叉耦合系数： 沿加速度输入轴及其垂直方向都有加速度作用时，加速度计的输出中有一项与这两个加速度的乘积成正比，该比例系数即成为交叉耦合系数，且该系数随着交叉加速度方向的变化而改变。

摆性： 是指检测质量和从检测质量的质心沿摆轴到枢轴距离的乘积。枢轴是指构成机构中运动构件的公转轴，即其上的各个运动构件都围绕着其旋转的公共中心轴线。如多曲柄的曲轴连杆机构的公共轴线即主轴可以称为枢轴，而与公共主轴呈偏心的曲柄轴段轴线则不能称为枢轴。

死区： 是指输入极限值之间的一个区间，该区间内的输入变化不引起输出的改变。死区也称为非灵敏区或钝感区。

输入极限： 是指输入量的极限。通常为正、负极限。在该极限范围内，加速度计具有规定的性能。对线加速度计而言，输入极限通常以重力加速度 g 为单位来表示。

输出量程： 是指输入量程与标度因数的乘积。

零位电压（也称零位输出）： 是传感器对应零偏值的输出值。它可以用均方根值、峰-峰值或其他电测量值来表示。

电零位： 是指传感器对应于零位电信号时的角度或线性位置。

机械零位： 表示在没有外加加速度的情况下检测质量的位置。

滞环误差： 当输入在全量程内循环一周后，如果在输入增加的方向上某一个输入信号对应的输出值与在输入减小方向上该输入信号对应的输出值之差为最大，则这个差值即为滞环误差。通常用等效输入来表示滞环误差。

误差带： 是指在规定的输出函数附近包含所有输出数据误差的一条带，它包括非线性、不重复性、分辨率、滞环误差和输出数据中的其他不确定误差的综合影响。

综合误差：是输出数据偏离规定输出函数的最大偏差。综合误差包括滞环误差、分辨率、非线性、不重复性、输出数据的其他不确定因素引起的不确定误差等的综合性误差。

热灵敏度漂移：传感器工作温度偏离校准温度时引起的灵敏度的变化。一般以每变化1℃时灵敏度的相对变化率来表示。

热迟滞：传感器测量范围内的某一点上，当温度以逐渐上升和逐渐下降两种方向接近并达到某一温度时，传感器输出的最大差值。一般以相对值表示。

主要为温度传感器性能的概念术语

最高工作温度：在规定技术条件下和完成测量的时间内，传感器连续工作所允许的最高使用温度值。

容许工作压力：在规定的测量环境条件下，温度传感器所能承受且不使传感器破坏的外界最大压力。

热惯性：温度传感器所指示的温度落后于介质实际温度的滞后特性。

热电势（热电动势）：热电偶两接点处于不同温度时，在零电流状态下，热电偶电路中所产生的电动势称为温差电势或塞贝克电势。

热电势率：热电动势随温度的变化率。也称为塞贝克系数。

允许工作电流：在不超过测温误差范围的条件下，允许通过电阻式温度传感器的最大工作电流。

额定功率：热敏电阻器在 25℃、相对湿度为 45%～80%、大气压为 0.85～1.05atm 的条件下长期连续负荷作用下所允许消耗的功率。

热敏电阻功率温度特性：热敏电阻自身温度与外加的稳定功率间的关系。

索　引